时代教育·国外高校优秀教材精选

材料力学

翻译版·原书第8版

[美] 盖尔 （James M. Gere）
古德诺 （Barry J. Goodno） 著

王一军 译

机械工业出版社

本书共 12 章，内容包括：拉伸、压缩和剪切，轴向承载杆，扭转，剪力和弯矩，梁中的应力（基础部分），梁中的应力（高级部分），应力应变分析，平面应力的应用（压力容器、梁以及组合载荷），梁的挠曲，静不定梁，柱，形心和惯性矩的回顾。

本书延续了铁木辛科教材的一贯风格，不仅深入浅出地论述了材料力学的基本思想、概念与方法，而且还广泛介绍了材料力学的最新研究成果。本书给出了大量的例题（139 题）和习题（近 1200 题）。每道例题几乎就像一篇工程应用的小论文，直面工科学生在工程应用方面的困惑，不仅详细论述了如何构建理想模型、解题思路和方法以及步骤等，而且还进行了广泛和深入的探讨。本书同时给出了详尽的参考文献和历史备注。

图书在版编目（CIP）数据

材料力学：翻译版. 原书第 8 版/（美）盖尔（Gere, J. M.），（美）古德诺（Goodno, B. J.）著；王一军译. —北京：机械工业出版社，2016.8（2023.9 重印）
（时代教育. 国外高校优秀教材精选）
书名原文：Mechanics of Materials
ISBN 978-7-111-53069-5

Ⅰ. ①材…　Ⅱ. ①盖…　②古…　③王…　Ⅲ. ①材料力学-高等学校-教材　Ⅳ. ①TB301

中国版本图书馆 CIP 数据核字（2016）第 037804 号

机械工业出版社（北京市百万庄大街 22 号　邮政编码 100037）
策划编辑：姜　凤　责任编辑：姜　凤　路乙达　责任校对：刘志文　陈　越
封面设计：鞠　杨　责任印制：张　博
北京建宏印刷有限公司印刷
2023 年 9 月第 1 版第 3 次印刷
184mm×260mm · 54.75 印张 · 1405 千字
标准书号：ISBN 978-7-111-53069-5
定价：189.00 元

电话服务　　　　　　　网络服务
客服电话：010-88361066　机 工 官 网：www.cmpbook.com
　　　　　010-88379833　机 工 官 博：weibo.com/cmp1952
　　　　　010-68326294　金 书 网：www.golden-book.com
封底无防伪标均为盗版　机工教育服务网：www.cmpedu.com

詹姆斯 M. 盖尔（JAMES MONROE GERE）

1925—2008

詹姆斯 M. 盖尔，斯坦福大学土木工程系名誉教授，于 2008 年 1 月 30 日在加利福尼亚州的波托拉谷去世。盖尔于 1925 年 6 月 14 日出生在美国纽约州的雪城。1942 年，17 岁的盖尔加入了美国空军，服役于英国、法国和德国。第二次世界大战之后，他在 1949~1951 年期间从伦斯勒理工学院的土木工程系分别获得学士和硕士学位。1949~1952 年期间，他在伦斯勒理工学院先后承担指导教师和研究助理的工作。他是首批美国国家科学基金会奖学金的获得者，之后，他选择进入斯坦福大学继续深造，并于 1954 年获得博士学位，且留在土木工程系任教，从此开始了其长达 34 年的职业研究生涯，他的研究领域涉及力学、结构和地震工程方面的一些极具挑战性的课题。他曾担任工程系主任和副院长，并于

(Ed Souza / Stanford News Service)

1974 年在斯坦福大学共同创立了约翰 A. 布卢姆地震工程研究中心。1980 年，盖尔成为斯坦福大学防震委员会的创始人，该委员会旨在督促校内人员支撑并加固各类办公设备、家具以及其他物品，以避免这些物品在发生地震时对生命安全造成威胁。同一年，他是受邀研究中国唐山地震损毁情况的第一个外国人。盖尔于 1988 年从斯坦福大学退休，但他利用自己的业余时间给学生提供建议并指导他们对加利福尼亚地震现场进行各种实地考察，因此，他仍然是斯坦福大学最有价值的成员。

盖尔最令人称道的是其乐于助人的态度、开朗的性格、美妙的微笑、运动天赋以及土木工程方面的教育技能。1972 年，在其导师史蒂芬 P. 铁木辛科的鼓励下，他撰写了教材《材料力学》，从那时起，他共撰写了九本各种工程学科的教材。他的其他用于世界各地工程课程中的著名教材包括：《弹性稳定理论》（与铁木辛科合著）、《框架结构的矩阵分析以及工程矩阵代数》（与 W. Weaver 合著）、《弯矩分布》、《地震表：结构设计与施工手册》（与 H. Krawinkler 合著）、《大地并不坚实：地震的认识和应对》（与 H. Shah 合著）。在斯坦福大学，盖尔教授受到学生、教师和工作人员的普遍尊重与称赞，他一直觉得有机会在课堂内外与年轻人一起工作并为他们服务是他的一大乐趣。他经常徒步旅行，并定期参观约塞米蒂国家公园和大峡谷国家公园。他在约塞米蒂国家公园做过 20 次以上的半穹顶[⊖]攀登，并曾在一天内徒步行走 50 英里。1986 年，为了拯救同伴的生命，他曾步行到珠穆朗玛峰大本营。盖尔还是一名活跃的赛跑爱好者，在 48 岁那年，他以 3 小时 13 分的成绩完成了波士顿马拉松赛。熟知盖尔的人将永远记住他的体贴与爱心，以及他在生活或工作方面的乐观与幽默。他的最后一个项目（现在正由他在帕罗奥图市的女儿苏珊继续）是一本书，书名为《内战中的一位上校》，该书是基于其曾祖父写的回忆录。

⊖ 半穹顶位于美国加利福尼亚州东部内华达山脉之上，是约塞米蒂国家公园的标志性景观。——译者注

国际版序言

材料力学是紧随静力学之后的一门基础工程科目，任何与结构（无论这些结构是人造的、还是自然的）的强度和物理性能有关的人员都必须了解它。在大学阶段，静力学通常安排在二年级或三年级讲授，它是后续课程"材料力学"的先修课程。机械、土木、结构、生物医药、石油、核能以及航空航天工程专业的大多数学生均被要求学习这两门课程。此外，许多材料科学、工业工程、建筑以及农业工程领域的学生也发现学习材料力学是有用的。

材料力学导论

目前，在许多大学的教学计划中，静力学和材料力学都采用大班授课方式，即一个大班由上述多个工程专业的学生组成。面对多个这类的大班，教师必须提供相同的材料，并讲解所有的主要内容，以便学生能够更好地为其教学计划所要求的专业课程做好准备。学好材料力学的首要条件是坚实的静力学基础，这一基础不仅包括对基本概念的理解，还包括能够熟练应用静力学平衡法则来求解二维和三维问题。第 8 版首先以新的一节"静力学回顾"开始，该节回顾了平衡法则、边界条件（或支座条件）以及作用力的类型，并依据恰当的自由体图推导出内部应力的合力；该节还提供了大量的例题和习题以帮助学生复习平面与空间桁架、受扭轴、梁以及平面与和空间框架的分析，并帮助其更进一步理解在该先修课程中所学的基本概念。

许多教师喜欢先介绍基本理论，再用真实世界的例子来激发学生的学习兴趣。多数情况下，在校园内就可方便地接触到课堂分析或课外作业所涉及的梁、框架以及螺栓联接（需要分析或求解这些结构的支座反作用力、构件中的力和力矩、联接处的应力）。此外，研究结构和构件的失效原因，也为学生们提供了从实际设计以及过去的工程错误中学习的机会。第 8 版给出了大量的新例题和新习题，这些例题与习题以实际构件或结构为基础，并附有照片，使学生不仅可以看到分析中使用的简化力学模型和自由体图，而且还能够见识到真实世界中的问题。

越来越多的大学在其数学、物理以及工程的本科课程中使用多媒体教学软件，第 8 版提供了许多新图片以支持这类多媒体教学模式。

材料力学第 8 版（国际版）的最新特色

本书的主要内容为受拉、受压、受扭、受弯构件的分析与设计，还包括上述基本概念。其他的重要内容有应力与应变转换、组合载荷与组合应力、梁的挠曲以及柱的稳定性等。补充专题包括：应力集中、动态载荷与冲击载荷、变截面杆、剪切中心，两种材料梁（或复合梁）的弯曲、非对称梁的弯曲、梁中的最大应力、基于梁挠度计算方法的能量法以及静不定梁等。第 12 章回顾了形心和惯性矩。

为了帮助学生学习，各章均以"本章概述"（概述该章所要介绍的主要内容）开始、并以"本章总结与回顾"（总结与回顾本章要点和主要公式，可作为测验或考试的复习材料）

国际版序言　V

结束。

为满足现代材料力学课程的需要，第 8 版新增或更新了一些内容，其显著特点如下：

■ 静力学回顾——新增内容（见第 1 章的 1.2 节），该节（1.2 节）包含四个例题，这些例题说明了如何计算桁架、圆轴、梁以及平面框架结构的支座反作用力与内部应力的合力，并提供了 26 个静力学习题，以便学生进行二维和三维结构的训练，或作为不同难度的课外作业。

■ 对"本章概述"与"本章总结与回顾"这两节的内容进行了进一步的扩充——即给出了各章的主要公式，以方便学生复习。

■ 进一步强调了平衡方程、本构方程、应变-位移方程/变形协调方程——更新了例题与习题的求解过程，强调在求解前应依次明确书写出平衡方程、本构方程、应变-位移方程/变形协调方程。

■ 新增或扩充了以下主题：轴向承载杆中的应力集中（2.10 节）、非圆轴的扭转（3.10 节）、弯曲时的应力集中（5.13 节）、组合梁的转换截面分析（6.3 节）。

■ 新例题与新习题——第 8 版增加了 48 个例题。此外，在总共将近 1200 个习题中，新习题或修订的习题接近 800 个。

■ 复习题——共增加了 119 个复习题。学生必须从 4 个答案（A、B、C 或 D）中选择，其中只有一个正确答案。正确答案列在本书之后的答案部分，这些复习题的求解可帮助学生迅速了解自己对该章主要内容的掌握情况。

例题

本书中的例题用于说明理论概念以及如何将这些概念应用在实际情况中。为了加强理论与实践之间的联系，在有些例题中增添了一些展示实际工程结构或构件的新图片。在各类例题中，应首先给出结构或构件的简化分析模型和相关的自由体图，因为这可以帮助学生理解相关理论在系统工程分析中的应用。各例题的长度为 1~4 页，这取决于例题内容的复杂性。当强调概念时，例题采用符号项，以便更好地说明各种想法；当强调问题求解时，例题采用数值项。在本书的例题中，增加了结果的图形化显示（例如梁中的应力）以便于提高学生对结果的理解。

习题

在所有的力学课程中，求解习题都是学习过程的一个重要组成部分。本书提供了超过 1230 个习题以用于课外作业和课堂讨论。为了方便查找以及不破坏各章内容的连续性，习题被安排在每章的结尾处。同时，习题通常按其难易程度来排序，这样就可使学生了解求解过程所需消耗的时间。所有习题的答案列在本书之后。

为了消除错误，检查和校对本书已花费了相当大的精力。读者无论找到了多么微不足道的错误，都请通过电子邮件（bgoodno@ ce. gatech. edu）通知作者。我们将在下一次印刷本书时纠正这些错误。

单位

所有的例题和习题均使用国际单位制（International System of Units，SI）。附录 E 给出了

SI 单位制的结构型钢表，这些表可用于第 5 章的例题和习题。

补充说明

史蒂芬 P. 铁木辛科（1878—1972）与詹姆斯 M. 盖尔（1925—2008）

本书读者将会知道史蒂芬 P. 铁木辛科（Stephen P. Timoshenko）这个名字——可能是应用力学领域中最著名的名字。铁木辛科被公认为世界上最优秀的应用力学先驱。他贡献了许多新的思想和概念，并以其学识和教学而闻名于世。通过其繁多的教科书，他不仅使美国的力学教学发生了深刻的变化，而且还使任何讲授力学的地方都发生了深刻的变革。铁木辛科既是盖尔的老师，也是他的导师。他鼓励盖尔撰写本书的第 1 版，并于 1972 年出版。在斯坦福大学担任作家、教育工作者和研究者期间，盖尔撰写了本书的第 2 版以及各个后续版本。盖尔于 1952 年开始在斯坦福大学攻读博士学位，并于 1988 年以教授的身份从斯坦福大学退休，在这期间，他撰写了本书和其他 8 本著名的力学、结构以及地震工程方面的教材。直到 2008 年 1 月去世，他一直以名誉教授的身份活跃在斯坦福大学。

铁木辛科的简介见本书"参考文献和历史备注"的第一篇参考文献中，也可参见《结构》杂志 2007 年 8 月的一篇题为"史蒂芬 P. 铁木辛科：美国工程力学之父"的文章，该文的作者为 G. Weingardt，这篇文章为写作这类教材以及许多其他工程力学教材的作者提供了一个极好的历史视野。

致谢

显然，不可能向所有对本书做出贡献的人一一致谢，但我首先要特别感谢前斯坦福大学教师，我的导师和朋友以及本书的主要作者——詹姆斯 M. 盖尔。

还要感谢在世界范围内不同机构任职的材料力学同仁们，他们对本书提供了反馈意见和建设性的批评；感谢所有这些匿名的评论。对于每一个新版本，他们的建议都促进了内容和教学方法的重大改进。

更要感激和感谢为第 8 版提供具体评论的评论家们：

Jonathan Awerbuch，德雷塞尔大学

Henry N. Christiansen，杨百翰大学

Remi Dingreville，纽约大学理工学院

Apostolos Fafitis，亚利桑那州立大学

Paolo Gardoni，德州农工大学

Eric Kasper，加州工业大学（圣路易斯奥比斯波）

Nadeem Khattak，阿尔伯塔大学

Kevin M. Lawton，北卡罗莱纳大学夏洛特分校

Kenneth S. Manning，阿迪朗达克社区学院

Abulkhair Masoom，威斯康星大学普拉特维尔分校

Craig C. Menzemer，阿克伦大学

Rungun Nathan，宾夕法尼亚州立大学（贝克斯校区）

Douglas P. Romilly，英属哥伦比亚大学

Edward Tezak，艾尔弗雷德州立学院

George Tsiatis，罗德岛大学

Xiangwu Zeng，凯斯西储大学

Mohammed Zikry，北卡罗莱纳州立大学

希望向在乔治亚理工学院从事结构工程与力学工作的同事们致以谢意，他们中的许多人在第 8 版的修改和补充方面提出了宝贵的建议。与所有的这些教育工作者一起工作，并与他们相互交流与探讨结构工程与力学，这使本人受益匪浅，也是本人的一种荣幸。还希望对帮助编辑本书各类文本的学生（现在与以前的学生）表示感谢。最后，感谢德国的罗哈斯和彭博士的出色工作，他们仔细检查了许多新例题和习题的答案。

本书的编辑和制作都非常老练，感谢圣智学习出版公司（Cengage Learning）那些才华出众而又知识渊博的出版人员。他们与本人的目标是一致的——尽可能地制作出本书的最佳新版本、而又不破坏本书的完整性。

本人在圣智学习出版公司接触了全球出版计划的执行主任 Christopher Carson；全球工程计划的出版商 Christopher Shortt、组稿编辑 Randall Adams 和 Swati Meherishi，他们为整个项目提供指导；高级工程开发编辑 Hilda Gowans，他总是可以提供信息和鼓励；Kristiina Paul 负责管理新照片的选择以及许可权的调查；Andrew Adams 负责本书的封面设计；全球营销经理 Lauren Betsos 负责开发支持本书的宣传材料。我要特别感谢 RPK 编辑服务公司 Rose Kernan 的工作，她的雇员负责编辑手稿并管理整个制作过程。对于其中的每一个人，本人衷心地感谢他们出色的工作。很高兴几乎每天与你们工作在一起，并共同制作出本书的第 8 版。

深深地感激我的家庭在本项目过程中所给予的耐心和鼓励，尤其感激我的妻子 Lana。

最后，非常高兴在我的导师和朋友盖尔的邀请下继续这一工作。现在，本书到第 8 版已经出版了 40 年。本人将致力于不断追求卓越，并欢迎所有的意见和建议。请随时将您的批评发至 bgoodno@ ce.gatech.edu。

巴里 J. 古德诺（Barry J. Goodno）

于亚特兰大，乔治亚州

译　序

　　《材料力学》（第 8 版）（英文版）的前七个版本分别出版于 1972 年（第 1 版）、1984 年（第 2 版）、1990 年（第 3 版）、1997 年（第 4 版）、2001 年（第 5 版）、2005 年（第 6 版）和 2008 年（第 7 版）。其中，第 1~第 4 版的署名作者为铁木辛科（Timoshenko）和盖尔，第 5~第 6 版的署名作者为盖尔，第 7~第 8 版的署名作者为盖尔和古德诺。该书的历史渊源甚至可追溯到铁木辛科的著名教材《材料的强度》（Strength of Materials）（1930 年第 1 版，1940 年第 2 版，1955 年第 3 版）。

　　铁木辛科被称为"美国工程力学之父"，他是盖尔的导师。盖尔是古德诺的导师。本书的第 1 版（1972 年版）是盖尔在铁木辛科的鼓励下撰写的。自 20 世纪 30 年代起，铁木辛科凭着他的著名教材《材料的强度》在世界范围内掀起了一场力学教学的革命，这场革命至今仍然在全世界的范围内对力学教学产生着重大影响，一个明显的证据就是延续铁木辛科风格的《材料力学》各版本教材一直是美国、英国、澳大利亚、巴西、日本、韩国、墨西哥、西班牙、新加坡等国家高等院校材料力学课程的主流教材，并被欧美国家推崇为经典著作。据译者所知，我国台湾和香港地区的很多高等院校也采用其最新版本（通常为第 7 版或第 8 版）作为教材。

　　本书延续了铁木辛科教材的一贯风格，不仅深入浅出地论述了材料力学的基本思想、概念与方法，而且还广泛介绍了材料力学的最新研究成果。在全世界范围内的同类教材中，其内容的深度和广度都是不可多见的。

　　本书给出了大量的例题（139 题）和习题（近 1200 题）。每道例题几乎就像一篇工程应用的小论文，直面工科学生在工程应用方面的困惑，不仅详细论述了如何构建理想模型、解题思路和方法以及步骤等，而且还进行了广泛和深入的探讨。更令人称道的是，多数习题在给出实际工程结构的同时还给出了相应的理想模型，并说明了理想模型的构建思路，这不仅有助于工科学生闯过其学习生涯的第一道难关——理想模型的建立，而且还能够为广大工程技术人员在解决其职业生涯中遇到的问题时提供有益的参考。事实上，译者坚信，本书就像一个藏宝库，每一位工程技术人员都可以在其中挖掘出极富价值的宝藏。

　　本书的另一大特色是给出了详尽的参考文献和历史备注，不仅使我们能够体会到作者严谨的治学态度，而且还使我们能够看到在材料力学的发展过程中人类所付出的艰苦卓绝的努力，更将给广大工科学生和工程技术人员以"润物细无声"般的激励与启迪。

　　总之，如同许多世界文学名著一样，对于广大工程学生和工程技术人员而言，本书就是一本值得掩卷细品的世界科学名著。

　　鉴于译者水平有限，错误在所难免，望读者不吝指正。

王一军

于广州大学

符 号

A	面积
A_f；A_w	翼板的面积；腹板的面积
a、b、c	尺寸，距离
C	形心，压缩力，积分常数
c	中性轴至梁外表面的距离
D	直径
d	直径，尺寸，距离
E	弹性模量
E_r；E_t	折算弹性模量；切线弹性模量
e	偏心距，尺寸，距离，单位体积改变量（膨胀量）
F	力
f	剪流，塑性弯曲的形状因子，柔度，频率（Hz）
f_T	杆的扭转柔度系数
G	切变模量
g	重力加速度
H	高度，距离，水平力或反作用力，马力
h	高度，尺寸
I	平面面积的惯性矩（或二次矩）
I_x、I_y、I_z	相对于 x、y、z 轴的惯性矩
I_{x1}、I_{y1}	相对于 x_1、y_1 轴（旋转轴）的惯性矩
I_{xy}	相对于 xy 轴的惯性积
I_{x1y1}	相对于 x_1y_1 轴（旋转轴）的惯性积
I_p	极惯性矩
I_1、I_2	主惯性矩
J	扭转常数
K	应力集中因数，体积模量，柱的有效长度因数
k	弹簧常数，刚度，$\sqrt{P/EI}$ 的符号
k_T	杆的扭转刚度
L	长度，距离
L_E	柱的有效长度
$\ln$；$\log$	自然对数（以 e 为底数）；常用对数（以 10 为底数）
M	弯矩，力偶，质量
M_P；M_Y	梁的塑性弯矩；梁的屈服弯矩
m	单位长度上的力矩，单位长度上的质量
N	轴向力

n	安全因数，整数，每分钟转数（rpm）
O	坐标原点
O'	曲率中心
P	力，集中载荷，功率
P_{allow}	许用载荷（或工作载荷）
P_{cr}	柱的临界载荷
P_P	结构的塑性载荷
P_r；P_t	柱的折算模量载荷；柱的切线模量载荷
P_Y	结构的屈服载荷
p	压力（单位面积上的力）
Q	力，集中载荷，平面面积的一次矩
q	分布载荷的强度（单位距离上的力）
R	反作用力，半径
r	半径，回转半径（$r = \sqrt{I/A}$）
S	梁横截面的截面模量，剪切中心
s	距离，沿曲线的距离
T	拉力，扭转力偶或扭矩，温度
T_P；T_Y	塑性扭矩；屈服扭矩
t	厚度，时间，扭矩的强度（单位距离上的扭矩）
t_f；t_w	翼板厚度；腹板厚度
U	应变能
u	应变能密度（单位体积应变能）
u_r；u_t	回弹模量；韧性模量
V	剪力，体积，垂直的力或反作用力
v	梁的挠度，速度
v'、v''等	dv/dx，d^2v/dx^2 等
W	力，重量，功
w	单位面积上的载荷（单位面积上的力）
x、y、z	直角坐标轴（以点 O 为坐标原点）
x_C、y_C、z_C	直角坐标轴（以形心 C 为坐标原点）
$\bar{x}$、$\bar{y}$、$\bar{z}$	形心的坐标
Z	梁的塑性截面模量
α	角度，热膨胀系数，无量纲比值
β	角度，无量纲比值，弹簧常数，刚度
β_R	弹簧的扭转刚度
γ	切应变，重量密度（单位体积上的重量）
γ_{xy}、γ_{yz}、γ_{zx}	xy、yz 和 zx 平面内的切应变
γ_{x1y1}	相对于 x_1y_1 轴（旋转轴）的切应变
γ_θ	斜轴的切应变
δ	梁的挠度，位移，杆或弹簧的伸长量

ΔT	温度差
δ_P；δ_Y	塑性位移；屈服位移
ε	正应变
ε_x、ε_y、ε_z	x、y、z 方向的正应变
ε_{x1}、ε_{y1}	x_1、y_1 方向的正应变
ε_θ	斜轴方向的主应变
ε_1、ε_2、ε_3	主应变
ε'	单向应力状态时的横向应变
ε_T	热应变
ε_Y	屈服应变
θ	角度，梁轴线的转角，受扭杆的扭转率（单位长度扭转角）
θ_p	主平面或主轴的方位角
θ_s	最大切应力所在平面的方位角
κ	曲率（$\kappa = 1/\rho$）
λ	距离，曲率缩短量
ν	泊松比
ρ	半径，曲率半径（$\rho = 1/\kappa$），极坐标的径向距离，质量密度（单位体积上的质量）
σ	正应力
σ_x、σ_y、σ_z	垂直于 x、y、z 轴的平面上的正应力
σ_{x1}、σ_{y1}	垂直于 x_1、y_1 轴（旋转轴）的平面上的正应力
σ_θ	斜截面上的正应力
σ_1、σ_2、σ_3	主应力
σ_{allow}	许用应力（或工作应力）
σ_{cr}	柱的临界应力（$\sigma_{\text{cr}} = P_{\text{cr}}/A$）
σ_{pl}	比例极限应力
σ_r	残余应力
σ_T	热应力
σ_U；σ_Y	极限应力；屈服应力
τ	切应力
τ_{xy}、τ_{yz}、τ_{zx}	垂直于 x、y、z 轴平面上且平行作用于 y、z、x 轴方向的切应力
τ_{x1y1}	垂直于 x_1 轴平面上且平行作用于 y_1 轴方向的切应力
τ_θ	斜截面上的切应力
τ_{allow}	许用切应力（或许用工作应力）
τ_U；τ_Y	极限切应力；屈服切应力
φ	角度，受扭杆的扭转角
ψ	角度，转角
ω	角速度，角频率（$\omega = 2\pi f$）

希腊字母

A	α	啊耳发（alpha）	N	ν	纽（nu）
B	β	贝塔（beta）	$\varXi$	ξ	克西（xi）
$\varGamma$	γ	嘎马（gamma）	O	o	奥密克戎（omicron）
$\varDelta$	δ	得耳塔（delta）	$\varPi$	π	派（pi）
E	ε	艾普西龙（epsilon）	P	ρ	洛（rho）
Z	ζ	截塔（zeta）	$\varSigma$	σ	西格马（sigma）
H	η	衣塔（eta）	T	τ	滔（tau）
$\varTheta$	θ	西塔（theta）	Y	υ	依普西龙（upsilon）
I	ι	约塔（iota）	$\varPhi$	φ	费衣（phi）
K	κ	卡帕（kappa）	X	χ	喜（chi）
$\varLambda$	λ	兰姆达（lambda）	$\varPsi$	ψ	普西（psi）
M	μ	谬（mu）	$\varOmega$	ω	欧米嘎（omega）

美国惯用单位与国际单位的换算

美国惯用单位（USCS）		乘以换算系数		等于国际单位（SI）	
		精确值	实际值		
加速度（线性）					
英尺每二次方秒	ft/s²	0.3048①	0.305	米每二次方秒	m/s²
英寸每二次方秒	in/s²	0.0254①	0.0254	米每二次方秒	m/s²
面积					
圆密耳	cmil	0.0005067	0.0005	平方毫米	mm²
平方英尺	ft²	0.09290304①	0.0929	平方米	m²
平方英寸	in²	645.16①	645	平方毫米	mm²
密度（质量）					
斯每立方英尺	slug/ft³	515.379	515	千克每立方米	kg/m³
密度（重量）					
磅每立方英尺	lb/ft³	157.087	157	牛[顿]每立方米	N/m³
磅每立方英寸	lb/in³	271.447	271	千牛[顿]每立方米	kN/m³
功与能					
英尺-磅	ft-lb	1.35582	1.36	焦[耳]（N·m）	J
英寸-磅	in-lb	0.112985	0.113	焦[耳]	J
千瓦-时	kWh	3.6①	3.6	兆焦[耳]	MJ
英国热力单位	Btu	1055.06	1055	焦[耳]	J
力					
磅	lb	4.44822	4.45	牛[顿]（kg·m/s²）	N
千镑（1000 磅）	k	4.44822	4.45	千牛[顿]	kN
每单位长度的力					
磅每英尺	lb/ft	14.5939	14.6	牛[顿]每米	N/m
磅每英寸	lb/in	175.127	175	牛[顿]每米	N/m
千镑每英尺	k/ft	14.5939	14.6	千牛[顿]每米	kN/m
千镑每英寸	k/in	175.127	175	千牛[顿]每米	kN/m
长度					
英尺	ft	0.3048①	0.305	米	m
英寸	in	25.4①	25.4	毫米	mm
英里	mi	1.609344①	1.61	千米	km
质量					
斯	lb-s²/ft	14.5939	14.6	千克	kg
力矩；扭矩					
磅-英尺	lb-ft	1.35582	1.36	牛[顿]米	N·m
磅-英寸	lb-in	0.112985	0.113	牛[顿]米	N·m
千磅-英尺	k-ft	1.35582	1.36	千牛[顿]米	kN·m
千磅-英寸	k-in	0.112985	0.113	千牛[顿]米	kN·m
惯性矩（面积）					
四次方英寸	in⁴	416,231	416,000	四次方毫米	mm⁴
四次方英寸	in⁴	0.416231×10^{-6}	0.416×10^{-6}	四次方米	m⁴
惯性矩（质量）					
斯拉格二次方英尺	slug-ft²	1.35582	1.36	千克二次方米	kg·m²
功率					
英尺-磅每秒	ft-lb/s	1.35582	1.36	瓦[特]（J/s 或 N·m/s）	W
英尺-磅每分	ft-lb/min	0.0225970	0.0226	瓦[特]	W
马力（550 ft-lb/s）	hp	745.701	746	瓦[特]	W

（续）

美国惯用单位（USCS）		乘以换算系数		等于国际单位（SI）	
		精确值	实际值		
压力；应力					
磅每平方英尺	psf	47.8803	47.9	帕[斯卡]（N/m²）	Pa
磅每平方英寸	psi	6894.76	6890	帕[斯卡]	Pa
千磅每平方英尺	ksf	47.8803	47.9	千帕[斯卡]	kPa
千磅每平方英寸	ksi	6.89476	6.89	兆帕[斯卡]	MPa
截面模量					
三次方英寸	in³	16,387.1	16,400	三次方毫米	mm³
三次方英寸	in³	16.3871×10^{-6}	16.4×10^{-6}	三次方米	m³
速度（线性）					
英尺每秒	ft/s	0.3048[1]	0.305	米每秒	m/s
英寸每秒	in/s	0.0254[1]	0.0254	米每秒	m/s
英里每小时	mph	0.44704[1]	0.447	米每秒	m/s
英里每小时	mph	1.609344[1]	1.61	千米每小时	km/h
体积					
立方英尺	ft³	0.0283168	0.0283	立方米	m³
立方英寸	in³	16.3871×10^{-6}	16.4×10^{-6}	立方米	m³
立方英寸	in³	16.3871	16.4	立方厘米（cc）	cm³
美加仑（231 in³）	gal.	3.78541	3.79	升	L
美加仑（231 in³）	gal.	0.00378541	0.00379	立方米	m³

[1] 表示精确的换算系数。

注：将国际单位换算为美国惯用单位时，应除以换算系数。

温度换算公式

$$T(^\circ\text{C}) = \frac{5}{9}\left[T(^\circ\text{F}) - 32\right] = T(\text{K}) - 273.15$$

$$T(\text{K}) = \frac{5}{9}\left[T(^\circ\text{F}) - 32\right] + 273.15 = T(^\circ\text{C}) + 273.15$$

$$T(^\circ\text{F}) = \frac{9}{5}T(^\circ\text{C}) + 32 = \frac{9}{5}T(\text{K}) - 459.67$$

目　　录

第1章 拉伸、压缩和剪切

本章概述

第 1 章简要介绍材料力学，研究由各类材料制成的轴向承载杆（即载荷作用在其横截面的形心处）中的应力、应变和位移。在简要回顾静力学的基本概念之后，本章研究各类工程材料中的正应力（σ）和正应变（ε）。然后，根据应力-应变图（σ-ε 图）定义各类材料的主要性能，如弹性模量（E）、屈服应力（σ_Y）和极限应力（σ_U）。还绘制切应力-切应变图（τ-γ 图），并定义切变模量（G）。如果材料仅在线性范围内工作，则应力和应变的关系将遵循胡克定律（即，对于正应力和正应变，有 $\sigma = E\varepsilon$；对于切应力和切应变，有 $\tau = G\gamma$）；同时，横向尺寸和体积的变化取决于泊松比（ν）；事实上，材料性能 E、G 和 ν 是彼此直接相关的，而不是独立的。

对于一些由杆件装配而成的结构（如桁架），不仅需要考虑作用在局部横截面面积（如果受拉）或整个横截面面积（如果受压）上的正应力，而且还要考虑结构连接处的平均切应力（τ）和平均挤压应力（σ_b）。如果使用安全因数将任一点处的最大应力都限制在许用值的范围内，则对于诸如缆绳和杆件等简单系统，就可以定义其轴向载荷的许用值。安全因数实际上与所需构件的强度有关，并考虑了各种不确定性（如材料性能的变化以及意外过载的可能性）。最后，将探讨设计：对于一个承受各类不同载荷的特定结构，通过一定的设计计算过程，可为结构中的各个杆件确定一个合适的尺寸，以同时满足各类强度和刚度要求。

本章目录

1.1 材料力学简介

材料力学是应用力学的一个分支，它研究固体在承受各类载荷时的行为。这一研究领域的其他名称有"材料的强度"和"变形体力学"。本书中所研究的固体包括承受轴向载荷的杆（以下简称为轴向承载杆）、承受扭转的轴（以下简称为受扭轴）、承受弯曲的梁（以下简称为受弯梁）以及承受压力的柱（以下简称为受压柱）。

材料力学的主要目的是求出在载荷作用下结构及构件中所产生的应力、应变和位移。如果能够求出直到结构破坏前各载荷值所对应的各个应力、应变和位移量，那么我们将得到一个完整的图形来描述这些结构的力学行为。

无论飞机还是天线、建筑物还是桥梁、机器还是马达、轮船还是宇宙飞船，就所有各类结构的安全设计而言，力学行为的理解都是至关重要的。这就是材料力学是如此众多工程领域的基础学科的原因所在。虽然静力学和动力学也是必不可少的，但它们主要研究与质点和刚体有关的力与运动。然而，对于材料力学中的大多数问题，首先求解的是作用在可变形物体上的外力和内力，即先确定作用在物体上的载荷及其支撑条件，再利用静力平衡的基本定理求解支座反作用力和杆件或元件中的内力（假设物体是静定的）。对结构进行静力学分析时，至关重要的是应绘制一个完善的自由体图。

在材料力学中，我们将超越静力学的观点，研究真实物体（即尺寸有限的、在载荷作用下可变形的物体）内部的应力和应变。为了求解应力和应变，我们不仅运用了材料的物理性质，而且还使用了大量的定理和概念。之后我们将看到，基于物体的变形，材料力学提供了额外的基本知识，以使我们能够解决所谓的静不定⊖问题（如果单独使用静力学定理是不可能解决此类问题的）。

理论分析和试验结果在材料力学中具有同等重要的作用。我们用理论推导出公式和方程式来预测力学行为，但是，除非材料的力学性能是已知的，否则这些表达式就不能应用在实际的设计中。只有在实验室里作了详细的试验之后，这些性能才是可用的。此外，并不是所有的实际问题都能够仅凭理论分析得以解决，在这种情况下，就必须进行物理测试。

材料力学的历史发展正是理论与试验两者之间迷人的融合——在某些情况下理论指出了获得有用结果的方法，而在其他情况下试验也起到了同样的作用。著名人物如达·芬奇（1452—1519）和伽利略（1564—1642）都曾开展了试验以确定金属丝、杆和梁的强度，尽管他们没有提出任何充分的理论（以今天的标准来看）来解释其试验结果。反之，著名数学家欧拉（1707—1783）于 1744 年就提出了柱的数学理论并计算了柱的临界载荷，而这一时代远早于表明其理论结果具有重要意义的试验证据出现的年代。尽管欧拉的结果在今天已成为大多数柱的设计和分析的基础⊜，但由于没有适当的试验来支持他的理论，因此这些结果在欧拉之后的一百多年内一直没有得到应用。

习题 在学习材料力学时，你将发现自己的学习过程被自然地分成两个部分：第一个部分是理解概念的逻辑发展，第二个部分是将这些概念应用于实际情况。前者包括学习各章中的理论推导、相关讨论和例题，后者包括求解各章的习题。一部分习题是数值类习题，另一

⊖ 国内教材一般将静不定称为"超静定"。——编辑注
⊜ 材料力学起始于达·芬奇和伽利略的研究，其发展史见参考文献 1-1、1-2 和 1-3。

部分是符号类习题（或代数类习题）。

数值类习题的一个优点是，所有量的大小在每个计算阶段都是显而易见的，从而为判断数值是否合理提供了一个机会。符号类习题的主要优点是可以推导出一些通用公式。公式可表明究竟有哪些量会影响最终结果，例如，可表明某一个量可能实际上与答案相抵触，或可表明"显然不能得到一个数值解"这样一个事实。同时，符号解还可以表明每个量对结果的影响方式，例如，当一个量出现在分子上而另一个量出现在分母上时。此外，符号解为检查各个求解阶段的量纲提供了机会。

最后，求解符号解的最重要原因是为了获得可应用于许多不同问题的通用公式。相反，数值解仅适用于某一种特定情况。由于工程师必须擅长两种类型的求解，因此，学习者将发现，数值类习题和符号类习题交叉贯穿在本书中。

数值类习题要求使用特定的计量单位来求解。本书采用国际单位制（SI）。关于 SI 单位的讨论见附录 A，附录 A 还给出了许多有用的数据表。

各章之后的所有习题均编有题号和章节号。附录 B 详细讨论了解题的技巧。除了数值的圆整程序之外，附录 B 还包括量纲的一致性和有效数字这两部分内容。这些内容特别重要，因为每一方程的量纲都必须保持一致，而且每一个数值结果必须使用适当的有效数字来表示。在本书中，当数字以 2~9 开头时，其最终的数值结果通常表示为三位有效数字；当数字以 1 开头时，其最终的数值结果通常表示为四位有效数字。为了避免因数值的圆整而造成数值精度的损失，中间计算值通常需要额外地增加有效位数。

1.2 静力学回顾

静力学研究刚体的平衡，所谓平衡是指受到各种不同力作用的刚体被支撑或约束在稳定与静止状态。因此，一个受到适当约束的物体不能在静态力（static forces，以下简称为静力）的作用下产生刚体运动。为了求解外部的反作用力和外力矩，或求解临界点处的内力和内力矩，需要绘制整个物体或物体关键部分的自由体图并应用平衡方程。本节将回顾基本的静力平衡方程，并采用标量和矢量运算（物体的加速度和速度均被假设为零）将这些平衡方程应用于示例结构（包括二维和三维结构）的求解。材料力学中的大多数问题都需要以静力分析作为第一步，这样一来，作用在系统上的导致其变形的所有力都是已知的。一旦求出了所需的所有外力和内力，就能够在随后章节中计算出杆、轴、梁以及柱中的应力、应变和变形。

平衡方程　对于处于平衡状态的刚体或可变形物体，作用在其上的所有力与力矩的合力 R 与合力矩 M 均为零。可对任意一点求力矩和。合力平衡方程可表达为"矢量式"表达：

$$R = \sum F = 0 \tag{1-1}$$

$$M = \sum M = \sum (r \times F) = 0 \tag{1-2}$$

其中，F 是作用在物体上的任一力矢量，r 为任一位置矢量（该矢量矩心指向力 F 作用线上的任一点）。为方便起见，通常使用直角坐标系将上述平衡方程采用二维（x，y）或三维（x，y，z）方式表达为"标量式"：

$$\sum F_x = 0, \sum F_y = 0, \sum M_z = 0 \tag{1-3}$$

式（1-3）可用于二维或平面问题，但对于三维问题，就需要使用以下三个力平衡方程和三个力矩平衡方程：

$$\sum F_x = 0, \sum F_y = 0, \sum F_z = 0 \qquad (1\text{-}4)$$

$$\sum M_x = 0, \sum M_y = 0, \sum M_z = 0 \qquad (1\text{-}5)$$

如果未知力的数目等于独立平衡方程数，则利用这些方程就足以求解出所有的未知反作用力或物体中的内力，这类问题被称为静定问题（假设物体是稳定的）。如果物体或结构受到额外（或多余）支座的约束，则它就是静不定的，并且，单独使用静力平衡定理不可能解决此类问题。对于静不定结构，还必须研究结构的变形（将在之后的各章中讨论）。

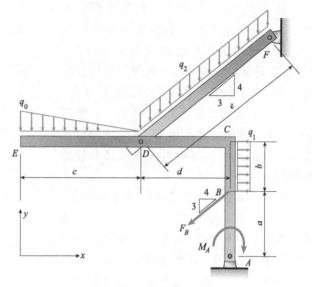

图 1-1 平面框架结构

作用力　作用在物体或结构上的外部载荷可以是集中力，也可以是分布力，还可以是力矩。例如，图 1-1 的力 F_B（单位为磅力"lbf"或牛［顿］"N"）是一个集中载荷（或点载荷）且被假设为作用在物体的点 B 处，而力矩 M_A 是作用在点 A 处的一个集中力矩或集中力偶（单位为 lbf-ft 或 N·m）。分布力可作用在与杆件垂直或倾斜的方向上且可具有恒定的强度，例如，线载荷 q_1 垂直于杆件 BC（图 1-1），而斜杆 DF 上的线载荷 q_2 作用在 $-y$ 方向；q_1 和 q_2 均具有力的强度单位（lb/ft 或 N/m）。分布载荷也可以是一个具有某个峰值强度 q_0 的线性变化（或其他变化方式）载荷（见图 1-1 的杆件 ED 上的载荷）。表面压力 p（单位为 lb/ft^2 或 Pa）作用在物体的某一特定区域上，如风作用在一个指示牌上（图 1-2）。最后，以图 1-2 所示指示牌或立柱的均布自重为例，体力 w（单位为力每单位体积，lb/ft^3 或 N/m^3）作用在物体的整个体积内，且可用作用在重心处的重力 W 来代替（对于指示牌，用 W_s 来代替；对于立柱，用 W_p 来代替）。事实上，在使用式（1-1）~式（1-5）来评估一个结构的整体静力平衡状态时，任何分

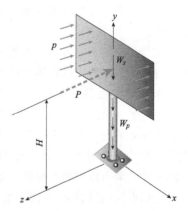

图 1-2 风作用在指示牌上

布载荷（线力，面力或体力）都能够被一个作用在该分布载荷重心处的静态等效力所代替。

自由体图　在刚体或变形体的静力学分析过程中，自由体图$^\ominus$（Free-Body Diagrams, FBD）是不可或缺的。若想在平衡分析时得到正确的答案，则作用在物体上的所有力都应表达在自由体图上。这些力包括作用力和力矩、反作用力和反作用力矩、各独立构件连接处的力。例如，图 1-3a 给出了图 1-1 所示平面框架的整体自由体图，该自由体图不仅表达了所有的作用力和反作用力，而且还给出了所有分布载荷的静态等效集中载荷。在该自由体图中，

$\ominus$　国内通常将其翻译为"受力分析图"或"隔离体图"。——译者注

静态等效力 F_{q0}、F_{q1} 和 F_{q2} 分别作用在其相应分布载荷的重心处，并且，在平衡方程的求解过程中，它们分别用分布载荷 q_0、q_1 和 q_2 来表达。

接下来，在图1-3b中，将平面框架拆解，以绘制该框架各个组件的独立自由体图，从而揭示出铰链连接 D 处的力（D_x，D_y）。在这两个自由体图上必须画出所有的作用力、铰链支座 A 处的反作用力 A_x 和 A_y、铰链支座 F 处的反作用力 F_x 和 F_y。若想在静力分析中阐明组件 EDC 和 DF 之间的相互作用，则必须求出这两个组件在铰链 D 处所传递的力。

例题1-2将分析图1-1所示平面框架，并将利用平衡方程式（1-1）~式（1-3）来求解节点 A 和 F 处的反作用力以及节点 D 处的反作用力。在这一求解过程中，图1-3a和图1-3b中的自由体图是不可或缺的组成部分。在求解支座反作用力时通常使用下述静力学的符号约定：作用在坐标轴正方向的力假设为正，使用右手法则来确定力矩矢量的正与负。

反作用力和支座条件 若要满足平衡方程，则必须适当地约束物体或结构。为了防止物体或结构在静力的作用下发生刚体运动，就必须提供足够数量的支座并摆放好它们。支座处的反作用力用带斜线的单箭头线表示（斜线穿过单箭头线，见图1-3），而支座处的约束力矩用带斜线的双箭头线或带斜线的弧形箭头线表示。反作用力和反作用力矩通常由上述作用力（如集中力、分布力、面力和体力）引起。

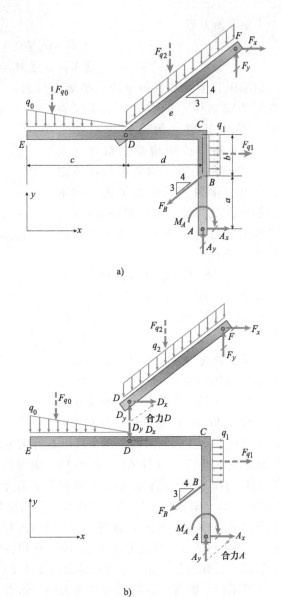

图1-3　图1-1所示平面框架结构的自由体图
a) 整体自由体图　b) 组件 $ACDE$ 和组件 DF 的隔离自由体图

对于二维问题和三维问题，所假定的支座条件是不同的。在图1-1和图1-3所示二维平面框架结构中，支座 A、F 均为铰链支座$^\ominus$（pin support）；而图1-2所示三维指示牌的基座可看作为固定支座（fixed support）或夹持支座$^\ominus$（clamped support）。表1-1给出了一些最常用支座（包括二维和三维支座）或连接（指结构中各杆件或组件之间的连接）的理想化模型，该表的第三列显示了与各类支座或连接相关的约束力与约束力矩（但它们不是自由体

$\ominus$　"pin" 的含义是指 "销"，国内通常将 "销" 称为 "铰链"。——译者注

$\ominus$　我国通常翻译为固定端，以下称为固定端或固定支座。——译者注

图）。图 1-2 中三维指示牌结构的反作用力和反作用力矩被显示在图 1-4a 所示的自由体图中：只有反作用力 R_y、R_z 和反作用力矩 M_x 是非零的，这是因为指示牌结构和风载荷都是关于 yz 平面对称的。如果该指示牌与立柱偏心（见图 1-4b），则当风载荷作用在 $-z$ 方向时，只有反作用力 R_x 为零（关于作用在图 1-2 所示指示牌结构上的风的压力所引起的反作用力，详见第 1 章后的习题 1.7-16；该习题还要求计算底座螺栓中的力和应力。第 8 章的习题中也有一些关于偏心指示牌结构的分析题）。

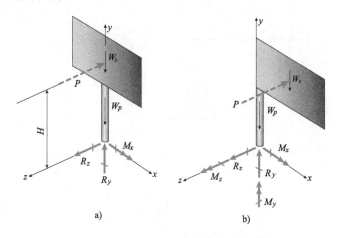

图 1-4

a) 对称指示牌结构的自由体图 b) 偏心指示牌结构的自由体图

表 1-1 二维或三维静力学分析中的连接及其反作用力

支座或连接的类型		支座或连接的放大简图	约束力与约束力矩的画法
（1） 滚动支座	二维	水平滚动支座（约束+y 和−y 方向的运动）	R
		垂直滚动支座	R_x
		倾斜滚动支座	R θ

（续）

支座或连接的类型		支座或连接的放大简图	约束力与约束力矩的画法
（1）滚动支座	三维		
（2）铰链支座	二维		
		图 1-1 中点 F 处的铰链支座	
	三维		
（3）滑动支座		铅垂轴上的无摩擦衬套	
（4）固定端	二维	焊缝	
	三维	底座 立柱 混凝土地基	

（续）

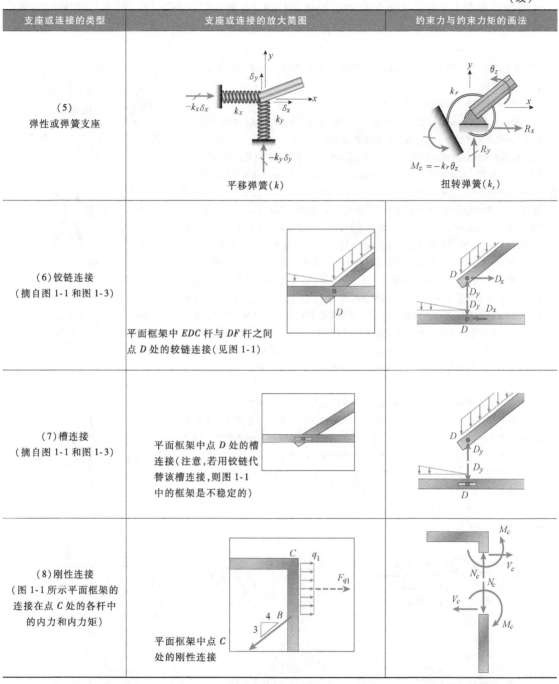

支座或连接的类型	支座或连接的放大简图	约束力与约束力矩的画法
（5） 弹性或弹簧支座	平移弹簧(k)	扭转弹簧(k_r)
（6）铰链连接 （摘自图 1-1 和图 1-3）	平面框架中 EDC 杆与 DF 杆之间点 D 处的铰链连接（见图 1-1）	
（7）槽连接 （摘自图 1-1 和图 1-3）	平面框架中点 D 处的槽连接（注意，若用铰链代替该槽连接，则图 1-1 中的框架是不稳定的）	
（8）刚性连接 （图 1-1 所示平面框架的连接在点 C 处的各杆中的内力和内力矩）	平面框架中点 C 处的刚性连接	

　　内力（应力的合力）　　在学习材料力学的过程中，我们将研究组成整个可变形物体的各个杆件或元件的变形。为了计算杆件的变形，必须先求出结构各杆件关键点处的内力（internal forces）和内力矩（internal moments），内力和内力矩就是内部应力的合力（internal stress resultants）。事实上，通常沿着各杆件的轴向方向绘制轴力图、扭矩图、剪力图和弯矩图，这样就可容易地判断出结构中的危险点或危险区域。分析的第一步是沿垂直于杆件轴线的方向剖切各杆件，这样就可以绘制一个自由体图，并可在该自由体图上表达出所

求的内力[⊖]。

　　例如，在图 1-1 所示平面框架中，如果在杆件 BC 的顶部进行剖切，则可"暴露"出节点 C 处的轴力（N_c）、剪力（V_c）以及弯矩（M_c）（见表 1-1 的最后一行）。图 1-5 显示了对平

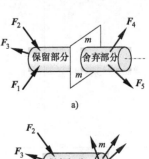

　　⊖ 求解内力的截面法（国外教材通常将内力分析这部分内容安排在静力学中）。——译者注

　　内力的求解步骤（以注图 1a 所示杆件为例）为：

　　1）假想沿着 $m\text{-}m$ 截面（该截面垂直于杆件的轴线）将杆件剖开为两个部分。任取一部分作为保留部分，另一部分作为舍弃部分。

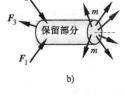

　　2）绘制保留部分的自由体图。由于杆件原来处于平衡状态，因此，保留部分也应保持平衡。显然，若要使保留部分保持平衡，则保留部分的 $m\text{-}m$ 截面势必受到舍弃部分所施加的作用力，这些作用力分布在 $m\text{-}m$ 截面的任意一点上并构成一个分布力系（见注图 1b）。根据静力学，可将这个分布力系向 $m\text{-}m$ 截面的形心 O 简化，则得到一个主矢 $\boldsymbol{F}$ 和一个主矩 $\boldsymbol{M}$（见注图 1c）。为了便于分析，可将主矢 $\boldsymbol{F}$ 和主矩 $\boldsymbol{M}$ 分别分解为三个沿着 x、y、z 坐标轴的分量（见注图 1d），这六个分量被统称为内力。其中，轴向（即沿着 x 轴方向）拉伸或压缩该杆件的主矢分量 F_x 被称为轴力（F_x 通常使用符号 F_N 表示），作用方向与 $m\text{-}m$ 截面平行的主矢分量 F_y、F_z 被称为剪力（即这类内力具有剪断 $m\text{-}m$ 截面的趋势，F_y、F_z 通常使用符号 F_S 表示），使该杆件具有绕 x 轴旋转趋势的主矩分量 M_x 被称为扭矩（M_x 通常使用符号 T 表示），弯曲该杆件的主矩分量 M_y、M_z 被称为弯矩（M_y、M_z 通常使用符号 M 表示）。

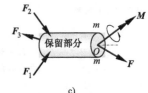

　　3）建立平衡方程，并确定未知内力。显然，根据保留部分的平衡条件，可建立六个平衡方程；在已知外力（包括所有的作用力与反作用力）的情况下，联立求解这六个平衡方程就可求出六个内力。

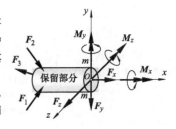

　　可将内力理解为由外力作用所引起的、物体内相邻部分之间的相互作用力。事实上，即使不受外力作用，物体的原子或分子之间仍然存在着相互作用力，但这种相互作用力不是材料力学所说的内力。可以想象，一旦物体受到外力的作用，则其内部的这种相互作用力就会发生改变，这一改变量就是材料力学所谓的"内力"。

　　然而，就材料力学的主要研究对象——轴向承载杆、受扭轴以及受弯梁而言，其截面上通常没有六个内力（见注图 2）。这就意味着，在绘制保留部分的自由体图时，通常只应表达出那些使该保留部分保持平衡所需的内力，而不必画出六个内力，也就不必建立六个平衡方程。

注图 1　求解内力的截面法

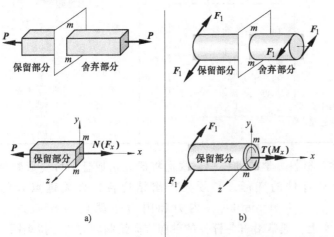

注图 2　轴向承载杆、受扭轴以及受弯梁的内力
a）杆　b）轴　c）梁

面框架中杆件 ED 和 DF 的剖切，由此产生的自由体图可被用于求解杆件 ED 和 DF 中的内力 N、V 和 M。在之后的各章中，我们将看到如何使用这些（以及其他）内部应力的合力来计算杆件横截面中的应力。

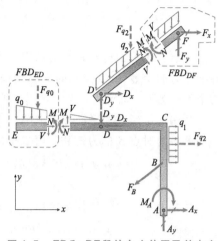

以下各例将回顾静力平衡方程在求解桁架、梁、圆轴和框架结构的外部反作用力和内力中的应用。第一个例题涉及桁架结构，该例题将同时回顾求反作用力的标量法和矢量法，并采用节点法计算杆件中的力（以下简称为杆件力）；在整个求解过程中，绘制合适的自由体图是必不可少的。第二个例题涉及梁结构的静态分析，这一分析是为了求出梁的反作用力和梁上某一特定截面上的内力。在第三个例题中，将计算阶梯轴承受的反作用力矩以及扭矩。第四个例题将讨论

图 1-5　ED 和 DF 段的自由体图及其内力

平面框架结构的求解方法。这些例题均给出了作用力和结构尺寸的具体数值，并将计算反作用力以及内力。

● ● ●　例 1-1

在图 1-6 所示的平面桁架中，A 处为铰链支座，B 处为滚动铰链支座，节点载荷 $2P$ 和 $-P$ 作用在节点 C 处。请求出节点 A、B 处的支座反作用力，并求出杆件 AB、AC 和 BC 中的力。使用下列数据：$P = 160\text{kN}$，$L = 3\text{m}$，$\theta_A = 60°$，$b = 2.2\text{m}$。

解答：

（1）利用正弦定理求出角 θ_B 和 θ_C，然后求出杆件 AB 的长度（c）。

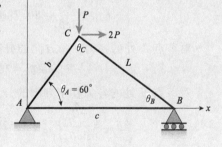

图 1-6　平面桁架的静力学分析

（2）绘制自由体图，然后以标量形式［式（1-3）］列出平衡方程并求解支座反作用力。

（3）利用节点法求解各杆件力。

（4）利用矢量法再次求解支座反作用力。

（5）就该平面（二维）桁架的三维版本进行支座反作用力和杆件力的求解。

（1）利用正弦定理求解角 θ_B 和 θ_C，然后求解杆件 AB 的长度（c）。

根据正弦定理（见附录 C），有：

$$\theta_B = \arcsin\left(\frac{b}{L}\sin\theta_A\right) = 39.426° \qquad \text{故 } \theta_C = 180° - (\theta_A + \theta_B) = 80.574°$$

$$\text{且 } c = L\left(\frac{\sin\theta_C}{\sin\theta_A}\right) = 3.417\text{m} \qquad \text{或 } c = b\cos\theta_A + L\cos\theta_B = 3.417\text{m}$$

注意：也可以利用余弦定理求解，$c = \sqrt{b^2 + L^2 - 2bL\cos\theta_C} = 3.417\text{m}$。

（2）绘制自由体图（见图1-7），然后以标量形式［式（1-3）］列出平衡方程并求解支座反作用力。

注意：该平面桁架是静定结构，因为未知力的个数为6（$m + r = 6$，其中 m =未知的各杆件力的个数，r =未知的支座反作用力的个数），而利用节点法得到的静力学平衡方程的个数也为6（$2j = 2 \times 3 = 6$，其中 j =节点的个数）。

利用标量形式的平衡方程求解支座反作用力。

求各力对点 A 的力矩和，可求得反作用力 B_y：

$$B_y = \frac{\left[Pb\cos\theta_A + (2P)\, b\sin\theta_A \right]}{c} = 230\text{kN}$$

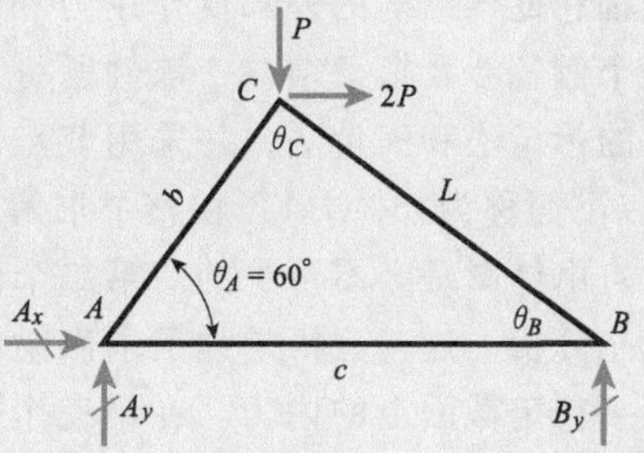

对各力在 y 方向的分量求和，可求得 A_y：

$$A_y = P - B_y = -70\text{kN}$$

对各力在 x 方向的分量求和，可求得 A_x：

$$A_x = -2P = -320\text{kN}$$

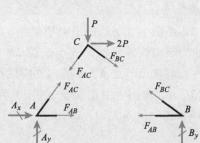

图1-7　平面桁架的自由体图

（3）利用节点法求解各杆件力。

绘制各节点的自由体图（见图1-8），然后分别计算各力在 x、y 方向分量的代数和，就可求出各杆件力。

对节点 A 处的各力在 y 方向的分量求和，可得

$$F_{AC} = \frac{-A_y}{\sin\theta_A} = 80.7\text{kN}$$

对节点 A 处的各力在 x 方向的分量求和，可得

$$F_{AB} = -A_x - F_{AC}\cos\theta_A = 280\text{kN}$$

对节点 B 处的各力在 y 方向的分量求和，可得

$$F_{BC} = \frac{-B_y}{\sin\theta_B} F_{BC} = -362\text{kN}$$

图1-8　平面桁架各节点的自由体图

检查节点 C 处的平衡情况（先检查 x 方向，再检查 y 方向）：

$$-F_{AC}\cos\theta_A + F_{BC}\cos\theta_B + 2P = 0, \quad -F_{AC}\sin\theta_A - F_{BC}\sin\theta_B - P = 0$$

（4）利用矢量法（以矢量形式表达各 x, y, z 分量）再次求解支座反作用力。

从节点 A 至节点 B、C 的位置矢量分别为：

$$\boldsymbol{r}_{AB} = \begin{pmatrix} c \\ 0 \\ 0 \end{pmatrix} = \begin{pmatrix} 3.4173 \\ 0 \\ 0 \end{pmatrix}\text{m} \quad \boldsymbol{r}_{AC} = \begin{pmatrix} b\cos(\theta_A) \\ b\sin(\theta_A) \\ 0 \end{pmatrix} = \begin{pmatrix} 1.1 \\ 1.9053 \\ 0 \end{pmatrix}\text{m}$$

节点 A、B 和 C 处的力矢量为

$$\boldsymbol{A} = \begin{pmatrix} A_x \\ A_y \\ 0 \end{pmatrix} \quad \boldsymbol{B} = \begin{pmatrix} 0 \\ B_y \\ 0 \end{pmatrix} \quad \boldsymbol{C} = \begin{pmatrix} 2P \\ -P \\ 0 \end{pmatrix}$$

求各力对节点 A 的力矩的矢量和，可得：

$$M_A = r_{AB} \times B + r_{AC} \times C = \begin{pmatrix} 0 \\ 0 \\ 3.417\text{m}B_y - 785.7\text{mkN} \end{pmatrix}$$

因此，
$$B_y = \frac{785.7}{3.417} = 230\text{kN}$$

或
$$\left\| \begin{pmatrix} i & j & k \\ c & 0 & 0 \\ 0 & B_y & 0 \end{pmatrix} \right\| + \left\| \begin{pmatrix} i & j & k \\ \dfrac{b}{2} & b\dfrac{\sqrt{3}}{2} & 0 \\ 2P & -P & 0 \end{pmatrix} \right\| = -785.68k\text{kN}\cdot\text{m} + 3.4173\text{m}B_y k$$

计算各力的矢量和，可得：
$$A + B + C = \begin{pmatrix} A_x + 320\text{kN} \\ A_y + B_y - 160\text{kN} \\ 0 \end{pmatrix}$$

因此，$A_x = -320$kN，$A_y = 160 - B_y = -70$kN

支座反作用力 A_x、A_y 和 B_y 与标量求解方法得到的答案是相同的。

（5）就该平面（二维）桁架的三维版本进行支座反作用力和杆件力的求解。

可在上述平面桁架的基础上构建一个空间桁架：将节点 B 保持在 x 轴上，并使节点 C 位于 y 轴上与坐标原点距离为 y 的位置上，同时将节点 A 沿着 z 轴方向移动距离 z（见图1-9），使杆件的长度值（L，b，c）和角度值（θ_A，θ_B，θ_C）均等于平面桁架的相应值。在节点 C 处施加节点载荷 $2P$ 和 $-P$。在 A 处增加一个三维铰链支座，在 B 处增加两个约束力（B_y，B_z），在 C 处增加一个约束力（C_z）。

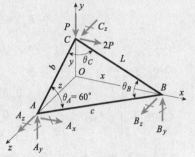

图1-9 空间桁架的自由体图

注意：该空间桁架是静定结构，因为未知力的个数为 9（$m + r = 9$，其中 m = 未知的各杆件所受力的个数，r = 未知的支座反作用力的个数），而利用节点法得到的静力学平衡方程的个数也为 9（$3j = 3 \times 3 = 9$，其中 j = 节点的个数）。

先求出各杆件在坐标轴上的投影 x、y 和 z，再求出角 OBC、OBA 和 OAC。

$$x = \sqrt{\frac{L^2 - b^2 + c^2}{2}} = 2.81408\text{m}；\quad y = \sqrt{\frac{L^2 + b^2 - c^2}{2}} = 1.03968\text{m}；\quad z = \sqrt{\frac{-L^2 + b^2 + c^2}{2}} = 1.93883\text{m}$$

$$\angle OBC = \arctan\left(\frac{y}{x}\right) = 20.277°；\quad \angle OBA = \arctan\left(\frac{z}{x}\right) = 34.566°；\quad \angle OAC = \arctan\left(\frac{y}{z}\right) = 28.202°$$

绘制整体自由体图（见图1-9），然后用标量法求解支座反作用力和各杆件力。

（1）计算各力对一条过节点 A 且与 y 轴平行的直线的力矩，并使这些力矩的代数和等于零（这样就可以得到一个仅包含一个未知量的方程，该未知量即为反作用力 B_z）：

$$B_z x + (2P)z = 0 \quad B_z = -2P\frac{z}{x} = -220\text{kN}$$

这一求解步骤遵循静力学的符号约定。因此，负号意味着力 B_z 作用在 $-z$ 方向。

（2）先通过求各力对 z 轴的力矩和来求解 B_y，再通过对各力在 y 方向的分量求和来求解 A_y：

$$B_y = \frac{2P(y)}{x} = 118.2\text{kN} \quad \text{因此}, A_y = P - B_y = 41.8\text{kN}$$

（3）计算各力对 x 轴的力矩的代数和来求解 C_z：

$$C_z = \frac{A_y z}{y} = 77.9\text{kN}$$

（4）分别计算各力在 x 和 z 方向的分量的代数和来求解 A_x 和 A_z：

$$A_x = -2P = -320\text{kN} \quad A_z = -C_z - B_z = 142.6\text{kN}$$

（5）最后，利用节点法求解各杆件力 ［这里使用变形的符号约定。因此，正号 （＋） 表示拉伸，而负号 （－） 表示压缩］。

计算节点 A 处的各力在 x 方向的分量的代数和，并使之等于零，得：

$$\frac{x}{c}F_{AB} + A_x = 0 \quad F_{AB} = -\frac{c}{x}A_x \quad F_{AB} = 389\text{kN}$$

计算节点 A 处的各力在 y 方向的分量的代数和，并使之等于零，得：

$$\frac{y}{b}F_{AC} + A_y = 0 \quad F_{AC} = \frac{b}{y}(-A_y) \quad F_{AC} = -88.4\text{kN}$$

计算节点 B 处的各力在 y 方向的分量的代数和，并使之等于零，得：

$$\frac{y}{L}F_{BC} + B_y = 0 \quad F_{BC} = -\frac{L}{y}B_y \quad F_{BC} = -341\text{kN}$$

利用矢量法再次计算空间桁架的反作用力。

分别求出节点 A 至节点 B、C 的位置矢量 （r） 与单位矢量 （e）：

$$\boldsymbol{r}_{AB} = \begin{pmatrix} x \\ 0 \\ -z \end{pmatrix} \quad \boldsymbol{e}_{AB} = \frac{\boldsymbol{r}_{AB}}{|\boldsymbol{r}_{AB}|} = \begin{pmatrix} 0.823 \\ 0 \\ -0.567 \end{pmatrix} \quad \boldsymbol{r}_{AC} = \begin{pmatrix} 0 \\ y \\ -z \end{pmatrix} \quad \boldsymbol{e}_{AC} = \frac{\boldsymbol{r}_{AC}}{|\boldsymbol{r}_{AC}|} = \begin{pmatrix} 0 \\ 0.473 \\ -0.881 \end{pmatrix}$$

求各力对节点 A 的力矩的矢量和：

$$\boldsymbol{M}_A = \boldsymbol{r}_{AB} \times \boldsymbol{B} + \boldsymbol{r}_{AC} \times \boldsymbol{C} = \boldsymbol{r}_{AB} \times \begin{pmatrix} 0 \\ B_y \\ B_z \end{pmatrix} + \boldsymbol{r}_{AC} \times \begin{pmatrix} 2P \\ -P \\ C_z \end{pmatrix} = \begin{pmatrix} 1.9388\text{m}B_y + 1.0397\text{m}C_z - 310.21\text{kN} \cdot \text{m} \\ 2.8141\text{m}B_z - 620.43\text{kN} \cdot \text{m} \\ 2.8141\text{m}B_y - 332.7\text{kN} \cdot \text{m} \end{pmatrix}$$

或：

$$\left| \begin{pmatrix} i & j & k \\ x & 0 & -z \\ 0 & B_y & B_z \end{pmatrix} \right| = 1.9388\text{m}B_y \boldsymbol{i} + 2.8141\text{m}B_z \boldsymbol{j} + 2.8141\text{m}B_y \boldsymbol{k}$$

且 $\left| \begin{pmatrix} i & j & k \\ 0 & y & -z \\ 2P & -P & C_z \end{pmatrix} \right| = 1.0397\text{m}C_z \boldsymbol{i} - 310.21\text{kN} \cdot \text{m}\boldsymbol{i} - 620.43\text{kN} \cdot \text{m}\boldsymbol{j} - 332.7\text{kN} \cdot \text{m}\boldsymbol{k}$

令 $\boldsymbol{j}$ 的系数等于零并求解，可得：$B_z = \frac{620.43}{-2.8141} = -220\text{kN}$

令 **k** 的系数等于零并求解，可得：$B_y = \dfrac{332.7}{2.8141} = 118.2\text{kN}$

令 **i** 的系数等于零并求解，可得：$C_z = \dfrac{310.21 - 1.9388 B_y}{1.0397} = 77.9\text{kN}$

求各力的矢量和：

$$\begin{pmatrix} A_x \\ A_y \\ A_z \end{pmatrix} + \begin{pmatrix} 0 \\ B_y \\ B_z \end{pmatrix} + \begin{pmatrix} 2P \\ -P \\ C_z \end{pmatrix} = \begin{pmatrix} A_x + 320.0\text{kN} \\ A_y - 41.8\text{kN} \\ A_z - 142.6 \end{pmatrix}$$

使之等于零并求解，可得：$A_x = -320\text{kN} \quad A_y = 41.8\text{kN} \quad A_z = 142.6\text{kN}$

支座反作用力 A_x、A_y、A_z 以及 B_y、B_z 与标量法所得到的答案是相同的。

● ● ● 例 1-2

如图 1-10 所示简支梁在铰链支座的节点 A 处受到力矩 M_A 的作用，节点 B 处受到倾斜载荷 F_B 的作用，在 BC 段受到强度值为 q_1 的均布载荷的作用。请分别求出节点 A 和 C 处的支座反作用力，并求出 BC 段中点处的内力。在求解过程中，应绘制合适的自由体图。其中：$a = 3\text{m}$，$b = 2\text{m}$，$M_A = 380$ N·m，$F_B = 200\text{N}$，$q_1 = 160\text{N/m}$。

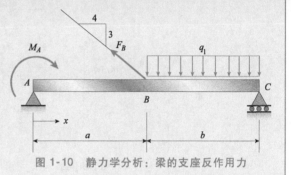

图 1-10 静力学分析：梁的支座反作用力

解答

（1）绘制整个梁的自由体图。求解 A 和 C 处的支座反作用力时，必须首先绘制整个梁的自由体图（图 1-11）。该自由体图应显示所有的作用力和反作用力。

（2）确定静态等效集中力。用静态等效力（F_{q1}）取代分布力，并计算集中力 F_B 的分量。

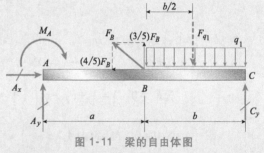

图 1-11 梁的自由体图

$$F_{q1} = q_1 b = 320\text{N} \quad F_{Bx} = \frac{4}{5} F_B = 160\text{N} \quad F_{By} = \frac{3}{5} F_B = 120\text{N}$$

（3）计算各力对节点 A 的力矩的代数和，以求解出反作用力 C_y。该结构是静定的，因为有三个有效的平衡方程（$\sum F_x = 0$，$\sum F_y = 0$，$\sum M = 0$）和三个未知力（A_x，A_y，C_y）。使用 $\sum M_A = 0$ 开始静力分析将更加方便，因为可得到一个仅包含一个未知量的方程，并可容易地求出反作用力 C_y。这里使用静力学的符号约定（即右手法则或逆时针为正）。

$$C_y = \frac{1}{(a+b)} \left[M_A - F_{By} a + F_{q1} \left(a + \frac{b}{2} \right) \right] = 260\text{N}$$

（4）分别计算各力在 x 和 y 方向的分量的代数和，以求出 A 处的反作用力。此时，由于 C_y 是已知的，因此可利用 $\sum F_x = 0$ 和 $\sum F_y = 0$ 完成 A_x 和 A_y 的平衡分析。然后，根据 A_x 和 A_y 即可求出其合力 A：

计算各力在 x 方向的分量的代数和：

$$A_x - F_{Bx} = 0 \quad A_x = F_{Bx} \quad A_x = 160\text{N}$$

计算各力在 y 方向的分量的代数和：

$$A_y + F_{By} + C_y - F_{q1} = 0$$

$$A_y = -F_{By} - C_y + F_{q1} \quad A_y = -60\text{N}$$

A 处的合力：$A = \sqrt{A_x^2 + A_y^2} \quad A = 171\text{N}$

（5）求解 BC 段中点处的内力和内力矩。此时，由于 A 和 C 处的支座反作用力是已知的，因此可过 BC 段的中点将杆件横向剖开，并可绘制两个自由体图——左、右自由体图（图 1-12）。根据自由体图可分析出，被剖开的横截面上有轴力 N_c、剪力 V_c 和弯矩 M_c，并且均可依据静力学计算出这些内力。无论是左自由体图还是右自由体图，均可用于求解内力 N_c、V_c 和 M_c，其求解结果是相同的。

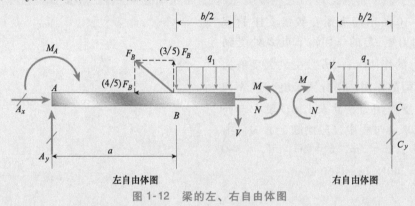

图 1-12　梁的左、右自由体图

根据左自由体图计算内力：

$$\sum F_x = 0 \quad N = F_{Bx} - A_x = 0\text{N}$$

$$\sum F_y = 0 \quad V = A_y + F_{By} - q_1\left(\frac{b}{2}\right) = -100\text{N}$$

$$\sum M = 0 \quad M = M_A + A_y\left(a + \frac{b}{2}\right) + F_{By}\left(\frac{b}{2}\right) - q_1\left(\frac{b}{2}\right)\left(\frac{b}{4}\right) = 180\text{N} \cdot \text{m}$$

根据右自由体图计算内力：

$$\sum F_x = 0 \quad N = 0$$

$$\sum F_y = 0 \quad V = q_1\left(\frac{b}{2}\right) - C_y = -100\text{N}$$

$$\sum M = 0 \quad M = C_y\left(\frac{b}{2}\right) - q_1\left(\frac{b}{2}\right)\left(\frac{b}{4}\right) = 180\text{N} \cdot \text{m}$$

可见，无论使用左自由体图还是右自由体图，均可确定内力（N 和 V）和内力矩（M），且其计算结果是相同的。这一计算方法可用于梁的任一横截面上的内力的求解。在随后的章节中，我们将绘制一些图形，这些图形将揭示 N、V 和 M 沿梁长度方向的变化情况。这些图形在设计梁时是非常有用的，因为它们清楚地显示了 N、V 和 M 具有最大值的危险区域。

● ● ● 例 1-3

如图 1-13 所示，阶梯轴被固定在 A 处，其上有三个传递转矩的齿轮。请求出 A 处的反作用转矩，并求出 AB、BC 和 CD 段中的扭矩。在求解过程中，应使用合适的自由体图。

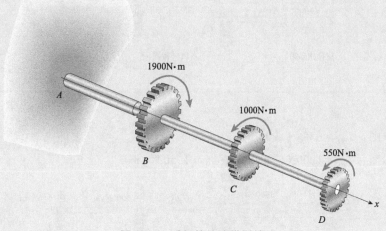

图 1-13　受扭转的阶梯圆轴

解答：

（1）绘制整个结构的自由体图。该悬臂轴结构是静定的。求解 A 处的反作用转矩时，必须首先绘制整个结构的自由体图（见图 1-14）。该自由体图应显示所有的作用转矩和反作用转矩。

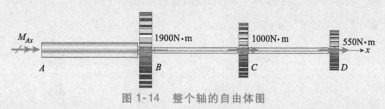

图 1-14　整个轴的自由体图

（2）计算各力对 x 轴的力矩的代数和，以求出反作用转矩 M_{Ax}。该结构是静定的，因为有一个有效的平衡方程（$\sum M_x = 0$）和一个未知的反作用力矩（M_{Ax}）。这里使用静力学的符号约定（即右手法则或逆时针为正）。

$$M_{Ax} - 1900 \text{N} \cdot \text{m} + 1000 \text{N} \cdot \text{m} + 550 \text{N} \cdot \text{m} = 0$$

$$M_{Ax} = -(-1900 \text{N} \cdot \text{m} + 1000 \text{N} \cdot \text{m} + 550 \text{N} \cdot \text{m})$$

$$= 350 \text{N} \cdot \text{m}$$

M_{Ax} 的计算结果为正值，因此，其矢量指向 x 轴的正向。

（3）求出各段轴的扭矩。此时，由于反作用转矩 M_{Ax} 是已知的，因此，可将该轴分为三段（即分为 AB、BC 和 CD 段），并分别沿各段的某一横截面将整个轴结构剖开为左、右两部分，再分别绘制左、右自由体图（见图 1-15a、b、c）。然后，利用静力平衡条件即可计算出各段中的扭矩。左、右自由体图均可用于求解扭矩，其求解结果是相同的。

扭矩 T_{AB} 的求解（见图 1-15a）。

　　左自由体图：$T_{AB} = -M_{Ax} = -350 \mathrm{N} \cdot \mathrm{m}$

　　右自由体图：$T_{AB} = -1900 \mathrm{N} \cdot \mathrm{m} + 1000 \mathrm{N} \cdot \mathrm{m} + 550 \mathrm{N} \cdot \mathrm{m} = -350 \mathrm{N} \cdot \mathrm{m}$

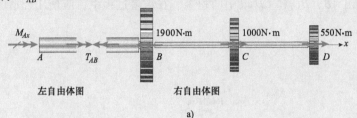

a)

扭矩 T_{BC} 的求解（见图 1-15b）。

　　左自由体图：$T_{BC} = -M_{Ax} + 1900 \mathrm{N} \cdot \mathrm{m} = 1550 \mathrm{N} \cdot \mathrm{m}$

　　右自由体图：$T_{BC} = 1000 \mathrm{N} \cdot \mathrm{m} + 550 \mathrm{N} \cdot \mathrm{m} = 1550 \mathrm{N} \cdot \mathrm{m}$

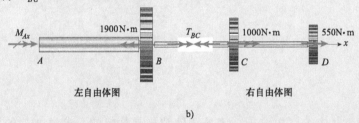

b)

扭矩 T_{CD} 的求解（见图 1-15c）。

　　左自由体图：$T_{CD} = -M_{Ax} + 1900 \mathrm{N} \cdot \mathrm{m} - 1000 \mathrm{N} \cdot \mathrm{m} = 550 \mathrm{N} \cdot \mathrm{m}$

　　右自由体图：$T_{CD} = 550 \mathrm{N} \cdot \mathrm{m}$

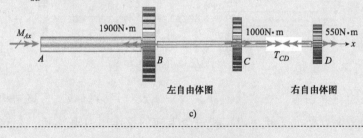

c)

图 1-15 轴各段的自由体图

在每一段中，利用左或右自由体图计算出来的扭矩都是相同的。

● ● ● 例 1-4

　　如图 1-16 所示平面框架是图 1-1 所示结构的修改版，其中，D 处用一个滚动支座取代了图 1-1 中的杆件 DF。在图 1-16 中，力矩 M_A 作用在铰链支座的节点 A 处，载荷 F_B 作用在在节点 B 处，强度值为 q_1 的均布载荷作用在杆件 BC 段上，峰值强度为 q_0 的线性分布载荷向下作用在 ED 段上。请分别求出节点 A 和 D 处的支座反作用力，并求出 BC 段顶部处的内力。最后，移除 D 处的滚动支座并插入杆件 DF（如图 1-1 所示），并求出该结构在节点 A 和

D 处的支座反作用力。使用下列数据：

$a=3\text{m}$ $b=2\text{m}$ $c=6\text{m}$ $d=2.5\text{m}$

$M_A=380\text{ N}\cdot\text{m}$ $F_B=200\text{N}$

$q_0=80\text{N/m}$ $q_1=160\text{N/m}$

解答：

（1）绘制整个结构的自由体图。求解节点 A 和 D 处的反作用力时，必须首先绘制整个结构的自由体图（图 1-17）。该自由体图应显示所有的作用力和反作用力。

（2）确定静态等效集中力。用静态等效力（F_{q0} 和 F_{q1}）取代分布力。计算集中力 F_B 的分量。

$F_{q0}=\dfrac{1}{2}q_0c=240\text{N}$ $F_{q1}=q_1b=320\text{N}$

$F_{Bx}=\dfrac{4}{5}F_B=160\text{N}$ $F_{By}=\dfrac{3}{5}F_B=120\text{N}$

（3）计算各力对节点 A 的力矩的代数和，以求出反作用力 D_y。该结构是静定的，因为有三个有效的平衡方程（$\sum F_x=0$，$\sum F_y=0$，$\sum M=0$）和三个未知力（A_x，A_y，D_y）。使用 $\sum M_A=0$ 进行静力分析将更加方便，因为可得到一个仅包含一个未知量的方程，并可容易地求出反作用力 D_y。

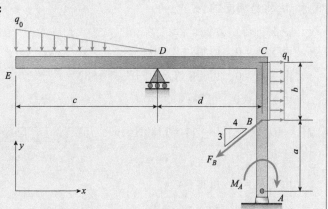

图 1-6 静力学分析：平面空间的支座反作用力

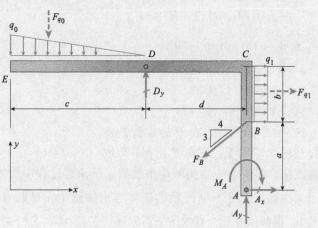

图 1-17 平面框架的自由体图

$$D_y=\frac{1}{d}\left[-M_A+F_{Bx}a-F_{q1}\left(a+\frac{b}{2}\right)+F_{q0}\left(d+\frac{2}{3}c\right)\right]=152\text{N}$$

（4）分别计算各力在 x 和 y 方向的分量的代数和，以求出节点 A 处的反作用力。此时，由于 D_y 是已知的，因此，可利用 $\sum F_x=0$ 和 $\sum F_y=0$ 来求解 A_x 和 A_y。然后，根据 A_x 和 A_y 即可求解出其合力 A：

据 $\sum F_x=0$，可得：$A_x-F_{Bx}+F_{q1}=0\Rightarrow A_x=F_{Bx}-F_{q1}=-160\text{N}$

据 $\sum F_y=0$，可得：$A_y-F_{By}+D_y-F_{q0}=0\Rightarrow A_y=F_{By}-D_y+F_{q0}=208\text{N}$

则节点 A 处的合力为：$A=\sqrt{A_x^2+A_y^2}$， $A=262\text{N}$

（5）求解 BC 段顶部处的内力和内力矩。此时，由于节点 A 和 D 处的反作用力是已知的，因此，可沿着紧靠节点 C 的一个横截面将杆件剖开，并绘制出上、下自由体图（图 1-18）。可分析出，被剖开的横截面上作用有轴力 N_c、剪力 V_c 和弯矩 M_c，且可依据静力学计算出这些内力。上、下自由体图均可用于求解 N_c、V_c 和 M_c，其所计算出的应力的合力 N_c、

V_c 和 M_c 将是相同的。

根据上自由体图计算内力：

由 $\sum F_x = 0$，可得：$V_c = 0$

由 $\sum F_y = 0$，可得：$N_c = D_y - F_{q0} = -88\text{N}$

由 $\sum M_c = 0$，可得：

$$M_c = -D_y d + F_{q0}\left(d + \frac{2}{3}c\right) = 1180\text{N} \cdot \text{m}$$

根据下自由体图计算内力：

由 $\sum F_x = 0$，可得：

$$V_c = -F_{q1} + F_{Bx} - A_x = 0$$

由 $\sum F_y = 0$，可得：

$$N_c = F_{By} - A_y = -88\text{N}$$

由 $\sum M_c = 0$，可得：$M_c = -F_{q1}\frac{b}{2} +$

$F_{Bx}b - A_x(a+b) + M_A = 1180\text{N} \cdot \text{m}$

（6）移除节点 D 处的滚动支座并插入杆件 DF（如图 1-1 所示），并分别求解该结构在节点 A 和 F 处的支座反作用力。杆件 DF 在 D 处被铰链连接至杆件 EDC 上，它在 F 处有一个铰

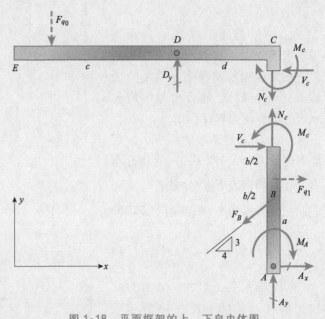

图 1-18　平面框架的上、下自由体图

链支座，并承受 $-y$ 方向的均布载荷 q_2。求解过程中所要求的自由体图如图 1-3a 和图 1-3b 所示。注意，在图 1-3a 所示的整体自由体图中，目前有四个未知的反作用力（A_x，A_y，F_x 和 F_y），但却仅有三个有效的平衡方程（$\sum F_x = 0$，$\sum F_y = 0$，$\sum M = 0$）可用。为了找到另一个平衡方程，我们不得不从铰链连接 D 处分离该结构，这样就可以利用"已知 D 处的力矩为零（因为已假定可忽略摩擦的影响）"这一有利条件。因此，可根据杆件 DF 的自由体图，或根据杆件 $EDCA$ 的自由体图（如图 1-3b 所示），并利用 $\sum M_D = 0$ 来建立一个独立的静力学方程。这里所有的平衡方程均采用静力学的符号约定。

新杆件 DF 的尺寸和载荷为：

$$e = 5\text{m}, \quad e_x = \frac{3}{5}e = 3\text{m}, \quad e_y = \frac{4}{5}e = 4\text{m}, \quad q_2 = 180\text{N/m}, \quad Fq_2 = q_2 e = 900\text{N}$$

首先，根据整体结构的自由体图（图 1-3a）建立平衡方程。

（a）在整体自由体图中，计算各力在 x 方向的分量的代数和：

$$A_x + F_x - F_{Bx} + F_{q1} = 0 \tag{a}$$

（b）在整体自由体图中，计算各力在 y 方向的分量的代数和：

$$A_y + F_y - F_{q0} - F_{q2} - F_{By} = 0 \tag{b}$$

（c）在整体自由体图中，计算各力对节点 A 的力矩的代数和：

$$-M_A - F_{q1}\left(a + \frac{b}{2}\right) - F_x(a+b+e_y) + F_y(e_x - d) + F_{Bx}a + F_{q0}\left(d + \frac{2}{3}c\right) + F_{q2}\left(d - \frac{e_x}{2}\right) = 0$$

因此 $-F_x(a+b+e_y)+F_y(e_x-d)=M_A+F_{q1}\left(a+\dfrac{b}{2}\right)-\left[F_{Bx}a+F_{q0}\left(d+\dfrac{2}{3}c\right)+F_{q2}\left(d-\dfrac{e_x}{2}\right)\right]$ (c)

其次，根据图 1-3b 中杆件 DF 的自由体图建立另一个平衡方程。

（d）在杆件 DF 的自由体图中，计算各力对节点 D 的力矩的代数和：

$$-F_xe_y+F_ye_x-F_{q2}\dfrac{e_x}{2}=0\text{因此}-F_xe_y+F_ye_x=F_{q2}\dfrac{e_x}{2}$$ (d)

联立方程（c）和方程（d），求解 F_x 和 F_y，有：

$$\begin{pmatrix}F_x\\F_y\end{pmatrix}=\begin{bmatrix}-(a+b+e_y)&e_x-d\\-e_y&e_y\end{bmatrix}^{-1}\left[\begin{array}{c}M_A+F_{q1}\left(a+\dfrac{b}{2}\right)-\left[F_{Bx}a+F_{q0}\left(d+\dfrac{2}{3}c\right)+F_{q2}\left(d-\dfrac{e_x}{2}\right)\right]\\F_{q2}\dfrac{e_x}{2}\end{array}\right]$$

$$=\begin{pmatrix}180.6\\690.8\end{pmatrix}\text{N}$$

将所求出的 F_x 和 F_y 的值代入方程（a）和方程（b），即可求出反作用力 A_x 和 A_y：

$$A_x=-(F_x-F_{Bx}+F_{q1})\qquad A_x=-340.6\text{N}$$

$$A_x=-F_y+F_{q0}+F_{q2}+F_{By}\qquad A_y=569.2\text{N}$$

A 处的合力为 $A=\sqrt{A_x^2+A_y^2}\qquad A=663\text{N}$

在杆件 EDCA 的自由体图中，计算各力对节点 D 的力矩的代数和，以检查结果是否正确（杆件 EDCA 应处于平衡状态）：

$$F_{q0}\left(\dfrac{2}{3}c\right)+F_{q1}\dfrac{b}{2}-F_{Bx}b-F_{By}d-M_A+A_x(a+b)+A_yd=0$$

（7）最后，计算铰链 D 处的合力。在杆件 DF 的自由体图（见图 1-3b）中，利用平衡条件求出 D_x、D_y，再根据 D_x、D_y 求出合力 D。

$$\sum F_x=0\qquad D_x=-F_x=-180.6\text{N}$$

$$\sum F_y=0\qquad D_y=-F_y+F_{q2}=209.2\text{N}$$

D 处的合力为：$\qquad D=\sqrt{D_x^2+D_y^2}=276\text{N}$

1.3 正应力和正应变

截止到目前为止，我们已建立了静力平衡的概念，并可计算出所有与可变形物体相关的所需反作用力和内力。接下来，将进一步考察物体的内部作用。在材料力学中，最基本的概念是应力（stress）和应变（strain）。通过研究一根承受轴向力的柱状杆就能够从根本上揭示这些概念是如何产生的。所谓柱状杆（prismatic bar）就是轴线为直线且横截面处处相同的直杆[○]；所谓轴向力（axial force），就是一个沿某一柱状杆的轴线施加的载荷，它会导致该

○ 我国通常将其称为"等截面直杆"。——译者注

柱状杆发生拉伸或压缩变形。在图 1-19 给出的示例中，牵引杆是一根承受拉伸的柱状杆，而起落架支柱是一根承受压缩的柱状杆。其他的例子还有桥梁桁架中的各个杆件、汽车发动机的连杆、自行车车轮的辐条、建筑物的支柱以及小型飞机机翼的支柱。

为了便于讨论，研究图 1-19 中的牵引杆，并将其从整体结构中隔离出来，使其成为一个自由体（图 1-20a）。在绘制该牵引杆的自由体图时，忽略其自重，并假定主动力仅为作用在该牵引杆两端的轴向力 P。接下来，将研究该牵引杆的两个视图，第一个视图表示加载前的牵引杆（图 1-20b），第二个视图表示加载后的牵引杆（图 1-20c）。注意，该牵引杆的原始长度用字母 L 表示，而由于加载而导致的该牵引杆长度的增加量用希腊字母 δ 表示。

起落架支柱

牵引杆

图 1-19　承受轴向载荷的构件（受拉伸的牵引杆和受压缩的起落架支柱）

如果使用一个假想的剖切面将牵引杆在 mn 截面（图 1-20c）处剖开，就可以揭示该牵引杆中的内部作用。由于 mn 截面与牵引杆的轴线垂直，因此 mn 截面被称为横截面（cross section）。

这时，可以把横截面 mn 左侧部分的杆件隔离出来作为一个自由体（图 1-20d）。在该自由体的右手端（横截面 mn 上），我们给出了该杆件的移除部分（即横截面 mn 右侧部分的杆件）对保留部分的作用。该作用是由连续分布在整个横截面 mn 上的应力所形成的，而且，作用在该 mn 横截面上的轴力 P 就是这些应力的合力（合力用虚线表示在图 1-20d 中）。

应力用希腊字母 σ 表示，其单位是力每单位面积。一般而言，作用在一个平面上的应力，既可能均匀分布在整个平面的面积上，也可能是非均匀分布的（即从平面上一点到另一点，其应力是变化的）。假设作用在横截面 mn（图 1-20d）上的应力均匀分布在该横截面面积上，则这些应力的合力就必定等于应力的大小与该横截面面积的乘积，即 $P = \sigma A$。因此，我们得到了以下关于应力大小的表达式：

$$\sigma = \frac{P}{A} \tag{1-6}$$

该式给出了在一个横截面为任意形状的轴向承载柱状杆中的均布应力的强度。

当柱状杆在力 P 的作用下受到拉伸时，该杆中的应力为拉应力（tensile stresses）；反之，如果该作用力是反向的，使柱状杆受到压缩，则得到压应力（compressive

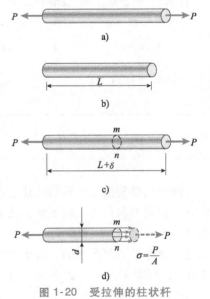

图 1-20　受拉伸的柱状杆

stresses）。由于这类应力的作用方向垂直于剖切面，因此，它们被称为正应力（normal stresses）。正应力即可以是拉应力，也可以是压应力。在 1.7 节中，我们将会遇到应力的另一种类型，该类应力被称为切应力，切应力的作用方向与剖切面平行。

当需要约定正应力的符号时，通常约定：拉应力为正，压应力为负。

由于正应力 σ 等于轴力除以横截面面积，因此其单位（units）是力每单位面积。

在国际单位制（SI）中，力的单位为牛［顿］（N），面积的单位为平方米（m^2）。因此，应力的单位是牛［顿］每平方米（N/m^2），即帕［斯卡］（Pa）。然而，帕［斯卡］（Pa）是一个非常小的应力单位，因此，通常使用兆帕（MPa）这样较大的应力单位。而且，虽然 SI 不推荐，但有时会使用牛［顿］每平方毫米（N/mm^2）作为应力单位（$1N/mm^2 = 1MPa$）。

局限性　只有当应力均匀分布在柱状杆的横截面上时，公式 $\sigma = P/A$ 才是有效的。如果轴向力 P 的作用线穿过横截面面积的形心，那么，公式 $\sigma = P/A$ 的有效性就得以实现。当载荷 P 没有作用在形心处时，柱状杆将发生弯曲，这时就必须进行更为复杂的分析（见 5.12 和 11.5 节）。然而，在本书中（按惯例），除非特别指明，否则始终认为轴向力作用在横截面的形心处。

图 1-20d 所示的均匀应力分布状况遍及该柱状杆的整个长度，但端部附近除外。柱状杆端部的应力分布状况取决于载荷 P 的施加方式。如果碰巧载荷均匀分布在柱状杆的端部，则端部的应力分布状况与其他位置是相同的。然而，更可能的情况是，载荷通过销或螺栓被施加在柱状杆的端部，并因而产生较高的局部应力，这一现象被称为应力集中。

如图 1-21 所示的眼杆就是上述可能情形的一个示例。在图 1-21 中，销穿过该眼杆端部的眼孔，载荷 P 被销传递给眼杆。于是，图中所示的力 P 实际上是销与眼杆之间相互挤压力的合力，而且，孔周围的应力分布状况是十分复杂的。不过，一旦离开该杆的端部并移向其中间部分，应力就逐渐地接近图 1-20d 所示的均匀分布状况。

实践中使用的规则是：对于柱状杆内远离应力集中的距离至少等于该杆横向尺寸的那些点，公式 $\sigma = P/A$ 具有良好的适用精度。换句话说，对于图 1-21 所示眼杆，在与两端距离为 b 或大于 b（b 为该眼杆的宽度）的位置处，其应力是均匀分布的；对于图 1-20 所示柱

图 1-21　承受拉伸载荷 P 的钢制眼杆

状杆，在与端部的距离为 d 或大于 d（d 是该柱状杆的宽度，图 1-20d）的位置处，其应力是均匀分布。2.10 节将详述轴向载荷所引起的应力集中。

当然，即使在应力分布不均匀的情况下，等式 $\sigma = P/A$ 仍然可能是有用的，因为它给出了横截面上的平均正应力。

正如已经观察到的那样，施加轴向载荷时，一根直杆将发生长度的改变，拉伸时变长，压缩时变短。再次以图 1-20 所示柱状杆为例，该杆的伸长量 δ（图 1-20c）是其整个体积内所有材料微元的拉伸量累加的结果。假设该杆中各处的材料都相同，那么，如果只研究该杆的一半（长度为 $L/2$），则伸长量将等于 $\delta/2$；如果只研究该杆的四分之一，则伸长量将等于 $\delta/4$。

一般而言，直杆中某一段的伸长量等于该段的长度除以该直杆的总长度 L，再乘以该直杆的总伸长量 δ。因此，就单位长度的直杆而言，其伸长量等于 $1/L \times \delta$。这一伸长量被称单位长度伸长量，或应变（strain），并以希腊字母 ε 表示。可以看出，应变由下式确定：

$$\varepsilon = \frac{\delta}{L} \qquad\qquad (1\text{-}7)$$

如果该杆受到拉伸，则称这时的应变为**拉应变**（tensile strain），它代表材料的伸长或延伸。如果该杆受到压缩，则这时的应变就是**压应变**（compressive strain），该杆将缩短。通常用正值表示拉应变，用负值表示压应变。应变 ε 被称为**正应变**（normal strain），因为它与正应力有关。

由于正应变是两个长度的比值，是一个无量纲的量，即它没有单位。因此，可将应变简单表示为一个独立于任何单位制的数。应变的数值通常非常小，因为对于由各类结构材料制成的杆件，在受到载荷作用时，其长度仅发生很小的变化。以一根长度 L 为 2m 的钢杆为例，当对该杆施加较大的拉伸载荷时，该杆可能仅伸长 1.4mm，这意味着应变为：

$$\varepsilon = \frac{\delta}{L} = \frac{1.4\text{mm}}{2.0\text{m}} = 0.0007 = 700 \times 10^{-6}$$

在实践中，δ 和 L 的原始单位有时会被标记在应变数值之后，这时应变以诸如 mm/m、μm/m 和 in/in 等形式来表示。例如，上述正应变 ε 可以按 700μm/m 或 700×10^{-6} m/m 的形式给出。应变有时也可以百分比的形式来表示，特别是当应变较大时（在上述例子中，应变为 0.07%）。

单向应力和应变（Uniaxial Stress and Strain）   正应力和正应变的定义基于纯粹的静力学和几何学，这就意味着，式（1-1）和式（1-2）适用于任何大小的载荷和任何材料。其主要要求是，杆件的变形应均匀分布在其整个体积内，这就反过来要求杆件应是柱状的，载荷的作用线应通过横截面的形心且材料应是**均匀**的（即杆件的所有部分都是相同的）。由此产生的应力与应变状态，被称为**单向应力和应变**（尽管会出现 1.6 节所述的横向应变）。

关于单向应力（包括长度方向以外的其他方向上的应力），将在 2.6 节给出进一步的论述。第 7 章还将分析更复杂的应力状态，如双向应力和平面应力。

轴向力的作用线与应力的均布   在上述关于柱状杆中应力和应变的讨论中，假设正应力 σ 均匀分布在横截面上。现在证明，如果轴向力的作用线通过横截面面积的形心，则满足这一假设。

研究一根受到轴向力 P（该力产生均布应力 σ）作用的任意截面形状的柱状杆（图 1-22a）。用 p_1 表示横截面上的一个点，力 P 的作用线通过该点贯穿横截面（图 1-22b）；同时，在横截面所在的平面内建立一个 xy 坐标系，并以 $\bar{x}$ 和 $\bar{y}$ 表示点 p_1 的坐标。为了确定 $\bar{x}$、$\bar{y}$ 的值，我们观察到，力 P 对 x 轴和 y 轴的力矩 M_x 和 M_y 必须分别等于均布应力关于相应轴的力矩。

力 P 对 x 轴和 y 轴的力矩分别为：

$$M_x = P\bar{y} \qquad M_y = -P\bar{x} \qquad\qquad (1\text{-}8a,\ b)$$

其中，当力矩矢量（使用右手法则）作用在相应轴的正方向时，该力矩为正[⊖]。

该分布应力对各轴的力矩可通过在整个横截面面积 A 上积分的方法得到。作用在微面积单元 dA（图 1-22b）上的微力等于 σdA。该微力对 x、y 轴的力矩分别等于 $\sigma y dA$ 和 $-\sigma x dA$（其中，x、y 为微元 dA 的坐标）。于是，通过在整个横截面面积 A 上积分，就可以得到合力矩：

⊖ 为了形象地表明右手法则，想象用右手握住坐标系的某根轴，并使大拇指指向该轴的正向。如果一个力矩的方向与手指所握的方向相同，则该力矩为正。

$$M_x = \int \sigma y \mathrm{d}A \quad M_y = -\int \sigma x \mathrm{d}A \quad (1\text{-}8\mathrm{c}, \mathrm{d})$$

这两个表达式给出了应力 σ 所产生的力矩。

接下来，使力 P 的力矩［见式（1-8a，b)］M_x 和 M_y 与该分布应力 σ 的相应力矩［见式（1-8c，d)］分别相等，即：

$$P\bar{y} = \int \sigma y \mathrm{d}A \quad P\bar{x} = -\int \sigma x \mathrm{d}A$$

由于应力 σ 是均匀分布的，由此可知，应力 σ 的值在整个横截面面积上是恒定的，因此，可将 σ 置于积分符号的外面。同时，还已知 σ 等于 P/A。基于这两个已知条件，可得到以下有关 p_1 点坐标的表达式：

$$\bar{y} = \frac{\int y \mathrm{d}A}{A} \quad \bar{x} = \frac{\int x \mathrm{d}A}{A} \quad (1\text{-}9\mathrm{a}, \mathrm{b})$$

这两个公式与定义面积形心坐标的公式［见第 12 章中的公式（12-3a，b)］是相同的。因此，可得出一个重要结论：为了使一根柱状杆受到均匀的拉伸或压缩，轴向力的作用线必须通过横截面面积的形心。如前所述，除非特别说明，否则将始终假设满足这一条件。

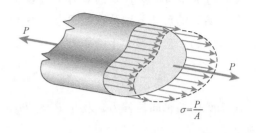

$$\sigma = \frac{P}{A}$$

a)

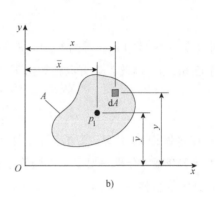

b)

图 1-22 柱状杆中均匀的应力分布
a）轴向力 P b）杆的横截面

下述各例展示了柱状杆中的应力和应变的计算过程。第一个例题忽略了杆的重量，第二个例题考虑了杆的重量（除非特别说明，否则求解本书习题时忽略结构的重量）。

● ● ● 例 1-5

如图 1-23 所示，空心尼龙圆管受到载荷 P_A 和 P_B 的作用。其中，$P_A = 7800\mathrm{N}$ 均匀分布在图示环形盖板面上，P_B 作用在底部。上圆管和下圆管的内、外径尺寸分别 $d_1 = 51\mathrm{mm}$、$d_2 = 60\mathrm{mm}$、$d_3 = 57\mathrm{mm}$、$d_4 = 63\mathrm{mm}$。上圆管的长度 $L_1 = 350\mathrm{mm}$，下圆管的长度 $L_2 = 400\mathrm{mm}$。忽略圆管的自重。

（a）为了使上圆管中的拉应力达到 14.5MPa，P_B 的大小应为多少？这时下圆管中产生的应力又是多少？

（b）如果保持 P_A 不变，为了使上、下圆管具有相同的拉应力，P_B 的大小又应为多少？

（c）假设承载情况与（b）问相同，并已知上圆管段的伸长量为 3.56mm，整个圆管底部向下的位移为 7.63mm。请分别求出上、下圆管中的拉应变。

解答：

（a）为了使上圆管中的拉应力达到 14.5MPa，P_B 的大小应

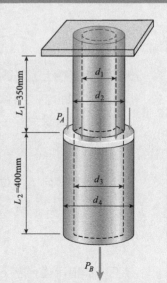

图 1-23 两根悬管的应力分析

为多少？这时下圆管中产生的应力又是多少？计算过程中忽略圆管的自重。

使用给定的尺寸分别计算上圆管（段1）和下圆管（段2）的横截面面积（注意，A_1是A_2的1.39倍）。已知段1中的应力为14.5MPa。

$$A_1 = \frac{\pi}{4}(d_2^2 - d_1^2) = 784.613 \text{mm}^2 \quad A_2 = \frac{\pi}{4}(d_4^2 - d_3^2) = 565.487 \text{mm}^2$$

上圆管中的轴向拉伸力是载荷P_A与P_B的和。写出σ_1关于这两个载荷的表达式，然后求解P_B：

$$\sigma_1 = \frac{P_A + P_B}{A_1}$$

其中，$\sigma_1 = 14.5$MPa，因此$P_B = \sigma_1 A_1 - P_A = 3577$N。

由于已知P_B，因此，就可以计算出下圆管中的轴向拉应力：

$$\sigma_2 = \frac{P_B}{A_2} = 6.33 \text{MPa}$$

（b）如果保持P_A不变，为了使上、下圆管具有相同的拉应力，P_B的大小又应为多少。即$P_A = 7800$N。分别写出上、下圆管中正应力的表达式，并令其相等，然后求解P_B。

上圆管中的拉伸正应力：

$$\sigma_1 = \frac{P_A + P_B}{A_1}$$

下圆管中的拉伸正应力：

$$\sigma_2 = \frac{P_B}{A_2}$$

使应力σ_1和σ_2的表达式相等，并求解P_B：

$$P_B = \frac{\dfrac{P_A}{A_1}}{\left(\dfrac{1}{A_2} - \dfrac{1}{A_1}\right)} = 20129 \text{N}$$

因此，为了使上、下圆管中的应力相等，载荷P_B的大小是载荷P_A的2.58倍。

（c）分别求出上、下圆管的拉应变。

上圆管的伸长量为$\delta_1 = 3.56$mm。因此，上圆管的拉应变为：

$$\varepsilon_1 = \frac{\delta_1}{L_1} = 1.017 \times 10^{-2}$$

整个圆管底部向下的位移量为$\delta = 7.63$mm。因此，下圆管的净伸长量为$\delta_2 = \delta - \delta_1 = 4.07$mm，则其拉应变为：

$$\varepsilon_2 = \frac{\delta_2}{L_2} = 1.017 \times 10^{-2}$$

注意：如前所述，应变是无量纲的，并且不需要单位。但是为了表达清晰，经常给出应变的单位。在本例中，ε可以被写为1017×10^{-6} m/m或1017μm/m。

● ● ● 例 1-6

某一用于支撑办公楼内钢制楼梯的半圆形托架组件包含两个托架，各托架通过 U 形夹和销与一根钢制吊杆相连接，吊杆的上端被连至附近的屋顶横梁上。托架连接与吊杆支撑的图片见图 1-24。估计楼梯的重量与正在使用楼梯的住户的重量将在每根吊杆上产生一个大小为 4800N 的力。

（a）请求出吊杆中的最大应力 σ_{max} 的表达式，考虑吊杆的自重。

（b）请计算出吊杆中的最大应力（MPa），使用以下数据：$L_r = 12m$，$d_r = 20mm$，$F_r = 4800N$ [注意，钢的重量密度 γ_r 为 77.0kN/m³（根据附录 H 的附表 H-1）]。

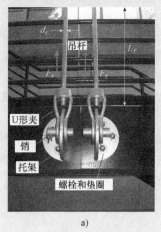

a)   b)   c)

图 1-24   例 1-6 图

a) 托架与吊杆组件   b) 吊杆与托架的侧视图   c) 连至屋顶横梁的吊杆

解答：

（a）请求出吊杆中的最大应力 σ_{max} 的表达式，考虑吊杆的自重。

杆中的最大轴力 F_{max} 发生在上端，它等于杆中的力 F_r 加上杆的自重 W_r。其中，楼梯及其使用者的重量在杆中产生力 F_r，而自重 W_r 等于钢的重量密度 γ_r 乘以杆的体积 V_r，即

$$W_r = \gamma_r(A_r L_r) \tag{1-10}$$

其中，A_r 为杆的横截面积。因此，最大应力的表达式 [根据式（1-6）] 为：

$$\sigma_{max} = \frac{F_{max}}{A_r} \text{ 或 } \sigma_{max} = \frac{F_r + W_r}{A_r} = \frac{F_r}{A_r} + \gamma_r L_r \tag{1-11}$$

（b）使用给定的数据计算杆中的最大应力（MPa）

为了计算最大应力，需要将给定的数据代入上述方程中。横截面面积 $A_r = rd_r^2/4$（其中，$d_r = 20mm$）、钢的重量密度 γ_r 为 77.0kN/m³（根据附录 H 的附表 H-1），因此，

$$A_r = \frac{\pi d_r^2}{4} = 314mm^2 \quad F_r = 4800N$$

楼梯的重量在杆中所产生的正应力为：

$$\sigma_{楼梯} = \frac{F_r}{A_r} = 15.3MPa$$

杆的自重在杆的顶部处所产生的附加正应力为：

$$\sigma_{杆} = \gamma_r L_r = 0.924 \text{MPa}$$

杆顶部处的最大正应力是这两个正应力的和：

$$\sigma_{\max} = \sigma_{\text{tair}} + \sigma_{\text{rod}} \quad \sigma_{\max} = 16.2 \text{MPa} \tag{1-12}$$

请注意，$\dfrac{\sigma_{\text{rod}}}{\sigma_{\text{stair}}} = 6.05\%$

在本例中，杆的自重贡献了约 6% 的最大应力，它不应该被忽略。

1.4　材料的力学性能

在设计具有一定功能的机器和结构时，要求理解所用材料的**力学行为**（mechanical behavior）。通常情况下，为了确定材料在受到载荷作用时是如何表现的，唯一的方法是在实验室中做试验。试验的常规程序是将材料试样放置在试验机中并施加载荷，然后测量产生的变形（如长度和直径的改变量）。大多数材料测试实验室配备有能够以各种加载方式施加载荷的机器，这些加载方式包括静态及动态的拉伸和压缩加载。

典型的拉伸试验机如图 1-25 所示。将试样安装在试验机的两个大型夹头上，然后施加拉伸载荷。测量装置记录变形，而自动控制与数据处理系统（在图中的左侧）生成表格和图形结果。

图 1-25　具有自动数据处理系统的拉伸试验机

拉伸试样的详图如图 1-26 所示。圆形试样的两个加粗端被夹头夹住，加粗的目的是保证试样不会在夹头附近出现破坏。试样端部的破坏不会产生所需的材料信息，因为正如 1.3 节中所解释的那样，夹头附近的应力分布是不均匀的。在一个设计合理的试样中，破坏将发生在该试样的柱状部分，该部分的应力分布均匀且仅受到纯拉伸作用，这种情况如图 1-26 所示，图中的钢制试样在载荷作用下刚好发生断裂。右侧的装置是一个引伸计，它的两个测量臂固定在试样上，用于测量加载过程中的伸长量。

为了使试验结果具有可比性，试样（specimen）⊖的尺寸和加载方式必须标准化。美国材料与实验协会（ASTM）是美国主要的标准化组织之一，该技术协会颁布材料和试验有关的规范和标准。其他标准化机构有美国标准协会（ASA）和国家标准与技术研究所（NIST）。在其他国家也存在有类似的组织⊖。

ASTM 标准拉伸试样的直径为 12.8mm、标距为 50.8mm（标距就是与试样相连的引伸计两臂之间的距离，见图 1-26）。在试样的拉伸过程中，将自动（或通过表盘）测量并记录轴向载荷的数值，也将同步测量标距的伸长量（通过图 1-26 所示的机械式计量仪，或通过电电阻应变计）。

载荷在静载试验（static test）中是缓慢施加的，由于加载的速度并不影响试样的行为，因此无需关心加载速度到底是多少。然而，在动载试验（dynamic test）中，载荷是快速施加的，并且有时会采用循环加载的方式，由于动态载荷的性质会影响材料的性能，因此必须测量加载速度。

金属材料的压缩试验通常采用立方体或圆柱体形状的小试样。例如，立方体的边长或许为 50mm，圆柱体的直径或许为 25mm，而长度可能为 25～300mm。试验机所施加的载荷以及试样的缩短量都可以测量。为了消除端部效应，所测缩短量应是标距的缩短量（标距的长度小于试样的总长度）。

混凝土的压缩试验用于重要的建设项目，以确保得到所需的强度。某种混凝土试样的直径为 152mm、长度为 305mm、龄期为 28 天（混凝土的龄期很重要，因为混凝土的强度是随着其硬化而得到的）。在进行岩石的压缩试验时，使用相似但稍小的试样（见图 1-27）。

⊖ 我国相关国家标准（GB/T 228《金属材料 拉伸试验》）规定，"试样的形状和尺寸取决于要被试验的金属产品的形状和尺寸。通常从产品、压制胚或铸件切取样胚经机加工制成试样。但具有恒定横截面的产品（型材、棒材、线材等）和铸造试样（铸铁和非铁合金材料）可以不经机加工而进行试验，且"试样横截面可以为圆形、矩形、多边形、环形，特殊情况下可以为某些其他形状"。同时，该标准还对各类形状试样的尺寸给出了具体的规定。注图 3 给出了圆形横截面机加工试样相关尺寸的说明。——译者注

说明：

d_0—圆试样平行长度的原始直径；

L_0—原始标距；

L_c—平行长度；

L_t—试样总长度；

L_u—断后标距；

S_0—平行长度的原始横截面；

S_u—断后最小横截面。

注图 3 圆形横截面机加工试样的形状与尺寸示意图（试样头部形状仅为示意性）
a）试验前 b）试验后

⊖ 我国类似的组织为"中国国家标准化管理委员会（中华人民共和国国家标准化管理局）"，该委员会属于国家质量监督检验检疫总局管理的事业单位，是国务院授权的履行行政管理职能，统一管理、监督和综合协调全国标准化工作的主管机构。——译者注

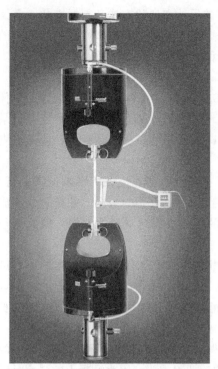

图 1-26　与引伸计相连的典型拉伸试样；
试样刚好被拉断

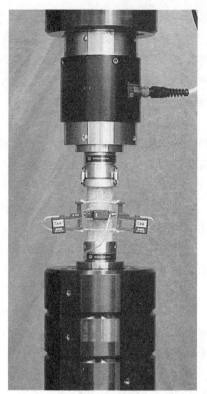

图 1-27　处于压缩试验中的岩石试样，用
于得到压缩强度、弹性模量和泊松比

应力-应变图　试验结果通常取决于被测试样的尺寸。在设计某个结构时，由于不可能将其所有构件的尺寸都设计为与试样相同的尺寸，因此，就需要采取一个合适的表达方式来表达试验结果，即这一表达方式可适用于任何尺寸的构件。实现这一目的简单方法是，将试验结果变换为应力和应变。

用轴向载荷 P 除以横截面面积 A 就可计算出某一试样中的轴向应力 σ［见式（1-6）］。若使用该试样的原始面积计算其应力，则该应力被称为名义应力（nominal stress，其他名称包括常规应力和工程应力）。若使用试样断裂后的断后最小横截面面积（即 S_u，见 P29 注释一）计算其应力，则可得到一个更精确的轴向应力值，该应力值被称为真实应力（true stress）。由于在拉伸试验的过程中实际面积总是小于原始面积，因此，真实应力大于名义应力。

用所测伸长量 δ 除以标距 L 就可求出该试样中的平均轴向应变 ε［见式（1-7）］。如果在计算中使用原始标距 L_0（例如，50mm），那么，将得到名义应变（nominal strain）。随着载荷的增大，标距也将增加，因此可以使用实际标距来计算在任何载荷值下的真实应变（或自然应变）。拉伸时，真实应变（true strain）总是小于名义应变。本节稍后将阐明，就大多数工程目标而言，名义应力和名义应变足以满足其需求。

在进行了拉伸和压缩试验并确定了各类大小的载荷所对应的应力和应变之后，就可以画出应力-应变图。应力-应变图（stress-strain diagram）就是被测材料的特性，该图向我们传达了有关力学性能（mechanical properties）和行为类型（type of behavior）方面的重要信息[一]。

㊀　应力-应变图由 J 伯努利（1654—1705）和 JV 蓬斯莱（1788—1867）原创，见参考文献 1-4。

首先讨论的材料是结构钢（structural steel），结构钢又被称为软钢（mild steel）或低碳钢（low-carbon steel）。结构钢是一种使用最为广泛的金属材料，在建筑物、桥梁、船舶、起重机、塔、车辆以及许多其他类型的建造物中都能发现它的身影。某一典型结构钢的拉伸应力-应变图如图 1-28 所示。在该图中，水平轴表示应变，铅垂轴表示应力（为了展示该材料的所有重要特性，图 1-28 中的应变轴没有按比例绘制）。

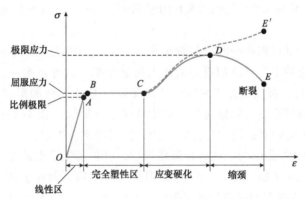

图 1-28　典型结构钢的拉伸应力-应变图（未按比例绘制）

该应力-应变图起始于一条由原点 O 至点 A 的直线，这意味着该起始区内的应力与应变之间的关系不仅是线性的（linear），而且还是成比例的（proportional）[⊖]。过点 A 之后，应力与应变之间的正比关系将不再存在，因此点 A 处的应力被称为比例极限（proportional limit）。对于低碳钢，其比例极限在 210MPa 至 350MPa 范围内，但高强度钢（含碳量较高且添加有其他合金的钢）的比例极限却大于 550MPa。直线 OA 的斜率被称为弹性模量（modulus of elasticity）。由于该斜率具有应力除以应变的单位，因此弹性模量与应力具有相同的单位（弹性模量将在 1.6 节讨论）。

随着应力增大至超过比例极限，应力只要略微增加，应变就开始以更快的速度增加。因此，该应力-应变曲线的斜率越来越小，直到曲线在点 B 处变为水平线为止（图 1-28）。从 B 点开始，在拉伸载荷没有明显增大的情况下，试样产生了相当大的伸长（从 B 到 C）。这种现象被称为材料的屈服（yielding），而点 B 则被称为屈服点（yield point），相应的应力被称为该结构钢的屈服应力（yield stress）。

在点 B 至点 C 的区间内（图 1-28），该材料变为完全塑性（perfectly plastic）材料，这表明没有增大载荷，该材料却发生了变形。低碳钢试样在完全塑性区内的伸长量通常是其线性区（即开始加载与比例极限之间的区间）内伸长量的 10~15 倍。因此，没有按比例绘制其应力-应变图的原因就在于，塑性区（以及之后的区间）内出现了非常大的应变。

经过在 BC 区的屈服期内发生的大应变后，该结构钢开始发生应变硬化（strain harden）。在应变硬化期间，材料的晶体结构发生了变化，并导致材料抵抗变形能力增大。在这一区间内，只有增大拉伸载荷才能使试样伸长，因此该应力-应变曲线从点 C 到点 D 的斜率为正。载荷达到其最大值后，相应的应力（点 D 处）被称为极限应力（ultimate stress）。此后，随着

⊖　如果两个变量的比率保持不变，则它们被称为成比例的。因此，一个比例关系可以用一条过坐标原点的直线来表示。然而，比例关系与线性关系是不同的。虽然比例关系是线性的，但反过来就不一定正确，因为，一条不通过坐标原点的直线所表示的关系是线性关系，但却不是比例关系。常用的表达"成正比"等同于"成比例"（见参考文献 1-5）。

载荷的降低，杆件实际上将进一步伸长，最后在图 1-28 所示的点 E 处发生断裂。

材料的屈服应力和极限应力也分别被称为屈服强度（yield strength）和极限强度（ultimate strength）。强度是一个通用术语，它指的是结构抵抗载荷的能力。例如，梁的屈服强度是一个能够使该梁产生屈服的载荷，而桁架的极限强度就是其所能支撑的最大载荷（即断裂载荷）。然而，在对某一特定材料进行拉伸试验时，我们用试样中的应力来定义承载能力，而不是用作用在试样上的总载荷来定义。因此，材料的强度通常用应力来描述。

如前所述，当某一试样被拉伸时，将发生横向收缩（lateral contraction）。其结果是，横截面面积大幅减小，这将对所计算的应力值产生明显影响，这种影响一直持续到图 1-28 所示的点 C 处。过点 C 之后，横截面面积的减小开始使应力-应变曲线的形状发生改变。在极限应力附近，横截面面积的减小变得清晰可见，并出现明显的缩颈（图 1-29）。

如果使用缩颈处的实际横截面面积来计算应力，则可得到真实的应力-应变曲线（图 1-28 中的虚线 CE'）。达到极限应力后，杆件所能承受的总载荷实际上是逐渐减小的（如曲线 DE 所示），但这一减小的原因在于杆件横截面面积的减小，并非材料自身的强度损失。实际上，直到断裂（点 E'）为止，材料一直经受着真实应力的增大。就大多数结构的预期功能而言，要求应力必须小于比例极限，因此，常用的应力-应变曲线 OABCDE（该曲线基于试样的原始横截面面积，易于确定）就可被用于工程设计、并为其提供满意的信息。

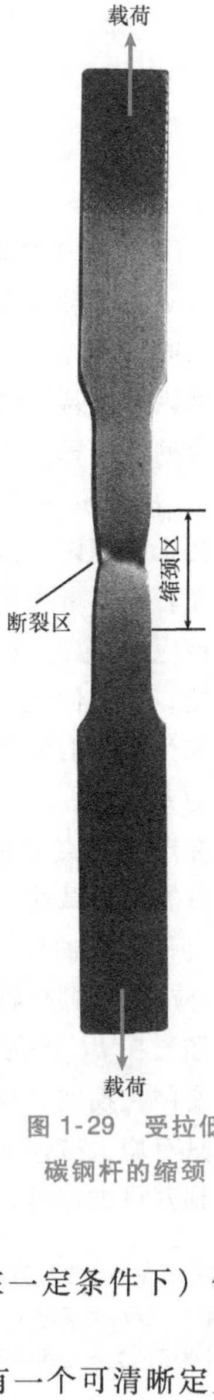

图 1-28 显示了低碳钢应力-应变曲线的一般特征，但其比例是不真实的，因为，如上所述，与点 O 至点 A 区间内的应变相比，点 B 至点 C 区间内的应变可能是其的十倍以上。此外，点 C 至点 E 区间内的应变比点 B 至点 C 区间内的应变大许多倍。正确的关系如图 1-30 所示，该图表示了一个按比例绘制的低碳钢的应力-应变图。在该图中，与点 A 至点 E 区间内的应变相比，零点至 A 点区间内的应变小到几乎看不见的程度，因此，该图的起始部分几乎是一条铅垂线。

结构钢的一个重要特征是，存在一个可清晰定义的屈服点，且紧随该点之后有一个巨大的塑性应变。该特征有时被应用在实际的设计中（例如 2.12 节和 6.10 节关于弹塑性行为的讨论）。在断裂前经历了一个大永久应变的金属材料（如结构钢）被归类为韧性（ductile）材料。例如，延展性是一种能够将钢筋弯成圆弧或拉成线而不使其发生损坏的性能。就韧性材料而言，一个可取的特点是，如果载荷过大，该材料将产生明显变形，从而有机会在实际断裂发生前采取补救行动。同时，表现出韧性行为的材料能够在断裂前吸收大量的应变能。

结构钢是一种含碳量约为 0.2% 的铁碳合金，因此它被归类为低碳钢。随着碳含量的增加；钢的韧性逐渐降低，强度却逐渐增大（较高的屈服应力和较高的极限应力）。钢的物理性能也受到热处理、其他金属的添加和制造工艺（如轧制）等的影响。其他具有韧性行为的材料（在一定条件下）包括铝、铜、镁、钼、镍、铅、铜、青铜、蒙乃尔合金、尼龙和聚四氟乙烯。

就铝合金而言，虽然其韧性可能相当大，但是各类铝合金通常都没有一个可清晰定义的

图 1-29　受拉低碳钢杆的缩颈

屈服点（图1-31的应力-应变图）。然而，它们的确有一个可辨认出比例极限的起始线性区。工程用铝合金比例极限的范围为 70 ~ 410MPa，极限应力的范围为 140~550MPa。

当某种材料（如铝）在超过比例极限后没有一个明显的屈服点、也没有经历巨大的应变时，可采用偏移法（offset method）人为地确定一个屈服应力。在应力-应变图（图1-32）中，绘制一条与其曲线的初始线性区平行的直线，该直线的偏移量选取某个标准应变，如 0.002（或0.2%）。偏移线和应力-应变曲线的交点（图

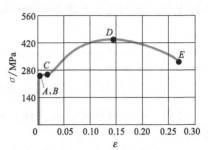

图1-30 典型结构钢的拉伸应力-应变图（按比例绘制）

中的点A）就确定了屈服应力。由于该屈服应力是根据人为规则来确定的，它并不是材料固有的物理性能，因此，为了使其区别于真实的屈服应力，该屈服应力被称为偏移屈服应力（offset yield stress）。对于铝等材料，偏移屈服应力略高于比例极限。对于结构钢，由于其线性区至塑性区有一个突变，因此，其偏移屈服应力基本上等同于屈服应力和比例极限。

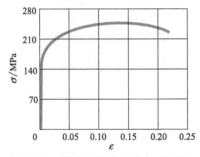

图1-31 铝合金的典型应力-应变图

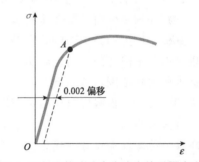

图1-32 由偏移法人为确定的屈服应力

橡胶的应力与应变之间一直保持着线性关系，直到出现较大应变（与金属材料相比）为止，比例极限处的应变可能高达0.1或0.2（10%或20%）。超出比例极限，其行为取决于橡胶的类型（图1-33）。某些种类的软橡胶，在不发生断裂的前提下，其伸长后的长度是其原始长度的几倍；随着材料抵抗载荷能力的增大，应力-应变曲线最终明显上升；通过拉伸一条橡皮筋，就可明显感受到这一特性（注意，虽然橡胶具有非常大的应变，但是，由于该应变不是永久应变，因此橡胶不是一种韧性材料。事实上，它是一种弹性材料，见1.5节）。

材料的拉伸韧性可用伸长率和断面收缩率来描述。伸长率（percent elongation）的定义为：

$$伸长率 = \frac{L_1 - L_0}{L_0} \times 100\% \qquad (1\text{-}13)$$

其中，L_0 为原始标距，L_1 为断后标距（即 P29 注释一中的 L_u）。由于试样的伸长在其整个长度上并不均匀，而是集中在缩颈区，因此伸长率取决于标距。这就意味着在表述伸长率时，应当给出相应的标距。例如，标距长度为 50mm 时，根据化学成分的不同，钢的伸长率可能在 3% ~ 40% 的范围内；结构钢的伸长率

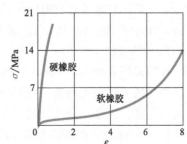

图1-33 两类橡胶的拉伸应力应变曲线

通常为 20% 或 30%。根据化学成分和处理方式的不同，铝合金的伸长率在 1%~45% 的范围内变化。

断面收缩率（percent reduction in area）用来测量所产生的缩颈量，其被定义为：

$$断面收缩率 = \frac{A_0 - A_1}{A_0} \times 100\% \tag{1-14}$$

其中，A_0 为原始横截面面积，A_1 为断口截面的最终面积。对于韧性钢，断面收缩率约为 50%。

在应变值相对较低的情况下发生拉伸断裂的材料被归类为**脆性**（brittle）材料。例如，混凝土、石材、铸铁、玻璃、陶瓷以及一些金属合金等均为脆性材料。在超过比例极限（图 1-34 中点 A 处的应力）之后，脆性材料将失效，此时其伸长量很小。此外，由于面积的减小是微不足道的，因此名义断裂应力（点 B）与真实的极限应力是相同的。高碳钢具有非常高的屈服应力，在某些情况下超过 700MPa，但其行为表现为脆性方式，且在伸长率仅为百分之几的情况下就会发生断裂。

普通玻璃是一种近乎理想的脆性材料，因为它几乎没有韧性。玻璃的拉伸应力-应变曲线基本上是一条直线，它将在发生任何屈服之前断裂。某些种类的平板玻璃，其极限应力约为 70MPa，但是，根据种类、试样大小以及微观缺陷等的不同，玻璃的极限应力也存在着一个极大的变化范围。**玻璃纤维**（glass fibers）可以具有很大的强度，其极限应力可达到 7GPa 以上。

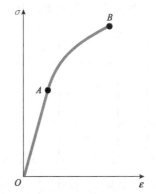

图 1-34   某种脆性材料的典型应力应变图
（点 A 为比例极限，点 B 为断裂应力）

许多种类的**塑料**（plastics），由于其具有重量轻、耐腐蚀、绝缘性能良好等优点，常被用于各类工程结构中。这些工程塑料在力学性能上有很大的区别，一些塑料表现出脆性特征，而另一些塑料却表现出韧性特征。塑料用于工程设计时，重要的一点是，温度的变化和时间的推移将对其性能产生极大影响。例如，当温度由 10℃ 上升至 50℃ 时，某些塑料的拉伸极限应力几乎降低了一半。还有，随着服役时间的延长，一个承受载荷的塑料可能不断地伸长，直至其退役。又例如，一根受到拉伸载荷作用的聚氯乙烯杆，其初始应变为 0.005，但在一周后，即使载荷保持不变，其应变也可能已经增加了一倍（这一现象被称为蠕变，将在下一节讨论）。

塑料的极限拉伸应力一般都处于 14~350MPa 的范围内，其重量密度的变化范围为 8~14kN/m³。某种尼龙具有 80MPa 的极限应力，其重量仅为 11kN/m³，这一重量只比水的重量高 12%。由于其重量轻，因此，尼龙的**强度-重量比**（strength-to-weight ratio）与结构钢的大致相同（见习题 1.4-4）。

一种**纤维增强材料**（filament-reinforced material）由基础材料（或基体）和嵌入材料构成，其中，嵌入材料为高强度纤维丝、纤维束或晶须。这样得到的复合材料比其基础材料具有更大的强度。例如，使用玻璃纤维能够使塑料基体的强度增加一倍以上。复合材料广泛应用于飞机、轮船、火箭和航天飞行器等要求强度高、重量轻的工程产品中。

压缩   与拉伸应力-应变曲线相比，材料的压缩应力-应变曲线是不同的。韧性金属如钢、铝和铜，其压缩和拉伸时的比例极限非常接近，其压缩和拉伸应力-应变图中的起始区域也大致相同。然而，屈服开始后，其行为则完全不同。在拉伸试验中，试样被拉伸，随后发生缩颈，并最终发生断裂。当材料被压缩时，由于试样和端板之间的摩擦阻止了试样的横向膨胀，因此试样的两侧向外凸起并形成桶状。随着载荷的增大，试样被压扁，且其抵抗压缩的能力得到大幅提高（即应力-应变曲线变得非常陡峭）。图 1-35（该图为铜的压缩应力-应变图）显示了这些特性。对于处于压缩试验中的试样，由于其实际横截面面积大于其原始横截面面积，因此，压缩试验中的真实应力小于名义应力。

承受压缩载荷的脆性材料通常有一个初始线性区，该线性区之后是一个缩短率略高于加载率的区间。压缩和拉伸应力-应变曲线往往具有相似的形状，但是压缩极限应力比拉伸极限应力要高得多。同时，与韧性材料不同（韧性材料在压缩时仅会被压扁，而不会断裂），脆性材料实际上将在达到最大载荷时发生断裂。

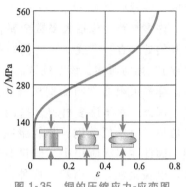

图 1-35　铜的压缩应力-应变图

力学性能表　各类材料的性能见附录 H。附录 H 给出的数据是各类材料的典型数据，这些数据适用于求解本书中的习题。然而，即使是同样的材料，由于制造工艺、化学成分、内部缺陷、温度以及许多其他因素的不同，其应力-应变曲线的特征具有很大的差别。

基于上述原因，从附录 H（或其他类似性质的数据表）获得的数据并不适用于特定的工程或设计目标。相反，有关某一特定产品的信息，应咨询制造商或材料供应商。

1.5　弹性、塑性和蠕变

如上节所述，当对工程材料施加了拉伸或压缩载荷时，应力-应变图描绘了该材料的行为。为了更进一步地研究其行为，需考虑移除载荷和材料被卸载时的情况。

例如，假设在试样中施加一拉伸载荷，使应力与应变从图 1-36a 所示应力-应变曲线的原点 O 变化至点 A。再进一步假设，卸载过程中该材料沿着完全相同的曲线返回至原点 O。材料在卸载过程中返回其原始尺寸的这一性能被称为弹性（elasticity），而该材料本身被认为是有弹性的。注意，具有弹性的材料，其应力-应变曲线的 OA 段不一定是线性的。

现在，假设对同一材料施加了一个更大的载荷，使应力和应变达到应力-应变曲线的 B 点（见图 1-36b）。当从 B 点开始卸载时，该材料的应力和应变沿着图中的直线 BC 变化。这条卸载线平行于加载曲线的初始部分，即直线 BC 平行于该应力-应变曲线原点处的切线。到达点 C 时已完全卸载，但直线 OC 所表示的残余应变（residual strain）或永久应变被保留在该材料中。其结果是，卸载后杆件的长度比其加载前的长度要大。杆件的这一残余伸长量被称为永久变形（permanent set）。加载期间从 O 到 B 产生的总应变 OD 由应变 CD 和应变 OC 构成，其中，应变 CD 已经被弹性恢复，而应变 OC 作为一个永久应变却被保留下来。因此，卸载后，杆件部分地返回至原始形状，其材料也因而被称为具有部分弹性（partially elastic）。

应力-应变曲线（见图 1-36b）的点 A 和点 B 之间必定有这样一个点，在该点之前，材料是弹性的；超出该点，材料是部分弹性的。为了找出该点，将材料加载至某一选定的应力值，然后卸载。如果没有出现永久变形（即如果杆的伸长量返回为零），那么，直到应力达到所选定的应力值之前，材料都是完全弹性的。

可以连续地提高应力值，并不断地重复上述加载和卸载过程。最后，总能找到这样一个应力值，以该应力值开始卸载后，不是所有的应变都被恢复。采用这种方法来确定弹性区的上限应力值是可行的，例如，图 1-36a、b 中点 E 处的应力。该点处的应力被称为材料的**弹性极限**（elastic limit）。

许多材料，包括大多数金属，在其应力-应变曲线的开始处都有一个线性区（例如图 1-28 和图 1-31 中的曲线）。如前所述，该线性区的上限应力值就是比例极限。弹性极限通常与比例极限相同，或略高于比例极限。因此，对于许多材料，这两个极限被赋予了相同的数值。对于低碳钢，其屈服应力也非常接近比例极限，因此在实际应用中，假设其屈服强度、弹性极限和比例极限相等。当然，这种情况并不适用于所有材料。橡胶就是一个突出的例子，其弹性极限远大于其比例极限。

某些材料在超出弹性极限之后将发生非弹性应变，这一特性被称为**塑性**（plasticity）。因此，在图 1-36a 所示的应力-应变曲线中，既有一个弹性区，又有一个随后的塑性区。当某个被加载到塑性区的韧性材料发生大形变时，就可以说该材料处于**塑性流动**（plastic flow）状态。

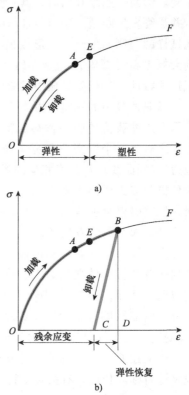

图 1-36   施加载荷后的应力-应变图
a）弹性行为   b）局部弹性行为

材料的再次加载   如果材料保持在弹性范围内，那么，可对其加载、卸载以及再次加载而不会显著改变其行为。然而，一旦被加载至塑性区内，则材料的内部结构及其性能均将发生改变。例如，我们已观察到，从塑性区卸载后，试样中存在着一个永久应变（图 1-36b）。现在假设在这次卸载之后，材料被再次加载（图 1-37）。新的加载从图中的点 C 开始连续向上直至点 B（点 B 为第一次加载期间卸载的起始点）。然后，材料的应力和应变将沿着原来的应力-应变曲线变化至点 F。因此，对于第二次加载，可以设想有了一个新的应力-应变图，该应力-应变图的原点为点 C。

在第二次加载期间，从点 C 到点 B，材料表现为线弹性行为，并且，直线 CB 的斜率与原始应力-应变曲线原点 O 处的切线的斜率相同。此时，比例极限位于点 B，它高于原始弹性极限（点 E）。因此，将材料（如钢或铝）拉伸至非弹性或塑性区内，就可以改变材料的性能，即增大线弹性区并提高比例极限和弹性极限。然而，由于"新材料"中弹性极限之后的屈服量（从点 B 到点 F）小于原始材料中的屈服量（从点 E 到点 F）$^{\ominus}$，因此，其韧性却被降低了。

蠕变   前述应力-应变图是通过对试样进行静态加载和卸载的拉伸试验获得的，并没有考

$\ominus$ 各种环境和加载条件下材料行为的研究是应用力学的一个重要分支。各类材料更详细的工程信息，请参考相关材料类书籍。

虑时间的影响。然而，当长期承受载荷时，某些材料将发生额外的应变，该额外的应变被称为**蠕变**（creep）。

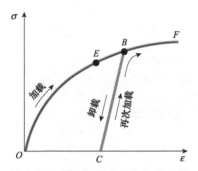

图 1-37　某种材料的再次加载及其弹性极限与比例极限的提升

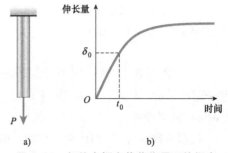

图 1-38　杆件在恒定载荷作用下的蠕变

这种现象能够以多种方式表现出来。例如，假设对一根铅垂杆（图 1-38a）缓慢地施加一个力 P，并产生一个 δ_0 的伸长量。假设该载荷及其相应的伸长量发生在时间间隔为 t_0 的时段（见图 1-38b）。t_0 时间以后，载荷仍然保持不变。然而，即使载荷保持不变，该杆也可能因蠕变而逐渐伸长（如图 1-38b 所示）。这种行为在许多材料中都出现过，虽然有时候蠕变太小以致于不会引起关注。

蠕变的另一种表现，以一根受拉金属丝（图 1-39）为例，该金属丝位于两个固定支座之间，其初始拉伸应力为 σ_0。将该金属丝初始拉伸的时间段再次标记为 t_0。随着时间的流逝，即使金属丝两端的支座一直固定不动，但金属丝中的应力却逐渐减小，并最终达到一个恒定值。这个过程被称为材料的**松弛**（relaxation）。

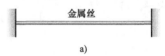

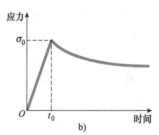

图 1-39　恒定应变情况下金属丝中的应力松弛

通常情况下，高温蠕变比常温蠕变更为重要，因此，在设计发动机、熔炉以及其他需要长时间在高温环境下运行的结构时，应当始终考虑蠕变的影响。然而，钢铁、混凝土和木材等材料，即使在常温下也将发生轻微的蠕变。例如，桥梁在长期使用后，其混凝土的蠕变将使桥面下沉并出现起伏（一个补救方法是构建上拱桥面，也就是使桥面有一个高于水平线的初始位移，当蠕变发生时，桥面就会下沉至水平位置）。

● ● ● 例 1-7

某一机器零件的 A 端可沿着一个水平杆滑动，其 B 端可在一个铅垂槽内移动。用一根在 A 和 B 处由滚动支座（忽略摩擦）支撑的刚性杆 AB（长度 $L=1.5\mathrm{m}$，重量 $W=4.5\mathrm{kN}$）来表示该零件。不使用时，该零件的 A 端被一根金属丝（直径 $d=3.5\mathrm{mm}$）拉住，金属丝的另一端固定在 C 处（见图 1-40）。该金属丝由铜合金制造，其材料的应力应变关系为：

$$\sigma(\varepsilon)=\frac{124000\varepsilon}{1+240\varepsilon} \quad 0\leqslant\varepsilon\leqslant0.03(\sigma \text{ 的单位为 MPa})$$

（a）绘制该材料的应力-应变图；弹性模量 E（GPa）是多少？$\sigma_{0.2}$（MPa）是多少？

（b）求出该金属丝中的拉力 T（kN）。

（c）求出金属丝的正应变 ε 和伸长量 δ（mm）。

（d）如果移去所有的外力，那么，请求出金属丝的永久变形。

解答：

（a）绘制该材料的应力-应变图；弹性模量 E（GPa）是多少？$\sigma_{0.2}$（MPa）是多少？

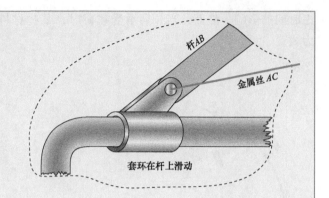

套环在杆上滑动

绘制函数 $\sigma(\varepsilon)$ 的图形，其中，应变 ε 的取值范围为 0~0.03（图 1-41）。应变 $\varepsilon = 0.03$ 对应的应力为 454MPa。

$$\sigma(\varepsilon) = \frac{124000\varepsilon}{1+240\varepsilon} \quad \varepsilon = 0, 0.001, \cdots, 0.03$$

$$\sigma(0) = 0 \quad \sigma(0.03) = 454\text{MPa}$$

该应力-应变曲线在 $\varepsilon = 0$ 处的切线的斜率就是弹性模量 E（图 1-42）。对 $\sigma(\varepsilon)$ 求导，可得：$E(\varepsilon) = \dfrac{\mathrm{d}\sigma(\varepsilon)}{\mathrm{d}\varepsilon} = \dfrac{124000}{(1+240\varepsilon)^2}$，

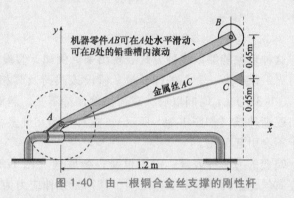

机器零件 AB 可在 A 处水平滑动、可在 B 处的铅垂槽内滚动

金属丝 AC

图 1-40　由一根铜合金丝支撑的刚性杆

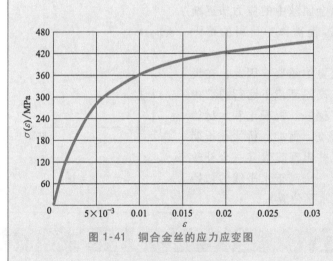

图 1-41　铜合金丝的应力应变图

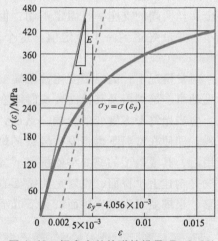

$\sigma_y = \sigma(\varepsilon_y)$

$\varepsilon_y = 4.056 \times 10^{-3}$

图 1-42　铜合金丝的弹性横量 E、0.2%偏移线、屈服应力 σ_y 和屈服应变 ε_y

该式就是 $\sigma(\varepsilon)$ 曲线的斜率方程，将 $\varepsilon = 0$ 代入该式，就可求出弹性模量 E，即：

$$E = E(0) = 124000\text{MPa} = 124\text{GPa}$$

接下来，求 0.2%偏移线与该应力-应变曲线的交点（图 1-42）。设该点的坐标值为 $(\sigma_y, \varepsilon_y)$。根据 0.2%偏移线的表达式 $\sigma(\varepsilon) = E(\varepsilon - 0.002)$，可得：

$$\sigma_y = E(\varepsilon_y - 0.002),$$

该式可表达为：

$$\varepsilon_y = 0.002 + \sigma_y / E,$$

根据应力-应变曲线的表达式，可得：

$$\sigma_y = \frac{124000\varepsilon_y}{1+240\varepsilon_y}$$

将 ε_y 的表达式代入该式，可得：

$$\sigma_y^2 + \left(\frac{E}{500}\right)\sigma_y - \frac{E^2}{120000} = 0$$

求解该二次方程，可得：$\sigma_y = 255\mathrm{MPa}$。则 ε_y 为：

$$\varepsilon_y = 0.002 + \frac{\sigma_y}{E(\mathrm{GPa})} = 4.056 \times 10^{-3}$$

(b) 依据静力平衡，求出该金属丝中的拉力 $T(\mathrm{kN})$。

求出 x 轴与金属丝的夹角：

$$\alpha_C = \arctan\left(\frac{0.45}{1.2}\right) = 20.556°$$

以 AB 杆作为自由体（AB 杆的重量为 $W = 4.5\mathrm{kN}$），根据 AB 杆的平衡条件 $\sum M_A = 0$，可以求得向左作用的反作用力 B_x 为：

$$B_x = -\frac{W(0.6\mathrm{m})}{0.9\mathrm{m}} = -3\mathrm{kN}$$

接着，根据 $\sum F_x = 0$ 建立平衡方程，就可求出该金属丝中的拉力 T_C：

$$T_C = \frac{-B_x}{\cos\alpha_C} = 3.2\mathrm{kN}$$

(c) 求出金属丝的轴向正应变 ε 和伸长量 δ（mm）。

金属丝的直径、横截面面积以及长度分别为：

$$d = 3.5\mathrm{mm} \quad A = \frac{\pi}{4}d^2 = 9.6211\mathrm{mm}^2$$

$$L_C = \sqrt{(1.2\mathrm{m})^2 + (0.45\mathrm{m})^2} = 1.282\mathrm{m}$$

金属丝中的正应力为：$\sigma_C = T_C/A = 333\mathrm{MPa}$。注意：该应力值超过了 255MPa 的偏移屈服极限。

由于应力-应变曲线的方程式 $\sigma(\varepsilon) = 124000\varepsilon/(1+240\varepsilon)$ 可表达为：

$$\varepsilon(\sigma) = \frac{\sigma}{124000 - 240\sigma}$$

因此，$\varepsilon(\sigma_C) = \varepsilon_C$，即 $\varepsilon_C = \dfrac{\sigma_C}{124\mathrm{GPa} - 240\sigma_C} = 7.556 \times 10^{-3}$

最后，金属丝的伸长量等于应变乘以其长度，即：

$$\delta_C = \varepsilon_C L_C = 9.68\mathrm{mm}$$

(d) 如果移去所有的外力，那么，请求出金属丝中的永久变形。

如果移去金属丝上的载荷，则金属丝中的应力将沿着图 1-43（也可参见图 1-36b）中的卸载线 BC 返回零。其弹性恢复应变为：

$$\varepsilon_{er} = \frac{\sigma_C}{E} = 3.895 \times 10^{-4}$$

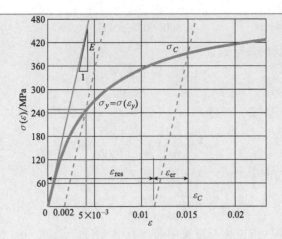

图 1-43　铜合金丝的残余应变（ε_{res}）和弹性恢复应变（ε_{er}）

因此，残余应变就是总应变（ε_C）与该弹性恢复应变（ε_{er}）之间的差值，即：

$$\varepsilon_{\text{res}} = \varepsilon_C - \varepsilon_{\text{er}} = 7.166 \times 10^{-3}$$

最后，金属丝中的永久变形就是该残余应变与其长度的乘积，即：

$$P_{\text{set}} = \varepsilon_{\text{res}} L_C = 9.184 \text{mm}$$

1.6　线弹性、胡克定律和泊松比

许多结构材料，包括大多数金属、木材、塑料和陶瓷，在第一次受载时，同时表现出弹性行为和线性行为。因此，其应力-应变曲线就始于一条通过原点的直线。结构钢的应力-应变曲线（图 1-28）就是这样的一个例子，在该图中，从原点 O 至比例极限（点 A）的区域既是线性区域，又是弹性区域。其他的例子有铝（图 1-31）、脆性材料（图 1-34）和铜（图 1-35）。在它们的应力-应变图中，比例极限和弹性极限以下的区域就是一个具有上述行为特征的区域。

在某一材料具有弹性行为的同时，其应力和应变之间又具有线性关系，则可将该材料称为线弹性（linearly elastic）材料。这种线弹性行为是非常重要的，其原因显而易见，即如果将结构和机器的功能设计在这一区域，就可避免屈服所引起的永久变形。

胡克定律　对于一根简单受拉杆或受压杆，其应力与应变之间的线性关系可由以下方程来表示：

$$\sigma = E\varepsilon \tag{1-15}$$

其中，σ 为轴向应力，ε 为轴向应变，E 为材料的比例常数（被称为弹性模量）。如 1.4 节所述，弹性模量就是应力-应变图中线弹性区的斜率。由于应变是无量纲的，因此，E 的单位与应力的单位相同。

方程 $\sigma = E\varepsilon$ 通常被称为胡克定律（Hooke's law），它以著名英国科学家罗伯特·胡克（1635—1703）的名字来命名。胡克是采用科学方法研究材料弹性性质的第一人，他测试了不同的材料，如金属、木材、石头、骨骼和肌肉。他测量了重物作用下长绳的伸长情况，并观察到伸长量"总是与使其产生伸长的重量具有相同的比例"（见参考文献 1-6）。因此，胡克建立了载荷与其相应伸长量之间的线性关系。

式（1-15）实际上是胡克定律的简化形式，因为它只涉及到某一受拉杆或受压杆中产生的纵向应力和应变（单向应力状态）。若要处理更复杂的应力状态，如那些在大多数机械与结构中出现的应力状态，就必须使用广义胡克定律（见7.5节和7.6节）。

非常硬的材料（如结构钢等），其弹性模量具有相对较大的值。钢的弹性模量约为210 GPa，铝的弹性模量通常为73 GPa左右。大多数软性材料的弹性模量较低，处于0.7~14GPa的范围内。附录H的表H-2给出了一些有代表性的 E 值。就大多数材料而言，其压缩和拉伸的 E 值几乎相同。

弹性模量通常被称为杨氏模量（Young's modulus），以纪念另一位英国科学家托马斯·杨（1773—1829）。在关于柱状杆拉伸和压缩的研究中，杨提出了"弹性模量"的设想；但是，杨的模量与现在使用的模量并不相同，因为杨的模量除了与材料有关之外，还涉及杆件的性质。（见参考文献1-7）。

泊松比　当某一柱状杆受到拉伸载荷作用时，在发生轴向伸长的同时，还伴随有横向收缩（lateral contraction，即垂直于载荷作用方向的收缩）。这一形状变化如图1-44所示，其中，图a表示加载前的柱状杆，图b表示加载后的柱状杆，图b中的虚线表示加载前该杆的形状。

拉伸一条橡皮筋，就可以很容易地观察到横向收缩。但对于金属材料，其横向尺寸的变化（在线弹性区内）通常非常小以致于无法观察到，然而，使用敏感的测量装置就可检测到这一尺寸变化。

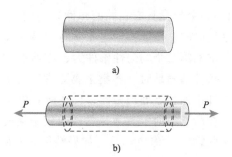

图 1-44　受拉柱状杆的轴向伸长与横向缩短
a）加载前的杆　b）加载后的杆（尺寸被高度夸张）

如果材料是线弹性的，那么，某根杆中任一点处的横向应变（lateral strain） ε' 与同一点处的轴向应变 ε 成正比。这两个应变的比值是材料的一种性能，该性能被称为泊松比（Poisson's ratio）。泊松比没有量纲，通常用希腊字母 ν 表示，其表达式为：

$$\nu = -\frac{横向应变}{轴向应变} = -\frac{\varepsilon'}{\varepsilon} \tag{1-16}$$

表达式中的负号表明，横向应变通常与轴向应变相反。例如，某杆在拉伸时，其轴向应变为正，而其横向应变则为负（因为该杆的宽度减小）。而压缩时，情况正好相反，该杆变得越来越短（负的轴向应变）和越来越宽（正的横向应变）。因此，常用材料的泊松比是一个正值。

当已知某一材料的泊松比时，就可以根据轴向应变求得其横向应变：

$$\varepsilon' = -\nu\varepsilon \tag{1-17}$$

在使用式（1-16）和式（1-17）时，必须始终牢记，这两个公式仅适用于处于单向应力状态的杆件，即该杆在其轴向方向上有一个唯一的应力，这个应力为正应力 σ。

泊松比以法国著名数学家西蒙·丹尼斯·泊松（1781—1840）的名字来命名，泊松试图使用材料的分子理论来计算这一比率（见参考文献1-8）。对于各向同性材料，泊松求出其 $\nu = 1/4$，而依据更精确的原子结构模型所计算出的 ν 值为 $\nu = 1/3$，这两个值都接近实际测量值。对于大多数金属和许多其他材料，其实际测量值处于0.25~0.35的范围内。泊松比很低的材料有软木（其 ν 值几乎为零）和混凝土（其 ν 值约为0.1或0.2）。泊松比的理论上限值是0.5（见7.5节），橡胶的泊松比接近该极限值。

附录H的表H-2给出了各类材料在线弹性范围内的泊松比。大多数工程应用均假设拉伸和压缩时的泊松比相同。

　　当材料的应变变得较大时，泊松比也将发生变化。例如，发生塑性屈服时，结构钢的泊松比几乎变为 0.5。因此，泊松比仅在线弹性范围内保持不变。当材料表现为非线性行为时，其横向应变与轴向应变的比值通常被称为收缩比（contraction ratio）。当然，在线弹性行为这种特殊情况下，收缩比与泊松比相同。

　　局限性　如上所述，就某一特定材料而言，其泊松比在弹性范围内保持不变。因此，在图 1-44 所示的柱状杆中，随着载荷的增加或减少，任何给定点处的横向应变均与轴向应变成正比。然而，对于一个给定的载荷值（这意味着杆中的轴向应变是常数），若要使整个杆的横向应变处处相同，则必须满足以下附加条件。

　　第一个附加条件为，材料必须是均匀的（homogeneous），即其每一点的组分必须相同（材料也就因此具有相同的弹性）。然而，均匀并不意味着某个指定点处的弹性在所有方向上都是相同的。例如，轴向和横向的弹性模量可能是不同的（木杆正是如此）。因此，横向应变所要求的第二个均匀性条件为，在所有垂直于纵向轴线的方向上，弹性都必须是相同的。当上述条件都满足时（各类金属通常就属于这种情况），对于受到均匀拉伸的柱状杆，其横向应变在杆中的各点处均相同，且在所有横向方向上也都是相同的。

　　在所有方向上（无论是轴向还是横向，或任何其他方向）具有相同性能的材料被认为是各向同性的（isotropic）。如果性能在不同方向是不同的，该材料就是各向异性的（anisotropic）。

　　除非另有说明，否则，本书中所有例题和习题均假设材料是线弹性的、均匀的和各向同性的。

● ● ●　例 1-8

　　空心塑料圆管（长度为 L_p，内径和外径分别为 d_1、d_2，见图 1-45）被插入铸铁管（长度为 L_c，内径和外径分别为 d_3、d_4）内作为衬套。

　　（a）如果当该塑料管受到某个压缩力 P 作用时，要求其长度与铸铁管的长度相同，同时还要求其外径等于铸铁管的内径，那么，该塑料管的原始长度 L_p 应该是多少（写出原始长度 L_p 的表达式）。

　　（b）使用以下给出的数据求出该塑料管的原始长度 L_p（m）的值，并求出该塑料管的最终壁厚 t_p（mm）的值。

　　（c）所要求的压缩力 P（N）是多少？两根管中的最终正应力（MPa）是多少？

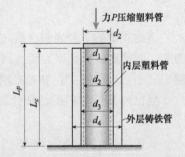

图 1-45　被压入铸铁管内的塑料管

　　（d）比较该塑料管的原始体积和最终体积。

　　两根管相关尺寸数据与横截面性能数据为：

$$L_c = 0.25\text{m} \quad E_c = 170\text{GPa} \quad E_p = 2.1\text{GPa} \quad \nu_c = 0.3 \quad \nu_p = 0.4\text{m}$$

$$d_1 = 109.8\text{mm} \quad d_2 = 110\text{mm} \quad d_3 = 110.2\text{mm}$$

$$d_4 = 115\text{mm} \quad t_p = \frac{d_2 - d_1}{2} = 0.1\text{mm}$$

塑料管与铸铁管的原始横截面面积为：

$$A_p = \frac{\pi}{4}(d_2^2 - d_1^2) = 34.526\text{mm}^2 \quad A_c = \frac{\pi}{4}(d_4^2 - d_3^2) = 848.984\text{mm}^2$$

解答：

（a）求解塑料管初始长度 L_p 的表达式。

塑料管受压时，将产生横向应变，该横向应变量应等于塑料管与铸铁管之间的间隙量 $(d_3 - d_2)$。因此，所需的横向应变（正值）为：

$$\varepsilon_{\text{lat}} = \frac{d_3 - d_2}{d_2} = 1.818 \times 10^{-3}$$

利用式（1-17）就可以得到此时塑料管中相应的压缩正应变（需已知该塑料管的泊松比），即所需的压缩正应变为：

$$\varepsilon_p = \frac{-\varepsilon_{\text{lat}}}{\nu_p} \text{或} \ \varepsilon_p = \frac{-1}{\nu_p}\left(\frac{d_3 - d_2}{d_2}\right) = -4.545 \times 10^{-3}$$

这时，就可以使用该压缩正应变 ε_p 来计算塑料管的缩短量 δ_{p1}，该缩短量为：

$$\delta_{p1} = \varepsilon_p L_p$$

同时，所要求的塑料管的缩短量（该缩短量使得塑料管的最终长度与铸铁管的长度相同）为：

$$\delta_{p2} = -(L_p - L_c)$$

使 δ_{p1} 和 δ_{p2} 相等，就可以得到 L_p 的表达式：

$$L_p = \frac{L_c}{1 + \varepsilon_p} \text{或} \ L_p = \frac{L_c}{1 - \dfrac{d_3 - d_2}{\nu_p d_2}}$$

（b）使用所给出的数据求出塑料管的原始长度值 L_p、壁厚变化量 Δt_p 以及最终壁厚值 t_{pf}。

正如所期望的那样，L_p 大于铸铁管的长度（$L_c = 0.25\text{m}$），而受压塑料管的壁厚增加了 Δt_p：

$$L_p = \frac{L_c}{1 - \left(\dfrac{d_3 - d_2}{\nu_p d_2}\right)} = 0.25114\text{m}$$

$$\Delta t_p = \varepsilon_{\text{lat}} t_p = 1.818 \times 10^{-4}\text{mm}, \quad \text{故} \ \Delta t_{pf} = t_p + \Delta t_p = 0.10018\text{mm}$$

（c）求出所要求的压缩力 P，并求出两根管中的最终正应力。

利用胡克定律［见式（1-15）］可求得塑料管中的最终正应力，该正应力的值完全小于各类备选塑料的极限应力（见附录 H 中的表 H-3）：

$$\sigma_p = E_p \varepsilon_p = -9.55\text{MPa}$$

压缩该塑料管所需的力为 $P_{\text{reqd}} = \sigma_p A_p = -330\text{N}$。

铸铁管中的初始应力和最终应力均为零，因为铸铁管没有受到力的作用。

（d）比较塑料管的初始体积和最终体积。

塑料管的初始横截面面积为：

$$A_p = 34.526 \text{mm}^2$$

塑料管的最终横截面面积为：

$$A_{pf} = \frac{\pi}{4} \left[d_3^2 - (d_3 - 2t_{pf})^2 \right] = 34.652 \text{mm}^2$$

塑料管的初始体积为：

$$V_{pinit} = L_p A_p = 8671 \text{mm}^3$$

塑料管的最终体积为：

$$V_{pfinal} = L_C A_{pf} \text{ 或 } V_{pfinal} = 8663 \text{mm}^3$$

最终体积与初始体积的比值表明，体积发生了微小的变化：

$$\frac{V_{pfinal}}{V_{pinit}} = 0.99908$$

注意：本例得到的数值结果表明，在正常载荷条件下，材料尺寸的变化率是非常小的。尽管如此，但就某种分析（如静不定结构的分析）和应力与应变的实验测定而言，尺寸的变化率可能是相当重要的。

1.7　切应力和切应变

上述各节讨论了正应力的影响，这些正应力是作用在直杆上的轴向载荷所产生的。称为"正应力"的原因在于，这些应力的作用方向垂直于材料的表面。现在，我们将研究另一种应力，这种应力被称为切应力（shear stress），该应力的作用方向与材料表面相切。

研究图 1-46a 所示螺栓连接就可揭示切应力的作用。该连接由扁平杆 A、U 形夹 C 和螺栓 B 构成，其中螺栓 B 穿过扁平杆和 U 形夹中的孔。在拉伸载荷 P 的作用下，扁平杆和 U 形夹将受到螺栓的挤压，并将产生接触应力，这类应力被称为挤压应力（bearing stresses）。此外，扁平杆和 U 形夹将剪切螺栓（即切割它），这种剪切趋势受到螺栓中的切应力的抵抗。

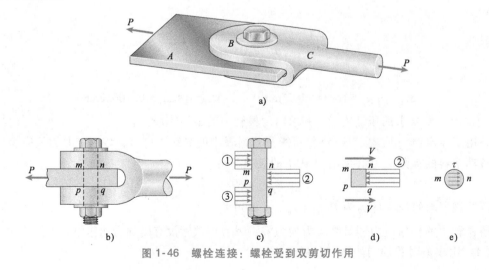

图 1-46　螺栓连接：螺栓受到双剪切作用

为了更清楚地显示挤压应力和切应力的作用，观察该连接的侧视图（见图 1-46b）。根据该视图，可画出螺栓的自由体图（见图 1-46c）。在该自由体图中，U 形夹对螺栓施加的挤压应力在左侧标记为 1 和 3，来自扁平杆的挤压应力在右侧标记为 2。由于挤压应力的分布情况是很难确定的，因此，习惯上假设它是均匀分布的。基于均匀分布的假设，就可以用总挤压力 F_b 除以挤压面积 A_b 来计算平均挤压应力 σ_b：

$$\sigma_b = \frac{F_b}{A_b} \tag{1-18}$$

挤压面积（bearing area）被定义为受挤压曲面的投影面积。例如，对于标记为 1 的挤压应力，受到该应力作用的投影面积 A_b 是一个矩形（该矩形的高度等于 U 形夹的厚度，宽度等于螺栓的直径）。同时，相应的挤压力 F_b 等于 $P/2$，标记为 3 的挤压应力具有相同的挤压面积和挤压力。

现在研究扁平杆和螺栓之间的挤压应力（该应力标记为 2）。对于该挤压应力，投影面积 A_b 是一个高度等于扁平杆的厚度，宽度等于螺栓直径的矩形，相应的挤压力 F_b 等于 P。

图 1-46c 所示自由体图表明，螺栓有一种沿着横截面 mn 和 pq 被剪切的趋势。从螺栓 $mnpq$ 部分的自由体图（图 1-46d）中，可以看到，剪力 V 作用在螺栓的整个切割面上。在该例中，剪切平面有两个（mn 和 pq），因此，该螺栓受到双剪切（double shear）作用。在双剪切的作用下，每个剪力等于螺栓所传递的总载荷的一半，即 $V = P/2$。

剪力 V 是分布在螺栓整个横截面面积上的切应力的合力。例如，作用在横截面 mn 上的切应力如图 1-46e 所示，这些应力平行作用在切割面上。这些切应力的精确分布是未知的，但在横截面中心附近处其应力值最高，在边缘的某些特定位置处其应力值为零。正如图 1-46e 所表明的那样，切应力通常用 τ 来表示。

一个单剪切螺栓连接如图 1-47a 所示，其中，螺栓将金属杆中的轴向力 P 传递至钢柱的翼板。该钢柱的横截面视图（图 1-47b）更详细地显示了这一连接关系。同时，假设作用在螺栓上的挤压应力分布情况如图 1-47c 所示。如前所述，这些挤压应力的实际分布要比图中所示的情况复杂得多。此外，螺栓头部和螺母的内表面之间也产生有挤压应力。因此，图 1-47c 不是一个自由体图，该图只显示了作用在螺栓杆上的理想化的挤压应力。

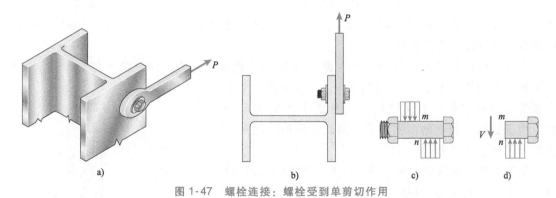

图 1-47　螺栓连接：螺栓受到单剪切作用

通过在截面 mn 处切割螺栓，可得到图 1-47d。该图包含了作用在螺栓横截面上的剪力 V（等于载荷 P）。正如已经指出的那样，该剪力是作用在螺栓整个横截面面积上的切应力的合力。

某一单剪切螺栓在几乎断裂情况下的变形如图 1-48 所示（与图 1-47c 相比较）。

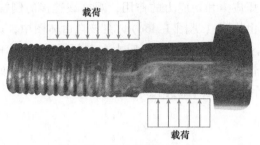

图 1-48　单剪切螺栓的破坏

在上述关于螺栓连接的讨论中，忽略了各连接件之间的摩擦（这些摩擦是在拧紧螺栓时产生的）。摩擦的存在意味着部分载荷由摩擦力分担，这就减少了螺栓上的载荷。由于摩擦力的不可靠性且其大小难以估计，故在计算中通常采取保守策略并给予忽略。

用总剪力除以该剪力所作用的横截面面积，就可得到某一螺栓横截面上的平均切应力，其计算公式如下：

$$\tau_{\text{aver}} = \frac{V}{A} \tag{1-19}$$

在图 1-47 所示的例子（单剪切螺栓）中，剪力 V 等于载荷 P，面积 A 就是该螺栓的横截面面积。然而，在图 1-46 所示的例子（双剪切螺栓）中，剪力 V 等于 $P/2$。

从式（1-19）中可以看出，和正应力一样，切应力代表力的强度，或代表单位面积上的力。因此，切应力的单位与正应力的单位相同，其 SI 单位均为帕斯卡（Pa）或 Pa 的倍数。

图 1-46 和 1-47 所示的载荷情况是直接剪切（direct shear）（或简单剪切）的例子，其中，切应力是由那些试图切割材料的力直接作用在构件上产生的。直接剪切出现在螺栓、销、铆钉、键、焊缝和胶合接头的设计中。

当杆件受到拉伸、扭转和弯曲作用时，切应力也会以间接方式出现（见 2.6 节、3.3 节和 5.8 节所述）。

切应力的互等定理　为了更加完整地描述切应力的作用，我们来研究材料的一个小微元体，该微元体的形状为长方体，其 x、y、z 方向的长度分别为 a、b、c（见图 1-49）。该微元体的前、后表面上没有应力。

现在，假设切应力 τ_1 均匀分布在面积为 bc 的右侧面上。为了使该微元体在 y 方向上保持平衡，作用在右侧面上的总剪力 $\tau_1 bc$ 必须被一个大小相等、方向相反且直接作用在左侧面上的剪力所平衡。由于这两个侧面的面积相等，因此，作用在这两个侧面上的切应力必相等。

作用在左、右两个侧面上的力 $\tau_1 bc$（见图 1-49）形成了一个大小为 $\tau_1 abc$ 且绕 z 轴的逆时针力偶矩$^{\ominus}$。若要使该微元体处于平衡状态，则该力偶矩就必须被一个大小相等、方向相反并由作用在其顶面和底面上的切应力

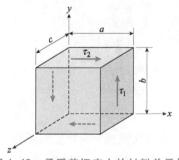

图 1-49　承受剪切应力的材料单元体

$\ominus$　一个力偶由两个相互平行的力构成，这两个力大小相等、方向相反。

所形成的合力矩来平衡。将顶面和底面上的切应力标记为 τ_2，则相应的水平剪力为 $\tau_2 ac$。这些水平剪力形成一个顺时针力偶矩 $\tau_2 abc$。根据该微元体关于 z 轴的平衡条件，可得：$\tau_1 abc$ 等于 $\tau_2 abc$，或：

$$\tau_1 = \tau_2 \tag{1-20}$$

因此，如图 1-50a 所示，作用在该微元体的四个切应力，其大小相等。

综上所述，对于作用在一个矩形微元体上的切应力，可得出以下结论：

1. 作用在微元体相对面（或平行面）上的两个切应力，其大小相等、方向相反。

2. 作用在微元体相邻面（且相互垂直）上的两个切应力，其大小相等，方向都同时指向（或同时背离）这两个相邻面的交线。

上述结论是根据一个仅受到切应力（没有正应力）作用的微元体（如图 1-49 和图 1-50 所示）而得到的。这种应力状态被称为纯剪切（pure shear），3.5 节将详细讨论纯剪切。

就大多数用途而言，即使有正应力作用在微元体的各表面上，上述结论仍然有效。其理由在于，通常情况下，作用在微元体相对面上的两个正应力，其大小相等、方向相反。因此，正应力的存在不会改变上述平衡方程［即式 (1-20)］。

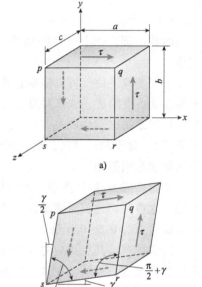

图 1-50 承受切应力与应变的材料单元体

切应变 切应变伴随着作用在材料微元体（图 1-50a）上的切应力。为了形象地描述切应变，我们注意到切应力没有使微元体在 x、y、z 方向上发生伸长或缩短的趋势，换句话说，微元体的边长不会改变。相反，切应力却改变了微元体的形状（图 1-50b）。原始形状为长方体的微元体变形为斜六面体，其前、后表面均变形为菱形。

由于这一变形，各侧面之间的夹角发生了变化。例如，点 q、s 处的角度在变形前为 $\pi/2$，但在变形后却减少了一个小角度 γ，即变形后的角度为 $\pi/2 - \gamma$（见图 1-50b）。同时，点 p、r 处的角度增加至 $\pi/2 + \gamma$。角度 γ 可以用来测量该微元体的扭曲（distortion）情况，或形状改变情况，称为切应变（shear strain）。由于切应变是一个角度，因此，通常使用角度（°）或弧度（rad）来度量它。

切应力和切应变的符号约定 为了约定切应力和切应变的符号，需要制定一个规则来定义应力微元体的各个表面（图 1-50a）。今后将规定，面向坐标轴正方向的表面就是微元体的正表面。换句话说，一个正表面的外法线指向某一坐标轴的正方向。反则反之。因此，在图 1-50a 中，右侧面、顶面和前表面分别为正的 x、y、z 面，其相对面分别为负的 x、y、z 面。

利用上述规则，就可以采用下述方式来约定切应力的符号：

对于作用在微元体某一正表面上的切应力，若其作用方向为某一坐标轴的正方向，则该切应力为正；若其作用方向为某一坐标轴的负方向，则该切应力为负。对于作用在微元体某一负表面上的切应力，若其作用方向为某一坐标轴的负方向，则该切应力为正；若其作用方向为某一坐标轴的正方向，则该切应力为负。

因此，图 1-50a 中的所有切应力均为正。

切应变的符号约定如下：

两个正表面（或两个负表面）之间的夹角减小时，微元体中的切应变为正。两个正表面（或两个负表面）之间的夹角增大时，微元体中的切应变为负。

因此，图 1-50b 所示的切应变均为正，并且还可以看出，正的切应力伴随着正的切应变。

剪切胡克定律　可以根据直接剪切试验或扭转试验来确定某一材料的剪切性能。扭转试验将在 3.5 节论述，该试验对空心圆管进行扭转并使其产生纯剪切状态。根据这些试验的结果，可以绘制出剪切应力-应变图（shear stress-strain diagrams，即切应力 τ 与切应变 γ 的关系图）。对于同一材料，虽然剪切应力-应变图与拉伸试验图（σ-ε 图）的大小有所不同，但其形状是相似的。

从剪切应力-应变图中，可以得到诸如比例极限、弹性模量、屈服应力和极限应力等材料性能。这些剪切性能通常是其拉伸性能的一半左右。例如，结构钢的剪切屈服应力就是其拉伸屈服应力的 0.5~0.6 倍。

许多材料，其剪切应力-应变图的起始部分是一条过原点的直线，这与其在拉伸应力-应变图中的情况是一样的。在这一线弹性区，切应力和切应变成正比，因此，有以下剪切胡克定律（Hooke's law in shear）：

$$\tau = G\gamma \tag{1-21}$$

其中，G 为**切变模量**（也被称为刚性模量）。

切变模量 G 与弹性模量 E 的单位相同，即在 SI 单位制中均为 Pa（或其倍数）。低碳钢的 G 值通常为 75GPa，铝合金的 G 值通常为 28GPa。其他材料的 G 值见附录 H 的表 H-2。

弹性模量和切变模量的关系如下：

$$G = \frac{E}{2(1+\nu)} \tag{1-22}$$

其中，ν 为泊松比。这一关系（见 3.6 节的推导过程）表明，E、G 和 ν 并不是材料独立的弹性性能。由于常用材料的泊松比介于 0~0.5 之间，因此，从式（1-22）中可以看出，G 必等于 E 的 1/3~1/2。

以下各例展示了一些有关剪切效果的典型分析。例 1-9 探讨平板内的切应力，例 1-10 论述销和螺栓中的挤压应力和切应力，例 1-11 讨论弹性支承垫中的切应力。

• • • 例 1-9

在钢板上冲孔的冲头如图 1-51a 所示。假设用一个直径 $d = 20$mm 的冲头在一块 8mm 厚的钢板上冲孔（如图 1-51b 的剖视图所示）。如果冲孔所需的力 $P = 110$kN，那么，钢板中的平均切应力和冲头中的平均压应力各应是多少？

解答：

用力 P 除以钢板的剪切面积，就可以得到钢板中的平均切应力。剪切面积 A_s 等于孔的周长乘以钢板的厚度，即：

$$A_s = \pi dt = \pi \times (20\text{mm}) \times (8.0\text{mm}) = 502.7\text{mm}^2$$

其中，d 为冲头的直径，t 为钢板的厚度。因此，钢板中的平均切应力为：

$$\tau_{\text{aver}} = \frac{P}{A_s} = \frac{110\text{kN}}{502.7\text{mm}^2} = 219\text{MPa}$$

冲头中的平均压应力为：

$$\sigma_c = \frac{P}{A_{\text{punch}}} = \frac{P}{\pi d^2/4} = \frac{110\text{kN}}{\pi (20\text{mm})^2/4} = 350\text{MPa}$$

其中，A_{punch} 为冲头的横截面面积。

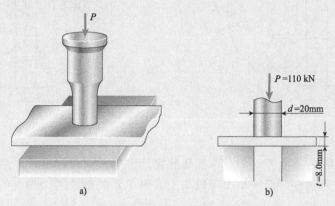

图 1-51　在一块钢板上冲孔

注意：这一分析被高度理想化，因为忽略了冲头猛烈撞击钢板时所产生的冲击的影响（对这类影响的分析，需要使用超出材料力学范围的分析方法）。

● ● ●　例 1-10

　　某一半圆形托架组件用于支撑办公楼内的钢制楼梯。一个设计方案是偏心设计，该方案使用两个单独的 L 形托架，每个托架都有一个与钢制吊杆相连接的 U 形夹以支撑楼梯（图 1-52）。该偏心设计中托架连接与吊杆的图片如下所示（也可参见例 1-6）。

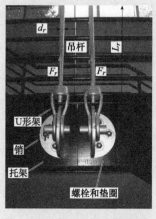

图 1-52a　偏心吊杆连接组件

图 1-52b　用于偏心连接的吊杆与托架的侧视图

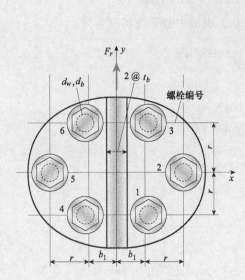

图 1-52c   对称托架设计中的螺栓 1~6

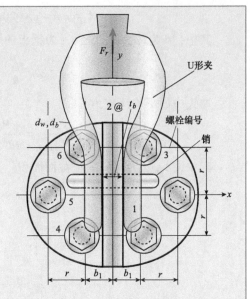

图 1-52d   对称托架设计中的 U 形夹与销

该楼梯的设计者还考虑了一个对称托架的设计方案。该对称设计采用一根吊杆，该吊杆通过一个 U 形夹和销连接至一个 T 形托架上，该 T 形托架由两个独立的沿铅垂轴连接的 L 形托架构成（图 1-52c、图 1-52d）。在这一设计中，消除了杆力关于 z 轴的偏心力矩。

在该对称设计中，楼梯和其连接件自身的重量以及正在使用楼梯的住户的重量，估计将共同在该单一吊杆中产生一个 $F_r = 9600N$ 的力。使用连接件的以下尺寸数值，求解该对称连接中的下列应力。

（a）螺栓 1 至 6 中的面内平均切应力。

（b）U 形夹销与托架之间的挤压应力。

（c）U 形夹与销之间的挤压应力。

（d）螺栓 1 和 4 处由关于 x 轴的力矩所产生的 z 方向的螺栓力，以及由此产生的螺栓 1 和 4 中的正应力。

（e）螺栓 1 和 4 处托架与垫圈之间的挤压应力。

（f）托架在螺栓 1 和 4 处所承受的切应力。

数据：$b_1 = 40mm$ $r = 50mm$ $t_b = 12mm$ $d_w = 40mm$

$d_b = 18mm$ $d_{pin} = 38mm$ $t_c = 14mm$

$e_z = 150mm$ $d_r = 40mm$ $F_r = 9600N$

解答：

首先，我们注意到，吊杆中的拉伸正应力等于吊杆中的力（F_r）除以该杆的横截面积：

$$\sigma_{rod} = \frac{F_r}{A_r} = \frac{9600N}{\frac{\pi}{4}(40mm)^2} = 7.64MPa$$

现在，研究杆中的力 F_r 是如何被分配至各类连接件（例如，U 形夹，销、托架和螺栓）的，从而在该连接中产生正应力、切应力和挤压应力。

（a）螺栓 1 至 6 中的面内平均切应力等于杆中的力除以六个螺栓横截面面积的总和。这一结论基于这样的假设，即每个螺栓承受相同的杆力（图 1-52e）：

$$\tau_{\text{bolt}} = \frac{F_r}{6A_{\text{bolt}}} = \frac{9600\text{N}}{6\left[\dfrac{\pi}{4}(18\text{mm})^2\right]} = 6.29\text{MPa}$$

（b）U 形夹销与托架之间的挤压应力如图 1-52f 所示。销挤压托架的中心部分，该托架的厚度等于托架板厚度（t_b）的两倍，因此，挤压应力为：

$$\sigma_{b_1} = \frac{F_r}{d_{\text{pin}}(2t_b)} = \frac{9600\text{N}}{(38\text{mm}) \times (2 \times 12\text{mm})} = 10.53\text{MPa}$$

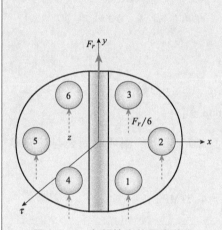

图 1-52e 各螺栓中的面内剪力

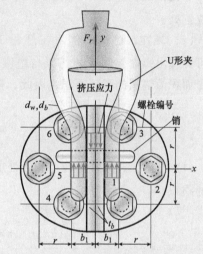

图 1-52f 销和托架上的压应力

（c）U 形夹在两个位置处挤压销（图 1-52f），因此，U 形夹与销之间的挤压应力等于杆力除以 U 形夹厚度（t_c）的两倍再除以销的直径：

$$\sigma_{b2} = \frac{F_r}{d_{\text{pin}}(2t_c)} = \frac{9600\text{N}}{(38\text{mm}) \times (2 \times 14\text{mm})} = 9.02\text{MPa}$$

（d）虽然连接托架相对于 yz 平面是对称的，但杆力 F_r 却被施加在与托架板相距 $e_z = 150\text{mm}$ 的位置处（图 1-52g）。这就产生了一个关于 x 轴的力矩 $M_x = F_r \times e_z$，该力矩可被转换为两个力偶矩，每个力偶矩等于 $F_z \times 2r$，且分别作用在螺栓组 1~3 和螺栓组 4~6 上。因此，在螺栓 1 和 4 上产生的拉力可被计算为：

$$F_z = \frac{M_x}{4r} = \frac{F_r e_z}{4r} = \frac{9600\text{N} \times (150\text{mm})}{4 \times (50\text{mm})} = 7.2\text{kN}$$

在这里，我们假设力矩 $F_r \times e_z$ 是关于 x 轴的力矩，由于螺栓 2 和 5 位于 x 轴，因此，它们对 x 轴没有力矩（图 1-52h）。使用力 F_z，可计算出螺栓 1 和 4 中的正应力为：

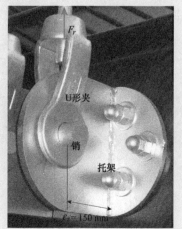

图 1-52g 杆力被施加在与托架
板相距 e_z 的位置处

$$\sigma_1 = \sigma_4 = \frac{F_z}{\frac{\pi}{4}d_b^2} = \frac{7.2\text{kN}}{\frac{\pi}{4} \times (18\text{mm})^2} = 28.3\text{MPa}$$

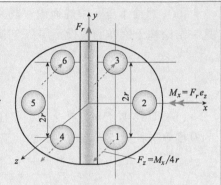

注意，各个螺栓可能会被预先拉伸，因此，所计算出的应力 σ_1 或 σ_4 实际上是力矩 M_x 分别在螺栓 1 和 4 中所引起的应力增加量，或是分别在螺栓 3 和 6 中所引起的应力减小量。同时，还应注意，该对称托架设计消除了偏心托架设计中对 z 轴的扭转力矩（$M_z = Fr \times e_x$），在偏心托架设计中，杆力施加在与螺栓组重心相距 e_x 的位置处。

图 1-52h   力矩 M_x 可被转换为两个力偶矩，每个力偶矩等于 $F_z \times 2r$、且分别作用在螺栓副 1~3 和螺栓副 4~6 上

（e）现在，已知了作用在螺栓 1 和 4 上的力 F_z，则可计算出螺栓 1 和 4 处托架与垫圈之间的挤压应力。挤压面积为垫圈的圆环面积，因此，挤压应力为：

$$\sigma_{b3} = \frac{F_z}{\frac{\pi}{4}(d_w^2 - d_b^2)} = \frac{7.2\text{kN}}{\frac{\pi}{4} \times [(40\text{mm})^2 - (18\text{mm})^2]} = 7.18\text{MPa}$$

（f）最后，托架在螺栓 1 和 4 处所承受的切应力等于力 F_z 除以垫圈环的周长与托架厚度的乘积：

$$\tau = \frac{F_z}{\pi d_w t_b} = \frac{7.2\text{kN}}{\pi \times (40\text{mm}) \times (12\text{mm})} = 4.77\text{MPa}$$

● ● ●   例 1-11

用于支撑机器和桥梁的支承垫片由某种线弹性材料（通常是一个弹性体，如橡胶）制成，一块钢板盖在该垫片上（图 1-53a）。假设垫片的厚度为 h，钢板的尺寸为 $a \times b$，且钢板受到一个水平剪力 V 的作用。请推导出该弹性垫片中平均切应力 τ_{aver} 的表达式，并求出钢板的水平位移 d（图 1-53b）。

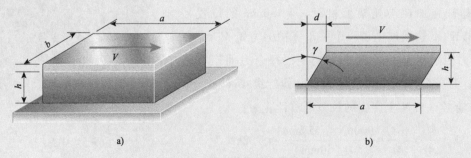

a)   b)

图 1-53   受到剪切的支承垫片

解答：

假设该弹性垫片中的切应力均匀分布在其整个体积内。那么，该弹性垫片中任何一个水平截面上的切应力就等于剪力 V 除以钢板的面积 ab（图 1-53a）：

$$\tau_{\text{aver}} = \frac{V}{ab} \tag{1-23}$$

相应的切应变［根据剪切胡克定律，见式（1-21）］为：

$$\gamma = \frac{\tau_{\text{aver}}}{G_e} = \frac{V}{abG_e} \tag{1-24}$$

其中，G_e 为该弹性垫片的切变模量。最后，水平位移 d 等于 $h\tan\gamma$（根据图 1-53b）：

$$d = h\tan\gamma = h\tan\left(\frac{V}{abG_e}\right) \tag{1-25}$$

实际上，多数情况下，切应变 γ 是一个很小的角度，因此，可以用 γ 代替 $\tan\gamma$，则：

$$d = h\gamma = \frac{hV}{abG_e} \tag{1-26}$$

式（1-25）和式（1-26）给出了该钢板水平位移的近似值，因为得到这些等式是基于这样一个假设，即假设切应力和切应变在该弹性材料整个体积内是恒定的。事实上，该材料边缘处的切应力为零（因为其垂直表面上没有受到力的作用，是没有切应力的），该材料的变形远比图 1-53b 所示的情况要复杂得多。不过，在钢板的长度 a 远大于弹性垫片的厚度 h 时，上述结果足以满足各类设计目标。

1.8 许用应力和许用载荷

对工程所做的恰如其分地描述是，工程是科学在共同生活目标中的应用。在履行这一使命的过程中，为满足社会基本需求，工程师们似乎无穷尽地设计了各种各样的物品。这些基本需求包括住房、农业、交通、通信以及现代生活的其他方面。设计中要考虑的因素包括功能、强度、外观、经济性以及环境的影响。然而，在学习材料力学时，主要的设计目标是强度（strength），即物体支撑或传递载荷的能力。必须支撑载荷的物体包括建筑物、机器、容器、卡车、飞机和船舶等。为简单起见，将所有这些物体统称为结构（structures），因此，一个结构就是任何一个必须支持或传递载荷的物体。

安全因数 若要避免结构失效，则该结构所能支撑的载荷必须大于该结构在使用时所承受的载荷。由于强度是结构抵抗载荷的能力，因此，上述标准可表述为，一个结构的实际强度必须超过所要求的强度。实际强度与所要求强度的比值被称为安全因数（factor of safety）n：

$$安全因数\ n = \frac{实际的强度}{要求的强度} \tag{1-27}$$

当然，若要避免失效，安全因数必须大于 1。根据实际情况的不同，实际使用的安全因数从略高于 1 直至高达 10。

将安全因数纳入到设计中并不是一件简单的事情，因为强度和失效都有很多不同的含义。强度可用结构的承载能力来度量，也可用材料中的应力来度量。失效可能意味着结构的断裂和彻底崩溃，也可能意味着变形太大以致于结构不能履行其预期的功能。后一种类型的失效可能在很低的载荷（即该载荷要远低于导致结构实际崩溃的载荷）条件下发生。

确定安全因数还必须考虑以下因素：结构偶然超载的概率（超载是指所施加的载荷超过了结构的设计载荷）、载荷的类型（是静态载荷还是动态载荷）、是一次加载还是反复加载、已知载荷的准确度如何、疲劳失效的可能性、建造过程中的误差、工艺质量的变化、材料性能的变化、腐蚀或其他环境因素所造成的恶化、分析方法的准确性、故障是渐进的（有足够的警告）还是突然的（无警告）、失效的后果（轻微损伤或大灾难）等诸如此类的因素。如果安全因数太低，则失效的可能性将增大，使结构变得不可接受；如果因数过高，则会浪费材料，或许还不适合其功能（例如，可能太重）。

由于这些因素的复杂性和不确定性，因此必须在概率的基础上确定安全因数。安全因数通常由那些经验丰富的工程师所组成的团队来确定，他们编制相关准则和规范以供其他设计人员使用，有时安全因数甚至被制定成法律。制定准则和规范的目的是为了提供合理的安全水平以避免一些不合理的花费。

在飞机设计中，习惯使用"安全边际（margin of safety）"这一术语，而不使用"安全因数"。安全边际被定义为安全因数减1：

$$安全边际 = n - 1 \tag{1-28}$$

安全边际通常以百分率的形式表示，即用上述值乘以100。因此，对于一个实际强度是其所需强度1.75倍的结构，其安全因数为1.75，其安全边际为0.75（或75%）。当安全边际减小到零或较小值时，结构（可能）将失效。

许用应力　可以用各种方式来定义和确定安全因数。就许多结构而言，重要的是材料必须一直保持在线弹性范围内以避免移除载荷后出现永久变形。在这种条件下，就可建立一个屈服安全因数（即与结构屈服相应的安全因数）。当结构内的任一点处达到屈服应力时，屈服就开始了；因此，使用屈服安全因数，就可得到一个**许用应力（allowable stress）**（或工作应力），结构任何位置处的应力都不得超过该许用应力。因此，

$$许用应力(\sigma_{allow} 或 \tau_{allow}) = \frac{屈服强度}{安全因数} \tag{1-29}$$

或者，对于拉伸和剪切，分别有：

$$\sigma_{allow} = \frac{\sigma_Y}{n_1}, \quad \tau_{allow} = \frac{\tau_Y}{n_2} \tag{1-30a, b}$$

其中，σ_Y和τ_Y为屈服应力，n_1和n_2为相应的安全因数。在建筑设计中，典型的拉伸屈服安全因数为1.67。因此，对于屈服应力为250 MPa的低碳钢，其许用应力为150 MPa。

有时，安全因数适用于极限应力，而不是屈服应力。该方法适用于脆性材料（如混凝土和一些塑料）和那些没有明确屈服应力的材料（如木材和高强度钢）。在这种情况下，许用拉伸应力和许用切应力为：

$$\sigma_{allow} = \frac{\sigma_U}{n_3}, \quad \tau_{allow} = \frac{\tau_U}{n_4} \tag{1-31a, b}$$

其中，σ_U和τ_U为极限应力（或极限强度）。与材料的极限强度相应的安全因数通常大于那些基于屈服强度的安全因数。对于低碳钢，1.67的屈服安全因数所对应的极限安全因数约为2.8。

许用载荷　就某一具体材料和结构而言，在确立了许用应力后，就可确定该结构的**许用载荷（allowable load）**。许用载荷与许用应力之间的关系取决于结构的类型。本章仅研究最

基本的结构类型，即仅研究受拉杆（或受压杆）以及承受直接剪切与挤压的销（或螺栓）。

在这类结构中，应力均匀分布（或至少被假设为均匀分布）在某一个面积上。例如，在杆件受到拉伸的情况下，如果轴力的作用线穿过横截面的形心，那么应力将均匀分布在其横截面面积上。杆件受到压缩时，若其没有发生屈曲，则应力分布情况也是如此。在销受到剪切作用的情况下，仅考虑横截面上的平均切应力，这相当于假设切应力是均匀分布的。类似的，我们仅考虑作用在销投影面积上的挤压应力的一个平均值。

因此，对于上述四种情况，许用载荷（又被称为"允许载荷"或"安全载荷"）等于许用应力乘以其作用的面积：

$$许用载荷(P_{\text{allow}}) = (许用应力) \times (面积) \tag{1-32}$$

对于受到直接拉伸和压缩（没有屈曲）的杆件，该式变为：

$$P_{\text{allow}} = \sigma_{\text{allow}} A \tag{1-33}$$

其中，σ_{allow}为许用正应力，A为杆件的横截面面积。如果杆件上有一个通孔，那么，在其受到拉伸时通常使用净面积（net area）。净面积等于总的横截面面积减去孔所削去的面积。对于压缩，如果孔中安装有一个能够传递压应力的螺栓或销，那么可使用总面积。

对于受到直接剪切的销，式（1-32）变为：

$$P_{\text{allow}} = \tau_{\text{allow}} A \tag{1-34}$$

其中，τ_{allow}为许用切应力，A为切应力所作用的面积。如果是一个单剪切销，该面积等于销的横截面面积；如果是一个双剪切销，该面积等于其横截面面积的两倍。

最后，挤压的许用载荷为：

$$P_{\text{allow}} = \sigma_b A_b \tag{1-35}$$

其中，σ_b为许用挤压应力，A_b为销或其他受到挤压应力作用的表面的投影面积。

下例说明了在已知材料许用应力的情况下如何确定许用载荷。

● ● ● 例 1-12

某家工厂起重机的铅垂吊杆采用一根钢杆，该钢杆通过图1-54所示的螺栓连接方式被连接在一个支座上。两个夹持角钢（厚度$t_c = 9.5$mm）被直径均为12mm的螺栓1和2分别固定在支座上，其中，每个螺栓都配有一个直径$d_w = 28$mm的垫圈。吊杆的主体部分被一个直径$d = 25$mm的螺栓（图1-54a中的螺栓3）连接到夹持角钢上。吊杆的横截面是一个宽度$b_1 = 38$mm，厚度$t = 13$mm的矩形。但在螺栓连接处，吊杆的宽度被增大为$b_2 = 75$mm。请根据下列条件确定吊杆中的拉伸载荷P的允许值。

(a) 吊杆主体的许用拉伸应力为110MPa。

(b) 吊杆通孔（即螺栓3所穿过的孔）处的许用拉伸应力为75MPa（由于该孔周围存在着应力集中，因此该处的许用应力较低）。

(c) 吊杆与螺栓3之间的许用挤压应力为180MPa。

(d) 螺栓3的许用切应力为45MPa。

(e) 螺栓1和2的许用正应力均为160MPa。

(f) 螺栓1或螺栓2处垫圈与夹持角钢之间的许用挤压应力均为65MPa。

(g) 螺栓1和螺栓2处夹持角钢的许用切应力均为35MPa。

解答：

（a）许用载荷 P_a 取决于吊杆主体部分中的应力（图 1-54c），它等于许用拉伸应力乘以吊杆的横截面面积 [根据式（1-33）]，即：

$$P_a = \sigma_a b_1 t = (110\mathrm{MPa}) \times (38\mathrm{mm} \times 13\mathrm{mm}) = 54.3\mathrm{kN}$$

若载荷 P 大于该值，则将导致吊杆主体过载（即实际应力将超过许用应力），从而减小安全因数。

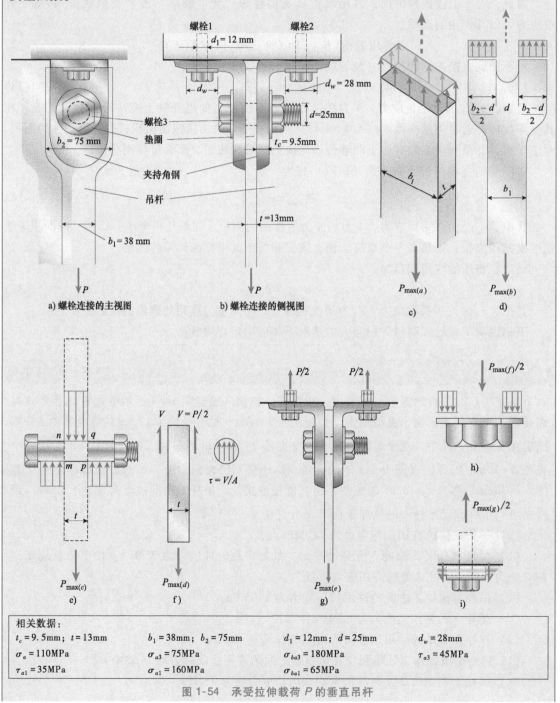

a) 螺栓连接的主视图   b) 螺栓连接的侧视图   c)   d)

e)   f)   g)   h)   i)

相关数据：

$t_c = 9.5\mathrm{mm}$；$t = 13\mathrm{mm}$	$b_1 = 38\mathrm{mm}$；$b_2 = 75\mathrm{mm}$	$d_1 = 12\mathrm{mm}$；$d = 25\mathrm{mm}$	$d_w = 28\mathrm{mm}$
$\sigma_a = 110\mathrm{MPa}$	$\sigma_{a3} = 75\mathrm{MPa}$	$\sigma_{ba3} = 180\mathrm{MPa}$	$\tau_{a3} = 45\mathrm{MPa}$
$\tau_{a1} = 35\mathrm{MPa}$	$\sigma_{a1} = 160\mathrm{MPa}$	$\sigma_{ba1} = 65\mathrm{MPa}$	

图 1-54   承受拉伸载荷 P 的垂直吊杆

(b) 在吊杆通孔的横截面处（图 1-54d），必须使用不同的许用应力和不同的面积进行类似的计算。净横截面面积（即钻孔后的横截面面积）等于净宽度乘以厚度，净宽度等于总宽度 b_2 减去孔的直径 d。因此，该截面处的许用载荷 P_b 为：

$$P_b = \sigma_{a3}(b_2-d)t$$
$$= (75\text{MPa}) \times (75\text{mm}-25\text{mm}) \times (13\text{mm})$$
$$= 48.8\text{kN}$$

(c) 许用载荷还取决于吊杆与螺栓之间的挤压情况（见图 1-54e），它等于许用挤压应力乘以挤压面积。挤压面积为实际接触面积的投影，它等于螺栓直径乘以吊杆的厚度。因此，许用载荷［根据式(1-35)］为：

$$P_c = \sigma_{ba3}dt = 58.5\text{kN}$$
$$= (180\text{MPa}) \times (25\text{mm}) \times (13\text{mm}) = 58.5\text{kN}$$

(d) 根据螺栓中的剪切情况（图 1-54f），许用载荷 P_d 等于许用切应力乘以剪切面积［根据式（1-34）］。由于螺栓受到双剪切，因此剪切面积等于螺栓面积的两倍。故：

$$P_d = 2\tau_{a3}\left[\frac{\pi}{4}d^2\right] = 2 \times (45\text{MPa}) \times \left[\frac{\pi}{4} \times (25\text{mm})^2\right] = 44.2\text{kN}$$

(e) 螺栓 1 和 2 中的许用正应力均为 160 MPa。每个螺栓承受载荷 P 的一半（图 1-54g）。许用总载荷 P_e 为单个螺栓的许用正应力与螺栓 1 和 2 横截面面积之和的乘积：

$$P_e = \sigma_{a1}(2)\left[\frac{\pi}{4}d_1^2\right] = (160\text{MPa}) \times (2) \times \left[\frac{\pi}{4} \times (12\text{mm})^2\right] = 36.2\text{kN}$$

(f) 螺栓 1 或螺栓 2 处垫圈与夹持角钢之间的许用挤压应力均为 65 MPa。每个螺栓（1 或 2）承受载荷 P 的一半（图 1-54h）。挤压面积为垫圈的圆环形面积（假设垫圈紧贴在螺栓上）。许用总载荷 P_f 等于垫圈的许用挤压应力乘以垫圈横截面面积的两倍：

$$P_f = \sigma_{ba1}(2)\left[\frac{\pi}{4}(d_w^2-d_1^2)\right] = (65\text{MPa}) \times (2) \times \left\{\frac{\pi}{4}\left[(28\text{mm})^2-(12\text{mm})^2\right]\right\} = 65.3\text{kN}$$

(g) 螺栓 1 和 2 处夹持角钢的许用切应力均为 35 MPa。每个螺栓（1 或 2）承受载荷 P 的一半（图 1-54i）。每个螺栓处的剪切面积等于孔的周长（$\pi \times d_w$）乘以夹持角钢的厚度（t_c）。许用总载荷 P_g 等于许用切应力乘以两倍的剪切面积：

$$P_g = \tau_{a1}(2)(\pi d_w t_c) = (35\text{MPa}) \times (2) \times (\pi \times 28\text{mm} \times 9.5\text{mm}) = 58.5\text{kN}$$

根据以上所有七个条件，求出了相应的许用载荷。比较上述七个结果，可以看出，最小的许用载荷值 $P_{allow} = 36.2\text{kN}$。该载荷是基于螺栓 1 和 2 中的正应力情况得到的，它就是吊杆的许用拉伸载荷。

1.9　面向轴向载荷和直接剪切的设计

上一节讨论了如何确定简单结构的许用载荷，更前的各节还论述了如何求出杆件的应力、应变和变形。确定这些量的过程称为分析（analysis）。在材料力学的背景下，分析包括确定结构对载荷、温度变化以及其他物理作用的响应（response）。通过结构的响应，就可理解载荷所引起的应力、应变和变形的含义。响应也指结构的承载能力，例如结构的许用载荷就是响应的一种形式。

如果能够对某个结构做一个完整的物理描述（即如果已知其所有性能），那么就可以认为该结构是已知的（或给定的）。结构的性能包括各构件的类型及其布置方式、所有构件的尺寸、支座的类型及其位置、使用的材料及其性能。因此，在分析结构时，性能是给定的，而需要确定的是响应。

与分析相反的过程称为设计（design）。在设计一个结构时，必须确定结构的性能以使其支撑载荷并履行其预定功能。例如，工程中常见的设计问题是如何确定一根承受给定载荷的杆件的尺寸。与分析一个结构相比，设计该结构通常是一个更为漫长、更为艰难的过程——事实上，分析结构（往往不只一次）通常是设计过程的一个典型组成部分。

本节将以一种最基本的形式来论述设计，即计算杆件、销和螺栓所需的尺寸，其中，杆件受到简单拉伸或压缩，销和螺栓受到剪切作用。在这些情况下，设计过程是非常直截了当的。若已知所传递的载荷以及材料的许用应力，就能够根据以下一般关系计算出杆件的所需面积［与式（1-32）比较］：

$$所需面积 = \frac{所传递的载荷}{许用应力} \tag{1-36}$$

该式适用于任一应力为均匀分布的结构（例 1-13 给出了一个如何利用该式来求解受拉杆和受剪销尺寸的示例）。

除了考虑强度［如式（1-36）所示］之外，结构的设计还可能涉及刚度（stiffness）和稳定性（stability）。刚度是指结构抵抗形状改变的能力（例如，抵抗拉伸、弯曲或扭转变形），而稳定性是指结构在压应力作用下抵抗屈曲的能力。为了防止过度变形，有时就有必要在刚度方面进行限制，例如，如果梁的挠度较大，则可能影响其性能。在柱的设计中，主要考虑屈曲，所谓柱就是细长受压杆（见第 11 章）。

设计过程的另一个组成部分是优化（optimization），即要设计出一个最优结构以满足某一特定目标（如最小重量）。例如，可能有多个结构均可支撑某一给定载荷，但在某些情况下，最优结构将是最轻的那个结构。当然，诸如最小重量等设计目标通常需要综合考虑多种因素，即必须综合考虑美学、经济、环境、政治和具体设计项目的技术问题。

在分析或设计一个结构时，所指的力既包括作用在该结构上的载荷（loads）、也包括反作用力（reactions）。载荷是由某些外部因素施加到该结构上的主动力，这些外部因素包括重力、水的压力、风以及地震运动等。反作用力是被动力，它们在结构的支座处被诱发出来——其大小和方向由结构自身的性质所决定。因此，计算反作用力就必须是分析工作的一部分，而载荷是已知的。

例 1-13 回顾了自由体图和静力学的基本方法，并总结了受拉杆和直接受剪销的设计。在绘制自由体图时，将反作用力与载荷（或其他作用力）进行区分是非常有用的。常用的方法是使用一个被斜线穿过的单箭头线来表示一个反作用力（见图 1-56 的示例）。

● ● ● 例 1-13

在图 1-55 所示的缆绳-钢管结构 *ABCD* 中，点 *A*、*D* 处各有一个铰链支座，两支座的间距为1.8m。杆 ABC 是一根钢管，BDC 是一条连续缆绳，该缆绳绕过 D 处的一个无摩擦滑轮。一块重量为6.6kN的标志牌被悬挂在杆 ABC 的 E、F 处。

如果许用切应力为45MPa，那么，请分别确定 A、B、C、D 处各销的所需直径。同时，如果许用拉伸和压缩应力分别为124MPa和69MPa，那么，请分别确定杆 ABC 和缆绳 BDC 的所需横截面面积（由于存在着屈曲失稳的可能性，因此许用压缩应力较低）。

（注意：支座处的各销均处于双剪切状态。同时，仅考虑标志牌的重量，而忽略杆 BDC 和 ABC 的重量）

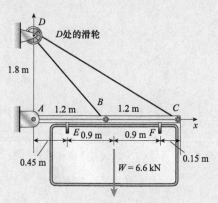

图 1-55　承受指示牌重量 W 的缆绳-钢管结构

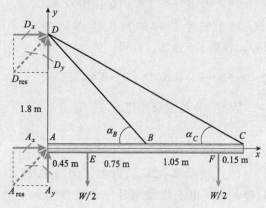

图 1-56　整个结构的自由体图

解答：

求解方案的第一步是求出支座处的反作用力和缆绳 BDC 中的拉力。对各自由体图应用静力学定理，就可求出这些量（见1.2节）。一旦已知了反作用力和缆绳中的拉力，那么，就可求出杆 ABC 的轴向力，并可求出 A、B、C、D 处各销中的剪力。然后，就可以求出杆 ABC 和 A、B、C、D 处各销的所需尺寸。

（1）首先绘制整个结构的自由体图（见图1-56），该图显示了所有的作用力和反作用力。求关于点 D 的合力矩（顺时针力矩为正）：

$$\sum M_D = 0 \Rightarrow A_x(1.8\text{m}) - \frac{W}{2}(0.45\text{m}+2.25\text{m}) = 0 \Rightarrow A_x = \frac{6.6\text{kN}}{2}\left(\frac{2.7\text{m}}{1.8\text{m}}\right) = 4.95\text{kN}$$

接着，求 x 方向的合力：

$$\sum F_x = 0 \Rightarrow A_x + D_x = 0 \Rightarrow D_x = -A_x = -4.95\text{kN}$$（负号意味着作用在负 x 方向）

（2）根据节点 D 处 x 方向的合力，可求出缆绳 BDC 中的拉力（由于该缆绳是一条连续缆绳，因此，$T_B = T_C = T$，如图1-57所示）。

首先计算角度 α_B 和 α_C（图1-56）：

$$\alpha_B = \arctan\left(\frac{1.8}{1.2}\right) = 56.31°$$

$$\alpha_C = \arctan\left(\frac{1.8}{2.4}\right) = 36.87°$$

接着，对于节点 D，根据 $\sum F_x = 0$，可得：

$$D_x + T(\cos\alpha_B + \cos\alpha_C) = 0 \Rightarrow T = \frac{-D_x}{\cos\alpha_B + \cos\alpha_C} = 3.65\text{kN}$$

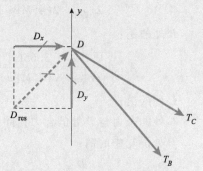

图 1-57　节点 D 的自由体图

（3）求出节点 D 处的反作用力 D_{res}。

先求出节点 D 处的铅垂反作用力 D_y（根据 $\sum F_y = 0$，图 1-57）：

$D_y = T(\sin\alpha_B + \sin\alpha_C) = 5.23\text{kN}$（正值表明 D_y 的作用方向为正 y 方向）

因此，D 处的反作用力 D_{res} 为：

$$D_{res} = \sqrt{D_x^2 + D_y^2} = 7.2\text{kN}$$

（4）求出节点 A 处的反作用力 A_{res}。

对于整个结构的自由体图（图 1-56），根据 $\sum F_y = 0$，可得：

$A_y + D_y - W = 0 \Rightarrow A_y = -D_y + W = 1.37\text{kN}$

因此，A 处的反作用力 A_{res} 为：

$$A_{res} = \sqrt{A_x^2 + A_y^2} = 5.14\text{kN}$$

（5）使用管 ABC 的自由体图（如图 1-58 所示，由于该缆绳是一条连续缆绳，因此，$T_B = T_C = T$）来验证上述结果的正确性。若要使管 ABC 保持平衡，则合力应为零且关于 A 点的合力矩也应为零：

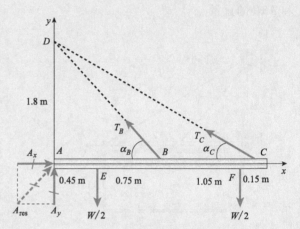

图 1-58　杆件 *ABC* 的自由体图

$$\sum F_x : A_x - T\cos(\alpha_B) - T\cos(\alpha_C) = 0$$
$$\sum F_y : A_y - W + T\sin(\alpha_B) + T\sin(\alpha_C) = 0$$
$$\sum M_A : T\sin(\alpha_B)(0.45\text{m} + 0.75\text{m}) + T\sin(\alpha_C)(2.4\text{m}) -$$
$$\frac{W}{2}(0.45\text{m} + 2.25\text{m}) = 0$$

（6）确定各销中的剪力（所有销均受到双剪切），并确定各销的所需直径。现在，由于已知了反作用力和缆绳力，因此，就可以确定 A、B、C、D 处各销中的剪力，并可求出各销的所需直径。

A 处的销：

$$A_{销A} = \frac{A_{res}}{2\tau_{许用}} = \frac{5.14\text{kN}}{2(45\text{MPa})} = 57.1\text{mm}^2 \Rightarrow d_{销A} = \sqrt{\frac{4}{\pi}(57.1\text{mm}^2)} = 8.53\text{mm}$$

B 处的销：

$$A_{销B} = \frac{T}{2\tau_{许用}} = \frac{3.65\text{kN}}{2(45\text{MPa})} = 40.6\text{mm}^2 \Rightarrow d_{销B} = \sqrt{\frac{4}{\pi}(40.6\text{mm}^2)} = 7.19\text{mm}$$

C 处的销：

C 处的合力与 B 处的合力相同，因此，C 处与 B 处销的直径相同。

D 处滑轮中的销：

$$A_{销D} = \frac{D_{res}}{2\tau_{许用}} = \frac{7.2\text{kN}}{2(45\text{MPa})} = 80\text{mm}^2 \Rightarrow d_{销B} = \sqrt{\frac{4}{\pi}(80\text{mm}^2)} = 10.09\text{mm}$$

(7) 确定缆绳 BDC 的所需横截面面积。在这里，使用已计算出的拉力 T 和许用拉伸应力[⊖]：

$$A_{缆绳} = \frac{T}{\sigma_{许用(拉)}} = \frac{3.65kN}{124MPa} = 29.4mm^2$$

(8) 确定管 ABC 中的轴向力及其所需横截面面积。可使用杆 ABC 的自由体图来计算 AB 段和 BC 段中的轴向压缩力 N（如 1.2 节所述）。对于 AB 段，力 $N_{AB} = -4.95kN$；对于 BC 段，$N_{BC} = -2.92kN$。所需面积受较大力 N_{AB} 的控制。现在，必须使用许用压缩应力，因此，所需面积为：

$$A_{钢管} = \frac{4.95kN}{\sigma_{许用(压)}} = \frac{4.95kN}{69MPa} = 71.7mm^2$$

注意：在本例的计算中，刻意省略了该缆绳-钢管结构的自重。然而，一旦已知各杆的尺寸，那么，就能够计算出它们的重量，并可将其重量在自由体图中给出。

当包含了各杆的重量时，杆 ABC 的设计就变得更为复杂。因为在其自重和标志牌重量的共同作用下，杆 ABC 就成为一根受到弯曲和横向剪切的梁[⊖]，当然，该杆同时还受到轴向压缩。必须在完成"梁中的应力（见第 5 章）"的学习后，才能开始设计这类杆件（第 5 章的 5.12 节将单独讨论承受轴向载荷的梁）。随着压缩力的增加，杆 ABC 的横向失稳（或屈曲）的可能性也成为一个需要关注的问题（该问题将在第 11 章中探讨）。

实践中，在最终确定钢管、缆绳和销的尺寸之前，除了该结构和标志牌的重量之外，还应考虑其他载荷。诸如风载荷、地震载荷以及该结构可能临时支撑的物体的重量等载荷都可能是需要考虑的重要载荷。

最后，如果缆绳 BD、CD 是独立的（而不是一条连续缆绳。在上述分析中，连续缆绳的 $T_B = T_C$），那么两条缆绳中的力 T_B 和 T_C 的大小是不相等的，而且这时的结构就是一个静不定结构，不能单独使用静力学平衡方程来求解缆绳力和 A 处的反作用力。第 2 章的 2.4 节将研究这类静不定问题（见例 2-5）。

⊖　缆绳只能受拉，不能受压。——译者注
⊖　如果不考虑杆 ABC 的自重，则没有横向剪切。——译者注

第 1 章学习了工程材料的力学性能。在简要回顾了静力学之后，不仅计算了轴向承载杆中的正应力和正应变，还计算了销连接（用在诸如桁架等简单装配结构中）中的切应力和切应变（以及挤压应力）。还根据适当的安全因数定义了应力的许用水平，并使用这些值来设定能够施加在结构上的许用载荷。本章中的一些主要概念如下：

1. 材料力学的主要目的是求解受到载荷作用时结构及其构件中的应力、应变和位移。这些构件包括轴向承载杆、受扭轴、受弯梁和受压柱。

2. 对于轴向拉伸或压缩载荷的作用线通过其横截面形心（以避免弯曲）的柱状杆，其承受到的正应力（σ）和正应变（ε）为：

$$\sigma = \frac{P}{A}, \quad \varepsilon = \frac{\delta}{L}$$

并且，其伸长量与缩短量均与其长度成正比。除了载荷作用点附近之外，这些应力和应变都是均匀分布的。在载荷作用点附近将出现较高的局部应力或应力集中。

3. 本章研究了各种材料的力学行为，并据此绘制了应力-应变图，该图传达了关于材料的重要信息。对于韧性材料（如低碳钢），其正应力和正应变之间有一个初始的线性关系（直到比例极限为止），该关系被称为应力与应变的线弹性关系，并可用胡克定律表示：

$$\sigma = E\varepsilon$$

同时，这类材料还有一个明确的屈服点。其他韧性材料（如铝合金）都没有一个清晰的可定义的屈服点，所以使用偏移法人为地确定一个屈服应力。

4. 那些在相对较低的应变值下发生失效的材料（如混凝土、石材、铸铁、玻璃、陶瓷以及各种金属合金）被归类为脆性材料。脆性材料将在超过比例极限后发生失效，且其失效时仅有很小的伸长量。

5. 如果材料保持在弹性范围内，那么可对其加载、卸载以及再次加载而不会显著改变其行为。然而，一旦被加载至塑性范围内，则材料的内部结构及其性能均将发生改变。材料的加载和卸载行为取决于材料的弹性和塑性性能，例如，取决于弹性极限和材料永久变形（残余应变）的可能性。随着时间的延续，持续载荷可能导致蠕变和松弛。

6. 对于轴向承载杆，其轴向的伸长总是伴随着横向的收缩。横向应变与正应变的比值被称为泊松比（ν）。

$$\nu = -\frac{横向应变}{轴向应变} = -\frac{\varepsilon'}{\varepsilon}$$

如果材料是均匀且各向同性的，那么泊松比在弹性范围内保持不变。在求解本书大多数例题和习题时，均假设材料是线弹性的、均匀的和各向同性的。

7. 正应力（σ）垂直作用在材料的表面上，切应力（τ）切向作用在材料的表面上。就螺栓连接而言，螺栓受到剪切与挤压作用，其中剪切可能是单剪切或是双剪切。挤压面积（A_b）是一个矩形面积（该面积是螺栓与被连接板实际接触曲面的投影）。其平均切应力（τ_{aver}）与平均挤压应力（σ_b）分别为：

$$\tau_{\text{aver}} = \frac{V}{A}, \quad \sigma_b = \frac{F_b}{A_b}$$

8. 为了研究纯剪切这一应力状态，我们剖析了一种受到切应力与切应变作用的微元体。可以看出，切应变（γ）可用来度量该类微元体的扭曲或形变情况。我们还讨论了胡克定律，该定律反映了切应力（τ）与切应变之间的关系，即：

$$\tau = G\gamma$$

注意，E 和 G 是彼此相关的，因此它们不是材料独立的弹性性能：

$$G = \frac{E}{2(1+\nu)}$$

9. 强度是结构或构件支撑或传递载荷的能力。安全因数实际上与所需构件强度以及许多不确定因素有关，例如材料性能的改变、载荷大小或分布情况的不确定性、意外过载的概率等等。由于这些不确定性，因此，必须采用概率法来确定安全因数（n_1，n_2，n_3，n_4）。

10. 用屈服应力或极限应力除以安全因数就得到可用于设计中的许用值。对于韧性材料，

$$\sigma_{\text{allow}} = \frac{\sigma_Y}{n_1}, \quad \tau_{\text{allow}} = \frac{\tau_Y}{n_2}$$

对于脆性材料，

$$\sigma_{\text{allow}} = \frac{\sigma_U}{n_3}, \quad \tau_{\text{allow}} = \frac{\tau_U}{n_4}$$

其中，n_1 和 n_2 的典型值为 1.67，n_3 和 n_4 的可能值为 2.8。

对于一根由销连接的轴向承载杆，其许用载荷等于许用应力乘以适当的面积（例如，对于轴向受拉杆，采用净横截面面积；对于受到剪切的销，采用该销的横截面面积；对于受到挤压的螺栓，采用投影面积）。如果该杆受到压缩，那么不需要使用净横截面面积，但屈曲可能是一个需要重点考虑的因素。

11. 最后讨论了设计，设计是一个迭代过程，通过该过程可为一个受到各种不同载荷作用的具体结构的各个构件确定一个合适的尺寸以同时满足各类强度和刚度要求。然而，将安全因数纳入到设计中并不是一件简单的事情，因为强度和失效都有很多不同的含义。

第1章 习题

静力学回顾

1.2-1 梁 *ABC* 的 *AB* 段和 *BC* 段的连接方式为铰链连接，该铰链与节点 *B* 右侧相距一个很小的距离（见图）。梁 *AB* 段在 *A* 点和中点处分别受到一个轴向载荷的作用。一个集中力矩作用在节点 *B* 处。

（a）分别求出支座 *A*、*B* 和 *C* 的反作用力。

（b）求出 $x = 4.5m$ 处内部应力的合力 *N*、*V* 和 *M*。

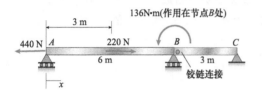

习题 1.2-1 图

1.2-2 梁 *ABCD* 的 *AB* 段和 *BCD* 段被铰链连接在 $x = 4m$ 处。该梁在 *A* 处有一个滑动支座，在 *C*、*D* 处分别有一个滚动铰链支座（见图）。峰值密度为 80N/m 的三角形分布载荷作用在该梁的 *BC* 段。一个集中力矩作用在节点 *B* 处。

（a）分别求出支座 *A*、*C* 和 *D* 的反作用力。

（b）求出 $x = 5m$ 处内部应力的合力 *N*、*V* 和 *M*。

（c）若用一个刚度系数 $k_y = 200kN/m$ 的线性弹簧替换 *C* 处的滚动铰链支座（见图），则这时问题（a）、（b）的答案又是多少。

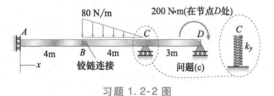

习题 1.2-2 图

1.2-3 梁 *ABCD* 的 *AB* 段和 *BCD* 段被铰链连接在 $x = 3m$ 处。该梁在 *A* 处有一个固定铰链支座，在 *C*、*D* 处分别有一个滚动铰链支座，*D* 处的滚动铰链支座与 *x* 轴的夹角为 30°（见图）。一个梯形分布载荷作用在 *BC* 段，其载荷密度从 *B* 处的 74N/m 一直变化至 *C* 处的 37N/m。一个集中力矩作用在节点 *A* 处，一个 180N 的倾斜载荷作用在 *CD* 段的中点处。

（a）分别求出支座 *A*、*C* 和 *D* 的反作用力。

（b）求出铰链 *B* 处的合力。

（c）如果在 *A* 处添加一个扭转弹簧（$k_r = 68N \cdot m/rad$）并移除 *C* 处的滚动支座，那么，请重新求解问题（a）、（b）。

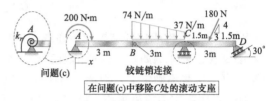

习题 1.2-3 图

1.2-4 平面桁架在节点 3 处有一个固定铰链支座，在节点 5 处有一个滚动支座（见图）。

（a）分别求出节点 3 和节点 5 处的反作用力。

（b）分别求出杆件 11 和 13 中的轴向力。

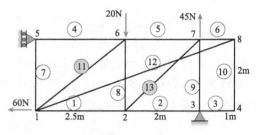

习题 1.2-4 图

1.2-5 平面桁架在 *A* 处有一个固定铰链支座，在 *E* 处有一个滚动铰链支座（见图）。

（a）求出所有支座处的反作用力。

（b）求出杆件 *FE* 中的轴向力。

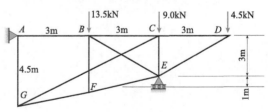

习题 1.2-5 图

1.2-6 平面桁架在 *F* 处有一个固定铰链支座，在 *D* 处有一个滚动铰链支座（见图）。

（a）求出两个支座处的反作用力。

（b）求出杆件 *FE* 中的轴向力。

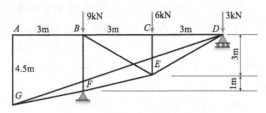

习题 1.2-6 图

1.2-7　空间桁架在节点 O、B 和 C 处各有一个固定铰链支座，载荷 P 作用在节点 A 处并指向点 Q。已给出所有点的坐标（见图）。

（a）求出反作用力分量 B_x、B_z 和 O_z。

（b）求出杆件 AC 中的轴向力。

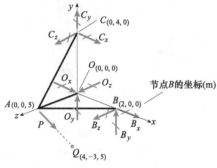

习题 1.2-7 图

1.2-8　如图所示，空间桁架分别在节点 O、A、B 和 C 处受到约束。载荷 P 作用在节点 A 处，载荷 $2P$ 向下作用在节点 C 处。

（a）求出反作用力分量 A_x、B_y 和 B_z。

（b）求出杆件 AB 中的轴向力。

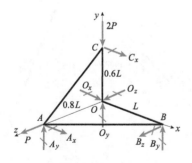

习题 1.2-8 图

1.2-9　如图所示，空间桁架分别在节点 A、B 和 C 处受到约束。载荷 $2P$ 作用在节点 A 处并指向 $-x$ 方向，载荷 $3P$ 作用在节点 B 处并指向 $+z$ 方向，载荷 P 作用在节点 C 处并指向 $+z$ 方向。已按尺寸 L 的形式给出了所有点的坐标（见图）。

（a）求出反作用力分量 A_y、A_z。

（b）求出杆件 AB 中的轴向力。

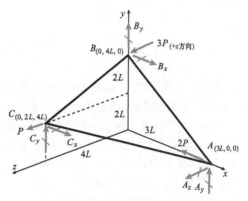

习题 1.2-9 图

1.2-10　如图所示，空间桁架分别在节点 A、B 和 C 处受到约束。作用在节点 B 处的载荷 P 指向 $+z$ 方向，作用在节点 C 处的载荷 P 指向 $-z$ 方向。已按尺寸 L 的形式给出了所有点的坐标（见图）。设 $P = 5$kN，$L = 2$m。

（a）求出反作用力分量 A_z 和 B_x。

（b）求出杆件 AB 中的轴向力。

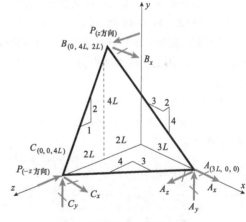

习题 1.2-10 图

1.2-11　如图所示，阶梯轴 ABC 由两段实心圆杆组成，并受到两个方向相反的转矩 T_1 和 T_2 的作用。其中，大圆杆的直径 $d_1 = 58$mm、长度 $L_1 = 0.75$m；小圆杆的直径 $d_2 = 44$mm、长度 $L_2 = 0.5$m。转矩 $T_1 = 2400$N·m，$T_2 = 1130$N·m。

（a）求出支座 A 处的反作用转矩 T_A。

（b）求出 $x = L_1/2$ 和 $x = L_1 + L_2/2$ 位置处的内部扭矩 $T(x)$，并在相应的自由体图上表示这些内部扭矩。

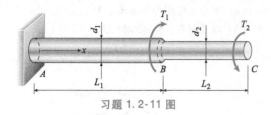

习题 1.2-11 图

1.2-12 如图所示，阶梯轴 *ABC* 由两段实心圆杆组成，其中，均布转矩 t_1 作用在段 1 上，集中转矩 T_2 作用在 *C* 处。该轴段 1 的直径 $d_1 = 57$mm，长度为 $L_1 = 0.75$m，该轴段 2 的直径 $d_2 = 44$mm，长度 $L_2 = 0.5$m。转矩强度 $t_1 = 3100$N·m/m，$T_2 = 1100$ N·m。

（a）求出支座 *A* 处的反作用转矩 T_A。

（b）求出以下两个位置处的内部扭矩 $T(x)$：$x = L_1/2$ 和 $x = L_1 + L_2/2$。并在相应的自由体图上表示这些内部扭矩。

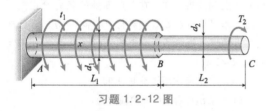

习题 1.2-12 图

1.2-13 如图所示，某一平面框架分别在节点 *A*、*C* 处受到约束。杆件 *AB* 和 *BC* 在 *B* 处被铰链连接。一个峰值强度为 1300N/m 且呈三角形分布的横向载荷作用在 *AB* 上。一个集中力矩作用在节点 *C* 处。

（a）分别求出支座 *A*、*C* 的反作用力。

（b）求出立柱 *AB* 上 $x = 1.0$m 处内部应力的合力 *N*、*V* 和 *M*。

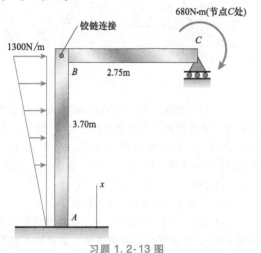

习题 1.2-13 图

1.2-14 如图所示，某一平面框架分别在节点 *A*、*D* 处受到约束。杆件 *AB* 和 *BCD* 在 *B* 处被铰链连接。一个峰值强度为 80N/m 且呈三角形分布的横向载荷作用在 *CD* 上。一个 200 N 的集中力作用在 *BC* 段的中点处。

（a）分别求出支座 *A*、*D* 的反作用力。

（b）分别求出铰链 *B*、*C* 处的合力。

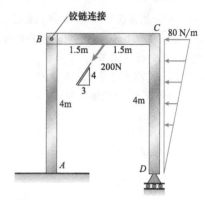

习题 1.2-14 图

1.2-15 一个 1900N 的活动门（*AB*）由一根支杆（*BC*）支撑，它们在 *B* 处被铰链连接在一起（见图）。

（a）分别求出支座 *A*、*C* 的反作用力。

（b）求出活动门上距 *A* 点 0.5m 处内部应力的合力 *N*、*V* 和 *M*。

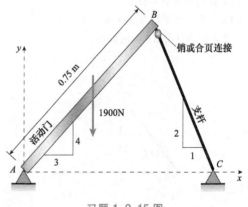

习题 1.2-15 图

1.2-16 平面框架如图所示，其 *ABC* 和 *CDE* 段被铰链连接在一起。该框架在 *A*、*E* 处各有一个固定铰链支座，在 *B*、*D* 处各受到一个节点载荷的作用。

（a）分别求出支座 *A*、*E* 的反作用力。

（b）求出铰链 *C* 处的合力。

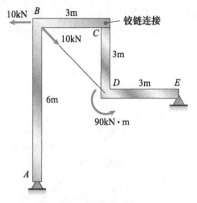

习题 1.2-16 图

1.2-17 如图所示，平面框架在 A、E 处各有一个铰链支座，其 C 处连接有一根缆绳，该缆绳缠绕在 F 处的无摩擦滑轮上。已知缆绳受到的拉力为 2.25kN。

（a）分别求出支座 A、E 的反作用力。

（b）求出 F 点处内部应力的合力 N、V 和 M。

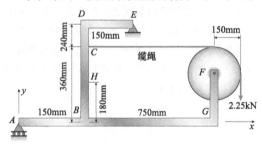

习题 1.2-17 图

1.2-18 如图所示，平面框架在 A 处有一个固定铰链支座，在 C、E 处各有一个滚动铰链支座，其 E 处连接有一根缆绳，该缆绳缠绕在 D、B 处的无摩擦滑轮上。已知缆绳受到的拉力为 400N。紧靠节点 C 的左侧有一个铰链连接。

（a）分别求出支座 A、C、E 的反作用力。

（b）求出节点 C 处内部应力的合力 N、V 和 M。

（c）求出节点 C 附近铰链中的合力。

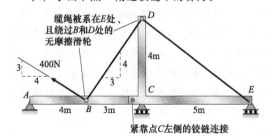

习题 1.2-18 图

──── 即俗称的"刹车"。——译者注

1.2-19 两端装有无摩擦滚轮的一个 650 N 的刚性杆 AB 被一根缆绳 CAD 保持在图示位置。该缆绳被铰链连接在 C、D 处，并缠绕在 A 处的滑轮上。

（a）分别求出支座 A、B 的反作用力。

（b）求出缆绳受到的拉力。

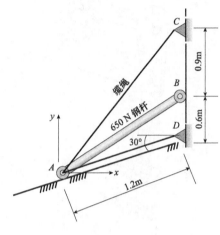

习题 1.2-19 图

1.2-20 平面框架在 C、E 处各有一个滚动铰链支座（见图）。该杆件的 ABD 段和 $CDEF$ 段在紧靠节点 D 的左侧处被一个铰链连接在一起。

（a）分别求出支座 A、C、E 的反作用力。

（b）求出紧靠节点 D 左侧处铰链中的合力。

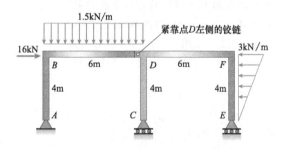

习题 1.2-20 图

1.2-21 某一特殊的车辆制动器⊖在 O 点被锁住（当施加了制动力 P_1 时，见图）。制动力 P_1 = 220N，其作用点为 C 点，其作用线与直线 BC 垂直且位于与坐标平面 xz 平行的平面内。力 P_2 = 180N，其作用点为 B 点，其作用方向为 $-y$ 方向。

（a）求出支座 O 的反作用力。

（b）求出 OA 段中点处内部应力的合力 N、V、T 和 M。

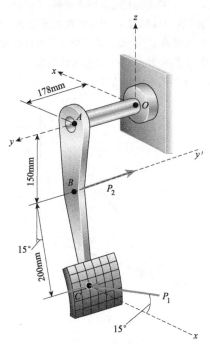

习题 1.2-21 图

1.2-22 空间框架 *ABCD* 被夹持在 *A* 处，但其 *x* 方向的运动是自由的。*D* 处的滚动铰链支座垂直于直线 *CDE*。一个峰值强度 $q_0 = 75\mathrm{N/m}$ 的三角形分布载荷作用在 *AB* 段，其作用方向为 *z* 轴的正向。力 $P_x = 60\,\mathrm{N}$ 和 $P_z = -45\mathrm{N}$ 作用在节点 *C* 处，一个集中力矩 $M_y = 120\mathrm{N \cdot m}$ 作用在 *BC* 杆的中点处。

（a）分别求出支座 *A*、*D* 的反作用力。

（b）求出 *AB* 段中点处内部应力的合力 *N*、*V*、*T* 和 *M*。

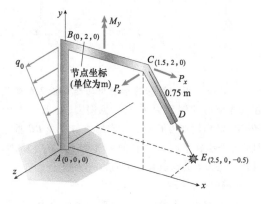

习题 1.2-22 图

1.2-23 空间框架 *ABC* 被夹持在 *A* 处，但其在 *A* 点绕 *x* 和 *y* 轴的转动是自由的。该框架在 *C* 处

被缆绳 *DC* 和 *EC* 拉持。一个 $P_y = -220\mathrm{N}$ 的力作用在 *AB* 的中点处，一个 $M_x = -2.25\mathrm{N \cdot m}$ 的集中力矩作用在节点 *B* 处。

（a）求出支座 *A* 的反作用力。

（b）求出各缆绳受到的拉力。

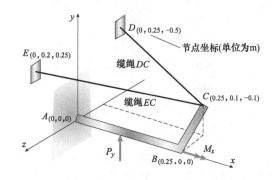

习题 1.2-23 图

1.2-24 某足球门受到重力的作用（重力作用方向为 *-z* 方向。其中，*DG*、*BG* 和 *BC* 段的 $w = 73\mathrm{N/}$ m，其他所有段的 $w = 29\mathrm{N/m}$，见图），*DG* 杆的中点处受到一个偏心力 $F = 200\mathrm{N}$ 的作用。分别求出支座 *C*、*D*、*H* 的反作用力。

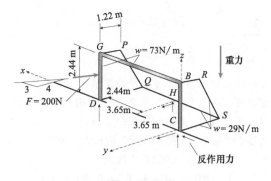

习题 1.2-24 图

1.2-25 椭圆运动机（见图 a）由前、后导轨组成。其后导轨的简化平面框架模型见图 b。分析该平面框架模型，并根据图 b 给出的位置和载荷情况分别求出支座 *A*、*B*、*C* 的反作用力。注意，在杆 2 的基座处有轴力和力矩释放器，因此随着 *B* 处滚动支座沿 30° 斜面的移动，杆 2 可发生伸长或缩短（这些释放器表明，在该位置处内部轴力 *N* 和力矩 *M* 必须为零）。

1.2-26 山地自行车沿着平坦的道路以恒定速度运动。在某一瞬间，车手（重量 = 670N）在脚踏板和扶手上施加的力如图 a 所示。

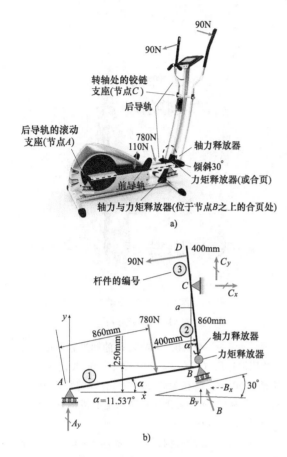

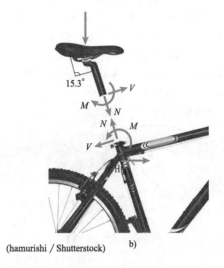

习题 1.2-26 图（续）

正应力和正应变

1.3-1 空心圆形立柱 *ABC*（见图）的顶部受到一个载荷 $P_1 = 7.5$kN 的作用。第二个载荷 P_2 均匀分布在 *B* 处的盖板上。该立柱上、下部的直径和壁厚分别为 $d_{AB} = 32$mm，$t_{AB} = 12$mm，$d_{BC} = 57$mm，$t_{BC} = 9$mm。

（a）计算立柱上部中的正应力 σ_{AB}。

（b）如果希望立柱上、下部具有相同的压应力，那么载荷 P_2 的大小应该是多少？

（c）如果 P_1 仍为 7.5 kN，而将 P_2 设为 10 kN，那么为了使立柱上、下部具有相同的压应力，立柱 *BC* 段的壁厚应该是多少？

习题 1.2-25 图

（a）求出前、后轮轴处的反作用力（假设自行车的后轮轴处是固定铰链支座，前轮轴处是滚动铰链支座）。

（b）求出座包立柱中内部应力的合力 *N*、*V* 和 *M*（见图 b）。

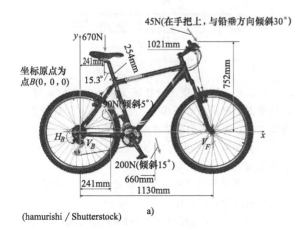

(hamurishi / Shutterstock)

习题 1.2-26 图

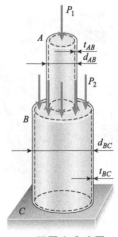

习题 1.3-1 图

1.3-2 自行车手在自行车的前手刹上施加了一个大小为 70 N 的力 P（P 是一个均布压力的合力）。随着手刹绕点 A 转动，在 460mm 长的刹车线（$A_e = 1.075\text{mm}^2$）中将产生拉力 T，且该刹车线被拉长了 $\delta = 0.214\text{mm}$。求出刹车线中的正应力 σ 和正应变 ε。

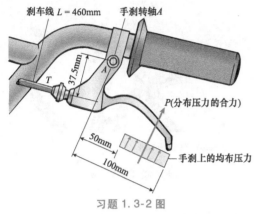

习题 1.3-2 图

1.3-3 某自行车手想比较悬臂式刹车（见图 a）与 V 形刹车（见图 b）的有效性。

（a）对于图示各刹车系统，分别计算其轮辋（俗称轮圈）上的刹车力 R_B。假设所有的力都作用在图示平面内，且刹车线受到的拉力 $T = 200\text{N}$。此时作用在刹车片（$A = 4\text{cm}^2$）上的平均压应力是多少？

（b）各刹车系统的刹车线（假设有效横截面积为 1.077 mm^2）中的正应力是多少？

（提示：由于结构是对称的，因此仅需分析各图的右半部分结构）

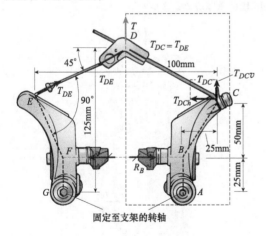

a）

习题 1.3-3 图

a）悬臂式刹车

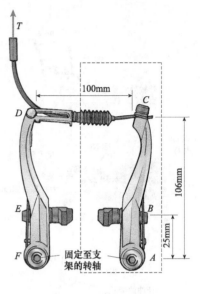

b）

习题 1.3-3 图 （续）

b）V 形刹车

1.3-4 一个长度 $L = 420\text{mm}$ 的圆形铝管受到力 P 的压缩作用（见图）。其中空心段的长度为 $L/3$，外径为 60mm，内径为 35mm。实心段的长度为 $2L/3$，直径为 60mm。应变片被贴在空心段的外表面上以测量纵向正应变。

（a）若空心段所测正应变为 $\varepsilon_h = 470 \times 10^{-6}$，那么，实心段中的正应变 ε_s 是多少？（提示：实心段中的应变等于空心段的应变乘以空心段与实心段面积之比。）

（b）整个杆的缩短量 δ 是多少？

（c）如果该杆中的压应力不能超过 48 MPa，那么，载荷 P 的最大许可值是多少？

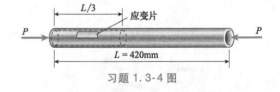

习题 1.3-4 图

1.3-5 某一混凝土角柱承受着均布压缩载荷，其横截面如图所示。一根直径为 250 mm 的圆管沿着其高度方向插入到该角柱中（见图）。

（a）如果载荷等于 14.5MN，请求出混凝土中平均压缩应力 σ_c。

（b）如果要使该柱中产生均布正应力，请求出合力作用点的坐标 x_c 和 y_c。

1.3-6 一辆满载时重 130 kN 的小车被一根钢缆沿着陡峭的倾斜轨道缓慢地向上拉（见图）。钢

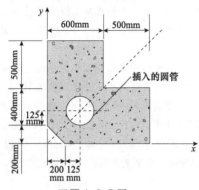

习题 1.3-5 图

缆的有效横截面面积为 $490mm^2$，倾角 α 为 30°。

（a）计算钢缆中的拉应力 σ_t。

（b）如果钢缆的许用应力为 150MPa，那么小车满载时最大许可倾角 α 是多少？

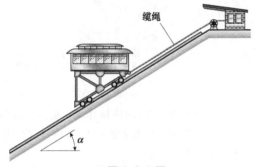

习题 1.3-6 图

1.3-7 两根钢丝绳拉住了一个移动架空摄像机（见图 a），该摄像机用于近距离观看体育赛事的现场活动，其重量 $W = 125N$。在某一瞬间，钢丝绳 1 与水平线的夹角 $\alpha = 22°$，钢丝绳 2 与水平线的夹角 $\beta = 40°$。钢丝绳 1 和 2 的直径分别为 0.75mm 和 0.90mm。

（a）分别确定各钢丝绳中的拉应力 σ_1 和 σ_2。

（b）如果钢丝绳 1 和 2 中的拉应力必须相等，那么钢丝绳 1 的所需直径是多少？

（c）现在为了在多风的室外条件下稳定该摄像机，增加了第三根钢丝绳（见图 b）。假设三根钢丝绳交汇于某一点 [在图 b 所示时刻，该点位于摄像机之上，其坐标为（0, 0, 0）]。钢丝绳 1 被连接到一个坐标为（25m, 16m, 23m）的支座上，钢丝绳 2 被连接到一个坐标为（-23m, 18m, 27m）的支座上，钢丝绳 3 被连接到一个坐标为（-3m, -28m, 25m）的支座上。假设三根钢丝绳的直径均为 0.8mm。求出钢丝绳 1、2、3 中的拉应力。

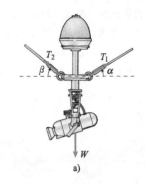

a)

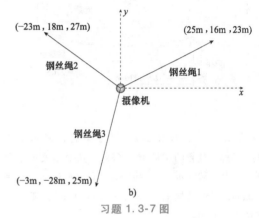

b)

习题 1.3-7 图

1.3-8 如图中的第一部分所示，一个长挡土墙被多根木撑杆支撑，木撑杆被设置为与水平线成 30°角，用混凝土止推块支撑这些木撑杆。木撑杆是均匀布置的，各木撑杆的间距均为 3m。

为了便于分析，挡土墙和木撑杆被理想化为图中第二部分所示的形式。注意，挡土墙的基座和木撑杆的两端被假设为由固定铰链支座支撑。土壤对挡土墙的压力被假定为三角形分布载荷，该载荷的合力为 $F = 190kN$。

如果各木撑杆的横截面均为 150mm×150mm 正方形，那么木撑杆中的压应力 σ_c 是多少？

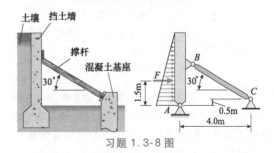

习题 1.3-8 图

1.3-9 如图所示，一辆小型货车的后挡板支撑着一个货箱（$W_C = 900N$）。该后挡板的重量 $W_T = 270N$，由两根缆绳支撑（图中仅显示了一根缆绳）。

每根缆绳的有效横截面面积 $A_e = 11\text{mm}^2$。

（a）分别求出各缆绳中的拉力 T 和正应力 σ。

（b）如果因为货箱和后挡板的重量使得每根缆绳均伸长了 $\delta = 0.42\text{mm}$，那么缆绳的平均应变是多少？

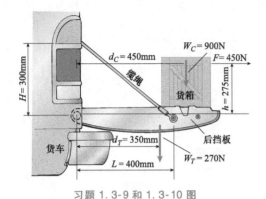

习题 1.3-9 和 1.3-10 图

1.3-10　在题 1.3-9 中，如果后挡板的质量 $M_T = 27\text{kg}$，货箱的质量 $M_C = 68\text{kg}$，其他相关尺寸数据为：$H = 305\text{mm}$，$L = 406\text{mm}$，$d_C = 460\text{mm}$，$d_T = 350\text{mm}$，缆绳的横截面面积 $A_e = 11.0\text{mm}^2$，那么请求解以下问题。

（a）分别求出各缆绳中的拉力 T 和正应力 σ。

（b）如果因为货箱和后挡板的重量使得每根缆绳均伸长了 $\delta = 0.25\text{mm}$，那么缆绳的平均应变是多少？

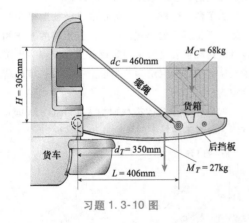

习题 1.3-10 图

1.3-11　如图所示，厚度 $t = 230\text{mm}$ 的 $3.6\text{m} \times 3.6\text{m}$（但有一个 $1.8\text{m} \times 1.8\text{m}$ 的缺口）的 L 形钢筋混凝土板由三根连接在 O、B、D 升处的缆绳抬升。各缆绳结合于点 Q，该点位于质心 C 正上方 2.1m 处。每根缆绳的有效横截面面积 $A_e = 77\text{mm}^2$。

（a）分别求出由该混凝土板的重量 W 所引起的每根缆绳中的拉伸力 T_i（$i = 1, 2, 3$）（忽略各缆绳的重量）。

（b）分别求出每根缆绳中的平均应力 σ_i（钢筋混凝土材料的重量密度见附录 H 的表 H-1）。

（c）增加缆绳 AQ 以使 OQA 成为一根连续的且 AQ 段和 OQ 段上的拉力均为 T_1 的缆绳。请在这种条件下重新求解本题（a）和（b）中的问题（提示：此时可建立三个平衡方程、一个约束方程 $T_1 = T_4$）。

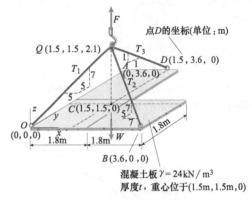

习题 1.3-11 图

1.3-12　长度为 $2L$ 的圆棒 ACB（见图）绕贯穿中点 C 的一根轴以恒角速度 ω（rad/s）转动。圆棒材料的重量密度为 γ。

（a）导出圆棒中拉应力 σ_x 的表达式，该表达式应是一个关于 x（x 为与中点 C 的距离）的函数[⊖]。

（b）最大拉应力 $\sigma_{\max}$ 是多少？

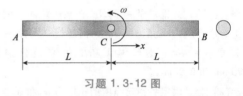

习题 1.3-12 图

1.3-13　某地正在进行维修工作时，滑雪缆车的两个吊箱被固定在图示位置。缆车站台之间的距离 $L = 30.5\text{m}$，两个吊箱的重量分别为 $W_B = 2000\text{N}$，$W_C = 2900\text{N}$，各段缆绳的长度分别为 $D_{AB} = 3.7\text{m}$，$D_{BC} = 21.4\text{m}$，$D_{CD} = 6.1\text{m}$。缆绳在 B、C 处下垂的距离分别为 $\Delta_B = 1.3\text{m}$，$\Delta_C = 2.3\text{m}$。缆绳的有效横截面面积为 $A_e = 77\text{mm}^2$。

（a）求出各段缆绳中的拉力（忽略缆绳质量）。

（b）求出各段缆绳中的平均应力（σ）。

⊖　即求出与中点 C 的距离为 x 的横截面上的正应力。——译者注

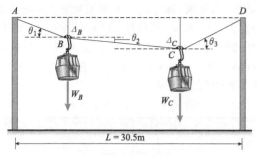

习题 1.3-13 图

1.3-14 如图所示，起重机吊臂被两根缆绳 AQ 和 BQ（每根的横截面面积均为 $A_e = 304 \text{mm}^2$）拉住，该吊臂的质量为 450kg，其质心位于 C 点。一个 $P = 20 \text{ kN}$ 的载荷作用在 D 点处。吊臂位于 yz 平面内。

（a）求出各缆绳的拉力 T_{AQ} 和 T_{BQ}（kN）。忽略缆绳质量，但应计入载荷 P 和吊臂质量。

（b）求出各缆绳中的平均应力（σ）。

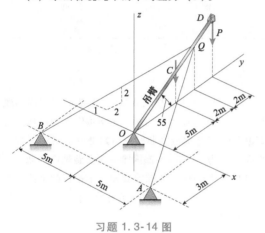

习题 1.3-14 图

力学性能与应力-应变图

1.4-1 想象有一根长钢丝铅垂悬挂在高空气球之下。

（a）如果钢的屈服应力为 260MPa，那么，该钢丝在不发生屈服的情况下所能具有的最大长度（m）是多少？

（b）如果将该根钢丝悬挂在一艘海船下，那么这时其最大长度是多少？（从附录 H 的表 H-1 中获取钢和海水的重量密度）

1.4-2 如图所示，钢制竖管悬挂在钻井平台下，该钻井平台位于离岸的深水区。

（a）如果将该竖管悬挂在空气中，那么，该竖管在不发生断裂的情况下所能具有的最大长度（m）

是多少？设极限强度（或断裂强度）为550MPa。

（b）如果将该竖管悬挂在大海中的钻井平台下，那么其最大长度 l 是多少？（从附录 H 的表 H-1 中获取钢和海水的重量密度。忽略海水浮沫对该竖管的影响。）

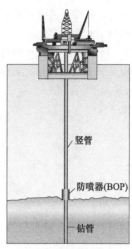

习题 1.4-2 图

1.4-3 如图所示，命名为 A、B、C 的三种不同材料被用于拉伸试验，其试样的直径均为 12mm，标距均为 50mm。断裂时，发现标距分别变为 54.5mm、63.2mm、69.4mm。同时，发现其断面直径分别变为 11.46mm、9.48mm、6.06mm。求出各个试样的伸长率和断面收缩率，并判断其材料是脆性材料还是韧性材料。

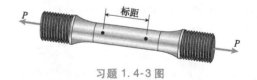

习题 1.4-3 图

1.4-4 材料的强度-重量比（*strength-to-weight ratio*）被定义为材料的承载力除以其重量。对于受到拉伸的材料，可以使用特征拉应力（可从应力-应变曲线中得到）作为衡量材料强度的参数。例如，根据具体应用场合的不同，既可以使用屈服应力，也可以使用极限应力作为特征应力。因此，某一受拉伸材料的强度-重量比 $R_{S/W}$ 被定义为：

$$R_{S/W} = \frac{\sigma}{\gamma}$$

其中，σ 为特征应力，γ 为重量密度。注意该比率具有长度单位。

使用极限应力 σ_U 作为强度参数，计算下列各材料的强度-重量比（以 m 为单位）：铝合金 6061-T6，花旗松（受弯曲），尼龙，结构钢 ASTM-A572，钛合金。（从附录 H 的表 H-1 和 H-3 表中获取材料性能。当表中给出的是一个数值区间时，使用平均值。）

1.4-5　如图所示，一个对称的框架结构由三根铰接的杆件构成，且受到力 P 的作用。斜杆与水平方向之间的夹角 $\alpha = 52°$。经测量，中间杆中的轴向应变为 0.027。请求出两根斜杆中的拉应力。假设两根斜杆均由某种铜合金制造，该铜合金具有以下应力-应变关系：

$$\sigma = \frac{124{,}020\varepsilon}{1+300} \qquad 0 \leqslant \varepsilon \leqslant 0.03 \qquad (\sigma = \text{MPa})$$

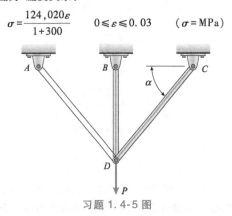

习题 1.4-5 图

1.4-6　在室温下对甲基丙烯酸塑料制成的试样进行拉伸试验（见图），所产生的应力-应变数据列于相应的表格中（见下表）。绘制应力-应变曲线，并求出比例极限和弹性模量（即应力-应变曲线中初始部分的斜率），同时求出 0.2% 偏移处的屈服应力，并判断材料是韧性的还是脆性的？

习题 1.4-6 图

习题 1.4-6 的应力-应变数据

应力/MPa	应变
8.0	0.0032
17.5	0.0073
25.6	0.0111
31.1	0.0129
39.8	0.0163
44.0	0.0184
48.2	0.0209
53.9	0.0260
58.1	0.0331
62.0	0.0429
62.1	断裂

1.4-7　下表中的数据来自高强度钢拉伸试验。试样的直径为 13mm，标距为 50mm（见习题 1.4-3

的图）。断裂时，标记之间的伸长量为 3.0mm，最小直径为 10.7mm。绘制常规应力-应变曲线，并求出比例极限、弹性模量（即应力应变曲线中初始部分的斜率）、0.1% 偏移处的屈服应力、极限应力、伸长率和断面收缩率。

习题 1.4-7　的拉伸试验数据

载荷/kN	伸长量/mm
5	0.005
10	0.015
30	0.048
50	0.084
60	0.099
64.5	0.109
67.0	0.119
68.0	0.137
69.0	0.160
70.0	0.229
72.0	0.259
76.0	0.330
84.0	0.584
92.0	0.853
100.0	1.288
112.0	2.814
113.0	断裂

弹性和塑性

1.5-1　一根长度为 1.5m、由结构钢制成的钢棒的应力-应变图如图所示。该结构钢的屈服应力为 290MPa，其应力应变曲线中初始部分的斜率（即弹性模量）为 207GPa。该钢棒一直受到轴向加载，直到其伸长 7.6mm 后才卸除载荷。该钢棒的最终长度比其初始长度增加了多少？（提示：使用图 1-36b 所示的相关概念）

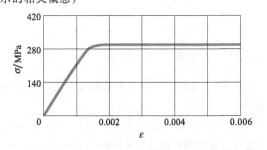

习题 1.5-1 图

1.5-2　一根长度为 2.0m、由结构钢制成的钢棒的应力-应变图如图所示。该结构钢的屈服应力为 250MPa，其应力应变曲线中初始部分的斜率（即弹性模量）为 200GPa。该钢棒一直受到轴向加载，直到其伸长 6.5mm 后才卸除载荷。该钢棒的最终长度比其初始长度增加了多少？（提示：使用图 1-36b 所示的相关概念）

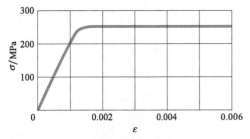

习题 1.5-2 图

1.5-3　铝棒的长度 $L = 1.8\text{m}$，直径 $d = 34\text{mm}$。其应力-应变图如 1.4 节的图 1-31 所示。其应力应变曲线中初始部分的斜率（即弹性模量）为 73GPa。该铝棒被轴向加载至 $P = 200\text{kN}$ 后卸载。

（a）该铝棒的永久变形是多少？

（b）如果该铝棒被再次加载，那么比例极限是多少？（提示：使用图 1-36b 和图 1-37 所示的相关概念）

1.5-4　一根由镁合金制造的圆棒，其长度为 750mm，其材料的应力-应变图如图所示。该圆棒在拉伸载荷的作用下伸长了 6.0mm，然后载荷被卸除。

（a）该圆棒的永久变形是多少？

（b）如果该圆棒被再次加载，那么比例极限是多少？（提示：使用图 1-36b 和图 1-37 所示的相关概念）

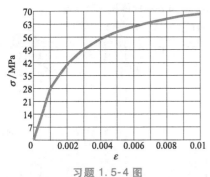

习题 1.5-4 图

1.5-5　一根长度 $L = 2.5\text{m}$、直径 $d = 1.6\text{mm}$ 的铜合金丝受到轴向力 $P = 600\text{N}$ 的拉伸，该材料的应力-应变关系可用以下数学表达式来描述：

$$\sigma = \frac{124020\varepsilon}{1+300\varepsilon} \qquad 0 \leqslant \varepsilon \leqslant 0.03 \qquad (\sigma = \text{MPa})$$

其中，ε 无量纲，σ 的单位为 MPa。

（a）绘制该铜合金材料的应力-应变图。

（b）求出由力 P 引起的铜合金丝的伸长量。

（c）如果力被卸除，那么该铜合金丝的永久变形是多少？

（d）如果再次加载，那么比例极限是多少？

胡克定律和泊松比

在求解 1.6 节的习题时，均假设材料表现为线弹性行为。

1.6-1　用于大型起重机中的高强度钢棒，其直径 $d = 50\text{mm}$（见图）。该钢的弹性模量 $E = 200\text{GPa}$，泊松比 $\nu = 0.3$。根据其间隙配合的要求，当该钢棒受到轴向力的压缩时，要求其直径的极限值为 50.025mm。最大许可压缩载荷 $P_{\max}$ 是多少？

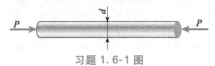

习题 1.6-1 图

1.6-2　一根直径为 10mm 的圆棒由铝合金 7075-T6 制成（见图）。当该圆棒受到轴向力 P 的拉伸时，其直径减小了 0.016mm。求出载荷 P 的大小。（可从附录 H 中获取材料的性能。）

习题 1.6-2 图

1.6-3　一根直径 $d_1 = 70\text{mm}$ 的聚乙烯棒被插入到内径 $d_2 = 70.2\text{mm}$ 的钢管内（见图）。该聚乙烯棒受到轴向力 P 的压缩。求力 P 为何值时，聚乙烯棒和钢管之间的间隙才能被填满？（假设聚乙烯棒的 $E = 1.4\text{ GPa}$、$\nu = 0.4$）

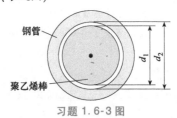

习题 1.6-3 图

1.6-4　一根长度 $L = 600\text{mm}$ 的圆形铝管受到力 P 的压缩（见图）。其外径和内径分别为 $d_2 = 75\text{mm}$、$d_1 = 63\text{mm}$。在铝管的外表面贴有一应变片以测量纵向正应变。假设 $E = 73\text{GPa}$，泊松比 $\nu = 0.33$。

（a）如果铝管中的压应力为 57MPa，那么载荷 P 是多少？

（b）如果所测应变为 $\varepsilon = 781 \times 10^{-6}$，那么铝管的缩短量是多少？其横截面的断面收缩率是多少？其体积的变化量是多少？

（c）如果在该铝管中间加工出一段内径为 d_3 的

圆孔段（见图b），并要求在承受载荷作用后整个铝管的外径处处保持不变（仍为 $d_2 = 75mm$），而且还要求此时该铝管中间段中的正应力为70MP、其余段的正应力为57MPa，那么直径 d_3 应是多少？

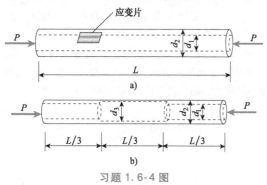

习题 1.6-4 图

1.6-5 如图所示，一根蒙乃尔铜镍合金棒（长度 $L = 230mm$，直径 $d = 6mm$）受到力 P 的拉伸作用。如果该棒伸长了 0.5mm，那么直径 d 减少了多少？载荷 P 的大小是多少？使用表 H-2（见附录 H）中的数据。

习题 1.6-5 图

1.6-6 如图所示，正在对一块黄铜试样进行拉伸试验，该试样的直径为 10mm，标距长度为 50mm。当拉伸载荷 P 达到 20kN 时，标距点之间的距离增加了 0.122mm。

（a）该黄铜的弹性模量 E 是多少？

（b）如果直径减少了 0.00830mm，那么泊松比是多少？

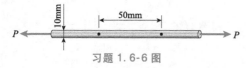

习题 1.6-6 图

1.6-7 空心黄铜圆管 ABC（见图）的顶部受到一个载荷 $P_1 = 118kN$ 的作用。第二个载荷 $P_2 = 98kN$ 均匀分布在 B 处的盖板上。该圆管上、下部分的直径和壁厚分别为 $d_{AB} = 31mm$，$t_{AB} = 12mm$，$d_{BC} = 57mm$，$t_{BC} = 9mm$。弹性模量为 96GPa。当这两个载荷全部作用在该圆管上时，BC 段的壁厚增加了 $5 \times 10^{-3}mm$。

（a）求出 BC 段内径的增加量。

（b）求出该黄铜的泊松比。

（c）求出 AB 段壁厚与内径的增加量。

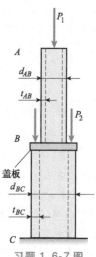

习题 1.6-7 图

1.6-8 如图所示，三根铜合金圆杆具有相同的长度 L，但形状不同。第一根圆杆的直径为 d，第二、三根圆杆的直径均为 $2d$，而且，第二根圆杆中间 1/5 长度段的直径为 d，第三根圆杆中间 1/15 长度段的直径为 d。所有三根圆杆受到相同的轴向载荷 P 的作用。使用以下数据：$P = 1400kN$，$L = 5m$，$d = 80mm$，$E = 110$ GPa，$\nu = 0.33$。

（a）求出各圆杆长度的变化量。

（b）求出各圆杆体积的变化量。

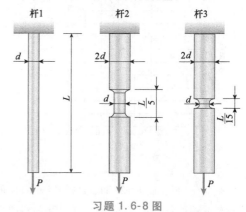

习题 1.6-8 图

切应力和切应变

1.7-1 厚度 $t = 19mm$ 的角形托架被两个直径为 16mm 的螺栓连接在立柱的翼板上（见图）。楼板托梁在该托架的上表面上施加了一个 $p = 1.9MPa$ 的均布载荷。该托架上表面的长度 $L = 200mm$，宽度 $b = 75mm$。请求出该托架与螺栓之间的平均挤压应力 σ_b 和螺栓中的平均切应力 τ_{aver}（忽略托架与立柱之间的摩擦）。

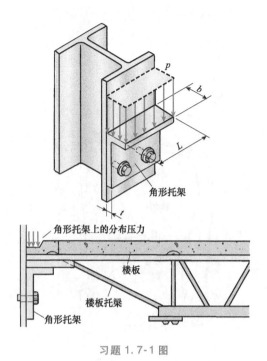

习题 1.7-1 图

1.7-2　如图所示，支撑屋顶的各桁架杆被一根直径为 22mm 的销连接到一块 26mm 厚的固定板

上。桁架杆上有两块厚度均为 14mm 的端板。

（a）如果载荷 $P = 80kN$，那么作用在销上的最大挤压应力是多少？

（b）如果销的极限切应力为 190MPa，那么需要多大的力 P_{ult} 才能导致该销发生剪切失效？

（忽略板与板之间的摩擦）

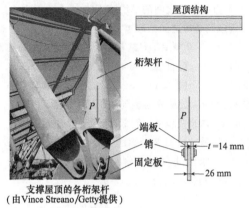

支撑屋顶的各桁架杆
（由 Vince Streano/Getty 提供）

习题 1.7-2 图

1.7-3　某一足球场的顶棚由撑杆支撑，每个撑杆将一个 $P = 700kN$ 的载荷传递给基础柱（见图 a）。

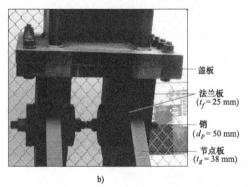

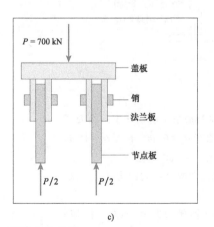

习题 1.7-3 图

a）足球场的撑杆　b）撑杆底部处的细节　c）撑杆底部的剖视图

撑杆底部处的盖板将载荷 P 分配至四块法兰板（t_f = 25mm），并通过销（d_p = 50mm）使载荷 P 分配至两块节点板（t_g = 38mm）（见图 b、c）。请求解以下参数。

（a）销中的平均切应力 τ_{aver}。

（b）法兰板与销之间的平均挤压应力（σ_{bf}），以及节点板与销之间的平均挤压应力（σ_{bg}）。

（忽略各板之间的摩擦。）

1.7-4 斜梯 AB 支撑着一位在 C 处工作的油漆工（85kg），其自重 q = 40N/m。每根梯轨（t_r = 4mm）由一个脚套（t_s = 5mm）支撑，各脚套被一个直径 d_p = 8mm 的螺栓连接到该斜梯上。

（a）求出支座 A、B 处的反作用力。

（b）求出 A 处脚套螺栓中的合力。

（c）求出 A 处脚套螺栓中的最大平均切应力（τ）和平均挤压应力（σ_b）。

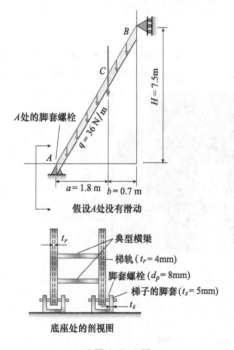

习题 1.7-4 图

1.7-5 图示 V 型制动系统制动线中的拉力 T = 200N。A 处枢轴销的直径 d_p = 6mm，长度 L_p = 16mm。使用图示尺寸，忽略制动系统的重量。

（a）求出该枢轴销中的平均切应力 τ_{aver}，该销在 B 处被固定在车架上。

（b）求出整个枢轴销 AB 中的平均挤压应力 $\sigma_{b,aver}$。

1.7-6 如图所示，一块尺寸为 2.5m× 1.5m×

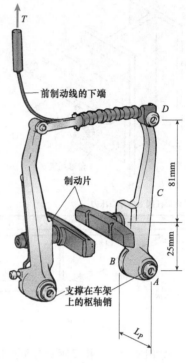

习题 1.7-5 图

0.08m，重 23.1kN 的钢板被钢丝绳吊住，钢丝绳的尺寸 L_1 = 3.2m，L_2 = 3.9m，其两端分别被 U 形夹和销连接到钢板上。贯穿 U 形夹的销直径均为 18mm，两个销的间距为 2.0m。所测初始角 θ = 94.4°，α = 54.9°。在这种情况下，请先求出钢丝绳受到的拉力 T_1、T_2，再求出销 1、2 中的平均切应力 τ_{aver}，并求出钢板与各销之间的平均挤压应力 σ_b。忽略钢丝绳的质量。

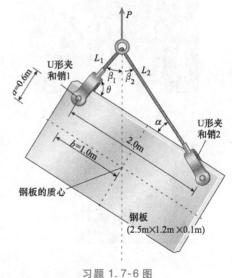

习题 1.7-6 图

1.7-7 如图所示，杆径 $d = 12$mm 的专用吊环螺栓穿过钢板（厚度 $t_p = 19$mm）中的孔，并用一个六角螺母（厚度 $t = 6$mm）紧固。该螺母直接挤压在钢板上。该螺母外接圆半径 $r = 10$mm（这意味着六角形的边长为 10mm）。连接在该吊环螺栓上的三根缆绳中的拉力分别为 $T_1 = 3560$N，$T_2 = 2448$N，$T_3 = 5524$N。

（a）求出作用在吊环螺栓上的合力。

（b）求出螺母与钢板之间的平均挤压应力 σ_b。

（c）求出螺母与钢板中的平均切应力 τ_{aver}。

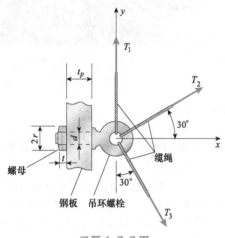

习题 1.7-7 图

1.7-8 如图所示，弹性支承垫由粘结在一块氯丁二烯橡胶（人造橡胶）上的两块钢板组成，在静载试验期间，该支承垫受到一个剪力 V 的作用。该支承垫的尺寸为 $a = 125$mm，$b = 240$mm，弹性层的厚度 $t = 50$mm。当力 V 等于 12kN 时，发现顶板相对于底板的横向位移为 8.0mm。该氯丁二烯橡胶的切变模量 G 是多少？

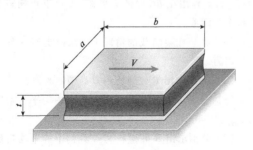

习题 1.7-8 图

1.7-9 如图所示，两块混凝土板 A 和 B 之间的接缝处填充了柔性的环氧树脂，并与混凝土板牢固地黏合在一起。接缝的高度 $h = 100$mm、长度 $L =$

1.0m，厚度 $t = 12$mm。在剪力 V 的作用下，两块混凝土板之间的相对位移 $d = 0.048$mm。

（a）环氧树脂中平均切应变 γ_{aver} 是多少？

（b）如果环氧树脂的切变模量 G 为 960MPa，那么力 V 的大小是多少？

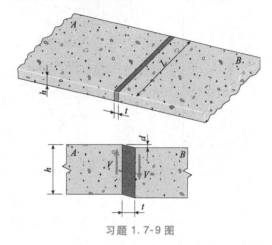

习题 1.7-9 图

1.7-10 如图所示，某一柔性接头包含两块与各钢板相粘结的橡胶片（厚度均为 $t = 9$mm）。橡胶片的长度为 160mm，宽度为 80mm。

（a）如果力 $P = 16$kN，且橡胶的切变模量 $G = 1250$kPa，求出橡胶中的平均切应变 γ_{aver}。

（b）求出内、外层钢板之间的相对水平位移 δ。

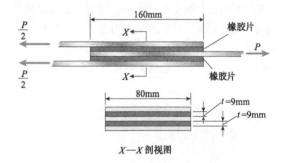

X—X 剖视图

习题 1.7-10 图

1.7-11 悬挂于某一钻机下的钢制立管位于远离岸边的深水区（见图）。使用螺栓连接的法兰盘将各分离管段连接在一起（见图 b 和图 c）。假设每个管段连接处有六个螺栓。假设立管的总长度 $L = 1500$m；内、外径分别为 $d_2 = 405$mm 和 $d_1 = 380$mm；法兰盘的厚度 $t_f = 44$mm；螺栓和垫圈的直径分别为 $d_b = 28$mm 和 $d_w = 47$mm。

（a）如果整个立管悬挂在空气中，那么，请求出各螺栓中的平均正应力 σ、各垫圈上的平均挤压应力,并求出法兰盘在各螺栓位置处所承受的平均切应力 τ(对于最上面的那个螺栓连接)。

(b)如果同一立管悬挂在海上的钻机下,那么,连接中的正应力、挤压应力和切应力分别是多少?(钢与海水的重量密度见附录 H 的表 H-1。忽略海水浮沫对立管的影响)

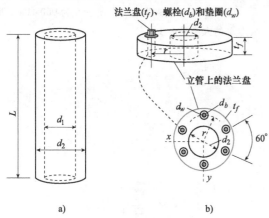

习题 1.7-11 图

a)立管 b)立管上的法兰盘(六个螺栓) c)立管的照片

1.7-12 图示夹具用于将重物悬挂在钢梁的翼板下。该夹具由两个夹持臂(A 和 B)组成,两个夹持臂被销连接在 C 处。销的直径 $d = 12\text{mm}$。由于夹持臂 B 横跨夹持臂 A,因此销受到双剪切作用。

图中的直线 1 给出了水平合力 H 的作用线,该合力 H 作用在梁的下翼板与夹持臂 B 之间,直线 1 与销之间的垂直距离 $h = 250\text{mm}$。直线 2 给出了铅垂合力 V 的作用线,该合力 V 作用在梁的下翼板与夹持臂 B 之间,直线 2 与梁中心线之间的水平距离 $c = 100\text{mm}$。夹持臂 A 与梁的下翼板之间的受力情况对称于夹持臂 B 的情况。若载荷 $P = 18\text{kN}$,请求出 C 处销中的平均切应力。

1.7-13 一种快速安装的自行车托架被设计为可用皮带将四辆 135N 的自行车捆绑在两根拖臂 GH 上(见图 a 中的自行车载荷)。该托架在 A 处被连接在一辆汽车上,假设该托架就像一根悬臂梁 ABCDGH(见图 b)。AB 段的重量 $W_1 = 45\text{N}$,其中心与 A 处相距 230mm(见图 b);托架其余部分的重量 $W_2 = 180\text{N}$,中心与 A 处相距 480mm。ABCDG 段是一段 50mm×50mm,厚度 $t = 3\text{mm}$ 的钢管。BCDGH 段可绕 B 处的螺栓(直径 $d_B = 6\text{mm}$)转动,以便不用拆卸该托架就可以进入汽车后箱。在使用时,该托架被 C 处的销(销的直径 $d_p = 8\text{mm}$)固定在铅垂位置(见图 c)。作用在 BC 段的力偶矩 Fh 可阻止托架及自行车的倾覆。

(a)在该托架满载的情况下,求出支座 A 处的反作用力。

(b)分别求出 B 处螺栓和 C 处销中的力。

(c)分别求出 B 处螺栓和 C 处销中的平均切应力 τ_{aver}。

(d)分别求出 B 处螺栓和 C 处销中的平均挤压应力 σ_b。

1.7-14 自行车车链由一系列小链条组成,每各销中心线之间的距离均为 12mm(见图)。假设各销的直径均为 2.5mm。对一辆自行车作以下测量(见图):(1)测量主轴至脚蹬轴的曲柄长度 L;(2)

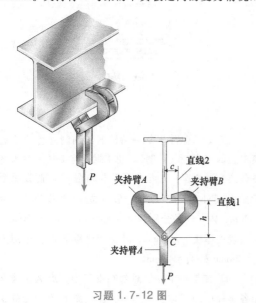

习题 1.7-12 图

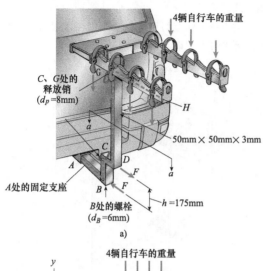

C、G 处的
释放销
(d_p=8mm)

H

$50\text{mm} \times 50\text{mm} \times 3\text{mm}$

A 处的固定支座

B 处的螺栓
(d_B=6mm)

h =175mm

a)

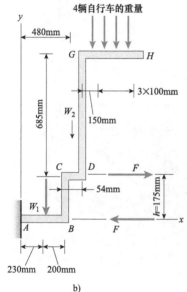

4辆自行车的重量

480mm

3×100mm

685mm

W_2

150mm

C

D

F

54mm

h=175mm

W_1

A

B

F

230mm 200mm

b)

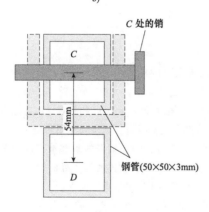

C 处的销

C

54mm

D

钢管(50×50×3mm)

c) a–a 剖视图

习题 1.7-13 图

测量链轮的半径 R。

（a）使用所测尺寸计算车链中由力 F（F=800N）所引起的拉力 T，该力 F 作用在一只脚蹬上。

（b）计算销中的平均切应力 τ_{aver}。

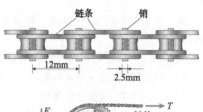

链条   销

12mm

2.5mm

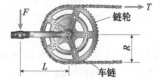

F

链轮

T

R

L

车链

习题 1.7-14 图

1.7-15　图示减振座用于支撑某一精密仪器。该减振座包括一根内径为 b 的外层钢管。一根直径为 d 的中部钢杆（该钢杆承受载荷 P）以及一根与钢管和钢杆相粘结的空心橡胶圆筒（高度为 h）。

（a）设半径 r 为橡胶圆筒中的某一点到该减振座中心轴线的距离，求出橡胶圆筒中切应力 τ 关于 r 的表达式。

（b）假设橡胶的切变模量为 G，钢管和钢杆都是刚体。在载荷 P 的作用下钢杆发生向下的位移，设该位移量为 δ，求出 δ 的表达式。

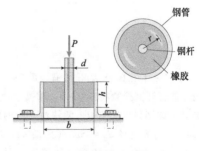

P

d

h

b

钢管

钢杆

橡胶

r

习题 1.7-15 图

1.7-16　某一台风疏散路线指示牌，其立柱上有一块方形基板，该基板上开有四个槽，以便于螺栓 1~4 的安装和拆卸（见图 b 和照片）。该立柱上段带有一块独立基板，该基板通过螺栓被连接在锚固的基础上（见照片）。螺栓和垫圈各有四个，其直

径分别为 d_b 和 d_w。螺栓按照矩形模式（$b \times h$）布置。仅考虑风力 W_y 的作用。风力 W_y 沿着 y 方向作用在该指示牌结构的压力中心处，并位于基板之上高度为 $z=L$ 的位置处。忽略指示牌与立柱的重量，并忽略上、下基板之间的摩擦。假设下基板和短锚柱是刚性的。

（a）请分别求出在风力 W_y 作用下螺栓1、4处的平均切应力 τ（MPa）。

（b）请分别求出螺栓1、4处螺栓和基板（厚度为 t）之间的平均挤压应力 σ_b（MPa）。

（c）请求出风力 W_y 所引起的螺栓4处基板与垫圈之间的平均挤压应力 σ_b（MPa）（假设初始螺栓预紧力为零）。

（d）请求出在风力 W_y 作用下基板在螺栓4处所承受的平均切应力 τ（MPa）。

（e）请求出风力 W_y 所引起的螺栓3中正应力 σ 的表达式。

关于指示牌上的风力以及作用在常用基板上合力的更多讨论，请参见习题1.8-15。

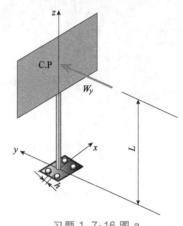

习题 1.7-16 图 a

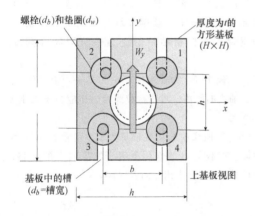

习题 1.7-16 图 b

1.7-17 对于花园软管用喷嘴，需要一个 $F=22N$ 的力才能打开其弹簧喷雾室 AB。喷嘴手柄可绕 O 处的销转动，该销穿过法兰板。两块法兰板的厚度均为 $t=1.5mm$，销的直径 $d_p=3mm$（见图a）。喷嘴被一个快速释放装置在 C 处连接至软管上（见图b）。三个黄铜球（直径 $d_b=4.5mm$）在水压 $f_p=135N$ 的情况下使喷头在 C 处定位（见图c）。使用图a给出的尺寸。

（a）请求出在力 F 作用下 O 处销中的力。

（b）请求出 O 处销中的平均切应力 τ_{aver} 和平均挤压应力 σ_b。

（c）请求出水的压力 f_p 所引起的黄铜保持球中的平均切应力 τ_{aver}。

1.7-18 一根直径 $d_s=8mm$ 的钢杆 AB 支撑着质量为20kg的汽车发动机罩，该发动机罩可绕 C、D 处的合页转动（见图a，b）。钢杆的端部被弯成一个小圆环，通过该圆环，钢杆被连接至 A 处的螺栓（直径 $d_b=10mm$）。钢杆 AB 位于铅垂平面内。

（a）求出钢杆受到的力 F_s，并求出钢杆中的平均正应力 σ。

（b）求出 A 处螺栓中的平均切应力 τ_{aver}。

（c）求出 A 处螺栓中的平均挤压应力 σ_b。

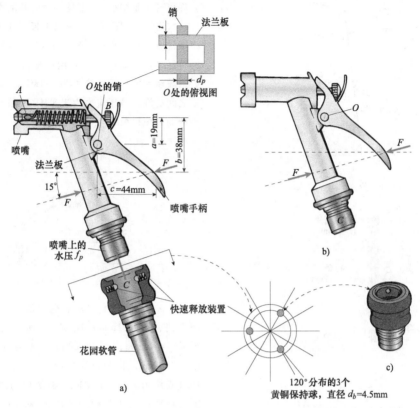

习题 1.7-17 图

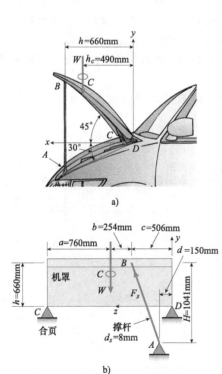

a)

b)

习题 1.7-18 图

1.7-19 杆锯用于切割小树枝，其上部结构如图 a 所示。切割刀片 BCD（见图 a, c）在 D 点处施加一个力 P。忽略回位弹簧（它与切割刀片相连）的影响。使用图中给出的条件和尺寸。

（a）如果绳子中的拉力 $T = 110N$（见图 b 中的自由体图），那么，请求出作用在切割刀片上的力 P。

（b）求出 C 处销中的力。

（c）求出 C 处销中的平均切应力 τ_{aver} 和平均挤压应力 σ_b（见图 c 中的 a-a 剖面）。

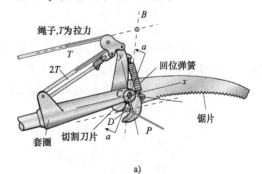

a)

习题 1.7-19 图

a）杆锯的上部

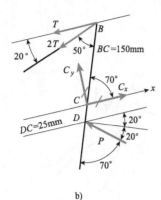

b)

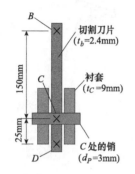

c)

习题 1.7-19 图 (续)

b) 自由体图　c) a-a 剖视图

许用载荷

1.8-1　一根实心圆棒受到力 P 的拉伸（见图）。圆棒的长度 $L = 380\text{mm}$，直径 $d = 6\text{mm}$。其材料为一种弹性模量 $E = 42.7\text{GPa}$ 的镁合金。许用拉应力 $\sigma_{\text{allow}} = 89.6\text{GPa}$，圆棒的伸长量不得超过 0.08mm。力 P 的许用值是多少？

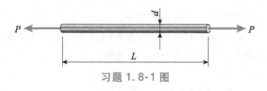

习题 1.8-1 图

1.8-2　两个法兰轴之间的转矩 T_0 通过十个 20mm 长的螺栓传递（见图）。螺栓的杆径 $d = 250\text{mm}$。如果螺栓的许用切应力为 85MPa，那么最

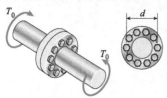

习题 1.8-2 图

大许可转矩是多少？（不计法兰之间的摩擦）

1.8-3　如图所示，帆船甲板上的拴杆包含一个两端带有螺纹的弯杆。弯杆的直径 d_B 为 6mm，垫圈的直径 d_W 为 22mm，玻璃钢甲板的厚度 t 为 10mm。如果玻璃钢的许用切应力为 2.1MPa，且垫圈与玻璃钢之间的许用挤压应力为 3.8 MPa，那么，作用在该拴杆的许用载荷 P_{allow} 是多少？

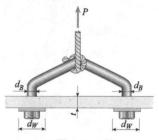

习题 1.8-3 图

1.8-4　如图中 a-a 剖视图所示，两根钢管被四个销（$d_p = 11\text{mm}$）连接在 B 处。外层钢管的直径 $d_{AB} = 41\text{mm}$，$d_{BC} = 28\text{mm}$。壁厚 $t_{AB} = 6.5\text{mm}$，$t_{BC} = 7.5\text{mm}$。钢的拉伸屈服应力 $\sigma_Y = 200\text{MPa}$，拉伸极限应力 $\sigma_U = 340\text{MPa}$。销的剪切屈服应力值和剪切极限应力值分别为 80MPa 和 140MPa。最后，销与钢管之间的挤压屈服应力和挤压极限应力分别为 260MPa 和 450MPa。假设屈服应力和极限应力相应的安全因数分别为 3.5 和 4.5。

（a）根据两根钢管的受拉情况，计算许用拉力 P_{allow}。

（b）根据销的受剪情况，再次计算许可拉力 P_{allow}。

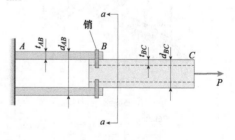

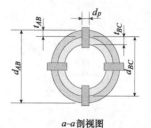

a-a剖视图

习题 1.8-4 图

（c）最后，根据销与钢管之间的挤压情况，再计算一次许用拉力 P_{allow}。判断哪一个值才是需要给出的拉力 P 的控制值？

1.8-5 用于支撑重型机械的钢垫坐落在四根中空短铸铁墩上（见图）。铸铁的抗压强度极限为 344.5MPa。铸铁墩的外径 $d = 114$mm，壁厚 $t = 10$mm。该抗压强度极限相应的安全因数为 4.0，请求出该钢垫可能支撑的总载重量 P。

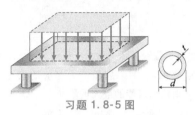

习题 1.8-5 图

1.8-6 一辆货车的后箱（图 a 中的 $BDCF$）被 B_1 和 B_2 处的两个合页铰接，并被两根撑杆 A_1B_1、A_2B_2（直径 $d_s = 10$mm）撑住。用销将各撑杆支撑在 A_1、A_2 处，各销的直径均为 $d_p = 9$mm，各销均穿过位于撑杆末端且厚度 $t = 8$mm 的眼孔（见图 b）。如果关闭后箱的力 $P = 50$N 且作用在 G 处，而后箱的质量

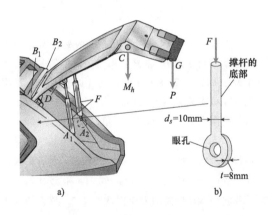

a)   b)

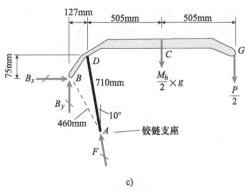

c)

习题 1.8-6 图

$M_h = 43$kg 且其重力集中作用在 C 处，求：

（a）每根撑杆中的力 F 是多少？（使用图 c 所示半个后箱的自由体图）

（b）如果撑杆的许用压应力为 70MPa，销的许用切应力为 45MPa，销与撑杆端部之间的许用挤压应力为 110MPa，那么撑杆的最大许用力 F_{allow} 是多少？

1.8-7 如图所示，救生艇悬挂在轮船的两个吊架上。一个直径 $d = 20$mm 的销穿过各吊架并支撑两个滑轮（即每个吊架的两边各有一个滑轮）。

系在救生艇上的缆绳通过滑轮并缠绕在用于升降救生艇的绞车上。缆绳的下段是铅垂的，缆绳的上段与水平方向的夹角 $\alpha = 15°$。每根缆绳的许用拉力为 8kN，销的许用剪切应力为 27.5MPa。

如果救生艇的重量为 6.7kN，那么该救生艇应该承载多大重量的物体？

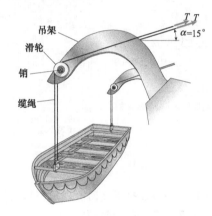

习题 1.8-7 图

1.8-8 图 a 所示缆绳与滑轮系统在 B 处悬吊一个质量为 300kg 的笼子。假设该质量也包括缆绳的质量。三个钢制滑轮的厚度均为 $t = 40$mm。各销的直径分别为 $d_{pA} = 25$mm，$d_{pB} = 30$mm，$d_{pC} = 22$mm（见图 a，b）。

（a）分别求出作用在 A、B、C 处滑轮上的合力关于缆绳拉力 T 的表达式。

（b）如果销的许用切应力为 50MPa，销与滑轮之间的许用挤压应力为 110MPa，那么笼子中可增加的最大重量 W 是多少？

1.8-9 船的桅杆由一个销连接在主桅杆的基座处（见图）。该桅杆是一根外径 $d_2 = 80$mm，内径 $d_1 = 70$mm 的钢管。钢制销的直径 $d = 25$mm，连接销与桅杆的两块连接板的厚度均为 $t = 12$mm。许用应力如下：桅杆的许用压应力为 75MPa，销的许用切应

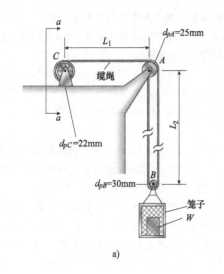

a)

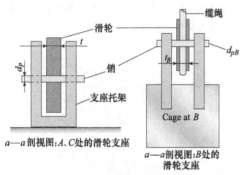

b)

习题 1.8-8 图

力为 50MPa，销与连接板之间的许用挤压应力为 120MPa。请求出桅杆的许用压力 P_{allow}。

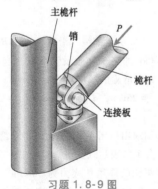

习题 1.8-9 图

1.8-10 如图所示，如果直径为 5mm 的销中的极限切应力为 340MPa，那么对于作用在钳口处的夹紧力 C，其可能的最大值是多少？

如果钳断该销所需的安全因数为 3.0，那么对于所施加的载荷 P，其可能的最大值是多少？

1.8-11 一根重量为 W 的金属棒 AB 被一钢丝系

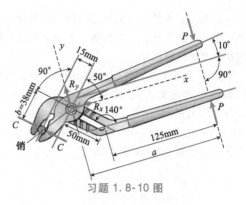

习题 1.8-10 图

统吊挂在图示位置。各钢丝的直径均为 2mm，钢的屈服应力为 45MPa。如果屈服应力相应的安全因数为 1.9，那么请求出可能的最大重量 W_{max}。

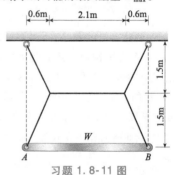

习题 1.8-11 图

1.8-12 如图 a 所示，平面桁架在节点 B 和 C 处分别受到载荷 $2P$ 和 P 的作用。桁架的各个杆件均由两根 L102 × 76 × 6.4 的角钢（见表 F-5b：两根角钢的横截面面积 A = 2180mm²，见图 c）制成，且其抗拉极限应力均为 390MPa。角钢被直径为 16mm 的铆钉在 C 处铆接在一块 12mm 厚的撑板上（见图 b）。假设每个铆钉向撑板传递相同的杆力。铆钉的极限切应力和极限挤压应力分别为 190MPa 和 550MPa。如果承受极限载荷所需的安全因数为 2.5，那么请求出许用载荷 P_{allow}。（应考虑杆件的拉伸、铆钉的剪切、铆钉与杆件之间的挤压、铆钉与撑板之间的挤压。忽略撑板间的摩擦，并忽略桁架的自重）

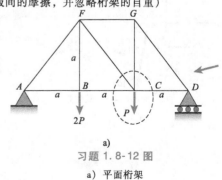

a)

习题 1.8-12 图

a）平面桁架

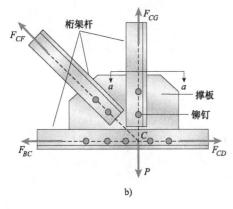

b)

c)

习题 1.8-12 图（续）

b）节点 C 的放大图　c）a-a 剖视图

1.8-13　如图所示，一根实心圆棒（直径为 d）上横向钻了一个直径为 $d/5$ 的贯通孔，该孔的轴线通过圆棒的轴线。圆棒净横截面上的许用平均拉应力为 σ_{allow}。

（a）求出圆棒受拉伸时的许用载荷 P_{allow} 的表达式。

（b）如果该圆棒由直径 $d=45\text{mm}$ 的黄铜制成，其 $\sigma_{\text{allow}}=83\text{MPa}$，那么请计算 P_{allow} 值。（提示：使用附录 D 中第 15 种情况下的表达式）

习题 1.8-13 图

1.8-14　如图所示，一根直径 $d_1=60\text{mm}$ 的实心钢棒上钻了一个直径 $d_2=32\text{mm}$ 的贯通孔。一根直径为 d_2 的钢销穿过该孔并被连接在支座上。如果中的许

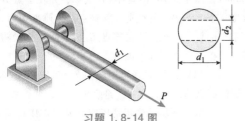

习题 1.8-14 图

用剪切屈服应力 $\tau_Y=120\text{MPa}$，钢棒的许用拉伸屈服应力 $\sigma_Y=250\text{MPa}$，相应屈服应力所需的安全因数为 2.0，那么请求出可能的最大拉伸载荷 P_{allow}。（提示：使用附录 D 中第 15 种情况下的表达式）

1.8-15　一块标志牌重量为 W，其基座被四个螺栓固定在混凝土地基内。风压 p 垂直作用在该标志牌的表面上，均布风压的合力为 F。风力被假定为可使每个螺栓处均产生一个指向 y 方向的剪力 $F/4$（见图 a、c），为了抵抗风力对该标志牌系统的倾覆作用，螺栓 A、C 处各产生一个向上的力 R，螺栓 B、D 处各产生一个向下的力（$-R$）（见图 b）。风的作用效果以及各应力条件相关的极限应力为：对于各

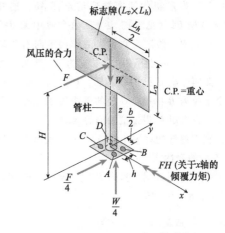

a)

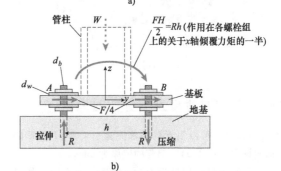

b)

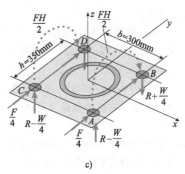

c)

习题 1.8-15 图

螺栓中的正应力，其极限应力均为 $\sigma_u = 410\text{MPa}$；对于基板中的切应力，其极限应力 $\tau_u = 115\text{MPa}$；对于各螺栓中的水平切应力和挤压应力，其极限应力分别为 $\tau_{hu} = 170\text{MPa}$，$\sigma_{bu} = 520\text{MPa}$；对于 B（或 D）处垫圈中的挤压应力，其极限应力 $\sigma_{bw} = 340\text{MPa}$。如果期望的安全因数为 2.5，那么请求出该标志牌系统所能承受的最大风压 $p_{\max}$（Pa）。

使用下列数据：螺栓直径 $d_b = 19\text{mm}$；垫圈直径 $d_w = 38\text{mm}$；基板厚度 $t_{bp} = 25\text{mm}$；基板的其他尺寸为 $h = 350\text{mm}$，$b = 300\text{mm}$，$W = 2.25\text{kN}$，$H = 5.2\text{m}$；标志牌的尺寸为 $L_v = 3\text{m} \times L_h = 3.7\text{m}$；管柱的直径 $d = 150\text{mm}$，壁厚 $t = 10\text{mm}$。

1.8-16   发动机的活塞被连至连杆 AB，连杆 AB 被连至曲柄 BC（见图）。活塞可在气缸中无摩擦滑动，并在力 P（假定为常数）的作用下向右移动（见图）。连杆 AB 的直径为 d，长度为 L，其两端为销连接。曲柄可绕 C 处的轴旋转，B 处销的运动轨迹是一个半径为 R 的圆。C 处的轴由轴承支撑，它施加了一个阻力矩 M 以抵抗曲柄的运动。

（a）根据连杆的许用压缩应力 σ_c，求出最大许用载荷 P_{allow} 的表达式。

（b）使用以下数据计算力 P_{allow}：$\sigma_c = 160\text{MPa}$，$d = 9.00\text{mm}$，$R = 0.28L$。

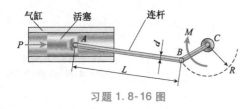

习题 1.8-16 图

面向轴向载荷与直接剪切的设计

1.9-1   某根铝管被要求传递一个 $P = 148\text{kN}$ 的轴向拉力（见图 a）。铝管的壁厚为 6mm。

（a）如果许用拉应力为 84MPa，那么所需的最小外径 $d_{\min}$ 是多少？

（b）如果要在该铝管的中点处钻一个直径为 $d/10$ 的孔（见图 b，c），那么所需的最小外径 $d_{\min}$ 又是多少？

1.9-2   屈服应力 $\sigma_Y = 290\text{MPa}$ 的铜合金管要承受一个 $P = 1500\text{kN}$ 的轴向拉伸载荷（见图 a）。屈服安全因数为 1.8。

（a）如果要使该铜合金管的壁厚变为其外径的八分之一，那么所需的最小外径 $d_{\min}$ 是多少？

（b）如果要在该铜合金管上钻一个直径为 $d/10$

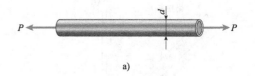

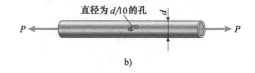

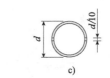

习题 1.9-1 图

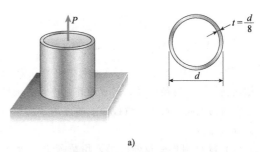

a)

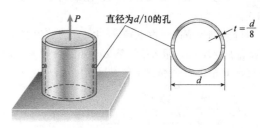

b)

习题 1.9-2 图

的孔（见图 b），那么所需的最小外径 $d_{\min}$ 又是多少？

1.9-3   如图 a 所示，横截面尺寸 $b = 19\text{mm}$、$h = 200\text{mm}$ 的水平梁 AB 由斜杆 CD 支撑，并在节点 B 处承受一个 $P = 12\text{kN}$ 的载荷。斜杆由两根厚度均为 $5b/8$ 的杆组成，一个螺栓在节点 C 处穿过杆与梁将斜杆连接在水平梁上（见图 b）。

（a）如果螺栓的许用切应力为 90MPa，那么 C 处螺栓所需的最小外径 $d_{\min}$ 是多少？

（b）如果螺栓的许用挤压应力为 130MPa，那么 C 处螺栓所需的最小外径 $d_{\min}$ 是多少？

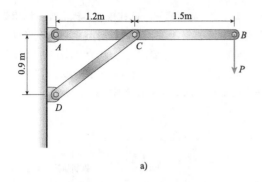

a)

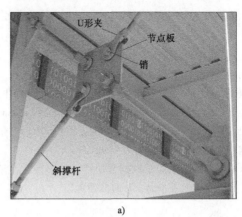

a)

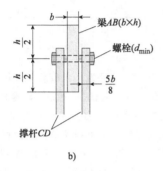

b)

习题 1.9-3 图

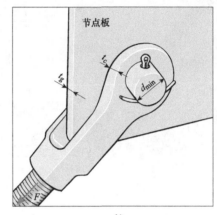

b)

习题 1.9-4

1.9-4　用于人行天桥的斜撑杆如图 a 所示。U 形夹的板厚 t_c = 16mm，节点板的厚度 t_g = 20mm（见图 b）。预计斜撑杆中的最大力 F = 190kN。如果销的许用切应力为 90MPa、销和 U 形夹与节点板之间的许用挤压应力为 150MPa，那么，销所需的最小直径 d_{min} 是多少？

1.9-5　某一平面桁架在节点 D、C、B 处分别受到节点载荷 P、$2P$、$3P$ 的作用（见图），其中 P = 23kN。桁架的所有杆件都有两个端板（见习题 1.7-2 的图），该端板被销铰接在撑板上（同时参见习题 1.8-12 的图）。各端板的厚度 t_p = 16mm，所有撑板的厚度 t_g = 28mm。如果各销的许用剪切应力均为 83MPa，各销的许用挤压应力均为 124MPa，那么对于杆件 BE 两端的销，其所需最小直径 d_{min} 是多少？

1.9-6　悬索桥上的悬索由一根绕过主缆的缆绳组成（见图），它拉住远在下面的桥面。一个金属结将该悬索保持在其位置上，为了防止金属结的下滑，在悬索缆绳上卡有夹子。用 P 表示悬索缆绳各段中的载荷，用 θ 表示悬索缆绳与金属结之间的夹角，用 σ_{allow} 表示金属结的许用拉应力。

（a）求出所需金属结的最小横截面面积的表达式。

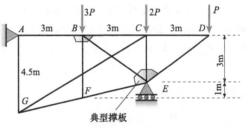

习题 1.9-5 图

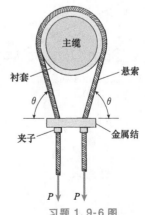

习题 1.9-6 图

（b）如果 $P = 130$kN，$\theta = 75°$，$\sigma_{allow} = 80$MPa，那么请计算该最小横截面面积。

1.9-7 一根长度 $L = 6$m，宽度 $b_2 = 250$mm 的方形钢管被一个起重机吊起（见图）。该钢管悬挂在一个直径为 d 的销上，该销在点 A、B 处被缆绳拉住。空心方形钢管的横截面尺寸为：内尺寸 $b_1 = 210$mm，外尺寸 $b_2 = 250$mm。销中许用切应力为 60MPa，销与钢管之间的许用挤压应力为 90 MPa。

请求出可用来起吊该钢管的销的最小直径（注意：计算钢管的重量时，忽略其圆角）。

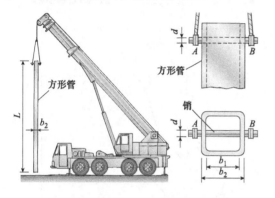

习题 1.9-7 图

1.9-8 如图 a 所示，某一缆绳滑轮系统将一根 230kg 的摆杆 ACB 拉到铅垂位置。缆绳受到的拉力为 T，连接在 C 处。摆杆的长度 $L = 6.0$m，外径 $d = 140$mm，壁厚 $t = 12$mm。摆杆可绕 A 处的销转动（见图 b）。销的许用切应力为 60MPa，许用挤压应力为 90MPa。为了支撑位于图 a 所示位置的摆杆的重量，A 处销的最小直径应为多少？

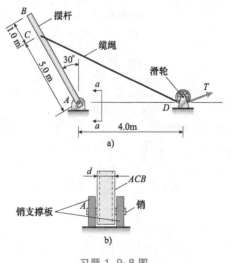

习题 1.9-8 图

1.9-9 如图所示，圆柱压力容器上有一块用钢制螺栓紧固的密封盖板。圆柱容器中气体的压力 p 为 1900kPa，圆柱容器的内径 D 为 250mm，螺栓的直径 d_B 为 12mm。如果螺栓的许用拉应力为 70MPa，那么请求出紧固盖板所需的螺栓数 n。

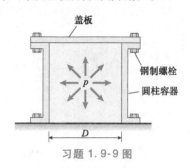

习题 1.9-9 图

1.9-10 外径为 d_2 的管状立柱被两根装配有螺扣的缆绳拉住（见图）。通过旋转螺扣，则可拧紧缆绳使缆绳中产生拉力，进而使立柱中产生压缩力。两根缆绳都被一个 110kN 的拧紧力拧紧。缆绳与地面之间的夹角为 60°，立柱的许用压应力 $\sigma_c = 35$MPa。如果立柱的壁厚为 15mm，那么外径 d_2 的最大许用值是多少？

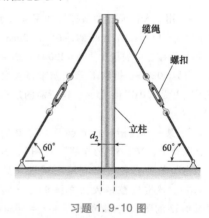

习题 1.9-10 图

1.9-11 如图 a 所示，一块用于仓库的大型预制混凝土板正在被两套缆绳系统抬升至铅垂位置。缆绳 1 的长度 $L_1 = 6.7$m，其对应尺寸为 $a = L_1/2$ 和 $b = L_1/4$（见图 b）。缆绳固定在 B、D 处，混凝土板可绕 A 处的基础转动。假设出现最坏的情况，即板被拉离地面，而其总重量将由各缆绳承担。假设各缆绳系统的拉升力 F 大致相同，使用图 b 所示的该板一半的简化模型分析图示抬升位置。板的总重量 $W = 378$kN。角度为：$\gamma = 20°$，$\theta = 10°$。如果缆绳的断裂应力为 630MPa，期望的断裂安全因数为 4，那么，请求出缆绳的所需横截面面积 A_C。

a)

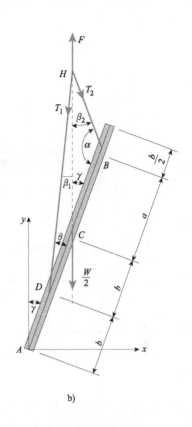

b)

习题 1.9-11 图

1.9-12　一根空心圆截面钢柱座落在一块圆形钢底板和混凝土基座上（见图）。钢柱的外径 $d=$ 250mm，承受的载荷 $P=750$kN。

（a）如果钢柱的许用应力为 55MPa，那么，所需最小壁厚 t 是多少？（壁厚值选择偶数，如 10，12，14，…，以 mm 为单位）

（b）如果基座处的许用挤压应力为 11.5MPa、且钢柱（其壁厚为所选值）被设计为能够承受许用载荷 P_{allow} 的作用，那么，底板的所需最小直径 D 是多少？

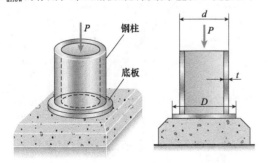

习题 1.9-12 图

1.9-13　高架慢跑轨道以一定的间隔受到木梁 AB（$L=2.3$m）的支撑，木梁在 A 处为铰链连接，在 B 处受到钢杆 BC 和钢垫圈的支撑。钢杆（$d_{BC}=$ 5mm）和垫圈（$d_B=25$mm）被设计为具有一个 $T_{BC}=$ 1890N 的拉力。设计钢杆尺寸时，采用的极限应力 σ_u =410MPa，相应的安全因数采用 3。设计 B 处的垫圈尺寸时采用的许用挤压应力 $\sigma_{ba}=3.9$MPa。

现在，将一个小平台 HF 悬挂在一段高架轨道的下面，以支撑一些机械和电气设备。设备载荷为均布载荷 $q=730$N/m，梁 HF 中跨处的集中载荷 $W_E=$ 780N。计划在 D 处钻一个贯穿梁 AB 的孔，并在 D、F 处安装相同的钢杆（d_{BC}）和垫圈（d_B）以支撑梁 HF。

（a）请根据 σ_u 和 σ_{bc} 来检查上述杆 DF 和垫圈 d_F 的设计是否可以接受？

（b）请重新检查杆 BC 中的正应力以及 B 处的挤压应力；如果在附加载荷（来自于平台 HF）的作用下某一应力条件得不到满足，那么，请重新设计以满足原始设计条件。

1.9-14　一根宽度 $b=60$mm，厚度 $t=10$mm 的扁平杆受到力 P 的拉伸（见图）。该扁平板被一个直径

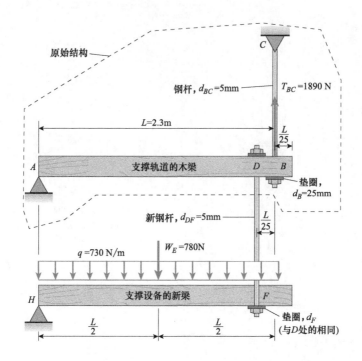

习题 1.9-13 图

为 d 的销连接在支座上,该销穿过扁平杆中与其直径相同的孔。扁平杆净横截面上的许用拉应力 σ_T = 140MPa,销的许用切应力 τ_S = 80MPa,销与扁平杆之间的许用挤压应力 σ_B = 200MPa。

(a) 求出载荷 P 达到最大值时销的直径 d_m。

(b) 求出相应的最大载荷值 P_{max}。

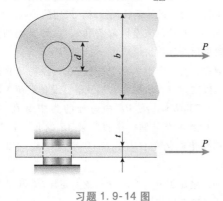

习题 1.9-14 图

1.9-15   两根材料相同的杆件 AC 和 BC 支撑一个铅垂载荷 P(见图)。水平杆的长度 L 固定不变,角度 θ 可随支座 A 的铅垂移动而改变,相应的,随着支座 A 移至新的位置,杆件 AC 的长度也将改变。这两根杆的许用拉、压应力相同。

我们观察到,减小 θ 角时,杆件 AC 的长度变短,但两根杆的横截面面积却都增大(因为 θ 角的减小将导致两杆所受轴向力的增大)。如果增大 θ 角,则会出现相反的效果。由此得知,该结构的重量(与体积成正比)取决于角度 θ。

求当各杆件中的应力都不超过其许用应力时,使该结构具有最小重量的 θ 值(注意:各杆的重量与力 P 相比非常小,因此可忽略不计)。

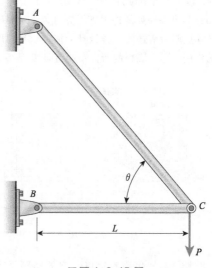

习题 1.9-15 图

补充复习题：第 1 章

R-1.1 某平面桁架，其节点 2 处作用有一个向下的力 P，其节点 5 处作用有一个向左的力 P。杆件 3-5 中的力为：

(A) 0　　(B) −P/2　　(C) −P　　(D) +1.5P

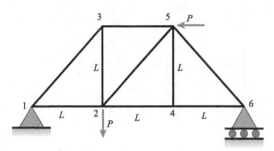

复习题 R-1.1 图

R-1.2 平面桁架中杆 FE 中的力约为：

(A) −1.5kN　(B) −2.2kN

(C) 3.9kN　(D) 4.7kN

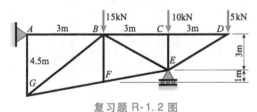

复习题 R-1.2 图

R-1.3 平面桁架中 A 处的反作用力矩约为：

(A) +1400N·m　(B) −2280N·m

(C) −3600N·m　(D) +6400N·m

复习题 R-1.3 图

R-1.4 空心圆柱 ABC（见图）在其顶部支撑着一个 $P_1 = 16$kN 的载荷。第二个载荷 P_2 均匀分布在 B

处的盖板上。该圆柱上、下部分的直径和厚度分别为 $d_{AB} = 30$mm，$t_{AB} = 12$mm，$d_{BC} = 60$mm，$t_{BC} = 9$mm。该圆柱上、下部分必须具有相同的压缩应力，则所需载荷 P_2 的大小约为：

(A) 18kN　(B) 22kN

(C) 28kN　(D) 46kN

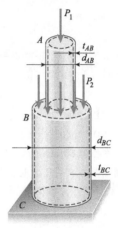

复习题 R-1.4 图

R-1.5 一根长度为 $L = 650$mm 的铝圆管受到力 P 的压缩作用，其外径和内径分别为 80mm 和 68mm。该圆管上的一个应变计记录的纵向正应变为 400×10^{-6}，则该圆管的缩短量约为：

(A) 0.12mm　(B) 0.26mm

(C) 0.36mm　(D) 0.52mm

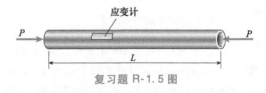

复习题 R-1.5 图

R-1.6 一块重量为 27kN 的钢板被一条钢索吊住，该钢索的两端各有一个 U 形夹。穿过 U 形夹的各销的直径均为 22mm，每半条钢索与铅垂方向的夹角均为 35°。则各销中的平均切应力约为：

(A) 22MPa　(B) 28MPa

(C) 40MPa　(D) 48MPa

R-1.7 一根钢丝绳悬挂在一个高空气球之下。钢的单位重量为 77kN/m³，屈服应力为 280MPa，所需屈服安全因数为 2.0。则该钢丝绳的最大许可长度

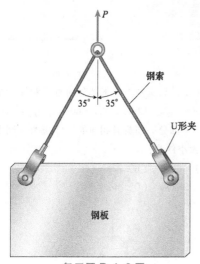

复习题 R-1.6 图

约为：

(A) 1800m   (B) 2200m

(C) 2600m   (D) 3000m

R-1.8   一根直径为 50 mm 的铝杆（$E = 72\text{GPa}$，$\nu = 0.33$），在受到轴向力 P 的压缩时，其直径不能超过 50.1mm，则最大许可压缩载荷 P 约为：

(A) 190kN   (B) 200kN

(C) 470kN   (D) 860kN

R-1.9   一根直径为 20mm 的铝杆（$E = 70\text{GPa}$，$\nu = 0.33$）受到轴向力 P 的拉伸，其直径增加了 0.022mm，则载荷 P 约为：

(A) 73kN   (B) 100kN

(C) 140kN   (D) 339kN

复习题 R-1.9 图

R-1.10   一根直径为 80mm 的聚乙烯棒（$E = 1.4\text{GPa}$，$\nu = 0.4$）插入一根钢管（内径为 80.2mm）中，并受到轴向力 P 的压缩。若要使钢管和聚乙烯棒之间的间隙完全消失，则压缩载荷 P 应约为：

(A) 18kN   (B) 25kN

(C) 44kN   (D) 60kN

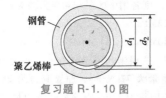

钢管

d_1 d_2

聚乙烯棒

复习题 R-1.10 图

R-1.11   一根管子（$E = 110\text{GPa}$）在 A 处承受一个 $P_1 = 120\text{kN}$ 的载荷，均布载荷 $P_2 = 100\text{kN}$ 作用在 B 处的盖板上。该管的原始直径和厚度分别为 $d_{AB} = 38\text{mm}$，$t_{AB} = 12\text{mm}$，$d_{BC} = 70\text{mm}$，$t_{BC} = 38\text{mm}$，在载荷 P_1 和 P_2 的作用下，壁厚 t_{BC} 增加了 0.0036mm。则该管材料的泊松比约为：

(A) 0.27   (B) 0.30

(C) 0.31   (D) 0.34

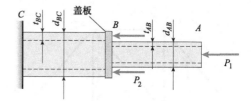

复习题 R-1.11 图

R-1.12   一根长度 $L = 3.0\text{m}$，横截面为正方形（$b = 75\text{mm}$）的钛棒（$E = 100\text{GPa}$，$v = 0.33$）受到 $P = 900\text{kN}$ 的拉伸载荷的作用，则该棒的体积增加量约为：

(A) 1400mm³   (B) 3500mm³

(C) 4800mm³   (D) 9200mm³

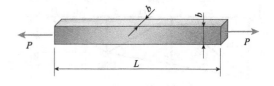

复习题 R-1.12 图

R-1.13   在静载试验期间，一块弹性支承垫受到剪力 V 的作用。该垫的尺寸为 $a = 150\text{mm}$，$b = 225\text{mm}$，$t = 55\text{mm}$。在一个 $P = 16\text{kN}$ 的载荷的作用下，其顶板相对于底板的横向位移为 14mm，则该弹性垫的切变模量 G 约为：

(A) 1.0MPa   (B) 1.5MPa

(C) 1.7MPa   (D) 1.9MPa

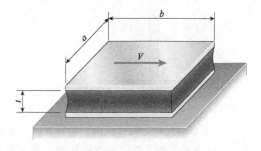

复习题 R-1.13 图

R-1. 14 一根直径 $d = 18$mm，长度 $L = 0.75$m 的杆受到力 P 的拉伸。该杆的弹性模量 $E = 45$MPa，许用正应力为 180MPa，其伸长量不得超过 2.7mm，则力 P 的许可值约为：

(A) 41kN　　(B) 46kN

(C) 56kN　　(D) 63kN

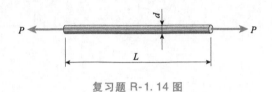

复习题 R-1. 14 图

R-1. 15 两根法兰轴由八个 18mm 的螺栓连接在一起。螺栓圆的直径为 240mm⊖。各螺栓的许用切应力均为 90MPa。忽略法兰盘之间的摩擦，则扭矩 T_0 的最大值约为：

(A) 19kN・m　　(B) 22kN・m

(C) 29kN・m　　(D) 37kN・m

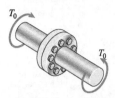

复习题 R-1. 15 图

R-1. 16 一根壁厚为 8mm 的铜管必须承受一个 175kN 的轴向拉伸力。许用拉伸应力为 90MPa，则所需的最小外径约为：

(A) 60mm　　(B) 72mm

(C) 85mm　　(D) 93mm

复习题 R-1. 16 图

⊖ 即这八个螺栓的轴线均布在一个直径为 240mm 的圆周上。——译者注

第2章　轴向承载杆

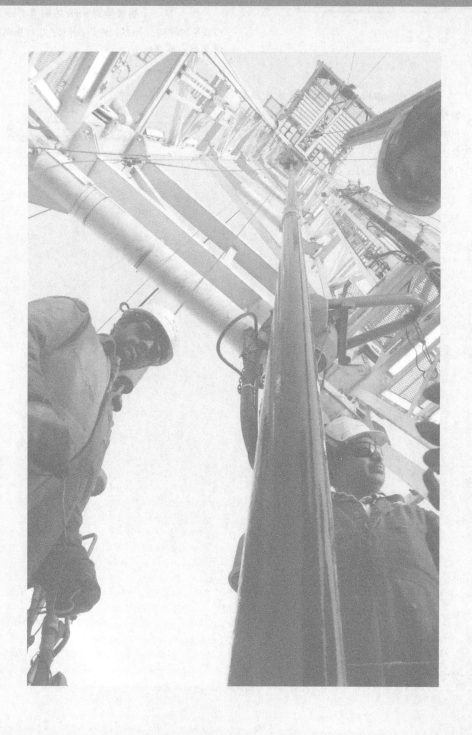

本章概述

　　第 2 章以如何求解载荷引起的长度改变量这一问题入手（见 2.2 节和 2.3 节），研究轴向承载杆的几个其他方面的问题。在分析静不定结构中，长度改变量的计算是一个必不可少的组成部分（见 2.4 节）。如果杆件是静不定的，那么为了求解所需的未知量（如支座反作用力和杆的内部轴力），就必须在静力学平衡方程的基础上增加变形协调方程（该方程依据力-位移关系得到）。无论是基于美观还是功能方面的原因，都必须计算长度的改变量以控制结构的位移。2.5 节讨论温度对杆件长度的影响，并介绍热应力和热应变的概念，同时还讨论装配误差和预应变的影响。2.6 节介绍有关轴向承载杆中的应力的一般观点，并讨论杆件斜截面（以区别于横截面）上的应力。对于轴向承载杆，虽然只有正应力作用在其横截面上，但是，其斜截面上却既作用有正应力，又作用有切应力。斜截面上的应力是全面分析平面应力状态（见第 7 章）的第一步。之后，介绍材料力学中几个重要的研究专题，即应变能（见 2.7 节）、冲击载荷（见 2.8 节）、疲劳（见 2.9 节）、应力集中（见 2.10 节）以及非线性行为（见 2.11 和 2.12 节）。虽然这些研究专题是以轴向承载杆为背景讨论的，但却为相同概念在其他构件（如受扭轴和受弯梁）中的应用提供了基础。

本章目录

⊖　"*"为专题或高级内容。

2.1　引言

　　仅受到拉伸或压缩作用的构件被称为轴向承载杆（axially loaded members）。虽然缆绳和螺旋弹簧也承受轴向载荷，但轴线为直线的实心杆却是最常见的轴向承载杆。轴向承载杆的例子包括桁架中的各个杆件、发动机的连杆、自行车车轮的辐条、建筑物的支柱以及飞机发动机支架中的撑杆。第 1 章已经讨论了这类杆件的应力-应变行为，并得到了作用在横截面上的应力方程（$\sigma = P/A$）与纵向应变方程（$\varepsilon = \delta/L$）。

2.2　轴向承载杆的长度改变量

　　在确定轴向承载杆的长度改变量时，一个简便的方法是，先研究一根螺旋弹簧（见图 2-1）。这类弹簧大量应用于各种各样的机器和设备中，例如，一辆汽车中就有几十个这样的弹簧。

　　如图 2-1 所示，当沿着弹簧的轴线施加载荷时，弹簧的伸长或缩短取决于载荷的作用方向。如果载荷的作用方向背离弹簧，则弹簧将伸长，这时称该弹簧受到拉伸加载。如果载荷的作用方向指向弹簧，则弹簧将缩短，这时称该弹簧受到压缩加载。然而，不能根据这些术语[一]来推断出"弹簧线圈受到直接拉伸或压缩应力的作用"这样一个结论；相反，弹簧线圈主要受到直接剪切和扭转（或扭曲）的作用。但是，由于弹簧的整体拉伸或缩短类似于一根受拉杆或受压杆的行为，因此，才使用了同样的术语。

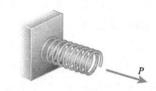

图 2-1　承受轴向载荷 P 的弹簧

　　弹簧　某一弹簧的伸长情况如图 2-2 所示，其中，上面的图显示了该弹簧的自然长度（natural length）为 L（自然长度又被称为无应力长度，松弛长度或自由长度），下面的图显示了所施加的拉伸载荷对该弹簧的影响。在力 P 的作用下，弹簧的伸长量为 δ，其最终长度变为 $L + \delta$。如果弹簧的材料是线弹性的，那么，载荷与伸长量将成正比：

$$P = k\delta \qquad \delta = fP \qquad\qquad (2\text{-}1a,\ b)$$

其中，k 和 f 为比例常数。

　　常数 k 被称为弹簧的刚度[二]（stiffness），它被定义为产生单位长度伸长量所需的力，即 $k = P/\delta$。类似的，常数 f 被称为柔度（flexibility），它被定义为一个单位载荷所产生的伸长量，即 $f = \delta/P$。虽然我们研究的是一根受到拉伸的弹簧，但显然公式（2-1a）和式（2-1b）也同样适用于受到压缩的弹簧。

　　根据上述讨论，可以明显看出，弹簧的刚度与柔度互为倒数关系，即：

$$k = \frac{1}{f} \qquad f = \frac{1}{k} \qquad\qquad (2\text{-}2a,\ b)$$

　　通过测量一个已知载荷所产生的伸长量，就可以容易地确定某一弹簧的柔度，随后就可以根据式（2-2a）计算出刚度。弹簧刚度与柔度的其他术语分别为弹簧常数（spring constant）和顺从度（compliance）。

　　[一]　即术语"拉伸"或"压缩"。——译者注

　　[二]　国内教科书中将"刚度"称为"刚度系数"。——编辑注

弹簧的性能由式（2-1）和式（2-2）给出，这些性能可用于分析和设计各种装有弹簧的机械设备（如例2-1所示）。

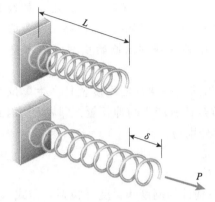

图 2-2 轴向承载弹簧的伸长

图 2-3 横截面为圆形的柱状杆

柱状杆　　与弹簧类似，轴向承载杆在拉伸载荷作用下将伸长，在压缩载荷作用下将缩短。为了分析这一行为，研究图 2-3 所示的柱状杆。**柱状杆**（prismatic bar）就是纵向轴线为直线、横截面处处相等的构件。虽然在本书的插图中经常使用圆杆，但应记住，构件可能具有各种各样的横截面形状（如图 2-4 所示）。

实心横截面

空心或管状横截面

薄壁开口横截面

图 2-4 构件的典型横截面

如图 2-5 所示，一根受到拉伸载荷 P 作用的柱状杆，其**伸长量**（elongation）为 δ。如果该载荷的作用线穿过端部横截面的形心，那么，远离端部的各个横截面上的均布正应力由公式 $\sigma = P/A$ 给出（其中，A 为横截面面积）。此外，若该杆由均匀材料制成，则轴向应变为 $\varepsilon = \delta/L$（其中，δ 为伸长量，L 为该杆的长度）。

同时，假设材料是线弹性的（这意味着该材料遵循胡克定律），则纵向应力和纵向应变的关系就可根据公式 $\sigma = E\varepsilon$ 来确定（其中，E 为弹性模量）。结合这些基本关系，就可得到下列关于该杆伸长量的方程：

$$\delta = \frac{PL}{EA} \qquad (2\text{-}3)$$

该方程表明，伸长量与载荷 P 和长度 L 成正比，与弹性模量 E 和横截面面积 A 成反比。乘积 EA 被称为该杆的**轴向刚度**[⊖]（axial rigidity）。

虽然式（2-3）是根据受拉杆推导出来的，但它同样适用于受压杆［在受压的情况下，式（2-3）中的 δ 代表该杆的缩短量］。通常情况下，只要仔细观察，就可以看出某一杆件是伸长还是缩短，然而也有需要约定符号的时候（例如，在分析静不定杆时）。如果需要，通常约定伸长量为正，缩短量为负。

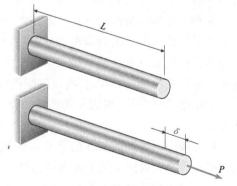

图 2-5 受拉柱状杆的伸长

⊖ 国内教材一般将轴向刚度称为拉伸刚度或抗拉刚度。——编辑注

　　某一杆件的长度改变量与其长度相比通常非常小，尤其当材料为结构金属（如钢或铝）时。例如，假设一根长度为 2m 的铝撑杆承受着一个 48MPa 的中等程度的压缩应力，若弹性模量为 72GPa，则该撑杆的缩短量为 $\delta = 0.0013m$ ［根据公式（2-3），并用 σ 替换 P/A］。其结果是，长度改变量与其原始长度的比值为 0.0013/2 或 1/1500，即最终长度为原始长度的 0.999 倍。因此，在类似情况下，可在计算中使用某一杆件的原始长度（而不是使用最终长度）。

　　对于柱状杆，其刚度和柔度的定义方法与弹簧相同。柱状杆的刚度就是产生单位长度伸长量所需的力，即 P/δ；柱状杆的柔度就是一个单位载荷所产生的伸长量，即 δ/P。因此，根据公式（2-3）可以看出，某一柱状杆的刚度和柔度分别为：

$$k = \frac{EA}{L} \qquad f = \frac{L}{EA} \qquad\qquad (2\text{-}4\text{a},\text{b})$$

　　在使用计算机对大型结构进行分析时，结构中各构件的刚度和柔度［包括可由式（2-4a）和式（2-4b）得出的其他量］有着特殊的作用。

　　缆绳　缆绳（Cables）用来传递较大的拉伸力，例如提拉重物、拉升电梯、牵拉高塔以及支撑悬索桥。与弹簧和柱状杆不同，缆绳不能承受压缩载荷。此外，缆绳抵抗弯曲的能力较弱，因此，缆绳既可以是曲线也可以是直线。但无论如何，缆绳被认为是轴向承载杆的原因在于它只受到拉伸力的作用。由于缆绳中的拉伸力是沿着轴线方向的，因此，位置不同的缆绳，其拉伸力的方向和大小就不同。

　　缆绳由以某种特定方式缠绕在一起的大量缆线构成。缆绳的用途不同，其缠绕方式就不同，但常见的缆绳（如图 2-6 所示）是由六股绞线螺旋缠绕在中央绞线上构成的，而每股绞线又由多条螺旋缠绕在一起的缆线构成。鉴于上述原因，缆绳通常被称为线绳（wire rope）。

图 2-6　钢缆中绞线与缆线的
典型缠绕方式

　　缆绳的横截面面积被称为有效面积（effective area）或金属性面积（metallic area），它等于各缆线横截面面积的总和。该有效面积小于一个直径为缆绳直径的圆的面积，因为各缆线之间存在着间隙。例如，某一直径为 25mm 的缆绳，其实际的横截面面积（有效面积）仅为 300mm^2；而直径为 25mm 的圆，其面积却为 491mm^2。

　　在相同拉伸载荷作用下，一条缆绳的伸长量大于一根材料相同且金属性横截面面积相同的实心杆的伸长量，因为缆绳的各缆线均被"拉紧"，就如同绳子中的每条纤维那样。因此，缆绳的弹性模量（称为有效模量，effective modulus）要小于其所用材料的弹性模量。钢缆的有效弹性模量约为 140GPa，而该钢缆钢本身的弹性模量为 210GPa。

　　在根据式（2-3）确定一条缆绳的伸长量时，对于 E，使用有效模量；对于 A，使用有效面积。

　　在实践中，缆绳的横截面尺寸和其他性能可由制造商提供。然而，为了便于求解本书中的习题，表 2-1 列出了某类缆绳的性能（这些性能绝对不能应用于工程实际中）。注意，该表最后一列给出的是导致缆绳发生断裂的极限载荷。用极限载荷除以安全因数，就可得到许用载荷。其中，根据缆绳用途的不同，安全因数在 3～10 的范围内变化。缆绳的各条缆线通常采用高强钢制造，所计算出的断裂拉伸应力可高达 1400MPa。

　　以下各例展示了如何分析某些含有弹簧和杆件的简单装置。其求解过程要求使用自由体图、平衡方程和长度改变量方程。附在本章之后的习题提供了许多额外的例子。

表 2-1 钢缆的性能

公称直径/mm	近似重量/(N/m)	有效面积/mm²	极限载荷/kN
12	6.1	76.7	102
20	13.9	173	231
25	24.4	304	406
32	38.5	481	641
38	55.9	697	930
44	76.4	948	1260
50	99.8	1230	1650

注：仅用于求解本书中的习题。

● ● ● 例 2-1

某小型实验装置有一个 L 形刚性框架 *ABC*，该框架由连接在枢轴 *B* 处的水平臂 *AB*（长度 $b = 280\text{mm}$）和铅垂臂 *BC*（长度 $c = 250\text{mm}$）组成，如图 2-7a 所示。枢轴被连接在外框 *BCD* 上，该外框放置在一个实验台上。*C* 处指针的位置由一根弹簧（刚度 $k = 750\text{N/m}$）控制，该弹簧被连接到一个螺杆上。通过转动滚花螺母，就可调整螺杆的位置。螺距 $p = 1.6\text{mm}$，这意味着，螺母每转动一圈，螺杆将移动一个螺距的距离。在吊架上无重物时，拧紧螺母，直至铅垂臂 *BC* 端部的指针指向外框上的参考标记为止。

（a）如果将一个 $W = 9\text{N}$ 的重物放置在 *A* 处的吊架上，那么，要使指针回到标记处，螺母需要转动多少圈？（该装置金属部分的变形可忽略不计，因为，与弹簧的长度改变量相比，其变形是可以被忽略的）

（b）如果在 *B* 处增加一根刚度为 $k_r = kb^2/4$ 的扭转弹簧，那么，螺母需要转动多少圈？[框架 *ABC* 每转动一单位转角，扭转弹簧就提供一个大小为 $k_r(\text{N} \cdot \text{m/rad})$ 的阻力矩]

解答：

（a）研究仅带有平动弹簧 *k* 的 L 形框架。

观察该装置（图 2-7a）可以发现，在重量 *W* 作用下，*C* 处的指针将向右移动，弹簧将被拉长，因此，可根据弹簧中的力来确定弹簧的伸长量。

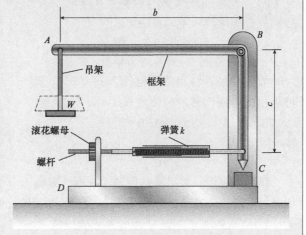

a)

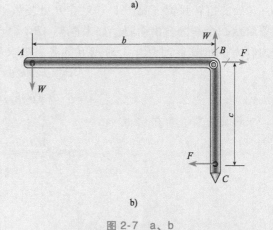

b)

图 2-7 a、b

a）小型实验装置　b）L 形框架 *ABC* 的自由体图

为了确定弹簧中的力，可绘制框架 ABC 的自由体图（图 2-7b）。在该图中，W 代表吊架所施加的力，F 代表弹簧所施加的力。枢轴处的反作用力由带斜线的箭头线表示（见 1.2 节和 1.9 节关于反作用力的讨论）。

求关于点 B 的力矩和，可得：

$$F = \frac{Wb}{c} \qquad (a)$$

弹簧的相应伸长量［根据式（2-1a）］为：

$$\delta = \frac{F}{k} = \frac{Wb}{ck} \qquad (b)$$

为了使指针回到标记处，螺母转动的圈数必须足以使螺纹的向左移动量等于弹簧的伸长量。由于螺母每转动一圈，螺杆的移动距离就等于螺距 P，因此，螺杆的总移动量等于 np，n 为螺母转动的圈数。于是，可得到螺母转动圈数的表达式 n：

$$np = \delta = \frac{Wb}{ck} \qquad n = \frac{Wb}{ckp} \qquad (c, d)$$

数值结果：将相关数据代入式（d），就可求出螺母所需转动的圈数 n：

$$n = \frac{Wb}{ckp} = \frac{9\text{N} \times (280\text{mm})}{250\text{mm} \times \left(750\ \dfrac{\text{N}}{\text{m}}\right) \times (1.6\text{mm})} = 8.4\ \text{圈}$$

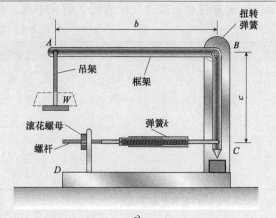

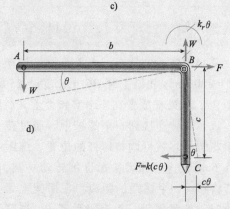

图 2-7 c、d

c）在 B 处增加了扭转弹簧的小型实验装置

d）带扭转弹簧的框架 ABC 的自由体图
以及 B 处的小转角 θ

该结果表明，如果将螺母转动 9 圈，则螺纹的向左移动量就等于 9N 的载荷所引起的弹簧伸长量，从而使指针指回参考标记处。

（b）研究带有平动弹簧 k 和扭转弹簧 k_r 的 L 形框架。

B 处的扭转弹簧（见图 2-7c）在 B 处提供了一个额外的阻力矩以阻止 C 处指针的运动。需要绘制一个新的自由体图。如果框架 ABC 绕点 B 旋转了一个小角度 θ，那么，由此产生的力和力矩如图 2-7d 所示。对点 B 的各力矩求和，可得：

$$Fc + k_r\theta = Wb$$

或

$$kc^2\theta + k_r\theta = Wb$$

求解该方程，可得：

$$\theta = \frac{Wb}{kc^2 + k_r} = \frac{Wb}{k\left(c^2 + \dfrac{b^2}{4}\right)}$$

此时，平动弹簧中的力 F 为：

$$F = k(c\theta) = kc\left[\frac{Wb}{k\left(c^2+\dfrac{b^2}{4}\right)}\right] \quad 或 \quad F = \left[\frac{Wbc}{\left(c^2+\dfrac{b^2}{4}\right)}\right] \tag{e}$$

因此，平动弹簧的伸长量为：

$$\delta = np = \frac{F}{k} = \frac{Wbc}{k\left(c^2+\dfrac{b^2}{4}\right)}$$

则螺母所需转动圈数为：

$$n = \frac{Wbc}{kp\left(c^2+\dfrac{b^2}{4}\right)} = \frac{(9\text{N})\times(280\text{mm})\times(250\text{mm})}{\left(750\dfrac{\text{N}}{\text{m}}\right)\times(1.6\text{mm})\times\left[(250\text{mm})^2+\dfrac{(280\text{mm})^2}{4}\right]} = 6.4 \text{ 圈}$$

与只有平动弹簧时相比，平动弹簧与扭转弹簧的组合使得该系统具有更大的刚度。因此，在载荷 W 的作用下，C 处的指针移动了较小的距离，故螺母仅需转动较少的圈数就可使指针指回标记处。

●●● 例 2-2

图 2-8a 所示装置包含一根由两竖杆 BD 和 CE 支撑的水平梁 ABC。杆 CE 的两端为铰链连接，杆 BD 的下端被固定在基座处。A、B 之间的距离为 450mm，B、C 之间的距离为

225mm。杆 BD 和 CE 的长度分别为 480mm 和 600mm，其横截面面积分别为 1020mm^2 和 520mm^2。各杆均由弹性模量 $E = 205$GPa 的钢制成。假设梁 ABC 是刚性的。

（a）如果点 A 的位移不能超过 1.0mm，那么，请求出最大许用载荷 $P_{\max}$。

（b）如果 $P = 25$kN，那么，杆 CE 所需的横截面面积为何值时才能使点 A 的位移等于 1.0mm。

解答：

（a）求解最大许用载荷 $P_{\max}$。

为了求出点 A 的位移，需要已知点 B、C 的位移。因此，必须利用通用公式 $\delta = PL/(EA)$［式（2-3）］来求解杆 BD 和 CE 的长度改变量。

首先根据梁的自由体图（图 2-8b）来求解各杆中的力。由于杆 CE 的两端为铰链连接，因此，该杆是一根"二力"杆，且该杆只将一个

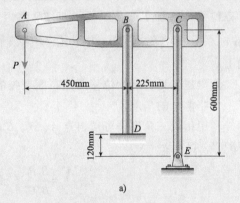

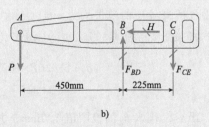

图 2-8　受到两竖杆支撑的水平梁 ABC

铅垂力 F_{CE} 传递给梁。然而，杆 BD 可同时传递一个铅垂力 F_{BD} 和一个水平力 H。根据梁 ABC 在水平方向的平衡条件，可以看出，水平力 H 将消失。

根据关于点 B 的力矩平衡条件以及铅垂方向上力的平衡条件，可得：

$$F_{CE} = 2P \qquad F_{BD} = 3P \qquad (a)$$

注意：力 F_{CE} 向下作用，力 F_{BD} 向上作用。因此，杆 CE 受到拉伸，杆 BD 受到压缩。

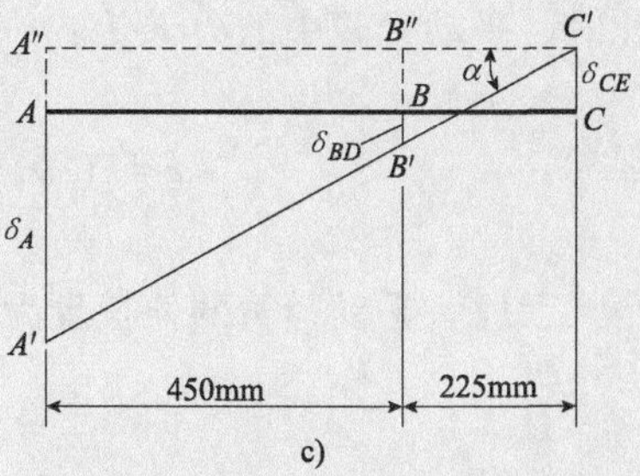

杆 BD 的缩短量为：

$$\delta_{BD} = \frac{F_{BD}L_{BD}}{EA_{BD}}$$

$$= \frac{(3P) \times (480\text{mm})}{(205\text{GPa}) \times (1020\text{mm}^2)} = 6.887P \times 10^{-6}\text{mm}(P \text{ 的单位为 N}) \qquad (b)$$

图 2-8（续）

注意：如果载荷 P 的单位为 N，则缩短量的单位为 mm。

类似的，杆 CE 的伸长量为：

$$\delta_{CE} = \frac{F_{CE}L_{CE}}{EA_{CE}}$$

$$= \frac{(2P) \times (600\text{mm})}{(205\text{GPa}) \times (520\text{mm}^2)} = 11.26P \times 10^{-6}\text{mm}(P \text{ 的单位为 N}) \qquad (c)$$

已知了两根杆的长度改变量，就可以求出点 A 的位移。

位移图   点 A、B、C 相对位置的位移图如图 2-8c 所示。直线 ABC 代表这三点的初始对齐位置。施加了载荷 P 后，杆 BD 缩短了 δ_{BD}，点 B 移动至点 B'。同时，杆 CE 伸长了 δ_{CE}，点 C 移动至点 C'。由于梁 ABC 被假设为刚体，因此，点 A'、B'、C' 位于同一直线上。

为清楚起见，所绘位移图是高度夸张的。在现实中，直线 ABC 向新的位置 $A'B'C'$ 转动了一个非常小的角度。

利用相似三角形，可求出点 A、B、C 的位移之间的关系，根据三角形 $A'A''C'$ 和三角形 $B'B''C'$，可得：

$$\frac{A'A''}{A''C'} = \frac{B'B''}{B''C'} \quad \text{或} \quad \frac{\delta_A + \delta_{CE}}{450 + 225} = \frac{\delta_{BD} + \delta_{CE}}{225} \qquad (d)$$

其中，所有各项的单位均为 mm。

将关于 δ_{BD} 和 δ_{CE} 的式（b）和式（c）代入式（d），可得：

$$\frac{\delta_A + 11.26 \times 10^{-6}}{450 + 225} = \frac{6.887P \times 10^{-6} + 11.26P \times 10^{-6}}{225}$$

最后，代入 δ_A 的极限值 1.0mm，并求解该方程，可得：

$$P = P_{\max} = 23,200\text{N}（\text{或 } 23.2\text{kN}）$$

载荷达到该值时，点 A 的向下位移为 1.0mm。

备注 1：由于结构表现为线弹性行为，因此，位移与载荷的大小成正比。例如，如果

载荷为 P_{max} 的一半（即如果 $P=11.6kN$），那么，点 A 的向下位移为 $0.5mm$。

备注 2：为了验证直线 ABC 的转动角度是非常小的，可根据位移图（图 2-8c）来计算转角 α，即：

$$\tan\alpha = \frac{A'A''}{A''C'} = \frac{\delta_A + \delta_{CE}}{675mm} \tag{e}$$

点 A 的位移 δ_A 为 $1.0mm$，将 $P=23200N$ 代入式（c）就可求出杆 CE 的伸长量 δ_{CE}，其结果为 $\delta_{CE}=0.261mm$。因此，根据式（e），可得：

$$\tan\alpha = \frac{1.0mm + 0.261mm}{675mm} = \frac{1.261mm}{675mm} = 0.001868$$

即 $\alpha=0.11°$。这个角度非常小，若想按比例绘制该位移图，则无法清楚区分原始直线 ABC 和旋转直线 $A'B'C'$。

因此，在使用位移图时，通常可认为位移是非常小的量，从而简化几何分析。在本例中，可假设点 A、B、C 仅在铅垂方向移动；如果位移较大，则认为它们将沿着曲线路径移动。

（b）确定杆 CE 所需的横截面面积。即如果 $P=25kN$，那么，杆 CE 所需的横截面面积为何值时才能使点 A 的位移等于 $1.0mm$。

首先使用式（d）的位移关系，即：

$$\frac{\delta_A + \delta_{CE}}{450mm + 225mm} = \frac{\delta_{BD} + \delta_{CE}}{225mm} \quad \text{（d 重复）}$$

然后，将所需 δ_A 的数值（即 $\delta_A=1.0mm$）代入该式，并将式（b）、式（c）的力-位移表达式代入该式，可得：

$$\frac{\delta_A + \left(\dfrac{F_{CE}L_{CE}}{EA_{CE}}\right)}{450mm + 225mm} = \frac{\left(\dfrac{F_{BD}L_{BD}}{EA_{BD}}\right) + \left(\dfrac{F_{CE}L_{CE}}{EA_{CE}}\right)}{225mm} \tag{f}$$

将式（a）关于 F_{BD}、F_{CE} 的表达式代入该式并求解，可得到 A_{CE} 的表达式：

$$A_{CE} = \frac{4A_{BD}L_{CE}P}{A_{BD}E\delta_A - 9L_{BD}P} \tag{g}$$

代入数据，即可求出 $P=25kN$ 时使点 A 的位移等于 $1.0mm$ 的杆 CE 所需的横截面面积，该横截面面积为：

$$A_{CE} = \frac{4\times(1020mm^2)\times(600mm)\times(25kN)}{(1020mm^2)\times(205GPa)\times(1.0mm) - 9\times(480mm)\times(25kN)} = 605mm^2$$

问题（b）中的载荷 $P=25kN$ 大于问题（a）中的 $P_{max}=23.2kN$，因此，杆 CE 的横截面面积较大（正如预期）。

2.3 非均匀条件下的长度改变量

如上节所述，当一根线弹性材料的柱状杆仅在其两端受到载荷的作用时，可根据方程 $\delta = PL/(EA)$ 得到其长度改变量。在本节中，我们将学习怎样才能使这一方程应用于更多的常见情形。

承受多个中间轴向载荷的杆 例如，假设
某一柱状杆在其多个中间点处有一个或多个沿
其轴线作用的轴向载荷（图 2-9a），则该杆的伸
长量等于其各独立段的伸长量（或缩短量）的
代数和。计算步骤如下：

1. 将该杆的各段（段 AB、BC 和 CD）分别
定义为段 1、2 和 3。

2. 根据如图 2-9b、c、d 所示自由体图，分
别确定段 1、2 和 3 的内部轴力 N_1、N_2 和 N_3。
注意，为了区别于外载荷 P，用字母 N 表示内
部轴力。通过对铅垂方向上的各力求和，可得
到如下关于轴力的表达式：

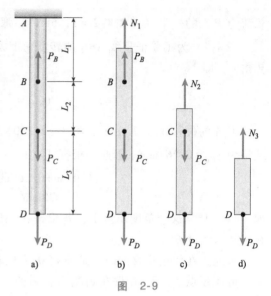

图 2-9

$$N_1 = -P_B + P_C + P_D \qquad N_2 = P_C + P_D \qquad N_3 = P_D$$

注意：书写这些方程时，使用了上一节给出的符号约定（即内部轴力在拉伸时为正、在
压缩时为负）。

3. 根据公式（2-3），确定各段的长度改变量，即：

$$\delta_1 = \frac{N_1 L_1}{EA} \qquad \delta_2 = \frac{N_2 L_2}{EA} \qquad \delta_3 = \frac{N_3 L_3}{EA}$$

其中，L_1、L_2、L_3 为各段的长度，EA 为该杆的轴向刚度。

4. 将 δ_1、δ_2、δ_3 相加，则得到整个杆的长度改变量 δ：

$$\delta = \sum_{i=1}^{3} \delta_i = \delta_1 + \delta_2 + \delta_3$$

如上所述，相加时，必须根据伸长为正、缩短为负的符号约定进行代
数相加。

由多个柱状段构成的杆 当杆件由多个柱状段构成，且各段具有不同
的轴力、不同的尺寸以及不同的材料时（图 2-10），可采用相同的分析方
法。其长度改变量可根据以下方程获得：

$$\delta = \sum_{i=1}^{n} \frac{N_i L_i}{E_i A_i} \qquad (2-5)$$

其中，下标 i 为该杆各段的编号，n 为总段数。应特别注意，N_i 是 i 段
的内部轴力，而不是一个外部载荷。

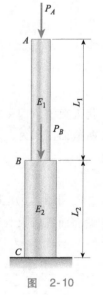

图 2-10

变载荷或变截面杆 有时轴力 N 和横截面面积 A 沿着杆件的轴线方向是
连续变化的，如图 2-11a 的锥形杆所示。该杆不仅具有连续变化的横截面面
积，而且还有一个连续变化的轴力。在该图中，载荷由两部分组成，一部分
是一个作用在其端点 B 处的单一力 P_B，另一部分是沿整个轴线方向作用的分
布力 $p(x)$。（分布力的单位为单位长度上的力，如 N/m）。许多因素都能够产
生一个分布轴向载荷，如离心力、摩擦力或一根铅垂悬挂杆的自重等。

在这种情况下，就不能再使用式（2-5）来求解长度改变量。其替代方法是，先确定该杆
某一微段的长度改变量，再在该杆的整个长度上进行积分。

选择一个与该杆左端相距 x 的微段（图 2-11a）。只要对 AC 段或 CB 段的自由体图进行平衡分析，就可以确定作用在横截面 C 上的内部轴力 $N(x)$（图 2-11b）。一般情况下，该轴力是 x 的函数。同时，若已知该杆的尺寸，则可将横截面面积 $A(x)$ 表达为 x 的函数。

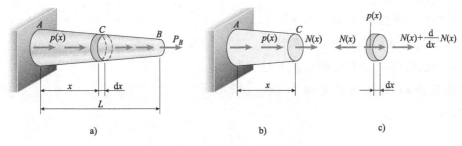

图 2-11　变截面与变载荷杆

将公式 $\delta = PL/(EA)$ 中的 P 用 $N(x)$ 替换，L 用 dx 替换，A 用 $A(x)$ 替换，则可得到该微段的伸长量 $d\delta$（图 2-11c），其表达式如下：

$$d\delta = \frac{N(x)\,dx}{EA(x)} \tag{2-6}$$

在整个长度上对该式积分，就可得到整个杆的伸长量：

$$\delta = \int_0^L d\delta = \int_0^L \frac{N(x)\,dx}{EA(x)} \tag{2-7}$$

如果 $N(x)$ 和 $A(x)$ 的表达式并不复杂，那么，就可得到该积分的一个具体解，即得到一个表达式（如之后的例 2-4 所示）。然而，若求解该积分是较为困难的或是不可能的，则应采用数值方法。

局限性　由于式（2-5）和式（2-7）中存在着弹性模量 E，因此，这两个公式仅适用于线弹性材料制成的杆件。同时，公式 $\delta = PL/(EA)$ 是基于"应力均匀分布在各个横截面上"这样一个假设而推导出来的（因为它基于公式 $\sigma = P/A$）。这一假设对柱状杆是有效的，但对锥形杆却是无效的，因此，只有当锥形杆侧面的夹角较小时，式（2-7）才能给出了一个令人满意的结果。

举一个例子，如果一根杆两侧面的夹角为 20°，那么，根据表达式 $\sigma = P/A$ 计算出的应力（在任意选定的横截面处）将比同一横截面上的精确应力（通过更先进的方法计算）要小 3%。而且，夹角越小，误差也就越小。因此，可以说，若锥角较小，则式（2-7）是令人满意的。若锥角较大，则需要使用更精确的分析方法（见参考文献 2-1）。

下例说明了如何确定非均匀杆的长度改变量。

● ● ● 例 2-3

铅直钢杆 ABC 的上端部有一个铰链支座，下端部受到力 P_1 的作用（图 2-12a）。水平梁 BDE 与铅直杆在节点 B 处被铰链连接在一起，该梁在其 E 端承受着一个载荷 P_2。铅直杆上部（AB 段）的长度 $L_1 = 500\text{mm}$，横截面面积 $A_1 = 160\text{mm}^2$。其下部（BC 段）的长度 $L_2 = 750\text{mm}$，横截面面积 $A_2 = 100\text{mm}^2$。钢的弹性模量 E 为 200GPa。梁 BDE 左、右两部分的长度分别为 $a = 700\text{mm}$、$b = 625\text{mm}$。

（a）如果载荷 $P_1 = 10\text{kN}$，载荷 $P_2 = 25\text{kN}$，那么，请计算点 C 处的铅垂位移 δ_C（忽略杆和梁的重量）。

（b）如果铅垂位移 δ_C 必须等于 0.25mm，那么，DE 段上的载荷 P_2 应作用在何处？

（c）如果载荷 P_2 被再次施加在 E 处，那么，横截面面积 A_2 应为何值才能使 δ_C 等于 0.17mm？

解答：

（a）求出点 C 处的铅垂位移。

钢杆 ABC 中的轴力。从图 2-12a 中可以看出，点 C 处的铅垂位移等于杆 ABC 的长度改变量。因此，必须求出该杆各段中的轴力。

该杆下段中的轴力 N_2 等于载荷 P_1。如果已知 A 处的铅垂反作用力，或已知梁对该杆所施加的力，则可求出上段中的轴力 N_1。根据梁的自由体图（图 2-12b），可求出梁对该杆所施加的力。在该图中，作用在梁上的这个力（铅直杆所施加的）被标记为 P_3，支座 D 处的铅垂反作用力被标记为 R_D。根据铅直杆的自由体图（图 2-12c），可以看出，杆和梁之间没有水平力的作用。因此，在梁的支座 D 处没有水平反作用力。

在梁的自由体图（图 2-12b）中，对点 D 求力矩和，可得：

$$P_3 = \frac{P_2 b}{a} = \frac{25\text{kN} \times (625\text{mm})}{700\text{mm}} = 22.3\text{kN} \quad (\text{a})$$

该力向下作用在梁上（图 2-12b），向上作用在铅直杆上（图 2-12c）。

现在，可求出支座 A 处的反作用力 R_A（图 2-12c）：

$$R_A = P_3 - P_1 = 22.3\text{kN} - 10\text{kN} = 12.3\text{kN} \quad (\text{b})$$

铅直杆上部（AB 段）所承受的轴向压缩力 N_1 等于 R_A（或 12.3kN），其下部（BC 段）所承受的轴向拉伸力 N_2 等于 P_1（或 10kN）。

注：另一种计算方法是，可根据整个结构的自由体图来求得反作用力 R_A（而不是根据梁 BDE 的自由体图）。

长度改变量。由于设拉伸为正，因此，根据式（2-5），可得：

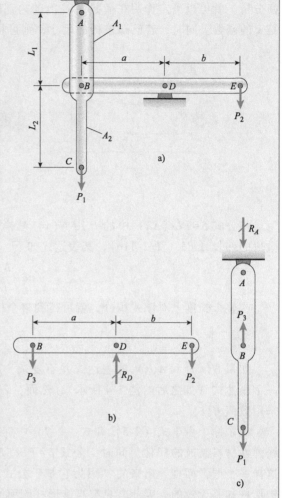

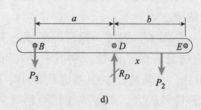

图 2-12　变截面杆（杆 ABC）的长度改变量

$$\delta = \sum_{i=1}^{n} \frac{N_i L_i}{E_i A_i} = \frac{N_1 L_1}{EA_1} + \frac{N_2 L_2}{EA_2}$$

$$= \frac{-12.3\text{kN} \times (500\text{mm})}{200\text{GPa} \times (160\text{mm}^2)} + \frac{10\text{kN} \times (750\text{mm})}{200\text{GPa} \times (100\text{mm}^2)}$$

$$= -0.192\text{mm} + 0.375\text{mm} = 0.183\text{mm} \tag{c}$$

其中，δ 为杆 ABC 的长度改变量。由于 δ 为正，因此，该杆发生了伸长。点 C 的位移等于该杆的长度改变量，即：

$$\delta_C = 0.183\text{mm}$$

该位移是向下的。

（b）求出 DE 段上载荷 P_2 的位置。

设载荷 P_2 位于点 D 右侧，且与点 D 相距 x 的位置处（图 2-12d），则：

$$\sum M_D = 0 \qquad P_3 = \frac{P_2 x}{a} \tag{d}$$

根据式（b），有 $R_A = P_3 - P_1$。

AB 段中的轴向压缩力为 R_A，BC 段中的轴向拉伸力为 P_1，因此，根据式（c），节点 C 处的向下位移为：

$$\delta_C = \frac{-(P_3 - P_1)L_1}{EA_1} + \frac{P_1 L_2}{EA_2} \tag{e}$$

将式（d）代入该式，并求解 x，可得：

$$\delta_C = \frac{-\left[\left(\dfrac{P_2 x}{a}\right) - P_1\right]L_1}{EA_1} + \frac{P_1 L_2}{EA_2} \tag{f}$$

则

$$x = \frac{a(A_1 L_2 P_1 + A_2 L_1 P_1 - A_1 A_2 E \delta_C)}{A_2 L_1 P_2} \tag{g}$$

最后，代入数据并求解距离 x：

$$x = \frac{700\text{mm} \times \left[(160\text{mm}^2) \times (750\text{mm}) \times (10\text{kN}) + (100\text{mm}^2) \times (500\text{mm}) \times (10\text{kN}) - (160\text{mm}^2) \times (100\text{mm}^2) \times (200\text{GPa}) \times (0.25\text{mm})\right]}{(100\text{mm}^2) \times (500\text{mm}) \times (25\text{kN})}$$

$$= 504\text{mm}$$

（c）求出所需横截面面积 A_2。

现在，载荷 P_2 被再次施加在 E 处，因此，根据式（a），可得到力 P_3，且可将式（f）修改为：

$$\delta_C = \frac{-\left[\left(\dfrac{P_2 b}{a}\right) - P_1\right]L_1}{EA_1} + \frac{P_1 L_2}{EA_2} \tag{h}$$

求解 A_2，可得横截面面积 A_2 的表达式为：

$$A_2 = \cfrac{L_2 P_1}{E\left[\delta_C - \cfrac{L_1\left(P_1 - \cfrac{P_2 b}{a}\right)}{A_1 E}\right]} \tag{i}$$

将相关数据代入式（i），可求出使 $\delta_C = 0.17\text{mm}$ 所需的横截面面积 A_2：

$$A_2 = \cfrac{(750\text{mm}) \times (10\text{kN})}{(200\text{GPa}) \times \left\{(0.17\text{mm}) - \cfrac{(500\text{mm}) \times \left[10\text{kN} - \cfrac{(25\text{kN}) \times (625\text{mm})}{(700\text{mm})}\right]}{(160\text{mm}^2) \times (200\text{GPa})}\right\}} = 103.4\text{mm}^2$$

正如预期的那样，横截面面积必定增大，这样一来，根据公式（c）所计算出的 C 处的铅垂位移是减小的。

● ● ● 例 2-4

长度为 L 的实心圆截面锥形杆 AB（图 2-13a），其 B 端受到支撑，其自由端 A 承受着一个拉伸载荷 P。该杆 A 端和 B 端的直径分别为 d_A 和 d_B。假设锥角较小，请求出在载荷 P 作用下该杆的伸长量。

解答：

该杆在其整个长度上承受着一个恒定的轴向力（等于载荷 P）。然而，其横截面面积从一端到另一端是连续变化的，因此，必须使用积分式［见式（2-7）］来求解其长度改变量。

横截面面积。求解方案的第一步是得到该杆任一横截面面积 $A(x)$ 的表达式。

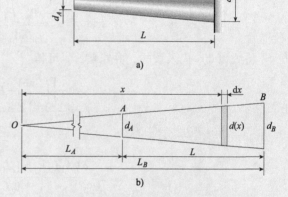

图 2-13　实心圆截面锥形杆的长度改变量

为此，必须建立 x 坐标轴的原点。可将坐标原点建在自由端 A 处，然而，如果选择图 2-13b 所示的 O 点（O 点为该锥形杆两个锥面的汇交点）作为坐标原点，那么，积分运算将更为简便。

该杆 A 端和 B 端至原点 O 的距离分别为 L_A 和 L_B。根据图 2-13b 中的相似三角形，可得：

$$\frac{L_A}{L_B} = \frac{d_A}{d_B} \tag{a}$$

根据该相似三角形，还可得到直径 $d(x)$ 与直径 d_A 的比值为：

$$\frac{d(x)}{d_A} = \frac{x}{L_A} \quad \text{或} \quad d(x) = \frac{d_A x}{L_A} \tag{b}$$

其中，$d(x)$ 为与原点 O 相距 x 处的直径，d_A 为该杆小端直径。因此，与原点 O 相距 x

处的横截面的面积为：

$$A(x) = \frac{\pi \left[d(x) \right]^2}{4} = \frac{\pi d_A^2 x^2}{4 L_A^2} \qquad \text{(c)}$$

长度改变量。将 $A(x)$ 的表达式代入式（2-7），则可求得伸长量 δ 为：

$$\delta = \int \frac{N(x)\,\mathrm{d}x}{EA(x)} = \int_{L_A}^{L_B} \frac{P\,\mathrm{d}x (4 L_A^2)}{E(\pi d_A^2 x^2)} = \frac{4 P L_A^2}{\pi E d_A^2} \int_{L_A}^{L_B} \frac{\mathrm{d}x}{x^2} \qquad \text{(d)}$$

对该式积分（积分公式见附录 C），并代入极限值，可得：

$$\delta = \frac{4 P L_A^2}{\pi E d_A^2} \left(-\frac{1}{x} \right) \bigg|_{L_A}^{L_B} = \frac{4 P L_A^2}{\pi E d_A^2} \left(\frac{1}{L_A} - \frac{1}{L_B} \right) \qquad \text{(e)}$$

由于：

$$\frac{1}{L_A} - \frac{1}{L_B} = \frac{L_B - L_A}{L_A L_B} = \frac{L}{L_A L_B} \qquad \text{(f)}$$

因此，可将 δ 的表达式化简为：

$$\delta = \frac{4 P L}{\pi E d_A^2} \left(\frac{L_A}{L_B} \right) \qquad \text{(g)}$$

最后，将 $L_A / L_B = d_A / d_B$ ［见式（a）］代入该式，可得：

$$\delta = \frac{4 P L}{\pi E d_A d_B} \qquad \text{(2-8)}$$

该公式给出了实心圆截面锥形杆的伸长量。只要代入具体数值，就可以确定任何一个具体锥形杆的长度改变量。

备注 1：一个常见的错误是，认为只要计算出一根横截面面积等于某一锥形杆中部横截面面积的柱状杆的伸长量，就可以确定该锥形杆的伸长量。式（2-8）表明，这种想法是毫无根据的。

备注 2：上述锥形杆的公式［式（2-8）］的一个特例是当 $d_A = d_B = d$ 时。这时，该锥形杆就变为一根柱状杆，而式（2-8）也被简化为：

$$\delta = \frac{4 P L}{\pi E d^2} = \frac{P L}{E A}$$

显然，该式是正确的。

对于像式（2-8）这类的公式，应尽可能将其简化为已知的特例来验证其正确性。如果不能简化为一个正确的结果，那么，原公式必定是错误的。如果得到了一个正确的结果，那么，原公式仍然可能是不正确的，但这增强了我们的信心。换句话说，这类检查是验证原公式的一个必要条件，但不是一个充分条件。

2.4 静不定结构

上一节讨论的弹簧、杆件和缆绳拥有一个共同的重要特征——单独使用自由体图和平衡方程就可以确定它们的反作用力和内力。这类结构被归类为静定（statically determinate）结

构。应特别注意，对于一个静定结构，在不知道其材料
性能的情况下就可以求出所有的力。例如，对于图 2-14
所示 AB 杆，其各段的内部轴力以及基座处的反作用力
的计算完全与制造该杆的材料无关。

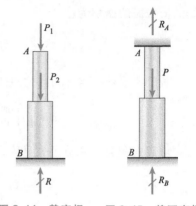

图 2-14 静定杆   图 2-15 静不定杆

大多数结构比图 2-14 所示的杆更为复杂，仅根据
静力学无法求出其反作用力和内力。这种情况见图 2-15
所示，该图显示了一根两端固定的杆 AB，该杆有两个
铅垂的反作用力（R_A 和 R_B），但可用的平衡方程只有一
个——即铅垂方向的合力方程。由于该方程包含两个未
知数，因此，根据该方程不足以求出反作用力。这类结
构被归类为静不定（statically indeterminate）结构。为
了分析这类结构，必须在平衡方程的基础上增加一些额
外的与结构位移有关的方程。

以图 2-16a 所示柱状杆 AB 为例来说明如何分析静不定结
构。该杆的两端被连接到刚性支座上，且在其中间点 C 处承受
着一个轴向力 P 的作用。正如已经指出的那样，单独依据静力
学不能求出反作用力 R_A 和 R_B，因为只有一个平衡方程是可
用的：

$$\sum F_{\text{vert}} = 0 \qquad R_A - P + P_B = 0 \qquad (2\text{-}9)$$

为了求解这两个未知的反作用力，需要补充一个额外的
方程。

可以看出，这根两端固定杆的长度不会发生改变。基于这
一观察，就可得到这个额外的方程。如果将该杆从其支座中隔
离出来（图 2-16b），那么，就可得到一根两端自由且承受三
个力（分别为 R_A、R_B、P）的杆件。这三个力所导致的该杆
长度的改变量 δ_{AB} 必须等于零，即：

$$\delta_{AB} = 0 \qquad (2\text{-}10)$$

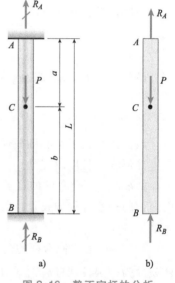

图 2-16 静不定杆的分析

这个方程被称为变形协调方程（equation of compatibility），
它表达了这样一个事实：该杆长度的改变量必须与其支座条件相适应。

为了求解方程式（2-9）和式（2-10），必须以未知力 R_A 和 R_B 来表达该变形协调方程。
杆件上的作用力与其长度改变量之间的关系被称为力-位移关系（force-displacement rela-
tions）。材料的性能不同，则这种关系就有不同的表达形式。若材料是线弹性的，则可使用方
程 $\delta = PL/(EA)$ 来表达这种力-位移关系。

假设图 2-16 所示杆的横截面面积为 A，且由弹性模量为 E 的材料制成，那么，该杆上段
和下段的长度改变量分别为：

$$\delta_{AC} = \frac{R_A a}{EA} \qquad \delta_{CB} = -\frac{R_B b}{EA} \qquad (2\text{-}11\text{a},\text{b})$$

其中，负号表示该杆的一个缩短量。式（2-11a）和式（2-11b）就是力-位移关系。

现在，准备联立求解这三个方程（平衡方程、变形协调方程和力-位移方程）。在本例中，
首先联立力-位移方程和变形协调方程，可得：

$$\delta_{AB}=\delta_{AC}+\delta_{CB}=\frac{R_A a}{EA}-\frac{R_B b}{EA}=0 \tag{2-12}$$

注意，该方程包含两个未知的反作用力。

下一步是联立求解平衡方程［见方程式（2-9）］和方程（2-12）。其结果为：

$$R_A=\frac{Pb}{L} \qquad R_B=\frac{Pa}{L} \tag{2-13a,b}$$

在已知了各反作用力之后，就可求出所有的其他力和位移量。例如，假设希望求出点 C 的向下位移 δ_C，该位移等于 AC 段的伸长量：

$$\delta_C=\delta_{AC}=\frac{R_A a}{EA}=\frac{Pab}{LEA} \tag{2-14}$$

同时，还可以直接依据内力来求解该杆各段中的应力［例如 $\sigma_{AC}=R_A/A=Pb/(AL)$］。

综述 从前面的讨论中可以看出，静不定结构的分析过程包括建立并求解平衡方程、变形协调方程以及力-位移关系方程。平衡方程把作用在结构上的载荷与未知力（未知力可以是反作用力或内力）联系起来，变形协调方程表达了结构的位移条件。至于力-位移关系的表达式，它利用各构件的尺寸和性能建立了力与各构件位移之间的关系。当轴向承载杆表现为线弹性行为时，其力-位移关系可依据方程 $\delta=PL/(EA)$ 得到。最后，可联立求解所有的三个方程以求解未知力和位移。

在工程文献中，表达平衡方程、变形协调方程和力-位移方程时，使用了多种不同的术语。平衡方程又被称为静力学方程或动力学方程；变形协调方程有时被称为几何方程、运动方程或相容方程；力-位移关系经常被称为本构关系（constitutive relations，因为它们涉及材料的基本结构或物理性质）。

本章所讨论的结构都是相对简单的结构，对于这类结构，上述分析方法足以够用。然而，对于较为复杂的结构，就需要使用更规范的方法。两种常用的方法（详见结构分析的相关教材）是柔度法（也被称为力法）和刚度法（也被称为位移法）。尽管这两种方法通常被用于那些需要求解数百甚至数千个联立方程组的大型复杂结构，但是，其基础仍然是上述基本概念，即平衡方程、变形协调方程和力-位移关系方程[一]。

以下两例说明了分析静不定结构的方法。

• • • 例 2-5

水平刚性杆 ABC 的 A 端为铰链连接，该杆在点 B、C 处受到两条金属丝（BD 和 CD）的拉持（图 2-17）。铅垂载荷 P 作用在该杆的 C 端。该杆的长度为 $2b$，金属丝 BD 和 CD 的长度分别为 L_1、L_2。同时，金属丝 BD 的直径为 d_1，弹性模量为 E_1；金属丝 CD 的直径为 d_2，弹性模量为 E_2。

（a）如果金属丝 BD 和 CD 的许用应力分别为 σ_1、σ_2，那么，请求出许用载荷 P 的表达式（忽略杆和金属丝的重量）。

[一] 从历史上看，似乎欧拉是分析静不定系统的第一人，他于 1774 年研究了一个支撑在弹性基座上的四腿刚性桌（见参考文献 2-2 和 2-3）。接下来是法国数学家和工程师 L. M. H. 纳维（L. M. H. Navier）所做的工作，他在 1825 年曾指出，只要考虑结构的弹性，就可以求出静不定结构的反作用力（见参考文献 2-4）。纳维求解了静不定桁架和静不定梁。

（b）根据下列数据计算许用载荷 P：金属丝 BD 的材料为铝，其 $E_1 = 72\text{GPa}$、$d_1 = 4.2\text{mm}$。金属丝 CD 的材料为镁，其 $E_2 = 45\text{GPa}$、$d_2 = 3.2\text{mm}$。铝丝和镁丝中的许用应力分别为 $\sigma_1 = 200\text{MPa}$、$\sigma_2 = 172\text{MPa}$。在图 2-17 中，尺寸 $a = 1.8\ \text{m}$、$b = 1.2\text{m}$。

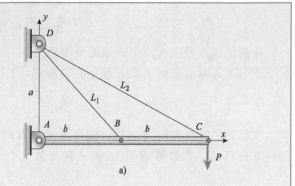

a)

解答：

（a）求解许用载荷 P 的表达式。

平衡方程。分析的第一步是绘制杆 ABC 的自由体图（图 2-17b）。在该图中，T_1、T_2 为未知的各金属丝中的拉力，A_x、A_y 为支座 A 处反作用力的水平和铅垂分量。显然，该结构是静不定的，因为有四个未知力（T_1、T_2、A_x、A_y），而只有三个独立的平衡方程。

根据 $\sum M_A = 0$，有：

$$T_1(b)\sin\alpha_B + T_2(2b)\sin\alpha_C - P(2b) = 0$$

或 $$T_1\sin\alpha_B + 2T_2\sin\alpha_C = 2P \qquad\qquad (\text{a})$$

根据 $\sum F_x = 0$ 和 $\sum F_y = 0$，可得到其他两个平衡方程，但这两个方程暂时对求解 T_1、T_2 没有帮助，因为这两个方程中又增加了未知力 A_x、A_y。

变形协调方程。为了得到与位移有关的方程，我们观察到，载荷 P 导致杆 ABC 绕 A 处的铰链旋转，从而使各金属丝受到拉伸。由此产生的位移如图 2-17b 的位移图所示，其中，直线 ABC 代表该刚性杆的原始位置，直线 $AB'C'$ 代表其旋转后的位置。可使用向下的铅垂位移 Δ_B 和 Δ_C 来求解各金属丝的伸长量 δ_1 和 δ_2。由于这些位移非常小，因此，该杆旋转了一个非常小的角度（图中采用了夸张画法），这样一来，计算时就可以假设点 B、C 仅发生了向下的铅垂位移（而不是沿着圆弧运动）。

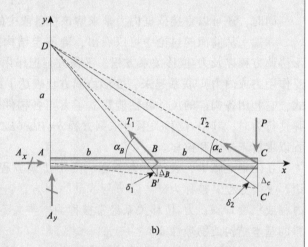

b)

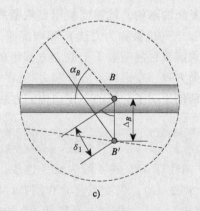

c)

图   2-17

a）静不定缆绳-杆结构的分析　b）杆 ABC 的自由体图
c）金属丝 BD 的伸长

由于水平距离 AB 和 BC 是相等的，因此，铅垂位移之间的几何关系为：

$$\Delta_C = 2\Delta_B \qquad\qquad (\text{b})$$

该式就是变形协调方程，只要将该方程代入力-位移方程，就可以找到力 T_1 与 T_2 之间的另一个关系。

首先，根据几何学[注]（见图 2-17c），可建立铅垂位移与各金属丝伸长量之间的关系，即：

$$\delta_1 = \Delta_B \sin \alpha_B \qquad \delta_2 = \Delta_C \sin \alpha_C \qquad\qquad (c,d)$$

$$\Delta_C = \frac{\delta_2}{\sin \alpha_B} \qquad 2\Delta_B = 2\frac{\delta_1}{\sin \alpha_B} \qquad\qquad (e,f)$$

或

$$\delta_2 = 2\left(\frac{\sin \alpha_C}{\sin \alpha_B}\right)\delta_1 \qquad\qquad (g)$$

力-位移关系。由于各金属丝均表现为线弹性行为，因此，可用未知力 T_1、T_2 来表示其伸长量，即：

$$\delta_1 = \left(\frac{L_1}{E_1 A_1}\right) T_1 = f_1 T_1 \qquad \delta_2 = \left(\frac{L_2}{E_2 A_2}\right) T_2 = f_2 T_2 \qquad\qquad (h,i)$$

其中，f_1 和 f_2 分别为金属丝 BD 和 CD 的柔度，各金属丝的横截面面积分别为：

$$A_1 = \frac{\pi d_1^2}{4} \qquad A_2 = \frac{\pi d_2^2}{4} \qquad\qquad (j,k)$$

求解方程组。现在，联立求解三个方程（平衡方程、变形协调方程以及与力-位移方程），即可求出力 T_1、T_2。首先，将力-位移方程［式(h, i)］代入变形协调方程［式(g)］，可得：

$$\delta_2 = 2\left(\frac{\sin \alpha_C}{\sin \alpha_B}\right)\delta_1 = f_2 T_2 = 2\left(\frac{\sin \alpha_C}{\sin \alpha_B}\right) f_1 T_1 \qquad\qquad (l)$$

解得：

$$T_2 = 2\left(\frac{\sin \alpha_C}{\sin \alpha_B}\right)\left(\frac{f_1}{f_2}\right) T_1 \qquad\qquad (m)$$

将该 T_2 的表达式代入平衡方程，则可求得 T_1 为：

$$T_1 = \left(\frac{f_2 \sin \alpha_B}{f_2 \sin \alpha_B^2 + 4f_1 \sin \alpha_C^2}\right)(2P) \qquad\qquad (n)$$

则 T_2 为：

$$T_2 = \left(\frac{f_1 \sin \alpha_C}{f_2 \sin \alpha_B^2 + 4f_1 \sin \alpha_C^2}\right)(4P) \qquad\qquad (o)$$

许用载荷 P。现在已完成静不定分析，并已知了各金属丝中的力，接下来就可求解许用载荷 P。

若金属丝 BD 中的应力达到其许用应力 σ_1，则有：

$$\sigma_1 = \frac{T_1}{A_1} = \left(\frac{f_2 \sin \alpha_B}{f_2 \sin \alpha_B^2 + 4f_1 \sin \alpha_C^2}\right)\left(2\frac{P}{A_1}\right)$$

求解该式可得：

[注]　注意：也可以使用 $\Delta_B(-j)$ 与直线 DB 方向的单位矢量 $\boldsymbol{n} = (\cos \alpha_B \boldsymbol{i} - \sin \alpha_B \boldsymbol{j})$ 的标量积来求解 δ_1，并使用 $\Delta_C(-j)$ 与直线 DC 方向的单位矢量 $\boldsymbol{n} = (\cos \alpha_C \boldsymbol{i} - \sin \alpha_C \boldsymbol{j})$ 的标量积来求解 δ_2。

$$P_1 = \frac{\sigma_1 A_1}{2}\left(\frac{f_2 \sin \alpha_B^2 + 4f_1 \sin \alpha_C^2}{f_2 \sin \alpha_B}\right) \tag{2-15a}$$

若金属丝 CD 中的应力达到其许用应力 σ_2，则有：

$$\sigma_2 = \frac{T_2}{A_2} = \left(\frac{f_1 \sin \alpha_C}{f_2 \sin \alpha_B^2 + 4f_1 \sin \alpha_C^2}\right)\left(4\frac{P}{A_2}\right)$$

求解该式可得：

$$P_2 = \frac{\sigma_2 A_2}{4}\left(\frac{f_2 \sin \alpha_B^2 + 4f_1 \sin \alpha_C^2}{f_1 \sin \alpha_C}\right) \tag{2-15b}$$

P_1、P_2 这两个值中较小的那个值就是许用载荷 P。

（b）求出许用载荷 P 的具体数值。

使用给出的数据和上述方程，可得：

$$A_1 = \frac{\pi}{4}d_1^2 = \frac{\pi}{4}(4.2\text{mm})^2 = 13.85442\text{mm}^2$$

$$A_2 = \frac{\pi}{4}d_2^2 = \frac{\pi}{4}(3.2\text{mm})^2 = 8.04248\text{mm}^2$$

$$L_1 = \sqrt{a^2 + b^2} = \sqrt{(1.8\text{m})^2 + (1.2\text{m})^2} = 2.16333\text{m}$$

$$L_2 = \sqrt{a^2 + (2b^2)} = \sqrt{(1.8\text{m})^2 + (2.4\text{m})^2} = 3\text{m}$$

$$\alpha_B = \arctan\left(\frac{a}{b}\right) = 56.31°$$

$$\alpha_C = \arctan\left(\frac{a}{2b}\right) = 36.87°$$

$$f_1 = \frac{L_1}{E_1 A_1} = \frac{2.16333\text{m}}{(72\text{GPa})\times(13.85442\text{mm}^2)} = 2.16871\times10^{-3}\frac{\text{mm}}{\text{N}}$$

$$f_2 = \frac{L_2}{E_2 A_2} = \frac{3\text{m}}{(45\text{GPa})\times(8.04248\text{mm}^2)} = 8.28932\times10^{-3}\frac{\text{mm}}{\text{N}}$$

将这些数据代入式（2-15a，b），可得：

$$P_1 = \frac{\sigma_1 A_1}{2}\left(\frac{f_2 \sin \alpha_B^2 + 4f_1 \sin \alpha_C^2}{f_2 \sin \alpha_B^2}\right) = 1780\text{N}$$

$$P_2 = \frac{\sigma_2 A_2}{4}\left(\frac{f_2 \sin \alpha_B^2 + 4f_1 \sin \alpha_C^2}{f_1 \sin \alpha_C}\right) = 2355\text{N}$$

第一个结果是根据铝丝的许用应力 σ_1 求得的，第二个结果是根据镁丝的许用应力 σ_2 求得的。许用载荷是这两个值中较小的那个值，即：

$$P_{\text{allow}} = 1780\text{N}$$

达到该载荷时，铝丝中的力 T_1 为 2771N，铝丝中的应力为 200MPa（即许用应力 σ_1）；而镁丝中的力 T_2 为 1045N，镁丝中的应力为 $(1780/2355)\times(172\text{MPa}) = 130\text{MPa}$。正如预期的一样，该应力小于许用应力 $\sigma_2 = 172\text{MPa}$。

● ● ● 例 2-6

实心钢制圆柱体 S 被包裹在一根空心圆铜管 C 中（图 2-18a、b）。该圆柱体和圆管被放置在压缩试验机的刚性板之间，并受到压力 P 的压缩作用。圆柱体的横截面面积为 A_s，弹性模量为 E_s。铜管的横截面面积为 A_c，弹性模量为 E_c。圆柱体和铜管的长度均为 L。请求解以下参数：

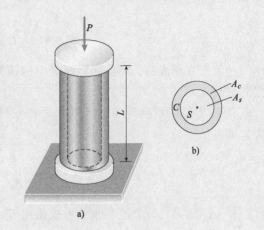

b)

（a）圆柱体中的压缩力 P_s 和铜管中的压缩力 P_c；

（b）相应的压应力 σ_s 和 σ_c；

（c）该装配体的缩短量 δ。

解答：

（a）圆柱体和铜管中的压缩力。首先，拆除该装配体的上板以显示出作用在圆柱体和铜管上的压缩力 P_s 和 P_c（图 2-18c）。力 P_s 是作用在圆柱体整个横截面上的均布应力的合力，力 P_c 是作用在铜管整个横截面上的均布应力的合力。

平衡方程。上板的自由体图如 2-18d 图所示。该板承受着力 P 和未知的压缩力 P_s、P_c，因此，平衡方程为：

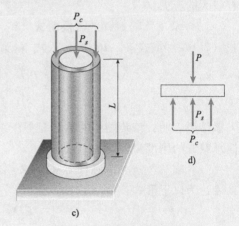

c)

d)

图 2-18 一个静不定结构的分析

$$\sum F_{\text{vert}} = 0 \quad P_s + P_c - P = 0 \qquad (\text{f})$$

该方程是唯一可用的普通平衡方程，它包含两个未知量。因此，可得出这样的结论：该结构是静不定结构。

变形协调方程。由于各端板是刚性的，因此，圆柱体和铜管的缩短量必须相同。设 δ_s 和 δ_c 分别表示圆柱体和铜管的缩短量，则可得到以下变形协调方程：

$$\delta_s = \delta_c \qquad (\text{g})$$

力-位移关系。根据方程 $\delta = PL/(EA)$ 可求出圆柱体和铜管的长度改变量。因此，本例中的力-位移关系为：

$$\delta_s = \frac{P_s L}{E_s A_s} \qquad \delta_c = \frac{P_c L}{E_c A_c} \qquad (\text{h,i})$$

求解方程组。现在，联立求解三个方程。首先，将力-位移关系代入变形协调方程，可得：

$$\frac{P_s L}{E_s A_s} = \frac{P_c L}{E_c A_c} \qquad (\text{j})$$

该方程以未知力的形式表达了变形协调条件。

接下来，联立求解平衡方程［式(f)］与上述相容方程［式(j)］，即可求得圆柱体和铜管中的轴力：

$$P_s = P\left(\frac{E_s A_s}{E_s A_s + E_c A_c}\right) \qquad P_c = P\left(\frac{E_c A_c}{E_s A_s + E_c A_c}\right) \qquad (2\text{-}16a,b)$$

这两个方程表明，圆柱体和铜管中的压缩力直接正比于各自的轴向刚度，而与其刚度之和成反比。

（b）圆柱体和铜管中的压应力。由于已知了轴力，因此，可求出两种材料中的压应力，即：

$$\sigma_s = \frac{P_s}{A_s} = \frac{PE_s}{E_s A_s + E_c A_c} \qquad \sigma_c = \frac{P_c}{A_c} = \frac{PE_c}{E_s A_s + E_c A_c} \qquad (2\text{-}17a,b)$$

注意，应力比 σ_s/σ_c 等于弹性模量比 E_s/E_c，这表明，一般而言，"较硬"的材料总是具有较大的应力。

（c）该装配体的缩短量。根据式（h）或式（i）可求得整个装配体的缩短量 δ。因此，将式（2-16a）或式（2-16b）代入式（h）或式（i），可得：

$$\delta = \frac{P_s L}{E_s A_s} = \frac{P_c L}{E_c A_c} = \frac{PL}{E_s A_s + E_c A_c} \qquad (2\text{-}18)$$

该结果表明，该装配体的缩短量等于总载荷除以两部分的刚度之和［请回忆式(2-4a)，轴向承载杆的刚度为 $k = EA/L$］。

另一种求解方法。不必将力-位移关系［式（h）、式(i)］代入变形协调方程，可将该关系表达为以下形式：

$$P_s = \frac{E_s A_s}{L}\delta_s \qquad P_c = \frac{E_c A_c}{L}\delta_c \qquad (k,l)$$

并将其代入平衡方程［式(f)］：

$$\frac{E_s A_s}{L}\delta_s + \frac{E_c A_c}{L}\delta_c = P \qquad (m)$$

该方程以未知位移的形式表达了平衡条件。然后，联立求解变形协调方程［式（g）］和该平衡方程，就可求得位移为：

$$\delta_s = \delta_c = \frac{PL}{E_s A_s + E_c A_c} \qquad (n)$$

该式与式（2-18）是一致的。最后，将表达式（n）代入式（k）、式（l），就可求得压缩力［见式（2-16a，b）］。

注意：上述另一种求解方法是刚度法（或位移法）的一个简化版，而第一种求解方法是柔度法（或力法）的一个简化版。这两种方法的名称来自这样一个事实：式（m）中的位移是未知量，刚度是这些未知量的系数［见式（2-4a）］；而式（j）中的力是未知量，刚度是这些未知量的系数［见式（2-4b）］。

2.5 热效应、装配误差和预应变

外部载荷不是结构应力和应变的唯一来源。其他来源包括温度变化所引起的热效应、施工缺陷所引起的装配误差以及初始变形所产生的预应变。其他的原因还有支座的下沉（或移动），加速运动所产生的惯性载荷以及一些自然现象（如地震）。

本节所论述的热效应、装配误差和预应变通常会出现在各类机械系统或各类结构中。总的设计原则是，与静定结构相比，它们对静不定结构的设计更为重要。

热效应　温度的变化将引起结构材料的膨胀或收缩，其结果是产生**热应变**（thermal strains）和**热应力**（thermal stresses）。热膨胀的一个简单示意图见图 2-19。图中的材料块没有受到约束，因此，它可自由伸展。在加热该材料块期间，该材料的每一个微元在所有方向都经历了热应变，从而增大了该材料块的尺寸。如果以点 A 作为固定参考点，并使 AB 边与其初始位置对齐，那么，该材料块将具有图中虚线所示的形状。

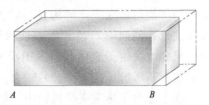

图 2-19　经受温度增加的材料块

就大多数结构材料而言，热应变 ε_T 与温度变化量 ΔT 成正比，即：

$$\varepsilon_T = \alpha(\Delta T) \tag{2-19}$$

其中，α 为材料的一种性能，它被称为**热膨胀系数**（coefficient of thermal expansion）。由于应变是无量纲的，因此，热膨胀系数的单位就等于温度变化量的倒数。在 SI 单位制中，α 的大小既可以用 1/K（开尔文的倒数）来表示，又可以用 1/℃（摄氏度的倒数）来表示。α 的值在这两种表示方法中是相同的，因为无论是采用开尔文还是采用摄氏度来表示，温度的变化量在数值上是相同的[⊖]。典型的 α 值见附录 H 的表 H-4。

当需要约定热应变的符号时，通常设膨胀为正，收缩为负。

为了说明热应变的相对重要性，可采用下列方式来比较热应变与载荷所引起的应变。假设某一轴向承载杆的纵向应变由方程 $\varepsilon = \sigma/E$（其中，σ 为应力，E 为弹性模量）给出，而另一根相同的杆所经历的温度变化量为 ΔT [这意味着其热应变已由方程（2-19）给出]，使这两个应变相等，则得到以下等式：

$$\sigma = E\alpha(\Delta T)$$

根据该等式，可计算出轴向应力 σ，该应力所引起的应变等于 ΔT 所引起的应变。例如，对于一根 $E = 210\text{GPa}$、$\alpha = 17 \times 10^{-6}/℃$ 的不锈钢杆，根据该等式可很快计算出，60 ℃ 的温度变化量所引起的应变与一个 214MPa 的应力所引起的应变是相同的，而这一应力（即 214MPa）处于不锈钢的典型许用应力范围内。因此，中等程度的温度变化量所引起的应变与普通载荷所引起的应变的大小是相同的，这表明温度的影响在工程设计中是非常重要的。

普通结构材料会发生热胀冷缩现象，因此，温度的升高将产生一个正的热应变。热应变通常是可逆的，即当温度回到其原值时，杆件也将返回其初始形状。然而，就少数目前已开发的特殊金属合金而言，其行为却不遵循这一惯例。相反，在一定的温度范围内，加热时，其尺寸却减小；冷却时，其尺寸反而增大。

⊖　关于温度的单位和温标的讨论，见附录 A 的 A.3 节。

从热的角度来看，水也是一种不同寻常的材料——在 4 ℃ 以上加热时它将膨胀，在 4 ℃ 以下冷却时它也将膨胀。因此，水在 4 ℃ 时具有最大密度。

现在，继续研究图 2-19 所示的材料块。假设该材料是均匀的，各向同性的，且温度增加量 ΔT 在整个材料块上是均匀的，则通过将初始尺寸乘以热应变就可计算出该材料块在任何尺寸方向上的增加量。例如，若某一尺寸为 L，则该尺寸的增加量为：

$$\delta_T = \delta_T L = \alpha(\Delta T)L \tag{2-20}$$

上式表达了一个**温度-位移关系**（temperature-displacement relation），该关系类似于前述力-位移关系。对于经历了均匀温度变化的构件，该方程可以用来计算其长度改变量，例如图 2-20 所示的柱状杆的伸长量 δ_T（该杆的横向尺寸也发生了变化，但图中没有显示这一变化，因为它们通常不影响该杆所传递的轴力）。

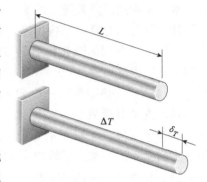

图 2-20　温度均匀增加
引起的杆的伸长

在上述关于热应变的讨论中，假设结构没有受到约束，可以自由膨胀或收缩。但这一假设仅当物体坐落在一个无摩擦的表面或悬挂在一个开放空间时才成立。在这种情况下，虽然不均匀的温度变化可能引起内部应力，但均匀的温度变化却不会在整个物体中产生应力。然而，许多结构具有阻止其自由伸缩的支座，在这种情况下，即使整个结构的温度变化是均匀的，结构中也将产生热应力。

为了阐明上述关于热效应的说法，研究图 2-21 所示的两杆桁架 ABC，并假设杆 AB 的温度改变量为 ΔT_1，杆 BC 的温度改变量为 ΔT_2。由于该桁架是静定结构，两根杆可自由伸长或缩短，因此，点 B 处就会产生一个位移。然而，各杆中却没有应力，支座处也没有反作用力。这一结论普遍适用于静定结构，即杆件中的均匀温度变化将产生热应变（以及相应的长度改变量），但不产生任何相应的应力。

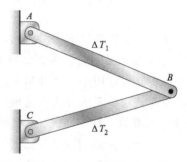

图 2-21　各杆温度均匀
变化的静定桁架

静不定结构是否会产生温度应力，取决于结构的特征和温度变化的性质。为了说明这一点，研究图 2-22 所示的静不定梁。由于该结构的支座允许节点 D 在水平方向移动，因此，当整个桁架被均匀加热时，不会产生温度应力。所有杆件的伸长量均与其原始长度成正比，这时，该桁架的尺寸略微增大。

然而，如果某些杆件被加热，而其他杆件没有被加热，那么，这种静不定的装配结构将阻止杆的自由膨胀，从而使结构中产生热应力。为了形象地说明这一点，请想象仅有一根杆被加热的情况，该杆的伸长将受到其他杆的阻碍，从而使所有杆中都产生应力。

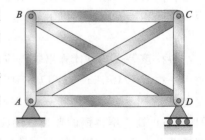

图 2-22　经历温度变化的静不定桁架

对于一个经历温度变化的静不定结构，其分析基于上节所述的概念（即平衡方程、变形协调方程和力-位移关系方程）。主要的区别是，在进行分析时，除了力-位移关系 ［例如 $\delta = PL/(EA)$］ 之外，还可以使用温度-位移关系 ［即式 (2-20)］。以下两例详细说明了这一分析步骤。

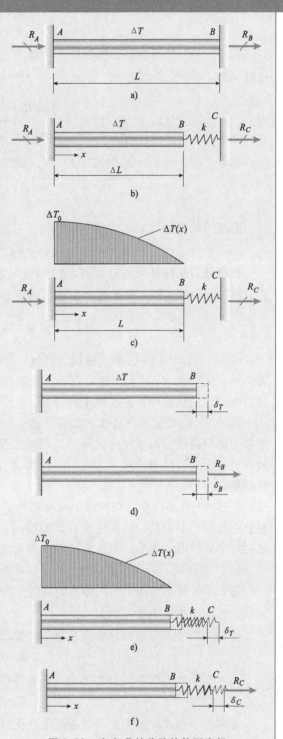

例 2-7

　　长度为 L 的柱状杆 AB 由线弹性材料制造，其两端固定（图 2-23a）。该杆的弹性模量为 E，热膨胀系数为 α。

　　（a）如果该杆的温度均匀升高了 ΔT，那么，请推导出在该杆中产生的热应力 σ_T 的表达式。

　　（b）如果用一个弹性常数为 k 的弹性支座（图 2-23b）替换 B 处的固定支座（图 2-23a），那么，请修改该 σ_T 的表达式。假设杆 AB 仅受到均匀温度增量 ΔT 的作用。

　　（c）假如采用这样一种方式来加热该杆，即与 A 点相距位置 x 处的温度增量由 $\Delta T(x)=\Delta T_0(1-x^2/L^2)$ 给出（图 2-23c），那么，请重新求解问题（b）。

　　解答：

　　（a）对于经受均匀温度增量 ΔT、A 端和 B 端固定的杆，求解其热应力。

　　由于温度的升高，该杆将伸长，但由于该杆在 A、B 处受到刚性支座的约束，因此，各支座处将产生反作用力 R_A 和 R_B，该杆则将承受均匀的压应力。

　　平衡方程。唯一的静力学平衡方程为，反作用力 R_A 和 R_B 的总和必须为零。因此，只有一个方程，但有两个未知数，这是一个一次静不定问题。

$$\sum F_x = 0 \qquad R_A + R_B = 0 \qquad \text{(a)}$$

　　选择反作用力 R_B 作为多余力，并叠加两个静定"释放"结构（图 2-23d），就可得到一个额外的方程，即相容方程。第一个释放结构经受的温度增量为 ΔT，并因而伸长了 δ_T。第二个伸长量是在多余力 R_B 的作用下产生的，该多余力就像载荷一样被施加。使用静力学的符号约定，即假设 x 方向的力和位移为正。

　　变形协调方程。变形协调方程表明这样一个事实，即该杆长度的净改变量为零，因为其两端为固定端：

图 2-23　支座 B 被移除的静不定杆

$$\delta_T + \delta_B = 0 \tag{b}$$

温度-位移关系和力-位移关系。由温度引起的该杆的伸长量 [式 (2-20)] 为:

$$\delta_T = \alpha(\Delta T)L \tag{c}$$

其中,α 为材料的热膨胀系数。根据力-位移关系,可求得未知力 R_B 引起的该杆的伸长量,即:

$$\delta_B = R_B\left(\frac{L}{EA}\right) = R_B f_{AB} \tag{d}$$

其中,E 为弹性模量,A 为横截面面积,f_{AB} 为该杆的柔度。

求解方程。将式 (c)、式 (d) 代入变形协调方程 (b),可求得多余力 R_B 为:

$$R_B = \frac{-\alpha(\Delta T)L}{f_{AB}} = -EA\alpha(\Delta T) \tag{e}$$

根据平衡方程 (a),可得:

$$R_A = -R_B = EA\alpha(\Delta T) \tag{f}$$

根据静力学的符号约定可知,R_B 为负 x 方向,R_A 为正 x 方向。最后,计算该杆中的压应力 (假设 ΔT 为正,因此温度是升高的):

$$\sigma_T = \frac{R_A}{A} = E\alpha(\Delta T) \tag{g}$$

备注 1:在本例中,各反作用力与该杆的长度无关,并且,应力与长度和横截面面积均无关 [见式(f)、(g)]。因此,可再次看到符号解的优点,因为,在纯数值解的情况下,可能不会注意到该杆行为的这些重要特点。

备注 2:在确定该杆的热伸长量 [式(c)] 时,我们假定材料是均匀的、且温度在该杆的整个体积内是均匀增加的。同时,在确定反作用力所引起的伸长量 [式(d)] 时,我们假设材料表现为线弹性行为。在使用诸如式 (c)、式 (d) 这类方程时,应始终牢记这些限制条件。

备注 3:在本例中,该杆的纵向位移为零,不仅在两个固定端是如此,而且在各个横截面处亦是如此。因此,该杆中没有轴向应变,这是一种特殊情况,即有纵向应力但却没有纵向应变的情况。当然,温度变化和轴向压缩将导致该杆发生横向应变。

(b) 对于经受均匀温度增量 ΔT、A 端固定且 B 端具有弹性支座的杆,求解其热应力。

图 2-23b 所示结构是一次静不定结构,因此,选择反作用力 R_C 作为多余力,并再次叠加两个释放结构来求解问题。

首先,原静不定结构的静力平衡条件要求:

$$R_A + R_C = 0 \tag{h}$$

而两个释放结构在节点 C 处的位移相容条件为:

$$\delta_T + \delta_C = 0 \tag{i}$$

在第一个释放结构中,均匀的温度变化量 ΔT 仅作用在杆 AB 上,因此,

$$\delta_T = \alpha(\Delta T)L \tag{c, 重复}$$

注意:弹簧发生了正 x 方向的位移,而没有因温度的变化而变形。接着,在第二个释放结构中,多余力 R_C 被施加在该弹簧的末端,从而使弹簧产生正 x 方向的位移。杆 AB 和

弹簧均受到力 R_C 的作用，因此，C 处的总位移等于杆与弹簧伸长量的和，即：

$$\delta_C = R_C\left(\frac{L}{EA}\right) + \frac{R_C}{k} = R_C(f_{AB}+f) \tag{j}$$

其中，$f=1/k$ 为弹簧的柔度。将温度-位移方程［式（c）］和力-位移方程［式（j）］代入变形协调方程［式（i）］，可求得 R_C 为：

$$R_C = \frac{-\alpha(\Delta T)L}{f_{AB}+f} = \frac{-\alpha(\Delta T)L}{\frac{L}{EA}+\frac{1}{k}} \quad 或 \quad R_C = -\left[\frac{EA\alpha(\Delta T)}{1+\frac{EA}{kL}}\right] \tag{k}$$

然后，根据平衡方程［式（h）］，可得：

$$R_A = -R_C = \frac{EA\alpha(\Delta T)}{1+\frac{EA}{kL}} \tag{l}$$

由于使用静力学的符号约定，因此，反作用力 R_A 作用在正 x 方向，反作用力 R_C 作用在负 x 方向。最后，该杆中的压应力为：

$$\sigma_T = \frac{R_A}{A} = \frac{E\alpha(\Delta T)}{1+\frac{EA}{kL}} \tag{m}$$

注意，如果弹簧刚度 k 趋于无穷大，那么，式（l）将变为式（f），式（m）将变为式（g）。实际上，使用一个刚度为无穷大的弹簧，将使该刚性支座从 C 移回至 B。

（c）对于经受非均匀温度变化、A 端固定且 B 端具有弹性支座的杆，求解其热应力。

图 2-23c 所示结构是一次静不定结构，因此，再次选择反作用力 R_C 作为多余力，并再次叠加两个释放结构来求解该一次静不定问题（图 2-23e、f）。

整体结构的静力平衡方程为式（h），变形协调方程为式（i）。首先，求解第一个释放结构（图 2-23e）的位移 δ_T：

$$\delta_T = \int_0^L \alpha[\Delta T(x)]dx = \int_0^L \alpha\left\{\Delta T_0\left[1-\left(\frac{x}{L}\right)^2\right]\right\}dx = \frac{2}{3}\alpha(\Delta T_0)L \tag{n}$$

第二个释放结构（图 2-23f）的位移 δ_C 与式（j）相同，即：

$$\delta_C = R_C(f_{AB}+f) \tag{j，重复}$$

将温度-位移方程［式（n）］和力-位移方程［式（j）］代入变形协调方程［式（i）］，可得：

$$R_C = \frac{\frac{-2}{3}\alpha(\Delta T_0)L}{f_{AB}+f} = \frac{-2\alpha(\Delta T_0)L}{3\left(\frac{L}{EA}+\frac{1}{k}\right)} \quad 或 \quad R_C = -\left(\frac{2}{3}\right)\left[\frac{EA\alpha(\Delta T_0)}{1+\frac{EA}{kL}}\right] \tag{o}$$

根据静力平衡方程［式（h）］，可得：

$$R_A = -R_C = \left(\frac{2}{3}\right)\left[\frac{EA\alpha(\Delta T_0)}{1+\frac{EA}{kL}}\right] \tag{p}$$

最后，在非均匀的温度改变量 $\Delta T(x) = \Delta T_0(1-(x/L)^2)$ 的作用下，该杆中的压应力为：

$$\sigma_T = \frac{R_A}{A} = \left(\frac{2}{3}\right)\left[\frac{E\alpha(\Delta T_0)}{1+\dfrac{EA}{kL}}\right] \qquad (\text{q})$$

注意，若使用一根刚度为无穷大的弹簧，则式（q）中的 $EA/(kL)$ 项将消失，并得到这样一根柱状杆的解，该柱状杆的 A 与 B 端固定，且承受非均匀的温度改变量 $\Delta T(x) = \Delta T_0$ $\left(1-(x/L)^2\right)$。

● ● ● 例 2-8

一根长度为 L 的圆管形衬套被套在一个螺栓上，其两端安装有垫圈（图 2-24a），螺母被刚好拧紧。衬套与螺栓采用不同的材料制造，且具有不同的横截面面积（假设衬套与螺栓的热膨胀系数分别为 α_S、α_B，且 $\alpha_S > \alpha_B$）。

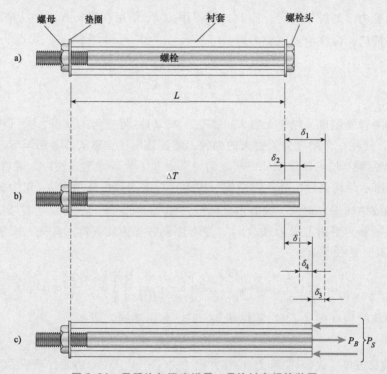

图 2-24 承受均匀温度增量 ΔT 的衬套螺栓装置

（a）如果整个装配体的温度升高了 ΔT，那么，衬套与螺栓中产生的应力 σ_S 和 σ_B 分别是多少？

（b）衬套与螺栓的长度 L 的增加量 δ 是多少？

解答：

由于衬套与螺栓的材料不同，因此，在加热且可自由伸展时，其伸长量不同。然而，当它们被组装在一起时，就不能自由伸展，并且，两种材料中均将产生热应力。为了求出这些应力，使用静不定分析中的相同方法——平衡方程、变形协调方程以及位移关系。然而，如果不拆卸该结构，则无法建立这些方程。

切割该结构的一个简单方法是，切除螺栓头，从而使衬套与螺栓在温度改变量 ΔT 的作用下可自由伸展（图 2-24b）。衬套与螺栓的伸长量分别为 δ_1、δ_2，相应的温度-位移关系为：

$$\delta_1 = \alpha_s(\Delta T)L \qquad \delta_2 = \alpha_B(\Delta T)L \qquad\qquad (\mathrm{g,h})$$

由于 $\alpha_S > \alpha_B$，因此，伸长量 $\delta_1 > \delta_2$，如图 2-24b 所示。

衬套与螺栓中的轴力必须缩短衬套并拉伸螺栓，直到衬套与螺栓的最终长度相同为止。这些轴力如图 2-24c 所示，其中，P_S 为衬套中的压缩力，P_B 为螺栓中的拉伸力。衬套相应的缩短量 δ_3 以及螺栓相应的伸长量 δ_4 分别为：

$$\delta_3 = \frac{P_S L}{E_S A_S} \qquad \delta_4 = \frac{P_B L}{E_B A_B} \qquad\qquad (\mathrm{i,j})$$

其中，$E_S A_S$ 和 $E_B A_B$ 为相应的轴向刚度。式（i）、式（j）为"载荷-位移关系"。

现在，可写出一个变形协调方程，以表达"衬套与螺栓的最终伸长量 δ 是相同的"这样一个事实。衬套的伸长量为 $\delta_1 - \delta_3$。螺栓的伸长量为 $\delta_2 + \delta_4$，因此，

$$\delta = \delta_1 - \delta_3 = \delta_2 + \delta_4 \qquad\qquad (\mathrm{k})$$

将温度-位移关系和载荷-位移关系 ［式(g)~式（j）］ 代入该式，可得：

$$\delta = \alpha_S(\Delta T)L - \frac{P_S L}{E_S A_S} = \alpha_B(\Delta T)L - \frac{P_B L}{E_B A_B} \qquad\qquad (\mathrm{l})$$

根据该式，可得：

$$\frac{P_S L}{E_S A_S} + \frac{P_B L}{E_B A_B} = \alpha_S(\Delta T)L - \alpha_B(\Delta T)L \qquad\qquad (\mathrm{m})$$

该式为变形协调方程的修正式。注意，力 P_S 和 P_B 为未知量。

可根据图 2-24c 建立一个平衡方程，该图是切除螺栓头后该装配体的自由体图。求水平方向的合力，可得：

$$P_S = P_B \qquad\qquad (\mathrm{n})$$

该式表达了这样一个明显的事实，即衬套中的压缩力等于螺栓中的拉伸力。

联立求解式（m）、式（n），可求出衬套与螺栓中的轴力：

$$P_S = P_B = \frac{(\alpha_S - \alpha_B)(\Delta T)E_S A_S E_B A_B}{E_S A_S + E_B A_B} \qquad\qquad (2\text{-}21)$$

在推导该方程时，假设温度是增加的且系数 $\alpha_S > \alpha_B$。在这些条件下，P_S 为衬套中的压缩力，P_B 为螺栓中的拉伸力。

如果温度是增加的，但系数 $\alpha_S < \alpha_B$，则结果将完全不同。在这种情况下，螺栓头与衬套之间将有一个间隙，且该装配体的任一部分都没有应力。

（a）衬套与螺栓中的应力。用相应的力除以合适的面积，就可分别求得衬套与螺栓中的应力 σ_S、σ_B 的表达式：

$$\sigma_S = \frac{P_S}{A_S} = \frac{(\alpha_S - \alpha_B)(\Delta T)E_S A_S E_B}{E_S A_S + E_B A_B} \qquad\qquad (2\text{-}22\mathrm{a})$$

$$\sigma_B = \frac{P_B}{A_B} = \frac{(\alpha_S - \alpha_B)(\Delta T)E_S A_S E_B}{E_S A_S + E_B A_B} \tag{2-22b}$$

在上述假设条件下，衬套中的应力 σ_S 为压应力，螺栓中的应力 σ_B 为拉应力。应注意，这些应力与装配体的长度无关，其大小与其相应的面积成反比（即 $\sigma_S / \sigma_B = A_B / A_S$）。

（b）衬套与螺栓长度的增加量。将式（2-21）关于 P_S 或 P_B 的表达式代入式（1），就可求出该装配体的伸长量 δ，即：

$$\delta = \frac{(\alpha_S E_S A_S + \alpha_B E_B A_B)(\Delta T)L}{E_S A_S + E_B A_B} \tag{2-23}$$

只要给出相关数值，就可以利用上述公式轻而易举地计算出该装配体的力、应力以及位移。

注意：通过验证结果，可以观察出式（2-21）、式（2-22）和式（2-23）在简化情况下是否化简为已知值。例如，假设螺栓是刚性的，因此，它不受温度变化的影响。可设 $\alpha_B = 0$ 且 E_B 为无穷大来表示这种情况，从而产生这样一个装配体，该装配体的衬套两端受受到刚性支座的固定。将这些数值代入式（2-21）、式（2-22）和式（2-23），可得：

$$P_S = E_S A_S \alpha_S(\Delta T) \qquad \sigma_S = E_S \alpha_S(\Delta T) \qquad \delta = 0$$

该结果与例 2-7 的结果是一致的。

第二个特例是，假设衬套与螺栓采用相同的材料制造。那么，在温度变化时，两者将自由伸展且具有相同的伸长量，也不会产生力或应力。若要观察所推导出的公式是否能够预测这一行为，可将 $\alpha_S = \alpha_B = \alpha$ 代入式（2-21）、式（2-22）和式（2-23），则得到：

$$P_S = P_B = 0 \qquad \sigma_S = \sigma_B = 0 \qquad \delta = \alpha(\Delta T)L$$

这就是预期的结果。

装配误差和预应变   假设结构中某根杆的实际长度（即制造完成后的长度）与其设计长度略有不同，那么，就不能按照预定方式将该杆装配到其结构中，并且结构的几何形状也将不同于原先计划的形状，这类情况称为装配误差（misfits）。在建造结构时，有时会特意形成装配误差以使结构中产生应变。由于这些应变存在于结构承载之前，因此，它们被称为预应变（prestrains）。与预应变相应的是预应力（prestresses），相应的结构被称为预应力结构。常见的预应力例子有自行车车轮的辐条（若没有预应力，则该车轮将坍陷），网球拍的预拉紧拍面，收缩安装机部件以及预应力混凝土梁。

如果一个结构是静定的，那么，在一个或多个构件中具有小的装配误差时，尽管该结构将偏离其理论结构，但却不会产生应变或应力。为了证明这一点，以一个简单结构（图 2-25a）为例，该结构包含一根水平梁 AB 和一根铅垂杆 CD，杆 CD 支撑着水平梁 AB。如果杆 CD 的实际尺寸完全等于其设计长度 L，那么，在建造该结构时，梁 AB 将是水平的。然而，若杆 CD 的实际尺寸比其设计长度略短，则梁 AB 就与水平方向有一个小的夹角。但是，杆 CD 的不正确长度却不会在杆或梁中引起应变或应力。此外，如果一个载荷 P 作用在梁的端部（图 2-25b），那么，该载荷在

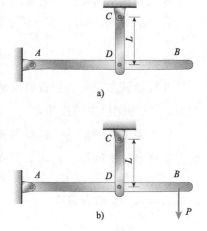

图 2-25 具有小装配误差的
静定结构

结构中所引起的应力将不受这一不正确长度的影响。

一般来说，如果一个结构是静定的，则较小装配误差的存在将使其几何形状发生较小的变化，但却不会产生应变或应力。因此，装配误差的效果类似于温度效应。

如果结构是静不定的，则情况将完全不同，因为静不定结构不能自由调整装配误差（正如它不能自由调整某种温度变化一样）。为了证明这一点，以一根受到两铅垂杆支撑的梁（图 2-26a）为例。如果两铅垂杆的实际尺寸都完全等于其设计长度，那么，该结构可在无应变或无应力的情况下组装，且该梁将处于水平位置。

然而，假如杆 CD 比其设计长度略长，为了组装该结构，杆 CD 必须被外力压缩（或杆 EF 必须被外力拉伸），而外力必将在各杆安装到位后被释放出来。其结果是，梁将发生变形和转动，杆 CD 将被压缩，杆 EF 将被拉伸。换句话说，预应变将留存在所有的构件中，且该结构将成为预应力结构，尽管这时该结构并没有受到外部载荷的作用。如果现在增加一个载荷 P（图 2-26b），则将产生额外的应力和应变。

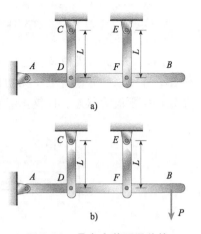

图 2-26　具有小装配误差的
静不定结构

就具有装配误差和预应变的静不定结构而言，其分析方法与前述载荷和温度变化的分析方法相同，其基本分析要素包括平衡方程、变形协调方程、力-位移关系以及温度位移关系（如果适用）。该方法见例 2-9 的示例。

螺栓和螺扣　若要对某一结构施加预应力，则需要对一个或多个具有理论长度的构件进行拉伸或压缩。使长度发生改变的一个简单方法是拧紧一个螺栓或一个螺扣。对于**螺栓**（bolt）（图 2-27），螺母每转动一圈，则将使螺母沿着螺栓移动一个大小等于 p 的距离（p 为螺纹的间距，称为螺距）。因此，螺母所移动的距离为：

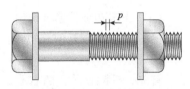

图 2-27　螺纹的螺距

$$\delta = np \qquad (2\text{-}24)$$

其中，n 为螺母的转动圈数（不必是整数）。根据结构的布置情况，转动螺母就可以拉伸或压缩一个杆件。

对于一个**双作用螺扣**（double-acting turnbuckle）（图 2-28），其两端各有一个螺纹杆。由于一端为右旋螺纹，而另一端为左旋螺纹，因此，转动螺扣时，该装置既可以伸长又可以缩短。螺扣每转动一整圈，则两端的螺纹杆就将沿着各自的螺纹分别移动一个距离 p（p 仍为螺距）。因此，螺扣每拧紧一圈，两个螺纹杆就被拉近了 $2p$ 的距离，即该装置缩短了 $2p$。若拧紧 n 圈，则有：

$$\delta = 2np \qquad (2\text{-}25)$$

通常将螺扣插入缆绳中，然后再拉紧螺扣，从而在缆绳中产生初始拉伸力，如例 2-9 所示。

图 2-28　双作用螺扣（该螺扣每转动一整圈，就使缆绳伸长或缩短 $2p$，其中，p 为螺距）

● ● ● 例 2-9

图 2-29a 所示机械装置包含一根铜管、一块刚性端板和两条带螺扣的钢丝绳。只需拧紧螺扣，并使该装置刚好处于无初始应力状态，就可以消除其松弛（进一步拧紧螺扣将使该装置产生预应力状态，即钢丝绳受到拉伸、铜管受到压缩）。

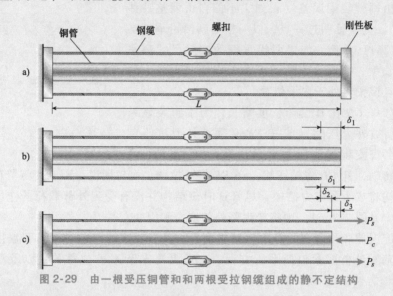

图 2-29　由一根受压铜管和和两根受拉钢缆组成的静不定结构

（a）当螺扣被拧紧 n 圈时，请求出铜管与钢丝绳（图 2-29a）中的力。

（b）请求出铜管的缩短量。

解答：

首先，拆除该装置的右端板，以使铜管与钢丝绳可自由伸长或缩短（图 2-29b）。螺扣被拧紧 n 圈时，钢丝绳的缩短量（如图 2-29b 所示）为：

$$\delta_1 = 2np \tag{o}$$

钢丝绳中的拉力和铜管内的压力必将使钢丝绳伸长、使铜管缩短，直到其最终长度相同为止。这些力如图 2-29c 所示，其中，力 P_s 为某一钢丝绳中的拉力，P_c 为铜管内的压力。力 P_s 引起的一条钢丝绳的伸长量为：

$$\delta_2 = \frac{P_s L}{E_s A_s} \tag{p}$$

其中，$E_s A_s$ 为轴向刚度，L 为某条钢丝绳的长度。同时，压力 P_c 引起的铜管的缩短量为：

$$\delta_3 = \frac{P_c L}{E_c A_c} \tag{q}$$

其中，$E_c A_c$ 为铜管的轴向刚度。式（p）、式（q）为"载荷-位移关系"。

某一钢丝绳的最终缩短量等于缩短量 δ_1（拧紧螺扣引起的）减去缩短量 δ_2（力 P_s 引起的）。钢丝绳的最终缩短量必须等于铜管的缩短量 δ_3，即

$$\delta_1 - \delta_1 = \delta_3 \tag{r}$$

这就是变形协调方程。将螺扣关系式［式（o）］和载荷-位移关系［式（p）、式（q）］代入该方程，可得：

$$2np - \frac{P_s L}{E_s A_s} = \frac{P_c L}{E_c A_c} \tag{s}$$

或

$$\frac{P_s L}{E_s A_s} + \frac{P_c L}{E_c A_c} = 2np \tag{t}$$

该式为变形协调方程的修正式。注意，力 P_s 和 P_c 为未知量。

根据图 2-29c（该图是拆除端板后的自由体图），可得以下平衡方程：

$$2P_s = P_c \tag{u}$$

（a）铜管与钢丝绳中的力。联立求解式（t）、式（u），就可分别求出铜管与钢丝绳中的轴力：

$$P_s = \frac{2np E_c A_c E_s A_s}{L(E_c A_c + 2E_s A_s)} \quad P_c = \frac{4np E_c A_c E_s A_s}{L(E_c A_c + 2E_s A_s)} \tag{2-26a,b}$$

由于力 P_s 为拉力，力 P_c 为压力，因此，如果需要，可用力 P_s 和 P_c 分别除以横截面面积 A_s 和 A_c，就可得到钢丝绳与铜管中的应力 σ_s 和 σ_c。

（b）铜管的缩短量。铜管的缩短量等于 δ_3［图 2-29 和式（q）］，即：

$$\delta_3 = \frac{P_c L}{E_c A_c} = \frac{4np E_s A_s}{E_c A_c + 2E_s A_s} \tag{2-27}$$

只要给出相关数值，就可利用上述公式轻易地计算出该装置中的力、应力以及位移。

2.6 斜截面上的应力

在之前关于轴向承载杆的拉伸和压缩的讨论中，只考虑了作用在横截面上的正应力。这些正应力如图 2-30 所示，该图研究的是一根承受轴向力 P 的杆 AB。

当使用一个平面 mn（垂直于 x 轴）在某一中间横截面处切割该杆时，则可得到图 2-30b 所示的自由体图。根据公式 $\sigma_x = P/A$ 可计算出作用在该切割面上的正应力，其中，公式 $\sigma_x = P/A$ 假设应力均匀分布在整个横截面面积上。正如第 1 章所阐述的那样，只有当该杆是一根柱状杆材料是均匀的，轴向力 P 作用在横截面面积的形心处，且横截面远离任何局部应力集中时，这一假设才成立。当然，由于该切割面垂直于杆的纵向轴线，因此，该切割面上没有切应力的作用。

为方便起见，通常以二维视图的形式来显示该杆中的应力（图 2-30c），而不是采用更复杂的三维视图（图 2-30b）。然而，应牢记，该杆有一个与图纸平面垂直的厚度。在进行推导和计算时，必须考虑这个第三维。

应力微元体 对于图 2-30 所示杆，表示其应力最有效的方法是，隔离出一个小的材料微元体（如图 2-30c 中标记为 C 的微元体），然后显示出作用在该微元体所有表面上的应力。这类微元体被称为**应力微元体**（stress element）。点 C 处的微元体是一个小矩形块（无论它是一个立方体还是一个长方体都没有关系），其右侧面位于横截面 mn 上。

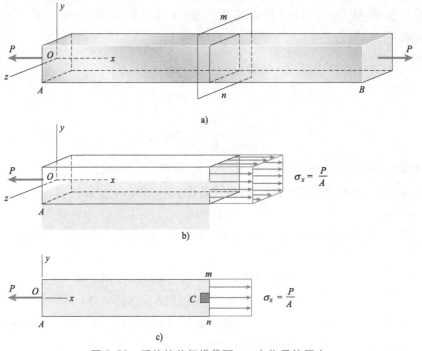

图 2-30　受拉柱状杆横截面 mn 上作用的压力

一个应力微元体的尺寸被假设为无穷小，但是，为了表达清楚，我们采用较大的作图比例来绘制该微元体，如图 2-31a 所示。在这种情况下，该微元体的各边分别平行于 x、y、z 轴，并且，唯一的应力是作用在 x 表面的正应力（请回忆，x 表面的法线平行于 x 轴）。为方便起见，通常只画出该微元体的一个二维视图（图 2-31b），而不绘制其三维视图。

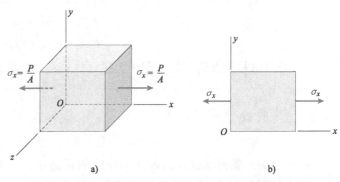

图 2-31　图 3-30c 所示轴向承载杆点 C 处的应力微元体

a）该微元体的三维视图　b）该微元体的二维视图

　　斜截面上的应力　对于某一轴向承载杆中的应力，图 2-31 所示微元体仅提供了一个有限的观察点。为了获得更完整的描述，需要研究各个斜截面（如图 2-32a 中由斜面 pq 所切割的截面）上的应力。由于应力在整个杆中都是相同的，因此，作用在斜截面上的应力也必定是均匀分布的，如图 2-32b 的自由体图（三维视图）和图 2-32c（二维视图）所示。根据该自由体的平衡条件可知，应力的合力一定等于水平力 P（在图 2-32b 和图 2-32c 中，该合力被画为虚线）。

　　首先要解决的问题是，如何定义斜截面 pq 的方位。标准的定义方法是，用 x 轴与该斜截面法线 n 之间的夹角 θ（见图 2-33a）来定义该斜截面的方位。[⊖] 因此，图 2-33a 所示斜截面的方位角 θ 约为 30°。相比之下，横截面 mn（见图 2-30a）的方位角 θ 等于零（因为该截面的法线就是 x 轴）。其他的例子，如图 2-31 所示的应力微元体，其右侧面的方位角 θ 为 0，其上

⊖　角度 θ 在我国习惯上称为"方位角"。——译者注

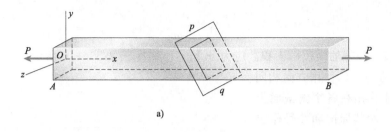

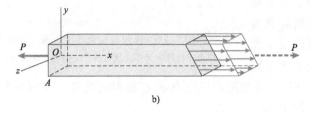

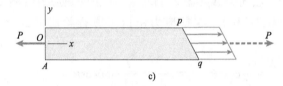

图 2-32 受拉柱状杆斜截面 pq 上作用的应力

表面（该杆的纵向截面）的方位角 θ 为 90°，其左侧面的方位角 θ 为 180°，其下表面的方位角 θ 为 270°（或 -90°）。

现在，回到主要任务：求出作用在斜截面 pq（见图 2-33b）的应力。如前所述，这些应力的合力是一个作用在 x 方向的力 P。该合力可被分解为两个分力，一个分力为垂直于斜截面 pq 的法向力 N，另一个分力为相切于斜截面 pq 的剪力 V。这两个分力为：

$$N = P\cos\theta \qquad (2\text{-}28a)$$
$$V = P\sin\theta \qquad (2\text{-}28b)$$

与力 N、V 相应的应力分别是均匀分布在该斜截面上的正应力和切应力（图 2-33c、d），其中，正应力等于法向力 N 除以该斜截面的面积，切应力等于剪力 V 除以该斜截面的面积。因此，应力为：

$$\sigma = \frac{N}{A_1} \qquad \tau = \frac{V}{A_1} \qquad (2\text{-}29a,b)$$

其中，A_1 为该斜截面的面积，其大小如下：

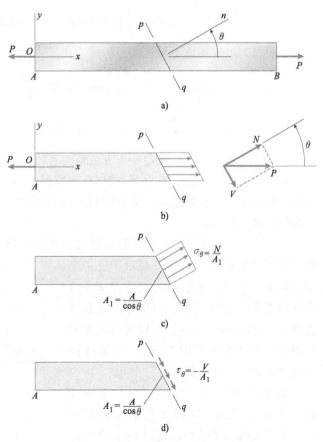

图 2-33 受拉柱状杆斜截面 pq 上作用的应力

$$A_1 = \frac{A}{\cos\theta} \tag{2-30}$$

式中，A 表示该杆的横截面面积。应力 σ 和 τ 作用在图 2-33c、d 所示的方向上，即分别与法向力 N 和剪力 V 的作用方向相同。

同时，对于作用在各个斜截面上的应力，还需要对其标记和符号作出一个标准约定。我们将使用下标 θ 来表示作用在一个方位角为 θ 的斜截面上的应力（图 2-34），就像使用 x 作为下标来表示作用在一个垂直于 x 轴的截面上的应力一样（图 2-30）。并约定：正应力 σ_θ 在拉伸时为正，使材料产生逆时针转动趋势的切应力为正，如图 2-34 所示。

图 2-34　作用在斜截面上的应力的符号约定
（正应力在拉伸时为正，使材料产生逆时针转动趋势的切应力为正）

对于图 2-33a 所示的受拉杆，法向力 N（图 2-33b）产生正的正应力（图 2-33c），剪力 V（图 2-33b）产生负的切应力（图 2-33d）。这些应力由以下方程给出 [式（2-28）、式（2-29）和式（2-30）]：

$$\sigma_\theta = \frac{N}{A_1} = \frac{P}{A}\cos^2\theta \qquad \tau_\theta = -\frac{V}{A_1} = -\frac{P}{A}\sin\theta\cos\theta$$

将 $\sigma_x = P/A$（σ_x 为一个横截面上的正应力）代入上述方程，并利用下列三角函数关系：

$$\cos^2\theta = \frac{1}{2}(1+\cos2\theta) \qquad \sin\theta\cos\theta = \frac{1}{2}(\sin2\theta)$$

则可得到以下正应力和切应力的表达式：

$$\sigma_\theta = \sigma_x\cos^2\theta = \frac{\sigma_x}{2}(1+\cos2\theta) \tag{2-31a}$$

$$\tau_\theta = -\sigma_x\sin\theta\cos\theta = -\frac{\sigma_x}{2}(\sin2\theta) \tag{2-31b}$$

这两个方程给出了作用在一个方位角为 θ 的斜截面上的应力（图 2-34）。

值得一提的是，由于方程（2-31a）和方程（2-31b）是仅根据静力学推导出来的，因此，它们与材料无关。也就是说，无论材料是线性或非线性的、弹性或非弹性的，这两个方程对任何材料都是有效的。

最大正应力和最大切应力　以各种切割角度所得的斜截面，其上的应力将随着切割角度的不同而发生变动，图 2-35 显示了这一变动的规律。其中，水平轴表示角度 θ（角度 θ 的变动范围为 $-90°\sim +90°$），铅垂轴表示应力 σ_θ 和 τ_θ。注意，x 轴逆时针方向所测的角度 θ 为正（图 2-34），而顺时针方向所测的角度 θ 为负。

如图 2-35 所示，当 $\theta = 0$ 时，正应力 σ_θ 等于 σ_x。之后，随着 θ 角的增加或减少，正应力将逐渐减小；直到 $\theta = \pm90°$ 时，正应力变为零（这是因为 $\theta = \pm90°$ 时，与

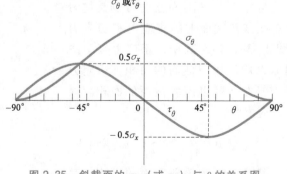

图 2-35　斜截面的 σ_θ（或 τ_θ）与 θ 的关系图
[见图 2-34 和式（2-31）]

纵向轴线平行的切割面上没有正应力）。最大正应力发生在 $\theta=0$ 时，其值为：

$$\sigma_{\max}=\sigma_x \qquad (2\text{-}32)$$

同时注意到，当 $\theta=\pm45°$ 时，正应力等于其最大值的一半。

该杆横截面（$\theta=0$）以及纵向截面（$\theta=\pm90°$）上的切应力 τ_θ 均为零。在这两个极值之间，切应力的变化情况如图 2-35 所示，当 $\theta=-45°$ 时，切应力达到最大正值；当 $\theta=+45°$ 时，切应力达到最大负值。这两个最大切应力的大小相同，均为：

$$\tau_{\max}=\frac{\sigma_x}{2} \qquad (2\text{-}33)$$

但它们使微元体的转动趋势相反。

某一受拉杆中的最大应力如图 2-36 所示。所选择的两个应力微元体分别为，位于 $\theta=0$ 方位的微元体 A，位于 $\theta=45°$ 方位的微元体 B。微元体 A 上有最大正应力（见式（2-32）），微元体 B 上有最大切应力 [见式（2-33）]。对于微元体 A [图（2-36b）]，唯一的应力为最大正应力（其任何表面上都不存在切应力）。

对于微元体 B（图 2-36c），正应力和切应力同时作用在所有的表面上（当然，不包括该微元体的前、后表面）。例如，对于 45°表面（右上表面），其上的正应力和切应力 [根据式（2-31a）和式（2-31b）] 分别为 $\sigma_x/2$ 和 $-\sigma_x/2$。因此，正应力为拉伸应力（正），而切应力使该微元体

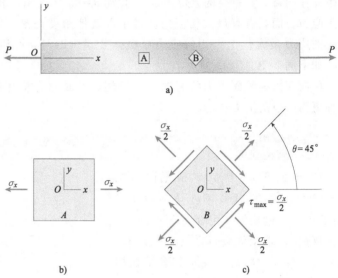

图 2-36 受拉杆中方位角为 $\theta=0$ 和 $\theta=45°$ 的应力微元体上作用的正应力和切应力

有顺时针（负）转动趋势。通过类似的方法，分别将 $\theta=135°$、$-45°$、$-135°$ 代入式（2-31a）和式（2-31b）就可得到其他表面上的应力。

因此，对于位于 $\theta=45°$ 方位的这一特殊微元体，其所有四个表面上的正应力均相同（均等于 $\sigma_x/2$），其所有的四个切应力均为最大值（等于 $\sigma_x/2$）。同时，还应注意，正如 1.7 节所述，两个相互垂直表面上的切应力，其大小相等，其方向同时指向（或同时背离）这两个相互垂直表面的交线。

如果某一杆件受到压缩载荷而不是拉伸载荷的作用，那么，σ_x 将是压缩应力，且为一个负值。因此，作用在其微元体上的所有应力，其方向与受拉杆相比恰好相反。当然，只要简单地将 σ_x 表示为一个负值，式（2-31a）和式（2-31b）仍然可用于该受压杆的计算。

对于某一轴向承载杆，尽管其最大切应力只是其最大正应力的一半，但是，如果其材料抵抗剪切破坏的能力大大低于抵抗拉伸破坏的能力，那么，切应力也可能导致杆件的断裂。图 2-37 给出了剪切断裂的一个实例，

图 2-37 受压木块沿 45°平面发生的剪切断裂

其中，木块受到压缩载荷的作用，它沿着一个 45°平面发生剪切断裂。

类似的行为发生在承受拉伸载荷的低碳钢中。在对一个表面抛光的低碳钢扁平杆进行拉伸试验期间，可以看见该杆的侧面上出现大量的滑移带（slip bands），这些滑移带与轴线的夹角约为 45°（图 2-38）。这些滑移带表明，材料正在切应力为最大的平面上发生剪切失效。滑移带首次由 G. 皮奥伯特（G. Piobert）于 1842 年和 W. 鲁德尔斯（W. Lüders）于 1860 年观察到（见参考文献 2-5 和 2-6），今天，滑移带被称为鲁德尔斯带或皮奥伯特带。当该杆中的应力达到屈服应力（见 1.4 节图 1-28 的点 B）时，这些滑移带就开始出现。

单向应力 本节所述的应力状态被称为单向应力（uniaxial stress），其理由显而易见，即杆件仅在一个方向受到简单的拉伸或压缩。就单向应力的应力微元体而言，其重要的方位角是 $\theta = 0$ 和 $\theta = 45°$（见图 2-36b、c），前者有最大正应力，而后者有最大切应力。对于以其他角度切割杆件所得的截面，其相应的应力微元体上作用的应力可根据公式（2-31a）和式（2-31b）来确定，如下例 2-10、2-11 所示。

单向应力是平面应力状态的一个特例。平面应力将在第 7 章详述，它是一种更为一般的应力状态。

载荷

载荷

图 2-38 光滑受拉钢试样中的滑移带

● ● ● 例 2-10

一根长度 $L = 0.5\text{m}$，横截面面积 $A = 1200\text{mm}^2$ 的柱状黄铜杆受到轴向载荷 $P = 90\text{kN}$ 的压缩作用（图 2-39a）。

（a）请求出斜截面 pq（方位角 $\theta = 25°$）上的应力状态，并将其表示在相应的应力微元体上。

（b）如果该杆现在被固定在支座 A、B 之间（图 2-39b）且温度升高了 $\Delta T = 33\ ℃$，同时，还已知平面 rs 上的压应力为 65MPa。那么，请求出平面 rs 上的切应力 τ_θ，其角度 θ 又是多少？（假设弹性模量 $E = 110\text{GPa}$，热膨胀系数 $\alpha = 20 \times 10^{-6}/℃$）

（c）如果许用正应力为 ±82MPa，许用切应力为 ±40MPa，那么，在不能超过许用应力的条件下，请求出该杆中最大允许的温度增量（ΔT）。

解答：

（a）确定与斜截面 pq 对齐的应力微元体上的应力状态。

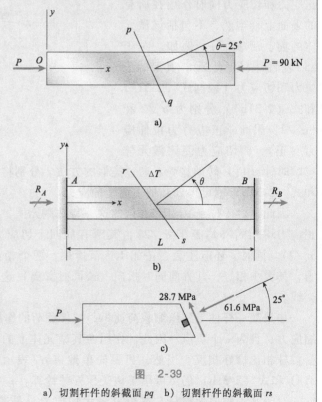

图 2-39

a）切割杆件的斜截面 pq　b）切割杆件的斜截面 rs
c）斜截面 pq 上的应力

为了求出斜截面 pq 上的应力状态，可首先求解作用力 P 所引起的压缩正应力 σ_x：

$$\sigma_x = \frac{-P}{A} = \frac{-90\text{kN}}{1200\text{mm}^2} = -75\text{MPa}$$

接着，根据式（2-31a）和式（2-31b）以及 $\theta = 25°$，可求得正应力和切应力为：

$$\sigma_\theta = \sigma_x \cos\theta^2 = (-75\text{MPa}) \times \cos(25°)^2$$
$$= -61.6\text{MPa}$$

$$\tau_\theta = -\sigma_x \sin\theta \times \cos\theta = -(-75\text{MPa}) \times$$
$$\sin(25°) \times \cos(25°)$$
$$= 28.7\text{MPa}$$

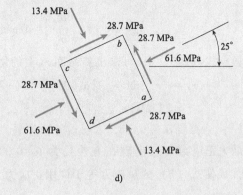

作用在斜截面 pq 上的这些应力如图 2-39c 所示。应力微元体的表面 ab（图 2-39d）与截面 pq 是对齐的。注意，正应力 σ_θ 为负（压缩），切应力 τ_θ 为正（逆时针方向）。现在，必须使用式（2-31a）和式（2-31b）来求解该应力微元体其他三个表面上的正应力和切应力（图 2-39d）。

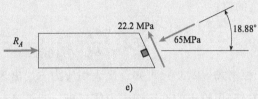

图 2-39（续）

d) 过斜截面 pq 的微元体上的完整应力状态

e) 过斜截面 rs 的微元体上的正应力与切应力

将 $\theta + 90° = 115°$ 代入式（2-31a）和式（2-31b），就可求出表面 cb 上的正应力和切应力：

$$\sigma_{cb} = \sigma_x \cos(115°)^2 = (-75\text{MPa}\cos(115°)^2 = -13.4\text{MPa}$$

$$\tau_{cb} = -\sigma_x \sin(115°)\cos(115°) = -(-75\text{MPa})[\sin(115°)\cos(115°)]$$
$$= -28.7\text{MPa}$$

表面 cd 上的应力与表面 ab 上的应力相同，只要将 $\theta = 25° + 180° = 205°$ 代入式（2-31a）和式（2-31b）中，就可证明这一点。对于表面 ad，可将 $\theta = 25° - 90° = -65°$ 代入式（2-31a）和式（2-31b）中。完整的应力状态如图 2-39d 所示。

（b）对于斜截面 rs 所对应的应力微元体，求解温度升高时其上所产生的正应力和切应力。

根据例 2-7 可知，温度增量 $\Delta T = 33°$ 所引起的反作用力 R_A 和 R_B（图 2-39b）为：

$$R_A = -R_B = EA\alpha(\Delta T) \tag{a}$$

并且，所产生的轴向压缩热应力为：

$$\sigma_T = \frac{R_A}{A} = E\alpha(\Delta T) \tag{b}$$

因此，

$$\sigma_X = -(110\text{GPa}) \times (20 \times 10^{-6}/°\text{C}) \times (33°\text{C}) = -72.6\text{MPa}$$

由于已知平面 rs 上的压应力为 65MPa，因此，根据式（2-31a），就可求出斜平面 rs 的方位角 θ，即：

$$\theta_{rs} = \arccos\left(\sqrt{\frac{\sigma_\theta}{\sigma_X}}\right) = \arccos\left(\sqrt{\frac{-65\text{MPa}}{-72.6\text{MPa}}}\right) = 18.878°$$

根据式 (2-31b)，可求出斜平面 rs 上的切应力 τ_θ 为：

$$\tau_\theta = -\sigma_x\left[\sin(\theta_{rs})\cos(\theta_{rs})\right] = -(-72.6\text{MPa})\times\sin18.878°\times\cos18.878°$$
$$= 22.2\text{MPa}$$

（c）依据许用应力值，求解该杆中的最大允许温度增量（$\triangle T$）。

最大正应力 $\sigma_{\max}$ 出现在方位角为 $\theta = 0$ 的应力微元体上［式 (2-32)］，因此，$\sigma_{\max} = \sigma_x$。如果使式（b）的热应力等于许用正应力 $\sigma_a = 82$MPa，那么，就可依据许用正应力求出 $\Delta T_{\max}$ 的值：

$$\Delta T_{\max1} = \frac{\sigma_a}{E_\alpha} = \frac{82\text{MPa}}{(110\text{GPa})\times(20\times10^{-6}/\text{℃})} = 37.3\text{℃} \quad\quad (\text{c})$$

根据式 (2-33) 可知，最大切应力 $\tau_{\max}$ 出现在一个方位角为 45° 的斜截面上，即 $\tau_{\max} = \sigma_x/2$。利用给定的许用切应力值（即 $\tau_a = 40$MPa），并利用式 (2-33) 给出的最大正应力与最大切应力之间关系，可计算出 $\Delta T_{\max}$ 的第二个值，即：

$$\Delta T_{\max2} = \frac{2\tau_a}{E\alpha} = \frac{2\times(40\text{MPa})}{(110\text{GPa})\times(20\times10^{-6}/\text{℃})} = 36.4\text{℃}$$

较低温度的增加值受到许用剪切应力 τ_a 的控制，它不能超过 τ_a。这一点是可以预见的，因为 $\tau_{\text{allow}} > \sigma_{\text{allow}}/2$。

● ● ● 例 2-11

一根宽度为 b，横截面为正方形的受压杆必须支撑一个 $P = 35$kN 的载荷（图 2-40a）。该杆由两块材料沿着平面 pq 胶接（称为嵌接）而成，其中，平面 pq 与铅垂方向的夹角

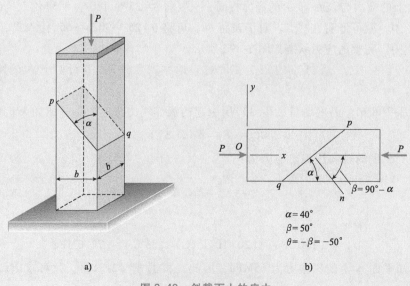

图 2-40　斜截面上的应力

$\alpha = 40°$。该材料是一种许用压应力和许用切应力分别为 7.5MPa 和 4.0MPa 的工程塑性。同时，胶接接头的许用压应力为 5.2MPa，许用切应力为 3.4MPa。请确定该杆的最小宽度 b。

解答：

为方便起见，将该杆的一段旋转至水平位置（图 2-40b），这样就可使其与推导斜截面的应力方程时所用的图（图 2-33 和图 2-34）在方向上保持一致。对于处于水平位置的该杆，可以看出，胶接接头平面（平面 pq）的法线 n 与该杆轴线的夹角为 $\beta = 90° - \alpha = 50°$。由于规定角度 θ 逆时针时为正（图 2-34），因此，可得出这样的结论：胶接接头的方位角 $\theta = -50°$。

该杆横截面面积与作用在其上的载荷 P 以及应力 σ_x 之间的关系由以下方程给出：

$$A = \frac{P}{\sigma_x} \tag{a}$$

因此，为了求出所需面积，必须确定与各个许用应力相对应的 σ_x 的值。然后，就可根据 σ_x 的最小值来确定所需面积。可将式（2-31a, b）重新表达为：

$$\sigma_x = \frac{\sigma_\theta}{\cos^2\theta} \quad \sigma_x = \frac{\tau_\theta}{\sin\theta\cos\theta} \tag{2-34a, b}$$

可将这些方程应用于胶接接头和塑料的分析。

（a）根据胶接接头的许用应力来确定 σ_x 的值。对于该胶接接头中的压应力，有 $\sigma_\theta = -5.2$MPa，$\theta = -50°$。代入式（2-34a）中，可得：

$$\sigma_x = \frac{-5.2\text{MPa}}{[\cos(-50°)]^2} = -12.6\text{MPa} \tag{b}$$

该胶接接头的许用切应力为 3.4MPa。然而，不能明显看出 τ_θ 是 +3.4MPa 还是 -3.4MPa。一种判断方法是，将 +3.4MPa 和 -3.4MPa 分别代入式（2-34b），则可得到两个 σ_x 的值，选择负值作为 σ_x 的值，因为 σ_x 的另一个值为正值，该值不适用于该杆。另一种方法是，观察该杆本身（图 2-40b），根据载荷的作用方向，可观察出，切应力将顺时针作用在平面 pq 上，这意味着切应力为负。因此，将 $\tau_\theta = -3.4$MPa 和 $\theta = -50°$ 代入式（2-34b），并得到：

$$\sigma_X = \frac{-3.4\text{MPa}}{[\sin(-50°)] \times [\cos(-50°)]} = -6.9\text{MPa} \tag{c}$$

（b）根据塑料的许用应力来确定 σ_x 的值。塑料中的最大压应力出现在某一横截面上。由于许用压应力为 7.5MPa，因此，可知：

$$\sigma_x = -7.5\text{MPa} \tag{d}$$

最大切应力出现在某个 45° 平面上，且大小等于 $\sigma_x/2$［见式（2-33）］。由于许用切应力为 4MPa，因此，可得：

$$\sigma_x = -8\text{MPa} \tag{e}$$

将 $\tau_\theta = 4$MPa 和 $\theta = 45°$ 代入式（2-34b），也可得到相同的结果。

（c）该杆的最小宽度。比较 σ_x 的四个值［式（b）、式（c）、式（d）、式（e）］可以看出，最小值为 $\sigma_x = -6.9$MPa。因此，设计受该值控制。将其数值代入式（a），可求得所需面积为：

$$A = \frac{35 \text{kN}}{6.9 \text{MPa}} = 5072 \text{mm}^2$$

由于该杆的横截面为正方形 ($A = b^2$)，因此，最小宽度为：

$$b_{\min} = \sqrt{A} = \sqrt{5072 \text{mm}^2} = 71.2 \text{mm}$$

只要宽度大于 $b_{\min}$，则各许用应力均不会被超出。

2.7 应变能

应变能是应用力学的一个基本概念，应变能原理被广泛用于确定机器和结构对静态载荷和动态载荷的响应。本节将以最简单的形式介绍应变能，即只研究静态载荷作用下的轴向承载杆。更复杂的构件将在 3.9 节（受扭轴）和 9.8 节（受弯梁）中讨论。此外，与动态载荷有关的应变能将在 2.8 节和 9.10 节阐述。

为了说明应变能的基本思想，再次研究一根长度为 L、承受拉伸力 P 的柱状杆（图 2-41）。假设该载荷被缓慢施加，使它逐渐从零增加至其最大值 P。由于没有运动所产生的动力或惯性，因此，这样的载荷被称为静态载荷（static load）。随着载荷的施加，该杆逐渐伸长，并最终达到其最大伸长量 δ，同时，该载荷也达到其最大值 P。此后，载荷和伸长量保持不变。

在加载过程中，载荷 P 缓慢移动了一个距离 δ 并做了一定数量的功（work）。为了计算这个功，可依据基础力学原理：恒力所做的功等于该力与其移动距离的乘积。然而，现在的情况有所不同，即力的大小是变化的，它从零变化至其最大值 P。为了求出这种情况下该载荷所做的功，需要知道力的变化方式。这一信息可由载荷-位移图提供，如图 2-42 所示。在该图中，纵坐标代表轴向载荷，水平轴代表该杆相应的伸长量。该曲线的形状取决于材料的性能。

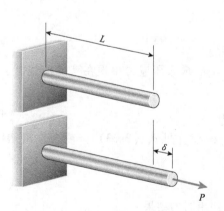

图 2-41 受到静态载荷作用的柱状杆

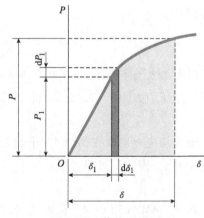

图 2-42 载荷-位移图

设 P_1 为零和最大值 P 之间的任一载荷值，δ_1 为该杆相应的伸长量，并设载荷的增量 dP_1 所产生的伸长量的增量为 $d\delta_1$。那么，在伸长量的增加期内，载荷 P_1 所做的功就等于载荷 P_1

与其位移的乘积，即该功等于 $P_1\mathrm{d}\delta_1$。该功可由图中载荷-位移曲线下阴影区的面积来表示。随着载荷由零增加至最大值，则载荷所做的总功就等于所有这类小阴影区面积的总和，即：

$$W = \int_0^\delta P_1\mathrm{d}\delta_1 \tag{2-35}$$

用几何术语来表示就是，载荷所做的功等于载荷-位移曲线下的面积。

当该杆受到载荷拉伸时，就产生应变。应变的存在将增加该杆自身的能量水平。因此，一个新的被称为应变能（strain energy）的量就被定义为加载期间该杆所吸收的能量。根据能量守恒原理可知，假如能量没有以热量的形式增加或减少，那么，这个应变能就等于载荷所做的功。因此，

$$U = W = \int_0^\delta P_1\mathrm{d}\delta_1 \tag{2-36}$$

其中，U 是表示应变能的符号。有时，为了与载荷所做的外功（external work）有所区别，应变能又被称为内功（internal work）。

功与能采用相同的单位。在 SI 单位制中，功和能的单位为焦［耳］(J)，一焦［耳］等于一牛［顿］米（1J = 1N·m）⊖。

弹性和非弹性应变能　如果力 P（图 2-41）被缓慢地卸除，那么，该杆将缩短。如果没有超过材料的弹性极限，那么，该杆将返回到其原始长度。如果超出该弹性极限，那么，该杆将产生一个永久变形（见 1.5节）。因此，无论是全部应变能还是部分应变能都将以功的形式被恢复，这一行为如图 2-43 的载荷-位移图所示。在加载过程中，载荷所做的功等于曲线下的面积（面积 OABCDO）。当卸除载荷时，若点 B 超出了弹性极限，则载荷-位移图将沿着直线 BD 变化，且保留了一个永久伸长量 OD。因此，卸载过程中被恢复的应变能

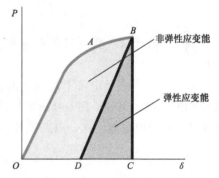

图 2-43　弹性和非弹性应变能

就被称为弹性应变能（elastic strain energy），它可由阴影三角形 BCD 来表示。面积 $OABDO$ 代表那些在永久变形过程该杆丢失的能量，这个丢失的能量被称为非弹性应变能(inelastic strain energy)。

就大多数结构的设计而言，希望在日常的服役条件下材料能够一直保持在弹性范围内。假设图 2-43 所示载荷-位移曲线上的点 A 代表一个使材料中的应力达到其弹性极限的载荷。只要载荷低于此值，则卸载过程中所有的应变能都将被恢复，且不会保留有永久伸长量。因此，该杆就像一根弹簧，随着载荷的施加和卸除而储存和释放能量。

线弹性行为　假设杆的材料服从胡克定律，则载荷-位移曲线就是一条直线（图 2-44），那么，存储在该杆中的应变能 U（等于载荷所做的功 W）为：

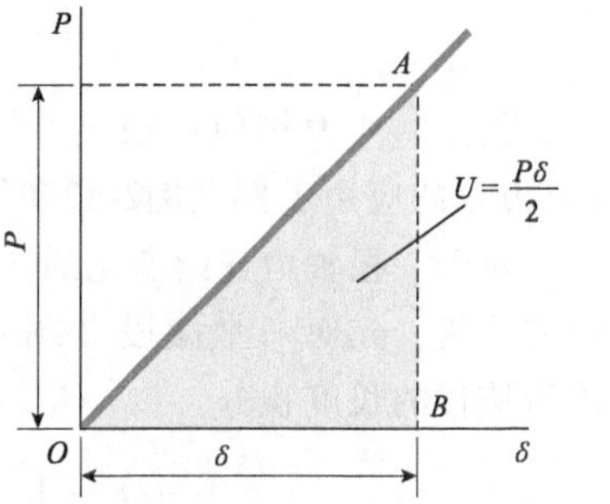

图 2-44　线弹性杆的载荷-位移图

$$U = W = \frac{P\delta}{2} \tag{2-37}$$

⊖　功与能的转换系数见附录 A 的表 A-2。

其中，应变能 U 就是图中阴影三角形 OAB 的面积[⊖]。

对于一根线弹性材料杆，载荷 P 与伸长量 δ 之间的关系由以下方程给出：

$$\delta = \frac{PL}{EA} \tag{2-38}$$

联立求解该方程与方程（2-37），就可得到以下两个线弹性杆应变能的表达式：

$$U = \frac{P^2 L}{2EA} \qquad U = \frac{EA\delta^2}{2L} \tag{2-39a,b}$$

第一个方程表示应变能是载荷的函数，第二个方程表示应变能是伸长量的函数。

从第一个方程中可以看出，即使载荷不变，杆件长度的增加也将导致应变能的增加（因为载荷使更多的材料产生应变）。另一方面，增加弹性模量或横截面面积都将导致应变能的减小，这是因为杆中的应变减小了。例 2-12 和例 2-15 说明了这一观点。

对于一根线弹性弹簧，只要用该弹簧的刚度 k 代替柱状杆的刚度 EA/L，就可以得到与方程（2-39a）和方程 39b）类似的应变能方程。因此，

$$U = \frac{P^2}{2k} \qquad U = \frac{k\delta^2}{2} \tag{2-40a,b}$$

用 $1/f$ 取代 k，就可以得到这些方程的其他形式。其中，f 为柔度。

非均匀杆　一根由若干段构成的杆件，其总应变能 U 等于各段应变能的总和。例如，图2-45所示杆的应变能就等于段 AB 的应变能加上段 BC 的应变能。这一观点可统一表达为以下方程：

$$U = \sum_{i=1}^{n} U_i \tag{2-41}$$

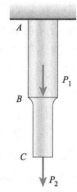

图 2-45　具有不同横截面面积和轴力的多个柱状段组成的杆

其中，U_i 为该杆段 i 的应变能，n 为段数（无论材料是线性还是非线性的，这一关系都是有效的）。

假设该杆的材料是线弹性的，且各段中的内部轴力均为常数，则可利用式（2-39a）得到各段的应变能，并且，式（2-41）变为：

$$U = \sum_{i=1}^{n} \frac{N_i^2 L_i}{2E_i A_i} \tag{2-42}$$

其中，N_i 为作用在段 i 中的轴力，而 L_i、E、A_i 为段 i 的性能（该方程的应用示例见例2-12和例 2-15）。

对于一根轴力连续变化的变截面杆（见图 2-46），得到其应变能的方法为，先对一个微段（图中的阴影部分）应用公式（2-39a），再沿该杆的长度积分：

$$U = \int_0^L \frac{\left[N(x) \right]^2 \mathrm{d}x}{2EA(x)} \tag{2-43}$$

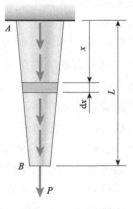

图 2-46　承受变轴力的变截面杆

在该方程中，$N(x)$ 和 $A(x)$ 为距该杆端部 x 位置处的轴力和横截面面积（例 2-13 说明了该方程的使用）。

⊖　"外载荷的功等于应变能（适用于线弹性行为）"这一原理首次由法国工程师 B. P. E. 克拉珀龙（1799—1864）提出，它被称为克拉珀龙定理（见参考文献 2-7）。

评论 上述应变能的表达式［式（2-39）~式（2-43）］表明，应变能不是载荷的一个线性函数，甚至当材料为线弹性材料时也不是。因此，重要的是，必须认识到，对于一个支撑一个以上载荷的结构，不能通过"将单个载荷单独作用时的应变能相叠加"这一方法来求解整个结构的应变能。

对于图 2-45 所示变截面杆，总应变能不是载荷 P_1 单独作用时的应变能与载荷 P_2 单独作用时的应变能之和。相反，必须在所有载荷同时作用时计算其应变能，如之后的例 2-13 所示。

在前面关于应变能的讨论中，虽然仅考虑了受拉构件，但是，所有的观点和公式同样适用于受压构件。由于一个轴向载荷所做的功总是一个正值（无论该载荷引起的是拉伸还是压缩），因此，与之相伴的应变能也总是一个正值。从线弹性杆的应变能表达式［如式（2-39a）和式（2-39b）］中就可明显看出这一事实，这些表达式总是正的，因为式中的载荷和伸长量这两项都是平方数。

应变能是势能（potential energy）（或"位置能"）的一种形式，因为它依赖于组成构件的各粒子（particles）或元素之间的相对位置。当杆或弹簧被压缩时，其粒子更紧密地拥挤在一起；而被拉伸时，粒子之间的距离则增大。与其加载前的位置相比，这两种情况下构件的应变能都增加了。

由单一载荷引起的位移 对于一个仅支撑一个载荷的线弹性结构，根据其应变能，就可以确定其位移。为了说明这一方法，研究一个承受铅垂力 P 的二杆桁架（图 2-47），目标是求解载荷作用点 B 处的铅垂位移 δ。

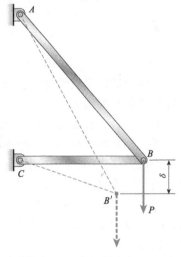

当将载荷缓慢施加在该桁架上时，随着载荷 P 在铅垂位移 δ 方向上的移动，该载荷将做功。然而，该载荷却不会在载荷 P 的横向（即侧向）方向上做功⊖。因此，由于载荷-位移图［图 2-44 和式（2-37）］是线性的，则存储在该结构中的应变能 U 就等于该载荷所做的功，即：

$$U = W = \frac{P\delta}{2}$$

据此可得：

$$\delta = \frac{2U}{P} \qquad (2-44)$$

图 2-47 支撑单一载荷的结构

该式表明，在某些特殊情况下（如下所述），一个结构的位移可直接根据应变能来测定。

式（2-44）的应用必须满足以下条件：（1）结构必须表现为线弹性行为；（2）只有一个载荷作用在结构上。此外，可确定的唯一位移应是载荷本身相应的位移（即位移必须位于载荷的作用方向，且必须是载荷作用点的位移）。因此，这种求解位移的方法，其应用范围是相当有限的，并且，这一方法不能很好地表明"应变能原理在结构力学中有着极其重要的作用"。然而，该方法的确为应变能的应用提供了一个引导（该方法的示例见之后的例 2-14）。

应变能密度 在许多情况下，使用一种被称为应变能密度（strain-energy—density）的量将较为方便，应变能密度被定义为单位体积材料所具有的应变能。在线弹性材料的情况下，可根据柱状杆的应变能公式［式（2-39a、b）］得到应变能密度的表达式。由于该杆的应变能

⊖ 因为载荷只在其作用方向上做功。——译者注

均匀分布在其整个体积上，因此，将总应变能 U 除以该杆的体积 AL 就可确定应变能密度。这样一来，应变能密度（用符号 u 表示）就可以下列任一形式来表达：

$$u = \frac{P^2}{2EA^2} \qquad u = \frac{E\delta^2}{2L^2} \qquad\qquad (2\text{-}45a,b)$$

如果用应力 σ 替换 P/A，用应变 ε 替换 δ/L，则有：

$$u = \frac{\sigma^2}{2E} \qquad u = \frac{E\varepsilon^2}{2} \qquad\qquad (2\text{-}46a,b)$$

这两个等式以正应力 σ 或正应变 ε 的形式表达了线弹性材料中的应变能密度。

式（2-46a，b）所示有一个简单的几何解释即：对于遵循胡克定律（$\sigma = E\varepsilon$）的材料，应变能密度等于应力-应变图下三角形的面积 $\sigma\varepsilon/2$。在更为一般的情况下，即材料不遵循胡克定律的情况下，应变能密度仍等于应力-应变曲线下的面积，但材料不同，则曲线下的面积就不同。

应变能密度的单位为能量除以体积，其 SI 单位为焦［耳］每立方米（J/m^3）。由于所有的这类单位都要折算为应力的单位（请回忆：$1J = 1N \cdot m$），因此，也可使用诸如帕［斯卡］（Pa）这样的单位作为应变能密度的单位。

材料在应力达到比例极限时的应变能密度被称回弹模量（modulus of resilience）u_r。将比例极限 σ_{pl} 代入式（2-46a）就可求出回弹模量：

$$u_r = \frac{\sigma_{pl}^2}{2E} \qquad\qquad (2\text{-}47)$$

例如，对于 $\sigma_{pl} = 210MPa$，$E = 210GPa$ 的低碳钢，其回弹模量 $u_r = 149kPa$。注意，回弹模量等于截止到比例极限处的应力-应变曲线下的面积。回弹的含义指的是材料在弹性范围内吸收和释放能量的能力。

另一个量，被称为韧性，指的是材料吸收能量而不断裂的能力。相应的模量 u_t 被称为韧性模量（modulus of toughness），该模量就是材料在应力达到断裂点时的应变能密度，它等于整个应力-应变曲线下的面积。韧性模量越高，则材料吸收能量而不断裂的能力就越大。因此，当材料受到冲击载荷作用时（见 2.8 节），高韧性模量对材料而言是非常重要的。

上述应变能密度的表达式［式（2-45）~式（2-47）］是根据单向应力推导出来的，即根据仅受到拉伸或压缩的材料推导出来的。其他应力状态下的应变能密度公式将在第 3 章和第 7 章中论述。

● ● ● 例 2-12

三根圆杆的长度均为 L，但形状不同，如图 2-48 所示。第一根圆杆在其整个长度上的直径均为 d，第二根圆杆在其五分之一长度上的直径为 d，第三根圆杆在其十五分之一长度上的直径为 d。第二和第三根圆杆的其他部位的直径均为 $2d$。所有三根杆均受到相同的轴向载荷 P 的作用。请比较各杆中储存的应变能，假设线弹性行为（忽略应力集中和各杆重量的影响）。

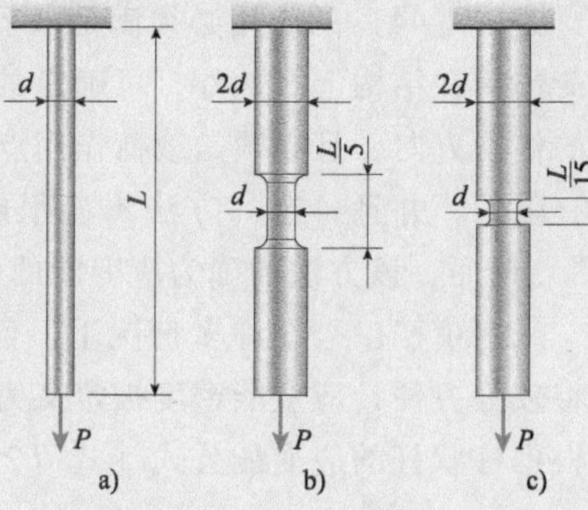

解答：

（a）第一根杆中的应变能 U_1。可根据式（2-39a）直接求出第一根杆中的应变能，即：

图 2-48　应变能的计算

$$U_1 = \frac{P^2 L}{2EA} \tag{a}$$

其中，$A = \pi d^2/4$。

（b）第二根杆中的应变能 U_2。将该杆三段中的应变能相加［见式（2-42）］，就可求出该应变能，即：

$$U_2 = \sum_{i=1}^{n} \frac{N_i^2 L_i}{2E_i A_i} = \frac{P^2 (L/5)}{2EA} + \frac{P^2 (4L/5)}{2E(4A)} = \frac{P^2 L}{5EA} = \frac{2U_1}{5} \tag{b}$$

该应变能只有第一根杆应变能的 40%。因此，在部分长度段上增加横截面面积，只会大幅度降低该杆中可储存的应变能。

（c）第三根杆中的应变能 U_3。再次利用式（2-42），可得：

$$U_3 = \sum_{i=1}^{n} \frac{N_i^2 L_i}{2E_i A_i} = \frac{P^2 (L/15)}{2EA} + \frac{P^2 (14L/15)}{2E(4A)} = \frac{3P^2 L}{20EA} = \frac{3U_1}{10} \tag{c}$$

与第一根杆的应变能相比，该应变能减小至 30%。

注意：比较这些结果，可以看出，越增加该杆部分段的横截面面积，则应变能就越低。如果对所有三根杆施加相同的功，则最高应力将出现在第三根杆中，因为第三根杆具有最小的能量吸收能力。直径为 d 的区域越小，则能量吸收能力将进一步降低。

因此，对于一根具有切槽的杆，只需做少量的功，就可以使其的拉应力达到较高的值，而且切槽越窄，情况越严重。当载荷是动态的，且吸收能量的能力较为重要时，切槽的存在是非常有害的。

在静态载荷下，最大应力比吸收能量的能力更重要。在本例中，所有三根杆具有相同的最大应力 P/A（假设应力集中被缓解），因此，在静态施加载荷时，所有三根杆具有相同的承载能力。

● ● ● 例 2-13

一根悬挂的柱状杆如图 2-49 所示，请确定其应变能。考虑以下载荷：（a）该杆的自重；（b）该杆的自重加上作用在下端的载荷 P（假设线弹性行为）。

解答：

（a）该杆自重所引起的应变能（图 2-49a）。该杆承受着一个变化的轴力，其下端处的内力为零，其上端处的内力最大。为了确定轴力，研究一个长度为 dx 的微段（如图中阴影部分所示），该段与上端的距离为 x。作用在该微段上的轴力 $N(x)$ 等于该微段的重量，即：

$$N(x) = \gamma A(L-x) \tag{d}$$

其中，γ 为材料的重量密度，A 为该杆的横截面面积。将该式代入式（2-43）并积分，可求得总应变能为：

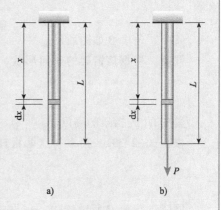

图 2-49

a）靠自重悬挂的杆　b）靠自重悬挂并支撑载荷 P 的杆

$$U = \int_0^L \frac{[N(x)]^2 \mathrm{d}x}{2EA(x)} = \int_0^L \frac{[\gamma A(L-x)]^2 \mathrm{d}x}{2EA} = \frac{\gamma^2 AL^3}{6E} \tag{2-48}$$

（b）该杆自重加载荷 P 所引起的应变能（图 2-49b）。在这种情况下，作用在该微段上的轴力 $N(x)$ [与式（d）比较] 为：

$$N(x) = \gamma A(L-x) + P \tag{e}$$

根据式（2-43），可得：

$$U = \int_0^L \frac{[\gamma A(L-x) + P]^2 \mathrm{d}x}{2EA} = \frac{\gamma^2 AL^3}{6E} + \frac{\gamma PL^2}{2E} + \frac{P^2 L}{2EA} \tag{2-49}$$

注意：该表达式中的第一项就是在其自重作用下该悬杆的应变能 [式（2-48）]，其最后一项就是一根承受着轴向力 P 的杆的应变能 [式（2-39a）]。然而，包含 γ 和 P 的中间项表明，该项取决于该杆自重和所施加载荷的大小。

因此，本例说明，对于一根承受两个载荷作用的杆件，其应变能并不等于各载荷单独作用时所产生的应变能的总和。

●●● 例 2-14

对于图 2-50 所示桁架，请求解其节点 B 的铅垂位移 δ_B。注意，作用在该桁架的唯一载荷是节点 B 处的铅垂载荷 P。假设该桁架的两根杆具有相同的轴向刚度 EA。

解答：

由于只有一个载荷作用在桁架上，因此，使该载荷所做的功等于各杆的应变能，就可求出该载荷对应的位移。然而，为了求出应变能，必须已知各杆中的力 [见式（2-39a）]。

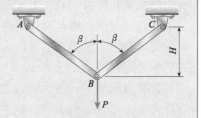

图 2-50　支撑单一载荷的桁架的位移

根据节点 B 处力的平衡条件可知，任一杆中的轴向力 F 为：

$$F = \frac{P}{2\cos\beta} \tag{f}$$

其中，角度 β 如图所示。

同时，根据该桁架的几何形状，可以看出，各杆的长度为：

$$L_1 = \frac{H}{\cos\beta} \tag{g}$$

其中，H 为桁架的高度。

根据式（2-39a），可求得这两根杆的应变能为：

$$U = (2)\frac{F^2 L_1}{2EA} = \frac{P^2 H}{4EA\cos^3\beta} \tag{h}$$

同时，载荷 P 所做的功 [根据式（2-37）] 为：

$$W = \frac{P\delta_B}{2} \tag{i}$$

其中，δ_B 为节点 B 的向下位移。使 U 和 W 相等并求解 δ_B，可得：

$$\delta_B = \frac{PH}{2EA\cos^3\beta} \qquad\qquad (2\text{-}50)$$

注意：在求解该位移时，仅使用了平衡条件和应变能，不需要画出节点 B 的位移图。

●●● 【例 2-15】

空气压缩机的气缸被多个穿过其法兰的螺栓固定（图 2-51a）。某个螺栓的详图如图 2-51b所示。螺栓杆的直径 d 为 13mm，螺纹小径 d_r 为 10mm。螺栓的紧固间距 g 为 40mm，间距 t = 6.5mm。在气缸室内高、低压的反复循环作用下，螺栓可能最终会发生断裂。

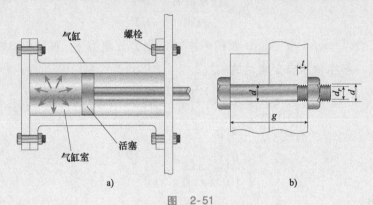

图 2-51

a）气缸 b）螺栓详图

为了减少螺栓失效的可能性，设计人员提出两种可能的修改意见：（1）对螺栓杆进行机加工，使螺栓杆的直径 d 与螺纹小径 d_r 相同，如图 2-52a 所示；（2）用一根长螺栓代替每对螺栓，如图 2-52b 所示。长螺栓类似于原始螺栓（图 2-51b），但其紧固间距增加至 L = 340mm。

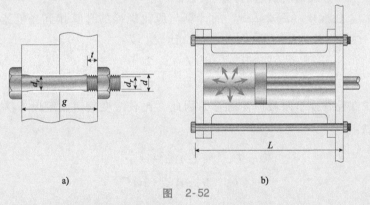

图 2-52

a）减小螺栓杆的直径 b）增大螺栓的长度

请比较这三种螺栓结构的能量吸收能力：

（a）原始螺栓。

（b）螺栓杆直径减小的螺栓。

（c）长螺栓（假设线弹性行为并忽略应力集中的影响）。

解答：

（a）原始螺栓。原始螺栓可被理想化为一根由两段组成的杆（图 2-51b）。左段的长度为 $g-t$，直径为 d。右段的长度为 t，直径为 d_r。叠加这两段的应变能 [式（2-42）]，就可求

出在拉伸载荷 P 作用下一个螺栓的应变能：

$$U_1 = \sum_{i=1}^{n} \frac{N_i^2 L_i}{2E_i A_i} = \frac{P^2(g-t)}{2EA_s} + \frac{P^2 t}{2EA_r} \tag{j}$$

其中，A_s 为螺栓柄的横截面面积，A_r 为螺纹根部的横截面面积，因此，

$$A_s = \frac{\pi d^2}{4} \quad A_r = \frac{\pi d_r^2}{4} \tag{k}$$

将这些表达式代入式（j），可得到以下关于原始螺栓应变能的公式：

$$U_1 = \frac{2P^2(g-t)}{\pi E d^2} + \frac{2P^2 t}{\pi E d_r^2} \tag{l}$$

（b）螺栓杆直径减小的螺栓。该螺栓可被理想化为长度为 g，直径为 d_r 的柱状杆（图 2-52a）。因此，一根螺栓的应变能 [见式（2-39a）] 为：

$$U_2 = \frac{P^2 g}{2EA_r} = \frac{2P^2 g}{\pi E d_r^2} \tag{m}$$

情况(1)与情况(2)的应变能之比为：

$$\frac{U_2}{U_1} = \frac{g d^2}{(g-t)\,d_r^2 + t d^2} \tag{n}$$

代入数据得：

$$\frac{U_2}{U_1} = \frac{(40\text{mm}) \times (13\text{mm})^2}{(40\text{mm} - 6.5\text{mm}) \times (10\text{mm})^2 + (6.5\text{mm}) \times (13\text{mm})^2} = 1.52$$

因此，使用螺栓杆直径减小的螺栓将导致螺栓能够多吸收 52% 的应变能。如果实施该方案，则可减少由冲击载荷所引起的失效次数。

（c）长螺栓。长螺栓（图 2-52b）的计算与原始螺栓的计算相同，但紧固间距由 g 变为 L。因此，一根长螺栓的应变能 [与式（1）比较] 为：

$$U_3 = \frac{2P^2(L-t)}{\pi E d^2} + \frac{2P^2 t}{\pi E d_r^2} \tag{o}$$

由于一根长螺栓替换了两根原始螺栓，因此，比较应变能时，应以 U_3 和 $2U_1$ 的比值作为应变能比，即：

$$\frac{U_3}{2U_1} = \frac{(L-t)\,d_r^2 + t d^2}{2(g-t)\,d_r^2 + 2t d^2} \tag{p}$$

代入数据，可得：

$$\frac{U_3}{2U_1} = \frac{(340\text{mm} - 6.5\text{mm}) \times (10\text{mm})^2 + (6.5\text{mm}) \times (13\text{mm})^2}{2(40\text{mm} - 6.5\text{mm}) \times (10\text{mm})^2 + 2 \times (6.5\text{mm}) \times (13\text{mm})^2} = 3.87$$

因此，使用长螺栓可使能量吸收能力增加 287%，并且，从应变能的角度来看，可达到最大的安全性。

注意：在设计螺栓时，设计人员还必须考虑最大拉应力、最大挤压应力、应力集中以及许多其他因素。

*2.8 冲击载荷

根据载荷是保持不变的还是随时间变化的，可将载荷分为静态或动态两类。静态载荷是缓慢施加的载荷，其作用结果不会在结构中引起振动或动态效应。静态载荷从零逐渐增加至其最大值，之后保持恒定。

动态载荷可以有多种形式——某些载荷会被突然施加或卸除（冲击载荷），另一些载荷会持续作用很长时间，且载荷强度是连续变化的（波动载荷）。当两个物体碰撞时或一个下落物体撞击某一结构时，就会产生冲击载荷。机器的转动、运输过程、一阵大风、水的波动、地震以及制造过程都会产生波动载荷。

举一个例子来说明结构如何响应动态载荷，讨论某一物体降落到一根柱状杆下端时所造成的冲击（图 2-53）。一个质量为 M，初始时静止的圆环从高度为 h 的位置降落到杆 AB 下端的翼板上。当圆环撞击翼板时，该杆开始伸长，并产生轴向应力。在一个非常短的时间间隔（如几毫秒）内，翼板将向下移动并到达其最大位移的位置。此后，随着该杆的纵向振动及其端部的上下移动，该杆反复伸长和缩短。该振动类似于拉伸一根弹簧然后再将其释放时所产生的振动，或者类似于当一个人做蹦极跳时所产生的振动。由于各种阻尼的影响，该杆的振动将在不久后停止，之后，该杆进入静止状态，质量为 M 的圆环停留在其翼板上。

该杆对下降圆环的响应显然是非常复杂的，并且，要想完整与精确地分析这一响应就需要使用先进的数学技术。不过，可以使用应变能的概念（见 2.7 节）和一些简化假设对其进行近似分析。

首先，仅考虑松开圆环前系统的能量（见图 2-53a）。圆环相对于翼板的势能为 Mgh，其中，g 为重力加速度$^\ominus$。随着圆环的下降，该势能被转换为动能。在圆环撞击翼板的瞬时，圆环相对于翼板的势能为零，其动能为 $Mv^2/2$，其中 $v = \sqrt{2gh}$ 为其速度$^\ominus$。

在随后的冲击过程中，圆环的动能被转换为其他形式的能量。部分动能被转化为该拉长杆的应变能，而一些能量被消耗在产生热量以及使圆环与翼板产生局部塑性变形的过程中。圆环仍保留有一小部分动能，这时，圆环处于继续下降（当与翼板接触时）或向上反弹的状态。

为了简化这一非常复杂情况的分析，将通过以下假设对其行为进行理想化处理：（1）假设圆环"粘"在翼板上并随其一起向下运动（即圆环不反弹）。

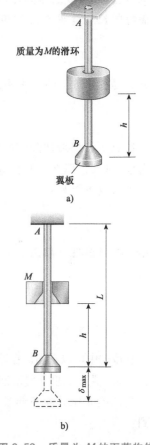

图 2-53 质量为 M 的下落物体
对柱状杆 AB 的冲击载荷

$\ominus$ 国际单位制中，重力加速度 $g = 9.81 \text{m/s}^2$。关于更精确的 g 值，或关于质量与重量的讨论，参见附录 A。

$\ominus$ 在工程实际中，速度（velocity）通常被当作一个矢量来处理。然而，由于动能是标量，因此，我们将使用"速度"这个词来表示速度或速率（speed）的大小。

当圆环的质量比该杆的质量大很多时，更可能出现这一行为；（2）忽略所有的能量损失，并假设下降圆环的动能被全部转化为杆的应变能。这个假设所预测的应力大于考虑能量损失时所预测的应力；（3）忽略该杆自身的任何势能变化（由于杆件元素的铅垂运动），并忽略因自重而在杆中产生的应变能。这两种影响都非常小；（4）假设杆中的应力保持在线弹性范围内；（5）假设整个杆中的应力分布与其在下端承受一个静态载荷作用时是相同的，即假设应力均匀分布在该杆的整个体积内（实际上，纵向应力波将穿越整个杆，从而造成应力分布的变动）。

在上述假设的基础上，就能够计算出冲击载荷所产生的最大伸长量和最大拉伸应力（回想一下，我们正在忽略该杆的自重，并正在求解仅由下降圆环所造成的应力）。

杆的最大伸长量   根据能量守恒原理，下降圆环的势能损失等于该杆获得的最大应变能，据此就可以求得最大伸长量 δ_{max}（图 2-53b）。势能损失为 $W(h + \delta_{max})$，其中，$W = Mg$ 为圆环的重量，$h + \delta_{max}$ 为圆环移动的距离。该杆的应变能为 $EA\delta_{max}^2/2L$，其中，EA 为轴向刚度，L 为该杆的长度 [见式（2-39b）]。因此，可得到以下方程：

$$W(h+\delta_{max}) = \frac{EA\delta_{max}^2}{2L} \tag{2-51}$$

该方程是关于 δ_{max} 的二次函数，可求得其正值解为：

$$\delta_{max} = \frac{WL}{EA} + \left[\left(\frac{WL}{EA}\right)^2 + 2h\left(\frac{WL}{EA}\right)\right]^{1/2} \tag{2-52}$$

注意，如果增加圆环的重量 W 或增大高度 h，那么，该杆的最大伸长量将增大。如果增加刚度 EA/L，那么，伸长量将减小。

引入以下符号：

$$\delta_{st} = \frac{WL}{EA} = \frac{MgL}{EA} \tag{2-53}$$

其中，δ_{st} 是该杆在静态加载条件下由圆环的重量所导致的伸长量。这样，式（2-52）就可化简为：

$$\delta_{max} = \delta_{st} + (\delta_{st}^2 + 2h\delta_{st})^{1/2} \tag{2-54}$$

$$或 \quad \delta_{max} = \delta_{st}\left[1 + \left(1 + \frac{2h}{\delta_{st}}\right)^{1/2}\right] \tag{2-55}$$

从该式中可以看出，在冲击载荷的作用下该杆的伸长量要比相同静态载荷作用下的伸长量大得多。例如，假如高度 h 是静态位移 δ_{st} 的 40 倍，则最大伸长量将是其静态伸长量的 10 倍。

当高度 h 比其静态伸长量大很多时，可忽略式（2-55）右边表达式中的两个"1"，则得到：

$$\delta_{max} = \sqrt{2h\delta_{st}} = \sqrt{\frac{Mv^2L}{EA}} \tag{2-56}$$

其中，$M = W/g$，$v = \sqrt{2gh}$ 为下降圆环撞击翼板时的速度。该式也可根据式（2-51）直接得到，其方法为，省略式（2-51）左侧表达式中的 δ_{max}，然后再求解 δ_{max}。由于这一省略，根据式（2-56）所计算出的 δ_{max} 值总是小于根据式（2-55）所得到的 δ_{max} 值。

杆中的最大应力   由于已经假设了应力均匀分布在该杆的整个长度上，因此，可以很容易地根据最大伸长量计算出最大应力。根据等式 $\delta = PL/EA = \sigma L/E$，可知：

$$\sigma_{max} = \frac{E\delta_{max}}{L} \tag{2-57}$$

将式（2-52）代入其中，则可得到以下关于最大拉伸应力的表达式：

$$\sigma_{max} = \frac{W}{A} + \left[\left(\frac{W}{A}\right)^2 + \frac{2WhE}{AL}\right]^{1/2} \tag{2-58}$$

引入以下标记：

$$\sigma_{st} = \frac{W}{A} + \frac{Mg}{A} = \frac{E\delta_{st}}{L} \tag{2-59}$$

其中，σ_{st} 为该载荷静态作用时的应力，则可将式（2-58）化简为如下形式：

$$\sigma_{max} = \sigma_{st} + \left(\sigma_{st}^2 + \frac{2hE}{L}\sigma_{st}\right)^{1/2} \tag{2-60}$$

或

$$\sigma_{max} = \sigma_{st}\left[\left(1 + \frac{2hE}{L\sigma_{st}}\right)^{1/2}\right] \tag{2-61}$$

该式类似于式（2-55），并且该式再次表明，冲击载荷所产生的影响要比相同静态载荷所产生的影响大得多。

同时，考虑到高度 h 远大于该杆的伸长量［与式（2-56）比较］，可得：

$$\sigma_{max} = \sqrt{\frac{2hE\sigma_{st}}{L}} = \sqrt{\frac{Mv^2 E}{AL}} \tag{2-62}$$

根据这一结果可以看出，增加下降圆环的动能 $Mv^2/2$ 将导致该最大应力的增加，而增加该杆的体积 AL 则将导致该最大应力的降低。这种情况完全不同于该杆的静态拉伸情况，该杆在静态拉伸时，其应力与长度 L 和弹性模量 E 是无关的。

上述关于最大伸长量和最大应力的方程式仅适用于该杆的翼板到达其最低位置的那一时刻。在该杆达到最大伸长量之后，该杆将发生轴向振动，直至它静止并保持一个静态伸长量为止。从那时起，最大伸长量和最大应力的值分别由式（2-53）和式（2-59）给出。

虽然上述各方程是在柱状杆的情况下推导出来的，但它们可用于任何一个受到下落载荷作用的线弹性结构，只需已知其刚度。特别是，只要用弹簧的刚度 k（见2.2节）替换该柱状杆的刚度 EA/L，则这些方程就可用于弹簧。

冲击因子　结构动态响应与静态响应的比值（对于相同的载荷）被称为**冲击因子**（impact factor）。例如，对于图 2-53 所示杆的伸长量，冲击因子就是最大伸长量与静态伸长量的比值：

$$冲击因子 = \frac{\delta_{max}}{\delta_{st}} \tag{2-63}$$

冲击因子表示静态伸长量被动态冲击效应所放大的倍数。

式（2-63）所示的冲击因子可表达为其他类似的形式，例如，可根据杆中的应力来表达冲击因子（即 σ_{max} 与 σ_{st} 的比值）。当圆环的降落高度较高时，冲击因子可能非常大，例如达到 100 或更大。

突然加载　当一个载荷在无初速度的情况下被突然施加，将产生一种特殊的冲击。为了解释这类载荷，再次研究图 2-53 所示的柱状杆，并假设缓慢降落滑动圆环，直到其刚好与翼板接触为止。然后，突然释放该圆环。在这种情况下，虽然该杆开始伸长时并没有动能存在，但是其行为却完全不同于该杆在静态载荷下的行为。在静态载荷条件下，载荷是被逐渐施加的，并且，所施加的载荷与该杆的阻力之间始终保持平衡。

然而，考虑一下当圆环突然从其与翼板接触点处被释放时会发生什么。最初，该杆的伸长量及其应力均为零，然后，圆环在其自重的作用下向下运动。在这一运动过程中，该杆开始伸长，且其阻力逐渐增大。这一运动一直持续到阻力刚好等于圆环重量 W 的那一时刻。在这个特殊时刻，该杆的伸长量为 δ_{st}。但是，在向下位移了 δ_{st} 期间，圆环却获得了一定的动能。因此，圆环将继续向下移动，直到在该杆阻力的作用下使其速度减到零为止。将式（2-55）中的 h 设为零，就可根据该式得到这种情况时的最大伸长量，因此：

$$\delta_{max} = 2\delta_{st} \tag{2-64}$$

从该式中可以看出，突然加载所产生的伸长量是相同静态载荷所产生的伸长量的两倍。因此，冲击因子为 2。

在达到最大伸长量 $2\delta_{st}$ 之后，该杆的下端将向上移动，并开始进行一系列的上、下振动，最终，该杆进入静止状态，并具有一个静态的伸长量（该伸长量由圆环的重量引起）[⊖]。

局限性   上述分析基于冲击期间没有发生能量损失这一假设。在现实中，总会发生能量损失，所损失的绝大部分能量以热量和材料局部变形的形式被消耗。由于这些损失，系统冲击后的动能要小于其冲击前的动能。因此，转换为应变能的能量要小于先前所假设的能量。其结果是，对于图 2-53 所示杆，其端部的实际位移要小于简化分析所预测的位移。

同时，我们还假设了杆中的应力一直处于比例极限内。如果最大应力超过比例极限，那么，分析就将变得更加复杂，因为该杆的伸长量将不再与轴向力成比例。需要考虑的其他影响因素包括应力波、阻尼以及接触表面的缺陷。因此应牢记，本节的所有公式都是基于高度理想化的条件，且大致近似于真实条件（通常高估了伸长量）。

与脆性材料相比，那些超出比例极限后表现出相当韧性的材料通常具有更大的抵抗冲击载荷的能力。同时，带槽、孔以及其他应力集中形式的杆件（见 2.9 节和 2.10 节），其抵抗冲击载荷的能力很差——即使材料本身在静态载荷下是韧性的，但一个轻微的振动就可能导致其发生断裂。

● ● ● 【例 2-16】

一根长度 $L = 2.0\text{m}$，直径 $d = 15\text{mm}$ 的圆形钢杆（$E = 210\text{GPa}$）铅垂悬挂在其上端的支座处（图 2-54）。一个质量 $M = 20\text{kg}$ 的滑环自高度 $h = 150\text{mm}$ 的位置处滑落在该杆下端的翼板上，滑环没有反弹。

（a）请计算该杆在冲击作用下所产生的最大伸长量，并求出相应的冲击因子。

（b）请计算该杆中的最大拉应力，并求出相应的冲击因子。

解答：

由于本例中钢杆与滑环的布置与图 2-53 所示的布置是一致的，因此，可使用之前推导出的方程式 [式（2-49）~式 2-60）]。

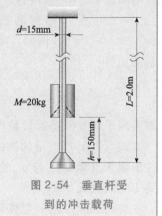

图 2-54   垂直杆受到的冲击载荷

⊖ 式（2-64）首先由法国数学家和科学家 J. V. J. 蓬斯莱（1788—1867）得到，见参考献 2-8。

(a) 最大伸长量。根据式 (2-55)，可确定下降圆环所引起的钢杆的伸长量。第一步是确定圆环自重所引起的静态伸长量。由于圆环的自重为 $20Mg$，因此，可计算出：

$$\delta_{st} = \frac{MgL}{EA} = \frac{(20.0\,\text{kg}) \times (9.81\,\text{m/s}^2) \times (2.0\,\text{m})}{(210\,\text{GPa}) \times (\pi/4) \times (15\,\text{mm})^2} = 0.0106\,\text{mm}$$

据此可得：

$$\frac{h}{\delta_{st}} = \frac{150\,\text{mm}}{0.0106\,\text{mm}} = 14150$$

将这一数值代入式 (2-55)，可求得最大伸长量为：

$$\delta_{max} = \delta_{st}\left[1 + \left(1 + \frac{2h}{\delta_{st}}\right)^{1/2}\right] = (0.0106\,\text{mm}) \times [1 + \sqrt{1 + 2 \times (14150)}] = 1.79\,\text{mm}$$

由于下降高度远大于静态伸长量，因此，也可根据式 (2-56) 进行计算并得到几乎相同的结果，即：

$$\delta_{max} = \sqrt{2h\delta_{st}} = [2 \times (150\,\text{mm}) \times (0.0106\,\text{mm})]^{1/2} = 1.78\,\text{mm}$$

冲击因子等于最大伸长量与静态伸长量的比值，即：

$$\text{冲击因子} = \frac{\delta_{max}}{\sigma_{st}} = \frac{1.79\,\text{mm}}{0.0106\,\text{mm}} = 169$$

这一结果表明，动态载荷的效果要远大于相同静态载荷的效果。

(b) 最大拉应力。根据式 (2-57)，可求得下降圆环所产生的最大应力，即：

$$\sigma_{max} = \frac{E\delta_{max}}{L} = \frac{(210\,\text{GPa}) \times (1.79\,\text{mm})}{2.0\,\text{m}} = 188\,\text{MPa}$$

相应的静态应力 [见式 (2-59)] 为：

$$\sigma_{st} = \frac{W}{A} = \frac{Mg}{A} = \frac{(20\,\text{kg}) \times (9.81\,\text{m/s}^2)}{(\pi/4) \times (15\,\text{mm})^2} = 1.11\,\text{MPa}$$

σ_{max} 与 σ_{st} 比值为 $188/1.11 = 169$，该值与根据伸长量所计算出的冲击因子是相同的。这个结果在意料之中，因为应力与相应的伸长量成正比 [见式 (2-57) 和式 (2-59)]。

【例 2-17】

一根长度为 L 的水平杆 AB 受到一个质量为 M，水平速度为 v 的重物的撞击 (图 2-55)。

(a) 请求出该杆在冲击作用下所产生的最大缩短量 δ_{max}，并求出相应的冲击因子。

(b) 请求出最大压应力以及相应的冲击因子 (设该杆的轴向刚度为 EA)。

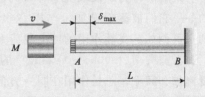

图 2-55 水平杆受到的冲击载荷

解答：

本例中，作用在该杆上的载荷完全不同于图 2-53 和图 2-54 所述杆上的载荷，因此，必须依据能量守恒原理开展一个全新的分析过程。

(a) 该杆的最大缩短量。采用前述相同的假设，即忽略所有的能量损失，并假设重物的动能全部转化为该杆的应变能。

撞击瞬间重物的动能为 $Mv^2/2$。达到最大缩短量的那一瞬时，该杆进入静止状态，此时该杆的应变能 [根据式 (2-39b)] 为 $EA\delta_{max}^2/2L$。因此，可得到以下能量守恒方程：

$$\frac{Mv^2}{2} = \frac{EA\delta_{max}^2}{2L} \tag{2-65}$$

求解 δ_{max}，可得：

$$\delta_{max} = \sqrt{\frac{Mv^2L}{EA}} \tag{2-66}$$

该式与式 (2-56) 是相同的，这一点是可以预见的。

为了求出冲击因子，需要知道该杆端部的静态位移。在这种情况下，重物的重量就像一个压缩载荷一样被施加在该杆上，而静态位移就是该重量所引起的该杆的缩短量 [见式 (2-53)]：

$$\delta_{st} = \frac{WL}{EA} = \frac{MgL}{EA}$$

因此，冲击因子为：

$$冲击因子 = \frac{\delta_{max}}{\delta_{st}} = \sqrt{\frac{EAv^2}{Mg^2L}} \tag{2-67}$$

根据该式所求出的值可能远大于 1。

(b) 最大压应力。将最大缩短量的表达式 [式 (2-66)] 代入式 (2-57)，就可求出杆中的最大压应力：

$$\sigma_{max} = \frac{E\delta_{max}}{L} = \frac{E}{L}\sqrt{\frac{Mv^2L}{EA}} = \sqrt{\frac{Mv^2E}{AL}} \tag{2-68}$$

该式与式 (2-62) 是相同的。

该杆中的静态应力 σ_{st} 等于 W/A 或 Mg/A，用 σ_{st} 除以 σ_{max} [式 (2-68)]，可得到一个冲击因子，该冲击因子与式 (2-67) 的冲击因子是相同的。

*2.9 重复载荷和疲劳

结构的行为不仅取决于材料的性能，而且还取决于载荷的特性。某些情况下载荷是静态的——它们被逐渐施加，作用在很长一段时间内，且缓慢变化。其他情况下载荷是动态的——例如，突然作用的冲击载荷（见 2.8 节）或在大量循环周期内反复作用的重复载荷。

重复载荷（repeated loads）的几个典型模式如图 2-56 所示。图 2-56a 显示了一个被反复施加和卸除，总是作用在同一方向的载荷。图 2-56b 显示了一个在每个加载周期内反转方向的交变载荷，图 2-56c 显示了一个围绕着某一平均值反复变化的脉动载荷。重复载荷通常与机器、发动机、涡轮机、发电机、轴、螺旋桨、飞机部件以及汽车部件等物体有关。某些这样的结构在其使用寿命期内经历了数百万（甚至上亿）次循环加载。

就一个承受动态载荷的结构而言，与相同的静态载荷作用在该结构上时相比，其发生失效时的应力可能较低，尤其在载荷为重复载荷时。在这种情况下，失效通常是由疲劳（fatigue）或渐进断裂（progressive fracture）引起的。疲劳失效的一个常见实例为，反复地弯曲一根金属回形针就可在其断点处施加应力：如果只弯曲一次，则该回形针不会断裂；但是，如果向相反的方向弯曲它，并多次重复整个加载循环，那么，该回形针最终将断裂。可将"疲劳"定义为在应力与应变的反复循环作用下材料状况的恶化，其结果是材料将产生渐进断裂，并最终发生断裂。

在一个典型的疲劳断裂过程中，随着载荷被反复施加，微观裂纹将在某一高应力点处（通常为某一应力集中处，下节将讨论）形成并逐渐扩大。当裂纹变得太大以致于残留的材料不能抵抗载荷时，材料就会发生突然断裂（图2-57）。根据材料性质的不同，在任何位置产生疲劳断裂都可能需要花费几个至数百万个加载周期。

正如已经指出的那样，导致疲劳失效的载荷，其大小比所能施加的静态载荷值要小。为了确定疲劳载荷，必须进行材料试验。在反复加载的情况下，以不同的应力水平对材料进行测试，并统计失效时的循环次数。例如，将一块材料试样放置在疲劳试验机中，并以一定的应力 σ_1 对其反复加载。加载循环一直持续到发生失效时为止，并统计失效时的循环次数 n。之后，以一个不同应力 σ_2 重复该试验。若 σ_2 大于 σ_1，则失效时的循环次数将较小。若 σ_2 小于 σ_1，则失效时的循环次数将较大。最终，可积累足够的数据以绘制一个疲劳曲线（endurance curve），或 S-N 图。该 S-N 图显示了失效应力（S）与失效时的循环次数（N）之间的关系（图2-58）。铅垂轴通常采用线性比例，水平轴通常采用对数比例。

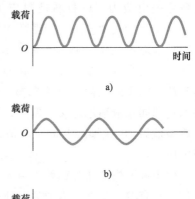

图2-56 重复载荷的类型
a）只有一个作用方向的重复载荷
b）交变或反转方向的重复载荷
c）绕某一平均值变化的脉动载荷

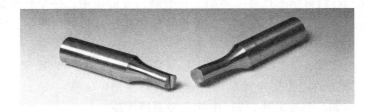

图2-57 承受反复拉伸载荷的杆件的疲劳断裂，裂纹在整个横截面上逐渐扩展直至断裂突然发生

图2-58所示的疲劳曲线表明，应力越小，则产生疲劳失效所需的循环次数就越大。对于某些材料，该曲线有一条被称为疲劳极限（fatigue limit）或持久极限（endurance limit）的水平渐近线。只要应力低于该极限，则无论重复加载多少次都不会导致疲劳断裂。疲劳曲线的精确形状取决于许多因素，包括材料的性能、试样的几何形状、试验速度、加载模式以及试样的表面状态。各类工程文献中记载了各类材料和构件的大量疲劳试验结果。

图2-59所示钢和铝的 S-N 图是典型的 S-N 图。纵坐标

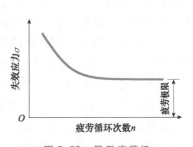

图2-58 显示疲劳极限的疲劳曲线或 S-N 图

为疲劳失效应力，以材料极限应力的百分比来表示；横坐标为失效发生时的循环次数。注意，循环次数是以对数比例绘制的。钢的疲劳曲线在约 10^7 次循环时变为水平线，并且，其疲劳极限约为普通静态载荷的极限拉伸应力的 50%。铝的疲劳极限不能像钢那样被清晰地定义，但是，其疲劳极限的一个典型值为 10^7 次循环时的应力值，或约为 25% 的极限应力。

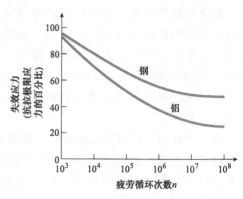

图 2-59　交变载荷作用钢和铝的典型疲劳曲线

由于疲劳失效通常起始于一条微观裂纹，该裂纹位于具有较高局部应力的某点处（即位于应力集中处），因此，材料的表面条件是极为重要的。高度抛光的试样具有较高的疲劳极限。粗糙的表面，特别是那些在孔或槽周围具有应力集中的表面，将极大地降低疲劳极限。腐蚀会使表面产生微小的凹凸不平，也有类似的效果。就钢而言，普通的腐蚀就可能使其疲劳极限减小超过 50%。

*2.10　应力集中

在确定轴向承载杆中的应力时，通常使用基本公式 $\sigma = P/A$，其中，P 为杆中的轴力，A 为其横截面面积。这个公式基于这样一个假设，即假设应力均匀分布在整个横截面上。在现实中，杆上经常有孔、槽、缺口、键槽、轴肩、螺纹或其他几何形状的突变（这些突变将中断应力的均布模式）。这些几何形状的不连续性将导致局部产生高应力，这些高应力被称为应力集中（stress concentrations）。不连续性本身被称为应力集中源（stress raisers）。

应力集中也出现在载荷作用点处。例如，一个载荷可能作用在一个很小的面积上，并在其作用点附近的区域产生高应力。比如，在使用销连接传递载荷的情况下，载荷就被施加在销的承载面上。

通过实验的方法或通过先进的分析方法（包括有限元法），就可以确定应力集中处存在的应力。很多有实际意义的应力集中情况都有这类的研究结果，从工程文献（例如，参考文献 2-9）中就可轻而易举地查到这些结果。本节之后以及第 3 章和第 5 章将给出一些应力集中的典型数据。

圣维南原理　为了说明应力集中的本质，研究一根横截面为矩形（宽度为 b，厚度为 t），一端承受集中载荷 P 的杆件（图 2-60）。载荷直接作用处的峰值应力可能是平均应力 P/bt 的几倍，这取决于该载荷的作用面积。然而，如图中的应力图所示，一旦远离载荷作用点，则最大应力将迅速减小。在与该杆端部的距离等于其宽度 b 的位置处，应力几乎是均匀分布的，且最大应力仅比平均应力大几个百分点。对于大多数应力集中情况（如孔、槽），这一观察是真实的。

因此，一般来说，只有当某一横截面与任一集中载荷或形状不连续处的距离至少为 b 时，方程 $\sigma = P/A$ 才给出了该

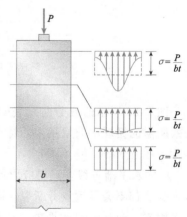

图 2-60　矩形截面（宽度为 b，厚度为 t）杆端部的应力分布（集中载荷 P 作用在该杆的一个小面积上）

横截面上的轴向应力,其中,b 为该杆的最大横向尺寸(如宽度或直径)。

上述关于柱状杆中应力的说明是一个更为普遍观察的一部分,这一普遍观察被称为圣维南原理(Saint-Venant's principle)。除了极少数的例外,这一原理适用于所有类型的线弹性物体。为了理解圣维南原理,假想有一个物体,其一小部分表面上作用着一个载荷系统。例如,假设某一宽度为 b 的柱状杆的一端作用着一个由几个集中载荷构成的载荷系统(图 2-61a)。为了简化分析,假设各载荷是对称的,且仅有一个铅垂方向的合力。

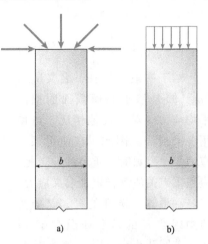

图 2-61 圣维南原理的说明
a)作用在一个小区域的集中载荷系统 b)静态等效系统

接下来,研究作用在同一小区域上的一个不同但却是静态等效的载荷系统("静态等效"是指两个载荷系统的合力和合力矩均相同)。例如,图 2-61b 所示的均布载荷就静态等效于图 2-61a 所示的集中载荷系统。圣维南原理认为,在远离加载区的距离至少等于加载区的最大尺寸(本例中,这个最大尺寸为距离 b)的位置处,这两个载荷系统在该物体中产生的应力是相同的。因此,图 2-60 所示的应力分布状况就是圣维南原理的一个示例。当然,这一"原理"并不是一个严格的力学定律,而是一个基于理论经验和实践经验的常识。

圣维南原理对杆、梁、轴以及材料力学所遇到的其他结构都具有巨大的实践意义。由于应力集中的效果被局部化,因此,对一个足够远离应力集中源的横截面,就可以使用所有的标准应力公式(如 $\sigma = P/A$)。靠近该应力集中源,应力取决于加载的细节和构件的形状。此外,即使存在着应力集中,诸如伸长量、位移以及应变能等公式也可应用于整个构件,并能给出一个令人满意的结果。这一说法基于这样一个事实,即应力集中被局部化,且它对某一构件的整体行为影响很小[⊖]。

应力集中因数 现在,研究应力集中的一些特殊情况,即杆件形状的不连续性所引起的应力集中。以一根横截面为矩形、其上有一个圆孔且承受着拉伸力 P 的杆(图 2-62a)为例。该杆相对较薄,其宽度 b 远大于其厚度 t。同时,孔的直径为 d。

过圆孔中心的横截面上作用的正应力,其分布情况如图 2-62b 所示。最大应力 σ_{max} 出现在孔的边缘处,且明显大于同一横截面上的名义应力 $\sigma = P/ct$(注意,ct 是过孔心的横截面的净面积)。通常使用最大应力与名义应力的比值来表示应力集中的强度,该比值

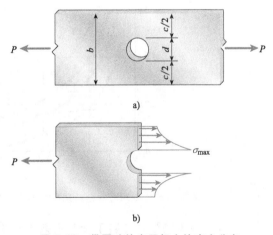

图 2-62 带圆孔的扁平杆中的应力分布

⊖ 圣维南原理以法国著名数学家和力学家圣维南(1797—1886)的名字命名(见参考文献 2-10),该原理适用于固体杆和梁,但不适用于所有开口薄截面。关于圣维南原理局限性的讨论,见参考文献 2-11。

被称为**应力集中因数**（stress-concentration factor）K：

$$K = \frac{\sigma_{\max}}{\sigma_{\text{nom}}} \qquad (2\text{-}69)$$

对于一根受拉杆，名义应力（σ_{nom}）是基于净横截面面积的平均应力。对于其他情况，可使用各类应力。因此，在使用某一应力集中因数时，重要的一点是，应当重点关注怎样定义名义应力。

一根具有圆孔的杆，其应力集中因数 K 的情况如图 2-63 所示。若圆孔很小，则 K 值等于 3，

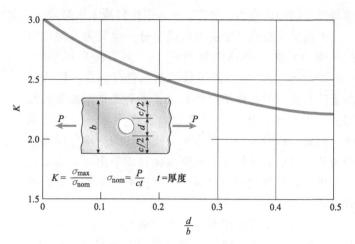

图 2-63   具有圆孔的杆的应力集中系数 K

这意味着最大应力是名义应力的三倍。随着孔径与宽度的比值越来越大，K 变得越来越小，并且应力集中的影响就越来越小。

根据圣维南原理可知，在轴向方向上远离该孔的、距离等于杆件宽度 b 的任一位置处，应力几乎是均匀分布的，且等于 P 除以总横截面面积 $[\sigma = P/(bt)]$。

为了减少应力集中的影响，使用圆角来圆整凹角[⊖]（图 2-64）。对于具有阶梯轴肩的扁杆和圆杆，其应力集中因数的情况分别见图 2-65 和图 2-66，这两种应力集中情况常见于各种工程实践中。从这两个图中可以看出，没有圆角时，应力集因系数将非常大，例如，当圆角半径 R 接近于零时，每个图中的 K 值均趋近于无穷大。在这两种情况下，最大应力出现在杆件的圆角区这一较小的局部区域[⊖]。

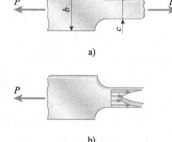

图 2-64   具有轴肩圆角的扁平杆的应力分布

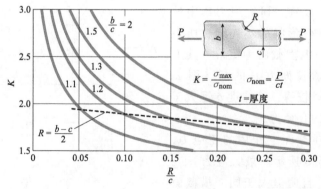

图 2-65   具有轴肩圆角的扁平杆的应力集中因数 K。虚线适用四分之一圆角[⊖]

面向应力集中的设计   鉴于疲劳失效的可能性，在构件承受重复载荷时，应力集中尤其

⊖   圆角是在两个表面相交处形成的一个凹曲面。其目的是圆整原来的尖角。

⊖   图中给出的应力集中因数是线弹性材料杆的理论因数。这些图是根据参考文献 2-9 给出的公式绘制的。

⊜   四分之一圆角是指该圆角的半径 R 等于板厚差（或直径差）的一半。——译者注

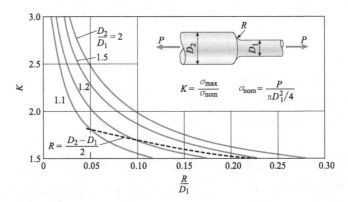

图 2-66　具有轴肩圆角的圆杆的应力集中因数 K。虚线适用于四分之一圆角

重要。如上节所述，随着反复加载，裂纹起始于最高应力点处，并逐渐向材料内部发展。在实际设计中，疲劳极限（图 2-58）被认为是材料在循环次数非常大时的极限应力，并依据与这一极限应力相应的安全系数得到许用应力，然后，再将应力集中处的峰值应力与该许用应力进行比较。

在许多情况下，使用应力集中因数的所有理论值显得较为苛刻。疲劳试验通常在较高的名义应力水平下产生失效，这一名义应力大于用疲劳极限除以 K 所得到的名义应力。换句话说，在重复载荷的作用下，构件对应力集中的敏感度不像 K 值所指示的那么高，并且通常使用一个较小的应力集中因数。

其他种类的动态载荷，如冲击载荷，也需要考虑应力集中的影响。除非有更好的信息可用，否则应使用所有的应力集中因数。遭受低温的构件也极易在应力集中处发生断裂，因此应当采取一些特别措施。

对于承受静态载荷的构件，应力集中的重要性取决于材料的种类。对于结构钢等韧性材料，应力集中通常可以被忽略不计。其理由在于，最大应力点处（如一个圆孔周围）的材料将屈服并将发生塑性流动，从而减少应力集中，使应力分布更接近于均匀分布。另一方面，对于脆性材料（如玻璃），应力集中将一直保持在断裂点处。因此，普遍的看法是，对于承受静态载荷的韧性材料，应力集中的影响可能是不重要的。但对于承受静态载荷的脆性材料，就应当考虑使用所有的应力集中因数。

通过适当地配比各零件的强度，就可降低应力集中。较大的圆角将减小凹角处的应力集中。高应力点处的光滑表面（如一个孔的内表面）将抑制裂纹的形成。在孔周围进行适当的加强也是有益的。还有许多其他技术能够使构件中的应力分布更加平滑，从而减小其应力集中因数。这些技术（通常是工程设计类课程所研究的对象）在飞机、船舶和机器的设计中是非常重要的。之所以发生一些不必要的结构失效，其根源就在于设计师没有意识到应力集中和疲劳的影响。

●●● 【例 2-18】

一根黄铜阶梯杆上有一个孔（图 2-67a），其宽度为 $b = 9.0 \text{cm}$，$c = 6.0 \text{cm}$，其厚度 $t = 1.0 \text{cm}$。圆角的半径为 0.5cm，孔的直径 $d = 1.8 \text{cm}$。黄铜的极限强度为 200MPa。

（a）如果所需安全因数为 2.8，那么，最大许用拉伸载荷 $P_{\max}$ 是多少？

（b）请求出孔径 $d_{\max}$ 为何值时才能使该杆的两段与其圆角区具有承受相同拉伸载荷的能力。

解答:

（a）求解最大许用拉伸载荷。

只要用名义应力分别乘以该阶梯杆各段（例如，有孔的那一段和有圆角的那一段）的净面积，并比较这些乘积，就可确定最大许用拉伸载荷。

对于该杆上宽度为 b、厚度为 t、有一个直径为 d 的孔的那一段，净横截面面积为 $(b-d)t$，名义轴向应力为：

$$\sigma_1 = \frac{P}{(b-d)t} \qquad \sigma_1 = \frac{\sigma_{\text{allow}}}{K_{\text{hole}}} = \frac{\dfrac{\sigma_U}{FS_U}}{K_{\text{hole}}}$$

$$(a,\ b)$$

其中，最大应力被设为等于许用应力，而应力集中因数 K_{hole} 是根据图 2-63 得到的。接下来，使式（a）和式（b）相等，并求解 $P_{\max}$：

$$\sigma_1 = \frac{P}{(b-d)t} = \frac{\dfrac{\sigma_U}{FS_U}}{K_{\text{hole}}}$$

故

$$P_{\max 1} = \frac{\dfrac{\sigma_U}{FS_U}}{K_{\text{hole}}}(b-d)t \qquad (c)$$

根据给定的数值，可得 $d/b = 1.8/9.0 = 0.2$，因此，根据图 2-63，K_{hole} 约为 2.51（图 2-67b）。现在，可使用孔的应力集中因数，并根据式（c）来计算该阶梯杆上的许用拉伸载荷，即：

$$P_{\max 1} = \frac{\dfrac{200\text{MPa}}{2.8}}{2.51} \times (9.0\text{cm} - 1.8\text{cm}) \times (1.0\text{cm}) = 20.5\text{kN} \qquad (d)$$

接下来，必须研究该阶梯杆上有圆角（半径 $R = 0.5$ cm）那一段的抗拉承载能力。按照上述式（a）、式（b）、式（c）中求解 $P_{\max 1}$ 的步骤，可以求出：

$$P_{\max 2} = \frac{\dfrac{\sigma_U}{FS_U}}{K_{\text{fillet}}}(ct) \qquad (e)$$

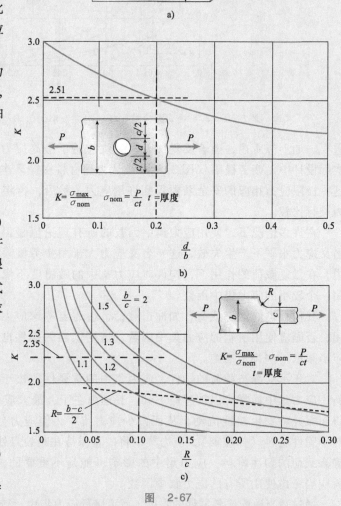

图 2-67

a) 具有圆孔的阶梯杆中的应力集中　b) 利用图 2-63 来选择因数 K_{hole}　c) 利用图 2-64 来选择因数 K

应力集中因数 K_{fillet} 是从图 2-65 中得到的，并使用了以下两个参数：圆角半径与宽度 c 的比值（$R/c=0.1$）以及该杆总宽度与宽度 c 的比值（$b/c=1.5$）。应力集中因数约为 2.35（图 2-67c），因此，该杆圆角区内基于应力集中的最大许用拉伸载荷为：

$$P_{\text{max}2} = \frac{\dfrac{200\text{MPa}}{2.8}}{2.35} \times (6\text{cm}) \times (1\text{cm}) = 18.24\text{kN} \tag{f}$$

比较式（d）和式（f），可以看出，最大许用拉伸载荷 $P_{\text{max}2}$ 的值较小，因此，最大许用拉伸载荷受该值控制。

(b) 求解最大孔径。

比较式（d）和式（f）可以看出，与其圆角区相比，该阶梯杆上有孔的那一段具有更高的抗拉承载能力 P_{max}。如果扩大该孔，则将减少净横截面面积 $A_{\text{net}} = (b-d)(t)$（注意，宽度和厚度不变），但同时也将降低应力集中因数 K_{hole}（图 2-63），因为比值 d/b 增加了。

如果以 $P_{\text{max}2}$ 作为最大许用拉伸载荷，则可将式（c）表达为：

$$\frac{\dfrac{\sigma_U}{FS_U}}{K_{\text{fillet}}}(b-d)\,t = P_{\text{max}2} \quad \text{或} \quad \frac{1-\dfrac{d}{b}}{K_{\text{hole}}} = \frac{P_{\text{max}2}}{\dfrac{\sigma_U}{FS_U}}\frac{1}{(bt)} \tag{g}$$

代入数据，可得：

$$\text{Ratio} = \frac{1-\dfrac{d}{b}}{K_{\text{hole}}} = \frac{18.24\text{kN}}{\dfrac{200\text{MPa}}{2.8}}\left[\frac{1}{9\text{cm}(1\text{cm})}\right] = 0.284 \tag{h}$$

表 2-2　应力集中因数与 d/b 值

d/b	K_{hole}	比值
0.2	2.51	0.32
0.3	2.39	0.29
0.4	2.32	0.26
0.5	2.25	0.22

根据图 2-63，可得到表 2-2，该表给出了应力集中因数 K_{hole} 的若干值及其对应的 d/b 值，该表表明：所需的 d/b 值位于 0.3 和 0.4 之间。采用试错法进行几次迭代运算，并使用图 2-63 的数值，可得：

$$\frac{d}{b} = \frac{2.97}{9} = 0.33 \Rightarrow \frac{1-0.33}{2.36} = 0.284$$

$$故，d_{\text{max}} = 2.97\text{cm} \tag{i}$$

因此，如果要求该阶梯杆的两段具有相同的拉伸承载能力，那么，孔的最大直径 d_{max} 应约为 3.0cm。

*2.11   非线性行为

截止到目前，我们主要论述了由遵循胡克定律的材料组成的构件和结构。现在，我们将研究应力超过比例极限时轴向承载杆的行为。在这种情况下，应力、应变和位移取决于应力-应变曲线中比例极限之外的曲线的形状（一些典型的应力-应变图见 1.4 节）。

非线性应力-应变曲线   为了便于分析和设计，通常用一条可使用函数式表达的理想化应力-应变曲线来代表某种材料实际的应力应变曲线。图 2-68 给出了一些示例。

图 2-68a 由一个线弹性区和一个非线性区组成，其中，非线性区可用一个适当的数学表达式来定义。这类曲线有时可十分准确地表示铝合金的行为（至少在大应变之前的区域内，比较图 2-68a 与图 1-31）。

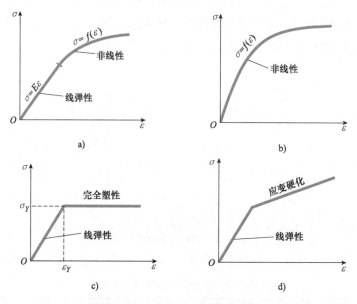

图 2-68   材料行为的理想化类型

a) 弹性-非线性应力应变曲线   b) 一般非线性应力应变曲线   c) 弹塑性应力应变曲线   d) 双线性应力应变曲线

如图 2-68b 所示，一个单一的数学表达式被用于整个应力-应变曲线。这类表达式中最著名的就是之后将详述的拉姆贝格-奥斯古德应力应变方程。

图 2-68c 所示为常用结构钢的应力-应变图。由于钢有一个线弹性区和一个随后的大屈服区（见图 1-28 和图 1-30 的应力-应变曲线），因此，其行为可由两条直线来表示。该材料被假设为直到达到屈服应力为止均服从胡克定律，屈服应力之后，该材料在恒定的应力作用下发生屈服，这一屈服行为被称为完全塑性（perfect plasticity）。完全塑性区一直持续到应变达到屈服应变的 10 或 20 倍为止。具有这类应力-应变图的材料被称为弹塑性材料（或弹性-塑性材料）。

最后，正如 1.4 节所解释的那样，当应变极大时，钢的应力-应变曲线将因为应变硬化而超过屈服应力并上升。然而，在应变硬化开始时，位移已经非常大，以致于结构将失去其实用性。因此，通常的做法是，以图 2-68c 所示的弹塑性图为基础分析结构钢，并且拉伸和压缩时均使用该图。使用上述假设所作的分析被称为弹塑性分析（elastoplastic analysis），或简称为塑性分析（下一节将讨论）。

图 2-68d 所示应力-应变图由两条斜率不同的直线组成，该图被称为双线性应力-应变图。注意，在该图的两部分中，应力和应变均为线性关系，但只有第一部分的应力与应变之间的关系是成正比的（胡克定律）。这一理想化的应力-应变图可用来代表那些具有应变硬化的材料，或可用来近似地代表图 2-68a、b 所示的那些非线性曲线。

杆件的长度改变量　如果已知材料的应力-应变曲线，那么就可以确定某一杆件的伸长量或缩短量。为了说明其一般分析过程，研究图 2-69a 所示的锥形杆 AB。该杆的横截面面积和轴力均沿其长度方向变化，并且，其材料具有一个常见的非线性应力-应变曲线（图2-69b）。由于该杆是静定的，因此，可以单独根据静力平衡来确定所有横截面处的内部轴力。之后，用轴力除以横截面面积就可求出应力，并可根据应力-应变曲线求出其应变。最后，可根据应变求出该杆的长度改变量，如下所述。

该杆某一长度为 $\mathrm{d}x$ 的微段（图 2-69a），其长度改变量为 $\varepsilon\mathrm{d}x$，其中 ε 为与端部相距 x 位置处的应变。从该杆的一端至另一端对该表达式（即 $\varepsilon\mathrm{d}x$）进行积分，则可得到整个杆的长度改变量：

$$\delta = \int_0^L \varepsilon \mathrm{d}x \tag{2-70}$$

其中，L 是该杆的长度。如果应变 ε 是采用解析式（即代数公式）表达的，那么，就可能采用数学上的积分方法对式（2-70）进行积分运算，从而得到长度改变量的一个表达式。如果应变 ε 是采用数值方法表达的（即使用一系列的数值来表达），那么，可进行如下运算：先将该杆分为若干个长度为 Δx 的小段，并确定每个小段中的平均应力和平均应变，然后再将各小段的伸长量相加，即可计算出整个杆的伸长量。这两个计算过程所得的结果是一致的。

如果应变 ε 在杆（比如一根承受恒定轴向力的柱状杆）的整个长度上是均匀的，那么，式（2-70）的积分就是一个常数积分，且长度改变量为：

$$\delta = \varepsilon L \tag{2-71}$$

正如预期的那样（与 1.3 节的式（1-2）进行比较）。

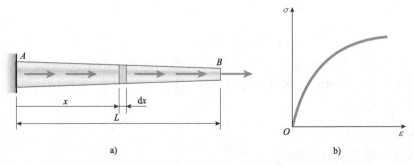

图 2-69　材料具有非线性应力应变曲线的锥形杆的长度改变量

拉姆贝格-奥斯古德应力应变法则　几种金属材料（包括铝、镁）的应力-应变曲线可以准确地用拉姆贝格-奥斯古德方程（Ramberg-Osgood equation）来表示：

$$\frac{\varepsilon}{\varepsilon_0} = \frac{\sigma}{\sigma_0} + \alpha \left(\frac{\sigma}{\sigma}\right)^m \tag{2-72}$$

其中，σ 和 ε 分别为应力和应变，ε_0、σ_0、α 和 m 均为材料的常数（根据拉伸试验得到的）。该方程的一种变形形式为：

$$\varepsilon = \frac{\sigma}{E} + \frac{\sigma_0 \alpha}{E}\left(\frac{\sigma}{\sigma_0}\right)^m \tag{2-73}$$

其中，$E = \sigma_0/\varepsilon_0$ 为该应力-应变曲线[$\ominus$]起始部分的弹性模量。

图 2-70 给出了式（2-73）的一个图形，该图显示了一种具有下列常数的铝合金的应力-应变曲线：$E = 70\text{GPa}$，$\sigma_0 = 260\text{MPa}$，$\alpha = 3/7$，$m = 10$，其应力-应变曲线的方程如下：

$$\varepsilon = \frac{\sigma}{70,000} + \frac{1}{628.2}\left(\frac{\sigma}{260}\right)^{10} \tag{2-74}$$

其中，σ 的单位为兆帕（MPa）。例题 2-19 说明了如何利用式（2-73）所描述的应力-应变关系来计算杆的长度改变量。

　　静不定结构　如果一个结构是静不定的，且其材料的行为是非线性的，那么，可以利用 2.4 节所述的线弹性结构的一般方程来求解其应力、应变和位移，其中，一般方程包括平衡方程、相容方程和力-位移关系方程（或等效的应力-应变关系方程）。主要区别在于，力-位移关系现在是非线性的，这意味着，除非情况非常简单，否则无法得到其解析解。反过来说，就是必须编制一段合适的计算机程序并采用数值方法来求解这些方程。

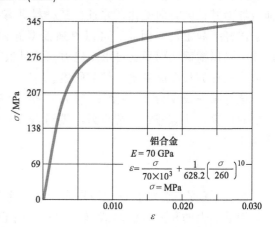

图 2-70　采用拉-奥方程［式（2-74）］的铝合金的应力应变曲线

【例 2-19】

　　一根长度 $L = 2.2\text{m}$，横截面面积 $A = 480\text{mm}^2$ 的柱状杆 AB 承受着两个集中载荷 $P_1 = 108\text{kN}$ 和 $P_2 = 27\text{kN}$，如图 2-71 所示。该杆的材料为铝合金，该铝合金的应力-应变曲线是非线性的，可用以下拉姆贝格-奥斯古德方程［式（2-74）］来描述：

$$\varepsilon = \frac{\sigma}{70000} + \frac{1}{628.2}\left(\frac{\sigma}{260}\right)^{10}$$

　　其中，σ 的单位为 MPa（该应力-应变曲线的一般形状如图 2-70 所示）。请分别确定以下各条件下该杆下端的位移 δ_B：

　　（a）载荷 P_1 单独作用；

　　（b）载荷 P_2 单独作用；

　　（c）载荷 P_1 和 P_2 同时作用。

　　解答：

　　（a）载荷 P_1 单独作用时产生的位移。载荷 P_1 在该杆的整个长度上产生一个均匀的拉伸应力，该应力等于 P_1/A，或 225MPa。将该值代入应力-应变关系，可得 $\varepsilon = 0.003589$。因此，该杆的伸长量就等于点 B 的位移，其值［见式（2-71）］为：

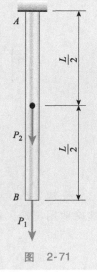

图　2-71

　　[$\ominus$]　拉姆贝格-奥斯古德应力-应变法则见参考文献 2-12。

$$\delta_B = \varepsilon L = (0.003589) \times (2.2m) = 7.90mm$$

（b）载荷 P_2 单独作用时产生的位移。该杆上半段中的应力为 P_2/A 或 56.25MPa，其下半段中没有应力。采用与问题（a）相同的分析步骤，可得到以下伸长量：

$$\delta_B = \varepsilon L/2 = (0.0008036) \times (1.1m) = 0.884mm$$

（c）各载荷同时作用时产生的位移。该杆下半段中的应力为 P_1/A，上半段中的应力为 $(P_1+P_2)/A$。相应的应力值分别为 225MPa 和 281.25MPa，相应的应变值分别为 0.003589 和 0.007510（根据拉姆贝格-奥斯古德方程）。因此，该杆的伸长量为：

$$\delta_B = (0.003589) \times (1.1m) + (0.007510) \times (1.1m)$$

$$= 3.95mm + 8.26mm = 12.2mm$$

对于一个由非线性材料制造的结构，δ_B 的上述三个计算值说明了一个重要原理，即：在非线性结构中，两个（或更多）载荷同时作用时所产生的位移并不等于各载荷单独作用时所产生的位移的总和。

*2.12 弹塑性分析

上节讨论了材料中的应力超过比例极限时结构的行为。现在，将研究一种在工程设计中相当重要的材料——钢。钢是一种使用最为广泛的结构金属，低碳钢（或结构钢）可被理想化为一种具有图 2-72 所示应力-应变图的弹塑性材料。弹塑性材料在其初始变形阶段表现为线弹性方式（具有弹性模量 E），塑性屈服开始后，在一个或高或低的恒定应力（被称为屈服应力 σ_Y）处，应变增加，屈服开始处的应变被称为屈服应变 ε_Y。

某一承受拉伸载荷作用的弹塑性材料的柱状杆，其载荷-位移图（图 2-73）与其应力-应变图的形状相同。初始变形时，该杆以线弹性方式伸长，且胡克定律是有效的。因此，在此加载区，可根据熟悉的公式 $\delta = PL/EA$ 来求解其长度的改变量。一旦达到屈服应力，则该杆可能在没有加大载荷的情况下就发生伸长，且伸长量的大小无法确定。开始屈服时的载荷被称为屈服载荷（yield load）P_Y，相应的伸长量被称为屈服位移（yield displacement）δ_Y。注意，对于柱状杆，屈服载荷 P_Y 等于 $\sigma_Y A$，屈服位移 δ_Y 等于 $P_Y L/EA$ 或 $\sigma_Y L/E$（只要不发生屈曲，类似的说法也适用于受压杆）。

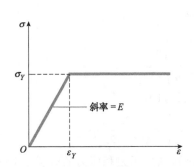

图 2-72 弹塑性材料（如结构钢）理想的应力应变曲线

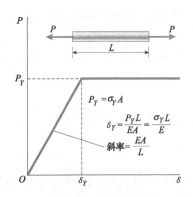

图 2-73 弹塑性材料杆的载荷-位移图

如果一个仅由轴向承载杆组成的结构是静定的（图 2-74），那么，其整体行为将遵循相同的模式。结构将一直表现为线弹性行为，直到其中的某一根构件达到屈服应力为止。然后，该屈服构件在没有进一步施加轴向载荷的情况下就开始伸长（或缩短）。因此，整个结构将发生屈服，其载荷-位移图与该屈服构件的载荷-位移图具有相同的形状（图 2-73）。

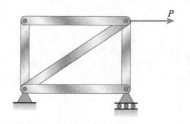

图 2-74　多个杆件构成的静定结构

静不定结构　如果一个弹塑性结构是静不定的，那么，情况将变得更为复杂。若某一构件屈服了，则其他构件将继续抵抗载荷的增加。然而，最终将会有足够多的构件发生屈服，并因此导致整个结构的屈服。

为了说明静不定结构的行为，以图 2-75 所示的简单装置为例。该结构由三根钢杆和一块刚性板构成，载荷 P 作用在刚性板上。外边两根钢杆的长度均为 L_1，中间钢杆的长度为 L_2，三根钢杆的横截面面积均为 A。钢的理想化应力-应变图如图 2-72 所示，其线弹性区的弹性模量为 $E = \sigma_Y / \varepsilon_Y$。

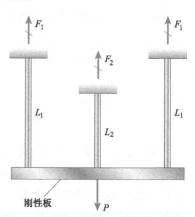

对于静不定结构，通常情况下，应首先建立平衡方程和变形协调方程。根据刚性板在铅垂方向的平衡条件，可得：

$$2F_1 + F_2 = P \tag{2-75}$$

其中，F_1、F_2 分别为外边两根钢杆和中间钢杆中的轴力。在施加载荷 P 时，由于刚性板作为一个刚体将整体向下移动，因此，变形协调方程为：

图 2-75　静不定结构的弹塑性分析

$$\delta_1 = \delta_2 \tag{2-76}$$

其中，δ_1、δ_2 分别为外边两根钢杆和中间钢杆的伸长量。由于前两个方程仅取决于平衡条件和几何条件，因此，无论载荷 P 多大，这两个方程都是有效的，即无论应变是处于线弹性区还是处于塑性区，这两个方程都是有效的。

当载荷 P 较小时，各钢杆中的应力小于屈服应力 σ_Y，且材料处于线弹性区内。因此，各钢杆的力-位移关系为：

$$\delta_1 = \frac{F_1 L_1}{EA} \quad \delta_2 = \frac{F_2 L_2}{EA} \tag{2-77a，b}$$

将其代入变形协调方程 [式（2-76）]，可得：

$$F_1 L_1 = F_2 L_2 \tag{2-78}$$

联立求解式（2-75）和式（2-78），可得：

$$F_1 = \frac{PL_2}{L_1 + 2L_2} \quad F_2 = \frac{PL_1}{L_1 + 2L_2} \tag{2-79a，b}$$

这样，就得到了处于线弹性区内的各钢杆中的力。相应的应力为：

$$\sigma_1 = \frac{F_1}{A} = \frac{PL_2}{A(L_1 + 2L_2)} \quad \sigma_2 = \frac{F_2}{A} = \frac{PL_1}{A(L_1 + 2L_2)} \tag{2-80a，b}$$

只要所有三根钢杆中的应力均低于屈服应力 σ_Y，则这些关于力和应力的方程都是有效的。

随着载荷 P 的逐渐增大，各钢杆中的应力也不断增加，直到某一钢杆中的应力达到屈服应力为止。假设外边两根钢杆的长度大于中间钢杆的长度（如图 2-75 所示），即：

$$L_1 > L_2 \qquad (2\text{-}81)$$

则中间钢杆的应力将高于外边两根钢杆的应力［式（2-80a，b）］，并且，其应力将首先达到屈服应力。当发生这种情况时，中间钢杆中的力为 $F_2 = \sigma_Y A$。某一钢杆中的应力首先达到屈服应力时载荷 P 的大小被称为屈服载荷 P_Y。在式（2-79b）中，设 F_2 等于 $\sigma_Y A$，则可求出 P_Y 为：

$$P_Y = \sigma_Y A\left(1 + \frac{2L_2}{L_1}\right) \qquad (2\text{-}82)$$

只要载荷 P 小于 P_Y，则结构就表现为线弹性行为，并且，就可根据式（2-79a，b）来求解各钢杆中的力。

屈服载荷时刚性板的向下位移被称为屈服位移 δ_Y，它等于中间钢杆的应力首先达到屈服应力时该钢杆的伸长量：

$$\delta_Y = \frac{F_2 L_2}{EA} = \frac{\sigma_2 L_2}{E} = \frac{\sigma_Y L_2}{E} \qquad (2\text{-}83)$$

载荷 P 与刚性板的向下位移 δ_Y 之间的关系如图 2-76 所示。其中，直线 OA 表示在屈服载荷 P_Y 之前结构的行为。

随着载荷的进一步增加，外边两根钢杆中的力 F_1 将不断增大，但是，由于中间钢杆现在处于完全塑性状态，因此中间钢杆中的力 F_2 仍保持为恒定值 $\sigma_Y A$（图 2-73）。当力 F_1 达到 $\sigma_Y A$ 值时，外边两根钢杆也开始屈服，从而导致该结构无法支持任何额外的载荷。相反，在被称为塑性载荷（plastic load）P_P 的恒定载荷的作用下，所有三根钢杆均将发生塑性伸长。该塑性载荷由载荷-位移图（图 2-76）中的点 B 表示，图中的水平线 BC 代表一个连续的塑性变形区（在载荷不增加的情况下）。

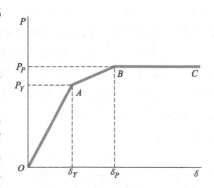

图 2-76 图 2-75 所示静不定结构的载荷-位移图

根据静力学平衡方程［式（2-75）］，可知：

$$F_1 = \sigma_Y A \qquad F_2 = \sigma_Y A \qquad (2\text{-}84\ a,\ b)$$

因此，根据平衡条件，可求出塑性载荷 P_P：

$$P_P = 3\sigma_Y A \qquad (2\text{-}85)$$

在载荷刚好达到塑性载荷 P_P 这一时刻的塑性位移（plastic displacement）δ_P 等于外边两根钢杆在达到屈服应力时的伸长量。因此，

$$\delta_P = \frac{F_1 L_1}{EA} = \frac{\sigma_1 L_1}{E} = \frac{\sigma_Y L_1}{E} \qquad (2\text{-}86)$$

比较 δ_P 和 δ_Y 可以看出，在本例中，塑性位移与屈服位移的比值为：

$$\frac{\delta_P}{\delta_Y} = \frac{L_1}{L_2} \qquad (2\text{-}87)$$

同时，塑料载荷与屈服载荷的比值为：

$$\frac{P_P}{P_Y} = \frac{3L_1}{L_1 + 2L_2} \qquad (2\text{-}88)$$

例如，如果 $L_1 = 1.5L_2$，那么，比值 $\delta_P/\delta_Y = 1.5$，$P_P/P_Y = 9/7 = 1.29$。一般情况下，位移比总是大于相应的载荷比，载荷-位移图（图 2-76）上的局部塑性区 AB 的斜率总是小于弹性区 OA 的斜率。当然，完全塑性区 BC 具有最小的斜率（为零）。

综述 之所以载荷-位移图在局部塑性区（图 2-76 中的直线 AB）是线性的，且该线性区的斜率小于线弹性区的斜率，其原因在于，在结构处于局部塑性区时，外边两根钢杆却仍然表现为线弹性行为。因此，这两根钢杆的伸长量是载荷的一个线性函数。由于该伸长量与刚性板的向下位移相同，因此，刚性板的位移也必定是载荷的一个线性函数，其结果是，点 A、B 之间就是一条直线。然而，载荷-位移图中该线性区的斜率小于初始线性区的斜率的原因却在于，中间钢杆发生了塑性屈服，且只有外边两根钢杆在不断抵抗载荷的增大。实际上，结构的刚度已经减小了。

根据关于式（2-85）的讨论可以看出，只需根据静力学就可以计算出塑性载荷 P_P，这是因为所有的钢杆都发生了屈服且其轴力均是已知的。相反，计算屈服载荷 P_Y 却需要进行静不定分析，这意味着必须求解平衡方程、变形协调方程和力-位移方程。

达到塑料载荷 P_P 之后，结构将沿着图示直线 BC（见图 2-76）继续变形。最终，将出现应变硬化，从而使该结构能够支撑额外的载荷。然而，存在非常巨大的位移通常意味着该结构已不再具有使用价值，因此塑料载荷 P_P 通常被认为是失效载荷。

前面讨论了首次施加载荷时结构的行为。若在载荷达到屈服载荷前将其卸除，则该结构将表现为弹性且将返回其初始的无应力状态。然而，如果超出屈服载荷，那么结构的某些构件在卸除载荷后将保留永久变形，从而使该结构处于一个预应力状态。其结果是，即使没有外部载荷的作用，该结构中也将具有残余应力。如果再次施加载荷，那么，结构将表现出不同的行为。

【例 2-20】

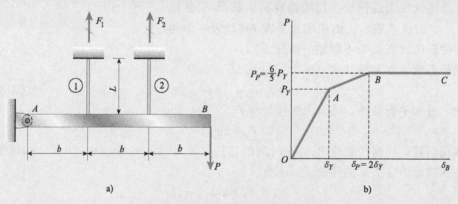

图 2-77   静不定结构的弹塑性分析

图 2-77a 所示结构包含一根水平梁 AB（假设为刚性的），该梁受到两根相同杆（杆 1 和杆 2）的支撑，这两根杆的材料均为弹塑性材料。各杆的长度均为 L，横截面面积均为 A，其材料的屈服应力均为 σ_Y，屈服应变均为 ε_Y，弹性模量均为 $E = \sigma_Y/\varepsilon_Y$。水平梁的长度为 $3b$，并在 B 端支撑着一个载荷 P。

（a）请求解水平梁端部处（点 B 处）的屈服载荷 P_Y 和相应的屈服位移 δ_Y。

（b）请求出点 B 处的塑性载荷 P_P 和相应的塑性位移 δ_P。

（c）请绘制一个载荷-位移图，以表明载荷 P 与点 B 的位移 δ_B 之间的关系。

解答：

平衡方程。由于该结构为静不定结构，因此，首先建立平衡方程和变形协调方程。根据梁 AB 的平衡条件，可得：

$$\Sigma M_A = 0 \quad F_1(b) + F_2(2b) - P(3b) = 0$$

其中，F_1 和 F_2 分别为杆 1 和杆 2 中的轴向力。该方程可化简为：

$$F_1 + 2F_2 = 3P \tag{g}$$

变形协调方程。变形协调方程基于该结构的几何形状。在载荷 P 的作用下，刚性梁 AB 将绕点 A 转动，因此该梁各点处的向下位移均与这些点至点 A 的距离成正比，故变形协调方程为：

$$\delta_2 = 2\delta_1 \tag{h}$$

其中，δ_2 为杆 2 的伸长量，δ_1 为杆 1 的伸长量。

（a）屈服载荷和屈服位移。当载荷 P 较小，且材料中的应力处于线弹性区时，两根杆的力-位移关系为：

$$\delta_1 = \frac{F_1 L}{EA} \quad \delta_2 = \frac{F_2 L}{EA} \tag{i, j}$$

联立求解这两个方程和变形协调方程［式（h）］，可得：

$$\frac{F_2 L}{EA} = 2\frac{F_1 L}{EA} \quad 或 \quad F_2 = 2F_1 \tag{k}$$

将其代入平衡方程［式（g）］，可得：

$$F_1 = \frac{3P}{5} \quad F_2 = \frac{6P}{5} \tag{l, m}$$

由此可见，杆 2 承受较大的力，它将首先达到屈服应力。达到屈服应力的那一瞬间，杆 2 中的力为 $F_2 = \sigma_Y A$。将该值代入式（m），就可求得屈服载荷 P_Y 为：

$$P_Y = \frac{5\sigma_Y A}{6} \tag{2-89}$$

杆 2 相应的伸长量［根据式（j）］为 $\delta_2 = \sigma_Y L/E$，因此，点 B 处的屈服位移为：

$$\delta_Y = \frac{3\delta_2}{2} = \frac{3\sigma_Y L}{2E} \tag{2-90}$$

P_Y 和 δ_Y 均被显示在载荷-位移图上（图 2-77b）。

（b）塑性载荷和塑性位移。达到塑性载荷 P_P 时，两根杆均将被拉伸至屈服应力，而力 F_1 和 F_2 都将等于 $\sigma_Y A$。根据平衡方程［式（g）］，可得该塑性载荷为：

$$P_P = \sigma_Y A \tag{2-91}$$

达到该载荷时，杆 1 中的应力刚好达到屈服应力，因此其伸长量［根据式（i）］为 $\delta_1 = \sigma_Y L/E$，而点 B 的塑性位移为：

$$\delta_P = 3\delta_1 = \frac{3\sigma_Y L}{E} \tag{2-92}$$

塑性载荷 P_P 与屈服载荷 P_Y 的比值为 6/5，塑性位移 δ_P 与屈服位移 δ_Y 的比值为 2。载荷-位移图上也显示了这些值。

（c）载荷-位移图。该结构完整的载荷-位移行为如图 2-77b 所示。其中，在 O 至 A 的区域内是线弹性行为，从 A 到 B 是局部塑性行为，从 B 到 C 是完全塑性行为。

第 2 章研究了受到分布载荷（如自重、温度变化以及预应变）作用的轴向承载杆的行为，并建立了一些力-位移关系，可用这些关系来计算在均匀条件（即力在其整个长度上是恒定的）和非均匀条件下（即轴力，也可能包括横截面面积在其整个长度上是变化的）杆件的长度改变量。接下来，还建立了平衡方程和变形协调方程，以便可以采用叠加法来求解静不定结构的所有未知力和未知应力等。同时，也建立了关于斜截面上的正应力和切应力的方程，根据这些方程，可求出杆件中的最大正应力和最大切应力。本章的主要内容如下：

1. 轴向受拉或受压柱状杆的伸长量或缩短量（δ）与其载荷（P）和长度（L）成正比，与其轴向刚度（EA）成反比，这种关系被称为力-位移关系。

$$\delta = \frac{PL}{EA}$$

2. 缆绳是只能承受拉伸的构件，在承载条件下，应使用有效弹性模量（E_e）和有效横截面面积（A_e）来计算缆绳的拉紧效果。

3. 一根杆单位长度的轴向刚度被定义为刚度（k），相反的关系被定义为柔度（f）。

$$\delta = Pf = \frac{P}{k} \qquad f = \frac{L}{EA} = \frac{1}{k}$$

4. 变截面杆各段的位移的总和等于整个杆的伸长量或缩短量（δ）。

$$\delta = \sum_{i=1}^{n} \frac{N_i L_i}{E_i A_i}$$

可使用自由体图来求解各段中的轴力（N_i）；如果轴力和/或横截面面积是连续变化的，则需要一个积分表达式。

$$\delta = \int_0^L \mathrm{d}\delta = \int_0^L \frac{N(x)\ \mathrm{d}x}{EA(x)}$$

5. 如果杆结构是静不定的，那么，就需要建立额外的方程（除了那些可用的静力学方程以外）来求解未知力。变形协调方程用来表明位移与支座条件的关系，并由此可得到未知量之间的附加关系。静不定结构的一个简便的分析方法是，用叠加的"释放"（或静定）结构来代表实际的静不定结构。

6. 热效应导致位移与温度变化量（ΔT）和杆件的长度（L）成正比，但在静定结构中不会产生应力。在计算热效应所产生的轴向应变（ε_T）和轴向位移（δ_T）时，还需要使用材料的热膨胀系数（α）。

$$\varepsilon_T = \alpha(\Delta T) \qquad \delta_T = \varepsilon_T L = \alpha(\Delta T)L$$

7. 装配误差和预应变仅在静不定杆中产生轴力。

8. 通过研究轴向承载杆的某一斜应力微元体，就可求出最大正应力（$\sigma_{\max}$）和最大切应力（$\tau_{\max}$）。最大正应力的方向沿着该杆的轴线，但最大切应力却发生在与该杆的轴线倾斜 45°的方位上，最大切应力为最大正应力的一半。

$$\sigma_{\max} = \sigma_x \qquad \tau_{\max} = \frac{\sigma_x}{2}$$

9. 本章还讨论了许多深层次的内容，包括应变能、冲击载荷、疲劳，应力集中、非线性行为以及弹塑性分析。

轴向承载杆的长度改变量

2.2-1 图示 L 形臂杆 ABCD 位于某一铅垂平面内，且可绕 A 处的水平铰链转动。该臂杆的横截面面积是恒定的，其总重量为 W。一根弹性常数为 k 的铅垂弹簧在 B 点处拉住了该臂杆。

（a）请求出由臂杆的重量所引起的弹簧伸长量的表达式。

（b）如果将 A 处的铰链支座移至 D 处，那么，请重新求解问题（a）。

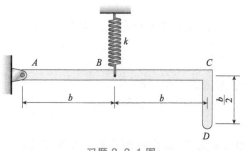

习题 2.2-1 图

2.2-2 如图所示，在建筑施工中，用一根公称直径为 25mm 的钢丝绳（见表 2-1）起吊一个重量为 38kN 的桥架。钢丝绳的有效弹性模量 $E = 140GPa$。

（a）如果钢丝绳的长度为 14m，那么，吊起该载荷时钢丝绳将伸长多少？

（b）如果已计算出钢丝绳所能承受的最大载荷为 70kN，那么，钢丝绳的断裂安全因数是多少？

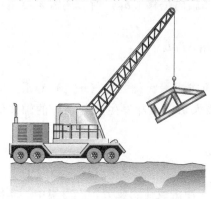

习题 2.2-2 图

2.2-3 一根钢丝线与一根铝合金线长度相同，并支撑相同的载荷 P（见图）。钢和铝合金的弹性模量分别为 $E_s = 206GPa$ 和 $E_a = 76GPa$。

（a）如果两根线的直径相同，那么，铝合金线与钢丝线的伸长量之比是多少？

（b）如果两根线的伸长量相同，那么，铝合金线与钢丝线的直径之比是多少？

（c）如果两根线的直径相同且承受相同的载荷 P，那么，假如铝合金线的伸长量是钢丝线伸长量的 1.5 倍，它们的原始长度之比是多少？

（d）如果两根线的直径相同、伸长量相同且承受相同的载荷 P，那么，假如上面那根线的伸长量是钢丝线伸长量的 1.7 倍，则上面那根线的材料是什么？

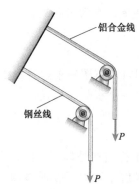

习题 2.2-3 图

2.2-4 如图所示，当把重量为 W 的重物放入笼子时，该笼子向下移动的距离是多少？仅考虑缆绳（刚度 $EA = 10,700kN$）伸长所产生的影响。A 处滑轮的直径 $d_A = 300mm$，B 处滑轮的直径 $d_B = 150mm$，距离 $L_1 = 4.6m$，距离 $L_2 = 10.5m$，重量 $W = 22kN$（注意：计算缆绳的长度时，应包括绕在 A、B 滑轮处的缆绳）。

2.2-5 如图所示，锅炉顶部的安全阀上有一个直径为 d 的排气孔，该锅炉内部蒸汽的压力为 p。该安全阀被设计为只有当压力达到 p_{max} 值时才会释放蒸汽。如果弹簧的自然长度为 L，弹性常数为 k，那么，安全阀的尺寸 h 应该是多少？（用公式来表达 h）

2.2-6 图示装置包含一个柱状刚性指针 ABC，

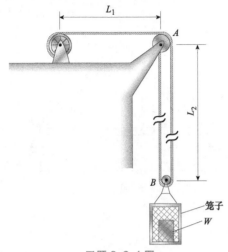

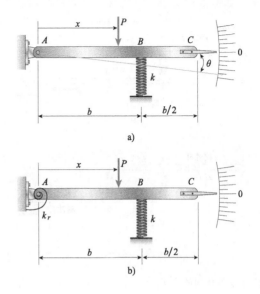

a)

b)

习题 2.2-4 图

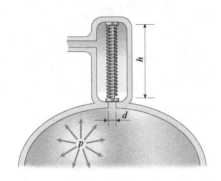

习题 2.2-5 图

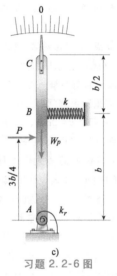

c)

习题 2.2-6 图

该指针受到一根弹性常数为 $k = 950\mathrm{N/m}$ 的平动弹簧的支撑。弹簧被安装在至点 A 的距离为 $b = 165\mathrm{mm}$ 的位置处。在没有载荷 P 作用时，可调节该装置，以使其指针指向的读数为 "0"。

（a）如果载荷 $P = 11\mathrm{N}$，那么，为了使指针指向的读数为 $\theta = 2.5°$，该载荷作用的位置 x 是多少（见图 a）？

（b）如果在 A 处添加一根 $k_r = kb^2$ 的扭转弹簧（见图 b），那么，请重新求解问题（a）。

（c）设 $x = 7b/8$，如果 θ 不能超过 $2°$，则 $P_{\max}$（单位为 N）是多少？分析中应包括弹簧 k_r。

（d）如果已知指针 ABC 的重量 $W_p = 3\mathrm{N}$，弹簧的重量 $W_s = 2.75\mathrm{N}$，那么，指针的初始角度（即角度 θ）应该为何值时才能使其静止时的指针读数为零？假设 $P = k_r = 0$。

（e）如果将指针旋转至铅垂位置（见图 c），那么，请求出所需载荷 P，该载荷作用在指针的中点处，并使指针指向的读数为 $\theta = 2.5°$。分析时应考虑

指针的重量 W_p。

2.2-7　两根刚性杆被两根线弹性弹簧连接在一起。加载前，两根杆是平行的，弹簧中没有应力。

（a）如图 a 所示，当在节点 3 处施加载荷 P，且在节点 1 处施加力矩 PL 时，求此时节点 4 的位移 δ_4 的表达式（假设在载荷 P 的作用下两根杆转动的角度非常小）。

（b）如果在节点 6 处添加一根 $k_r = kL^2$ 的扭转弹簧，那么，请重新求解问题（a）。图 a 和图 b 中的 δ_4 的比率是多少？

2.2-8　图示三杆桁架的跨度 $L = 3\mathrm{m}$，它由三根横截面面积均为 $A = 3900\mathrm{mm}^2$，弹性模量均为 $E = 200\mathrm{GPa}$ 的钢管构成，其节点 C 处的水平和铅垂方向

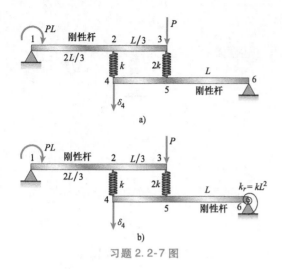

习题 2.2-7 图

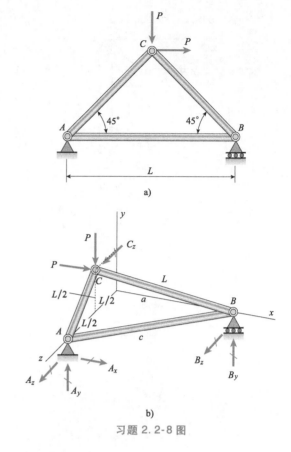

a)

b)

习题 2.2-8 图

习题 2.2-9 图

均作用着相同的力 P。

（a）如果 $P = 475\text{kN}$，那么，节点 B 的水平位移是多少？

（b）如果节点 B 的位移不能超过 1.5mm，那么，最大许用载荷值 $P_{\max}$ 是多少？

（c）如果该平面桁架被一个空间桁架替换（见图 b），那么，请重新求解问题（a）和（b）。

2.2-9   一根直径 $d = 2\text{mm}$、长度 $L = 3.8\text{m}$ 的铝线受到拉伸载荷 P 的作用（见图）。铝的弹性模量 $E = 75\text{GPa}$。如果该铝线的最大许可伸长量为 3mm，许用拉应力为 60MPa，那么，许用载荷 $P_{\max}$ 是多少？

2.2-10   如图所示，一根重量 $W = 25\text{N}$ 的均质杆 AB 受到两根弹簧的支撑。左侧弹簧的刚度 $k_1 = 300\text{N/m}$，自然长度 $L_1 = 250\text{mm}$，右侧弹簧的相应值为 $k_2 = 400\text{N/m}$，$L_2 = 200\text{mm}$。两弹簧之间的距离 $L = 350\text{mm}$，右侧弹簧悬挂在一个支座上，该支座与左侧弹簧支座的高度差 $h = 80\text{mm}$。忽略弹簧的重量。

（a）$P = 18\text{N}$ 的载荷与左侧弹簧的距离 x 为何值（见图 a）时才能使 AB 杆处于水平位置？

（b）如果现在移除力 P，那么，k_1 应为何值才能使 AB 杆（见图 a）仅在其自重 W 作用下就能处于水平位置？

（c）如果现在移除力 P，且 $k_1 = 300\text{N/m}$，那么，弹簧 k_1 为向右移动的距离 b 为何值时才能使 AB 杆（见图 a）仅在其自重 W 作用下就能处于水平位置？

（d）如果左侧弹簧被两根自然长度 $L_1 = 250\text{mm}$ 的串联弹簧（$k_1 = 300\text{N/m}$，k_3）所替换（见图 b），那么，k_3 应为何值才能使 AB 杆仅在其自重 W 作用下就能处于水平位置？

2.2-11   如图所示，空心圆形铸铁管（$E_c = 83\text{GPa}$）支撑着一根重量 $W = 9\text{kN}$ 的黄铜杆（$E_b = 96\text{GPa}$）。铸铁管的外径 $d_c = 150\text{mm}$。

（a）如果铸铁管的许可压应力为 35MPa，且铸铁管的许可缩短量为 0.5mm，那么，所需的最小壁厚 $t_{c,\min}$ 是多少？（分析中应包括黄铜杆和钢盖的重量）

（b）载荷和黄铜杆的自重所引起的黄铜杆的伸长量 δ_r 是多少？

（c）所需最小间隙 h 是多少？

2.2-12   如图所示，水平刚性梁 $ABCD$ 受到两根垂直杆 BE 和 CF 的支撑，且在其 A、D 点处分别受到铅垂载荷 $P_1 = 400\text{kN}$、$P_2 = 360\text{kN}$ 的作用。杆 BE 和 CF 由钢（$E = 200\text{GPa}$）制成，其横截面面积分别为 $A_{BE} = 11{,}100\text{mm}^2$、$A_{CF} = 9280\text{mm}^2$。杆上各点

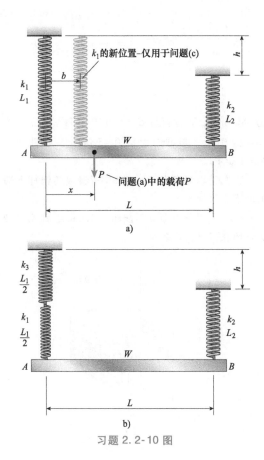

a)

b)

习题 2.2-10 图

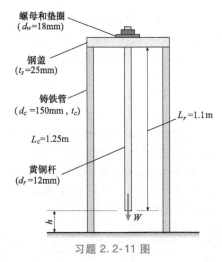

习题 2.2-11 图

之间的距离如图所示。请分别确定点 A、D 的铅垂位移 δ_A、δ_D。

2.2-13　如图所示，两根管状立柱（AB，FC）被铰链连接到一根刚性梁（BCD）上。每根立柱的弹性模量均为 E，但高度（L_1 或 L_2）和外径（d_1 或 d_2）不同。假设每根立柱的内径是其外径的 3/4。

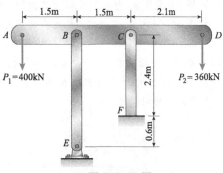

习题 2.2-12 图

均布载荷 $q = 2P/L$ 向下作用在 BC 的 $3L/4$ 段上，集中载荷 $P/4$ 向下作用在 D 处。

（a）依据力 P 和立柱的柔度 f_1、f_2，求出点 D 的位移 δ_D 的表达式。

（b）如果 $d_1 = (9/8)\, d_2$，那么，请求出比值 L_1/L_2 为何值时才能使梁 BCD 在问题（a）所示载荷系统的作用下向下移至水平位置。

（c）如果 $L_1 = 2L_2$，那么，请求出比值 d_1/d_2 为何值时才能使梁 BCD 在问题（a）所示载荷系统的作用下向下移至水平位置。

（d）如果 $d_1 = (9/8)\, d_2$，$L_1/L_2 = 1.5$，那么，载荷 $P/4$ 与 B 点的距离 x 为何值时才能使梁 BCD 在问题（a）所示载荷系统的作用下向下移至水平位置？

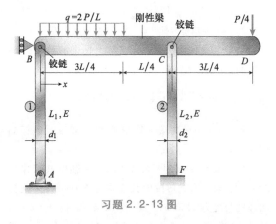

习题 2.2-13 图

2.2-14　框架 ABC 由两根刚性杆 AB 和 BC 组成，每根刚性杆的长度均为 b（见图 a 的第一部分）。两根杆在 A、B、C 处均为铰链连接，一根刚度为 k 的弹簧连接在它们的中点处。该框架在 A 处有一个固定铰链支座，在 C 处有一个滚动支座。两根杆与水平方向的夹角均为 α。当在节点 B 处施加一个铅垂载荷（见图 a 的第二部分）时，滚动支座 C 向右移动，弹簧被拉长，两根杆的角度均由 α 减小至 θ。

（a）请求出角度 θ，并求出点 A、C 之间的距离的增加量 δ。同时，求出 A、C 处的反作用力（使用下列数据：$b=200\text{mm}$，$k=3.2\text{kN/m}$，$\alpha=45°$，$P=50\text{N}$）。

（b）如果在 C 处添加一根 $k_1=k/2$ 的平动弹簧，在 A 处添加一根 $k_r=kb^2/2$ 的扭转弹簧（见图 b），那么，请重新求解问题（a）。

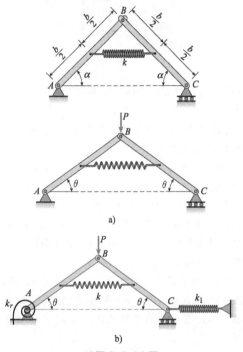

习题 2.2-14 图

a）原始结构与更新结构 b）更新结构

2.2-15 使用下列数据求解上题中的问题：$b=300\text{mm}$，$k=7.8\text{kN/m}$，$\alpha=55°$，$P=100\text{N}$。

非均匀条件下的长度改变量

2.3-1 一根两端为锥形的实心圆截面铜杆如图所示。

（a）请计算该铜杆在受到 14kN 轴向载荷作用时的伸长量。两锥形段的长度均为 500mm，中间柱状段的长度为 1250mm。同时，横截面 A、B、C、D 处的直径分别为 12mm、24mm、24mm、12mm，弹性模量为 120GPa（提示：使用例 2-4 的结果）。

（b）如果铜杆的总伸长量不能超过 0.635mm，那么，B、C 处的所需直径分别是多少？假设 A、D 处的直径一直保持为 12mm。

2.3-2 如图所示，一根长矩形铜杆受到拉伸载荷的作用，该铜杆被悬挂在一个销上，销受到两根钢立柱的支撑。铜杆的长度为 2.0m，横截面面积

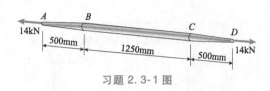

习题 2.3-1 图

为 4800mm²，弹性模量 $E_c=120\text{GPa}$。每根钢立柱的高度为 0.5m，横截面面积为 4500mm²，弹性模量 $E_s=200\text{GPa}$。

（a）请求出载荷 $P=180\text{kN}$ 所造成的铜杆下端的向下位移量 δ。

（b）如果位移量 δ 不能超过 1.0mm，那么，最大许用载荷 $P_{\max}$ 是多少？

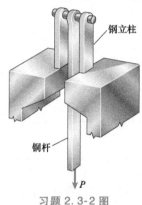

习题 2.3-2 图

2.3-3 一根横截面面积 $A=250\text{mm}^2$ 的铝杆（见图）受到载荷 $P_1=7560\text{N}$、$P_2=5340\text{N}$、$P_3=5780\text{N}$ 的作用。铝杆各段的长度分别为 $a=1525\text{mm}$、$b=610\text{mm}$、$c=910\text{mm}$。

（a）假设弹性模量为 $E=72\text{GPa}$，请计算该铝杆的长度改变量，并判断其是伸长还是缩短？

（b）在三个载荷同时作用的情况下，载荷 P_3 应增大至何值才能使该铝杆的长度不变？

（c）如果 P_3 一直保持为 5780N，那么，在所有载荷同时作用的情况下，应该将 AB 段的横截面面积修改为何值才能使该铝杆的长度不变？

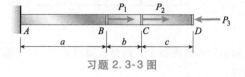

习题 2.3-3 图

2.3-4 一根长度为 L 的矩形杆在其中间一半长度内有一个槽（见图）。该矩形杆的宽度为 b，厚度为 t，弹性模量为 E。槽的宽度为 $b/4$。

（a）在轴向载荷 P 的作用下，该矩形杆将伸

长，求其伸长量 δ 的表达式。

（b）如果该矩形杆的材料为高强钢，中间段中的轴向应力为 160MPa，长度 $L = 750$mm，弹性模量为 210GPa，那么，请计算该矩形杆的伸长量。

（c）如果该矩形杆的总伸长量不能超过 $\delta_{max} = 0.475$mm，那么，开槽区的最大长度是多少？假设中间开槽区中的轴向应力一直保持为 160MPa。

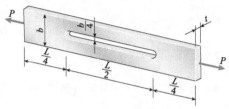

习题 2.3-4 和习题 2.3-5 图

2.3-5　如果中间开槽区的轴向应力 $\sigma_{mid} = 165$MPa，长度 $L = 760$mm，弹性模量 $E = 207$GPa，那么，请求解上题中的问题。在问题（c）中，假设 $\delta_{max} = 0.5$mm。

2.3-6　如图所示，一个二层建筑物中，第一层装有钢柱 AB，第二层装有钢柱 BC。屋顶的重量 P_1 等于 400kN，第二层地板的重量 P_2 等于 720kN。每个钢柱的长度为 $L = 3.75$m。第一层和第二层钢柱的横截面面积分别为 11000mm² 和 3900mm²。

（a）假设 $E = 206$GPa，在载荷 P_1 和 P_2 的联合作用下，两根钢柱将缩短，求出其总缩短量 δ_{AC}。

（b）如果总缩短量 δ_{AC} 不能超过 4.0mm，那么，还可以在钢柱顶端（点 C）处施加多大的额外载荷 P_0？

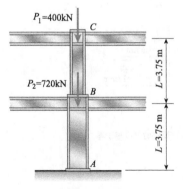

习题 2.3-6 图

2.3-7　一根长 2.4m，横截面为圆形的钢杆，其一个半段的直径 $d_1 = 20$mm，另一半段的直径 $d_2 = 12$mm（见图 a）。弹性模量 $E = 205$GPa。

（a）在拉伸载荷 $P = 22$kN 的作用下，该钢杆将伸长多少？

（b）如果使用相同体积的材料制造一根长度为 2.4m，直径 d 保持不变的圆杆，那么，在相同载荷 P 的作用下，该钢杆的伸长量将是多少？

（c）如果在段 1 上施加了一个作用方向向左的均布轴向载荷 $q = 18.33$kN/m（图 b），那么，请求出问题（a）和（b）中总伸长量的比值。

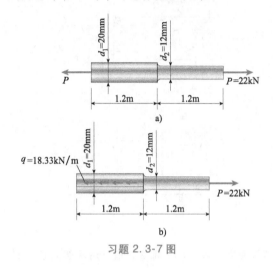

习题 2.3-7 图

2.3-8　一根长度为 L 的杆 ABC 由长度相同但直径不同的两段组成。段 AB 的直径 $d_1 = 100$mm，段 BC 的直径 $d_2 = 60$mm。两段的长度均为 $L/2 = 0.6$m。AB 段中钻了一个直径为 d，长度为 $L/4$（0.3m）的纵向圆柱孔。该杆由弹性模量 $E = 4.0$GPa 的塑料制成。压缩载荷 $P = 110$kN 作用在该杆的两端。

（a）如果该杆的缩短量不能超过 8.0mm，那么，孔的最大许可直径 d_{max} 是多少？（见图 a）

（b）如果设 $d_{max} = d_2/2$，那么，为了使该杆的缩短量不超过 8.0mm，载荷 P 的作用线与端面 C 的距离 b 应该为何值？（见图 b）

（c）最后，如果载荷作用在两端且 $d_{max} = d_2/2$，那么，在缩短量不能超过 8.0mm 的情况下，圆柱孔的许可长度 x 是多少？（见图 c）

2.3-9　一根被钉入地下的木桩完全靠其侧面的摩擦来支撑其所承受的载荷 P（见图 a）。假设单位长度的摩擦力 f 均布在木桩的整个表面。木桩长度为 L，横截面面积为 A，弹性模量为 E。

（a）依据 P、L、E、A，推导出缩短量 δ 的表达式。

（b）绘制一个显示压应力 σ_c 沿木桩长度变化情况的图形。

（c）如果表面摩擦力 f 随着深度的变化而发生

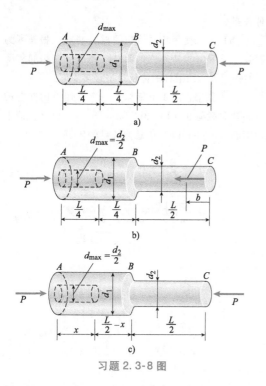

习题 2.3-8 图

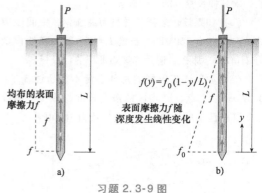

习题 2.3-9 图

线性变化（见图 b），那么，请重新求解问题（a）和（b）。

2.3-10   研究以下使用"熔焊"接头连接的铜管。使用给定的性能和尺寸。

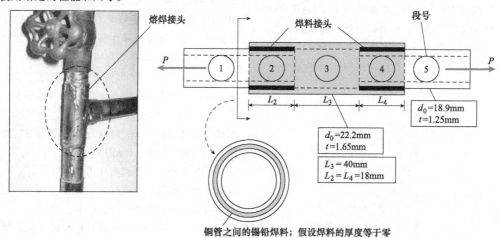

习题 2.3-10 图

（a）请求出反作用力 R_1。

（b）请求段 1 和段 2 中的内部轴力 N_i。

（c）为了使节点 3 的轴向位移 $\delta_3 = PL/EA$，请求所需 x 的值。

（d）在问题（c）中，节点 2 的位移 δ_2 是多少？

（e）如果作用在 $x = 2L/3$ 处的力 P 和作用在节点 3 处的力 $P/2$ 被更换为 βP，那么，请求出使 $\delta_3 = PL/EA$ 的 β。

（a）请求出拉力 $P = 5\text{kN}$ 时段 2-3-4 的总伸长量。

（b）如果锡铅焊料的剪切屈服强度 $\tau_Y = 30\text{MPa}$、铜的拉伸屈服强度 $\sigma_Y = 200\text{MPa}$，那么，当所需剪切安全因数为 $\text{FS}_\tau = 2$、拉伸安全因数为 $\text{FS}_\sigma = 1.7$ 时，可被施加的最大载荷 $P_{\max}$ 是多少？

（c）请求出 L_2 为何值时才能使铜管和焊料的承载能力相等？

2.3-11   图示变截面悬臂圆杆，其上从 0 到 x 的一段有一个直径为 $d/2$ 的内圆柱孔。因此，段 1 的净横截面面积为 $(3/4)A$。载荷 P 作用在 x 处，载荷 $P/2$ 作用在 $x = L$ 处。假设 E 是恒定的。

（f）使用问题（b）~（d）的计算结果绘制轴力图 $[N(x), 0 \leqslant x \leqslant L]$ 和轴向位移图 $[\delta(x), 0 \leqslant x \leqslant L]$。

2.3-12   如图所示，一根在自重作用下铅垂悬

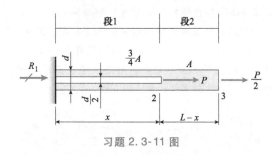

习题 2.3-11 图

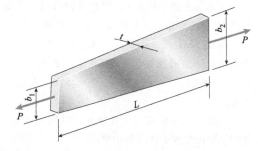

习题 2.3-13 图

挂的柱状杆 AB，其长度为 L，横截面面积为 A，弹性模量为 E，重量为 W。

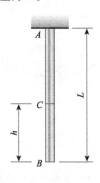

习题 2.3-12 图

（a）请推导出节点 C 的向下位移 δ_C 的表达式，节点 C 位于与杆端相距 h 的位置处。

（b）整个杆的伸长量是多少？

（c）该杆上半段与下半段的伸长量的比值 β 是多少？

（d）如果杆 AB 是一根悬挂在海上钻井平台下的竖管，那么，该竖管的总伸长量是多少？设 $L = 1500\text{m}$，$A = 0.0157\text{m}^2$，$E = 210\text{GPa}$。钢和海水的重量密度见附录 H（其他的图见习题 1.4-2 和习题 1.7-11 的图）。

2.3-13 一根长度为 L、厚度恒为 t、横截面为矩形的扁平杆受到力 P 的拉伸作用（见图）。该杆的宽度从小端的 b_1 线性变化至大端的 b_2。假设锥角较小。

（a）关于该杆的伸长量，请推导出以下公式：

$$\delta = \frac{PL}{Et(b_2 - b_1)} \ln \frac{b_2}{b_1}$$

（b）假设 $L = 1.5\text{m}$，$t = 25\text{mm}$，$P = 125\text{kN}$，$b_1 = 100\text{mm}$，$b_2 = 150\text{mm}$，$E = 200\text{GPa}$，请计算伸长量。

2.3-14 用于支撑实验室设备的棱锥形立柱（见图），其横截面为正方形，其顶端横截面的尺寸为 $b \times b$，其基座端横截面的尺寸为 $1.5b \times 1.5b$。压缩载荷 P 作用在其顶端时，立柱将发生缩短，请推导出缩短量 δ 的表达式（假设锥角较小并忽略立柱的自重）。

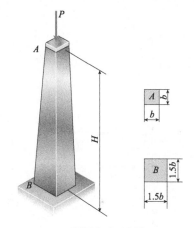

习题 2.3-14 图

2.3-15 如图所示，一根在其自重作用下铅垂悬挂的细长杆，其形状为正圆锥体，其长度为 L，其基座处的直径为 d，其弹性模量为 E，其重量为 W。在其自重的作用下，该杆将伸长，请推导出伸长量 δ 的表达式（假设该杆的锥角较小）。

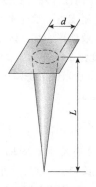

习题 2.3-15 图

2.3-16 一根长度为 L，横截面为圆形的均质锥形管 AB 如图所示。其两端的平均直径分别为 d_A 和 $d_B = 2d_A$。假设 E 是恒定的。请求出两端受到载荷 P 作用时该管的伸长量 δ。使用下列数据：$d_A = 35\text{mm}$，$L = 300\text{mm}$，$E = 2.1\text{GPa}$，$P = 25\text{kN}$。考虑以下情况：

（a）从 B 至 A 钻有一个直径为恒定值 d_A 的孔，并形成一段长度为 $x = L/2$ 的中空段。

（b）从 B 至 A 钻有一个直径为变量 $d(x)$ 的孔，并形成一段长度为 $x = L/2$、厚度为恒定值 $t = d_A/20$ 的中空段。

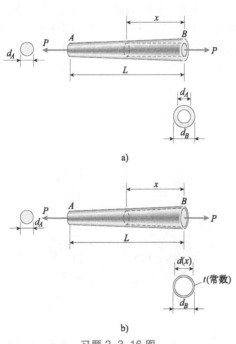

习题 2.3-16 图

2.3-17 悬索桥（见图 a）的主缆形状近似于一条抛物线，这是因为作用在主缆上的主要载荷是桥面的重量，该重量均匀分布在水平方向上。因此，可用某根主缆的中间段 AOB（见图 b）来代表一根在点 A 和 B 处受到支撑、承受水平方向匀布载荷（强度为 q）的抛物线形主缆。该主缆的跨度为 L、下垂量为 h、刚度为 EA，坐标原点位于中点。

（a）对于图 b 所示的主缆 AOB，请推导出以下关于其伸长量的公式：

$$\delta = \frac{qL^3}{8hEA}\left(1 + \frac{16h^2}{3L^2}\right)$$

（b）请计算金门大桥（Golden Gate Bridge）某根主缆中跨的伸长量 δ，相关尺寸和数据为：$L = 1300\text{m}$，$h = 140\text{m}$，$q = 185\text{kN/m}$，$E = 200\text{GPa}$。该主缆由 27572 根直径为 5mm 的平行钢丝构成。

提示：根据该主缆的自由体图，求出主缆中任一点处的拉伸力 T。然后，再求出长度为 ds 的某一微段主缆的伸长量。最后，沿整个主缆曲线积分，就可得到一个关于伸长量 δ 的方程。

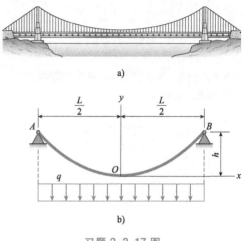

习题 2.3-17 图

2.3-18 杆 ABC 在水平面内绕中点 C 处的一根垂直轴旋转（见图）。该杆以恒定角速度 ω 旋转，其长度为 $2L$，横截面面积为 A。该杆半段（AC 和 BC）的重量为 W_1，其两端均支撑着一个重量为 W_2 的重物。关于半段杆的伸长量（即 AC 或 BC 的伸长量），请推导出以下表达式：

$$\delta = \frac{L^2\omega^2}{3gEA}(W_1 + 3W_2)$$

其中，E 为该杆材料的弹性模量，g 为重力加速度。

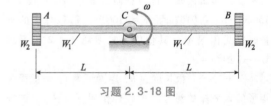

习题 2.3-18 图

静不定结构

2.4-1 图示装配体含有一个黄铜芯（直径 $d_1 = 6\text{mm}$），该黄铜芯被装入一个钢壳（内径 $d_2 = 7\text{mm}$，外径 $d_3 = 9\text{mm}$）内。黄铜芯与钢壳的长度均为 $L = 85\text{mm}$，它们受到载荷 P 的压缩作用。黄铜和钢的弹性模量分别为 $E_b = 100\text{GPa}$ 和 $E_s = 200\text{GPa}$。

（a）载荷 P 为多大时才能将该装配体压缩 0.1mm？

（b）如果钢的许用应力为 180MPa，黄铜的许用应力为 140MPa，那么，许用压缩载荷 P_{allow} 是多少？（建议：使用例 2-6 推导出的方程）

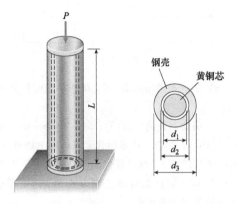

习题 2.4-1 图

2.4-2 如图所示，圆柱形装配体由一个黄铜芯和一个铝套圈组成，它受到载荷 P 的压缩作用。黄铜芯和铝套圈的长度均为 350mm，黄铜芯的直径为 25mm，铝套圈的外径为 40mm。同时，铝和黄铜的弹性模量分别为 72GPa 和 100GPa。

（a）在施加载荷 P 时，如果该装配体的长度减小了 0.1%，那么，载荷 P 的大小是多少？

（b）如果铝和黄铜的许用应力分别为 80MPa 和 120MPa，那么，最大许用载荷 P_{max} 是多少？（建议：使用例 2-6 推导出的方程）

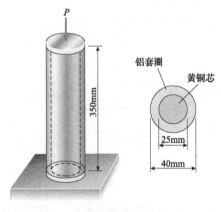

习题 2.4-2 图

2.4-3 图示三根柱状杆传递一个拉伸载荷 P，其中，两根杆的材料为材料 A，一根杆的材料为材料 B。外层的两根杆（材料 A）是相同的。中间杆（材料 B）比外层杆的横截面面积大 50%。同时，材料 A 的弹性模量是材料 B 的两倍。

（a）中间杆所传递的载荷是总载荷 P 的几分之几？

（b）中间杆与外层杆中应力的比值是多少？

（c）中间杆与外层杆中应变的比值是多少？

习题 2.4-3 图

2.4-4 一根直径为 d 的圆杆 ACB，其上 A 至 C 段有一个直径为 $d/2$、长度为 x 的圆柱孔，它被刚性支座固定在 A、B 处。作用在 $L/2$ 处的载荷 P 自 A 端指向 B 端。假设 E 是恒定的。

（a）请分别求出支座 A、B 处的反作用力 R_A 和 R_B（它们是载荷 P 所引起的）的表达式（见图 a）。

（b）请求出载荷作用点处的位移 δ 的表达式（见图 a）。

（c）x 为何值时才能使 $R_B = (6/5) R_A$？（见图 a）

（d）如果该杆被旋转至铅垂位置，载荷 P 被移除，且仅靠其自重悬挂（图 b），请重新求解问题（a）。假设 $x = L/2$。

2.4-5 三根钢缆共同承受一个 60kN 的载荷（见图）。中间钢缆的直径为 20mm，外侧每根钢缆的直径均为 12mm。各钢缆松紧度是可调的，这样就可以使每根钢缆均承受三分之一的载荷（即 20kN）。后来，该载荷又增加了 40kN，即总载荷达到 100kN。

（a）中间钢缆承受了百分之几的总载荷？

（b）中间和外侧钢缆中的应力 σ_M、σ_0 分别是多少？（注：钢缆的性能见 2.2 节的表 2-1）

2.4-6 一根塑料杆 AB 的长度 $L = 0.5m$、直径 $d_1 = 30mm$（见图）。一根长度为 $c = 0.3m$、外径 $d_2 = 45mm$ 的塑料套管 CD 与该杆牢固粘结在一起，这样一来，塑料杆和套筒之间就不会发生滑动现象。塑料杆由一种弹性模量 $E_1 = 3.1GPa$ 的丙烯酸塑料制造，套筒由一种弹性模量 $E_2 = 2.5GPa$ 的聚酰胺制造。

（a）当塑料杆受到轴向力 $P = 12kN$ 的拉伸作用时，请计算其伸长量 δ。

（b）如果将套筒的长度增加为等于塑料杆的全长，则伸长量是多少？

（c）如果移除套筒，则伸长量是多少？

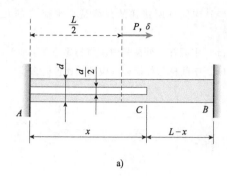

a)

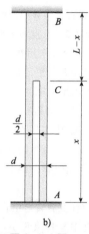

b)

习题 2.4-4 图

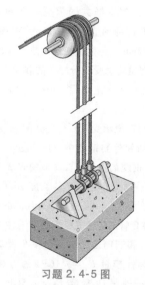

习题 2.4-5 图

2.4-7　如图所示，一个管结构在 B、D 处受到载荷的作用。两根管在 C 处被两个法兰盘连接在一起，法兰盘被六个直径为 12.5mm 的螺栓连接在一起。

（a）请推导出该结构两端处的反作用力 R_A、R_E 的表达式。

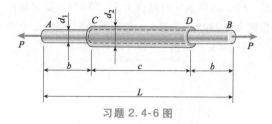

习题 2.4-6 图

（b）请分别求出点 B、C、D 处的轴向位移 δ_B、δ_c、δ_D。

（c）请绘制轴向位移图（axial-displacement diagram，ADD）。其中，横坐标代表该结构上的任一点到支座 A 的距离 x，纵坐标代表该点的水平位移 δ。

（d）如果螺栓的许用正应力为 96MPa，那么，请求出载荷 P 的最大值。

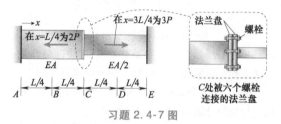

习题 2.4-7 图

2.4-8　如图所示，两端固定杆 $ABCD$ 由三个柱状段组成。两外段的横截面面积均为 $A_1 = 840\text{mm}^2$，长度均为 $L_1 = 200\text{mm}$，中间段的横截面面积 $A_2 = 1260\text{mm}^2$、长度 $L_2 = 250\text{mm}$。载荷 P_B、P_C 分别等于 25.5kN 和 17.0kN。

（a）请求出固定支座处的反作用力 R_A 和 R_D。

（b）请求出该杆中间段的轴向压缩力 F_{BC}。

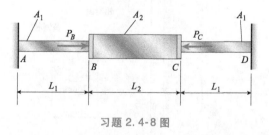

习题 2.4-8 图

2.4-9　图示铝管和钢管的 A、B 端为固定端，两根管在其接合处被固定在一块刚性板 C 上。铝管的长度是钢管的两倍。两个相等且对称施加的载荷 P 作用在 C 处的刚性板上。

（a）请分别求出铝管和钢管中的轴向应力 σ_a 和 σ_s 的表达式。

（b）请根据以下数据计算应力：$P = 50\text{kN}$，铝管的横截面面积 $A_a = 6000\text{mm}^2$，钢管的横截面面积

$A_s = 600\text{mm}^2$，铝的弹性模量 $E_a = 70\text{GPa}$，钢的弹性模量 $E_s = 200\text{GPa}$。

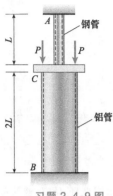

习题 2.4-9 图

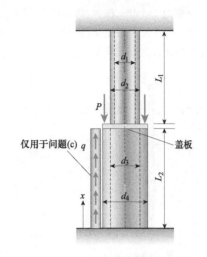

习题 2.4-10 图

2.4-10 一根空心圆管（见图）受到一个载荷 P 的作用，该载荷均匀分布在下管段顶部的盖板上。该管上、下段的内径和外径分别为 $d_1 = 50\text{mm}$、$d_2 = 60\text{mm}$、$d_3 = 57\text{mm}$、$d_4 = 64\text{mm}$。该管的长度为 $L_1 = 2\text{m}$、$L_2 = 3\text{m}$。忽略其自重。假设盖板的厚度与 L_1 和 L_2 相比非常小。设 $E = 110\text{MPa}$。

（a）如果该管上段中的拉应力 $\sigma_1 = 10.5\text{MPa}$，那么，载荷 P 是多少？同时，上、下支座处的反作用力 R_1 和 R_2 分别是多少？该管下段中的应力 σ_2（MPa）是多少？

（b）请求出盖板处的位移 δ（mm）。绘制轴力图 $[N(x)]$ 和轴向位移图 $[\delta(x)]$。

（c）若增加一个沿管段 2 轴线均布的载荷 q，那么，请求出使 $R_2 = 0$ 的 q（kN/m）的值。假设仍然施加了问题（a）中的载荷 P。

2.4-11 一根横截面为正方形（尺寸为 $2b \times 2b$）的双金属杆（或复合杆）由两种不同的金属（弹性模量分别为 E_1 和 E_2）构成（见图）。该杆的两部分具有相同的横截面尺寸。该杆受到力 P 的压缩作用，力 P 作用在其刚性端板上。为了使该杆的两部分受到相同的压缩，载荷 P 的作用线有一个偏心距 e。

（a）请求出该杆两部分的轴力 P_1、P_2。

（b）请求出偏心距 e 的大小。

（c）请求出该杆两部分中的应力比 σ_1/σ_2。

2.4-12 一根重量 $W = 800\text{N}$ 的刚性杆悬挂在三根间距相等的垂直金属丝（长度 $L = 150\text{mm}$，间距 $a = 50\text{mm}$）上，其中，两根是钢丝，一根是铝丝。同时，三根金属丝还承受着一个作用在刚性杆上的载荷 P。钢丝的直径 $d_s = 2\text{mm}$，铝丝的直径 $d_a = 4\text{mm}$。假

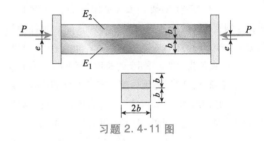

习题 2.4-11 图

设 $E_s = 210\text{GPa}$，$E_a = 70\text{GPa}$。

（a）如果钢丝和铝丝的许用应力分别为 220MPa 和 80MPa，那么，刚性杆的中点处（$x = a$）所能够承受的载荷值 P_{allow} 是多少？（见图 a）

（b）如果该载荷位于 $x = a/2$ 处，那么，P_{allow} 是多少？（见图 a）

（c）如果将第二根和第三根金属丝调换（如图 b 所示），那么，请重新求解问题（b）。

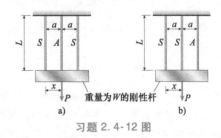

习题 2.4-12 图

2.4-13 一根重量 $W = 32\text{kN}$ 的水平刚性杆受到三根等间距细长圆杆的支撑（见图）。两根外侧圆杆的制造材料为铝（$E_1 = 70\text{GPa}$），其直径 $d_1 = 10\text{mm}$，长度 $L_1 = 1\text{m}$。中间圆杆的制造材料为镁（$E_2 = 42\text{GPa}$），其直径为 d_2、长度为 L_2。铝和镁的

许用应力分别为 165MPa 和 90MPa。如果希望所有三根圆杆都受到最大许用载荷的作用，那么，中间圆杆的直径 d_2 和长度 L_2 应该是多少？

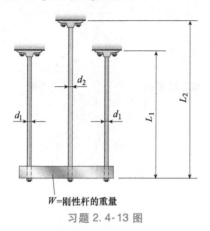

W=刚性杆的重量

习题 2.4-13 图

2.4-14　三杆桁架 ABC（见图）由三根钢管构成，各钢管的横截面面积均为 $A = 3500\text{mm}^2$，弹性模量均为 $E = 210\text{GPa}$。杆 BC 的长度 $L = 2.5\text{m}$，杆 AC 和杆 AB 之间的夹角为 60°。杆 AC 的长度 $b = 0.71L$。载荷 $P = 185\text{kN}$ 和 $2P = 370\text{kN}$ 分别作用在节点 C 处的铅垂和水平方向（如图所示）。节点 A、B 处为铰链支座（利用正弦定理和余弦定理求出图中所缺的尺寸和角度）。

（a）请求出节点 A、B 处的反作用力。水平反作用力 B_x 作为多余力。

（b）如果每根杆的许用正应力均为 150MPa，那么，载荷 P 的最大许可值是多少？

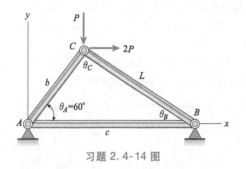

习题 2.4-14 图

2.4-15　一根长度 $L = 1600\text{mm}$ 的刚性杆 AB 被铰链连接在 A 处的支座上，并在 C 和 D 处被两根铅垂金属丝拉住（见图）。两根金属丝的横截面面积相同（$A = 16\text{mm}^2$）、材料相同（弹性模量 $E = 200\text{GPa}$）。C 处金属丝的长度为 $h = 0.4\text{m}$，D 处金属丝的长度是为 $2h$。水平距离 $c = 0.5\text{m}$，$d = 1.2\text{m}$。

（a）当作用在端点 B 处的载荷 $P = 970\text{N}$ 时，请求出该载荷所导致的各金属丝中的拉应力 σ_C 和 σ_D。

（b）请求出端点 B 的向下位移 δ_B。

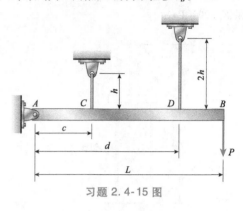

习题 2.4-15 图

2.4-16　一根刚性杆 ABCD 被铰链连接在点 B 处，并在 A、D 处受到弹簧的支撑（见图）。A、D 处弹簧的刚度分别为 $k_1 = 10\text{kN/m}$、$k_2 = 25\text{kN/m}$，尺寸 a、b、c 分别为 250mm、500mm、200mm。载荷 P 作用在节点 C 处。如果该杆转动的角度不能超过 3°（即在载荷 P 的作用下，该杆将发生转动），那么，最大许用载荷 $P_{\max}$ 是多少？

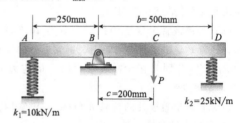

习题 2.4-16 图

2.4-17　如图所示，一根三金属杆受到轴向力 $P = 12\text{kN}$ 的均匀压缩，该轴向力作用在一块刚性端板上。该金属杆包含一根圆形钢芯，该钢芯被黄铜管和紫铜管所包裹。钢芯的直径为 10mm，黄铜管的外径为 15mm，紫铜管的外径为 20mm。相应的弹性模量分别为 $E_s = 210\text{GPa}$、$E_b = 100\text{GPa}$、$E_c =$

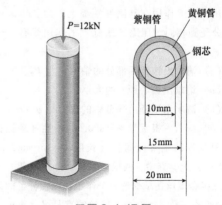

习题 2.4-17 图

120GPa。请分别计算力 P 引起的钢、黄铜、紫铜中的压应力 σ_S、σ_B、σ_C。

热效应

2.5-1 铁轨的两端在温度为 10℃ 时被焊接在一起（以形成连续的轨道，从而消除车轮的咔咔声）。若热膨胀系数 $\alpha = 12\times10^{-6}/℃$、弹性模量 $E = 200$GPa，那么，当在太阳照射下轨道被加热到 52℃ 时，轨道中产生的压应力 σ 是多少？

2.5-2 一根铝管在温度为 10℃ 时的长度是 60m。一根相邻的钢管在同一温度下比该铝管长 5mm。在什么温度（摄氏度）下，铝管将比钢管长 15mm？（假设铝和钢的热膨胀系数分别为 $\alpha_a = 23\times10^{-6}/℃$ 和 $\alpha_s = 12\times10^{-6}/℃$）

2.5-3 如图所示，一根重量为 $W = 3560$N 的刚性杆悬挂在三根间距相等的金属丝上，两根是钢丝，一根是铝丝。钢丝的直径均为 32mm。承受载荷前，三根金属丝具有相同的长度。所有三根金属丝中的温度增加量 ΔT 为何值时才能使全部载荷仅由钢丝承受？（假设钢的弹性模量 $E_s = 205$GPa、热膨胀系数 $\alpha_s = 12 \times 10^{-6}/℃$，铝的热膨胀系数 $\alpha_a = 23\times10^{-6}/℃$）

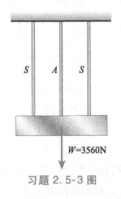

习题 2.5-3 图

2.5-4 如图 a 所示，一根直径为 15mm 的钢杆被悬挂在刚性墙之间，其两端紧靠着墙（但没有任何初始应力）（设钢的 $E = 200$GPa，$\alpha_s = 12\times10^{-6}/℃$）。

（a）计算温度下降量 ΔT（摄氏度）为何值时才能使螺栓（直径为 12mm）中的平均切应力变为 45MPa。此时，钢杆中的正应力是多少？

（b）A 处的螺栓与 U 形夹之间的平均挤压应力是多少？B 处的垫圈（$d_w = 20$mm）和刚性墙（$t = 18$mm）之间的平均挤压应力是多少？

（c）如果用一块带有两个螺栓的端板更换 B 处的连接（见图 b），那么，假如温度的下降量为 $\Delta T = 38$℃，螺栓的许用应力为 90MPa，则这时每个螺栓所需的直径 d_b 是多少？

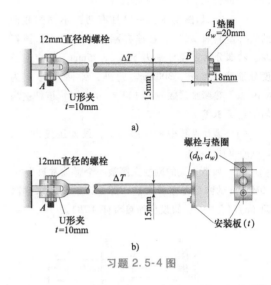

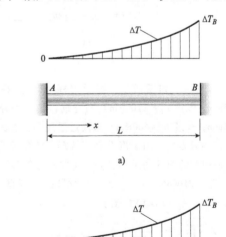

习题 2.5-4 图

2.5-5 一根直径为 L 的直杆 AB 被悬挂在刚性支座之间，该杆受到不均匀加热，即杆中至端点 A 的距离为 x 处的温度增量 ΔT 按表达式 $\Delta T = \Delta T_B x^3/L^3$ 得到，其中，ΔT_B 是其端点 B 处的温度增量（见图 a）。

（a）请推导出该杆中的压应力 σ_c 的公式（假设

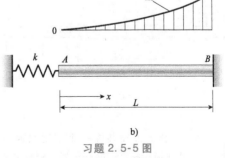

习题 2.5-5 图

材料的弹性模量为 E，热膨胀系数为 α）。

（b）如果 A 处的刚性支座被一个弹性常数为 k 的弹性支座所替换（见图 b），那么，请修改问题（a）中的公式。假设仅加热直杆 AB。

2.5-6　如图所示，一根具有两个不同圆截面的实心塑料杆 ACB 被悬挂在刚性支座之间。该杆左、右部分的直径分别为 50mm、75mm，相应的长度分别为 225mm、300mm。此外，弹性模量 E 为 6.0GPa，热膨胀系数 α 为 $100 \times 10^{-6}/℃$。该杆被均匀加热了 30℃。

（a）请计算杆中的压缩力 N，最大压应力 σ_c，C 点的位移 δ_C。

（b）如果 A 处的刚性支座被一个弹性常数为 $k = 50MN/m$ 的弹性支座所替换，那么，请重新求解问题（a）（见图 b，假设仅加热直杆 ACB）。

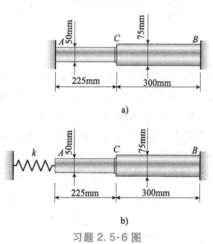

a)

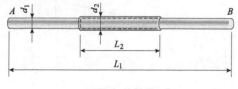

b)

习题 2.5-6 图

2.5-7　如图所示，圆形钢杆 AB（直径 $d_1 = 15mm$，长度 $L_1 = 1100mm$）与青铜衬套（外径 $d_2 = 21mm$，长度 $L_2 = 400mm$）采用过温配合，以保证其连接的紧固性。当温度升高了 $\Delta T = 350℃$ 时，请计算所引起的钢杆的总伸长量 δ（材料性能如下：钢的 $E_s = 210GPa$、$\alpha_s = 12 \times 10^{-6}/℃$；青铜的 $E_b = 110GPa$、$\alpha_b = 20 \times 10^{-6}/℃$）。

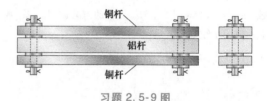

习题 2.5-7 图

2.5-8　衬套 S 被安装在一个钢制螺栓 B 上（见图），螺母刚好被拧紧至贴合位置。螺栓的直径

$d_B = 25mm$，衬套的内径和外径分别为 $d_1 = 26mm$ 和 $d_2 = 36mm$。为了在衬套中产生一个 25MPa 的压应力，请计算所需的温度升高量（使用下列材料性能：衬套的 $\alpha_S = 21 \times 10^{-6}/℃$、$E_S = 100GPa$；螺栓的 $\alpha_B = 10 \times 10^{-6}/℃$、$E_B = 200GPa$）。（建议：使用例 2-8 的结果）

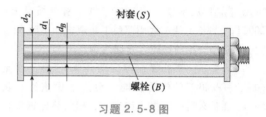

习题 2.5-8 图

2.5-9　如图所示，铜杆和铝杆均为矩形杆，其两端被销固定。各杆之间用薄垫片间隔。铜杆的横截面尺寸为 $12mm \times 50mm$，铝杆的尺寸为 $25mm \times 50mm$。如果温度升高了 40℃，那么，请确定销（直径为 11mm）中的切应力（铜的 $E_c = 124GPa$，$\alpha_c = 20 \times 10^{-6}/℃$；铝的 $E_a = 69GPa$，$\alpha_a = 26 \times 10^{-6}/℃$）。（建议：使用例 2-8 的结果）

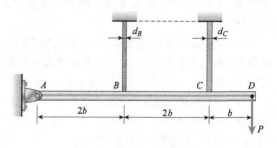

习题 2.5-9 图

2.5-10　刚性杆 $ABCD$ 被铰链连接在端点 A 处，并在 B、C 处被两根缆绳拉住（见图）。B 处缆绳的公称直径 $d_B = 12mm$，C 处缆绳的公称直径为 $d_C = 20mm$。载荷 P 作用在端点 D 处。如果温度升高了 60℃ 且要求各缆绳的安全因数（相应其极限载荷）至少为 5，那么，许用载荷 P 是多少？（注：缆绳的弹性模量 $E = 140GPa$，热膨胀系数 $\alpha = 12 \times 10^{-6}/℃$，缆绳的其他性能可在 2.2 节的表 2-1 中查出）

习题 2.5-10 图

2.5-11　某一刚性三角框架可绕 C 处转动，并在点 A、B 处被两根相同的水平金属丝拉住（见图）。每根金属丝的刚度均为 $EA = 540\text{kN}$，热膨胀系数均为 $\alpha = 23 \times 10^{-6}/℃$。

（a）如果一个铅垂载荷 $P = 2.2\text{kN}$ 作用在点 D 处，那么，A、B 处金属丝中的拉力 T_A 和 T_B 分别是多少？

（b）如果在载荷 P 作用的同时两根金属丝的温度都升高了 $100℃$，那么，力 T_A 和 T_B 分别是多少？

（c）温度升高多少才会使 B 处的金属丝松弛？

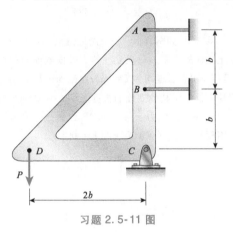

习题 2.5-11 图

装配误差和预应变

2.5-12　一根钢丝 AB 在刚性支座之间被拉伸（见图）。在温度为 $20℃$ 时，钢丝中的初始预应力为 42MPa。

（a）当温度下降到 $0℃$ 时，钢丝中的应力 σ 是多少？

（b）温度 T 为何值时才会使钢丝中的应力变为零？（假设 $\alpha = 14 \times 10^{-6}/℃$，$E = 200\text{GPa}$）

习题 2.5-12 图

2.5-13　如图所示，一根长度为 0.635m、直径为 50mm 的铜杆 AB 被放置在室温环境中，其端面 A 与刚性约束之间的间隙为 0.2mm。其端面 B 受到一根弹性常数 $k = 210\ \text{MN/m}$ 的弹性弹簧的支撑。

（a）如果只有该铜杆的温度升高了 $27℃$，那么，请计算其轴向压应力 σ_c（铜的 $\alpha = 17.5 \times 10^{-6}/℃$，$E = 110\text{GPa}$）。

（b）弹簧中的力是多少？（忽略重力的影响）

（c）如果 $k \to \infty$，那么，请重新求解问题（a）。

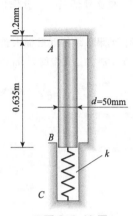

习题 2.5-13 图

2.5-14　一根长度为 L、刚度为 EA 的直杆被固定在端点 A 处（见图），其另一端与刚性表面之间有一个尺寸为 s 的小间隙。载荷 P 作用在 C 点处，该点与固定端的距离是该直杆长度的三分之二。如果支座反作用力的大小必须等于载荷 P 的大小，那么，间隙 s 的大小应该是多少？

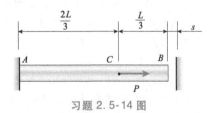

习题 2.5-14 图

2.5-15　管 2 被紧贴着插入管 1 中，但两根管上的销孔没有对齐，两销孔轴线间有一个间隙 $s^{\ominus}$。由用户决定，可对管 1 施加力 P_1，或对管 2 施加力 P_2，以较小者为准。使用图中给出的数据求解以下问题。

（a）如果只施加力 P_1，那么，请求出消除该间隙 s 所需的 P_1（kN）的值。如果在插入销后再移除 P_1，那么，在这种载荷情况下，反作用力 R_A 和 R_B 是多少？

（b）如果只施加力 P_2，那么，请求出消除该间隙 s 所需的 P_2（kN）的值。如果在插入销后再移除 P_2，那么，在这种载荷情况下，反作用力 R_A 和 R_B 是多少？

$\ominus$　为了能用销将两根管连接在一起，装配时两管上销孔的轴线应对齐。——译者注

（c）在问题（a）和（b）中，管中的最大切应力分别是多少？

（d）如果为了消除该间隙 s 而将整个结构的温度升高 ΔT（即代替施加力 P_1 和 P_2），那么，请求出消除该间隙 s 所需的 ΔT 的值。如果在消除间隙后插入销，那么，在这种情况下，反作用力 R_A 和 R_B 是多少？

（e）最后，如果该结构（已插入销）被冷却至其初始环境温度，那么，反作用力 R_A 和 R_B 是多少？

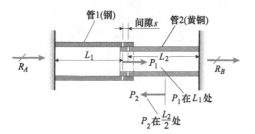

相关数据：

E_1=210GPa，E_2=96GPa
α_1=12×10^{-6}/℃，α_2=21×10^{-6}/℃
间隙 s=1.25mm
L_1=1.4m，d_1=152mm，t_1=12.5mm，A_1=5478mm^2
L_2=0.9m，d_2=127mm，t_2=6.5mm，A_2=2461mm^2

习题 2.5-15 图

2.5-16　如图所示，变截面杆 ABC 由两段组成——AB 段（长度为 L_1，横截面面积为 A_1）和 BC 段（长度为 L_2，横截面面积为 A_2），其 A 端为固定端，其 C 端为自由端，其弹性模量为 E。其自由端与一根弹簧（长度为 L_3，弹性常数为 k_3）之间存在着一个尺寸为 s 的小间隙。如果只有杆 ABC（不包括弹簧）的温度升高了 ΔT，请求解以下问题。

（a）如果杆 ABC 的伸长量超过了间隙长度 s，那么，请写出反作用力 R_A 和 R_D 的表达式。

（b）如果杆 ABC 的伸长量超过了间隙长度 s，那么，请求出节点 B、C 的位移的表达式。

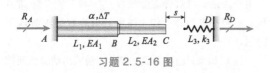

习题 2.5-16 图

2.5-17　图示金属丝 B、C 的左端被连接在一个支座上，其右端被铰链连接在一根刚性杆上。每根金属丝的横截面面积均为 A = 19.3mm^2，弹性模量均为 E=210GPa。当刚性杆处于铅垂位置时，每根金属丝的长度 L=2.032m。然而，在被连接到刚性杆之前，金属丝 B 的长度为 2.031m，金属丝 B 的长度为

2.030m。请求出在力 P = 3.115kN（该力作用在刚性杆的上端）的作用下各金属丝中的拉力 T_B、T_C。

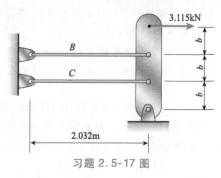

习题 2.5-17 图

2.5-18　如图所示，一块刚性钢板受到三根高强混凝土立柱的支撑，每根立柱的有效横截面面积均为 A = 40000mm^2，长度均为 L = 2m。在施加载荷 P 前，中间立柱的长度比其他立柱的长度短了 s = 1.0mm。如果混凝土的许用压应力 σ_{allow} = 20MPa，那么，请求出最大许用载荷 P_{allow}（该混凝土的 E = 30GPa）。

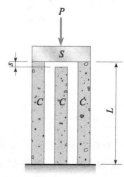

习题 2.5-18 图

2.5-19　如图所示，一根两端带盖的铸铁管受到一根黄铜杆的压缩。将螺母拧紧到位后，再将螺母拧紧四分之一圈，以便给铸铁管施加一个预压缩。螺栓上螺纹的螺距 p=1.3mm。使用图中给出的数据。

（a）将螺母再拧紧四分之一圈后，铸铁管和黄铜杆中产生的应力 σ_p、σ_r 将是多少？

（b）请求出垫圈下方的挤压应力 σ_b，并求出钢盖中的切应力 τ_c。

2.5-20　一个塑料圆柱体被两根钢制螺栓紧紧夹持在一块刚性板和基座之间（见图）。当钢制螺栓上的螺母被拧紧一整圈后，请求出这时塑料圆柱体中的压应力 σ_p。该装配体的数据如下：长度 L=200mm，螺栓上螺纹的螺距 p=1.0mm，钢的弹性模量 E_s=200GPa，塑料的弹性模量 E_p=7.5GPa，各螺栓的横截面面积均为 A_s=36.0mm^2，塑料圆柱体的

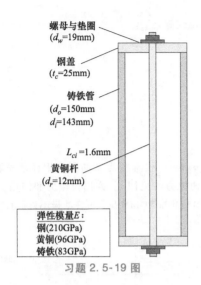

习题 2.5-19 图

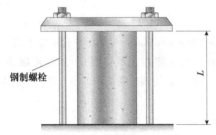

习题 2.5-20 和习题 2.5-21 图

横截面面积为 $A_p = 960\text{mm}^2$。

2.5-21 使用以下数据求解上题：长度 $L = 300\text{mm}$，螺栓上螺纹的螺距 $p = 1.5\text{mm}$，钢的弹性模量 $E_s = 210\text{GPa}$，塑料的弹性模量 $E_p = 3.5\text{GPa}$，各螺栓的横截面面积均为 $A_s = 50\text{mm}^2$，塑料圆柱体的横截面面积为 $A_p = 1000\text{mm}^2$。

2.5-22 如图所示，衬套由两根用锡铅焊料焊接在一起的铜管构成，其焊缝长度为 s。该衬套的两端各有一个盖板，盖板被一个钢制螺栓、垫圈和螺母夹持，并且，拧紧螺母后，盖板刚好夹住衬套。然后，施加了两个"载荷"：将螺母拧紧 $n = 1/2$ 圈，同时将内部温度升高 $\Delta T = 30℃$。

（a）请求出衬套和螺栓中的力 P_s 和 P_B（这两个力是螺栓中的预应力和温度升高所引起的）。对于铜，$E_c = 120\text{GPa}$，$\alpha_c = 17 \times 10^{-6}/℃$；对于钢，$E_s = 200\text{GPa}$，$\alpha_s = 12 \times 10^{-6}/℃$。螺栓上螺纹的螺距 $p = 1.0\text{mm}$。假设 $s = 26\text{mm}$，螺栓直径 $d_b = 5\text{mm}$。

（b）如果焊缝中的切应力不能超过许用切应力 $\tau_{aj} = 18.5\text{MPa}$，那么，请求出所需焊缝长度 s。

（c）螺栓中的初始预应力和温度改变量 ΔT 所造成的整个装配体的最终伸长量是多少？

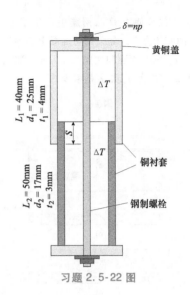

习题 2.5-22 图

2.5-23 一根聚乙烯管（长度 L）有一块盖板。安装时，该盖板将一根弹簧（未变形的长度 $L_1 > L$）压短了 $\delta = (L_1 - L)$。忽略盖板和底板的变形。弹簧对底板的作用力作为多余力。使用图中给出的数据。

（a）弹簧中产生的力 F_k 是多少？

（b）聚乙烯管中产生的力 F_t 是多少？

（c）聚乙烯管的最终长度 L_f 是多少？

（d）聚乙烯管内部的温度改变量 ΔT 为何值时才将使弹簧中的力为零？

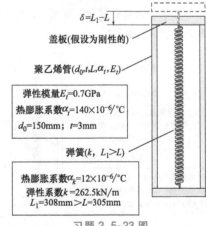

习题 2.5-23 图

2.5-24 预应力混凝土梁有时按下述方式制造。通过顶升机构施加一个力 Q 来拉伸高强度钢筋（见图 a），然后将混凝土浇灌在钢筋的周围，就可以形成一个梁（见图 b）。

待混凝土完全凝固后，释放顶升机构，卸除力 Q（见图 c）。这样，梁就处于预应力状态，即钢筋处于拉伸状态、混凝土处于压缩状态。

假设该预拉伸力 Q 在钢筋中产生了一个 $\sigma_0 =$ 620MPa 的初始应力。如果钢与混凝土的弹性模量之比为 12：1，横截面面积之比为 1：50，那么，两种材料中的最终应力 σ_s 和 σ_c 是多少？

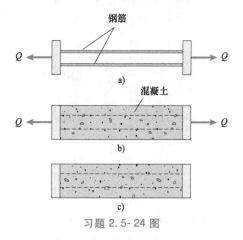

习题 2.5-24 图

2.5-25 一根聚乙烯管（长度 L）上装有一块盖板，该盖板由一根弹簧（未变形的长度 $L_1 > L$）定位。安装盖板后，通过旋拧调节螺钉将弹簧压短 $\delta = (L_1 - L)$。忽略盖板和底板的变形。弹簧对底板的作用力作为多余力。使用图中给出的数据。

（a）弹簧中产生的力 F_k 是多少？

（b）聚乙烯管中产生的力 F_t 是多少？

（c）聚乙烯管的最终长度 L_f 是多少？

（d）聚乙烯管内部的温度改变量 ΔT 为何值时才将导致弹簧中的力为零？

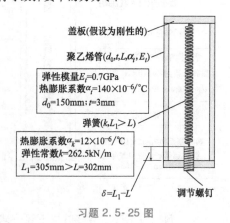

习题 2.5-25 图

斜截面上的应力

2.6-1 一根横截面为正方形（50mm×50mm）的钢杆受到拉伸载荷 P 的作用（见图）。许用拉应力和许用切应力分别为 125MPa 和 76MPa。请求出最大许用载荷 $P_{\max}$。

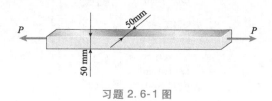

习题 2.6-1 图

2.6-2 一根直径为 d 的圆形钢杆承受着 $P = $ 3.5kN 的拉力（见图）。许用拉应力和许用切应力分别为 118MPa 和 48MPa。该杆的最小许可直径 $d_{\min}$ 是多少？

习题 2.6-2 图

2.6-3 如图所示，一块标准砖（尺寸为 200mm×100mm×65mm）受到力 P 的纵向压缩。如果该砖的剪切极限应力为 8MPa，压缩极限应力为 26MPa，那么，使该砖断裂所需的力 $P_{\max}$ 是多少？

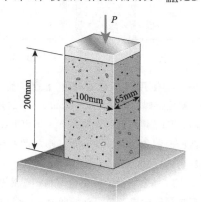

习题 2.6-3 图

2.6-4 一根直径 $d = 2.42$mm 的黄铜丝被绷紧在刚性支座之间，以便得到 $T = 98$N 的拉力（见图）。该铜丝的热膨胀系数为 19.5×10^{-6}/℃，弹性模量 $E = 110$GPa。

（a）如果该铜丝的许用切应力为 60MPa，那么，最大许可温度下降量 ΔT 是多少？

（b）温度改变量为何值时才能使该铜丝变得松弛？

习题 2.6-4 和习题 2.6-5 图

2.6-5 一根直径 $d = 1.6$mm 的黄铜丝被拉紧在刚性支座之间，其初始拉力 T 为 200N（见图）（假设热膨胀系数为 $21.2 \times 10^{-6}/℃$，弹性模量为 110GPa）。

（a）如果温度下降了 30℃，那么，铜丝中的最大切应力 τ_{max} 是多少？

（b）如果许用切应力为 70MPa，那么，最大许可温度降低量是多少？

（c）温度改变量 ΔT 为何值时才能使该铜丝变得松弛？

2.6-6 一根直径 $d = 12$mm 的钢杆受到一个 $P = 9.5$kN 拉伸载荷的作用（见图）。

（a）钢杆中的最大正应力 σ_{max} 是多少？

（b）最大切应力 τ_{max} 是多少？

（c）画出一个与该杆轴线的方位角为 45°的应力微元体，并画出作用在该微元体各表面上的所有应力。

（d）画出一个与该杆轴线的方位角为 22.5°的应力微元体，并画出作用在该微元体各表面上的所有应力。

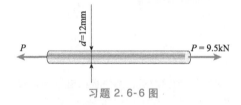

习题 2.6-6 图

2.6-7 对一块低碳钢试样（见图）进行拉伸试验期间，变形测量计显示，长度为 50mm 的标距的伸长量为 0.004mm。假设试样中的应力低于其比例极限，并假设弹性模量为 $E = 210$GPa。

（a）试样中的最大正应力 σ_{max} 是多少？

（b）最大切应力 τ_{max} 是多少？

（c）请画出一个与该杆轴线的方位角为 45°的应力微元体，并画出作用在该微元体各表面上的所有应力。

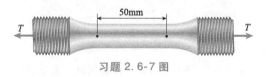

习题 2.6-7 图

2.6-8 一根两端固定的横截面为矩形的铜杆中没有应力（见图）。随后，铜杆的温度升高了 50℃。

（a）请求出微元体 A、B 所有表面上的应力，

并将这些应力显示在相应的微元体图上（假设 $\alpha = 17.5 \times 10^{-6}/℃$，$E = 120$GPa）。

（b）如果 B 处的某一切应力，其作用方向与轴线的夹角为 θ，其大小为 48MPa，那么，请求出角度 θ，并画出相应的微元体上及其上的应力。

习题 2.6-8 图

2.6-9 图示平面桁架由槽钢（UPN 220，见附录 E 的表 E-3）组装而成。假设 $L = 3$m，$b = 0.71L$。

（a）如果载荷 $P = 220$kN，那么，每根桁架杆中的最大切应力 τ_{max} 是多少？

（b）如果许用正应力为 96MPa，许用剪切应力为 52MPa，那么，载荷 P 的最大许用值是多少？

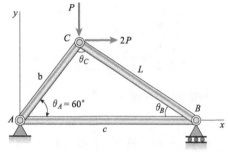

习题 2.6-9 图

2.6-10 在某一实验装置中，一根直径 $d = 32$mm 的塑料杆受到力 $P = 190$N 的压缩作用，该力的作用位置如图所示。

（a）请求出方位角分别为 $\theta = 0°$、$\theta = 22.5°$、$\theta = 45°$ 的各应力微元体所有表面上作用的正应力和切应力，并画出各应力微元体图及其上的应力。σ_{max} 和 τ_{max} 是多少？

（b）如果在实验装置中插入一根刚度为 k 的复位弹簧（如图所示），那么，请求出塑料杆中的 σ_{max}、τ_{max}。弹簧的刚度是塑料杆刚度的 1/6。

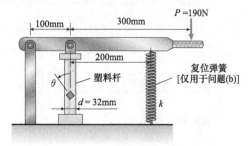

习题 2.6-10 图

2.6-11　一根横截面为矩形（$b = 38\text{mm}$，$h = 75\text{mm}$）的塑料杆在室温（20℃）下恰好被安装在刚性支座之间，杆中没有初始应力（见图）。当杆的温度升高至70℃时，中点处斜面 pq 上的压应力变为 8.7MPa。

（a）斜面 pq 上的切应力是多少？（假设 $\alpha = 95 \times 10^{-6}/℃$，$E = 2.4\text{GPa}$）

（b）请画出方位角为 θ（θ 为平面 pq 的方位角）的应力微元体及其所有表面上的应力。

（c）如果许用正应力为 23MPa，许用切应力为 11.3MPa，那么，在不超过许用应力值的情况下，可在四分之一点处添加（除了给出的热效应之外）的最大载荷 P（$+x$ 方向）是多少？

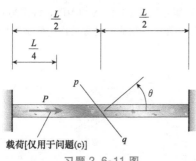

习题 2.6-11 图

2.6-12　一根横截面为矩形（$b = 18\text{mm}$，$h = 40\text{mm}$）的铜杆恰好被安装在刚性支座之间（即杆中没有初始应力，见图）。中点处斜面 pq（$\theta = 55°$）上的许用应力被设定为 60MPa（许用压应力）和 30MPa（许用切应力）。

（a）如果斜面 pq 上的许用应力不能被超过，那么，最大许可温度升高量 ΔT 是多少？（假设 $\alpha = 17 \times 10^{-6}/℃$，$E = 120\text{GPa}$）

（b）如果温度升高至其最大许可温度，那么，斜面 pq 上的应力是多少？

（c）如果温度升高了 $\Delta T = 28℃$，那么，在不超

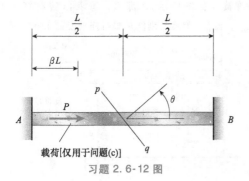

习题 2.6-12 图

出许用应力的情况下，载荷 $P = 15\text{kN}$ 的作用点至右端 A 的距离（即图中的距离 βL，用长度 L 的分数形式来表达）应为多少？假设 $\sigma_a = 75\text{MPa}$，$\tau_a = 35\text{MPa}$。

2.6-13　如图所示，桁架 ABC 中的杆 AC 是一根直径为 d 的黄铜杆，该桁架在节点 C 处受到一个载荷 $P = 30\text{kN}$ 的作用。杆 AC 由两段组成，这两段在平面 pq 处被钎焊在一起，平面 pq 与杆 AC 轴线的夹角 $\alpha = 36°$。黄铜的许用拉应力为 90MPa，许用切应力为 48MPa。钎焊接头的许用拉应力为 40MPa，许用切应力为 20MPa。杆 AC 中的拉力 N_{AC} 是多少？杆 AC 的所需最小直径 $d_{\min}$ 是多少？

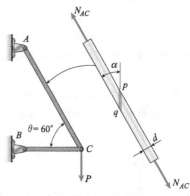

习题 2.6-13 图

2.6-14　如图所示，两块板沿着一条嵌接缝被胶粘在一起。为了便于切割和粘合，嵌接缝表面与各板表面之间的夹角 α 必须在 $10° \sim 40°$ 之间。在拉伸载荷 P 的作用下，各板中的正应力均为 4.9MPa。

（a）如果 $\alpha = 20°$，那么，作用在接缝上的正应力和切应力是多少？

（b）如果接缝的许用切应力为 2.25MPa，那么，角度 α 的最大许可值是多少？

（c）角度 α 为何值时将使接缝的切应力在数值上等于其上正应力的两倍？

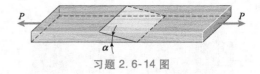

习题 2.6-14 图

2.6-15　图示应力微元体切割自一根处于单向应力状态的杆件，其各侧面上作用的拉应力为 60MPa 和 20MPa。

（a）请求出角度 θ 和切应力 τ_θ，并画出微元体图及其上所有的应力。

（b）请求出材料中的最大正应力 $\sigma_{\max}$ 和最大切应力 $\tau_{\max}$。

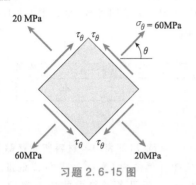

习题 2.6-15 图

2.6-16　一根柱状杆受到一个轴向力的作用，该轴向力在某个斜面上产生的拉应力为 $\sigma_\theta = 65\text{MPa}$，切应力为 $\tau_\theta = 23\text{MPa}$（见图）。请求出一个方位角 $\theta = 30°$ 的应力微元体所有表面上的应力，并求出该微元体图及其上的应力。

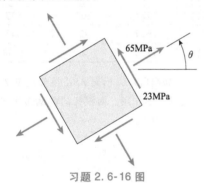

习题 2.6-16 图

2.6-17　一根受拉柱状杆（见图），已知其 pq 面上的正应力为 57MPa，rs 面（与 pq 面的夹角为 $\beta = 30°$）上的应力为 23MPa。请求出该杆中的最大正应力 $\sigma_{\max}$ 和最大切应力 $\tau_{\max}$。

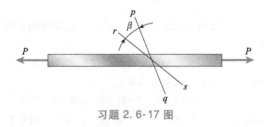

习题 2.6-17 图

2.6-18　一根受拉杆由两段塑料构成，这两段塑料沿着平面 pq 被粘结在一起（见图）。为了便于切割和粘合，角度 θ 必须在 25°～45° 之间。粘结接头上的许用拉应力和许用切应力分别为 5.0MPa 和 3.0MPa。

（a）请求出角度 θ 为何值时才能使该杆承受最大载荷 P（假设粘结接头的强度控制该杆的设计）。

（b）如果该杆的横截面面积为 225mm^2，那么，请求出最大许用载荷 $P_{\max}$。

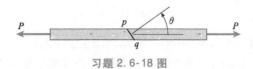

习题 2.6-18 图

2.6-19　如图所示，一根长度 $L = 0.6\text{m}$，横截面为矩形（$b = 18\text{mm}$，$h = 40\text{mm}$）的塑料杆 AB 被固定在 A 处，并在 C 处有一个弹簧支座（$k = 3150\text{kN/m}$）。当该杆的温度升高 48℃ 时，位于 $L_\theta = 0.46\text{m}$ 处的斜面 pq 上的压应力变为 5.3MPa。假设弹簧是无质量的且不受温度变化的影响。设 $\alpha = 95 \times 10^{-6}/℃$，$E = 2.8\text{GPa}$。

（a）斜面 pq 上的切应力 τ_θ 是多少？角度 θ 是多少？

（b）请画出一个方位角为 θ（θ 为平面 pq 的方位角）的应力微元体及其所有表面上的应力。

（c）如果许用正应力为 ±6.9MPa，许用切应力为 ±3.9MPa，那么，假如该杆的许用应力没有被超过，弹性常数 k 的最大许可值是多少？

（d）如果该杆的许用应力没有被超过，那么，该杆的最大许可长度 L 是多少？（假设 $k = 3150\text{kN/m}$）

（e）如果该杆的许用应力没有被超过，那么，该杆中的最大许可温度增加量 ΔT 是多少？（假设 $L = 0.6\text{m}$，$k = 3150\text{kN/m}$）

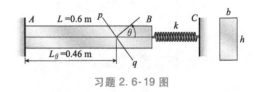

习题 2.6-19 图

应变能

求解 2.7 节的习题时，假设材料表现为线弹性行为。

2.7-1　一根长度为 L、横截面面积为 A、弹性模量为 E 的柱状杆 AD 分别在点 B、C、D 处受到载荷 $5P$、$3P$、P 的作用（见图）。段 AB、BC、CD 的长度分别为 $L/6$、$L/2$、$L/3$。

（a）请求出该杆应变能 U 的表达式。

（b）如果 $P = 27\text{kN}$、$L = 130\text{cm}$、$A = 18\text{cm}^2$、材

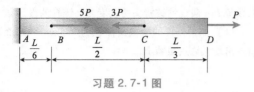

习题 2.7-1 图

料为铝（$E = 72\text{GPa}$），那么，请计算该应变能。

2.7-2　如图所示，一根圆形横截面杆由两段组成，各段的直径分别为 d 和 $2d$。各段的长度均为 $L/2$，弹性模量均为 E。

（a）请求出载荷 P 所引起的该杆应变能 U 的表达式。

（b）如果载荷 $P = 27\text{kN}$、长度 $L = 600\text{cm}$、直径 $d = 40\text{mm}$，材料为 $E = 105\text{GPa}$ 的黄铜，那么，请计算该应变能。

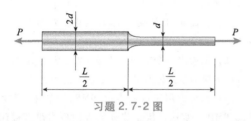

习题 2.7-2 图

2.7-3　如图所示，一个三层钢立柱结构支撑着屋顶与楼板载荷。楼层高度 H 为 3m，立柱的横截面面积 A 为 7500mm^2，钢的弹性模量 E 为 200GPa。请计算该立柱的应变能（假设 $P_1 = 150\text{kN}$，$P_2 = P_3 = 300\text{kN}$）。

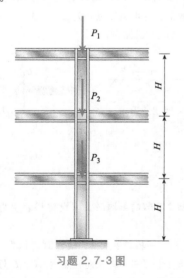

习题 2.7-3 图

2.7-4　图示 ABC 杆分别在端点 C 和中点 B 处受到力 P、Q 的作用。该杆的刚度为 EA（恒定值）。

（a）当力 P 单独作用时（$Q = 0$），求出此时该杆的应变能 U_1。

（b）当力 Q 单独作用时（$P = 0$），求出此时该杆的应变能 U_2。

（c）当 P 力和 Q 同时作用时，求出此时该杆的应变能 U_3。

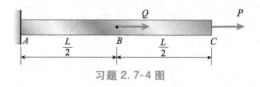

习题 2.7-4 图

2.7-5　请求出下表中各材料所能存储的单位体积应变能（单位为 kN/m^2）和单位重量应变能（单位为 m），假设各材料中的应力都达到比例极限。

习题 2.7-5 的数据

材料	重量密度/（kN/m^3）	弹性模量/GPa	比例极限/MPa
低碳钢	77.1	207	248
工具钢	77.1	207	827
铝	26.7	72	345
橡胶（软）	11.0	2	1.38

2.7-6　如图所示，桁架 ABC 在节点 B 处受到一个水平载荷 P 的作用。两根杆的横截面面积均为 A，弹性模量均为 E。

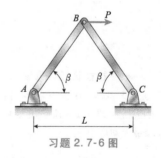

习题 2.7-6 图

（a）如果 $\beta = 60°$，那么，请求出该桁架的应变能 U。

（b）通过使桁架的应变能等于载荷 P 所做的功来求出节点 B 的水平位移 δ_B。

2.7-7　如图所示，桁架 ABC 支撑着一个水平载荷 $P_1 = 1.3\text{kN}$ 和一个铅垂载荷 $P_2 = 4\text{kN}$。两根杆的横截面面积均为 $A = 1500\text{mm}^2$，均由 $E = 200\text{GPa}$ 的钢制成。

（a）当力 P_1 单独作用时（$P_2 = 0$），请求出此时该桁架的应变能 U_1。

（b）当力 P_2 单独作用时（$P_1 = 0$），请求出此时该桁架的应变能 U_2。

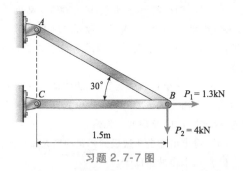

习题 2.7-7 图

（c）当两个载荷同时作用时，请求出此时该桁架的应变能 U_3。

2.7-8 图示静不定结构包含一根水平刚性杆 AB，该杆受到间距相等的五根弹簧的支撑。弹簧 1、2、3 的刚度系数分别为 $3k$、$1.5k$、k。无应力时，所有五根弹簧的下端位于一条水平线上。杆 AB（重量为 W）导致弹簧伸长了 δ。

（a）请求出弹簧的总应变能 U 的表达式（用 δ 来表达）。

（b）通过使弹簧的应变能等于重力 W 所作的功来求解位移 δ 的表达式。

（c）请求出各弹簧中的力 F_1、F_2、F_3。

（d）如果 $W=600\text{N}$，$k=7.5\text{N/mm}$，那么，请求出总应变能 U 和位移 δ 的值。

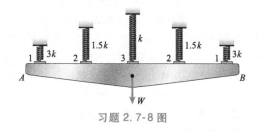

习题 2.7-8 图

2.7-9 一根横截面为矩形、长度为 L 的小锥度杆 AB 受到一个力 P 的作用（见图）。该杆的宽度从 b_2（端点 A 处）均匀变化至 b_1（端点 B 处），其厚度 t 是恒定的。

（a）请求出该杆的应变能 U。

（b）通过使应变能等于力 P 所作的功来求解该杆的伸长量 δ。

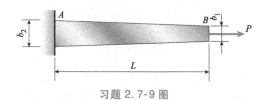

习题 2.7-9 图

2.7-10 如图所示，压缩载荷 P 通过一块刚性板被传递给三根相同的镁合金杆，但中间杆的原始长度比其他杆的原始长度稍短。该装配体的尺寸和性能如下：长度 $L=1.0\text{m}$，每根杆的横截面面积均为 $A=3000\text{mm}^2$，弹性模量均为 $E=45\text{GPa}$，间隙 $s=1.0\text{mm}$。

（a）请计算消除间隙所需的载荷 P_1。

（b）请计算 $P=400\text{kN}$ 时刚性板的向下位移 δ。

（c）请计算 $P=400\text{kN}$ 时三根杆的总应变能 U。

（d）请解释为什么该应变能 U 不等于 $P\delta/2$（提示：画一个载荷-位移图）。

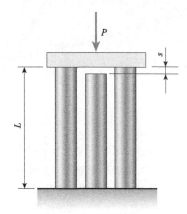

习题 2.7-10 图

2.7-11 力 P 将物块 B 推向三根弹簧（见图）。中间弹簧的刚度为 k_1，外侧各弹簧的刚度均为 k_2。初始时，各弹簧中均无应力，中间弹簧要比外侧弹簧长（设 s 为其长度差）。

（a）请以力 P 作为纵坐标、以物块的位移 x 作为横坐标，画出一个载荷-位移图。

（b）请根据该载荷-位移图，求出 $x=2s$ 时弹簧的应变能 U_1。

（c）请解释为什么应变能 U_1 不等于 $P\delta/2$（其中，$\delta=2s$）。

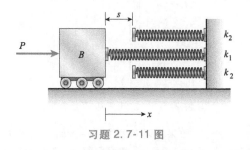

习题 2.7-11 图

2.7-12 一根具有线弹性行为的蹦极绳如图所

示,其无应力长度 $L_0 = 760\text{mm}$,其刚度为 $k = 140\text{N/m}$。该绳被连接到两个相距 $b = 380\text{mm}$ 的桩子上,拉力 $P = 80\text{N}$ 作用该绳的中点处。

(a) 储存在该绳中的应变能 U 是多少?

(b) 载荷作用点的位移 δ_C 是多少?

(c) 请比较应变能 U 和 $P\delta_C/2$。

(注意:与其初始长度比,该绳的伸长量并不小)

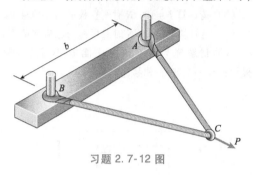

习题 2.7-12 图

冲击载荷

求解 2.8 节的习题时,应以本书所述的各类假设和理想化条件为基础。特别是应假设材料表现为线弹性行为,且在冲击过程中没有能量损失。

2.8-1 一个重量为 $W = 650\text{N}$ 的滑环从高度 $h = 50\text{mm}$ 的位置下落到一根细长杆底部的翼板上(见图)。细长杆的长度 $L = 1.2\text{m}$,横截面面积 $A = 5\text{cm}^2$,弹性模量 $E = 210\text{GPa}$。请计算下列量:

(a) 翼板的最大向下位移。

(b) 细长杆中的最大拉应力。

(c) 冲击因子。

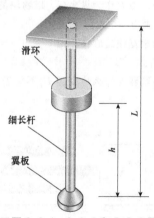

滑环

细长杆

翼板

习题 2.8-1、2.8-2 和 2.8-3 图

2.8-2 如果滑环的质量 $M = 80\text{kg}$,高度 $h = 0.5\text{m}$,长度 $L = 3.0\text{m}$,横截面面积 $A = 350\text{mm}^2$,弹性模量 $E = 170\text{GPa}$,那么,请求解上题中的问题。

2.8-3 如果滑环的重量 $W = 200\text{N}$,高度 $h = 50\text{mm}$,长度 $L = 0.9\text{m}$,横截面面积 $A = 1.5\text{cm}^2$,弹性模量 $E = 210\text{GPa}$,那么,请求解习题 2.8-1 中的问题。

2.8-4 一个重量 $W = 5.0\text{N}$ 的物块在一个圆柱缸内从一个高度为 $h = 200\text{mm}$ 的位置降落到一根刚度为 $k = 90\text{N/m}$ 的弹簧上(见图)。

(a) 请求出冲击所造成的弹簧的最大缩短量;

(b) 请求出冲击因子。

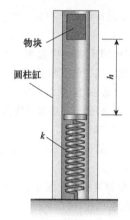

物块

圆柱缸

k

习题 2.8-4 和 2.8-5 图

2.8-5 如果物块的重量 $W = 8\text{N}$,$h = 300\text{mm}$,$k = 125\text{N/m}$,那么,请求解上题中的问题。

2.8-6 一个小橡皮球(重量 $W = 450\text{mN}$)被一根橡胶绳连接到一个木拍上(见图)。橡胶绳的自然长度 $L_0 = 200\text{mm}$,横截面面积 $A = 1.6\text{mm}^2$,弹性模量 $E = 2.0\text{MPa}$。被木拍击中后,橡胶绳被橡皮球拉长,其拉长后的总长度 $L_1 = 900\text{mm}$。

橡皮球离开木拍时的速度 v 是多少?(假设橡胶绳表现为线弹性行为,并忽略橡皮球的高程变化所产生的势能)。

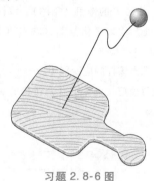

习题 2.8-6 图

2.8-7 如图所示,一个 $W = 20\text{kN}$ 的重物从一个高度为 h 的位置下落到一个铅垂木杆上,该木杆

的长度 $L = 5.5\text{m}$，直径 $d = 300\text{mm}$，弹性模量 $E = 10\text{GPa}$。如果在冲击载荷作用下该木杆的许用应力为 17MPa，那么，最大许可高度 h 是多少？

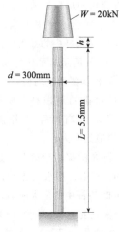

习题 2.8-7 图

2.8-8　一根底部带有限位器的缆绳铅垂悬挂于顶端（见图）。该缆绳的有效横截面面积 $A = 40\text{mm}^2$，有效弹性模量 $E = 130\text{GPa}$。一个质量 $M = 35\text{kg}$ 的滑块从一个高度 $h = 1.0\text{m}$ 的位置降落到限位器上。如果该缆绳冲击时的许用应力为 500MPa，那么，该缆绳的最大许可长度 L 是多少？

2.8-9　如果滑块的重量 $W = 145\text{N}$，其他数据为 $h = 120\text{cm}$、$A = 0.5\text{cm}^2$、$E = 150\text{GPa}$，许用应力为 480MPa，那么，请求解上题中的问题。

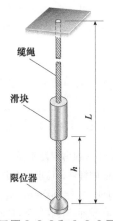

习题 2.8-8 和 2.8-9 图

2.8-10　如图所示，在某铁路站场轨道末端的防撞柱中有一根弹性常数为 $k = 8.0\ \text{MN/m}$ 的弹簧。防撞板末端的最大可能位移 d 为 450mm。当一辆重量为 $W = 545\text{kN}$ 的列车撞击该防撞柱时，列车的最大速度 $v_{\max}$ 为何值时才能使该防撞柱不会被撞毁。

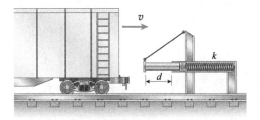

习题 2.8-10 图

2.8-11　一种矿车用减震器采用一根刚度为 $k = 176\text{kN/m}$ 的弹簧建造（见图）。如果矿车的重量为 14kN，且其撞上弹簧时的行驶速度为 $v = 8\text{km/h}$，那么，弹簧的最大缩短量是多少？

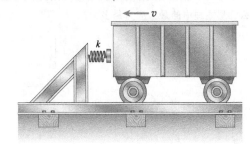

习题 2.8-11 图

2.8-12　如图所示，一位质量为 55kg 的蹦极跳运动员从桥上跳下，用一根刚度为 $EA = 2.3\text{kN}$ 的长弹力绳来制动他的下落。如果起跳点高于水面 60m，并希望运动员与水面保持 10m 的距离，那么，所用弹力绳的长度应该是多少？

习题 2.8-12 图

2.8-13　如图所示，一个放在墙上的重物 W 处于静止状态，其一端连着一根非常柔软的绳子，该绳子的横截面面积为 A，弹性模量为 E。绳子的另一端被牢牢固定在墙上。然后将该重物推下，重物自由下落的距离等于绳子的总长度。

（a）请推导出冲击因子的表达式。

（b）如果当重物静止时绳子的伸长量是其原始长度的 2.5%，那么，请求出冲击因子的数值。

习题 2.8-13 图

2.8-14   如图所示，一根质量 $M = 1.0$kg，长度 $L = 0.5$m 的刚性杆 AB，其 A 端有一个铰链支座，其 B 端被一根尼龙绳拉住。尼龙绳的横截面面积 $A = 30$mm^2，长度 $b = 0.25$m，弹性模量 $E = 2.1$GPa。如果将该刚性杆抬升至最大高度，然后再将其释放，那么，尼龙绳中的最大应力是多少？

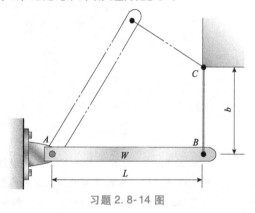

习题 2.8-14 图

应力集中

求解 2.10 节的习题时，应考虑应力集中，并假设材料表现为线弹性行为。

2.10-1   图 a、b 所示扁平杆受到一个拉力 $P = 13$kN 的作用。每根杆的厚度均为 $t = 6$mm。

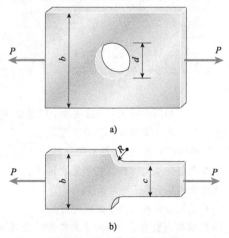

a)

b)

习题 2.10-1 和 2.10-2 图

（a）对于有圆孔的那根杆，如果其宽度 $b = 150$mm，那么，请求出当孔径 d 分别为 25mm 和 50mm 时该杆中的最大应力。

（b）对于有圆角的那根阶梯杆，如果其宽度 $b = 150$mm，$c = 65$mm，那么，请求出当圆角半径 R 分别为 6mm 和 13mm 时该杆中的最大应力。

2.10-2   图 a、b 所示扁平杆受到一个拉力 $P = 2.5$kN 的作用。每根杆的厚度均为 $t = 5.0$mm。

（a）对于有圆孔的那根杆，如果其宽度 $b = 60$mm，那么，请求出当孔径 d 分别为 12mm 和 20mm 时该杆中的最大应力。

（b）对于有圆角的那根阶梯杆，如果其宽度 $b = 60$mm，$c = 40$mm，那么，请求出当圆角半径 R 分别为 6mm 和 10mm 时该杆中的最大应力。

2.10-3   一根宽度为 b、厚度为 t 的扁平杆上钻有一个直径为 d 的通孔（见图）。孔的直径可以是任意值，只要该直径值能够适应杆的尺寸。如果材料的许用拉应力为 σ_t，那么，最大许用载荷 $P_{\max}$ 是多少？

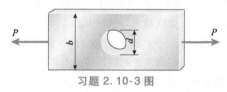

习题 2.10-3 图

2.10-4   如图所示，一根直径 $d_1 = 20$mm 的黄铜圆杆，其加粗端的直径 $d_2 = 26$mm，其各段长度为 $L_1 = 0.3$m、$L_2 = 0.1$m，其轴肩处采用四分之一圆角，铜的弹性模量 $E = 100$GPa。如果在拉伸载荷 P 的作用下该杆伸长了 0.12mm，那么，该杆中的最大应力 $\sigma_{\max}$ 是多少？

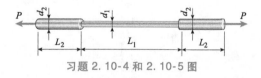

习题 2.10-4 和 2.10-5 图

2.10-5   对于一根由蒙乃尔铜镍合金制造的，具有下列尺寸和性能的杆件，请求解上题中的问题：$d_1 = 25$mm，$d_2 = 36$mm，$L_1 = 500$mm，$L_2 = 125$mm，$E = 170$GPa，同时，在拉伸载荷作用下该杆伸长了 0.1mm。

2.10-6   如图所示，正在对比分析一根柱状杆（直径 $d_0 = 20$mm）与一根阶梯杆。阶梯杆的直径（$d_1 = 20$mm）与柱状杆相同，其中间段的直径被增大至 $d_2 = 25$mm，其圆角半径为 2.0mm。

（a）增大中间段的直径，可以使阶梯杆的强度比柱状杆更大吗？此问可通过分别求解柱状杆和阶

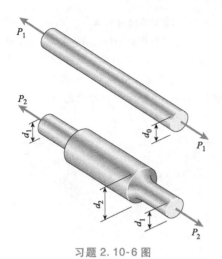

习题 2.10-6 图

梯杆的最大许用载荷 P_1 和 P_2 进行求解（假设材料的许用应力为 80MPa）。

（b）如果希望柱状杆和阶梯杆具有相同的最大许用载荷，那么，柱状杆的直径 d_0 应该是多少？

2.10-7　一根宽度 $b = 60$mm、$c = 40$mm 的阶梯杆上有一个孔（见图）。圆角半径等于 5mm。在不降低该杆承载能力的情况下，可钻最大孔的直径 d_{max} 是多少？

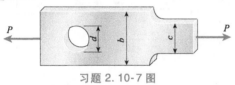

习题 2.10-7 图

非线性行为（杆件长度的改变量）

2.11-1　一根长度为 L、重量密度为 γ 的杆 AB 在其自重作用下铅垂悬挂着（见图）。其材料的应力应变关系符合以下拉姆贝格-奥斯古德方程［式 (2-73)］：

$$\varepsilon = \frac{\sigma}{E} + \frac{\sigma_0 \alpha}{E}\left(\frac{\sigma}{\sigma_0}\right)^m$$

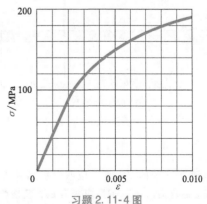

习题 2.11-1 图

请推导出以下关于该杆伸长量的公式：

$$\delta = \frac{\gamma L^2}{2E} + \frac{\sigma_0 \sigma L}{(m+1)E}\left(\frac{\gamma L}{\sigma_0}\right)^m$$

2.11-2　一根长度 $L = 1.8$m、横截面面积 $A = 480$mm^2 的柱状杆受到力 $P_1 = 30$kN 和力 $P_2 = 60$kN 的作用（见图）。该杆由镁合金制造，这种镁合金的应力-应变曲线可由以下拉姆贝格-奥斯古德方程方程来描述：

$$\varepsilon = \frac{\sigma}{45,000} + \frac{1}{618}\left(\frac{\sigma}{170}\right)^{10} \ (\sigma = \text{MPa})$$

其中，σ 的单位为 MPa。

（a）请计算载荷 P_1 单独作用时该杆端部的位移 δ_C。

（b）请计算载荷 P_2 单独作用时的位移 δ_C。

（c）请计算两个载荷同时作用时的位移 δ_C。

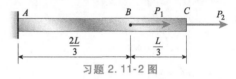

习题 2.11-2 图

2.11-3　一根长度 $L = 810$mm、直径 $d = 19$mm 的圆杆受到力 P 的拉伸作用（见图）。该杆由铜合金制造，该铜合金的应力-应变关系为以下双曲线关系：

$$\sigma = \left(\frac{18,000\varepsilon}{1+300\varepsilon}\right) \times 6.809 \quad 0 \le \varepsilon \le 0.03$$

其中，σ 的单位为 MPa。

（a）请画出其材料的应力-应变图。

（b）如果该杆的伸长量不能超过 6mm，且最大应力不能超过 275MPa，那么，许用载荷 P 是多少？

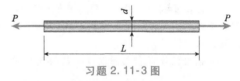

习题 2.11-3 图

2.11-4　一根受拉柱状杆的长度 $L = 2.0$m，横截面面积 $A = 249$mm^2，其材料的应力-应变曲线如图所示。

习题 2.11-4 图

请分别求出下列各种载荷情况下该杆的伸长量 δ：$P =$ 10kN、20kN、30kN、40kN、45kN。根据这些结果，绘制载荷（P）-伸长量（δ）图（即载荷-位移图）。

2.11-5 一根承受拉力 P 的铝杆，其长度 $L =$ 3.8m，其横截面面积 $A = 1290\text{mm}^2$。铝的应力-应变行为可用图示双线性应力-应变图来表示。请分别求出下列各种载荷情况下该杆的伸长量 δ：$P = 35$、70、106、140、180kN，并绘制载荷（P）-伸长量（δ）图（即载荷-位移图）。

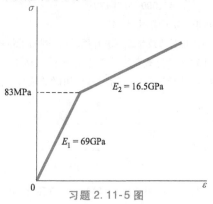

习题 2.11-5 图

2.11-6 如图所示，一根刚性杆 AB 被一根金属丝 CD 拉住，其 A 端有一个铰链支座，其 B 端受到力 P 的作用。金属丝由弹性模量 $E = 210\text{GPa}$、屈服应力 $\sigma_Y = 820\text{MPa}$ 的高强度钢制造，该钢的应力-应变图被如下修正幂函数所定义：

$$\sigma = E\varepsilon \quad 0 \leqslant \sigma \leqslant \sigma_Y$$

$$\sigma = \sigma_Y \left(\frac{E\varepsilon}{\sigma_Y}\right)^n \quad \sigma \geqslant \sigma_Y$$

（a）假设 $n = 0.2$，请计算载荷 P 所引起的该杆端部的位移 δ_B。P 的取值范围为 2.4kN ~ 5.6kN，取值间隔为 0.8kN。

（b）请绘制载荷-位移图以显示 P 与 δ_B 的关系。

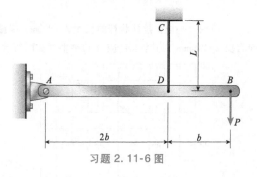

习题 2.11-6 图

弹塑性分析

求解 2.12 节的习题时，应假设材料是弹塑性的，其屈服应力为 σ_Y、屈服应变为 ε_Y，其线弹性区（见图 2-72）的弹性模量为 E。

2.12-1 两根相同的杆件 AB 和 BC 支撑着一个铅垂荷载 P（见图）。各杆均由某种钢制成，该钢的应力-应变曲线可被理想化为一个具有屈服应力 σ_Y 的弹塑性曲线。各杆横截面面积均为 A。请求出屈服载荷 P_Y 和塑性载荷 P_P。

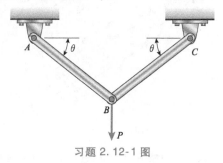

习题 2.12-1 图

2.12-2 一根圆截面阶梯杆 ACB 被固定在刚性支座之间，其中点处受到一个轴向力 P 的作用（见图）。该杆两段的直径分别为 $d_1 = 20\text{mm}$、$d_2 = 25\text{mm}$，其材料为具有屈服应力 $\sigma_Y = 250\text{MPa}$ 的弹塑性材料。请求出塑性载荷 P_P。

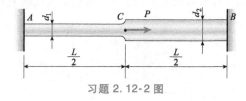

习题 2.12-2 图

2.12-3 一根承受着载荷 P 的水平刚性杆 AB 被五根间距相同的、横截面面积均为 A 的金属丝吊住（见图）。各金属丝被固定在一个半径为 R 的曲面上。

（a）如果金属丝的材料为屈服应力为 σ_Y 的弹塑性材料，那么，请求出塑性载荷 P_P。

（b）如果杆 AB 是柔性的而不是刚性的，那么，P_P 将怎样变化？

（c）如果增大半径 R，那么，P_P 将怎样变化？

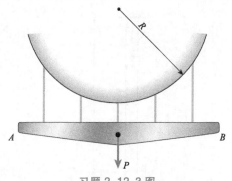

习题 2.12-3 图

2.12-4　载荷 P 作用在一根水平梁上，梁被图示对称布置的四根杆拉住。每根杆的横截面面积均为 A，材料均为具有屈服应力 σ_Y 的弹塑性材料。请求出塑性载荷 P_P。

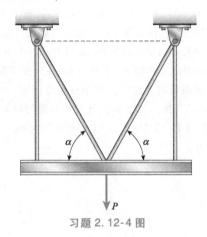

习题 2.12-4 图

2.12-5　图示对称桁架 $ABCDE$ 由四根杆构成，在节点 E 处作用着一个载荷 P。外侧两根杆的横截面面积均为 200mm^2，里边两根杆的横截面面积均为 400mm^2。材料为具有屈服应力 $\sigma_Y = 250\text{MPa}$ 的弹塑性材料。请求出塑性载荷 P_P。

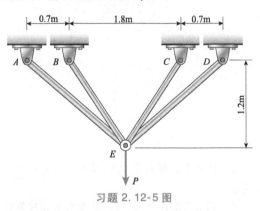

习题 2.12-5 图

2.12-6　如图所示，直径均为 10mm 的五根杆

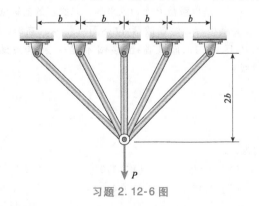

习题 2.12-6 图

受到一个载荷 P 的作用。如果材料为具有屈服应力 $\sigma_Y = 250\text{MPa}$ 的弹塑性材料，那么，请求出塑性载荷 P_P。

2.12-7　如图所示，一个直径 $d = 15\text{mm}$ 的圆钢杆 AB 在两个支座之间被拉紧，以便在该钢杆中产生一个 60MPa 的初始拉应力。然后，再将一个轴向力 P 施加在其中间位置 C 处。

（a）如果材料为具有屈服应力 $\sigma_Y = 290\text{MPa}$ 的弹塑性材料，那么，请求出塑性载荷 P_P。

（b）如果初始拉应力是 120MPa，那么，P_P 将怎样变化？

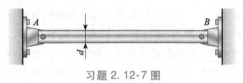

习题 2.12-7 图

2.12-8　如图所示，一根刚性杆 ACB 被支撑在 C 处的支点上，力 P 作用在其端点 B 处。三根相同的且均由某种弹塑性材料（屈服应力为 σ_Y，弹性模量为 E）制造的金属丝拉住了该刚性杆。每根金属丝的横截面面积均为 A，长度均为 L。

（a）请求出屈服载荷 P_Y 以及节点 B 的相应位移 δ_Y。

（b）当载荷恰好达到 P_P 值时，请求出此时的塑性载荷 P_P 以及节点 B 的相应位移 δ_P。

（c）请以载荷作为纵坐标，以节点 B 的位移 δ_B 作为横坐标，绘制载荷-位移图。

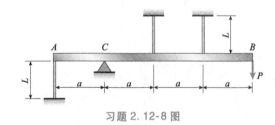

习题 2.12-8 图

2.12-9　图示结构包含水平刚性杆 $ABCD$，该刚性杆被两根钢丝拉着，一根钢丝的长度为 L，另一根钢丝的长度为 $3L/4$。两根钢丝的横截面面积均为 A，且均由弹塑性材料（屈服应力为 σ_Y，弹性模量为 E）制造。一个铅垂载荷 P 作用在刚性杆的端点 D 处。

（a）请求出屈服载荷 P_Y 以及节点 D 的相应位移 δ_Y。

（b）当载荷恰好达到 P_P 值时，请求出此时的塑性载荷 P_P 以及节点 D 的相应位移 δ_P。

（c）请以载荷作为纵坐标，以节点 D 的位移 δ_D

作为横坐标，绘制载荷-位移图。

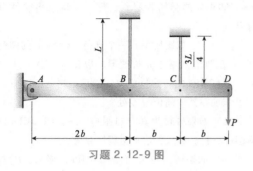

习题 2.12-9 图

2.12-10　两条钢丝绳（每条的长度 L 均约为 40m）吊住了一个重量为 W 的载有货物的货柜（见图）。两条钢丝绳的有效横截面面积均为 $A = 48.0\text{mm}^2$，弹性模量均为 $E = 160\text{GPa}$，但在不承受载荷的情况下独立悬挂时，其中一条钢丝绳比另一条长 100mm。制造钢丝绳的钢材具有一个弹塑性的应力-应变图（$\sigma_Y = 500\text{MPa}$）。假设初始时重量 W 为零，并假设以向货柜中添加货物的方式使重量 W 缓慢增加。

（a）请求出使短钢丝绳发生首次屈服的重量 W_Y，并求出该钢丝绳的相应伸长量 δ_Y。

（b）请求出使两条钢丝绳都发生屈服的重量 W_P，并求出重量恰好达到 W_P 值时短钢丝绳的伸长量 δ_P。

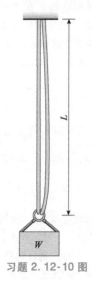

习题 2.12-10 图

（c）请以重量 W 作为纵坐标，以短钢丝绳的位移 δ 作为横坐标，绘制载荷-位移图（提示：在 $0 \leqslant W \leqslant W_Y$ 区间内，该载荷-位移图不是一条单一的直线）。

2.12-11　长度 $L = 380\text{mm}$ 的空心圆管 T 受到力 P 的均匀压缩，该力作用在一块刚性板上（见图）。圆管的外径和内径分别为 76mm 和 70mm。一根与该圆管同轴的实心圆杆 B（直径为 38mm）被安装在圆管内。无载荷时，圆杆 B 与刚性板之间有一个 $c = 0.26\text{mm}$ 的间隙。制造圆管与圆杆的钢材具有一个弹塑性的应力-应变图（$E = 200\text{GPa}$，$\sigma_Y = 500\text{MPa}$）。

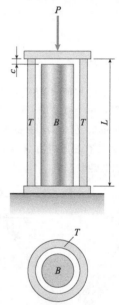

习题 2.12-11 图

（a）请求出屈服载荷 P_Y 以及圆管的相应缩短量 δ_Y。

（b）请求出塑性载荷 P_P 以及圆管的相应缩短量 δ_P。

（c）请以载荷 P 作为纵坐标，以圆管的缩短量 δ 作为横坐标，绘制载荷-位移图（提示：在 $0 \leqslant P \leqslant P_Y$ 区间内，该载荷-位移图不是一条单一的直线）。

补充复习题：第 2 章

R-2.1　在载荷 P 的作用下，一条铜丝和一条钢丝产生了相同的伸长量。若铜丝和钢丝的弹性模量分别为 $E_s = 210\text{GPa}$ 和 $E_c = 120\text{GPa}$，则其直径比约为：

(A) 1.00　　　(B) 1.08

(C) 1.19　　　(D) 1.32

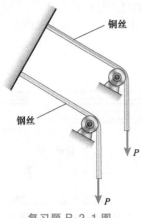

复习题 R-2.1 图

R-2.2 一个跨度为 $L = 4.5\text{m}$ 的平面桁架由横截面面积为 4500mm^2 的若干根铸铁管 ($E = 170\text{GPa}$) 构成。若节点 B 的位移不能超过 2.7mm,则载荷 P 的最大值约为:

(A) 340kN (B) 460kN

(C) 510kN (D) 600kN

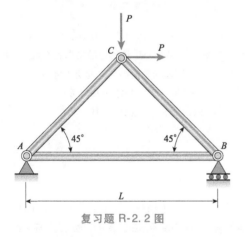

复习题 R-2.2 图

R-2.3 一根横截面面积为 250mm^2 的黄铜杆 ($E = 110\text{GPa}$) 受到载荷 $P_1 = 15\text{kN}$、$P_2 = 10\text{kN}$、$P_3 = 8\text{kN}$ 的作用。该杆各段的长度分别为 $a = 2.0\text{m}$、$b = 0.75\text{m}$、$c = 1.2\text{m}$。该杆的长度改变量约为:

(A) 0.9mm (B) 1.6mm

(C) 2.1mm (D) 3.4mm

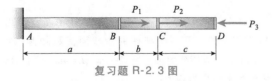

复习题 R-2.3 图

R-2.4 一根长度 $L = 2.5\text{m}$ 的黄铜杆 ($E = 110\text{MPa}$),其两个半段的直径分别为 $d_1 = 18\text{mm}$、

$d_2 = 12\text{mm}$。现在,有一根直径恒为 d,长度恒为 L 的柱状杆具有与该变截面杆相同的材料和体积,若载荷 $P = 25\text{kN}$,则该柱状杆的伸长量约为:

(A) 3mm (B) 4mm

(C) 5mm (D) 6mm

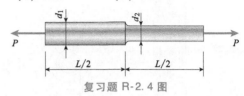

复习题 R-2.4 图

R-2.5 一根变截面悬臂杆的内部从 0 至 x 位置处有一个直径为 $d/2$ 的圆柱孔,因此,段 1 的净横截面面积为 $(3/4)A$。载荷 P 作用在 x 位置处,载荷 $-P/2$ 作用在 $x = L$ 位置处。假设 E 为常数。若要使自由端的轴向位移为 $\delta = PL/EA$,则所需中空段的长度 x 应为:

(A) $x = L/5$ (B) $x = L/4$

(C) $x = L/3$ (D) $x = 3L/5$

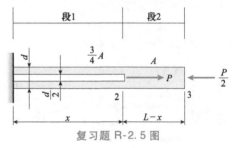

复习题 R-2.5 图

R-2.6 一根直径为 12mm,长度为 4.5m,重量为 5.6N 的尼龙杆 ($E = 2.1\text{GPa}$) 在其自重的作用下铅垂悬挂着。该杆在其自由端处的伸长量约为:

(A) 0.05mm (B) 0.07mm

(C) 0.11mm (D) 0.17mm

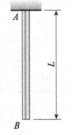

复习题 R-2.6 图

R-2.7 一根铜芯 ($E_b = 96\text{GPa}$, $d_1 = 6\text{mm}$) 被封装在蒙乃尔外壳 ($E_m = 170\text{GPa}$, $d_3 = 12\text{mm}$, $d_2 = 8\text{mm}$) 内。最初,外壳和铜芯的长度均为 100mm。载荷 P 通过一块盖板作用在外壳和铜芯上。若要将外壳

和铜芯均压短 0.10mm，则所需的载荷 P 约为：

(A) 10.2kN　　(B) 13.4kN

(C) 18.5kN　　(D) 21.0kN

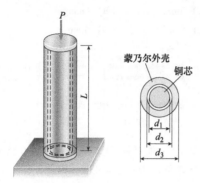

复习题 R-2.7 图

R-2.8　一根钢杆（$E_s = 210$GPa，$d_r = 12$mm，$\alpha_s = 12\times10^{-6}$/℃）被 U 形夹和销（$d_p = 15$mm）安装在刚性墙之间，该钢杆中没有应力。如果销的许用切应力为 45MPa，钢杆的许用正应力为 70MPa，那么，最大许可温度下降量ΔT约为：

(A) 14℃　　(B) 20℃

(C) 28℃　　(D) 40℃

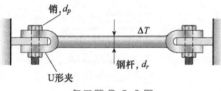

复习题 R-2.8 图

R-2.9　一根带有螺纹的钢杆（$E_s = 210$GPa，$d_r = 15$mm，$\alpha_s = 12\times10^{-6}$/℃）被螺母和垫圈（$d_w = 22$mm）安装在刚性墙之间，该钢杆中没有应力。如果垫圈和墙之间的许用挤压应力为 55MPa、钢杆的许用正应力为 90MPa，那么，最大许可温度下降量ΔT约为：

(A) 25℃　　(B) 30℃

(C) 38℃　　(D) 46℃

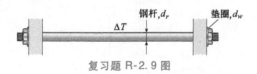

复习题 R-2.9 图

R-2.10　一根钢制螺栓（面积 = 130mm^2，$E_s = 210$GPa）被封装在一根铜管（长度 = 0.5m，面积 = 400mm^2，$E_c = 110$GPa）内，并且，螺母被拧紧至刚好紧贴的位置。螺栓上螺纹的螺距为 1.25mm。现在，通过将螺母拧动四分之一圈来拧紧螺栓，则螺

栓中所产生的应力约为：

(A) 56MPa　　(B) 62MPa

(C) 74MPa　　(D) 81MPa

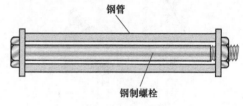

复习题 R-2.10 图

R-2.11　一根矩形截面（$a = 38$mm，$b = 50$mm）钢杆支撑着一个拉伸载荷 P。许用拉应力和许用切应力分别为 100MPa 和 48MPa。最大许用载荷 P_{max} 约为：

(A) 56kN　　(B) 62kN

(C) 74kN　　(D) 91kN

复习题 R-2.11 图

R-2.12　一条铜丝（$d = 2.0$mm，$E = 110$GPa）承受的预拉紧力为 $T = 85$N。该铜丝的热膨胀系数为 19.5×10^{-6}/℃。使该铜丝松弛所需的温度变化量约为：

(A) +5.7℃　　(B) -12.6℃

(C) +12.6℃　　(D) -18.2℃

复习题 R-2.12 图

R-2.13　一根铜杆（$d = 10$mm，$E = 110$GPa）受到拉伸载荷 $P = 11.5$kN 的作用。该杆中的最大切应力约为：

(A) 73MPa　　(B) 87MPa

(C) 145MPa　　(D) 150MPa

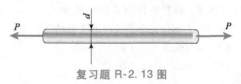

复习题 R-2.13 图

R-2.14　一个钢制平面桁架在 B、C 处受到力 $P = 200$kN 的作用。各杆件的横截面面积均为 $A = 3970$mm^2。该桁架的尺寸为 $H = 3$m、$L = 4$m。杆件 AB 中的最大切应力约为：

(A) 27MPa　　(B) 33MPa

(C) 50MPa　　(D) 69MPa

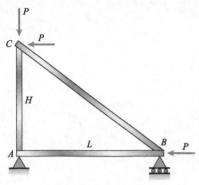

复习题 R-2.14 图

R-2.15　某杆上处于单向应力状态的一个平面应力微元体具有一个 $\sigma_\theta = 78\text{MPa}$ 的拉伸应力（见图）。该杆中的最大切应力约为：

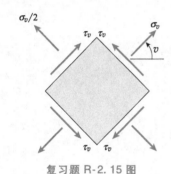

复习题 R-2.15 图

（A）29MPa　　　（B）37MPa

（C）50MPa　　　（D）59MPa

R-2.16　一根柱状杆（直径 $d_0 = 18\text{mm}$）受到力 P_1 的作用。一根阶梯杆（直径 $d_1 = 20\text{mm}$、$d_2 = 25\text{mm}$，圆角半径 $R = 2\text{mm}$）受到力 P_2 的作用。材料的许用轴向应力为 75MPa。考虑阶梯杆中应力集中的影响，在这两根杆上所能施加的最大许用载荷的比值 P_1/P_2 为：

（A）0.9　　　（B）1.2

（C）1.4　　　（D）2.1

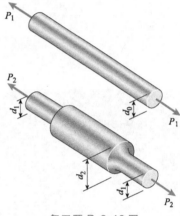

复习题 R-2.16 图

第3章 扭 转

本章概述

第3章论述扭转力矩作用下圆杆和空心轴的扭曲。首先研究均匀扭转，即扭矩在轴的整个长度上是恒定的情况。然后研究非均匀扭转，即横截面的扭矩和/或扭转刚度在整个长度上是变化的情况。与研究轴向变形一样，不仅需要建立应力与应变之间的关系，还需要建立所施加的载荷与变形之间的关系。研究扭转时还需要借助剪切胡克定律，该定律表明切应力 τ 与切应变 γ 成正比，其比例常数为切变模量 G。扭转公式表明，随着径向距离的增加，切应力和切应变均呈线性变化。扭转角 ϕ 正比于圆杆的内部扭矩和扭转柔性。本章大部分内容讨论的是线弹性行为和静定杆的小扭转变形。然而，若杆是静不定的，则必须建立静力平衡方程和变形协调方程（取决于扭矩-位移关系）来求解所需的未知量，如支座处的力矩或杆中的内部扭矩。之后，研究斜截面上的应力，为在后续章节中全面研究平面应力状态奠定一个初步的基础。最后，本章介绍一些高级专题（如应变能、非圆截面轴的扭转、薄壁管中的剪流以及扭转时的应力集中）。

本章目录

3.1　引言

第 1 章和第 2 章讨论了构件最简单的行为类型，即轴向承载直杆的行为。本章将研究一种略微复杂的行为类型，这一行为类型被称为扭转（torsion）。扭转是指在某种力矩（或扭矩）作用下直杆的扭曲（twisting），这类力矩（或扭矩）趋向于使该杆发生绕其纵向轴的转动。例如，在转动螺丝刀（图 3-1a）时，手在螺丝刀手柄上施加一个扭矩 T（图3-1b）并使刀柄发生扭曲。其他受扭杆的例子包括汽车的驱动轴、各类传动轴、螺旋桨轴、转向杆以及钻头。

扭转加载的理想情况如图 3-2a 所示。在该图中，一端固定的直杆受到了两对大小相等、方向相反的力的作用。其中，第一对力 P_1 作用在该杆的中点附近，第二对力 P_2 作用在该杆端部。每对力均形成一个力偶（couple），并趋向于使该杆绕其纵向轴发生转动。根据静力学可知，一个力偶的力矩[⊖]（moment of a couple）等于其中的一个力与各力作用线垂直距离的乘积。因此，第一个力偶的力矩 $T_1 = P_1 d_1$，第二个力偶的力矩 $T_2 = P_2 d_2$。在国际单位制中，力矩的单位为牛［顿］米（N·m）。

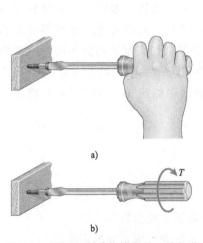

图 3-1　扭矩 T 所引起的螺丝刀的扭曲

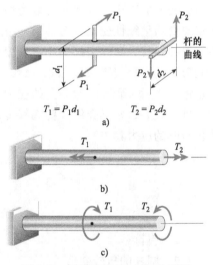

图 3-2　承受扭矩 T_1、T_2 的圆杆

力偶矩可用一个双箭头的矢量来表示（图 3-2b），该箭头垂直于力偶所在的平面，因此，图中所示的两个双箭头均与杆的轴线平行。力偶矩的方向（或指向）根据其矢量的右手法则来确定——若使右手四个手指的转向与该力偶矩的转向相同，则拇指将指向其矢量的方向。

力矩的另一种表示方法是，使用一个指示其旋转方向的曲线箭头（图 3-2c）。曲线箭头和矢量表示法都是常用的表示形式，本书中均有使用。其选择取决于方便与否和个人的喜好。

使一根杆产生扭曲的力矩（如图 3-2 的力矩 T_1、T_2）被称为扭矩（torques）或扭曲力矩（twisting moments）[⊖]。受到扭转并传递功率的圆柱形杆件被称为轴（shafts），例如汽车的驱动轴或轮船的螺旋桨轴。大多数轴具有圆形横截面，或者是实心的、或者是管状的。

⊖　我国教科书中习惯上将其简称为力偶矩。——译者注

⊖　扭矩有外部扭矩和内部扭矩之分，以下统称为"扭矩"。——译者注

本章将首先推导受扭圆杆中的变形与应力公式。然后将分析纯切应力状态，并建立拉伸弹性模量 E 和切变模量 G 之间的关系。接下来，将分析旋转轴并求解其传递的功率。最后，将论述几个与扭转相关的其他主题，包括静不定杆、应变能、非圆截面的薄壁管以及应力集中。

3.2 圆杆的扭转变形

通过研究一根横截面为圆形且两端各受到一个扭矩 T 作用的柱状杆（图 3-3a）来开始有关扭转的讨论。由于该杆的各个横截面都是相同的，且每个横截面均承受着相同的内部扭矩（internal torque，以下均称为"扭矩"）T，因此，可将该杆称为"处于纯扭转（pure torsion）状态"。由于该杆具有对称性，因此可以证明，随着该杆各横截面绕纵向轴的转动，各横截面的形状不会发生改变。换句话说，所有横截面始终为圆形且始终保持为平面，所有的半径线将始终保持为直线。此外，若该杆两端的相对转角较小，则其长度以及半径也都不会改变。

为了形象地显示该杆的变形，假想该杆的左端（图 3-3a）是固定的。然后，在扭矩 T 的作用下，其右端将转动（相对于左端）一个较小的角度 ϕ，这个角度被称为扭转角（angle of twist）。由于这一转动，该杆表面上的一条纵向直线 pq 将变为一条螺旋曲线 pq'，其中，在端部横截面转动了角度 ϕ 之后，点 q 旋转至点 q'（图 3-3b）。

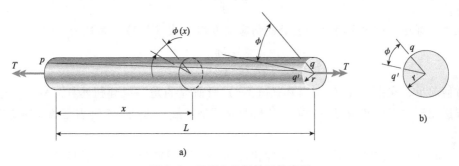

图 3-3 圆杆在纯扭转时的变形

扭转角在该杆的轴线方向上是变化的，在中间横截面处，扭转角将是一个大小为 $\phi(x)$ 的值，该值介于 0 与 ϕ 之间（即该杆左端的扭转角为 0，右端的扭转角为 ϕ）。若该杆的各横截面都具有相同的半径且承受相同的扭矩（即处于纯扭转状态），则扭转角 $\phi(x)$ 将在其两端之间发生线性变化。

外表面处的切应变 现在，研究该杆的一个微段，该微段的两个横截面的间距为 $\mathrm{d}x$（图 3-4a）。该微段的放大图如图 3-4b 所示。在该微段的外表面上指定一个小单元 $abcd$，最初时，该单元的 ab 和 cd 边均平行于纵向轴线。在该杆扭曲的过程中，该微段右边的横截面相对其左边的横截面扭转了一个小角度 $\mathrm{d}\phi$，因此，点 b、c 就分别移动至 b'、c' 的位置。小单元（现在是单元 $ab'c'd$）的边长在这一微小的扭转过程中没有发生改变。

然而，小单元各边的夹角（图 3-4b）不再等于 90°。因此，该小单元处于纯剪切状态，这意味着它经历了切应变，但没有经历正应变（参见 1.4 节的图 1-28）。设该杆外表面处的应变大小为 $\gamma_{\max}$，则 $\gamma_{\max}$ 等于点 a 处的角度的减少量，即 $\angle bad$ 的减少值。从图 3-4b 中可以看出，这个角度的减少值为：

$$\gamma_{\max} = \frac{bb'}{ab} \qquad (3\text{-}1)$$

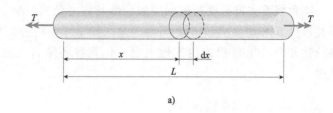

a)

其中，$\gamma_{\max}$ 的单位为弧度（rad），bb' 为点 b 移动的距离，ab 为该小单元的长度（等于 $\mathrm{d}x$）。设该杆的半径为 r，则可将距离 bb' 表示为 $r\mathrm{d}\phi$，其中，$\mathrm{d}\phi$ 的单位也是弧度。因此，上述方程变为：

$$\gamma_{\max} = \frac{r\mathrm{d}\phi}{\mathrm{d}x} \qquad (3\text{-}2)$$

该方程表明了该杆外表面处的切应变与扭转角之间的关系。

$\mathrm{d}\phi/\mathrm{d}x$ 为扭转角 ϕ 的改变量与相应距离 x 的改变量的比值，其中，x 是沿着该杆轴线进行测量的。用符

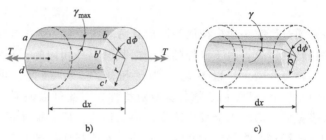

b)   c)

图 3-4　一个长度为 $\mathrm{d}x$、切割自受扭杆的微段的变形

号 θ 标记 $\mathrm{d}\phi/\mathrm{d}x$，并将其称为 **扭转率**（rate of twist），或 **单位长度扭转角**（angle of twist per unit length）：

$$\theta = \frac{\mathrm{d}\phi}{\mathrm{d}x} \qquad (3\text{-}3)$$

使用这一标记，就可以将外表面处的切应变方程［式（3-2）］表达为：

$$\gamma_{\max} = \frac{r\mathrm{d}\phi}{\mathrm{d}x} = r\theta \qquad (3\text{-}4)$$

为方便起见，在推导式（3-3）和式（3-4）时研究的是一根纯扭转杆。然而，这两个等式也同样适用于一般扭转情况，例如，扭转角 θ 不是常数，而是一个随着距离 x 的变化而变化的变量。

在纯扭转这一特殊情况下，单位长度扭转角等于总扭转角 ϕ 除以长度 L，即 $\theta = \phi/L$。因此，只有纯扭转才有以下等式成立：

$$\gamma_{\max} = r\theta = \frac{r\phi}{L} \qquad (3\text{-}5)$$

在图 3-3a 中，若将直线 pq 和 pq' 之间的夹角标记为 $\gamma_{\max}$（即 $\gamma_{\max}$ 为 $\angle qpq'$），则可直接根据该图的几何形状得到式（3-5）。因此，$\gamma_{\max}L$ 等于距离 qq'。但由于距离 qq' 又等于 $r\phi$（图 3-3b），因此，可得 $r\phi = \gamma_{\max}L$，它与式（3-5）是一致的。

杆件内部的切应变　表面处切应变 $\gamma_{\max}$ 的求解方法同样适用于求解杆件内部的切应变。由于杆件横截面中的半径线在扭转过程中一直保持为直线且不会发生畸变，因此可以看出，上述外表面处的小单元 $abcd$（图 3-4b）势必将使一个类似的小单元保持在一个半径为 ρ 的内圆柱面上（图 3-4c）。这样一来，内部各单元也都处于纯剪切状态，且其相应的切应变可由以下等式［与式（3-4）比较］给出：

$$\gamma = \rho\theta = \frac{\rho}{r}\gamma_{\max} \qquad (3\text{-}6)$$

该式表明，某一圆杆中的切应变将随着径向距离 ρ（ρ 为中心距）的改变而发生线性变

化，并且中心处的切应变为 0，外表面处的切应变达到最大值 $\gamma_{\max}$。

　　圆管　根据上述讨论不难证明，关于切应变的方程 [式（3-2）~
式（3-4）] 不仅适用于实心圆杆，也同样适用于圆管（图 3-5）。图
3-5 显示了圆管中切应变的线性变化过程，其中，外表面处有最大切
应变，内表面处有最小切应变，其应变方程如下：

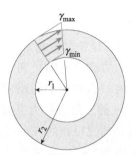

图 3-5　圆管中的切应变

$$\gamma_{\max} = \frac{r_2\phi}{L} \qquad \gamma_{\min} = \frac{r_1}{r_2}\gamma_{\max} = \frac{r_1\phi}{L} \qquad (3\text{-}7\mathrm{a,\ b})$$

其中，r_1 和 r_2 分别该管的内、外半径。

　　上述圆杆中应变的所有方程都是根据几何方法得到的，它们不涉
及材料的性能。因此，无论材料是弹性的还是非弹性的、线性的还是
非线性的，这些方程对任何材料都是有效的。但是，这些方程仅适用于小扭转角和小应变的
情况。

3.3　线弹性材料的圆杆

　　在弄清了受扭圆杆中的切应变（图 3-3~图 3-5）之后，接下来就可以求解相应的切应力
的方向和大小。如图 3-6a 所示，切应力的方向可通过观察来确定。从右向左看时，可观察到，
扭矩 T 倾向于使该杆的右端逆时针方向转动。因此，对于该杆表面上的某一应力微元体，其
上作用的切应力将具有图中所示的方向。

　　为清楚起见，将图 3-6a 所示的应力微元体放大显示在图 3-6b 中。图 3-6b 同时显示了切
应变和切应力。正如之前 2.6 节所解释的那样，通常以图 3-6b 所示的二维形式绘制这类应力
微元体，但必须始终牢记，应力微元体实际上是三维体，其厚度垂直于图纸所在的平面。

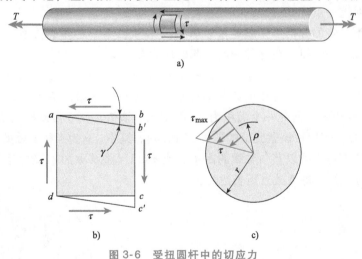

图 3-6　受扭圆杆中的切应力

　　利用该杆材料的应力-应变关系，就可求出切应力的大小。若材料是线弹性的，则可利用
剪切胡克定律 [式（1-21）]：

$$\tau = G\gamma \qquad (3\text{-}8)$$

其中，G 为切变模量，γ 为切应变（单位为弧度）。将该方程与切应变方程 [式（3-2）和式
（3-4）] 联立求解，可得：

$$\tau_{\max} = Gr\theta \quad \tau = G\rho\theta = \frac{\rho}{r}\tau_{\max} \tag{3-9a，b}$$

其中，$\tau_{\max}$ 为该杆外表面（半径为 r）处的切应力，τ 为某一内部点（半径为 ρ）处的切应力，θ 为单位长度扭转角（在这些方程中，θ 的单位为弧度每单位长度）。

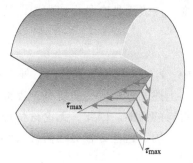

方程（3-9a）和（3-9b）表明，切应变将随着径向距离（即与中心的距离）的改变而发生线性变化，如图 3-6c 的三角形应力分布图所示。应力的这种线性变化方式是胡克定律的一个必然结果。如果应力-应变关系是非线性的，那么应力将是非线性变化的，需要使用其他的分析方法。

图 3-7　受扭圆杆中的纵向切
应力与横向切应力

就作用在某一横截面上的切应力而言，与其相伴的是作用在纵向平面上的大小相同的切应力（图 3-7）。正如 1.7 节所解释的那样，这一结论来自于"相互垂直的平面上总是存在着大小相等的切应力"这一事实。就杆的材料而言，若其纵向平面抵抗剪切的能力弱于其横截面抵抗剪切的能力（例如木材就是这种情况，其纹理平行于杆的轴线），则其表面将在纵向方向上首先出现因扭转而产生的裂纹，木材就是一个典型，其纹理平行于杆的轴线。

某杆表面处的纯剪切状态（图 3-6b）等效于这样一个微元体的应力状态，该微元体的方位角为 45°，其上作用有拉应力与压应力，且拉、压应力值均等于纯剪切状态中的切应力值，这一点将在之后的 3.5 节进行解释。因此，如图 3-8 所示，一个侧面与轴线倾斜 45°的矩形微元体将受到拉应力和压应力的作用。如果某一受扭杆采用一种抗拉能力弱于抗剪能力的材料制造，那么，该杆将会沿着一条与轴线倾斜 45°的螺旋线发生拉伸断裂，比如，可在课堂中扭转一根粉笔来证明这一点。

扭转公式　下一步的分析工作就是要求解切应力和扭矩 T 之间的关系。一旦完成了这一工作，则可计算任何一组扭矩在杆件中所引起的应力和应变。

作用在横截面上的切应力的分布情况如图 3-6c 和图 3-7 所示。由于这些应力连续作用在横截面的各个地方，因此，其合成的结果就是一个力矩——该力矩等于作用在该杆上的扭矩 T。为了求出这一合力矩，研究一个面积为 dA 的微元，该微元位于与该杆轴线的径向距离为 ρ 的位置处（图 3-9）。作用在该微元上的剪力等于 τdA，其中，τ 为半径 ρ 处的切应力。该剪力对轴线的力矩等于该剪力乘以其与轴线的距离，或 $\tau\rho dA$（将其称为"微力矩"）。代入式（3-9b）中的切应力 τ，则可将该微力矩表达为：

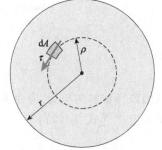

图 3-9　横截面作用的
切应力的合力的确定

图 3-8　作用在一个与纵向轴夹角为
45°的应力微元体上的拉应力和压应力

$$\mathrm{d}M = \tau \rho \mathrm{d}A = \frac{\tau_{\max}}{r} \rho^2 \mathrm{d}A$$

合力矩（等于扭矩 T）等于整个横截面面积上所有这类微力矩的总和，即：

$$T = \int_A \mathrm{d}M = \frac{\tau_{\max}}{r} \int_A \rho^2 \mathrm{d}A = \frac{\tau_{\max}}{r} I_p \tag{3-10}$$

其中：

$$I_p = \int_A \rho^2 \mathrm{d}A \tag{3-11}$$

I_p 为圆形横截面的 **极惯性矩** （polarmoment of inertia）。

一个半径为 r、直径为 d 的圆，其极惯性矩为：

$$I_p = \frac{\pi r^4}{2} = \frac{\pi d^4}{32} \tag{3-12}$$

见附录 D 的情况 9。注意，极惯性矩的单位为长度的四次方。

重新表达式（3-10），可得以下关于最大切应力的表达式：

$$\tau_{\max} = \frac{Tr}{I_p} \tag{3-13}$$

该式被称为 **扭转公式** （torsion formula），它表明：最大切应力与所施加的扭矩 T 成正比、与极惯性矩 I_p 成反比。

扭转公式中使用的典型单位如下。在国际单位制中，扭矩 T 通常以牛［顿］米（N·m）表示，半径的单位为米（m），极惯性矩 I_p 的单位为四次方米（m^4），切应力的单位为帕［斯卡］（Pa）。

将 $r = d/2$ 和 $I_p = \pi d^4/32$ 代入扭转公式，可得以下关于最大应力的方程：

$$\tau_{\max} = \frac{16T}{\pi d^3} \tag{3-14}$$

该方程只适用于实心圆截面杆，而扭转公式本身［式（3-13）］可适用于实心杆和圆管（之后将解释这一点）。方程（3-14）表明，切应力与直径的三次方成反比。因此，若直径增加一倍，则应力将降低八倍。

联立式（3-9b）和式（3-13）并求解，可求得距离为 ρ（ρ 为至杆件中心的距离）处的切应力为：

$$\tau = \frac{\rho}{r} \tau_{\max} = \frac{T\rho}{I_p} \tag{3-15}$$

式（3-15）为一般扭转公式，可以再次看出，切应变将随着径向距离（即与中心的距离）的改变而发生线性变化。

扭转角　现在，可建立某一线弹性材料杆的扭转角与所施加的扭矩 T 之间的关系。联立式（3-9a）和扭转公式并求解，可得：

$$\theta = \frac{T}{GI_p} \tag{3-16}$$

其中，θ 的单位为弧度每单位长度。该方程表明，单位长度扭转角 θ 与扭矩 T 成正比、与乘积 GI_p 成反比，GI_p 被称为该杆的 **扭转刚度** （torsional rigidity）。

对于一根纯扭转杆，总扭转角 ϕ 等于单位长度扭转角乘以该杆的长度（即 $\phi = \theta L$）：

$$\phi = \frac{TL}{GI_p} \tag{3-17}$$

其中，ϕ 的单位为弧度。上述各方程在分析和设计中的应用见例 3-1 和例 3-2。

GI_p/L 被称为该杆的扭转刚度$^{\ominus}$（torsional stiffness），它是产生单位扭矩角所需的扭矩。扭转柔度（torsional flexibility）为扭转刚度的倒数，即 L/GI_p，它被定义为单位扭矩所产生的扭转角。因此，有以下表达式：

$$k_T = \frac{GI_p}{L} \quad f_T = \frac{L}{GI_p} \tag{3-18a，b}$$

这两个量类似于受拉杆或受压杆的轴向刚度 $k = EA/L$ 和轴向柔度 $f = L/EA$［与式（2-4a）和式（2-4b）比较］。刚度和柔度在结构分析中扮演着重要的角色。

扭转角方程［式（3-17）］为确定材料的切变模量 G 提供了一个简便的方法。通过对一根圆杆进行扭转试验，就可以测量出一个已知扭矩 T 所产生的扭转角 ϕ。然后可根据式（3-17）计算出 G 的值。

圆管　在抵抗扭转载荷方面，圆管比实心杆更为有效。正如已知的那样，对于一根实心圆杆，切应力在其横截面的周边处具有最大值，在其横截面中心处为零。因此，实心轴中大多数材料所承受的应力大大低于最大切应力。此外，横截面中心附近的应力其力矩的力臂 ρ 较小［见图 3-9 和式（3-10）］。

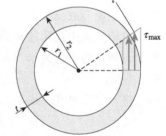

相反，在一根典型的空心管中，大多数材料位于横截面的外边界附近，而外边界上的切应力和力臂都是最大的（图 3-10）。因此，如果重要的是减少重量和节约材料，那么，最好使用圆管。例如，大型传动轴、螺旋桨轴以及发动机轴通常都具有空心圆截面。

图 3-10　受扭圆管

圆管与实心杆的扭转分析几乎是相同的，可使用相同的切应力的基本表达式［例如，式（3-9a）和式（3-9b）］。当然，径向距离 ρ 被限制在 $r_1 \sim r_2$ 的范围内，其中，r_1 和 r_2 分别为圆管的内、外半径（图 3-10）。

扭矩 T 和最大应力之间的关系由式（3-10）给出，但其极惯性矩积分式的上、下极限值分别为 $\rho = r_1$、$\rho = r_2$。因此，对于圆管，其横截面面积的极惯性矩为：

$$I_p = \frac{\pi}{2}(r_2^4 - r_1^4) = \frac{\pi}{32}(d_2^4 - d_1^4) \tag{3-19}$$

该表达式也可以写成以下形式：

$$I_p = \frac{\pi r t}{2}(4r^2 + t^2) = \frac{\pi d t}{4}(d^2 + t^2) \tag{3-20}$$

其中，r 为圆管的平均半径，等于 $(r_1 + r_2)/2$；d 为平均直径，等于 $(d_1 + d_2)/2$；t 为壁厚（图 3-10），等于 $r_2 - r_1$。当然，式（3-19）和式（3-20）可给出相同的结果，但有时后者更方便。

如果该管较薄，以致于壁厚 t 远小于平均半径 r，那么，可忽略式（3-20）中的 t^2 项。采用这一简化方法，就可得到以下关于极惯性矩的近似公式：

$$I_p \approx 2\pi r^3 t = \frac{\pi d^3 t}{4} \tag{3-21}$$

$\ominus$　我国习惯上将 "torsional rigidity" 和 "torsional stiffness" 均称为 "抗扭刚度"。——译者注

附录 D 的情况 22 给出了这些表达式。

提示：在式（3-20）和式（3-21）中，变量 r 和 d 是平均半径和平均直径，而不是最大值。同时，式（3-19）和式（3-20）是准确的，而式（3-21）是近似的。

只要根据式（3-20）和式（3-21）[或近似公式（3-21）] 计算出 I_p，则可将扭转公式 [式（3-13）] 用于线弹性材料的圆管。同样的结论适用于切应力的一般方程 [式（3-15）]、单位长度扭转角和扭转角方程 [式（3-16）和式（3-17）] 以及刚度和柔度方程 [式（3-18a、b）]。

圆管中切应力的分布情况如图 3-10 所示。从该图中可以看出，一根薄壁管中的平均应力几乎等于其最大应力。这意味着空心杆比实心杆在使用材料方面更有效率（参见之前的解释以及之后的例 3-2 和例 3-3）。

在设计一根用于传递扭矩的圆管时，必须确保其厚度足以防止管壁的起皱或屈曲。例如，可能需要对半径与厚度的比值规定一个最大值，如规定 $(r_2/t)_{max} = 12$。其他设计考虑包括环境和耐用性的因素，这些因素还可能对最小壁厚提出要求。关于这部分内容，参见机械设计的相关课程和教材。

局限性 本节所推导的方程仅适用于横截面为圆形（实心或空心）且具有线弹性行为的杆件。换句话说，载荷所产生的应力必须不超过材料的比例极限。此外，应力方程仅对杆件的某些区域是有效的，这些区域必须远离应力集中（如孔以及其他形状突变处）和载荷施加处的横截面（扭转时的应力集中将在之后的 3.12 节讨论）。

最后，需要重点强调的是，圆杆和圆管的扭转方程不能被用于其他形状的杆件。非圆杆件，如矩形杆和工字形截面杆，其行为完全不同于圆杆。例如，这类非圆杆的横截面将不再保持为平面，且其最大应力也不是位于距横截面中点最远的位置处。因此，这类非圆杆需要更先进的分析方法，这些方法见弹性理论和高等材料力学的相关书籍[一]（3.10 节将简要概述非圆截面轴的扭转）。

● ● ● **例 3-1**

一根圆形横截面钢杆（见图 3-11）的直径 $d = 40mm$，长度 $L = 1.3m$，切变模量 $G = 80GPa$。该杆两端受到扭矩 T 的作用。

（a）如果 $T = 340N \cdot m$，那么，该杆中的最大切应力是多少？两端的相对扭转角是多少？

（b）如果许用切应力为 42MPa，许用扭转角为 2.5°，那么，最大许用扭矩是多少？

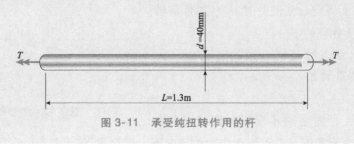

图 3-11 承受纯扭转作用的杆

㊀ 圆杆的扭转理论起源于法国著名科学家 C. A. 库仑（1736—1806）的工作，托马斯·杨和 A. 杜留进一步发展了该理论（见参考文献 3-1）。扭转的一般理论（适用于任何形状的杆件）是由历史上最著名的弹性学家圣维南（1797—1886）提出的，见参考文献 2-10。

解答：

（a）最大切应力和扭转角。由于该杆为实心圆截面，因此，根据式（3-14），可求得最大切应力为：

$$\tau_{max} = \frac{16T}{\pi d^3} = \frac{16 \times (340 \text{N} \cdot \text{m})}{\pi \times (0.04\text{m})^3} = 27.1 \text{MPa}$$

采用类似的方法，可根据式（3-12）来求解极惯性矩，可根据式（3-17）来求解扭转角，即：

$$I_p = \frac{\pi d^4}{32} = \frac{\pi \times (0.04\text{m})^4}{32} = 2.51 \times 10^{-7} \text{m}^4$$

$$\phi = \frac{TL}{GI_p} = \frac{(340 \text{N} \cdot \text{m}) \times (1.3\text{m})}{(80 \text{GPa}) \times (2.51 \times 10^{-7} \text{m}^4)} = 0.02198 \text{rad} = 1.26°$$

（b）最大许用扭矩。最大许用扭矩应根据许用切应力和许用扭转角来求解。

首先，依据许用切应力，将式（3-14）重新排列，可计算出：

$$T_1 = \frac{\pi d^3 \tau_{allow}}{16} = \frac{\pi}{16}(0.04\text{m})^3 \times (42\text{MPa}) = 528 \text{N} \cdot \text{m}$$

任何大于此值的扭矩都将导致切应力超过许用应力 42MPa。

其次，依据许用扭转角，将式（3-17）重新排列，可计算出：

$$T_2 = \frac{GI_p \phi_{allow}}{L} = \frac{(80 \text{GPa}) \times (2.51 \times 10^{-7} \text{m}^4) \times (2.5°) \times (\pi \text{rad}/180°)}{1.3\text{m}} = 674 \text{N} \cdot \text{m}$$

任何大于 T_2 的扭矩都将导致许用扭转角被超过。最大许用扭矩是 T_1 和 T_2 中较小的那个，即：$T_{max} = 528 \text{N} \cdot \text{m}$。本例中，限制条件由许用切应力给出。

● ● ● 例 3-2

一根钢轴既可采用实心圆杆，又可采用圆管来制造（图 3-12）。要求该轴传递一个 1200N·m 的扭矩，该轴的许用切应力为 40MPa，许用单位扭转角为 0.75°/m（钢的切变模量为 78GPa）。

（a）请求出所需实心轴的直径 d_0。

（b）请求出所需空心轴的外径 d_2，如果该轴的厚度 t 被规定为外径的十分之一。

（c）请求出空心轴与实心轴的直径比（即 d_2/d_0 的比值）和重量比。

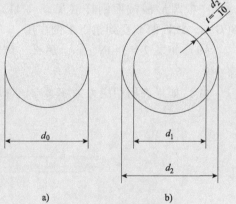

图 3-12 钢轴的扭转

解答：

（a）实心轴。所需直径 d_0 应根据许用切应力和许用单位扭转角来求解。在许用切应力的情况下，可将式（3-14）重新表达为：

$$d_0^3 = \frac{16T}{\pi \tau_{allow}} = \frac{16 \times (1200 \text{N} \cdot \text{m})}{\pi \times (4\text{MPa})} = 152.8 \times 10^{-6} \text{m}^3$$

据此可得：

$$d_0 = 0.0535 \text{m} = 53.5 \text{mm}$$

在许用单位扭转角的情况下，可先求出所需的极惯性矩［见式（3-16）］，即：

$$I_p = \frac{T}{G\theta_{\text{allow}}} = \frac{1200 \text{N} \cdot \text{m}}{(78\text{GPa}) \times (0.75°/\text{m}) \times (\pi \text{rad}/180°)} = 1175 \times 10^{-9} \text{m}^4$$

由于极惯性矩等于 $\pi d^4/32$，因此，所需直径为：

$$d_0^4 = \frac{32I_p}{\pi} = \frac{32(1175 \times 10^{-9} \text{m}^4)}{\pi} = 11.97 \times 10^{-6} \text{m}^4$$

或

$$d_0 = 0.0588 \text{m} = 58.8 \text{mm}$$

比较 d_0 的两个值，可以看出，钢轴的设计受控于单位扭转角，且所需实心轴的直径为：

$$d_0 = 58.8 \text{mm}$$

在实际设计中，所选直径值会略大于 d_0 的计算值，例如，选择 60mm。

（b）空心轴。同样，所需直径应根据许用切应力和许用单位扭转角来求解。设该轴的外径为 d_2，则其内径为：

$$d_1 = d_2 - 2t = d_2 - 2(0.1d_2) = 0.8d_2$$

因此，极惯性矩［式（3-19）］为：

$$I_p = \frac{\pi}{32}(d_2^4 - d_1^4) = \frac{\pi}{32}[d_2^4 - (0.8d_2)^4] = \frac{\pi}{32}(0.5904d_2^4) = 0.05796d_2^4$$

在许用切应力的情况下，使用扭转公式［式（3-13）］可得：

$$\tau_{\text{allow}} = \frac{Tr}{I_p} = \frac{T(d_2/2)}{0.05796d_2^4} = \frac{T}{0.1159d_2^3}$$

该式可重新表达为：

$$d_2^3 = \frac{T}{0.1159\tau_{\text{allow}}} = \frac{1200 \text{N} \cdot \text{m}}{0.1159 \times (40\text{MPa})} = 258.8 \times 10^{-6} \text{m}^3$$

据此可得：

$$d_2 = 0.0637 \text{m} = 63.7 \text{mm}$$

这就是根据许用切应力得到的所需外径。

在许用单位扭转角的情况下，使用式（3-16），并用 θ_{allow} 替换其中的 θ，同时，将之前得到的 I_p 的表达式代入其中，可得：

$$\theta_{\text{allow}} = \frac{T}{G(0.05796d_2^4)}$$

据此可得：

$$d_2^4 = \frac{T}{0.05796G\theta_{\text{allow}}}$$

$$= \frac{1200 \text{N} \cdot \text{m}}{0.05796 \times (78\text{GPa}) \times (0.75°/\text{m}) \times (\pi \text{rad}/180°)} = 20.28 \times 10^{-6} \text{m}^4$$

据此可得：

$$d_2 = 0.0671 \text{m} = 67.1 \text{mm}$$

这就是根据许用单位扭转角得到的所需外径。

比较 d_2 的两个值，可以看出，钢轴的设计受控于单位扭转角，且所需空心轴的外径为：

$$d_2 = 67.1\text{mm}$$

内径 d_1 等于 $0.8d_2$，或 53.7mm（可能会选 $d_2 = 70\text{mm}$，$d_1 = 0.8d_2 = 56\text{mm}$ 作为实际值）。

（c）直径比和重量比。空心轴外径与实心轴直径的比值（使用计算值）为：

$$\frac{d_2}{d_0} = \frac{67.1\text{mm}}{58.8\text{mm}} = 1.14$$

由于各轴的重量与其横截面截面积成正比，因此，可将空心轴与实心轴的重量比表达为：

$$\frac{W_H}{W_S} = \frac{A_H}{A_S} = \frac{\pi(d_2^2 - d_1^2)/4}{\pi d_0^2/4} = \frac{d_2^2 - d_1^2}{d_0^2}$$

$$= \frac{(67.1\text{mm})^2 - (53.7\text{mm})^2}{(58.8\text{mm})^2} = 0.47$$

这些结果表明，空心轴所用材料仅为实心轴所用材料的 47%，而其外径却仅增大 14%。

注意：本例说明了在已知许用应力和许用单位扭转角的情况下如何求解所需实心杆和圆管的尺寸，也说明了"圆管在使用材料方面比实心圆杆更有效率"这样一个事实。

●●● 例 3-3

一根空心轴与一根实心轴具有相同的材料、相同的长度和相同的外半径 R（图 3-13）。空心轴的内半径为 $0.6R$。

（a）假设这两根轴承受相同的扭矩，请比较它们的切应力、扭转角以及质量。

（b）请求出两根轴的强度-重量比。

解答：

（a）比较切应力。最大切应力由扭转公式 [式（3-13）] 给出，由于扭矩和半径相同，因此，最大切应力与 $1/I_p$ 成正比。

对于空心轴，可得：

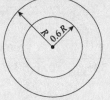

a)   b)

图 3-13   空心轴与实心轴的比较

$$I_p = \frac{\pi R^4}{2} - \frac{\pi(0.6R)^4}{2} = 0.4352\pi R^4$$

对于实心轴，可得：

$$I_p = \frac{\pi R^4}{2} = 0.5\pi R^4$$

因此，空心轴与实心轴中最大切应力的比值为 β_1：

$$\beta_1 = \frac{\tau_H}{\tau_S} = \frac{0.5\pi R^4}{0.4352\pi R^4} = 1.15$$

其中，下标 H 和 S 分别指空心轴和实心轴。

比较扭转角。由于这两根轴的扭矩 T、长度 L 以及切变模量 G 都是相同的，因此，扭转角 [式（3-17）] 也是与 $1/I_p$ 成正比的。这样一来，扭转角之比就等于切应力之比，即：

$$\beta_2 = \frac{\phi_H}{\phi_S} = \frac{0.5\pi R^4}{0.4352\pi R^4} = 1.15$$

比较重量。由于各轴的重量与其横截面截面积成正比，因此，实心轴的重量正比于 πR^2，而空心的重量正比于：

$$\pi R^2 - \pi (0.6R)^2 = 0.64\pi R^2$$

因此，空心轴与实心轴的重量比为：

$$\beta_3 = \frac{W_H}{W_S} = \frac{0.64\pi R^2}{\pi R^2} = 0.64$$

根据上述各比值，可再次看出空心轴的固有优势。在本例中，与实心轴相比，空心轴的应力增大 15%，扭转角增大 15%，但重量却减少 36%。

（b）强度-重量比。一个结构的相对效率有时可依据强度-重量比来衡量，受扭杆的强度-重量比被定义为许用扭矩除以重量。对于图 3-13a 所示空心轴，其许用扭矩（根据扭转公式）为：

$$T_H = \frac{\tau_{\max} I_p}{R} = \frac{\tau_{\max}(0.4352\pi R^4)}{R} = 0.4352\pi R^3 \tau_{\max}$$

而实心轴的许用扭矩为：

$$T_S = \frac{\tau_{\max} I_p}{R} = \frac{\tau_{\max}(0.5\pi R^4)}{R} = 0.5\pi R^3 \tau_{\max}$$

各轴的重量等于横截面面积乘以长度 L，再乘以材料的重量密度 γ，即：

$$W_H = 0.64\pi R^2 L\gamma \qquad W_S = \pi R^2 L\gamma$$

因此，空心轴与实心轴的强度-重量比 S_H 和 S_S 分别为：

$$S_H = \frac{T_H}{W_H} = 0.68\frac{\tau_{\max} R}{\gamma L} \qquad S_S = \frac{T_S}{W_S} = 0.5\frac{\tau_{\max} R}{\gamma L}$$

在本例中，与实心轴相比，空心轴的强度-重量比要增大 36%，这再次表明了空心轴的相对效率。空心轴的壁厚越薄，则该百分比越大；反之，越厚则越小。

3.4 非均匀扭转

正如 3.2 节所解释的那样，纯扭转是指柱状杆仅在其两端受到扭矩的扭转作用。非均匀扭转（nonuniform torsion）不同于纯扭转，受扭杆不需要是柱状的，且所施加的扭矩可作用在沿其轴线的任何位置处。分析非均匀受扭杆时，可对其若干小段运用纯扭转公式，然后将所得的各结果相加；或对其微分段运用纯扭转公式，然后再积分。

为了说明上述方法，我们将研究非均匀扭转的三种情况。对于其他情况，可采用与这三种情况类似的方法加以处理。

情况 1　由若干个柱状段组成的、各段均承受恒定扭矩的杆（图 3-14）。图 3-14a 所示杆有两个不同的直径，并在点 A、B、C、D 处分别受到扭矩的作用。因此，可对该杆采用这样的分段方式，使其每一段都是柱状的、且仅承受一个恒定扭矩的作用。在本例中，有三个这样的柱状段，分别为 *AB*、*BC*、*CD* 段。每一段均处于纯扭转状态，因此上一节所推导的所有公式均可单独适用于各段。

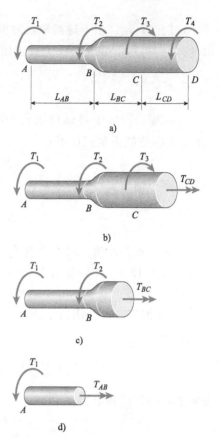

图 3-14 承受非均匀扭转的杆（情况 1）

分析的第一步是确定各段中 内部扭矩 的大小和方向。这些扭矩通常可通过观察来确定，但如果必要，也可以使用截面法求出。截面法的求解过程为：先过某一横截面切割该杆，再绘制自由体图，最后求解平衡方程。这一分析过程如图 3-14b、c、d 所示。首先在 *CD* 段内的任意位置处进行切割，从而显示出扭矩 T_{CD}，从其自由体图（图 3-14b）中可以看出，$T_{CD} = -T_1 - T_2 + T_3$。接下来，从图 3-14c 中可以看出，$T_{BC} = -T_1 - T_2$。最后，从图 3-14d 中可以求出 $T_{AB} = -T_1$。即：

$$T_{CD} = -T_1 - T_2 + T_3 \quad T_{BC} = -T_1 - T_2 \quad T_{AB} = -T_1$$

$$(3\text{-}22a,\ b,\ c)$$

其中，各扭矩均为恒定值且分别遍及各段的整个长度。

在求解各段中的切应力时，只需已知这些扭矩的大小即可，因为我们并不关心切应力的方向。然而，在求解整个杆的扭转角时，就需要知道各段的扭曲方向，以便将各段的扭转角正确地结合在一起。因此，需要制订一个关于扭矩的符号约定。在许多情况下，一个实用的约定是：对于某一扭矩，若其矢量的方向背离切割面，则该扭矩为正；若其矢量的方向指向切割面，则该扭矩为负。因此，图 3-14b、c、d 所示的所有扭矩均为正。若计算出的扭矩［根据式（3-22a、b、c）］为正值，则意味着它的作用方向与假设方向一致；若为负值，则它的作用方向与假设方向相反。

利用扭转公式［式（3-13）］并使用合适的截面尺寸和扭矩，就可以轻易地求得该杆各段中的最大切应力。例如，利用式（3-22b）并使用 *BC* 段的直径和扭矩 T_{BC}，就可求出 *BC* 段中的最大应力（图 3-14）。这三段杆的每一段中都可计算出一个最大应力值，整个杆中的最大应力就是这三个最大应力值中最大的那个应力值。

利用式（3-17）并使用合适的截面尺寸和扭矩，就可求出各段的扭转角。该杆一端相对于另一端的总扭转角可根据求代数和的方法得到，其求法如下：

$$\phi = \phi_1 + \phi_2 + \cdots + \phi_n \qquad (3\text{-}23)$$

其中，ϕ_1 为段 1 的扭转角，ϕ_2 为段 2 的扭转角，依此类推；n 为总段数。由于可根据式（3-17）求出各段的扭转角，因此，可得到以下一般公式：

$$\phi = \sum_{i=1}^{n} \phi_i = \sum_{i=1}^{n} \frac{T_i L_i}{G_i (I_p)_i} \qquad (3\text{-}24)$$

其中，下标 i 为各段的编号。对于该杆的第 i 段，T_i 为扭矩（根据平衡条件求得，如图 3-14 所示），L_i 为长度，G_i 为切变模量，$(I_p)_i$ 为极惯性矩。有些扭矩（以及相应的扭转角）可能是正值，有些可能是负值。通过对所有段的扭转角求代数和，就可得到该杆两端之间的总扭转角 ϕ。这一计算过程见之后的例 3-4。

情况 2 横截面连续变化的承受恒定扭矩的杆（图 3-15）。当扭矩为恒定值时，实心杆中的最大切应力总是发生在具有最小直径的横截面上，如式 (3-14) 所示。此外，这一观察通常也适用于管状杆。若是这样的情况，则只需要找出最小横截面，便可计算出最大切应力。若不是，则可能需要计算多个位置处的应力才能求出最大切应力。

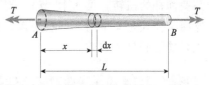

图 3-15 承受非均匀扭转的杆（情况 2）

为了求出扭转角，研究一个长度为 dx 的微段，该微段与杆端的距离为 x（图 3-15）。该微段的微扭转角为：

$$\mathrm{d}\phi = \frac{T\mathrm{d}x}{GI_p(x)} \tag{3-25}$$

其中，$I_p(x)$ 为距杆端 x 位置处的横截面的极惯性矩。整个杆的扭转角是各个微扭转角的总和：

$$\phi = \int_0^L \mathrm{d}\phi = \int_0^L \frac{T\mathrm{d}x}{GI_p(x)} \tag{3-26}$$

如果极惯性矩 $I_p(x)$ 的表达式不太复杂，那么，就能够得到该积分式的一个解析解。其他情况下，则必须使用数值方法来求解该积分式。

情况 3 横截面连续变化的承受连续变化的扭矩的杆（图 3-16）。图 3-16a 所示杆沿其轴线方向承受着一个分布扭矩的作用，该分布扭矩的强度为 t 每单位距离。其结果是，扭矩 $T(x)$ 也沿着轴线连续变化（图 3-16b）。根据自由体图和平衡方程，可求出扭矩 $T(x)$。与情况 2 一样，可根据该杆的横截面尺寸来计算极惯性矩 $I_p(x)$。

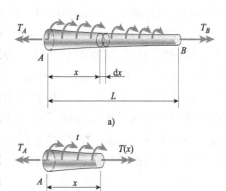

a)

b)

图 3-16 承受非均匀扭转的杆（情况 3）

在已知扭矩和极惯性矩均为 x 的函数的情况下，就可以使用扭转公式来确定切应力是如何沿着轴线变化的。这样，就可确定最大切应力所在的横截面，并可确定最大切应力。

可按照与情况 2 一样的方法来求解图 3-16a 所示杆的扭转角。唯一的区别是扭矩，就像极惯性矩一样，扭矩也是沿轴线变化的。因此，扭转角方程变为：

$$\phi = \int_0^L \mathrm{d}\phi = \int_0^L \frac{T(x)\,\mathrm{d}x}{GI_p(x)} \tag{3-27}$$

该积分式在某些情况下有解析解，但通常必须使用数值方法来求解该积分式。

局限性 本节所述的分析方法对线弹性材料制成的圆截面（实心或空心）杆是有效的。同时，在杆件远离应力集中的那些区域，根据扭转公式所得到的应力也是有效的，其中，应力集中是指高局部应力发生的地方、直径突然变化的地方和集中扭矩施加的地方（见 3.12 节）。然而，应力集中对扭转角的影响相对较小，因此，关于扭转角 ϕ 的各个方程通常都是有效的。

最后，必须牢记，扭转公式和扭转角公式都是在圆截面直杆的基础上推导出来的（关于非圆截面杆的扭转，见 3.10 节）。对于那些直径变化较小或直径是逐渐变化的变截面杆，使用这两类公式是安全的。一般而言，只要锥度（杆侧面之间的夹角）小于 10°，则这里给出的公式是能够满足要求的。

●●● 例 3-4

一根直径 $d = 30\text{mm}$ 的实心钢轴 $ABCDE$（图 3-17）可在点 A、E 处的轴承中自由转动。该轴由 C 处的齿轮驱动，该齿轮施加了一个方向如图所示的扭矩 $T_2 = 450\text{N} \cdot \text{m}$。$B$、$D$ 处的齿轮由该轴驱动，它们提供的阻力偶矩分别为 $T_1 = 275\text{N} \cdot \text{m}$、$T_3 = 175\text{N} \cdot \text{m}$，这两个阻力偶矩的作用方向与 T_2 的方向相反。BC 段和 CD 段的长度分别为 $L_{BC} = 500\text{mm}$、$L_{CD} = 400\text{mm}$，

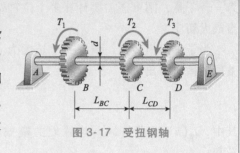

图 3-17　受扭钢轴

切变模量 $G = 80\text{GPa}$。请求出该轴各段中的最大切应力，并求出齿轮 B、D 之间的扭转角。

解答：

该轴各段均为柱状段且均承受一个恒定的扭矩（情况 1）。因此，分析的第一步是求解作用在各段中的扭矩，之后才求出切应力和扭转角（请回忆 1.2 节的例 1-3，在该例中，先画出自由体图，然后再利用静力学定理来求解反作用力和齿轮轴中的扭矩）。

作用在各段中的扭矩。AB 段和 DE 段中的扭矩为零，因为忽略了各支座处轴承中的摩擦。因此，AB 段和 DE 段中没有应力，也没有被扭转。

通过切割 CD 段的某一横截面并绘制一个自由体图，就可求出该段中的扭矩 T_{CD}，如图 3-18a 所示。假设该扭矩为正，因此，其矢量指向背离切割面的方向。根据该自由体的平衡条件，可得：

$$T_{CD} = T_2 - T_1 = 450\text{N} \cdot \text{m} - 275\text{N} \cdot \text{m} = 175\text{N} \cdot \text{m}$$

其中，正号表明，T_{CD} 作用在所假设的正方向上。

采用类似的方法，可求出 BC 段中的扭矩，利用图 3-18b 所示的自由体图，可得：

$$T_{BC} = -T_1 = -275\text{N} \cdot \text{m}$$

注意，该力矩的符号为负，这意味着其方向与图示方向相反。

切应力。根据扭转公式的修正式［式（3-14）］，就可求出 BC 段和 CD 段中的最大切应力；因此，

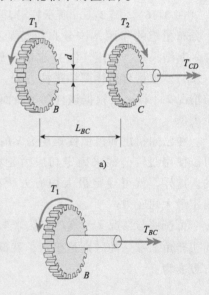

图 3-18　用于例 3-4 的自由体图

$$\tau_{BC} = \frac{16 T_{BC}}{\pi d^3} = \frac{16 \times (275\text{N} \cdot \text{m})}{\pi \times (30\text{mm})^3} = 51.9\text{MPa}$$

$$\tau_{CD} = \frac{16 T_{CD}}{\pi d^3} = \frac{16 \times (175\text{N} \cdot \text{m})}{\pi \times (30\text{mm})^3} = 33.0\text{MPa}$$

由于本例中不考虑切应力的方向，因此，在上述计算中仅使用扭矩的绝对值。

扭转角。齿轮 B、D 之间的扭转角 ϕ_{BD} 等于该杆各中间段扭转角的代数和，即由式 (3-23) 给出，因此，

$$\phi_{BD} = \phi_{BC} + \phi_{CD}$$

在计算各个扭转角时，需要求出横截面的惯性矩：

$$I_p = \frac{\pi d^4}{32} = \frac{\pi \times (30\text{mm})^4}{32} = 79,520\text{mm}^4$$

此时，可求得各扭转角为：

$$\phi_{BC} = \frac{T_{BC} L_{BC}}{G I_p} = \frac{(-275\text{N} \cdot \text{m}) \times (500\text{mm})}{(80\text{GPa}) \times (79,520\text{mm}^4)} = -0.0216\text{rad}$$

以及

$$\phi_{CD} = \frac{T_{CD} L_{CD}}{G I_p} = \frac{(175\text{N} \cdot \text{m}) \times (400\text{mm})}{(80\text{GPa}) \times (79,520\text{mm}^4)} = 0.0110\text{rad}$$

注意，在本例中，各扭转角的方向相反。求代数和，可得总扭转角为：

$$\phi_{BD} = \phi_{BC} + \phi_{CD} = -0.0216 + 0.0110 = -0.0106\text{rad} = -0.61°$$

负号意味着齿轮 D 相对于齿轮 B 顺时针旋转（从该轴的右端来看），然而，就大多数设计目的而言，只需要知道扭转角的绝对值，因此，只要说"齿轮 B、D 之间的扭转角为 0.61°"就足够了。

注意：本例所示的分析方法适用于由不同直径段或不同材料段构成的轴，只要各段的尺寸和性能保持不变即可。

本例以及本章的习题中仅考虑扭转的效果。自第 4 章开始，将考虑弯曲的效果。

● ● ● 例 3-5

钢钻管的两段（AB 段和 BC 段）在 B 处被螺栓连接在一起（通过法兰盘），正在测试该钻管和螺栓是否有足够的连接强度（图 3-19）。在测试期间，该管结构被固定在 A 处，并在 $x = 2L/5$ 的位置处施加了一个集中扭矩 $2T_0$，在 BC 段上施加了一个强度 $t_0 = 3T_0/L$ 的均布扭矩。

（a）请推导出该管结构整个长度上的扭矩 $T(x)$ 的表达式。

（b）请求出该管各段中的最大切应力 $\tau_{\max}$ 的大小与位置。假设 $T_0 = 226\text{kN} \cdot \text{m}$，$G = 81\text{GPa}$，各段的内径均为 $d = 250\text{mm}$，管 AB 的壁厚 $t_{AB} = 19\text{mm}$，管 BC 的壁厚 $t_{BC} = 16\text{mm}$。

（c）请推导出该管结构整个长度上的扭转角 $\phi(x)$ 的表达式。如果该管结构的最大许用扭转角为 0.5°，那么，请求出载荷 T_0（$\text{kN} \cdot \text{m}$）的最大许用值。设 $L = 3\text{m}$。

（d）在 B 处的法兰盘连接中，如果直径 $d_b = 22\text{mm}$ 的螺栓均布在半径 $r = 380\text{mm}$ 的圆周上，那么，请根据问题（c）中求得的 T_0 来确定所需螺栓的数量。假设螺栓的许用切应力 $\tau_a = 190\text{MPa}$。

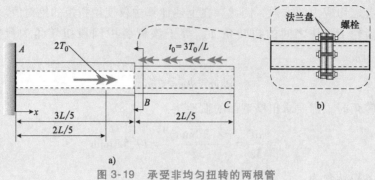

图 3-19   承受非均匀扭转的两根管

a）变截面管   b）B 处的剖视图

解答：

（a）扭矩 $T(x)$。首先，必须利用静力学来求出反作用扭矩（见 1.2 节的例 1-3）。对该结构的 x 轴求扭转力矩的和，可得：

$$\sum M_x = 0 \quad R_A + 2T_0 - t_0\left(\frac{2L}{5}\right) = 0$$

$$R_A = -2T_0 + \left(\frac{3T_0}{L}\right)\left(\frac{2L}{5}\right) = \frac{-4T_0}{5} \tag{a}$$

反作用扭矩 R_A 为负值，这意味着，根据静力学的符号约定，反作用扭矩的矢量指向 $-x$ 方向。接下来，可画出该管各段的自由体图（FBD）以求解该管整个长度上的扭矩 $T(x)$。

从段 1 的 FBD（图 3-20a）中可以看出，扭矩为常数且等于反作用扭矩 R_A。扭矩 $T_1(x)$ 为正，因为其矢量的指向背离切割面（这符合变形的符号约定）：

$$T_1(x) = \frac{4}{5}T_0 \quad 0 \leqslant x \leqslant \frac{2}{5}L \tag{b}$$

接着，根据该管结构段 2 的 FBD（图 3-20b），可得：

$$T_2(x) = \frac{4}{5}T_0 - 2T_0 = \frac{-6}{5}T_0 \quad \frac{2}{5}L \leqslant x \leqslant \frac{3}{5}L \tag{c}$$

其中，$T_2(x)$ 也是常数，负号意味着 $T_2(x)$ 实际指向 $-x$ 方向。

最后，根据该管结构段 3 的 FBD（图 3-20c），可得扭矩 $T_3(x)$ 的表达式，即：

$$T_3(x) = \frac{4}{5}T_0 - 2T_0 + t_0\left(x - \frac{3}{5}L\right) = 3T_0\left(\frac{x}{L} - 1\right) \quad \frac{3}{5}L \leqslant x \leqslant L \tag{d}$$

根据式（d），计算点 B、C 处的扭矩，可得点 B 处的扭矩为：

$$T_3\left(\frac{3}{5}L\right) = 3T_0\left(\frac{3}{5} - 1\right) = \frac{-6}{5}T_0$$

点 C 处的扭矩为：

$$T_3(L) = 3T_0(1 - 1) = 0$$

根据式（b）、式（c）、式（d），就可画出扭矩图（TMD，图 3-21）以显示扭矩在该管结构整个长度（$x = 0$ 至 $x = L$）上的变化情况。

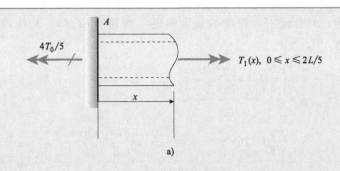

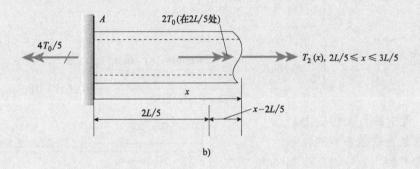

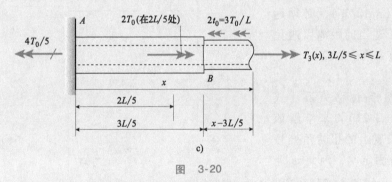

图 3-20

a) 段 1 的自由体图 b) 段 2 的自由体图 c) 段 3 的自由体图

（b）管中的最大切应力 $\tau_{\max}$。可利用扭转公式［式（3-13）］来计算管中的切应力。最大切应力出现在该管的表面上。各管段的极惯性矩为：

$$I_{pAB} = \frac{\pi}{32}[(d+2t_{AB})^4 - (d)^4]$$

$$= \frac{\pi}{32} \times \big[[250\text{mm} + 2 \times (19\text{mm})]^4 - (250\text{mm})^4\big] = 2.919 \times 10^{-4}\text{m}^4$$

以及

$$I_{pBC} = \frac{\pi}{32}[(d+2t_{BC})^4 - (d)^4]$$

$$= \frac{\pi}{32} \times \big[[250\text{mm} + 2 \times (16\text{mm})]^4 - (250\text{mm})^4\big] = 2.374 \times 10^{-4}\text{m}^4$$

由于切变模量 G 是恒定的，因此，AB 段的扭转刚度是 BC 段的 1.23 倍。从 TMD（图

3-21）中可以看出，AB 段和 BC 段中的最大扭矩（均等于 $6T_0/5$）均出现在点 B 附近。根据扭转公式，可得：

$$\tau_{\max AB} = \frac{\left(\frac{6}{5}T_0\right) \times \left(\frac{d+2t_{AB}}{2}\right)}{I_{pAB}}$$

$$= \frac{\left(\frac{6}{5} \times 226\text{kN} \cdot \text{m}\right) \times \left[\frac{250\text{mm}+2 \times (19\text{mm})}{2}\right]}{2.919 \times 10^{-4} \text{m}^4} = 133.8\text{MPa}$$

$$\tau_{\max BC} = \frac{\left(\frac{6}{5}T_0\right) \times \left(\frac{d+2t_{BC}}{2}\right)}{I_{pBC}}$$

$$= \frac{\left(\frac{6}{5} \times 226\text{kN} \cdot \text{m}\right) \times \left[\frac{250\text{mm}+2 \times (16\text{mm})}{2}\right]}{2.374 \times 10^{-4} \text{m}^4} = 161.1\text{MPa}$$

因此，管中的最大切应力出现在紧靠法兰盘联接右侧的位置处，"紧靠右侧"意味着，根据圣维南原理（3.12 节），必须远离该连接一个适当的距离以避免连接点处的应力集中效应。

（c）扭转角 $\phi(x)$ 的表达式。可利用扭矩-位移关系［式（3-24）~式（3-27）］来求解该管结构整个长度上的扭转角变量 ϕ。支座 A 为固定端，因此 $\phi_A = \phi(0) = 0$。从 $x = 0$ 至 $x = 2L/5$（段 1），扭矩是恒定的，因此，从 $x = 0$ 至 $x = 2L/5$，扭转角 $\phi_1(x)$ 是线性变化的。利用式（3-24），可求得 $\phi_1(x)$ 为：

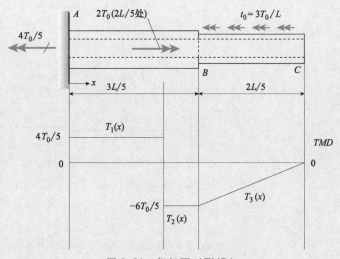

图 3-21　扭矩图（TMD）

$$\phi_1(x) = \frac{T_1(x)(x)}{GI_{pAB}} = \frac{\left(\frac{4T_0}{5}\right)(x)}{GI_{pAB}} = \frac{4T_0 x}{5GI_{pAB}} \quad 0 \le x \le \frac{2L}{5} \qquad (\text{e})$$

将 $x = 2L/5$ 代入式（e），就可求出扭矩 $2T_0$ 的作用点处的扭转角，即：

$$\phi_1\left(\frac{2L}{5}\right) = \frac{T_1\left(\frac{2L}{5}\right)\left(\frac{2L}{5}\right)}{GI_{pAB}} = \frac{\left(\frac{4T_0}{5}\right)\left(\frac{2L}{5}\right)}{GI_{pAB}} = \frac{8T_0 L}{25GI_{pAB}} = \frac{0.32T_0 L}{GI_{pAB}} \qquad (\text{f})$$

接下来，可求出扭转角变量 $\phi_2(x)$（从 $x = 2L/5$ 至 $x = 3L/5$）的表达式。与 $\phi_1(x)$ 一样，扭转角 $\phi_2(x)$ 在段 2 时也是线性变化的，因为扭矩 $T_2(x)$ 是恒定的（图 3-21）。利

用式（3-24），可得：

$$\phi_2(x) = \phi_1 + \frac{T_2(x)\left(x - \frac{2L}{5}\right)}{GI_{pAB}} = \frac{8T_0L}{25GI_{pAB}} + \frac{\left(\frac{-6}{5}T_0\right)\left(x - \frac{2L}{5}\right)}{GI_{pAB}} \tag{g}$$

$$= \frac{2T_0(2L - 3x)}{5GI_{pAB}} \qquad \frac{2L}{5} \leqslant x \leqslant \frac{3L}{5}$$

最后，可求解段 3（或 BC 段）扭转角的表达式。可以看出，该段上的扭矩 $T_3(x)$ 是线性变化的（图 3-21），因此，需要使用扭矩-位移关系的积分式 [见式（3-27）]。将从式（d）得到的 $T_3(x)$ 的表达式代入式（3-27），再加上点 B 处的扭转角，就可求得 BC 段上扭转角的表达式，即：

$$\phi_3(x) = \phi_2\left(\frac{3L}{5}\right) + \int_{\frac{3L}{5}}^{x} \frac{\left[3T_0\left(\frac{\zeta}{L} - 1\right)\right]}{GI_{pBC}} d\zeta$$

$$= \frac{2T_0\left[2L - 3\left(\frac{3L}{5}\right)\right]}{5GI_{pAB}} + \int_{\frac{3L}{5}}^{x} \frac{\left[3T_0\left(\frac{\zeta}{L} - 1\right)\right]}{GI_{pBC}} d\zeta$$

扭矩 $T_3(x)$ 是一个线性变量，因此，所得积分式是一个二次函数，即：

$$\phi_3(x) = \frac{2LT_0}{25GI_{pAB}} + \frac{3T_0(21L^2 - 50Lx + 25x^2)}{50GI_{pBC}L} \qquad \frac{3L}{5} \leqslant x \leqslant L \tag{h}$$

将 $x = 3L/5$ 代入该式。就可求得点 B 处的扭转角为：

$$\phi_3\left(\frac{3L}{5}\right) = \frac{2LT_0}{25GI_{pAB}}$$

在 $x = L$ 处，可得到 C 处的扭转角为：

$$\phi_3(L) = \frac{2LT_0}{25GI_{pBC}} - \frac{6LT_0}{25GI_{pBC}} = -0.215\frac{T_0L}{GI_{pAB}}$$

如果假设 $I_{pAB} = 1.23\ I_{pBC}$（根据所计算出的数据），那么，就可绘制扭转角在该管结构整个长度上的变化图（图 3-22），注意：ϕ_{max} 出现在 $x = 2L/5$ 处 [式（f）]。

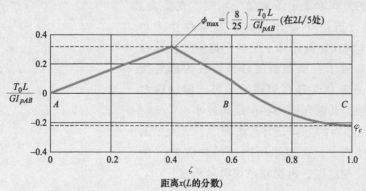

图 3-22　扭矩-位移图（TDD）

最后，如果 $\phi_{\max}$ 的许用值为 $0.5°$，那么，可利用给出的数据来求解载荷 T_0（kN·m）的最大许用值，即：

$$T_{0\max} = \frac{GI_{pAB}}{0.32L}(\phi_{\text{allow}}) = \frac{(81\text{GPa}) \times (2.919 \times 10^{-4}\text{m}^4)}{0.32 \times (3\text{m})}(0.5°) \tag{i}$$

$$= 215\text{kN·m}$$

（d）所需螺栓的数量。可利用式（i）的 $T_{0\max}$ 来求出所需螺栓的数量。各螺栓的直径均为 $d_b = 22\text{mm}$，且均布在半径 $r = 380\text{mm}$ 的圆周上，螺栓的许用切应力 $\tau_a = 190\text{MPa}$。假设点 B 处的扭矩由每个螺栓平均承受，因此，n 个螺栓中的每一个均在距横截面形心为 r 的位置处承受相同的剪力 F_b（见图 3-23）。

各螺栓中的最大剪力均等于 τ_a 乘以螺栓的横截面面积 A_b，而点 B 处的总扭矩为 $6T_{0\max}/5$（图 3-21 中的 TMD），由此可得：

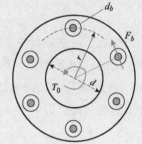

图 3-23　在 B 处的法兰盘螺栓

$$nF_br = \frac{6}{5}T_{0\max} \quad \text{或} \quad n = \frac{\frac{6}{5}T_{0\max}}{\tau_aA_br} = \frac{\frac{6}{5} \times (215\text{kN·m})}{(190\text{MPa}) \times \left[\frac{\pi}{4} \times (22\text{mm})^2\right] \times (380\text{mm})} = 9.4$$

在 B 处的法兰盘连接中，均布在半径 $r = 380\text{mm}$ 的圆周上的直径为 22mm 的螺栓应使用 10 个。

3.5　纯剪切时的应力和应变

如之前的图 3-7 所示，当实心圆杆或空心圆杆受到扭转作用时，切应力作用在横截面和纵向平面上。现在，我们将详细研究扭转过程中所产生的应力和应变。

首先研究一个应力微元体 $abcd$，该微元体取自一根受扭杆的两个横截面之间（图 3-24a、b）。该微元体处于纯剪切状态，因为只有切应力 τ 作用在它的四个侧面上（见 1.7 节关于切应力的讨论）。

这些切应力的方向取决于所施加的扭矩 T 的方向。假设从右向左看时扭矩 T 使该杆的右端顺时针转动（图 3-24a），则作用在该微元体上的各个切应力就具有图中所示的方向。对于一个类似的取自该杆内部的微元体，其上作用的应力也具有相同的状态，但切应力的值较小，这是因为其微元体的径向距离较小。

图 3-24a 所示扭矩的方向是有意选择的，因为根据 1.7 节所述的符号约定，该扭矩所产生的切应力（图 3-24b）均为正值。在这里，再次重申该符号约定：

对于一个作用在微元体某一正表面上的切应力，若其作用方向为某一坐标轴的正方向，则该切应力为正；若其作用方向为某一坐标轴的负方向，则该切应力为负。相反，对于一个

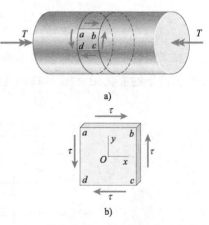

图 3-24　作用在某一应力微元体上的应力
（该微元体切割在某一承受纯扭转的杆）

作用在微元体某一负表面上的切应力，若其作用方向为某一坐标轴的负方向，则该切应力为正；若其作用方向为某一坐标轴的正方向，则该切应力为负。

将这一符号约定应用于作用在图 3-24b 所示应力微元体上的切应力，可以看出，所有四个切应力均为正值。例如，右侧面（该表面是一个正表面，因为 x 轴指向右）上的应力作用在 y 轴的正方向，因此，该应力是一个正的切应力。同时，左侧面（该表面是一个负表面）上的应力作用在 y 轴的负方向，因此，该应力也是一个正的切应力。类似的说明适用于其他两个应力。

斜面上的应力 现在准备求解作用在图 3-24b 所示应力微元体的各个切割斜面上的应力。其分析方法与 2.6 节分析单向应力状态时所用的方法相同。

该应力微元体的二维视图如图 3-25a 所示，正如 2.6 节所解释的那样，为了便于分析，通常只画一个二维视图，但必须始终意识到，该微元体有一个垂直于图纸平面的第三维（厚度）。

现在，从该微元体上切割出一个楔形（或三角形）应力微元体，该楔形微元体有一个与 x 轴的方位角为 θ 的斜表面（图 3-25b）。正应力 σ_θ 和切应力 τ_θ 作用在该斜表面上，图中显示了它们的正方向。应力 σ_θ 和 τ_θ 的符号约定见 2.6 节所述，这里再重申一次：

拉伸时的正应力 σ_θ 为正，使材料产生逆时针转动趋势的切应力 τ_θ 为正（注意，对于作用在某一斜面上的切应力 τ_θ，其符号约定不同于普通切应力 τ 的符号约定，其中，τ 为作用在矩形微元体各个侧面上的切应力，这些侧面分别面向 x、y 轴）。

该三角形微元体的水平表面和铅垂表面上（图 3-25b）均作用有正的切应力 τ，而其前、后表面上没有应力。因此，作用在该三角形微元体上的所有应力均被显示在图 3-25b 中。

根据该三角形微元体的平衡条件，可求出应力 σ_θ 和 τ_θ。将应力乘以其作用的面积，就可得到作用在三个侧面上的力。例如，左侧面上的力等于 τA_0，其中，A_0 为铅垂表面的面积。如图 3-25c 的自由体图所示，这个力作用在负 y 方向。由于该微元体在 z 方向的厚度是恒定的，因此可知，下表面的面积为 $A_0 \tan \theta$，斜面的面积为 $A_0 \sec \theta$。将作用在这些表面上的应力与相应的面积相乘，就可得到这些表面上的力，从而完成自由体图（图 3-25c）的绘制。

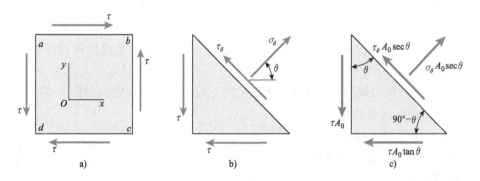

图 3-25 斜面上的应力分析

a) 处于纯剪切状态的微元体 b) 三角形微元体上作用的应力 c) 三角形微元体的自由体图

根据该三角形微元体的平衡条件，可得到两个平衡方程，一个为 σ_θ 方向的平衡方程，另一个为 τ_θ 方向的平衡方程。书写这些方程时，必须将作用在左侧面和下表面上的力在 σ_θ 和 τ_θ 的方向上分解。因此，将 σ_θ 方向上的力求和，就可得到第一个方程：

$$\sigma_\theta A_0 \sec\theta = \tau A_0 \sin\theta + \tau A_0 \tan\theta\cos\theta$$

或

$$\sigma_\theta = 2\tau\sin\theta\cos\theta \tag{3-28a}$$

将 τ_θ 方向上的力求和，则可得到第二个方程：

$$\tau_\theta A_0 \sec\theta = \tau A_0 \cos\theta - \tau A_0 \tan\theta\sin\theta$$

或

$$\tau_\theta = \tau(\cos^2\theta - \sin^2\theta) \tag{3-28b}$$

根据 $\sin2\theta = 2\sin\theta\cos\theta$ $\cos2\theta = \cos^2\theta - \sin^2\theta$ （见附录 C），可得到上述方程的简化式：

$$\sigma_\theta = \tau\sin2\theta \qquad \tau_\theta = \tau\cos2\theta \tag{3-29a，b}$$

方程（3-29a，b）给出了作用在任一斜面上的正应力和切应力，这些应力是 τ 与 θ 的函数，其中，τ 为作用在 x、y 面上的切应力（图 3-25a），θ 为该斜面的方位角（图 3-25b）。

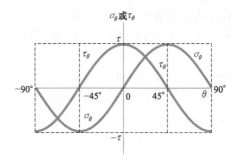

图 3-26   应力 σ_θ、τ_θ 与斜面方位角 θ 的关系图

应力 σ_θ 和 τ_θ 随斜面方位角的变化方式如图 3-26 所示，该图是式（3-29a，b）的一个解析图。可以看出，$\theta = 0$（这就是图 3-25a 所示应力微元体的右侧面）时，该图给出了 $\sigma_\theta = 0$、$\tau_\theta = \tau$。这一结果是符合预期的，因为切应力 τ 对该微元体是逆时针作用的，并因此产生一个正的切应力 τ_θ。

对于该微元体的上表面（$\theta = 90°$），可得 $\sigma_\theta = 0$，$\tau_\theta = -\tau$。其中，τ_θ 为负值意味着它对该微元体是顺时针作用的，即指向 ab 面的右边（图 3-25a），这一指向与切应力 τ 的方向是一致的。注意，切应力的最大值出现在 $\theta = 0$ 和 $\theta = 90°$ 的表面上，也出现在其相对的表面（$\theta = 180°$ 和 $\theta = 270°$）上。

根据该图还可以看出，当 $\theta = 45°$ 时，正应力 σ_θ 达到最大值，此时，正应力为正值（拉伸）且其大小等于切应力 τ。类似的，当 $\theta = -45°$ 时，σ_θ 有最小值（即受到压缩）。这两种情况的切应力 τ 均等于零。这些情况被描绘在图 3-27 中，该图显示了位于 $\theta = 0$ 和 $\theta = 45°$ 的应力微元体。在 $\theta = 45°$ 的应力微元体上，作用着大小相等、方向相互垂直的拉伸和压缩应力，而没有切应力的作用。

注意：作用在 45° 应力微元体（图 3-27b）上的正应力，其作用方向与图 3-27a 所示微元体上切应力 τ 的作用方向应保持一致。如果作用在图 3-27a 所示微元体上的切应力的方向是相反的，那么，作用在 45° 面上的正应力也将改变方向。

如果某一应力微元体的方位角不是 45°，而是一个其他角度值，那么，正应力和切应力将同时作用在各个斜面上 [式（3-29a，b）和图 3-26]。第 7 章将详细讨论这类一般状态的应力微元体。

本节所推导出的公式对于处于纯剪切

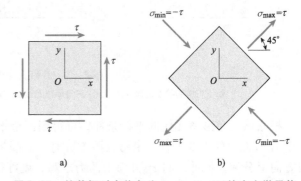

图 3-27   纯剪切时方位角为 $\theta = 0$、$\theta = 45°$ 的应力微元体

状态的应力微元体是有效的，而无论该微元体是取自一根受扭杆还是取自一些其他结构元件。同时，由于式（3-29）是根据平衡条件推导出来的，因此，无论材料的行为方式是否是线弹性的，它们对任何材料都是有效的。

对于那些由抗拉能力较弱的脆性材料制成的受扭杆，"45°斜面上存在着最大拉伸应力"（图 3-27b）这一结论解释了为什么这类杆件会沿着一个 45°螺旋面发生断裂（图 3-28）。如 3.3 节所述，扭转一根粉笔就可以轻易地显示这类断裂。

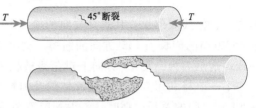

图 3-28　沿着 45°螺旋面发生断裂的脆性材料

纯剪切时的应变　现在，研究处于纯剪切状态的微元体中存在的应变。例如，研究图 3-27a 所示的微元体。图 3-29a 显示了相应的切应变（该图所显示的变形是高度夸张的）。如 1.7 节所述，切应变 γ 就是两条直线夹角的改变量，这两条直线在初始时是彼此垂直的。因此，该微元体左下角的角度减少量就是切应变 γ（以弧度为测量单位）。其右上角产生相同的角度减少量，而其他两个角的角度值是增加的。然而，该微元体的边长（包括垂直于图纸平面的厚度）在这些剪切变形发生时都不会改变。因此，该微元体就从一个长方体（图 3-27a）变形为一个斜六面体（图 3-29a）。这种形状的变化被称为**剪切畸变**（shear distortion）。

如果材料是线弹性的，那么，对于 $\theta=0$ 的微元体（图 3-29a），其切应变与切应力的关系服从剪切胡克定律，即：

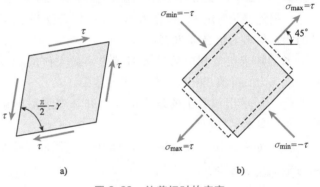

图 3-29　纯剪切时的应变
a）方位角 $\theta=0$ 的微元体的剪切变形
b）方位角 $\theta=45°$ 的微元体的剪切变形

$$\gamma = \frac{\tau}{G} \tag{3-30}$$

其中，符号 G 为切变模量。

接下来，研究一个方位角为 $\theta=45°$ 的微元体中出现的应变（图 3-29b）。作用在 45°方向的拉伸应力趋向于在其作用方向拉长该微元体。由于泊松效应，它们还趋向于在垂直方向（该方向为 $\theta=135°$ 或 $\theta=-45°$）缩短该微元体。同样，作用在 135°方向的压缩应力趋向于在其作用方向压短该微元体而在 45°方向拉长该微元体。这些尺寸的变化如图 3-29b 所示，图中的虚线表示变形后的微元体。由于没有剪切变形，因此，即使尺寸发生了变化，该微元体仍然保持为长方体。

如果材料是线弹性的且服从胡克定律，那么，对于该 $\theta=45°$ 的微元体（图 3-29b），就可以得到一个关于其应变的方程。作用在 45°方向的拉伸应力 σ_{max} 在其作用方向上产生一个正的应变，该应变等于 σ_{max}/E。由于 $\sigma_{max}=\tau$，因此该应变也可被表达为 τ/E。而应力 σ_{max} 在垂直方向上产生一个负的应变，该应变等于 $-\nu\tau/E$，其中，ν 为泊松比。同样，应力 $\sigma_{min}=-\tau$（在 $\theta=135°$ 方向）在其作用方向上产生一个负的应变，该应变等于 $-\tau/E$；在垂直方向（$\theta=45°$ 方向）产生一个正的应变，该应变等于 $\nu\tau/E$。因此，45°方向的正应变为：

$$\varepsilon_{\max} = \frac{\tau}{E} + \frac{\nu\tau}{E} = \frac{\tau}{E}(1+\nu) \tag{3-31}$$

其中，正值代表伸长。其垂直方向的应变是一个相同大小的负的应变。换句话说，纯剪切引起 45°方向的伸长和 135°方向的缩短。这些应变与图 3-29a 所示变形后的微元体在形状上保持一致，这是因为，在 45°方向上对角线被拉长了，而在 135°方向上对角线被缩短了[⊖]。

下一节将利用变形后的微元体的几何特征来建立切应变 γ（图 3-29a）与正应变 $\varepsilon_{\max}$（图 3-29b）之间的关系。那时，将得到以下关系：

$$\varepsilon_{\max} = \frac{\gamma}{2} \tag{3-32}$$

当已知切应力 τ 时，结合该方程与式（3-30），就可以计算出纯扭转时的最大切应变和最大正应变。

●●● 例 3-6

一根外径为 80mm，内径为 60mm 的圆管受到扭矩 $T = 4.0\mathrm{kN \cdot m}$ 的作用（图 3-30）。该管的制造材料为铝合金 7075-T6。

（a）请求出该管中的最大切应力、最大拉应力以及最大压应力，并画出相应的应力微元体图。

（b）请求出该管中的最大应变，并在变形后的微元体草图上显示这些应变。

（c）如果许用正应变 $\varepsilon_a = 0.9 \times 10^{-3}$，那么，最大许用扭矩 $T_{\max}$ 是多少？

（d）如果 $T = 4.0\mathrm{kN \cdot m}$，$\varepsilon_a = 0.9 \times 10^{-3}$，那么，所需外径为何值时才能使该管能够承受给定的扭矩 T（假设该管的内径仍为 60mm）？

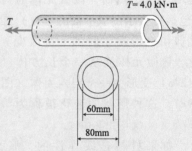

图 3-30 受扭圆管

解答：

(a) 最大应力。三种应力（剪切、拉伸以及压缩）的最大值在数值上是相等的，尽管它们作用在不同的平面上。根据扭转公式，可求得其大小为：

$$\tau_{\max} = \frac{Tr}{I_p} = \frac{(4000\mathrm{N \cdot m}) \times (0.040\mathrm{m})}{\dfrac{\pi}{32} \times [(0.080\mathrm{m})^4 - (0.060\mathrm{m})^4]} = 58.2\mathrm{MPa}$$

作用在横截面和纵向平面上的最大切应力如图 3-31a 所示，该图中的 x 轴与管的纵向轴线平行。

最大拉应力以及最大压应力为：

$$\sigma_t = 58.2\mathrm{MPa} \qquad \sigma_C = -58.2\mathrm{MPa}$$

这些应力作用在与轴线呈 45°方位角的平面上（图 3-31b）。

⊖ 比较图 3-29a 和图 3-29b。在图 3-29b 中，在压缩应力 $\sigma_{\min}$ 的作用下，45°方向是缩短的；在图 3-29a 中，其 45°方向为某一对角线方向，在切应力 τ 的作用下，该 45°方向的对角线是缩短的。135°方向情况与此类似。——译者注

（b）**最大应变**。根据式（3-30），可求出该管中的最大切应变。根据附录 H 的表 H-2，可得到切变模量 $G = 27\text{GPa}$。因此，最大切应变为：

$$\gamma_{\max} = \frac{\tau_{\max}}{G} = \frac{58.2\text{MPa}}{27\text{GPa}} = 0.0022\text{rad}$$

图 3-31c 中的虚线显示了变形后的微元体。

最大正应变的大小［根据式（3-33）］为：

$$\varepsilon_{\max} = \frac{\gamma_{\max}}{2} = 0.0011$$

因此，最大拉应变和最大压应变为：

$$\varepsilon_t = 0.0011 \qquad \varepsilon_C = -0.0011$$

图 3-31d 显示了一个边长为单位长度的微元体，并用虚线显示了该微元体变形后的形状。

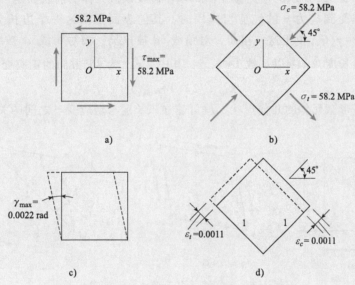

图 3-31　圆管（例 3-6）的应力微元体和应变微元体
a）最大切应力　b）最大拉、压应力　c）最大切应变　d）最大拉、压应变

（c）**最大许用扭矩**。该管处于纯剪切状态，因此，许用切应变是许用正应变的两倍［见式（3-32）］：

$$\gamma_a = 2\varepsilon_a = 2(0.9\times 10^{-3}) = 1.8\times 10^{-3}$$

根据剪切公式［式（3-13）］，可得：

$$\tau_{\max} = \frac{T\left(\dfrac{d_2}{2}\right)}{I_p} \quad 故 \quad T_{\max} = \frac{\tau_a I_p}{\left(\dfrac{d_2}{2}\right)} = \frac{2(G\gamma_a)I_p}{d_2}$$

其中，d_2 为外径。代入数值可得：

$$T_{\max} = \frac{2\times(27\text{GPa})\times(1.8\times 10^{-3})\times\left[\dfrac{\pi}{32}\times\left[(0.08\text{m})^4 - (0.06\text{m})^4\right]\right]}{0.08\text{m}}$$

$$= 3.34\text{kN} \cdot \text{m}$$

（d）所需外径。设上述公式中的 $T = 4.0\text{kN} \cdot \text{m}$，就可求出所需外径 d_2，即：

$$\frac{I_p}{d_2} = \frac{T}{2G\gamma_a} \quad 或 \quad \frac{d_2^4 - (0.06\text{m})^4}{d_2} = \frac{\left(\frac{32}{\pi}\right) \times 4\text{kN} \cdot \text{m}}{2 \times (27\text{GPa}) \times (1.8 \times 10^{-6})} = 0.41917\text{m}^3$$

求解该式，可得：所需外径 $d_2 = 83.2\text{mm}$。

3.6 弹性模量 E 和切变模量 G 之间的关系

根据上一节推导出的方程，就可以得到弹性模量 E 和切变模量 G 之间的重要关系。为了这一目的，研究图 3-32a 所示的应力微元体 $abcd$。假设该微元体的前表面是一个边长为 h 的正方形。当该微元体受到应力 τ 的纯剪切作用时，其前表面扭曲为一个边长为 h 的菱形（图3-32b），切应变 $\gamma = \tau/G$。由于这一扭曲，对角线 bd 被拉长，而对角线 ac 被缩短。对角线 bd 的长度等于其初始长度 $\sqrt{2}h$ 乘以系数 $1 + \varepsilon_{\max}$，其中，$\varepsilon_{\max}$ 为 $45°$ 方向的正应变；因此，

$$L_{bd} = \sqrt{2}h(1 + \varepsilon_{\max}) \tag{3-33}$$

通过研究该变形微元体的几何形状，就可建立该长度与切应变 γ 之间的关系。

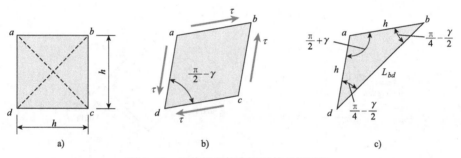

图 3-32 纯剪微元体变形后的几何形状

为了获得所需的几何关系，研究三角形 abd（图3-32c），该三角形是图3-32b 所示菱形的一半。该三角形 bd 边的长度为 L_{bd}［式（3-33）］，其他两个边的长度均为 h。$\angle adb$ 等于 $\angle adc$ 的一半，即等于 $\pi/4 - \gamma/2$，$\angle abd$ 是相同的。因此，$\angle dab$ 等于 $\pi/2 + \gamma$。对于三角形 abd，根据余弦定理（见附录C）可得：

$$L_{bd}^2 = h^2 + h^2 - 2h^2\cos\left(\frac{\pi}{2} + \gamma\right)$$

将其代入式（3-33）并化简，则得到：

$$(1 + \varepsilon_{\max})^2 = 1 - \cos\left(\frac{\pi}{2} + \gamma\right)$$

展开左式，并根据 $\cos(\pi/2 + \gamma) = -\sin\gamma$，可得：

$$1 + 2\varepsilon_{\max} + \varepsilon_{\max}^2 = 1 + \sin\gamma$$

由于 $\varepsilon_{\max}$ 和 γ 都是非常小的应变，因此，与 $2\varepsilon_{\max}$ 相比，可忽略 $\varepsilon_{\max}^2$，并可用 γ 代替 $\sin\gamma$。则可得以下表达式：

$$\varepsilon_{\max} = \frac{\gamma}{2} \tag{3-34}$$

该表达式就是 3.5 节式（3-32）已给出的关系式。

根据胡克定律，式（3-34）中的切应变 γ 等于 τ/G。根据式（3-31），正应变 ε_{max} 等于 $\tau(1 + \nu)/E$。将其代入式（3-34），则可得：

$$G = \frac{E}{2(1+\nu)} \tag{3-35}$$

可以看出，E、G、ν 不是某一线弹性材料的独立性能。相反，如果其中的任何两个量是已知的，那么，就可根据式（3-35）计算出第三个量。E、G、ν 的典型值见附录 H 的表 H-2。

3.7 圆轴传递的功率

圆轴最重要的用途就是将机械功率从一个设备或机器传递至另一个设备或机器，如汽车的传动轴、轮船的螺旋桨轴或自行车轴。功率是通过轴的旋转运动传递的，所传递功率的数量取决于扭矩的大小和旋转的速度。一种常见的设计问题是需要确定所需轴的尺寸，以便在不超过材料许用应力的情况下使轴以一个规定的转速运转并传递规定数值的功率。

假设一根由电动机驱动的轴（图 3-33）正在以一个 ω 的角速度旋转，其中，角速度 ω 的单位为弧度每秒（rad/s）。该轴向某一装置（图中未显示）传递一个扭矩 T，该装置正在执行一个有用的工作。该轴在这一外部装置上所施加的扭矩的转向与角速度 ω 的转向是相同的，即其矢量指向左方。然而，图中所示扭矩是外部装置施加在轴上的扭矩，因此，其矢量指向相反的方向。

图 3-33 传递恒定扭矩 T 的角速度为 ω 的轴

一般情况下，一个大小恒定的扭矩所做的功等于该扭矩与旋转角的乘积，即：

$$W = T\psi \tag{3-36}$$

其中，ψ 为旋转角，其单位为弧度。

功率（Power）就是做功的效率，或

$$P = \frac{dW}{dt} = T\frac{d\psi}{dt} \tag{3-37}$$

其中，P 是功率的符号，t 代表时间。角位移 ψ 的改变速率 $d\psi/dt$ 就是角速度 ω，因此，上述方程变为：

$$P = T\omega \, (\omega = \text{rad/s}) \tag{3-38}$$

这个公式在基础物理学中就已熟知，它给出了一根传递恒扭矩 T 的旋转轴所传递的功率。

式（3-38）中使用的单位如下：若扭矩 T 的单位为牛顿米（N·m），则功率的单位为瓦特（W）。1 瓦等于 1 牛顿米每秒（或 1 焦耳/秒）。若 T 的单位为磅-英尺，则功率的单位为英尺-磅/秒。

角速度通常被表达为旋转频率 f，即单位时间的转数。频率的单位是赫兹（Hz），它等于 1 转每秒（s^{-1}）。由于 1 转等于 2π 弧度，因此，可得：

$$\omega = 2\pi f \, (\omega = \text{rad/s}, f = \text{Hz} = s^{-1}) \tag{3-39}$$

则功率表达式［式（3-38）］变为：

$$P = 2\pi f T \, (f = \text{Hz} = s^{-1}) \tag{3-40}$$

另一个常用的单位是每分钟转数（rpm），用字母 n 表示。因此，有如下关系：

$$n = 60f \qquad (3\text{-}41)$$

则：

$$P = \frac{2\pi nT}{60} \, (n = \text{rpm}) \qquad (3\text{-}42)$$

在式（3-40）和式（3-42）中，P 和 T 的单位与式（3-38）中的相同，即，若 T 的单位为牛顿米，则 P 的单位为瓦特，若 T 的单位为磅-英尺，则功率的单位为英尺-磅每秒[⊖]。

在美国的工程实践中，功率有时用马力（hp）表示，1 马力等于 550 英尺-磅/秒。因此，一个旋转轴所传递的马力 H 为：

$$H = \frac{2\pi nT}{60(550)} = \frac{2\pi nT}{33,000} \, (n = \text{rpm}, T = \text{lb-ft}, H = \text{hp}) \qquad (3\text{-}43)$$

1 马力约为 746 瓦。

上述方程建立了作用在某一轴上的扭矩与其所传递的功率之间的关系。一旦已知扭矩，则可采用 3.2 节~3.5 节所述的方法来求解切应力、切应变、扭转角以及其他所需量。

下述各例展示了旋转轴的分析步骤。

● ● ●   例 3-7

一根电动机驱动的钢制圆轴将 30kW 的功率传递至 B 处的齿轮（见图 3-34）。钢的许用切应力为 42MPa。

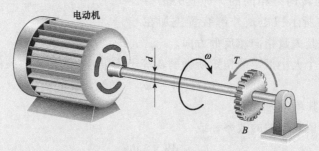

图 3-34 受扭钢轴

（a）如果该轴的转速为 500rpm，那么，该轴的所需直径 d 是多少？

（b）如果该轴的转速为 4000rpm，那么，所需直径 d 是多少？

解答：

（a）电动机的转速为 500rpm 时。使用已知的功率和转速，利用式（3-42），可求得作用在该轴上的扭矩 T 为：

$$T = \frac{60P}{2\pi n} = \frac{60 \times (30\text{kW})}{2\pi \times (500\text{rpm})} = 573\text{N} \cdot \text{m}$$

该轴将这一扭矩从电机传递至齿轮。

⊖ 功与能的单位，见附录 A 的表 A-1。

根据修正的扭转公式［式（3-14）］，可求出轴中的最大切应力：

$$\tau_{max} = \frac{16T}{\pi d^3}$$

用 τ_{allow} 替换该式中的 τ_{max}，并求解直径 d，可得：

$$d^3 = \frac{16T}{\pi \tau_{allow}} = \frac{16 \times (573\text{N} \cdot \text{m})}{\pi \times (42\text{MPa})} = 69.5 \times 10^{-6}\text{m}^3$$

因此，

$$d = 41.1\text{mm}$$

若许用切应力不能被超过，则该轴的直径应至少大于该值。

（b）电动机的转速为 4000rpm 时。采取与步骤（a）相同的求解方法，可得：

$$T = \frac{60P}{2\pi n} = \frac{60 \times (30\text{kW})}{2\pi \times (4000\text{rpm})} = 71.6\text{N} \cdot \text{m}$$

$$d^3 = \frac{16T}{\pi \tau_{allow}} = \frac{16 \times (71.6\text{N} \cdot \text{m})}{\pi \times (42\text{MPa})} = 8.68 \times 10^{-6}\text{m}^3$$

$$d = 20.6\text{mm}$$

该值小于步骤（a）所求出的直径。

本例说明，转速越高，则该轴的所需尺寸就越小（在功率相同、许用应力相同的情况下）。

● ● ●　例 3-8

一根直径为 50mm 的实心钢轴 ABC（图 3-35a）在 A 处受到一个电动机的驱动，该电动机以 10Hz 的频率向该轴传递 50kW 的功率。B、C 处的齿轮驱动机器所需的功率分别为 35kW 和 15kW。请计算该轴中的最大切应力 τ_{max}，并计算 A 处电动机和 B 处齿轮之间的扭转角 ϕ_{AC}（设 $G = 80\text{GPa}$）。

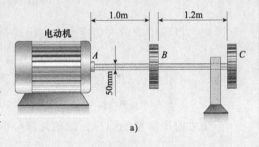

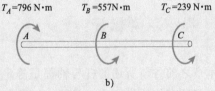

图 3-35　受扭钢轴

解答：

作用在轴上的扭矩。首先分析如何求出电动机和两个齿轮施加在轴上的扭矩。由于电动机以 10Hz 的频率提供了 50kW 的功率，因此，它在该轴的 A 端产生了一个扭转 T_A（图 3-35b），根据式（3-40），可得：

$$T_A = \frac{P}{2\pi f} = \frac{50\text{kW}}{2\pi \times (10\text{Hz})} = 796\text{N} \cdot \text{m}$$

采用类似的方法，可计算齿轮施加在该轴上的扭矩 T_B 和 T_C：

$$T_B = \frac{P}{2\pi f} = \frac{35\text{kW}}{2\pi \times (10\text{Hz})} = 557\text{N} \cdot \text{m}$$

$$T_C = \frac{P}{2\pi f} = \frac{15\text{kW}}{2\pi \times (10\text{Hz})} = 239\text{N} \cdot \text{m}$$

这些扭转被显示在该轴的自由体图（图 3-35b）上。注意，齿轮与电机所施加的扭矩是反向的（如果把 T_A 看作为电机施加在轴上的"载荷"，那么，扭矩 T_B 和 T_C 就是各齿轮的"反作用力矩"）。

根据图 3-35b 的自由体图，可求出该轴两段中的扭矩（通过观察）：

$$T_{AB} = 796 \text{N} \cdot \text{m} \qquad T_{BC} = 239 \text{N} \cdot \text{m}$$

这两个扭矩的作用方向相同，因此，在求解总扭转角时，将 AB 段和 BC 段的扭转角相加即可（也就是说，根据 3.4 节的符号约定，这两个扭矩均为正）。

切应力和扭转角。采用通常的方法，根据式（3-14）和式（3-17），可求出该轴 AB 段中的切应力和扭转角：

$$\tau_{AB} = \frac{16 T_{AB}}{\pi d^3} = \frac{16 \times (796 \text{N} \cdot \text{m})}{\pi \times (50 \text{mm})^3} = 32.4 \text{MPa}$$

$$\phi_{AB} = \frac{T_{AB} L_{AB}}{G I_p} = \frac{(796 \text{N} \cdot \text{m}) \times (1.0 \text{m})}{(80 \text{GPa}) \times \left(\frac{\pi}{32}\right) \times (50 \text{mm})^4} = 0.0162 \text{rad}$$

BC 段的相应量为：

$$\tau_{BC} = \frac{16 T_{BC}}{\pi d^3} = \frac{16 \times (239 \text{N} \cdot \text{m})}{\pi \times (50 \text{mm})^3} = 9.7 \text{MPa}$$

$$\phi_{BC} = \frac{T_{BC} L_{BC}}{G I_p} = \frac{(239 \text{N} \cdot \text{m}) \times (1.2 \text{m})}{(80 \text{GPa}) \times \left(\frac{\pi}{32}\right) \times (50 \text{mm})^4} = 0.0058 \text{rad}$$

因此，该轴中的最大切应力 $\tau_{\max}$ 出现在 AB 段中，并且：

$$\tau_{\max} = 32.4 \text{MPa}$$

同时，A 处电机和 B 处齿轮之间的扭转角 ϕ_{AC} 为：

$$\phi_{AC} = \phi_{AB} + \phi_{BC} = 0.0162 \text{rad} + 0.0058 \text{rad} = 0.0220 \text{rad} = 1.26°$$

正如之前所解释的那样，该轴两部分的扭转方向相同，因此，各扭转角是相加的。

3.8 静不定受扭杆

本章之前各节所述的杆与轴都是静定的，因为可根据自由体图和平衡方程求出所有的内部扭矩和所有的反作用力。然而，如果在杆上增加额外的约束（如固定端），那么，仅依靠平衡方程就不足以求出扭矩，这类杆被归类为静不定杆。在平衡方程的基础上补充与旋转位移有关的相容方程，就可以分析这类受扭杆。因此，静不定受扭杆的一般分析方法与 2.4 节关于静不定轴向承载杆的分析方法是相同的。

分析的第一步是根据给定物理条件的自由体图来建立平衡方程。平衡方程中的未知量是外部扭矩，或者是内部扭矩，或者是反作用扭矩。

分析的第二步是根据与扭转角有关的物理条件来建立相容方程。其结果是，相容方程中的扭转角是未知量。

分析的第三步是根据扭矩-位移关系建立扭转角与扭矩的关系，例如，$\phi = TL/GI_p$。将这些关系代入到相容方程之后，相容方程将变为含有未知扭矩的方程。因此，最后通过联立求解平衡方程和相容方程，就可求出这些未知扭矩。

为了说明这一求解方法，以图 3-36a 所示复合材料杆 AB 为例进行分析。该杆的 A 端为固定端，B 端承受着一个扭矩 T 的作用。此外，该杆由两部分组成：实心杆和圆管（图 3-36b、c），其中，实心杆和圆管在 B 处被连接到一个刚性端板上。

为了便于分析，将实心杆和圆管（以及它们的性能）分别标记为数字 1 和 2。例如，实心杆的直径被标记为 d_1，圆管的外径被标记为 d_2。实心杆和圆管之间存在有一个小的间隙，因此，圆管的内径略大于实心杆的直径 d_1。

当在该复合杆上施加了扭矩 T 时，端板将旋转一个小的角度 ϕ（图 3-36c），扭矩 T_1 和 T_2 将分别作用在实心杆和圆管上（图 3-36d、e）。根据平衡条件可知，这些扭矩的总和等于所施加的载荷，因此，平衡方程为：

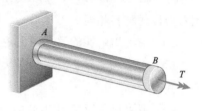

$$T_1 + T_2 = T \qquad (3\text{-}44)$$

由于该方程包含两个未知数（T_1 和 T_2），因此，可以看出，该复合杆是静不定的。

为了获得第二个方程，必须同时研究实心杆和圆管的旋转位移。设 ϕ_1 为实心杆的扭转角（图 3-36d）、ϕ_2 为圆管的扭转角（图 3-36e）。这两个扭转角必须相等，因为实心杆和圆管都被牢固地连接在端板上并随着端板一起转动；因此，相容方程为：

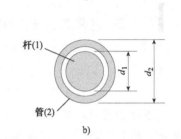

$$\phi_1 = \phi_2 \qquad (3\text{-}45)$$

角度 ϕ_1、ϕ_2 分别与扭矩 T_1 和 T_2 有关，在线弹性材料的情况下，可根据方程 $\phi = TL/GI_p$ 得到其扭矩-位移关系。因此，

$$\phi_1 = \frac{T_1 L}{G_1 I_{p1}} \qquad \phi_2 = \frac{T_2 L}{G_2 I_{p2}} \qquad (3\text{-}46a，b)$$

其中，G_1 和 G_2 为材料的切变模量，I_{p1} 和 I_{p2} 为横截面的极惯性矩。

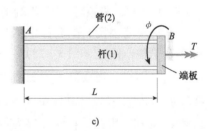

若把上述关于 ϕ_1 和 ϕ_2 的表达式代入式（3-45），则相容方程变为：

$$\frac{T_1 L}{G_1 I_{p1}} = \frac{T_2 L}{G_2 I_{p2}} \qquad (3\text{-}47)$$

现在，有两个方程［式（3-44）和式（3-47）］，两个未知数，因此，求解这两个方程就可以求出 T_1 和 T_2。其结果为：

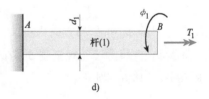

$$T_1 = T\left(\frac{G_1 I_{p1}}{G_1 I_{p1} + G_2 I_{p2}}\right) \qquad T_2 = T\left(\frac{G_2 I_{p2}}{G_1 I_{p1} + G_2 I_{p2}}\right)$$

$$(3\text{-}48a，b)$$

求出了扭矩也就意味着完成了静不定分析的基本部分。根据扭矩就可求出所有的其他量（例如应力和扭转

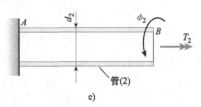

图 3-36 静不定受扭杆

角）。

　　上述讨论阐明了静不定系统在受到扭转作用时的一般分析方法。在下面的例子中，相同的方法被用来分析一根两端固定杆。在例题和习题中，均假设杆件是采用线弹性材料制成的。然而，这个一般分析方法也适用于非线性材料杆——唯一的变化是扭矩-位移关系。

●●● 例 3-9

　　图 3-37a、b 所示两端固定杆 *ACB* 在点 *C* 处受到一个扭矩 T_0 的作用。该杆 *AC* 段和 *CD* 段的直径分别为 d_A 和 d_B，长度分别为 L_A 和 L_B，惯性极矩分别为 I_{pA} 和 I_{pB}。该杆两段的材料相同。

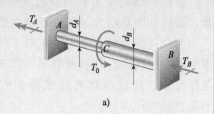
a)

　　（a）请求出两端的反作用力矩 T_A 和 T_B 的表达式。

　　（b）请求出该杆各段中的最大剪切应力 τ_{AC} 和 τ_{CB} 的表达式。

　　（c）请求出载荷 T_0 作用处的扭转角 ϕ_C 的表达式。

　　解答：

　　平衡方程。载荷 T_0 在该杆的固定端处引起反作用力矩 T_A 和 T_B，如图 3-37a、b 所示。因此，根据该杆的平衡条件，可得：

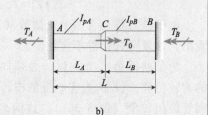
b)

$$T_A + T_B = T_0 \tag{f}$$

　　由于该方程中有两个未知数（并且，没有其他可用的平衡方程），因此，该杆是静不定的。

　　相容方程。将该杆从其 *B* 端的支座处隔离出来，就得到一根 *A* 端固定、*B* 端自由的杆（图 3-37c、d）。当载荷 T_0 单独作用时（图 3-37c），它将在 *B* 端产生一个扭转角 ϕ_1。同样，当载荷 T_B 单独作用时，它将产生一个扭转角 ϕ_2（图 3-37d）。原杆在 *B* 端的扭转角为零，并等于 ϕ_1 和 ϕ_2 的和。因此，相容方程为：

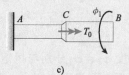
c)

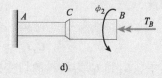
d)

图 3-37　静不定受扭杆

$$\phi_1 + \phi_2 = 0 \tag{g}$$

注意，图示 ϕ_1 和 ϕ_2 的方向为正。

　　扭矩-位移方程。根据图 3-37c、d，并利用方程 $\phi = TL/GI_p$，就可用扭矩 T_0、T_B 来表达 ϕ_1 和 ϕ_2。其方程如下：

$$\phi_1 = \frac{T_0 L_A}{GI_{pA}} \qquad \phi_2 = -\frac{T_B L_A}{GI_{pA}} - \frac{T_B L_B}{GI_{pB}} \tag{h, i}$$

式（i）中出现负号是因为 T_B 所产生的扭转方向与 ϕ_2 的正方向相反（图 3-37d）

　　将各扭转角［式（h）、式（i）］代入相容方程［式（g）］，可得：

$$\frac{T_0 L_A}{GI_{pA}} - \frac{T_B L_A}{GI_{pA}} - \frac{T_B L_B}{GI_{pB}} = 0 \quad 或 \quad \frac{T_B L_A}{I_{pA}} + \frac{T_B L_B}{I_{pB}} = \frac{T_0 L_A}{I_{pA}} \tag{j}$$

求解方程组。求解上述方程可求出扭矩 T_B，然后，将 T_B 代入平衡方程 ［式 (f)］，就可求出扭矩 T_A。其结果为：

$$T_A = T_0\left(\frac{L_B I_{pA}}{L_B I_{pA} + L_A I_{pB}}\right) \qquad T_B = T_0\left(\frac{L_A I_{pB}}{L_B I_{pA} + L_A I_{pB}}\right) \qquad (3\text{-}49\text{a, b})$$

现已求出该杆两端的反作用力矩，并且，也完成了该静不定结构的分析。

一个特例是，如果该杆是柱状的（$I_{pA} = I_{pB} = I_p$），则上述结果就简化为：

$$T_A = \frac{T_0 L_B}{L} \qquad T_B = \frac{T_0 L_A}{L} \qquad (3\text{-}50\text{a, b})$$

其中，L 为该杆的总长度。这两个方程类似于两端固定的轴向承载杆的反作用力方程 ［式 (2-13a) 和式 (2-13b)］。

最大切应力。直接根据扭转公式，就可求出该杆各部分中的最大切应力：

$$\tau_{AC} = \frac{T_A d_A}{2 I_{pA}} \qquad \tau_{CB} = \frac{T_B d_B}{2 I_{pB}}$$

将式 (3-49a) 和式 (3-49b) 代入其中，可得：

$$\tau_{AC} = \frac{T_0 L_B d_A}{2(L_B I_{pA} + L_A I_{pB})} \qquad \tau_{CB} = \frac{T_0 L_A d_B}{2(L_B I_{pA} + L_A I_{pB})} \qquad (3\text{-}51\text{a, b})$$

通过比较乘积 $L_B d_A$ 与乘积 $L_A d_B$，就可迅速确定该杆的哪一段中具有较大的应力。

扭转角。截面 C 处的扭转角 ϕ_C 等于该杆任一段的扭转角，因为两段在截面 C 处转动了相同的角度。由此可得：

$$\phi_C = \frac{T_A L_A}{G I_{pA}} = \frac{T_B L_B}{G I_{pB}} = \frac{T_0 L_A L_B}{G(L_B I_{pA} + L_A I_{pB})} \qquad (3\text{-}52)$$

在柱状杆（$I_{pA} = I_{pB} = I_p$）的特殊情况下，该截面（载荷 T_0 施加处）的扭转角为：

$$\phi_C = \frac{T_0 L_A L_B}{G L I_p} \qquad (3\text{-}53)$$

本例不仅说明了静不定杆的分析，而且还说明了求解应力和扭转角的方法。另外，还应注意，本例所得到的结果仅适用于由实心段或管状段组成的杆。

3.9　扭转和纯剪切时的应变能

正如 2.7 节对轴向承载杆所论述的那样，当某一载荷被施加到某个结构上时，该载荷就做了功，而该结构中将产生应变能。本节将使用相同的基本方法来求解受扭杆的应变能。

研究一根在扭矩 T 作用下处于纯扭转状态的柱状杆 AB （图 3-38）。当静态施加载荷时，该杆将发生扭曲，其自由端将转动一个角度 ϕ。如果假设该杆的材料是线弹性的且服从胡克定律，那么，所施加的扭矩与扭转角之间的关系也将是线性的，如图 3-39 的扭矩-转角图所示，也正如方程 $\phi = TL/GI_p$ 所给出的那样。

该扭矩在旋转了角度 ϕ 时所做的功 W 就等于扭矩-转角线 OA 下的面积，即等于图 3-39 中阴影三角形的面积。

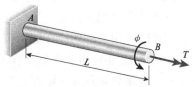

图 3-38　承受纯扭转的柱状杆

此外，根据能量守恒原理可知，假如能量没有以热的形式获得或损失，则该杆的应变能就等于该载荷所做的功。因此，可得到该杆应变能 U 的以下方程：

$$U = W = \frac{T\phi}{2} \quad (3\text{-}54)$$

这个方程类似于轴向承载杆的方程 $U = W = P\delta/2$ ［见式 (2-37)］。

根据方程 $\phi = TL/GI_p$，可将该应变能表达为以下形式：

$$U = \frac{T^2L}{2GI_p} \qquad U = \frac{GI_p\phi^2}{2L} \quad (3\text{-}55a，b)$$

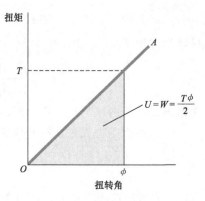

图 3-39 纯扭转杆 (线弹性材料) 的扭矩-转角图

第一个表达式以载荷形式表达，第二个以扭转角形式表达。请再次与轴向承载杆的相应方程 ［式 (2-39a、b)］进行类比。

功和能的国际单位均为焦耳 (J)，1 焦耳等于 1 牛顿米 ($1J = 1N \cdot m$)。

非均匀扭转 若一根杆受到非均匀扭转 (如 3.4 节所述)，则需要另外的应变能公式。在该杆由若干个柱状段组成，且各段均承受恒定扭矩的情况下 (见 3.4 节的图 3-14a)，可先求出各段的应变能，然后再相加，就可得到该杆的总应变能：

$$U = \sum_{i=1}^{n} U_i \quad (3\text{-}56)$$

其中，U_i 为第 i 段的应变能，n 为段数。例如，若使用式 (3-55a) 得到各段的应变能，则上述方程变为：

$$U = \sum_{i=1}^{n} \frac{T_i^2 L_i}{2G_i (I_p)_i} \quad (3\text{-}57)$$

其中，U_i 为第 i 段中的内部扭矩，L_i、G_i、$(I_p)_i$ 为该段的扭转性能。

如果杆的横截面或内部扭矩是沿轴线变化的，如 3.4 节的图 3-15 和图 3-16 所示，那么，首先应求出一个微段的应变能，然后再沿轴积分，这样才能得到总的应变能。对于一个长度为 dx 的微段，其应变能 ［式 (3-55a)］为：

$$dU = \frac{[T(x)]^2 dx}{2GI_p(x)}$$

其中，$T(x)$ 为作用在该微段上的内部扭矩，$I_p(x)$ 为该微段横截面的极惯性矩。因此，该杆的总应变能为：

$$U = \int_0^L \frac{[T(x)]^2 dx}{2GI_p(x)} \quad (3\text{-}58)$$

应再次注意扭转与轴向载荷的应变能表达式之间的相似性 ［将式 (3-57) 和 (3-58) 与 2.7 节的式 (2-42) 和 (2-43) 进行比较］。

下述各例说明了上述非均匀扭转方程的应用。例 3-10 求解了一根由多个柱状段组成的，受到纯扭转作用的杆的应变能，例 3-11 和例 3-12 分别求解了变扭矩杆和变截面杆的应变能。此外，例 3-12 还说明了在非常有限的条件下如何根据应变能来求解某一杆的扭转角 (关于这一方法的详细讨论及其局限性，见 2.7 节的 "由单一载荷引起的位移" 这部分内容)。

局限性 计算应变能时，必须牢记，本节所推导出的各个方程仅适用于线弹性材料及小扭转角的情况。同时，还必须牢记 2.7 节所述的重要观察结论：对于一个支撑一个以上载荷的结构，不能通过将单个载荷单独作用时的应变能相叠加的方法来求解整个结构的应变能。该观察的示例见例 3-10。

　　纯剪切时的应变能密度　由于一根受扭杆的各个微元体均处于纯剪切状态，因此，获得应变能与切应力关系的表达式就是有用的。首先分析一个各个侧面上均作用有切应力 τ 的材料微元体（图 3-40a）。为了便于分析，假设该微元体的前表面是一个边长为 h 的正方形，虽然图中仅显示了该微元体的一个二维视图，但必须认识到，该微元体实际上有一个垂直于图纸平面的第三维厚度 t。

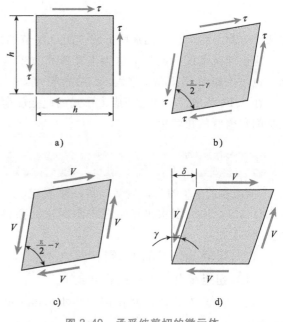

图 3-40　承受纯剪切的微元体

　　在切应力的作用下，该微元体被扭曲，其前表面变为菱形，如图 3-40b 所示。该微元体每个角的角度改变量就是切应变 γ。

　　用应力乘以其作用的面积 ht 就可求出作用在该微元体各个侧面上的剪力 V（图 3-40c）：

$$V = \tau ht \qquad (3\text{-}59)$$

　　随着该微元体从其初始形状（图 3-40a）变形为扭曲形状（图 3-40b），这些剪力做了功。为了计算功，需要确定这些剪力的相对移动距离。如果将图 3-40c 所示微元体当作刚体并旋转到图 3-40d 所示的位置，即将其两个表面旋转至水平位置，那么，这一任务就变得较为容易了。在该微元体的旋转过程中，剪力 V 所做的净功为零，因为这些剪力是成对出现的，且形成了两个大小相等、方向相反的力偶。

　　从图 3-40d 中可以看出，随着剪力逐渐从零增大至其最终值 V，该微元体的上表面将在水平方向移动一个 δ 的距离（相对于下表面）。位移 δ 等于切应变 γ（γ 是一个很小的角度）与该微元体垂直尺寸的乘积，即：

$$\delta = \gamma h \qquad (3\text{-}60)$$

　　如果假设材料是线弹性的且服从胡克定律，那么，剪力 V 所做的功就等于 $V\delta/2$，它也就是存储在该微元体中的应变能：

$$U = W = \frac{V\delta}{2} \qquad (3\text{-}61)$$

　　注意，作用在该微元体两个侧面上的剪力（图 3-40d）没有沿着其作用线移动，因此，它们没有做功。

　　将式（3-59）和式（3-60）代入式（3-61），则得到该微元体的总应变能：

$$U = \frac{\tau \gamma h^2 t}{2}$$

由于该微元体的体积为 $h^2 t$，因此，应变能密度 u（即单位体积的应变能）为：

$$u = \frac{\tau\gamma}{2} \tag{3-62}$$

最后，代入剪切胡克定律，就可得到以下纯剪切时应变能密度的表达式：

$$u = \frac{\tau^2}{2G} \qquad u = \frac{G\gamma^2}{2} \tag{3-63a, b}$$

这两个方程与单向应力的那些方程［见 2.7 节的式（2-46a，b）］在形式上是类似的。

应变能量密度的国际单位为焦耳每立方米（J/m³），由于其单位与应力的单位相同，因此，也可用帕斯卡（Pa）来表示应变能密度。

在 3.11 节中，将利用切应力形式的应变能密度方程［式（3-63a）］来求解横截面为任意形状的薄壁管的扭转角。

● ● ● 例 3-10

实心圆杆 AB 的长度为 L，其一端固定、一端自由（图 3-41）。请分别求出以下三种不同载荷条件下应变能的表达式：

（a）扭矩 T_a 作用在自由端。

（b）扭矩 T_b 作用在该杆的中点处。

（c）扭矩 T_a、T_b 同时作用。并使用以下数据计算应变能：$T_a = 100\text{N} \cdot \text{m}$，$T_b = 150\text{N} \cdot \text{m}$，$L = 1.6\text{m}$，$G = 80\text{GPa}$，$I_p = 79.52 \times 10^3 \text{mm}^4$。

解答：

（a）扭矩 T_a 作用在自由端（图 3-41a）。在这种情况下，可直接根据式（3-55a）求出应变能：

$$U_a = \frac{T_a^2 L}{2GI_p} \tag{a}$$

（b）扭矩 T_b 作用在中点处（图 3-41b）。当扭矩 T_b 作用在中点处时，可将式（3-55a）应用于该杆的 AC 段：

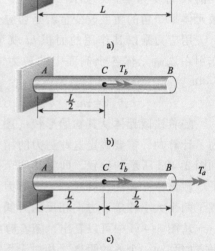

图 3-41　两个载荷所产生的应变能

$$U_b = \frac{T_b^2 (L/2)}{2GI_p} = \frac{T_b^2 L}{4GI_p} \tag{b}$$

（c）扭矩 T_a、T_b 同时作用（图 3-41c）。当这两个载荷同时作用在杆上时，CB 段中的扭转为 T_a，AC 段中的扭转为 $T_a + T_b$。因此，应变能［根据式（3-57）］为：

$$U_C = \sum_{i=1}^{n} \frac{T_i^2 L_i}{2G(I_p)_i} = \frac{T_a^2 (L/2)}{2GI_p} + \frac{(T_a + T_b)^2 (L/2)}{2GI_p} \tag{c}$$

$$= \frac{T_a^2 L}{2GI_p} + \frac{T_a T_b L}{2GI_p} + \frac{T_b^2 L}{4GI_p}$$

比较式（a）、式（b）和式（c），可以看出，两个载荷同时作用时所产生的应变能并不等于各载荷单独作用时所产生的应变能的总和。正如 2.7 节所指出的那样，其原因在于应变能是载荷的二次函数，而不是线性函数。

（d）数值结果。将给定的数据代入式（a），可得：

$$U_a = \frac{T_a^2 L}{2GI_p} = \frac{(100\text{N} \cdot \text{m})^2 \times (1.6\text{m})}{2 \times (80\text{GPa}) \times (79.52 \times 10^3 \text{mm}^4)} = 1.26\text{J}$$

记住：1焦耳等于1牛顿米（$1\text{J} = 1\text{N} \cdot \text{m}$）。

采用相同的方法，将给定的数据代入式（b）、式（c），可得：

$$U_b = 1.41\text{J}$$

$$U_C = 1.26\text{J} + 1.89\text{J} + 1.41\text{J} = 4.56\text{J}$$

注意，中间项⊖涉及两个载荷的乘积，它对应变能的贡献是显著的，且不能被忽略。

● ● ● 例 3-11

一端固定、一端自由的柱状杆 AB 沿其整个轴线上受到一个均布扭转（强度为 t）的作用（图3-42）。

（a）请推导出该杆应变能的表达式。

（b）请使用以下数据计算一根空心轴（用于钻入地面）的应变能：$t = 2100\text{N} \cdot \text{m/m}$，$L = 3.7\text{m}$，$G = 80\text{GPa}$，$I_p = 7.15 \times 10^{-6}\text{m}^4$。

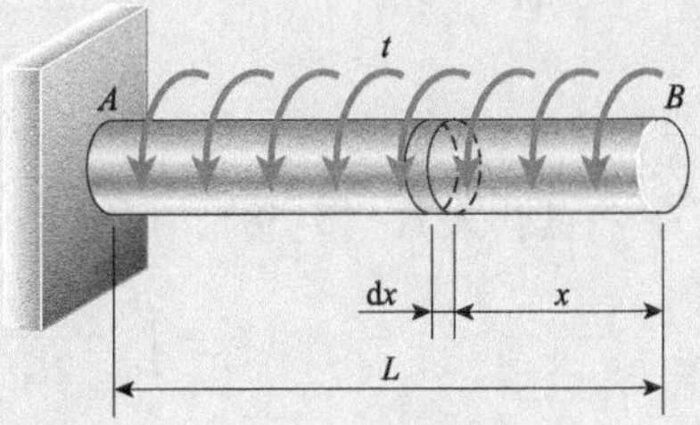

解答：

（a）该杆的应变能。求解的第一步是确定内部扭矩 $T(x)$，该扭矩作用在与该杆自由端的距离为 x 的位置处（图3-42）。该内部扭矩等于作用在 $x = 0$ 和 $x = x$

图 3-42　一个分布力矩所产生的应变能

之间那一段杆上的总扭矩，这一总扭转等于扭矩强度 t 乘以其作用的长度 x，即：

$$T(x) = tx \tag{a}$$

将其代入式（3-58），可得：

$$U = \int_0^L \frac{[T(x)]^2 \text{d}x}{2GI_p} = \frac{1}{2GI_p} \int_0^L (tx)^2 \text{d}x = \frac{t^2 L^3}{6GI_p} \tag{3-64}$$

这个表达式给出了储存在该杆中的总应变能。

（b）数值结果。在计算空心轴的应变能时，可将给定的数据代入式（3-64）：

$$U = \frac{t^2 L^3}{6GI_p} = \frac{(2100\text{N} \cdot \text{m/m})^2 \times (3.7\text{m})^3}{6 \times (80\text{GPa}) \times (7.15 \times 10^{-6}\text{m}^4)} = 65.1\text{N} \cdot \text{m}$$

本例说明了如何利用积分式来计算一根承受分布扭矩的杆的应变能。

● ● ● 例 3-12

实心圆截面锥形杆 AB，其右端固定，其另一端受到扭转 T 的作用（见图3-43）。该杆的直径从左端的 d_A 线性变化至右端的 d_B。请根据"应变能等于载荷所做的功"来求解其 A 端处的扭转角 ϕ_A。

⊖ 即 1.89J。——译者注

解答:

根据能量守恒原理可知,该扭矩所做的功等于该杆的应变能,因此,$W = U$。其中,功由下式给出:

$$W = \frac{T\phi_A}{2} \tag{a}$$

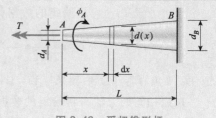

图 3-43   受扭锥形杆

而应变能 U 可根据式(3-58)求出。

为了使用式(3-58),需要得到扭矩 $T(x)$ 和极惯性矩 $I_p(x)$ 的表达式。扭矩为常数(沿该杆的整个轴线)且等于载荷 T,极惯性矩为:

$$I_p(x) = \frac{\pi}{32}[d(x)]^4$$

其中,$d(x)$ 为该杆在与 A 端相距 x 处的直径。根据该杆的几何形状,可以看出:

$$d(x) = d_A + \frac{d_B - d_A}{L}x \tag{b}$$

因此,

$$I_p(x) = \frac{\pi}{32}\left(d_A + \frac{d_B - d_A}{L}x\right)^4 \tag{c}$$

将其代入式(3-58),可得:

$$U = \int_0^L \frac{[T(x)]^2 \mathrm{d}x}{2GI_p(x)} = \frac{16T^2}{\pi G}\int_0^L \frac{\mathrm{d}x}{\left(d_A + \dfrac{d_B - d_A}{L}x\right)^4}$$

可根据积分表(见附录 C)来求出该表达式中的积分项,其结果为:

$$\int_0^L \frac{\mathrm{d}x}{\left(d_A + \dfrac{d_B - d_A}{L}x\right)^4} = \frac{L}{3(d_B - d_A)}\left(\frac{1}{d_A^3} - \frac{1}{d_B^3}\right)$$

因此,该锥形杆的应变能为:

$$U = \frac{16T^2 L}{3\pi G(d_B - d_A)}\left(\frac{1}{d_A^3} - \frac{1}{d_B^3}\right) \tag{3-65}$$

使该应变能等于扭矩所做的功[式(a)],并求解 ϕ_A,可得:

$$\phi A = \frac{32TL}{3\pi G(d_B - d_A)}\left(\frac{1}{d_A^3} - \frac{1}{d_B^3}\right) \tag{3-66}$$

该方程给出了锥形杆 A 端处的扭转角【注意:该扭转角的表达式与习题 3.4-8(a)所求出的表达式是相同的】。

应特别注意,本例中所使用的求解扭转角的方法只适用于杆件承受单一载荷,且所求扭转角对应于该荷载的这类情况。否则,必须采用 3.3、3.4 和 3.8 节所述的一般方法来求解角位移。

3.10   非圆截面柱状轴的扭转

本章的 3.1 节~3.9 节仅关心圆轴的扭转。横截面为圆形(实心或空心)的轴在受到扭矩作用时不会发生翘曲现象，其横截面仍保持为平面（如图 3-4 所示），其切应力和切应变将从其轴线至其外表面（$\rho = r$）随着距离 ρ 而发生线性变化。现在，研究长度为 L、横截面为非圆形且两端受到扭矩 T 作用的柱状轴。其横截面可以是实心的（如图 3-44 所示的椭圆形、三角形以及矩形），也可以是薄壁开口横截面（如 3-45 所示的工字形、槽形和 Z 形）。

在扭矩的作用下，这类非圆形横截面将出现翘曲（warp），这种翘曲改变了横截面上切应力和切应变的分布情况。这时，就

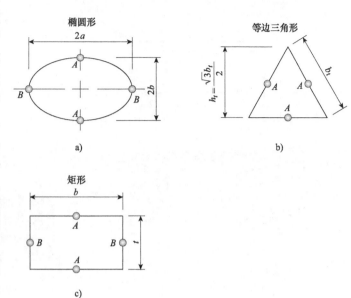

图 3-44　横截面的形状：实心椭圆、三角形以及矩形

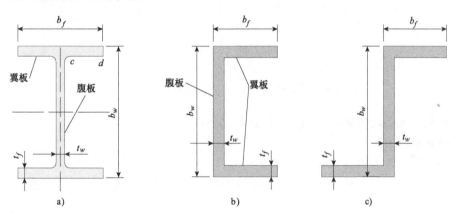

图 3-45　薄壁开口横截面：工字形、槽形和 Z 形

不能使用式（3-13）所示的简单扭转公式来计算切应力，并且，也不能使用式（3-13）所示的扭矩-位移关系来求解这类轴的扭转角。例如，一根长度为 L，两端承受扭矩 T 的矩形杆，其翘曲变形情况如图 3-46a 所示。虽然横截面仍保持为矩形，但该杆表面上的网格却发生图示的扭曲，其中，$+/-x$ 位移表示横截面之外的翘曲。扭转切应力在矩形横截面上的分布情况如图 3-46b 所示，各顶角处的切应力为零，最大切应力出现在长边的中点处（图3-46b 和图 3-44 中的点 A 处）。对于非圆截面轴，其扭转公式的推导需要使用更先进的由圣维南提出的理论（见参考文献 1-1、2-1 和 2-10）。下面将给出图 3-44 和图 3-45 所示横截面的切应力和扭转角的简单公式，并将在例 3-13 和例 3-14 使用这些公式。然而，这些公式的推导超出了本书的范围。有关弹性理论的课程（也许还包括有限元法）将研究非圆截面柱状轴，并详细分析其扭矩与所产生的应力分布和扭转角之间的关系。

切应力分布和扭转角　在以下讨论中，将只介绍各种非圆横截面的扭矩 T 与以下三个关键项之间的基本关系：

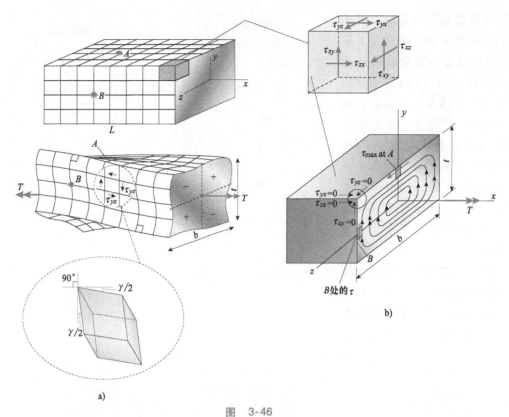

图 3-46

a) 矩形截面杆的扭转 b) 矩形截面受扭杆的切应力分布

（1）横截面上的最大切应力 τ_{max} 的位置和大小；

（2）扭转刚度 GJ；

（3）一根长度为 L 的柱状杆的扭转角 ϕ。

常数 G 为材料的切变模量，变量 J 为横截面的扭转常数。注意，只有在横截面为圆形时，扭转常数 J 才变为极惯性矩 I_p。

椭圆形横截面、三角形横截面以及矩形横截面 对于一根横截面为椭圆形（长轴尺寸为 $2a$，短轴尺寸为 $2b$，面积为 $A=\pi ab$）的杆，其横截面上切应力的分布情况如图 3-47 所示。其中，最大切应力位于短轴的两端，其大小可使用以下表达式来计算：

$$\tau_{max}=\frac{2T}{\pi ab^2} \qquad (3\text{-}67)$$

其中，a 大于或等于 b。一根横截面为椭圆形，长度为 L 的柱状杆，其扭转角可表示为：

$$\phi=\frac{TL}{GJ_e} \qquad (3\text{-}68a)$$

其中，扭转常数为：

$$J_e=\frac{\pi a^3 b^3}{a^2+b^2} \qquad (3\text{-}68b)$$

注意，如果 $a=b$，那么，横截面的形状

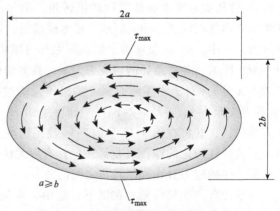

图 3-47 椭圆形横截面上切应力的分布

就是一个实心圆，而不是一个椭圆。而 J_e 也变为极惯性矩 I_P ［式（3-12）］，且式（3-67）和式（3-68a）就被分别简化为式（3-13）和式（3-17）。

接下来，研究一根横截面为等边三角形（图 3-44b，其边长为 b_t，其高度为 h_t），长度为 L，两端承受扭矩 T 的轴，其扭转常数 J_t 为：

$$J_t = \frac{h_t^4}{15\sqrt{3}} \tag{3-69}$$

最大切应力出现在表面各边的中点处（图 3-44b 中的点 A 处），该柱状轴的最大切应力可表达为：

$$\tau_{\max} = \frac{T\left(\dfrac{h_t}{2}\right)}{J_t} = \frac{15\sqrt{3}\,T}{2h_t^3} \tag{3-70}$$

其中，$J_t = \dfrac{h_t^4}{15\sqrt{3}}$。其扭转角可表达为：

$$\phi = \frac{TL}{GJ_t} = \frac{15\sqrt{3}\,TL}{Gh_t^4} \tag{3-71}$$

最后，研究一个矩形横截面（$b \times t$，$b/t \geqslant 1$）（图 3-44c 和图 3-46）。弹性力学理论给出了关于该横截面上点 A 处的最大切应力的表达式，并给出了在不同长宽比 b/t 下扭转角的表达式，各表达式如下：

$$\tau_{\max} = \frac{T}{k_1 b t^2} \tag{3-72}$$

$$\phi = \frac{TL}{(k_2 b t^3)\,G} = \frac{TL}{GJ_r} \tag{3-73}$$

其中，$J_r = k_2 b t^3$，无量纲因数 k_1 和 k_2 见表 3-1。

表 3-1 矩形杆的无量纲因数

b/t	1.00	1.50	1.75	2.00	2.50	3.00	4	6	8	10	∞
k_1	0.208	]0.231	]0.239	]0.246	]0.258	]0.267	]0.282	]0.298	]0.307	]0.312	]0.333
k_2	0.141	0.196	0.214	0.229	0.249	0.263	0.281	0.298	0.307	0.312	0.333

需要重点强调的是，对于上述椭圆形、三角形和矩形横截面，其最大切应力不像圆形横截面那样出现在那些最远离轴线的位置处。相反，最大切应变和切应力出现在其横截面各边的中点处。事实上，对于三角形和矩形横截面，各个顶角处的切应力均为零（例如，在图 3-46a 中，零切应变出现在矩形横截面的各个顶角处）。

薄壁开口横截面：工字形、角钢形、槽形以及 Z 形　对于具有开口横截面的金属结构，为了计算其扭转性能以及对所施加扭矩的响应，可将其横截面的形状（图 3-45）表示为若干矩形的组合。典型型钢的扭转常数可查阅 AISC 手册（见参考文献 5-4），这些常数要比用矩形表示翼板和腹板而得到的扭转常数高 10% 以上。因此，使用这里给出的公式所计算出的最大切应力和扭转角可能偏于保守。

假设总扭矩等于翼板和腹板所承受的扭矩之和。首先，计算翼板的 b_f / t_f 值（其横截面尺寸如图 3-45 所示）。然后，从表 3-1 中查出常数 k_1（可能需要求两个值之间的插值）。对于腹板，根据 $(b_w - 2t_f)/t_w$ 的值自表 3-1 中查出其常数 k_1。翼板和腹板的扭转常数分别被表示为：

$$J_f = k_1 b_f t_f^3 \qquad J_w = k_1(b_w - 2t_f)(t_w^3) \qquad (3\text{-}74a,\ b)$$

对于薄壁开口横截面，可得到以下总扭转常数（假设有两个翼板）：

$$J = J_w + 2J_f \qquad (3\text{-}75)$$

然后，就可计算出最大切应力和扭转角分别为：

$$\tau_{max} = \frac{2T\left(\dfrac{t}{2}\right)}{J} \quad \text{和} \quad \phi = \frac{TL}{GJ} \qquad (3\text{-}76a,\ b)$$

其中，t 为 t_f 和 t_w 中较大的那个。

例 3-13 和例 3-14 说明了这些公式的应用。

● ● ● 例 3-13

一根长度 $L = 1.8\text{m}$ 的轴，其两端受到扭矩 $T = 5\text{kN·m}$ 的作用（图 3-48）。AB 段（$L_1 = 900\text{mm}$）由黄铜（$G_b = 41\text{GPa}$）制造，其横截面为正方形（$a = 75\text{mm}$）。BC 段（$L_2 = 900\text{mm}$）由钢（$G_s = 74\text{GPa}$）制造，其横截面为圆形（$d = a = 75\text{mm}$）。忽略点 B 附近的应力集中。

（a）请求出该轴各段的最大切应力和扭转角。

（b）如果要使 AB 段和 BC 段中的最大切应力相等，那么，请求出 AB 杆的尺寸应为何值。

（c）如果要使 AB 段和 BC 段的扭转角相等，那么，请求出 AB 杆的尺寸应为何值。

（d）如果设尺寸 $a = 75\text{mm}$，且 BC 杆现在是一根外径 $d_2 = a$ 的空心管，那么，内径 d_1 为何值时才能使 AB 段和 BC 段的扭转角相等。

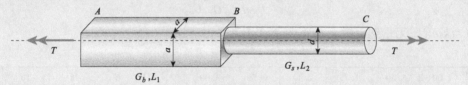

图 3-48 非均匀截面轴的扭转

解答：

（a）各段的最大切应力和扭转角。该轴两段的内部扭矩均等于所施加的扭矩 T。对于横截面为正方形的 AB 段，根据表 3-1，就可得到其扭转常数 k_1 和 k_2，然后，利用式（3-72）和式（3-73），就可计算出最大切应力和扭转角，即：

$$\tau_{max1} = \frac{T}{k_1 b t^2} = \frac{T}{k_1 a^3} = \frac{(5\text{kN·m})}{0.208 \times (75\text{mm})^3} = 57\text{MPa} \qquad (\text{a})$$

$$\phi_1 = \frac{TL_1}{(k_2 b t^3)G_b} = \frac{TL_1}{k_2 a^4 G_b} = \frac{(5\text{kN·m}) \times (900\text{mm})}{0.141 \times (75\text{mm})^4 \times (41\text{GPa})}$$

$$= 2.46 \times 10^{-2}\text{rad} \qquad (\text{b})$$

AB 段中的最大切应力出现在该正方形截面各边的中点处。

BC 段是实心的，其横截面为圆形，因此，可利用式（3-14）和式（3-17）来计算其最大切应力和扭转角：

$$\tau_{\max 2}=\frac{16T}{\pi d^3}=\frac{16\times(5\mathrm{kN\cdot m})}{\pi\times(75\mathrm{mm})^3}=60.4\mathrm{MPa} \tag{c}$$

$$\phi_2=\frac{TL_2}{G_sI_p}=\frac{(5\mathrm{kN\cdot m})\times(900\mathrm{mm})}{74\mathrm{GPa}\times\left[\dfrac{\pi}{32}(75\mathrm{mm})^4\right]}=1.958\times10^{-2} \tag{d}$$

比较 AB 段（正方形横截面）与 BC 段（圆形横截面）的切应力和扭转角的值，可以看出，与黄铜杆 AB 相比，钢杆 BC 的最大切应力要高 6%，而扭转角却要低 20%。

（b）AB 杆的尺寸应为何值时才能使 AB 段和 BC 段中的最大切应力相等。使 $\tau_{\max 1}$ 和 $\tau_{\max 2}$ 的表达式相等，就可求出所需 AB 杆的尺寸 a，即：

$$\tau_{\max 1}=\tau_{\max 2}\quad\text{故}\ \frac{16}{\pi d^3}=\frac{1}{k_1 a_{\mathrm{new}}^3}\quad\text{或}\ a_{\mathrm{new}}=\left(\frac{\pi d^3}{16k_1}\right)^{\frac{1}{3}}=73.6\mathrm{mm} \tag{e}$$

BC 杆的直径保持不变，仍为 $d=75\mathrm{mm}$，因此，只要略微减小 AB 杆的尺寸 a，就可以使该轴的两段具有相同的最大切应力 60.4MPa［式（c）］。

（c）AB 杆的尺寸应为何值时才能使 AB 段和 BC 段的扭转角相等。使 ϕ_1 和 ϕ_2 的表达式相等，就可求出所需 AB 杆的尺寸 a，即：

$$\phi_1=\phi_2$$

$$\text{故}\ \frac{L_1}{k_2 a_{\mathrm{new}}^4 G_b}=\frac{L_2}{G_s I_p} \tag{f}$$

$$\text{或}\ a_{\mathrm{new}}=\left[\frac{L_1}{L_2}\left(\frac{G_s I_p}{k_2 G_b}\right)\right]^{\frac{1}{4}}=79.4\mathrm{mm}$$

BC 杆的直径保持不变，仍为 $d=75\mathrm{mm}$，因此，只要略微增加 AB 杆的尺寸 a，就可以使该轴的两段具有相同的扭转角 0.01958rad［式（d）］。

（d）BC 段变为空心管，求出内径 d_1 为何值时才能使 AB 段和 BC 段的扭转角相等。边长 $a=75\mathrm{mm}$，外径 $d_2=75\mathrm{mm}$（见图 3-49）。利用式（3-19）可求出 BC 段的极惯性矩，因此，扭转角 ϕ_2 为：

$$\phi_2=\frac{TL_2}{G_s\left[\dfrac{\pi}{32}(d_2^4-d_1^4)\right]} \tag{g}$$

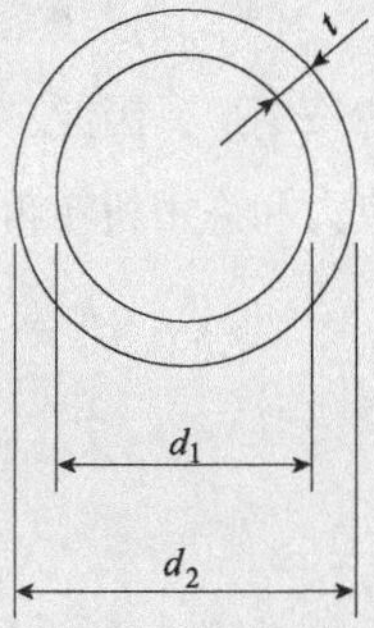

图 3-49　段 BC 的空心管截面

再次使 ϕ_1 和 ϕ_2 的表达式相等，但此时使用式（b）和式（g），并求解 d_1，可得：

$$d_1=\left[d_2^4-32\left(\frac{L_2}{L_1}\right)\left(\frac{G_b}{G_s}\right)\left(\frac{a^4 k_2}{\pi}\right)\right]^{\frac{1}{4}} \tag{h}$$

$$=\left\{(75\mathrm{mm})^4-32\times\left(\frac{900\mathrm{mm}}{900\mathrm{mm}}\right)\times\left(\frac{41\mathrm{GPa}}{74\mathrm{GPa}}\right)\times\left[\frac{(75\mathrm{mm})^4\times(0.141)}{\pi}\right]\right\}^{\frac{1}{4}}$$

$$=50.4\mathrm{mm}$$

因此，实心黄铜方形杆 AB（$a \times a$，$a = 75\text{mm}$）与空心钢管 BC（$d_2 = 75\text{mm}$，$d_1 = 50.4\text{mm}$）的长度均为 900mm，且在扭矩 T 的作用下产生相同的扭转角（0.0246rad）。然而，进一步的计算将表明，由于用空心管来代替 BC 段的实心杆，BC 段中的最大切应力现在将从 60.4MPa［式（c）］增加至 75.9MPa。

注意：通过推导出内径 d_1 的公式（而不是只求出其数值解），还可以使用关键变量的不同值来考察其他感兴趣的可能解。例如，如果将 AB 杆的长度增大至 $L_1 = 1100\text{mm}$，那么，就可将 BC 段的内径 d_1 增大至 57.6mm，并且，此时 AB 段和 BC 段的扭转角是相同的。

● ● ● 例 3-14

一根角钢（型号为 L178×102×19）和一根宽翼板工字钢梁（型号为 W360×39），其长度均为 $L = 3.5\text{m}$，它们都受到扭矩 T 的作用（见图 3-50）。许用切应力为 45MPa，最大许用扭转角为 5°。请求出在各截面上所能施加的扭矩 T 的最大值。假设 $G = 80\text{GPa}$ 并忽略应力集中的影响（各横截面的性能和尺寸见表 F-1b 和表 F-5b）。

解答：

该角钢和宽翼板工字钢具有相同的横截面面积（$A = 4960\text{mm}^2$，见表 F-1b 和表 F-5b），但各横截面的腹板和翼板的厚度完全不同。首先研究角钢。

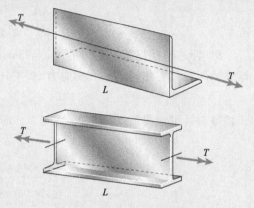

图 3-50 受扭工字钢和角钢

（a）角钢截面。可将该不等边角钢的横截面近似为一个长度 $b_L = 280\text{mm}$ ⊖、厚度 $t_L = 19\text{mm}$ 的长矩形，因此，$b_L/t_L = 14.7$。根据表 3-1，可估算出系数 $k_1 = k_2$ 约为 0.319。依据给定的许用切应力和许用扭转角，利用式（3-72）和式（3-73），可求出最大许用扭矩分别为：

$$T_{\text{max}1} = \tau_a k_1 b_L t_L^2 = 45\text{MPa} \times (0.319) \times (280\text{mm}) \times (19\text{mm})^2 = 1451\text{N} \cdot \text{m} \tag{a}$$

$$T_{\text{max}2} = \phi_a (k_2 b_L t_L^3) \frac{G}{L} = \left(\frac{5\pi}{180}\text{rad}\right) \times (0.319) \times (280\text{mm}) \times (19\text{mm})^3 \times \frac{80\text{GPa}}{3500\text{mm}} \tag{b}$$

$$= 1222\text{N} \cdot \text{m}$$

或者，可先计算出该角钢的扭转常数 J_L：

$$J_L = k_1 b_L t_L^3 = 6.128 \times 10^5 \text{mm}^4 \tag{c}$$

然后，再利用式（3-74）和式（3-76）来求解最大许用扭矩值。根据式（3-76a）可求出 $T_{\text{max}1}$，根据式（3-76b）可求出 $T_{\text{max}2}$，即：

$$T_{\text{max}1} = \frac{\tau_a J_L}{t_L} = 1451\text{N} \cdot \text{m} \qquad T_{\text{max}2} = \frac{G J_L}{L}\phi_a = 1222\text{N} \cdot \text{m}$$

取较小的扭转值，因此，$\text{T}_{\text{max}} = 1222\text{N} \cdot \text{m}$。

⊖ 即 280mm = 178mm + 102mm，这是两个角腿的长度之和。——译者注

（b）宽翼板工字钢。两个翼板和腹板均为独立的矩形，它们合在一起共同抵抗扭矩的作用。然而，每个矩形的尺寸（b，t）是不同的。对于 W360×39 宽翼板工字钢，各翼板的宽度均为 $b_f = 128\text{mm}$，厚度均为 $t_f = 10.7\text{mm}$（见表 F-1b），腹板的厚度 $t_w = 6.48\text{mm}$（见表 F-5b），宽度可保守地计算为 $b_w = (d_w - 2t_f) = (353\text{mm} - 2(10.7\text{mm})) = 331.6\text{mm}$。根据 b/t 的比值和表 3-1 就可求出各翼板的系数 k_1，然后，可利用式（3-74）来计算各组件的扭转常数 J，即：

对于各翼板：$\dfrac{b_f}{t_f} = 11.963$

因此，可估算出 $k_{1f} = 0.316$。则可得：

$$J_f = k_{1f} b_f t_f^3 = 0.316 \times (128\text{mm}) \times [(10.7\text{mm})^3] = 4.955 \times 10^4 \text{mm}^4 \tag{d}$$

对于腹板：$\dfrac{d_w - 2t_f}{t_w} = 51.173$

可估算出 $k_{1w} = 0.329$，因此，

$$\begin{aligned} J_w &= k_{1w}(d_w - 2t_f)(t_w^3) = 0.329 \times [353\text{mm} - 2 \times (10.7\text{mm})] \times [(6.48\text{mm})^3] \\ &= 2.968 \times 10^4 \text{mm} \end{aligned} \tag{e}$$

将翼板和腹板的扭转常数［式（d）和式（e）］相加，就可求出整个 W360×39 型截面的扭转常数：

$$J_w = 2J_f + J_w = [2 \times (4.955) + 2.968] \times (10^4) \text{mm}^4 = 1.288 \times 10^5 \text{mm}^4 \tag{f}$$

现在，利用式（3-76a）和许用切应力 τ_a，依据翼板和腹板的最大切应力，就可计算出最大许用扭矩：

$$T_{\text{max}f} = \tau \frac{J_w}{t_f} = 45\text{MPa} \times \left(\frac{1.288 \times 10^5 \text{mm}^4}{10.7\text{mm}} \right) = 542\text{N} \cdot \text{m} \tag{g}$$

$$T_{\text{max}w} = \tau_a \frac{J_w}{t_w} = 45\text{MPa} \times \left(\frac{1.288 \times 10^5 \text{mm}^4}{6.48\text{mm}} \right) = 894\text{N} \cdot \text{m} \tag{h}$$

注意，由于翼板比腹板具有更大的厚度，最大切应力将出现在翼板中。因此，没有必要使用式（h），即没有必要根据腹板的最大切应力来计算 T_{max}。

最后，依据许用扭转角，使用式（3-76b）就可计算出 T_{max}：

$$\begin{aligned} T_{\text{max}\phi} &= \frac{G J_w}{L} \phi_a = \frac{80\text{GPa} \times (1.288 \times 10^5 \text{mm}^4)}{3500\text{mm}} \times \left(\frac{5\pi}{180}\text{rad} \right) \\ &= 257\text{N} \cdot \text{m} \end{aligned} \tag{i}$$

对于该宽翼板工字钢，最严格的要求是许用扭转角，因此，取 $T_{\text{max}} = 257\text{N} \cdot \text{m}$。

有趣的是，即使角钢和宽翼板工字钢具有相同的横截面面积，但是，宽翼板工字钢抵抗扭转的能力是相当弱的，因为其矩形组元的厚度（$t_w = 6.48\text{mm}$，$t_f = 10.7\text{mm}$）要比角钢的厚度（$t_L = 19\text{mm}$）薄得多。然而，在第 5 章中将看到，尽管抵抗扭转的能力较弱，但宽翼板工字钢却在抵抗弯曲和横向切应力方面具有相当大的优势。

3.11　薄壁管

　　除了 3.10 节（该节研究的是非圆截面杆的扭转）之外，以上各节所述的扭转理论只适用于实心或空心圆截面杆。圆形是抵抗扭转最有效的形状，因此也是最常用的形状。然而，在轻型结构（如飞机和航天器）中，往往要求使用非圆闭口薄壁管来抵抗扭转。本节将分析这类构件。

　　为了得到适用于各种形状的公式，研究一根横截面为任意形状的薄壁管（图 3-51a）。该管是柱状的，即所有的横截面都相同，且纵向轴线是一条直线。其壁厚不必是常数，可以绕横截面变化。然而，与该管的总宽度相比，壁厚必须非常小。该管的两端受到扭矩 T 的纯扭转作用。

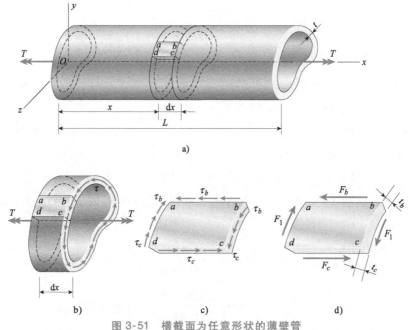

图 3-51　横截面为任意形状的薄壁管

　　切应力和剪流　作用在该管横截面上的剪应力 τ 如图 3-51b 所示，该图所示的微段切割自该管两个相距 $\mathrm{d}x$ 的横截面之间。这些应力的作用方向平行于横截面的边界且绕着横截面"流动"。同时，应力强度在该管厚度方向上的变化是非常微小的（因为假设该管是薄壁），因此，可以假设 τ 在厚度方向上是恒定的。然而，如果厚度 t 是变化的，那么，应力的强度将绕着横截面发生变化，其变化方式必须根据平衡条件来确定。

　　为了确定这些切应力的大小，研究一个矩形微元 $abcd$，该微元是通过切割两个纵向面 ab 和 cd 得到的（图 3-51a、b）。将该微元隔离为图 3-51c 所示的自由体。作用在横截面 bc 上的切应力如图 3-51b 所示。假设沿着横截面的 b 点至 c 点，这些应力的强度是变化的。因此，将 b 点处的切应力标记为 τ_b，将 c 点处的切应力标记为 τ_c（图 3-51c）。

　　根据平衡条件可知，在另一横截面 ad 上作用有大小相等、方向相反的切应力，并且，相同大小的切应力也同样作用在纵向面 ab 和 cd 上。因此，作用在表面 ab 和 cd 上的切应力分别等于 τ_b 和 τ_c。

作用在纵向面 ab 和 cd 上的应力产生力 F_b 和 F_c（图 3-51d）。将这些应力乘以其作用的面积，就可求得这两个力：

$$F_b = \tau_b t_b \mathrm{d}x \qquad F_c = \tau_c t_c \mathrm{d}x$$

其中，t_b 和 t_c 分别代表该管在点 b 和点 c 处的厚度（见图 3-51d）。

此外，作用在表面 bc 和 ad 上的应力产生力 F_1。根据该微元在纵向方向（x 方向）上的平衡条件，可以看出，$F_b = F_c$，或

$$\tau_b t_b = \tau_c t_c$$

由于纵向切割面 ab 和 cd 的位置是任意选择的，因此，根据上述方程，切应力 τ 与该管厚度 t 的乘积在横截面的每一个点处都是相同的。该乘积被称为剪流（shear flow），并用字母 f 表示：

$$f = \tau t = 常数 \tag{3-77}$$

这一关系表明，最大切应力发生在厚度最小处，反之亦然。在那些厚度恒定的区域，切应力也是恒定的。注意，剪流就是沿着横截面的单位距离上的剪力。

薄壁管的扭转公式 分析的下一步是建立剪流 f（以及切应力 τ）与作用在该管上的扭矩之间的关系。为了这个目的，可考察该管的横截面，如图 3-52 所示。图中用虚线表示管壁的中线（也被称为中心线）。研究一个长度为 $\mathrm{d}s$（沿中线测量），厚度为 t 的微面积，定义该微面积位置的距离 s 是沿着中线从任选的一个参考点开始测量的。

作用在该微面积上的总剪力等于 $f\mathrm{d}s$，该力对该管内任一点 O 的力矩为：

$$\mathrm{d}T = rf\mathrm{d}s$$

其中，r 为点 O 至力 $f\mathrm{d}s$ 的作用线的垂直距离（注意，力 $f\mathrm{d}s$ 的作用线与横截面的中线在 $\mathrm{d}s$ 处相切）。通过沿着横截面的中线进行积分，就可求出这些切应力所产生的总力矩：

$$T = f\int_0^{L_m} r\mathrm{d}s \tag{3-78}$$

其中，L_m 表示中线的长度。

采用常规的数学方法难以求解式（3-78）中的积分，但幸运的是，用一个简单的几何解释就可较为容易地求解出该积分。$r\mathrm{d}s$ 代表图 3-52 所示阴影三角形面积的两倍（注意，该三

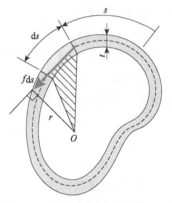

图 3-52 薄壁管的横截面

角形的底边长度为 $\mathrm{d}s$，高度等于 r），因此，该积分代表面积 A_m 的两倍（该面积由横截面的中线围成）：

$$\int_0^{L_m} r\mathrm{d}s = 2A_m \tag{3-79}$$

根据式（3-78），可得：$T = 2fA_m$，因此，剪流 f 为：

$$f = \frac{T}{2A_m} \tag{3-80}$$

将上式代入式（3-77），可得到薄壁管的扭转公式：

$$\tau = \frac{T}{2tA_m} \tag{3-81}$$

由于 t 和 A_m 均为横截面的性能，因此，可根据式（3-81）来计算承受已知扭矩 T 的任何薄壁管的切应力 τ（提示：面积 A_m 是中线围成的面积——它不是该管横截面的面积）。

为了说明扭转公式的应用，研究一根厚度为 t，中径为 r 的薄壁圆管（见图 3-53）。其中线围成的面积是：

$$A_m = \pi r^2 \tag{3-82}$$

因此，切应力（均布在横截面上）为：

$$\tau = \frac{T}{2\pi r^2 t} \tag{3-83}$$

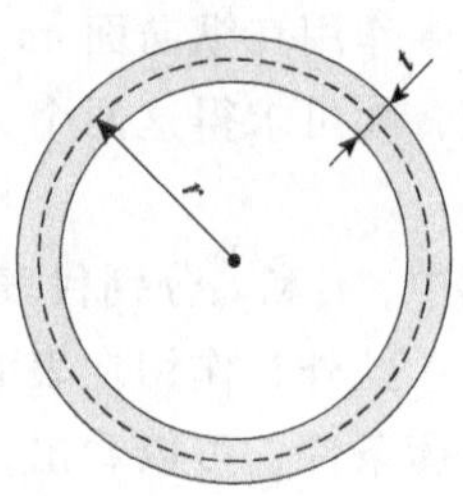

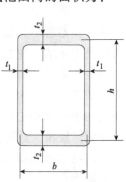

图 3-53 薄壁圆管

该式与使用标准扭转公式［式（3-13）］并依据极惯性矩的近似表达式 $I_P \approx 2\pi r^3 t$［式（3-21）］所得到的薄壁圆管的应力是一致的。

作为第二个示例，研究一根侧面厚度为 t_1，顶部和底部厚度为 t_2 的薄壁矩形管（图 3-54）。同时，高度和宽度（自横截面的中线测量）分别为 h、b。中线范围内的面积为：

$$A_m = bh \tag{3-84}$$

因此，铅垂壁和水平壁内的切应力分别为：

$$\tau_{\text{vert}} = \frac{T}{2t_1 bh} \qquad \tau_{\text{horiz}} = \frac{T}{2t_2 bh} \tag{3-85a, b}$$

如果 t_2 大于 t_1，那么，最大切应力将出现在其横截面的垂直壁内。

应变能和扭转常数 先求出某一微元的应变能，再在杆件的整个体积上进行积分，就可以求出薄壁管的应变能。研究薄壁管横截面上某一长度为 $\mathrm{d}x$（图 3-51 中的微元），面积为 $t\mathrm{d}s$ 的微元（图 3-52 中的微元）。该微元的形状类似于图 3-51a 所示的微元 $abcd$，因此，其体积为 $t\mathrm{d}s\mathrm{d}x$。由于该管的各微元均处于纯剪切状态，因此，根据式（3-63a）可得，该微元的应变能密度为 $\tau^2/2G$。该微元的总应变能就等于应变能密度乘以体积，即：

$$\mathrm{d}U = \frac{\tau^2}{2G} t\mathrm{d}s\mathrm{d}x = \frac{\tau^2 t^2}{2G} \frac{\mathrm{d}s}{t} \mathrm{d}x = \frac{f^2}{2G} \frac{\mathrm{d}s}{t} \mathrm{d}x = \frac{f^2}{2G} \frac{\mathrm{d}s}{t} \mathrm{d}x \tag{3-86}$$

其中，用剪流 f（是一个常数）取代 τt。

将 $\mathrm{d}U$ 在该管的整个体积上进行积分（即 $\mathrm{d}s$ 的积分是绕着中线从 0 至 L_m 进行的，$\mathrm{d}x$ 的积分是沿着该管的轴线从 0 至 L 进行的），就可求得该管的总应变能。因此，

$$U = \int \mathrm{d}U = \frac{f^2}{2G} \int_0^{L_m} \frac{\mathrm{d}s}{t} \int_0^L \mathrm{d}x \tag{3-87}$$

注意，厚度 t 可能是沿着中线变化的，因此，t 和 $\mathrm{d}s$ 必须始终处于积分符号内。由于该式中的最后一个积分等于该管的长度 L，因此，该应变能方程变为：

$$U = \frac{f^2 L}{2G} \int_0^{L_m} \frac{\mathrm{d}s}{t} \tag{3-88}$$

将剪流的表达式［式（3-80）］代入其中，可得：

$$U = \frac{T^2 L}{8GA_m^2} \int_0^{L_m} \frac{\mathrm{d}s}{t} \tag{3-89}$$

该式就是用扭矩 T 表达的该管的应变能方程。

只要引入一个新的横截面性能（称为扭转常数），就可以化简上述应变能的表达式。对于一根薄壁管，**扭转常数**（torsion constant，用字母 J 表示）的定义如下：

图 3-54 薄壁矩形管

$$J = \frac{4A_m^2}{\int_0^{L_m} \frac{\mathrm{d}s}{t}} \tag{3-90}$$

代入这个符号，则应变能方程［式（3-89）］变为：

$$U = \frac{T^2 L}{2GJ} \tag{3-91}$$

该式与圆杆的应变能方程［见式（3-55a）］具有相同的形式。唯一的区别是，扭转常数 J 取代了极惯性矩 I_P。注意，扭转常数的单位为长度的四次方。

在厚度 t 不变的特殊情况下，J 的表达式［式（3-90）］可简化为：

$$J = \frac{4tA_m^2}{L_m} \tag{3-92}$$

无论横截面为何种形状，均可依据式（3-90）或式（3-92）来计算 J。例如，对于图 3-53 所示的薄壁圆管，由于厚度为常数，因此，将 $L_m = 2\pi r$ 和 $A_m = \pi r^2$ 代入式（3-92），就可求得：

$$J = 2\pi r^3 t \tag{3-93}$$

该式就是极惯性矩的近似表达式［式（3-21）］。因此，在薄壁圆管的情况下，极惯性矩与扭转常数是相同的。

第二个例子是图 3-54 所示的矩形管。该横截面的 $A_m = bh$。同时，式（3-90）中的积分为：

$$\int_0^{L_m} \frac{\mathrm{d}s}{t} = 2\int_0^h \frac{\mathrm{d}s}{t_1} + 2\int_0^b \frac{\mathrm{d}s}{t_2} = 2\left(\frac{h}{t_1} + \frac{b}{t_2}\right)$$

因此，扭转常数［式（3-90）］为：

$$J = \frac{2b^2 h^2 t_1 t_2}{bt_1 + ht_2} \tag{3-94}$$

可采用类似的方法求得其他薄壁截面的扭转常数。

扭转角　只要使外扭矩 T 所做的功 W 等于薄壁管的应变能 U，就可求得横截面为任意形状（图 3-55）的薄壁管的扭转角 ϕ。因此，

$$W = U \text{ 或 } \frac{T\phi}{2} = \frac{T^2 L}{2GJ}$$

据此可得，扭转角方程为：

图 3-55　薄壁管的扭转角 ϕ

$$\phi = \frac{TL}{GJ} \tag{3-95}$$

可再次观察到，该方程与圆杆的相应方程［式（3-17）］具有相同的形式，但扭转常数取代了极惯性矩。GJ 被称为该管的**扭转刚度**（torsional rigidity）。

局限性　本节推导出的公式适用于闭口柱状薄壁管构件，它们并不适用于薄壁开口横截面（如工字钢和槽钢）。为了强调这一点，想象一下，如果在一根薄壁管上切割一条纵向窄缝，则其横截面将变为开口形，切应力和扭转角将增加，抵抗扭转的能力将降低，并且将不能使用本节给出的公式。请回忆 3.10 节关于受扭非圆截面杆的简介，这类截面包括实心矩形、三角形、椭圆形横截面以及薄壁开口截面（如工字梁和槽钢）。对于这类杆，需要使用一种先进的理论来推导其切应力公式和扭转角公式，因此，本节仅介绍主要公式及其应用。

本节给出的薄壁管的部分公式（例如，那些含有剪切弹性模量 G 的公式）仅限于线弹性材料。然而，剪流和切应力的方程［式（3-80）和式（3-81）］是仅依据平衡条件得到的，它们与材料的性能无关。整个理论是近似的，因为其基于中线的尺寸，因此，随着壁厚的增加，其结果的准确性也将降低[⊖]。

设计任何薄壁构件时，都必须重点考虑其薄壁发生屈曲的可能性。薄壁管的壁越薄，长度越长，则越可能发生屈曲。在非圆截面管的情况下，通常使用加强肋和隔板来保持该管的形状，并防止局部屈曲的发生。在本书所有的讨论和习题中，均假设不会发生屈曲。

● ● ● 例 3-15

请分别使用薄壁管的近似理论和精确的扭转理论来计算圆管（图 3-56）中的最大切应力，并比较其计算结果（注意，该管的厚度 t 为常数，横截面中线的半径为 r）。

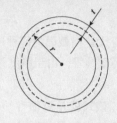

图 3-56　近似与精确扭转理论的比较

解答：

近似理论。根据薄壁管的近似理论［式（3-83）］，可求得切应力为：

$$\tau_1 = \frac{T}{2\pi r^2 t} = \frac{T}{T2\pi^3\beta^2} \tag{3-96}$$

其中，β 为：

$$\beta = \frac{r}{t} \tag{3-97}$$

扭转公式。根据精确的扭转公式［式（3-13）］，可求得最大切应力为：

$$\tau_2 = \frac{T(r+t/2)}{I_p} \tag{a}$$

其中，

$$I_p = \frac{\pi}{2}\left[\left(r+\frac{t}{2}\right)^4 - \left(r-\frac{t}{2}\right)^4\right] \tag{b}$$

该式可化简为：

$$I_p = \frac{\pi rt}{2}(4r^2 + r^2) \tag{3-98}$$

因此，切应力的表达式［式（a）］变为：

$$\tau_2 = \frac{T(2r+t)}{\pi rt(4r^2+t^2)} = \frac{T(2\beta+1)}{\pi t^3 \beta(4\beta^2+1)} \tag{3-99}$$

比值。切应力的比值 τ_1/τ_2 为：

$$\frac{\tau_1}{\tau_2} = \frac{4\beta^2+1}{2\beta(2\beta+1)} \tag{3-100}$$

该比值仅取决于 β 值。

若 β 等于 5、10 和 20，则根据式（3-100），可得 τ_1/τ_2 的值分别为 0.92、0.95、0.98。由此可见，切应力的近似公式所给出的结果略小于精确公式给出的结果。壁厚越薄，则近似公式的精度就越高。在极限情况下，当壁厚趋于零且 β 趋于无穷大时，比值 τ_1/τ_2 将变为 1。

⊖ 本节所述薄壁管扭转理论是由一位德国工程师 R. 布雷特于 1896 年提出的（见参考文献 3-2），该理论通常被称为布雷特扭转理论。

● ● ● **例 3-16**

一根圆管和一根方管（图 3-57）具有相同的材料且承受相同的扭矩。这两根管具有相同的长度、相同的壁厚以及相同的横截面面积。它们的切应力之比和扭转角之比各是多少？（忽略方形管顶角处的应力集中的影响）

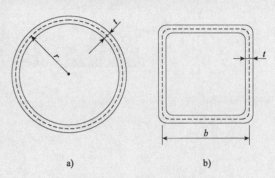

解答：

圆管。其横截面中线围成的面积 A_{m1} 为：

$$A_{m1} = \pi r^2 \qquad (c)$$

a)　　　　　　　b)

图 3-57　圆形管与方形管的比较

其中，r 为中线的半径。同时，扭转常数 ［式 （3-93）］ 和横截面面积为：

$$J_1 = 2\pi r^3 t \qquad A_1 = 2\pi rt \qquad (d, e)$$

方管。其横截面面积为：

$$A_2 = 4bt \qquad (f)$$

其中，b 为边长（沿中线测量）。由于这两根管的面积是相同的，因此，可得：$b = \pi r/2$。同时，扭转常数 ［式 （3-94）］ 和其横截面中线围成的面积为：

$$J_2 = b^3 t = \frac{\pi^3 r^3 t}{8} \qquad A_{m2} = b^2 = \frac{\pi^2 r^2}{4} \qquad (g, h)$$

比值。圆管和方管中切应力 ［根据式 （2-81）］ 的比值 τ_1/τ_2 为：

$$\frac{\tau_1}{\tau_2} = \frac{A_{m2}}{A_{m1}} = \frac{\pi^2 r^2/4}{\pi r^2} = \frac{\pi}{4} = 0.79 \qquad (i)$$

扭转角 ［根据式 （3-95）］ 的比值为：

$$\frac{\phi_1}{\phi_2} = \frac{J_2}{J_1} = \frac{\pi^3 r^3 t/8}{2\pi r^3 t} = \frac{\pi^2}{16} = 0.62 \qquad (j)$$

这些结果表明，与方管相比，圆管中的切应力要低 21%，且具有更大的抗扭刚度。

*3.12　扭转时的应力集中

本章上述各节在讨论受扭构件的应力时，均假设应力的分布是以一个平滑和连续的方式变化的。只要该杆的形状没有突变（没有孔、槽、突变的阶梯等等），且所研究的区域远离任何载荷的作用点，那么，这一假设就是有效的。如果确实存在这类破坏性条件，那么，高的局部应力将在不连续区周围产生。在工程实践中，这些应力集中采用应力集中因数来处理，如之前 2.10 节所述。

根据圣维南原理（见 2.10 节），应力集中的影响仅限于一个小的不连续区周围。例如，对于一根由直径不同的两段构成的阶梯轴（图 3-58），其中较大段的直径为 D_2，较小段的直径为 D_1。这两段的连接处形成一个"台阶"或"轴肩"，并被加工出一个半径为 R 的圆角，在没有

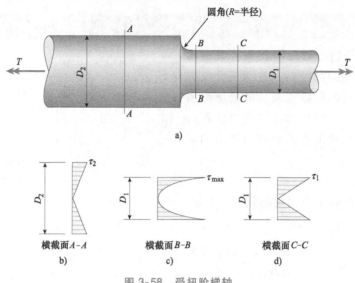

图 3-58 受扭阶梯轴

圆角的情况下，理论应力集中因数将为无穷大，因为凹角突变 90°。当然，不可能发生无穷大的应力。相反，凹角处的材料将产生变形并局部缓解高应力集中。然而，对于这样的情况（在动态加载时是非常危险的），始终需要设计一个合适的圆角。圆角的半径越大，则应力越低。

在与轴肩的距离约为直径 D_2 的位置处（例如，图 3-58a 所示横截面 $A\text{-}A$ 处），扭转切应力几乎不会受到不连续性的影响。因此，在与轴肩左侧保持足够距离的位置处，其最大应力可利用扭转公式并以 D_2 作为直径来求解（图 3-58b）。这一求解方法也同样适用于截面 $C\text{-}C$，该截面与圆角根部的距离为 D_1（或更大）。由于直径 D_1 小于直径 D_2，因此，截面 $C\text{-}C$ 上的最大应力 τ_1（图 3-58d）大于应力 τ_2。

应力集中的效果在截面 $B\text{-}B$ 处是最大的，截面 $B\text{-}B$ 通过圆角的根部。该截面上的最大应力为：

$$\tau_{\max} = K\tau_{\mathrm{nom}} = K\frac{Tr}{I_p} = K\left(\frac{16T}{\pi D_1^3}\right) \tag{3-101}$$

其中，K 为应力集中因数，τ_{nom}（等于 τ_1）为名义切应力（即该轴较小段中的切应力）。

图 3-59 给出了应力集中因数 K 与比值 R/D_1 的关系，其中，比值 D_2/D_1 有多个值。注意，当圆角半径 R 变得非常小，且从一个直径突然过渡到另一个直径时，K 值将变得相当大。相反，当 R 较大时，K 值将接近 1，且应力集中的影响将消失。图 3-59 中的虚线适用于四分之一圆角（这意味着 $D_2 = D_1 + 2R$）的特殊情况（注：习题 3.12-1~3.12-5 提供了根据图

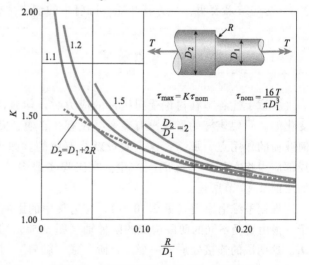

图 3-59 受扭阶梯轴的应力集中因数 K

3-59 求解 K 值的练习）。

圆轴的其他应力集中情况（如带有键槽的轴、带孔的轴），可查阅相关工程文献（例如，查阅参考文献 2-9）。

正如 2.10 节所解释的那样，对于静态载荷下的脆性材料以及动态载荷下的大多数材料，应力集中是相当重要的。例如，在旋转轴的设计中，主要关注的是疲劳失效（见 2.9 节关于疲劳的简述）。本节给出的理论应力集中因数 K 基于材料的线弹性行为。然而，疲劳试验表明，这些因数较为保守，韧性材料发生断裂时的载荷通常要大于该理论因数所预测的载荷。

● ● ●　例 3-17

一根阶梯轴由两个实心段（$D_1 = 44\text{mm}$、$D_2 = 53\text{mm}$，如图 3-60 所示）组成，其圆角的半径 $R = 5\text{mm}$。

（a）假设应力集中处的许用切应力为 63MPa，请求出最大许用扭矩 $T_{\max}$。

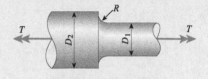

图 3-60　受扭阶梯轴

（b）如果用一根许用切应力为 86MPa，$D_2 = 53\text{mm}$，四分之一圆角的轴替换该轴，并且所承载的扭矩 $T = 960\text{Nm}$，那么，请求出直径 D_1 的最小许用值。

解答：

（a）**最大许用扭矩。** 如果计算出轴径比（$D_2/D_1 = 1.2$）以及圆角半径 R 与直径 D_1 的比值（$R/D_1 = 0.114$），那么，根据图 3-59，就可求出应力集中因数 K 约为 1.3。然后，使较小轴的最大切应力等于许用切应力 τ_a，就可求得：

$$\tau_{\max} = K\left(\frac{16T}{\pi D_1^3}\right) = \tau_a \tag{a}$$

求解该式，可得 $T_{\max}$ 为：

$$T_{\max} = \tau_a\left(\frac{\pi D_1^3}{16K}\right) \tag{b}$$

将数据代入该式，可得：

$$T_{\max} = (63\text{MPa}) \times \left[\frac{\pi \times (44\text{mm})^3}{16 \times (1.3)}\right] = 811\text{N} \cdot \text{m}$$

（b）**直径 D_1 的最小许用值。** 在这个重新设计的轴中使用四分之一圆角，因此，

$$D_2 = D_1 + 2R \quad \text{或} \quad R = \frac{D_2 - D_1}{2} = \frac{53\text{mm} - D_1}{2} = 26.5\text{mm} - \frac{D_1}{2} \tag{c}$$

下一步，根据式（a）求解直径 D_1，并以应力集中因数 K 作为未知量，则有：

$$D_1 = \left[K\left(\frac{16T}{\pi\tau_a}\right)\right]^{\frac{1}{3}} = \left[K\left(\frac{16(960\text{N} \cdot \text{m})}{\pi(86\text{MPa})}\right)\right]^{\frac{1}{3}} = \left(\frac{7680K\text{N} \cdot \text{m}}{43\pi\text{MPa}}\right)^{\frac{1}{3}} \tag{d}$$

采用试错法求解式（c）和式（d），并依据图 3-59 来求解因数 K，则可得以下结果：

第一次试错。

$$D_{1a} = 38\text{mm} \qquad R = 26.5\text{mm} - \frac{D_{1a}}{2} = 7.5\text{mm} \qquad \frac{R}{D_{1a}} = 0.197$$

根据图 3-59，可得：$K=1.24$，因此，

$$D_{1b}=\left(\frac{7680K\mathrm{N}\cdot\mathrm{m}}{43\pi\mathrm{MPa}}\right)^{\frac{1}{3}}=41.31\mathrm{mm}$$

第二次试错。

$$D_{1a}=41.3\mathrm{mm}\qquad R=26.5\mathrm{mm}-\frac{D_{1a}}{2}=5.85\mathrm{mm}\qquad \frac{R}{D_{1a}}=0.142$$

根据图 3-59，可得：$K=1.26$，因此，

$$D_{1b}=\left(\frac{7680K\mathrm{N}\cdot\mathrm{m}}{43\pi\mathrm{MPa}}\right)^{\frac{1}{3}}=41.53\mathrm{mm}$$

第三次试错。

$$D_{1a}=41.6\mathrm{mm}\qquad R=26.5\mathrm{mm}-\frac{D_{1a}}{2}=5.7\mathrm{mm}\qquad \frac{R}{D_{1a}}=0.137$$

根据图 3-59，可得：$K=1.265$，因此，

$$D_{1b}=\left(\frac{7680K\mathrm{N}\cdot\mathrm{m}}{43\pi\mathrm{MPa}}\right)^{\frac{1}{3}}=41.59\mathrm{mm}$$

取 $D_1=41.6\mathrm{mm}$。检查最大切应力：

$$\tau_{\max}=K\left(\frac{16T}{\pi D_1^3}\right)=(1.265)\times\left[\frac{16\times(960\mathrm{N}\cdot\mathrm{m})}{\pi\times(41.6\mathrm{mm})^3}\right]=86\mathrm{MPa}$$

一根直径为 $D_2=53\mathrm{mm}$ 和 $D_1=41.6\mathrm{mm}$、圆角为四分之一圆弧的阶梯轴将承受给定的扭矩，而其圆角区中的切应力将不超过许用切应力。

第 3 章研究了杆和空心管在集中扭矩或分布扭矩作用下以及预应变影响下的行为。并将所建立的扭矩-位移关系用于均匀（即扭矩在杆的整个长度上是恒定的）和非均匀（即扭矩在杆的长度上是变化的，或许还包括极惯性矩）条件下扭转角的计算。然后，建立了求解静不定结构的平衡方程和相容方程，利用这些方程，就可采用叠加法来求解所有的未知扭矩、角位移以及应力等。接下来，还研究了与杆轴线对齐的纯剪切应力微元体，并推导出各个斜截面上的正应力和切应力的方程。最后，介绍了许多高级专题。本章的主要内容如下：

1. 对于圆杆和圆管，**切应力**（τ）和**切应变**（γ）随着径向距离（与横截面中心的距离）的变化而发生线性变化。

$$\tau = (\rho/r)\tau_{\max} \qquad \gamma = (\rho/r)\gamma_{\max}$$

2. **扭转公式**定义了切应力和扭矩之间的关系。最大切应力 $\tau_{\max}$ 出现在杆或管的外表面，它取决于扭矩 T、径向距离 r 以及横截面的第二惯性矩 I_p（该惯性矩被称为圆截面的极惯性矩）。薄壁管被视为更为有效的受扭构件，因为，与实心圆杆相比，薄壁管中的材料更均匀地承受应力。

$$\tau_{\max} = \frac{Tr}{I_p}$$

3. 受扭柱状圆杆的扭转角 ϕ 与扭矩 T 和该杆的长度 L 成正比，与扭转刚度（GI_p）成反比，这种关系被称为扭矩-位移关系。

$$\phi = \frac{TL}{GI_p}$$

4. 单位长度的扭转角被称为杆的扭转柔度（f_T），相反的关系就是杆或轴的刚度（$k_T = 1/f_T$）。

$$k_T = \frac{GI_p}{L} \qquad f_T = \frac{L}{GI_p}$$

5. 柱状杆各段的扭转变形的和就等于整个杆的扭转角（ϕ）。可利用自由体图来求解第 i 段中的扭矩（T_i）。

$$\phi = \sum_{i=1}^{n} \phi_i = \sum_{i=1}^{n} \frac{T_i L_i}{G_i (I_p)_i}$$

如果扭矩和/或截面特性（I_p）是连续变化的，那么，就需要使用积分表达式。

$$\phi = \int_0^L d\phi = \int_0^L \frac{T(x)\,\mathrm{d}x}{GI_p(x)}$$

6. 如果杆结构是静不定的，那么，就需要建立额外的方程来求解未知力矩。相容方程用来表明位移与支座条件的关系，并由此可得到未知量之间的附加关系。静不定结构的一个简便分析方法是，用叠加的"释放"（或静定）结构来代表实际的静不定结构。

7. 装配误差和预应变仅在静不定杆（或轴）中产生扭矩。

8. 在扭转力矩的作用下，圆轴将受到纯剪切作用。通过研究一个倾斜的应力微元体，就可以求出最大正应力和最大切应力。最大切应力出现在一个与杆轴线平齐的微元体上，但最大正应力出现一个与杆轴线倾斜 45°的斜面上，其大小相等。

$$\sigma_{max} = \tau$$

在纯剪切的情况下，还可以求出最大切应力和正应变之间的关系。

$$\varepsilon_{max} = \gamma_{max}/2$$

9. 圆轴最重要的用途是，通常用于将机械功率从一个设备或机器传递至另一个设备或机器。如果扭矩 T 以牛顿米（N·m）表示，且转速 n 的单位为 rpm（转/分），那么，以瓦特为单位的功率 P 可被表达为：

$$P = \frac{2\pi nT}{60}$$

在美国的常用单位中，扭矩 T 的单位是英尺-磅，功率 H 的单位是马力（hp），即：

$$H = \frac{2\pi nT}{33,000}$$

10. 第3章还讨论了许多高级专题，包括扭转时的应变能、非圆截面、薄壁管以及应力集中。

扭转变形

3.2-1 一根长度 $L=460\text{mm}$ 的铜杆受到扭矩 T 的扭曲（见图），其两端的相对扭转角为 3.0°。

（a）如果铜的许用切应变为 0.0006rad，那么，该杆的最大许用直径是多少？

（b）如果该杆的直径为 12.5mm，那么，该杆的最大许用长度是多少？

3.2-2 一根直径 $d=56\text{mm}$ 的塑料杆受到扭矩 T 的扭曲（见图），其两端的相对扭转角为 4.0°。

（a）如果塑料的许用切应变为 0.012rad，那么，该杆的最大许用长度是多少？

（b）如果该杆的长度为 200mm，那么，该杆的最大许用直径是多少？

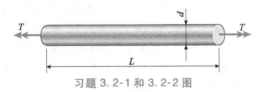

习题 3.2-1 和 3.2-2 图

3.2-3 一根圆铝管受到扭矩 T 的纯扭转作用（见图），该铝管的外半径 r_2 等于其内半径 r_1 的 1.5 倍。

（a）如果测得铝管中的最大切应变为 $400 \times 10^{-6}\text{rad}$，那么，其内表面的切应变 γ_1 是多少？

（b）如果最大许用单位长度扭转角为 0.125°/m，且最大切应变需一直保持为 $400 \times 10^{-6}\text{rad}$（通过调整扭矩 T 来保持），那么，所需最小外半径 $(r_2)_{\min}$ 是多少？

3.2-4 一根长度 $L=1.0\text{m}$ 的圆钢管受到扭矩 T 的扭转作用（见图）。

（a）如果该管的内半径 $r_1=45\text{mm}$，并测得两端面之间的相对扭转角为 0.5°，那么，其内表面的切应变 γ_1（以 rad 为单位）是多少？

（b）如果最大许用切应变为 0.0004rad，且扭转角需一直保持为 0.45°（通过调整扭矩 T 来保持），那么，最大许用外半径 $(r_2)_{\max}$ 是多少？

3.2-5 如果长度 $L=1420\text{mm}$，内半径 $r_1=32\text{mm}$，相对扭转角为 0.5°，许用切应变为 0.0004rad，那么，请重新求解上题。

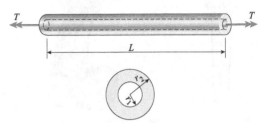

习题 3.2-3、3.2-4 和 3.2-5 图

圆杆与圆管

3.3-1 一位探矿者使用一个手摇绞盘（见图）提升矿井中的一桶矿石。绞盘的轴是一根直径 $d=15\text{mm}$ 的钢杆。同时，绞盘轴的轴线与缆绳中心线之间的距离 $b=100\text{mm}$。

（a）如果桶与矿石的总重量 $W=400\text{N}$，那么，该受扭轴中产生的最大切应力是多少？

（b）如果最大提升重量为 510N，且绞盘轴的最大许用切应力为 65MPa，那么，绞盘轴的最小许用直径是多少？

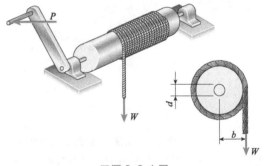

习题 3.3-1 图

3.3-2 在桌腿上钻孔时，家具工使用了一个手动钻（见图），钻头的直径 $d=4.0\text{mm}$。

（a）如果桌腿产生的阻扭矩等于 0.3N·m，那么，钻头中的最大切应力是多少？

（b）如果钻头的许用切应力为 32MPa，那么，钻头卡住之前的最大阻扭矩是多少？

（c）如果钢的切变模量 $G=75\text{GPa}$，那么，钻头的单位长度扭转角（°/m）是多少？

3.3-3 在拆卸车轮更换轮胎时，驾驶员在十字扳手的两端各施加了一个 $P=100\text{N}$ 的力（见图）。

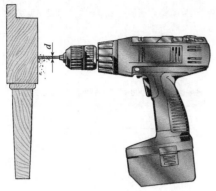

习题 3.3-4 图

其直径为 12mm（见图）。钢的许用切应力为 300MPa，切变模量为 80GPa。

（a）在不超过许用应力的前提下，为了使该杆的两端相对扭转一个 30°的角度，该杆所需的最小长度是多少？

（b）在问题（a）中，如果切应变不能超过 $3.2×10^{-3}$，那么，该钻杆所需的最小长度是多少？

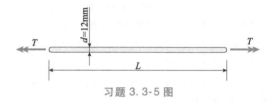

习题 3.3-5 图

习题 3.3-2 图

该扳手由切变模量 $G=78$GPa 的钢制造，其臂长均为 255mm，其各臂的横截面均为直径 $d=12$mm 的圆形横截面。

（a）请求出臂 A（正在拧转螺母的那个臂）中的最大切应力。

（b）请求出臂 A 的扭转角（°）。

3.3-6 某一套筒扳手的钢轴，其直径为 8.0mm，其长度为 200mm（见图）。如果许用切应力为 60MPa，那么，该扳手所能施加的最大许用扭矩 T_{max} 是多少？在最大扭矩的作用下，该钢轴将扭转多大的角度 ϕ（°）（假设 $G=78$GPa、并忽略该轴的弯曲）。

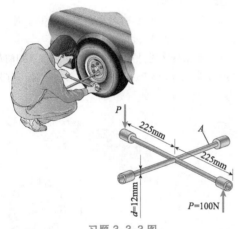

习题 3.3-3 图

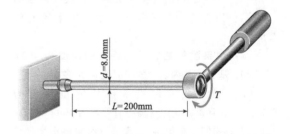

习题 3.3-6 图

3.3-4 一根实心圆截面铝杆的两端受到扭矩 T 的扭转作用（见图），其尺寸和切变模量如下：$L=1.4$m，$d=32$mm，$G=28$GPa。

（a）请求出该杆的扭转刚度。

（b）如果该杆的扭转角为 5°，那么，最大切应力是多少？最大切应变（rad）是多少？

（c）如果沿该杆的长度方向钻一个直径为 $d/2$ 的纵向通孔，那么，空心杆与实心杆的扭转刚度比是多少？如果两者承受的扭矩相同，那么，它们的最大切应变比是多少？

（d）如果孔的直径一直保持为 $d/2$，那么，外径 d_2 应为何值才能使空心杆与实心杆的刚度相等。

3.3-5 一根高强钢钻杆用于在地面上钻孔，

3.3-7 一根铝制圆管，其两端受到扭矩 T 的扭转作用（见图）。该圆管的长度为 0.75m，其内径和外径分别为 28mm、45mm。在扭矩为 700N·m 时，测得扭转角为 4°。

（a）请计算该管中的最大切应力 τ_{max}，并计算切变模量 G 和最大切应变 γ_{max}（rad）。

（b）如果该管的最大切应变不能超过 $2.2×10^{-3}$，且其内径被增大至 35mm，那么，最大许用扭矩是多少？

3.3-8 小游艇的螺旋桨轴由一根直径为 104mm 的实心钢杆制成。许用切应力为 48MPa，许

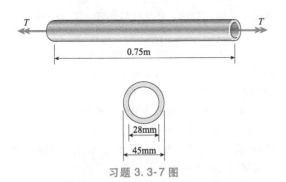

习题 3.3-7 图

用单位长度扭转角为 $2.0°/3.5\text{m}$。

（a）假设切变模量 $G = 80\text{GPa}$，请求出该轴可承受的最大扭矩 $T_{\max}$。

（b）如果现在该轴是一根内径为 $5d/8$ 的空心轴，那么，请重新求解问题（a）。比较所求得的两个 $T_{\max}$ 的值。

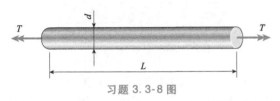

习题 3.3-8 图

3.3-9 三个相同的圆盘 A、B、C 被焊接到三根相同的实心圆杆的端部（见图）。各杆位于同一平面内，圆盘所在的平面分别与相应杆的轴线垂直。各杆被焊接在其交点 D 处以形成刚性连接。各杆的直径均为 $d_1 = 10\text{mm}$，各圆盘的直径均为 $d_2 = 75\text{mm}$。力 P_1、P_2、P_3 分别作用在圆盘 A、B、C 上，并使各杆受到扭转作用。如果 $P_1 = 100\text{N}$，那么，各杆中的最大切应力 $\tau_{\max}$ 分别是多少？

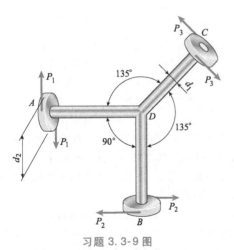

习题 3.3-9 图

3.3-10 在一艘远洋客轮上有一大型绞车，该绞车的钢轴承受着一个 1.65kN·m 的扭矩（见图）。

（a）如果最大许用切应力为 48MPa，许用单位长度扭转角为 $0.75°/\text{m}$，那么，所需最小直径 $d_{\min}$ 是多少？（假设切变模量为 80GPa）

（b）如果现在该轴是一根内径为 $5d/8$ 的空心轴，那么，请重新求解问题（a）。比较所求得的两个 $d_{\min}$ 的值。

习题 3.3-10 图

3.3-11 施工用螺旋钻是一根空心钢轴，该钢轴的外径 $d_2 = 175\text{mm}$，内径 $d_1 = 125\text{mm}$（见图）。钢的切变模量 $G = 80\text{GPa}$。如果所施加的扭矩为 20kN·m，那么，请求出下列各变量的值：

（a）该轴外表面处的切应力 τ_2。

（b）内表面处的切应力 τ_1。

（c）单位长度扭转角 θ [(°)/单位长度]。同时，请绘图说明切应力的大小是如何沿着横截面的径向线变化的。

3.3-12 如果钢轴的外径和内径分别为 $d_2 = 150\text{mm}$ 和 $d_1 = 100\text{mm}$，钢的切变模量 $G = 75\text{GPa}$，所施加的扭矩为 16kN·m，那么，请重新求解上题。

习题 3.3-11 和 3.3-12 图

3.3-13 一根垂直放置的实心圆形截面立柱受到水平力 $P = 12\text{kN}$ 的扭转，力 P 分别作用在水平刚性臂 AB 的两端（见图 a）。该立柱的外表面与各力作用线之间的距离为 $c = 212\text{mm}$（见图 b），立柱的

高度 $L = 425$mm。

（a）如果立柱的许用切应力为 32MPa，那么，该立柱所需的最小直径 d_{min} 是多少？

（b）请求出该立柱的扭转刚度（kN·m/rad）。假设 $G = 28$GPa。

（c）如果在 $2c/5$ 处添加了两根刚度均为 $k = 2700$k·N/m 的平移弹簧（见图 c），那么，请重新求解问题（a）（提示：将立柱与弹簧组视为一组"并联弹簧"）。

3.3-14 一根铅垂放置的圆形截面实心立柱受到水平力 $P = 5$kN 的扭转，力 P 分别作用在水平刚性臂 AB 的两端（见图 a）。该立柱的外表面与各力作用线之间的距离 $c = 125$mm（见图 b），立柱的高度 $L = 350$mm。

（a）如果立柱需要的切应力为 30MPa，那么，该立柱所需的最小直径 d_{min} 是多少？

（b）请求出该立柱的扭转刚度（kN·m/rad）是多少？

（c）如果在 $2c/5$ 处添加了两根刚度均为 $k = 2550$kN/m 的平移弹簧（见图 c），那么，请重新求

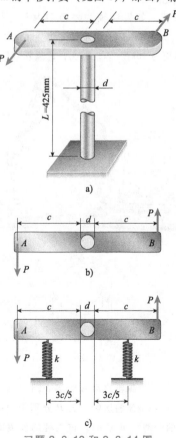

习题 3.3-13 和 3.3-14 图

解问题（a）（提示：将立柱与弹簧组视为一组"并联弹簧"）。

3.3-15 如图 a 所示，一根直径 $d = 30$mm 的实心黄铜杆到扭矩 T_1 的作用。黄铜的许用切应力为 80MPa。

（a）扭矩 T_1 的最大许用值是多少？

（b）如果沿该杆的长度方向钻一个直径为 15mm 的纵向通孔（如图 b 所示），那么，扭矩 T_2 的最大许用值是多少？

（c）由于该孔的缘故，扭矩将降低百分之几？重量将降低百分之几？

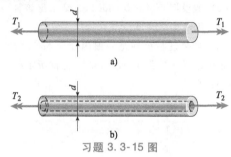

习题 3.3-15 图

3.3-16 一根用于屋顶结构的空心铝管，其外径 $d_2 = 104$mm，内径 $d_1 = 82$mm（见图）。该管的长度为 2.75m，铝的切变模量 $G = 28$GPa。

（a）如果该铝管在其两端受到扭矩的纯扭转作用，那么，最大切应力为 48MPa 时的扭转角（°）是多少？

（b）如果采用实心轴，那么，为了抵抗同样的扭矩和同样的最大应力，该实心轴（见图）的所需直径 d 是多少？

（c）空心铝管与实心轴的重量比是多少？

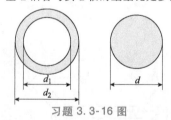

习题 3.3-16 图

3.3-17 一根内半径为 r_1，外半径为 r_2 的圆管受到了一个扭矩的作用，该扭矩是由两个 $P = 4000$N 的力引起的（见图 a）。这两个力的作用线与圆管外表面的距离均为 $b = 140$mm。

（a）如果该圆管的许用切应力为 43MPa、且内半径 $r_1 = 30$mm，那么，最小许用外半径 r_2 是多少？

（b）如果在该圆管的端部添加一根刚度为 $k_R = 50$kN·m/rad 的扭转弹簧（见图 b），那么，在不超

过许用切应力的前提下，力 P 的最大值是多少？假设该圆管的长度 $L = 450\text{mm}$，外半径 $r_2 = 37\text{mm}$，并假设切变模量为 $G = 74\text{GPa}$（提示：将该圆管与扭转弹簧视为一组"并联弹簧"）。

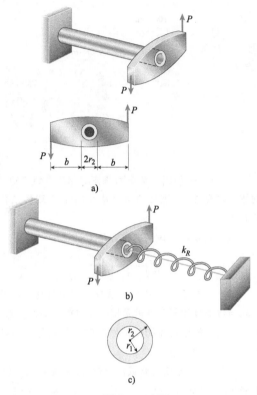

习题 3.3-17 图

非均匀扭转

3.4-1 如图所示，一根阶梯轴受到扭矩 T_1 和 T_2 的作用，该轴由两段组成，其较大段的直径 $d_1 = 58\text{mm}$，长度 $L_1 = 760\text{mm}$；其较小段的直径 $d_2 = 45\text{mm}$，长度 $L_2 = 510\text{mm}$。材料是切变模量为 $G = 76\text{GPa}$ 的钢，扭矩 $T_1 = 2300\text{N} \cdot \text{m}$，$T_2 = 900\text{N} \cdot \text{m}$。

（a）请计算该轴中的最大切应力 τ_{max}，并计算端面 C 处的扭转角 ϕ_c（°）。

（b）如果 BC 段与 AB 段中的最大切应力必须相等，那么，BC 段的所需直径是多少？所引起的端面 C 处的扭转角是多少？

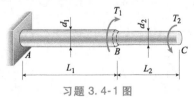

习题 3.4-1 图

3.4-2 如图所示，一根外径 $d_3 = 70\text{mm}$，内径 $d_2 = 60\text{mm}$ 的圆管，其右端被焊接在一块固定板上，其左端焊接有一块刚性端板。一根直径 $d_1 = 40\text{mm}$ 的实心圆杆被插入该圆管中（圆杆与圆管是同轴的）。圆杆穿过固定板上的一个孔并被焊接到刚性端板上。圆杆的长度为 1.0m，圆管只有圆杆的一半长。扭矩 $T = 1000\text{N} \cdot \text{m}$ 作用在圆杆的 A 端。同时，圆管和圆杆均由切变模量 $G = 27\text{GPa}$ 的铝合金制成。

（a）请求出圆管和圆杆中的最大切应力。

（b）请求出圆杆 A 端处的扭转角（°）。

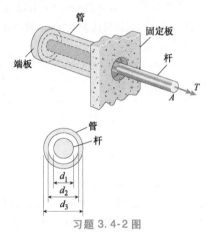

习题 3.4-2 图

3.4-3 如图所示，一根由三个实心段组成的阶梯轴 $ABCD$ 受到三个扭矩的作用。扭矩的大小分别为 $3000\text{N} \cdot \text{m}$、$2000\text{N} \cdot \text{m}$、$800\text{N} \cdot \text{m}$。各段的长度均为 0.5mm，各段的直径分别为 80mm、60mm、40mm。材料是切变模量 $G = 80\text{GPa}$ 的钢。

（a）请计算该轴中的最大切应力 τ_{max}，并计算端面 D 处的扭转角 ϕ_D [（°）]。

（b）如果各段中的切应力必须相同，那么，请求出各段所需直径分别为何值时才能使各段中的切应力均等于问题（a）中得到的 τ_{max}。所引起的端面 D 处的扭转角是多少？

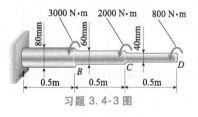

习题 3.4-3 图

3.4-4 如图所示，一根实心圆杆 ABC 由两段组成。其中，一段的直径 $d_1 = 56\text{mm}$，长度 $L_1 = 1.45\text{m}$；另一段的直径 $d_2 = 48\text{mm}$，长度 $L_2 = 1.2\text{m}$。如果切应力不能超过 30MPa，该圆杆两端之间的相

对扭转角不能超过 1.25 °，那么，最大许用扭矩 T_{allow} 是多少？（假设 $G=80\text{GPa}$）

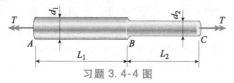

习题 3.4-4 图

3.4-5 一根由蒙乃尔合金制造的空心管 *ABCDE* 受到图示方向的五个扭矩的作用。扭矩的大小为 $T_1=100\text{N}\cdot\text{m}$，$T_2=T_4=50\text{N}\cdot\text{m}$，$T_3=T_5=80\text{N}\cdot\text{m}$。该管的外径 $d_2=25\text{mm}$。许用切应力为 80MPa，许用单位长度扭转角为 6 °/m。请确定该管的最大许用内径 d_1。

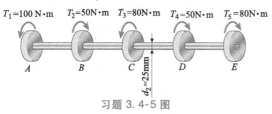

习题 3.4-5 图

3.4-6 如图中的第一部分所示，一根实心圆轴由两段组成，左段的直径为 80mm，长度为 1.2m；右段的直径为 60mm，长度为 0.9m。图中第二部分所示的是一根材料和长度均相同的空心轴。该空心轴的厚度 t 为 $d/10$（d 为其外径）。这两根轴承受相同的扭矩。

（a）如果空心轴与实心轴的扭转刚度相同，那么，空心轴的外径 d 应该是多少？

（b）如果在这两根轴的两端均施加相同的扭矩 T，且要求空心轴与实心轴应具有相同的最大切应力，那么，空心轴的外径 d 应该是多少？

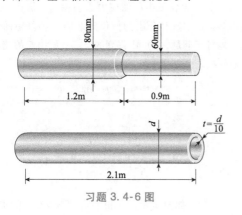

习题 3.4-6 图

3.4-7 四个齿轮被连接到一根圆轴上，并传递图示扭矩。圆轴的许用切应力为 70MPa。

（a）如果该圆轴是实心的，那么，该实心圆轴的所需直径 d 是多少？

（b）如果该圆轴是空心的，且内径为 40mm，那么，该空心圆轴的所需外径 d 是多少？

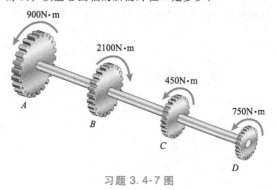

习题 3.4-7 图

3.4-8 一根实心圆截面锥形杆 *AB* 受到扭矩 T 的扭转（见图）。该杆的直径从左端的 d_A 线性变化至右端的 d_B。

（a）请证明，该杆的扭转角为：

$$\phi=\frac{32TL}{3\pi G(d_B-d_A)}\left(\frac{1}{d_A^3}-\frac{1}{d_B^3}\right)$$

（b）一根直径为 d_A 的柱状杆，如果其材料和长度均与锥形杆相同，且承受相同的扭矩，那么，d_B/d_A 的比值为何值时才能使锥形杆的扭转角等于该柱状杆扭转角的一半？

3.4-9 一根实心圆截面锥形杆 *AB* 受到扭矩 $T=2035\text{N}\cdot\text{m}$ 的扭转（见图）。该杆的直径从左端的 d_A 线性变化至右端的 d_B。该杆的长度 $L=2.4\text{m}$，该杆由切变模量 $G=276\text{Pa}$ 的铝合金制造。该杆的许用切应力为 50MPa，许用扭转角为 3.0 °。如果端面 B 处的直径是端面 A 处直径的 1.5 倍，那么，所需最小直径 d_A 是多少？〔提示：使用习题 3.4-8（a）中的扭转角表达式〕

3.4-10 如图所示，一根实心圆截面锥形杆 *AB* 受到扭矩 T 的扭转，其小端直径 $d_A=25\text{mm}$，其长度 $L=300\text{mm}$。该杆由切变模量 $G=82\text{GPa}$ 的钢制造。如果扭矩 $T=180\text{N}\cdot\text{m}$，且许用扭转角为 0.3 °，那么，大端直径 d_B 的最小许用值是多少？〔提示：使用习题 3.4-8（a）中的扭转角表达式〕

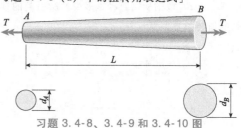

习题 3.4-8、3.4-9 和 3.4-10 图

3.4-11 图示变截面悬臂圆杆，其内部从 0 到 x 段有一个圆柱孔，因此，段 1 的横截面的极惯性矩为 $(7/8)I_p$。扭矩 T 作用在 x 处，扭矩 $T/2$ 作用在 $x=L$ 处。假设 G 为常数。

（a）请求出反作用力矩 R_1。

（b）请分别求出段 1 和段 2 中的扭矩。

（c）请求出所需 x 为何值时才能使节点 3 处的扭转角为 $\phi_3 = TL/GI_p$。

（d）节点 2 处的扭转角 ϕ_2 是多少？

（e）请画出扭矩图（$T(x)$，$0 \le x \le L$）和位移图（$\phi(x)$，$0 \le x \le L$）。

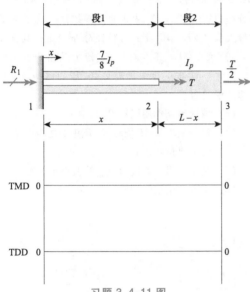

习题 3.4-11 图

3.4-12 如图所示，一根均匀空心圆截面锥形管 AB，其壁厚 t 和长度 L 均为常数，其两端的平均直径分别为 d_A 和 d_B（$d_B = 2d_A$）。其极惯性矩可以用近似公式 $I_p \approx \pi d^3 t/4$［见方程式（3-21）］来表示。当该管的两端受到扭矩 T 的作用时，请推导出扭转角 ϕ 的表达式。

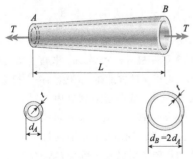

习题 3.4-12 图

3.4-13 如图所示，一根均匀圆截面锥形铝合金管 AB，其长度为 L，其两端的外径分别为 d_A 和 d_B（$d_B = 2d_A$）。长度为 $L/2$，厚度恒为 $t = d_A/10$ 的空心段是采用铸造方法得到的。

（a）当该管的两端受到扭矩 T 的作用时，请求出该管的扭转角 ϕ。使用下列数据：$d_A = 65\text{mm}$，$L = 1.2\text{m}$，$G = 27\text{GPa}$，$T = 4.5\text{kN} \cdot \text{m}$。

（b）如果空心段的直径恒为 d_A（见图 b），那么，请重新求解问题（a）。

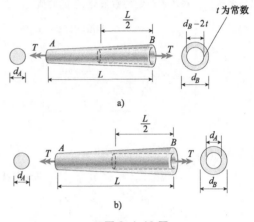

习题 3.4-13 图

3.4-14 图示变截面薄壁钢管在其节点 2、3 处分别受到扭矩的作用，其壁厚 t 是恒定的，其直径 d 是变化的。对于该管，请求解以下问题。

（a）求出反作用力矩 R_1。

（b）求出节点 3 处的扭转角 ϕ_3 的表达式。假设 G 为常数。

（c）画出扭矩图［$T(x)$，$0 \le x \le L$］。

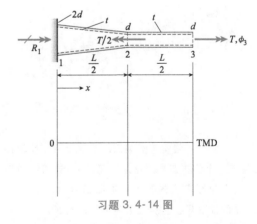

习题 3.4-14 图

3.4-15 骑山地自行车上坡时，通过提拉车把 $ABCD$ 的外伸段 DE，骑手在该车把的端部施加了一个扭矩 $T = Fd$（$F = 65\text{N}$，$d = 100\text{mm}$）。仅研究该车把装置的右半边（假定车把被固定在 A 处的叉架上）。如图所示，AB 段和 CD 段均为柱状杆，其长度分别 $L_1 = 50\text{mm}$、$L_3 = 210\text{mm}$，其外径和厚度分别 $d_{01} = 40\text{mm}$、$t_{01} = 3\text{mm}$ 和 $d_{03} = 22\text{mm}$、$t_{03} = 2.8\text{mm}$。然而，BC 段是锥形的，其长度 $L_2 = 38\text{mm}$，其外径和厚度均是线性变化的（在 B、C 处的尺寸之间）。仅考虑扭转的影响。假设 $G = 28\text{GPa}$ 为常数。

当该车把管的一半在其端部受到扭矩 $T = Fd$ 的作用时，请推导出此时该一半车把管的扭转角 ϕ_D 的积分表达式，并使用给定的数值计算 ϕ_D 的值。

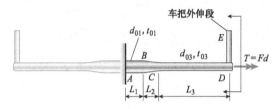

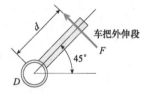

习题 3.4-15 图

3.4-16　一根长度为 L 的实心圆截面（直径为 d）柱状杆 AB 受到一个强度恒为 t 的均布扭矩的作用（见图）。

（a）求出该杆中的最大切应力 $\tau_{\max}$。

（b）求出该杆两端面之间的相对扭转角 ϕ。

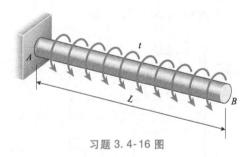

习题 3.4-16 图

3.4-17　一根实心圆截面（直径为 d）柱状杆 AB 受到一个分布扭矩的作用（见图）。该扭矩的强度（即单位距离上的扭矩）被标记为 $t(x)$，$t(x)$ 是一个线性变量，它从最大值 t_A（A 端处）一直变为零（B 端处）。同时，该杆的长度为 L，材料的切变模量为 G。

（a）请求出该杆中的最大切应力 $\tau_{\max}$。

（b）请求出该杆两端之间的相对扭转角 ϕ。

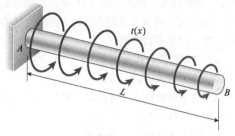

习题 3.4-17 图

3.4-18　一根横截面为圆形的变截面实心杆 ABC 受到分布扭矩的作用（见图）。其中，AB 段上的分布扭矩强度 $t(x)$ 从 A 处的零线性变化至 B 处的最大值 T_0/L；BC 段上的线性分布扭矩，其强度为 $t(x) = T_0/3L$，其方向与 AB 段上的扭矩方向相反。同时，AB 段的极惯性矩是 BC 段的两倍，材料的切变模量为 G。

（a）请求出反作用扭矩 R_A。

（b）请分别求出 AB 段和 BC 段中的扭矩 $T(x)$。

（c）请求出扭转角 ϕ_C。

（d）请求出最大切应力 $\tau_{\max}$ 的大小与位置。

（e）请画出扭矩图 $[T(x), 0 \leqslant x \leqslant L]$。

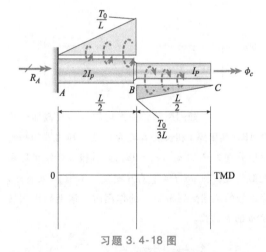

习题 3.4-18 图

3.4-19　为了能够遥控一个远程开关，在一根软管内插入了一根直径 $d = 4\text{mm}$，长度为 L 的镁合金丝（见图）。以手动方式在 B 端施加一个扭矩 T（顺时针或逆时针），从而扭动软管内的镁合金丝。在另一端点 A 处，镁合金丝的旋转可操纵一个手柄来打开或关闭开关。操作开关所需的扭矩 $T_0 = 0.2\text{N} \cdot \text{m}$。软管的扭转刚度以及软管与镁合金丝之间的摩擦导致一个强度 $t = 0.04\text{N} \cdot \text{m/m}$ 的均布扭矩作用在镁合金丝的整个长度上。

（a）如果镁合金丝的许用切应力 $\tau_{allow} = 30\text{MPa}$，那么，最大许用长度 L_{max} 是多少？

（b）如果镁合金丝的长度 $L = 4.0\text{m}$，切变模量 $G = 15\text{GPa}$，那么，其两端的相对扭转角 ϕ ［（°）］是多少？

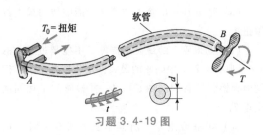

习题 3.4-19 图

3.4-20 如图所示，材料相同的两根管（AB，BC）在紧靠 B 点的左端处被三个销（各销的直径均为 d_p）连接在一起。图中给出了各管的尺寸和性能。扭矩 $2T$ 作用在 $x = 2L/5$ 处，强度 $t_0 = 3T/L$ 的均布扭矩作用在管 BC 上（提示：扭矩-位移图见例 3-5）。

（a）请根据三个销的许用切应力（τ_a）和许用挤压应力（σ_{ba}）来求出载荷 T（N·m）的最大值。使用以下数据：$L = 1.5\text{m}$，$E = 74\text{GPa}$，$\upsilon = 0.33$，$d_p = 18\text{mm}$，$\tau_a = 45\text{MPa}$，$\sigma_{ba} = 90\text{MPa}$，$d_1 = 85\text{mm}$，$d_2 = 73\text{mm}$，$d_3 = 60\text{mm}$。

（b）如果所施加的载荷 T 等于问题（a）中求出的最大值，那么，各管中的最大切应力是多少？

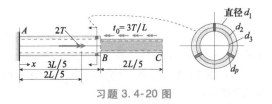

习题 3.4-20 图

纯剪切

3.5-1 一根空心铝轴（见图）的外径 $d_2 = 100$，内径 $d_1 = 50\text{mm}$。当被扭矩 T 扭转时，该轴的单位长度扭转角等于 2°/m。铝的切变模量为 $G = 27.5\text{GPa}$。

（a）请求出该轴中的最大拉应力 σ_{max}。

（b）请求出扭矩 T 的大小。

3.5-2 一根空心钢杆（$G = 80\text{GPa}$）在扭矩 T 的扭转作用下（见图）产生了一个 $\gamma_{max} = 640 \times 10^{-6}$ rad 的最大切应变。该杆的外径和内径分别为

150mm、120mm。

（a）请求出该杆中的最大拉应力。

（b）扭矩 T 的大小是多少？

3.5-3 一根外径 $d_2 = 100\text{mm}$ 的管状杆受到扭矩 $T = 8.0\text{kN·m}$ 的扭转（见图）。已知该杆中的最大拉应力为 46.8MPa。

（a）请求出该杆的内径 d_1。

（b）如果该杆的长度 $L = 1.2\text{m}$，且由切变模量 $G = 28\text{GPa}$ 的铝制造，那么，该杆两端之间的相对扭转角 ϕ ［（°）］是多少？

（c）请求出最大切应变 γ_{max}（rad）。

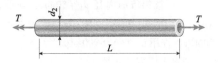

习题 3.5-1、3.5-2 和 3.5-3 图

3.5-4 一根直径 $d = 50\text{mm}$ 的实心圆杆（见图）在某个试验机中一直受到扭转作用，直到所施加的扭矩值达到 $T = 500\text{N·m}$ 为止。达到该扭矩值时，与该杆轴线呈 45°角的应变计给出了一个 $\varepsilon = 339 \times 10^{-6}$ 的读数。材料的切变模量 G 是多少？

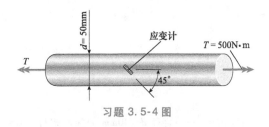

习题 3.5-4 图

3.5-5 一根钢管（$G = 80\text{GPa}$）的外径 $d_2 = 40\text{mm}$，内径 $d_1 = 30\text{mm}$。当受到扭矩 T 的扭转时，该钢管产生了一个 170×10^{-6} 的最大正应变。扭矩 T 的大小是多少？

3.5-6 一根实心钢杆（$G = 80\text{GPa}$）传递一个 $T = 360\text{N·m}$ 的扭矩。许用拉应力、许用压应力和许用切应力分别为 90MPa、70MPa、40MPa。同时，许用拉伸应变为 220×10^{-6}。

（a）请求出该杆的所需最小直径 d。

（b）如果该杆的直径 $d = 40\text{mm}$，那么，T_{max} 是多少？

3.5-7 在扭矩 $T = 85\text{Nm}$ 时，一根圆管（见图）

表面位于 45°方向上的正应变为 $880×10^{-6}$。该圆管由 $G=42GPa$，$\nu=0.35$ 的铜合金制造。

（a）如果该圆管的外径 d_2 为 20mm，那么，其内径 d_1 是多少？

（b）如果该圆管的许用正应力为 96MPa，那么，最大许用内径 d_1 是多少？

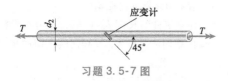

习题 3.5-7 图

3.5-8　一根铝管的内径 $d_1=50mm$，切变模量 $G=27GPa$，$\nu=0.33$，$T=4.0kN \cdot m$。铝的许用切应力为 50MPa，许用正应变为 $900×10^{-6}$。

（a）请求出所需的外径 d_2。

（b）如果许用切应力为 62MPa，许用切应变为 $1.7×10^{-3}$，那么，请重新计算所需的外径 d_2。

3.5-9　一根直径 $d=50mm$ 的实心钢杆（$G=81GPa$）受到扭矩 $T=0.9kN \cdot m$ 的作用，扭矩的作用方向如图所示。

（a）请分别求出该杆中的最大切应力、最大拉应力和最大压应力，并将这些应力显示在相应的应力微元体图上。

（b）请分别求出该杆中相应的最大应变（剪切、拉伸和压缩），并将这些应变显示在变形后的微元体图上。

习题 3.5-9 图

3.5-10　一根直径 $d=40mm$ 的实心铝杆（$G=27GPa$）受到扭矩 $T=300N \cdot m$ 的作用，扭矩的作用方向如图所示。

（a）请分别求出该杆中的最大切应力、最大拉应力和最大压应力，并将这些应力显示在相应的应力微元体图上。

（b）请分别求出该杆中相应的最大应变（剪切、拉伸和压缩），并将这些应变显示在变形后的微元体图上。

习题 3.5-10 图

3.5-11　两根长度均为 $L=610mm$ 的铝管受到扭矩 T 的作用（见图）。铝管 1 的外径和内径分别为 $d_2=76mm$、$d_1=64mm$。铝管 2 的外径恒为 d_2，除了中间段的内径 $d_3=67mm$，铝管 2 其余段的内径均为 d_1。假设 $E=72GPa$，$\nu=0.33$，许用切应力 $\tau_a=45MPa$。

（a）请分别求出管 1 和管 2 所能施加的最大许用扭矩。

（b）如果管 2 的最大扭转角 ϕ 不能超过管 1 的 5/4，那么，管 2 中间段的最大许用长度是多少？假设两根铝管具有相同的长度 L，并被施加了相同的扭矩 T。

（c）如果希望管 2 所能承受的扭矩是管 1 的 7/8，那么，请求出管 2 的所需内径 d_3。

（d）如果已知各铝管中的最大正应变均为 $\varepsilon_{max}=811×10^{-6}$，那么，各铝管上作用的扭矩分别是多少？同时，各铝管的最大扭转角分别是多少？使用原始性能和原始尺寸。

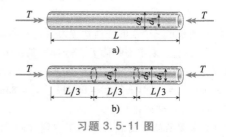

习题 3.5-11 图

功率的传递

3.7-1　某小水电站的发电机轴以 120rpm 的转速转动，并传输 38kW 的功率（见图）。

（a）如果该轴的直径 $d=75mm$，那么，该轴中的最大切应力 τ_{max} 是多少？

（b）如果切应力不能超过 28MPa，那么，该轴的最小许用直径 d_{min} 是多少？

习题 3.7-1 图

3.7-2　某一电动机以 12Hz 的频率驱动一根轴，并传输 20kW 的功率（见图）。

（a）如果该轴的直径为 30mm，那么，该轴中的最大切应力 τ_{max} 是多少？

(b) 如果最大许用切应力为 40MPa，那么，该轴的最小许用直径 d_{min} 是多少？

习题 3.7-2 图

3.7-3　图示大型船舶的螺旋桨轴，其外径为 350mm，其内径为 250mm。规定该轴的最大切应力为 62MPa。

(a) 如果该轴正在以 500rpm 的转速转动，那么，在不超过许用应力的情况下，该轴能够传递的最大马力是多少？

(b) 如果该轴的转速增加了一倍，并要求功率保持不变，那么，在该轴中将产生多大的切应力？

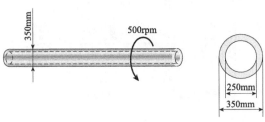

习题 3.7-3 图

3.7-4　某辆卡车的驱动轴（外径为 60mm，内径为 40mm）正在以 2500rpm 的转速运转（见图）。

(a) 如果该轴传递的功率为 150kW，那么，该轴中的最大切应力是多少？

(b) 如果许用切应力为 30MPa，那么，所能传递的最大功率是多少？

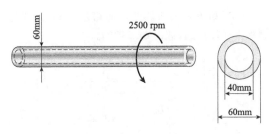

习题 3.7-4 图

3.7-5　一根用于泵站的空心圆轴，其内径被设计为外径的 0.8 倍。在不超过许用切应力 42MPa 的前提下，该轴必须在 800rpm 的转速下传输 300kW 的功率。请求出所需最小外径 d。

3.7-6　一根管状轴必须以 1.75Hz 的频率传输 120kW 的功率，该轴被设计为用于某个施工现场。

该轴的内径是其外径的一半。如果该轴的许用切应力为 45MPa，那么，所需最小外径 d 是多少？

3.7-7　直径为 d 的实心圆截面螺旋桨轴被一根相同材料的套筒拼接在一起（见图）。套筒被牢固粘接在该轴的两端。套筒的最小外径 d_1 应为何值时才能使粘接部分传递与该实心轴相同的功率？

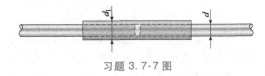

习题 3.7-7 图

3.7-8　如果许用切应力为 100MPa，许用单位长度扭转角为 3.0°/m，那么，一根以 600rpm 转速运转的空心螺旋桨轴（外径为 50mm，内径为 40mm，切变模量为 80GPa）所能传递的最大功率是多少？

3.7-9　某一电动机以 100rpm 的转速将 200kW 的功率传递给一根轴（见图）。B 和 C 处的齿轮分别获得了 90kW 和 110kW 的功率。如果许用切应力为 50MPa，且电动机与齿轮 C 之间的扭转角不能超过 1.5°，那么，请求出该轴的所需直径 d（假设 $G=80$GPa，$L_1=1.8$m，$L_2=1.2$m）。

3.7-10　图示轴 ABC 被一个电动机驱动，该电动机以 32Hz 的频率传输 300kW 的功率。B 和 C 处的齿轮分别获得了 120kW 和 180kW 的功率。该轴两段的长度分别为 $L_1=1.5$m、$L_2=0.9$m。如果许用切应力为 50MPa，点 A 与点 C 之间的许用扭转角为 4.0°，$G=75$GPa，那么，请求出该轴所需直径 d。

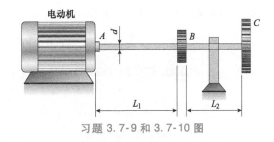

习题 3.7-9 和 3.7-10 图

静不定受扭杆

3.8-1　一根两端固定的实心圆轴在图示位置受到扭矩 T_0 和 $2T_0$ 的作用。

(a) 请求出最大扭转角 ϕ_{max} 的表达式 [提示：用例 3-9 的式（3-50a, b）来求解反作用力矩]。

(b) 如果在 B 处施加的扭矩 T_0 为相反方向，那么，ϕ_{max} 是多少？

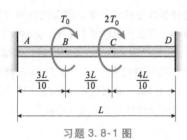

习题 3.8-1 图

3.8-2　如图所示，一根两端固定的实心圆轴 ABCD 受到两个大小相等、方向相反的扭矩 T_0 的作用。扭矩分别作用在点 B、C 处，点 B、C 分别与该轴的两端相距 x（距离 x 可从 0~L/2 变化）。

（a）距离 x 为何值时才能使点 B、C 之间的扭转角为最大？

（b）相应的扭转角 ϕ_{max} 是多少？〔提示：使用例 3-9 的式（3-50a，b）来求解反作用力矩〕

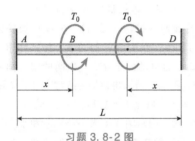

习题 3.8-2 图

3.8-3　一根直径为 d 的实心圆轴 AB 的两端为固定端（见图）。一个圆盘在图示位置被连接在该轴上。如果圆轴的许用切应力为 τ_{allow}，那么，圆盘的最大许用扭转角 ϕ_{max} 是多少？〔假设 a>b。同时，使用例 3-9 的式（3-50a，b）来求解反作用力矩〕

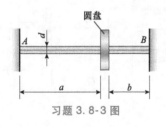

习题 3.8-3 图

3.8-4　一根外径为 50mm，内径为 40mm 的空心圆轴 ACB 的两端为固定端（见图）。一根垂直臂被焊接在该轴的点 C 处，水平力 P 作用在垂直臂的两端。如果圆轴的许用切应力为 45MPa，那么，请求出力 P 的最大许用值〔提示：使用例 3-9 的式（3-50a，b）来求解反作用力矩〕。

3.8-5　一根具有两个不同直径的实心圆截面阶梯轴 ACB 的两端为固定端（见图）。

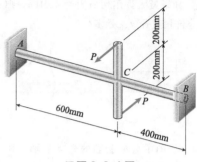

习题 3.8-4 图

（a）如果圆轴的许用切应力为 42MPa，那么，在截面 C 处所能施加的最大扭矩 $(T_0)_{max}$ 是多少？〔提示：使用例 3-9 的式（3-49a，b）来求解反作用力矩〕

（b）如果最大扭转角不能超过 0.55°，那么，请求出 $(T_0)_{max}$。假设 G=73GPa。

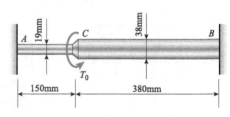

习题 3.8-5 图

3.8-6　一根具有两个不同直径的实心圆截面阶梯轴 ACB 的两端为固定端（见图）。

（a）如果圆轴的许用切应力为 43MPa，那么，在截面 C 处所能施加的最大扭矩 $(T_0)_{max}$ 是多少？〔提示：使用例 3-9 的式（3-49a、b）来求解反作用力矩〕

（b）如果最大扭转角不能超过 1.85°，那么，请求出 $(T_0)_{max}$。假设 G=28GPa。

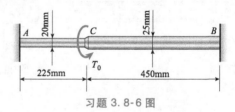

习题 3.8-6 图

3.8-7　一根两端固定的阶梯轴 ACB 在其截面 C 处受到扭矩 T_0 的作用（见图）。该轴两段（AC 和 CB 段）的直径分别为 d_A 和 d_B，极惯性矩分别为 I_{pA} 和 I_{pB}。该轴的长度为 L，AC 段的长度为 a。

（a）比值 a/L 为何值时才能使该轴两段中的最大切应力相等？

（b）比值 a/L 为何值时才能使该轴两段中的扭矩相等？

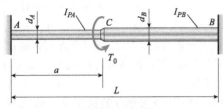

习题 3.8-7 图

3.8-8 一根长度为 L，两端固定的圆杆 AB 受到一个分布扭矩 $t(x)$ 的作用，该扭矩的强度从 A 端的 "0" 线性变化至 B 端的 t_0（见图）。

（a）请分别求出固定端扭矩 T_A 和 T_B 的表达式。

（b）请求出扭转角 $\phi(x)$ 的表达式。ϕ_{max} 是多少？ϕ_{max} 出现在该杆的何处？

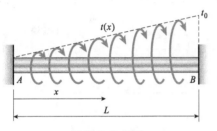

习题 3.8-8 图

3.8-9 图示两端固定的圆杆 AB，其内部有一个长度等于其一半的纵向孔。圆杆的外径 $d_2 = 76\text{mm}$，孔的直径 $d_1 = 61\text{mm}$。圆杆的总长度 $L = 1270\text{mm}$。

（a）假设扭矩 T_0 作用与杆左端相距 x 的位置处，那么，x 为何值时才能使两端支座的反作用扭矩相等？

（b）请根据在问题（a）中得到的 x 值，求出 ϕ_{max} 是多少，并求出 ϕ_{max} 出现在何处。假设 $T_0 = 10.0\text{kN} \cdot \text{m}$，$G = 73\text{GPa}$。

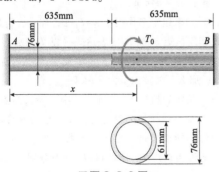

习题 3.8-9 图

3.8-10 一根直径 $d_1 = 25.0\text{mm}$ 的实心钢杆被封装在一根外径 $d_3 = 37.5\text{mm}$，内径 $d_2 = 30.0\text{mm}$ 的钢管中（见图）。钢杆与钢管的 A 端受到一个支座的刚性约束，其 B 端被牢固连接在一块刚性端板上。该长度 $L = 550\text{mm}$ 的组合杆受到扭矩 $T = 400\text{N} \cdot \text{m}$ 的扭转，该扭矩作用在端板上。

（a）请求出钢杆与钢管中的最大切应力 τ_1 和 τ_2。

（b）请求出端板的扭转角 ϕ（°）。假设钢的切变模量 $G = 80\text{GPa}$。

（c）请求出组合杆的扭转刚度 k_T [提示：使用式（3-48a，b）来求解钢杆与钢管中的扭矩]。

3.8-11 一根直径 $d_1 = 50\text{mm}$ 的实心钢棒被封装在一根外径 $d_3 = 75\text{mm}$，内径 $d_2 = 65\text{mm}$ 的钢管中（见图）。钢杆与钢管的 A 端受到一个支座的刚性约束，其 B 端被牢固连接在一块刚性端板上。该长度 $L = 660\text{mm}$ 的组合杆受到扭矩 $T = 2\text{kN} \cdot \text{m}$ 的扭转，该扭矩作用在端板上。

（a）请求出钢棒与钢管中的最大切应力 τ_1 和 τ_2。

（b）请求出端板的扭转角 ϕ（°）。假设钢的切变模量 $G = 80\text{GPa}$。

（c）请求出该组合杆的扭转刚度 k_T。

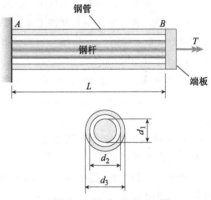

习题 3.8-10 和 3.8-11 图

3.8-12 图示组合轴采用的装配方法是，将钢衬套过盈装配在黄铜芯上，这样一来，这两部分就变为一根单一的受扭实心杆。黄铜芯的外径 $d_1 = 40\text{mm}$，钢衬套的外径 $d_2 = 50\text{mm}$。黄铜与钢的切变模量分别为 $G_b = 36\text{GPa}$、$G_s = 80\text{GPa}$。

（a）假设黄铜与钢的许用切应力分别为 $\tau_b = 48\text{MPa}$、$\tau_s = 80\text{MPa}$，那么，请求出该组合轴所能承受的最大许用扭矩 T_{max} [提示：使用式（3-48a，b）来求扭矩]。

（b）如果所施加的扭矩 $T = 2500 \text{kN} \cdot \text{m}$，那么，请求出所需直径 d_2 为何值时才能使钢衬套中的切应力达到其许用切应力 τ_s。

3.8-13　图示组合轴采用的装配方法是，将钢衬套过盈装配在黄铜芯上，这样一来，这两部分就变为一根单一的受扭实心杆。黄铜芯的外径 $d_1 = 41 \text{mm}$，钢衬套的外径 $d_2 = 51 \text{mm}$。黄铜与钢的切变模量分别为 $G_b = 37 \text{GPa}$、$G_s = 83 \text{GPa}$。

（a）假设黄铜与钢的许用切应力分别为 $\tau_b = 31 \text{MPa}$、$\tau_s = 52 \text{MPa}$，那么，请求出该组合轴所能承受的最大许用扭矩 $T_{\max}$。

（b）如果所施加的扭矩 $T = 1250 \text{Nm}$，那么，请求出所需直径 d_2 为何值时才能使钢衬套中的达到其许用切应力 τ_s。

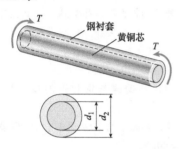

习题 3.8-12 和 3.8-13 图

3.8-14　如图所示，一根总长度 $L = 3.0 \text{m}$ 的钢轴（$G_s = 80 \text{GPa}$），其三分之一长度段上牢固粘结着一根黄铜衬套（$G_b = 40 \text{GPa}$）。钢轴与衬套的外径分别为 $d_1 = 70 \text{mm}$、$d_2 = 90 \text{mm}$。

（a）如果钢轴两端的相对扭转角不能超过 $8.0°$，那么，请求出钢轴两端所能施加的许用扭矩 T_1。

（b）如果黄铜的切应力不能超过 $\tau_b = 70 \text{MPa}$，那么，请求出许用扭矩 T_2。

（c）如果钢的切应力不能超过 $\tau_s = 110 \text{MPa}$，那么，请求出扭矩 T_3。

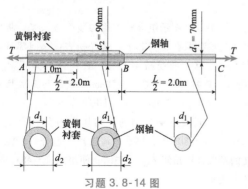

习题 3.8-14 图

（d）如果必须同时满足上述三个条件，那么，最大许用扭矩 $T_{\max}$ 是多少？

3.8-15　如图所示，一根横截面为圆形，长度为 L，两端固定的锥形铝合金管 AB，其两端的外径分别为 d_A 和 d_B（$d_B = 2d_A$）。空心段采用铸造方法得到，其长度为 $L/2$，壁厚恒为 $t = d_A/10$。扭矩 T_0 作用在 $L/2$ 处。

（a）请求出各支座处的反作用扭矩 T_A 和 T_B。使用下列数据：$d_A = 64 \text{mm}$，$L = 1.2 \text{m}$，$G = 27 \text{GPa}$，$T_0 = 4.5 \text{kN} \cdot \text{m}$。

（b）如果空心段的直径恒为 d_A，那么，请重新求解问题（a）。

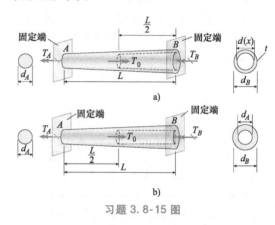

习题 3.8-15 图

3.8-16　如图所示，两根管（$L_1 = 2.5 \text{m}$、$L_2 = 1.5 \text{m}$）在 B 处被法兰盘（厚度 $t_f = 14 \text{mm}$）和五个螺栓（$d_{bf} = 13 \text{mm}$）连接在一起，各螺栓的轴线均布在一条圆周线上。这两根管的另一端分别被一块基板（$t_b = 15 \text{mm}$）和四个螺栓（$d_{bb} = 16 \text{mm}$）固定在墙上。所有的螺栓都刚好被拧紧。假设 $E_1 = 110 \text{GPa}$，$E_2 = 73 \text{GPa}$，$\nu_1 = 0.33$，$\nu_2 = 0.25$。忽略各管的自重，并假设各管初始时处于无应力状态。各管的横截面面积分别为 $A_1 = 1500 \text{mm}^2$、$A_2 = (3/5) A_1$。管 1 的外径为 60 mm。管 2 的外径与管 1 的内径相等。半径 r 为 64 mm。

（a）如果扭矩 T 作用在 $x = L_1$ 处，那么，请分别求出反作用扭矩 R_1 和 R_2 的表达式（以 T 表示）。

（b）如果两根管的许用切应力均为 $\tau_{\text{allow}} = 65 \text{MPa}$，那么，请求出最大载荷 $T_{\max}$。

（c）请绘制扭矩图和扭转位移图。$\phi_{\max}$ 是多少？

（d）如果基板与法兰盘的许用切应力和许用挤压应力都不能被超过，那么，请求出 $T_{\max}$。假设所有螺栓的许用切应力和许用挤压应力分别为 $\tau_{\text{allow}} = 45 \text{MPa}$、$\sigma_{\text{allow}} = 90 \text{MPa}$。

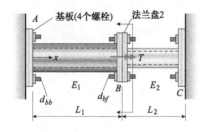

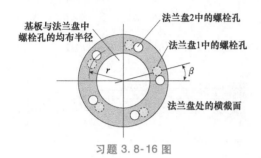

习题 3.8-16 图

（e）移除 $x=L_1$ 处的扭矩 T。现在假设法兰盘上的螺栓孔错位了 β 角（见图）。如果扭转这两根管，并使法兰盘上的各螺栓孔对中，再插入螺栓，然后卸除所施加的扭转力，那么，请求出此时反作用扭矩 R_1 和 R_2 的表达式。

（f）如果所有螺栓的许用切应力（$\tau_{allow}=45\text{MPa}$）和许用挤压应力（$\sigma_{allow}=90\text{MPa}$）都不能被超过，那么，最大许用错位角 β_{max} 是多少？

扭转时的应变能

3.9-1　如图所示，一根长度 $L=1.5\text{m}$，直径 $d=75\text{mm}$ 的实心圆钢杆（$G=80\text{GPa}$）在其两端受到扭矩 T 的纯扭转作用。

（a）当最大切应力为 45MPa 时，请计算该钢杆中所存储的应变能 U。

（b）请根据该应变能，计算扭转角 ϕ［（°）］。

3.9-2　如图所示，一根长度 $L=0.75\text{m}$，直径 $d=40\text{mm}$ 的实心圆铜杆（$G=45\text{GPa}$）在其两端受到扭矩 T 的纯扭转。

（a）当最大切应力为 32MPa 时，请计算该铜杆中所存储的应变能 U。

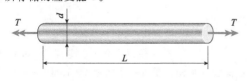

习题 3.9-1 和 3.9-2 图

（b）请根据该应变能，计算扭转角 ϕ［（°）］。

3.9-3　一根实心圆截面阶梯轴（见图）的长度 $L=2.6\text{m}$，直径分别为 $d_2=50\text{mm}$、$d_1=40\text{mm}$。其材料为 $G=81\text{GPa}$ 的黄铜。如果该轴的扭转角为 $3.0°$，那么，请求出该轴的应变能 U。

3.9-4　一根实心圆截面阶梯轴（见图）的长度 $L=0.8\text{m}$，直径分别为 $d_2=40\text{mm}$、$d_1=30\text{mm}$。其材料为 $G=80\text{GPa}$ 的钢。如果该轴的扭转角为 $1.0°$，那么，请求出该轴的应变能 U。

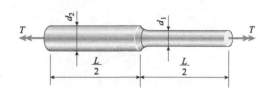

习题 3.9-3 和 3.9-4 图

3.9-5　如图所示，一根长度为 L 的实心圆截面梁，其一端固定，一端自由。该梁的自由端处受到一个扭矩 T 的作用，并且该梁还受到一个强度为 t 的，沿梁长度均布的分布扭矩的作用。

（a）载荷 T 单独作用时，该梁的应变能 U_1 是多少？

（b）载荷 t 单独作用时，该梁的应变能 U_2 是多少？

（c）两个载荷同时作用时，该梁的应变能 U_3 是多少？

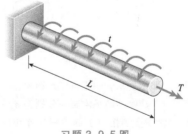

习题 3.9-5 图

3.9-6　请求出图示静不定圆杆的应变能 U 的表达式。该杆的两端为固定端，并在点 C、D 处分别受到扭矩 $2T_0$ 和 T_0 的作用［提示：可使用 3.8 节例 3-9 的式（3-50a，b）求解反作用扭矩］。

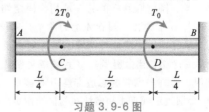

习题 3.9-6 图

3.9-7 图示静不定阶梯轴 ACB，其 A、B 两端为固定端，并在点 C 处受到一个扭矩 T_0 的作用。该轴的两段使用相同的材料制造，长度分别为 L_A 和 L_B，极惯性矩分别为 I_{pA} 和 I_{pB}。请利用应变能来确定 C 处横截面的扭转角 ϕ [提示：可使用式（3-55b）来求解应变能 U（关于 ϕ 的表达式），然后，使该应变能与扭矩 T_0 所做的功相等。将所得结果与 3.8 节例 3-9 的式（3-52）作比较]。

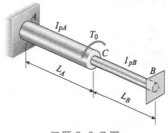

习题 3.9-7 图

3.9-8 请求出图示悬臂梁的应变能 U 的表达式。该悬臂梁的横截面为圆形，长度为 L。它受到一个强度为 t 的分布扭矩的作用。该强度从 $t = 0$（自由端处）线性变化至 $t = t_0$（固定端处）。

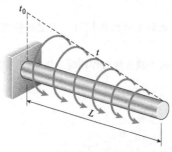

习题 3.9-8 图

3.9-9 如图所示，一根圆锥形薄壁空心管 AB，其厚度恒为 t，其两端的平均直径分别为 d_A 和 d_B。

（a）当该管受到扭矩 T 的纯扭转作用时，请求出该管的应变能 U。

（b）请确定该管的扭转角 ϕ。

（注意：对于薄壁圆环，使用近似公式 $I_p \approx \pi d^3 t / 4$；见附录 D 的情况 22）

3.9-10 如图所示，实心圆杆 B 被装入空心圆管 A 的一端，圆管和圆杆的另一端均为固定端。初始时，圆杆 B 上的孔与圆管 A 上的两个孔错位了 β 角。扭转圆杆 B，使圆杆与圆管上的孔对齐后，在孔中插入一个销。当放开圆杆 B 且系统重新处于平衡状态时，圆杆与圆管的总应变能 U 是多少？（用 I_{pA} 和 I_{pB} 分别表示圆管 A 和圆杆 B 的极惯性矩。圆杆

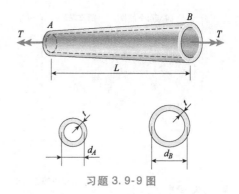

习题 3.9-9 图

与圆管的长度均为 L，切变模量均为 G）

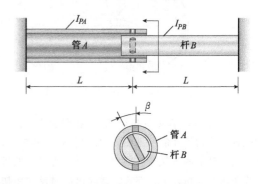

习题 3.9-10 图

3.9-11 一个以转速 n（rpm）旋转的大型飞轮被刚性连接到一根直径为 d 的轴上（见图）。如果 A 处的轴承突然凝固，那么，该轴的最大扭转角 ϕ 是多少？该轴中相应的最大切应力是多少？（设 L = 轴的长度，G = 切变模量，I_m = 飞轮的质量惯性矩或转动惯量。同时，忽略 B、C 处轴承中的摩擦，并忽略轴的质量）（提示：使旋转飞轮的动能等于轴的应变能）。

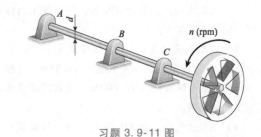

习题 3.9-11 图

薄壁管

3.11-1 一根内径为 230mm，壁厚为 30mm 的空心圆管（见图）受到一个扭矩 $T = 136$kN · m 的作用。请分别利用薄壁管近似理论和精确扭转理论来

求解该圆管中的最大切应力。近似理论给出的结果是保守的还是非保守的？

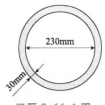

习题 3.11-1 图

3.11-2 一根直径为 d 的实心圆杆被一根横截面中线尺寸为 $d×2d$ 的矩形管所替换（见图）。请求出矩形管的所需壁厚 t_{min} 为何值时才能使矩形管中的最大切应力不超过实心圆杆中的最大切应力。

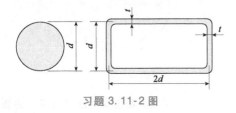

习题 3.11-2 图

3.11-3 一根横截面为矩形的薄壁铝管（见图），其中线尺寸为 $b=50$mm，$h=20$mm，其壁厚恒为 3mm。

（a）请求出扭矩 $T=90$N·m 在该管中所引起的切应力。

（b）如果该铝管的长度为 0.25m，切变模量 G 为 26GPa，那么，请求出扭转角 ϕ [（°）]。

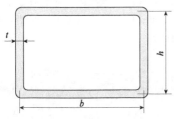

习题 3.11-3 和 3.11-4 图

3.11-4 一根横截面为矩形的薄壁钢管（见图），其中线尺寸为 $b=150$mm，$h=100$mm，其壁厚恒为 6.0mm。

（a）请求出扭矩 $T=1650$N·m 在该管中所引起的切应力。

（b）如果该钢管的长度为 1.2m，切变模量 G 为 75GPa，那么，请求出扭转角 ϕ [（°）]。

3.11-5 一根薄壁圆管和一根相同材料的实心圆杆（见图）受到扭转作用。圆管和圆杆的横截面面积和长度均相同。如果圆管和圆杆中的最大切应

力相同，那么，圆管的应变能 U_1 与圆杆应变能 U_2 的比值是多少？（对于该圆管，使用薄壁管近似理论）

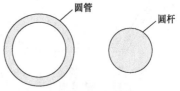

习题 3.11-5 图

3.11-6 请计算横截面为图示形状的钢管（$G=76$GPa）的切应力和扭转角 ϕ [（°）]。该管的长度 $L=1.5$m，并受到一个扭矩 $T=10$kN·m 的作用。

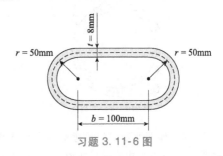

习题 3.11-6 图

3.11-7 一根横截面为椭圆形，壁厚恒为 t 的薄壁钢管（见图）受到一个扭矩 $T=5.5$kN·m 的作用。如果 $G=83$GPa，$t=5$mm，$a=75$mm，$b=50$mm，那么，请求出其切应力 τ 和单位长度扭转角 θ（°/m）（注意：椭圆的性质见附录 D 的情况 16）。

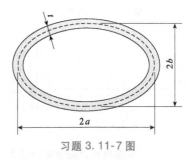

习题 3.11-7 图

3.11-8 一根薄壁管受到扭矩 T 的作用，该薄壁管的横截面是一个壁厚恒为 t，边长为 b 的正六边形（见图）。请分别求出切应力 τ 和单位长度扭转角 θ 的表达式。

3.11-9 请根据薄壁管近似理论来计算一根薄壁圆管（见图）的扭转角 ϕ_1，并根据精确扭转理论计算相应圆杆的扭转角 ϕ_2。并按以下要求比较其结果。

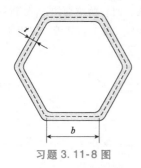

习题 3.11-8 图

（a）以无量纲比率 $\beta = r/t$ 表示 ϕ_1/ϕ_2 的比值。

（b）分别计算 $\beta = 5$、10、20 时的扭转角之比。根据计算结果，关于近似理论的精确度，可以得出什么结论？

习题 3.11-9 图

3.11-10　如图所示，一根薄壁矩形管具有均匀的壁厚 t，其横截面中线的尺寸为 $a \times b$。如果横截面中线的总长度为 L_m，且扭矩 T 保持恒定，那么，该管中的切应力是怎样随着比值 $\beta = a/b$ 的变化而变化的？请根据所得结果证明：当该管为正方形（$\beta = 1$）时，切应力为最小值。

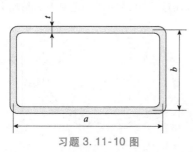

习题 3.11-10 图

3.11-11　一根横截面为正方形（见图）的管状铝杆（$G = 28\text{GPa}$），其外尺寸为 50mm×50mm。该管必须抵抗一个扭矩 $T = 300\text{N} \cdot \text{m}$ 的作用。如果许用切应力为 20MPa，许用单位长度扭转角为 0.025rad/m，那么，请计算所需最小壁厚 $t_{\min}$。

3.11-12　一根横截面为圆形（见图）的管状薄壁轴，其外径为 100mm。该管受到一个 5000N·m 扭矩的作用。如果许用切应力为 42MPa，那么，请分别使用薄壁管近似理论和精确扭转理论来求解

习题 3.11-11 图

所需壁厚 t。

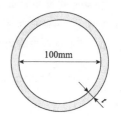

习题 3.11-12 图

3.11-13　一根横截面为圆形（见图）的长锥形薄壁管 AB 受到一个扭矩 T 的作用。该管的长度为 L，壁厚恒为 t，其端面 A、B 处的横截面中线的直径分别为 d_A、d_B。请推导出该管扭转角的以下公式：

$$\phi = \frac{2TL}{\pi Gt}\left(\frac{d_A + d_B}{d_A^2 + d_B^2}\right)$$

（提示：如果锥角较小，则可以在该锥形管上取一个微段，并对该微段应用薄壁柱状管公式得到一个近似结果，然后再将该近似结果沿着该锥形管的轴线积分）

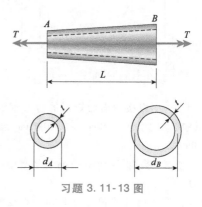

习题 3.11-13 图

扭转时的应力集中

求解 3.12 的习题时，应考虑应力集中因数。

3.12-1　如图所示，一根阶梯轴由两段组成，

各段的直径分别为 $D_1 = 50mm$、$D_2 = 60mm$。该轴受到一个扭矩 T 的作用。圆角的半径 $R = 2.5mm$。如果应力集中处的许用切应力为 110MPa，那么，最大许用扭矩 T_{max} 是多少？

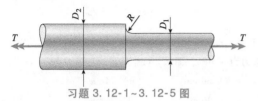

习题 3.12-1～3.12-5 图

3.12-2　一根具有直径 $D_1 = 40mm$ 和 $D_2 = 60mm$ 的阶梯轴受到一个扭矩 $T = 1100N \cdot m$ 的作用（见图）。如果应力集中处的许用切应力为 120MPa，那么，所用圆角的最小半径 R_{min} 是多少？

3.12-3　一根阶梯轴（见图）的直径 $D_2 = 25mm$，其轴肩处有一个四分之一圆角。该轴受到扭矩 $T = 115N \cdot m$ 的作用。请分别求出 $D_1 = 18$、20、22mm 时应力集中处的切应力 τ_{max}，并绘制 τ_{max}-D_1 图。

3.12-4　要求图示阶梯轴以 400rpm 的转速传递 600kW 的功率。该轴有一个四分之一圆角，直径 $D_1 = 100mm$。如果应力集中处的许用切应力为 100MPa，那么，直径 D_2 为何值时才能使该轴中的应力达到其许用值？所求出的直径 D_2 的值是一个上限值还是一个下限值？

3.12-5　一根阶梯轴（见图）的直径 $D_2 = 40mm$，其上有一个四分之一圆角。许用切应力为 100MPa，载荷 $T = 540N \cdot m$。最小许用直径 D_1 是多少？

补充复习题：第 3 章

R-3.1　在扭矩 T 的作用下，一根长度 $L = 0.75m$ 的黄铜杆的两端相对转动了 3.5°。铜的许用切应变为 0.0005rad。该杆的最大许用直径约为：

(A) 6.5mm　　　(B) 8.6mm

(C) 9.7mm　　　(D) 12.3mm

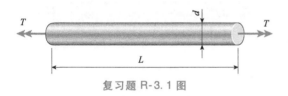

复习题 R-3.1 图

R-3.2　一根尼龙棒两端的相对扭转角为 3.5°。该杆的直径为 70mm，许用切应变为 0.014rad。该杆的最小许用长度约为：

(A) 0.15m　　　(B) 0.27m

(C) 0.40m　　　(D) 0.55m

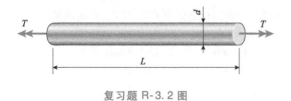

复习题 R-3.2 图

R-3.3　一根黄铜杆的两端受到扭矩 T 的作用，其性能如下：$L = 2.1m$，$d = 38mm$，$G = 41GPa$。该杆

的扭转刚度约为：

(A) 1200N · m　　　(B) 2600N · m

(C) 4000N · m　　　(D) 4800N · m

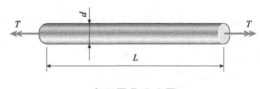

复习题 R-3.3 图

R-3.4　扭矩 $T = 800N \cdot m$ 作用在一根黄铜管的两端，并使该管的两端相对转动了 3.5°。该管具有以下性能：$d_1 = 38mm$，$d_2 = 56mm$。该管的切变模量约为：

(A) 36.1GPa　　　(B) 37.3GPa

(C) 38.7GPa　　　(D) 40.6GPa

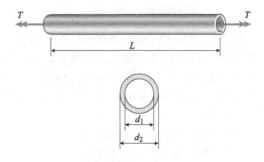

复习题 R-3.4 图

R-3.5 一根直径 $d = 52$mm 的铝杆的两端受到扭矩 T_1 的作用。许用切应力为 65MPa。最大许用扭矩 T_1 约为:

(A) 1450N · m   (B) 1675N · m

(C) 1710N · m   (D) 1800N · m

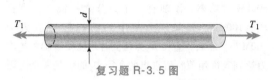

复习题 R-3.5 图

R-3.6 一根具有直径 $d_2 = 86$mm, $d_1 = 52$mm 的钢管的两端受到扭矩的作用。一根以相同的最大切应力抵抗相同扭矩的实心钢轴的直径约为:

(A) 56mm   (B) 62mm

(C) 75mm   (D) 82mm

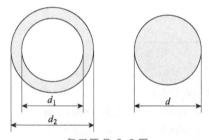

复习题 R-3.6 图

R-3.7 一根具有直径 $d_1 = 56$mm, $d_2 = 52$mm 的阶梯钢轴受到扭矩 $T_1 = 3.5$kN · m 和 $T_2 = 1.5$kN · m 的相反作用。最大切应力约为:

(A) 54MPa   (B) 58MPa

(C) 62MPa   (D) 79MPa

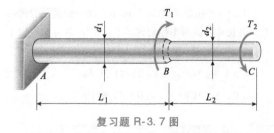

复习题 R-3.7 图

R-3.8 一根具有直径 $d_1 = 36$mm, $d_2 = 32$mm 的阶梯钢轴 ($G = 75$GPa) 的两端受到扭矩 T 的作用,各段的长度为 $L_1 = 0.9$m, $L_2 = 0.75$m。如果许用切应力为 28MPa,最大许可扭转角为 1.8°,那么,最大许用扭矩约为:

(A) 142N · m   (B) 180N · m

(C) 185N · m   (D) 257N · m

R-3.9 一根齿轮轴传递扭矩 $T_A = 975$N · m、$T_B = $

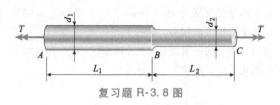

复习题 R-3.8 图

1500N · m、$T_C = 650$N · m、$T_D = 825$N · m。如果许用切应力为 50MPa,那么,该轴所需的直径约为:

(A) 38mm   (B) 44mm

(C) 46mm   (D) 48mm

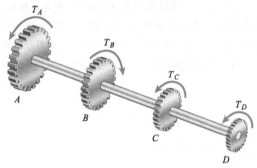

复习题 R-3.9 图

R-3.10 在扭矩 T 的作用下,一根空心铝轴 ($G = 27$GPa, $d_2 = 96$mm, $d_1 = 52$mm) 的单位长度扭转角为 1.8°/m。该轴中产生的最大拉应力约为:

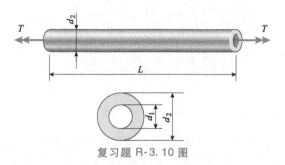

复习题 R-3.10 图

(A) 38MPa   (B) 41MPa

(C) 49MPa   (D) 58MPa

R-3.11 扭矩 $T = 5.7$kN · m 被施加在一根空心铝轴 ($G = 27$GPa, $d_1 = 52$mm) 上。许用切应力为 45MPa,许用正应变为 8.0×10^{-4}。所需该轴的外径 d_2 约为:

(A) 38mm   (B) 56mm

(C) 87mm   (D) 91mm

复习题 R-3.11 图

R-3.12 某一电动机以 $f = 5.25$ Hz 的频率驱动着一根直径 $d = 46$mm 的轴,并传递 $P = 25$kW 的功率。该轴中的最大切应力约为:

(A) 32MPa (B) 40MPa

(C) 83MPa (D) 91MPa

复习题 R-3.12 图

R-3.13 某一电动机以 $f = 10$Hz 的频率驱动着一根轴,并传递 $P = 35$kW 的功率。该轴的许用剪切应力为 45MPa。该轴的最小直径约为:

(A) 35mm (B) 40mm

(C) 47mm (D) 61mm

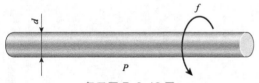

复习题 R-3.13 图

R-3.14 一根驱动轴以 2500rpm 的转速运行,其外径为 60mm,其内径为 40mm。该轴的许用切应力为 35MPa。所能传递的最大功率约为:

(A) 220kW (B) 240kW

(C) 288kW (D) 312kW

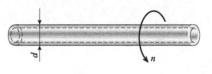

复习题 R-3.14 图

R-3.15 一根柱状轴(直径 $d_0 = 19$mm)受到扭矩 T_1 的作用。一根阶梯轴(直径 $d_1 = 20$mm,$d_2 = 25$mm,圆角半径 $R = 2$mm)受到扭矩 T_2 的作用。材料的许用切应力为 42MPa。考虑阶梯轴中的应力集中效应,所能施加的最大许用扭矩的比值 T_1/T_2 为:

(A) 0.9 (B) 1.2

(C) 1.4 (D) 2.1

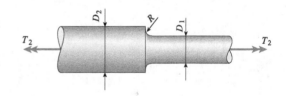

复习题 R-3.15 图

CHAPTER

第4章　剪力和弯矩

本章概述

第 4 章首先回顾静力学有关二维梁和二维框架的分析。然后，针对典型结构（如悬臂梁和简支梁），定义梁、载荷以及支座条件的类型。其中，所施加的载荷可以是集中载荷（即或是一个力，或是一个力矩），也可以是分布载荷；支座条件包括固定支座、滚动支座、铰链支座以及滑动支座。支座的数量和布置必须足以产生稳定的结构模型，该模型可以是静定的，也可以是静不定的。本章研究静定梁，之后将在第 10 章中研究静不定梁。

本章将重点关注结构中任一点处的内部应力的合力（即轴力 N、剪力 V 和弯矩 M）。在某些结构中，将内部"释放器"插入其特定点处就可以控制某些构件中的 N、V 和 M 的大小，并且，这些内部"释放器"应包含在分析模型中。可将释放点处的 N、V 或 M 的值视为零。在梁和框架的设计中（正如将在第 5 章看到的那样），用图的形式来显示 N、V 和 M 在整个结构上的变化情况是非常有用的，因为根据这些图就可直接判断出设计所需的最大轴力、最大剪力以及最大弯矩的位置与大小。

本章目录

4.1　引言

构件的分类通常依据其支撑的载荷的类型。例如，轴向承载杆所支撑的载荷是轴向力（即这些力的矢量方向沿着该杆的轴线），受扭杆所支撑的载荷是矢量方向沿着轴线的扭矩（或力偶）。本章将研究梁（图 4-1），梁（beams）是承受横向载荷的构件，即力或力矩的矢量垂直于杆的轴线。

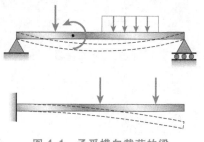

图 4-1　承受横向载荷的梁

图 4-1 所示的这类梁被归类为平面结构，因为这类结构位于一个平面内。如果所有的载荷均作用在同一平面内，且所有的挠曲（如图中的虚线所示）也发生在该平面内，则该平面就被定义为弯曲平面（plane of bending）。

本章将讨论梁中的剪力和弯矩，并将揭示剪力、弯矩以及载荷彼此之间的关系。在设计梁时，求解剪力和弯矩是一个不可或缺的重要步骤。通常情况下，不仅需要知道这些量的最大值，而且还需要知道它们沿轴线的变化方式。正如第 5、6、9 章所讨论的那样，一旦已知了剪力和弯矩，则可求出应力、应变和挠度。

4.2　梁、载荷以及反作用力的类型

通常按照梁所受到的支撑方式来描述梁。例如，一端有一个铰链支座，另一端有一个滚动支座的梁（图 4-2a）被称为简支梁（simply supported beam）。铰链支座（pin support）的基本特征为，它可以阻止梁端部的平移，但却不能阻止梁的转动。因此，图 4-2a 所示梁的 A 端就不能水平或垂直移动，但该梁的轴线却可在图纸平面内转动。其结果是，铰链支座能够产生一个具有水平和铅垂分量（H_A 和 R_A）的反作用力，但它却不能产生一个反作用力矩。

在该梁的 B 端（图 4-2a），滚动支座（roller support）可阻止铅垂方向的位移，但却不能阻止水平方向的位移。因此，该支座可以抵抗一个铅垂力（R_B），但却不能抵抗一个水平力。当然，就像在 A 处一样，该梁在 B 处可自由转动。滚动支座与铰链支座处的铅垂反作用力，其作用的方向既可能向上，也可能向下；铰链支座处的水平反作用力，其作用的方向既可能向左，也可能向右。在图中，正如 1.9 节所解释的那样，为了将反作用力与载荷区别开来，反作用力用带斜线的箭头来表示。

图 4-2b 所示的梁，其一端固定，一端自由，这类梁被称为悬臂梁（cantilever beam）。在固定支座（fixed support）（或夹持支座）处，该梁既不能平移也不能转动，而在自由端处该梁却可以平移与转动。因此，固定支座处可能同时存在着反作用力和反作用力矩。

图中的第三个例子是一根外伸梁（beam with an overhang）（图 4-2c）。该梁在点 A 和点 B 处受到简单支撑（即它在 A 处有一个铰链支座，在 B 处有一个滚动支座），但该梁还自支座 B 向外伸出了一段。除了该梁轴线可绕点 B 转动之外，其外伸段 BC 类似于一根悬臂梁。

绘制梁的草图时，使用约定的符号来定义支座，如图 4-2 所示。这些符号表明梁受到何种方式的约束，因此，它们也表明了反作用力和反作用力矩的性质。然而，这些符号并不代表实际的物理结构。例如，在图 4-3 所示的例子中，图 4-3a 显示了一根支撑在混凝土墙上的

宽翼板工字梁，地脚螺栓穿过该梁下翼板上的槽孔将其夹持在混凝土墙上。这一连接方式约束了该梁在铅垂方向的移动（向上或向下），但却不能阻止其在水平方向的移动。同时，该连接方式对该梁绕纵向轴的转动约束非常小，通常可忽略不计。因此，通常用一个滚柱代表这类支座，如图 4-3b 所示。

第二个例子（图 4-3c）是梁与立柱的连接。在该连接中，梁被螺栓与角钢连接到立柱的翼板上。通常认为，这类支座可约束水平和铅垂位移，而不能约束梁的转动（转动约束是轻微的，因为角钢和立柱均可以弯曲）。因此，这种连接通常被表示为铰链支座（图 4-3d）。

最后一个例子（图 4-3e、f）是一根焊接在底板上的金属立柱，底板被锚固在深埋于地下的混凝土基座上。由于该底板的平移和转动受到了完全的约束，因此，该底板就被表示为一个固定支座（图 4-3f）。

用一个理想模型（例如，图 4-2 所示的梁）来代表一个实际结构，这是工程实践中的一

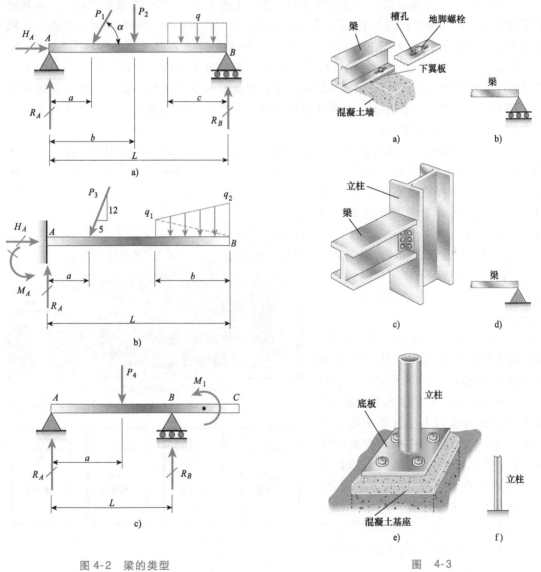

图 4-2　梁的类型
a）简支梁　b）悬臂梁　c）外伸梁

图　4-3

项重要任务。理想模型（idealized model）应足够简单以便于数学分析，但也应足够复杂以便在代表结构的实际行为时具有合理的精度。当然，每一个理想模型都是对实际结构的一种近似。例如，一根梁的实际支座永远不可能是完全刚性的，因此，在一个铰链支座处始终会有一个微小的平移，而在一个固定支座处始终会有一个微小的转动。同时，支座处永远不可能是完全无摩擦的，因此，滚动支座处的平移始终会受到少量的约束。大多数情况下，特别是超静定梁的情况下，这些对理想条件的偏离对梁的行为影响很小，可以放心地忽略它们。

载荷的类型   几种作用在梁上的载荷类型如图 4-2 所示。当某一载荷被施加在一个非常小的面积上时，该载荷可被理想化为一个集中载荷（concentrated load），即理想化为一个单一的力，如图中的载荷 P_1、P_2、P_3 和 P_4。当某一载荷沿梁的轴线连续分布时，该载荷可被表示为一个分布载荷（distributed load），如图 a 中的载荷 q。分布载荷使用强度（intensity）来度量[⊖]，其单位为每单位距离的力（例如，牛顿每米或磅每英尺）。一个均布载荷（uniformly distributed load），其每单位距离的强度为恒定值 q（图 4-2a）。一个变强度的载荷，其强度是沿着轴线变化的。例如，图 4-2b 所示的线性载荷（linearly varying load），其强度就从 q_1 线性变化至 q_2。载荷的另一种类型为力偶（couple），如图 4-2c 所示外伸梁上作用的力偶矩 M_1。

正如 4.1 节所述，这里的讨论均假设载荷作用在图纸平面内，这意味着所有力的矢量都必须位于图纸平面内，而所有力偶矩的矢量都必须垂直于图纸平面。此外，梁本身还必须对称于该平面，这意味着梁的每一个横截面都必须有一个对称的铅垂轴。在这些条件下，梁将仅在该平面内发生弯曲变形。

反作用力   求解反作用力通常是分析梁的第一步。一旦已知了反作用力，则可求出剪力和弯矩，如本章之后所述。如果一根梁在静定方式下受到支撑，那么，就可根据自由体图和平衡方程来求解出所有的反作用力。

某些情况下，为了更好地表示那些可能对结构整体行为有重要影响的实际施工条件，可能需要在梁或框架的分析模型中添加内部释放器（internal releases）。例如，图 4-4 所示大桥的主梁，其两端支撑在滚动支座（即把图中的钢筋混凝土框架表示为滚动支座）上，但该主梁的内部已插入有伸缩缝以保证在插入伸缩缝的这两个位置处的轴力和弯矩为零。伸缩缝允许桥面在温度发生变化的情况下自由膨胀或收缩以避免结构中出现较大的热应力。因此，在该梁的模型中，就必须用一个铰链（或内部力矩释放器，如两端的实心圆所示）和一个轴力释放器（如图中的 C

桥的梁模型中的内部释放器和端部支座

图 4-4   二维梁与框架构件内部释放器的类型

⊖   国内一些教科书将"intensity"翻译为"集度"。——译者注

形线框）来代表这些释放装置，以表明这两点处的轴力（N）和弯矩（M）均为零（但不包括剪力 V）（图片下方给出了二维梁和二维受扭构件的几种可能的释放器）。如下述各例所示，在结构模型中存在轴力释放器、剪力释放器或力矩释放器（releases）的情况下，应将该结构在释放器处分割为独立的自由体。之后，就可使用一个额外的平衡方程来求解包含在该自由体中未知的支座反作用力。

例如，现欲求解图 4-2a 所示简支梁 AB 的反作用力。该梁受到一个倾斜力 P_1、一个铅垂力 P_2 和一个强度为 q 的均布载荷的作用。首先，我们注意到，该梁有三个未知的反作用力：一个是铰链支座处的水平力 H_A，一个是铰链支座处的铅垂力 R_A，一个是滚动支座处的铅垂力 R_B。对于平面结构（例如该梁），根据静力学可知，可以写出三个独立的平衡方程。由于有三个未知反作用力和三个方程，因此，该梁为静定梁。

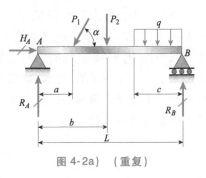

图 4-2a) （重复）

水平方向的平衡方程为：$\sum F_{\text{horiz}} = 0$ \quad $H_A - P_1\cos\alpha = 0$

根据该方程可得：$H_A = P_1\cos\alpha$

显然，通过观察就可以轻易看出这一结果，通常根本不必写出该平衡方程。

为了求出铅垂反作用力 R_A 和 R_B，可分别写出关于点 B、A 的力矩平衡方程，并规定逆时针力矩为正，即：

$$\sum M_B = 0 \qquad -R_A L + (P_1\sin\alpha)(L-a) + P_2(L-b) + qc^2/2 = 0$$

$$\sum M_A = 0 \qquad R_B L - (P_1\sin\alpha)(a) - P_2 b - qc(L-c/2) = 0$$

求解 R_A 和 R_B，可得：

$$R_A = \frac{(P_1\sin\alpha)(L-a)}{L} + \frac{P_2(L-b)}{L} + \frac{qc^2}{2L}$$

$$R_B = \frac{(P_1\sin\alpha)(a)}{L} + \frac{P_2 b}{L} + \frac{qc(L-c/2)}{L}$$

可以根据铅垂方向的平衡方程来验证这些结果是否正确。

如果用一个铰链支座替换 B 处的滚动支座，那么，图 4-2a 所示梁结构就变为一次静不定梁。然而，若在该静不定模型中插入一个轴力释放器（如图 4-5 所示，该释放器紧靠载荷 P_1 作用点的左侧），则仍可单独利用静力学来分析该梁，因为这一释放器提供了一个额外的平衡方程。必须在该释放器处切割该梁，以显示内力 N、V 和 M。但是，现在该释放器处的 $N=0$，因此，$H_A=0$，$H_B=P_1\cos\alpha$。

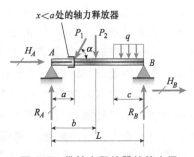

图 4-5 带轴力释放器的简支梁

以图 4-2b 所示悬臂梁作为第二个例子。载荷包括一个倾斜力 P_3 和一个线性分布载荷，该分布载荷可用一个载荷强度从 q_1 至 q_2 变化的梯形图来表示。固定支座处的反作用力包括一个水平力 H_A、一个铅垂力 R_A 和一个力偶 M_A。根据各力在水平方向的平衡条件，可得：

$$H_A = \frac{5P_3}{13}$$

根据各力在铅垂方向的平衡条件，可得：

$$R_A = \frac{12P_3}{13} + \left(\frac{q_1 + q_2}{2}\right) b$$

求解该反作用力时，使用了这样一个事实，即分布载荷的合力等于梯形图的面积。

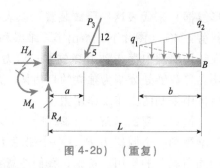

图 4-2b)　（重复）

根据一个力矩平衡方程就可求出固定支座处的反作用力矩 M_A。在本例中，通过求关于点 A 的力矩来消除力矩方程中的 H_A 和 R_A。同时，通过将梯形划分为两个三角形来求解分布载荷的力矩，如图 4-2b 的虚线所示。每个载荷三角形均被其合力所取代，该合力的大小等于三角形的面积，该合力的作用线通过三角形的形心。因此，位于下部的那个三角形载荷对点 A 的力矩为：

$$\left(\frac{q_1 b}{2}\right)\left(L - \frac{2b}{3}\right)$$

其中，$q_1 b/2$ 为合力（等于的三角形载荷图的面积），$L-2b/3$ 为该合力的力臂（关于点 A）。

位于上部的那个三角形载荷对点 A 的力矩可采用类似的步骤求得，最终的力矩平衡方程（逆时针为正）为：

$$\sum M_A = 0 \qquad M_A - \left(\frac{12P_3}{13}\right)a - \frac{q_1 b}{2}\left(L - \frac{2b}{3}\right) - \frac{q_{2b}}{2}\left(L - \frac{b}{3}\right) = 0$$

据此可得：

$$M_A = \frac{12P_3 a}{13} + \frac{q_{1b}}{2}\left(L - \frac{2b}{3}\right) + \frac{q_2 b}{2}\left(L - \frac{b}{3}\right)$$

由于该方程给出了一个正值的结果，因此，反作用力矩 M_A 作用在假设的方向上，即逆时针方向（将所求出 R_A 和 M_A 代入关于点 B 的力矩平衡方程，就可验证其表达式是否正确）。

对于图 4-2b 所示的悬臂梁结构，如果在点 B 处增加一个滚动支座，那么，该结构将变为一次静不定的"受支撑的"悬臂梁。然而，若在该静不定模型中插入一个力矩释放器（如图 4-6 所示，该释放器紧靠载荷 P_3 作用点的右侧），则仍可单独利用静力学来分析该梁，因为这一释放器提供了一个额外的平衡方程。必须在该释放器处切割该梁，以显示内力 N、V 和 M。但是，现在该释放器处的 $M = 0$，因此，对右段自由体的力矩求和，就可计算出反作用力 R_B。一旦已知了 R_B，

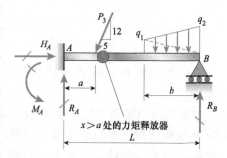

图 4-6　带力矩释放器的受撑悬臂梁

则通过对垂直方向的力求和，就可以计算出反作用力 R_A；通过对点 A 的力矩求和，就可计算出反作用力矩 M_A（各反作用力的分析结果如图 4-6 所示）。注意，该受撑悬臂梁与图 4-2b 所示悬臂梁结构中的 H_A 是相同的。

$$R_B = \frac{\dfrac{1}{2}q_1 b\left(L - a - \dfrac{2}{3}b\right) + \dfrac{1}{2}q_2 b\left(L - a - \dfrac{b}{3}\right)}{L - a}$$

$$R_A = \frac{12}{13}P_3 + \left(\frac{q_1 + q_2}{2}\right)(b) - R_B$$

$$R_B = \frac{1}{78} \frac{-72P_3L + 72P_3a - 26q_1b^2 - 13q_2b^2}{-L + a}$$

$$M_A = \frac{12}{13}P_3a + q_1\frac{b}{2}\left(L - \frac{2}{3}b\right) + q_2\frac{b}{2}\left(L - \frac{b}{3}\right) - R_BL$$

$$M_B = \frac{1}{78}a\frac{-72P_3 + 72P_3a - 26q_1b^2 - 13q_2b^2}{-L + a}$$

图 4-2c 所示外伸梁支撑着一个铅垂力 P_4 和一个力偶矩 M_1。由于没有水平力作用在该梁上，因此，铰链支座处不存在水平反作用力，也就没有必要在自由体图上显示水平反作用力，这一结论是依据力在水平方向的平衡条件而得到的。因此，只剩下两个独立的平衡方程——两个力矩方程，或一个力矩方程加一个铅垂方向的平衡方程。

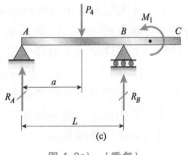

图 4-2c) （重复）

任选两个力矩方程，第一个是关于点 B 的力矩方程，第二个是关于点 A 的力矩方程，各方程分别为（逆时针力矩为正）：

$$\sum M_B = 0 \qquad -R_AL + P_4(L-a) + M_1 = 0$$

$$\sum M_A = 0 \qquad -P_4a + R_BL + M_1 = 0$$

因此，反作用力为：

$$R_A = \frac{P_4(L-a)}{L} + \frac{M_1}{L} \qquad R_B = \frac{P_4a}{L} - \frac{M_1}{L}$$

可对各力在铅垂方向求和，以检查这些结果的正确性。

如果在图 4-2c 所示外伸梁结构的点 C 处增加一个滚动支座，那么，该结构将变为一次静不定的两跨梁。然而，若在该静不定模型中插入一个剪力释放器（如图 4-7 所示，该释放器紧靠支座 B 的左侧），则仍可单独利用静力学来分析该梁，因为这一释放器提供了一个额外的平衡方程。必须在该释放器处切割该梁，以显示内力 N、V 和 M。但是，现在该释放器处的 $V = 0$，因此，通过对左段自由体中的力求和，就可计算出反作用力 R_A。显然，R_A 等于 P_4。一旦已知了 R_A，则通过对点 B 的力矩求和，

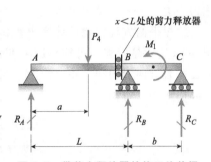

图 4-7 带剪力释放器的修正外伸梁

就可以计算出反作用力 R_C。通过对铅垂方向的力求和，就可以计算出反作用力 R_B。其结果如下：

$$R_A = P_4$$

$$R_C = \frac{P_4a - M_1}{b}$$

$$R_B = P_4 - R_A - R_C$$

$$R_B = \frac{M_1 - P_4a}{b}$$

上述讨论说明了如何根据平衡方程来计算静定梁的反作用力。为了说明具体的计算步骤，

我们有意使用了符号类示例，而没有使用数值类示例。

4.3　剪力和弯矩

　　当一根梁受到力或力偶的作用时，梁的内部就会产生应力和应变。为了求出这些应力和应变，首先必须求出作用在该梁横截面上的内力。

　　为了说明如何求出这些内部量，以一根自由端处承受着一个力 P 的悬臂梁 AB（图 4-8a）

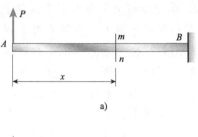

为例。过横截面 mn（mn 截面至自由端的距离为 x）切割该梁，并将该梁的左侧部分隔离出来作为一个自由体（图 4-8b）。该自由体在力 P 和各应力（这些应力作用在该被切割的横截面上）的作用下保持平衡。这些应力代表该梁右侧部分对其左侧部分的作用。此时，我们还不知道应力在该横截面上的分布情况，只知道这些应力的合力必须使该自由体保持平衡。

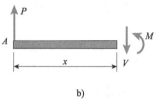

　　根据静力学可知，作用在横截面上的应力的合力可以被化简为一个剪力 V 和一个弯矩 M（图 4-8b）。由于载荷 P 垂直于该梁的轴线，因此，横截面上不存在轴力。剪力和弯矩同时作用在该梁的平面内，即剪力的矢量位于图纸平面内，而弯矩的矢量垂直于图纸平面。

　　就像杆中的轴力以及轴中的扭矩一样，剪力和弯矩就是分布在横截面上的应力的合力。因此，这些量被统称为内力（stress resultants）。

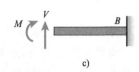

图 4-8　梁中的剪力 V 和弯矩 M

　　根据平衡方程，就可计算出静定梁中的内力。对于图 4-8a 所示悬臂梁，可使用图 4-8b 的自由体图。求各力在垂直方向上的和，并求各力（与力矩）对该切割截面的力矩和，可得：

$$\sum F_{\text{vert}} = 0 \qquad P - V = 0 \quad V = P$$

$$\sum M = 0 \qquad M - Px = 0 \quad M = Px$$

其中，x 为该切割截面（既所求 V 和 M 位于该横截面上）至该梁自由端的距离。因此，通过使用一个自由体图和两个平衡方程，就可以毫无困难地计算出剪力和弯矩。

　　符号约定　现在，研究剪力和弯矩的符号约定。习惯上，当剪力和弯矩的作用方向具有图 4-8b 所示的方向时，剪力和弯矩的方向被假设为正方向。注意，剪力趋向于顺时针旋转材料，而弯矩趋向于压缩梁的上部，并拉伸梁的下部。同时，在这种情况下，剪力向下作用，弯矩逆时针作用。

　　如图 4-8c 所示，相同的内力作用在该梁的右侧部分，但此时这两个内力的方向恰好相反，剪力向上作用，弯矩顺时针作用。然而，剪力仍然趋向于顺时针旋转材料，而弯矩仍然趋向于压缩梁的上部，并拉伸梁的下部。

　　因此，必须认识到，一个内力的代数符号取决于该内力使材料发生了怎样的变形，而不是取决于它在空间的方向。对于梁，一个正剪力顺时针作用于材料（图 4-8b、c），而一个负剪力逆时针作用于材料。同时，一个正弯矩压缩梁的上部（图 4-8b、c），而一个负弯矩压缩梁的下部。

为了更清晰地说明这些约定，正和负的剪力与弯矩被显示在图 4-9 中。在该图中，力和力矩作用在一个微元体上，该微元体切割自梁的两个横截面之间的一个微段。

由正和负的剪力与弯矩所引起的某一微元体的变形如图 4-10 所示。可以看出，一个正的剪力趋向于使该微元体的右侧表面相对其左侧表面向下移动，并且，正如已经指出的那样，一个正的弯矩趋向于压缩梁的上部，并拉伸梁的下部。

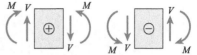

图 4-9 剪力 V 和弯矩 M 的符号约定

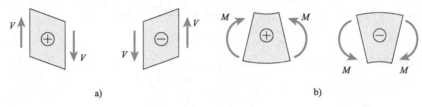

图 4-10 剪力（图 a）和弯矩（图 b）引起的梁微元体的变形（高度夸张画法）

内力的符号约定被称为变形的符号约定（deformation sign conventions），因为内力的符号取决于材料是如何变形的。例如，在论述杆中的轴力时，我们就使用了变形的符号约定，即曾规定使杆伸长的轴力为正，使杆缩短的轴力为负。因此，轴力的符号取决于材料是如何变形的，而不是取决于其在空间的方向。

相比之下，在使用静力学的符号约定来表述平衡方程时，方程中各力的正或负取决于它们的作用方向是否与坐标轴一致。例如，作用在 y 轴正方向的各力被赋予正值，而作用在 y 轴负方向的各力被赋予负值。

例如，在图 4-8b 中（该图是悬臂梁一段的自由体图），假如在求铅垂方向上的合力时，设 y 轴向上为正，那么，在平衡方程中载荷 P 的符号就为正，因为它向上作用。然而，剪力 V（它是一个正的剪力）却被赋予一个负的符号，因为它向下作用（即作用在 y 轴的负方向）。这个例子说明了剪力的变形符号约定与静力学平衡方程所使用的剪力符号约定之间的区别。

● ● ● 例 4-1

如图 4-11a 所示，简支梁 AB 支撑着两个载荷，一个载荷是力 P，另一个载荷是力偶 M_0。请求出该梁以下横截面处的剪力 V 和弯矩 M：（a）紧靠该梁中点左侧的横截面；（b）紧靠该梁中点右侧的横截面。

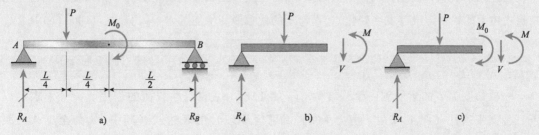

图 4-11 简支梁中的剪力和弯矩

解答：

反作用力。分析该梁的第一步是求解支座处的反作用力 R_A、R_B。分别对各端点求力矩和，可得到两个平衡方程，根据这两个平衡方程，可分别求出：

$$R_A = \frac{3P}{4} - \frac{M_0}{L} \qquad R_B = \frac{P}{4} + \frac{M_0}{L} \tag{a}$$

（a）中点左侧处的剪力和弯矩。在紧靠中点左侧的横截面处切割该梁，并画出该梁任一半段的自由体图。本例选择该梁的左半段作为自由体（图 4-11b）。该自由体由载荷 P、反作用力 R_A 以及未知内力（剪力 V 和弯矩 M）来保持平衡，其中，应以正的作用方向来表示这两个未知内力（图 4-9）。力偶 M_0 没有作用在该自由体上，因为切割面在其作用点的左侧。

对各力在铅垂方向上求和（向上为正），可得：

$$\sum F_{\text{vert}} = 0 \qquad R_A - P - V = 0$$

据此可求得剪力为：

$$V = R_A - P = -\frac{P}{4} - \frac{M_0}{L} \tag{b}$$

这一结果表明，当 P 和 M_0 作用在图 4-11a 所示方向时，剪力（在所选位置处）为负，其作用方向与图 4-11b 所假设的正方向相反。

对该切割截面（图 4-11b）上的某一轴线求力矩和，可得：

$$\sum M = 0 \qquad -R_A\left(\frac{L}{2}\right) + P\left(\frac{L}{4}\right) + M = 0$$

其中，逆时针力矩为正。求解该式，可得到弯矩 M 为：

$$M = R_A\left(\frac{L}{2}\right) - P\left(\frac{L}{4}\right) = \frac{PL}{8} - \frac{M_0}{2} \tag{c}$$

弯矩 M 可正可负，这取决于载荷 P 和 M_0 的大小。如果它是正的，那么，它将作用在图示方向；如果它是负的，那么，它将作用在相反方向。

（b）中点右侧处的剪力和弯矩。在这种情况下，在紧靠中点右侧的横截面处切割该梁，并画出该梁左半段的自由体图（图 4-11c）。该图与图 4-11b 所示自由体图的区别在于：力偶 M_0 现在作用在该自由体上。

根据力在铅垂方向的平衡条件、以及关于该切割截面上某一轴线的力矩平衡条件，可得两个平衡方程，即：

$$V = -\frac{P}{4} - \frac{M_0}{L} \qquad M = \frac{PL}{8} + \frac{M_0}{2} \tag{d, e}$$

这些结果表明，当把切割截面从力偶 M_0 的左侧移至其右侧时，剪力不会改变（因为作用在自由体上的铅垂力没有发生变化），而弯矩的代数值却增加了 M_0 [比较式（c）、（e）]。

● ● ● 例 4-2

一根长度为 L 的梁受到一个强度为 $q(x) = (x/L)q_0$ 的线性载荷的作用。请分别求出以下三种支座条件（图 4-12）下剪力 $V(x)$ 和弯矩 $M(x)$ 的表达式（其中，x 为至点 A 的距离）：（a）悬臂梁；（b）简支梁；（c）A 处为滚动支座、B 处为滑动支座的梁。

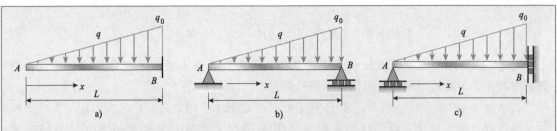

图 4-12　受到线性分布载荷作用的三根梁中的剪力和弯矩
a）悬臂梁　b）简支梁　c）滚动与滑动支座梁

解答：

静力学分析。首先根据各梁的自由体图（图 4-13），并利用静力平衡方程（见第 1.2 节）来求解各支座处的反作用力。注意，求解反作用力时，采用静力学的符号约定。

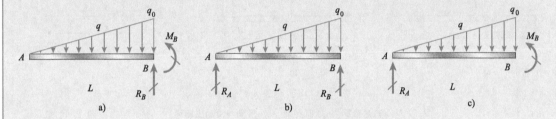

图 4-13　各梁支座处的反作用力
a）悬臂梁　b）简支梁　c）滚动与滑动支座梁

（a）悬臂梁。

$$\sum F_y = 0 \qquad R_B = \frac{1}{2}(q_0)L \tag{a}$$

$$\sum M_B = 0 \qquad M_B + \frac{1}{2}(q_0 L)\left(\frac{L}{3}\right) = 0 \qquad M_B = \frac{-q_0 L^2}{6} \tag{b}$$

根据静力学的符号约定可知，反作用力矩 M_B 实际上是顺时针作用的，而不像自由体图所示的那样是逆时针作用的。

（b）简支梁。

$$\sum F_y = 0 \qquad R_A + R_B - \frac{1}{2}q_0 L = 0$$

$$\sum M_B = 0 \qquad R_B L - \frac{1}{2}(q_0 L)\left(\frac{2}{3}L\right) = 0 \qquad R_B = \frac{1}{3}q_0 L \tag{c}$$

将 R_B 代入第一个方程中，可得：

$$R_A = -R_B + \frac{1}{2}q_0 L = \frac{1}{6}q_0 L \tag{d}$$

A 处的反作用力支撑着该载荷的 $1/3$，B 处的反作用力支撑着该载荷的 $2/3$。注意，可观察到，铰链 A 处的 x 方向的反作用力为零，因为没有施加水平载荷或水平载荷分量。

（c）A 处为滚动支座、B 处为滑动支座的梁。

$$\sum F_y = 0 \qquad R_A = \frac{1}{2}q_0 L \tag{e}$$

$$\sum M_A = 0 \qquad M_B = \frac{1}{2}(q_0 L)\left(\frac{2}{3}L\right) \qquad M_B = \frac{q_0 L^2}{3} \tag{f}$$

A 处的反作用力支撑着该分布载荷的全部，因为在节点 B 处没有反作用力，并且，与悬臂梁相比，B 处的力矩要大两倍，但符号相反。

剪力 $V(x)$ 和弯矩 $M(x)$。在已知了所有的支座反作用力之后，就可以在与支座 A 相距 x 的位置处切割该梁，以便求出剖切面（图 4-14）上的剪力 V 和弯矩 M 的表达式。现在，将静力学定理应用于梁结构的左段（使用自由体图的右段也可得到相同的结果）。通常采用变形的符号约定（尽管不是必需的）来规定剪力和弯矩的符号，即向下作用的剪力 V 为正，压缩梁上部的弯矩 M 为正（对于梁结构的左段）。

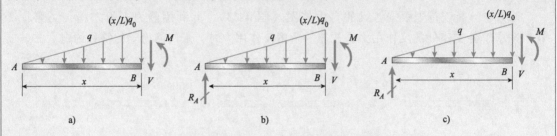

图 4-14 各梁的剖切

a) 悬臂梁   b) 简支梁   c) 滚动与滑动支座梁

（a）悬臂梁（图 4-14a）。

$$\sum F_y = 0 \qquad V(x) = \frac{-1}{2}\left(\frac{x}{L}q_0\right)(x) = \frac{-q_0 x^2}{2L} \tag{g}$$

$$\sum M = 0 \qquad M(x) + \frac{1}{2}\left[\frac{x}{L}q_0(x)\right]\left(\frac{x}{3}\right) = 0 \qquad M(x) = \frac{-q_0 x^3}{6L} \tag{h}$$

由此可见，当 $x = 0$ 时（节点 A 处），V 和 M 均为零；当 $x = L$ 时（节点 B 处），V 和 M 的数值均为最大值。负号表明，V 和 M 的作用方向均与图 4-14a 所示的方向相反：

$$V_{\max} = \frac{-q_0 L}{2} \qquad M_{\max} = \frac{-q_0 L^2}{6} \tag{i, j}$$

（b）简支梁（图 4-14b）。

$$\sum F_y = 0 \qquad V(x) = R_A - \frac{1}{2}\left(\frac{x}{L}q_0\right)(x)$$

$$V(x) = -\frac{q_0 L}{6} - \frac{1}{2}\left(\frac{x}{L}q_0\right)(x) \tag{k}$$

$$V(x) = \frac{q_0(L^2 - 3x^2)}{6L}$$

$$\sum M = 0 \qquad M(x) = R_A x - \frac{1}{2}\left[\frac{x}{L}q_0(x)\right]\left(\frac{x}{3}\right) = \left(\frac{q_0 L}{6}\right)x - \frac{1}{2}\left[\frac{X}{L}q_0(x)\right]\left(\frac{x}{3}\right) = \frac{q_0 x(L^2 - x^2)}{6L} \tag{1}$$

由此可见，当 $x = 0$ 时（节点 A 处），$V(0) = R_A$，$M(0) = 0$；当 $x = L$ 时，$V(L) = -R_B$，$M(L) = 0$，因为在滚动支座 B 处没有施加力矩。B 处的剪力值是最大剪力值，即：

$$V_{\max} = \frac{-q_0 L}{3} \tag{m}$$

不能明显看出最大弯矩发生在该梁的何处。然而，如果求 $M(x)$ 的导数，并使所得导数等于零，再求解 x，则可求出函数 $M(x)$ 的极大值或极小值的位置 (x_m)，即：

$$\frac{\mathrm{d}}{\mathrm{d}x}(M(x)) = \frac{\mathrm{d}}{\mathrm{d}x}\left[\frac{q_0 x(L^2 - x^2)}{6L}\right] = \frac{q_0(L^2 - 3x^2)}{6L} = 0$$

求解该式，可得：

$$x_m = \frac{1}{\sqrt{3}}$$

将所得 x_m 的值代入式（l），可得：

$$M_{\max} = M(x_m) = \frac{\sqrt{3}}{27}q_0 L^2 \tag{n}$$

注意，$\mathrm{d}M(x)/\mathrm{d}x$ 的表达式与式（k）中 $V(x)$ 的表达式是相同的。4.4 节将研究 $V(x)$ 和 $M(x)$ 之间的关系。

(c) A 处为滚动支座、B 处为滑动支座的梁（图 4-14c）。

$$\sum F_y = 0 \qquad V(x) = R_A - \frac{1}{2}\left(\frac{x}{L}q_0\right)(x)$$

$$V(x) = \frac{q_0 L}{2} - \frac{1}{2}\left(\frac{x}{L}q_0\right)(x)$$

$$V(x) = \frac{q_0(L^2 - x^2)}{2L} \tag{o}$$

$$\sum M = 0 \qquad M(x) = R_A x - \frac{1}{2}\left[\frac{x}{L}q_0(x)\right]\left(\frac{x}{3}\right) = \left(\frac{q_{0L}}{2}\right)x - \frac{1}{2}\left[\frac{x}{L}q_0(x)\right]\left(\frac{x}{3}\right) = \frac{-q_0 x(x^2 - 3L^2)}{6L} \tag{p}$$

由此可见，当 $x=0$ 时（节点 A 处），$V(0)=R_A$，$M(0)=0$；当 $x=L$ 时，$V(L)=0$（滑动支座处），$M(L)=M_B$（节点 B 处）。最大剪力值位于点 A 处且等于 R_A 的值，即：

$$V_{\max} = \frac{q_0 L}{2} \tag{q}$$

最大弯矩发生在 $x=L$ 处，因此，

$$M_{\max} = M_B = \frac{q_0 L^2}{3}$$

● ● ●　例 4-3

一根外伸梁在点 A、B 处受到支撑（图 4-15a）。一个强度为 $q=6\mathrm{kN/m}$ 的均布载荷作用在该梁的整个长度上，一个 $P=28\mathrm{kN}$ 的集中载荷作用在与左端支座相距 3m 的位置处。该梁的跨度为 8m，外伸段的长度为 2m。请计算横截面 D（该横截面与左端支座相距 5m）上的剪力 V 和弯矩 M。

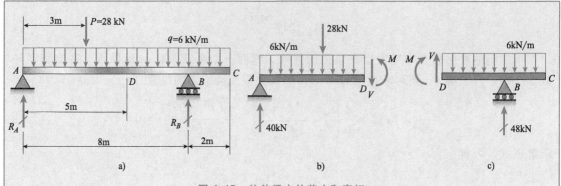

图 4-15   外伸梁中的剪力和弯矩

解答：

反作用力。首先，把整个梁作为一个自由体，并根据该自由体的平衡方程来求解反作用力 R_A、R_B。分别求关于点 B、A 的力矩和，可得：

$$R_A = 40\text{kN} \qquad R_B = 48\text{kN}$$

横截面 D 上的剪力和弯矩。沿着截面 D 进行切割，并画出该梁左段的自由体图（图 4-15b）。绘制该图时，假设未知的内力 V 和 M 为正。

该自由体的平衡方程为：

$$\sum F_{\text{vert}} = 0 \quad 40\text{kN} - 28\text{kN} - (6\text{kN/m})(5\text{m}) - V = 0$$

$$\sum M_D = 0 \quad -(40\text{kN})(5\text{m}) + (28\text{kN})(2\text{m}) + (6\text{kN/m})(5\text{m})(2.5\text{m}) + M = 0$$

其中，在第一个方程中，向上的力为正；在第二个方程中，逆时针的力矩为正。求解这两个方程，可得：

$$V = -18\text{kN} \qquad M = 69\text{kN} \cdot \text{m}$$

V 为负号意味着剪力为负，即其作用方向与图 4-15b 所示的方向相反。M 为正号表明，弯矩的作用方向与图示方向一致。

另一个自由体图。求解 V 和 M 的另一种方法是根据该梁右段的自由体（见图 4-15c）。绘制该图时，再次假设未知的剪力和弯矩为正。两个平衡方程为：

$$\sum F_{\text{vert}} = 0 \quad V + 48\text{kN} - (6\text{kN/m})(5\text{m}) = 0$$

$$\sum M_D = 0 \quad -M + (48\text{kN})(3\text{m}) - (6\text{kN/m})(5\text{m})(2.5\text{m}) = 0$$

据此可得：$V = -18\text{kN} \qquad M = 69\text{kN} \cdot \text{m}$

正如之前常说的那样，自由体图的选择基于方便和个人偏好。

4.4   载荷、剪力与弯矩之间的关系

现在，将研究梁中的载荷、剪力和弯矩之间的一些重要关系。在一根梁的整个长度上考察剪力和弯矩时，这些关系是非常有用的，并且，这些关系还特别有助于绘制剪力图和弯矩图（见 4.5 节）。

为了得到这些关系，研究梁的某一微元体，该微元体是从两个相距 dx 的横截面之间切割

出来的（图 4-16）。如图所示，作用在该微元体顶面上的载荷可以是一个分布载荷、一个集中载荷或一个力偶，分别如图 4-16a、b、c 所示。这些载荷的符号约定如下：对于分布载荷和集中载荷，向下作用时为正，向上作用时为负；对于力偶，逆时针作用时为正，顺时针作用时为负。如果使用其他的符号约定，那么，在本节推导的方程中，某些量的符号可能会发生改变。

作用在该微元体各侧面的剪力和弯矩，其正方向如图 4-10 所示。一般情况下，剪力和弯矩是沿着梁的轴线变化的，因此，它们在该微元体右侧面上的值与其在左侧面上的值是不同的。

在分布载荷的情况下（图 4-16a），V 和 M 的增量是极其微小的，因此，将其增量分别标记为 dV 和 dM。右侧面上相应的内力为 $V+dV$ 和 $M+dM$。

在集中载荷（图 4-16b）或力偶（图 4-16c）的情况下，其增量可能是有限的，因此，它们被标记为 V_1 和 M_1。右侧面上相应的内力为 $V+V_1$ 和 $M+M_1$。

对于每种载荷类型，都可以写出该微元体的两个平衡方程：一个是力在垂直方向的平衡方程，一个是力矩平衡方程。第一个方程给出了载荷与剪力之间的关系，第二个方程给出了剪力和弯矩之间的关系。

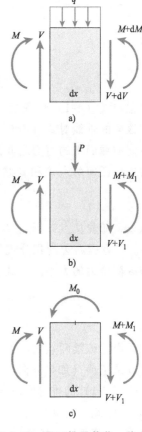

图 4-16　用于推导载荷、剪力和弯矩的关系的梁微元体（图中显示了所有载荷和内力的正方向）

分布载荷（图 4-16a）　第一种载荷类型是强度为 q 的分布载荷，如图 4-16a 所示。我们将先研究其剪力方面的关系，再研究其弯矩方面的关系。

剪力。 力在垂直方向的平衡方程（向上的力为正）为：

$$\sum F_{\text{vert}} = 0 \qquad V - q\,dx - (V + dV) = 0$$

据此可得：

$$\frac{dV}{dx} = -q \tag{4-1}$$

从这个方程中可以看出，对于该梁轴线上任意点处的剪力，其变化率等于同一点处分布载荷强度的负值（注意：如果分布载荷的符号约定是相反的，即约定 q 向上为正，而不是向下为正，那么，就应略去该方程中 "−" 号）。

根据式（4-1），可以明显看出一些非常有用的关系。例如，若在该梁的某一段上没有分布载荷的作用（即如果 $q = 0$），则 $dV/dx = 0$，且该段梁上的剪力是恒定的。另外，若分布荷均匀分布在该梁的某一部分，则 dV/dx 就是一个恒定的值，且剪力在该部分梁中是线性变化的。

以图 4-12 所示的悬臂梁为例来说明式（4-1）。该悬臂梁承受着一个线性变化的载荷，该载荷〔根据式（4-1）〕为：

$$q = \frac{q_0 x}{L}$$

由于 q 的作用方向是向上的，因此，它是一个正值。同时，剪力为：

$$V = -\frac{q_0 x^2}{2L}$$

导数 $\mathrm{d}V/\mathrm{d}x$ 为：

$$\frac{\mathrm{d}V}{\mathrm{d}x} = \frac{\mathrm{d}}{\mathrm{d}x}\left(-\frac{q_0 x^2}{2L}\right) = -\frac{q_0 x}{L} = -q$$

该方程与式（4-1）是完全一致的。

沿着该梁的轴线对式（4-1）进行积分，就可得到一个有用的关系式，该关系式描述了梁中两个不同横截面上的剪力之间的关系。为了得到这一关系式，可将式（4-1）的两边同乘以 $\mathrm{d}x$，然后再在任何两点 A 和 B 之间对该式积分，则得到：

$$\int_A^B \mathrm{d}V = -\int_A^B q\,\mathrm{d}x \tag{4-2}$$

其中，假设 x 随着从点 A 至点 B 的移动而增加。该方程的左边等于点 B 与 A 处剪力的差值 $(V_B - V_A)$。该方程右边的积分式代表载荷图在 A、B 两点之间的面积，即等于作用在点 A 和 B 之间分布载荷合力的大小。因此，根据式（4-2），可得：

$$V_B - V_A = -\int_A^B q\,\mathrm{d}x$$

$$= -（载荷图在 A、B 两点之间的面积） \tag{4-3}$$

换句话说，该梁两点之间剪力的改变量等于这两点之间总载荷（向下）的负值。载荷图的面积可以是正值（如果 q 向下作用），也可以是负值（如果 q 向上作用）。

由于式（4-1）的推导是基于梁的微元体，且该梁仅受到分布载荷的作用（或没有受到载荷的作用），因此，式（4-1）并不适用于一个集中载荷的作用点（因为载荷强度不能定义一个集中载荷）。基于同样的原因，若梁的点 A 和 B 之间作用着一个集中力 P，则也不能使用式（4-3）。

弯矩。现在，研究图 4-16a 所示梁微元体上力矩的平衡情况。求关于该微元体左侧面上某一轴（该轴垂直于图纸平面）的所有力矩（逆时针为正）的代数和，即：

$$\sum M = 0 \quad -M - q\,\mathrm{d}x\left(\frac{\mathrm{d}x}{2}\right) - (V + \mathrm{d}V)\mathrm{d}x + M + \mathrm{d}M = 0$$

忽略微分的乘积项（因为与其他项相比，它们可忽略不计），可得如下关系式：

$$\frac{\mathrm{d}M}{\mathrm{d}x} = V \tag{4-4}$$

该方程表明，梁上任意一点处的弯矩变化率等于同一点处的剪力。例如，若梁的某一段中的剪力为零，则该段中的弯矩就是常数。

方程（4-4）仅适用于梁上分布载荷（或无载荷）作用的区域。在集中载荷作用点处，剪力将出现一个突然的变化（或不连续），导数 $\mathrm{d}M/\mathrm{d}x$ 不能定义该点。

再次使用例 4-2 所示的悬臂梁，其弯矩为：

$$M = -\frac{q_0 x^3}{6L}$$

因此，导数 $\mathrm{d}M/\mathrm{d}x$ 为：

$$\frac{\mathrm{d}M}{\mathrm{d}x} = \frac{\mathrm{d}}{\mathrm{d}x}\left(-\frac{q_0 x^3}{6L}\right) = -\frac{q_0 x^2}{2L}$$

它就等于梁中的剪力。

对式（4-4）在点 A、B 之间进行积分，可得：

$$\int_A^B \mathrm{d}M = \int_A^B V\mathrm{d}x \tag{4-5}$$

该方程左边的积分式等于点 B 与 A 处弯矩的差值（$M_B - M_A$）。为了求解该方程右边的积分式，需要把剪力 V 视为 x 的函数，并绘制揭示 V 和 x 关系的剪力图。之后就可以看出，右边的积分式代表剪力图在 A、B 两点之间的面积。因此，可将式（4-5）表达为：

$$(M_B - M_A) = \int_A^B V\mathrm{d}x$$
$$= （剪力图在 A、B 两点之间的面积） \tag{4-6}$$

只有当集中载荷作用在该梁的点 A、B 之间的区间时，该方程才是有效的。若 A、B 之间作用着一个力偶，则该方程是无效的。一个力偶将引起弯矩的突变，并且，式（4-5）的左边是不能通过这一不连续位置来积分的。

集中载荷（图 4-16b） 当一个集中载荷作用在梁的微元体上时（图 4-16b），根据力在垂直方向的平衡条件，可得：

$$V - P - (V + V_1) = 0 \quad V_1 = -P \tag{4-7}$$

这个结果意味着，在该集中载荷作用点处，剪力发生了一个突然的变化。从该载荷作用点的左侧至右侧，剪力的减小量等于该载荷 P 的大小。

根据与该微元体左侧面有关的平衡条件（图 4-16b），可得：

$$-M - P\left(\frac{\mathrm{d}x}{2}\right) - (V + V_1)\mathrm{d}x + M + M_1 = 0$$

或

$$M_1 = P\left(\frac{\mathrm{d}x}{2}\right) + V\mathrm{d}x + V_1\mathrm{d}x \tag{4-8}$$

由于该微元体的长度 $\mathrm{d}x$ 为无穷小，因此，从该方程中可以看出，弯矩的增量也是无穷小的。也就是说，过集中载荷作用点处，弯矩不会发生变化。

尽管在集中载荷的作用点处，弯矩 M 不会发生变化，但其变化率 $\mathrm{d}M/\mathrm{d}x$ 却发生了突然的变化。在该微元体的左侧面（图 4-16b）处，弯矩变化率 [见式（4-4）] 为 $\mathrm{d}M/\mathrm{d}x = V$；在该微元体的右侧面处，弯矩变化率为 $\mathrm{d}M/\mathrm{d}x = V + V_1 = V - P$。因此，在一个集中载荷 P 的作用点处，弯矩变化率 $\mathrm{d}M/\mathrm{d}x$ 的减小量等于 P。

力偶形式的载荷（图 4-16c） 最后一种情况是一个力偶 M_0 形式的载荷（图 4-16c）。根据该微元体在铅垂方向上的平衡条件，可得 $V_1 = 0$，这表明剪力在作用点处没有发生变化。

根据该微元体左侧面有关的力矩平衡条件，可得：

$$-M + M_0 - (V + V_1)\mathrm{d}x + M + M_1 = 0$$

忽略其中的微分项（因为与其他项相比，它们是可以被忽略的），可得：

$$M_1 = -M_0 \tag{4-9}$$

该方程表明，从该载荷作用点的左侧至右侧，弯矩减小了。因此，在该力偶的作用点处弯矩发生了突然的改变。

如下节所述，在全面研究梁中的剪力和弯矩时，方程（4-1）~方程（4-9）是非常有用的。

4.5   剪力图和弯矩图

设计梁时，通常需要知道剪力和弯矩沿该梁长度方向是如何变化的。特别重要的是，需要知道这些量的最大值和最小值。这类信息通常由剪力和弯矩作为纵坐标，距离 x 作为横坐的图形提供。这类图形被称为剪力图和弯矩图。

为了更加清晰地理解这些图，我们将详细说明在三种基本载荷条件下（包括单一的集中载荷、均布载荷以及几个集中载荷）如何绘制这些图以及如何理解它们。此外，例 4-4 ～例 4-7 也说明了处理各类载荷的方法，包括把力偶视为一个作用在梁上的载荷这一情况。

集中载荷   图 4-17a 所示简支梁 AB 支撑着一个集中载荷 P，载荷 P 的作用线与左端支座的距离为 a，与右端支座的距离为 b。以整个梁作为一个自由体，根据平衡条件，可很容易地求出该梁的反作用力，即：

$$R_A = \frac{Pb}{L} \qquad R_B = \frac{Pa}{L} \tag{4-10a, b}$$

现在，沿着一个与支座 A 的距离为 x，且在载荷 P 左侧的横截面切割该梁，然后绘制该梁左侧部分的自由体图（图 4-17b）。根据该自由体的平衡条件，可求得与支座 A 相距 x 位置处的剪力 V 和弯矩 M：

$$V = R_A = \frac{Pb}{L} \qquad M = R_A x = \frac{Pbx}{L}(0 < x < a) \tag{4-11a, b}$$

这些表达式仅对载荷 P 左侧部分的梁是有效的。

接下来，沿着载荷 P 右侧的某一位置（即 $a<x<L$ 的区域）切割该梁，并再次绘制该梁左侧部分的自由体图（图 4-17c）。据该自由体的平衡条件，可求得关于剪力和弯矩的以下表达式：

$$V = R_A - P = \frac{Pb}{L} - P = -\frac{Pa}{L} \qquad (a < x < L) \tag{4-12a}$$

且

$$M = R_A x - P(x - a) = \frac{Pbx}{L} - P(x - a) = \frac{Pa}{L}(L - x)$$

$$(a < x < L) \tag{4-12b}$$

注意，这些公式仅对载荷 P 右侧部分的梁有效。

根据剪力和弯矩方程［式（4-11）和式（4-12）］绘制的剪力图和弯矩图分别见图 4-17d 和图 4-17e。

从图 4-17d 中可以看出，该梁 A 端处（$x=0$）的剪力等于反作用力 R_A，然后，该剪力一直保持恒定，直至载荷 P 的作用点处为止。在载荷 P 的作用点处，剪力的突变量等于载荷 P。在该梁的右侧部分，剪力又保持恒定，但其数值却等于 B 处的反作用力。

如图 4-17e 所示，在该梁的左侧部分，弯矩从支座处的"0"线性增加至集中载荷作用处（$x=a$）的 Pab/L。在右侧部分，弯矩也是 x 的一个线性函数，且从 $x=a$ 处的 Pab/L 变化至支座处（$x=L$）的"0"。因此，最大弯矩为：

$$M_{max} = \frac{Pab}{L} \tag{4-13}$$

并且，最大弯矩出现在集中载荷的作用点处。

在推导载荷 P 右侧的剪力和弯矩的表达式 [式（4-12a，b）] 时，依据的是该梁左侧部分（图 4-17c）的平衡条件。除了 V 和 M 之外，该自由体还受到了力 R_A 和 P 的作用。对于这一特殊的例子，假如把该梁右侧部分作为一个自由体来研究，则问题就更为简单一些，因为这时将只有一个力（R_B）出现在平衡方程中（除了 V 和 M 之外）。当然，最终的结果是不变的。

现在，可观察出剪力图和弯矩图（图 4-17d、e）的某些特性。首先，剪力图的斜率 dV/dx 在 $0<x<a$ 和 $a<x<L$ 的区间内为零，这与方程 $dV/dx=-q$ [式（4-1）] 是一致的。同时，在相同的区间内，弯矩图的斜率 dM/dx 等于 V [式（4-4）]。在载荷 P 的左侧，弯矩图的斜率是正值，且等于 Pb/L；在载荷 P 的右侧，斜率是负值，且等于 $-Pa/L$。因此，在载荷 P 的作用点处，剪力图有一个突然的变化（突变量等于载荷 P 的大小），而弯矩图的斜率也有一个相应的变化。

现在研究剪力图的面积。从 $x=0$ 到 $x=a$，剪力图的面积为（Pb/L）a 或 Pab/L。该面积代表相同两点之间弯矩的增加量 [式（4-6）]。从 $x=a$ 到 $x=L$，剪力图的面积为 $-Pab/L$，它代表该区间内弯矩的减少量。因此，正如预期的那样，弯矩在该梁的 B 端为零。

如果该梁两端的弯矩均为零（简支梁通常是这种情况），那么，在没有受到力偶作用的情况下，该梁两端之间的剪力图的面积必定为零 [见 4.4 节关于方程（4-6）的讨论]。

如前所述，设计梁时需要知道剪力和弯矩的最大值和最小值。对于一根承受单一集中载荷作用的简支梁，最大剪力出现在最接近集中载荷的一端，最大弯矩出现在载荷作用点处。

均布载荷 一根承受着一个强度为 q 的均布载荷的简支梁如图 4-18a 所示。由于该梁及其载荷是对称的，因此，可迅速看出，各反作用力（R_A 和 R_B）均为 $qL/2$。于是，与左端相距 x 处的剪力和弯矩为：

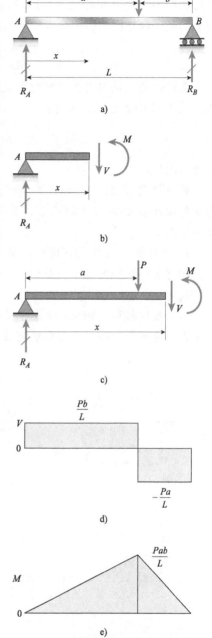

图 4-17 承受集中载荷的简支梁的剪力图和弯矩图

$$V=R_A-qx=\frac{qL}{2}-qx \tag{4-14a}$$

且

$$M=R_Ax-qx\left(\frac{x}{2}\right)=\frac{qLx}{2}-\frac{qx^2}{2} \tag{4-14b}$$

这两个方程对该梁的整个长度都是有效的，依据其绘制的剪力图和弯矩图分别见图 4-18b、c。

剪力图中有一条倾斜直线，该直线的纵坐标值在 $x=0$ 和 $x=L$ 时分别等于各反作用力，该直线的斜率为 $-q$ ［正如式（4-1）所示］。弯矩图为一条关于该梁中点对称的抛物线。在每个横截面处，弯矩图的斜率均等于剪力［式（4-4）］：

$$\frac{\mathrm{d}M}{\mathrm{d}x}=\frac{\mathrm{d}}{\mathrm{d}x}\left(\frac{qLx}{2}-\frac{qx^2}{2}\right)=\frac{qL}{2}-qx=V$$

弯矩的最大值出现在该梁的中点处，在该处，$\mathrm{d}M/\mathrm{d}x$ 和剪力 V 均为零。因此，将 $x=L/2$ 代入关于 M 的表达式，可得：

$$M_{\max}=\frac{qL^2}{8} \tag{4-15}$$

如弯矩图所示。

载荷强度图（图 4-18a）的面积为 qL，根据式（4-3）可知，在该梁 A 至 B 的区间内，剪力 V 的减小量必定等于该面积。事实上，我们的确看到了这种情况，因为剪从 $qL/2$ 减小至 $-qL/2$。

在 $x=0$ 至 $x=L/2$ 的区间内，剪力图的面积等于 $qL^2/8$，并且可以看出该面积代表相同两点之间弯矩的增加量［式（4-6）］。类似的，在 $x=L/2$ 至 $x=L$ 的区间内，弯矩的减小量等于 $qL^2/8$。

多个集中载荷　如果多个集中载荷作用在一根简支梁（图 4-19a）上，那么，可在各载荷作用点处将该梁分段，再分别求解各段的剪力和弯矩的表达式。利用该梁左侧部分的自由体

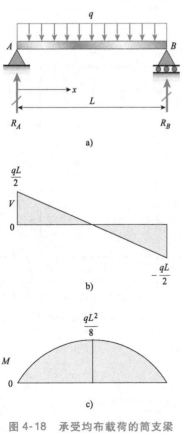

图 4-18　承受均布载荷的简支梁
的剪力图和弯矩图

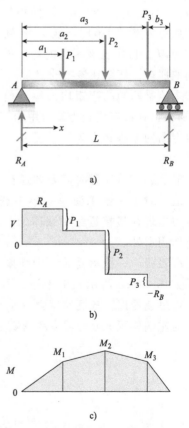

图 4-19　承受多个集中载荷的简支梁
的剪力图和弯矩图

图，并设 x 为至 A 端的距离，则得到第一段梁的方程：

$$V = R_A \qquad M = R_A x \qquad (0 < x < a_1) \tag{4-16a，b}$$

对于第二段梁，可得：

$$V = R_A - P_1 \tag{4-17a}$$

$$M = R_A x - P_1(x - a_1) \qquad (a_1 < x < a_2) \tag{4-17b}$$

对于第三段梁，分析该该梁的右侧部分比分析左侧更为容易，因为作用在相应自由体上的载荷较少。因此，可得：

$$V = -R_B + P_3 \tag{4-18a}$$

$$M = R_B(L - x) - P_3(L - b_3 - x) \qquad (a_2 < x < a_3) \tag{4-18b}$$

最后，对于该梁的第四段，可得：

$$V = -R_B \qquad M = R_B(L - x) \qquad (a_3 < x < L) \tag{4-19a，b}$$

利用方程（4-16）至（4-19），就可绘制出剪力图和弯矩图（图 4-19b、c）。

从剪力图可以看出，剪力在梁的各段中是恒定的，而在各个载荷的作用点处是突然变化的，且突变量等于载荷值。同时，各段中的弯矩都是 x 的一个线性函数，因此，弯矩图的相应部分是一条倾斜的直线。为了画出这些倾斜直线，可将 $x = a_1$、$x = a_2$ 和 $x = a_3$ 分别代入方程式（4-16b）、（4-17b）和（4-18b），即可得到各集中载荷作用处的弯矩，所得到的弯矩如下：

$$M_1 = R_A a_1 \qquad M_2 = R_A a_2 - P_1(a_2 - a_1) \qquad M_3 = R_B b_3 \qquad (4-20a，b，c)$$

已知了这些值后，就可通过将各已知点连接为直线的方法画出弯矩图。

在剪力的各个不连续处，弯矩图的斜率 dM/dx 有一个相应的变化。同时，两个载荷作用点之间弯矩的变化量等于相同两点之间剪力图的面积［见式（4-6）］。例如，载荷 P_1 和 P_2 之间弯矩的变化量为 $M_2 - M_1$。根据式（4-20a，b），可得：

$$M_2 - M_1 = (R_A - P_1)(a_2 - a_1)$$

这就是剪力图在 $x = a_1$ 至 $x = a_2$ 区间内的面积。

对于仅承受集中载荷作用的梁，最大弯矩必定出现在某一个集中载荷作用处或某个反作用力作用处，这是因为，如前所述，弯矩图的斜率就等于剪力。因此，每当弯矩图有一个最大值或最小值时，导数 dM/dx（即剪力）的符号必定要发生改变。但是，在仅承受集中载荷作用的梁中，剪力的符号只在载荷作用点处发生改变。

如果剪力沿着 x 轴从正变为负（如图 4-19b 所示），那么，弯矩图中的斜率也将由正变为负。因此，在该横截面处就有一个最大弯矩。相反，若剪力从负值变为正值，则意味着有一个最小弯矩。理论上讲，剪力图可以在若干点处与水平轴相交，尽管这几乎是不可能的。对应于每一个这样的交点，弯矩图中就有一个极大值或极小值。为了求出梁中的最大正、负弯矩，必须确定所有的极大值和极小值。

综述 上述讨论中经常使用的术语"最大（maximum）"、"最小（minimum）"就是通常意义上的"最大（largest）"、"最小（smallest）"。因此，无论弯矩图是由一条光滑连续的函数（如图 4-18c 所示）来描述的，还是由一系列的图线（如图 4-19c 所示）来描述的，都需要弯矩图给出"梁中的最大弯矩"。

此外，还经常需要区分正值与负值。因此，使用诸如"最大正弯矩和最大负弯矩"这样的表达方式。在这两种情况下，是指弯矩的数值是最大的，即"最大负弯矩"意味着"数值最大的负弯矩"，类似的表达方式也适用于梁的其他量（如剪力和变形）。

最大正、负弯矩可能发生在梁的以下位置：（1）某一集中载荷作用点处的横截面，且该横截面上的剪力符号发生改变（图 4-17 和图 4-19）；（2）剪力等于零的横截面（见图 4-18）；（3）存在一个铅垂反作用力的支撑点处；（4）力偶作用点处的横截面。上述讨论以及下述各例说明了所有的这些可能性。

当多个载荷作用在梁上时，只需将各个载荷单独作用时的剪力图和弯矩图进行叠加（或求和），就可以得到该梁的剪力图和弯矩图。例如，图 4-19b 所示剪力图实际上是三个图的和，这三个图如图 4-17d 所示。类似的说法也适用于图 4-19c 所示的弯矩图。剪力图和弯矩图的叠加是允许的，因为在静定梁中剪力和弯矩都是载荷的线性函数。

利用计算机程序可较为容易地画出剪力图和弯矩图。通过徒手画图，可深入理解这类图的性质，之后，才能够放心地使用计算机程序来绘制这类图，并得到数值结果。为便于参考，本章的"总结与回顾"（以及例 4-7）总结了绘制剪力图和弯矩图时所需的微分关系。

●●● 例 4-4

请画出图 4-20a 所示简支梁的剪力图和弯矩图，该梁的部分长度段上承受着一个强度为 q 的均布载荷。

解答：

反作用力。首先，根据整个梁的自由体图（图 4-18a）来求解反作用力。求解结果为：

$$R_A = \frac{qb(b + 2c)}{2L} \qquad R_B = \frac{qb(b + 2a)}{2L}$$

$$(4\text{-}21a, b)$$

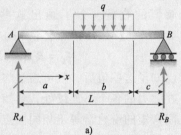

a)

剪力和弯矩。为了得到整个梁的剪力和弯矩，必须将该梁分为三段。在每一段中切割该梁，就可显示出剪力 V 和弯矩 M。然后，画出一个以 V 和 M 作为未知量的自由体图。最后，求铅垂方向上的合力，就可求得剪力；求关于切割截面的力矩和，就可求得弯矩。所有三段的求解结果为：

$$V = R_A \qquad M = R_A x \qquad (0 < x < a)$$

$$(4\text{-}22a, b)$$

$$V = R_A - q(x - a) \qquad M = R_A x - \frac{q(x-a)^2}{2}$$

$$(a < x < a + b) \qquad (4\text{-}23a, b)$$

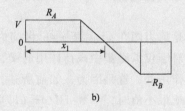

b)

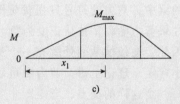

c)

图 4-20 局部承受均布载荷的简支梁

$$V = -R_B \qquad M = R_B(L - x) \qquad (a + b < x < L) \qquad (4\text{-}24a, b)$$

这些方程给出了该梁各个横截面处的剪力和弯矩，并且，其表达遵循变形的符号约定。为了检查这些结果，可将式（4-1）（$dV/dx = -q$）应用于所求剪力方程，将式（4-4）（$dM/dx = V$）应用于所求弯矩方程来验证这些方程是否满足微分关系。

现在，根据式（4-22）~式（4-24），就可画出剪力图和弯矩图（图 4-20b、c）。剪力图包含一条水平直线（在该梁的无载荷区内）和一条斜率为负值的斜线（在加载区内），这与根据方程 $dV/dx = -q$ 所得到的结果是一样的。

弯矩图包含两条斜线（在该梁的无载荷区内）和一条抛物线（在加载区内）。这两条斜线的斜率分别等于 R_A 和 $-R_B$，这与预期根据方程 $dM/dx = V$ 所得到的结果是一样的。同时，在与抛物线的交点处，各斜线与抛物线相切。这一结论遵循以下事实，即在这两个交点处剪力的大小没有发生突然变化。因此，根据弯矩方程，可以看出，弯矩图的斜率在这两个交点处没有突然发生变化。注意，根据变形的符号约定，弯矩图应绘制在该梁的受压一侧。因此，梁 AB 的整个上表面将如预期的那样受到压缩。

最大弯矩。 最大弯矩发生在剪力等于零的位置处。设剪力 V ［根据式（4-23a）］等于零，并求解的 x 值，就可求出该位置点，用 x_1 表示该位置点。其结果为：

$$x_1 = a + \frac{b}{2L}(b + 2c) \tag{4-25}$$

将 x_1 代入弯矩的表达式［式（4-23b）］，并求解最大弯矩，可得：

$$M_{max} = \frac{qb}{8L^2}(b + 2c)(4aL + 2bc + b^2) \tag{4-26}$$

最大弯矩总是发生在均布载荷的作用区内，如图 4-25 所示。

特殊情况。 如果该均布载荷被对称施加在该梁上（$a = c$），那么，式（4-25）和式（4-26）可化简为：

$$x_1 = \frac{L}{2} \qquad M_{max} = \frac{qb(2L - b)}{8} \tag{4-27a, b}$$

如果该均布载荷作用在整个梁上，那么，$b = L$，$M_{max} = qL^2/8$，这与图 4-18 和式（4-15）是一致的。

● ● ● 例 4-5

请画出图 4-21a 所示悬臂梁的剪力图和弯矩图，该梁承受着两个集中载荷。

解答：

反作用力。 根据整个梁的自由体图，可求出铅垂反作用力 R_B（向上为正）和反作用力矩 M_B（根据静力学的符号约定，逆时针为正）：

$$R_B = P_1 + P_2 \qquad M_B = -(P_1L + P_2b) \tag{4-28a, b}$$

剪力和弯矩。 将该梁分为两段，在每一段中切割该梁，画出相应的自由体图，并求解各平衡方程，就可求出各个剪力和弯矩。再次从该梁的左端测量距离 x，所求结果（采用变形的符号约定，图 4-9）为：

$$V = -P_1 \quad M = -P_1x \quad (0 < x < a) \tag{4-29a, b}$$

$$V = -P_1 - P_2 \quad (a < x < L) \tag{4-30a}$$

$$M = -P_1x - P_2(x - a) \quad (a < x < L) \tag{4-30b}$$

相应的剪力图和弯矩图如图 4-21b、c 所示。剪力在这两个载荷之间为常数，并在支座处达到最大值，该最大值就等于铅垂反作用力 R_B［式（4-28a）］。

弯矩图包含两条斜线，每条斜线的斜率均等于该梁相应段中的剪力。最大弯矩发生在支座处，其大小等于反作用力矩 M_B［式（4-28b）］，它也等于整个剪力图的面积，正如式（4-6）所预期的那样。

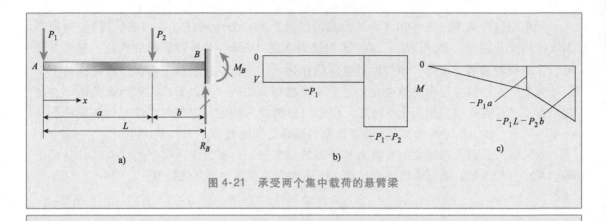

图 4-21　承受两个集中载荷的悬臂梁

例 4-2 研究了一根长度为 L，承受一个强度为 $q(x)=(x/L)q_0$ 的线性载荷的梁，并求出了以下三种不同情况下反作用力的表达式、剪力方程 $V(x)$ 以及弯矩方程 $M(x)$：（a）悬臂梁；（b）简支梁；（c）支座 A 处为滚动支座、支座 B 处为滑动支座的梁。

请利用例 4-2 所得到的表达式来绘制这三种梁（图 4-22）的剪力图和弯矩图。

解答：

悬臂梁。例 4-2 的悬臂梁的自由体图如图 4-22a 所示，反作用力 R_B 和 M_B 的表达式见例 4-2 的式（a），式（b）。剪力图和弯矩图是根据剪力 $V(x)$ 和 $M(x)$ 的表达式［式（g）和式（h）］来绘制的。注意，剪力图在任一 x 点处的斜率等于 $-q(x)$［见式（4-1）］，弯矩图在任一 x 点处的斜率等于 V［见式（4-4）］。剪力和弯矩的最大值发生在 $x=L$ 的固定端处［见例 4-2 的式（i）、(j)］，这两个最大值与反作用力 R_B 和 M_B 的值是一致的。

另一种求解方法。可依据载荷、剪力以及弯矩之间的微分关系来求解各剪力与弯矩，而不需使用自由体图和平衡方程。利用积分式（4-3），就可根据载荷求出与自由端 A 相距 x 位置处的剪力 V，即：

$$V - V_A = V - 0 = V = -\int_0^x q(x)\,\mathrm{d}x \tag{a}$$

如果在该梁的整个长度上积分，那么，剪力从 A 至 B 的变化量就等于该分布载荷图下面积的负值 $(-A_q)$，如图 4-22a 所示。此外，该剪力图在任一 x 点处的切线的斜率等于该分布载荷在同一点处相应的纵坐标值。由于该载荷曲线是线性的，因此，剪力图是一条二次曲线。

利用积分式（4-6），就可根据剪力来求解与点 A 相距 x 位置处的弯矩 M，即：

$$M - M_A = M - 0 = M = \int_0^x V\,\mathrm{d}x = \int_0^x -q(x)\,\mathrm{d}x \tag{b}$$

如果在该梁的整个长度上积分，那么，弯矩从 A 至 B 的变化量就等于该剪力图下的面积 (A_V)，如图 4-22a 所示。同时，该弯矩图在任一 x 点处的切线的斜率等于剪力图上同一点处相应的纵坐标值。由于该剪力图是一条二次曲线，因此，弯矩图就是一条三次曲线。为方便起见，这些微分关系被总结在"本章总结与回顾"中。

应该注意到，本例中的微分关系是非常简单的，因为加载模式是线性和连续的，并且，

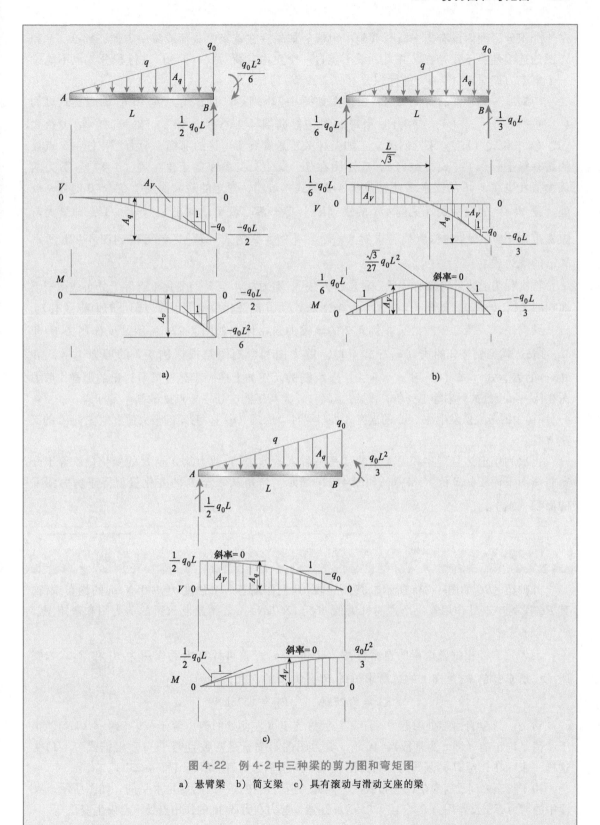

图 4-22 例 4-2 中三种梁的剪力图和弯矩图

a）悬臂梁 b）简支梁 c）具有滚动与滑动支座的梁

在整个积分区间内没有集中载荷或集中力偶。如果存在着集中载荷或集中力偶，那么，V 和 M 图的连续性将不复存在，并且，既不能过一个集中载荷对式 (4-3) 进行积分，也不能过一个集中力偶对式 (4-6) 进行积分 (见 4.4 节)。

简支梁。例 4-2 的简支梁的自由体图如图 4-22b 所示，反作用力 R_A 和 R_B 的表达式见例 4-2 的式 (c)，式 (d)。剪力图和弯矩图是根据例 4-2 的剪力 $V(x)$ 和 $M(x)$ 的表达式 [式 (k) 和式 (l)] 来绘制的。正如上述关于悬臂梁所讨论的那样，剪力图在任一 x 点处的斜率等于 $-q(x)$ [式 (4-1)]，弯矩图在任一 x 点处的斜率等于 V [式 (4-4)]。剪力的最大值发生在 $x=L$ 的支座 B 处 [见例 4-2 的式 (m)]，弯矩的最大值发生在 $V=0$ 的那一点处。设 $V(x)$ 的表达式 [见例 4-2 的式 (k)] 等于零，就可求解出 $x_m = L/\sqrt{3}$，即最大弯矩发生在 $x = L/\sqrt{3}$ 的位置处。求解 $M(x_m)$ [例 4-2 的式 (l)]，就可得到图 4-22b 所示 $M_{\max}$ 的表达式。

再次利用上述悬臂梁的"另一种求解方法"：剪力从 A 至 B 的变化量就等于分布载荷图下面积的负值 $(-A_q)$，如图 4-22b 所示。弯矩从 A 至 B 的变化量就等于剪力图下的面积 (A_V)。

具有滚动和滑动支座的梁。例 4-2 的该梁的自由体图如图 4-22c 所示，反作用力 R_A 和 M_B 的表达式见例 4-2 的式 (e)、式 (f)。剪力图和弯矩图是根据例 4-2 的剪力 $V(x)$ 和 $M(x)$ 的表达式 [式 (o) 和式 (p)] 来绘制的。正如上述关于悬臂梁所讨论的那样，剪力图在任一 x 点处的斜率等于 $-q(x)$ [见式 (4-1)]，弯矩图在任一 x 点处的斜率等于 V [式 (4-4)]。剪力的最大值发生在 $x=0$ 的支座 A 处 [例 4-2 的式 (q)]，弯矩的最大值发生在 $V=0$ 的支座 B 处。

再次利用上述悬臂梁和简支梁的"另一种求解方法"：剪力从 A 至 B 的变化量就等于分布载荷图下面积的负值 $(-A_q)$，如图 4-22c 所示。弯矩从 A 至 B 的变化量就等于剪力图下的面积 (A_V)。

●●● 例 4-7

外伸梁 ABC 如图 4-23a 所示，其外伸段 AB 上作用有一个强度 $q = 1.0\mathrm{kN/m}$ 的均布载荷，其 BC 段的中点处作用有一个逆时针力偶 $M_0 = 12.0\mathrm{kN \cdot m}$。请绘制该梁的剪力图和弯矩图。

解答：

反作用力。根据整个梁的自由体图 (图 4-23a)，就可计算出反作用力 R_B 和 R_C。如图所示，所求得的 R_B 是向上的，所求得的 R_C 是向下的，其大小为：

$$R_B = 5.25\mathrm{kN} \qquad R_C = 1.25\mathrm{kN}$$

剪力。该梁自由端处的剪力等于零，紧靠支座 B 左侧处的剪力等于 $-qb$ (或 $-4.0\mathrm{kN}$)。由于载荷是均布的 (即 q 为常数)，因此，剪力图的斜率就是常数且等于 $-q$ [根据式 (4-1)]。这样一来，在 A 至 B 的区间内，剪力图就是一条斜率为负值的斜线 (图 4-23b)。

由于支座之间没有集中或分布载荷，因此，剪力图在这一区间内是水平的。如图所示，BC 段中的剪力等于反作用力 R_C，或 $1.25\mathrm{kN}$ (注意，剪力在力偶 M_0 的作用点处不会发生变化)。

剪力的最大值发生在紧靠支座 B 的左侧处且等于 $-4.0\mathrm{kN}$。

弯矩。自由端处的弯矩为零，随着向右移动，弯矩的代数值不断降低（但数值不断增加），直到达到支座 B 为止。弯矩图的斜率等于剪力值〔根据式（4-4）〕，该斜率在自由端处为零，在紧靠支座 B 的左侧处为 -4.0kN。该弯矩图在这一区间内是一条抛物线（二次曲线），其顶点位于该梁的端部。点 B 处的力矩为：

$$M_B = -\frac{qb^2}{2} = -\frac{1}{2}(1.0\text{kN/m}) \times (4.0\text{m})^2$$

$$= -8.0\text{kN} \cdot \text{m}$$

它也等于剪力图在 A、B 之间的面积〔式（4-6）〕。

弯矩图在 B、C 区间的斜率等于剪力，或 1.25kN。因此，紧靠力偶 M_0 左侧处的弯矩为：

$$-8.0\text{kN} \cdot \text{m} + (1.25\text{kN}) \times (8.0\text{m}) = 2.0\text{kN} \cdot \text{m}$$

如图 4-23c 所示。当然，沿着紧靠该力偶的左侧处切割该梁，再绘制一个自由体图，并求解力矩平衡方程，也可以得到相同的结果。

正如之前关于式（4-9）所解释的那样，弯矩在力偶 M_0 的作用点处发生突变。由于该力偶是逆时针作用的，因此，力偶矩的减少量等于 M_0。于是，紧靠力偶 M_0 右侧处的弯矩为：

$$2.0\text{kN} \cdot \text{m} - 12.0\text{kN} \cdot \text{m} = -10.0\text{kN} \cdot \text{m}$$

从该点至支座 C，弯矩图又是一条斜率为 1.25kN 的直线。因此，支座 C 处的弯矩为：

$$-10.0\text{kN} \cdot \text{m} + (1.25\text{kN})(8.0\text{m}) = 0$$

正如预期的那样。

弯矩的最大值和最小值发生在那些剪力符号发生改变，且施加有力偶的位置处。比较弯矩图中的各个高、低点可以看出，最大弯矩值等于 -10.0kN · m，它发生在紧靠力偶 M_0 的右侧处。是否还记得，该弯矩图应画在该梁的受压一侧，因此，除了一小段（紧靠 BC 段中点的左侧）之外，该梁的整个上表面均受到拉伸。

如果在节点 A 处增加一个滚动支座、在紧靠节点 B 的左侧处插入一个剪力释放器（图 4-23d），那么，就必须重新计算支座的反作用力。过该剪力释放器（该处的 $V = 0$）切割该梁，就可画出该梁的两个自由体图（AB 和 BC），在左侧的自由体图中，求各力

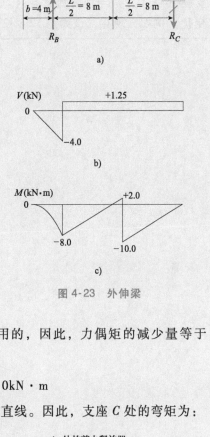

图 4-23 外伸梁

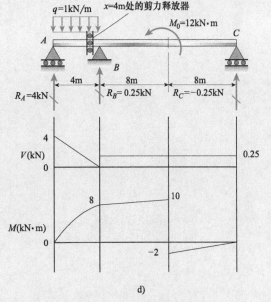

图 4-23d 修正的外伸梁：添加有剪力释放器

在铅垂方向上的和，就可求出反作用力 R_A 为 4kN。然后，在整个结构中求力矩和力的和，可得 $R_B = -R_C = 0.25\mathrm{kN}$。最后，可画出该修正结构的剪力图和弯矩图。与原梁相比，滚动支座（在 A 处）与剪力释放器（点 B 附近）的添加将导致剪力图和弯矩图均发生实质性的变化。例如，现在，该梁前 12m 长度段的顶面受到压缩，而不是拉伸。

第 4 章回顾了如何求解静定梁和简单框架的支座反作用力和内部应力的合力（N、V、M），然后论述了如何绘制轴力图、剪力图以及弯矩图以显示这些量在整个结构上的变化情况。还论述了固定支座、滑动支座、铰链支座以及滚动支座，并研究了在各种不同支座条件下各类结构的装配模型中的集中载荷与分布载荷。在某些情况下，内部释放器应被包含在分析模型中，以便用它们来表示已知的 N、V 或 M 为 "0" 的位置。本章的主要内容如下：

1. 如果结构是静定和稳定的，那么，单独使用静力学定理就足以求解出各支座反作用力和力矩的值，并可求解出结构中任何位置处的内部轴力（N）、剪力（V）以及弯矩（M）的大小。

2. 如果轴力释放器、剪力释放器或弯矩释放器出现在结构模型中，那么，应过这些释放器将该结构分割成独立的自由体图（FBD），然后，用一个额外的平衡方程来求解该 FBD 中未知的支座反作用力。

3. 显示 N、V、M 在结构上的变化情况的图或图形在设计中是非常有用的，因为它们可轻而易举地显示出设计所需的 N、V、M 的最大值的位置（第 5 章将研究梁的设计）。注意，绘制弯矩图时，应遵循变形的符号约定，并应将其绘制在构件（或构件的局部）的受压一侧。

4. 剪力图和弯矩图的画法可归纳如下：

a. 分布载荷曲线的纵坐标（q）等于剪力图上斜率的负值。

$$\frac{\mathrm{d}V}{\mathrm{d}x} = -q$$

b. 剪力图上任意两点之间的剪力值的差值等于分布载荷曲线下相同两点之间面积的负值。

$$\int_A^B \mathrm{d}V = -\int_A^B q\,\mathrm{d}x$$

$$V_B - V_A = -\int_A^B q\,\mathrm{d}x$$

$$= -（载荷图在 A、B 两点之间的面积）$$

c. 剪力图的纵坐标（V）等于弯矩图上的斜率。

$$\frac{\mathrm{d}M}{\mathrm{d}x} = V$$

d. 弯矩图上任意两点之间的弯矩值的差值等于剪力图下相同两点之间的面积。

$$\int_A^B \mathrm{d}M = \int_A^B V\,\mathrm{d}x$$

$$M_B - M_A = \int_A^B V\,\mathrm{d}x$$

$$= （剪力图在 A、B 两点之间的面积）$$

e. 在剪力曲线过参考轴的那些点处（即 $V = 0$），弯矩图上的弯矩值取得极大值或极小值。

f. 轴力图的纵坐标（N）在轴力释放器处为零；剪力图的纵坐标（V）在剪力释放器处为零；弯矩图的纵坐标（M）在弯矩释放器处为零。

第 4 章 习题

剪力和弯矩

4.3-1 图示简支梁 AB 受到一个 7.0kN 载荷的作用，请计算紧靠该载荷左侧的横截面上的剪力 V 和弯矩 M。

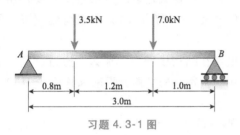

习题 4.3-1 图

4.3-2 请计算图示简支梁 AB 中点 C 处的横截面上的剪力 V 和弯矩 M。

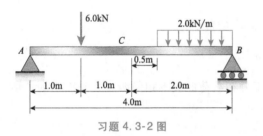

习题 4.3-2 图

4.3-3 请求出外伸梁中点处的横截面上的剪力 V 和弯矩 M（见图）。注意：一个载荷向上作用，另一个载荷向下作用，顺时针力矩 Pb 作用在各个支座处。

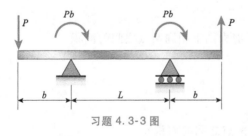

习题 4.3-3 图

4.3-4 请计算与图示悬臂梁 AB 的固定端相距 0.5m 处的横截面上的剪力 V 和弯矩 M。

4.3-5 研究图示外伸梁。

（a）请求出与其左端 A 相距 5.5m 处的横截面上的剪力 V 和弯矩 M。

（b）请求出所需载荷强度 q（该均布载荷作用

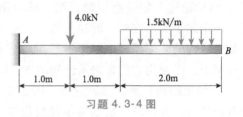

习题 4.3-4 图

在 BC 段的右半段）的大小为何值时才能使与 A 端相距 5.5m 处的横截面上的剪力为零。

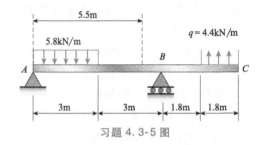

习题 4.3-5 图

4.3-6 图示梁 ABC，其 A、B 处各有一个简单支座，其 BC 段为外伸段。载荷包括一个水平力 $P_1 = 4.0$kN（作用在铅垂臂的端部）和一个铅垂力 $P_2 = 8.0$kN（作用在外伸段的端部）。

（a）请求出与其左端支座相距 3.0m 处的横截面上的剪力 V 和弯矩 M（注意：忽略梁与铅垂臂的宽度，在计算时使用中线尺寸）。

（b）请求出载荷 P_2 为何值时才能使与左端支座相距 2.0m 处的横截面上的剪力 $V = 0$。

（c）如果 $P_2 = 8$kN，那么，请求出载荷 P_1 为何值时才能使与左端支座相距 2.0m 处的横截面上的弯矩 $M = 0$。

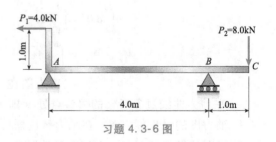

习题 4.3-6 图

4.3-7 图示梁 $ABCD$，其两端各有一外伸段，并承受一个强度为 q 的均布载荷的作用。比值 b/L 为何值时才能使该梁中点处的弯矩为零？

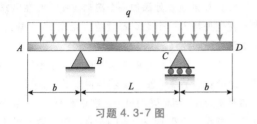

习题 4.3-7 图

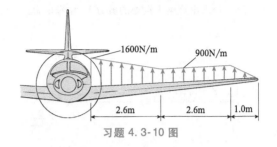

习题 4.3-10 图

4.3-8　拉满弓时，弓箭手对图示弓箭的弓弦施加了一个 130N 的拉力。请求出该弓中点处的弯矩。

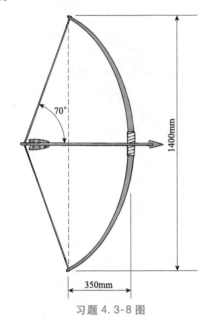

习题 4.3-8 图

4.3-9　如图所示，一根曲杆 ABC 受到两个大小相等、方向相反的力 P 的作用。该曲杆的轴线是一个半径为 r 的半圆。请求出在一个由角度 θ 定义的横截面上的轴力 N、剪力 V 和弯矩 M。

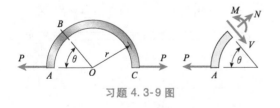

习题 4.3-9 图

4.3-10　在巡航条件下，作用在一架小飞机机翼上的分布载荷有一个如图所示的理想化分布。请计算与机身相连接处的剪力 V 和弯矩 M。

4.3-11　一根带有铅垂臂 CE 的梁 ABCD，其 A、D 处各有一个简单支座（见图 a）。一个小滑轮连接在铅垂臂的点 E 处，一条缆绳穿过小滑轮。缆绳的一端连接在该梁的点 B 处。

（a）如果梁紧靠点 C 左侧处的弯矩等于 7.5kN·m，那么，力 P 是多少？（注意：忽略梁与铅垂臂的宽度，在计算时使用中线尺寸）

（b）如果在 C 处添加一个滚动支座，并在紧靠点 C 左侧处插入一个剪力释放器（见图 b），那么，请重新求解问题（a）。

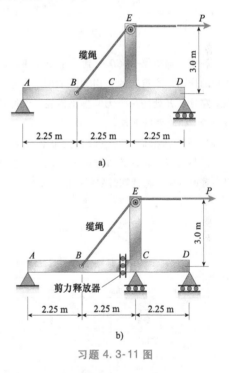

习题 4.3-11 图

4.3-12　简支梁 AB 承受一个梯形分布载荷的作用（见图）。该载荷的强度是线性变化的，它从支座 A 处的 50kN/m 一直变化至支座 B 处的 25kN/m。请计算该梁中点处的剪力 V 和弯矩 M。

4.3-13　如图所示，梁 ABCD 代表一根钢筋混凝土基础梁，该基础梁受到一个强度为 $q_1 = 40$kN·m 的均布载荷的作用。假设土壤对该梁底面的压力是均匀分布的，其强度为 q_2。

（a）请求出点 B 处的剪力 V_B 和弯矩 M_B。

（b）请求出该梁中点处的剪力 V_m 和弯矩 M_m。

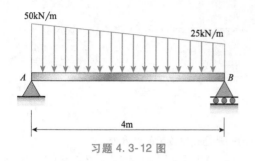

50kN/m

25kN/m

A

B

4m

习题 4.3-12 图

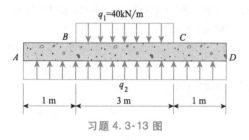

$q_1 = 40$kN/m

B

C

A

D

q_2

1 m

3 m

1 m

习题 4.3-13 图

4.3-14 简支梁 $ABCD$ 受到一个重量 $W = 27$kN 的重物的作用，该重物的作用方式如图 a 所示。一条缆绳穿过点 B 处的一个无摩擦小滑轮，缆绳的一端被连接在铅垂臂的 E 端。

（a）请计算截面 C（该截面紧靠铅垂臂的左侧）处的轴力 N、剪力 V 和弯矩 M（注意：忽略梁与铅垂臂的宽度，在计算时使用中线尺寸）。

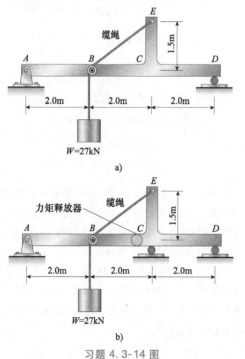

E

缆绳

1.5m

A

B

C

D

2.0m

2.0m

2.0m

$W = 27$kN

a)

E

力矩释放器

缆绳

1.5m

A

B

C

D

2.0m

2.0m

2.0m

$W = 27$kN

b)

习题 4.3-14 图

（b）如果在 C 处添加一个滚动支座，并在紧靠点 C 左侧处插入一个力矩释放器（见图 b），那么，请重新求解问题（a）。

4.3-15 图示离心机在水平面内（xy 平面）的某一光滑表面上绕 z 轴（该轴是铅垂的）旋转，其角加速度为 α。两个臂的单位长度重量均为 w，且端部均支撑着一个重量 $W = 2.0wL$ 的重物。请推导出各臂中的最大剪力和最大弯矩的公式。假设 $b = L/9$，$c = L/10$。

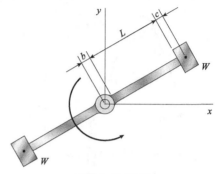

y

c

L

b

W

x

W

习题 4.3-15 图

剪力图和弯矩图

求解 4.5 节的习题时，应按照比例绘制剪力图和弯矩图，并应在图中标出所有关键的坐标值，包括最大值和最小值。

习题 4.5-1～4.5-10 是符号类习题。习题 4.5-11～4.5-24 是数值类习题。其他习题（4.5-25～4.5-40）涉及某些特殊主题，如优化、铰链梁和移动载荷等。

4.5-1 请绘制图示简支梁 AB（其上作用着两个相等的集中载荷 P）的剪力图和弯矩图。

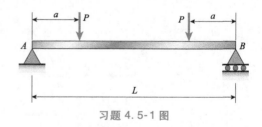

a

P

P

a

A

B

L

习题 4.5-1 图

4.5-2 如图所示，简支梁 AB 受到一个逆时针力偶矩 M_0 的作用，该力偶矩作用在与左端支座相距 a 的位置处。请绘制该梁的剪力图和弯矩图。

4.5-3 如图所示，悬臂梁 AB 在其一半长度段上承载着一个强度为 q 的均布载荷。请绘制该梁的剪力图和弯矩图。

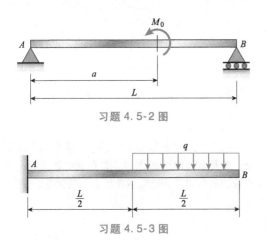

习题 4.5-2 图

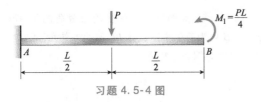

习题 4.5-3 图

4.5-4 图示悬臂梁 AB，其中点处受到一个集中载荷 P 的作用，其自由端处受到一个逆时针力偶矩 $M_1 = PL/4$ 的作用。请绘制该梁的剪力图和弯矩图。

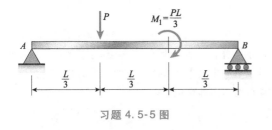

习题 4.5-4 图

4.5-5 图示简支梁 AB 受到一个集中载荷 P 和一个逆时针力偶矩 $M_1 = PL/3$ 的共同作用。请绘制该梁的剪力图和弯矩图。

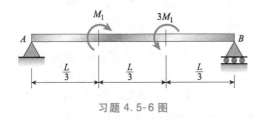

习题 4.5-5 图

4.5-6 简支梁 AB 在图示位置受到力偶 M_1 和 $3M_1$ 的作用。请绘制该梁的剪力图和弯矩图。

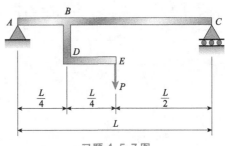

4.5-7 如图所示，简支梁 ABC，其托架 BDE 的端部受到一个铅垂载荷 P 的作用。

（a）请绘制梁 ABC 的剪力图和弯矩图。

（b）假设作用在 E 处的载荷 P 指向正右方，铅垂尺寸 BD 为 L/5。请画出梁 ABC 的轴力图、剪力图和弯矩图。

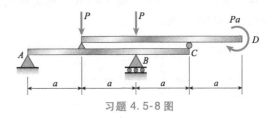

习题 4.5-7 图

4.5-8 图示梁 ABC，其 A、B 处为简单支座，其 BC 段为外伸段。该梁受到两个力 P 和一个顺时针力偶矩 Pa（作用在 D 处）的作用。

（a）请绘制梁 ABC 的剪力图和弯矩图。

（b）如果 D 处的力矩 Pa 被力矩 M 替换，那么，请求出使 B 处的反作用力等于零的 M 的表达式，该表达式应使用变量 P 和 a 来表示。并请绘制此时梁 ABC 的剪力图和弯矩图。

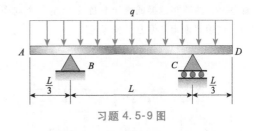

习题 4.5-8 图

4.5-9 如图所示，一根跨度为 L，各外伸段长度均为 L/3 的外伸梁 ABCD 受到一个强度为 q 的均布载荷的作用。请绘制该梁的剪力图和弯矩图。

（img 习题 4.5-6 图）

习题 4.5-6 图

习题 4.5-9 图

4.5-10 对于承受以下两种不同载荷的悬臂梁 AB，请分别绘制其剪力图和弯矩图。

（a）承受一个最大强度为 q_0 的线性分布载荷（见图 a）。

（b）承受一个最大强度为 q_0 的抛物线形分布载

荷（见图 b）。

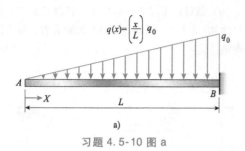

$$q(x) = \left(\frac{x}{L}\right) q_0$$

a)

习题 4.5-10 图 a

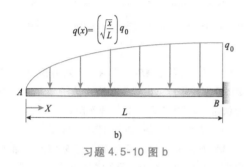

$$q(x) = \left(\sqrt{\frac{x}{L}}\right) q_0$$

b)

习题 4.5-10 图 b

4.5-11　图示简支梁 AB，其一半长度段上承受着一个最大强度 $q_0 = 1750 \text{N/m}$ 的三角形分布载荷，其中点处承受着一个集中载荷 $P = 350\text{N}$。请绘制该梁的剪力图和弯矩图。

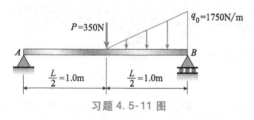

习题 4.5-11 图

4.5-12　图示梁 AB，其中间一半长度段上承受着一个强度为 3000 N/m 的均布载荷。该梁坐落在一个地基上，地基在该梁的整个长度上产生一个均布载荷。请绘制该梁的剪力图和弯矩图。

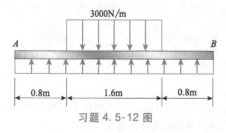

习题 4.5-12 图

4.5-13　如图所示，悬臂梁 AB 受到一个力偶和一个集中载荷的作用。请绘制该梁的剪力图和弯矩图。

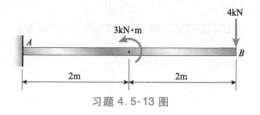

习题 4.5-13 图

4.5-14　图示悬臂梁 AB，其一半长度段上受到一个三角形分布载荷的作用，其自由端处受到一个集中载荷的作用。请绘制该梁的剪力图和弯矩图。

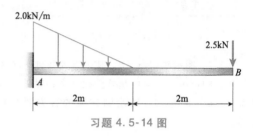

习题 4.5-14 图

4.5-15　如图所示，承受均布载荷的梁 ABC，其 A、B 处为简单支座，其 BC 段为外伸段。请绘制该梁的剪力图和弯矩图。

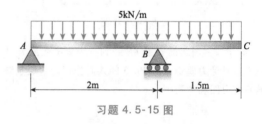

习题 4.5-15 图

4.5-16　如图所示，一端外伸的梁 ABC，其一端承受着一个强度为 12kN/m 的均布载荷，其 C 处承受着一个大小为 3kN·m 的集中力矩。请绘制该梁的剪力图和弯矩图。

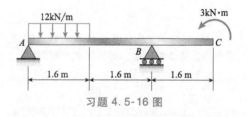

习题 4.5-16 图

4.5-17　对于图示两根承受相同载荷，但却具有不同支座条件的梁，哪根梁上具有较大的最大弯矩？首先，请分别求出各梁的支座反作用力；其次，请分别绘制各梁的轴力图（N）、剪力图（V）和弯矩图（M），并在各图中标出所有关键的 N、V、M 的值，同时，还应在各图中标出 N、V 和/或 M 为零的点的位置。

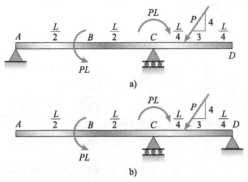

a)

b)

习题 4.5-17 图

4.5-18 下图所示三根梁承受的载荷相同，并具有相同的支座条件。但是，第一根梁在紧靠 C 点左侧处有一个力矩释放器，第二根梁在紧靠 C 点右侧处有一个剪力释放器，第三根梁在紧靠 C 点左侧处有一个轴力释放器。哪根梁上的最大弯矩值是最大的？首先，请分别求出各梁的支座反作用力；其次，请分别绘制各梁的轴力图（N）、剪力图（V）和弯矩图（M），并在各图中标出所有关键的 N、V、M 的值，同时，还应在各图中标出 N、V 和/或 M 为零的点的位置。

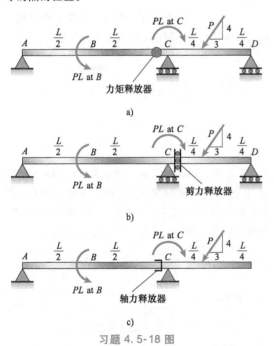

a)

b)

c)

习题 4.5-18 图

4.5-19 图示梁 ABC，其 A、B 处为简单支座，其 BC 段为外伸段。载荷包括一个水平力 $P_1 = 1800\text{N}$（作用在铅垂臂的端部）和一个水平力 $P_2 = 4000\text{N}$（作用在外伸段的端部）。请绘制该梁的剪力图和弯矩图（注意：忽略梁与铅垂臂的宽度，在计算时使用中线尺寸）。

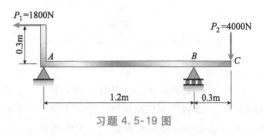

习题 4.5-19 图

4.5-20 图示简支梁 AB 受到两段均布载荷的作用，两个水平力分别作用在铅垂臂的两端。请绘制该梁的剪力图和弯矩图。

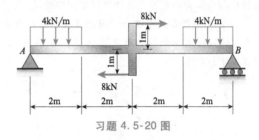

习题 4.5-20 图

4.5-21 图示两根梁承受着相同的载荷，并具有相同的支座条件。但是，各梁内部的轴力释放器、剪力释放器和力矩释放器的位置不同（见图）。哪根梁上的最大弯矩值是较大的？首先，请分别求出各梁的支座反作用力；其次，请分别绘制各梁的轴力图（N）、剪力图（V）和弯矩图（M），并在各图中标出所有关键的 N、V、M 的值，同时，还应在各图中标出 N、V 和/或 M 为零的点的位置。

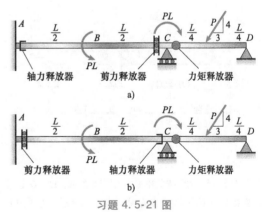

a)

b)

习题 4.5-21 图

4.5-22 图示梁 $ABCD$ 的两端外伸，外伸段的长度均为 4.2m，其支座 B 和 C 的间距为 1.2m。请绘制该外伸梁的剪力图和弯矩图。

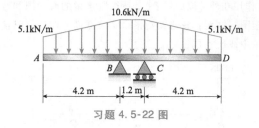

习题 4.5-22 图

4.5-23 如图所示，一根带有铅垂臂 CE 的梁 $ABCD$ 在 A、D 处受到像简支梁一样的支撑。一个小滑轮被连接在铅垂臂的 E 点处，一条缆绳穿过小滑轮。缆绳的一端被连接在梁的 B 点处。缆绳中的拉力为 8.0kN。

（a）请绘制梁 $ABCD$ 的剪力图和弯矩图（注意：忽略梁与铅垂臂的宽度，在计算时使用中线尺寸）。

（b）如果在 C 处添加一个滚动支座，并在紧靠 C 点左侧处插入一个剪力释放器（见图 b），那么，请重新求解问题（a）。

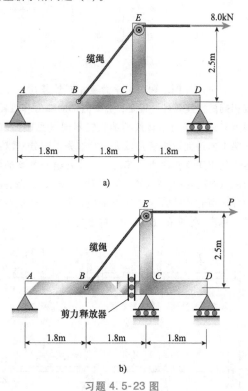

a)

b)

习题 4.5-23 图

4.5-24 梁 ABC 和 CD，分别在 A、C、D 处受到支撑，并在紧靠 C 点左侧处被一个铰链（或力矩释放器）连接在一起。A 处的支座是一个滑动支座（因此，对于图示承载情况，其反作用力 $A_y = 0$）。请求出所有支座的反作用力，并绘制剪力图（V）和弯矩图（M）。应在各图中标出所有关键的 V、M

的值，同时，还应在各图中标出 V 和/或 M 为零的点的位置。

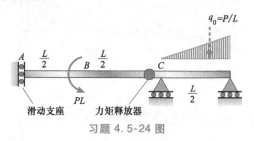

习题 4.5-24 图

4.5-25 图示简支梁 AB 承受着一个集中载荷和一段均布载荷。

（a）请绘制该梁的剪力图和弯矩图。

（b）请求出 P 为何值时才能使 $x = 4.2$m 处的剪力为零。绘制这种情况下的剪力图和弯矩图。

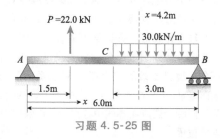

习题 4.5-25 图

4.5-26 图示悬臂梁承受着一个集中载荷和一段均布载荷。请绘制该梁的剪力图和弯矩图。

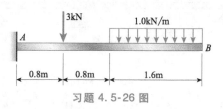

习题 4.5-26 图

4.5-27 图示简支梁 ACB 在其 $a = 1.8$m 的长度段内受到一个最大强度 $q_0 = 2.6$kN/m 的三角形分布载荷的作用，并在其点 A 处受到一个集中力矩 $M = 400$N·m 的作用。

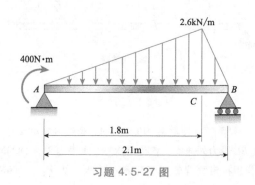

习题 4.5-27 图

（a）请绘制该梁的剪力图和弯矩图。

（b）请求出距离 a 为何值时才能使 $L/2$ 处出现最大弯矩。绘制这种情况下的剪力图和弯矩图。

（c）请求使 M_{max} 为最大的距离 a 的值。

4.5-28 一根简支梁受到一个梯形分布载荷的作用（见图）。该载荷的强度从支座 A 处的 1.0kN/m 变化至支座 B 处的 3.0kN/m。请绘制该梁的剪力图和弯矩图。

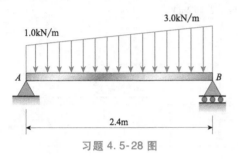

习题 4.5-28 图

4.5-29 一根长度为 L 的梁被设计为支撑一个强度为 q 的均布载荷（见图）。如果将该梁的支座置于两端，使其变为一根简支梁，则这根简支梁中的最大弯矩为 $qL^2/8$。但是，如果将两端的支座对称地向其中间移动（如图所示），则最大弯矩将减小。请求出支座间距 a 为何值时才能使梁中的最大弯矩具有一个可能的最小值。绘制这种情况下的剪力图和弯矩图。

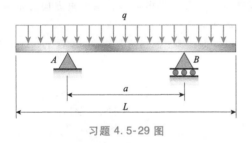

习题 4.5-29 图

4.5-30 图示复合梁 $ABCDE$ 包含两根梁（AD 和 DE），这两根梁在 D 处被一个铰链连接在一起。该铰链可传递剪力，但不能传递弯矩。梁上的载荷

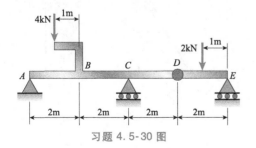

习题 4.5-30 图

包括一个 4kN 的力（作用在其托架的端部）和一个 2kN 的力（作用在 DE 梁的中点处）。请绘制该复合梁的剪力图和弯矩图。

4.5-31 梁 AB，其 A 处有一个滑动支座，其 B 处有一个刚度系数为 k 的弹性支座。请画出以下两种不同载荷情况下该梁的剪力图和弯矩图。

（a）承受一个最大强度为 q_0 的线性分布载荷（见图 4.5-31a）。

（b）承受一个最大强度为 q_0 的抛物线形分布载荷（见图 4.5-31b）。

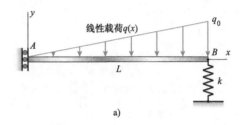

a)

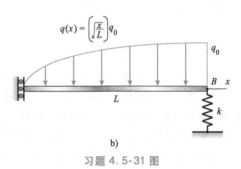

b)

习题 4.5-31 图

4.5-32 一根简支梁的剪力图如图所示。请求出该梁的载荷，并画出其弯矩图。假设没有力偶作用在该梁上。

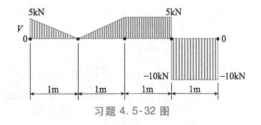

习题 4.5-32 图

4.5-33 一根梁的剪力图如图所示。假设没有力偶作用在该梁上，请求出作用在梁上的力，并画出其弯矩图。

4.5-34 图示复合梁，在紧靠 B 点左侧处有一个内部的力矩释放器，在紧靠 C 点右侧处有一个剪力释放器。A、C、D 处支座的反作用力是已知的（如图所示）。首先，请根据静力学证明各反作用力

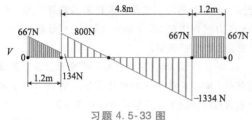

习题 4.5-33 图

的表达式是正确的；然后，绘制剪力图（V）和弯矩图（M），应在各图中标出所有关键的 V、M 的值，同时，还应在各图中标出 V 和/或 M 为零的点的位置。

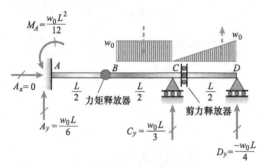

习题 4.5-34 图

4.5-35　图示复合梁，在紧靠 C 点左侧处有一个剪力释放器，在紧靠 C 点右侧处有一个力矩释放器。其 B 点处受到一个载荷 P 的作用，其 BC 段和 CD 段分别受到一个三角形分布载荷 $w(x)$ 的作用。图中已经给出了在这种载荷情况下的弯矩图。

首先，请根据静力学求解反作用力；然后，绘制剪力图（V）和弯矩图（M）。并证明图示弯矩图的正确性。应在各图中标出所有关键的 N、V、M 的值，同时，还应在各图中标出 N、V 和/或 M 为零的点的位置。

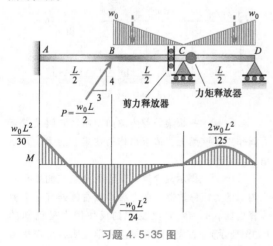

习题 4.5-35 图

4.5-36　如图所示，简支梁 AB 承受着两个轮子所施加的载荷 P 和 $2P$，这两个载荷的间距为 d。轮子可放置在与左端支座相距 x 的任意位置处。

（a）请求出 x 为何值时才能使该梁中产生最大剪力，并求出此时的最大剪力 V_{max}。

（b）请求出 x 为何值时才能使该梁中产生最大弯矩，并绘制相应的弯矩图（假设 $P = 10\text{kN}$，$d = 2.4\text{m}$，$L = 12\text{m}$）。

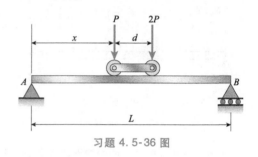

习题 4.5-36 图

4.5-37　图示斜梁代表一个承受下列载荷的梯子：房屋油漆工的重量（W）、梯子自身的分布重量（w）。

（a）请求出 A、B 处支座的反作用力，然后，绘制轴力图（N）、剪力图（V）和弯矩图（M）。应在各图中标出所有关键的 N、V、M 的值，同时，还应在各图中标出 N、V 和/或 M 为零的点的位置。画出与该斜梁铅垂方向上的 N、V 和 M 图。

（b）假如梯子悬挂在 B 处的一个销上，且 A 处

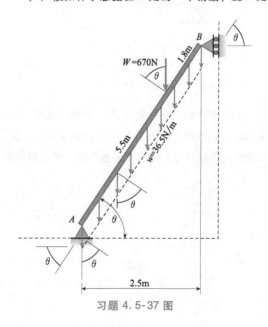

习题 4.5-37 图

有一个与地板垂直的滚动支座，那么，请针对这种情况重新求解问题（a）。

4.5-38 梁 *ABC* 受到图示系杆 *CD* 的支撑。对该梁有以下两种可能的配置：一种配置是在 *A* 处安装一个铰链支座，且 *AB* 段上承受一个向下的三角形分布载荷；另一种配置是在 *B* 处安装一个铰链支座，而 *AB* 段上的载荷是向上的。哪一种配置具有较大的最大弯矩？

首先，请求出所有支座的反作用力，然后，仅绘制梁 *ABC* 的轴力图（*N*）、剪力图（*V*）和弯矩图（*M*），并标出所有关键的 *N*、*V*、*M* 的值，同时标出任意一关键值为零的点的位置。

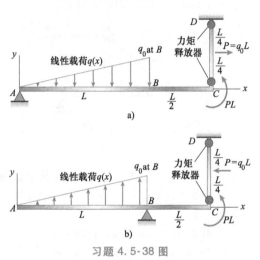

习题 4.5-38 图

4.5-39 如图 a 所示，平面框架包含立柱 *AB* 和梁 *BC*，其中，梁 *BC* 承受着一个三角形分布载荷。支座 *A* 是固定的，*C* 处有一个滚动支座。立柱 *AB* 在紧靠节点 *B* 下侧处有一个力矩释放器。

（a）请求出 *A*、*C* 处支座的反作用力，然后，分别绘制这两个构件的轴力图（*N*）、剪力图（*V*）和弯矩图（*M*）。并标出所有关键的 *N*、*V*、*M* 的值，同时标出任意一关键值为零的点的位置。

（b）如果现在增加一个抛物线形横向载荷，并使其作用在立柱 *AB* 的右侧（见图 b），那么，请重新求解问题（a）。

4.5-40 图示平面框架是高架高速公路系统的一部分。*A*、*D* 处为固定端，但两个立柱（*AB* 和 *DE*）的基础处各有一个力矩释放器，立柱 *BC* 和梁 *BE* 的端部的情况也是如此。请求出所有支座的反作用力，然后，分别绘制所有梁和立柱的轴力图（*N*）、

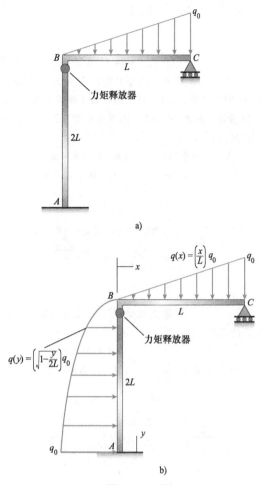

习题 4.5-39 图

剪力图（*V*）和弯矩图（*M*）。并标出所有关键的 *N*、*V*、*M* 的值，同时标出任意一关键值为零的位置。

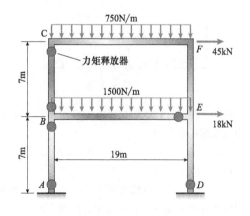

习题 4.5-40 图

补充复习题：第 4 章

R-4.1　一根跨度 $L = 5m$ 的简支梁受到载荷 P 和 $2P$ 的作用，其中，载荷 P 作用在与支座 A 相距 1.2m 的位置处，载荷 $2P$ 作用在与支座 B 相距 1.5m 的位置处。若 $P = 4.1kN$，则紧靠载荷 $2P$ 左侧处的弯矩约为：

(A) 5.7kN·m　　(B) 6.2kN·m
(C) 9.1kN·m　　(D) 10.1kN·m

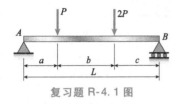

复习题 R-4.1 图

R-4.2　一根简支梁受到图示载荷的作用。点 C 处的弯矩约为：

(A) 5.7kN·m　　(B) 6.1kN·m
(C) 6.8kN·m　　(D) 9.7kN·m

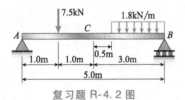

复习题 R-4.2 图

R-4.3　一根悬臂梁受到图示载荷的作用。与支座相距 0.5m 处的弯矩约为：

(A) 12.7kN·m　　(B) 14.2kN·m
(C) 16.1kN·m　　(D) 18.5kN·m

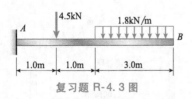

复习题 R-4.3 图

R-4.4　一根 L 形梁受到图示载荷的作用。AB 段中点处的弯矩约为：

(A) 6.8kN·m　　(B) 10.1kN·m
(C) 12.3kN·m　　(D) 15.5kN·m

R-4.5　一根 T 型简支梁上有一条缆绳，该缆绳固定在 B 处并绕过 E 处的滑轮，缆绳中的力为 P，如图所示。紧靠点 C 左侧处的弯矩为 1.25kN·m。

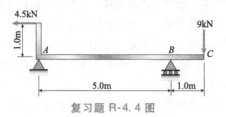

复习题 R-4.4 图

缆绳力 P 约为：

(A) 2.7kN　　(B) 3.9kN
(C) 4.5kN　　(D) 6.2kN

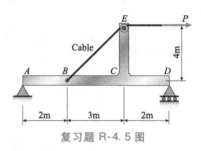

复习题 R-4.5 图

R-4.6　一根简支梁（$L = 9m$）连接有托架 BDE，力 $P = 5kN$ 向下作用在点 E 处。紧靠点 B 左侧处的弯矩约为：

(A) 6kN·m　　(B) 10kN·m
(C) 19kN·m　　(D) 22kN·m

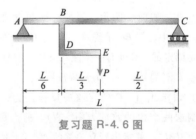

复习题 R-4.6 图

R-4.7　一根具有外伸段 BC 的简支梁 AB 受到图示载荷的作用。AB 段中点处的弯矩约为：

(A) 8kN·m　　(B) 12kN·m
(C) 17kN·m　　(D) 21kN·m

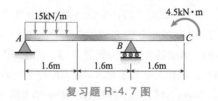

复习题 R-4.7 图

第5章 梁中的应力——基础部分

本章概述

当各载荷均作用在梁的 xy 平面内时，梁将在该平面内发生挠曲。其中，xy 平面是横截面的对称面，它被称为弯曲平面。第 5 章讨论梁在平面弯曲时的应力和应变。5.2 节将讨论纯弯曲（在恒定弯矩作用下梁的挠曲）和非均匀弯曲（存在剪力时梁的挠曲）。可以看到，梁中的应变和应力与挠曲线的曲率 κ 有着直接的关系（5.3 节）。通过研究梁弯曲过程中产生的纵向应变，可建立应变-曲率关系，这些应变随着与梁中性层距离的改变而发生线性变化（5.4 节）。将胡克定律（适用于线弹性材料）与应变-曲率关系结合在一起，就可发现，中性轴通过横截面的形心，其结果是，x、y 轴被看作为主形心轴。通过研究作用在横截面上的正应力的合力矩，可推导出弯矩-曲率关系，该关系表明了曲率（κ）与弯矩（M）、抗弯刚度（EI）之间关系。通过这一关系，可得到梁的挠曲线微分方程（第 9 章将详细讨论梁的挠度，并将研究该微分方程）。然而，这里最关注的是梁的应力以及如何利用弯矩-曲率关系推导出弯曲公式（5.5 节）。弯曲公式表明，正应力（σ_x）与距中性层的距离 y 成线性关系，且取决于弯矩（M）和横截面的惯性矩（I）。接下来，定义横截面的截面模量（S），并将其应用于梁的设计中（5.6 节）。在设计梁时，使用最大弯矩（M_{max}）（根据弯矩图得到的，见 4.5 节）和材料的许用正应力（σ_{allow}）来计算所需的截面模量，然后从附录 E、F 的表中选择出合适的钢梁或木梁。如果梁是变截面的（5.7 节），只要横截面尺寸是逐渐变化的，那么，该弯曲公式仍然适用。然而，这时就不能假设最大应力发生在具有最大弯矩的横截面上。

在承受非均匀弯曲的梁中会同时产生正应力和切应力，在分析和设计梁时就必须考虑这些应力。可使用弯曲公式来计算正应力（如上所述），但必须使用剪切公式来计算那些随梁的高度变化的切应力（τ）（5.8 节和 5.9 节）。最大正应力和最大切应力不会出现在梁的同一位置，但在大多数情况下，最大正应力控制梁的设计。本章还专门研究了具有翼板的梁的切应力（例如，W 形和 C 形）（5.10 节）。组合梁就是由两种或多种材料组合而成的梁，其各材料之间使用连接件连接（如使用钉子、螺栓、焊接和胶接），其连接处应具有足够的强度以保证各材料之间能够传递水平剪力（5.11 节）。如果构件同时受到弯曲和轴向载荷的作用，且构件又不是细长杆（即不会发生屈曲，屈曲见第 11 章），那么，将弯曲应力和轴向应力叠加就可求得组合应力（5.12 节）。最后，对于具有孔、缺口或其他尺寸突变结构的梁，由于突变结构附近会出现较高的局部应力，因此，必须考虑应力集中的影响，特别是由脆性材料制造的梁或承受动态载荷的梁（5.13 节）。

本章目录

5.1　引言

在上一章中我们看到，作用在梁上的载荷是如何以剪力和弯矩的形式产生内部作用（或应力的合成）的。本章将进一步研究与剪力和弯矩有关的应力和应变。若已知了应力和应变，则可分析和设计承受各种载荷条件的梁。

作用在梁上的载荷引起了该梁的弯曲（或挠曲），从而使其轴线变形为一条曲线。例如，悬臂梁 AB 在其自由端承受着一个载荷 P （图 5-1a），其初始的直线轴被弯曲成一条曲线（图 5-1b），该曲线被称为梁的 挠曲线 （deflection curve）。

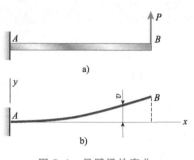

图 5-1　悬臂梁的弯曲
a）承载梁　b）挠曲线

为了便于参考，以该梁纵向轴上的某一合适的点作为坐标原点构建了一个直角坐标系（图 5-1b）。在该图中，坐标原点建在固定端。正 x 轴指向右，正 y 轴指向上，z 轴（没有显示在图中）指向外（即指向读者），这三个轴构成右手坐标系。

本章所研究的梁（就像第 4 章所讨论的梁一样）被假设为是关于 xy 平面对称的，这意味着 y 轴是其横截面的对称轴。此外，所有的载荷必须作用在 xy 平面内。因此，弯曲变形将发生在该平面内，这个平面被称为 弯曲平面 （plane of bending）。因此，图 5-1b 所示的挠曲线就是一条位于弯曲平面内的平面曲线。

该梁轴线在任一点处的 挠度 （deflection）就是该点自其初始位置的位移，应沿 y 方向测量该位移。为了区别该位移与坐标 y，使用字母 v 表示该位移（图 5-1b）。

5.2　纯弯曲和非均匀弯曲

分析梁时，经常需要区分纯弯曲和非均匀弯曲。纯弯曲（pure bending）是指在一个恒定弯矩作用下梁的弯曲。因此，纯弯曲仅发生在梁上剪力为零的区域 [因为 $V = dM/dx$，见式 (4-6)]。相反，非均匀弯曲（nonuniform bending）是指存在剪力时的弯曲，这意味着弯矩将沿着梁的轴线发生变化。

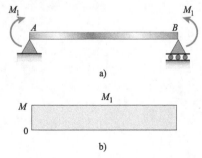

图 5-2　纯弯曲的简支梁（$M = M_1$）

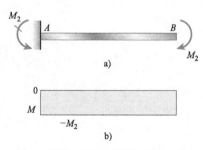

图 5-3　纯弯曲的悬臂梁（$M = -M_2$）

图 5-2a 所示简支梁 AB 就是一个纯弯曲的例子，该梁受到两个大小相等、方向相反的力偶 M_1 的作用。这两个载荷在该的整个长度上产生了一个恒定的弯矩 $M = M_1$，如图 b 的

弯矩图所示。注意，剪力 V 在该梁的所有横截面处均为零。

另一个纯弯曲的例子见图 5-3a，其中，悬臂梁 AB 在其自由端受到一个顺时针力偶 M_2 的作用。在该梁中没有剪力，而弯矩 M 在其整个长度上是恒定的。如图 5-3b 的弯矩图所示，其弯矩为负（$M = -M_2$）。

图 5-4a 所示承受对称载荷的简支梁是一个部分发生纯弯曲、部分发生非均匀弯曲的例子，根据剪力图和弯矩图（图 5-4b、c）就可以看出这一点。由于剪力为零且弯矩不变，因此，该梁的中部区域处于纯弯曲状态。由于剪力的存在且弯矩是变化的，因此，该梁靠近两端的区域处于非均匀弯曲状态。

之后的两节将只研究纯弯曲梁中的应变和应力。幸运的是，正如之后所解释的那样（见 5.8 节的最后一段），即使存在着剪力，但通常仍然能够使用纯弯曲的研究结果。

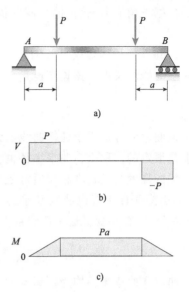

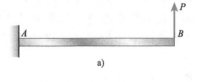

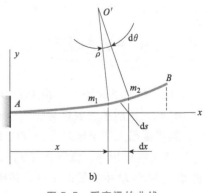

图 5-4 中部区域为纯弯曲、两端区域为非均匀弯曲的简支梁

5.3 梁的曲率

当对某根梁施加载荷时，该梁的纵向轴线将变形为一条曲线，如图 5-1 所示。由此产生的应变和应力与该挠曲线的曲率（curvature）有着直接的关系。

为了说明曲率的概念，研究一根自由端承受着一个载荷 P 的悬臂梁（图 5-5a）。该梁的挠曲线如图5-5b 所示。为了便于分析，在该挠曲线上取 m_1、m_2 两个点。其中，点 m_1 是任选的一个点，其坐标为 x、y；点 m_2 与点 m_1 相距 ds，其中，ds 为一小段挠曲线。自各点分别作该挠曲线切线的垂线（即所作直线垂直于挠曲线自身），这两条垂线相交于点 O'，点 O' 就是该挠曲线的曲率中心（center of curvature）。由于大多数梁具有非常小的挠度，且其挠曲线几乎接近于直线，因此，点 O' 通常的位置要比图中所示的位置远得多。

距离 m_1O' 被称为曲率半径（radius of curvature）ρ，曲率 κ 被定义为曲率半径的倒数。因此，

$$\kappa = \frac{1}{\rho} \tag{5-1}$$

曲率用于衡量梁弯曲的程度。如果梁上的载荷较小，则该梁的挠曲线几乎接近于直线，其曲率半径将非常大，其曲率将非常小。如果增大载荷，则将增加弯曲量，即曲率半径将变小、曲率将变大。

图 5-5 受弯梁的曲线

a）承载梁 b）挠曲线

根据三角形 $O'm_1m_2$ 的几何形状（图 5-5b），可得：

$$\rho d\theta = ds \tag{5-2}$$

其中，$d\theta$（单位为弧度）为两条垂线的夹角，该夹角是一个无穷小的角度；ds 是点 m_2 与 m_1 之间挠曲线的长度，该长度也是一个无穷小的值。联立求解式（5-2）与式（5-1），可得：

$$\kappa = \frac{1}{\rho} = \frac{d\theta}{ds} \tag{5-3}$$

该曲率方程适用于任何曲线的计算，而不论曲率的大小如何。如果曲率在某一曲线的长度上是恒定的，那么，曲率半径也将为常数，且该曲线就是一段圆弧。

梁的挠度与其长度相比通常是非常小的（例如，汽车结构框架的变形或建筑物中梁的变形）。小挠度意味着挠曲线几乎是平直的。因此，可设曲线上的距离 ds 等于其水平投影 dx（图 5-5b）。在小变形这一特殊条件下，曲率方程变为：

$$\kappa = \frac{1}{\rho} = \frac{d\theta}{dx} \tag{5-4}$$

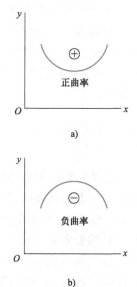

曲率和曲率半径均为距离 x 的函数。因此，曲率中心的位置 O' 也取决于距离 x。

在 5.5 节中将看到，梁轴线上某一点的曲率不仅取决于该点处的弯矩，而且还取决于梁自身的性质（横截面的形状和材料的类型）。因此，如果梁是柱状的且其材料是均匀的，那么，曲率将仅随着弯矩的改变而变化。其结果是，纯弯曲梁将有一个恒定的曲率，而非均匀弯曲梁的曲率将是不断变化的。

曲率的符号约定取决于坐标轴的方位。如图 5-6 所示，如果 x 轴向右为正、y 轴向上为正，那么，当该梁被弯成向上凹的形状，且曲率中心位于该梁的上方时，曲率为正；相反，当该梁被弯成向下凹的形状，且曲率中心位于该梁的下方时，曲率为负。

下一节将看到如何根据梁的曲率来求解其纵向应变，而且在第 9 章中还将看到曲率与梁挠度之间的具体关系。

图 5-6　曲率的符号约定

5.4　梁中的纵向应变

通过分析梁的曲率及其相关变形，就可以求出梁中的纵向应变。为此，研究某一纯弯曲梁的 AB 段，该段承受着正弯矩 M（图 5-7a）。假设初始时该梁的纵向轴线为直线（图中的 x 轴），其横截面关于 y 轴对称，如图 5-7b 所示。

在弯矩的作用下，该梁将在 xy 平面（弯曲平面）内发生挠曲，其纵向轴线被弯成一段圆形曲线（图 5-7c 中曲线的 s-s）。该梁被弯成向上凹的形状，这意味着曲率为正（图 5-6a）。

该梁的各个横截面，例如图 5-7a 中的横截面 mn 和 pq，仍保持为平面且垂直于纵向轴线（图 5-7c）。"某一梁的各个横截面在纯弯曲时仍保持为平面"这一事实是梁理论最重要的基础，以致于通常被称为梁理论的一个假设。然而，也可将这一假设称为一个理论，因为只需依据对称性进行合理的论述就能够严格地证明这一假设（参考文献 5-1）。基本观点是，梁及其载荷（图 5-7a、5-7b）的对称性意味着该梁的所有微元体（如微元体 $mpqn$）都必须以相同

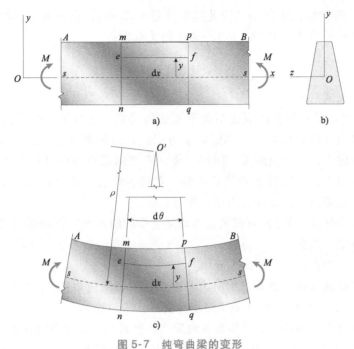

图 5-7　纯弯曲梁的变形

a）梁的主视图　b）梁的横截面　c）变形后的梁

的方式变形，这种情况只有当横截面在整个弯曲过程中一直保持为平面时（图 5-7c）才是可能的。该结论对于任何材料的梁都是有效的，不论材料是弹性还是非弹性的，线性还是非线性的。当然，材料的性能（如尺寸）必须对称于弯曲平面（注意：即使某一平的横截面在纯弯曲过程中一直保持为平面，该横截面本身却仍然可能发生变形。这种变形是由于泊松比的影响，之后将解释这一点）。

由于图 5-7c 所示的弯曲变形，横截面 mn 和 pq 彼此之间将发生绕垂直于 xy 平面的轴线的相对转动，该梁下部的纵向线被拉长，而上部的纵向线被缩短。因此，该梁的下部受到拉伸，而上部受到压缩。该梁的上、下部之间有一个纵向线长度不会改变的表面，该表面被称为该梁的中性层（neutral surface），如图 5-7a、5-7c 中的虚线 s-s 所示。任何横截面与该中性层的交线被称为该横截面的中性轴（neutral axis），例如，z 轴是图 5-7b 所示横截面的中性轴。

在变形后的梁（图 5-7c）上，过横截面 mn、pq 的两个平面相交于一条过曲率中心 O' 的直线。这两个横截面的夹角被标记为 dθ，O' 至中性层 s-s 的距离就是曲率半径 ρ。因此，这两个横截面之间的初始距离 dx（图 5-7a）在中性层处始终保持不变（图 5-7c）。然而，这两个横截面之间的其他所有纵向线或者被拉长或者被缩短，从而产生正应变 ε_x。

为了求出这些正应变，研究一条典型的位于平面 mn 和 pq 之间的纵向线 ef（图 5-7a）。设纵向线 ef 与初始直梁的中性层之间的距离为 y，并假设 x 轴位于该未变形梁的中性层之上。当然，当该梁发生挠曲时，中性层将随着梁一起变形，但 x 轴却始终保持在固定位置。不过，该挠曲梁（图 5-7c）中的纵向线 ef 仍然与中性层保持相同的距离 y。因此，发生弯曲后，纵向线 ef 的长度 L_1 为：

$$L_1 = (\rho - y)\,\mathrm{d}\theta = \mathrm{d}x - \frac{y}{\rho}\mathrm{d}x$$

其中，dθ = dx/ρ。

由于纵向线 ef 的初始长度为 $\mathrm{d}x$，因此其伸长量为 $L_1-\mathrm{d}x$，或 $-y\mathrm{d}x/\rho$。相应的纵向应变等于该伸长量除以初始长度 $\mathrm{d}x$。因此，应变-曲率的关系为：

$$\varepsilon_x = -\frac{y}{\rho} = -\kappa y \qquad (5\text{-}5)$$

其中，κ 为曲率 [见式 (5-1)]。

式 (5-5) 表明，梁中的纵向应变与曲率成比例关系，且与至中性层的距离 y 成线性关系。若所研究的某点在中性层之上，则距离 y 为正值。如果曲率也是正的（如图 5-7c），那么，ε_x 将是一个负应变，它代表缩短；相反，若所研究的某点在中性层之下，则距离 y 为负值，并且，若曲率为正，则应变 ε_x 也将是正值，它代表伸长。请注意，ε_x 的符号约定与前述正应变的符号约定是相同的，即伸长为正，缩短为负。

关于梁中正应变的式 (5-5) 仅仅是依据该梁变形后的几何特征推导出来的——讨论中并没有包含材料的性能。因此，无论材料的应力-应变曲线是什么形状，梁在纯弯曲时的应变都将随着至中性层距离的变化而发生线性变化。

下一个分析步骤是根据应变来求解应力，这就要求使用应力-应变曲线。这一步将在 5.5 节（关于线弹性材料）和 6.10 节（关于弹塑性材料）中讨论。

由于泊松比的影响，因此，只要出现纵向应变，就必然伴随着横向应变（即 y 和 z 方向的正应变），然而却没有横向应力，因为梁可在横向方向自由变形。这一应力状况类似于受拉或受压柱状杆的应力状况，因此，纯弯曲梁中的纵向微元处于单向应力状态。

• • • 例 5-1

简支钢梁 AB（图 5-8a）的长度 $L = 4.9\mathrm{m}$，高度 $h = 300\mathrm{mm}$，该梁被力偶 M_0 弯曲成一段圆弧，其中点 C 处的向下挠度为 δ（图 5-8b）。该梁底面上的纵向正应变（伸长）为 0.00125，中性层至该梁底面的距离为 150mm。请求出该梁的曲率半径 ρ、曲率 κ 以及挠度 δ。注意：该梁具有相对较大的挠曲，因为其长度比其高度要大得多（$L/h = 16.33$），0.00125 的应变也是相当大的（该应变约等于普通结构钢的屈服应变）。

解答：

曲率。由于已知该梁底面上的纵向正应变 $\varepsilon_x = 0.00125$，并且，还已知中性层至该梁底面的距离（$y = -150\mathrm{mm}$），因此，可利用式 (5-5) 来计算曲率半径和曲率。重新排列式 (5-5) 并代入数值可得：

$$\rho = -\frac{y}{\varepsilon_x} = -\frac{-150\mathrm{mm}}{0.00125} = 120\mathrm{m} \qquad \kappa = \frac{1}{\rho} = 8.33 \times 10^{-3}\,\mathrm{m}^{-1}$$

这些结果表明，即使材料中的应变相当大，但曲率半径仍比其长度要大得多。如果应变较小（这是常见情况），那么，曲率半径将更大。

挠度。正如 5.3 节所指出的那样，恒定的弯矩（纯弯曲）将在梁的整个长度产生一个恒定的曲率。因此，挠曲线

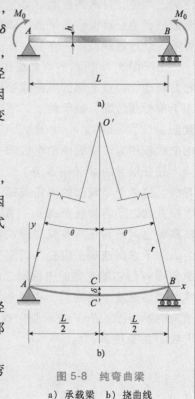

图 5-8 纯弯曲梁
a）承载梁 b）挠曲线

为一段圆弧。从图 5-8b 中可以看出，曲率中心 O' 至该挠曲梁中点 C' 的距离就等于曲率半径 ρ，O' 与 x 轴上的点 C 之间的距离为 $\rho \cos \theta$，其中，角度 θ 等于 $\angle BO'C$。因此，可得到以下关于该梁中点处挠度的表达式：

$$\delta = \rho(1 - \cos\theta) \tag{5-6}$$

对于一条几乎平直的曲线，可以假设：支座之间的距离与该梁本身的长度是相同的。因此，根据三角形 $BO'C$，可得：

$$\sin\theta = \frac{L/2}{\rho} \tag{5-7}$$

代入数值，可得：

$$\sin\theta = \frac{4.9\text{m}}{2 \times (120\text{m})} = 0.0200$$

则：

$$\theta = 0.0200\text{rad} = 1.146°$$

注意，在实际应用中，可以认为 $\sin\theta$ 和 θ（弧度）的数值相等，因为 θ 是一个很小的角度。

将所得 ρ、θ 的值代入式（5-6），可得：

$$\delta = \rho(1 - \cos\theta) = (120\text{m}) \times (1 - 0.999800) = 24\text{mm}$$

这一挠度比该梁的长度要小得多，例如，该梁的长度与这一挠度的比值为：

$$\frac{L}{\delta} = \frac{4.9\text{m}}{24\text{mm}} = 204$$

因此，现已证明，即使在应变相当大的情况下，挠曲线也几乎是平直的。当然，为清晰起见，在图 5-8b 所示的挠曲线采用了高度夸张的画法。

注意：本例的目的在于表明曲率半径、梁的长度以及梁的挠度这三者之间的相对大小。然而，所用的求解挠度的方法几乎没有实用价值，因为它仅适用于产生一条圆形挠曲线的纯弯曲。第 9 章将给出更有用的求解梁挠度的方法。

5.5 梁中的正应力（线弹性材料）

上一节研究了纯弯曲梁中的纵向应变 ε_x（式（5-5）和图 5-7）。由于这类梁中的纵向微元仅受到拉伸或压缩，因此，可利用其材料的应力-应变曲线，并根据应变求解应力。这些应力作用在这类梁的整个横截面上，其强度取决于应力-应变曲线的形状和横截面的尺寸。由于 x 方向为纵向（图 5-7a），因此，使用符号 σ_x 来表示这些应力。

工程中常见的应力-应变关系是线弹性材料的应力-应变方程。对于这类材料，可将单向应力的胡克定律（$\sigma = E\varepsilon$）代入式（5-5）中，就可得到：

$$\sigma_x = E\varepsilon_x = -\frac{Ey}{\rho} = -E\kappa y \tag{5-8}$$

该方程表明，作用在横截面上的正应力与至中性层的距离 y 成线性关系。在弯矩 M 为正且弯曲梁的曲率也为正的情况下，这一应力的分布情况如图 5-9a 所示。

当曲率为正时，应力 σ_x 在中性层之上为负（压缩），在中性层之下为正（拉伸）。在图中，表示压应力的箭头指向横截面，而表示拉应力的箭头方向背离横截面。

为了使公式（5-8）具有一定的实用价值，必须定出坐标原点的位置以便于确定距离 y。换句话说，就是必须确定横截面的中性轴的位置。同时，还需要得到曲率与弯矩之间的关系以便将这一关系代入式（5-8），从而得到一个反映应力与弯矩关系的方程。通过求解作用在横截面上的应力 σ_x 的合力，就可以完成这两个目标。

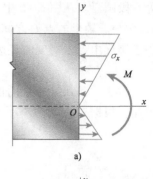

一般而言，正应力的合力包含两个内力：一个是作用在 x 方向的轴力，一个是关于 z 轴的弯曲力偶矩。然而，当梁受到纯弯曲作用时，轴力为零。因此，可得到以下静力方程：①x 方向的合力等于零；②合力矩等于弯矩 M。第一个方程给出了中性轴的位置，第二个方程给出了弯矩-曲率关系。

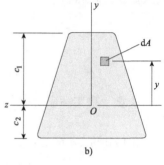

中性轴的位置 为了得到第一个静力方程，研究横截面上一个面积为 dA 的微元（见图 5-9b）。该微元与中性轴的距离为 y，因此，作用在该微元上的应力 σ_x 由式（5-8）给出。作用在该微元上的力等于 $\sigma_x dA$，并且，当 y 为正值时，该力为压缩力。由于该横截面上的合力为零，因此，$\sigma_x dA$ 在整个横截面上的积分就必须为零，即第一个静力方程为：

图 5-9 线弹性材料梁中的正应力
a) 梁的侧视图：显示正应力的分布
b) 横截面：显示作为中性轴的 z 轴

$$\int_A \sigma_x \, dA = -\int_A E\kappa y \, dA = 0 \tag{5-9a}$$

由于曲率和弹性模量在该弯曲梁的任一给定横截面处均为非零的常数，因此，它们不参与在整个横截面上的积分。这就意味着可以将它们从方程中消去，从而得到：

$$\int_A y \, dA = 0 \tag{5-9b}$$

该方程表明，横截面面积对 z 轴的一次矩为零。换句话说，z 轴必须通过横截面的形心⊖。

由于 z 轴也是中性轴，因此，可得到以下重要结论：**当材料服从胡克定律且没有轴力作用在横截面上时，中性轴将通过横截面面积的形心**。根据这一结论，就可以较为容易地确定中性轴的位置。

正如 5.1 节所解释的那样，我们的讨论仅限于 y 轴是对称轴的梁。也就是说，y 轴也通过这个形心。因此，可得出以下结论：坐标原点 O（见图 5-9b）位于横截面面积的形心处。

由于 y 轴是该横截面的一个对称轴，因此，y 轴就是一个主轴（关于主轴的讨论，见第 12 章的 12.9 节）。由于 z 轴垂直于 y 轴，因此，它也是一个主轴。这样一来，当某一线弹性材料梁受到纯弯曲作用时，y 轴和 z 轴都是形心主轴。

弯矩-曲率关系 第二个静力方程表达了这样一个事实，即作用在整个横截面上的各个正应力 σ_x 的合力矩等于弯矩 M（见图 5-9a）。σ_x 为正值时，作用在微面积 dA 上的合力 $\sigma_x dA$（见图 5-9b）指向 x 轴的正方向；σ_x 为负值时，该合力指向 x 轴的负方向。由于微面积 dA 位于中性轴之上，因此，作用在该微面积上的合力 $\sigma_x dA$ 产生一个大小为 $\sigma_x y \, dA$ 的力矩，该力矩与正弯矩 M 的作用方向相反（如图 5-9a 所示）。因此，该力矩为：

⊖ 有关面积的形心和一次矩的讨论，见第 12 章的 12.2 和 12.3 节。

$$dM = -\sigma_x y dA$$

整个横截面面积 A 上所有这类力矩的积分的和必等于弯矩，即：

$$M = -\int_A \sigma_x y dA \qquad (5\text{-}10\text{a})$$

将式（5-8）的 σ_x 代入该式，可得：

$$M = \int_A \kappa E y^2 dA = \kappa E \int_A y^2 dA \qquad (5\text{-}10\text{b})$$

该方程给出了梁的曲率与弯矩 M 之间的关系。由于该方程中的积分式是横截面面积的一种属性，因此，为了方便起见，可将该方程表达为如下形式：

$$M = \kappa E I \qquad (5\text{-}11)$$

其中，

$$I = \int_A y^2 dA \qquad (5\text{-}12)$$

这个积分是横截面面积对 z 轴（即相对于中性轴）的**惯性矩**（moment of inertia）[⊖]。惯性矩都是正值，其单位为长度尺寸的四次方，例如，在进行梁的计算时，典型的国际单位为 mm^4。

现在，可将方程（5-11）改写为以下形式，即用梁中的弯矩来表达曲率：

$$\kappa = \frac{1}{\rho} = \frac{M}{EI} \qquad (5\text{-}13)$$

该方程被称为**弯矩-曲率方程**（moment-curvature equation）。该方程表明，曲率与弯矩 M 成正比，与 EI 成反比。其中，EI 被称为梁的**抗弯刚度**（flexural rigidity）。抗弯刚度是衡量梁抵抗弯曲变形能力的指标，即在给定弯矩的情况下，抗弯刚度越大，则曲率就较小。

比较弯矩（图4-5）与曲率（图5-6）的符号约定可以看出，一个正弯矩产生正的曲率，而一个负弯矩则产生负的曲率（图5-10）。

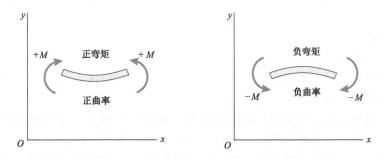

图5-10　弯矩符号与曲率符号之间的关系

弯曲公式　在定位了中性轴并推导出弯矩-曲率关系之后，就能够根据弯矩来求解应力。将曲率的表达式［式（5-13）］代入应力 σ_x 的表达式［式（5-8）］，则得到：

$$\sigma_x = -\frac{My}{I} \qquad (5\text{-}14)$$

该方程被称为**弯曲公式**（flexure formula），它表明应力与弯矩 M 成正比，与横截面的惯性矩 I 成反比。同时，正如以前所观察到的那样，应力与至中性轴的距离 y 成线性变化关系。

⊖　有关面积的惯性矩的讨论，见第12章的12.4节。

根据该弯曲公式所计算出的应力被称为**弯曲应力**（bending stresses 或 flexural stresses）。

如果梁中的弯矩是正值，那么，y 为负值的那部分横截面（即梁的下部）上作用的弯曲应力就为正值（拉伸），而梁上部中的应力将为负值（压缩）。若弯矩是负值，则应力就将相反。这些关系如图 5-11 所示。

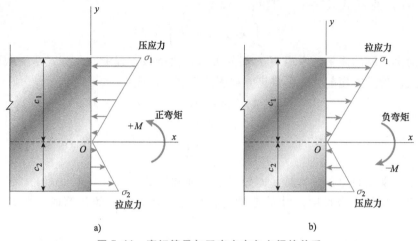

图 5-11　弯矩符号与正应力方向之间的关系
a）正的弯矩　b）负的弯矩

横截面上的最大应力　作用在任一给定横截面上的最大拉伸和压缩弯曲应力出现在距中性轴最远的那些点处。设 c_1 和 c_2 分别为正、负 y 方向的最远微元体至中性轴的距离（图 5-9b 和图 5-11），那么，相应的最大正应力 σ_1 和 σ_2（根据弯曲公式）分别为：

$$\sigma_1 = -\frac{Mc_1}{I} = -\frac{M}{S_1} \qquad \sigma_2 = \frac{Mc_2}{I} = \frac{M}{S_2} \qquad (5\text{-}15\text{a, b})$$

其中，

$$S_1 = \frac{I}{c_1} \qquad S_2 = \frac{I}{c_2} \qquad (5\text{-}16\text{a, b})$$

S_1 和 S_2 被称为横截面面积的**截面模量**（section moduli）。从式（5-16a，b）中可以看出，各截面模量的单位均为长度的三次方（例如，mm^3）。注意，距离 c_1 和 c_2（分别为中性轴至该梁顶面与底面的距离）总是正值。

使用截面模量来表达最大应力，其优势来自于这样一个事实，即这两个截面模量均将梁的相关截面属性整合为一个单一的量。并且，可把该单一量作为梁的一种特性在表格和手册中列出，这为设计人员提供了极大的方便（5.6 节将解释设计梁时使用的截面模量）。

双对称形状　如果梁的横截面既关于 z 轴对称，又关于 y 轴对称（即双对称的横截面），那么，$c_1 = c_2 = c$，且最大拉应力和最大压应力在数值上是相等的：

$$\sigma_1 = -\sigma_2 = -\frac{Mc}{I} = -\frac{M}{S} \quad \text{或} \quad \sigma_{\max} = \frac{M}{S} \qquad (5\text{-}17\text{a, b})$$

其中，

$$S = \frac{I}{c} \qquad (5\text{-}18)$$

S 是该横截面唯一的截面模量。

对于一根宽度为 b，高度为 h 的矩形截面梁（图 5-12a），惯性矩和截面模量为：

$$I = \frac{bh^3}{12} \quad S = \frac{bh^3}{6} \tag{5-19a,b}$$

对于一个直径为 d 的圆形横截面（图 5-12b），这些属性为：

$$I = \frac{\pi d^4}{64} \quad S = \frac{\pi d^3}{32} \tag{5-20a,b}$$

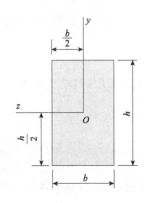

其他双对称形状的惯性矩和截面模量，如空心管（矩形或圆形）、宽翼板工字形，均可根据上述公式求得。

梁横截面的性能　为了便于参考，附录 D 列出了许多平面图形的惯性矩。附录 E、F 以及许多工程手册也列出了标准钢梁和木梁的尺寸和性能（5.6 节将详述这些内容）。

对于其他横截面形状，可使用第 12 章给出的方法直接计算并求解中性轴、惯性矩以及截面模量。其示例见之后的例 5-4。

局限性　本节仅分析由均匀线弹性材料构成的柱状梁的纯弯曲。若一根梁受到非均匀弯曲的作用，则剪力将使其横截面产生翘曲（或平面外的扭曲）。因此，弯曲前是一个平面的横截面，在弯曲后将不再是一个平面。由剪切变形引起的翘曲使梁的行为变得极为复杂。然而，详细的研究表明，根据弯曲公式计算出的正应力不会因为切应力和相关翘曲的存在而发生显著的改变（见参考文献 2-1 的第 42 页和第 48 页）。因此，对于受到非均匀弯曲作用的梁，可以理所当然地使用纯弯曲的理论来计算其中的正应力[⊖]。

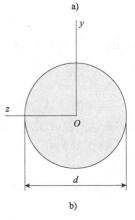

在梁中的那些应力分布没有因为形状变化或不连续载荷而中断的区域，弯曲公式给出的结果才是准确的。例如，弯曲公式不适用于梁的支座附近或靠近集中载荷作用的区域。这类异常情况将导致局部应力或应力集中的产生，这时的应力要比根据弯曲公式得到的应力大得多（见 5.13 节）。

图 5-12　双对称横截面

● ● ● 例 5-2

绕着一个半径为 R_0 的圆筒弯曲一根直径为 d 的高强度钢丝（图 5-13）。请求出钢丝中的弯矩 M 和最大弯曲应力 σ_{max}，假设 $d = 4mm$，$R_0 = 0.5m$（钢丝的弹性模量为 $E = 200GPa$，比例极限为 $\sigma_{p1} = 1200MPa$）。

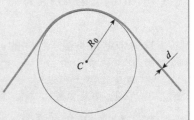

解答：

本例的第一步是求出该弯曲钢丝的曲率半径 ρ。在已知了 ρ 之后，就可求出弯矩和最大应力。

曲率半径。 该弯曲钢丝的曲率半径就是圆筒的中心至其钢丝横截面的中性轴的距离，即：

图 5-13　绕圆筒弯曲的钢丝

$$\rho = R_0 + \frac{d}{2} \tag{5-21}$$

⊖　梁的理论始于伽利略（1564~1642），他研究了各类梁的行为。他在材料力学方面的工作被记述在其著名著作《两门新科学》中，该书于 1638 年首次出版（见参考文献 5-2）。虽然伽利略在梁方面曾有许多重要发现，但他没有得到我们目前所使用的应力分布。马略特、雅各伯·伯努利、欧拉、帕伦特、圣维南以及其他一些人进一步发展了梁的理论（见参考文献 5-3）。

弯矩。根据弯矩-曲率关系 [式 (5-13)]，可求得钢丝中的弯矩为：

$$M = \frac{EI}{\rho} = \frac{2EI}{2R_0 + d} \tag{5-22}$$

其中，I 为钢丝横截面面积的惯性矩。将 I 的表达式 [式 (5-20a)] 代入该式，可得：

$$M = \frac{\pi E d^4}{32(2R_0 + d)} \tag{5-23}$$

这一结果是在不考虑弯矩符号的情况下得到的，因为从图中可明显看出弯曲的方向。

最大弯曲应力。最大拉应力和最大压应力在数值是相同的，可根据式 (5-17b) 给出的弯曲公式得到其数值，即：

$$\sigma_{max} = \frac{M}{S}$$

其中，S 为圆形截面的截面模量。将式 (5-23) 和式 (5-20b) 代入该式，可得：

$$\sigma_{max} = \frac{Ed}{2R_0 + d} \tag{5-24}$$

相同的结果也可直接根据式 (5-8) 得到，只需用 $d/2$ 取代 y，并将式 (5-21) 给出的 ρ 的表达式代入式 (5-8) 即可。

观察图 5-13，可以看出，压应力出现在该钢丝的下部（或内部），拉应力出现在其上部（或外部）。

数值解。将给出的数据代入式 (5-23) 和式 (5-24)，可得如下结果：

$$M = \frac{\pi E d^4}{32(2R_0 + d)} = \frac{\pi \times (200\text{GPa}) \times (4\text{mm})^4}{32 \times [2 \times (0.5\text{m}) + 4\text{mm}]} = 5.01\text{N} \cdot \text{m}$$

$$\sigma_{max} = \frac{Ed}{2R_0 + d} = \frac{(200\text{GPa}) \times (4\text{mm})^4}{2 \times (0.5\text{m}) + 4\text{mm}} = 797\text{MPa}$$

注意，σ_{max} 小于该钢丝的比例极限，因此，计算结果是有效的。

注意：由于滚筒的半径比钢丝的直径大得多，因此，可大胆忽略上述表达式分母中的 d（与 $2R_0$ 相比），忽略后可得：

$$M = 5.03\text{N} \cdot \text{m} \qquad \sigma_{max} = 800\text{MPa}$$

这两个结果是偏于保守的，与其精确值之间的差异率不到 1%。

●●● 例 5-3

长度 $L = 6.7\text{m}$ 的简支梁（图 5-14a）支撑着一个强度 $q = 22\text{kN/m}$ 的均布载荷和一个集中载荷 $P = 50\text{kN}$，均布载荷包括梁的重量。集中载荷作用在与该梁左端相距 2.5m 的位置处。梁的材料为胶合板，其横截面的宽度 $b = 220\text{mm}$，高度 $h = 700\text{mm}$（图 5-14b）。

（a）请求出梁中的最大弯曲拉应力和最大弯曲压应力。

（b）如果载荷 q 不变，且许用拉伸和压缩正应力均为 $\sigma_a = 13\text{MPa}$，那么，请求出载荷 P 的最大许用值。

解答：

（a）反作用力、剪力和弯矩。分析的第一步是使用第 4 章所述的方法来计算支座 A、B 处的反作用力。计算结果为：

$$R_A = 105\text{kN} \quad R_B = 92.4\text{kN}$$

已知了反作用力，就可画出剪力图，如图 5-14c 所示。注意，在集中载荷的作用点处（该点与左端支座相距 2.5m），剪力从正变为负。

接下来，绘制弯矩图（图 5-14d）并求解最大弯矩，最大弯矩发生在集中载荷的作用点处（该处的剪力发生了符号的变化）。最大弯矩为：

$$M_{\max} = 193.9\text{kN} \cdot \text{m}$$

该梁中的最大弯曲应力发生在最大弯矩所在的横截面上。

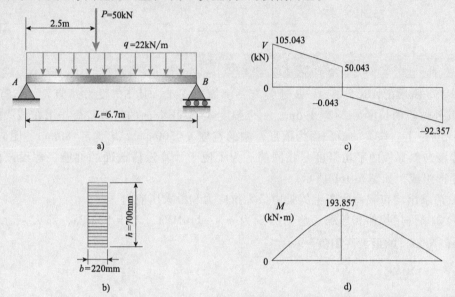

图 5-14 简支梁中的应力

截面模量。根据式（5-19b），可计算出横截面面积的截面模量为：

$$S = \frac{bh^2}{6} = \frac{1}{6}(0.22\text{m})(0.7\text{m})^2 = 0.01797\text{m}^3 \tag{a}$$

最大应力。根据式（5-17a），可分别求得最大拉应力 σ_t 和最大压应力 σ_c 为：

$$\sigma_t = \sigma_2 = \frac{M_{\max}}{S} = \frac{193.9\text{kN} \cdot \text{m}}{0.01797\text{m}^3} = 10.8\text{MPa} \tag{b}$$

$$\sigma_c = \sigma_1 = -\frac{M_{\max}}{S} = -10.8\text{MPa}$$

由于弯矩是正值，因此，最大拉应力出现在该梁的底部，最大压应力出现在该梁的顶部。

（b）最大许用载荷 P。应力 σ_1 和 σ_2 仅略低于许用正应力 $\sigma_a = 13\text{MPa}$，因此，不要指望 $P_{\max}$ 会比载荷 $P = 50\text{kN}$ 大多少。因此，最大弯矩将出现在 $P_{\max}$ 的作用点处（紧靠支座 A 右侧 2.5m 处，该处的剪力为零）。如果设变量 $a = 2.5\text{m}$，则可求出以下 $M_{\max}$ 的表达式（以载荷和尺寸作为变量）：

$$M_{\max} = \frac{a(L-a)(2P+Lq)}{2L} \tag{c}$$

其中，$L=6.7\text{m}$，$q=22\text{kN/m}$。然后，使 $M_{\max}$ 等于 $\sigma_a \times S$ [式（b）]，其中，$S=0.01797\text{m}^3$ [根据式（a）]，并求解 $P_{\max}$：

$$P_{\max}=\sigma_a S\left[\frac{L}{a\,(L-a)}\right]-\frac{qL}{2}$$

$$=(13\text{MPa})\times(0.01797\text{m}^3)\times\left[\frac{6.7\text{m}}{2.5\text{m}\times(6.7\text{m}-2.5\text{m})}\right]-22\frac{\text{kN}}{\text{m}}\times\left(\frac{6.7\text{m}}{2}\right) \quad\text{（d）}$$

$$=75.4\text{kN}$$

● ● ● 例 5-4

图 5-15a 所示梁 ABC，其 A、B 处各有一个简单支座，其 BC 段为外伸段，其跨长 $L=3.0\text{m}$，其外伸段的长度为 $L/2=1.5\text{m}$。一个强度 $q=3.2\text{kN/m}$ 的均布载荷作用在该梁的整个长度（4.5m）上。该梁的横截面为槽形，槽的宽度 $b=300\text{mm}$，高度 $h=80\text{mm}$（图5-16a）。腹板的厚度与斜翼板的平均厚度是相同的。为了便于计算该横截面的性能，假设该横截面由三个矩形组成，如图 5-16b 所示。

（a）请求出均布载荷所产生的梁中最大拉应力和最大压应力。

（b）如果许用拉伸和压缩正应力分别为 $\sigma_{aT}=110\text{MPa}$，$\sigma_{aC}=92\text{MPa}$，那么，请求出均布载荷 $q(\text{kN/m})$ 的最大许用值。

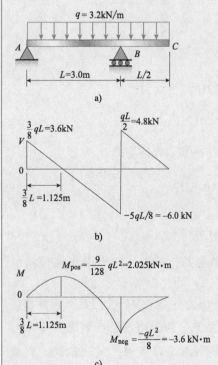

图 5-15 外伸梁中的应力

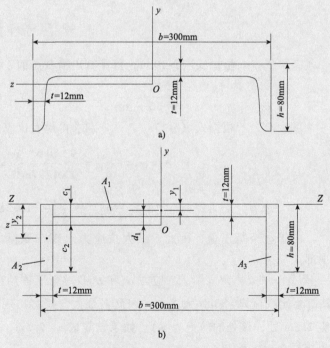

图 5-16 例 5-4 所述梁的横截面（厚度被高度夸张）
a）实际形状 b）用于分析中的理想形状

解答：

（a）最大拉应力和最大压应力。这一步分析中包括反作用力、剪力和弯矩的计算。首先，使用第 4 章所述的方法来计算支座 A、B 处的反作用力。计算结果为：

$$R_A = \frac{3}{8}qL = 3.6\text{kN} \quad R_B = \frac{9}{8}qL = 10.8\text{kN}$$

根据这两个值，就可画出剪力图（图 5-15b）。注意，在以下两个位置处，剪力的符号发生了改变且剪力等于零：（1）与左端支座相距 1.125m 处；（2）右端反作用力作用处。

接下来，绘制如图 5-15c 所示的弯矩图。最大正弯矩和最大负弯矩均发生在剪力符号发生改变的位置处。这两个最大弯矩分别为：

$$M_{\text{pos}} = \frac{9}{128}qL^2 = 2.025\text{kN} \cdot \text{m} \quad M_{\text{neg}} = \frac{-qL^2}{8} = -3.6\text{kN} \cdot \text{m}$$

横截面的中性轴（图 5-16b）。yz 坐标系的原点 O 设在横截面面积的形心处，因此，z 轴就是该横截面的中性轴。使用第 12 章 12.3 节所述方法，就可确定该形心的位置。

首先，将该横截面划分为三个矩形（A_1，A_2，A_3）。其次，过该横截面的上棱边建立一个参考坐标轴 Z-Z，并设 y_1 和 y_2 分别为面积 A_1 和 A_2 的形心至 Z-Z 的距离。最后，计算整个槽形截面的形心位置（距离 c_1、c_2）：

面积 1：

$$y_1 = t/2 = 6\text{mm}$$
$$A_1 = (b-2t)(t) = (276\text{mm}) \times (12\text{mm}) = 3312\text{mm}^2$$

面积 2：

$$y_2 = h/2 = 40\text{mm}$$
$$A_2 = ht = (80\text{mm}) \times (12\text{mm}) = 960\text{mm}^2$$

面积 3：

$$y_3 = y_2 \quad A_3 = A_2$$

$$c_1 = \frac{\sum y_i A_i}{\sum A_i} = \frac{y_1 A_1 + 2y_2 A_2}{A_1 + 2A_2}$$

$$= \frac{(6\text{mm}) \times (3312\text{mm}^2) + 2 \times (40\text{mm}) \times (960\text{mm}^2)}{3312\text{mm}^2 + 2 \times (960\text{mm}^2)} = 18.48\text{mm}$$

$$c_2 = h - c_1 = 80\text{mm} - 18.48\text{mm} = 61.52\text{mm}$$

因此，现已确定中性轴（z 轴）的位置。

惯性矩。若要根据弯曲公式来计算应力，首先必须求出该横截面面积对中性轴的惯性矩。这些计算需要使用平行轴定理（见第 12 章的 12.5 节）。

对于面积 A_1，根据平行轴定理，其对 z 轴的惯性矩为：

$$(I_z)_1 = (I_c)_1 + A_1 d_1^2 \tag{a}$$

其中，$(I_c)_1$ 为面积 A_1 关于其自身形心轴的惯性矩，即：

$$(I_c)_1 = \frac{1}{12}(b-2t)(t)^3 = \frac{1}{12} \times (276\text{mm}) \times (12\text{mm})^3 = 39,744\text{mm}^4$$

而 d_1 为面积 A_1 的形心轴至 z 轴的距离，即：

$$d_1 = c_1 - t/2 = 18.48\text{mm} - 6\text{mm} = 12.48\text{mm}$$

因此，面积 A_1 关于 z 轴的惯性矩［根据式（a）］为：

$$(I_z)_1 = 39,744\text{mm}^4 + (3,312\text{mm}^2) \times (12.48\text{mm})^2 = 555,600\text{mm}^4$$

对于面积 A_2 和 A_3，采用相同的方法，可计算出：

$$(I_z)_2 = (I_z)_3 = 956,600\text{mm}^4$$

因此，整个横截面面积的惯性矩 I_z 为：

$$I_z = (I_z)_1 + (I_z)_2 + (I_z)_3 = 2.469 \times 10^6 \text{mm}^4$$

截面模量。该梁顶部和底部的截面模量［见式（5-16a，b）］分别为：

$$S_1 = \frac{I_z}{c_1} = 133,600\text{mm}^3 \quad S_2 = \frac{I_z}{c_2} = 40,100\text{mm}^3$$

在确定了该横截面的性能后，就可根据式（5-16a,b）来计算最大应力。

最大应力。在具有最大正弯矩的横截面上，最大拉应力出现在梁的底部，而最大压应力出现在顶部。因此，分别根据式（5-15b）和式（5-15a），可得：

$$\sigma_t = \sigma_2 = \frac{M_{pos}}{S_2} = \frac{2.025\text{kN} \cdot \text{m}}{40,100\text{mm}^3} = 50.5\text{MPa}$$

$$\sigma_c = \sigma_1 = -\frac{M_{pos}}{S_1} = -\frac{2.025\text{kN} \cdot \text{m}}{133,600\text{mm}^3} = -15.2\text{MPa}$$

类似的，在具有最大负弯矩的横截面上的最大应力为：

$$\sigma_t = \sigma_1 = -\frac{M_{neg}}{S_1} = -\frac{-3.6\text{kN} \cdot \text{m}}{133,600\text{mm}^3} = 26.9\text{MPa}$$

$$\sigma_c = \sigma_2 = \frac{M_{neg}}{S_2} = \frac{-3.6\text{kN} \cdot \text{m}}{40,100\text{mm}^3} = -89.8\text{MPa}$$

比较这四个应力，可以发现，该梁中的最大拉应力为 50.5MPa，它出现在该梁具有最大正弯矩的横截面的底部，因此，

$$(\sigma_t)_{max} = 50.5\text{MPa}$$

最大压应力出现在该梁具有最大负弯矩的横截面的底部，为：

$$(\sigma_c)_{max} = -89.8\text{MPa}$$

（b）均布载荷 q 的最大许用值。接下来，根据给定的许用正应力（拉伸和压缩是不同的）来求解 q_{max}。许用压应力 σ_{aC} 要小于许用拉应力 σ_{aT}，这说明该槽钢的翼板（如果受到压缩）有发生局部屈曲的可能性。

为了确定 q_{max} 的可能值，拟使用弯曲公式来计算以下四个位置处的应力：梁的顶部和底部出现最大正弯矩（M_{pos}）的位置处，梁的顶部和底部出现最大负弯矩（M_{neg}）的位置处。在每种情况下，都必须确保使用合适的许用应力值。假设该槽钢处于图 5-16 所示的方位（即翼板向下），此时，在出现 M_{pos} 的位置处，可以看出，该梁的顶部受压，底部受拉，而点 B 处的情况恰好相反。利用 M_{pos} 和 M_{neg} 的表达式，并使各表达式均等于相应许用应力与截面模量的乘积，就可求解出 q_{max} 的可能值。

该梁 AB 段的顶部，

$$M_{pos} = \frac{9}{128}q_1L^2 = \sigma_{ac}S_1 \quad \text{故} \quad q_1 = \frac{128}{9L^2}(\sigma_{aC}S_1) = 19.42\text{kN/m}$$

该梁 AB 段的底部，

$$M_{pos} = \frac{9}{128}q_2L^2 = \sigma_{aT}S_2 \quad \text{故} \quad q_2 = \frac{128}{9L^2}(\sigma_{aT}S_2) = 6.97\text{kN/m}$$

节点 B 处该梁的顶部，

$$M_{pos} = \frac{1}{8}q_3L^2 = \sigma_{aT}S_1 \quad \text{故} \quad q_3 = \frac{8}{L^2}(\sigma_{aT}S_1) = 13.06\text{kN/m}$$

节点 B 处该梁的底部，

$$M_{pos} = \frac{1}{8}q_4L^2 = \sigma_{aC}S_2 \quad \text{故} \quad q_4 = \frac{8}{L^2}(\sigma_{aC}S_2) = 3.28\text{kN/m}$$

从这些计算结果中可以看出，均布载荷 q 的最大许用值实际上受控于节点 B 处该梁的底部（翼板的顶端在该处受到压缩）。因此，

$$q_{max} = 3.28\text{kN/m}$$

5.6 面向弯曲应力的梁的设计

梁的设计过程需要考虑很多因素，包括结构的类型（飞机、汽车、桥梁、建筑或其他结构）、所用材料、所支撑的载荷、将要经历的环境条件以及所要付出的成本。然而，从强度的角度来看，最终可将这些任务减少为选择梁的形状和尺寸以使梁中的实际应力不超过其材料的许用应力。本节将只研究弯曲应力 [即根据弯曲公式得到的应力，见式（5-14）]。之后，将研究剪切应力（5.8～5.10 节）和应力集中（5.13 节）。

在设计用于抵抗弯曲应力的梁时，通常应先计算所需截面模量。例如，如果该梁具有双对称横截面，且许用拉应力与许用压应力相同，那么，用最大弯矩除以材料的许用弯曲应力，就可计算出所需截面模量 [见式（5-17）]：

$$S = \frac{M_{max}}{\sigma_{allow}} \tag{5-25}$$

许用应力取决于材料的性质和所需的安全因数。为了确保不超过许用应力，梁的所需截面模量必须不小于根据式（5-25）所得到的计算结果。

如果横截面不是双对称的，且拉伸与压缩许用应力不同，那么，通常需要确定两个所需截面模量：一个基于拉伸，另一个基于压缩。所设计的梁必须同时满足这两个截面模量条件。

为了减轻重量和节省材料，在所需截面模量不变时（也可能需要满足其他设计要求），通常选择具有最小横截面面积的梁。

为了适应各种用途，可采用各种不同的形状和尺寸来建造梁。例如，大型钢梁是焊接而成的（图 5-17），铝梁被挤压成圆管或矩形管，木梁是按照各种特殊要求切割或粘接而成的，钢筋混凝土梁被浇铸成所需的任意形状。

此外，可向经销商和生产厂家订购各种标准形状与尺寸的钢梁、铝梁、塑梁料和木梁。常用的标准梁包括宽翼板工字梁、工字梁、角钢形梁、槽钢形梁、矩形梁和管形梁。

标准形状与尺寸的梁   各类工程手册给出了各种梁的尺寸和性能。例如，在英国，英国钢结构协会出版了《国家钢结构规范》；在美国，各种钢梁的形状和尺寸是由美国钢结构协会（AISC）来规范的。AISC 出版了《钢结构手册》，该手册同时以美国惯用单位（USCS）与国际单位（SI）给出了各种钢梁的性能。该手册给出了横截面尺寸和各种性能（如质量、横截面面积、惯性矩和截面模量）的列表。世界许多地方所使用结构钢的形状性能均可在网上得到。在欧洲，钢结构的设计由《欧洲规范3》来管理（见参考文献 5-4）。

图 5-17   焊工正在制造一个大型宽翼板钢梁

铝协会的各种出版物以类似的方式给出了铝梁的性能（见参考文献 5-5）（其尺寸和截面性能，见《铝设计手册》的第 6 部分）。在欧洲，铝结构的设计由《欧洲规范5》来管理，各种铝型材的性能可在制造商的网站上得到（见参考文献 5-5）。最后，在欧洲，木梁的设计由《欧洲规范5》来规范；在美国，使用《木结构国家设计规范（ASD/LRFD）》（见参考文献 5-6）。本书给出了各类钢梁和木梁的性能表以供求解习题之用（见附录 E、F）。

若结构钢的截面在设计中以 HE 600A 的形式给出，则意味着其横截面是一个公称高度为 600mm，宽度为 300mm，截面积为 226.5cm^2 的宽翼板工字形，如表 E-1（见附录 E）所示，其质量为 178kg/m。表 E-2 列出了欧洲标准梁（IPN 形）的类似性质；表 E-3 给出了欧洲标准槽钢（UPN 形）的性质；表 E-4 和表 E-5 分别给出了欧洲等边角钢和不等边角钢的性质。上述所有标准型钢均采用轧制方法制造，即让加热的钢材来回通过两个轧辊之间，直至形成所需的形状为止。

铝型材通常采用挤压方法制造，即从模具中推出或挤出热坯料。相对而言，模具的制造较为容易，而铝材具有较好的可塑性，因此，铝梁几乎可被挤压成所需的任何形状。此外，也可定制各类常见形状的铝型材。

大多数木梁具有矩形横截面，并按公称尺寸设计，例如 50×100mm。这些尺寸是木材毛料的尺寸。若将毛料刨平，则其净尺寸（或实际尺寸）小于其公称尺寸。因此，一根 50×100mm 的木梁，在刨平表面后，其实际尺寸仅为 47×72mm。当然，在所有的工程计算中应使用木材净料的净尺寸。因此，附录 F 中给出了净尺寸和相应的性能。

梁各类截面形状的相对效率   梁的设计目标之一，就是在其功能、外观和制造成本的限制范围内能够更加有效地利用材料。单独从强度的角度来看，弯曲变形时的效率主要取决于横截面的形状。特别是当梁的材料都尽可能地远离中性轴时，则该梁就是最有效率的梁。在材料数量一定的情况下，材料距中性轴越远，则横截面就变得越大，截面模量也就越大，材料抵抗弯曲变形的能力也就越大（在给定许用应力的情况下）。

图 5-18a 所示矩形（宽度为 b，高度为 h）截面梁就是这样的一个例子。其截面模量［根据式（5-19b）］为：

$$S = \frac{bh^2}{6} = \frac{Ah}{6} = 0.167Ah \tag{5-26}$$

其中，A 为横截面面积。该方程表明，对于一个给定面积的矩形横截面，随着高度 h 的增大

（为了保持面积的不变，宽度 b 将减小），它将变得更有效率。当然，高度的增加是有实际限制的，这是因为当高-宽比过大时，该梁在横向方向就变得不稳定了。因此，一根窄矩形截面的梁会因横向（侧向）屈曲而发生失效，而不会因材料的强度不足而发生失效。

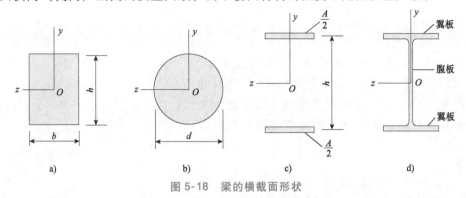

图 5-18 梁的横截面形状

接下来，比较一个直径为 d 的实心圆截面（图 5-18b）与一个相同面积的正方形截面 [边长为 $h = (d/2)\sqrt{\pi}$]，其截面模量 [根据式 （5-19b） 和式 （5-20b）] 分别为：

$$S_{\text{square}} = \frac{h^3}{6} = \frac{\pi\sqrt{\pi}d^3}{48} = 0.1160d^3 \qquad (5\text{-}27\text{a})$$

$$S_{\text{circle}} = \frac{\pi d^3}{32} = 0.0982d^3 \qquad (5\text{-}27\text{b})$$

由此可得：

$$\frac{S_{\text{square}}}{S_{\text{circle}}} = 1.18 \qquad (5\text{-}28)$$

该结果表明，在抵抗弯曲变形方面，正方形截面梁比相同面积的圆形截面梁更有效率。当然，其原因在于，圆形截面比正方形截面有更多数量的材料位于中性轴附近。由于承受高应力的材料较少，因此，这些材料对梁强度的贡献也就较少。

对于一根给定横截面面积 A 和高度 h 的梁，其理想的横截面形状是，一半的面积位于中性轴之上的 $h/2$ 处，另一半的面积位于中性轴之下的 $h/2$ 处，如图 5-18c 所示。对于这种理想的形状，可得：

$$I = 2\left(\frac{A}{2}\right)\left(\frac{h}{2}\right)^2 = \frac{Ah^2}{4} \quad S = \frac{1}{h/2} = 0.5Ah \qquad (5\text{-}29\text{a，b})$$

在工程实践中，宽翼板工字形截面和工字形截面接近这一理想形状，它们的大部分材料都位于翼板处（图 5-18d）。标准宽翼板工字形截面梁，其截面模量约为：

$$S \approx 0.35Ah \qquad (5\text{-}30)$$

该值小于理想形状的截面模量，但大于具有相同面积和高度的矩形截面的截面模量 [式 （5-26）]。

宽翼板工字形截面梁的另一个可取特点是具有较大的宽度，因此，与具有相同高度和截面模量的矩形梁相比，它具有更大的横向稳定性以抵抗相应的横向屈曲。另一方面，实际上也不可能将宽翼板工字形截面梁的腹板制造的太薄。若腹板太薄，则该梁易于发生局部屈曲或可能产生过大的切应力，5.10 节将讨论这一主题。

下述四例说明了如何根据许用应力来选择梁。在这些例子中，只考虑弯曲应力（根据弯曲公式得到的）的影响。

注意：在求解例题和习题时，若需要根据附录选择钢梁或木梁，则使用以下规则：如果附表中有几个可用的选择，那么，选择具有所需截面模量的最轻梁。

● ● ●   例 5-5

长度 $L=3\text{m}$ 的简支木梁承受着一个均布载荷 $q=4\text{kN/m}$（图 5-19）。许用弯曲应力为 12MPa，木材的重量密度为 5.4kN/m^3。该梁受到横向支撑以避免发生侧向屈曲和侧翻。在附录 F 的表中为该梁选择一个合适的尺寸。

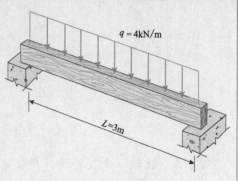

图 5-19   简支木梁的设计

解答：

由于事先并不知道该梁的重量是多少，因此，将采用试错法进行以下分析：（1）以给定的均布载荷为依据计算所需截面模量；（2）为该梁初选一个尺寸；（3）在均布载荷中加入该梁的重量，并重新计算所需截面模量；（4）检查所选梁是否令人满意。如果不是，则选择一根更大的梁，并重复以上过程。

（1）梁中的最大弯矩发生在中点处［见式（4-15）］：

$$M_{\max}=\frac{qL^2}{8}=\frac{(4\text{kN/m})\times(3\text{m})^2}{8}=4.5\text{kN}\cdot\text{m}$$

所需截面模量［式（5-25）］为：

$$S=\frac{M_{\max}}{\sigma_{\text{allow}}}=\frac{4.5\text{kN}\cdot\text{m}}{12\text{MPa}}=0.375\times10^6\ \text{mm}^3$$

（2）在附录 F 的表中可以查出，截面模量（关于 1-1 轴）至少为 $0.375\times10^6\text{mm}^3$ 的最轻梁是一根 75×200mm（公称尺寸）的梁。该梁的截面模量等于 $0.456\times10^6\text{mm}^3$，重量为 77.11N/m（注意，附录 F 中给出的梁的重量基于密度 5.4kN/m^3）。

（3）梁上的均布载荷现在变为 4.077kN/m，相应的所需截面模量为：

$$S=(0.375\times10^6\ \text{mm}^3)\times\left(\frac{4.077}{4.0}\right)=0.382\times10^6\ \text{mm}^3$$

（4）之前所选的那根梁具有 $0.456\times10^6\text{mm}^3$ 的截面模量，该截面模量大于所需截面模量 $0.382\times10^6\text{mm}^3$，因此，这根 75×200mm 的梁是令人满意的。

注意：如果木材的重量密度不是 5.4kN/m^3，那么，可用附录 F 中最后一列的值乘以实际重量密度与 5.4kN/m^3 的比值，就可得到该梁的重量（kN/m）。

● ● ●   例 5-6

一根高 2.5 米的垂直立柱必须在其顶端支撑一个横向载荷 $P=12\text{kN}$（图 5-20）。提出了两个设计方案：实心木柱和空心铝管。

（a）如果木材的许用弯曲应力为 15MPa，那么，木柱的所需最小直径 d_1 是多少？

（b）如果希望壁厚为外径的八分之一，且铝的许用弯曲应力为 50MPa，那么，铝管的所需最小外径 d_2 是多少？

解答：

最大弯矩。最大弯矩发生在该立柱的底座处，且等于载荷 P 乘以高度 h，因此，

$$M_{max} = Ph = (12\text{kN})(2.5\text{m}) = 30\text{kN} \cdot \text{m}$$

（a）木柱。该木柱所需截面模量 S_1 ［见式（5-20b）和式（5-25）］为：

$$S_1 = \frac{\pi d_1^3}{32} = \frac{M_{max}}{\sigma_{allow}} = \frac{30\text{kN} \cdot \text{m}}{15\text{MPa}} = 0.0020\text{ m}^3 = 2 \times 10^6\text{ mm}^3$$

求解直径，可得：

$$d_1 = 273\text{mm}$$

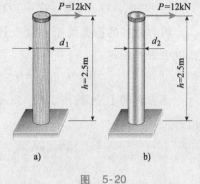

图 5-20

a）实心木柱　b）铝管

如果不希望超过许用应力，那么，所选木柱的直径必须大于或等于273mm。

（b）铝管。为了求出铝管的截面模量 S_2，首先必须求出其横截面的惯性矩 I_2，该管的壁厚为 $d_2/8$，因此，内径为 $d_1 - d_2/4$ 或 $0.75d_2$。于是，惯性矩 ［见式（5-20a）］为：

$$I_2 = \frac{\pi}{64}\left[d_2^4 - (0.75d_2)^4\right] = 0.03356d_2^4$$

根据式（5-18），可求得铝管的截面模量为：

$$S_2 = \frac{I_2}{C} = \frac{0.03356d_2^4}{d_2/d} = 0.06712d_2^3$$

根据式（5-25），可求得所需截面模量为：

$$S_2 = \frac{M_{max}}{\sigma_{allow}} = \frac{30\text{kN} \cdot \text{m}}{50\text{MPa}} = 0.0006\text{ m}^3 = 600 \times 10^3\text{mm}^3$$

使上述两个截面模量的表达式相等，就可求出所需外径为：

$$d_2 = \left(\frac{600 \times 10^3\text{mm}^3}{0.06712}\right)^{1/3} = 208\text{mm}$$

相应的内径为156mm。

● ● ● 例 5-7

一根长度为7m的简支梁 AB 必须支撑一个均布载荷 $q = 60\text{kN/m}$，该载荷在梁上的分布方式如图 5-21a 所示。请考虑均布载荷与梁的重量，并使用 110MPa 的许用弯曲应力，为该梁选择一根宽翼板工字钢梁。

解答：

本例拟采取以下分析步骤：（1）求出该均布载荷在梁中产生的最大弯矩；（2）根据已知的最大弯矩，求出所需截面模量；（3）从附录 E 的表 E-1 中初选一根宽翼板工字梁，并查出该梁的重量；（4）根据已知的重量，重新计算出弯矩值和截面模量值；（5）确定所选梁是否令人满意。如果不是，重新选择梁的尺寸，并重复上述过程，直到求出一个满意的尺寸为止。

最大弯矩。为了确定最大弯矩所在的横截面的位置，可使用第 4 章所述方法画出剪力图（图 5-21b）。在绘图之前，可先求出支座处的反作用力：

$$R_A = 188.6\text{kN} \quad R_B = 171.4\text{kN}$$

剪力为零的横截面至左端支座的距离 x_1 可根据以下方程求得：

$$V = R_A - qx_1 = 0$$

该方程的有效范围为 $0 \leqslant x \leqslant 4\text{m}$。求解 x_1，可得：

$$x_1 = \frac{R_A}{q} = \frac{188.6\text{kN}}{60\text{kN/m}} = 3.14\text{m}$$

x_1 小于 4m，因此，计算结果是有效的。

最大弯矩发生在剪力为零的横截面上；因此，

$$M_{\max} = R_A x_1 - \frac{qx_1^2}{2} = 296.3\text{kN} \cdot \text{m}$$

所需截面模量。根据式（5-25），可求得所需截面模量为：

$$S = \frac{M_{\max}}{\sigma_{\text{allow}}} = \frac{296.3 \times 10^6 \text{N} \cdot \text{mm}}{110\text{MPa}} = 2.694 \times 10^6 \text{mm}^3$$

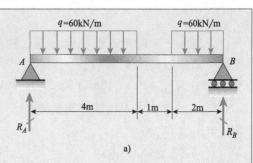

a)

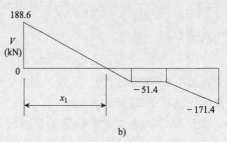

b)

图 5-21 承受局部均布载荷的简支梁的设计

初选梁的尺寸。所选宽翼板工字梁的截面模量必须大于 2694cm^3。因此，根据表 E-1，可选出最轻的宽翼板工字梁为 HE 450A，其截面模量为 $S = 2896\text{cm}^3$，其重量为 140kg/m（请记住，附录 E 的那些表是部分摘录的，因此，实际上可能还会有更轻的梁可供选用）。

现在，重新计算在均布载荷 q 和其自重作用下该梁的反作用力、最大弯矩以及所需截面模量。在这两种载荷的联合作用下，反作用力为：

$$R_A = 193.4\text{kN} \quad R_B = 176.2\text{kN}$$

剪力为零的横截面至左端支座的距离为：

$$x_1 = 3.151\text{m}$$

而最大弯矩增加至 $304.7\text{kN} \cdot \text{m}$，所需截面模量为：

$$S = \frac{M_{\max}}{\sigma_{\text{allow}}} = \frac{304.7 \times 10^6 \text{N} \cdot \text{mm}}{110\text{MPa}} = 2770\text{cm}^3$$

由此可见，截面模量 $S = 2896\text{cm}^3$ 的梁 HE 450A 是令人满意的。

注意：如果所需截面模量超过了梁 HE 450A 的截面模量，那么，就必须选择一根具有更大截面模量的梁，并重复上述过程。

●●● 例 5-8

某一临时木坝由若干水平木板 A 和垂直木柱 B 构成，其中，垂直木柱 B 用于支撑木板 A。垂直木柱 B 被埋入地下，它们的作用就像悬臂梁一样（图 5-22）。木柱的横截面为正方形（尺寸 $b \times b$），各木柱中线的间距 $s = 0.8\text{m}$。假设最大蓄水高度 $h = 2.0\text{m}$。如果木材的许用弯曲应力 $\sigma_{\text{allow}} = 8.0\text{MPa}$，那么，请求出各木柱的所需最小尺寸 b。

解答:

载荷图。各木柱均受到一个三角形分布载荷的作用，该载荷是由作用在木板的水压所产生的。因此，各木柱的载荷图均为三角形（图 5-22c）。各木柱上载荷的最大强度 q_0 等于深度 h 处的水压乘以各木柱的间距 s:

$$q_0 = \gamma h s \qquad (a)$$

其中，γ 为水的比重。注意，q_0 的单位为每单位长度的力，γ 的单位为每单位体积的力，h 和 s 均具有长度的单位。

截面模量。由于各木柱均为悬臂梁，因此，最大弯矩发生在其底座处，其表达式为:

$$M_{\max} = \frac{q_0 h}{2}\left(\frac{h}{3}\right) = \frac{\gamma h^3 s}{6} \qquad (b)$$

因此，所需截面模量 [式（5-25）] 为:

$$S = \frac{M_{\max}}{\sigma_{\text{allow}}} = \frac{\gamma h^3 s}{6 \sigma_{\text{allow}}} \qquad (c)$$

方形截面梁的截面模量为 $S = b^3/6$ [见式（5-19b）]。将该 S 的表达式代入式（c），可求得各木柱的最小尺寸 b 的表达式:

$$b^3 = \frac{\gamma h^3 s}{\sigma_{\text{allow}}} \qquad (d)$$

数值解。将给出的数值代入式（d），可得:

$$b^3 = \frac{(9.81\text{kN/m}^3) \times (2.0\text{m})^3 \times (0.8\text{m})}{8.0\text{MPa}}$$

$$= 0.007848\text{m}^3 = 7.848 \times 10^6 \text{mm}^3$$

据此可得:

$$b = 199\text{mm}$$

因此，各木柱的所需最小尺寸 b 为 199mm。任何更大的尺寸（如 200mm）都将保证实际的弯曲应力小于其许用应力。

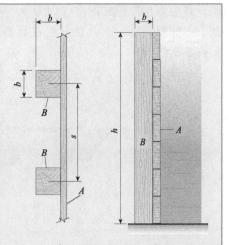

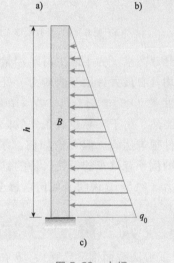

图 5-22 木坝
（水平木板 A 由铅垂木柱 B 支撑）
a) 俯视图 b) 侧视图 c) 载荷图

5.7 变截面梁

本章所述理论是根据柱状梁（即等截面直梁）推导出来的，然而，通常使用变截面梁来降低重量并改善外观。这类梁被广泛应用于汽车、飞机、桥梁、建筑、机器、工具以及许多其他工程领域（图 5-23）。幸运的是，只要变截面梁的横截面尺寸是逐渐变化的，那么，对于该梁中的弯曲应力，弯曲公式 [式（5-13）] 仍然能够给出合理的精确值，如图 5-23 所示的例子。

与柱状梁不同，变截面梁的弯曲应力是沿轴线变化的。柱状梁的截面模量是恒定的，因此，其应力与弯矩成正比（因为 $\sigma = M/S$）。然而，变截面梁的截面模量是沿轴线变化的，因此，不能假设最大应力就发生在具有最大弯矩的截面处——有时最大应力发生在其他位置，如例 5-9 所示。

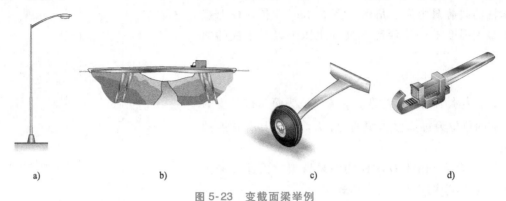

图 5-23　变截面梁举例

a）路灯　b）具有锥形主梁和桥架的桥梁　c）小型飞机车轮的支柱　d）扳手的手柄

全应力梁　为了减少材料用量从而得到最轻的梁，可以变化横截面的尺寸以使各个横截面上均具有最大许用弯曲应力，处于这种状况的梁被称为全应力梁（fully stressed beam）或等强度梁（beam of constant strength）。

当然，由于实际建造条件的限制，以及实际载荷有可能不同于设计载荷，因此，上述理想条件很难达到。但无论如何，了解全应力梁的性能将有助于工程师设计最小重量的结构。常见的例子有汽车的板簧、桥的锥形梁以及图 5-23 所示各结构，其结构被设计为处处接近最大应力。例 5-10 说明了如何求解全应力梁的形状尺寸。

● ● ●　例 5-9

实心圆截面锥形悬臂梁 AB 在其自由端支撑着载荷 P（图 5-24），其大端直径 d_B 为小端直径 d_A 的两倍，即 $d_B/d_A = 2$。请求出固定端处的弯曲应力 σ_B 以及最大弯曲应力 σ_{max}。

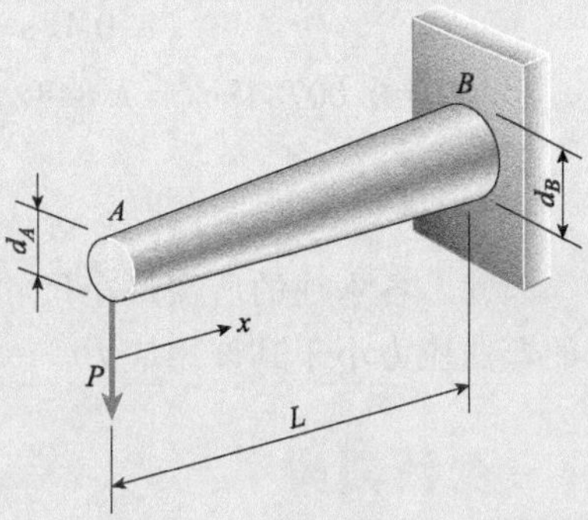

解答：

如果该梁的锥角较小，那么，根据弯曲公式得到的弯曲应力将略微不同于其精确值。精确性的指导原则是，如果轮廓素线 AB（图 5-24）与该梁纵向轴之间的夹角约为 20°，那么，根据弯曲公式得到的正应力的计算误差约为 10%。当然，锥角越小，则误差也就越小。

截面模量。该梁任一横截面的截面模量可被表示为距离 x 的函数（其中，x 沿该梁的轴线测量）。由于截面模量取决于直径，因此，首先必须用 x 表示直径，即：

图 5-24　圆截面锥形悬臂梁

$$d_x = d_A + (d_B - d_A)\frac{x}{L} \tag{5-31}$$

其中，d_x 为与自由端相距 x 位置处的直径。因此，与自由端相距 x 位置处的截面模量［式（5-20b）］为：

$$S_x = \frac{\pi d_x^3}{32} = \frac{\pi}{32}\left[d_A + (d_B + d_A)\frac{x}{L}\right]^3 \tag{5-32}$$

弯曲应力。由于弯矩等于 Px，因此，任一横截面上的最大正应力为：

$$\sigma_1 = \frac{M_x}{S_x} = \frac{32Px}{\pi\left[d_A + (d_B - d_A)(x/L)\right]^3} \tag{5-33}$$

观察该梁的变形，可以看出，应力 σ_1 在该梁顶部处为拉应力，在该梁底部处为压应力。

注意，只要锥角较小，则式（5-31）、式（5-32）、式（5-33）对 d_A 和 d_B 的任何值都是是有效的。下面仅讨论 $d_B = 2d_A$ 的情况。

固定端处的最大应力。 将 $x = L$、$d_B = 2d_A$ 代入式（5-33），就可求出最大弯矩横截面（该梁的 B 端）上的最大应力。其结果为：

$$\sigma_B = \frac{4PL}{\pi d_A^3} \tag{a}$$

梁中的最大应力。 在 $d_B = 2d_A$ 的情况下，与自由端相距 x 位置处的横截面上的最大应力[式（5-33）]为：

$$\sigma_1 = \frac{32Px}{\pi d_A^3 (1 + x/L)^3} \tag{b}$$

为了确定该横截面（其上的应力是梁中的最大弯曲应力）的位置，需要求出使 σ_1 为最大的 x 的值。求解导数 $\mathrm{d}\sigma_1/\mathrm{d}x$ 并使之等于零，就可以求出使 σ_1 为最大的 x 的值。其结果为：

$$x = \frac{L}{2} \tag{c}$$

将 $x = L/2$ 代入式（b），就可求得相应的最大应力，即：

$$\sigma_{\max} = \frac{128PL}{27\pi d_A^3} = \frac{4.741PL}{\pi d_A^3} \tag{d}$$

在这个特殊的例子中，最大应力发生在该梁的中点处，且比固定端处的应力 σ_B 大 19%。

注意：如果降低该梁的锥度，那么，最大正应力所在的横截面将从中点移向固定端。若锥角非常小，则最大应力将发生在 B 端。

● ● ● 例 5-10

长度为 L 的悬臂梁 AB 被设计为用来在其自由端支撑一个集中载荷 P（图 5-25）。该梁的横截面是具有恒定宽度 b 和变高度 h 的矩形。设计人员想知道一根理想梁的高度应如何变化才能使各个横截面上的最大正应力均等于许用应力 σ_{allow}。请求出该全应力梁的高度，只考虑根据弯曲公式来求解弯曲应力。

解答：

与该梁自由端相距 x 位置处的弯矩和截面模量为：

$$M = Px \qquad S = \frac{bh_x^2}{6}$$

其中，h_x 为该梁在距离 x 位置处的高度。将其代入弯曲公式，可得：

$$\sigma_{allow} = \frac{M}{S} = \frac{Px}{bh_x^2/6} = \frac{6Px}{bh_x^2} \qquad (a)$$

求解该梁的高度，可得：

$$h_x = \sqrt{\frac{6Px}{b\sigma_{allow}}} \qquad (b)$$

在该梁的固定端（$x = L$），高度 h_B 为：

$$h_B = \sqrt{\frac{6PL}{b\sigma_{allow}}} \qquad (c)$$

因此，可以如下形式表达高度 h_x：

$$h_x = h_B \sqrt{\frac{x}{L}} \qquad (d)$$

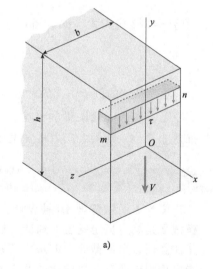

图 5-25　具有恒定最大正应力的全应力梁（不考虑切应力的理论形状）

这一方程表明，该全应力梁的高度随着 x 的平方根而变化。因此，该理想梁具有图5-25所示的抛物线形状。

注意：该梁加载端（$x = 0$）的理论高度为零，因为在该点处没有弯矩。当然，这种形状的梁是不现实的，因为其端部附近不能支撑剪力。然而，理想形状可以为实际设计（即考虑剪切和其他影响的设计）提供了一个有用的出发点。

5.8　矩形截面梁中的切应力

当梁受到纯弯曲作用时，唯一的内力为弯矩，唯一的应力为作用在横截面上的正应力。然而，大多数梁都受到多个载荷的作用，其横截面上既有弯矩，又有剪力（非均匀弯曲），这时，正应力和切应力同时在梁中产生。如果该梁采用线弹性材料制造，那么，正应力可根据弯曲公式（见5.5节）来计算。切应力将在本节和下两节中讨论。

铅垂和水平切应力　研究一根受到正剪力 V 作用的矩形截面（宽度为 b、高度为 h）梁（图 5-26a）。显然，合理的假设是，作用在横截面上的切应力 τ 平行于该剪力，即平行于该横截面的竖边。同样，也有理由假设切应力在该横截面的宽度上是均匀分布的，尽管它们可能在高度上是变化的。利用这两个假设，就可以求出该横截面上任一点处的切应力的大小。

为了便于分析，从该梁（图 5-26a）中隔离出一个小微元体，该微元体切割自两个相邻的横截面和两个相邻的水平面之间。根据上述假设，作用在该微元体前表面的切应力位于铅垂方向，且从梁的一边到另一边是均匀分布的。同时，根据 1.7 节关于切应力的讨论可知，若微元体的某一表面上作用有切应力，则在与该表面垂直的微元体表面上必作用有大小相同的切应力（图5-26

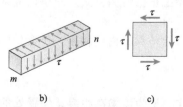

a)

b)　　　c)

图 5-26　矩形截面梁中的切应力

b、c）。因此，除了横截面上作用有切应力之外，该梁的水平层之间也作用有切应力。在该梁的任一点处，这些成对出现的切应力在大小上是相等的。

根据某一微元体上的水平和铅垂切应力相等这一定理，可得到一个关于该梁顶、底部处的切应力的重要结论。假设微元体 mn（图 5-26a）位于梁的顶部或底部，由于该梁的外表面上是没有应力的，因此，水平切应力必将消失，且相应位置处的铅垂切应力也必将消失，换句话说，在 $y=\pm h/2$ 处，$\tau=0$。

可以用一个简单的实验来证明梁中存在着水平切应力。如图 5-27a 所示，将两根相同的矩形梁放置在简单支座上并施加一个力 P。如果两梁之间的摩擦力较小，那么，各梁将各自独立弯曲（图 5-27b）。每根梁的中性轴以上部分都受到压缩，中性轴以下部分都受到拉伸，因此，上面那根梁的底面与下面那根梁的顶面之间将出现相对滑动。

现在，假设这两根梁被粘接在一起，使它们变为一根单一梁。当对该梁加载时，为了防止图 5-27b 所示的滑动，粘合表面处必然产生水平切应力。由于这些切应力的存在，使得该单一梁比两根独立的梁更硬、更强。

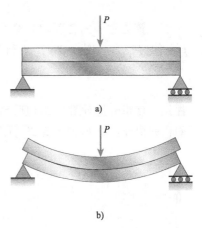

图 5-27 两根分离梁的弯曲

剪切公式的推导 现在，准备推导矩形梁中切应力 τ 的表达式。显然，与计算作用在该梁各水平层之间的水平切应力相比，计算作用在横截面上的铅垂切应力更为容易一些。当然，铅垂切应力与水平切应力的大小相等。

基于上述考虑，研究一根受到非均匀弯曲作用的梁（图 5-28a）。在两个相距 dx 的相邻横截面 mn 和 m_1n_1 之间截取微段 mm_1n_1n。将作用在该微段左侧面上的弯矩和剪力分别标记为 M 和 V。由于弯矩和剪力都是沿梁的轴线变化的，因此，将右侧面上的相应弯矩和剪力（图 5-28a）分别标记为 $M+dM$ 和 $V+dV$。

由于弯矩和剪力的存在，因此，图 5-28a 所示微段的横截面上同时受到正应力和切应力的作用。然而，由于在下述推导过程中只需要使用正应力，因此，图 5-28b 仅显示了正应力。根据弯曲公式［式（5-14）］，横截面 mn 和 m_1n_1 上的正应力分别为：

$$\sigma_1=-\frac{My}{I} \quad \text{和} \quad \sigma_2=-\frac{(M+dM)y}{I} \tag{5-34a，b}$$

其中，y 为至中性轴的距离，I 为横截面面积关于中性轴的惯性矩。

接着，再从微段 mm_1n_1n 中隔离出一个小单元 mm_1p_1p（图 5-28b）。平面 pp_1 与该梁中性层的距离为 y_1。该小单元如图 5-28c 所示，其顶面是梁的上表面的一部分，因此没有应力；其底面（平行于中性层且与其相距 y_1）上作用着水平切应力 τ。其横截面 mp 和 m_1p_1 上分别作用着由弯矩产生的弯曲应力 σ_1、σ_2。垂直切应力也作用在这两个横截面上，不过，这些应力不影响该小单元在水平方向（x 方向）的平衡，因此，它们没有在图 5-28c 中显示出来。

如果横截面上 mn 和 m_1n_1 的弯矩（图 5-28b）是相等的（即如果该梁受到纯弯曲作用），那么，作用在小单元侧面上的正应力 σ_1 和 σ_2（图 5-28c）也将是相等的。在这种情况下，该小单元将在正应力的单独作用下处于平衡状态，因此，作用在底面 pp_1 上的切应力 τ 将消失。

这个结论是显然易见的，因为在纯弯曲梁中没有剪力，因而也就没有切应力。

如果弯矩是沿着 x 轴变化的（即非均匀弯曲），那么，可根据该小单元在 x 方向的平衡条件来求解作用在其底面上的切应力 τ（图 5-28c）。

设横截面上某一微面积 $\mathrm{d}A$ 与中性轴的距离为 y（图 5-28d）。作用在该微面积上的力为 $\sigma\mathrm{d}A$，其中，正应力 σ 根据弯曲公式得到的。如果该微面积位于上述子单元的左侧面 mp（其上的弯矩为 M）上，那么，可根据式（5-34a）求得正应力，因此，该微面积上的力为：

$$\sigma_1\mathrm{d}A = \frac{My}{I}\mathrm{d}A$$

注意，该方程中的各项均为绝对值，因为在图 5-28 中，应力的方向是显而易见的。对表面 mp 上的这些力（图 5-28c）进行积分，就可得到作用在该表面 mp 上的总水平力 F_1：

$$F_1 = \int \sigma_1\mathrm{d}A = \int \frac{My}{I}\mathrm{d}A \tag{5-35a}$$

注意，该积分是对图 5-28d 所示横截面阴影部分面积的积分，即对 $y = y_1$ 至 $y = h/2$ 这部分横截面面积的积分。力 F_1 如图 5-29 所示，该图是上述子单元的一个自由体图（省略了铅垂力）。

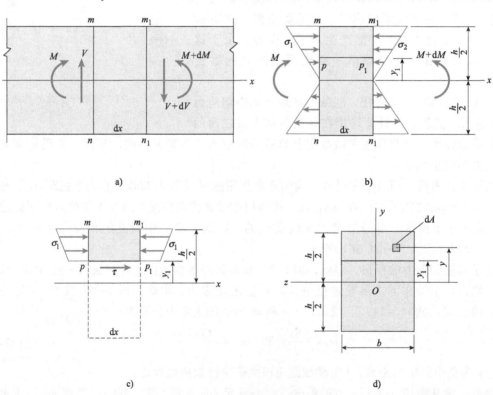

a)　　　　　　　　　　　　　　b)

c)　　　　　　　　　　　　　　d)

图 5-28　矩形截面梁中的切应力

a) 梁的侧视图　b) 微元体的侧视图　c) 子单元的侧视图　d) 梁在子单元的横截面

采用类似的方法可求出作用在上述子单元右侧面上的总力 F_2（图 5-29 和图 5-28c）：

$$F_2 = \int \sigma_2\mathrm{d}A = \int \frac{(M+\mathrm{d}M)y}{I}\mathrm{d}A \tag{5-35b}$$

已知了力 F_1、F_2 之后，就可以求出作用在上述子单元底面上的力 F_3。

根据该子单元的平衡条件，可对其 x 方向的力求和，并得到：

$$F_3 = F_1 - F_2 \qquad (5\text{-}35\text{c})$$

或

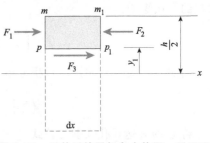

图 5-29　子单元的局部自由体图：显示了
所有水平力（与图 5-28c 比较）

$$F_2 = \int \frac{(M + \mathrm{d}M)y}{I} \mathrm{d}A - \int \frac{My}{I} \mathrm{d}A = \int \frac{(\mathrm{d}M)}{I} y \mathrm{d}A$$

可将该表达式中的 $\mathrm{d}M$ 和 I 移到积分符号之外，因为对于任一给定横截面，它们均为常数，因此不参与积分。这样，力 F_3 的表达式变为：

$$F_3 = \frac{\mathrm{d}M}{I} \int y \mathrm{d}A \qquad (5\text{-}36)$$

如果切应力 τ 在该梁的宽度 b 上是均匀分布的，那么，力 F_3 也等于下式：

$$F_3 = \tau b \mathrm{d}x \qquad (5\text{-}37)$$

其中，$b\mathrm{d}x$ 为该子单元底面的面积。

联立求解式（5-36）和式（5-37），可求得切应力 τ 为：

$$\tau = \frac{\mathrm{d}M}{\mathrm{d}x} \left(\frac{1}{Ib} \right) \int y \mathrm{d}A \qquad (5\text{-}38)$$

其中，$\mathrm{d}M/\mathrm{d}x$ 等于剪力 V［见式（4-6）］，因此，该表达式变为：

$$\tau = \frac{V}{Ib} \int y \mathrm{d}A \qquad (5\text{-}39)$$

如上所述，该方程中的积分式可根据横截面的阴影部分（图 5-28d）来计算。因此，该积分式就是该阴影区面积相对于中性轴（z 轴）的一次矩。换句话说，该积分式就是所求切应力 τ 的作用点以上部分的横截面面积的一次矩。通常用符号 Q 表示一次矩：

$$Q = \int y \mathrm{d}A \qquad (5\text{-}40)$$

因此，切应力方程变为：

$$\tau = \frac{VQ}{Ib} \qquad (5\text{-}41)$$

该方程被称为剪切公式（shear formula），它可用于求解矩形梁横截面中任意一点处的切应力 τ。注意，对于一个给定的横截面，剪力 V、惯性矩 I 以及宽度 b 均为常数。然而，一次矩（以及相应的切应力 τ）将随着与中性轴的距离 y_1 的变化而变化。

　　一次矩的计算　　如图 5-28d 所示，如果所求切应力位于中性轴之上，那么，只要计算该切应力之上的那部分横截面面积（图中的阴影区域）的一次矩（first moment），就可求得 Q。然而，一种替代方法是，可计算其余横截面面积的一次矩，即计算该阴影区域之下那部分横截面面积的一次矩，该一次矩等于负 Q。

　　其理由在于，整个横截面面积对中性轴的一次矩等于零（因为中性轴通过形心）。因此，水平线 y_1 以下那部分面积的 Q 值就等于其上部面积的 Q 值的负数。为方便起见，若所求切应力的作用点位于梁的上部，则通常使用水平线 y_1 之上的那部分面积；若作用点位于梁的下部，则使用水平线 y_1 之下的那部分面积。

　　此外，通常不必约定 V 和 Q 的符号，剪切公式中的各项均作为正值处理，而切应力的方向可根据观察来确定（因为切应力的方向与剪力 V 的方向相同）。计算示例见之后的例 5-11。

　　矩形梁中切应力的分布情况　　现在，准备求解矩形截面梁（图 5-30a）中切应力的分布情况。用横截面阴影部分的面积乘以该阴影部分的形心至中性轴的距离，就可得到该阴影部分

面积的一次矩 Q：

$$Q = b\left(\frac{h}{2} - y_1\right)\left(y_1 + \frac{h/2 - y_1}{2}\right) = \frac{b}{2}\left(\frac{h^2}{4} - y_1^2\right) \tag{5-42a}$$

当然，对式（5-40）进行积分也可以得到相同的结果：

$$Q = \int y\,\mathrm{d}A = \int_{y_1}^{h/2} yb\,\mathrm{d}y = \frac{b}{2}\left(\frac{h^2}{4} - y_1^2\right) \tag{5-42b}$$

将 Q 的表达式代入剪切公式［式（5-41）］，可得：

$$\tau = \frac{V}{2I}\left(\frac{h^2}{4} - y_1^2\right) \tag{5-43}$$

该方程表明，矩形梁中的切应力与至中性轴的距离 y_1 之间有着平方关系。因此，τ 沿着该梁高度的变化情况如图 5-30b 所示。注意，当 $y_1 = \pm h/2$ 时，切应力为零。

切应力的最大值出现在中性轴处（$y_1 = 0$），该处的一次矩也达到最大值。将 $y_1 = 0$ 代入式（5-43），可得：

$$\tau_{\max} = \frac{Vh^2}{8I} = \frac{3V}{2A} \tag{5-44}$$

其中，$A = bh$ 为横截面面积。因此，矩形截面梁中的最大切应力比其平均切应力 V/A 要大 50%。

注意，上述关于切应力的方程既可用来计算作用在横截面上的铅垂切应力，又可用来计算作用在梁横向层之间的水平切应力⊖。

局限性　与推导弯曲公式时一样，本节所推导的切应力公式受限于相同的条件。因此，它们只适用于线弹性材料与小挠度梁。

在矩形梁的情况下，剪切公式的精确度取决于横截面的高度与宽度的比值。对于那些非常窄的矩形梁（高度 h 远大于宽度 b），可认为该剪切公式是精确的。然而，随着 b 相对于 h 的不断增大，则该剪切公式的精确度将逐步降低。例如，当该梁为正方形截面时，真实的最大切应力比式（5-44）给出的值要大 13% 左右（更全面的关于剪切公式局限性的讨论，见参考文献 5-9）。

一个常见的错误是将剪切公式［式（5-41）］用于那些它不适用的横截面形状。例如，它不适用于三角形或半圆形截面。为了避免滥用该公式，必须牢记推导过程中所使用的以下假设：①横截面的棱边必须平行于 y 轴（以使切应力的作用方向与 y 轴平行）；②切应力在横截面的宽度上必须是均布的。正如本节以及下述两节所讨论的那样，这些假设只在某些特定的情况下才能实现。

最后，剪切公式只适用于柱状梁。如果是变截面梁（例如锥形梁），则其切应力将完全不同于剪切公式给出的切应力（见参考文献 5-9 和 5-10）。

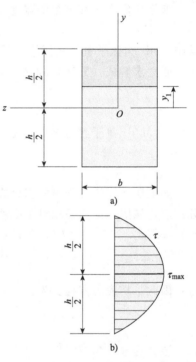

图 5-30　矩形截面梁中切应力的分布
a）梁的横截面
b）切应力在梁高度上呈抛物线分布

⊖　本节所述的切应力的分析是由俄国工程师 D. J. 儒拉夫斯基提出的，见参考文献 5-7 和 5-8。

切应变的效果 由于切应力 τ 在矩形梁的高度方向上具有抛物线变化规律，因此，这表明切应变 $\gamma = \tau/G$ 也具有抛物线变化规律。这样的切应变使得该梁的各横截面从平面变形为翘曲面。这种翘曲变形如图 5-31 所示，其中，变形前，横截面 mn 和 pq 均为平面；而当中性层中产生最大切应变时，它们就变为曲面 $m_1 n_1$ 和 $p_1 q_1$。在点 m_1、p_1、n_1、q_1 处，切应变为零，因此，曲线 $m_1 n_1$ 和 $p_1 q_1$ 垂直于该梁的上、下表面。

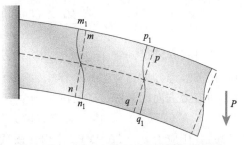

图 5-31 切应变引起的梁的横截面的翘曲

如果剪力 V 沿着梁的轴线是恒定的，那么，各横截面的翘曲情况是相同的。因此，弯矩所引起的纵向微元的伸长和缩短将不会受到切应变的影响，并且，其正应力的分布与纯弯曲时是相同的。此外，采用先进分析方法所作的详尽研究表明，即使剪力沿长度方向是连续变化的，切应变所引起的横截面的翘曲也基本不影响纵向应变。因此，在大多数情况下，利用弯曲公式［式（5-14）］来计算非均匀弯曲是合理的，尽管该公式是根据纯弯曲情况推导出来的。

● ● ● 例 5-11

简支金属梁的跨度 $L = 1\mathrm{m}$（图 5-32a），该梁上的均布载荷（包括自重）$q = 28\mathrm{kN/m}$。该梁的横截面是一个宽度 $b = 25\mathrm{mm}$、高度 $h = 100\mathrm{mm}$ 的矩形（图 5-32b）。该梁受到充分的侧向支撑以避免侧向屈曲。请求出点 C 处（该点与梁的顶面相距 25mm，与右端支座相距 200mm）的正应力 σ_C 和剪力 τ_C，并将这些应力显示在一个点 C 处的应力微元体图上。

解答：

剪力和弯矩。使用第 4 章所述的方法，就可求出过点 C 的横截面上的剪力 V_C 和弯矩 M_C，其结果为：

$$M_C = 2.22\mathrm{kN \cdot m} \quad V_C = -8.4\mathrm{kN}$$

这些量的符号是以弯矩和剪力的标准符号约定为依据的（见图 4-5）。

惯性矩。横截面面积关于中性轴（图 5-32b 中的 z 轴）的惯性矩为：

$$I = \frac{bh^3}{12} = \frac{1}{2} \times (25\mathrm{mm}) \times (100\mathrm{mm})^3 = 2083 \times 10^3 \mathrm{mm}^4$$

点 C 处的正应力。根据弯曲公式［式（5-14）］，并使至中性轴的距离 y 等于 25mm，就可求出点 C 处的正应力。因此，

$$\sigma_C = -\frac{My}{I} = -\frac{(2.24 \times 10^6 \mathrm{N \cdot mm}) \times (25\mathrm{mm})}{2083 \times 10^3 \mathrm{mm}^4} = -26.9\mathrm{MPa}$$

负号表明，该应力为压应力，正如预期。

点 C 处的切应力。为了得到点 C 处的切应力，需要计算点 C 以上部分的横截面面积的一次矩 Q_C（图 5-32b）。该一次矩等于该面积乘以其形心至 z 轴的距离（用 y_C 表示）；因此，

$$A_C = (25\mathrm{mm}) \times (25\mathrm{mm}) = 625\mathrm{mm}^2 \quad y_C = 37.5\mathrm{mm} \quad Q_C = A_C y_C = 23,440\mathrm{mm}^3$$

将数值代入剪切公式［式（5-41）］，就可求出切应力的大小：

$$\tau_C = \frac{V_C Q_C}{Ib} = \frac{(8400\text{N}) \times (23,440\text{mm}^3)}{(2083 \times 10^3 \text{mm}^4) \times (25\text{mm})} = 3.8\text{MPa}$$

通过观察就可确定该应力的方向,因为它与剪力作用在同一方向。在本例中,对于 C 点左侧的那部分梁,剪力向上作用;对于 C 点右侧的那部分梁,剪力向下作用。显示正应力和切应力方向的最好方式是画出一个应力微元体(如下所述)。

点 C 处的应力微元体。该应力微元体(如图 5-32c 所示)切割自该梁的点 C 处(图 5-32a)。压应力 $\sigma_C = 26.9\text{MPa}$ 作用在该微元体的横截面上,切应力 $\tau_C = 3.8\text{MPa}$ 作用在其顶面、底面以及横截面上。

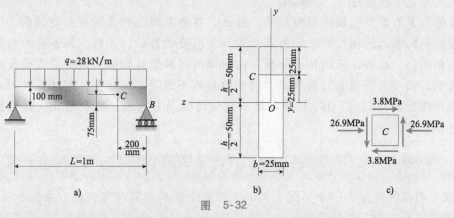

图　5-32

a)承受均布载荷的简支梁　b)梁的横截面　c)显示点 C 处的正应力和切应力的应力微元体

● ● ● 例 5-12

木梁 AB 支撑着两个集中载荷 P(图 5-33a),其横截面是一个宽度 $b = 100\text{mm}$,高度 $h = 150\text{mm}$ 的矩形(图 5-33b),其两端与最靠近载荷的距离均为 $a = 0.5\text{m}$。如果许用弯曲应力(拉伸和压缩)$\sigma_{\text{allow}} = 11\text{MPa}$,许用水平切应力 $\tau_{\text{allow}} = 1.2\text{MPa}$,请求出各载荷的最大许用值 P_{max}(忽略梁的自重)。

注意:木梁抵抗水平剪切(平行于其纵向纤维的剪切)的能力要比其抵抗横向剪切(横截面上的剪切)的能力弱得多。因此,在设计中通常需要考虑许用水平切应力。

解答:

最大切应力发生在各支座处,最大弯矩发生这两个载荷之间的区域。其值为:

$$V_{\text{max}} = P \qquad M_{\text{max}} = Pa$$

同时,截面模量 S 和横截面面积 A 为:

$$S = \frac{bh^2}{6} \qquad A = bh$$

根据弯曲公式和剪切公式[式(5-17)和式(5-44)],可求出梁中的最大正应力和最大切应力:

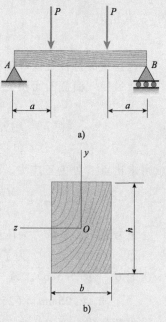

图 5-33　承受集中载荷的木梁

$$\sigma_{\max} = \frac{M_{\max}}{S} = \frac{6Pa}{bh^2} \qquad \tau_{\max} = \frac{3V_{\max}}{2A} = \frac{3P}{2bh}$$

因此，弯曲和剪切所对应的载荷 P 的最大许用值分别为：

$$P_{\text{bending}} = \frac{\sigma_{\text{allow}}bh^2}{6a} \qquad P_{\text{shear}} = \frac{2\tau_{\text{allow}}bh}{3}$$

代入数值，可得：

$$P_{\text{bending}} = \frac{(11\text{MPa}) \times (100\text{mm}) \times (150\text{mm})^2}{6 \times (0.5\text{m})} = 8.25\text{kN}$$

$$P_{\text{shear}} = \frac{2 \times (1.2\text{MPa}) \times (100\text{mm}) \times (150\text{mm})}{3} = 12.0\text{kN}$$

因此，设计受控于弯曲应力，且最大许用载荷为：

$$P_{\max} = 8.25\text{kN}$$

若要对该梁进行更完整的分析，则需要考虑该梁的自重，这将减小许用载荷。

注意：①在本例中，最大正应力和最大切应力没有发生在同一位置处——最大正应力出现在该梁中部区域的横截面的顶部和底部，而最大切应力出现在各支座处的横截面的中性轴附近；②对于大多数梁，弯曲应力（不是切应力）控制许用载荷，如本例所示；③尽管木材不是一种均匀材料，且其行为经常偏离线弹性行为，但仍然可以根据弯曲公式和剪切公式来求解出近似结果。这些近似结果通常足以满足木梁的设计需要。

5.9　圆截面梁中的切应力

当一根梁具有圆形横截面（图 5-34）时，就不能假设切应力的作用方向与 y 轴平行。例如，可以很容易地证明，点 m（在横截面的棱边上）处的切应力必定作用在圆周线的切线方向。这一观察基于如下事实，即该梁的外表面上没有应力，因此，作用在横截面的切应力不可能有径向分量。

在求解作用在整个圆形横截面上的切应力时，虽然没有一个简单的求解方法，但是，通过对应力分布进行一些合理的假设，就可以很容易地求出中性轴处的切应力（该处的应力是最大的）。假设作用在中性轴处的切应力平行于 y 轴，且在该梁的宽度方向上（从图 5-34 中的点 p 至点 q）具有恒定的强度，由于这些假设与推导剪切公式 $\tau = VQ/Ib$［式（5-41）］所使用的假设是相同的，因此，可使用剪切公式来计算中性轴处的切应力。

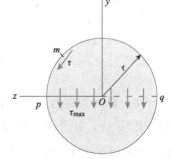

图 5-34　作用在圆梁横截面上的切应力

为了使用剪切公式，需要知道圆形横截面（半径为 r）的以下性质：

$$I = \frac{\pi r^4}{4} \qquad Q = A\bar{y} = \left(\frac{\pi r^2}{2}\right)\left(\frac{4r}{3\pi}\right) = \frac{2r^3}{3} \qquad b = 2r \qquad (5\text{-}45\text{a, b})$$

惯性矩 I 的表达式来自附录 D 的情况 9，一次矩 Q 的表达式是根据半圆形的公式（见附录 D 的情况 10）得到的。将这些表达式代入剪切公式，可得：

$$\tau_{max} = \frac{VQ}{Ib} = \frac{V(2r^3/3)}{(\pi r^4/4)(2r)} = \frac{4V}{3\pi r^2} = \frac{4V}{3A} \qquad (5\text{-}46)$$

其中，$A = \pi r^2$ 为横截面面积。该方程表明，圆截面梁中的最大切应力等于平均铅垂切应力 V/A 的 4/3 倍。

如果梁具有空心圆截面（图 5-35），那么，上述假设（即假设中性轴处的切应力平行于 y 轴，且均匀分布在截面上）仍然具有合理的精度。因此，可再次使用剪切公式来求解最大应力。所需空心圆截面的性能为：

$$I = \frac{\pi}{4}(r_2^4 - r_1^4) \quad Q = \frac{2}{3}(r_2^3 - r_1^3) \quad b = 2(r_2 - r_1) \qquad (5\text{-}47a,b,c)$$

其中，r_1 和 r_2 分别为该横截面的内、外半径。因此，最大应力为：

$$\tau_{max} = \frac{VQ}{Ib} = \frac{4V}{3A}\left(\frac{r_2^2 + r_2 r_1 + r_1^2}{r_2^2 + r_1^2}\right) \qquad (5\text{-}48)$$

其中，$A = \pi(r_2^2 - r_1^2)$ 为横截面的面积。注意，如果 $r_1 = 0$，则式（5-48）就变为关于实心圆截面梁的方程式（5-46）。

虽然上述关于圆形横截面梁的切应力的理论是一个近似理论，但它给出的结果与那些根据精确弹性理论所得到的结果仅相差百分之几（见参考文献 5-9）。因此，式（5-46）和式（5-48）通常可用于求解圆形横截面梁中的最大切应力。

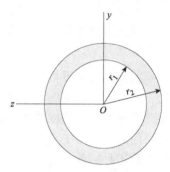

图 5-35 空心圆截面

● ● ● 例 5-13

铅垂立柱是一根外径 $d_2 = 100\text{mm}$，内径 $d_1 = 80\text{mm}$ 的圆管，该立柱受到一个水平力 $P = 6675\text{N}$ 的作用（图 5-36a）。

（a）请求出该立柱中的最大切应力。

（b）在载荷 P 和最大切应力均相同的情况下，一根实心圆立柱的直径是多少（图 5-36b）？

解答：

（a）最大切应力。 对于空心圆截面立柱（图5-36a），利用式（5-48），并用载荷 P 取代剪力 V，用表达式 $\pi(r_2^2 - r_1^2)$ 取代横截面面积 A，可得：

$$\tau_{max} = \frac{4P}{3\pi}\left(\frac{r_2^2 + r_2 r_1 + r_1^2}{r_2^4 - r_1^4}\right) \qquad (a)$$

代入数值，即：

$$P = 6675\text{N} \quad r_2 = d_2/2 = 50\text{mm} \quad r_1 = d_1/2 = 40\text{mm}$$

则可求出：$\tau_{max} = 4.68\text{MPa}$。这就是该立柱中的最大切应力。

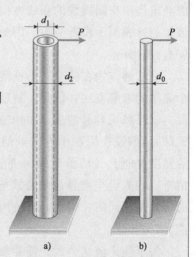

图 5-36 圆截面梁中的切应力

（b）实心圆立柱的直径。 对于实心圆截面立柱（图5-36b），利用式（5-46），并用载荷 P 取代剪力 V，用 $d_0/2$ 取代 r，可得：

$$\tau_{\max} = \frac{4P}{3\pi (d_0/2)^2} \tag{b}$$

求解 d_0，可得：

$$d_0^2 = \frac{16P}{3\pi \tau_{\max}} = \frac{16 \times (6675\mathrm{N})}{3\pi \times (4.68\mathrm{MPa})} = 2.42 \times 10^{-3} \mathrm{m}^2$$

据此可得：$d_0 = 49.21\mathrm{mm}$

在这个特殊的例子中，实心圆立柱的直径约为管状立柱直径的二分之一。

注意：由金属材料（如钢和铝）制造的圆形梁或矩形梁的设计很少受到切应力的控制，这类材料的许用切应力通常只有其许用拉应力的 $25\% \sim 50\%$。在本例管状立柱的情况下，最大切应力仅为 4.68MPa。相反，对于一根长度相对较短（如 600mm）的立柱，根据弯曲公式得到的最大弯曲应力为 69MPa。因此，随着载荷的增加，早在达到许用切应力之前，立柱中的应力就达到了许用拉应力。

对于那些抗剪能力较弱的材料（如木材），情况完全不同。典型木梁的许用水平切应力仅为其许用弯曲应力的 $4\% \sim 10\%$。因此，尽管最大切应力的值相对较低，但它有时也可能对设计起控制作用。

5.10　宽翼板工字梁腹板中的切应力

当一根宽翼板工字梁（图 5-37a）既受到剪力又受到弯矩的作用（即非均匀弯曲）时，横截面上将同时产生正应力和切应力。与矩形梁相比，宽翼板工字梁中切应力的分布情况更为复杂。例如，该梁翼板上的切应力同时作用在铅垂和水平方向（y 和 z 方向），如图 5-37b 的小箭头所示。在翼板中，水平切应力远大于铅垂切应力，6.7 节将讨论这一水平切应力。

宽翼板工字梁腹板中的切应力仅作用在铅垂方向，它们大于翼板中的应力。可使用矩形梁中切应力的求解方法来求解这些应力。

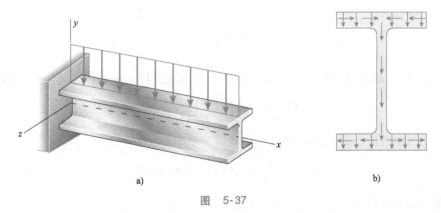

图　5-37
a）宽翼板工字梁　b）作用在横截面上的切应力的方向

腹板中的切应力　首先研究如何求解一根宽翼板工字梁腹板中直线 ef 处的切应力（图 5-38a）。作与矩形梁相同的假设，即假设切应力的作用方向平行于 y 轴，且在腹板的厚度方向上是均匀分布的，那么，剪切公式 $\tau = VQ/Ib$ 将仍然适用。然而，现在宽度 b 是腹板的厚度 t，而用于计算一次矩 Q 的面积为直线 ef 与横截面的上棱边之间的面积（如图 5-38a 的阴影面

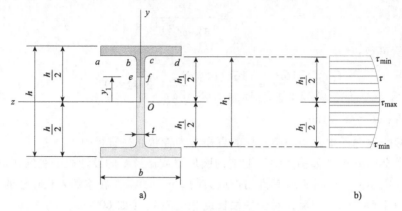

图 5-38　宽翼板工字梁腹板中的切应力

a）梁的横截面　b）腹板中铅垂切应力的分布

积所示）。

　　在求解阴影面积的一次矩 Q 时，将忽略腹板与翼板连接处（图 5-38a 中的点 b、c）的小圆角的影响。忽略这些小圆角所导致的面积误差是非常小的。然后，将该阴影面积划分为两个矩形。第一个矩形是上翼板本身，其面积为：

$$A_1 = b\left(\frac{h}{2} - \frac{h_1}{2}\right) \tag{5-49a}$$

其中，b 为翼板的宽度，h 为梁的总高度，h_1 为两个翼板内侧之间的距离。第二个矩形是直线 ef 与翼板之间的那部分腹板，即矩形 $efcb$，其面积为：

$$A_2 = t\left(\frac{h_1}{2} - y_1\right) \tag{5-49b}$$

其中，t 为腹板的厚度，y_1 为直线 ef 到中性轴的距离。

　　将各个面积分别乘以其面积的形心至 z 轴的距离，就可分别计算出面积 A_1 和 A_2 关于中性轴的一次矩。将这两个一次矩相加，就可得到组合面积的一次矩：

$$Q = A_1\left(\frac{h_1}{2} + \frac{h/2 - h_1/2}{2}\right) + A_2\left(y_1 + \frac{h_1/2 - y_1}{2}\right)$$

将式（5-49a）和式（5-49b）中关于 A_1 和 A_2 的表达式代入该式并化简，则得到：

$$Q = \frac{b}{8}(h^2 - h_1^2) + \frac{t}{8}(h_1^2 - 4y_1^2) \tag{5-50}$$

因此，在与中性轴相距 y_1 的位置处，该梁腹板中的切应力 τ 为：

$$\tau = \frac{VQ}{It} = \frac{B}{8It}[b(h^2 - h_1^2) + t(h_1^2 - 4y_1^2)] \tag{5-51}$$

其中，横截面的惯性矩为：

$$I = \frac{bh^3}{12} - \frac{(b-t)h_1^3}{12} = \frac{1}{2}(bh^3 - bh_1^3 + th_1^3) \tag{5-52}$$

　　除了 y_1 之外，式（5-51）中的所有量均为常数，由此可见，τ 在腹板整个高度上的变化曲线是一个二次曲线，如图 5-38b 中的曲线所示。注意，所画的曲线仅是腹板中的应力分布，而不包括翼板。原因很简单，因为式（5-51）不能用来求解该梁翼板上的铅垂切应力（见本节之后关于"局限性"的讨论）。

最大和最小切应力 宽翼板工字梁腹板中的最大切应力发生在中性轴处，该处的 $y_1 = 0$。最小切应力发生在腹板与翼板的连接处 $(y_1 = \pm h_1/2)$。根据式（5-51），可求出这些应力为：

$$\tau_{max} = \frac{V}{8It}(bh^2 - bh_1^2 + th_1^2) \quad \tau_{min} = \frac{Vb}{8It}(h^2 - h_1^2) \quad (5\text{-}53\text{a, b})$$

τ_{max} 和 τ_{min} 均被标记在图 5-38b 中。对于典型的宽翼板工字梁，腹板中的最大应力比其最小应力要大 10%~60%。

式（5-53a）给出的应力不仅是腹板中的最大切应力，而且还是横截面上任意位置处的最大切应力，尽管不能根据上述讨论明显看出这一点。

腹板中的剪力 将切应力图的面积（图 5-38b）乘以腹板的厚度 t，就可以求出腹板单独承受的剪力。该切应力图由两部分组成，一部分是面积为 $h_1\tau_{min}$ 的矩形，另一部分的面积（是一个抛物线形面积）为：

$$\frac{2}{3}(h_1)(\tau_{max} - \tau_{min})$$

将这两个面积相加并乘以腹板的厚度 t，则可得到腹板中的总剪力：

$$V_{web} = \frac{th_1}{3}(2\tau_{max} + \tau_{min}) \quad (5\text{-}54)$$

对于典型比例的梁，腹板中的剪力为横截面上总剪力 V 的 90%~98%，其余的剪力作用在两个翼板上。

由于腹板抵抗大部分剪力，因此，设计人员通常用总剪力除以腹板的面积来计算出最大切应力的近似值。假设腹板承受所有的剪力，则其平均切应力为：

$$\tau_{aver} = \frac{V}{th_1} \quad (5\text{-}55)$$

对于典型宽翼板工字梁，以这种方式计算出的平均应力与根据式（5-53a）计算出的最大切应力相差 ±10% 以内。因此，式（5-55）提供了一个估算最大切应力的简单方法。

局限性 本节提出的基本剪切理论适用于求解宽翼板工字梁腹板中的铅垂切应力。然而，在研究翼板中的铅垂切应力时，就不能再假设该切应力在横截面的宽度（即翼板的宽度 b，图 5-38a）方向上是恒定的。因此，不能使用剪切公式来求解这些应力。

为了强调这一点，研究腹板与上翼板的交界处 $(y_1 = h_1/2)$，在该处，截面的宽度从 t 突然变化至 b。自由表面 ab 和 cd（图 5-38a）上的切应力必定为零，而腹板上直线 bc 处的切应力为 τ_{min}。这些观察表明，腹板与翼板交界处的切应力的分布情况是相当复杂的，无法采用基本剪切理论来研究它。如果在应力分析中还考虑圆角（圆角 b 和 c），那么，问题将更加复杂。圆角是必须的，它们可防止应力变得太大，但也改变了整个腹板的应力分布。

因此，结论是：剪切公式不能用来求解翼板中的铅垂切应力。然而，对于翼板中水平作用的切应力（图 5-37b），剪切公式的确给出了良好的计算结果，6.8 节将讨论这一点。

上述求解宽翼板工字形梁腹板中的切应力的方法，也可用于其他具有薄腹板的截面。例如，例 5-15 给出了一个 T 形梁的应用示例。

● ● ● 例 5-14

一根宽翼板工字梁（图 5-39a）受到一个铅垂剪力 $V = 45kN$ 的作用。该梁的横截面尺寸为 $b = 165mm$，$t = 7.5mm$，$h = 320mm$，$h_1 = 290mm$。请求出其腹板中的最大切应力、最小切应力以及总剪力（计算时忽略圆角的面积）。

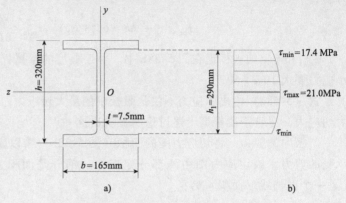

图 5-39　宽翼板工字梁腹板中的切应力

解答：

最大和最小切应力。该梁腹板中的最大和最小切应力由式（5-53a）和式（5-53b）给出。先根据式（5-52）来计算横截面面积的惯性矩：

$$I = \frac{1}{12}(bh^3 - bh_1^3 + th_1^3) = 130.45 \times 10^6 \, mm^4$$

将该 I 值以及剪力与横截面尺寸的数值代入式（5-53a）和式（5-53b），可得：

$$\tau_{max} = \frac{V}{8It}(bh^2 - bh_1^2 + th_1^2) = 21.0MPa$$

$$\tau_{min} = \frac{Vb}{8It}(h^2 - h_1^2) = 17.4MPa$$

在这种情况下，τ_{max} 与 τ_{min} 的比值为 1.21，即腹板中的最大应力比其最小应力要大 21%。剪应力在腹板整个高度 h_1 上的变化情况如图 5-39b 所示。

总剪力。根据式（5-49），可求出腹板中的剪力为：

$$V_{web} = \frac{th_1}{3}(2\tau_{max} + \tau_{max}) = 43.0kN$$

由此可见，这种特殊梁的腹板抵抗总剪力的 96%。

注意：该梁腹板中的平均切应力 [根据式（5-55）] 为：

$$\tau_{aver} = \frac{V}{th_1} = 20.7MPa$$

该值仅比最大应力小 1%。

● ● ● 例 5-15

一根 T 形截面梁（图 5-40a）受到一个铅垂剪力 $V = 45kN$ 的作用。该梁的横截面尺寸为 $b = 100mm$，$t = 24mm$，$h = 200mm$，$h_1 = 176mm$。请求出其腹板顶部（水平线 nn 处）的切应力 τ_1 以及最大切应力 τ_{max}（忽略圆角的面积）。

解答：

中性轴的位置。通过计算该梁顶部和底部至横截面形心的距离 c_1 和 c_2，就可确定该 T 形梁中性轴的位置（图 5-40a）。首先，将其横截面划分为两个矩形（腹板和翼板，见图 5-40a 中的虚线）。然后，计算这两个矩形对该梁底部的直线 aa 的一次矩 Q_{aa}。距离 c_2 等于 Q_{aa} 除以整个横截面面积 A（关于组合面积形心的定位方法，见第 12 章的 12.3 节）。计算过程如下：

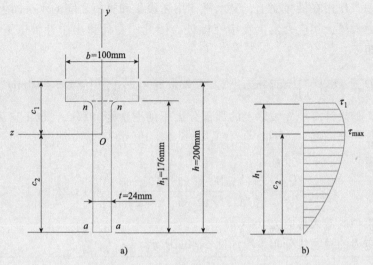

图 5-40 T 形梁腹板中的切应力

$$A = \sum A_i = b(h-h_1) + th_1 = 6624\,\text{mm}^2$$

$$Q_{aa} = \sum y_i A_i = \left(\frac{h+h_1}{2}\right)(b)(h-h_1) + \frac{h_1}{2}(th_1) = 822,912\,\text{mm}^3$$

$$c_2 = \frac{Q_{aa}}{A} = \frac{822,912\,\text{mm}^3}{6624\,\text{mm}^2} = 124.23\,\text{mm} \qquad c_1 = h - c_2 = 75.77\,\text{mm}$$

惯性矩。先求出关于直线 aa 的惯性矩 I_{aa}，再利用平行轴定理（见 12.5 节），就可求出整个横截面面积对中性轴的惯性矩，即：

$$I = I_{aa} - Ac_2^2$$

计算过程如下：

$$I_{aa} = \frac{bh^3}{3} - \frac{(b-t)\,h_1^3}{3} = 128.56 \times 10^6\,\text{mm}^4 \qquad Ac_2^2 = 102.23 \times 10^6\,\text{mm}^4$$

$$I = 26.33 \times 10^6\,\text{mm}^4$$

腹板顶部的切应力。为了求出腹板顶部的切应力（沿着直线 nn），需要计算水平线 nn 以上部分面积的一次矩 Q_1。该一次矩等于翼板的面积乘以该翼板的形心至中性轴的距离：

$$Q_1 = b(h-h_1)\left(c_1 - \frac{h-h_1}{2}\right)$$

$$= (100\,\text{mm}) \times (24\,\text{mm}) \times (75.77\,\text{mm} - 12\,\text{mm}) = 153.0 \times 10^3\,\text{mm}^3$$

当然，如果计算水平线 nn 以下的那部分面积的一次矩，那么，也可得到相同的结果：

$$Q_1 = th_1\left(c_1 - \frac{h_1}{2}\right) = (24\,\text{mm}) \times (176\,\text{mm}) \times (124.33\,\text{mm} - 88\,\text{mm})$$

$$= 153 \times 10^3\,\text{mm}^3$$

将其代入剪切公式，可得：

$$\tau_1 = \frac{VQ_1}{It} = \frac{(45\text{kN}) \times (153 \times 10^3 \text{mm}^3)}{(26.33 \times 10^6 \text{mm}^4) \times (24\text{mm})} = 10.9\text{MPa}$$

该应力既垂直作用在横截面上，又水平作用在腹板和翼板之间的水平面上。

最大切应力。 最大切应力发生在中性轴处。因此，需计算出中性轴以下的那部分横截面面积的一次矩 Q_{max}：

$$Q_{max} = tc_2\left(\frac{c_2}{2}\right) = (24\text{mm}) \times (124.23\text{mm}) \times \left(\frac{124.23}{2}\right) = 185 \times 10^3 \text{mm}^3$$

如前所述，如果计算中性轴以上的那部分面积的一次矩，那么，也可得到相同的结果，但其计算过程会稍长一些。

将其代入剪切公式，可得：

$$\tau_{max} = \frac{VQ_{max}}{It} = \frac{(45\text{kN}) \times (185 \times 10^3 \text{mm}^3)}{(26.33 \times 10^6 \text{mm}^4) \times (24\text{mm})} = 13.2\text{MPa}$$

这就是该梁中的最大切应力。

腹板中切应力的抛物线分布情况如图 5-40b 所示。

*5.11 组合梁和剪流

组合梁（Built-up beams）就是一根由两块或多块材料结合在一起构成的单一梁。可将这种梁构建为各种各样的形状，以提供更大的超常横截面来满足特殊建筑或结构的需求。

图 5-41 显示了一些典型组合梁的横截面。图 a 显示了一根木箱梁，该梁包含两块作为翼板的木板和两块作为腹板的胶合板。各块木板被钉子、螺钉或胶水连接在一起，使其整体上成为一根单一梁。也可用其他材料构建箱梁，包括钢、塑料以及复合材料。

第二个例子是一根胶接的组合梁（被称为胶合梁），即将多块木板粘合在一起以形成一根尺寸巨大的梁。胶合木梁广泛应用于小型建筑物的建造。

第三个例子是一根典型的钢板梁，它通常用于桥梁和大型建筑中。该钢板梁由三块焊接在一起的钢板构成，其制造尺寸可远大于现有普通宽翼板工字梁或工字梁的尺寸。

a)

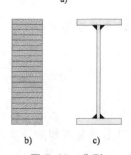

b)   c)

图 5-41 典型
组合梁的横截面
a) 木箱梁 b) 胶合梁
c) 钢板梁

所设计的组合梁必须具有单一构件的行为。因此，其设计过程涉及两个阶段。第一个阶段，同时考虑弯曲应力和切应力，设计该梁的总体形状。第二个阶段，设计各部分之间的连接（如钉子连接、螺栓连接、焊接以及胶接）以确保该梁形成一个整体，特别是其连接的强度必须足以传递作用在该梁各部分之间的水平剪力。为了求出这些剪力，使用剪流这一概念。

剪流 为了得到关于作用在梁各部分之间的水平剪力的公式，回顾剪切公式的推导过程（见 5.8 节的图 5-28 和图 5-29）。在该推导过程中，从某根梁上切割了一个微段 mm_1n_1n（图 5-42a），并研究了一个子单元 mm_1p_1p（图 5-42b）在水平方向的平衡。根据该子单元在水平方向的平衡条件，求出了其下表面上作用的力 F_3（图 5-42c）为：

$$F_3 = \frac{\mathrm{d}M}{I} \int y \mathrm{d}A \tag{5-56}$$

该方程就是 5.8 节的式（5-36）。

现在，定义一个新的量，该量被称为剪流 f。剪流（shear flow）就是沿该梁纵向轴线的单位距离上的水平剪力。由于力 F_3 作用在距离 $\mathrm{d}x$ 上，因此，单位距离上的剪力就等于 F_3 除以 $\mathrm{d}x$，即：

$$f = \frac{F_3}{\mathrm{d}x} = \frac{\mathrm{d}M}{\mathrm{d}x}\left(\frac{1}{I}\right) \int y \mathrm{d}A$$

用剪力 V 替换 $\mathrm{d}M/\mathrm{d}x$，并用 Q 标记积分式，则得到以下剪流公式（shear-flow formula）：

$$f = \frac{VQ}{I} \tag{5-57}$$

该方程给出了图 5-42a 所示水平面 pp_1 上作用的剪流。其中，V、Q 和 I 的含义与剪切公式［式（5-41）］中的相同。

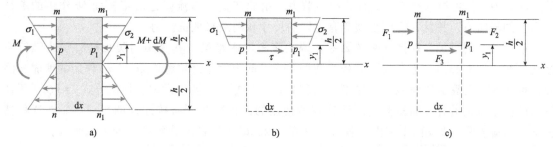

图 5-42　梁中水平切应力和水平剪力（注：这些图与图 5-28 和图 5-29 相同）

a）微元体的侧视图　b）子单元的侧视图　c）子单元的侧视图

如果平面 pp_1 上的切应力是均匀分布的（与矩形梁和宽翼板工字梁的假设一样），那么，剪流 f 等于 τb。在这种情况下，剪流公式简化为剪切公式。然而，关于力 F_3 的式（5-56）的推导过程并不涉及任何关于梁中切应力分布的假设。相反，力 F_3 仅是根据子单元（图 5-42c）在水平方向的平衡条件得到的。因此，现在可从更普遍的角度来解释该子单元和力 F_3。

该子单元可以是横截面 mn 和 m_1n_1 之间的任一柱状材料块（图 5-42a），而且也不必仅通过一个单一的水平切割面（如 pp_1）来得到该子单元。同时，由于力 F_3 是作用在该子单元与梁其余部分之间的总水平剪力，因此，它可能分布在该子单元两侧面的任何位置处，而不是仅分布在其下表面上。这些结论同样适用于剪流 f，因为它仅仅是单位距离上的力 F_3。

回到剪流公式 $f = VQ/I$［式（5-57）］。其中的 V 和 I 具有它们通常的含义，并且不会因为选择不同的子单元而受到影响。然而，一次矩 Q 却是该子单元的横截面的一个属性。为了说明求解 Q 的过程，我们将研究组合梁的三个具体例子（图 5-43）。

用于计算一次矩 Q 的面积　第一个组合梁的例子是焊接钢板梁（图 5-43a）。焊缝必须传递作用在翼板与腹板间的水平剪力。在上翼板处，水平剪力（沿该梁轴线单位距离上的剪力）就是沿接触面 aa 的剪流。通过计算接触面 aa 之上的那部分横截面面积的一次矩 Q，就可以求出该剪流。换句话说，Q 就是翼板面积（如图 5-43a 的阴影部分所示）对中性轴的一次矩。计算完剪流之后，就可以较为容易地求出抵抗剪力所需的焊接量，因为一条焊缝的强度通常

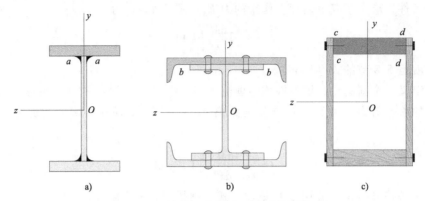

图 5-43 计算一次矩 Q 时所用的面积

被规定为单位焊缝长度上的力。

第二个例子是一根宽翼板工字梁，该梁的各翼板上均铆接了一根加强槽钢（图 5-43b）。作用在各槽钢与主梁间的水平剪力必须由铆钉来传递。通过计算槽钢面积（图中的阴影部分）的一次矩 Q，就可根据剪流公式计算出该剪力。由此产生的剪流就是沿接触面 bb 作用的单位距离上的轴向力，并且，铆钉必须具有足够的尺寸和间距来抵抗该力。

最后一个例子是一根具有两块翼板和两块腹板的木箱梁，其翼板与腹板被钉子或螺钉连接在一起（图5-43c）。上翼板与腹板之间的总水平剪力就是沿接触面 cc 和 dd 作用的剪流，因此，可计算该上翼板的面积（阴影部分面积）的一次矩 Q。换句话说，根据公式 $f=VQ/I$ 所计算出的剪流就是沿着该面积上（即计算 Q 所使用的面积）的所有接触面的总剪流。在这种情况下，剪流 f 受到该梁两个侧面上各钉子（在 cc 和 dd 处）的联合抵抗，如下例所示。

● ● ● 例 5-16

一根木箱梁（图 5-44）由两块木板（作为翼板）和两块胶合板（作为腹板）构成，各木板的横截面尺寸均为 $40×180$mm，各腹板的厚度均为 15mm。该梁的总高度为 280mm。胶合板被多个木螺钉固定在各翼板上，各木螺钉的许用剪切载荷 $F = 800$N。如果作用在横截面上的剪力为 10.5kN，那么，请求出螺钉间的最大许用轴向间距 s（图5-44b）。

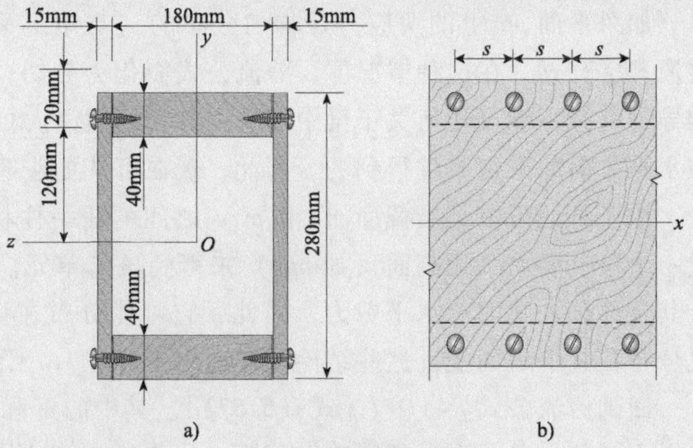

图 5-44

a）横截面 b）侧视图

解答：

剪流。根据剪流公式 $f = VQ/I$，就可求出上翼板和两个腹板之间所传递的水平剪力。其中，Q 为上翼板的横截面面积的一次矩。用上翼板的面积 A_f 乘以其形心至中性轴的距离 d_f，就可求出该一次矩：

$$A_f = 40\text{mm}×180\text{mm} = 7200\text{mm}^2 \quad d_f = 120\text{mm}$$

$$Q = A_f d_f = (7200\text{mm}^2)×(120\text{mm}) = 864×10^3\text{mm}^3$$

整个横截面面积对中性轴的惯性矩等于外部矩形的惯性矩减去"孔"（内部矩形）的惯性矩：

$$I = \frac{1}{12}(210mm) \times (280mm)^3 - \frac{1}{12}(180mm) \times (200mm)^3$$

$$= 264.2 \times 10^6 mm^4$$

将 V、Q、I 代入剪流公式［式（5-52）］，可得：

$$f = \frac{VQ}{I} = \frac{(10,500N) \times (864 \times 10^3 mm^3)}{264.2 \times 10^6 mm^4} = 34.3N/mm$$

这就是上翼板和两个腹板之间所必须传递的每毫米长度上的水平剪力。

螺钉的间距。螺钉的轴向间距为 s，并且各螺钉位于两条直线上（翼板的两侧一边一条），这表明各螺钉在间距为 s 的该梁长度段上的承载能力均为 $2F$。因此，各螺钉沿该梁长度方向上的单位距离的承载能力均为 $2F/s$，使 $2F/s$ 等于剪流 f，并求解间距 s，可得：

$$s = \frac{2F}{f} = \frac{2 \times (800N)}{34.3N/mm} = 46.6mm$$

根据各螺钉的许用载荷，该 s 值就是各螺钉的最大许用间距。任何大于 46.6mm 的间距都将导致螺钉的超载。基于便于制造以及安全的原因，将选择诸如 $s = 45mm$ 这样的间距。

5.12 轴向承载梁

结构中的构件经常会受到弯曲载荷和轴向载荷的共同作用。例如，飞机的框架、建筑物的立柱、机械、轮船的部件以及宇宙飞船都会发生这种情况。如果构件不是细长杆，那么，通过将弯曲应力和轴向应力相叠加，就可求得组合应力。

以图 5-45a 所示悬臂梁为例来说明组合应力的求解方法。该梁上唯一的载荷就是一个作用线通过其端部横截面形心的倾斜力 P。该载荷可被分解为两个分量，即一个横向载荷 Q、一个轴向载荷 S。这些载荷在梁中产生的内力为弯矩 M、剪力 V 和轴力 N（图 5-45b）。在一个与支座相距 x 的典型横截面上，这些内力为：

$$M = Q(L-x) \quad V = -Q \quad N = S$$

其中，L 为梁的长度。采用适当的公式（$\sigma = -My/I$，$\tau = VQ/Ib$，$\sigma = N/A$），就可求出该横截面中任一点处的与各个内力相关的应力。

由于轴力 N 和弯矩 M 产生正应力，因此需要把这些正应力叠加起来才能得到最终的应力分布。轴力（单独作用时）在整个横截面上产生一个均匀分布的应力 $\sigma = N/A$，如图 5-45c 的应力图所示。在这个特殊的例子中，应力 σ 是拉应力，如图中的"+"号所示。

弯矩产生一个线性变化的应力 $\sigma = -My/I$（图 5-45d），其中，梁的上部为压应力，梁的下部为拉应力。

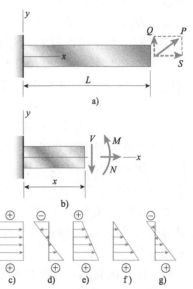

图 5-45 同时承受弯曲和轴向载荷的悬臂梁中的正应力

a）载荷 P 作用在自由端的梁

b）与支座相距 x 位置处的横截面上的内力 N、V、M

c）轴力 N 单独作用时所引起的拉应力

d）弯矩 M 单独作用时所引起的拉、压应力

e）f）g）N 和 M 同时作用所引起的可能的最终应力分布

距离 y 为至 z 轴的距离, z 轴通过该横截面的形心。

将轴力和弯矩所引起的应力叠加在一起, 就可得到最终的正应力分布。因此, 组合应力方程为:

$$\sigma = \frac{N}{A} - \frac{My}{I} \tag{5-58}$$

注意: 由于 N 为拉应力, 因此 N 是正值; 根据弯矩的符号约定, M 也是正值 (正的弯矩使该梁的上部产生压缩, 使该梁的下部产生拉伸)。同时, y 轴向上为正。只要在式 (5-58) 中使用了这些符号约定, 正应力 σ 就将在拉伸时为正、压缩时为负。

最终的应力分布取决于式 (5-58) 中各项的代数值。在本例中, 图 5-45e、f、g 给出了三种可能性。若该梁顶部处的弯曲应力 (图 5-45d) 在数值上小于轴向应力 (图 5-45c), 则整个横截面将受到拉伸, 如图 5-45e 所示。若顶部处的弯曲应力等于轴向应力, 则应力将为三角形分布 (图 5-45f); 若顶部处的弯曲应力在数值上大于轴向应力, 则部分横截面受到压缩、部分横截面受到拉伸 (图 5-45g)。当然, 如果轴向应力是一个压缩应力, 或如果弯矩是反方向的, 那么, 应力分布也将发生相应的变化。

当弯曲载荷和轴向载荷同时作用时, 中性轴 (即横截面上正应力为零的直线) 将不再通过横截面的形心。如图 5-45e、f、g 所示, 中性轴可能处于横截面之外、横截面的棱边上或横截面之内。

之后的例 5-17 将说明如何使用式 (5-58) 来求解一根轴向承载梁中的应力。

偏心轴向载荷 偏心轴向载荷 (eccentric axial load) 就是一个作用线没有通过横截面形心的轴向力。如图 5-46a 所示, 悬臂梁 AB 受到一个拉伸载荷 P 的作用, 该载荷的作用线与 x 轴 (x 轴过横截面的形心) 的距离为 e。这个距离 e 被称为该载荷的偏心距 (eccentricity), 位于 y 轴正方向的偏心距为正。

偏心载荷 P 静态等效于一个沿 x 轴作用的轴向力 P 和一个绕 z 轴的弯矩 Pe (图 5-46b)。注意, 弯矩 Pe 是一个负弯矩。

该梁的断面图 (图 5-46c) 表明, y 轴和 z 轴通过横截面的形心 C。y 轴是一个对称轴, 偏心载荷 P 与 y 轴相交。

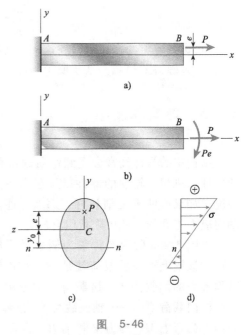

图 5-46

a) 承受偏心轴向载荷的悬臂梁

b) 等效载荷 P 和 Pe c) 梁的横截面

d) 横截面上的正应力分布

由于任意横截面上的轴力 N 等于 P、而弯矩 M 等于 $-Pe$, 因此, 横截面上任一点处的正应力 [根据式 (5-58)] 为:

$$\sigma = \frac{P}{A} + \frac{Pey}{I} \tag{5-59}$$

其中, A 为横截面面积, I 为绕 z 轴的惯性矩。在 P 和 e 均为正值的情况下, 根据式 (5-59) 就可得到图 5-46d 所示的应力分布。

在式 (5-59) 中, 设应力等于零, 则可求解出 y 值。将所求 y 值标记为 y_0, 则得到中性

轴 nn（见图 5-46c）的位置。y_0 为：

$$y_0 = -\frac{I}{Ae} \tag{5-60}$$

坐标 y_0 就是零应力线 nn（nn 为弯曲载荷和轴向载荷联合作用时的中性轴）与 z 轴（z 轴是纯弯曲时的中性轴）之间的距离。由于 y_0 在处于 y 轴的正方向（图 5-46c 中的向上方向）时才为正，因此，当它处于图示的向下方向时，将其标记为 $-y_0$。

根据式（5-60）可以看出，在 e 为正值时，中性轴位于 z 轴之下；在 e 为负值时，中性轴位于 z 轴之上。如果减少偏心距，则 y_0 值将增大，且中性轴将远离形心；其极限情况是，随着 e 趋近于零，载荷将作用在形心处，中性轴将位于无穷远处，应力分布将是均匀的。如果增大偏心率，则 y_0 值将减小，中性轴将接近形心；其极限情况是，随着 e 趋近无穷大，载荷将作用在无穷远处，中性轴将通过形心，应力分布将与纯弯曲时相同。

在本章的习题中，从习题 5.12-12 开始将分析偏心载荷。

局限性　上述关于轴向承载梁的分析是基于这样的假设，即假设在计算弯矩时可以不考虑梁的弯曲变形。换句话说，在使用式（5-58）来求解弯矩 M 时，必须能够使用该梁的原始尺寸（即弯曲或挠曲变形前的尺寸）。假如梁的抗弯刚度较高以致于其挠曲变形非常小，则使用原始尺寸是有效的。

因此，在分析一根轴向承载梁时，重要的一点是，区分该梁是一根短粗梁还是一根细长梁。短粗梁由于相对较短，因此其抗弯能力较高；而细长梁由于相对较长，因此非常柔韧。在短粗梁的情况下，横向变形非常小，这种变形不会显著影响轴力的作用线；其结果是，弯矩将不取决于挠度，且可根据式（5-58）来求解应力。

在细长梁的情况下，横向变形（即使变形幅度较小）将大到足以显著改变轴力的作用线。当这种情况发生时，每个横截面上都将产生一个附加弯矩，该弯矩等于轴力与横向挠度的乘积。换句话说，在弯曲和轴向作用之间还有一个相互作用，或力偶作用。这类行为见第 11 章关于柱的讨论。

显然，短粗梁与细长梁的这种区别方式不是一个精确的区分方法。一般来说，唯一的方法是，必须了解这种相互作用对梁的分析是否有重要影响，并注意其结果是否明显不同。然而，这个过程可能需要进行相当繁重的计算。因此，一种实用的方法是，通常将一根长度-高度比为 10 或以下的梁看作为一根短粗梁。本节的习题只考虑短粗梁。

●●● 例 5-17

一根长度 $L=1.5$m 的管状梁 ACB，其 A、B 端为铰链支座。电动绞车（在 E 处）利用一条缆绳来提升 C 点之下的载荷 W，该缆绳绕过中点（点 D，如图 5-47a 所示）处的一个无摩擦轮滑轮。滑轮的中心至该管纵向轴线的距离 $d=140$mm。该管的横截面为正方形（图 5-47b），该正方形的外尺寸 $b=150$mm、面积 $A=125$cm^2、惯性矩 $I=3385$cm^4。

（a）请求出载荷 $W=13.5$kN 在该梁中所引起的最大拉应力和最大压应力。

（b）如果该管的许用正应力为 24MPa，那么，请求出最大许用载荷 W。假设缆绳、滑轮以及托架 CD 均足以支撑载荷 $W_{\max}$。

解答：

（a）**梁中最大拉伸和压缩应力：梁和载荷。** 为了便于分析，首先，以理想化的形式来表示该梁及其载荷（图 5-48a）。由于 A 端的支座约束水平位移和铅垂位移，因此，它被表

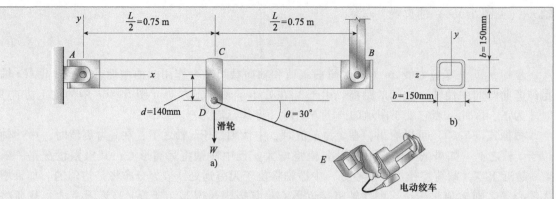

图 5-47 受到弯曲和轴向载荷组合作用的管状梁

示为一个铰链支座。B 端的支座约束铅垂位移、但不约束水平位移，因此，它被表示为一个滚动支座。

可用静态等效力 F_H、F_V 以及静态等效力矩 M_O 来取代 D 处的缆绳力，所有这些等效力均被施加在该梁轴线上的点 C 处（图 5-48a）：

$$F_H = W\cos(\theta) = 11.691\text{kN}$$

$$F_V = W[1+\sin(\theta)] = 20.25\text{kN}$$

$$M_0 = W\cos(\theta)d = 1636.8\text{N} \cdot \text{m}$$

反作用力和内力。该梁的反作用力（R_H、R_A、R_B）被标记在图 5-48a 中。同时，轴力（N）图、剪力（V）图以及弯矩（M）图分别如图 5-48b、c、d 所示。使用第 4 章所述的方法，根据自由体图和平衡方程，就可求出所有的这些量。例如，使用静力学方程，可得：

$$\Sigma F_H = 0:$$

$$R_H = -F_H = -W\cos(\theta)$$

$$= -13.5\text{kN} \times \cos(30°) = -11.691\text{kN}$$

（a）

$$\Sigma M_A = 0:$$

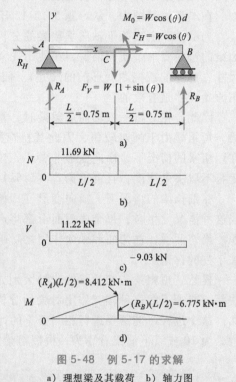

图 5-48 例 5-17 的求解

a）理想梁及其载荷 b）轴力图

c）剪力图 d）弯矩图

$$R_B \frac{1}{L}\left(F_V \frac{L}{2} - M_0\right) = \frac{W}{2}[1+\sin(\theta)] - W\frac{d}{L}[\cos(\theta)]$$

（b）

$$R_B = 13.5\text{kN} \times \left[\frac{1+\sin(30°)}{2} - \left(\frac{140\text{mm}}{1.5\text{m}}\right)\cos(30°)\right] = 9.034\text{kN}$$

$$\Sigma F_V = 0: R_A = F_V - R_B = (13.5\text{kN}) \times (1+\sin(30°)) - 9.034\text{kN} = 11.216\text{kN}$$

（c）

接下来，根据轴力（N）图、剪力（V）图以及弯矩（M）图（分别如图 5-48b、c、d 所示），并使用式（5-58），就可求出梁 ACB 中的组合应力。

梁中的应力。该梁中的最大拉应力出现该梁底面（$y = -75\text{mm}$）紧靠中点 C 的左侧处，可得出这样的结论：在该点处，轴力所产生的拉应力叠加在最大弯矩所产生的拉应力上。因此，根据式（5-58），可得：

$$(\sigma_t)_{max} = \frac{N}{A} - \frac{My}{I} = \frac{11.691kN}{125cm^2} - \frac{(8.412kN \cdot m) \times (-75mm)}{3385cm^4}$$

$$= 0.935MPa + 18.638MPa = 19.57MPa$$

最大压应力发生在该梁顶部（$y = 75mm$）紧靠中点 C 的左侧处、或发生在该梁顶部紧靠中点 C 的右侧处。这两个应力的计算过程为：

$$(\sigma_c)_{left} = \frac{N}{A} - \frac{My}{I} = \frac{11.691kN}{125cm^2} - \frac{(8.412kN \cdot m) \times (-75mm)}{3385cm^4}$$

$$= 0.935MPa - 18.638MPa = 17.7MPa$$

$$(\sigma_c)_{right} = \frac{N}{A} - \frac{My}{I} = 0 - \frac{(6.775kN \cdot m) \times (75mm)}{3385cm^4} = -15.01MPa$$

因此，最大压应力（发生在该梁顶部紧靠中点 C 的左侧处）为：

$$(\sigma_c)_{max} = -17.7MPa$$

（b）**最大许用载荷** W。根据步骤（a），可以看出，该梁底面紧靠中点 C 的左侧处的拉应力（在载荷 $W = 13.5N$ 时，该应力等于 19.57MPa）将率先达到许用正应力 $\sigma_a = 24MPa$，因此，该应力就是求解 W_{max} 的决定性因素。使用反作用力的表达式 [式（a）、（b）、（c）]，可以求出 AC 段中的轴向拉力以及紧靠中点 C 左侧处的正弯矩：

$$N = W\cos(\theta) \qquad M = R_A \frac{L}{2} = W\left(\frac{1+\sin(\theta)}{2} + \frac{d}{L}\cos(\theta)\right)\left(\frac{L}{2}\right)$$

根据式（5-58），可得：

$$\sigma_a = \frac{W\cos(\theta)}{A} - \frac{W\left(\frac{1+\sin(\theta)}{2} + \frac{d}{L}\cos(\theta)\right)\left(\frac{L}{2}\right)\left(\frac{-b}{2}\right)}{I}$$

设 $W = W_{max}$，则有：

$$W_{max} = \frac{\sigma_a}{\dfrac{\cos(\theta)}{A} + \dfrac{bL[1+\sin(\theta)]}{8I} + \dfrac{bd\cos(\theta)}{4I}} = 16.56kN$$

注意：本例说明了如何求解弯曲和轴向载荷在梁中所共同引起的正应力。如本章之前所述，可独立求解作用在该梁横截面上的切应力（剪力 V 引起的），其求解过程与正应力无关。第 7 章将论述在已知横截面上的正应力和切应力的情况下如何求解各倾斜平面上的应力。

*5.13 弯曲时的应力集中

本章前几节所讨论的弯曲和剪切公式对那些没有孔、槽或其他尺寸突变的梁是有效的。每当这类不连续情况存在时，就将产生高的局部应力。当某一杆件是由脆性材料制造的或承受动态载荷时，**应力集中**就极为重要（关于应力集中重要性条件的讨论，见第 2 章的 2.10 节）。

为了说明应力集中，本节将研究关于梁的应力集中的两个例子。第一个例子是一根矩形截面梁，该梁的中性轴处有一个孔（图 5-49），该梁的高度为 h、厚度为 b（厚度垂直于图纸平面)，该梁在弯矩 M 的作用下处于纯弯曲状态。

　　当孔的直径 d 与高度 h 相比相对很小时，过该孔的横截面上的应力分布情况大致如图 5-49a 所示。在该孔棱边上的点 B 处，应力远大于没有孔时该点处的应力（图中的虚线表示没有孔时的应力分布情况）。但是，若向梁的外边缘移动（趋向于点 A），则应力与至中性轴的距离呈线性变化关系，而且，孔的存在只对应力分布产生轻微的影响。

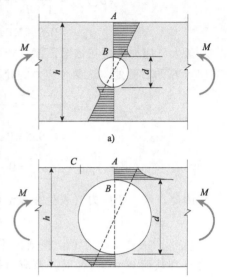

图 5-49　中性轴处有一个圆孔的
纯弯曲梁的应力分布
（该梁的横截面是一个
高度为 h、厚度为 b 的矩形）

　　当孔相对较大时，应力分布模式大致如图 5-49b 所示。点 B 处的应力有一个较大的增加，点 A 处的应力与没有孔时的应力（还是由虚线表示）相比只有一个小的改变。点 C 处的应力大于点 A 处的应力、但小于点 B 处的应力。

　　广泛而深入的研究表明，孔边处（点 B 处）的应力大约是该点名义应力的两倍。可根据标准弯曲公式来计算名义应力，即 $\sigma = my/I$，其中，$y = d/2$ 为点 B 至中性轴的距离，I 为该孔处净横截面的惯性矩。因此，有以下关于点 B 处应力的近似公式：

$$\sigma_B \approx 2\frac{My}{I} = \frac{12Md}{b(h^3 - d^3)} \qquad (5\text{-}61)$$

　　在梁的外边缘处（点 C 处），应力近似等于点 A 处（该处的 $y = h/2$）的名义应力（不是实际应力）：

$$\sigma_C \approx \frac{My}{I} = \frac{6Mh}{b(h^3 - d^3)} \qquad (5\text{-}62)$$

　　根据后两个方程，可以看出，比值 σ_B / σ_C 约为 $2d/h$。因此，可得出这样的结论：当孔的直径与梁高度的比值 d/h 超过 $1/2$ 时，最大应力发生在点 B 处。当 d/h 小于 $1/2$ 时，最大应力发生在点 C 处。

　　第二个例子讨论的是一根有缺口的矩形梁（图 5-50）。该梁受到纯弯曲作用，其高度为 h、厚度为 b（厚度垂直于图纸平面）。同时，该梁的净高（即两个缺口之间的距离）为 h_1，各缺口的半径为 R。该梁的最大应力发生在缺口的底部，该最大应力远大于同一点处的名义应力。根据弯曲公式并使 $y = h_1/2$、$I = bh_1^3/12$，就可计算出名义应力，即：

$$\sigma_{\text{nom}} = \frac{My}{I} = \frac{6M}{bh_1^2} \qquad (5\text{-}63)$$

　　最大应力等于应力集中因数 K 乘以名义应力：

$$\sigma_{\text{max}} = K\sigma_{\text{nom}} \qquad (5\text{-}64)$$

　　几个不同 h/h_1 值的应力集中因数 K 见图 5-50。注意，当缺口变得较为"尖锐"时，即 R/h_1 变得较小时，应力集中因数将增大（图 5-50 的绘制基于参考文献 2-9 给出的公式）。

　　正如 2.10 节讨论圣维南原理时所指出的那样，应力集中的影响仅限于孔和缺口周围的这些较小的区域。在与孔或缺口的距离等于或大于 h 的位置处，应力集中的影响是可以忽略的，并且普通的应力公式也是适用的。

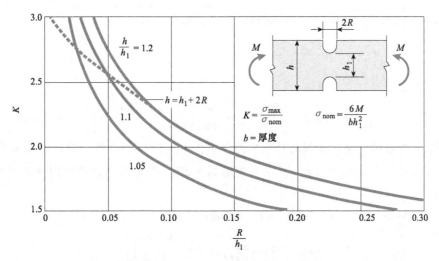

图 5-50　一根具有缺口的纯弯曲矩形截面梁的应力集中因数 K

（h＝梁的高度；b＝梁的厚度，与图纸平面垂直），虚线适用于半圆缺口（$h=h_1+2R$）

● ● ● 例 5-18

横截面为矩形（$b \times h$）的简支梁 AB 在其中心线处有一个直径为 d 的孔，其每边各有两个缺口（各缺口至梁中心线的距离是相等的）。两个大小均为 P 的载荷分别作用在与该梁两端相距 $L/5$ 的位置处。假设图 5-51 中给出的尺寸如下：$L=4.5\text{m}$、$b=50\text{mm}$、$h=144\text{mm}$、$h_1=120\text{mm}$、$d=85\text{mm}$、$R=10\text{mm}$。假设许用弯曲应力 $\sigma_a=150\text{MPa}$。

（a）请求出载荷 P 的最大许用值。

（b）如果 $P=11\text{kN}$，那么，请求出各缺口的最小许用半径 $R_{\min}$。

（c）如果 $P=11\text{kN}$，那么，请求出孔的最大许用直径。

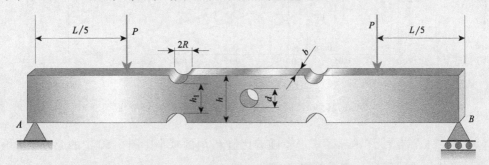

图 5-51　具有缺口和孔的矩形钢梁

解答：

（a）最大许用载荷 P。在两个载荷 P 之间的区域（$x=L/5$ 至 $x=4L/5$），该梁受到纯弯曲作用，该区域中的最大弯矩 $M=PL/5$。为了求出 $P_{\max}$，必须比较最大弯曲应力（位于中点处的孔周围、以及缺口区域）和许用应力 $\sigma_a=150\text{MPa}$。

首先，检查孔周围的最大应力。该孔直径与梁深度的比值 $d/h=85\text{mm}/144\text{mm}=0.59$，该比值超过 $1/2$，由此可知，点 B 处的应力大于点 C 处的应力（图 5-49）。设 σ_B 等于 σ_a，

并将 $M=PL/5$ 代入式（5-61），则可得到以下 P_{max} 的表达式：

$$M_{max}=\sigma_a\left[\frac{b(h^3-d^3)}{12d}\right] \quad 和 \quad P_{max1}=\frac{5}{L}\left\{\sigma_a\left[\frac{b(h^3-d^3)}{12d}\right]\right\}$$

因此，可计算出：

$$P_{max1}=\frac{5}{4.5m}\times\left\{150MPa\times\left[\frac{50mm\times[(144mm)^3-(85mm)^3]}{12\times(85mm)}\right]\right\}=19.378kN$$

接下来，检查两个缺口底部的峰值应力以求得 P_{max} 的第二个值。缺口半径 R 与高度 h_1 之比等于 0.083，而 $h/h_1=1.2$。因此，根据图 5-50，可求出应力集中因数 K 约等于 2.3（图 5-52）。

根据式（5-63）和式（5-64），可得以下表达式：

$$\alpha_{max}=K\sigma_{nom}=\left(\frac{6M}{bh_1^2}\right)=K\left[\frac{6}{bh_1^2}\left(\frac{PL}{5}\right)\right]$$

因此，

$$P_{max2}=\sigma_a\left(\frac{5bh_1^2}{6KL}\right)=150MPa\times\left[\frac{5\times(50mm)\times(120mm)^2}{6\times(2.3)\times(4.5m)}\right]=8.7kN$$

比较 P_{max1} 和 P_{max2}，可以看出，最大应力受控于缺口底部的峰值应力，即：

$$P_{max}=8.7kN$$

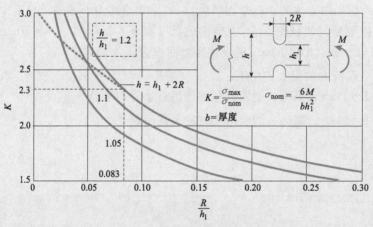

图 5-52 梁缺口区域的应力集中系数 K：用于例 5-18 的步骤（a）

（b）各缺口的最小许用半径 R_{min}。随着比值 R/h_1 的减小，图 5-50 中的应力集中因数 K 将增大。可使用式（5-63）来计算名义应力，即：

$$\sigma_{nom}=\frac{6\left(\frac{PL}{5}\right)}{bh_1^2}=\frac{6\times(11kN)\times(4.5m)}{5\times(50mm)\times(120mm)^2}=82.5MPa$$

然后，设最大弯曲应力 σ_{max} 等于许用应力 $\sigma_a=150MPa$，就可求出应力集中因数 K：

$$K=\frac{\sigma_a}{\sigma_{nom}}=\frac{150MPa}{82.5MPa}=1.82$$

在图 5-53 中，根据 $h/h_1=1.2$ 和 $K=1.82$，可得：

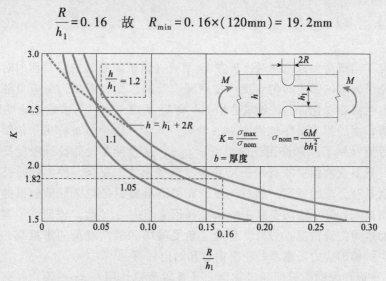

$$\frac{R}{h_1} = 0.16 \quad 故 \quad R_{min} = 0.16 \times (120mm) = 19.2mm$$

图 5-53   梁缺口区域的应力集中系数 K：用于例 5-18 的步骤（b）

（c）孔的最大许用直径。首先，假设比值 $d/h > 1/2$，则可利用式（5-61）（该式假设最大弯曲应力发生在点 B 处，如图 5-49 所示）来求解 d_{max}。如果实际的 d/h 值小于 $1/2$，那么，就必须使用式（5-62），这意味着最大弯曲应力实际上发生在点 C 处。如果峰值应力出现在点 B 处，那么，可将式（5-61）表达为：

$$\frac{12\left(\dfrac{PL}{5}\right)d}{b(h^3 - d^3)} = \sigma_a$$

代入数据，可求得 $d_{max} = 108.3mm$

由于 $d_{max}/h = 0.752 > 1/2$，因此，最初的假设是正确的，即峰值应力的确发生在点 B 处，而不是发生在点 C 处。

本章总结与回顾

第 5 章研究了当载荷和弯曲同时出现在 xy 平面（该平面是梁的横截面的对称面）内时梁的行为，并讨论了纯弯曲和非均匀弯曲。根据弯曲公式，可以看出，正应力随着至中性层的距离的变化而发生线性变化，这表明这些应力与弯矩 M 成正比、与横截面的惯性矩 I 成反比。接下来，梁的横截面的相关属性被组合为一个单一的量，这个量被称为梁的截面模量 S：一旦已知了最大弯矩（M_{max}）和许用正应力（σ_{allow}），这个量在梁的设计中就是一个非常有用的性能。另外，只要变截面梁的横截面尺寸是逐渐变化的，那么，根据弯曲公式所得到的该梁的弯曲应力就具有合理的精度。然后，还研究了矩形截面梁与圆形截面梁的非均匀弯曲情况，并利用剪切公式计算了这两类梁中的水平和铅垂切应力（τ）。也研究了宽翼板工字梁和组合梁中的剪切这类特殊情况。最后，讨论了承受轴向和横向载荷的短粗梁，并计算了带有缺口或孔的梁中的局部应力。本章的主要内容和结论如下：

1. 如果 xy 平面是梁的横截面的对称面，且各载荷也作用在 xy 平面内，那么，弯曲变形将发生在这一平面内，该平面被称为弯曲平面。

2. 纯弯曲梁的曲率 κ 为常数，而非均匀弯曲梁的曲率是变化的。根据式（5-5）（$\varepsilon_x = -\kappa y$），无论材料的应力-应变曲线是什么形状，弯曲梁的纵向应变（ε_x）均与其曲率成正比，纯弯曲梁的应变均随着至中性层的距离的变化而发生线性变化。

3. 当材料服从胡克定律，且横截面上没有轴力的作用时，中性轴通过该横截面面积的形心。当线弹性材料梁受到纯弯曲作用时，y 轴和 z 轴为形心主轴。

4. 如果梁的材料为线弹性材料，且遵循胡克定律，那么，弯矩-曲率方程将表明，曲率与弯矩 M 成正比、与抗弯刚度 EI 成反比。弯矩-曲率关系由式（5-13）给出：$\kappa = M/EI$。

5. 弯曲公式 $\sigma_x = My/I$ [式（5-14）] 表明，正应力 σ_x 与弯矩 M 成正比、与横截面的惯性矩 I 成反比。作用在任何给定横截面上的最大拉伸和压缩弯曲应力发生在那些距中性轴的最远点处，即（$y = c_1$，$y = -c_2$）。

6. 在非均匀弯曲的情况下，切应力以及横截面相应翘曲的存在不会明显改变根据弯曲公式所计算出的正应力。然而，弯曲公式并不适用于梁的支座附近或靠近集中载荷的区域，因为这类区域将产生应力集中，该处的应力要比根据弯曲公式所得到的应力大得多。

7. 在设计抗弯梁时，需要根据最大弯矩和许用正应力来计算所需截面模量：$S = M_{max}/\sigma_{allow}$。为了使重量最小化并节省材料，通常会从材料设计手册（例如，见附录 E、F 所给出的钢和木材的性能表）中选择那个具有最小横截面面积和所需截面模量的梁；对于宽翼板工字形截面和工字形截面，其大部分材料均位于翼板上，其翼板的宽度有助于减小侧向屈曲的可能性。

8. 变截面梁（可在汽车、飞机、机器、桥梁、建筑、工具以及许多其他工程领域见到这类梁）通常用于减轻重量和改善外观。只要变截面梁的横截面尺寸是逐渐变化的，那么，根据弯曲公式所得到的该梁的弯曲应力就具有合理的精度。然而，在变截面梁中，截面模量也是沿轴线变化的，因此，就不能假设最大应力发生在最大弯矩所在的横截面。

9. 作用在梁上的各个载荷，可能会在该梁中同时产生弯矩（M）和剪力（V）（即非均匀弯曲），这时，梁中会产生正应力和切应力。其中，正应力的计算应使用弯曲公式（假设该梁的材料是线弹性材料），切应力的计算应使用以下剪切公式：

$$\tau = \frac{VQ}{Ib}$$

切应力在矩形梁的高度方向上呈抛物线变化规律，切应变也呈抛物线变化规律；这些切应变使该梁的各个横截面从原来的平面变为翘曲面。切应力和切应变的最大值（τ_{max}，γ_{max}）发生在中性轴处，切应力和切应变在该梁的顶面和底面处为零。

10. 剪切公式只适用于具有小挠度的线弹性材料的柱状梁，同时，横截面的棱边必须平行于 y 轴。对于矩形梁，剪切公式的精确性取决于横截面的高度与宽度之比：对于非常窄的矩形梁，可认为该公式是精确的，但随着宽度 b 的增加（相对于高度 h），该公式的精确性将降低。注意，只可使用剪切公式来计算圆形截面梁中性轴处的切应力。

对于矩形截面：
$$\tau_{max} = \frac{3V}{2A}$$

对于实心圆截面：
$$\tau_{max} = \frac{4V}{3A}$$

11. 由金属材料（如钢和铝）制造的圆形梁或矩形梁的设计很少受到切应力的控制，这类材料的许用切应力通常只有其许用拉应力的 25%~50%。然而，对于那些抗剪能力较弱的材料（如木材），其许用水平切应力仅为其许用弯曲应力的 4%~10%。因此，其设计可能会受控于切应力。

12. 宽翼板工字梁翼板中的切应力作用在铅垂和水平方向。翼板中的水平切应力远大于其铅垂切应力。宽翼板工字梁腹板中的切应力仅作用在铅垂方向，该应力大于翼板中的切应力，并可使用剪切公式来计算。宽翼板工字梁腹板中的最大切应力发生在中性轴处，最小切应力发生在腹板与翼板的交界处。对于典型比例的梁，腹板中的剪力约为作用在横截面上的总剪力 V 的 90%~98%，其余的剪力由各翼板承受。

13. 组合梁各部分之间的连接（例如，钉子、螺栓、焊接以及胶接）的强度必须足以传递作用在该梁各部分之间的水平剪力。使用剪流公式（$f=VQ/I$）来设计这些连接。为了确保该梁能够成为一个整体，剪流被定义为沿该梁纵向轴线方向的单位距离的水平剪力。

14. 轴向承载梁中的正应力可通过叠加法得到，即把轴力 N 和弯矩 M 所产生的应力叠加在一起：
$$\sigma = \frac{N}{A} - \frac{My}{I}$$

15. 当弯曲和轴向载荷同时作用时，中性轴不再通过横截面的形心，它可能位于横截面之外、横截面的棱边处或横截面之内。5.12 节的讨论仅适用于短粗梁，这类梁的侧向变形很小以致不会显著影响轴向力的作用线。如果弯曲和轴向载荷之间还有一个力偶，则这种行为类型将在第 11 章（柱）中讨论。

16. 孔、槽或尺寸的突变都将改变梁中的应力分布情况，并导致高的局部应力或应力集中。当梁的材料是脆性的，或构件受到动态载荷作用时，就需要重点考虑应力集中的影响。最大应力值可能比名义应力大几倍。

梁中的纵向应变

5.4-1　绕半径 $R = 0.9$m 的圆筒弯曲一根直径 $d = 1.6$mm 的钢丝（见图）。

（a）请求出最大正应变 ε_{max}。

（b）如果最大正应变必须小于其屈服值，那么，圆筒的最小许用半径是多少？假设 $E = 210$GPa、$\sigma_Y = 690$MPa。

（c）如果 $R = 0.9$m 且最大正应变必须小于其屈服值，那么，钢丝的最大许用直径是多少？

习题 5.4-1 图

5.4-2　如图所示，一根直径 $d = 4$mm 的铜线被弯成圆形，其两端刚好接触。

（a）如果铜的最大许用应变 $\varepsilon_{max} = 0.0024$，那么，所需铜线的最短长度是多少？

（b）如果 $L = 5.5$m 且最大正应变必须小于其屈服值，那么，铜线的最大许用直径是多少？假设 $E = 120$GPa、$\sigma_Y = 300$MPa。

习题 5.4-2 图

5.4-3　如图所示，一根设计用于排泄化学废物的聚乙烯管（外径为 120mm）被放置在一个沟渠中，该管沿着一个 1/4 圆弧形沟渠被弯成 90°。该管弯曲部分的长度为 16m。

（a）请求出该管中的最大压应变 ε_{max}。

（b）如果正应变不能超过 6.1×10^{-3}，那么，该管的最大直径是多少？

（c）如果 $d = 120$mm，那么，该管弯曲部分的最小许用长度是多少？

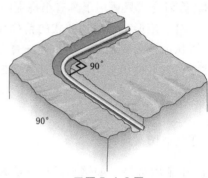

习题 5.4-3 图

5.4-4　悬臂梁 AB 在其自由端受到一个力偶 M_0 的作用（见图）。梁的长度 $L = 2.0$m，其上表面处的纵向正应变 $\varepsilon = 0.0010$，上表面至中性层的距离 $c = 85$mm。

（a）请计算曲率半径 ρ 和曲率 κ，并计算该梁端部的铅垂位移 δ。

（b）如果许用应变 $\varepsilon_a = 0.0008$，那么，该梁的最大许用厚度是多少？（假设曲率不变）

（c）如果许用应变 $\varepsilon_a = 0.0008$，且 $c = 85$mm、$L = 4$m，那么，位移 δ 是多少？

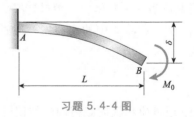

习题 5.4-4 图

5.4-5　一根长度 $L = 0.5$m、厚度 $t = 7$mm 的薄钢带受到力偶 M_0 的弯曲作用（见图）。该钢带中点处的位移为 7.5mm（从两端点的连线开始测量）。

（a）请求出该钢带上表面处的纵向正应变 ε。

（b）如果许用应变 $\varepsilon_a = 0.0008$，那么，该钢带的最大许用厚度是多少？

（c）如果许用应变 $\varepsilon_a = 0.0008$，$t = 7$mm、$L = 0.8$m，那么，位移 δ 是多少？

（d）如果许用应变 $\varepsilon_a = 0.0008$，$t = 7\text{mm}$ 且位移不能超过 25mm，那么，该钢带的最大许用长度是多少？

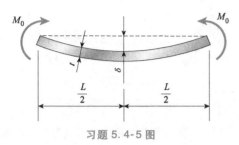

习题 5.4-5 图

5.4-6 一根矩形截面杆的承载和支撑情况如图所示。支座的间距 $L = 1.75\text{m}$，该杆的厚度 $h = 140\text{mm}$。测得中点处的位移为 2.5mm。

（a）该杆上、下表面处的最大正应变 ε 各是多少？

（b）如果许用应变 $\varepsilon_a = 0.0006$，许用位移不能超过 4.3mm，那么，该杆的最大许用长度是多少？

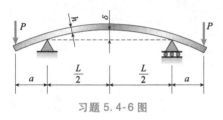

习题 5.4-6 图

梁中的正应力

5.5-1 如图所示，一根长度 $L = 2.3\text{m}$、厚度 $t = 2.4\text{mm}$，$E = 110\text{GPa}$ 的薄硬铜带被弯成圆形，其两端刚好接触。

（a）请计算该铜带中的最大弯曲应力 $\sigma_{\max}$。

（b）如果该铜带的厚度增加了 0.8mm，那么，应力将增加或减小百分之几？

（c）请求出该铜带的长度为何值时才能使问题（b）（$t = 3.2\text{mm}$，$L = 2.3\text{m}$）和（a）（$t = 2.4\text{mm}$，$L = 2.3\text{m}$）中的应力相等。

习题 5.5-1 图

5.5-2 绕半径 $R_0 = 500\text{mm}$ 的滑轮弯曲一根直径 $d = 1.25\text{mm}$ 的钢丝（$E = 200\text{GPa}$）（见图）。

（a）钢丝中的最大应力 $\sigma_{\max}$ 是多少？

（b）如果滑轮的半径增加了 25%，那么，应力将增加或减小百分之几？

（c）如果钢丝的直径增加了 25%，而滑轮的半径保持不变（即仍为 $R_0 = 500\text{mm}$），那么，应力将增加或减小百分之几？

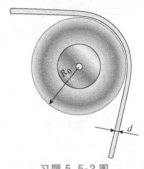

习题 5.5-2 图

5.5-3 如图所示，一根厚度 $t = 4\text{mm}$、长度 $L = 1.5\text{m}$ 的由高强钢制造的薄钢尺（$E = 200\text{GPa}$）被力偶 M_0 弯曲成一段中心角 $\alpha = 40°$ 的圆弧。

（a）钢尺中的最大弯曲应力 $\sigma_{\max}$ 是多少？

（b）如果中心角增加了 10%，那么，应力将增加或减小百分之几？

（c）钢尺的厚度增加或减小百分之几才能使最大应力达到其 290MPa 的许用值？

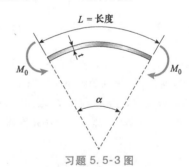

习题 5.5-3 图

5.5-4 一根跨度 $L = 4\text{m}$ 的简支木梁 AB 承受一个强度 $q = 5.8\text{kN/m}$ 的均布载荷的作用（见图）。

（a）如果该梁具有一个宽度 $b = 140\text{mm}$、高度 $h = 240\text{mm}$ 的矩形横截面，那么，请计算载荷 q 所引起的最大弯曲应力 $\sigma_{\max}$。

（b）如果该梁上作用的载荷为图 b 所示的梯形分布载荷，而其他条件不变，那么，请重新求解问题（a）。

5.5-5 升降桥（见图）的每根大梁，其长度

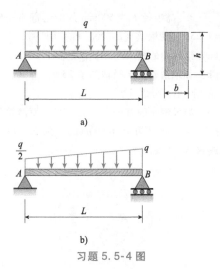

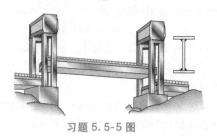

习题 5.5-4 图

为 50m，其两端简支。每根大梁的设计载荷均为一个强度为 18kN/m 的均布载荷。各大梁均由三块钢板焊接而成，其横截面形状为工字形（见图），其截面模量 $S = 46,000\text{cm}^3$。该均布载荷在一根大梁中所产生的最大弯曲应力 σ_{max} 是多少？

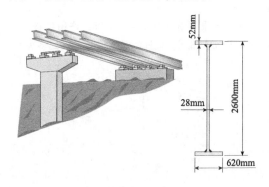

习题 5.5-5 图

5.5-6 铁路货车的一根轴 AB，其加载方式大致如图所示，力 P 代表货车载荷（该载荷通过主轴箱传递给轴 AB），力 R 代表路轨载荷（该载荷通过车轮传递给轴 AB）。该轴的直径 $d = 82\text{mm}$，轨道中心之间的距离为 L，力 P 和力 R 之间的距离 $b = 220\text{mm}$。如果 $P = 50\text{kN}$，那么，请计算该轴中的最大弯曲应力 σ_{max}。

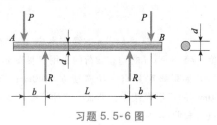

习题 5.5-6 图

5.5-7 如图所示，两位儿童坐在一个单位长度重量为 45N/m 的跷跷板上，每位儿童的重量均为 400N，其重心与支点的距离均为 2.5m。跷跷板长

6m、宽 200mm、厚 40mm。跷跷板中的最大弯曲应力是多少？

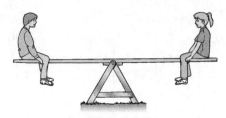

习题 5.5-7 图

5.5-8 在某公路大桥的施工过程中，主梁被从一个桥墩悬吊至下一个桥墩（见图）。每根主梁的悬臂长度均为 48m，横截面形状均为工字形（截面尺寸如图所示）。每根主梁上的载荷均被假设为 9.5kN/m，该载荷包括主梁的自重。请求出这一载荷在一根主梁中所产生的最大弯曲应力。

习题 5.5-8 图

5.5-9 抽油泵的水平梁 ABC 具有图示横截面。如果作用在 C 端的铅垂力为 39kN，且该力的作用线到点 B 的距离为 4.5m，那么，该泵力在梁中所产生的最大弯曲应力是多少？

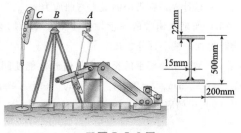

习题 5.5-9 图

5.5-10 如图所示，铁轨枕木受到两根轨道的加载，每根轨道对其施加了一个大小 $P = 175\text{kN}$ 的载荷。铁路路基对其的反作用力被假设为均匀分布在其整个长度上，该枕木的横截面尺寸为 $b = 300\text{mm}$、$h = 250\text{mm}$。请计算这一载荷 P 在枕木中所产生的最

大弯曲应力 σ_{max}。假设距离 $L = 1500mm$、外伸长度 $a = 500m$。

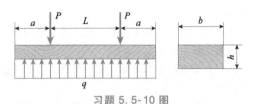

习题 5.5-10 图

5.5-11　如图所示，一根玻璃纤维管被一条吊索抬升。玻璃纤维管的外径为 150mm、壁厚为 6mm、长度 $L = 13m$、重量密度为 $18kN/m^3$。两个起吊点之间的距离 $s = 4m$。

（a）请计算其自重在该管中所产生的最大弯曲应力。

（b）请求出起吊点的间距 s 为何值时才能使弯曲应力最小。这个最小弯曲应力是多少？

（c）间距 s 为何值时将导致出现最大弯曲应力？这个最大弯曲应力是多少？

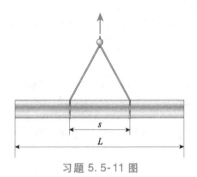

习题 5.5-11 图

5.5-12　如图所示，一个高度 $h = 2.0$ 的小水坝由若干个厚度 $t = 120mm$ 的铅垂木梁 AB 构成。可将各木梁视为简支梁。请确定各木梁中的最大弯曲应力 σ_{max}。假设水的重量密度 $\gamma = 9.81kN/m^3$。

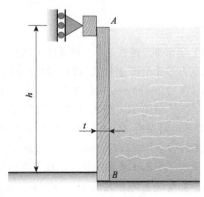

习题 5.5-12 图

5.5-13　对于具有如下横截面形状的梁（见图），请求出其最大拉应力 σ_t（该纯弯曲梁的弯矩 M 是一个关于过点 C 的水平轴的正弯矩）。

（a）直径为 d 的半圆形。

（b）$b_1 = b$、$b_2 = 4b/3$、高度为 h 的等腰梯形。

（c）$\alpha = \pi/3$、$r = d/2$ 的扇形。

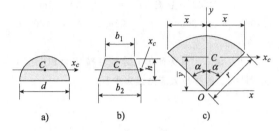

习题 5.5-13 图

5.5-14　对于一根横截面为图示形状的梁（见图），请求出其最大弯曲应力 σ_{max}（该应力是由纯弯曲力矩 M 引起的）。该横截面的直径为 d、角度 $\beta = 60°$（提示：使用附录 D 的情况 9 和情况 15 给出的公式）。

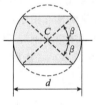

习题 5.5-14 图

5.5-15　如图所示，一根跨度 $L = 7m$ 的简支梁 AB 承受着两个轮子所施加的载荷，载荷的间距 $d = 1.5m$。每个轮子传递一个 $P = 14kN$ 的载荷。小车可在梁上的任意位置放置。

（a）如果该梁是一根截面模量 $S = 265cm^3$ 的工字梁，那么，请求出该梁中的最大弯曲应力 σ_{max}。

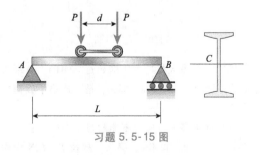

习题 5.5-15 图

（b）如果 $d = 1.5m$，那么，请求出所需跨度 L 为何值时才能使问题（a）中的最大应力减小至 124MPa。

（c）如果 $L=7$m，那么，请求出所需的两轮间距 s 为何值时才能使问题（a）中的最大应力减小至 124MPa。

5.5-16　请求出作用在简支梁 AB（见图）上的载荷 P 所引起的最大拉应力 σ_t 和最大压应力 σ_c。

（a）使用以下数据：$P=6.2$kN，$L=3.2$m，$d=1.25$m，$b=80$mm，$t=25$mm，$h=120$mm，$h_1=90$mm。

（b）请求出 d 为何值时才能使拉应力和压应力达到最大。这些最大应力是多少？

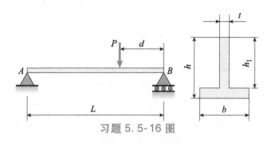

习题 5.5-16 图

5.5-17　如图所示，悬臂梁 AB 承受着一个均布载荷和一个集中载荷，其横截面为槽形。

（a）如果横截面具有图示尺寸，且关于 z 轴（中性轴）的惯性矩 $I=130$cm^4，那么，请求出最大拉应力 σ_t 和最大压应力 σ_c（注意：均布载荷代表该梁的自重）。

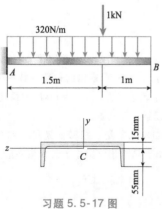

习题 5.5-17 图

（b）如果最大拉应力不能超过 27MPa，且最大压应力不能超过 100MPa，那么，请求出集中载荷的最大值。

（c）如果最大拉应力不能超过 27MPa，且最大压应力不能超过 100MPa，那么，载荷 $P=1$kN 应作用在距点 A 多远的位置？

5.5-18　图示悬臂梁 AB 的横截面为等腰梯形，

其长度 $L=0.8$m，其尺寸 $b_1=80$mm、$b_2=90$mm，其高度 $h=110$mm。该梁由单位体积重量为 85kN/m^3 的黄铜制造。

（a）请求出其自重在该梁中所产生的最大拉应力 σ_t 和最大压应力 σ_c。

（b）如果将宽度 b_1 增加一倍，那么，应力将变为多少？

（c）如果将高度 h 增加一倍，那么，应力将变为多少？

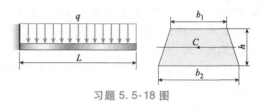

习题 5.5-18 图

5.5-19　外伸梁 ABC 支撑着一个 3kN/m 的均布载荷（见图）。该梁的横截面为槽形，截面尺寸如图所示。关于 z 轴（中性轴）的惯性矩为 210cm^4。

（a）请计算最大拉应力 σ_t 和最大压应力 σ_c。

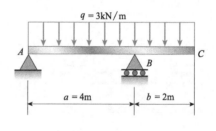

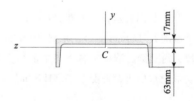

习题 5.5-19 图

（b）请求出所需跨度 a 为何值时才能使较大与较小压应力的比值等于较大与较小拉应力的比值。假设总长度（$L=a+b=6$m）保持不变。

5.5-20　框架 ABC 以加速度 a_0 水平运动（见图）。请求出铅垂臂 AB 中的最大应力 σ_{max} 的表达式，该铅垂臂的长度为 L、厚度为 t、质量密度为 ρ。

5.5-21　一根 T 形截面梁的支撑与载荷情况如图所示。其横截面尺寸为宽度 $b=65$mm、高度 $h=75$mm、厚度 $t=13$mm。

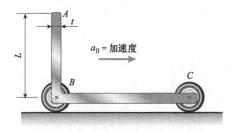

习题 5.5-20 图

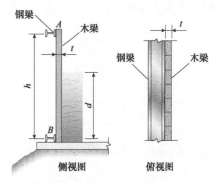

侧视图　　俯视图

习题 5.5-23 图

（a）请求出梁中的最大拉应力和最大压应力。

（b）如果许用拉应力和许用压应力分别为 124MPa、82MPa，那么，该梁的所需高度 h 是多少？假设厚度 t 仍保持为 13mm、翼板的宽度 $b=65$mm。

（c）请求出载荷 P 和 q 各为何值时才能使梁中的最大拉伸和压缩应力同时达到其许用值（即 124MPa、82MPa）。使用图示横截面，假设 L_1、L_2、L_3 不变。

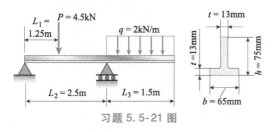

习题 5.5-21 图

5.5-22　一根横截面为矩形的悬臂梁 AB 上钻有一个纵向通孔（见图）。该梁支撑着一个 $P=600$N 的载荷。横截面的宽度为 25mm、高度为 50mm，孔的直径为 10mm。请分别求出该梁顶部和底部处的弯曲应力，并求出该孔顶部处的弯曲应力。

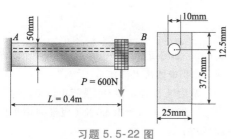

习题 5.5-22 图

5.5-23　如图所示，一个高度 $h=2.0$m 的小水坝由若干个铅垂木梁 AB 构成。各木梁的厚度均为 $t=64$mm，并在 A、B 两端受到水平钢梁的简支。请绘图说明各木梁中的最大弯曲应力 $\sigma_{\max}$ 与水深 d 的关系。绘图时，应以应力 $\sigma_{\max}$（MPa）作为纵坐标、以深度 d（m）作为横坐标（注意：水的重量密度 γ 等于 10kN/m^3）。

5.5-24　图 a 所示组合梁的 AB 段与 BCD 段在紧靠点 B 右侧处被一个铰链连接在一起。该梁由三根 50mm×150mm 的木板制成，其横截面的形状和尺寸如图 b 所示。

（a）请求出其横截面的形心 C，然后计算其横截面的惯性矩。

（b）在图示载荷情况下，请求出其最大拉应力 σ_t 和最大压应力 σ_c（kPa）（忽略梁的自重）。

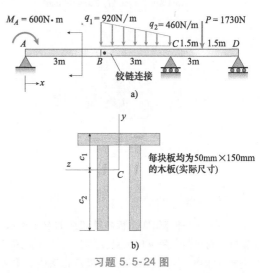

习题 5.5-24 图

5.5-25　一根厚度 $t=3$mm、高度 $L=2$m 的钢柱（$E=200$GPa）支撑着一块停车标志牌（见图：$s=310$mm）。钢柱的高度 L 是指地基至标志牌形心的距离。该停车标志牌受到了一个与其表面垂直的大小 $p=0.95$kPa 的风压的作用。假定钢柱被固定在地基处。

（a）作用在标志牌上的合力是多少？（八角形的性能见附录 D 的情况 25）

（b）钢柱中的最大弯曲应力 $\sigma_{\max}$ 是多少？

（c）如果钢柱上没有图示的若干切割孔，那么，钢柱中的最大弯曲应力 σ_{max} 是多少？

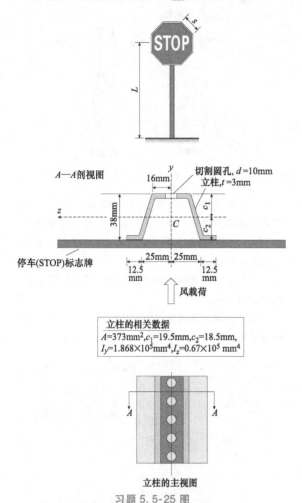

习题 5.5-25 图

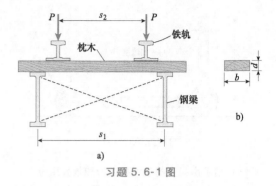

习题 5.6-1 图

（b）如果 $d = 10mm$、$b = 37mm$、$\sigma_{allow} = 30MPa$，且铅垂载荷 P 被 B、D 处的水平载荷 P 所替换（见图 b），那么，水平载荷 P 的最大值是多少？

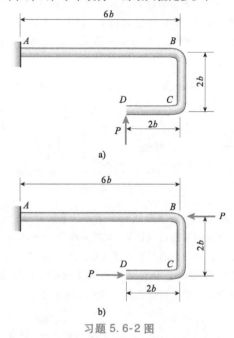

习题 5.6-2 图

面向弯曲应力的梁的设计

5.6-1　一种窄轨铁路桥的横截面如图 a 所示。这座桥的构造是，用纵向钢梁支撑横向枕木，用对角撑杆（用虚线表示）支撑钢梁以防止钢梁发生横向屈曲。钢梁的间距 $s_1 = 0.8m$，铁轨的间距 $s_2 = 0.6m$。各铁轨向各枕木传递的载荷 $P = 16kN$。枕木的横截面如图 b 所示，其宽度 $b = 120$、厚度为 d。设枕木的许用弯曲应力为 8MPa，请求出尺寸 d 的最小值（忽略枕木的自重）。

5.6-2　一根实心圆截面玻璃纤维纤维支架 $ABCD$ 的形状和尺寸如图所示。一个垂直载荷 $P = 40N$ 作用在其自由端 D 处。

（a）如果材料的许用弯曲应力为 30MPa、$b = 37mm$，那么，请求出该支架的最小许用直径 d_{min}（注意：忽略支架的自重）。

5.6-3　如图所示，悬臂梁 AB 受到一个均布载荷 q 和一个集中载荷 P 的作用。

（a）从附录 E 的表 E-3 中选择出最经济的 UPN 钢。设 $q = 292N/m$、$P = 1.33kN$（假设许用正应力 $\sigma_a = 124MPa$）。

（b）从附录 E 的表 E-2 中选择出最经济的 IPN 钢。设 $q = 657N/m$、$P = 9kN$（假设许用正应力 $\sigma_a = 124MPa$）。

（c）从附录 E 的表 E-1 中选择出最经济的 HE 钢。设 $q = 657N/m$、$P = 9kN$（假设许用正应力为 $\sigma_a = 124MPa$）。同时，假设设计要求为，该 HE 钢必须应用在弱轴弯曲中，即必须是关于横截面的 2-2 轴（或 y 轴）的弯曲。

注意：必要时，还需要将梁的分布重量添加到均布载荷 q 中，并修改上述选择。

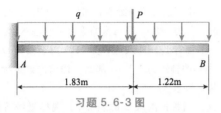

习题 5.6-3 图

5.6-4　一根长度 $L=5\text{m}$ 的简支梁承受着一个强度 $q=5.8\text{kN/m}$ 的均布载荷和一个 22.5kN 的集中载荷（见图）。

（a）假设 $\sigma_{\text{allow}}=110\text{MPa}$，请计算所需截面模量 S。然后，在考虑梁的自重的情况下，从附录 E 的表 E-1 中选择出最经济的宽翼板工字梁（HE 钢），并重新计算 S。如果必要，可选择一根新梁。

（b）假设设计要求为，该 HE 钢必须应用在弱轴弯曲中［即必须是关于横截面的 2-2 轴（或 y 轴）的弯曲］，请重新求解问题（a）。

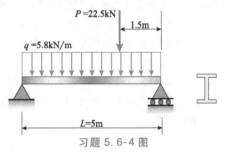

习题 5.6-4 图

5.6-5　一根简支梁 AB 承受着图示载荷。

（a）如果 $L=9.75\text{m}$、$P=13\text{kN}$、$q=6.6\text{kN/m}$，那么，请计算所需截面模量 S。然后，在考虑梁的自重的情况下，从附录 E 的表 E-2 中选择一个合适的工字梁（IPN），并重新计算 S。如果必要，可重新选择梁的尺寸。

（b）对于最终所选择的那根梁，其上可施加的最大载荷 P 是多少？

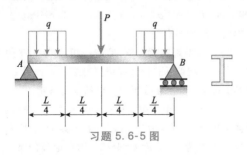

习题 5.6-5 图

5.6-6　浮桥（见图）包含两根纵向木梁（称

为基础梁），这两根木梁跨在相邻的浮筒上，并支撑各横向地板梁。在设计时，假设一个 7.5kPa 的均布载荷作用在整个地板梁上；同时，假设各地板梁的长度均为 2.5m、各基础梁均为 3.0m 跨度的简支梁。木材的许用弯曲应力为 15MPa。

（a）如果基础梁的横截面为正方形，那么，其所需最小宽度 $b_{\min}$ 是多少？

（b）如果基础梁的横截面是一个宽度为 $1.5b$、高度为 b 的矩形，那么，请重新求解问题（a）；并比较这两种设计的横截面面积。.

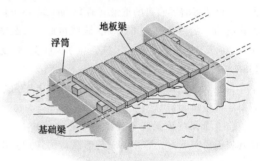

习题 5.6-6 图

5.6-7　如图所示，某小型建筑物的地板系统由木地板和支撑木地板的木龙骨（公称宽度为 50mm）构成。其中，任意两个龙骨中心线之间的距离均为 s，各龙骨的长度均为 3m，间距 s 为 400mm，木材的许用弯曲应力为 8MPa。均布地板载荷为 6kN/m^2（该载荷包括地板系统的自重）。

（a）请计算所需龙骨的截面模量 S，然后根据附录 F 选择一个合适的龙骨尺寸（加工后的尺寸）。

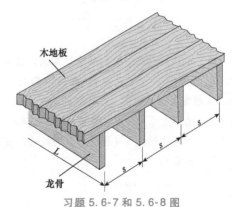

习题 5.6-7 和 5.6-8 图

假设每根龙骨均可被表示为一根承受均布载荷的简支梁。

（b）在最终选择的地板系统上能够施加的最大地板载荷是多少？

5.6-8 图示支撑木地板的木龙骨，其横截面尺寸（实际尺寸）为 38×220mm，其跨度 $L=4.0$m。地板载荷（包括龙骨和地板的自重）为 5.0kPa。

（a）如果许用弯曲应力为 14MPa，那么，请计算龙骨的最大许用间距 s（假设各龙骨均可被表示为一根承受均布载荷的简支梁）。

（b）如果 $s=406$mm，那么，所需龙骨的高度 h 是多少？假设所有其他量保持不变。

5.6-9 如图所示，外伸梁 ABC 的 BC 段外伸，它由一根 UPN260 槽钢构成，该槽钢的翼板面向上方。该梁支撑着其自身的重量（372N/m）和一个最大强度为 q_0 的三角形分布载荷，该三角形分布载荷作用在其外伸段。许用拉、压应力分别为 138MPa、75MPa。

（a）如果距离 $L=1.2$m，那么，请求出三角形载荷的许用强度 $q_{0,\text{allow}}$。

（b）如果将该梁绕着其纵向形心轴旋转 180°，使其翼板面向下方，那么，三角形载荷的许用强度 $q_{0,\text{allow}}$ 是多少？

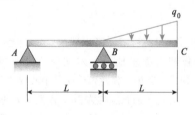

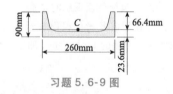

习题 5.6-9 图

5.6-10 医院病房中的"吊架"为病人提供了一种床上锻炼的手段（见图）。该吊架的长度为 2.1m、横截面为正八边形。设计载荷为 1.2kN，并作用在吊架的中点处。许用弯曲应力为 200MPa。请求出该吊架的最小厚度 h（假设吊架的两端简支且忽略吊架的自重）。

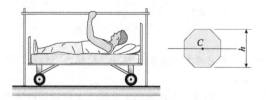

习题 5.6-10 图

5.6-11 如图所示，一辆两轴小车缓慢地在简支梁 AB 上移动，该小车是某个实验室桥式起重机的一部分。小车前轴传递给梁的载荷为 9kN，后轴传递给梁的载荷为 18kN。梁自身的重量可忽略不计。

（a）如果许用弯曲应力为 110MPa、梁的长度为 5m、小车的轴距为 1.5m，那么，请求出该梁所需的最小截面模量 S。

（b）请根据附录 E 的表 E-2，选择最经济的工字梁（IPN）。

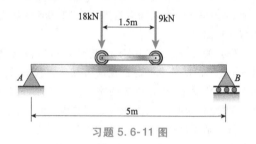

习题 5.6-11 图

5.6-12 如图所示，一根横截面为圆形、长度 $L=750$mm 的悬臂梁在其自由端支撑着一个 $P=800$N 的载荷。该梁由许用弯曲应力为 120MPa 的钢制造。

（a）在考虑该梁自重的情况下，请求出该梁的所需直径 $d_{\min}$（见图 a）。

（b）如果该梁是一根壁厚 $t=d/8$ 的空心梁（见图 b），那么，请重新求解问题（a）。并比较这两种设计的横截面面积。

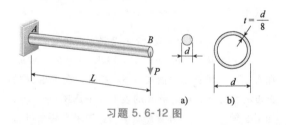

习题 5.6-12 图

5.6-13 一根受撑悬臂梁 ABC（见图）在紧靠其中点的右侧处有一个剪力释放器。

（a）根据附录 F，选择最经济的木梁。假设 $q=800$N/m、$L=5$m、$\sigma_{aw}=12$MPa、$\tau_{aw}=2.6$MPa。在设计中应包括梁的自重。

（b）如果现在梁 ABC 采用一根 UPN 180 的钢梁，那么，载荷 q 的最大许用值是多少？假设 $\sigma_{as}=110$MPa、$L=3$m。在分析中应包括梁的自重。

5.6-14 一个木质结构的小阳台受到三根相同悬臂梁的支撑（见图）。每根悬臂梁的长度 $L_1=2.1$m、宽度为 b、高度 $h=4b/3$。阳台地板的尺寸为 $L_1 \times L_2$（其中 $L_2=2.5$m）。设计载荷为 5.5kPa（该载

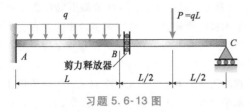

习题 5.6-13 图

荷包括除悬臂梁自重之外的所有载荷,悬臂梁的重量密度 $\gamma = 5.5\text{kN/m}^3$),并假设该载荷作用在地板的整个面积上。悬臂梁的许用弯曲应力为 15MPa。假设中间那根悬臂梁支撑 50% 的载荷,外边两根悬臂梁各支撑 25% 的载荷,请求出所需尺寸 b 和 h。

习题 5.6-14 图

5.6-15 一根横截面为非对称宽翼板形状(见图)的梁受到一个绕 z 轴的负弯矩的作用。请求出上翼板的宽度 b 为何值时才能使该梁顶部和底部的应力之比等于 4:3。

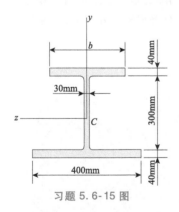

习题 5.6-15 图

5.6-16 一根横截面为槽形(见图)的梁受到一个绕 z 轴的弯矩的作用。计算其厚度 t 为何值时才能使该梁顶部和底部的弯曲应力之比等于 7:3。

5.6-17 对于长度与材料均相同、并承受相同最大弯矩和具有相同最大弯曲应力的四根梁,如果其横截面分别为矩形(其高度等于宽度的两倍)、正方形、圆形、圆管形(其外径为 d、壁厚 $t = d/8$)(见图),那么,请求出这四根梁的重量比。

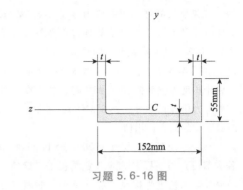

习题 5.6-16 图

习题 5.6-17 图

5.6-18 一块长度 $L = 1215\text{mm}$、宽度 $b = 305\text{mm}$、厚度 $t = 22\text{mm}$ 的水平搁板 AD 在 B、C 处被托架支撑(见图 a)。托架是可调的,它可以被放置在搁板两端之间的任意位置处。一个均布载荷 q(包括搁板的自重)作用在搁板上(见图 b)。

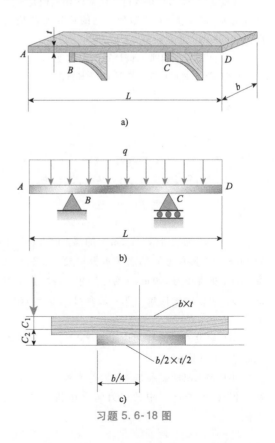

习题 5.6-18 图

（a）如果搁板的许用弯曲应力 $\sigma_{allow} = 8.5\text{MPa}$，且其支撑位置是可调的（以使其具有承受最大载荷的能力），那么，请求出载荷 q 的最大许用值。

（b）该书架的主人决定用一块 $b/2 \times t/2$ 的木底板沿其整个长度加强该搁板（见图 c）。如果搁板的许用弯曲应力仍保持为 $\sigma_{allow} = 8.5\text{MPa}$，那么，请求出这时载荷 q 的最大许用值。

5.6-19　一块横截面尺寸为 200mm×12mm 的钢板（称为盖板）与一根 HE 260B 宽翼板工字梁的下翼板沿着其整个长度焊接在一起（见图，该图仅显示了梁的横截面）。其较小的截面模量增加了百分之几（与单独的宽翼板工字梁相比）？

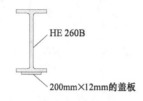

HE 260B

200mm×12mm 的盖板

习题 5.6-19 图

5.6-20　钢梁 ABC 如图所示，其 AB 段支撑着一个强度 $q = 4.0\text{kN/m}$ 的均布载荷，其 BC 段支撑着一个强度为 $1.5q$ 的均布载荷。该梁的横截面是一个宽度为 b、高度为 $2b$ 的矩形。钢的许用弯曲应力 $\sigma_{allow} = 60\text{MPa}$、重量密度 $\gamma = 77.0\text{kN/m}$。

（a）忽略梁的自重，请计算所需宽度 b。

（b）考虑梁的自重，请计算所需宽度 b。

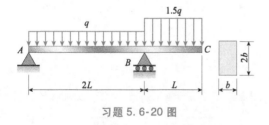

习题 5.6-20 图

5.6-21　如图所示，1.5m 高的挡土墙由若干块 75mm 厚（实际尺寸）的水平木板构成，水平木板受到若干根直径为 300mm（实际尺寸）的垂直木桩的支撑。土壤的侧向压力为：墙顶处为 $p_1 = 5\text{kPa}$、墙底处为 $p_2 = 20\text{kPa}$。

（a）假设木材的许用应力为 8MPa，请计算木桩的最大许用间距 s。

（b）请求出所需木桩直径为何值时才能使木桩和木板（$t = 75\text{mm}$）中的应力同时达到其许用应力值。

（提示：可以看出，木桩的间距既可能受控于水平木板的承载能力，也可能受控于木桩自身的承载能力。可考虑把各木桩视为一根承受梯形分布载荷作用的悬臂梁，并把各水平木板视为一根支撑在木桩之间的简支梁。为了安全起见，假设作用在底层水平木板上的压力是均匀的，且等于最大压力）

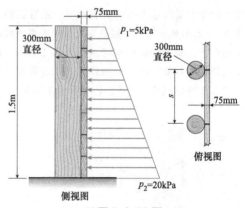

75mm

$p_1 = 5\text{kPa}$

300mm 直径

300mm 直径

1.5m

s

75mm

俯视图

$p_2 = 20\text{kPa}$

侧视图

习题 5.6-21 图

5.6-22　一根横截面为正方形（边长为 a）的梁在其一个对角平面内被弯曲（见图）。在少量削除其顶部和底部的材料（如图中的阴影三角形所示）之后，尽管减小了横截面的面积，但却可以增加截面模量并提高梁的强度。

（a）请求出比值 β（该值定义了应当削除的面积）为何值时才能使梁的抗弯能力最强。

（b）削除面积之后，截面模量增加了百分之多少？

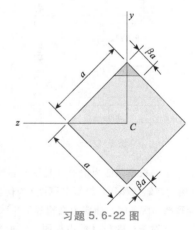

习题 5.6-22 图

5.6-23　矩形（宽 b、高 b）截面梁如图 a 所示。基于设计人员所不知道的某些原因，计划在该梁的顶部和底部各增加一块宽度为 $b/9$、高度为 d 的凸块（见图 b）。d 为何值时将提高该梁的抗弯能力？ d 为何值时将降低该梁的抗弯能力？

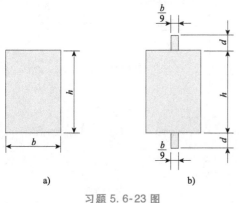

习题 5.6-23 图

变截面梁

5.7-1　一根长度为 L、横截面为正方形的锥形悬臂梁 AB 在其自由端支撑着一个集中载荷 P（见图 a）。该梁的宽度和高度从自由端的 h_A 线性变化至固定端的 h_B。如果 $h_B = 3h_A$，那么，请求出最大弯曲应力所在的横截面与自由端 A 的距离 x。

（a）最大弯曲应力的大小 σ_{max} 是多少？该最大应力与支座 B 处的最大应力 σ_B 的比值是多少？

（b）如果载荷 P 现在是一个作用在整个梁上的强度 $q = P/L$ 的均布载荷，并且，A 处为滚动支座，B 处为滑动支座（见图 b），那么，请重新求解问题（a）。

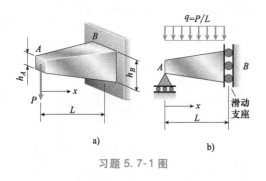

习题 5.7-1 图

5.7-2　如图所示，一块标志牌受到两根铅垂梁的支撑，各铅垂梁均为锥形薄壁圆管。为了便于分析，各铅垂梁均可被表示为一根长度 $L = 8.0$m、在其自由端承受横向载荷 $P = 2.4$kN 的悬臂梁 AB。各圆管的厚度恒为 $t = 10.0$mm，其在 A、B 端的平均直径分别为 $d_A = 90$mm、$d_B = 270$mm。

由于与直径相比厚度较小，因此，任一横截面的惯性矩均可由公式 $I = \pi d^3 t/8$（见附录 D 的情况

22）得到，并且，截面模量也可根据公式 $S = \pi d^2 t/4$ 得到。

（a）最大弯曲应力所在的横截面与自由端的距离 x 是多少？最大弯曲应力的大小 σ_{max} 是多少？该最大应力与支座 B 处的最大应力 σ_B 的比值是多少？

（b）如图 b 所示，如果 A 处的集中载荷 P 向上作用、并在整个梁上施加了一个向下作用的均布载荷 $q(x) = 2P/L$，那么，请重新求解问题（a）。所求最大应力与最大弯矩所在位置处的最大应力的比值是多少？

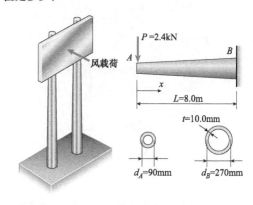

a)

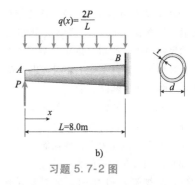

b)

习题 5.7-2 图

5.7-3　一根横截面为矩形的锥形悬臂梁 AB 在其自由端受到一个集中载荷 P 和一个力偶 $M_0 = 90$N·m 的作用（见图 a）。该梁的宽度恒等于 25mm，但梁的高度从承载端的 $h_A = 50$mm 线性变化至支座端的 $h_B = 75$mm。

（a）最大弯曲应力所在的横截面与自由端的距离 x 是多少？最大弯曲应力的大小 σ_{max} 是多少？该最大应力与支座 B 处的最大应力 σ_B 的比值是多少？

（b）除 P 和 M_0 外，如果又在整个梁上施加了一个向上作用的、峰值强度 $q_0 = 3P/L$ 的三角形分布载荷（见图 b），那么，请重新求解问题（a）。所求最大应力与最大弯矩所在位置处的最大应力的比值

是多少？

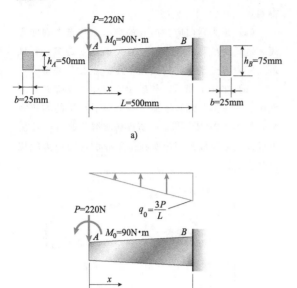

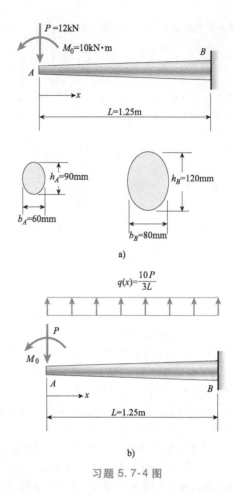

a)

$$q(x)=\frac{10P}{3L}$$

b)

习题 5.7-4 图

习题 5.7-3 图

5.7-4   大型飞轮中的轮辐，其分析模型为一根悬臂梁（该梁的一端固定，另一端受到一个力 P 和一个力偶 M_0 的作用，见图）。该轮辐的横截面为椭圆形，该椭圆的长轴和短轴（分别为高度和宽度）的尺寸如图 a 所示。该轮辐横截面的尺寸从端部 A 至端部 B 是线性变化的。仅考虑载荷 P 和 M_0 所产生的弯曲，请求解以下量：

（a）A 端处的最大弯曲应力 σ_A。

（b）B 端处的最大弯曲应力 σ_B。

（c）最大弯曲应力所在横截面与 A 端的距离 x。

（d）最大弯曲应力的大小 $\sigma_{\max}$。

（e）除载荷 P 和 M_0 外，如果又在整个梁上施加了一个均布载荷 $q(x)=10P/3L$（见图 b），那么，请重新求解问题（d）。

5.7-5   参考例 5-9 的图 5-24 中的实心圆截面锥形悬臂梁。

（a）仅考虑载荷 P 所产生的弯曲应力，对于支座处的最大正应力，请求出比值 d_B/d_A 的取值范围。

（b）在该取值范围内，最大应力是多少？

全应力梁

习题 5.7-6～5.7-8 涉及横截面为矩形的全应力梁。求解时，仅考虑使用弯曲公式来求解弯曲应力，并忽略梁的重量。

5.7-6   图示横截面为矩形的悬臂梁 AB 受到一个强度为 q 的均布载荷的作用，该梁的宽度恒为 b、高度 h_x 为变量。若要使该梁成为一根全应力梁，那么，请求出高度 h_x 关于 x（从自由端开始测量）的函数表达式（固定端的 h_x 用 h_B 表示）。

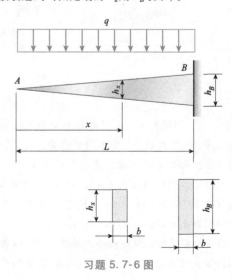

习题 5.7-6 图

5.7-7 图示横截面为矩形的简支梁 *ABC* 在其中点处受到一个集中载荷 *P* 的作用，该梁的高度恒为 *h*、宽度 b_x 为变量。若要使该梁成为一根全应力梁，那么，请求出宽度 b_x 关于 *x* 的函数表达式（中点处的 b_x 用 b_B 表示）。

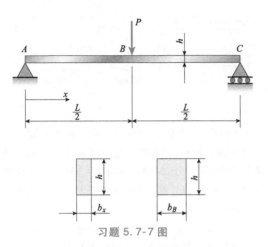

习题 5.7-7 图

5.7-8 图示横截面为矩形的悬臂梁 *AB* 受到一个强度为 *q* 的均布载荷的作用，该梁的宽度 b_x 和高度 h_x 均为变量。如果宽度的变化规律为 $b_x = b_B x/l$，那么，若要使该梁成为一根全应力梁，请求出高度 h_x 关于 *x* 的函数表达式（固定端的 h_x 用 h_B 表示）。

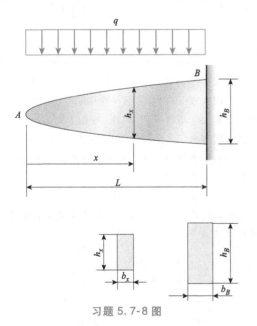

习题 5.7-8 图

矩形截面梁中的切应力

5.8-1 式（5-43）给出了矩形梁中的切应力：

$$\tau = \frac{V}{2I} \left(\frac{h^2}{4} - y_1^2 \right)$$

其中，*V* 为剪力，*I* 为横截面面积的惯性矩，*h* 为梁的高度，y_1 为某一点（该点的应力由上述公式确定）到中性轴的距离（见图 5-30）。

通过在整个横截面面积上对该式进行积分，证明切应力的合力等于剪力 *V*。

5.8-2 请分别计算图 a 和图 b 所示木梁上的最大切应力 τ_{max} 和最大弯曲应力 σ_{max}。其中，两根梁的长度均为 1.95m，其横截面均为宽 150mm、高 300mm 的矩形，两根梁均承受着一个 22.5kN/m 的均布载荷（包括梁的自重）。图 a 中的梁为简支梁，图 b 中的梁在右端有一个滑动支座。

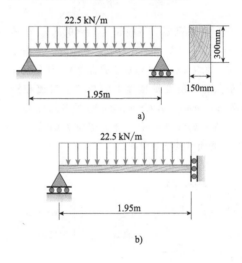

习题 5.8-2 图

5.8-3 两根横截面均为矩形（100mm×90mm，实际尺寸）的木梁被粘结在一起以构造一根截面尺寸为 200mm×90mm 的实心梁（见图）。该简支梁的跨度为 2.5m。

（a）如果粘结缝处的许用切应力为 1.4MPa，那么，可施加的最大力矩 M_{max} 是多少？（包括梁自重的影响，假设木梁的重量密度为 5.4kN/m³）

（b）如果需要根据许用弯曲应力 17.25MPa 来确定 M_{max}，那么，请重新求解问题（a）。

5.8-4 一根长度 *L* = 2m 的悬臂梁支撑着一个 *P* = 8.0kN 的载荷（见图）。该梁由横截面尺寸为 120mm×200mm 的木材制造。请分别计算与梁的上表面相距 25mm、50mm、75mm、100mm 的各点处的切应力。并请根据计算结果，绘制切应力的分布图（从梁的上表面至其下表面）。

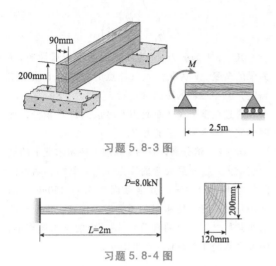

习题 5.8-3 图

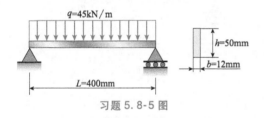

习题 5.8-4 图

5.8-5　如图所示，一根长度 $L = 400\text{mm}$、横截面尺寸 $b = 12\text{mm}$ 和 $h = 50\text{mm}$ 的钢梁支撑着一个强度 $q = 45\text{kN/m}$ 的均布载荷（包括梁的自重）。请分别计算该梁最大剪力所在横截面上的与其上表面相距 6.25mm、12.5mm、18.75mm、25mm 的各点处的切应力。并请根据计算结果，绘制切应力的分布图（从梁的上表面至其下表面）。

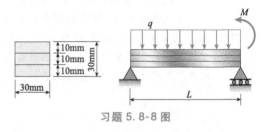

习题 5.8-5 图

5.8-6　一根矩形截面（宽 b、高 h）梁沿其整个长度 L 支撑着一个均布载荷。许用弯曲应力和许用切应力分别为 σ_{allow}、τ_{allow}。

（a）如果该梁是一根简支梁，那么，跨度 L_0 低于何值时许用载荷将受控于切应力？跨度 L_0 高于何值时许用载荷将受控于弯曲应力？

（b）如果该梁是一根悬臂梁，那么，跨度 L_0 低于何值时许用载荷将受控于切应力？跨度 L_0 高于何值时许用载荷将受控于弯曲应力？

5.8-7　一根胶合木梁（见图 a）是由四块尺寸为 50mm×100mm 的木板粘合而成的，其横截面尺寸为 100mm×200mm（见图 b）。粘结接头处的许用切应力为 425kPa，木材的许用切应力和许用弯曲应力分别为 1.2MPa、11.4MPa。

（a）如果梁的长度为 3.6m，那么，作用在图示 $L/3$ 处的载荷 P 的许用值是多少？（包括梁的自重，

假设木材的重量为 5.5kN/m^3）

（b）如果该梁是由两块 75mm×100mm 的木板和一块 50mm × 100mm 的木板粘合而成的（见图 5.8-7c），那么，请重新求解问题（a）。

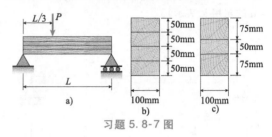

习题 5.8-7 图

5.8-8　一根胶合塑料梁是由三块横截面尺寸均为 10mm×30mm 的板条粘合而成的（见图 a）。该简支梁的总重量为 3.6N、跨度 $L = 360\text{mm}$。考虑梁的自重（q），请分别计算在下列条件下可在右端支座处施加的最大许用逆时针力矩 M。

（a）如果粘结处的许用切应力为 0.3MPa。

（b）如果塑料的许用弯曲应力为 8MPa。

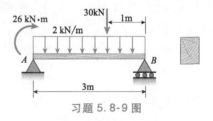

习题 5.8-8 图

5.8-9　图示跨度为 3m 的简支木梁 AB，其整个长度段上作用有一个强度为 2kN/m 的均布载荷，距其右端支座 1m 处作用有一个 30kN 大小的集中载荷，其 A 处作用有一个 26kN·m 的力矩。许用切应力和许用弯曲应力分别为 15MPa、1.1MPa。

（a）请根据附录 F，选择最轻的梁（忽略梁的自重）。

（b）考虑梁的自重（重量密度 = 5.4kN/m³），证明所选的梁是否满足条件。如果不满足，请重新选择梁的型号。

习题 5.8-9 图

5.8-10　如图所示，除了自重之外，一根横截

面为矩形、跨度为 1.2m 的简支木梁在其中点处受到一个集中载荷 P 的作用。横截面的宽度为 140、高度为 240mm。木材的重量密度为 5.4kN/m³。请分别计算下列情况下载荷 P 的最大许用值：（a）许用弯曲应力为 8.5MPa；（b）许用切应力为 0.8MPa。

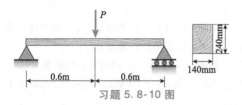

习题 5.8-10 图

5.8-11 一个面积为 2.4m×2.4m 的正方形木制平台坐落在砖墙上（见图）。该平台的地板由若干块公称厚度均为 50mm（实际厚度为 47mm，参见附录 F）、带有榫槽的木板通过榫接方式制成⊖。支撑地板的是两根长度均为 2.4m 的梁。梁的公称尺寸为 100m×150mm（实际尺寸为 97mm×147mm）。

设计木板时，假设整个地板上承受的均布载荷为 w（kM/m²）。木板的许用弯曲应力和许用切应力分别为 17MPa、0.7MPa。在分析木板时，忽略其重量，并假设其反作用力均匀分布在支撑梁的上表面。

（a）请根据木板中的弯曲应力，求出该平台的许用载荷 w_1（kM/m²）。

（b）请根据木板中的切应力，求出该平台的许用载荷 w_2（kM/m²）。

（c）在上述两个值中，哪一个才是该平台的许用载荷 w_{allow}？

（提示：在绘制木板的载荷图时，应特别注意，反作用力是分布载荷，而不是集中载荷。另外，还应注意，最大剪力发生在支撑梁的内表面处）

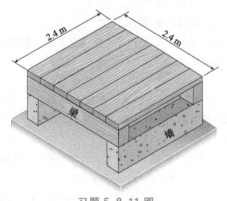

习题 5.8-11 图

5.8-12 图示木梁 ABC，其截面高度 $h=300mm$，其 A、B 处简支，其 BC 段外伸。该梁主跨长度 $L=3.6m$，其外伸段长度 $L/3=1.2m$。该梁在主跨的中点处受到一个集中载荷 $3P=18kN$ 的作用，在外伸段的自由端受到一个力矩 $P/L=10.8kN \cdot m$ 的作用。木材的重量密度为 5.5kN/m³。

（a）如果许用弯曲应力为 8.2MPa，那么，请求出该梁的所需宽度 b。

（b）如果许用切应力为 0.7MPa，那么，请求出该梁的所需宽度 b。

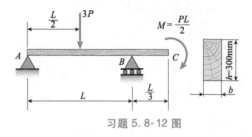

习题 5.8-12 图

圆形截面梁中的切应力

5.9-1 一根直径为 d 的实心圆木桩受到一个峰值强度 $q_0=3.75kN/m$、三角形分布的水平力的作用（见图）。该木桩的长度 $L=2m$，木材的许用弯曲应力和许用切应力分别为 13MPa、820kPa。请根据许用弯曲应力和许用切应力，分别求出木桩的所需最小直径。

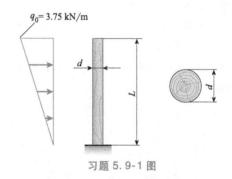

习题 5.9-1 图

5.9-2 某一偏远地区有一座图示简支长桥，该桥由两根平行的原木和横跨在原木上的木板构成。原木为平均直径为 300mm 的道格拉斯冷杉。该桥的跨度为 2.5m。一辆卡车缓缓通过该桥。假设卡车的重量由两根原木平均承受。

由于卡车的轴距大于 2.5m，因此，在任一时刻，

⊖ "榫"读 Sǔn。榫接是我国传统建筑常用的技巧，是指两块材料一个做出榫头，一个做出榫槽，将榫头插入榫槽中，就可依靠材料的摩擦力将两块材料牢固地连接在一起——译者注

只有一个车轮位于桥面上。这样一来，一根原木所承受的卡车重量就可被等效为一个作用在其上任一位置处的集中载荷 W。此外，一根原木的自重及其所支撑的桥面木板的重量可被等效为一个 850N/m 的均布载荷。

请分别根据许用弯曲应力（7.0MPa）和许用切应力（0.75MPa），求出最大许用载荷 W。

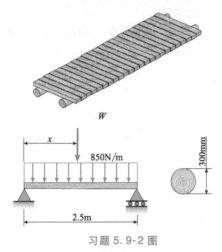

习题 5.9-2 图

5.9-3　如图所示，某汽车服务站的一个标志牌受到两根空心圆截面铝杆的支撑。所设计的铝杆要求能够抵抗大小为 3.8kPa、作用在整个标志牌上的风压。铝杆和标志牌的尺寸为 $h_1 = 7m$、$h_2 = 2m$、$b = 3.5m$。为了防止铝杆发生屈曲，其厚度 t 被设定为等于其外径 d 的十分之一。

（a）请根据铝的许用弯曲应力 52MPa，确定所需铝杆的最小直径。

（b）请根据铝的许用切应力 14MPa，确定所需铝杆的最小直径。

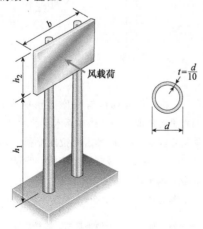

习题 5.9-3 图

5.9-4　如图所示，一根钢管在其高度方向上受到一个二次曲线形分布载荷的作用，该载荷在基座处有一个峰值强度 q_0。假设钢管的性能和尺寸如下：高度为 L，外径 $d = 200mm$，壁厚 $t = 10mm$。许用弯曲应力和许用切应力分别为 $\sigma_a = 125MPa$、$\tau_a = 30MPa$。

（a）如果 $L = 2.6m$，请求出 $q_{0,\max}$。假设许用弯曲应力和许用切应力不能被超过。

（b）如果 $q_0 = 60kN/m$，请求出该管的最大许用高度 $L_{\max}$（m）。假设许用弯曲应力和许用切应力不能被超过。

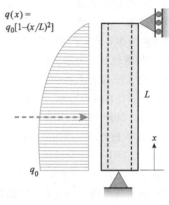

习题 5.9-4 图

宽翼板工字梁腹板中的切应力

5.10-1 至 5.10-6　一根具有下述横截面的宽翼板工字梁（见图）受到一个剪力 V 的作用。使用给出的横截面尺寸，计算其惯性矩，然后求解以下参数：

（a）腹板中的最大切应力 $\tau_{\max}$。

（b）腹板中的最小切应力 $\tau_{\min}$。

（c）平均切应力 τ_{aver}（等于剪力除以腹板的面积）和比值 $\tau_{\max}/\tau_{aver}$。

（d）腹板中的剪力 V_{web} 和比值 V_{web}/V。

（注：忽略腹板和翼板连接处的圆角。可将其横截面视为由三个矩形构成，并据此求解诸如惯性矩等所有参数）

5.10-1　横截面尺寸：$b = 150mm$，$t = 12mm$，$h = 300mm$，$h_1 = 270mm$，$V = 130kN$。

5.10-2　横截面尺寸：$b = 180mm$，$t = 12mm$，$h = 420mm$，$h_1 = 380mm$，$V = 125kN$。

5.10-3　宽翼板 HE 160B（见附录 E 的表 E-1）；$V = 45kN$。

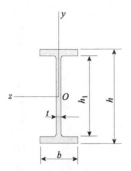

习题 5.10-1~5.10-6 图

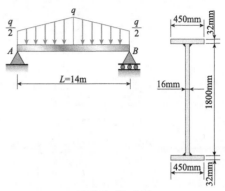

习题 5.10-8 图

剪切应力超过其许用值，则应选择较重的梁，并重复上述计算）。

5.10-4 横截面尺寸：$b = 220\text{mm}$，$t = 12\text{mm}$，$h = 600\text{mm}$，$h_1 = 570\text{mm}$，$V = 200\text{kN}$。

5.10-5 宽翼板 HE 450A（见附录 E 的表 E-1）；$V = 90\text{kN}$。

5.10-6 横截面尺寸：$b = 120\text{mm}$，$t = 7\text{mm}$，$h = 350\text{mm}$，$h_1 = 30\text{mm}$，$V = 60\text{kN}$。

5.10-7 如图所示，一根长度 $L = 2\text{m}$ 的悬臂梁 AB 受到一个梯形分布载荷的作用，该载荷（包括梁的自重）的峰值强度为 q、最小强度为 $q/2$。该梁是一根 HE 340B 宽翼板工字钢（见附录 E 的表 E-1）。请分别根据许用弯曲应力（$\sigma_{\text{allow}} = 124\text{MPa}$）和许用切应力（$\tau_{\text{allow}} = 52\text{MPa}$），计算最大许用载荷 q（注意：从表 E-1 中获取惯性矩和截面模量）。

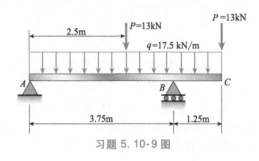

习题 5.10-9 图

5.10-10 一根空心钢制箱梁的矩形横截面如图所示。如果许用弯曲应力为 36MPa，那么，请求出作用在梁上的最大许用剪力 V。

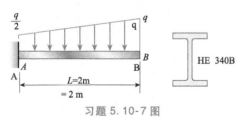

习题 5.10-7 图

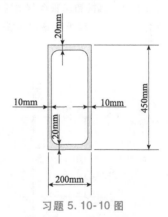

习题 5.10-10 图

5.10-8 如图所示，一根单跨长度 $L = 14\text{m}$ 的大桥主梁 AB 受到一个分布载荷的作用，该载荷（包括梁的自重）在主梁中点处有最大强度 q，在 A、B 支座处有最小强度 $q/2$。该梁由三块焊接在一起的板材构成，其横截面如图所示。请分别根据许用弯曲应力（$\sigma_{\text{allow}} = 110\text{MPa}$）和许用切应力（$\tau_{\text{allow}} = 50\text{MPa}$），计算其最大许用载荷 q。

5.10-9 如图所示，一根外伸梁支撑着一个强度 $q = 17.5\text{kN/m}$ 的均布载荷和一个集中载荷 $P = 13\text{kN}$。均布载荷包括梁的自重。许用弯曲应力和许用切应力分别为 124MPa、76MPa。请根据附录 E 的表 E-2，选择最轻的工字形梁（IPN）（提示：根据弯曲应力选择梁，然后计算最大切应力。如果最大

5.10-11 一根空心铝制箱梁的正方形横截面如图所示。如果剪力 $V = 125\text{kN}$，那么，请分别计算该梁腹板中的最大切应力 τ_{max} 和最小切应力 τ_{min}。

5.10-12 图示 T 形梁的横截面尺寸如下：$b = 210\text{mm}$、$t = 16\text{mm}$、$h = 300\text{mm}$、$h_1 = 280\text{mm}$。该梁受到一个剪力 $V = 68\text{kN}$ 的作用。请求出该梁腹板中的最大切应力 τ_{max}。

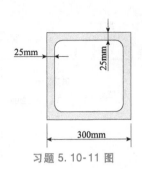

习题 5.10-11 图

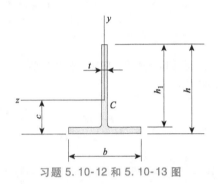

习题 5.10-12 和 5.10-13 图

5.10-13　图示 T 形梁腹板是 HE 450A 截面（见附录 E-1）的一半，假设剪力 $V=24\text{kN}$，请计算该梁腹板中的最大切应力 $\tau_{\max}$。

组合梁和剪流

5.11-1　一根作为地板龙骨的预制木质工字梁的横截面如图所示。腹板和翼板胶接处在纵向方向的许用载荷为 12kN/m。请求出该梁的最大许用剪力 $V_{\max}$。

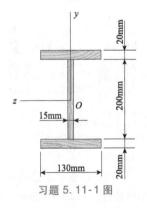

习题 5.11-1 图

5.11-2　一根焊接而成的钢制主梁，其横截面如图所示。该主梁由两块 300mm×25mm 的翼板和一块 800mm×16mm 的腹板焊接而成。四条连接焊缝在梁的整个长度上是连续的。每条焊缝的许用载荷均为 920kN/m。请计算该梁的最大许用剪力 $V_{\max}$。

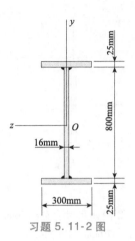

习题 5.11-2 图

5.11-3　一根焊接而成的钢制主梁，其横截面如图所示。该主梁由两块 450mm×24mm 的翼板和一块 1.6m×10mm 的腹板焊接而成。四条连接焊缝在梁的整个长度上是连续的。如果该主梁受到一个 1300kN 剪力的作用，那么，每条焊缝必须承受的力 F（每米焊缝）是多少？

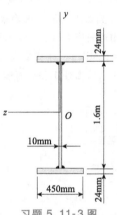

习题 5.11-3 图

5.11-4　一根木制箱梁由两块 260mm×50mm 的木板和两块 260mm×25mm 的木板构成（见图）。用钉子将木板钉在一起，各钉子的纵向间距 $s=100\text{mm}$。如果每根钉子的许用剪力 $F=1200\text{N}$，那么，最大许用剪力 $V_{\max}$ 是多少？

5.11-5　一根箱梁由四块图 a 所示的木板构成。腹板的尺寸为 200mm×25mm，翼板的尺寸为 150mm×25mm（实际尺寸），它们被螺钉连接在一起，每个螺钉的许用剪切载荷 $F=1.1\text{kN}$。

（a）如果剪力 V 为 5.3kN，那么，请计算螺钉的最大许用纵向间距 $S_{\max}$。

（b）如果用水平排列的螺钉连接腹板和翼板

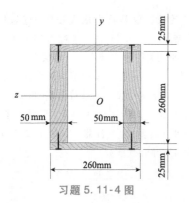

习题 5.11-4 图

（如图 b 所示），那么，请重新求解问题（a）。

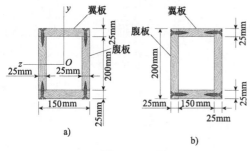

a)　　　　　　　b)

习题 5.11-5 图

5.11-6　如图所示，两根木制箱梁（梁 A 和梁 B）具有相同的外尺寸（200mm×360mm）和相同的厚度（$t=20$mm）。两根梁均由钉子连接，每根钉子的许用剪切载荷均为 250N。两根梁设计承受的剪力均为 $V=3.2$kN。

（a）梁 A 中钉子的最大纵向间距 s_A 是多少？

（b）梁 B 中钉子的最大纵向间距 s_B 是多少？

（c）哪根梁在抵抗剪力方面更有效率？

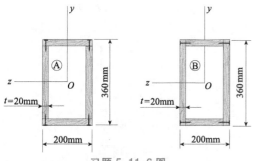

习题 5.11-6 图

5.11-7　一根腹板为胶合板的空心木梁，其横截面尺寸如图所示。胶合板被一些小钉子固定在翼板上。每根钉子的许用剪切载荷均为 130N。请分别求出在剪力为 900N、1350N 的横截面处钉子的最大许用间距 s。

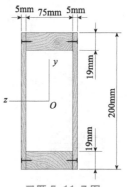

习题 5.11-7 图

5.11-8　一根横截面为 T 形的梁由两块钉在一起的板材构成，板材的尺寸如图所示。如果作用在横截面上的剪力 V 为 1500N、且每根钉子可承受 760N 的剪力，那么，钉子的最大许用间距 s 是多少？

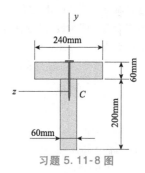

习题 5.11-8 图

5.11-9　图示 T 形梁由两块焊接在一起的钢板构成。如果每条焊缝在纵向方向的许用载荷均为 400kN/m，那么，最大许用剪力 V 是多少？

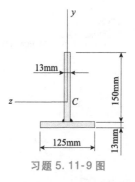

习题 5.11-9 图

5.11-10　一根钢梁由一根 HE180B 宽翼板工字梁和两块 180mm×9mm 的盖板构成（见图）。每个螺栓的许用剪切载荷均为 9.8kN。如果剪力 $V=110$kN，那么，螺栓的所需纵向间距 s 是多少？（注意：从表 E-1 中获取 HE 截面的尺寸和惯性矩）

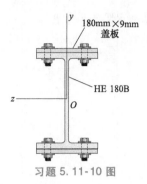

习题 5.11-10 图

5.11-11　图示三根梁的横截面面积几乎相同。梁 1 由一根 IPN 400 工字梁和两块翼板组成；梁 2 由一块腹板和四根角钢组成；梁 3 由两根 UPN 槽形梁和两块翼板构成。

（a）哪种设计具有最大的抗弯能力？

（b）哪种设计具有最大的抗剪能力？

（c）就弯曲而言，哪种设计最经济？

（d）就剪切而言，哪种设计最经济？

假设许用应力为 $\sigma_a = 120\text{MPa}$、$\tau_a = 75\text{MPa}$。所

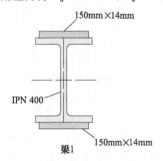

梁1

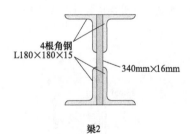

梁2

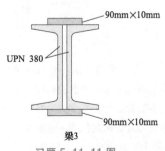

梁3

习题 5.11-11 图

谓最经济的梁，就是具有最大强度-重量比的梁。在求解问题（c）、（d）时，忽略制造成本（注意：从附录 E 的相关图表中获取所有相关尺寸和性能）。

5.11-12　图示组合梁由两块焊接在一起的 IPN 300 宽翼板工字钢构成。如果剪力 $V = 80\text{kN}$，且每个螺栓的许用载荷均为 $F = 13.5\text{kN}$，那么，螺栓的最大许用间距 s 是多少？（注意：从表 E-2 中获取 IPN 300 截面的尺寸和性能）

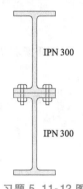

习题 5.11-12 图

轴向承载梁

求解 5.12 节习题时，假设弯矩不受横向挠度的影响。

5.12-1　如图所示，在使用手摇曲柄钻钻孔时，对该曲柄钻的手柄施加了一个向下的力 $P = 100\text{N}$。曲柄臂的直径 $d = 11\text{mm}$，其横向偏心距 $b = 125\text{mm}$。请分别求出曲柄中的最大拉伸和压缩应力 σ_t、σ_c。

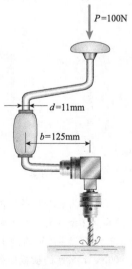

习题 5.12-1 图

5.12-2　图示铝制路灯柱的重量为 4600N，它支撑着一个重量为 660N 的灯臂。灯臂的重心与灯柱轴线的距离为 1.2m。同时，一个 300N 的风压（$-y$ 方向）作用在距基座 9m 的位置处。灯柱在基座处的外径为 225mm、厚度为 18mm。在这些重力和风力的作用下，基座处的灯柱中产生的最大拉伸和压缩应力 σ_t、σ_c 分别是多少？

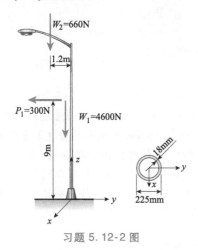

习题 5.12-2 图

5.12-3　图示曲杆 ABC 的轴线为一段圆弧（半径 $r = 300\text{m}$），它受到一个力 $P = 1.6\text{kN}$ 的作用。该曲杆的横截面是一个高度为 h、厚度为 t 的矩形。如果该曲杆的许用拉应力为 80MPa，且高度 $h = 30\text{mm}$，那么，所需最小厚度 $t_{\min}$ 是多少？

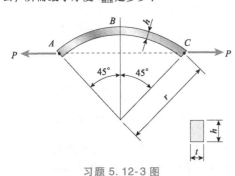

习题 5.12-3 图

5.12-4　一个刚性框架 ABC 由两根焊接在 B 处的钢管构成（见图）。每根钢管的横截面面积均为 $A = 46.37 \times 10^3\,\text{mm}^2$，惯性矩均为 $I = 46.37 \times 10^6\,\text{mm}^4$，外径均为 $d = 200\text{mm}$。如果 $L = H = 1.4\text{m}$，那么，请分别求出在载荷 $P = 8.0\text{kN}$ 的作用下该框架中产生的最大拉伸和压缩应力 σ_t、σ_c。

5.12-5　一棵重量为 5kN 的棕榈树倾斜了 60° 角（见图）。该树的重量可以被分解为两个合力，一个合力 $P_1 = 4.5\text{kN}$（作用在距树根 3.6m 处），另一个合力 $P_2 = 500\text{N}$（作用在树的顶部）。该树的长度为 9m。树根的直径为 350mm。请分别计算在其自重的作用下该棕榈树中产生的最大拉伸和压缩应力 σ_t、σ_c。

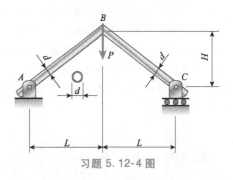

习题 5.12-4 图

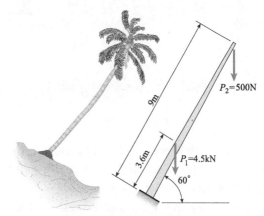

习题 5.12-5 图

5.12-6　如图所示，一根铅垂铝柱被固定在底座上，其顶部被一条缆绳拉住，缆绳中的拉力为 T。铝柱的顶部有一个刚性盖板。缆绳连在该盖板的外边缘处，缆绳与铅垂方向的夹角 $\alpha = 20°$。铝柱的长度 $L = 2.5$，其横截面是一个外径 $d_1 = 280\text{mm}$、内径 $d_2 = 220\text{mm}$ 的空心圆。圆形盖板的直径为 $1.5d_2$。如果铝柱的许用压应力为 90MPa，那么，请求出缆绳中的许用拉力 T_{allow}。

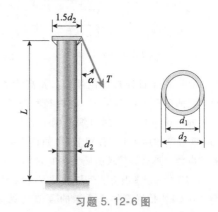

习题 5.12-6 图

5.12-7 如图所示，由于地基下沉，一个圆塔与垂直方向倾斜了 α 角。该圆塔的核心结构是一个高度为 h、外径为 d_2、内径为 d_1 的圆柱体。为了简化分析，假设该塔的重量沿高度方向均匀分布。如果希望塔中没有拉应力，那么，请求出最大许用角度 α 的表达式。

习题 5.12-7 图

5.12-8 如图所示，一根实心圆截面钢支架受到两个载荷的作用，每个载荷均作用在 D 处且大小均为 $P = 4.05\text{kN}$。设尺寸变量 $b = 240\text{mm}$。

（a）如果许用正应力为 110MPa，那么，请求出该支架的最小许用直径 d_{min}。

（b）请在考虑支架自重的条件下，重新求解问题（a）。钢的重量密度为 77.0kN/m^3。

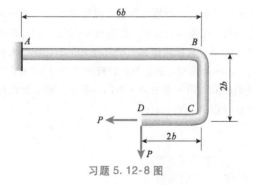

习题 5.12-8 图

5.12-9 图示圆筒形砖制烟囱，其高度为 H，其单位高度的重量 $w = 12\text{kN/m}$，其内径和外径分别为 $d_1 = 0.9\text{m}$、$d_2 = 1.2\text{m}$。风对烟囱侧面的压力 $p = 480\text{N/m}^2$（假设作用在投影面积上）。如果希望烟囱中没有拉应力，那么，请求出最大高度 H。

5.12-10 一个飞拱将一个与水平方向成 60°角的载荷 $P = 25\text{kN}$ 传递至铅垂桥墩的顶部（见图）。

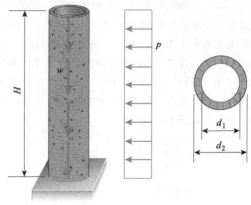

习题 5.12-9 图

铅垂桥墩的高 $h = 5.0\text{m}$，其横截面是一个厚度 $t = 1.5\text{m}$、宽度 $b = 1.0\text{m}$ 的矩形（垂直于图纸平面）。施工中所用石料的重量 $\gamma = 26\text{kN/m}^3$。

为了避免在桥墩中出现任何拉应力，位于桥墩之上（即截面 A 以上）的基座和雕像的所需重量 W 是多少？

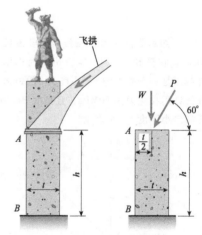

习题 5.12-10 图

5.12-11 如图所示，一个普通混凝土墙（即没有加固钢筋）坐落在一个牢固的地基上，它被用作溪流上的一个小坝。该墙的高度 $h = 2\text{m}$、壁厚 $t = 0.3\text{m}$。

（a）当水位达到该墙的顶部时（$d = h$），请分别求出此时在地基处该墙中的最大拉伸和压缩应力 σ_t、σ_c。假设普通混凝土的重量密度 $\gamma_c = 23\text{kN/m}^3$。

（b）如果希望该墙中没有拉应力，那么，请求出最大许用水深 d_{max}。

偏心轴向载荷

5.12-12 如图所示，一根圆形立柱、一根矩

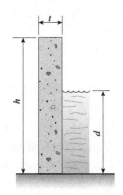

习题 5.12-11 图

形立柱和一根十字形立柱均受到一个合力 P 的压缩作用，该合力 P 均作用在它们横截面的边缘处。圆形立柱的截面直径与其他两根立柱的截面长度是相同的。

（a）矩形立柱的宽度 b 为何值时才能使圆形与矩形立柱中的最大拉应力相同？

（b）十字形立柱的宽度 b 为何值时才能使圆形与十字形立柱中的最大拉应力相同？

（c）在问题（a）、（b）所述条件下，哪根立柱中具有最大压应力？

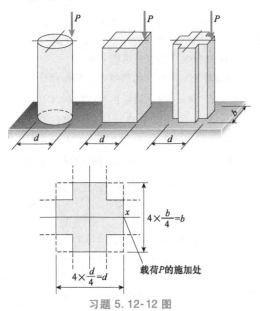

习题 5.12-12 图

5.12-13　两条缆绳（每条承受的拉力均为 $P = 5.5\text{kN}$）被螺栓连接在一个钢块上（见图）。钢块的厚度 $t = 25\text{mm}$、宽度 $b = 75\text{mm}$。

（a）如果缆绳的直径 $d = 7\text{mm}$，那么，钢块中的最大拉伸和压缩应力 σ_t、σ_c 分别是多少？

（b）如果增大缆绳的直径（不改变力 P），那么，最大拉伸和压缩应力将发生怎样的变化？

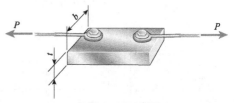

习题 5.12-13 图

5.12-14　图示杆 AB 受到一个载荷 P 的作用，该载荷作用在其端部横截面的形心处。该杆中间段的横截面面积减小了一半。

（a）如果端部横截面是一个边长为 b 的正方形，那么，横截面 mn 上的最大拉伸和压缩应力 σ_t、σ_c 分别是多少？

（b）如果端部横截面是一个直径为 b 的圆形，那么，横截面 mn 上的最大拉伸和压缩应力 σ_t、σ_c 分别是多少？

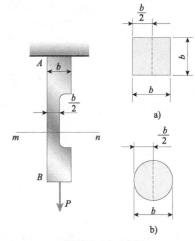

习题 5.12-14 图

5.12-15　如图所示，一根由 IPN 300 宽翼板工字钢制成的短立柱受到一个合力 $P = 100\text{kN}$ 的压缩作用，该合力的作用线通过一个翼板的中点。

（a）请分别求出该立柱中的最大拉伸和压缩应力 σ_t、σ_c。

（b）请求出在这一载荷条件下中性轴的位置。

（c）如果将一根 UPN180 槽钢连接到该立柱的一个翼板上（如图所示），那么，请重新计算最大拉伸和压缩应力 σ_t、σ_c。

5.12-16　如图所示，一根宽翼板工字形短立柱受到一个压缩载荷的作用，该载荷的合力 $P = 55\text{kN}$，其合力作用在翼板的中点处。

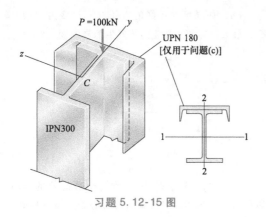

习题 5.12-15 图

（a）请分别求出该立柱中的最大拉伸和压缩应力 σ_t、σ_c。

（b）请求出在这一载荷条件下中性轴的位置。

（c）如果将一块 120mm×10mm 的盖板连接到该立柱的一个翼板上（如图所示），那么，请重新计算最大拉伸和压缩应力 σ_t、σ_c。

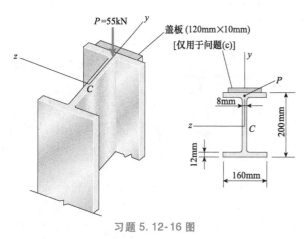

习题 5.12-16 图

5.12-17 如图 a 所示，一根由 L 100×100×12 角钢（见附录 E 的表 E-4）构成的杆件受到一个拉伸载荷 $P = 56\text{kN}$ 的作用，该载荷的作用线穿过两角腿中线的交点。

（a）请求出该杆中的最大拉应力 σ_t。

（b）如果采用了两根角钢，且力 P 的作用形式

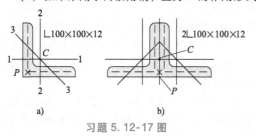

习题 5.12-17 图

如图 b 所示，那么，请重新计算最大拉应力。

5.12-18 如图 a 所示，一根长度较短的 UPN 200 槽钢受到一个轴向压缩力的 P 作用，该力的作用线通过腹板的中点。

（a）请求出在这一载荷条件下中性轴的方程。

（b）如果许用拉、压应力分别为 76MPa、52MPa，那么，请求出最大许用载荷 $P_{\max}$。

（c）如果在槽钢上增加两根 L90×90×7 的角钢（见图 b），那么，请重新求解问题（a）、（b）。

槽钢与角钢的性能分别见附录 E 的表 E-3、表 E-4。

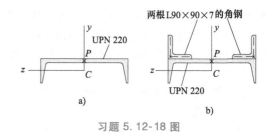

习题 5.12-18 图

弯曲时的应力集中

求解 5.13 节习题时，应考虑应力集中系数。

5.13-1 图示各梁均受到弯矩 $M = 250\text{N} \cdot \text{m}$ 的作用。各梁的横截面均为一个高度 $h = 40\text{mm}$、宽度 $b = 10\text{mm}$ 的矩形（垂直于图纸平面）。

（a）对于中间有孔的那根梁，当孔径分别为 $d = 6$、12、18、24mm 时，请求出相应的最大应力。

（b）对于带有两个相同缺口（内部高度 $h_1 = 30\text{mm}$）的那根梁，当缺口半径分别为 $R = 1.25$、2.5、3.75、5.0mm 时，请求出相应的最大应力。

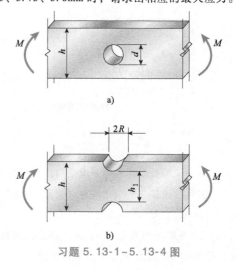

习题 5.13-1~5.13-4 图

5.13-2 图示各梁均受到弯矩 $M = 250N \cdot m$ 的作用。各梁的横截面均为一个高度 $h = 44mm$、宽度 $b = 10mm$ 的矩形（垂直于图纸平面）。

（a）对于中间有孔的那根梁，当孔径分别为 $d = 10$、16、22、$28mm$ 时，请求出相应的最大应力。

（b）对于带有两个相同缺口（内部高度 $h_1 = 40mm$）的那根梁，当缺口半径分别为 $R = 2$、4、6、$8mm$ 时，请求出相应的最大应力。

5.13-3 如图 b 所示，一根带有半圆缺口的矩形梁，其尺寸为 $h = 22mm$、$h_1 = 20mm$。该金属梁的最大许用弯曲应力 $\sigma_{max} = 410MPa$，弯矩 $M = 68N \cdot m$。请求出该梁的最小许用宽度 b_{min}。

5.13-4 如图 b 所示，一根带有半圆缺口的矩形梁，其尺寸为 $h = 120mm$、$h_1 = 100mm$。该塑料

梁的最大许用弯曲应力 $\sigma_{max} = 6MPa$，弯矩 $M = 150N \cdot m$。请求出该梁的最小许用宽度 b_{min}。

5.13-5 如图所示，一根带有缺口和圆孔的矩形梁，其尺寸为 $h = 140mm$、$h_1 = 128mm$、宽度 $b = 40mm$。该梁受到弯矩 $M = 15kN \cdot m$ 的作用。其材料（钢）的最大许用弯曲应力 $\sigma_{max} = 290MPa$。

（a）可以采用的最小缺口半径 R_{min} 是多少？

（b）在该梁中央处所钻最大孔的直径 d_{max} 是多少？

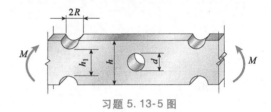

习题 5.13-5 图

补充复习题：第 5 章

R-5.1 绕着一根半径 $R = 0.6m$ 的圆管弯曲一条铜丝（$d = 1.5mm$）。铜丝中的最大正应变约为：

（A）1.25×10^{-3} （B）1.55×10^{-3}
（C）1.76×10^{-3} （D）1.92×10^{-3}

复习题 R-5.1 图

R-5.2 一根矩形截面（$b = 200mm$、$h = 280mm$）的简支木梁（$L = 5m$）支撑着一个均布载荷（包括梁的自重）。最大弯曲应力约为：

（A）8.7MPa （B）10.1MPa
（C）11.4MPa （D）14.3MPa

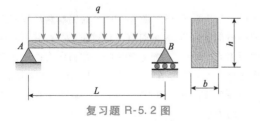

复习题 R-5.2 图

R-5.3 一根铸铁管（$L = 12m$，重量密度 =

$72kN/m^3$，$d_2 = 100mm$，$d_1 = 75mm$）受到提升机的抬升，各抬升点相距 6m。该管中的最大弯曲应力约为：

（A）28MPa （B）33MPa
（C）47MPa （D）59MPa

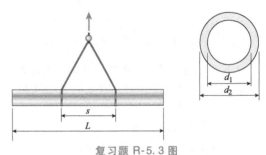

复习题 R-5.3 图

R-5.4 一根外伸梁在其整个长度上受到一个 3kN/m 的均布载荷的作用。惯性矩 $I_z = 3.36 \times 10^6 mm^4$，$z$ 轴至该梁横截面顶部和底部的距离分别为 20mm 和 66.4mm。已知 A、B 处的反作用力分别为 4.5kN 和 13.5kN。该梁中的最大弯曲应力约为：

（A）36MPa （B）67MPa
（C）102MPa （D）119MPa

R-5.5 一根实心截面的钢吊杆在其自由端 D 处受到一个水平力 $P = 5.5kN$ 的作用。尺寸变量 $b = 175mm$，许用正应力为 150MPa。忽略该吊杆的自重。该吊杆的所需直径约为：

（A）5cm （B）7cm
（C）10cm （D）13cm

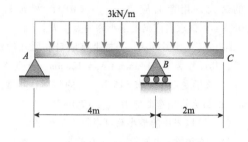

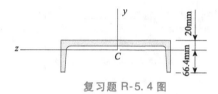

复习题 R-5. 4 图

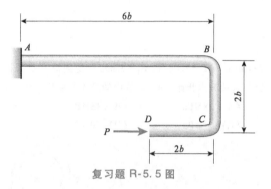

复习题 R-5. 5 图

R-5.6　一根悬臂木杆在其自由端处支撑着力 $P = 300\mathrm{N}$，同时，也支撑着其自重（重量密度 $= 6\mathrm{kN/m^3}$）。该杆的长度 $L = 0.75\mathrm{m}$，许用弯曲应力为 $14\mathrm{MPa}$。该杆的所需直径约为：

（A）4.2cm　　　　　（B）5.5cm

（C）6.1cm　　　　　（D）8.5cm

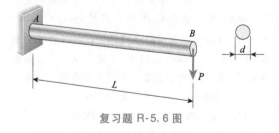

复习题 R-5. 6 图

R-5.7　一根长度 $L = 1.5\mathrm{m}$、矩形截面（$h = 75\mathrm{mm}$、$b = 20\mathrm{mm}$）的简支钢梁支撑着一个 $q = 48\mathrm{N/m}$ 的均布载荷（包括其自重）。与左端支座相距 0.25m 处的横截面上的最大横向切应力约为：

（A）20MPa　　　　　（B）24MPa

（C）30MPa　　　　　（D）36MPa

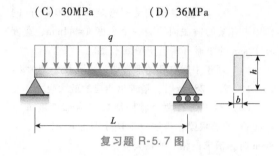

复习题 R-5. 7 图

R-5.8　一根长度 $L = 0.5\mathrm{m}$、方形截面的简支夹层梁，其重量为 4.8N。该梁是由三层板条粘结在一起而形成的，粘结接头处的许用切应力为 0.3MPa。在考虑梁的自重的情况下，在与左端支座相距 $L/3$ 位置处所能施加的最大载荷 P 约为：

（A）240N　　　　　（B）360N

（C）434N　　　　　（D）510N

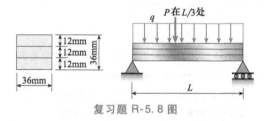

复习题 R-5. 8 图

R-5.9　一根长度 $L = 0.65\mathrm{m}$ 的悬臂铝梁支撑着一个分布载荷（包括其自重），该载荷在 A 处的强度为 $q/2$，在 B 处的强度为 q。该梁横截面的宽度为 50mm、高度为 170mm。许用弯曲应力为 95MPa，许用切应力为 12MPa。载荷强度 q 的许用值约为：

（A）110kN/m　　　　（B）122kN/m

（C）130kN/m　　　　（D）139kN/m

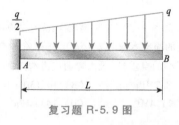

复习题 R-5. 9 图

R-5.10　一根重量为 4300N 的铝制路灯柱支撑着一根重量为 700N 的灯臂，灯臂重心与灯柱中心线的距离为 1.2m。一个 1500N 的风载荷向右作用在底座之上 7.5m 的位置处。灯柱在底座处的横截面，其外径为 235mm、厚度为 20mm。底座处的最大压应力约为：

（A）16MPa　　　　　（B）18MPa

（C）21MPa （D）24MPa

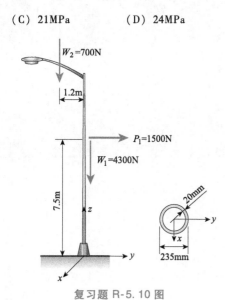

复习题 R-5. 10 图

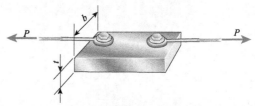

复习题 R-5. 11 图

R-5. 11 两根直径均为 $d=t/6$ 的细缆绳承受着拉力 P 的作用。这两根缆绳被螺栓连接至一块矩形钢块的顶部，钢块的横截面尺寸为 $b×t$。载荷 P 所引起的钢块中的最大拉、压应力的比值为：

（A）1. 5 （B）1. 8

（C）2. 0 （D）2. 5

R-5. 12 一根具有半圆形凹槽的矩形梁，其尺寸 $h=160\text{mm}$、$h_1=140\text{mm}$。该塑性梁的最大许用弯曲应力 $\sigma_{\text{allow}}=6.5\text{MPa}$，弯矩为 $M=185\text{N}\cdot\text{m}$。该梁的最小许用宽度为：

（A）12mm （B）20mm

（C）28mm （D）32mm

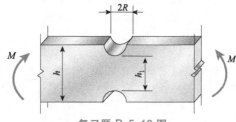

复习题 R-5. 12 图

6

CHAPTER

第6章　梁中的应力——高级部分

本章概述

第 6 章研究横截面为任意形状的梁的剪切与弯曲。6.2 节讨论复合梁（这类梁由一种以上材料制造）中的应力和应变：先确定中性轴的位置，再求出由两种不同材料构成的复合梁的弯曲公式。6.3 节研究转换截面法，该方法是分析复合梁弯曲应力的另一种方法。6.4 节研究承受倾斜载荷的双对称梁的弯曲问题，该倾斜载荷的作用线通过横截面的形心；在这种情况下，将产生绕横截面各主轴的弯矩（M_y、M_z），并且中性轴将不再垂直于该载荷所在的纵向平面；最终的正应力采用叠加法得到，即将根据关于各主轴的弯曲公式所得到的应力叠加在一起。6.5 节研究处于纯弯曲状态的非对称梁的一般情况，即解除"横截面内至少有一个对称轴"这样的限制；对于承受任何弯矩 M 的非对称梁，通过将 M 分解为沿横截面主形心轴的分量，可得到一个通用分析步骤；当然，对称梁是非对称梁的一个特例，因此这些讨论也适用于对称梁。如果取消纯弯曲的限制、并允许施加横向载荷，那么，这些载荷必须通过横截面的剪切中心以避免梁发生绕纵向轴线的扭曲（见 6.6 节和 6.9 节）。对于各类薄壁开口截面（如槽形、角形以及 Z 形）梁，可以计算出切应力在其横截面微元上的分布情况，并且，可利用它们来确定各个特殊横截面形状的剪切中心（见 6.7、6.8 和 6.9 节）。最后，讨论弹塑性梁的弯曲，这类梁中的正应力超出了线弹性范围（见 6.10 节）。

本章目录

⊖ 标"*"为高级主题。

6.1　引言

本章将通过一些专题来继续研究梁的弯曲。第 5 章是开展这类专题研究的基础，如曲率、梁中的正应力（包括弯曲公式）以及梁中的切应力。然而，将不再要求所研究的梁必须使用一种材料制造，并不再限制"梁必须有一个对称平面，且所有的横向载荷必须作用在该平面内"。最后，研究领域还将延伸至弹塑性梁的非弹性行为。

第 9 章和第 10 章将讨论设计梁时最重要的两个补充专题，即"梁的挠度"和"静不定梁"。

6.2　复合梁

由一种以上材料制成的梁被称为复合梁（composite beams）。其实例有双金属梁（如恒温器中使用的梁）、塑料涂层管以及钢板木梁（图 6-1）。

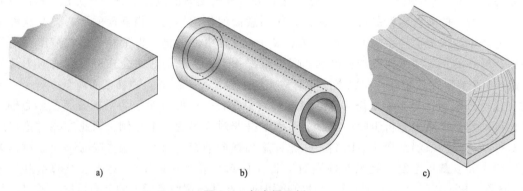

a)　　　　　　　　　　　b)　　　　　　　　　　　c)

图 6-1　复合梁示例

a）双金属梁　b）塑料涂层管　c）钢板木梁

近年来开发了许多其他类型的复合梁，其主要目的是为了节省材料并减轻重量。例如，夹层梁（sandwich beams）具有重量轻、强度与刚度高的特点，并被广泛应用于航空航天业。我们所熟悉的物体，如滑雪板、门、墙板、书架以及纸板箱，也是采用夹层形式制造的。

一个典型的夹层梁（图 6-2）由两块薄表层和一块厚芯层构成，相对而言，表层的材料（如铝）强度较高，而芯层的材料强度较低、重量较轻。由于表层位于距中性轴最远的位置（其弯曲应力是最高的），因此，它们的功能就类似于工字梁的翼板。作为填料的芯层可为表层提供支撑并使表层具有一定的稳定性以避免表层的起皱或屈曲。芯层通常使用轻质的塑料和泡沫以及蜂窝和瓦楞状材料。

应变和应力　求解单一材料梁应变时所使用的基本原理（即弯曲过程中横截面一直保持为平面）同样适用于复合梁应变的求解。无论材料是什么性质，该原理都是有效的（见 5.4 节）。因此，正如式（5-6）所表达的那样，从复合梁的顶部至底部，其纵向应变 ε_x 是线性变化的，这里再次给出式（5-6）的表达式：

$$\varepsilon_x = -\frac{y}{\rho} = -\kappa y \tag{6-1}$$

其中，y 为至中性轴的距离，ρ 为曲率半径，κ 为曲率。

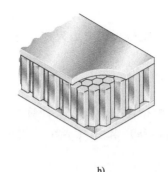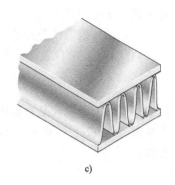

a)   b)   c)

图 6-2 夹层梁

a）塑料芯 b）蜂窝芯 c）瓦楞芯

根据式（6-1）所表达的线性应变分布，就可以求解任何复合梁中的应变和应力。以图 6-3所示复合梁为例来说明这一求解过程。该梁由两种材料构成，图中分别被标记为 1、2，这两种材料被牢固粘结在一起以使其整体上成为一根梁。

在前述关于梁的讨论中（第 5 章），假设 xy 平面是一个对称平面、xz 平面是梁的中性层。然而，若梁是由两种不同材料制成的，则其中性轴（图 6-3b 中的 z 轴）将不再通过横截面面积的形心。

如果梁弯曲时的曲率为正，那么，应变 ε_x 将按照图 6-3c 所示的形式发生变化，其中，ε_A 为该梁顶部处的压应变，ε_B 为该梁底部处的拉应变，ε_C 为两种材料接触面处的应变。当然，中性轴（z 轴）处的应变为零。

利用两种材料的应力-应变关系，就可根据应变求出作用在横截面上的正应力。假设这两种材料表现为线弹性行为，则单向应力的胡克定律就是有效的。这样一来，用应变乘以相应的弹性模量就可得到各材料中的应力。

设材料 1、2 的弹性模量分别为 E_1 和 E_2，并假设已得到图 6-3d 所示的应力图。则该梁顶部处的压应力为 $\sigma_A = E_1\varepsilon_A$，其底部处的拉应力为 $\sigma_B = E_2\varepsilon_B$。

在接触面（C）处，两种材料中的应力是不同的，因为它们的弹性模量不同。材料 1 中的应力为 $\sigma_{1C} = E_1\varepsilon_C$，材料 2 中的应力为 $\sigma_{2C} = E_2\varepsilon_C$。

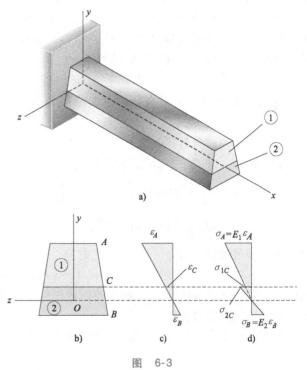

图 6-3

a）两种材料构成复合梁 b）梁的横截面

c）应变 ε_x 在梁高度方向的分布情况

d）当 $E_2 > E_1$ 时，应力 σ_x 在梁中的分布情况

利用胡克定律和式（6-1），可以将与中性轴相距 y 处的正应力以曲率的形式表达为：

$$\sigma_{x1} = -E_1 \kappa y \qquad \sigma_{x2} = -E_2 \kappa y \tag{6-2a, b}$$

其中，σ_{x1} 为材料 1 中的应力，σ_{x2} 为材料 2 中的应力。根据这两个方程，就可以求解中性轴的位置，并得到弯矩-曲率关系。

中性轴　根据"作用在横截面上的轴力的合力为零"这一条件（见 5.5 节），就可以求出中性轴（z 轴）的位置，因此，

$$\int_1 \sigma_{x1} \mathrm{d}A + \int_2 \sigma_{x2} \mathrm{d}A = 0 \tag{6-3}$$

其中，第一个积分式是在材料 1 的整个横截面面积上计算的，第二个积分式是在材料 2 的整个横截面面积上计算的。将式（6-2a）和式（6-2b）关于 σ_{x1}、σ_{x2} 的表达式代入该式，可得：

$$-\int_1 E_1 \kappa y \mathrm{d}A - \int_2 E_2 \kappa y \mathrm{d}A = 0$$

由于在任何一个给定的横截面处，曲率均为常数，因此，曲率不参与积分，并可将其从方程中约去，于是，中性轴位置的方程变为：

$$E_1 \int_1 y \mathrm{d}A + E_2 \int_2 y \mathrm{d}A = 0 \tag{6-4}$$

该方程中的各积分式代表横截面面积的两部分对中性轴的一次矩（如果有两种以上的材料—这种情况非常少见，那么，就需要在该方程中增加一些附加项）。

方程（6-4）是一个与单一材料梁的方程［式（5-9）］类似的广义形式。之后的例 6-1 将说明根据式（6-4）求解中性轴位置的详细步骤。

如果一根梁的横截面是双对称的，如在一根木梁的顶部和底部各安装一块钢盖板（图 6-4），那么，中性轴就位于横截面高度的中点处，也就不需要使用式（6-4）。

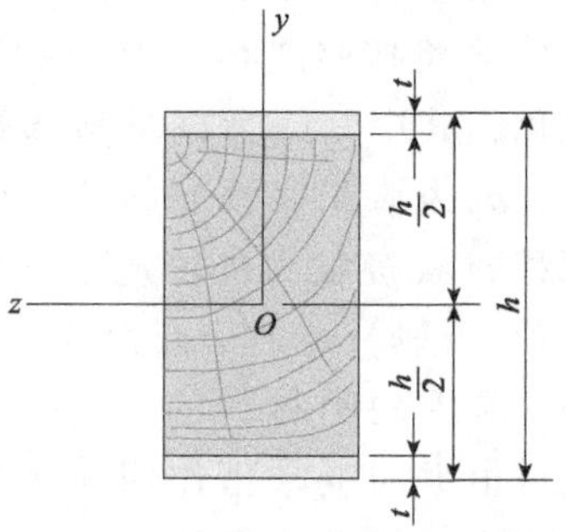

弯矩-曲率关系　对于由两种材料构成的复合梁（图 6-3），其弯矩-曲率关系可根据"弯曲应力的合力矩等于作用在横截面上的弯矩 M"这一条件来确定。之后，只需采用与单一材料梁相同的分析步骤［见式（5-10）~式（5-13）］，并使用式（6-2a）和式（6-2b），就可得到：

图 6-4　双对称横截面

$$M = -\int_A \sigma_x y \mathrm{d}A = -\int_1 \sigma_{x1} y \mathrm{d}A - \int_2 \sigma_{x2} y \mathrm{d}A$$

$$= \kappa E_1 \int_1 y^2 \mathrm{d}A + \kappa E_2 \int_2 y^2 \mathrm{d}A \tag{6-5a}$$

该方程可被简写为：

$$M = \kappa(E_1 I_1 + E_2 I_2) \tag{6-5b}$$

其中，I_1 和 I_2 分别为材料 1、2 的横截面面积对中性轴（z 轴）的惯性矩。注意，I 是整个横截面面积对中性轴的惯性矩。

现在，根据式（6-5b），就可用弯矩来表达曲率，即：

$$\kappa = \frac{1}{\rho} = \frac{M}{E_1 I_1 + E_2 I_2} \tag{6-6}$$

该方程就是两种材料梁的弯矩-曲率关系［与单一材料梁的式（5-13）进行比较］。右式中的分母就是该复合梁的抗弯刚度。

正应力（弯曲公式） 将关于曲率的表达式［式（6-6）］代入式（6-2a）和式（6-2b），就可求出该梁中的正应力（或弯曲应力），因此，

$$\sigma_{x1} = -\frac{MyE_1}{E_1I_1+E_2I_2} \qquad \sigma_{x2} = -\frac{MyE_2}{E_1I_1+E_2I_2} \qquad (6\text{-}7a,\ b)$$

这两个表达式被称为复合梁的弯曲公式，它们分别给出了材料 1 和材料 2 中的正应力。如果这两种材料具有相同的弹性模量，那么，这两个方程将简化为单一材料梁的弯曲公式［式（5-14）］。

本节之后的例 6-1 和例 6-2 给出了使用式（6-4）~式（6-7）来分析复合梁的示例。

夹层梁弯曲的近似理论 如上所述，对于具有双对称横截面，且由两种线弹性材料制成的夹层梁（图 6-5），可使用式（6-6）和式（6-7）来分析其弯曲情况。然而，只要引入一些简化假设，就可以得到一个关于夹层梁弯曲的近似理论。

如果表层材料（材料 1）的弹性模量远大于芯层材料（材料 2）的弹性模量，那么，就有理由忽略芯层中的正应力，并假设表层抵抗所有的纵向弯曲应力。这一假设就相当于认为芯层的弹性模量 E_2 为零。在这些条件下，根据材料 2 的弯曲公式［式（6-7b）］，可得 $\sigma_{x2} = 0$（正如预期）；根据材料 1 的弯曲公式［式（6-7a）］，可得：

$$\sigma_{x1} = -\frac{My}{I_1} \qquad (6\text{-}8)$$

该方程类似于普通的弯曲公式［式（5-14）］。I_1 为两个表层对中性轴的惯性矩；因此，

$$I_1 = \frac{b}{12}(h^3 - h_c^3) \qquad (6\text{-}9)$$

其中，b 为梁的宽度，h 为梁的整体厚度，h_c 为芯层的厚度。注意 $h_c = h - 2t$，其中，t 为各表层的厚度。

该夹层梁中的最大正应力发生在横截面的顶部和底部，其位置分别为 $y = h/2$ 和 $-h/2$。因此，根据式（6-8），可得：

$$\sigma_{\text{top}} = -\frac{Mh}{2I_1} \qquad \sigma_{\text{bottom}} = \frac{Mh}{2I_1} \qquad (6\text{-}10a,\ b)$$

如果弯矩 M 为正，则上表层受压、而下表层受拉［这两个方程偏于保守，因为它们所给出的表层中的应力要大于根据式（6-7a）和式（6-7b）所得到的应力］。

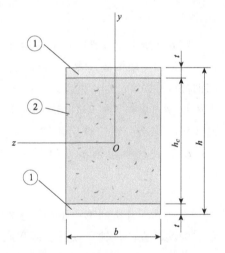

图 6-5 具有双对称轴的夹层梁的横截面（双对称横截面）

与芯层的厚度相比，若各表层较薄（即如果与 h_c 相比 t 非常小），则可忽略各表层中的切应力，并假设芯层承受所有的切应力。在这种条件下，芯层中的平均切应力和平均切应变分别为：

$$\tau_{\text{aver}} = \frac{V}{bh_c} \qquad \gamma_{\text{aver}} = \frac{V}{bh_cG_c} \qquad (6\text{-}11a,\ b)$$

其中，V 为作用在横截面上的剪力，G_c 为芯层材料的切变模量（虽然最大切应力和最大切应变要大于平均值，但在设计中通常使用平均值）。

局限性 在上述关于复合梁的讨论中，假设两种材料均遵循胡克定律，并假设梁的两个

部分被充分粘合为一个整体，因此，我们的分析是高度理想化的，并且，这些分析仅是理解复合梁和复合材料行为的第一步。关于非均匀与非线性材料、各部分之间的粘结应力、横截面上的切应力、表层的屈曲以及诸如此类问题的处理方法，可参见那些专门研究复合结构的参考书。

钢筋混凝土梁是其中一种最复杂的复合结构（图 6-6），它们的行为明显不同于本节所讨论的复合梁。混凝土具有高抗压强度和极低的抗拉强度。因此，通常可完全忽视其拉伸强度。在这种情况下，本节给出的公式将不再适用。在计算钢筋混凝土梁的挠度时，该复合梁横截面上的工作应力被设计为没有拉伸应力的作用，因此，例 6-4 将给出一个显示其一般分析步骤的许用应力法，例 6-4 使用"断裂截面分析"来说明这一钢筋混凝土的分析步骤。

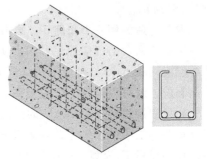

注意，在设计大多数钢筋混凝土梁时，并不是以线弹性行为为基础的——相反，使用更实用的设计方法（基于承载能力，而不是基于许用应力）。钢筋混凝土构件的设计是一个高度专业化的课题，它在相关课程和教材中也是一个独立的研究课题。

图 6-6　具有纵向钢筋和垂直箍筋的钢筋混凝土梁

● ● ●　例 6-1

图 6-7 所示复合梁由一根木梁（实际尺寸为 100mm×150mm）和一块钢板（宽 100mm、厚 12mm）构成。木材和钢材被紧固在一起，并成为一根单一梁。该梁受到一个正弯矩 $M = 6\text{kN} \cdot \text{m}$ 的作用。如果 $E_1 = 10.5\text{GPa}$、$E_2 = 210\text{GPa}$，那么，请计算出木梁（材料 1）中的最大拉、压应力，并计算出钢板（材料 2）中的最大和最小拉应力。

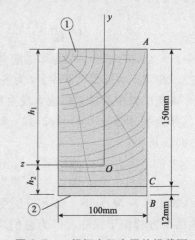

解答：

中性轴。分析的第一步是求解横截面的中性轴的位置。为此，设中性轴至该梁顶部和底部的距离分别为 h_1 和 h_2。使用式（6-4），就可求出这些距离。通过求解面积 1、2 对 z 轴的一次矩，就可计算出式（6-4）中的各积分式，即：

图 6-7　一根钢木组合梁的横截面

$$\int_1 y\,\mathrm{d}A = \bar{y}_1 A_1 = (h_1 - 75\text{mm})(100\text{mm} \times 150\text{mm}) = (h_1 - 75\text{mm})(1500\text{mm}^2)$$

$$\int_2 y\,\mathrm{d}A = \bar{y}_2 A_2 = -(156\text{mm} - h_1)(100\text{mm} \times 12\text{mm}) = (h_1 - 75\text{mm})(1200\text{mm}^2)$$

其中，A_1 和 A_2 分别为横截面的部分 1 和部分 2 的面积，$\bar{y}_1$ 和 $\bar{y}_2$ 分别为各面积形心的 y 坐标，h_1 的单位为毫米。

将上述各表达式代入式（6-4），可得到以下关于中性轴位置的方程：

$$E_1 \int_1 y\mathrm{d}A + E_2 \int_2 y\mathrm{d}A = 0$$

或

$$(10.5\mathrm{GPa})(h_1-75\mathrm{mm})(15000\mathrm{mm}^2)+(210\mathrm{GPa})(h_1-75\mathrm{mm})(1200\mathrm{mm}^2)=0$$

求解该方程，可得到中性轴至该梁顶部的距离 h_1，即：

$$h_1 = 124.8\mathrm{mm}$$

同时，中性轴至该梁底部的距离 h_2 为：

$$h_2 = 162\mathrm{mm}-h_1 = 37.2\mathrm{mm}$$

因此，现在已确定了中性轴的位置。

惯性矩。利用平行轴定理（见第 12 章的 12.5 节），就可求出面积 A_1 和 A_2 对中性轴的惯性矩 I_1 和 I_2。对于面积 1（图 6-7），可得：

$$I_1 = \frac{1}{12}(100\mathrm{mm})(150\mathrm{mm})^3 + (100\mathrm{mm})(150\mathrm{mm})(h_1-75\mathrm{mm})^2$$

$$= 65.33\times10^6\mathrm{mm}^4$$

类似地，对于面积 2，可得：

$$I_2 = \frac{1}{2}(100\mathrm{mm})(12\mathrm{mm})^3 + (100\mathrm{mm})(12\mathrm{mm})(h_2-6\mathrm{mm})^2$$

$$= 1.18\times10^6\mathrm{mm}^4$$

为了检查这些计算结果的正确性，可求出整个横截面面积对 z 轴的惯性矩 I：

$$I = \frac{1}{3}(100\mathrm{mm})h_1^3 + \frac{1}{3}(100\mathrm{mm})h_2^3 = 10^6(64.79+172)\mathrm{mm}^4$$

$$= 66.51\times10^6\mathrm{mm}^4$$

该值与 I_1、I_2 的和是一致的。

正应力。根据复合梁的弯曲公式 [式（6-7a，b）]，就可计算出材料 1、2 中的应力。材料 1 中的最大压应力发生在该梁的顶部（顶面 A，$y=h_1=124.8\mathrm{mm}$）。用 σ_{1A} 表示该应力，根据式（6-7a），可得：

$$\sigma_{1A} = \frac{Mh_1E_1}{E_1I_1+E_2I_2}$$

$$= \frac{(6\mathrm{kN\cdot m})\times(124.8\mathrm{mm})\times(10.5\mathrm{GPa})}{(10.5\mathrm{GPa})\times(65.33\times10^6\mathrm{mm}^4)+(210\mathrm{GPa})\times(1.18\times10^6\mathrm{mm}^4)}$$

$$= -8.42\mathrm{MPa}$$

材料 1 中的最大拉应力发生在两种材料的接触面处 [C 处，$y=-(h_2-12\mathrm{mm})=-25.2\mathrm{mm}$]，采用上述相同的计算步骤，可得：

$$\sigma_{1C} = \frac{(6\mathrm{kN\cdot m})\times(-25.2\mathrm{mm})\times(10.5\mathrm{GPa})}{(10.5\mathrm{GPa})\times(65.33\times10^6\mathrm{mm}^4)+(210\mathrm{GPa})\times(1.18\times10^6\mathrm{mm}^4)}$$

$$= 1.7\mathrm{MPa}$$

至此，已求出木梁中的最大拉伸和压缩应力。

钢板（材料 2）位于中性轴之下，因此，材料 2 全部处于受拉状态。由于最大拉应力出现在该梁的底部（顶面 B, $y=-h_2=-37.2$mm），因此，根据式（6-7b），可得：

$$\sigma_{2B}=\frac{M(-h_2)E_2}{E_1I_1+E_2I_2}$$

$$=-\frac{(6\text{kN}\cdot\text{m})\times(-37.2\text{mm})\times(210\text{GPa})}{(10.5\text{GPa})\times(65.33\times10^6\text{mm}^4)+(210\text{GPa})\times(1.18\times10^6\text{mm}^4)}$$

$$=50.2\text{MPa}$$

材料 2 中的最小拉应力发生在接触面处 [C 处，$y=-25.2$mm]，因此，

$$\sigma_{2C}=-\frac{(6\text{kN}\cdot\text{m})\times(-25.2\text{mm})\times(210\text{GPa})}{(10.5\text{GPa})\times(65.33\times10^6\text{mm}^4)+(210\text{GPa})\times(1.18\times10^6\text{mm}^4)}$$

$$=34\text{MPa}$$

这些应力就是钢板中的的最大和最小拉应力。该复合木-钢梁的横截面上的应力分布情况如图 6-8 所示。

注意：在接触面处，钢板中的应力与木梁中的应力的比值为：

$$\sigma_{2C}/\sigma_{1C}=34\text{MPa}/1.7\text{MPa}=20$$

该值就等于弹性模量之比 E_2/E_1（正如预期）。虽然钢板和木梁中的应变在接触面处是相等的，但由于具有不同的弹性模量，因此，该处的应力是不同的。

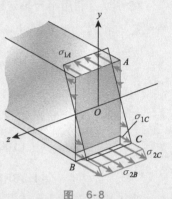

图 6-8

● ● ● 例 6-2

图 6-9 所示夹层梁的表层为铝合金、芯层为塑料。该梁受到一个弯矩 $M=3.0\text{kN}\cdot\text{m}$ 的作用。其各表层的厚度 $t=5$mm、弹性模量 $E_1=72$GPa，塑料芯层的厚度 $h_c=150$mm、弹性模量 $E_2=800$MPa。该梁的总体尺寸为 $h=160$、$b=200$mm。请分别利用以下理论来求解表层和芯层中的最大拉伸和压缩应力：（a）复合梁的一般理论；（b）夹层梁的近似理论。

解答：

中性轴。由于横截面是双对称的，因此，中性轴（图 6-9 中的 z 轴）就位于高度的中点处。

惯性矩。表层的横截面面积的惯性矩 I_1（关于 z 轴）为：

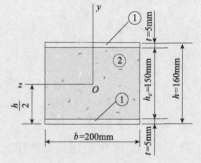

$$I_1=\frac{b}{12}(h^3-h_c^3)=\frac{200\text{mm}}{12}\times[(160\text{mm})^3-(150\text{mm})^3]$$

$$=12.017\times10^6\text{mm}^4$$

塑料芯层的惯性矩 I_2 为：

图 6-9　表层为铝合金、芯层为塑料的夹层梁的横截面

$$I_2=\frac{b}{12}(h_c^3)=\frac{200\text{mm}}{12}\times(150\text{mm})^3=56.250\times10^6\text{mm}^4$$

在检查这些计算结果是否正确时，应注意：整个横截面面积对 z 轴的惯性矩（$I=bh^3/12$）必须等于 I_1 与 I_2 的总和。

（a）根据复合梁的一般理论来计算正应力。根据式（6-7a）和式（6-7b）就可计算出这些正应力。首先计算这两个方程中的分母项（即该复合梁的抗弯刚度）：

$$E_1 I_1 + E_2 I_2 = (72\text{GPa}) \times (12.017 \times 10^6 \text{mm}^4) + (800\text{MPa}) \times (56.250 \times 10^6 \text{mm}^4)$$
$$= 910200 \text{N} \cdot \text{m}^2$$

根据式（6-7a），可求得铝表层中的最大拉伸和压缩应力为：

$$(\sigma_1)_{\max} = \pm \frac{M(h/2)(E_1)}{E_1 I_1 + E_1 I_2}$$
$$= \pm \frac{(3.0\text{kN} \cdot \text{m}) \times (80\text{mm}) \times (72\text{GPa})}{910,200\text{N} \cdot \text{m}^2} = \pm 19.0\text{MPa}$$

塑料芯层中的最大拉伸和压缩应力［根据式（6-7b）］为：

$$(\sigma_2)_{\max} = \pm \frac{M(h_c/2)(E_2)}{E_1 I_1 + E_2 I_2}$$
$$= \pm \frac{(3.0\text{kN} \cdot \text{m}) \times (75\text{mm}) \times (800\text{GPa})}{910,200\text{N} \cdot \text{m}^2} = \pm 0.198\text{MPa}$$

各表层中的最大应力比芯层中的最大应力要大 96 倍，这主要是因为铝比塑料的弹性模量大 90 倍。

（b）根据夹层梁的近似理论来计算正应力。近似理论忽略了芯层中的正应力，并假设各表层传递全部的弯矩。根据式（6-10a）和式（6-10b），就可计算出各表层中的最大拉伸和压缩应力：

$$(\sigma_1)_{\max} = \pm \frac{Mh}{2I_1} = \pm \frac{(3.0\text{kN} \cdot \text{m}) \times (80\text{mm})}{12.017 \times 10^6 \text{mm}^4} = \pm 20.0\text{MPa}$$

正如预期的那样，近似理论给出的各表层中的应力略高于复合梁的一般理论所给出的应力。

6.3　转换截面法

在分析复合梁中的弯曲应力时，转换截面法是一种可供选择的分析方法。该方法基于上一节所得到的理论和方程，因此，该方法受到同样的限制（例如，它只适用于线弹性材料）并给出相同的结果。虽然转换截面法不会减少计算量，但很多设计人员发现，它为形象化表达和组织计算过程提供了一个简便的方法。

该方法就是将复合梁的横截面变换为一个等效的横截面，该等效横截面是一根假想的单一材料梁的横截面。这个新的横截面被称为转换截面（transformed section）。然后，按照单一材料梁的常规分析方法来分析这根具有转换截面的假想梁。最后，再将该假想梁中的应力转换为原复合梁中的应力。

中性轴与转换截面　如果假想该梁与原复合梁等效，那么，它们的中性轴必须位于相同的位置，并且，它们抵抗弯矩的能力也必须相同。为了说明如何满足这两个要求，研究一根由两种材料构成的复合梁（见图 6-10a）。根据式（6-4）可得到其横截面的中性轴，这里再次给出该式：

$$E_1 \int_1 y \mathrm{d}A + E_2 \int_2 y \mathrm{d}A = 0 \tag{6-12}$$

其中的积分式表示横截面的两个部分对中性轴的一次矩。

现在，引入以下符号：

$$n = \frac{E_2}{E_1} \tag{6-13}$$

其中，n 为模量比（modular ratio）。使用这个符号，可以将式（6-12）简写为：

$$\int_1 y \mathrm{d}A + \int_2 y n \mathrm{d}A = 0 \tag{6-14}$$

由于式（6-14）和式（6-12）是等效的，因此，式（6-14）表明：假如材料 2 中的每个微面积 $\mathrm{d}A$ 的 y 坐标不变，那么，当每个这样的微面积乘以系数 n 时，则中性轴不变。

因此，可创建一个新的由以下两部分组成的横截面：（1）尺寸不变的面积 1；（2）宽度（即平行于中性轴的尺寸）乘以 n 的面积 2。这个新的横截面（转换截面）如图 6-10b 所示，该图仅显示了 $E_2 > E_1$（从而有 $n>1$）的情况。其中性轴与原复合梁中性轴的位置相同（注意，所有垂直于中性轴的尺寸保持不变）。

由于材料中的应力（对于给定的应变）与弹性模量成正比（$\sigma = E\varepsilon$），因此可以看出，将材料 2 的宽度乘以 $n = E_2/E_1$，就相当于将材料 2 转换为材料 1。例如，假设 $n = 10$，则新横截面的部分 2 的面积将比原来宽 10 倍。想象一下，如果该梁的这部分材料现在是材料 1，那么，由于在其面积增加 10 倍的同时，其弹性模量却减少了 10 倍（从 E_2 减小至 E_1），因此，它将承受与以前相同的力。也就是说，新的横截面（转换截面）就仅包含材料 1。

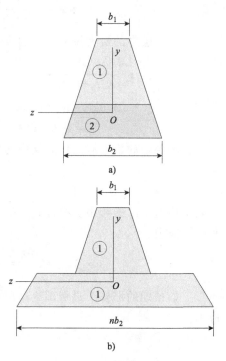

图 6-10　两种材料的复合梁

a）实际横截面　b）仅由材料 1 组成的转换截面

弯矩-曲率关系　转换截面梁必须与原复合梁具有相同的弯矩-曲率关系。为了说明确实是这种情况，我们注意到，5.5 节的式（5-8）给出了转换截面梁中的应力（因为它仅包含材料 1）：

$$\sigma_x = -E_1 \kappa y$$

使用这个公式，同时采用单一材料梁相同的分析步骤（见 5.5 节），可得到以下转换截面梁的弯矩-曲率关系：

$$M = -\int_A \sigma_x y \mathrm{d}A = -\int_1 \sigma_x y \mathrm{d}A - \int_2 \sigma_x y \mathrm{d}A$$

$$= E_1 \kappa \int_1 y^2 \mathrm{d}A + E_1 \kappa \int_2 y^2 \mathrm{d}A = \kappa (E_1 I_1 + E_1 n I_2)$$

或

$$M = \kappa (E_1 I_1 + E_2 I_2) \tag{6-15}$$

该方程与式（6-5）相同，因此，它表明，转换截面梁与原复合梁具有相同的弯矩-曲率关系。

正应力 由于转换截面梁仅包含一种材料，因此，可根据标准弯曲公式［式（5-14）］来求解正应力（或弯曲应力）。因此，在被转化为材料 1 的梁（图 6-10b）中的正应力为：

$$\sigma_{x1} = -\frac{My}{I_T} \tag{6-16}$$

其中，I_T 为转换截面对中性轴的惯性矩。根据该方程，就可计算出转换截面梁中任意点处的应力（之后将解释，转换截面梁中的应力与原复合梁中由材料 1 组成的那部分梁中的应力是一致的；而在原复合梁中由材料 2 组成的那部分梁中，其应力将不同于转换截面梁中的应力）。

可以很容易地验证方程（6-16），只需注意到这样一种关系，即转换截面（图 6-10b）的惯性矩与原截面（图 6-10a）的惯性矩之间具有以下关系：

$$I_T = I_1 + nI_2 = I_1 + \frac{E_2}{E_1}I_2 \tag{6-17}$$

将这一关于 I_T 的表达式代入式（6-16），可得：

$$\sigma_{x1} = -\frac{MyE_1}{E_1I_1 + E_2I_2} \tag{6-18a}$$

该式与式（6-7a）相同，从而表明：原复合梁材料 1 中的应力就等于转换截面梁相应位置处的应力。

如前所述，原复合梁材料 2 中的应力不同于转换截面梁相应位置处的应力。相反，必须将转换截面梁中的应力［式（6-16）］乘以模量比 n 才能求得原复合梁材料 2 中的应力：

$$\sigma_{x2} = -\frac{My}{I_T}n \tag{6-18b}$$

为了验证该公式，可将式（6-17）关于 I_T 的表达式代入式（6-18b），则得到：

$$\sigma_{x2} = -\frac{MynE_1}{E_1I_1 + E_2I_2} = -\frac{MyE_2}{E_1I_1 + E_2I_2} \tag{6-18c}$$

该式与式（6-7b）相同。

综述 在本节关于转换截面法的讨论中，选择将原复合梁转换为一根完全由材料 1 组成的梁。也可以将该梁转换为一根完全由材料 2 组成的梁，在这种情况下，原复合梁材料 2 中的应力就等于转换截面梁相应位置处的应力。然而，必须将转换截面梁相应位置处的应力乘以模量比 n（在这种情况下，$n = E_1/E_2$）才能求得原复合梁材料 1 中的应力。

也可以将原复合梁转换为一种具有任意弹性模量 E 的材料，在这种情况下，该梁的所有部分都必须转换为该虚拟材料。当然，如果转换为原始材料的其中一种，则计算将更为简便。最后，只需要稍微开动脑筋，就可以将转换截面法推广应用至两种以上材料构成的复合梁。

例 6-3

图 6-11a 所示复合梁由一根木梁（实际尺寸为 100mm×150mm）和一块钢板（100mm 宽、12mm 厚）。该梁受到一个正弯矩 $M = 6$kN·m 的作用。如果 $E_1 = 10.5$GPa、$E_2 = 210$GPa，那么，请利用转换截面法来计算木梁（材料 1）中的最大拉伸和压缩应力，并计算钢板（材料 2）中的最大和最小拉应力（注意：该梁与 6.2 节例 6-1 中的梁是同一根梁）。

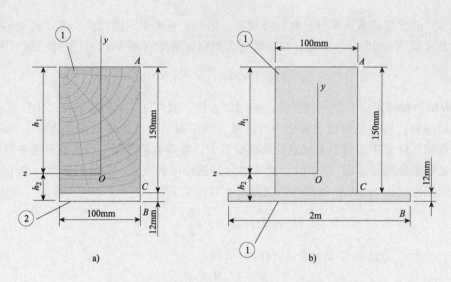

图 6-11   使用转换截面法分析例 6-1 的复合梁

a）原梁的横截面   b）转换截面（材料 1）

解答：

转换截面。 将原梁转换为一根由材料 1 构成的梁，这意味着模量比为：

$$n = \frac{E_2}{E_1} = \frac{210\text{GPa}}{10.5\text{GPa}} = 20$$

该梁由木材制造的那部分（材料 1）没有改变，但该梁由钢材制造的那部分（材料 2）的宽度却要乘以模量比。因此，该梁这一部分在转换截面（见图 6-11b）中的宽度变为：

$$n(100\text{mm}) = 20 \times (100\text{mm}) = 2\text{m}$$

中性轴。 由于该转换梁仅包含一种材料，因此，中性轴通过其横截面面积的形心。于是，以该横截面的顶边作为参考线，并设距离 y_i 向下为正，则可计算出该形心至参考线的距离 h_1 为：

$$h_1 = \frac{\sum y_i A_i}{\sum A_i} = \frac{(75\text{mm}) \times (100\text{mm}) \times (150\text{mm}) + (156\text{mm}) \times (2000\text{mm}) \times (12\text{mm})}{(100\text{mm}) \times (150\text{mm}) + (2000\text{mm}) \times (12\text{mm})}$$

$$= \frac{4869 \times 10^3 \text{mm}^3}{39 \times 10^3 \text{mm}^2} = 124.8\text{mm}$$

同时，该形心至其横截面底边的距离 h_2 为：

$$h_2 = 162\text{mm} - h_1 = 37.2\text{mm}$$

至此，已求出了中性轴的位置。

转换截面的惯性矩。 利用平行轴定理（见第 12 章的 12.5 节），可计算出整个横截面面积对中性轴的惯性矩，即：

$$I_T = \frac{1}{12}(100\text{mm}) \times (150\text{mm})^3 + (100\text{mm}) \times (150\text{mm}) \times (h_1 - 75\text{mm})^2$$

$$+ \frac{1}{12}(2000\text{mm}) \times (12\text{mm})^3 + (2000\text{mm}) \times (12\text{mm}) \times (h_2 - 6\text{mm})^2$$

$$= 65.3 \times 10^6 \text{mm}^4 + 23.7 \times 10^6 \text{mm}^4 = 89.0 \times 10^6 \text{mm}^4$$

木梁（材料 1）中的正应力。该转换梁（图 6-11b）在横截面顶部（A 处）与接触面处（C 处）的应力与原梁（图 6-11a）是相同的。根据弯曲公式 [式（6-16）]，就可求出这些应力，即：

$$\sigma_{1A} = -\frac{My}{I_T} = -\frac{(6 \times 10^6 \text{N} \cdot \text{mm}) \times (124.8\text{mm})}{89.0 \times 10^6 \text{mm}^4} = -8.42\text{MPa}$$

$$\sigma_{1C} = -\frac{My}{I_T} = -\frac{(6 \times 10^6 \text{N} \cdot \text{mm}) \times (-25.2\text{mm})}{89.0 \times 10^6 \text{mm}^4} = 1.13\text{MPa}$$

这就是原梁的木材（材料 1）中的最大拉伸和压缩应力。σ_{1C} 为拉应力，σ_{1A} 为压应力。

钢板（材料 2）中的正应力。用该转换梁中的相应应力乘以模量比 n [式（6-18b）]，就可求出钢板中的最大和最小应力。最大应力发生在横截面的下边缘处（B 处），最小应力发生在接触面处（C 处）：

$$\sigma_{2B} = -\frac{My}{I_T}n = -\frac{(6 \times 10^6 \text{N} \cdot \text{mm}) \times (-37.2\text{mm})}{89.0 \times 10^6 \text{mm}^4} \times (20) = 50.2\text{MPa}$$

$$\sigma_{2C} = -\frac{My}{I_T}n = -\frac{(6 \times 10^6 \text{N} \cdot \text{mm}) \times (-25.2\text{mm})}{89.0 \times 10^6 \text{mm}^4} \times (20) = 34\text{MPa}$$

这两个应力均为拉应力。

注意，采用转换截面法所计算出的应力与例 6-1 中直接根据复合梁公式所计算出的应力是一致的。

均衡设计。在最终评价本例和例 6-1 所示木-钢复合梁时，应注意到，无论是木梁还是钢板，都没有达到其典型的许用应力水平。也许有人会有兴趣重新设计这根梁；这里将仅考虑钢板的重新设计（但如果需要，也可以重新设计木梁的尺寸）。

所谓均衡设计（balanced design）就是使木材和钢材在设计弯矩的作用下同时达到其许用应力值的设计，它可被看作为该梁的一个更有效的设计。首先，设钢板的厚度仍为 $t_s = 12\text{mm}$，并求出使木材和钢材在设计弯矩 M_D 的作用下同时达到其许用应力值所需的钢板宽度 b_s。其次，设 $b_s = 100\text{mm}$，并重复上述过程，但应求出达到相同目的所需的钢板厚度 t_s。假设木材和钢材的许用应力值分别为 $\sigma_{aw} = 12.7\text{MPa}$、$\sigma_{as} = 96\text{MPa}$。同时假设木梁的尺寸不变。

利用转换截面法，可得到木梁顶部与钢板底部处的应力的表达式。使各表达式均等于其许用值，即：

$$\sigma_{aw} = \frac{-M_D h_1}{I_T} \text{ 和 } \sigma_{as} = \frac{-M_D h_2 n}{I_T} \tag{a,b}$$

接下来，根据式（a）、（b），可得到比值 M_D/I_T 的两个表达式。使这两个 M_D/I_T 的表达式相等，就可求出使两种材料同时达到其许用应力值的比值 h_1/h_2：

$$\frac{h_1}{h_2} = n\frac{\sigma_{aw}}{\sigma_{as}} \tag{c}$$

通过对 z 轴求一次矩，就可用该转换截面的尺寸 b、h、b_s、t_s（见图 6-11c、d）来表达 h_1 和 h_2，即得到 h_1 和 h_2 的表达式：

$$h_1 = \frac{h}{2} + \frac{(b_s n t_s^2) + (b_s h n t_s)}{(2bh) + (2b_s n t_s)} \quad \text{和} \quad h_2 = \frac{n b_s t_s\left(\frac{t_s}{2}\right) + bh\left(t_s + \frac{h}{2}\right)}{(n b_s t_s) + (bh)} \tag{d}$$

将式（d）代入式（c）并化简，可得：

$$\frac{bh^2 + (2b_s n h t_s) + (b_s n t_s^2)}{bh^2 + (2bh t_s) + (b_s n t_s^2)} = n\frac{\sigma_{aw}}{\sigma_{as}} \tag{e}$$

根据该式，就可得到所需钢板宽度 b_s 的表达式（厚度 t_s 不变），然后代入数值，就可求得 b_s 的值（不是原始宽度 100mm），即：

$$b_s = \frac{\left(n\frac{\sigma_{aw}}{\sigma_{as}}\right)(bh^2 + 2bh t_s) - bh^2}{(2n h t_s) + n t_s^2\left(1 - n\frac{\sigma_{aw}}{\sigma_{as}}\right)} = 69.2\text{mm} \tag{f}$$

其中，$b = 100\text{mm}$、$h = 150\text{mm}$、$t_s = 12\text{mm}$、$n = 20$、$\sigma_{aw} = 12.7\text{MPa}$、$\sigma_{as} = 96\text{MPa}$。

因此，对于一根由一块 69.2mm×12mm 钢板加固的尺寸为 100mm×150mm 的木梁（图 6-11a），在任何小于或等于 M_D 的力矩 M 的作用下，应力比 σ_{1A}/σ_{2B} 都将等于 σ_{aw}/σ_{as}。如果 $M = M_D$，那么，$\sigma_{1A} = \sigma_{aw}$、$\sigma_{2B} = \sigma_{as}$。

另外，根据式（e），也可得到所需钢板厚度 t_s 的表达式（原始宽度 $b_s = 100\text{mm}$），即：

$$t_s^2\left[n b_s\left(1 - n\frac{\sigma_{aw}}{\sigma_{as}}\right)\right] + t_s\left\{2h\left[n b_s - b\left(n\frac{\sigma_{aw}}{\sigma_{as}}\right)\right]\right\} + bh^2\left(1 - n\frac{\sigma_{aw}}{\sigma_{as}}\right) = 0 \tag{g}$$

该式是一个二次方程，该方程的解为 $t_s = 7.46\text{mm}$，这就要求在对该木-钢复合梁的均衡设计中将钢板的厚度修正为 7.46mm。当 $b_s = 100$、$t_s = 7.46\text{mm}$ 时，在任何小于或等于 M_D 的力矩 M 的作用下，应力比 $\sigma_{1A}/\sigma_{2B} = \sigma_{aw}/\sigma_{as}$。

● ● ● 例 6-4

一根倒 T 形预制混凝土梁（图 6-12）被用于支撑室内停车场中的预制横梁。该 T 形梁的尺寸为 $b = 500\text{mm}$、$b_w = 300\text{mm}$、$d = 600$、$t_f = 100\text{mm}$，其中包含四条直径均为 25mm 的钢筋。混凝土的弹性模量 $E_c = 25\text{GPa}$，钢的弹性模量 $E_s = 200\text{GPa}$。混凝土和钢的许用应力分别 $\sigma_{ac} = 9.3\text{MPa}$、$\sigma_{as} = 137\text{MPa}$。

（a）在图 6-13 中（在该图中，不转换受拉区的混凝土，只将钢筋转换为等效的混凝土），利用转换截面法来求解该梁所能承受的最大许用力矩。

（b）如果将该梁旋转 180°（如图 6-14 所示）且钢筋仍位于底部的受拉区，那么，请重新求解问题（a）。

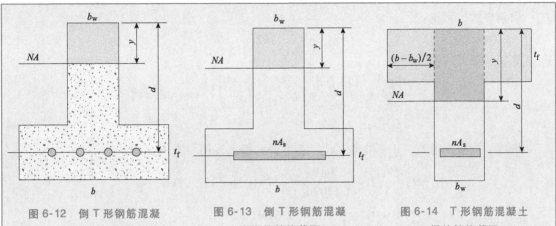

图 6-12 倒 T 形钢筋混凝
土梁的横截面

图 6-13 倒 T 形钢筋混凝
土梁的转换截面

图 6-14 T 形钢筋混凝土
梁的转换截面

解答：

（a）倒 T 形梁。首先，求出图 6-13 所示转换截面的中性轴（与该梁顶部的距离为 y）。然后，使受压混凝土的面积（$b_w \times y$）的一次矩与受拉钢筋的转换面积（$n \times A_s$）的一次矩相等，就可得到一个二次方程。该方程的解就给出了中性轴的位置 y，即：

$$b_w y \frac{y}{2} - n A_s (d - y) = 0 \quad n = \frac{E_s}{E_c} = 8 \tag{a}$$

$$y = \sqrt{\left(\frac{n A_s}{b_w}\right)^2 + 2d\left(\frac{n A_s}{b_w}\right)} - \left(\frac{n A_s}{b_w}\right) = 0.204\text{m} \tag{b}$$

利用式（6-17），可计算出该转换截面的惯性矩：

$$I_T = \frac{b_w y^3}{3} + n A_s \left[(d - y)^2\right] = 3.312 \times 10^{-3}\text{m}^4 \tag{c}$$

最后，根据式（6-16）（采用混凝土的许用应力）和式（6-18b）（采用钢筋的许用应力）来求解 M，就可求出该梁承受力矩的能力，即：

$$M_c = \frac{\sigma_{ac}}{y} I_T = \left(\frac{9.3\text{MPa}}{0.204\text{m}}\right) \times (3.312 \times 10^{-3}\text{m}^4) = 151\text{kN} \cdot \text{m} \tag{d}$$

$$M_s = \frac{\sigma_{as}}{n(d-y)} I_T = \frac{137\text{MPa}}{8 \times (0.6\text{m} - 0.204\text{m})} (3.312 \times 10^{-3}\text{m}^4)$$
$$= 143.2\text{kN} \cdot \text{m} \tag{e}$$

显然，较低的基于钢筋许用应力的 M 值控制该梁的承载能力。

（b）T 形梁。现在，该 T 形梁的翼板（厚度为 t_f）位于顶部，因此，先假设中性轴的位置 y 大于 t_f。可将该转换截面（图 6-14）的混凝土受压区划分为三个矩形，然后，使受压混凝土的面积的一次矩与钢筋的转换面积（$n \times A_s$）的一次矩相等，就可得到一个关于距离 y 的二次方程。该方程的解就给出了中性轴的位置 y，即：

$$(b - b_w) t_f \left(y - \frac{t_f}{2}\right) + b_w y \frac{y}{2} - n A_s (d - y) = 0 \tag{f}$$

求解该式，可得：

$$y = 0.1702\text{m}$$

该转换截面的惯性矩为：

$$I_T = \frac{b_w y^3}{3} + \frac{(b-b_w)t_f^3}{12} + (b-b_w)t_f\left(y-\frac{t_f}{2}\right)^2 + nA_s(d-y)^2$$

$$= 3.7\times 10^{-3}\text{m}^4$$

最后，重新求解式（d）和式（e），就可得到最大许用弯矩 M，即：

$$M_c = \frac{\sigma_{ac}}{y}I_T = \frac{9.3\text{MPa}}{0.1702\text{m}}\times(3.7\times 10^{-3}\text{m}^4) = 202\text{kN}\cdot\text{m} \qquad\text{（g）}$$

$$M_s = \frac{\sigma_{as}}{n(d-y)}I_T = \frac{137\text{MPa}}{8\times(0.6\text{m}-0.1702\text{m})}\times(3.7\times 10^{-3}\text{m}^4) \qquad\text{（h）}$$

$$= 147.4\text{kN}\cdot\text{m}$$

可再次看出，较低的基于钢筋许用应力的 M 值控制该梁的承载能力。由于这两种梁均受控于钢筋的许用应力，因此，其抗弯能力［式（e）和式（h）］大致相同。

6.4 承受倾斜载荷的双对称梁

在之前关于弯曲的讨论中，论述了具有纵向对称平面（图 6-15 中的 xy 平面），且横向载荷也作用在该平面的梁。在这些条件下，假如材料是均匀和线弹性的，则可根据弯曲公式［式（5-14）］得到其弯曲应力。

本节将拓展上述研究思路，研究梁上的载荷没有作用在对称平面时的情况，即倾斜加载（图 6-16）。本节只研究具有双对称截面的梁，即 xy 和 xz 平面均为对称平面的梁。同时，倾斜载荷的作用线必须通过横截面的形心以避免梁发生绕纵向轴线的扭曲。

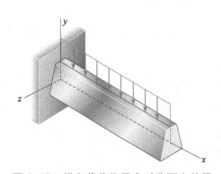
图 6-15   横向载荷作用在对称面上的梁

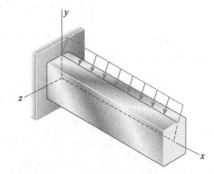
图 6-16   承受倾斜载荷的双对称梁

通过将倾斜载荷分解为两个作用在各对称平面内的分量，就可以求解图 6-16 所示梁的弯曲应力。其中，根据弯曲公式，可求出各载荷分量单独作用时的弯曲应力；将所求各弯曲应力叠加在一起，就可得到最终的应力。

弯矩的符号约定   首先，需要对作用在某一梁的各横截面上的弯矩的符号进行约定[⊖]。为

[⊖] 通过观察梁及其载荷，通常可明显看出梁上的正应力和切应力的方向，因此，在应力计算时，通常只使用绝对值，而忽略其符号约定。然而，在推导一般公式时，需要保持严格的符号约定以避免方程中的歧义。

此，切割该梁并研究其上的某一典型横截面（图 6-17）。M_y 和 M_z 分别是关于 y、z 轴的弯矩，其矢量用双箭头表示。当其矢量指向相应轴的正方向时，其弯矩为正，并且，矢量的右手规则给出了其旋转的方向（在图中由曲线箭头表示）。

从图 6-17 中可以看出，正弯矩 M_y 使该梁的右侧（负 z 侧）受到压缩、使该梁的左侧（正 z 侧）受到拉伸。类似地，正弯矩 M_z 使该梁的上部（y 为正值）受到压缩、使该梁的下部（y 为负值）受到拉伸。同时，值得重点关注的是，图 6-17 所示弯矩作用在该梁某段的正 x 表面，即作用在一个外法线指向 x 轴正方向的表面。

正应力（弯曲应力） 根据弯曲公式［式（5-14）］，就可求出与各个独立弯矩 M_y 和 M_z 相关的正应力。然后，将所求的各个正应力叠加，就可得到这两个弯矩同时作用时的应力。例如，研究横截面上 y 和 z 为正值的某一点（图 6-18 中的点 A）处的应力。正弯矩 M_y 在该点处产生拉应力，正弯矩 M_z 在该点处产生压应力；因此，点 A 处的正应力为：

$$\sigma_x = \frac{M_y z}{I_y} - \frac{M_z y}{I_z} \tag{6-19}$$

其中，I_y 和 I_z 分别为横截面面积对 y、z 轴的惯性矩。将弯矩和坐标的代数值代入该公式，就可求出现横截面上任一点的正应力。

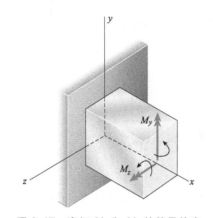

图 6-17 弯矩 M_y 和 M_z 的符号约定

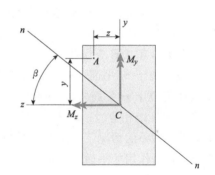

图 6-18 承受弯矩 M_y 和 M_z 的梁的横截面

中性轴 使正应力 σ_x 的表达式［式（6-19）］等于零，就可以求出中性轴方程：

$$\frac{M_y}{I_y} z - \frac{M_z}{I_z} y = 0 \tag{6-20}$$

该方程表明，中性轴 nn 是一条过形心 C 的直线（图 6-18）。可求出中性轴与 z 轴之间的夹角 β 为：

$$\tan\beta = \frac{y}{z} = \frac{M_y I_z}{M_z I_y} \tag{6-21}$$

角度 β 取决于弯矩的大小和方向，其变化范围为 $-90° \sim +90°$。已知中性轴的方位将有助于确定横截面上哪一点处具有最大正应力（由于应力与至中性轴的距离呈线性变化关系，因此，最大应力发生在距中性轴最远的那些点处）。

中性轴与载荷倾斜方向之间的关系 正如已看到的那样，中性轴相对于 z 轴的方位由弯矩和惯性矩来确定［式（6-21）］。现在，以图 6-19a 所示的悬臂梁为例来说明如何求解中性轴与载荷倾斜方向之间的夹角。该梁在其自由端的横截面上受到一个力 P 的作用，力 P 与 y 轴

正方向的夹角为 θ。选择这一特殊的载荷方向的原因在于，这样的选择就使得两个弯矩（M_y 和 M_z）均为正值，且角度 θ 介于 0~90° 之间。

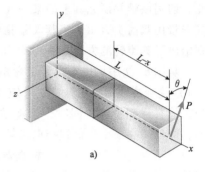

载荷 P 可被分解为正 y 方向的分量 $P\cos\theta$ 和负 z 方向的分量 $P\sin\theta$。因此，作用在与固定端相距 x 的横截面上的弯矩 M_y 和 M_z（图 6-19b）分别为：

$$M_y = (P\sin\theta)(L-x) \qquad (6-22a)$$

$$M_z = (P\cos\theta)(L-x) \qquad (6-22b)$$

其中，L 为梁的长度。这两个弯矩的比值为：

$$\frac{M_y}{M_z} = \tan\theta \qquad (6-23)$$

该式表明，合力矩矢量 M 与 z 轴的夹角为 θ（图 6-19b）。因此，合力矩矢量垂直于力 P 所在的纵向平面。

根据式（6-21），可求得中性轴与和 z 轴的夹角为 β（图 6-19b），即：

$$\tan\beta = \frac{M_y I_z}{M_z I_y} = \frac{I_z}{I_y}\tan\theta \qquad (6-24)$$

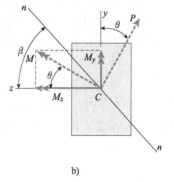

b)

该式表明，角度 β 一般不等于角度 θ。因此，除特殊情况外，中性轴并不垂直于该载荷所在的纵向平面。

图 6-19　承受倾斜载荷 P 的双对称梁

该一般规则有以下三个例外：

1. 当载荷位于 xy 平面（θ=0 或 180°）内时，这意味着 z 轴就是中性轴。

2. 当载荷位于 xz 平面（θ = ± 90°）内时，这意味着 y 轴就是中性轴。

3. 当主惯性矩相等时，即 $I_y = I_z$ 时。

在第三个例外的情况下，所有通过形心的轴都是主轴，并且，所有关于主轴的惯性矩都是相等的。载荷作用的平面，无论其方向如何，始终是一个主平面，并且中性轴始终与它垂直（如第 12 章的 12.9 节所述，这种情况发生在横截面为方形、圆形或某些其他特殊截面形状时）。

"中性轴不一定垂直于载荷所在的平面"这一事实将极大地影响梁中的应力，特别是在各主惯性矩的比值非常大的情况下。在这种情况下，梁中的应力不仅对载荷作用方向的轻微变化非常敏感，而且还对梁本身的平直程度非常敏感。关于这类梁的特性见例 6-5 的说明。

● ● ● 例 6-5

一根 4 米长的悬臂梁（图 6-20a）采用 IPN 500 工字钢（该梁的尺寸和性能，见附录 E 的表 E-2）。载荷 P=45kN 铅垂作用在该梁的自由端。由于该梁非常窄（与其高度相比，如图 6-20b 所示），因此，其关于 z 轴的惯性矩远大于其关于 y 轴的惯性矩。

（a）如果横截面的 y 轴位于铅垂方向并与载荷 P 对齐（见图 6-20a），那么，请求出该梁中的最大弯曲应力。

（b）如果该梁相对于载荷 P 倾斜了一个 α = 1° 的小角度，那么，请求出最大弯曲应力（图 6-20b，该梁的制造缺陷、施工误差以及支撑结构的移动都可能引起一个小倾角）。

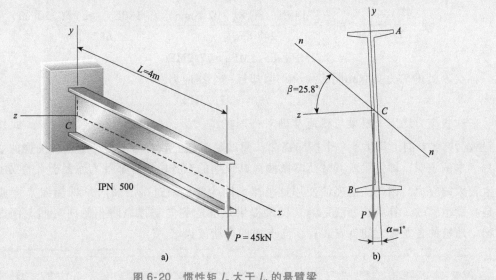

图 6-20　惯性矩 I_z 大于 I_y 的悬臂梁

解答：

（a）载荷与 y 轴对齐时的最大弯曲应力。在梁与荷载准确对齐的情况下，那么，z 轴就是中性轴，并且根据弯曲公式，就可求出该梁中的最大应力（在支座处）：

$$\sigma_{\max} = \frac{My}{I_z} = \frac{PL(h/2)}{I_z}$$

其中，$M_z = -M = -PL$，$M_y = 0$。因此，$M = PL$ 就是支座处的弯矩，h 为梁的高度，I_z 为关于 z 轴的惯性矩。代入数值，可得：

$$\sigma_{\max} = \frac{(45\text{kN}) \times (4000\text{mm}) \times (250\text{mm})}{68740\text{cm}^4} = 65.5\text{MPa}$$

该应力在梁的顶部为拉应力、在梁的底部为压应力。

（b）载荷与 y 轴倾斜时的最大弯曲应力。现在，y 轴与载荷 P 倾斜了一个小角度 $\alpha = 1°$（图 6-20b），因此，载荷 P 在负 y 方向的分量为 $P\cos\alpha$，在正 z 方向的分量为 $P\sin\alpha$。于是，支座处的弯矩为：

$$M_y = -(P\sin\alpha)L = -(45\text{kN}) \times (\sin 1°) \times (4000\text{mm}) = -3.14\text{kN} \cdot \text{m}$$

$$M_z = -(P\cos\alpha)L = -(45\text{kN}) \times (\cos 1°) \times (4000\text{mm}) = -180\text{kN} \cdot \text{m}$$

根据式（6-21），就可求出中性轴 nn（图 6-20b）的方位角 β，即：

$$\tan\beta = \frac{y}{z} = \frac{M_y I_z}{M_z I_y} = \frac{(-3.14\text{kN} \cdot \text{m}) \times (68740\text{cm}^4)}{(-180\text{kN} \cdot \text{m}) \times (2480\text{cm}^4)} = 0.878 \quad \beta = 25.8°$$

该计算结果表明，虽然载荷平面相对于 y 轴仅倾斜了 1°，但中性轴却相对于 z 轴倾斜了 25.8°。中性轴的位置对载荷的倾角是相当敏感的，这是因为比值 I_z/I_y 较大的缘故。

根据中性轴的位置（图 6-20b），可以看出，梁中的最大应力出现在点 A、B 处，这两点是距中性轴的最远点。点 A 的坐标为：

$$z_A = -92.5\text{mm} \quad y_A = 250\text{mm}$$

因此，点 A 处的拉应力［见式（6-19）］为：

$$\sigma_A = \frac{M_y z_A}{I_y} - \frac{M_z y_A}{I_z} = \frac{(-3.14\mathrm{kN \cdot m}) \times (-92.5\mathrm{mm})}{2480\mathrm{cm}^4} - \frac{(-180\mathrm{kN \cdot m}) \times (250\mathrm{mm})}{68740\mathrm{cm}^4}$$

$$= 11.7\mathrm{MPa} + 65.5\mathrm{MPa} = 77.2\mathrm{MPa}$$

点 B 处的应力具有相同的大小、但却是一个压应力：

$$\sigma_B = -77.2\mathrm{MPa}$$

这些应力比同一根梁与载荷准确对齐时的应力 $\sigma_{max} = 65.5\mathrm{MPa}$ 要大 18%。此外，该倾斜载荷在 z 方向上产生了一个横向挠曲，而准确对齐的载荷却不会产生这样的挠曲。

本例表明，即使梁或其载荷略微偏离其预期的对齐位置，那些 I_z 远大于 I_y 的梁中也将产生较大的应力。因此，应谨慎使用这类梁，因为它们对过载、横向（即侧向）弯曲与屈曲是高度敏感的。补救的办法是为这类梁提供足够的侧向支撑以防止侧向弯曲。例如，建筑物木地板的各龙骨之间就安装有横向支撑的桥堵或封堵。

● ● ● 例 6-6

作为屋顶檩条的一根矩形截面木梁 AB（图 6-21a、b）受到两根相邻屋架的上弦杆的支撑。该梁不仅支撑着屋顶盖和屋顶材料的重量，还支撑着其自重以及其他附加载荷（如风、雪以及地震载荷）对屋顶的影响。本例只考虑一个强度 $q = 3.0\mathrm{kN/m}$ 的均布载荷的影响，该载荷（包括梁 AB 的重量）沿着梁 AB 的整个长度作用在铅垂方向上，其作用线通过横截面的形心（图 6-21c）。屋架的上弦杆的斜率为 $1:2$（$\alpha = 26.57°$），梁 AB 的宽度 $b = 100\mathrm{mm}$、高度 $h = 150\mathrm{mm}$、跨度 $L = 1.6\mathrm{m}$。请求出该梁中的最大拉伸和压缩应力，并求出其中性轴的位置。

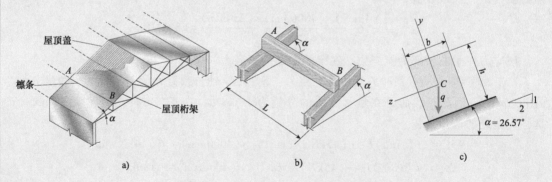

屋顶盖

檩条

屋顶桁架

a)　　　　　　　b)　　　　　　　c)

图 6-21　作为屋顶檩条的矩形截面木梁

解答：

载荷和弯矩。 作用在铅垂方向上的均布载荷 q 可被分解为 y、z 方向的两个分量（图 6-22a）：

$$q_y = q\cos\alpha \qquad q_z = q\sin\alpha \tag{6-25a，b}$$

最大弯矩发生在该梁的中点处，且可依据公式 $M = qL^2/8$ 求出。因此，

$$M_y = \frac{q_z L^2}{8} = \frac{qL^2\sin\alpha}{8} \qquad M_z = \frac{q_y L^2}{8} = \frac{qL^2\cos\alpha}{8} \tag{6-26a，b}$$

这两个弯矩均为正值，因为其矢量指向 y、z 轴的正方向（图 6-22b）。

惯性矩。横截面面积对 y、z 轴的惯性矩分别为：

$$I_y = \frac{hb^3}{12} \qquad I_z = \frac{bh^3}{12} \tag{6-27a, b}$$

弯曲应力。将式（6-26）给出的弯矩和式（6-27）给出的惯性矩代入式（6-19），就可求出该梁的中点处横截面上的应力：

$$\sigma_x = \frac{M_y z}{I_y} - \frac{M_z y}{I_z} = \frac{qL^2 \sin\alpha}{8hb^3/12} - \frac{qL^2 \cos\alpha}{8bh^3/12}y \tag{6-28}$$

$$= \frac{3qL^3}{2bh}\left(\frac{\sin\alpha}{b^2}z - \frac{\cos\alpha}{h^2}y\right)$$

将该中点处横截面上的任一点的 y、z 坐标代入该式，就可求出该点处的应力。

根据该横截面的方位以及各载荷与弯矩的方向（图 6-22），可明显看出，最大压应力发生在点 D 处（该处的 $y = h/2$、$z = -b/2$），最大拉应力发生在点 E 处（该处的 $y = -h/2$、$z = b/2$）。将这些坐标代入式（6-28）并化简，就可得到如下梁中最大和最小应力的表达式：

$$\sigma_E = -\sigma_D = \frac{3qL^2}{4bh}\left(\frac{\sin\alpha}{b} + \frac{\cos\alpha}{h}\right) \tag{6-29}$$

数值解。将给定的数据（$q = 3.0\text{kN/m}$、$L = 1.6\text{m}$、$b = 100\text{mm}$、$h = 150\text{mm}$、$\alpha = 26.57°$）代入式（6-29），就可计算出最大拉应力和最大压应力，其计算结果为：

$$\sigma_E = -\sigma_D = 4.01\text{MPa}$$

中性轴。除了梁中的应力之外，确定中性轴的位置通常也是非常有用的。设应力［式（6-28）］等于零，就可求得中性轴的方程为：

$$\frac{\sin\alpha}{b^2}z - \frac{\cos\alpha}{h^2}y = 0 \tag{6-30}$$

该中性轴如图 6-22b 的直线 nn 所示。根据式（6-30），可求出 z 轴与该中性轴的夹角 β，即：

$$\tan\beta = \frac{y}{z} = \frac{h^2}{b^2}\tan\alpha \tag{6-31}$$

代入数值，可得：

$$\tan\beta = \frac{h^2}{b^2}\tan\alpha = \frac{(150\text{mm})^2}{(100\text{mm})^2} \times \tan(26.57°) = 1.125$$

$$\Rightarrow \beta = 48.4°$$

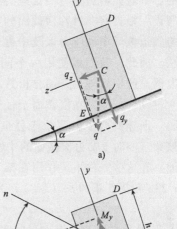

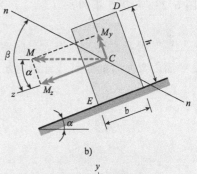

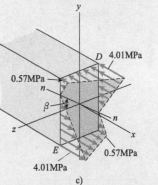

图 6-22 例 6-6 的求解过程

a）均布载荷的分解 b）作用在横截面上的弯矩 c）正应力的分布

由于角度 β 不等于角度 α，因此，该中性轴倾斜于载荷所在的平面（该平面是铅垂的）。

根据中性轴的方位（图 6-22b），可以看出，点 D、E 是距中性轴的最远点，从而证实了之前的假设，即最大应力发生在那些最远点处。该梁位于中性轴右上的部分受到压缩，位于中性轴左下的部分受到拉伸。

6.5   非对称梁的弯曲

在之前关于弯曲的讨论中，假设梁的横截面至少有一个对称轴。现在，将取消这一限制，并研究非对称截面梁。本节仅研究这类梁的纯弯曲，之后各节（6.6 节 ~ 6.9 节）将研究横向载荷的影响。如前所述，假定这类梁也是由线弹性材料制成的。

假设一根具有非对称横截面的梁在其端部横截面处受到一个弯矩 M 的作用（图 6-23a）。我们想知道该梁中的应力以及中性轴的位置，但遗憾的是，目前还没有一个求解这些量的直接方法。因此，我们将使用一个间接的方法——即不是从弯矩开始分析并试图找到中性轴，而是以假设的中性轴来开始分析并求出相关的弯矩。

中性轴   首先，在横截面上任选的一点处建立两个互相垂直的坐标轴（y 轴和 z 轴）（图 6-23b）。所建的两个轴可位于任何方向，但为了方便，将其建为水平和垂直方向。接下来，假设该梁弯曲时 z 轴为横截面的中性轴，且该梁的挠曲发生在 xy 平面内，则 xy 平面就变为弯曲平面。在这些条件下，作用在某一微面积 $\mathrm{d}A$（该微面积与中性轴的距离为 y）上的正应力〔图 6-23b 和第 5 章的式（5-8）〕为：

$$\sigma_x = -E\kappa_y y \qquad (6\text{-}32)$$

"–" 号是必要的，因为当曲率为正时，该梁 z 轴（中性轴）以上部分受到压缩（该梁在 xy 平面内弯曲时的曲率符号约定如图 6-24a 所示）。

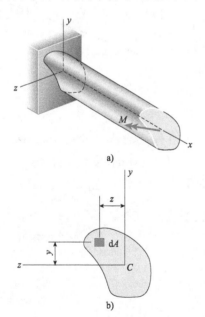

图 6-23   承受弯矩 M 的非对称梁

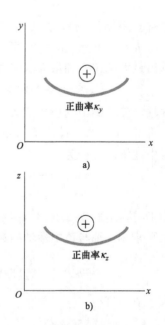

图 6-24 xy 和 xz 半面内的曲率 κ_y、κ_z 的符号约定

作用在该微面积 $\mathrm{d}A$ 上的力为 $\sigma_x \mathrm{d}A$，作用在整个横截面上的合力就是该力在整个横截面上的积分。由于该梁承受纯弯曲，因此，合力必须为零，即：

$$\int_A \sigma_x \mathrm{d}A = -\int_A E\kappa_x y \mathrm{d}A = 0$$

在任何一个给定的横截面处，弹性模量和曲率均为常数，因此，

$$\int_A y \, dA = 0 \tag{6-33}$$

该方程表明，z 轴（中性轴）通过横截面的形心 C。

现在，假设该梁弯曲时 y 轴为中性轴，且 xz 平面为弯曲平面。那么，作用在微面积 dA 上的正应力则为：

$$\sigma_x = -E\kappa_z z \tag{6-34}$$

xz 平面内的曲率 κ_z 的符号约定如图 6-24b 所示。式（6-34）中的"−"号是必要的，因为 xz 平面内的正曲率将使该微面积 dA 受到压缩。在这种情况下，合力为：

$$\int_A \sigma_x \, dA = -\int_A E\kappa_z z \, dA = 0$$

由此可得：

$$\int_A z \, dA = 0 \tag{6-35}$$

可再次看出，中性轴必须通过形心。因此，现已证明：必须将非对称梁的 y、z 轴的坐标原点置于形心 C 处。

现在，研究应力 σ_x 的合力矩。再次假设弯曲发生时 z 轴为中性轴，在这种情况下，应力 σ_x 由式（6-32）给出。关于 y、z 轴的相应弯矩 M_z 和 M_y 分别为（图 6-25）：

$$M_z = -\int_A \sigma_x y \, dA = \kappa_y E \int_A y^2 \, dA = \kappa_y EI_z \tag{6-36a}$$

$$M_y = -\int_A \sigma_x z \, dA = -\kappa_y E \int_A yz \, dA = -\kappa_y EI_{yz} \tag{6-36b}$$

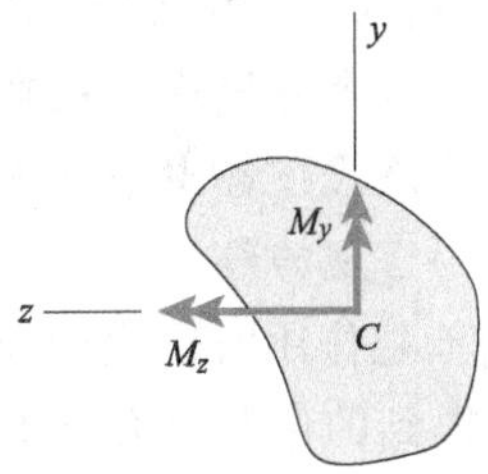

其中，I_z 为横截面面积对 z 轴的惯性矩，I_{yz} 为横截面面积对 y、z 轴的惯性积[⊖]。

图 6-25 分别绕 y、z 轴作用的弯矩 M_y 和 M_z

根据式（6-36a）和式（6-36b），可得出以下结论：（1）如果所选 z 轴的方向是一个过形心的任意方向，那么，只有在 M_y 和 M_z 分别是关于 y、z 轴的弯矩，且这两个弯矩的比值是由式（6-36a）和式（6-36b）所确定时，z 轴才为中性轴。（2）如果 z 轴被选为主轴，那么，惯性积 I_{yz} 将等于零，唯一的弯矩将为 M_z。在这种情况下，z 轴就是中性轴，弯曲将发生在 xy 平面内，而弯矩 M_z 将作用在同一平面内。因此，其弯曲形式类似于对称梁的弯曲形式。

总之，假如 z 轴为主形心轴，且唯一的弯矩是关于该轴的弯矩 M_z，那么，非对称梁与对称梁的弯曲方式将相同。

现在，如果假设 y 轴为中性轴，则可得出类似的结论。应力 σ_x 由式（6-34）给出，弯矩为：

$$M_y = -\int_A \sigma_x z \, dA = -\kappa_z E \int_A z^2 \, dA = -\kappa_z EI_y \tag{6-37a}$$

$$M_z = -\int_A \sigma_x y \, dA = \kappa_z E \int_A yz \, dA = \kappa_z EI_{yz} \tag{6-37b}$$

其中，I_y 为关于 y 轴的惯性矩。可再次观察到，如果中性轴（这种情况下为 y 轴）的方位是任意的，那么，M_y 和 M_z 必须同时存在。然而，如果 y 轴是一个主轴，则唯一的弯矩为 M_y，且其

⊖ 有关惯性积的讨论，见第 12 章的 12.7 节。

弯曲为 xz 平面内的普通弯曲。因此，可以说，当 y 轴是一个主形心轴，且唯一的弯矩是关于该轴的弯矩 M_y 时，非对称梁与对称梁的弯曲方式相同。

通过进一步的观察，可以看出，由于 y、z 轴正交，因此可知，如果这两个轴的任何一个是一个主轴，那么，另一个轴自然也是一个主轴。

现在，已得到以下重要结论：对于受到纯弯曲作用的非对称梁，只有在 y、z 轴均为横截面的主形心轴、且弯矩作用在其中一个主平面（xy 平面或 xz 平面）内时，弯矩作用的平面才垂直于中性层。在这种情况下，弯矩作用的主平面就变为弯曲平面，并且，常规的弯曲理论（包括弯曲公式）就是有效的。

根据这一结论，对于承受一个弯矩（该弯矩可作用在任意方向）作用的非对称梁，可得到一个求解其应力的直接方法。

非对称梁的分析步骤　现在，我们将描述承受任何弯矩 M 的非对称梁（图 6-26）的一般分析步骤。首先，确定横截面形心 C 的位置，并在点 C 建立一套主轴[⊖]（图中的 y、z 轴）。其次，将弯矩 M 分解为分量 M_y 和 M_z，图中显示了其正方向。这些分量为：

$$M_y = M\sin\theta \quad M_z = M\cos\theta \quad (6\text{-}38a, b)$$

其中，θ 为弯矩矢量 M 与 z 轴之间的夹角（图6-26）。由于每个分量均作用在一个主平面内，因此，各分量将使该梁在各主平面内发生纯弯曲。这样一来，就可应用常规的纯弯曲公式，并可容易地求出弯矩 M_y 和 M_z 单独作用时产生的应力。然后，将各弯矩单独作用时得到的弯曲应力叠加在一起，就可求得初始弯矩 M 所产生的应力（注意，该一般步骤类似于前一节关于承受倾斜载荷的双对称梁的分析步骤）。

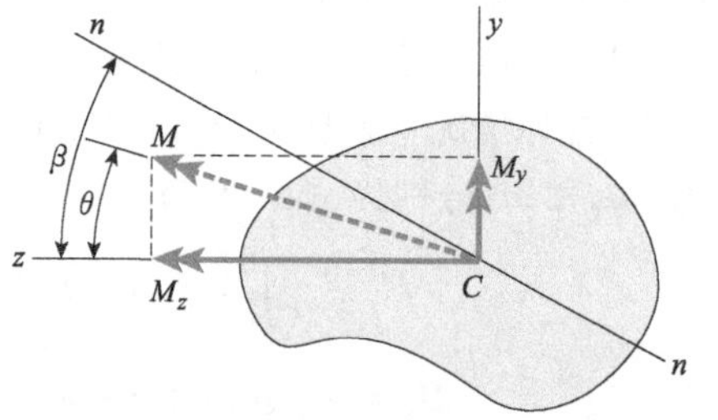

图 6-26　承受变弯矩 M 的非对称横截面：M 被分解为绕各主形心轴作用的 M_y 和 M_z

根据式（6-19）给出的弯曲应力的叠加公式，就可求得横截面上任一点处的合应力：

$$\sigma_x = \frac{M_y z}{I_y} - \frac{M_z y}{I_z} = \frac{(M\sin\theta)z}{I_y} - \frac{(M\cos\theta)y}{I_z} \qquad (6\text{-}39)$$

其中，y、z 为所求点的坐标值。

同时，设 σ_x 等于零，并化简其表达式，就可得到中性轴 nn（图6-26）的方程：

$$\frac{\sin\theta}{I_y}z - \frac{\cos\theta}{I_z}y = 0 \qquad (6\text{-}40)$$

根据该方程，就可得到中性轴与 z 轴之间的夹角 β：

$$\tan\beta = \frac{y}{z} = \frac{I_z}{I_y}\tan\theta \qquad (6\text{-}41)$$

该方程表明，一般而言，角度 β 与 θ 是不相等的，因此，中性轴一般也不垂直于力偶 M 所作用的平面。唯一例外的是上一节式（6-24）后那段文字所描述的三个特例。

在本节中，我们关注的是非对称梁。当然，对称梁是非对称梁的特例，因此，本节的讨论也适用于对称梁。如果一根梁是单对称的，那么，其对称轴就是横截面主形心轴的其中之一，另一主轴在形心处与该对称轴垂直。如果一根梁是双对称的，那么，两个对称轴都是主形心轴。

⊖　有关主轴的讨论，见第 12 章的 12.8、12.9 节。

严格地说，本节的讨论只适用于纯弯曲，这意味着没有剪力作用在横截面上。当剪力存在时，梁发生绕纵向轴扭曲的可能性就会增大。然而，当剪力的作用线通过剪切中心时，就可避免产生扭曲，这是下一节所要讨论的内容。

下述各例分析了一根具有一个对称轴的梁（对于没有对称轴的非对称梁，除了其各种横截面性能尺寸的计算将更加复杂之外，其计算采用与各例题相同的方法）。

●●● 例 6-7

一根 UPN 220 槽形截面梁受到一个与 z 轴的夹角为 $\theta = 10°$ 的弯矩 $M = 2\mathrm{kN \cdot m}$ 的作用（图 6-27）。请分别计算出点 A、B 处的弯曲应力 σ_A、σ_B，并求出中性轴的位置。

解答：

横截面的性能。形心 C 位于对称轴（z 轴）上，它与该槽形截面[⊖]背面的距离（图 6-28）为：
$$c = 2.14\mathrm{cm}$$

y、z 轴为主形心轴，其惯性矩分别为：
$$I_y = 197\mathrm{cm}^4 \quad I_z = 2690\mathrm{cm}^4$$

同时，点 A、B、D、E 的坐标为：
$$y_A = 110\mathrm{mm} \quad z_A = -80\mathrm{mm} + 21.4\mathrm{mm} = -58.6\mathrm{mm}$$
$$y_B = -110\mathrm{mm} \quad z_B = 21.4\mathrm{mm}$$
$$y_D = y_A, z_D = z_B$$
$$y_E = y_B, z_E = z_A$$

弯矩。关于 y、z 轴的弯矩（图 6-28）为：

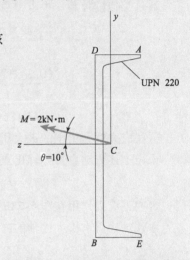

图 6-27 承受弯矩 M 的槽形截面

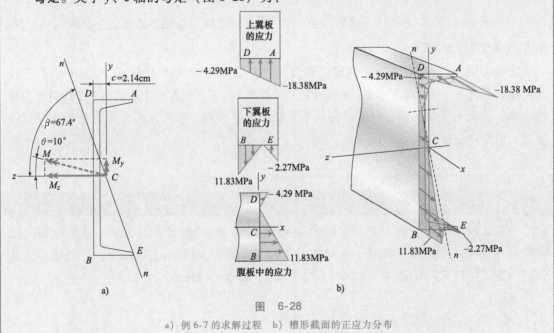

图 6-28
a）例 6-7 的求解过程 b）槽形截面的正应力分布

⊖ 槽形截面的性能和尺寸，见附录 E 的表 E-3。

$$M_y = M\sin\theta = (2\text{kN} \cdot \text{m}) \times (\sin10°) = 0.347\text{kN} \cdot \text{m}$$

$$M_z = M\cos\theta = (2\text{kN} \cdot \text{m}) \times (\cos10°) = 1.97\text{kN} \cdot \text{m}$$

弯曲应力。根据式（6-39），可计算出点 A 处的应力为：

$$\sigma_A = \frac{M_y z_A}{I_y} - \frac{M_z y_A}{I_z}$$

$$= \frac{(0.347\text{kN} \cdot \text{m}) \times (-0.0586\text{m})}{1.97 \times 10^{-6}\text{m}^4} - \frac{(1.97\text{kN} \cdot \text{m}) \times (0.110\text{m})}{2.69 \times 10^{-5}\text{m}^4}$$

$$= -10.32\text{MPa} - 8.06\text{MPa} = -18.38\text{MPa}$$

通过类似的计算，可求得点 B 处的应力为：

$$\sigma_B = \frac{M_y z_B}{I_y} - \frac{M_z y_B}{I_z}$$

$$= \frac{(0.347\text{kN} \cdot \text{m}) \times (0.0214\text{m})}{1.97 \times 10^{-6}\text{m}^4} - \frac{(1.97\text{kN} \cdot \text{m}) \times (-0.110\text{m})}{2.69 \times 10^{-5}\text{m}^4}$$

$$= 3.77\text{MPa} + 8.06\text{MPa} = 11.83\text{MPa}$$

这些应力就是梁中的最大压缩和拉伸应力。

采用上述方法也可计算出点 D、E 处的正应力，即：

$$\sigma_D = -4.29\text{MPa}, \quad \sigma_E = -2.27\text{MPa}$$

这些正应力作用在图 6-28b 所示的横截面上。

中性轴。可求出中性轴的方位角 β〔式（6-41）〕为：

$$\tan\beta = \frac{I_z}{I_y}\tan\theta = \frac{2690\text{cm}^4}{197\text{cm}^4}\tan10° = 2.408 \quad \beta = 67.4°$$

中性轴 nn 如图 6-28 所示，可以看出，点 A、B 位于距中性轴的最远处，从而证明 σ_A 和 σ_B 就是梁中的最大应力。

在本例中，z 轴和中性轴之间的夹角 β 比 θ 角要大得多（图 6-28），因为比值 I_z/I_y 较大。随着角度 θ 从 0 变化至 10°，角度 β 从 0 变化至 67.4°。正如 6.4 节的例 6-5 所讨论的那样，具有较大 I_z/I_y 比的梁对载荷方向是非常敏感的。因此，应为这类梁提供横向支撑以防止过大的侧向挠曲。

● ● ● 例 6-8

一根 Z 形截面梁受到一个与 z 轴的夹角为 $\theta = -20°$ 的弯矩 $M = 3\text{kN} \cdot \text{m}$ 的作用（图 6-29）。请分别计算点 A、B、D、E 处的正应力（分别为 σ_A、σ_B、σ_D、σ_E），并求出中性轴的位置。使用下列数据：$h = 200\text{mm}$，$b = 90\text{mm}$，厚度 $t = 15\text{mm}$。

解答：

横截面的性能。利用第 12 章例 12-7 的结果，即：

$$I_z = 32.6(10^6)\text{mm}^4 \quad I_Y = 2.4(10^6)\text{mm}^4$$

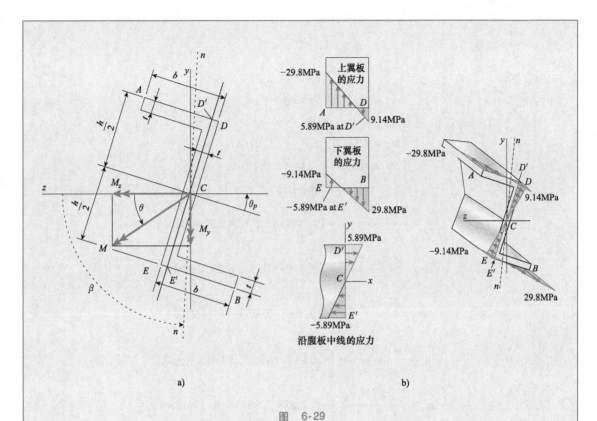

图 6-29

a）承受弯矩 M 的 Z 形截面（M 与 z 轴的夹角为 θ） b）Z 形截面的正应力分布

$$\theta_{p1} = 19.2° \quad \theta_{p1} = (19.2)\frac{\pi}{180}\text{rad}$$

点 A、B、D、D'、E、E' 的坐标（y, z）为：

$$\theta = -2\left(\frac{\pi}{180}\right)\text{rad}$$

$$y_A = \frac{h}{2}\cos(\theta_{p1}) + \left(b - \frac{t}{2}\right)\sin(\theta_{p1}) \qquad\qquad y_A = 121.569\text{mm}$$

$$y_B = -y_A \qquad\qquad y_B = -121.569\text{mm}$$

$$y_D = \frac{h}{2}\cos(\theta_{p1}) - \frac{t}{2}\sin(\theta_{p1}) \qquad\qquad y_D = 91.971\text{mm}$$

$$y_D' = \frac{h}{2}\cos(\theta_{p1}) \qquad\qquad y_D' = -94.438\text{mm}$$

$$y_E = -y_D' \qquad\qquad y_E' = -94.438\text{mm}$$

$$y_E = -y_D \qquad\qquad y_E = -91.971\text{mm}$$

$$Z_A = \left(b - \frac{t}{2}\right)\cos(\theta_{p1}) - \frac{h}{2}\sin(\theta_{p1}) \qquad\qquad z_A = 45.024\text{mm}$$

$$z_B = -Z_A \qquad\qquad z_B = -45.024\text{mm}$$

$$z_D = \frac{-h}{2}\sin(\theta_{p1}) - \frac{t}{2}\cos(\theta_{p1}) \qquad\qquad z_D = -39.969\text{mm}$$

$$z'_D = \frac{-h}{2}\sin(\theta_{p1}) \qquad\qquad z'_D = -32.887\text{mm}$$

$$z'_E = -z'_D \qquad\qquad z'_E = 32.887\text{mm}$$

$$z_E = -z_D \qquad\qquad z_E = 39.969\text{mm}$$

弯矩（kN·m）：由于 $M = 3\text{kN·m}$，因此，

$$M_y = M\sin(\theta) \qquad M_y = -1.026\text{kN·m}$$

$$M_z = M\cos(\theta) \qquad M_z = 2.819\text{kN·m}$$

点 A、B、D、E 处的弯曲应力（图 6-29b 中的正应力图）为：

$$\sigma_A = \frac{M_y z_A}{I_y} - \frac{M_z y_A}{I_z} = -19.249 - 10.513 = -29.8\text{MPa}$$

$$\sigma_B = \frac{M_y z_B}{I_y} - \frac{M_z y_B}{I_z} = 19.249 + 10.513 = 29.8\text{MPa}$$

$$\sigma_D = \frac{M_y z_D}{I_y} - \frac{M_z y_D}{I_z} = 17.088 - 7.953 = 9.14\text{MPa}$$

$$\sigma'_D = \frac{M_y z'_D}{I_y} - \frac{M_z y'_D}{I_z} = 14.06 - 8.167 = 5.89\text{MPa} = -\sigma'_E$$

$$\sigma_E = \frac{M_y z_E}{I_y} - \frac{M_z y_E}{I_z} = -17.088 + 7.953 = -9.14\text{MPa}$$

中性轴的位置为：

$$\tan(\beta) = \frac{I_z}{I_z}\tan(\theta)$$

$$\beta = -89.1°$$

6.6　剪切中心的概念

本章的前几节主要讨论如何求解各种特殊条件下梁中的弯曲应力。例如，6.4 节研究了承受倾斜载荷的对称梁；6.5 节研究了非对称梁。然而，作用在梁上的横向载荷在产生弯矩的同时还产生了剪力，因此，本节以及以下三节都将研究剪切的影响。

第 5 章研究了当载荷作用在对称平面时如何求解梁中的切应力，并推导了剪切公式，该公式适用于计算某些特定形状梁中的切应力。本节所要研究的问题是，当横向载荷没有作用在一个对称平面上时，如何求解梁中的切应力。我们将发现，如果要想使梁在发生弯曲的同时却不会发生扭曲，那么，必须将载荷施加在横截面上的某一特定点处，该点被称为剪切中心。

研究图 6-30a 所示的具有单对称横截面的悬臂梁，其自由端处支撑着一个载荷 P。具有图 6-30b 所示横截面的梁被称为非平衡工字梁（unbalanced I-beam）。无论是平衡还是非平衡工字梁，其载荷通常被施加在对称平面（xz 平面）内，但在图 6-30 所示的情况下，力 P 的作用线垂直于对称平面。由于坐标原点建在横截面的形心 C 处，且 z 轴是横截面的一个对称轴，因此，y、z 轴均为主形心轴。

假设在载荷 P 的作用下该梁发生了以 xz 平面为中性层的弯曲，这意味着 xy 平面为弯曲平面。在这种情况下，在该梁的各个中间截面处存在有两个内力（图 6-30b）：一个是绕 z 轴作用的弯矩 M_0，其力矩矢量指向 z 轴的负方向；一个是剪力，其大小为 P，其作用方向为 y 轴的负方向。对于一根给定的梁和给定的载荷，M_0 和 P 均为已知量。

作用在横截面上的正应力的合力就是弯矩 M_0，而切应力的合力就是剪力（等于 P）。如果材料服从胡克定律，那么，正应力将随着至中性轴（z 轴）的距离的变化而发生线性变化，并可根据弯曲公式计算出正应力。由于只需根据正应力的平衡条件就可以求出作用在某一横截面上的切应力（见 5.8 节关于剪切公式的推导），因此，也就可以求出该横截面上切应力的分布。这些切应力的的合力是一个大小等于 P 的垂直力，其作用线通过 z 轴上的某个点 S（图 6-30b）。该点称为横截面的**剪切中心**（shear center）（也称为**弯曲中心**）。

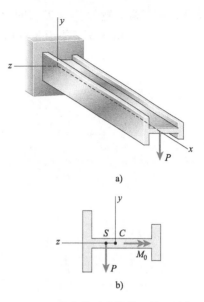

图 6-30　具有单对称横截面的悬臂梁
a) 承载梁　b) 梁中部的横截面：显示了合力 P 和 M_0、形心 C 以及剪切中心 S

综上所述，通过假设 z 轴为中性轴，不仅能够确定正应力的分布，还能够确定切应力的分布以及剪力的位置。因此，可以认为，如果该梁发生以 z 轴为中性轴的弯曲，则施加在该梁端部的载荷 P（图 6-30a）的作用线必须通过某个特定的点（剪切中心）。

如果该载荷被施加在 z 轴上的一些其他点处（例如，图 6-31 所示的点 A 处），那么，可用一个静态等效力系来取代它，该等效力系包含一个作用在剪切中心的力 P 和一个扭矩 T。作用在剪切中心的力 P 产生绕 z 轴的弯曲，扭矩 T 产生扭转。因此，可以认为，只有当作用在梁上的横向载荷的作用线通过剪切中心时，该载荷才会引起梁的弯曲，而不会引起扭曲。

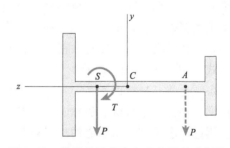

图 6-31　载荷 P 作用在点 A 处的单对称梁

剪切中心（就像形心）位于任何一个对称轴上，因此，就一个双对称横截面而言，其剪切中心与形心是同一个点（图 6-32a）。作用线通过形心的载荷 P 使梁产生绕 y、z 轴的弯曲，而不会使其产生扭转，并且，相应的弯曲应力可利用 6.4 节关于双对称梁的求解方法来求得。

如果一根梁具有单对称横截面（图 6-32b），则形心和剪切中心均位于其对称轴上。作用线通过剪切中心的载荷 P 可被分解为 y、z 方向的分量，y 方向的分量将使梁产生以 z 轴为中性轴的 xy 平面内的弯曲，z 方向的分量将使梁产生以 y 轴为中性轴的 xz 平面内的弯曲（无扭转）。将这些分量所产生的弯曲应力叠加起来，就可得到该初始载荷所引起的应力。

最后，如果一根梁具有非对称横截面（图 6-33），则其弯曲分析过程如下（假设载荷的作用线通过剪切中心）：首先，确定横截面形心 C 的位置，并确定主形心轴 y、z 轴的方位；

然后，将载荷分解为 y、z 方向的分量（作用在剪切中心处），并求解关于各主轴的弯矩 M_y 和 M_z；最后，使用 6.5 节关于非对称梁的方法来计算弯曲应力。

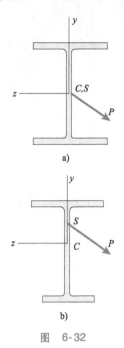

图 6-32

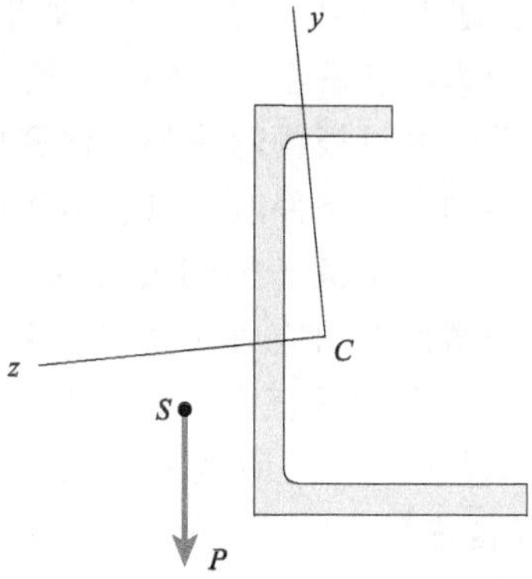

图 6-33 载荷 P 过剪切中心 S 的非对称梁

在清楚了剪切中心的重要意义及其在分析梁时的应用之后，自然会产生这样一个问题"如何确定剪切中心的位置？"。显然，对于双对称形状，答案非常简单——因为剪切中心就位于形心处。然而，对于单对称形状，虽然剪切中心就位于对称轴上，但却不容易求出其在对称轴上的精确位置。如果横截面是非对称的（图 6-33），那么，确定剪切中心的位置将更加困难。在这些情况下，完成这项任务就需要更先进的方法（个别工程手册给出了定位剪切中心的公式，例如参考文献 2-9）。

各类薄壁开口截面梁，如宽翼板工字梁、槽形截面梁、角形截面梁、T 形截面梁以及 Z 形截面梁，都是一种特例。虽然它们常被用在各类工程结构中，但其抵抗扭转的能力却较为薄弱。因此，求解其剪切中心的位置就显得尤为重要。以下三节将研究这类薄壁开口截面，其中，6.7 节和 6.8 节将讨论如何求出这类梁中的切应力，6.9 节将研究如何求出剪切中心的位置。

6.7 薄壁开口截面梁中的切应力

之前的 5.8、5.9 和 5.10 节已经论述了矩形截面梁、圆形截面梁以及工字梁腹板中的切应力的分布，并推导出了用于计算应力的剪切公式［式（5-41）］：

$$\tau = \frac{VQ}{Ib} \tag{6-42}$$

在该式中，V 代表作用在横截面上的剪力，I 为横截面面积对中性轴的惯性矩，b 为梁在所求切应力作用点处的宽度，Q 为所求应力作用点之外的那部分横截面面积的一次矩。

现在，将研究薄壁开口截面梁中的切应力。这种特殊类型的梁具有以下两个特点：

（1）其壁厚比其横截面的高度和宽度要小得多；（2）其横截面是开口的（如工字梁或槽形截面梁的情况），而不是封闭的（如空心箱梁的情况）。各类示例如图 6-34 所示。这类梁也被称为结构型材（structural sections）或型材（profile sections）。

图 6-34 典型薄壁开口截面梁（宽翼板工字梁或工字梁，槽形梁，角形梁，Z 形梁以及 T 形梁）

采用推导剪切公式［式（6-42）］时所使用的相同方法，就可以求出薄壁开口截面梁中的切应力。为了使推导尽可能具有通用性，将研究一根横截面的中线 mm 为任意形状的梁（图 6-35a）。y、z 轴为横截面的主形心轴，载荷 P 的作用线平行于 y 轴并通过剪切中心 S（图 6-35b）。因此，弯曲发生在 xy 平面内，且 z 轴为中性轴。

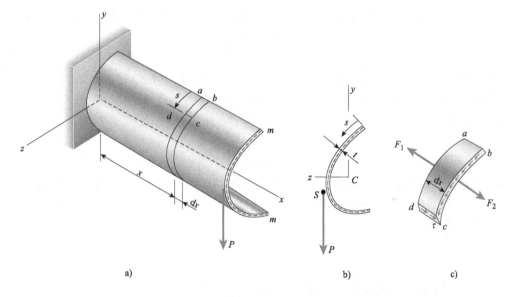

a)   b)   c)

图 6-35 薄壁开口截面梁中的切应力（y, z 轴为主形心轴）

在这些条件下，可根据弯曲公式得到该梁任一点处的正应力：

$$\sigma_x = -\frac{M_z y}{I_z} \tag{6-43}$$

其中，M_z 为关于 z 轴的弯矩（在图 6-17 中，将其设为正值），y 为所求点的坐标值。

现在，研究一个体积元 abcd，该体积元切割自两个间距为 dx 的横截面之间（图 6-35a）。注意，该体积元的起始位置是横截面的棱边，其长度 s 是沿着中线 mm 来测量的（图6-35b）。为了求解切应力，隔离该体积元（如图 6-35c 所示）。作用在表面 ad 上的正应力的合力为力 F_1，表面 bc 上的合力为力 F_2。由于作用在表面 ad 上的正应力大于作用在表面 bc 上的正应力（因为弯矩较大），因此，力 F_1 将大于力 F_2。这样一来，为了使该体积元保持平衡，切应力 τ 就必须沿着表面 cd 作用。如图所示，这些切应力平行作用于该体积元的顶面和底面，并且，与其互补的切应力必定作用在横截面 *ad* 和 *bc* 上。

为了计算这些切应力，对该体积元 *abcd*（图 6-35c）上 *x* 方向的力求和，可得：

$$\tau t \mathrm{d}x + F_2 - F_1 = 0 \quad \text{或} \quad \tau t \mathrm{d}x = F_1 - F_2 \tag{6-44}$$

其中，*t* 为该体积元在表面 *cd* 处横截面的厚度。换句话说，*t* 就是与自由棱边相距 *s* 处的横截面的厚度（图 6-35b）。接下来，利用式（6-43），可得到力 F_1 的表达式：

$$F_1 = \int_0^s \sigma_x \mathrm{d}A = -\frac{M_{z1}}{I_z} \int_0^s y \mathrm{d}A \tag{6-45a}$$

其中，d*A* 为该体积元 *abcd* 侧面 *ad* 上的一个微面积，*y* 为该微面积 d*A* 的一个坐标值，M_{z1} 为横截面处的弯矩。也可得到一个类似的力 F_2 的表达式：

$$F_2 = \int_0^s \sigma_x \mathrm{d}A = -\frac{M_{z2}}{I_z} \int_0^s y \mathrm{d}A \tag{6-45b}$$

将这些关于 F_1 和 F_2 的表达式代入式（6-44），可得：

$$\tau = \left(\frac{M_{z2} - M_{z1}}{\mathrm{d}x} \right) \frac{1}{I_z t} \int_0^s y \mathrm{d}A \tag{6-46}$$

其中，$(M_{z2} - M_{z1})/\mathrm{d}x$ 为弯矩变化率 d*M*/d*x*，它等于作用在横截面上的剪力［式（4-6）］：

$$\frac{\mathrm{d}M}{\mathrm{d}x} = \frac{M_{z2} - M_{z1}}{\mathrm{d}x} = V_y \tag{6-47}$$

剪力 V_y 平行于 *y* 轴，其正方向为 *y* 轴的负方向（即力 *P* 的方向为正方向，图 6-35）。这一约定与之前第 4 章所采用的符号约定是一致的（关于剪力的符号约定，见图 4-5）。

将式（6-47）代入式（6-46），可得以下切应力 τ 的方程：

$$\tau = \frac{V_y}{I_z t} \int_0^s y \mathrm{d}A \tag{6-48}$$

该方程给出了与自由棱边相距 *s* 处的横截面上任一点处的切应力。其中，右边的积分式表示 *s* = 0 至 *s* = *s* 的那部分横截面面积对 *z* 轴（中性轴）的一次矩，将该一次矩标记为 Q_z，则该方程可简化为：

$$\tau = \frac{V_y Q_z}{I_z t} \tag{6-49}$$

该方程类似于标准的剪切公式［式（6-42）］。

各切应力沿着横截面的中线作用，其作用方向平行于横截面的棱边。此外，实际上还默认了这样一个假设，即假设这些应力的强度在壁厚方向上是恒定的，当壁厚较小时，这是一个有效的假设（注意：壁厚不需要是恒定的，可为距离 *s* 的函数）。

横截面上的任一点处的剪流等于切应力与该点处的厚度的乘积，即：

$$f = \tau t = \frac{V_y Q_z}{I_z} \tag{6-50}$$

由于 V_y 和 I_z 均为常数，因此剪流与 Q_z 成正比。在横截面的顶部和底部棱边处，Q_z 为零，剪流也因此为零。剪流在这两个端点之间连续变化，并在 Q_z 为最大值处（即中性轴处）达到其最大值。

现在，假如图 6-35 所示梁受到平行于 *z* 轴，作用线通过剪切中心的载荷的弯曲作用，那么，该梁将在 *xz* 平面内发生弯曲，且 *y* 轴为中性轴。在这种情况下，可重复相同的分析，并可得到以下关于切应力和剪流的方程［比较式（6-49）和式（6-50）］：

$$\tau = \frac{V_z Q_y}{I_y t} \qquad f = \tau t = \frac{V_z Q_y}{I_y} \qquad\qquad (6\text{-}51a,\ b)$$

在这些方程中，V_z 是平行于 z 轴的剪力，Q_y 为关于 y 轴的一次矩。

综上所述，在规定了剪力必须平行于任一主形心轴，且其作用线必须通过剪切中心的前提下，推导出关于薄壁开口截面梁中切应力的表达式。如果剪力倾斜于 y、z 轴（但仍然通过剪切中心），那么，可将其分解为与各主轴平行的分量，然后分析两个分量的单独作用，其结果可以叠加。

为了说明切应力方程的应用，下一节将研究宽翼板工字梁中的切应力。之后，6.9 节将使用切应力方程来求解几种薄壁开口截面梁的剪切中心的位置。

6.8 宽翼板工字梁中的切应力

现在，拟使用上一节所讨论的概念和方程来研究宽翼板工字梁中的切应力。为了便于讨论，研究图 6-36a 所示的宽翼板工字梁。该梁被施加了一个作用在腹板平面内的力 P，即力 P 的作用线通过剪切中心，其剪切中心与横截面的形心重合。其横截面的尺寸如图 6-36b 所示，其中，b 为翼板的宽度，h 为翼板中线之间的高度，t_f 为翼板的厚度，t_w 为腹板的厚度。

上翼板中的切应力 首先研究上翼板右侧的截面 bb 处的切应力（图 6-36b）。由于距离 s 的起点位于该截面的棱边处（点 a 处），因此，点 a 与截面 bb 之间的横截面面积为 st_f。同时，该面积的形心至中性轴的距离为 $h/2$，因此，该面积的一次矩 Q_z 等于 $st_f h/2$。于是，截面 bb 处翼板中的切应力 τ_f ［根据式（6-49）］为：

$$\tau_f = \frac{V_y Q_z}{I_z t} = \frac{P(st_f h/2)}{I_z t_f} = \frac{shP}{2I_z} \qquad\qquad (6\text{-}52)$$

通过研究微元体 A（该微元体切割自点 a 与截面 bb 之间的翼板，见图 6-36a、b）上的作用力，就可以求出该应力的方向。

为了清晰地显示微元体 A 上作用的力和应力，图 6-36c 以较大的作图比例显示了该微元体。可立即看出，力 F_1 大于力 F_{12}，因为该微元体后表面上的弯矩大于其前表面上的弯矩。因此，若要使该微元体保持平衡，则微元体 A 左侧面上的切应力必须指向读者。根据这一观察，微元体 A 前表面上的切应力必须从右指向左。

现在，回到图 6-36b，可以看出，我们已经完全求出了截面 bb 处的切应力的大小和方向，而截面 bb 可位于点 a 与上翼板和腹板连接处之间的任何一个位置。因此，上翼板右侧部分上的切应力是水平的，其作用方向为从右指向左，其大小由式（6-52）给出。根据式（6-52），可以看出，切应力随距离 s 的增加而线性增大。

上翼板中的应力变化情况如图 6-36d 所示，可以看出，应力从点 a 处（该处的 $s=0$）的零变化至 $s=b/2$ 处的最大值 τ_1：

$$\tau_1 = \frac{bhP}{4I_z} \qquad\qquad (6\text{-}53)$$

相应的剪流为：

$$f_1 = \tau_1 t_f = \frac{bht_f P}{4I_z} \qquad\qquad (6\text{-}54)$$

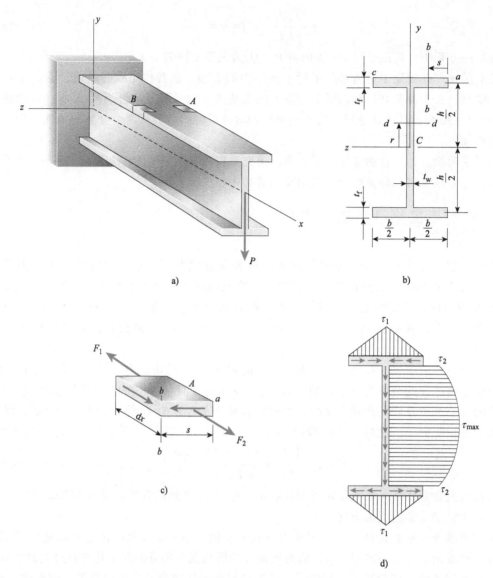

图 6-36   宽翼板工字梁中的切应力

注意，现已计算出上翼板与腹板的中线交界处的切应力和剪流，且计算过程中仅使用了横截面中线的尺寸。这种近似方法简化了计算，并可满足各类薄壁截面的要求。

以上翼板左侧部分的点 C（图 6-36b）作为起点、并向右测量距离 s，重复相同的分析步骤，则会发现，切应力的大小还是由式（6-52）和式（6-53）给出的。然而，切割出一个微元体 B（图 6-36a）并研究它的平衡，就会发现，横截面上的切应力现在的作用方向为从左指向右，如图 6-36d 所示。

腹板中的切应力   下一步是求解作用在腹板中的切应力。自腹板顶部（位于翼板与腹板的交界处）进行水平切割，可求出关于中性轴的一次矩为 $Q_z = bt_f h/2$，则相应的切应力为：

$$\tau_2 = \frac{bht_f P}{2I_z t_w} \tag{6-55}$$

相关的剪流为：

$$f_2 = \tau_2 t_w = \frac{bht_f P}{2I_z} \tag{6-56}$$

注意，剪流 f_2 等于剪流 f_1 的两倍，这是符合预计的，因为上翼板左右两部分中的剪流联合在一起产生了腹板顶部处的剪流。

腹板中的切应力向下作用，其大小不断增加，直至到达中性轴为止。在截面 dd 处（该截面到中性轴的距离为 r，图 6-36b），腹板中的切应力 τ_w 为：

$$Q_z = \frac{bt_f h}{2} + \left(\frac{h}{2} - r\right)(t_w)\left(\frac{h/2 + r}{2}\right) = \frac{bt_f h}{2} + \frac{t_w}{2}\left(\frac{h^2}{4} - r^2\right)$$

$$\tau_w = \left(\frac{bt_f h}{t_w} + \frac{h^2}{4} - r^2\right)\frac{P}{2I_z} \tag{6-57}$$

当 $r = h/2$ 时，该方程简化为式（6-55）；当 $r = 0$ 时，该方程给出了最大切应力：

$$\tau_{max} = \left(\frac{bt_f}{t_w} + \frac{h}{4}\right)\frac{Ph}{2I_z} \tag{6-58}$$

请再次注意，所有的计算均基于横截面中线的尺寸。因此，根据式（6-57）所计算出的宽翼板工字梁中的切应力将略微不同于根据第 5 章的精确分析方法 [见 5.10 节的式（5-51）] 所得到的计算结果。

如图 6-36d 所示，腹板中的切应力呈抛物线变化规律，尽管变化不大。τ_{max} 与 τ_2 的比值为：

$$\frac{\tau_{max}}{\tau_2} = 1 + \frac{ht_w}{4bt_f} \tag{6-59}$$

例如，若假设 $h = 2b$、$t_f = 2t_w$，则该比值为 $\tau_{max}/\tau_2 = 1.25$。

下翼板中的切应力　分析的最后一步是采用与上翼板相同的研究方法来研究下翼板中的切应力。我们将发现，其应力的大小与上翼板中的应力是相同的，但应力的方向为图 6-36d 所示的方向。

综述　从图 6-36d 中可以看出，横截面上的切应力从上翼板的最远棱边处向内"流"入，然后向下通过腹板，并最终从下翼板的棱边向外"流"出。由于在任何型材中这种流动总是连续的，因此，可将它作为一个确定应力方向的简便方法。例如，如果剪力向下作用在图 6-36a 所示梁上，则可迅速得知，腹板中的剪流也必须向下。已知了腹板中的剪流方向，也就已知了翼板中的剪流方向，因为这种流动必须是连续的。与"从梁中切割出一个微元体（例如微元体 A，图 6-36c），并分析该微元体上作用力的方向"的方法相比，使用这个简单的方法就能更为容易地求得切应力的方向。

显然，作用在横截面上的所有切应力的合力是一个垂直力，因为翼板中的水平应力不产生合力。腹板中的切应力有一个合力 R，该合力可通过对各切应力在腹板的整个高度上进行积分的方法来求得，即：

$$R = \int \tau \, \mathrm{d}A = 2\int_0^{h/2} \tau t_w \, \mathrm{d}r$$

将式（6-57）代入该式，可得：

$$R = 2t_w \int_0^{h/2} \left(\frac{bt_f h}{t_w} + \frac{h^2}{4} - r^2\right)\left(\frac{P}{2I_z}\right)\mathrm{d}r = \left(\frac{bt_f}{t_w} + \frac{h}{6}\right)\frac{h^2 t_w P}{2I_z} \tag{6-60}$$

其中，惯性矩 I_z 可按下式计算（使用中线尺寸）：

$$I_z = \frac{t_w h^3}{12} + \frac{b t_f h^2}{2} \tag{6-61}$$

其中，第一项为腹板的惯性矩，第二项为翼板的惯性矩。将该 I_z 的表达式代入式（6-60），可得：$R=P$；这表明，作用在横截面上的切应力的合力等于载荷。此外，该合力的作用线位于腹板平面内、并通过剪切中心。

上述分析更加完整和全面地揭示了宽翼板工字梁或工字梁（因为工字梁也含有翼板）中的切应力（回想一下，第5章仅研究了腹板中的切应力）。此外，这一分析还展示了求解薄壁开口截面梁中切应力的一般方法。下一节将展示求解槽形截面和角形截面中的切应力的方法，它们是确定剪切中心位置这一分析过程的一个组成部分。

6.9 薄壁开口截面的剪切中心

在 6.7 和 6.8 节中，得到了求解薄壁开口截面梁中的切应力的方法。现在，将使用这些方法来求解梁的几种截面形状的剪切中心的位置。由于已知双对称横截面的剪切中心就位于形心处，因此，本节只研究具有单对称横截面或非对称横截面的梁。

求解剪切中心位置的两个主要步骤为：第一步，计算梁绕某一主轴弯曲时作用在横截面上的切应力；第二步，求出这些应力的合力。剪切中心就位于其合力的作用线上。只要研究梁绕两个主轴的弯曲，就可以确定剪切中心的位置。

与 6.7 和 6.8 节一样，在推导公式和进行计算时，仅使用中线的尺寸。如果梁是薄壁的，即如果梁的厚度与其横截面的其他尺寸相比是非常小的，那么，上述分析步骤可得到满意的结果。

槽形截面　拟分析的第一种梁是一根单对称的槽形截面（图 6-37a）梁。根据 6.6 节的讨论可知，其剪切中心位于对称轴（z 轴）上。为了求出该剪切中心在 z 轴上的位置，先假设该梁发生以 z 轴为中性轴的弯曲，然后，再求出作用方向与 y 轴平行的合剪力 V_y 的作用线。剪切中心就是 V_y 作用线与 z 轴的交点（注意，各坐标轴的原点应位于形心 C 处，以便使 y、z 轴均为主形心轴）。

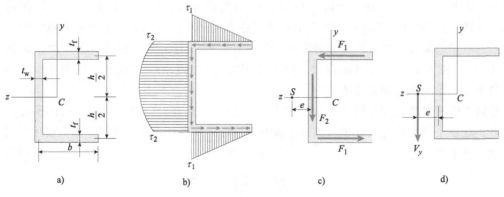

图 6-37　槽形截面的剪切中心 S

根据 6.8 节的讨论，可得出以下结论：槽形截面中的切应力在翼板中应是线性变化的，在腹板中应是抛物线性变化的（图 6-37b）。如果已知翼板中的最大应力 τ_1、腹板顶部处的应

力 τ_2 以及腹板中的最大应力 $\tau_{\max}$ ，则可求出这些应力的合力。

为了求出翼板中的最大应力 τ_1 ，使用式（6-49）并使 Q_z 等于翼板面积关于 z 轴的一次矩：

$$Q_z = \frac{bt_f h}{2} \tag{6-62}$$

其中，b 为翼板宽度，t_f 为翼板厚度，h 为梁的高度（注意，尺寸 b、h 均沿着该截面的中线量取）。因此，翼板中的应力 τ_1 为：

$$\tau_1 = \frac{V_y Q_z}{I_z t_f} = \frac{bh V_y}{2 I_z} \tag{6-63}$$

其中，I_z 为关于 z 轴的惯性矩。

可采用类似的方法求得腹板顶部处的应力 τ_2 ，但厚度应等于腹板的厚度，而不是翼板的厚度：

$$\tau_2 = \frac{V_y Q_z}{I_z t_w} = \frac{bt_f h V_y}{2 t_w I_z} \tag{6-64}$$

同时，在中性轴处，面积的一次矩为：

$$Q_z = \frac{bt_f h}{2} + \frac{ht_w}{2}\left(\frac{h}{4}\right) = \left(bt_f + \frac{ht_w}{4}\right)\frac{h}{2} \tag{6-65}$$

因此，最大应力为：

$$\tau_{\max} = \frac{V_y Q_z}{I_z t_w} = \left(\frac{bt_f}{t_w} + \frac{h}{4}\right)\frac{h V_y}{2 I_z} \tag{6-66}$$

该梁下半部分中的应力 τ_1 和 τ_2 等于其上半部分相应的应力（图 6-37b）。

根据三角形应力图，就可求出任一翼板中的水平剪力 F_1 （图 6-37c）。该剪力等于应力三角形的面积乘以翼板的厚度：

$$F_1 = \left(\frac{\tau_1 b}{2}\right)(t_f) = \frac{hb^2 t_f V_y}{4 I_z} \tag{6-67}$$

腹板中的铅垂力 F_2 必定等于剪力 V_y ，因为翼板中的水平剪力没有铅垂分量。可研究图 6-37b 所示抛物线应力图来验证 $F_2 = V_y$ 。该图由两部分组成：一部分为矩形，其面积为 $\tau_2 h$ ；另一部分为抛物线区域，其面积为：

$$\frac{2}{3}(\tau_{\max} - \tau_2)h$$

因此，剪力 F_2 等于该应力图的面积乘以腹板的厚度，即：

$$F_2 = \tau_2 h t_w + \frac{2}{3}(\tau_{\max} - \tau_2)h t_w$$

将关于 τ_2 和 $\tau_{\max}$ 的表达式 ［式（6-64）和式（6-66）］ 代入该方程，可得：

$$F_2 = \left(\frac{t_w h^3}{12} + \frac{bh^2 t_f}{2}\right)\frac{V_y}{I_z} \tag{6-68}$$

最后，应注意，其惯性矩的表达式为：

$$I_z = \frac{t_w h^3}{12} + \frac{bh^2 t_f}{2} \tag{6-69}$$

其中，计算结果基于中线的尺寸。将关于 I_z 的表达式代入式（6-68），可得：

$$F_2 = V_y \qquad\qquad (6\text{-}70)$$

正如预期。

作用在横截面上的三个力（图 6-37c）具有一个合力 V_y，该合力与 z 轴相交于剪切中心 S（图 6-37d）。因此，这三个力对横截面中任一点的力矩必须等于合力 V_y 对同一点的力矩。根据该力矩关系给出的方程，就可求出剪切中心的位置。

例如，选择剪切中心本身作为力矩的中心。在这种情况下，这三个力关于剪切中心 S 的力矩和（图 6-37c）为 $F_1 h - F_2 e$，其中，e 为腹板中线到剪切中心的距离，而合力 V_y 关于剪切中心 S 的力矩为零（图 6-37d）。使这些力矩相等，可得：

$$F_1 h - F_2 e = 0 \qquad\qquad (6\text{-}71)$$

将关于 F_1 的式（6-67）和关于 F_2 的式（6-70）代入该式，然后求解 e，可得：

$$e = \frac{b^2 h^2 t_f}{4 I_z} \qquad\qquad (6\text{-}72)$$

若将关于 I_z 的表达式〔式（6-69）〕代入该式，则式（6-72）变为：

$$e = \frac{3 b^2 t_f}{h t_w + 6 b t_f} \qquad\qquad (6\text{-}73)$$

至此，已求出了槽形截面的剪切中心的位置。

如 6.6 节所述，对于槽形截面梁，只要所施加载荷的作用线通过剪切中心，则该梁将只发生弯曲而不会发生扭曲。如果载荷作用线平行于 y 轴但通过剪切中心以外的一些点（例如，如果载荷作用在腹板的平面内），那么，可用一个静态等效力系来取代这些载荷，该等效力系包括过剪切中心的载荷以及扭转力偶；然后，该梁的弯曲和扭转将组合在一起。如果载荷沿着 z 轴作用，那么，其弯曲就是一个简单的绕 y 轴的弯曲。如果载荷的作用线倾斜通过剪切中心，那么，可用作用在与 y、z 轴平行方向的静态等效载荷来取代它们。

角形截面　拟研究的下一个形状为等边角形截面（图 6-38a），其中，各角腿的宽度均为 b、厚度均为 t。z 轴是一个对称轴，坐标原点在形心 C 处，因此，y、z 轴均为主形心轴。

为了定位其剪切中心，拟采用与槽形截面相同的一般分析步骤，因为希望在分析过程中同样包含"求解切应力的分布情况"这一步骤。然而，角形截面的剪切中心也可通过观察来求解。

首先，假设该截面受到一个平行于 y 轴的剪力 V_y 的作用。然后，利用式（6-49）求出

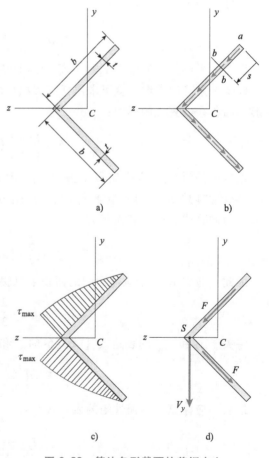

图 6-38 等边角形截面的剪切中心

各角腿中相应的切应力。为此，需要计算点 a（该点位于梁的外边缘处，图 6-38b）与截面 bb（该截面与点 a 之间的距离为 s）之间的横截面面积的一次矩。该面积等于 st，该面积的形心到中性轴的距离为：

$$\frac{b-s/2}{\sqrt{2}}$$

因此，该面积的一次矩为：

$$Q_z = st\left(\frac{b-s/2}{\sqrt{2}}\right) \tag{6-74}$$

将其代入式（6-49），可得到以下关于与横截面棱边相距 s 处的切应力的表达式：

$$\tau = \frac{V_y Q_z}{I_z t} = \frac{V_y s}{I_z \sqrt{2}}\left(b - \frac{s}{2}\right) \tag{6-75}$$

根据附录 D 的情况 24、并设 $\beta = 45°$，就可得到惯性矩 I_z：

$$I_z = 2I_{BB} = 2\left(\frac{tb^3}{6}\right) = \frac{tb^3}{3} \tag{6-76}$$

将关于 I_z 的表达式代入式（6-75），可得：

$$\tau = \frac{3V_y s}{b^3 t\sqrt{2}}\left(b - \frac{s}{2}\right) \tag{6-77}$$

该方程给出了角腿上任一点处的切应力。如图 6-38c 所示，该应力是距离 s 的二次函数。切应力的最大值发生在角腿的交点处，根据式（6-77），并设 $s = b$，可求得该最大值为：

$$\tau_{max} = \frac{3V_y}{2bt\sqrt{2}} \tag{6-78}$$

各角腿中的剪力 F（图 6-38d）等于抛物线应力图的面积（图 6-38c）乘以角腿的厚度 t：

$$F = \frac{2}{3}(\tau_{max}b)(t) = \frac{V_y}{\sqrt{2}} \tag{6-79}$$

由于力 F 的水平分量相互抵消，因此，仅保留有铅垂分量。每个铅垂分量均等于 $F/\sqrt{2}$，或 $V_y/2$，因此，铅垂力的合力就等于剪力 V_y，正如预期。

由于该合力通过两个力 F 作用线的交点（图 6-38d），因此，可以看出，剪切中心 S 就位于两角腿的交界处。

两个相交窄矩形构成的截面 为了说明薄壁开口截面的一般分析方法，上一节计算了角形截面各角腿中的切应力和剪力。然而，如果唯一的目标仅是求解剪切中心的位置，那么，就没有必要计算应力和剪力。

由于切应力平行于各角腿的中线（图 6-38b），因此，可立刻知道它们的合力就是两个力 F（图 6-38d）。这两个力 F 的合力就是一个通过其交点的单一力。因此，该交点就是剪切中心。于是，通过这样一个简单的推理（不需要进行任何计算），就可以求出等边角形截面的剪切中心的位置。

同样的道理适用于所有由两个相交薄矩形组成的横截面（图 6-39）。在每一种情况下，切应力的合力就是那些汇交在各矩形交界处的力。因此，剪切中心就位于那个汇交点处。

Z 形截面 现在，拟求解薄壁 Z 形截面（图 6-40a）的剪切中心的位置。该截面没有对称轴，但却是关于其形心 C 对称的（关于该对称性的讨论，见第 12 章的 12.2 节）。y、z 轴是过形心的主轴。

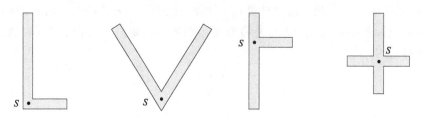

图 6-39　由两个相交薄矩形组成的横截面的剪切中心

假设剪力 V_y 平行于 y 轴并产生以 z 轴为中性轴的弯曲。然后，在 6-40a 中直接显示出翼板和腹板中的切应力。从对称性考虑，可以得出这样一个结论：两个翼板中的力 F_1 必须相等（图 6-40b）。作用在横截面上的三个力（两个翼板中的力 F_1 以及腹板中的力 F_2）的合力必须等于剪力 V_y。两个力 F_1 的合力为 $2F_1$，该合力通过形心并平行于各翼板。该合力与力 F_2 汇交于形心 C 处，因此，结论是：剪力 V_y 的作用线必须通过形心。

如果该梁承受一个平行于 z 轴的剪力 V_z，那么，也可得到类似的结论，即该剪力的作用线必须通过形心。由于剪切中心位于两个剪力作用线的交点处，因此，可得出这样的结论：Z 形截面的剪切中心与形心重合。

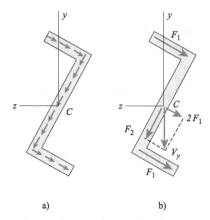

图 6-40　薄壁 Z 形截面的剪切中心

这一结论适用于任何关于形心对称的 Z 形截面，即任何具有相同翼板（宽度与厚度均相同）的 Z 形截面。然而应注意，腹板的厚度不一定与翼板的厚度相同。

本章的习题中给出了许多其他结构形状的剪切中心的位置[○]。

● ● ●　例 6-9

一个半径为 r、厚度为 t 的半圆形薄壁横截面如图 6-41a 所示。请求出该半圆的圆心 O 至剪切中心 S 的距离 e。

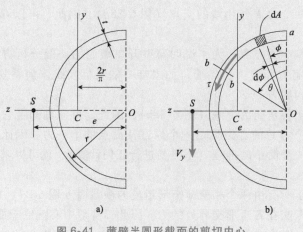

图 6-41　薄壁半圆形截面的剪切中心

___

○　S.P. 铁木辛科于 1913 年首次求解了剪切中心（见参考文献 6-1）。

解答：

显然，剪切中心位于对称轴（z 轴）上的某一位置处。为了求出其精确位置，假设该梁受到平行于 y 轴的剪力 V_y 的弯曲作用，该剪力使该梁产生以 z 轴为中性轴的弯曲（图 6-41b）。

切应力。第一步是求出作用在横截面上的切应力 τ（图 6-41b）。研究一个由距离 s 定义的截面 bb（其中，s 为从点 a 开始沿着该横截面的中线所测得的弧长）。设点 a 与截面 bb 之间的中心角为 θ。因此，距离 s 等于 $r\theta$，其中，R 为中线的半径，θ 的测量单位为弧度（rad）。

为了计算出点 a 与截面 bb 之间的横截面面积的一次矩，可定义一个微面积 dA（如图中的阴影部分所示），并进行以下积分：

$$Q_z = \int y\,dA = \int_0^\theta (r\cos\phi) = r^2 t\sin\theta \tag{a}$$

其中，ϕ 为该微面积的角度，t 为该截面的厚度。因此，截面 bb 上的切应力 τ 为：

$$\tau = \frac{V_y Q_z}{I_z t} = \frac{V_y r^2 \sin\theta}{I_z} \tag{b}$$

代入 $I_z = \pi r^3 t/2$（见附录 D 的情况 22 或情况 23），可得：

$$\tau = \frac{2V_y \sin\theta}{\pi r t} \tag{6-80}$$

当时 $\theta = 0$ 或 $\theta = \pi$ 时，该表达式给出了 $\tau = 0$（正如预期）。当 $\theta = \pi/2$ 时，该表达式给出了最大切应力。

剪切中心的位置。切应力的合力必须是铅垂剪力 V_y。因此，切应力对圆心 O 的力矩 M_0 必须等于剪力 V_y 对同一点的力矩，即：

$$M_0 = V_y e \tag{c}$$

为了计算出 M_0，先求出作用在微面积 dA 上的切应力 τ（图 6-41b）：

$$\tau = \frac{2V_y \sin\phi}{\pi r t}$$

这与根据式（6-80）所求出的结果是一样的。相应的力为 τdA，该力的力矩为：

$$dM_0 = r(\tau dA) = \frac{2V_y \sin\phi\,dA}{\pi t}$$

由于 $dA = tr d\phi$，因此，该式变为：

$$dM_0 = \frac{2rV_y \sin\phi\,d\phi}{\pi}$$

因此，该切应力所产生的力矩为：

$$M_0 = \int dM_0 = \int_0^\pi \frac{2rV_y \sin\phi\,d\phi}{\pi} = \frac{4rV_y}{\pi} \tag{d}$$

代入式（c），可求得剪切中心至圆心 O 的距离 e 为：

$$e = \frac{M_0}{V_y} = \frac{4r}{\pi} \approx 1.27r \tag{6-81}$$

该结果表明，剪切中心 S 位于该半圆形截面之外。

注意：半圆的圆心 O 至该横截面形心 C 的距离（图 6-41a）为 $2r/\pi$（根据附录 D 的情况 23），该距离是距离 e 的一半。因此，形心位于剪切中心与该半圆圆心之间的中点处。

关于更一般的薄壁圆形截面的剪切中心的定位，见习题 6.9-13。

*6.10　弹塑性弯曲

之前关于弯曲的讨论假设所有梁均采用遵循胡克定律的材料（线弹性材料）制造。本节将研究材料的应变超过线性区时弹塑性梁的弯曲。当这种情况发生时，应力的分布不再是线性变化的，而是根据应力-应变曲线的形状而变化。

在之前 2.12 节分析轴向承载杆时，已讨论了弹塑性材料。正如 2.12 节所述，弹塑性材料在达到屈服应力 σ_Y 之前仍遵循胡克定律，之后将在恒定应力下发生塑性屈服（图 6-42 的应力-应变图）。从该图中可以看出，某种弹塑性材料在各完全塑性区之间有一个线弹性区。本节将假设该材料在拉伸和压缩时具有相同的屈服应力 σ_Y 和相同的屈服应变 ε_Y。

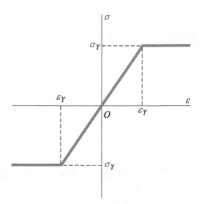

图 6-42　某种弹塑性材料的理想应力-应变图

结构钢是一种典型的弹塑性材料，因为它们有明确的屈服点，且在屈服过程中经受了巨大的应变。最终，该钢开始发生应变硬化，这时，完全塑性假设将不再有效。然而，应变硬化增大了其强度，因此，完全塑性假设仍然是偏于安全的。

屈服弯矩　研究一根承受某一弯矩 M 作用的弹塑性材料梁，该弯矩使梁产生 xy 平面内的弯曲（图 6-43）。当该弯矩很小时，该梁内的最大应力小于屈服应力 σ_Y，因此，该梁与一根线性应力分布的普通弹性弯曲梁处于相同的状态，如图 6-44b 所示。此时，中性轴通过横截面的形心，并可根据弯曲公式（$\sigma = -My/I$）求得正应力。由于弯矩为正，因此，z 轴以上的应力为压应力，z 轴以下的应力为拉应力。

无论是拉伸还是压缩（图 6-44c），上述条件一直存在，直到梁中距中性轴最远点处的应力达到屈服应力 σ_Y 为止。最大应力刚好达到屈服应力时梁中的弯矩被称为**屈服弯矩**（yield moment）M_Y，可根据弯曲公式求得该弯矩：

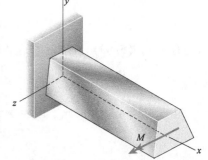

图 6-43　承受正弯矩 M 的弹塑性材料梁

$$M_Y = \frac{\sigma_Y I}{c} = \sigma_Y S \tag{6-82}$$

其中，c 为最远点至中性轴的距离，S 为相应的截面模量。

塑性弯矩和中性轴　如果增大弯矩使其超过屈服弯矩 M_Y，那么，该梁中的应变将持续增大，且最大应变将超过屈服应变 ε_Y。然而，由于发生了完全塑性屈服，因此最大应力将保持

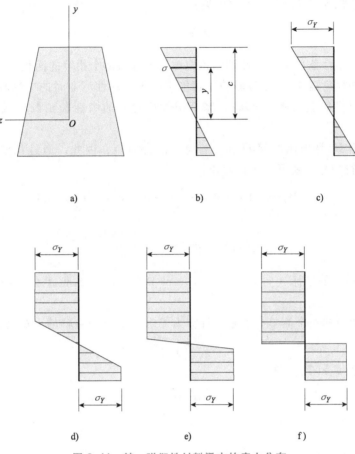

图 6-44　某一弹塑性材料梁中的应力分布

不变并等于 σ_Y，如图 6-44d 所示。注意，该梁的外围区域已经变为完全塑性区，而中部的芯区（被称为弹性芯，elastic core）仍然保持线弹性。

　　如果 z 轴不是一个对称轴（单对称横截面），那么，在屈服弯矩被超过时，中性轴将偏离形心。中性轴位置的这种偏离是非常小的，对于图 6-44 所示梯形横截面，这一偏离小到不可见的程度。如果横截面是双对称的，那么，即使屈服弯矩被超过，中性轴仍通过形心。

　　随着弯矩的不断增大，塑性区也将不断扩大，并向内移向中性轴，直至达到图 6-44e 所示的情况为止。在这一阶段，梁中的最大应变（在距中性轴最远的位置处）可能是屈服应变 ε_Y 的 10 或 15 倍，而弹性芯几乎完全消失。因此，该梁实际上已经达到其最终的抗弯能力，可将这个最终的应力分布理想化为包含两个矩形部分（图 6-44f）。与这个理想化应力分布相对应的弯矩被称为塑性弯矩（plastic moment）M_P，它代表一根弹塑性材料梁可以承受的最大弯矩。

　　为了求出塑性弯矩 M_P，首先需要求出完全塑性条件下横截面的中性轴的位置。为了这个目的，研究图 6-45a 所示横截面，并设 z 轴为中性轴。在该横截面中，中性轴之上的各点均承受压应力 σ_Y（图 6-45b），中性轴之下的各点均承受拉应力 σ_Y。压应力的合力 C 就等于 σ_Y 乘以中性轴以上的横截面面积 A_1（图 6-45a），而拉应力的合力 T 就等于 σ_Y 乘以中性轴以下的面积 A_2。由于作用在横截面上的合力为零，因此有：

$$T = C \qquad A_1 = A_2 \qquad\qquad (6\text{-}83\text{a, b})$$

由于横截面的总面积等于 A_1+A_2，由此可见：

$$A_1 = A_2 = \frac{A}{2} \tag{6-84}$$

因此，在完全塑性条件下，中性轴将该横截面划分为两个相等的面积。

其结果是，塑性弯矩 M_P 的中性轴位置可能不同于线弹性弯曲时的中性轴位置。例如，对于上窄下宽的梯形横截面（图 6-45a），完全塑性弯曲时的中性轴稍低于线弹性弯曲时的中性轴。

由于塑性弯矩 M_P 是作用在横截面上的应力的合力矩，因此，通过在整个横截面面积 A（图 6-45a）上进行积分，就可求出该弯矩：

$$M_P = -\int_A \sigma y\mathrm{d}A = -\int_{A1}(-\sigma_Y)y\mathrm{d}A - \int_{A2}\sigma_Y y\mathrm{d}A$$

$$= \sigma_Y(\bar{y}_1 A_1) - \sigma_Y(-\bar{y}_2 A_2) = \frac{\sigma_Y A(\bar{y}_1+\bar{y}_2)}{2} \tag{6-85}$$

其中，y 为微面积 $\mathrm{d}A$ 的坐标（向上为正），$\bar{y}_1$、$\bar{y}_2$ 分别为面积 A_1 和 A_2 的形心 c_1 和 c_2 至中性轴的距离。

得到该塑性弯矩的一个简单方法是，计算力 C 和 T 关于中性轴的力矩（图 6-45b）：

$$M_P = C\bar{y}_1 + T\bar{y}_2 \tag{6-86}$$

用 $\sigma_Y A/2$ 替换 C 和 T，可得：

$$M_P = \frac{\sigma_Y A(\bar{y}_1+\bar{y}_2)}{2} \tag{6-87}$$

该式与式（6-85）相同。

求解塑性弯矩的步骤为，将该梁的横截面划分为两个相等的面积，并确定每个半面积的形心，然后，使用式（6-87）来计算 M_P。

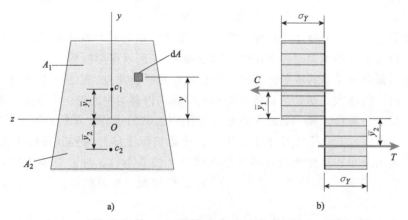

图 6-45   完全塑性条件下中性轴的位置以及塑性弯矩 M_P 的求解

塑性模量和形状因子   塑性弯矩的表达式可被简写为一个类似于屈服弯矩［式（6-82）］的表达式，即：

$$M_P = \sigma_Y Z \tag{6-88}$$

其中，

$$Z = \frac{A(\bar{y}_1 + \bar{y}_2)}{2} \tag{6-89}$$

Z 为塑性模量（plastic modulus）（或塑性截面模量）。从几何意义上来说，塑性模量就是中性轴以上横截面面积的一次矩（对中性轴）加上中性轴以下横截面面积的一次矩。

塑性弯矩与屈服弯矩的比值仅仅是横截面形状的一个函数，该比值被称为 形状因子（shape factor）f：

$$f = \frac{M_P}{M_Y} = \frac{Z}{S} \tag{6-90}$$

该因子用于衡量屈服刚开始之后梁所储备的强度。当大多数材料位于中性轴附近时（例如，一根实心圆截面梁），该因子最大；当大多数材料远离中性轴时（例如，一根宽翼板工字梁）。该因子最小。矩形、宽翼板工字形以及圆形横截面的 f 值见本节之后的内容，其他形状的 f 值见本章之后的习题。

矩形截面梁   现在，拟求解矩形截面梁（图6-46）在材料为弹塑性时的性质。其截面模量为 $S = bh^2/6$，因此，其屈服弯矩［式（6-82）］为：

$$M_Y = \frac{\sigma_Y b h^2}{6} \tag{6-91}$$

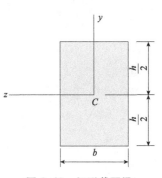

图 6-46 矩形截面梁

其中，b 为横截面的宽度，h 为横截面的高度。

由于横截面是双对称的，因此，即使该梁被加载至塑料区，中性轴仍将通过形心。其结果是，中性轴上、下两部分面积的形心至中性轴的距离为：

$$\bar{y}_1 = \bar{y}_2 = \frac{h}{4} \tag{6-92}$$

因此，塑性模量［式（6-89）］为：

$$Z = \frac{A(\bar{y}_1 + \bar{y}_2)}{2} = \frac{bh}{2}\left(\frac{h}{4} + \frac{h}{4}\right) = \frac{bh^2}{4} \tag{6-93}$$

则塑性弯矩［式（6-88）］为：

$$M_P = \frac{\sigma_Y b h^2}{4} \tag{6-94}$$

最后，矩形截面的形状因子为：

$$f = \frac{M_P}{M_Y} = \frac{Z}{S} = \frac{3}{2} \tag{6-95}$$

这意味着矩形截面梁的塑性弯矩比其屈服弯矩要大50%。

接下来，研究当弯矩 M 大于屈服弯矩但尚未达到塑性弯矩时矩形梁中的应力。该梁的外部将承受屈服应力 σ_Y，而其内部（弹性芯）将具有一个线性变化的应力分布（图6-47a、b）。完全塑性区见图6-47a中阴影部分，中性轴至塑性区内棱边（或弹性芯的外棱边）的距离被标记为 e。

如图6-47c所示，作用在横截面的应力的合力为 C_1、C_2、T_1、T_2。塑性区中的力 C_1 和 T_1 均等于屈服应力乘以该区的横截面面积：

$$C_1 = T_1 = \sigma_Y b \left(\frac{h}{2} - e \right) \tag{6-96}$$

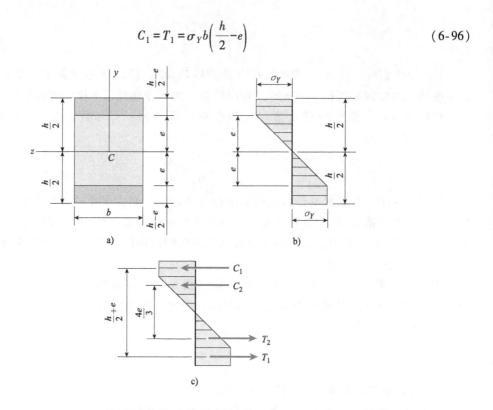

图 6-47   具有弹性芯的矩形截面梁的应力分布

弹性区中的力 C_2 和 T_2 均等于应力图的面积乘以该梁的宽度 b:

$$C_2 = T_2 = \frac{\sigma_Y e}{2} b \tag{6-97}$$

因此,该弯矩(图 6-47c)为:

$$M = C_1 \left(\frac{h}{2} + e \right) + C_2 \left(\frac{4e}{3} \right) = \sigma_Y b \left(\frac{h}{2} - e \right) \left(\frac{h}{2} + e \right) + \frac{\sigma_Y be}{2} \left(\frac{4e}{3} \right)$$

$$= \frac{\sigma_Y bh^2}{6} \left(\frac{3}{2} - \frac{2e^2}{h^2} \right) = M_Y \left(\frac{3}{2} - \frac{2e^2}{h^2} \right) \quad M_Y \leqslant M \leqslant M_P \tag{6-98}$$

注意,当 $e = h/2$ 时,该式给出了 $M = M_Y$;当 $e = 0$ 时,它给出了 $M = 3M_Y/2$,该值就是塑性弯矩 M_P。

在已知弹性芯的尺寸时,可用式(6-98)来求解弯矩。然而,通常需要在已知弯矩的情况下求解弹性芯的尺寸。因此,求解式(6-98),可得到用弯矩表达的 e 的表达式:

$$e = h \sqrt{\frac{1}{2} \left(\frac{3}{2} - \frac{M}{M_Y} \right)} \quad M_Y \leqslant M \leqslant M_P \tag{6-99}$$

再次注意极限条件:当 $M = M_Y$ 时,该式给出了 $e = h/2$;当 $M = M_P = 3M_Y/2$ 时,该式给出了 $e = 0$,这就是完全塑性条件。

宽翼板工字梁   对于一根双对称的宽翼板工字梁(图 6-48),计算其塑性模量 Z[式(6-89)]时,可先将一个翼板的面积与半个腹板的面积关于中性轴的一次矩相加,再将结果乘以 2。其计算结果为:

$$Z = 2\left[(bt_f)\left(\frac{h}{2}-\frac{t_f}{2}\right) + (t_w)\left(\frac{h}{2}-t_f\right)\left(\frac{1}{2}\right)\left(\frac{h}{2}-t_f\right)\right]$$

$$= bt_f(h-t_f) + t_w\left(\frac{h}{2}-t_f\right)^2$$

（6-100）

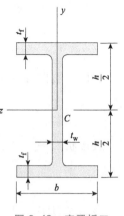

图 6-48　宽翼板工字梁的横截面

可将该式化简为一个更简便的表达式：

$$Z = \frac{1}{4}\left[bh^2 - (b-t_w)(h-2t_f)^2\right]$$

（6-101）

根据式（6-101）计算出塑性模量之后，就可根据式（6-88）来求出塑性弯矩。

各类钢结构出版物（见参考文献 5-4）给出了各种商用宽翼板工字梁的 Z 值。宽翼板工字梁的形状因子通常在 1.1～1.2 的范围内，这取决于横截面的比例关系。

弹塑性梁的其他形状可采用与矩形梁和宽翼板工字梁类似的方法来分析（见本章之后的例题和习题）。

●●● 例 6-10

请求出一根直径为 d 的圆形截面梁的屈服弯矩、塑性模量、塑性弯矩以及形状因子（图 6-49）。

解答：

首先，可以看出，该横截面是双对称的，因此，无论是线弹性行为还是弹塑性行为，中性轴均通过圆心。

根据弯曲公式 [式（6-82）]，可求出屈服弯矩为：

$$M_Y = \frac{\sigma_Y l}{c} = \frac{\sigma_Y(\pi d^4/64)}{d/2} = \sigma_Y\left(\frac{\pi d^3}{32}\right)$$

（6-102）

设 A 为该圆形截面的面积，设 $\bar{y}_1$ 和 $\bar{y}_2$ 分别为两个半圆的形心 c_1 和 c_2 至 z 轴的距离（图 6-50）。因此，根据附录 D 的情况 9 和情况 10，可得：

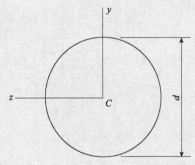

图 6-49　圆梁的横截面（弹塑性材料）

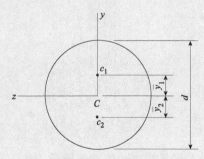

图 6-50　例 6-10 的求解过程

$$A = \frac{\pi d^2}{4} \qquad \bar{y}_1 = \bar{y}_2 = \frac{2d}{3\pi}$$

将其代入式（6-89），就可求出塑性模量 Z：

$$Z = \frac{A(\bar{y}_1 + \bar{y}_2)}{2} = \frac{d^3}{6}$$ （6-103）

因此。塑性弯矩 M_P［式（6-88）］为：

$$M_P = \sigma_Y Z = \frac{\sigma_Y d^3}{6}$$ （6-104）

且形状因子 f［式（6-90）］为：

$$f = \frac{M_P}{M_Y} = \frac{16}{3\pi} \approx 1.70$$ （6-105）

该结果表明，对于该弹塑性材料的圆形截面梁，最大弯矩比该梁首次开始屈服时的弯矩要大 70% 左右。

● ● ● 例 6-11

一根双对称的弹塑性材料（$\sigma_Y = 220\text{MPa}$）制造的空心箱梁（图 6-51）受到一个弯矩 M 的作用。在该弯矩的作用下，该梁的翼板发生了屈服但腹板仍保持线弹性。如果横截面的尺寸为 $b = 150\text{mm}$、$b_1 = 130\text{mm}$、$h = 200\text{mm}$、$h_1 = 160\text{mm}$，那么，请求出弯矩 M 的大小。

解答：

该梁的横截面以及正应力分布图分别如图 6-52a、b 所示。从图中可以看出，腹板中的应力随着至中性轴距离的增加而线性增加，翼板中的应力等于屈服应力 σ_Y。因此，作用在横截面上的弯矩 M 包含以下两个部分：（1）对应于弹性芯的弯矩 M_1；（2）翼板中的屈服应力 σ_Y 所产生的弯矩 M_2。

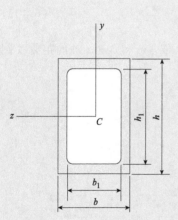

图 6-51   空心箱梁的横截面

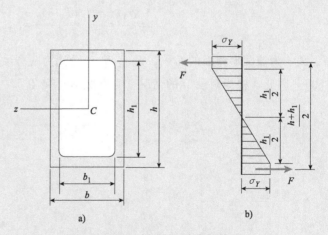

图 6-52   例 6-11 的求解过程

单独计算出腹板的截面模量，并依据弯曲公式［式（6-82）］，就可求出弹性芯所提供的弯矩，即：

$$S_1 = \frac{(b - b_1)h_1^2}{6}$$ （6-106）

$$M_1 = \sigma_Y S_1 = \frac{\sigma_Y(b-b_1)h_1^2}{6} \tag{6-107}$$

为了求出各翼板所提供的弯矩，可先求出各翼板中的合力 F。可以看出，该合力 F（图6-52b）等于屈服应力乘以翼板的面积：

$$F = \sigma_Y b\left(\frac{h-h_1}{2}\right) \tag{a}$$

如果弯矩 M 为正值，那么，上翼板中的力就是压力，下翼板中的力就是拉力。这两个力共同产生的弯矩 M_2 为：

$$M_2 = F\left(\frac{h+h_1}{2}\right) = \frac{\sigma_Y b(h^2-h_1^2)}{4} \tag{6-108}$$

因此，作用在横截面上的总弯矩 M 为：

$$M = M_1 + M_2 = \frac{\sigma_Y}{12}\left[3bh^2 - (b+2b_1)h_1^2\right] \tag{6-109}$$

代入给定的数值，可得：

$$M = 138\text{kN} \cdot \text{m}$$

注意：本例中该梁的屈服弯矩 M_Y 和塑性弯矩 M_P 具有以下值（在习题 6.10-13 中求出的）：

$$M_Y = 122\text{kN} \cdot \text{m} \quad M_P = 147\text{kN} \cdot \text{m}$$

弯矩 M 处于这两个值之间，正如预期。

第 6 章研究了一些与梁的弯曲有关的专题，包括复合梁（即由一种以上材料构成的梁）、承受倾斜载荷的梁、非对称梁、薄壁梁中的切应力、剪切中心以及弹塑性弯曲的分析。本章的主要内容和结果如下：

1. 在介绍复合梁时，专门推导出由两种材料构成的复合梁的弯矩-曲率关系和弯曲公式：

$$\kappa = \frac{1}{\rho} = \frac{M}{E_1 I_1 + E_2 I_2}$$

$$\sigma_{x1} = -\frac{M y E_1}{E_1 I_1 + E_2 I_2} \quad \sigma_{x2} = \frac{M y E_2}{E_1 I_1 + E_2 I_2}$$

其中，假设这两种材料均遵循胡克定律，并假设梁的两个部分充分粘接在一起以使该梁成为单一的整体。没有研究诸如非均匀与非线性材料、各部分之间的粘结应力、横截面上的切应力、表面的屈曲以及其他这类的高级专题。特别应注意，上述公式并不适用于钢筋混凝土梁，这类梁的设计不是以线弹性行为为基础的。然而，转换截面法（见下文以及例 6-4）可作为钢筋混凝土梁的断面分析的一部分。

2. 转换截面法为横截面的转换提供了一种简便的方法，所谓横截面转换就是将一根复合材料梁的横截面转换为一根单一材料的假想梁的等效横截面。材料 2 和材料 1 的弹性模量之比被称为模量比 n，即 $n = E_2/E_1$。转换梁的中性轴位于同一位置，其抗弯能力与原复合梁相同。转换截面的惯性矩被定义为：

$$I_T = I_1 + n I_2 = I_1 + \frac{E_2}{E_1} I_2$$

在计算被转化为材料 1 的梁（图 6-10b）中的正应力时，应使用以下简化的弯曲公式：

$$\sigma_{x1} = -\frac{My}{I_T}$$

而材料 2 中的正应力可按下式计算：

$$\sigma_{x2} = -\frac{My}{I_T} n$$

3. 对于横截面具有两个对称轴的梁，如果倾斜载荷的作用线通过该梁横截面的形心，那么，该梁将不会发生绕纵向轴线的扭曲。对于这类梁，只需将倾斜载荷分解为各对称平面中的两个分量，就可求解其弯曲应力。其中，各载荷分量单独作用时的弯曲应力是根据弯曲公式得到的，而将各单独弯曲应力相叠加，就可得到最终的应力。同时，一般而言，中性轴的倾角 (β) 并不等于倾斜载荷的倾角 (θ)。其结果是，除特殊情况外，中性轴并不垂直于该载荷所在的纵向平面。在这种情况下，梁中的应力不仅对载荷作用方向的轻微变化非常敏感，而且还对梁本身的平直程度非常敏感。

4. 若取消"横截面至少有一个对称轴"这样的对称性限制条件，则将发现，对于纯弯曲，只要横截面的 y、z 轴是主形心轴且弯矩作用在某一个主平面（xy 平面或 xz 平面）内，那么，弯矩所作用的平面将垂直于中性层。然后，就可为承受任何力矩 M 的非对称梁中正应力的计算建立一个通用计算步骤。该步骤为，首先，求出形心；然后，利用与这两个主形心轴有关的弯曲公式分别求出一个弯曲应力，并将所得结果叠加，就可得到正应力。

5. 如果梁上横向载荷的作用线通过剪切中心，那么，该载荷将使梁产生弯曲、而不会使梁发生扭曲。剪切中心（就像形心）位于某一对称轴上；双对称截面的剪切中心 S 与其形心 C 重合。

6. 薄壁开口截面梁（如宽翼板工字梁、槽形截面梁、角形截面梁、T 形截面梁以及 Z 形截面梁）广泛应用于工程结构中，但其抗扭能力非常弱。

7. 所推导出的薄壁开口截面梁中切应力的表达式适用于剪力的作用线通过剪切中心且平行于某一主形心轴的情况。利用这些表达式，可求出宽翼板工字梁、槽形截面梁以及角形截面梁的翼板和腹板中的应力分布。可以看到，横截面上的切应力从最外边"流"向内部，然后向下流过腹板，并最终流向下翼板的外边。

8. 本章说明了几种薄壁开口截面剪切中心的定位方法：先计算出发生绕某一主轴弯曲时作用在横截面的切应力；然后，再求解与这些应力相关的合力。可以看出，剪切中心就位于合力的作用线上。

9. 任何关于其形心对称的 Z 形截面（即具有相同翼板的 Z 形截面——各翼板具有相同的宽度和厚度），其剪切中心均位于横截面的形心处。许多其他结构形状的剪切中心的位置，见例题和本章之后的习题。

10. 最后研究了弹塑性材料，这类材料在达到屈服应力 σ_Y 之前一直服从胡克定律，然后才发生恒定应力下的屈服。结构钢就是一种典型的弹塑性材料，因为它们有明确的屈服点、且在屈服过程中经历了巨大的应变。分析弹塑性材料时，首先，应根据弯曲公式求出屈服弯矩：

$$M_Y = \sigma_Y \times S$$

然后，可继续计算塑性弯矩：

$$M_P = \sigma_Y \times Z$$

其中，S 和 Z 分别为横截面的截面模量和塑性截面模量；M_Y 为最大应力刚好达到屈服应力时的梁中的弯矩，M_P 为该弹塑性材料梁所能承受的最大弯矩。同时，为了衡量首次开始屈服之后梁所储备的强度，还定义了形状因子：

$$f = M_P / M_y = Z / S$$

第6章 习题

复合梁

求解 6.2 节的习题时，假设梁的各个构件均被粘合剂牢固地粘结在一起，或均被紧固件连接在一起。同时，应使用 6.2 节所述复合梁的一般理论。

6.2-1 某一复合梁的横截面如图所示，其表层为玻璃钢，其芯层为刨花板。该梁的宽度为 50mm，其表层的厚度为 3mm，其芯层的厚度为 14mm。该梁受到一个绕 z 轴的大小为 55N·m 的弯矩的作用。如果表层与芯层的弹性模量分别为 280GPa、10GPa，那么，请分别求出表层与芯层中的最大弯曲应力 $\sigma_{表层}$、$\sigma_{芯层}$。

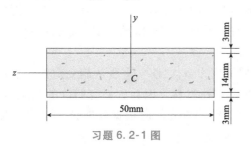

习题 6.2-1 图

6.2-2 图示横截面尺寸为 200mm×300mm 的木梁，其两侧受到两块 12mm 厚钢板的加固。钢和木材的弹性模量分别为 $E_s = 190\text{GPa}$、$E_w = 11\text{GPa}$。同时，相应的许用应力分别为 $\sigma_s = 110\text{MPa}$、$\sigma_w = 7.5\text{MPa}$。

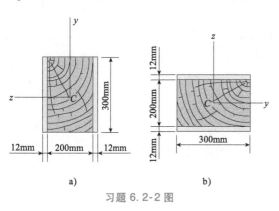

a) b)

习题 6.2-2 图

（a）当该梁绕 z 轴弯曲（见图 a）时，请计算此时的最大许用弯矩 M_{max}。

（b）当该梁绕 y 轴弯曲（见图 b）时，请计算此时的最大许用弯矩 M_{max}。

（c）对于那根绕 y 轴弯曲的梁（见图 b），为了使其与图 a 所示梁的 M_{max} 相同，其加强钢板所需的厚度是多少？

6.2-3 某一空心箱梁的横截面如图所示，其腹板是道格拉斯杉木胶合板，其翼板是松木。胶合板的厚度为 24mm、宽度为 300mm；翼板的截面尺寸为 50mm×100mm（实际尺寸）。胶合板与松木的弹性模量分别为 11GPa、8GPa。

（a）如果胶合板与松木的许用应力分别为 14MPa、12MPa，那么，请求出当梁绕 z 轴弯曲时的最大许用弯矩 M_{max}。

（b）如果现在梁绕 y 轴弯曲，那么，请求出其最大许用弯矩 M_{max}。

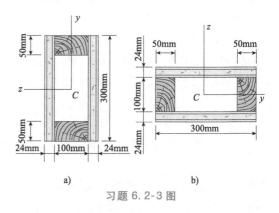

a) b)

习题 6.2-3 图

6.2-4 图示复合梁由一根圆钢管（外径为 d_2）和一根黄铜内芯（直径为 d_1）组成。

（a）设钢与黄铜的许用应力分别为 σ_S 和 σ_B，弹性模量分别为 E_S 和 E_B，请推导出该梁所能承受的许用弯矩 M 的表达式。

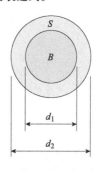

习题 6.2-4 图

（b）如果 $d_2 = 50mm$、$d_1 = 40mm$、$E_s = 210GPa$、$E_B = 110GPa$、$\sigma_s = 150MPa$、$\sigma_B = 100MPa$，那么，最大弯矩 M 是多少？

（c）在一个均衡设计中（所谓均衡设计是指钢与黄铜中的应力同时达到其许用应力值），黄铜内芯的直径 d_1 是多少？

6.2-5　图 a 所示跨度为 4 m 的梁，其一端有一个滑动支座，其一半长度段上支撑着一个强度 $q = 4$ kN/m 的均布载荷，其节点 B 处支撑着一个 $M_0 = 5$ kN·m 的力矩。该梁由一根木杆（实际横截面尺寸为 97mm×295mm）和两块钢板（7mm 厚）构成，钢板分别加固在木杆的顶面和底面（如图 b 所示）。钢和木材的弹性模量分别为 $E_s = 210GPa$、$E_w = 10GPa$。

（a）请分别计算钢板与木杆中的最大弯曲应力 σ_s、σ_w。

（b）如果钢和木材的许用弯曲应力分别为 $\sigma_{as} = 100MPa$、$\sigma_{aw} = 6.5MPa$，那么，请求出 q_{max}。（假设 B 处的力矩 M_0 仍保持为 5kN·m）

（c）如果 $q = 4$ kN/m 且许用应力与问题（b）中的相同，那么，B 处的 $M_{0,max}$ 是多少？

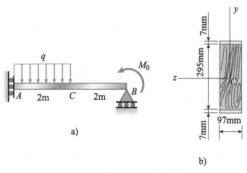

习题 6.2-5 图

6.2-6　某根塑钢管的横截面如图所示。钢管的外径和内径分别为 $d_3 = 100mm$、$d_2 = 94mm$，塑料衬管的内径 $d_1 = 82mm$。钢的弹性模量是塑料的 75 倍。

（a）如果钢和塑料的许用应力分别为 35MPa 和

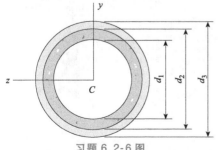

习题 6.2-6 图

600kPa，那么，请确定求出弯矩 M_{allow}。

（b）若保持钢管和塑料衬管的直径不变，那么，为了在相同的最大力矩作用下使钢管和塑料衬管中的应力同时达到其许用应力值（即均衡设计），钢管的许用应力值应该是多少？

6.2-7　某夹层梁的横截面如图所示，其表层为铝合金，其芯层为泡沫。该梁的宽度为 200mm，表层的厚度为 6mm，芯层的高度 h_c 为 140mm（总高度 $h = 152mm$）。铝合金和泡沫芯的弹性模量分别为 70GPa、80MPa。该梁受到一个绕 z 轴的弯矩 $M = 4.5kN·m$ 的作用。请分别根据复合梁的一般理论和夹层梁的近似理论，求解表层和芯层中的最大应力。

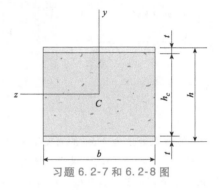

习题 6.2-7 和 6.2-8 图

6.2-8　某夹层梁的横截面如图所示，其表层为玻璃钢，其芯层为轻型塑料。该梁的宽度 b 为 50mm，表层的厚度 t 为 4mm，芯层的高度 h_c 为 92mm（总高度 $h = 100mm$）。玻璃钢和轻型塑料的弹性模量分别为 75GPa 和 1.2GPa。该梁受到一个绕 z 轴的弯曲力矩 $M = 275N·m$ 的作用。请分别根据复合梁的一般理论和夹层梁的近似理论，求解表层和芯层中的最大应力。

6.2-9　一根用于温度控制开关的双金属梁的横截面如图所示，该梁由粘合在一起的铝条和铜条构成。该梁的宽度为 25mm，铝条和铜条的厚度均为 2mm。在一个绕 z 轴的弯矩 $M = 2N·m$ 的作用下，铝条和铜条中的最大应力 σ_a、σ_c 分别是多少？（假设 $E_a = 72GPa$、$E_c = 115GPa$）

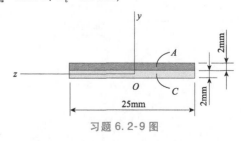

习题 6.2-9 图

6.2-10　一根长度为 3 m 的简支复合梁承受着一个强度 $q = 30kN/m$ 的均布载荷（见图）。该梁由由一根木杆（宽 100mm、高 150mm）和一块加固钢板（厚 8mm、宽 100mm）构成，加固钢板位于木杆的底面。

（a）如果木材和钢的弹性模量分别为 $E_w = 10GPa$、$E_s = 210GPa$，那么，请分别求出木材和钢中的最大弯曲应力 σ_w、σ_s。

（b）如果在最大弯矩作用下要使钢板与木杆中的应力同时达到其许用应力值 $\sigma_{as} = 100MPa$、$\sigma_{aw} = 8.5MPa$，那么，请求出所需的钢板厚度。

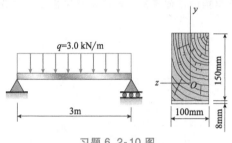

习题 6.2-10 图

6.2-11　一根跨度为 3.6m 的简支工字木梁承受着一个强度 $q = 4kN/m$ 的均布载荷（见图 a）。该梁的腹板是道格拉斯杉木胶合板，其翼板是松木，翼板被粘接在腹板上（见图 b）。胶合板的厚度为 10mm；翼板的截面尺寸为 50mm×50mm（实际大小）。胶合板与松木的弹性模量分别为 11GPa、8.3GPa。

（a）请分别计算翼板与腹板中的最大弯曲应力。

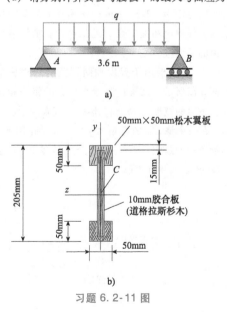

习题 6.2-11 图

（b）如果翼板与腹板的许用应力分别为 11MPa、8MPa，那么，q_{max} 是多少？

6.2-12　一根跨度为 3.6 m 的简支复合梁支撑着一个峰值强度为 q_0 的三角形分布载荷（见图 a）。该梁由两根木托梁（每根的尺寸均为 50mm×280mm）和两块钢板（一块的尺寸为 6mm×80mm，另一块的尺寸为6mm×120mm）构成，木托梁被紧固在钢板上（见图 b）。木材与钢的弹性模量分别为 11GPa、210GPa。如果木材与钢的许用应力分别为 7MPa、120MPa，那么，请求出该梁绕 z 轴弯曲时的许用峰值载荷强度 $q_{0,max}$。忽略梁的重量。

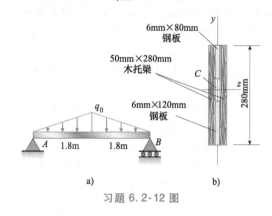

习题 6.2-12 图

转换截面法

求解 6.3 节的习题时，假设梁的各个构件均被牢固地粘结在一起，或均被紧固在一起。同时，应确保使用转换截面法来求解习题。

6.3-1　如图 a 所示，木梁的宽度为 200mm、高度为 300mm（公称尺寸），其顶部和底部各加固有一块 12mm 厚的钢板。

（a）如果木材与钢的许用应力分别为 7MPa、120MPa，那么，请求出绕 z 轴的许用弯矩 M_{max}（假设钢与木材的弹性模量之比为 20）。

（b）图 b 中的梁由两根 100mm×300mm（公称

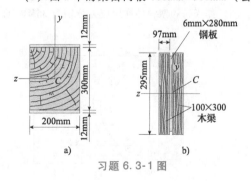

习题 6.3-1 图

尺寸）的木托梁和一块 6mm×280mm 的钢板构成，试比较图 a、b 所示梁的抗弯能力。

6.3-2　一根跨度为 3.2m 的简支梁承受着一个强度为 48kN/m 的均布载荷。如图所示，该梁的横截面为空心箱形，其翼板为木材，其侧面有两块钢板。木翼板的横截面尺寸为 75mm×100mm，钢板的厚度为 300mm。如果钢与木材的许用应力分别为 120MPa、6.5MPa，那么，所需的钢板厚度 t 是多少？（假设钢与木材的弹性模量分别为 210GPa、10GPa，并忽略梁的重量）

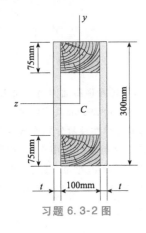

习题 6.3-2 图

6.3-3　一根长度为 5.5 m 的简支梁支撑着一个强度为 q 的均布载荷。该梁（其横截面如图 a 所示）由两根 UPN 200 钢（槽钢或 C 形钢）和一根 97mm×195mm（实际尺寸）的木梁构成，UPN 200 钢位于木梁的两侧。钢的弹性模量（$E_s=210$GPa）是木材（E_w）的 20 倍。

（a）如果钢与木材的许用应力分别为 110MPa、8.2MPa，那么，许用载荷 q_{allow} 是多少？（**注意**：忽略梁的重量。UPN 梁的尺寸与性能见附录 E 的表 E-3）

（b）如果将该梁旋转 90° 使其绕 y 轴弯曲（见图 b），而且所施加的载荷 $q=3.6$kN/m，那么，请分别求出钢与木材中的最大应力 σ_s、σ_w。考虑梁的

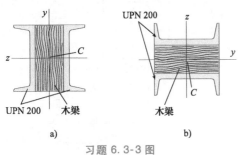

a)　　　　　b)

习题 6.3-3 图

自重（假设木材与钢的重量密度分别为 5.5kN/m³、77kN/m³）。

6.3-4　图示复合梁是一根简支梁，其跨度为 4.0m，其上承受着一个 40kN/m 的均布载荷。该梁由一根松木杆和两块黄铜板构成。其中，松木杆的横截面尺寸为 150mm×250mm，黄铜板的横截面尺寸为 30mm×150mm。

（a）如果黄铜与松木的弹性模量分别为 $E_B=96$GPa、$E_w=14$GPa，那么，请分别求出黄铜与松木中的最大应力 σ_B、σ_w（忽略梁的重量）。

（b）请求出所需黄铜板的厚度为何值时才能在最大弯矩作用下使黄铜板与木杆中的应力同时达到其许用应力值 $\sigma_{aB}=70$MPa 和 $\sigma_{aw}=8.5$MPa。最大弯矩是多少？

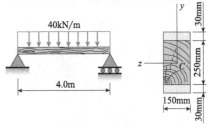

习题 6.3-4 图

6.3-5　具有图示横截面的梁由若干个薄铝条和轻质塑料构成，轻质塑料将各铝条隔开。该梁的宽度 $b=75$mm，铝条的厚度 $t=2.5$mm，塑料段的高度 $d=30$mm、$3d=90$mm。该梁的总高度 $h=160$mm。铝和塑料的弹性模量分别为 $E_a=75$GPa、$E_P=3$GPa。当该梁受到一个 1.2 kN·m 的弯矩的作用时，请求出此时铝和塑料中的最大应力 σ_a、σ_P。

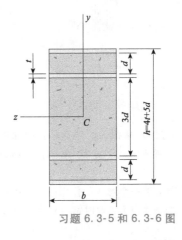

习题 6.3-5 和 6.3-6 图

6.3-6　在上题中，如果梁的宽度 $b=75$mm、铝条的厚度 $t=3$mm、塑料段的高度 $d=40$mm 和 $3d=$

120mm、梁的总高度 $h = 160mm$、弹性模量分别为 $E_a = 75GPa$ 和 $E_P = 3GPa$，那么，当该梁受到一个 $1.0kN \cdot m$ 的弯矩的作用时，请求出此时铝和塑料中的最大应力 σ_a、σ_P。

6.3-7 一根长度为 5.5m 的简支梁支撑着一个强度为 q 的均布载荷。该梁（其横截面如图 a 所示）由两根角钢和一根木梁构成。其中，每根角钢的尺寸均为 L150×100×10，木梁的尺寸为 50mm×200mm（实际尺寸），角钢位于木梁的两侧。钢的弹性模量是木材的 20 倍。.

（a）如果钢与木材的许用应力分别为 110MPa、8.3MPa，那么，许用载荷 q_{allow} 是多少？（**注意：忽略梁的重量。角钢的尺寸与性能见附录 E 的表 E-5**）

（b）如果增加一根 25mm×250mm 的木翼板（见图 b），那么，请重新求解问题（a）。

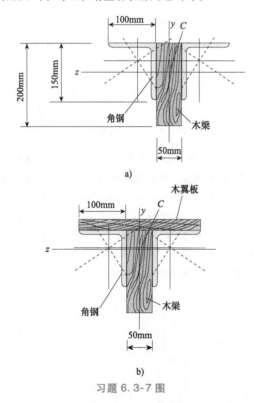

a)

b)

习题 6.3-7 图

6.3-8 具有图示横截面的复合梁由铝和钢制成。铝和钢的弹性模量分别为 $E_a = 75GPa$、$E_s = 200GPa$。

（a）当该梁受到一个弯矩的作用时，铝中产生了一个 50MPa 的最大应力，此时钢中的最大应力 σ_s 是多少？

（b）如果该梁的高度仍保持为 120mm，且钢和铝的许用应力分别被规定为 94MPa 和 40MPa，那么，铝和钢的所需高度分别为何值时才能在最大弯矩的作用下使钢和铝中的应力同时达到其许用应力值？

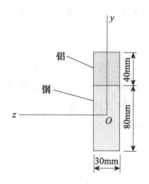

习题 6.3-8 图

6.3-9 具有图示横截面梁由两根 L120×80×12 的角钢和一根 50mm×200mm（实际尺寸）的厚木板构成。木材与钢的弹性模量分别为 $E_w = 8GPa$、$E_s = 200GPa$。如果木材与钢的许用应力分别为 10MPa、110MPa，那么，请求出弯矩 M_{allow}（**注意：忽略梁的重量。角钢的尺寸与性能见附录 E 的表 E-5**）。

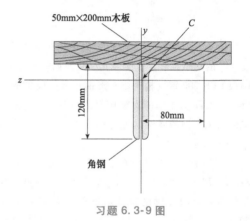

习题 6.3-9 图

6.3-10 双金属片的横截面如图所示。假设金属 A、B 的弹性模量分别为 $E_A = 168GPa$、$E_B =$

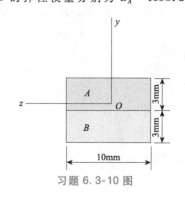

习题 6.3-10 图

90GPa，那么，请求出该梁较小的那个截面模量（提示：截面模量等于弯矩除以最大弯曲应力）。哪个材料中出现最大应力？

6.3-11 一根 HE 260B 宽翼板工字钢梁和一段 100mm 厚的混凝土板（见图）共同抵抗着一个 130kN·m 的正弯矩。剪力连接件被焊接在钢梁上，它们将钢梁和混凝土板连接在一起（这些连接件抵抗接触面处的水平剪力）。钢和混凝土的弹性模量的比值为 12∶1。请分别求出钢和混凝土中的最大应力 σ_s、σ_c（注意：该钢梁的尺寸与性能见附录 E 的表 E-1）。

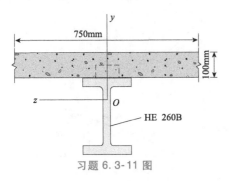

习题 6.3-11 图

6.3-12 一根钢筋混凝土梁（见图）受到一个 $M = 160$kN·m 的正弯矩的作用。该梁包含 4 根直径为 28mm 的钢筋。混凝土和钢的弹性模量分别为 $E_c = 25$GPa、$E_s = 200$GPa。

（a）请求出钢和混凝土中的最大应力。

（b）如果混凝土和钢的许用应力分别为 $\sigma_{ac} = 9.2$MPa、$\sigma_{as} = 135$MPa，那么，最大许用正弯矩是多少？

（c）如果必须达到均衡设计条件，那么，所需钢筋的面积 A_s 是多少？许用正弯矩是多少？（提示：在均衡设计中，钢和混凝土在设计弯矩的作用下同时达到其许用应力值）

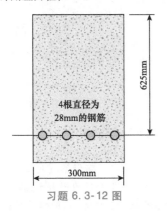

习题 6.3-12 图

6.3-13 一根钢筋混凝土 T 型梁（见图）受到一个 $M = 240$kN·m 的正弯矩的作用。该梁包含 4 根直径为 40mm 的钢筋。混凝土和钢的弹性模量分别为 $E_c = 20$GPa、$E_s = 210$GPa。设 $b = 1200$mm、$t_f = 100$mm、$b_w = 380$mm、$d = 610$mm。

（a）请求出钢筋和混凝土中的最大应力。

（b）如果混凝土和钢的许用应力分别为 $\sigma_{ac} = 9.5$MPa、$\sigma_{as} = 125$MPa，那么，最大许用正弯矩是多少？

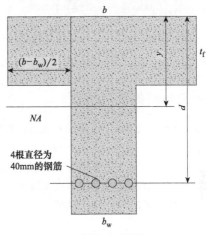

习题 6.3-13 图

6.3-14 一块钢筋混凝土路面（见图）由直径为 13mm 的钢筋加固，各钢筋的间距为 160mm，各钢筋与该板顶部的距离 $d = 105$mm。混凝土和钢的弹性模量分别 $E_c = 25$GPa、$E_s = 200$GPa。假设混凝土和钢的许用应力分别为 $\sigma_{ac} = 9.2$MPa、$\sigma_{as} = 135$MPa。

（a）如果该路面的宽度为 1m，那么，请求出其最大许用正弯矩。

（b）如果必须达到均衡设计条件，那么，所需钢筋的面积 A_s 是多少？许用正弯矩是多少？（提示：在均衡设计中，钢和混凝土在设计弯矩的作用下同时达到其许用应力值）

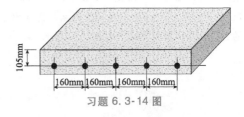

习题 6.3-14 图

6.3-15 如图所示，一根木梁被一根槽形铝材加固。木梁的横截面尺寸为 150mm×250mm，槽形铝材有一个 6mm 的均匀厚度。如果木材和铝的许用应力分别为 8MPa 和 38MPa 且其弹性模量之比为 1∶6，那么，该梁的最大许用弯矩是多少？

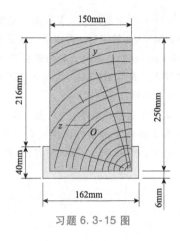

习题 6.3-15 图

承受倾斜载荷的双对称梁

求解 6.4 节的习题时,应绘制横截面的草图,以显示中性轴的方位以及所求应力的作用点。

6.4-1 如图所示,一根矩形截面梁支撑着一个倾斜载荷 P,该载荷的作用线沿着横截面的一条对角线。请证明中性轴位于另一条对角线上。

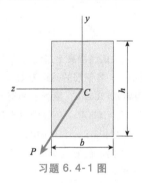

习题 6.4-1 图

6.4-2 图示矩形截面简支木梁的跨度为 L。该梁的纵向轴是水平的,其横截面倾斜的角度为 α。梁上的载荷是一个强度为 q 的铅垂均布载荷,该载荷的作用线通过形心 C。如果 $b=80$mm、$h=140$mm、$L=1.75$m、$\alpha=22.5°$、$q=7.5$kN/m,那么,请求出中性轴的方位,并计算最大拉应力 σ_{max}。

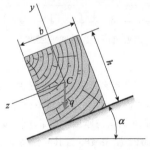

习题 6.4-2 和 6.4-3 图

6.4-3 根据下列数据求解上题:$b=100$mm,$h=200$mm,$L=3$m,$\tan\alpha=1/3$,$q=3$kN/m。

6.4-4 一根跨度为 L 的简支宽翼板工字梁受到一个铅垂集中载荷 P 的作用,该载荷的作用线通过该梁中点处的形心 C(见图)。该梁被连接到一个与水平方向倾斜 α 角的支座上。请求出中性轴的方位,并计算横截面各外角处(点 A、B、D、E)的最大应力。该梁的数据如下:IPN 280 截面,$L=3.5$m,$P=18$kN,$\alpha=26.57°$(注意:该梁的尺寸与性能见附录 E 的表 E-2)。

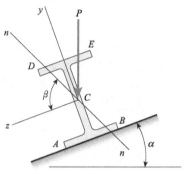

习题 6.4-4 和 6.4-5 图

6.4-5 根据下列数据求解上题:HE 140A 截面,$L=2.5$m,$P=20$kN,$\alpha=22.5°$。

6.4-6 一根长度为 L 的矩形截面悬臂木梁在其自由端受到一个倾斜载荷 P 的作用(见图)。请求出中性轴的方位,并计算最大拉应力 σ_{max}。该梁的数据如下:$b=80$mm,$h=140$mm,$L=2.0$m,$P=575$N,$\alpha=30°$。

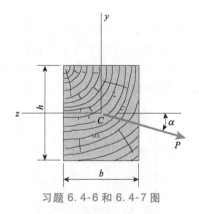

习题 6.4-6 和 6.4-7 图

6.4-7 根据下列数据求解上题:$b=100$mm,$h=200$mm,$L=2$m,$P=2$kN,$\alpha=45°$。

6.4-8 一根简支工字钢梁(见图),其两端受到两个大小相等、方向相反的弯矩 M_0 的作用,因此,该梁处于纯弯曲状态。力矩 M_0 的作用平面为 mm 平面，该平面与 xy 平面的倾角为 α。请求出中性轴的方位，并计算最大拉应力 σ_{max}。该梁的数据如下：IPN 220 截面，$M_0 = 4$kN·m，$\alpha = 24°$（注意：该梁的尺寸与性能见附录 E 的表 E-2）。

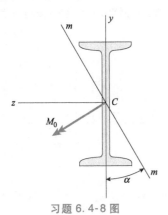

习题 6.4-8 图

6.4-9 一根长度为 L 的悬臂宽翼板工字梁在其自由端支撑着一个倾斜载荷 P（见图）。请求出中性轴的方位，并计算最大拉应力 σ_{max}。该梁的数据如下：HE 650B 截面，$L = 2.5$m，$P = 16.7$kN，$\alpha = 55°$（注意：该梁的尺寸与性能见附录 E 的表 E-1）。

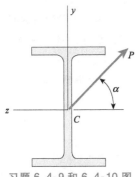

习题 6.4-9 和 6.4-10 图

6.4-10 根据下列数据求解上题：HE 320B 截面，$L = 1.8$m，$P = 9.5$kN，$\alpha = 60°$（注意：该梁的尺寸与性能见附录 E 的表 E-1）。

6.4-11 一根长度 $L = 3$m、IPN 300 截面的悬臂梁在其自由端支撑着一个轻微倾斜的载荷 $P = 2.5$kN（见图）。

（a）请绘制一个表达应力 σ_A（点 A 处的应力）与倾斜角 α 的函数关系图。

（b）请绘制一个表达角度 β（该角度确定了中性轴 nn 的位置）与倾角 α 的函数关系图（绘图时，α 的变化范围为 0 ~ 10°）（注意：该梁的尺寸与性能见附录 E 的表 E-2）。

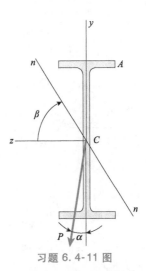

习题 6.4-11 图

6.4-12 一根悬臂梁由两根槽钢构成，每根槽钢均为 UPN 180 截面、长度均为 L，该梁在其自由端支撑着一个倾斜载荷 P（见图）。请求出中性轴的方位，并计算最大拉应力 σ_{max}。该梁的数据如下：$L = 4.5$m，$P = 500$N，$\alpha = 30°$。

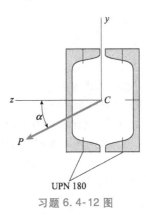

UPN 180

习题 6.4-12 图

6.4-13 一根工字形截面的组合钢梁，其翼板上连接有槽钢（见图 a），其两端简支。两个大小相等、方向相反的弯矩 M_0 作用在其两端，因此，该梁处于纯弯曲状态。力矩 M_0 的作用平面为 mm 平面，该平面与 xy 平面的倾角为 α。

（a）请求出中性轴的方位，并计算最大拉应力 σ_{max}。

（b）如果现在将槽钢反向安装在该梁翼板上（见图 b），请求出中性轴的方位，并计算最大拉应力 σ_{max}。该梁的数据如下：工字钢为 IPN 160 截面，槽钢为 UPN 100 截面，$M_0 = 5$kN·m，$\alpha = 40°$（注：IPN 和 UPN 截面的尺寸与性能见附录 E 的表 E-2 和 E-3）。

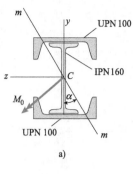

a)

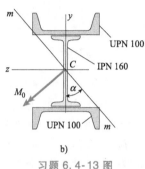

b)

习题 6.4-13 图

非对称梁的弯曲

求解 6.5 节的习题时,应绘制横截面的草图,以显示中性轴的方位以及所求应力的作用点。

6.5-1 一根槽形截面梁受到一个弯矩 M 的作用,力矩 M 的矢量与 z 轴的夹角为 θ(见图)。请求出中性轴的方位,并分别计算梁中的最大拉应力和最大压应力 σ_t、σ_c。使用下列数据:UPN160 槽形截面,$M = 2.5\text{kN} \cdot \text{m}$,$\tan\theta = 1/3$(注意:槽形截面的尺寸与性能见附录 E 的表 E-3)。

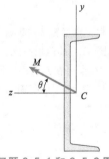

习题 6.5-1 和 6.5-2 图

6.5-2 一根槽形截面梁受到一个弯矩 M 的作用,力矩 M 的矢量与 z 轴的夹角为 θ(见图)。请求出中性轴的方位,并分别计算梁中的最大拉应力和最大压应力 σ_t、σ_c。使用下列数据:UPN 200 截面,$M = 0.75\text{kN} \cdot \text{m}$,$\theta = 20°$。

6.5-3 如图所示,一根等边角钢受到一个弯矩 M 的作用,力矩 M 的矢量位于 1-1 轴线上。如果该角钢为 L150×150×4 截面、$M = 2.5\text{kN} \cdot \text{m}$,那么,请求出中性轴的方位,并分别计算梁中的最大拉应力和最大压应力 σ_t、σ_c(注意:角钢的尺寸与性能见附录 E 的表 E-4)。

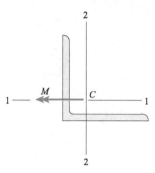

习题 6.5-3 和 6.5-4 图

6.5-4 如图所示,一根等边角钢受到一个弯矩 M 的作用,力矩 M 的矢量位于 1-1 轴线上。如果该角钢为 L200×200×19 截面、$M = 4.5\text{kN} \cdot \text{m}$,那么,请求出中性轴的方位,并分别计算梁中的最大拉应力和最大压应力 σ_t、σ_c(注意:角钢的尺寸与性能见附录 E 的表 E-4)。

6.5-5 一个由两根不等边角钢制成的梁受到一个弯矩 M 的作用,力矩 M 的矢量与 z 轴的夹角为 θ(见图 a)。

(a)对于图 a 所示位置,请求出中性轴的方位,

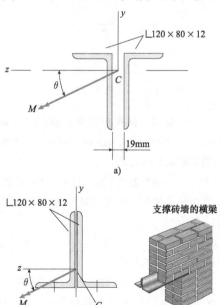

a)

b)

习题 6.5-5 图

并分别计算梁中的最大拉应力和最大压应力 σ_t、σ_c。假设 $\theta=30°$、$M=3.5\text{kN}\cdot\text{m}$。

（b）现在反转两根角钢，使其背靠背连接在一起，这样就构建了一个用于支撑砖墙的横梁（见图 b）。设 $\theta=30°$、$M=3.5\text{kN}\cdot\text{m}$，请求出该梁中性轴的方位，并分别计算梁中的最大拉应力和最大压应力 σ_t、σ_c。

6.5-6 如图所示，第 12 章例 12-7 中的 Z 形截面梁受到一个弯矩 $M=5\text{kN}\cdot\text{m}$ 的作用。请求出中性轴的方位，并分别计算梁中的最大拉应力和最大压应力 σ_t、σ_c。使用下列数据：高度 $h=200\text{mm}$，宽度 $b=90\text{mm}$，恒定厚度 $t=15\text{mm}$，$\theta_P=19.2°$，$I_1=32.6\times10^6\text{mm}^4$，$I_2=2.4\times10^6\text{mm}^4$。

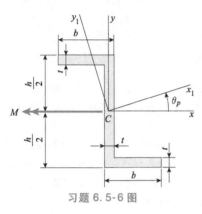

习题 6.5-6 图

6.5-7 一根钢梁的横截面如图所示，它由一根 HE450A 宽翼工字钢、一块 $25\text{cm}\times1.5\text{cm}$ 的盖板和一根 UPN 320 槽钢组合而成。其中，盖板与槽钢分别被焊接在工字钢的上、下翼板上。该钢梁受到一个弯矩 M 的作用，力矩 M 的矢量与 z 轴的夹角为 θ（见图）。请求出中性轴的方位，并分别计算梁中的最大拉应力和最大压应力 σ_t、σ_c。假设 $\theta=30°$、$M=18.5\text{kN}\cdot\text{m}$（注意：该梁横截面的性能，请参见第 12 章的例 12-2 和例 12-5）。

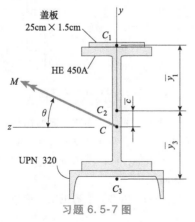

习题 6.5-7 图

6.5-8 一根钢梁的横截面如图所示。该钢梁受到一个弯矩 M 的作用，力矩 M 的矢量与 z 轴的夹角为 θ。请求出中性轴的方位，并分别计算梁中的最大拉应力和最大压应力 σ_t、σ_c。假设 $\theta=22.5°$、$M=4.5\text{kN}\cdot\text{m}$。

使用下列数据：$I_{x_1}=93.14\times10^6\text{mm}^4$，$I_{y_1}=152.7\times10^6\text{mm}^4$，$\theta_P=27.3°$。

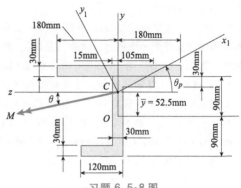

习题 6.5-8 图

6.5-9 一根横截面为半圆形（半径为 r）的梁受到一个弯矩 M 的作用，力矩 M 的矢量与 z 轴的夹角为 θ（见图）。当角度 θ 分别为 0、45° 和 90° 时，请推导出相应的梁中最大拉应力和最大压应力 σ_t 和 σ_c 的表达式（注意：所得出的表达式应采用 $\alpha M/r^3$ 的形式，α 是一个具体的数值）。

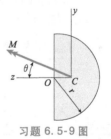

习题 6.5-9 图

6.5-10 如图所示，用于支撑阳台的组合梁由一

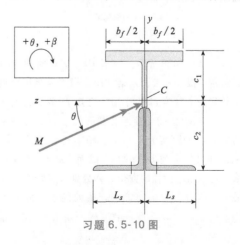

习题 6.5-10 图

根 T 形钢和两根角钢构成。该梁受到一个弯矩 M 的作用，力矩 M 的矢量与 z 轴的夹角为 θ（见图）。请求出中性轴的方位，并分别计算梁中的最大拉应力和最大压应力 σ_t、σ_c。假设 $\theta = 30°$、$M = 10\text{kN} \cdot \text{m}$。使用下列数据：$c_1 = 4.111\text{mm}$，$c_2 = 4.169\text{mm}$，$b_f = 134\text{mm}$，$L_s = 76\text{mm}$，$A = 4144\text{mm}^2$，$I_y = 3.88 \times 10^6 \text{mm}^4$，$I_z = 34.18 \times 10^6 \text{mm}^4$。

6.5-11　一根厚度 $t = 3\text{mm}$、高度 $L = 2\text{m}$ 的钢柱（$E = 200\text{GPa}$）支撑着一块停车标志牌（见图）。该钢柱受到一个弯矩 M 的作用，力矩 M 的矢量与 z 轴的夹角为 θ。请求出中性轴的方位，并分别计算钢柱中的最大拉应力和最大压应力 σ_t、σ_c。假设 $\theta = 30°$、$M = 350\text{N} \cdot \text{m}$。对于钢柱，使用下列数据：$A = 373\text{mm}^2$，$c_1 = 19.5\text{mm}$，$c_2 = 18.5\text{mm}$，$I_y = 1.868 \times 10^5 \text{mm}^4$，$I_z = 0.67 \times 10^5 \text{mm}^4$。

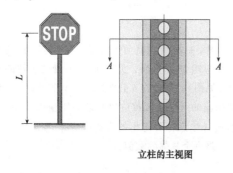

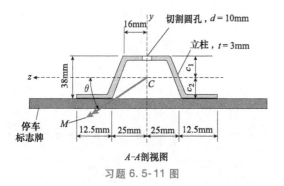

立柱的主视图

$A\text{-}A$ 剖视图
习题 6.5-11 图

6.5-12　如图所示，一根 UPN 220 槽钢与一根等边角钢连接在一起，角钢被用作横梁。该组合钢梁截面受到一个弯矩 M 的作用，弯矩 M 的矢量与 z 轴同方向（如图所示）。该组合截面的形心 C 与槽钢截面的形心 C_1 的距离为 x_c 和 y_c。图中还显示了主轴 x_1 和 y_1。如果角钢为 L90×90×7 截面、$M = 3.5\text{kN} \cdot \text{m}$，那么，请求出中性轴的方位，并分别计算最大拉应力和最大压应力 σ_t、σ_c。该组合截面的主轴的相关数据为：$I_{x_1} = 35.14 \times 10^6 \text{mm}^4$，$I_{y_1} = 4.265 \times 10^6 \text{mm}^4$，

$\theta_P = 7.826°$（顺时针），$x_c = 11.32\text{mm}$，$y_c = 21.08\text{mm}$。

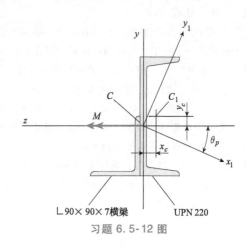

L90×90×7横梁　　UPN 220
习题 6.5-12 图

宽翼板工字梁中的切应力

求解 6.8 节的习题时，假设横截面为薄壁。除非另有规定，否则在所有计算和推导过程中均使用中线的尺寸。

6.8-1　一根长度 $L = 3.8\text{mm}$、HE 220B 截面的简支宽翼板工字梁支撑着一个强度 $q = 45\text{kN/m}$ 的均布载荷（见图）。横截面的尺寸为 $h = 220\text{mm}$、$b = 220\text{mm}$、$t_f = 16\text{mm}$、$t_w = 9.5\text{mm}$。

（a）请计算横截面 $A\text{-}A$（该截面与梁端面的距离 $d = 0.75\text{mm}$）上的最大切应力 $\tau_{\max}$。

（b）请计算横截面 $A\text{-}A$ 上点 B 处的切应力 τ。点 B 与下翼板边缘的距离 $a = 38\text{mm}$。

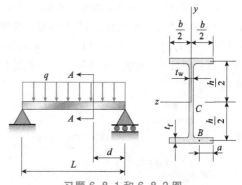

习题 6.8-1 和 6.8-2 图

6.8-2　对于一根 IPN 360 截面的标准梁，根据下列数据求解上题：$L = 3.5\text{m}$，$q = 60\text{kN/m}$，$h = 360\text{mm}$，$b = 143\text{mm}$，$t_f = 19.5\text{mm}$，$t_w = 13\text{mm}$，$d = 0.5\text{m}$，$a = 50\text{mm}$。

6.8-3　一根 IPN 240 宽翼板工字梁的横截面如

图所示，其尺寸为 $b = 106$mm、$h = 240$mm、$t_w = 8.7$mm、$t_f = 13.1$mm。梁上的载荷在所研究的横截面上产生了一个 $V = 35$kN 的剪力。

（a）请根据中线尺寸，计算该梁腹板中的最大切应力 τ_{max}。

（b）请根据第 5 章 5.10 节中的精确分析方法，计算腹板中的最大切应力 τ_{max}，并将计算结果与问题（a）中得到的结果进行比较。

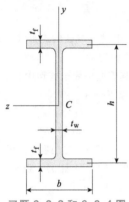

习题 6.8-3 和 6.8-4 图

6.8-4 对于 HE 550B 截面，根据下列数据求解上题：$b = 300$mm，$t_w = 15$mm，$t_f = 29$mm，$V = 115$kN。

薄壁开口截面的剪切中心

求解 6.9 节的习题时，假设横截面为薄壁，并在所有计算和推导过程中均使用中线的尺寸。

6.9-1 请计算 UPN 380 槽形截面腹板的中线与剪切中心 S 的距离 e（见图）（注意：为了便于分析，可将翼板视为一个厚度为 t_f 的矩形，t_f 等于表 E-3 所给出的平均翼板厚度，见附录 E）。

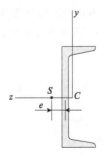

习题 6.9-1 和 6.9-2 图

6.9-2 请计算 UPN 100 槽形截面腹板的中线与剪切中心 S 的距离 e（见图）（注意：为了便于分析，可将翼板视为一个厚度为 t_f 的矩形，t_f 等于表 E-3 所

给出的平均翼板厚度，见附录 E）。

6.9-3 一根非平衡型宽翼板工字梁的横截面如图所示。对于某一翼板的中线与剪切中心 S 的距离 h_1，请得出以下公式：

$$h_1 = \frac{t_2 b_2^3 h}{t_1 b_1^3 + t_2 b_2^3}$$

同时，请检查该公式对以下两个特例是否适用：一个特例是 T 形梁（$b_2 = t_2 = 0$），另一个特例是平衡型宽翼板工字梁（$t_2 = t_1$ 和 $b_2 = b_1$）。

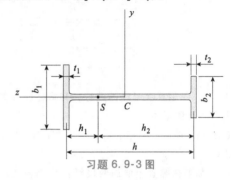

习题 6.9-3 图

6.9-4 一根非平衡型宽翼板工字梁的横截面如图所示。对于其腹板的中线与剪切中心 S 的距离 e，请得出以下公式：

$$e = \frac{3t_f(b_2^2 - b_1^2)}{ht_w + 6t_1(b_1 + b_2)}$$

同时，请检查该公式对以下两个特例是否适用：一个特例是槽形截面（$b_1 = 0$ 和 $b_2 = b$），另一个特例是双对称梁（$b_1 = b_2 = b/2$）。

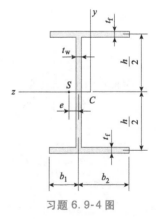

习题 6.9-4 图

6.9-5 一根具有双翼板的槽形截面梁，其横截面如图所示，其厚度是恒定的。对于其腹板的中线与剪切中心 S 的距离 e，请得出以下公式：

$$e = \frac{3b^2(h_1^2 + h_2^2)}{h_2^3 + 6b(h_1^2 + h_2^2)}$$

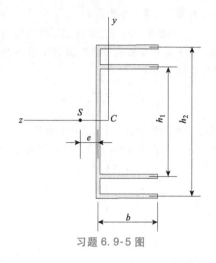

习题 6.9-5 图

6.9-6 一根具有窄缝的圆管，其横截面如图所示，其厚度是恒定的。

（a）请证明圆心 C 至剪切中心 S 的距离 e 等于 $2r$（见图 a）。

（b）如果在圆管上增加两块翼板且翼板的厚度与圆管的厚度相同（见图 b），那么，请求出距离 e 的表达式。

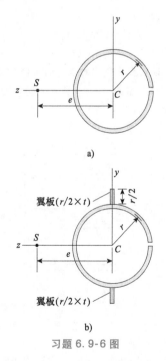

a)

b)

习题 6.9-6 图

6.9-7 一根具有窄缝的正方形管，其横截面如图所示，其厚度是恒定的。对于横截面拐角至剪切中心 S 的距离 e，请得出以下公式：

$$e = \frac{b}{2\sqrt{2}}$$

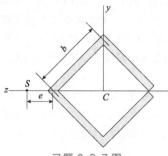

习题 6.9-7 图

6.9-8 一根具有窄缝的矩形管，其横截面如图所示，其厚度是恒定的。

（a）对于其管壁中线至剪切中心 S 的距离 e（见图 a），请得出以下公式：

$$e = \frac{b(2h+3b)}{2(h+3b)}$$

（b）如果在该管中增加两块翼板、且翼板的厚度与该管的厚度相同（见图 b），那么，请求出距离 e 的表达式。

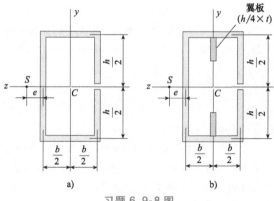

a)

b)

习题 6.9-8 图

6.9-9 一个恒定厚度的 U 形横截面如图所示。对于其半圆的圆心至剪切中心 S 的距离 e，请得出以下公式：

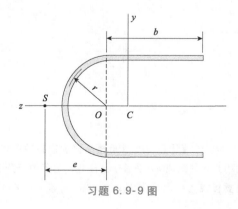

习题 6.9-9 图

$$e = \frac{2(2r^2 + b^2 + \pi br)}{4b + \pi r}$$

同时，请绘图表明距离 e（以无量纲比率 e/r 表示）与比值 b/r 的函数关系（设 b/r 的取值范围为 0~2）。

6.9-10 一个恒定厚度的 C 形截面如图所示。对于其管壁中线至剪切中心 S 的距离 e，请得出以下公式：

$$e = \frac{3bh^2(b+2a) - 8ba^3}{h^2(h+6b+6a) + 4a^2(2a-3h)}$$

同时，请检查该公式对以下两个特例是否适用：一个特例是槽形截面（$a=0$），另一个特例是具有窄缝的矩形管（$a=h/2$）。

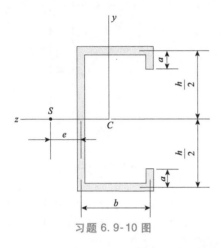

习题 6.9-10 图

6.9-11 一个恒定厚度的帽型截面如图所示。对于其管壁中线至剪切中心 S 的距离 e，请得出以下公式：

$$e = \frac{3bh^2(b+2a) - 8ba^3}{h^2(h+6b+6a) + 4a^2(2a+3h)}$$

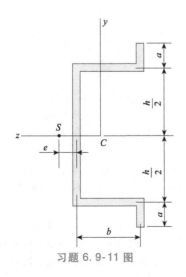

习题 6.9-11 图

同时，对于槽形截面（$a=0$）这一特例，请检查该公式是否适用。

6.9-12 具有恒定厚度的标志牌立柱的横截面如图所示。对于立柱壁的中线至剪切中心 S 的距离 e，请得出以下公式：

$$e = \frac{1}{3} tba\left(4a^2 + 3ab\sin(\beta) + 3ab\right.$$
$$\left. + 2\sin(\beta)b^2\right) \frac{\cos(\beta)}{I_z}$$

其中，I_z 为绕 z 轴的惯性矩。

请计算当 $\beta=0$ 且 $a=h/2$ 时的 e 值。同时，根据习题 6.9-11 给出的公式计算 $a=h/2$ 时的 e 值，并比较这两个 e 值。

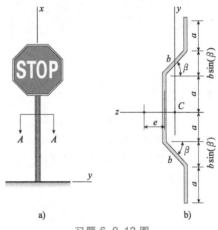

a)   b)

习题 6.9-12 图

6.9-13 一个恒定厚度的圆弧形横截面如图所示。对于圆弧圆心至剪切中心 S 的距离 e，请得出以下公式：

$$e = \frac{2r(\sin\beta - \beta\cos\beta)}{\beta - \sin\beta\cos\beta}$$

其中，β 的单位为弧度。同时，请绘图表明距离 e 随 β 的变化规律（β 的变化范围为 0 ~ π）。

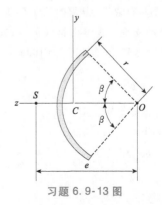

习题 6.9-13 图

弹塑性弯曲

求解 6.10 节的习题时，假设材料是一种具有屈服应力 σ_Y 的弹塑性材料。

6.10-1　对于一个具有图示尺寸的双梯形横截面，请求出其形状因子 f。同时，请检查计算结果对以下两个特例是否适用：一个特例是菱形截面（$b_1 = 0$），另一个特例是矩形截面（$b_1 = b_2$）。

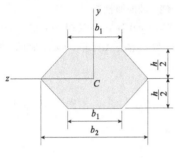

习题 6.10-1 图

6.10-2　求解下列问题：（a）图示空心圆形横截面，其内、外半径分别 r_1、r_2，请求出该截面的形状因子 f；（b）如果该截面的壁厚非常薄，那么，形状因子又是多少？

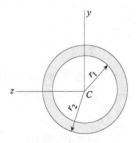

习题 6.10-2 图

6.10-3　如图所示，一根受撑悬臂梁承受着一个强度为 q 的均布载荷，该梁的长度 $L = 1.5\text{m}$，其一端有一个滑动支座。该梁由钢（$\sigma_Y = 250\text{MPa}$）制成，其横截面为矩形（宽度 $b = 100\text{mm}$、高度 $h =$

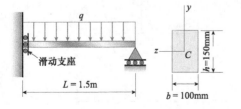

习题 6.10-3 图

150mm）。载荷强度 q 为何值才能使该梁处于完全塑性状态？

6.10-4　一根矩形钢梁的横截面为 40mm 宽、80mm 高（见图）。钢的屈服应力为 210MPa。

（a）如果该梁受到一个绕 z 轴的 $12.0\text{kN}\cdot\text{m}$ 弯矩的作用，那么，弹性区的面积占整个横截面面积的百分之多少？

（b）弯矩的大小为何值才能使 50% 的横截面发生屈服？

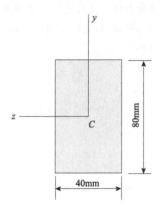

习题 6.10-4 图

6.10-5　设图示宽翼板工字梁的尺寸为 $h = 310\text{mm}$、$b = 300\text{mm}$、$t_f = 15.5\text{mm}$、$t_w = 9\text{mm}$，请计算其形状因子 f。

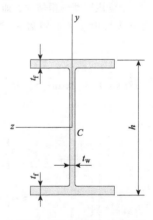

习题 6.10-5 和 6.10-6 图

6.10-6　对于一根尺寸为 $h = 404\text{mm}$、$b = 140\text{mm}$、$t_f = 11.2\text{mm}$、$t_w = 6.99\text{mm}$ 的宽翼板工字梁，请计算其形状因子 f。

6.10-7　对于一根 IPN 180 宽翼板工字梁，请求出其塑性模量 Z 和形状因子 f（注意：从附录 E 的表 E-2 中获取该梁的横截面尺寸和截面模量）。

6.10-8 对于一根 HE 260B 宽翼板工字梁，请求出其塑性模量 Z 和形状因子 f（注意：从附录 E 的表 E-1 中获取该梁的横截面尺寸和截面模量）。

6.10-9 对于一根 IPN 500 宽翼板工字梁，若 $\sigma_Y = 250$MPa，请求出屈服力矩 M_Y、塑性力矩 M_P 和形状因子 f（注意：从附录 E 的表 E-2 中获取其横截面尺寸和截面模量）。

6.10-10 对于一根 IPN 400 宽翼板工字梁，请求出屈服力矩 M_Y、塑性力矩 M_P 和形状因子 f。假设 $\sigma_Y = 250$MPa（注意：从附录 E 的表 E-2 中获取其横截面尺寸和截面模量）。

6.10-11 一根高度 $h = 300$mm、宽度 $b = 100$mm、厚度恒为 $t = 15$mm 的空心箱梁如图所示。该梁由屈服应力 $\sigma_Y = 210$MPa 的钢制成。请求出屈服力矩 M_Y、塑性力矩 M_P 和形状因子 f。

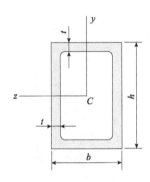

习题 6.10-11 和 6.10-12 图

6.10-12 对于一根 $h = 0.5$m、$b = 0.18$m、$t = 22$mm 的空心箱梁，请求出屈服力矩 M_Y、塑性力矩 M_P 和形状因子 f。钢的屈服应力为 $\sigma_Y = 210$MPa。

6.10-13 图示空心箱梁的高度 $h = 300$mm、内高

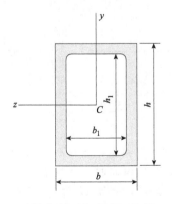

习题 6.10-13~6.10-16 图

$h_1 = 250$mm、宽度 $b = 150$mm、内宽 $b_1 = 100$mm。假设该梁由屈服应力 $\sigma_Y = 250$MPa 的钢制成，请计算屈服力矩 M_Y、塑性力矩 M_P 和形状因子 f。

6.10-14 对于一根 $h = 200$mm、$h_1 = 160$mm、$b = 150$mm、$b_1 = 130$mm 的空心箱梁，请求出其屈服力矩 M_Y、塑性力矩 M_P 和形状因子 f。假设该梁由屈服应力 $\sigma_Y = 220$MPa 的钢制成。

6.10-15 图示空心箱梁承受着一个弯矩 M。在该弯矩 M 的作用下，翼板发生屈服，但腹板却仍保持为线弹性。

(a) 如果横截面尺寸为 $h = 350$mm、$h_1 = 310$mm、$b = 200$mm、$b_1 = 175$mm，且屈服应力 $\sigma_Y = 220$MPa，那么，请计算弯矩 M 的大小。

(b) 弯矩 M 的百分之几是由弹性芯产生的？

6.10-16 对于一根尺寸为 $h = 400$mm、$h_1 = 360$mm、$b = 200$mm、$b_1 = 160$mm 的空心箱梁，请求解上题中的问题。设屈服应力 $\sigma_Y = 220$MPa。

6.10-17 一根 HE 260A 宽翼板工字梁承受着一个弯矩 M。在该弯矩 M 的作用下，翼板发生屈服，但腹板却仍保持为线弹性。

(a) 如果屈服应力 $\sigma_Y = 250$MPa，那么，请计算弯矩 M 的大小。

(b) 弯矩 M 的百分之几是由弹性芯产生的？

6.10-18 一根 T 形截面（见图）简支梁，其横截面尺寸为 $b = 140$mm、$a = 190.8$mm、$t_w = 6.99$mm、$t_f = 11.2$mm。请计算其塑性模量 Z 和形状因子 f。

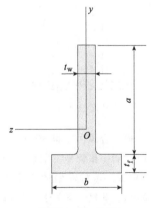

习题 6.10-18 图

6.10-19 一根宽翼板工字梁的横截面是非平衡的，其横截面尺寸如图所示。如果 $\sigma_Y = 250$MPa，那么，请求出其塑性力矩 M_P。

6.10-20 对于一根具有图示横截面的梁，请求

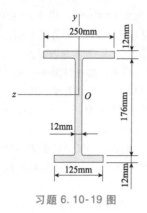

习题 6.10-19 图

出其塑性力矩 M_P。设 $\sigma_Y = 210$MPa。

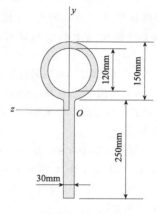

习题 6.10-20 图

补充复习题：第6章

R-6.1 一根复合梁由一块 200mm×300 的芯层 ($E_c = 14$GPa) 和两块外盖板 (300mm×12mm，$E_e =$ 100GPa) 构成。芯层和外盖板的许用应力分别为 9.5MPa 和 140MPa。关于 z 轴的最大弯矩与关于 y 轴的最大弯矩的比值最接近：

(A) 0.5　　　　(B) 0.7

(C) 1.2　　　　(D) 1.5

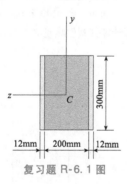

复习题 R-6.1 图

R-6.2 一根复合梁由一根 90mm×160mm 的木梁 ($E_w = 11$GPa) 和一根钢制下盖板 (90mm×8mm，$E_e = 190$GPa) 构成。木材和钢的许用应力分别为 6.5MPa 和 110MPa。该复合梁关于 z 轴的许用弯矩最接近：

(A) 2.9kNm　　　(B) 3.5kNm

(C) 4.3kNm　　　(D) 9.9kNm

R-6.3 一根钢管 ($d_3 = 104$mm，$d_2 = 96$mm) 有一个内径 $d_1 = 82$mm 的塑料内衬。钢的弹性模量是塑的 75 倍。钢与塑料的许用应力分别为 40MPa 和

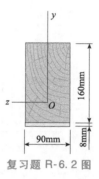

复习题 R-6.2 图

550kPa。该组合管的许用弯矩约为：

(A) 1100Nm　　　(B) 1230Nm

(C) 1370Nm　　　(D) 1460Nm

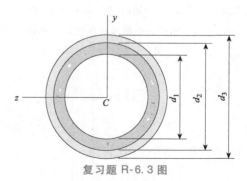

复习题 R-6.3 图

R-6.4 一根由铝条 ($E_a = 70$GPa) 和铜条 ($E_c = 110$GPa) 构成的双金属梁铝，其宽度 $b =$ 25mm。铝条和铜条的厚度均为 $t = 1.5$mm。所施加的关于 z 轴的弯矩为 1.75N·m。铝条和铜条中的最大

应力的比值约为：

(A) 0.6　　　　　(B) 0.8

(C) 1.0　　　　　(D) 1.5

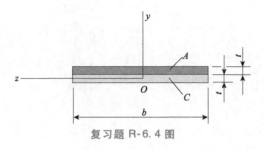

复习题 R-6.4 图

R-6.5　一根复合梁由铝（$E_a = 72\text{GPa}$）和钢（$E_s = 190\text{GPa}$）构成，其宽度 $b = 25\text{mm}$，其高度分别为 $h_a = 42\text{mm}$、$h_s = 68\text{mm}$。所施加的关于 z 轴的弯矩使铝中产生一个 55MPa 的最大应力。钢中的最大应力约为：

(A) 86MPa　　　　(B) 90MPa

(C) 94MPa　　　　(D) 98MPa

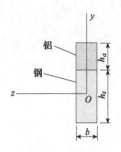

复习题 R-6.5 图

第7章 应力应变分析

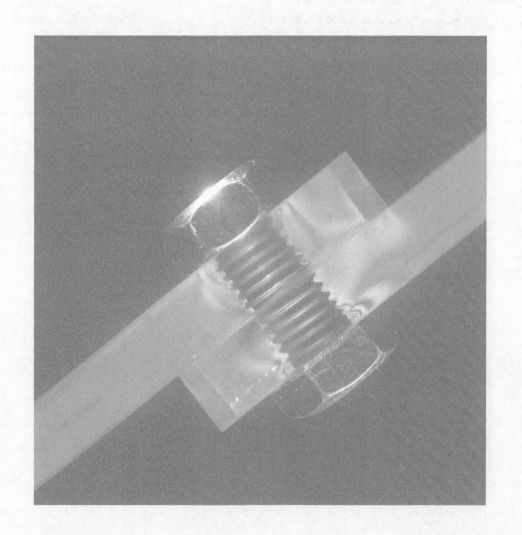

第 7 章论述如何求解作用在杆件斜截面上的正应力和切应力，因为这些应力可能大于某个与横截面平齐的应力微元体上的那些应力。一个二维应力微元体显示了一点处的平面应力状态（正应力 σ_x、σ_y，以及切应力 τ_{xy}）（见 7.2 节），并且，为了求出相对该微元体旋转了 θ 角的另一微元体上作用的应力，需要使用转换方程（见 7.3 节）。所得到的正应力和切应力的表达式也可以化简为单向应力状态的表达式（$\sigma_x \neq 0$，$\sigma_y = 0$，$\tau_{xy} = 0$；见 2.6 节的表达式）和纯剪切状态的表达式（$\sigma_x = 0$，$\sigma_y = 0$，$\tau_{xy} \neq 0$；见 3.5 节的表达式）。设计时需要知道应力的最大值，而转换过程可用来求解主应力及其作用的平面（见 7.3 节）。主平面上没有切应力的作用，但通过其他分析就可求出最大切应力（τ_{max}）及其作用的斜面。所求得的最大切应力等于主应力（σ_1、σ_2）差值的一半。表示平面应力转换方程的图形被称为莫尔圆，需要特别指出的是，该圆为计算任意斜截面以及主平面上的应力提供了一个简便的方法（见 7.4 节）。莫尔圆也可以用来表示应变（见 7.7 节）和惯性矩。7.5 节研究正应变和切应变（ε_x，ε_y，γ_{xy}），并推导出平面应力的胡克定律，该定律表明了均匀且各向同性材料的弹性模量 E、切变模量 G 以及泊松比 ν 之间的关系。胡克定律的一般表达式可被简化为双向、单向以及纯剪切应力状态的应力-应变关系。对应变作进一步的研究，可得到单位体积变化量（或膨胀量 e）的表达式以及平面应力状态下应变能密度的表达式（见 7.5 节）。接下来讨论三向应力（见 7.6 节），并论述三向应力的特例（即球应力和静水应力）：对于球应力，其三个正应力均相等且均为拉应力；对于静水应力，其三个正应力均相等且均为压应力。最后，推导出平面应变的转换方程（见 7.7 节），这些方程表明了各个斜截面上的应变与参考轴方向上的应变之间的关系，同时，还与平面应力作了对比。在施工现场或实验室，使用应变计测量实际结构的应变值时，需要应用平面应变转换方程。

本章目录

7.1 引言

根据前几章所讨论的基本公式，可计算出梁、轴以及杆中的正应力和切应力。例如，梁中的应力由弯曲公式和剪切公式（$\sigma = My/I$ 和 $\tau = VQ/Ib$）给出，轴中的应力由扭转公式（$\tau = Tp/I_P$）给出。根据这些公式所计算出的应力作用在构件的横截面上，但更大的应力可能发生在斜截面（inclined sections）上。因此，就需要进行应力和应变分析，以讨论如何求解作用在杆件斜截面上的正应力和切应力。

对于单向应力状态与纯剪切状态，我们已推导出作用在斜截面上的正应力和切应力的表达式（分别见 2.6 节和 3.5 节）。在单向应力的情况下，我们发现，最大切应力发生在与轴线呈 45° 倾角的平面上，而最大正应力发生在横截面上。在纯剪切的情况下，我们发现，最大拉伸和压缩应力均发生在 45° 平面上。类似地，梁的各个斜截面上的应力可能大于其横截面上作用的应力。为了计算这类应力，需要求解在一个更为一般的应力状态下作用在各个斜平面上的应力（见 7.2 节），这一应力状态被称为平面应力。

在关于平面应力的讨论中，将使用应力微元体来表示物体中某一点处的应力状态。之前已专门讨论了应力微元体（见 2.6 节和 3.5 节），但现在，将采用更为正规的方式来讨论。分析的第一步是研究一个应力已知的微元体，然后，再推导这样的转换方程，该方程将给出作用在某个不同方位的微元体各侧面上的应力。

在使用应力微元体开始分析工作时，必须始终牢记，无论用于描述应力状态的微元体处于什么方位，某点处固有的应力状态只有唯一的一个。若在某个物体的同一点处得到两个方位不同的微元体，虽然这两个微元体各表面上作用的应力是不同的，但它们仍然代表相同的应力状态，即所研究点处的应力。这种情况类似于用分量来表示一个力矢量——虽然当坐标轴被旋转到一个新的位置时，其分量是不同的，但力本身是相同的。

此外，还必须始终牢记，应力不是矢量。这一事实有时可能会令人困惑，因为习惯上使用箭头来表示应力，就像使用箭头来表示力矢量一样。虽然用于表示应力的箭头具有大小和方向，但它们并不是矢量，因为它们不能根据平行四边形法则进行叠加。相反，应力是一个比矢量更为复杂的量，在数学上，它们被称为张量（tensors）。力学中的其他张量包括应变和惯性矩。

7.2 平面应力

在前几章分析受拉和受压杆、受扭轴以及受弯梁时遇到的应力条件就是某种应力状态的例子，这种应力状态被称为平面应力（plane stress）。为了解释平面应力，我们将研究图 7-1a 所示的应力微元体。该微元体具有无穷小的尺寸，可被画成任意形状的立体，如一个正方体或一个长方体。如之前 1.6 节所述，xyz 轴平行于该微元体的棱边，该微元体的各个表面由其外法线的方向来表示。例如，该微元体的右侧面被指定为正 x 面，而左侧面被指定为负 x 面。类似地，上表面为正 y 面，前表面为正 z 面。

当材料处于 xy 平面内的平面应力状态时，在该微元体中，只有 x、y 面受到应力的作用，且所有的应力均作用在平行于 x、y 轴的方向，如图 7-1a 所示。这种应力条件非常常见，因为它存在于任何受力体（stressed body）的表面，但不包括那些外部载荷的作用点处。当图

7-1a所示微元体位于某一物体的自由表面上时，z轴垂直于该表面，而z面就是该表面。

图 7-1a 所示的应力符号具有以下含义：正应力 σ 的下标表示该应力所作用的表面；例如，正应力 σ_x 作用在该微元体的 x 面上，而正应力 σ_y 作用在该微元体的 y 面上。由于该微元体是无穷小的，因此，两个对立表面（opposite faces）上作用有相同的正应力。正应力的符号仍约定为拉伸时为正、压缩时为负。

切应力 τ 有两个下标：第一个下标表示该应力所作用的表面，第二个下标给出了该表面的方向。因此，应力 τ_{xy} 作用于 x 面和 y 轴方向（图 7-1a），而应力 τ_{yx} 作用于 y 面和 x 轴方向。

切应力的符号约定如下：当切应力作用于某一微元体的正表面和某个轴的正方向时，该切应力为正；当切应力作用于某一微元体的正表面和某个轴的负方向时，该切应力为负。因此，在图 7-1a 中，作用在正 x、y 面上的应力 τ_{xy} 和 τ_{yx} 都是正的切应力。类似地，在该微元体的一个负表面上，当切应力作用在某个轴的负方向时，该切应力为正。因此，作用在负 x、y 面上的应力 τ_{xy} 和 τ_{yx} 也都是正值。

为了便于记忆，可将上述切应力的符号约定按以下方式描述：

当下标所表示的方向为"正-正"或"负-负"时，切应力为正；当方向为"正-负"或"负-正"时，切应力为负。

切应力的上述符号约定与该微元体的平衡条件是一致的，因为我们知道，作用在某一无穷小微元体的两个对立表面上的切应力必须大小相等、方向相反。因此，根据上述约定，正切应力 τ_{xy} 在正表面（图 7-1a）上是向上作用的、而在负表面上是向下作用的。类似地，虽然该微元体顶面和底面上作用的应力 τ_{yx} 具有相反的方向，但它们均为正值。

同时，由于还已知"作用在两个相互垂直平面上的切应力，其大小相等，其方向同时指向（或同时背离）其表面的交线"。因此，τ_{xy} 和 τ_{yx} 在图示方向时为正，这与该已知条件是一致的。于是，可以看出：

$$\tau_{xy} = \tau_{yx} \tag{7-1}$$

这一关系是根据该微元体的平衡条件推导出来的（见 1.7 节）。

为了便于绘制平面应力的微元体，通常仅绘制该微元体的一个二维视图，如图 7-1b 所示。虽然这类视图足以显示作用在该微元体上的所有应力，但仍然必须记住，该微元体是一个厚度与图纸平面垂直的三维体。

斜截面上的应力　　现在，准备研究作用在斜截面上的应力，假设已知应力 σ_x、σ_y、τ_{xy}

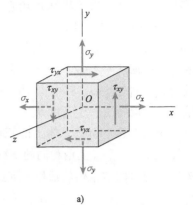

a)

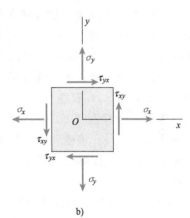

b)

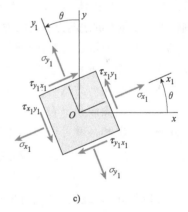

c)

图 7-1　平面应力微元体

a）面向 xyz 轴的微元体的三维视图

b）同一微元体的二维视图

c）面向 $x_1y_1z_1$ 轴的微元体的二维视图

（图 7-1a、b）。为了描述作用在某一斜截面上的应力，研究一个新的应力微元体（图 7-1c），该微元体与原始微元体（图 7-1b）一样位于材料的同一点处。然而，这个新微元体的各个表面均平行或垂直于倾斜方向。这个新微元体相关的轴为 x_1、y_1、z_1 轴，其中，z_1 轴与 z 轴重合，$x_1 y_1$ 轴相对于 xy 轴逆时针旋转了一个角度 θ。

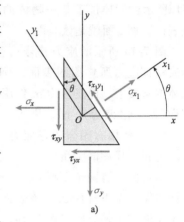

作用在这个新微元体上的正应力和切应力被标记为 σ_{x_1}、σ_{y_1}、$\tau_{x_1 y_1}$、$\tau_{y_1 x_1}$（使用相同的下标和相同的符号约定）。之前关于切应力的结论仍然适用，因此，

$$\tau_{x_1 y_1} = \tau_{y_1 x_1} \tag{7-2}$$

根据该方程以及该微元体的平衡条件，可以看出，如果求出了作用在任何一个表面上的切应力，那么，就将已知作用在某一平面应力微元体所有四个侧面上的切应力。

通过建立平衡方程，就可用 xy 微元体（图 7-1b）上作用的应力来表达 $x_1 y_1$ 斜微元体（图 7-1c）上作用的应力。为此，选择一个**楔形微元体**（wedge-shaped stress element，如图 7-2a 所示），该微元体的斜面与图 7-1c 所示斜微元体的 x_1 面是相同的。该楔形微元体的其他两个侧面分别平行于 x、y 轴。

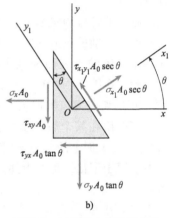

为了写出该楔形微元体的平衡方程，需要绘制一个显示各表面作用力的自由体图。设左侧面的面积（即负 x 面）为 A_0，则作用在该面上的法向力与切向力分别为 $\sigma_x A_0$ 和 $\tau_{xy} A_0$，如图 7-2b 的自由体图所示；其下表面的面积（或负 y 面）为 $A_0 \tan\theta$，倾斜面的面积（或正 x_1 面）为 $A_0 \sec\theta$，因此，作用在这些面上的法向力与切向力具有图 7-2b 所示的大小和方向。

图 7-2　平面应力楔形微元体
a）作用在微元体上的应力
b）作用在微元体上的力

作用在左侧面和下表面上的力可被分解为作用在 x_1、y_1 方向的正交分量。然后，对这两个方向的力求和，就可得到两个平衡方程。通过对 x_1 方向的力求和，可得到第一个方程，即：

$$\sigma_{x_1} A_0 \sec\theta - \sigma_x A_0 \cos\theta - \tau_{xy} A_0 \sin\theta$$

$$- \sigma_y A_0 \tan\theta \sin\theta - \tau_{yx} A_0 \tan\theta \cos\theta = 0$$

采用相同的方法，对 y_1 方向的力求和，可得：

$$\tau_{x_1 y_1} A_0 \sec\theta + \sigma_x A_0 \sin\theta - \tau_{xy} A_0 \cos\theta - \sigma_y A_0 \tan\theta \cos\theta + \tau_{yx} A_0 \tan\theta \sin\theta = 0$$

根据 $\tau_{xy} = \tau_{yz}$，并化简以上各式，可得到以下两个方程：

$$\sigma_{x_1} = \sigma_x \cos^2\theta + \sigma_y \sin^2\theta + 2\tau_{xy} \sin\theta \cos\theta \tag{7-3a}$$

$$\tau_{x_1 y_1} = -(\sigma_x - \sigma_y)\sin\theta \cos\theta + \tau_{xy}(\cos^2\theta - \sin^2\theta) \tag{7-3b}$$

方程（7-3a）和（7-3b）以角度 θ 和应力 σ_x、σ_y、τ_{xy} 为变量给出了作用在 x_1 面上的正应力和切应力。其中，σ_x、σ_y、τ_{xy} 为作用在 x 和 y 面上的应力。

对于 $\theta = 0$ 的特殊情况，如预期的那样，方程（7-3a）和（7-3b）给出了 $\sigma_{x_1} = \sigma_x$ 和 $\tau_{x_1 y_1} = \tau_{xy}$。同时，当 $\theta = 90°$ 时，方程给出了 $\sigma_{x_1} = \sigma_y$ 和 $\tau_{x_1 y_1} = -\tau_{xy} = -\tau_{yx}$。在后一种情况下，由于 $\theta = 90°$ 时 x_1 轴是铅垂的，因此，应力 $\tau_{x_1 y_1}$ 向左作用时为正。然而，由于应力 τ_{yx} 是向右作用的，

因此，$\tau_{x_1y_1} = -\tau_{yx}$。

平面应力的转换方程 通过引入以下三角恒等式（见附录 C）：

$$\cos^2\theta = \frac{1}{2}(1+\cos2\theta) \qquad \sin^2\theta = \frac{1}{2}(1-\cos2\theta)$$

$$\sin\theta\cos\theta = \frac{1}{2}\sin2\theta$$

某一斜截面上的应力方程（7-3a）和（7-3b）可被化简为：

$$\sigma_{x_1} = \frac{\sigma_x+\sigma_y}{2}+\frac{\sigma_x-\sigma_y}{2}\cos2\theta+\tau_{xy}\sin2\theta \qquad (7-4a)$$

$$\tau_{x_1y_1} = -\frac{\sigma_x-\sigma_y}{2}\sin2\theta+\tau_{xy}\cos2\theta \qquad (7-4b)$$

这两个方程通常被称为**平面应力的转换方程**（transformation equations for plane stress），因为它们将某一坐标系的应力分量转换为另一个坐标系的应力分量。然而，如前所述，所研究点处的固有应力状态是相同的，无论该应力状态是由作用在 xy 微元体（图 7-1b）上的应力来表示的、还是由作用在 x_1y_1 斜微元体（图 7-1c）上的应力来表示的。

由于转换方程的推导仅仅依据某一微元体的平衡，因此，它们适用于任何一种材料，无论该材料是线性的还是非线性的、是弹性的还是非弹性的。

根据转换方程，可以得到关于正应力的一个重要观察。首先，可以看出，只要用 $\theta + 90°$ 替换式（7-4a）中的 θ，就可求得作用在斜微元体（图 7-1c）y_1 面上的正应力 σ_{y_1}。所得 σ_{y_1} 的方程为：

$$\sigma_{y_1} = \frac{\sigma_x+\sigma_y}{2}-\frac{\sigma_x-\sigma_y}{2}\cos2\theta-\tau_{xy}\sin2\theta \qquad (7-5)$$

将 σ_{x_1} 和 σ_{y_1} 的表达式［式（7-4a）和式（7-5）］相加，则可得到以下关于平面应力的方程：

$$\sigma_{x_1}+\sigma_{y_1} = \sigma_x+\sigma_y \qquad (7-6)$$

该方程表明，作用在平面应力微元体（在某一受力体的给定点处）的两个相互垂直表面上的正应力的和是恒定的，且与角度 θ 无关。

正应力和切应力的变化方式如图 7-3 所示，该图表示了 σ_{x_1}、$\tau_{x_1y_1}$ 与角度 θ 的关系［根据式（7-4a）和式（7-4b）］。在该图中，特别绘制了 $\sigma_y = 0.2\sigma_x$ 和 $\tau_{xy} = 0.8\sigma_x$ 的情况。从该图中可以看到，应力随着该微元体方位的改变而不断变化。在某些角度处，正应力达到最大值或最小值；在其他角度处，正应力变为零。类似地，切应力也在某些角度处具有最大值、最小值和零值。7.3 节将详细研究这些最大值和最小值。

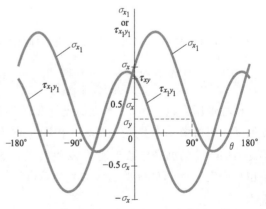

图 7-3 正应力 σ_{x_1} 和切应力 $\tau_{x_1y_1}$ 与角度 θ 的关系图
（在 $\sigma_y = 0.2\sigma_x$ 和 $\tau_{xy} = 0.8\sigma_x$ 的情况下）

平面应力的特殊情况 在特殊条件下，平面应力的一般情况将简化为更简单的应力状态。

例如，如果除正应力 σ_x 之外，所有作用在 xy 微元体（图 7-1b）上的应力均为零，那么，该微元体就处于单向应力状态（图 7-4）。在式（7-4a）和式（7-4b）中，设 σ_y 和 τ_{xy} 等于零，则可得到相应的转换方程，即：

$$\sigma_{x_1} = \frac{\sigma_x}{2}(1+\cos2\theta) \qquad \tau_{x_1y_1} = -\frac{\sigma_x}{2}(\sin2\theta) \tag{7-7a, b}$$

这些方程与之前 2.6 节所推导出的方程 [见式（2-29a）和式（2-29b）] 是一致的，但现在，我们使用的是一个更广义的倾斜面上的应力的表达式。

另一种特殊情况为纯剪切（图 7-5），将 $\sigma_x=0$ 和 $\sigma_y=0$ 代入式（7-4a）式（7-4b）中，就可得到其转换方程：

$$\sigma_{x_1} = \tau_{xy}\sin2\theta \qquad \tau_{x_1y_1} = \tau_{xy}\cos2\theta \tag{7-8a, b}$$

这些方程再次对应于那些之前推导出的方程 [见 3.5 节的式（3-30a）和式（3-30b）]。

最后，还有一种特殊情况是双向应力（biaxial stress），在双向应力的情况下，xy 微元体承受着 x、y 方向的正应力、但没有承受任何切应力（图 7-6）。根据式（7-4a）和式（7-4b），消除其含有 τ_{xy} 的各项并化简，则可得到以下关于双向应力的方程：

$$\sigma_{x_1} = \frac{\sigma_x+\sigma_y}{2}+\frac{\sigma_x-\sigma_y}{2}\cos2\theta \tag{7-9a}$$

$$\tau_{x_1y_1} = -\frac{\sigma_x-\sigma_y}{2}\sin2\theta \tag{7-9b}$$

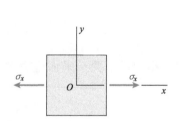

图 7-4　单向应力状态的微元体

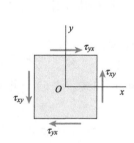

图 7-5　纯剪切状态的微元体

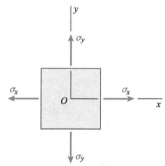

图 7-6　双向应力状态的微元体

双向应力发生在许多种结构中，包括薄壁压力容器（见 8.2 节和 8.3 节）。

● ● ● 例 7-1

圆柱形压力容器在 A、B 处简支（见图 7-7）。在内部压力的作用下，该容器外壳上点 C 处的某一应力微元体上产生了 $\sigma_x=40\text{MPa}$ 的纵向应力和 $\sigma_y=80\text{MPa}$ 的轴向应力。此外，地震之后的不均匀沉降导致支座 B 发生转动，这相当于在该容器上施加了一个这样的扭矩，该扭矩产生 $\tau_{xy}=17\text{MPa}$ 的切应力。当该微元体旋转的角度为 $\theta=45°$ 时，请求出其上作用的应力。

解答：

转换方程。可利用式（7-4a）和式（7-4b）给出的转换方程来求解作用在某一斜微元体上的应力。根据给定的数据，可得：

$$\frac{\sigma_x+\sigma_y}{2}=60\text{MPa}$$

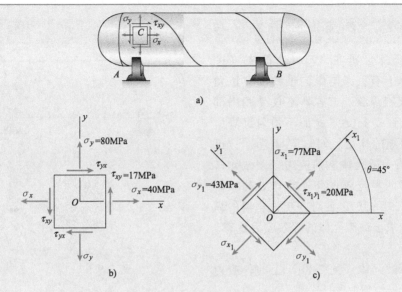

图 7-7

a）压力容器及其 C 处的应力微元体　b）处于平面应力状态的微元体 C

c）倾斜角为 $\theta=45°$ 的微元体 C

$$\frac{\sigma_x-\sigma_y}{2}=-20\text{MPa}$$

$$\tau_{xy}=17\text{MPa}$$

$$\sin2\theta=\sin90°=1$$

$$\cos2\theta=\cos90°=0$$

将这些值代入式（7-4a）和式（7-4b），可得：

$$\sigma_{x_1}=\frac{\sigma_x+\sigma_y}{2}+\frac{\sigma_x-\sigma_y}{2}\cos2\theta+\tau_{xy}\sin2\theta=60\text{MPa}+(-20\text{MPa})\times(0)+(17\text{MPa})\times(1)=77\text{MPa}$$

$$\tau_{x_1y_1}=-\frac{\sigma_x-\sigma_y}{2}\sin2\theta+\tau_{xy}\cos2\theta=-(-20\text{MPa})\times(1)+(17\text{MPa})\times(0)=20\text{MPa}$$

此外，根据式（7-5），可求得应力 σ_{y_1} 为：

$$\sigma_{y_1}=\frac{\sigma_x+\sigma_y}{2}-\frac{\sigma_x-\sigma_y}{2}\cos2\theta-\tau_{xy}\sin2\theta=60\text{MPa}-(-20\text{MPa})\times(0)-(17\text{MPa})\times(1)=43\text{MPa}$$

应力微元体。根据上述结果，可容易地求出作用在一个方位角为 $\theta=45°$ 的微元体所有侧面上的应力，如图 7-7c 所示。图中的箭头表示这些应力的实际作用方向。特别应注意，所有的切应力具有相同的大小，但方向不同。同时还应注意，正应力的总和保持不变且等于 120MPa（见式 7-6）。

注意：图 7-7b 所示的应力与图 7-7a 所示的应力均代表相同的固有应力状态。然而，由于应力作用在不同方位的微元体上，因此，它们的数值也就不同。

● ● ● 例 7-2

圆柱形压力容器在 A、B 处简支（图7-8）。该容器上有一条与纵向轴线的方位角为 $\theta=35°$ 的螺旋焊缝。该容器不仅受到内部压力的作用，还受到支座 B 的不均匀沉降所造成的某一扭矩的作用。如图 7-8b 所示，已知点 D 处的某一微元体上的应力，该微元体的各表面与焊缝平行或垂直。当 D 处的该微元体被旋转了 $\theta=-35°$ 以便对齐于该容器的纵向轴线时，请求出该微元体的等效应力状态。

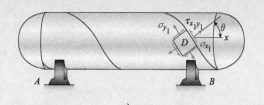

a)

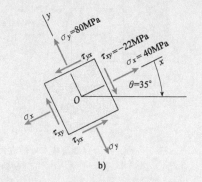

b)

解答：

作用在原微元体（图 7-8b）上的各应力具有以下值：

$$\sigma_x=40\text{MPa}\quad\sigma_y=80\text{MPa}\quad\tau_{xy}=-22\text{MPa}$$

方位角为顺时针 $-35°$ 的微元体如图 7-8c 所示，其中，x_1 轴相对于 x 轴的方位角为 $\theta=-35°$。

应力转换方程。利用式（7-4a）和式（7-4b）给出的转换方程，就可计算出作用在该方位角为 $\theta=-35°$ 的微元体 x_1 面上的应力。计算过程如下：

$$\frac{\sigma_x+\sigma_y}{2}=60\text{MPa}\quad\frac{\sigma_x-\sigma_y}{2}=-20\text{MPa}$$

$$\sin2\theta=\sin(-70°)=-0.94$$

$$\cos2\theta=\cos(-70°)=0.342$$

将这些值代入各转换方程，可得：

$$\sigma_{x_1}=\frac{\sigma_x+\sigma_y}{2}+\frac{\sigma_x-\sigma_y}{2}\cos2\theta+\tau_{xy}\sin2\theta$$

$$=60\text{MPa}+(-20\text{MPa})\times(0.342)+(-22\text{MPa})\times(-0.94)=73.8\text{MPa}$$

$$\tau_{x_1y_1}=-\frac{\sigma_x-\sigma_y}{2}\sin2\theta+\tau_{xy}\cos2\theta=-(-20\text{MPa})\times(-0.94)+(-22\text{MPa})\times(0.342)=-26.3\text{MPa}$$

作用在 y_1 面上的正应力［见式（7-5）］为：

$$\sigma_{y_1}=\frac{\sigma_x+\sigma_y}{2}-\frac{\sigma_x-\sigma_y}{2}\cos2\theta-\tau_{xy}\sin2\theta$$

$$=60\text{MPa}-(-20\text{MPa})\times(0.342)-(-22\text{MPa})\times(-0.94)=46.2\text{MPa}$$

可根据 $\sigma_{x_1}+\sigma_{y_1}=\sigma_x+\sigma_y$ 来检查计算结果是否正确。

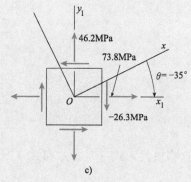

c)

图 7-8

a）压力容器及其 D 处的应力微元体　b）处于平面应力状态的微元体 D　c）倾角为 $\theta=-35°$ 的微元体 D

作用在该斜微元体上的应力如图 7-8c 所示，其中，箭头表示各应力的实际作用方向。应再次注意：图 7-8 所示的两个应力微元体表示相同的应力状态。

7.3　主应力和最大切应力

平面应力的转换方程表明，正应力 σ_{x_1} 和切应力 $\tau_{x_1y_1}$ 将随着坐标轴的转角 θ 的改变而发生连续变化。某个具体应力组合的这种变化如图 7-3 所示。从该图中可以看出，无论是正应力还是切应力，均在 90° 间隔处达到其最大值和最小值。这些最大值和最小值通常是设计中所需要的（这是显然的，并不奇怪）。例如，诸如机器、飞机等结构的疲劳失效往往与这些最大应力有关，因此，确定它们的大小和方向就应作为设计过程的一部分（图 7-9）。

a)

主应力　最大和最小正应力被称为**主应力**（principal stresses），根据正应力 σ_{x_1} 的转换方程 ［式（7-4a）］，就可求出主应力。求 σ_{x_1} 关于 θ 的导数，并设该导数等于零，就可以得到一个方程，根据该方程，就可求出使 σ_{x_1} 达到最大或最小时的 θ 值。该导数方程为：

$$\frac{\mathrm{d}\sigma_{x_1}}{\mathrm{d}\theta} = -(\sigma_x - \sigma_y)\sin2\theta + 2\tau_{xy}\cos2\theta = 0 \qquad (7\text{-}10)$$

据此可得：

$$\tan2\theta_p = \frac{2\tau_{xy}}{\sigma_x - \sigma_y} \qquad (7\text{-}11)$$

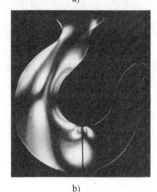

b)

图 7-9　光弹性条纹图样显示了
吊钩模型中的主应力

a）吊钩的图片　b）光弹性条纹图样

下标 p 表明，角度 θ_p 定义了**主平面**（principal planes）的方位，即定义了主应力所作用的平面。

根据式（7-11），就可求出角度 $2\theta_p$（其取值范围为 0 ～ 360°）的两个值。这两个值相差 180°，其中，一个值在 0 ～ 180° 的范围内，另一个值在 180° ～ 360° 的范围内。因此，角度 θ_p 就有相差 90° 的两个值，一个值在 0 ～ 90° 的范围内，另一个值在 90° ～ 180° 的范围内。θ_p 的两个值被称为**主方位角**（principal angles）。其中，某一主方位角所对应的正应力 σ_{x_1} 为最大主应力，另一方位角所对应的 δ_{x_1} 为最小主应力。由于各主方位角相差 90°，因此，可以看出：主应力出现在相互垂直的平面上。

将每个 θ 的值代入第一个应力转换方程 ［式（7-4a）］ 并求解 σ_{x_1}，就可计算出各个主应力。采用这种方法来求解主应力，可求得主应力的值及其相关的主方位角。

也可求出主应力的一般表达式。为此，需研究图 7-10 中的直角三角形，该三角形是根据式（7-11）构建出来的。注意，根据勾股定理，可求得该三角形的斜边为：

$$R = \sqrt{\left(\frac{\sigma_x - \sigma_y}{2}\right)^2 + \tau_{xy}^2} \qquad (7\text{-}12)$$

R 始终是正数且具有应力的单位（就像该三角形的其他两个侧边一样）。根据该三角形，还可以得到两个额

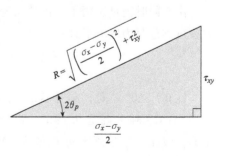

图 7-10　式（7-11）的几何表示图

外的关系：

$$\cos2\theta_p = \frac{\sigma_x - \sigma_y}{2R} \qquad \sin2\theta_p = \frac{\tau_{xy}}{R} \qquad (7\text{-}13a, \ b)$$

将这些 $\cos 2\theta_p$ 和 $\sin 2\theta_p$ 的表达式代入式（7-4a），就可求出代数值较大的那个主应力（该主应力被标记为 σ_1），即：

$$\sigma_1 = \sigma_{x_1} = \frac{\sigma_x + \sigma_y}{2} + \frac{\sigma_x - \sigma_y}{2}\cos2\theta_p + \tau_{xy}\sin2\theta_p$$

$$= \frac{\sigma_x + \sigma_y}{2} + \frac{\sigma_x - \sigma_y}{2}\left(\frac{\sigma_x - \sigma_y}{2R}\right) + \tau_{xy}\left(\frac{\tau_{xy}}{R}\right)$$

将式（7-12）的 R 代入该式并进行适当的代数运算，可得：

$$\sigma_1 = \frac{\sigma_x + \sigma_y}{2} + \sqrt{\left(\frac{\sigma_x - \sigma_y}{2}\right)^2 + \tau_{xy}^2} \qquad (7\text{-}14)$$

将较小的那个主应力标记为 σ_2。根据"相互垂直表面上的正应力的和总是恒定的"这一条件 [见式（7-6）]，就可求得 σ_2。这一条件为：

$$\sigma_1 + \sigma_2 = \sigma_x + \sigma_y \qquad (7\text{-}15)$$

将 σ_1 的表达式代入式（7-15），并求解 σ_2，可得：

$$\sigma_2 = \sigma_x + \sigma_y - \sigma_1$$

$$= \frac{\sigma_x + \sigma_y}{2} - \sqrt{\left(\frac{\sigma_x - \sigma_y}{2}\right)^2 + \tau_{xy}^2} \qquad (7\text{-}16)$$

该方程与 σ_1 的方程具有相同的形式，但不同之处在于，其根号前是"$-$"号。

上述 σ_1 和 σ_2 的表达式可用一个公式来表示：

$$\sigma_{1,2} = \frac{\sigma_x + \sigma_y}{2} \pm \sqrt{\left(\frac{\sigma_x - \sigma_y}{2}\right)^2 + \tau_{xy}^2} \qquad (7\text{-}17)$$

加号给出了代数值较大的那个主应力，减号给出了代数值较小的那个主应力。

主方位角 现在，将定义主平面的两个主方位角分别标记为 θ_{p_1} 和 θ_{p_2}，它们分别对应于主应力 σ_1 和 σ_2。根据 $\tan2\theta_p$ 的方程 [式（7-11）]，就可求出这两个角度。然而，无法得知该方程的两个解究竟哪个解是 θ_{p_1}、哪个解是 θ_{p_2}。一个简单的方法是，任选其中的一个值代入到 θ_{x_1} 的方程 [式（7-4a）] 中，则可判断出所求得的 θ_{x_1} 的值究竟是对应于 σ_1 的还是对应于 σ_2 的。于是，就可求出两个主方位角与两个主应力之间的关系。

另一种求解主方位角与主应力之间关系的方法是，利用方程（7-13a）和（7-13b）来求解 θ_p。

由于同时满足这两个方程的角度只有一个，因此，这唯一的角度就是 θ_{p_1}。于是，这两个方程可被重写为以下形式：

$$\cos2\theta_{p_1} = \frac{\sigma_x - \sigma_y}{2R} \qquad \sin2\theta_{p_1} = \frac{\tau_{xy}}{R} \qquad (7\text{-}18a, \ b)$$

在 $0 \sim 360°$ 之间，满足这这两个方程的角度只有一个。因此，根据式（7-18a）和式（7-18b）就可唯一确定 θ_{p_1} 的值。由于角度 θ_{p_2}（相应于 σ_2）所定义的平面垂直于 θ_{p_1} 所定义的平面，因此，θ_{p_2} 的值比 θ_{p_1} 的值大 90°、或小 90°。

主平面上的切应力 根据切应力的转换方程 [式（7-4b）]，可得到主平面的一个重要特征。若设切应力 $\tau_{x_1y_1}$ 等于零，则得到一个与式（7-10）相同的方程。因此，若根据该方程来求解 2θ ，则得到一个 $\tan 2\theta$ 的表达式，该表达式与式（7-11）相同。换句话说，切应力为零的那个平面的方位角与主平面的方位角是相同的。

由此可见，主平面的重要特征为：各主平面上的切应力为零。

特例 对于单向应力和双向应力状态的微元体，其主平面就是 x、y 平面自身（图 7-11），因为 $\tan 2\theta_p = 0$［见式（7-11）］且 θ_p 的两个值分别为 0 和 90°。根据"各主平面上的切应力为零"这一事实，也可知 x、y 平面就是主平面。

对于一个纯剪切微元体（图 7-12a），其主平面位于与 x 轴呈 45°角的方位上（图 7-12b），因为 $\tan 2\theta_p$ 等于无穷大且 θ_p 的两个值分别为 45° 和 135°。如果 τ_{xy} 为正，则各主应力为 $\sigma_1 = \tau_{xy}$、$\sigma_2 = -\tau_{xy}$（见 3.5 节关于纯剪切的讨论）。

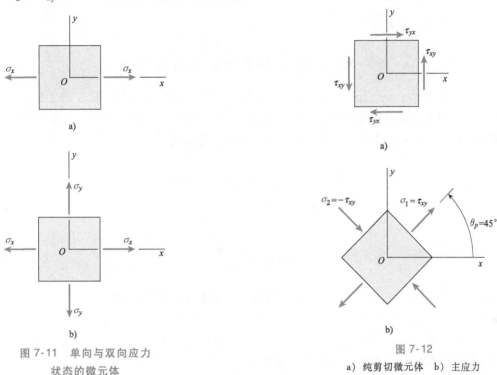

图 7-11　单向与双向应力
状态的微元体

图 7-12
a）纯剪切微元体　b）主应力

第三个主应力 前面关于主应力的讨论仅涉及坐标轴在 xy 平面内的旋转，即绕 z 轴的旋转（图 7-13a）。因此，根据式（7-17）所确定的两个主应力被称为**面内主应力**（the in-plane principal stresses）。但是，不能忽视这样一个事实：应力微元体实际上是一个三维体，且有三个（而不是两个）主应力作用在三个相互垂直的平面上。

通过更完整的三维分析，可以证明：某一平面应力微元体的三个主平面不仅包括两个前述主平面，还包括该微元体的 z 面。这三个主平面如图 7-13b 所示，图中主压力 δ_1 对应的主方位角为 θ_{p_1}。主应力 σ_1 和 σ_2 由式（7-17）给出，第三个主应力（σ_3）等于零。

根据定义，σ_1 比 σ_2 的数值要大，但 σ_3 的数值可以大于或小于 σ_1 和 σ_2，或介于 σ_1 和 σ_2 之间。当然，各主应力也有可能相等。注意，在任何主平面上均没有切应力$^{\ominus}$。

$\ominus$ 主应力的求解是某类数学分析的一个应用实例，这类数学分析被称为特征值分析（见矩阵代数的相关书籍）。应力转换方程以及主应力的的概念应归功于法国数学家 A. L. 柯西（1789—1857）、圣维南（1797—1886）以及苏格兰科学家与工程师 W. J. M. 朗肯（1820—1872），分别见参考文献 7-1、7-2 和 7-3。

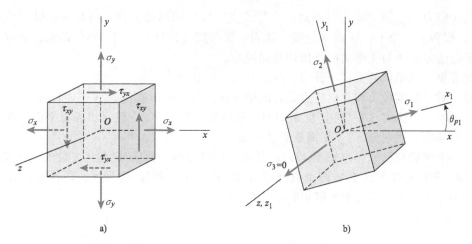

图 7-13　平面应力微元体

a) 原始微元体　b) 面向三个主平面和三个主应力的微元体

　　最大切应力　对于一个处于平面应力状态的微元体，求出主应力及其方向之后，就能够研究如何求解最大切应力及其作用的平面。作用在各个斜面上的切应力 $\tau_{x_1y_1}$ 由第二个转换方程［式（7-4b）］给出。求 $\tau_{x_1y_1}$ 关于 θ 的导数，并设该导数为零，可得：

$$\frac{\mathrm{d}\tau_{x_1y_1}}{\mathrm{d}\theta}=-(\sigma_x-\sigma_y)\cos2\theta-2\tau_{xy}\sin2\theta=0 \tag{7-19}$$

　　据此可得：

$$\tan2\theta_s=-\frac{\sigma_x-\sigma_y}{2\tau_{xy}} \tag{7-20}$$

　　下标 s 表明，角度 θ_s 定义了最大正、负切应力所作用的平面的方位。

　　根据式（7-20），可求得 θ_s 的两个值，一个值介于 0～90°，另一个值介于 90°～180°。因此，这两个值相差 90°，且各最大切应力出现在相互垂直的平面上。由于相互垂直平面上的切应力的绝对值是相等的，因此，最大正、负切应力的唯一区别是符号不同。

　　比较式（7-20）与式（7-11），可以看出：

$$\tan2\theta_s=-\frac{1}{\tan2\theta_p}=-\cot2\theta_p \tag{7-21}$$

　　根据该方程，可得到角度 θ_s 和 θ_p 之间的关系。首先，将该方程重新表达为以下形式：

$$\frac{\sin2\theta}{\cos2\theta_s}+\frac{\cos2\theta_p}{\sin2\theta_p}=0$$

　　将两边同乘以（$\cos2\theta_s$）（$\sin2\theta_p$），可得：

$$\sin2\theta_s\sin2\theta_P+\cos2\theta_s\cos2\theta_p=0$$

　　该式可化简为以下表达式（见附录 C）：

$$\cos(2\theta_s-2\theta_p)=0$$

　　因此，$2\theta_s-2\theta_p=\pm90°$，则有：

$$\theta_s = \theta_p \pm 45° \tag{7-22}$$

该方程表明,最大切应力出现在与主平面呈45°的平面上。

最大正切应力 $\tau_{\max}$ 所在的平面由角度 θ_{s_1} 定义。对于 θ_{s_1},可应用以下方程:

$$\cos 2\theta_{s_1} = \frac{\tau_{xy}}{R} \qquad \sin 2\theta_{s_1} = -\frac{\sigma_x - \sigma_y}{2R} \tag{7-23a, b}$$

其中,R 由式(7-12)给出。同时,与角度 θ_{p_1}[见式(7-18a)和式(7-18b)]有关的角度 θ_{s_1} 为:

$$\theta_{s_1} = \theta_{p_1} - 45° \tag{7-24}$$

将 $\cos 2\theta_{s_1}$ 和 $\sin 2\theta_{s_1}$ 的表达式代入第二个转换方程[式(7-4b)],就可求得相应的最大切应力为:

$$\tau_{\max} = \sqrt{\left(\frac{\sigma_x - \sigma_y}{2}\right)^2 + \tau_{xy}^2} \tag{7-25}$$

最大负切应力 $\tau_{\min}$ 具有相同的大小,但符号相反。

根据式(7-17)给出的主应力 σ_1 和 σ_2,可求得最大切应力的另一个表达式。用 σ_1 的表达式减去 σ_2 的表达式,并将所得结果与式(7-25)对比,可以看出:

$$\tau_{\max} = \frac{\sigma_1 - \sigma_2}{2} \tag{7-26}$$

因此,最大切应力等于主应力差值的一半。

最大切应力所在的平面上也作用有正应力。将角度 θ_{s_1} 的表达式[式(7-23a)和式(7-23b)]代入 θ_{x_1} 的方程[式(7-4a)],就可求得这个作用在最大正切应力所在平面上的正应力。所求得的正应力等于 x、y 面上应力的平均值:

$$\sigma_{\text{aver}} = \frac{\sigma_x + \sigma_y}{2} \tag{7-27}$$

最大负切应力所在平面上作用有同样大小的正应力。

在单向应力和双向应力这类特殊情况下(图7-11),最大切应力出现在与 x、y 轴呈45°方位的平面上。在纯剪切的情况下(图7-12),最大切应力出现在 x 面和 y 面上。

面内切应力和面外切应力 上述关于切应力的分析仅论述了面内切应力(in-plane shear stresses),即作用在 xy 平面内的应力。在求解最大面内切应力[式(7-25)和式(7-26)]时,所研究的各微元体是将 xyz 坐标系统 z 轴(z 轴是一个主轴)旋转后而得到的(图7-13a)。可以看出,最大切应力出现在与主平面呈45°的平面上。图7-13a所示微元体的主平面如图7-13b所示,其中,σ_1 和 σ_2 为主应力。因此,可求出这样一个微元体上的最大面内切应力,该微元体是将 $x_1 y_1 z_1$ 坐标系统 z_1 轴旋转45°后得到的(图7-13b)。这些应力由式(7-25)或式(7-26)给出。

将坐标系统其他两个主轴(图7-13b 中的 x_1 和 y_1 轴)旋转45°,也可求得最大切应力。其结果是,可得到三个最大正切应力和三个最大负切应力[与式(7-26)比较]:

$$(\tau_{\max})_{x_1} = \pm \frac{\sigma_2}{2} \qquad (\tau_{\max})_{y_1} = \pm \frac{\sigma_1}{2}$$

$$(\tau_{\max})_{z_1} = \pm \frac{\sigma_1 - \sigma_2}{2} \tag{7-28a, b, c}$$

其中，下标表示微元体旋转 45°时所围绕的主轴。绕 x_1 和 y_1 轴旋转所得到的切应力被称为**面外切应力**（out-of-plane shear stresses）。

根据 σ_1 和 σ_2 的数值，就可求出上述表达式中的哪一个表达式给出了最大切应力值。如果 σ_1 和 σ_2 的符号相同，那么，前两个表达式的某一个给出了最大值；如果符号相反，则最后一个表达式给出了最大值。

● ● ● 例 7-3

一根简支宽翼板工字梁在其中点处受到一个集中载荷 P 的作用（图 7-14a）。已知该梁腹板中微元体 C 的应力状态（图 7-14b）为 $\sigma_x = 86\text{MPa}$、$\sigma_y = -28\text{MPa}$、$\tau_{xy} = -32\text{MPa}$。

（a）请求出主应力，并将其显示在相应的微元体图上。

（b）请求出最大切应力，并将其显示在相应的微元体图上（仅考虑面内应力）。

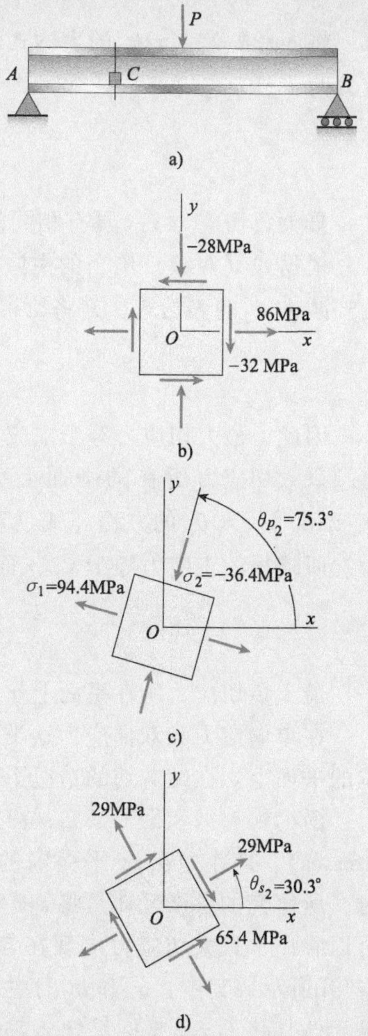

解答：

（a）**主应力**。根据式（7-11），可求出主平面的主方位角 θ_p：

$$\tan 2\theta_p = \frac{2\tau_{xy}}{\sigma_x - \sigma_y} = \frac{2\times(-32\text{MPa})}{86\text{MPa}-(-28\text{MPa})} = -0.5614$$

求解该式，可得以下两组值：

$$2\theta_p = 150.7° \text{ 和 } \theta_p = 75.3°$$
$$2\theta_p = 330.7° \text{ 和 } \theta_p = 165.3°$$

将 $2\theta_p$ 的两个值代入式（7-4a）给出的 σ_{x_1} 的转换方程，就可求出主应力。首先，求出以下各量：

$$\frac{\sigma_x + \sigma_y}{2} = \frac{86\text{MPa}-28\text{MPa}}{2} = 29\text{MPa}$$

$$\frac{\sigma_x - \sigma_y}{2} = \frac{86\text{MPa}+28\text{MPa}}{2} = 57\text{MPa}$$

然后，将 $2\theta_p$ 的第一个值代入式（7-4a），可得：

$$\sigma_{x_1} = \frac{\sigma_x + \sigma_y}{2} + \frac{\sigma_x - \sigma_y}{2}\cos 2\theta + \tau_{xy}\sin 2\theta$$
$$= 29\text{MPa}+(57\text{MPa})\times(\cos 150.7°)-(32\text{MPa})\times(\sin 150.7°)$$
$$= -36.4\text{MPa}$$

采用类似的方法，代入 $2\theta_p$ 的第二个值，可求得 $\sigma_{x_1} = 94.4\text{MPa}$。因此，主应力及其作用的主方位角为：

$$\sigma_1 = 94.4\text{MPa} \quad \text{和} \quad \theta_{p_1} = 165.3°$$

图 7-14　例 7-3 图
a）梁结构　b）点 C 处的平面应力微元体
c）主应力　d）最大切应力

$$\sigma_2 = -36.4\text{MPa} \quad \text{和} \quad \theta_{p_2} = 75.3°$$

注意，θ_{p_1} 和 θ_{p_2} 相差 90°，而 $\sigma_1 + \sigma_2 = \sigma_x + \sigma_y$。

这些主应力如图 7-14c 所示，它们被显示在相应的微元体图上。当然，没有切应力作用在各主平面上。

主应力的另一种求解方法。 也可以直接根据式（7-17）来求解主应力：

$$\sigma_{1,2} = \frac{\sigma_x + \sigma_y}{2} \pm \sqrt{\left(\frac{\sigma_x - \sigma_y}{2}\right)^2 + \tau_{xy}^2}$$

$$= 29\text{MPa} \pm \sqrt{(57\text{MPa})^2 + (-32\text{MPa})^2}$$

$$\sigma_{1,2} = 29\text{MPa} \pm 65.4\text{MPa}$$

因此，$\sigma_1 = 94.4\text{MPa}$ $\quad$ $\sigma_2 = -36.4\text{MPa}$

根据式（7-18a）和式（7-18b），可求得 σ_1 所作用的平面的方位角 θ_{p_1}：

$$\cos 2\theta_{p_1} = \frac{\sigma_x - \sigma_y}{2R} = \frac{57\text{MPa}}{65.4\text{MPa}} = 0.872$$

$$\sin 2\theta_{p_1} = \frac{\tau_{xy}}{R} = \frac{-32\text{MPa}}{65.4\text{MPa}} = -0.489$$

其中，R 由式（7-12）给出，且等于上述主应力 σ_1 和 σ_2 的表达式中的平方根项。

在上述正弦和余弦函数中，角度的取值范围为 0~360°，满足上述两式的唯一解为 $2\theta_{p_1} = 330.7°$，即 $\theta_{p_1} = 165.3°$。该角度与代数值较大的那个主应力 $\sigma_1 = 94.4\text{MPa}$ 相关。另一个方位角比 θ_{p_1} 可能大 90°，也可能小 90°，因此，$\theta_{p_2} = 75.3°$；该方位角相应于较小的那个主应力 $\sigma_2 = -36.4\text{MPa}$。注意，主应力和主方位角的这些结果与之前所求得的结果是一致的。

（b）最大切应力。 最大面内切应力由式（7-25）给出：

$$\tau_{\max} = \sqrt{\left(\frac{\sigma_x - \sigma_y}{2}\right)^2 + \tau_{xy}^2}$$

$$= \sqrt{(57\text{MPa})^2 + (-32\text{MPa})^2} = 65.4\text{MPa}$$

根据式（7-24），可计算出最大正切应力所在平面的方位角 θ_{s_1}：

$$\theta_{s_1} = \theta_{p_1} - 45° = 165.3° - 45° = 120.3°$$

因此，最大负切应力所在平面的方位角为 $\theta_{s_2} = 120.3° - 90° = 30.3°$。

根据式（7-27），可计算出作用在最大切应力所在平面上的正应力：

$$\sigma_{\text{aver}} = \frac{\sigma_x + \sigma_y}{2} = 29\text{MPa}$$

最后，最大切应力以及相关的正应力被显示在图 7-14d 所示的应力微元体上。

求解最大切应力的另一种方法是，可利用式（7-20）来求解角度 θ_s 的两个值，然后，再使用第二个转换方程 [式（7-4b）] 来求解相应的切应力。

7.4　平面应力的莫尔圆

使用一个被称为莫尔圆（Mohr's circle）的图形，就可用图的形式来表示平面应力转换方程。该图的有用之处在于，对于受力体某一点处的各个斜截面，它可以形象化地描述作用在其上的正应力与切应力之间的关系；同时，它还为计算主应力、最大切应力以及各个斜截面上的应力提供了一种手段；此外，莫尔圆不仅适用于应力，而且也适用于其他具有类似数学性质的量，包括应变和惯性矩[⊖]。

莫尔圆的方程　根据式（7-4a）和式（7-4b）给出的平面应力转换方程，可推导出莫尔圆的方程。这里，再次给出这两个转换方程（第一个方程作了轻微的变动）：

$$\sigma_{x_1} - \frac{\sigma_x + \sigma_y}{2} = \frac{\sigma_x - \sigma_y}{2}\cos 2\theta + \tau_{xy}\sin 2\theta \tag{7-29a}$$

$$\tau_{x_1 y_1} = -\frac{\sigma_x - \sigma_y}{2}\sin 2\theta + \tau_{xy}\cos 2\theta \tag{7-29b}$$

根据解析几何可知，这两个方程就是以变量形式表达的一个圆的方程。其中，角度 2θ 为变量，应力 σ_{x_1} 和 $\tau_{x_1 y_1}$ 为坐标。然而，目前不必急于研究该方程的性质——如果消除了变量 2θ，则将明显看出该方程的含义。

为了消除变量 2θ，可将以上两式各自平方后再相加，则得到：

$$\left(\sigma_{x_1} - \frac{\sigma_x + \sigma_y}{2}\right)^2 + \tau_{x_1 y_1}^2 = \left(\frac{\sigma_x - \sigma_y}{2}\right)^2 + \tau_{xy}^2 \tag{7-30}$$

根据 7.3 节给出的以下标记［分别见式（7-27）和式（7-12）］：

$$\sigma_{\text{aver}} = \frac{\sigma_x + \sigma_y}{2} \quad R = \sqrt{\left(\frac{\sigma_x - \sigma_y}{2}\right)^2 + \tau_{xy}^2} \tag{7-31a, b}$$

可将式（7-30）化简为：

$$(\sigma_{x_1} - \sigma_{\text{aver}})^2 + \tau_{x_1 y_1}^2 = R^2 \tag{7-32}$$

该式就是一个标准的圆的方程。坐标为 σ_{x_1} 和 $\tau_{x_1 y_1}$，半径为 R，圆心的坐标为 $\sigma_{x_1} = \sigma_{\text{aver}}$，$\tau_{x_1 y_1} = 0$。

莫尔圆的两种形式　根据式（7-29）和式（7-32），可以绘制两种形式的莫尔圆。在绘制第一种形式的莫尔圆时，把正的正应力 σ_{x_1} 画在右方，把正的切应力 $\tau_{x_1 y_1}$ 画在下方，如图 7-15a所示。把正的切应力画在下方的优点在于，可使莫尔圆上的角度 2θ 在逆时针时为正，这与推导转换方程时 2θ 的正方向（图 7-1 和图 7-2）是一致的。

在绘制第二种形式的莫尔圆时，把 $\tau_{x_1 y_1}$ 画在上方，但这时角度 2θ 顺时针时为正（图 7-15b），即与其通常的正方向相反。

莫尔圆的两种形式在数学上都是正确的，任何一个都是可用的。然而，如果角度 2θ 的正方向在莫尔圆中与在微元体中是一样的，那么，就可较为容易地想象出该微元体的方位。此外，逆时针旋转的规定也与习惯的右手旋转法则保持一致。

⊖　莫尔圆以著名德国工程师奥托-克里斯蒂安-莫尔（Otto Christian Mohr）（1835—1918）的名字命名，他于 1882 年开发了该圆（见参考文献 7-4）。

因此，我们将选择莫尔圆的第一种形式（图 7-15a），即把正的切应力画在下方、按逆时针方向绘制正的 2θ 角。

莫尔圆的绘制　可以多种方式绘制莫尔圆，这取决于哪些应力是已知的、哪些应力是所求的。为了直接说明该圆的基本性质，假设作用在某个平面应力微元体（图 7-16a）的 x 和 y 面上的应力 σ_x、σ_y、τ_{xy} 是已知的。随后我们将看到，根据这一信息足以绘制莫尔圆。完成该圆的绘制后，就可以求出某一斜微元体（图 7-16b）上作用的应力 σ_{x_1}，σ_{y_1} 和 $\sigma_{x_1 y_1}$。根据该圆，还可以求得主应力和最大切应力。

在已知 σ_x、σ_y、τ_{xy} 的情况下，绘制莫尔圆的步骤如下（图 7-16c）：

1. 建立坐标系：以 σ_{x_1} 为横坐标（正 σ_{x_1} 画在右方），以 $\tau_{x_1 y_1}$ 为纵坐标（正 $\tau_{x_1 y_1}$ 画在下方）。

2. 确定圆心 C 的位置：其坐标为 $\sigma_{x_1} = \sigma_{\text{aver}}$ 和 $\tau_{x_1 y_1} = 0$ ［见式（7-31a）和式（7-32）］。

3. 确定点 A 的位置：点 A 代表图 7-16a 所示微元体 x 面上的应力条件，其坐标为 $\sigma_{x_1} = \sigma_x$ 和 $\tau_{x_1 y_1} = \tau_{xy}$。注意，莫尔圆上的点 A 对应于 $\theta = 0$；同时，该微元体（图 7-16a）的 x 面被标记为 "A" 以表明它与莫尔圆上的点 A 是对应的。

4. 确定点 B 的位置：点 B 代表图 7-16a 所示微元体 y 面上的应力条件，其坐标为 $\sigma_{x_1} = \sigma_y$ 和 $\tau_{x_1 y_1} = -\tau_{xy}$。注意，莫尔圆上的点 B 对应于 $\theta = 90°$；此外，该微元体（图 7-16a）的 y

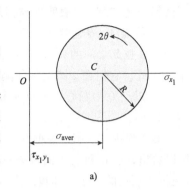

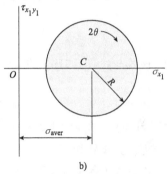

图 7-15　莫尔圆的两种形式
（注：本书采用第一种形式）
a) $\tau_{x_1 y_1}$ 向下为正，角度 2θ 逆时针为正
b) $\tau_{x_1 y_1}$ 向上为正，角度 2θ 顺时针为正

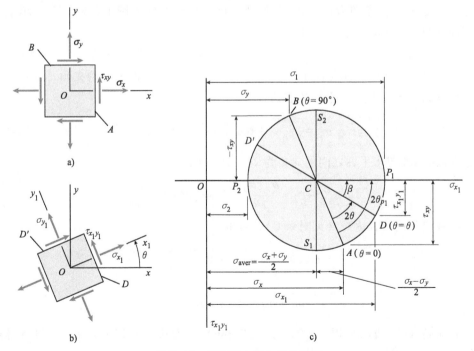

图 7-16　平面应力莫尔圆的绘制

面被标记为"*B*"以表明它与莫尔圆上的点 *B* 是对应的。

5. 将点 *A*、*B* 连接为一条直线：直线 *AB* 通过圆心 *C*，为该圆的一条直径线。点 *A* 和点 *B* 分别代表彼此之间的夹角为 90°的两个平面（图 7-16a）上的应力，它们位于直径线 *AB* 的两端（因此，它们在该圆上的间隔为 180°）。

6. 以点 *C* 为圆心，过点 *A* 和点 *B*，画出莫尔圆：如下所述，所画莫尔圆的半径为 *R*［式（7-31b）］。

对于所画莫尔圆，根据几何关系可以证明：直线 *CA* 和 *CB* 就是半径，且其长度均等于 *R*。可以看出，点 *C* 和点 *A* 的横坐标分别为 $(\sigma_x+\sigma_y)/2$ 和 σ_x，其横坐标的差值为 $(\sigma_x-\sigma_y)/2$（见图中所注的尺寸）。同时，点 *A* 的纵坐标为 τ_{xy}。因此，直线 *CA* 就是一个直角三角形的斜边，该直角三角形的两个直角边的长度分别为 $(\sigma_x-\sigma_y)/2$、τ_{xy}。根据勾股定理，可得半径 *R* 为：

$$R=\sqrt{\left(\frac{\sigma_x-\sigma_y}{2}\right)^2+\tau_{xy}^2}$$

该式与式（7-31b）相同。采用类似方法，可以证明，直线 *CB* 的长度也等于该圆的半径 *R*。

斜微元体上的应力　现在，准备研究一个与 *x* 轴的方位角为 θ 的平面应力微元体（图 7-16b）上作用的应力 σ_{x_1}、σ_{y_1} 和 $\tau_{x_1y_1}$。如果已知角度 θ，那么，就可根据莫尔圆来求解这些应力，其步骤如下。

以点 *A*（点 *A* 对应于 $\theta=0$）作为测量角度的参考点，自半径 *CA* 开始，在该圆（图 7-16c）上逆时针量取一个 2θ 的角度，则得到该圆上的一个点 *D*，点 *D* 的坐标为 σ_{x_1} 和 $\tau_{x_1y_1}$。因此，点 *D* 代表图 7-16b 所示微元体 x_1 面上的应力，x_1 面在图 7-16b 中被标记为"*D*"。

注意，莫尔圆的 2θ 角对应于某一应力微元体上的 θ 角。例如，虽然点 *D*、*A* 之间的圆心角为 2θ，但图 7-16b 所示微元体 x_1 面（该面的标记为"*D*"）与图 7-16a 所示微元体 *x* 面（该面的标记为"*A*"）的夹角却为角度 θ。类似地，点 *A* 与点 *B* 在该圆上相隔 180°，但其微元体的相应表面（见图 7-16a）却相差 90°。

为了证明莫尔圆上点 *D* 的坐标 σ_{x_1} 和 $\tau_{x_1y_1}$ 的确是由应力转换方程［见式（7-4a）和式（7-4b）］给出的，可再次利用该圆的几何性质。设 β 为半径线 *CD* 与 σ_{x_1} 轴之间的夹角，根据该圆的几何性质，可得到以下关于点 *D* 坐标的表达式：

$$\sigma_{x_1}=\frac{\sigma_x+\sigma_y}{2}+R\cos\beta \qquad \tau_{x_1y_1}=R\sin\beta \tag{7-33a，b}$$

由于半径线 *CA* 与水平轴之间的夹角为 $2\theta+\beta$，因此可得：

$$\cos(2\theta+\beta)=\frac{\sigma_x-\sigma_y}{2R} \qquad \sin(2\theta+\beta)=\frac{\tau_{xy}}{R}$$

展开各余弦和正弦表达式（见附录 C），可得：

$$\cos2\theta\cos\beta-\sin2\theta\sin\beta=\frac{\sigma_x-\sigma_y}{2R} \tag{7-34a}$$

$$\sin2\theta\cos\beta+\cos2\theta\sin\beta=\frac{\tau_{xy}}{R} \tag{7-34b}$$

式（7-34a）的两边同乘以 $\cos 2\theta$，式（7-34b）的两边同乘以 $\sin 2\theta$，并将所得结果相加，可得：

$$\cos\beta = \frac{1}{R}\left(\frac{\sigma_x - \sigma_y}{2}\cos2\theta + \tau_{xy}\sin2\theta\right) \tag{7-34c}$$

也可以将式（7-34a）乘以 $\sin 2\theta$、将式（7-34b）乘以 $\cos 2\theta$，并相加，则得到：

$$\sin\beta = \frac{1}{R}\left(-\frac{\sigma_x - \sigma_y}{2}\sin2\theta + \tau_{xy}\cos2\theta\right) \tag{7-34d}$$

将这些 $\cos\beta$ 和 $\sin\beta$ 的表达式代入式（7-33a）和式（7-33b），就可得到关于 σ_{x_1} 和 $\tau_{x_1y_1}$ 的应力转换方程［式（7-4a）和式（7-4b）］。因此，现已证明，由角度 2θ 定义的莫尔圆上的点 D 代表由角度 θ 定义的微元体 x_1 面（图 7-16b）上的应力条件。

点 D' 在直径线 DD' 的另一端，它与点 D 之间在该莫尔圆上相隔 $180°$。因此，该圆上的点 D' 就代表应力微元体（图 7-16b）上这样一个表面上的应力，该表面与点 D 所代表的表面之间的夹角为 $90°$。于是，该圆上的点 D' 给出了该应力微元体 y_1 面（在图 7-16b 被标记为 "D'"）上的应力 σ_{y_1} 和 $-\tau_{x_1y_1}$。

通过以上讨论，可以看出，莫尔圆上的各点所代表的应力与作用在微元体上的应力之间究竟是怎样的一种关系。根据莫尔圆上一个与参考点（点 A）相距 2θ 角的点，就可以求出一个由角度 θ 定义的斜平面（图 7-16b）上的应力。因此，若将 x_1y_1 轴逆时针旋转 θ 角（图 7-16b），则莫尔圆上与 x_1 面相对应的点将逆时针旋转 2θ 角。类似地，若将 x_1y_1 轴顺时针旋转某一角度，则莫尔圆上的点将顺时针旋转一个比该角度大一倍的角度。

主应力 求解主应力可能是莫尔圆最重要的应用。值得注意的是，在莫尔圆（图 7-16c）上的点 P_1 处，正应力的数值达到最大值，而切应力为零。因此，点 P_1 就代表一个主应力和一个主平面。点 P_1 的横坐标给出了较大的那个主应力的数值，而该点与参考点 A（该处 $\theta=0$）之间的圆心角给出了该主平面的方位。点 P_2 代表另一个与最小正应力值有关的主平面，点 P_2 在直径线 P_1P_2 的另一端。

根据莫尔圆的几何性质，可以看出，数值较大的那个主应力为：

$$\sigma_1 = OC + \overline{CP_1} = \frac{\sigma_x + \sigma_y}{2} + R$$

将 R 的表达式［式（7-31b）］代入该式，则该式就与之前得到的关于该应力的方程［式（7-14）］是一致的。采用类似的方法，可验证数值较小的那个主应力 σ_2 的表达式。

θ_{p_1} 就是一个主方位角，它是那个较大数值的主应力所在的平面与 x 轴（图 7-16a）之间夹角，其大小等于莫尔圆上半径线 CA 和 CP_1 之间夹角 $2\theta_{p_1}$ 的一半。根据莫尔圆，可求得角度 $2\theta_{p_1}$ 的余弦和正弦值：

$$\cos2\theta_{p_1} = \frac{\sigma_x - \sigma_y}{2R} \qquad \sin2\theta_{p_1} = \frac{\tau_{xy}}{R}$$

这两个方程与式（7-18a）和式（7-18b）是一致的，因此，可再次看出，莫尔圆的几何性质与之前推导出的方程是匹配的。在该圆上，与另一个主要点（点 P_2）相对应的角度为 $2\theta_{p_2}$，$2\theta_{p_2}$ 比 $2\theta_{p_1}$ 大 $180°$；因此，$\theta_{p_2} = \theta_{p_1} + 90°$，与预期相符。

最大切应力 位于莫尔圆（图 7-16c）底部和顶部的点 S_1 和 S_2 分别代表最大正、负切应力所在的平面。这两点与点 P_1、P_2 之间的圆心角均为 $2\theta=90°$，这与"最大切应力所在的各个平面与各主平面之间的夹角均为 $45°$"这样一个事实是一致的。

最大切应力在数值上等于该圆的半径 R［比较式（7-31b）的 R 与式（7-25）的 $\tau_{\max}$］。同时，作用在最大切应力所在平面上的正应力等于点 C 的横坐标值，该坐标值为平均正应力 σ_{aver} ［见式 (7-31a)］。

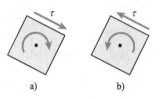

切应力的另一种符号约定   在绘制莫尔圆时，有时需要使用切应力的另一种符号约定。在该约定中，作用在某一材料微元体上的切应力的方向由其所产生的旋转趋势所确定（图 7-17a、b）。如果切应力 τ 趋向于顺时针旋转该应力微元体，则它被称为顺时针切应力；如果它倾向于逆时针旋转该微元体，则它被称为逆时针切应力。在绘制莫尔圆时，顺时针切应力应画在上方，逆时针切应力应画在下方（图 7-17c）。

重要的是，必须认识到，这一符号约定所产生的圆与之前所述的莫尔圆（图 7-16c）是同一个圆。其原因在于，正的切应力 $\tau_{x_1y_1}$ 也是一个逆时针切应力，并画在下方。同时，负的切应力 $\tau_{x_1y_1}$ 是一个顺时针切应力，并画在上方。

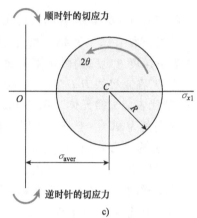

因此，这一符号约定只不过是提供了一个不同的观点而已。即它不把垂直轴上的一个具有负值的切应力看作为一个负值，而把该应力看作为一个逆时针切应力；同时，也不把垂直轴上的正切应力看作为正值，而是看作为顺时针切应力。

图 7-17   切应力的另一种符号约定
a）顺时针的切应力   b）逆时针的切应力
c）莫尔圆的轴（注意，顺时针切应力画在上方，逆时针切应力画在下方）

莫尔圆综述   从本节的论述中可以明显看出，利用莫尔圆就可以求出任意斜截面上作用的应力以及主应力和最大切应力。然而，由于仅考虑了坐标轴在 xy 平面内的旋转（即绕 z 轴的旋转），因此，莫尔圆上的所有应力均为面内应力。

为方便起见，绘制图 7-16 所示莫尔圆时，σ_x、σ_y、τ_{xy} 均为正的应力，但是，在一个或多个应力为负值的情况下，也可采用同样的绘图步骤。如果某一正应力为负值，那么，该圆将部分或全部位于坐标原点的左侧，如下例 7-6 所示。

图 7-16c 中的点 A 代表 $\theta = 0$ 平面上的应力，它可位于该圆上的任何位置处。然而，角度 2θ 始终自半径线 CA 开始逆时针量取，而不论点 A 位于何处。

在单向应力、双向应力以及纯剪切这类特殊情况下，莫尔圆的绘制就比平面应力的一般情况要简单得多。这些特殊情况的示例见例 7-4 以及习题 7.4-1~习题 7.4-9。

在已知作用在 x、y 面上的应力时，除了可使用莫尔圆来求解各个斜面上的应力之外，还可以采用相反的步骤使用该圆。如果已知某一斜微元体的方位角 θ，且已知其上作用的应力 σ_{x_1}，σ_{y_1} 和 $\tau_{x_1y_1}$，那么就可很容易地画出一个莫尔圆，并利用该圆来求解角度 $\theta = 0$ 时的应力 σ_x、σ_y、τ_{xy}。其步骤为，先根据已知应力确定点 D 和点 D' 的位置，并以直线 DD' 为直径画圆；然后，自半径线 CD 开始在该圆上沿着负方向量取角度 2θ，这样就可确定点 A 的位置（点 A 相应于微元体的 x 面）；接着，自点 A 画一条直径线，就可确定点 B 的位置。最后，点 A、B 的坐标值就是作用在方位角 $\theta = 0$ 的微元体上的应力。

如果需要，还可按作图比例绘制莫尔圆，并从图中量取各应力的数值。然而，通常应优先使用数值计算方法来求解应力，即或者直接利用各类方程、或者利用三角关系及圆的几何性质。

对于倾角各不相同的平面上作用的应力，莫尔圆使形象化地揭示其彼此之间的关系成为可能，还可以把它当作一个简单的计算应力的存储器。虽然在实际工程中许多图形技术已经不再使用，但是，莫尔圆仍然是有价值的，因为它为复杂的应力分析提供了一个简单而清晰的图像。

莫尔圆也适用于平面应变的转换以及平面面积的惯性矩的转换，因为这些量与应力一样，遵循相同的转换法则（见 7.7 节、12.8 节以及 12.9 节）。

● ● ● 例 7-4

某一施工设备，在其液压油缸表面的某点处（见图 7-18a）材料承受着双向应力 $\sigma_x = 90\text{MPa}$、$\sigma_y = 20\text{MPa}$，如图 7-18b 的应力微元体所示。请使用莫尔圆来求解作用在一个方位角 $\theta = 30°$ 的微元体上的应力（仅考虑面内应力，并将结果显示在相应的微元体图上）。

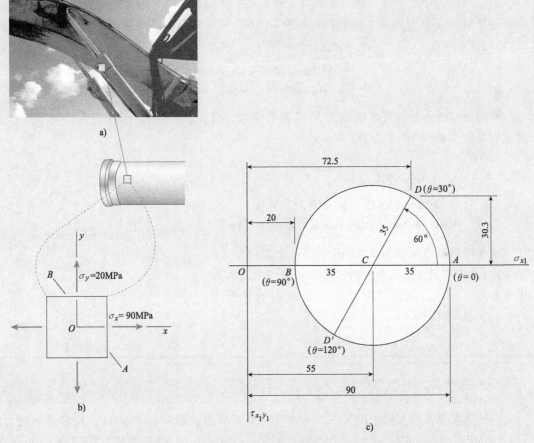

图 7-18 例 7-4 图

a）施工设备上的液压油缸 b）液压油缸上的平面应力微元体
c）相应的莫尔圆（注：该圆上所有应力的单位均为 MPa）

解答：

绘制莫尔圆。首先绘制正应力和切应力的坐标轴，其中，把正的正应力 σ_{x_1} 画在右方，把正的切应力 $\tau_{x_1y_1}$ 画在下方，如图 7-18c 所示。然后，将莫尔圆的圆心 C 置于 σ_{x_1} 轴上应力等于平均正应力 [式（7-31a）] 的位置处：

$$\sigma_{\text{aver}}=\frac{\sigma_x+\sigma_y}{2}=\frac{90\text{MPa}+20\text{MPa}}{2}=55\text{MPa}$$

点 A 代表该微元体 x 面（$\theta=0$）上的应力，其坐标为：

$$\sigma_{x_1}=90\text{MPa}\qquad\tau_{x_1y_1}=0$$

类似地，点 B 代表 y 面（$\theta=90°$）上的应力，其坐标为：

$$\sigma_{x_1}=20\text{MPa}\qquad\tau_{x_1y_1}=0$$

现在，以点 C 为圆心、以 R 为半径画一个过点 A、B 的圆，其中，R［见式（7-31b）］为：

$$R=\sqrt{\left(\frac{\sigma_x-\sigma_y}{2}\right)^2+\tau_{xy}^2}=\sqrt{\left(\frac{90\text{MPa}-20\text{MPa}}{2}\right)^2+0}=35\text{MPa}$$

方位角为 $\theta=30°$ 的微元体上的应力。作用在一个方位角为 $\theta=30°$ 的平面上的应力由点 D 的坐标给出，点 D 与点 A 之间的圆心角为 $2\theta=60°$（图 7-18c）。可明显看出点 D 的坐标为：

（点 D）
$$\sigma_{x_1}=\sigma_{\text{aver}}+R\cos60°$$
$$=55\text{MPa}+(35\text{MPa})\times(\cos60°)=72.5\text{MPa}$$
$$\tau_{x_1y_1}=-R\sin60°=-(35\text{MPa})\times(\sin60°)=-30.3\text{MPa}$$

采用类似的方法，可求出点 D' 所代表的应力，其对应的角度为 $\theta=120°$（或 $2\theta=240°$）：

（点 D'）
$$\sigma_{x_1}=\sigma_{\text{aver}}-R\cos60°$$
$$=55\text{MPa}-(35\text{MPa})\cos60°=37.5\text{MPa}$$
$$\tau_{x_1y_1}=R\sin60°=(35\text{MPa})\sin60°=30.35\text{MPa}$$

这些结果被显示在图 7-19 所示的一个方位角 $\theta=30°$ 的微元体草图上，其中，所示应力方向均为其实际作用方向。注意，该斜微元体上的正应力的和等于 $\sigma_x+\sigma_y$，或 110MPa。

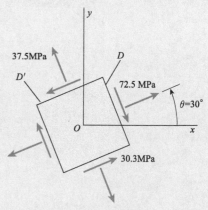

图 7-19　作用在方位角为 $\theta=30°$ 的微元体上的应力

石油钻井泵摇臂表面上的某一微元体处于平面应力状态（图 7-20a），其承受的应力为 $\sigma_x=100\text{MPa}$、$\sigma_y=34\text{MPa}$、$\tau_{xy}=28\text{MPa}$，如图 7-20b 所示。请使用莫尔圆求解以下参数：（a）作用在一个方位角为 $\theta=40°$ 的微元体上的应力；（b）主应力；（c）最大切应力（仅考虑面内应力，并将结果显示在相应的微元体图上）。

解答：

绘制莫尔圆。求解的第一步是建立莫尔圆的坐标轴，其中，正 σ_{x_1} 轴在右方，正 $\tau_{x_1y_1}$ 轴在下方（图 7-20c）。莫尔圆的圆心 C 位于 σ_{x_1} 轴上，其 σ_{x_1} 的值等于平均正应力［式（7-31a）］：

$$\sigma_{\text{aver}} = \frac{\sigma_x + \sigma_y}{2} = \frac{100\text{MPa} + 34\text{MPa}}{2} = 67\text{MPa}$$

点 A 代表该微元体 x 面（$\theta = 0$）上的应力，其坐标为：

$$\sigma_{x_1} = 100\text{MPa} \quad \tau_{x_1 y_1} = 28\text{MPa}$$

类似地，点 B 代表 y 面（$\theta = 90°$）上的应力，其坐标为：

$$\sigma_{x_1} = 34\text{MPa} \quad \tau_{x_1 y_1} = -28\text{MPa}$$

现在，以点 C 为圆心画一个过点 A、B 的圆，该圆的半径 [见式（7-31b）] 为：

$$R = \sqrt{\left(\frac{\sigma_x - \sigma_y}{2}\right)^2 + \tau_{xy}^2}$$

$$= \sqrt{\left(\frac{100\text{MPa} - 34\text{MPa}}{2}\right)^2 + (28\text{MPa})^2} = 43\text{MPa}$$

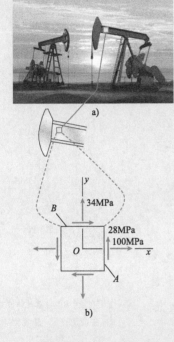

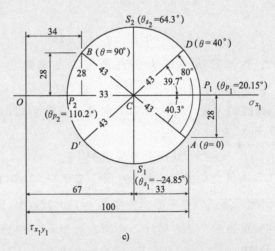

图 7-20

a）钻油泵 b）平面应力微元体 c）相应的莫尔圆（注：该圆上所有应力的单位均为 MPa）

（a）方位角为 $\theta = 40°$ 的微元体上的应力。作用在一个方位角为 $\theta = 40°$ 的平面上的应力由点 D 的坐标给出，点 D 与点 A 之间的圆心角为 $2\theta = 80°$（图 7-20c）。为了计算这些坐标值，需要求出直线 CD 与 σ_{x_1} 轴之间的夹角（即 $\angle DCP_1$），这反过来又要求已知直线 CA 与 σ_{x_1} 轴之间的夹角（即 $\angle ACP_1$）。根据该圆的几何性质，可求出这些夹角，即：

$$\tan \angle ACP_1 = \frac{28\text{MPa}}{33\text{MPa}} = 0.848 \quad \angle ACP_1 = 40.3°$$

$$\angle DCP_1 = 80° - \angle ACP_1 = 80° - 40.3° = 39.7°$$

已知了这些夹角之后，就可直接从图 7-21a 中求出点 D 的坐标：

（点 D）

$$\sigma_{x_1} = 67\text{MPa} + (43\text{MPa}) \times (\cos 39.7°) = 100\text{MPa}$$

$$\tau_{x_1y_1} = -(43\text{MPa}) \times (\sin 39.7°) = -27.5\text{MPa}$$

采用类似的方法，可求出点 D' 所代表的应力，其对应的角度为 $\theta = 130°$（或 $2\theta = 260°$）：

（点 D'）

$$\sigma_{x_1} = 67\text{MPa} - (43\text{MPa}) \times (\cos 39.7°) = 33.9\text{MPa}$$

$$\tau_{x_1y_1} = (43\text{MPa}) \times (\sin 39.7°) = 27.5\text{MPa}$$

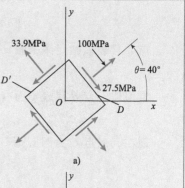

这些应力被表示在图 7-21a 所示的一个方位角为 $\theta = 40°$ 的微元体图上（所示应力方向均为其实际作用方向）。注意，正应力的和等于 $\sigma_x + \sigma_y$，或 134MPa。

（b）主应力。莫尔圆上的点 P_1、P_2 代表各主应力（图 7-20c）。可观察出，数值较大的那个主应力（点 P_1）为：

$$\sigma_1 = 67\text{MPa} + 43\text{MPa} = 110\text{MPa}$$

点 P_1 与点 A 之间的圆心角 $2\theta_{p_1}$ 就是该圆上的 $\angle ACP_1$，即：

$$\angle ACP_1 = 2\theta_{p_1} = 40.3° \quad \theta_{p_1} = 20.15°$$

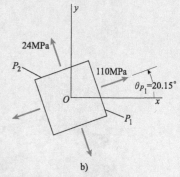

因此，数值较大主应力所在平面的方位角为 $\theta_{p_1} = 20.15°$，如图 7-21b 所示。

采用类似的方法，可从该圆上求出数值较小的那个主应力（点 P_2）为：

$$\sigma_2 = 67\text{MPa} - 43\text{MPa} = 24\text{MPa}$$

点 P_2 与点 A 之间的圆心角 $2\theta_{p_2}$ 等于 220.3°（= 40.3° + 180°），因此，第二个主平面由角度 $\theta_{p_2} = 110.2°$ 定义。各主应力和主平面如图 7-21b 所示。应再次注意：正应力的总和等于 134MPa。

（c）最大切应力。莫尔圆上的点 S_1、S_2 代表各最大切应力；因此，最大面内切应力（等于该圆的半径）为：

$$\tau_{\max} = 43\text{MPa}$$

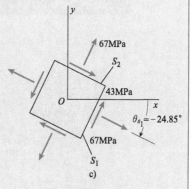

图 7-21

a）作用在 $\theta = 40°$ 的微元体上的应力
b）主应力　c）最大切应力

点 S_1 与点 A 之间的圆心角 ACS_1 为 49.7°（= 90° - 40.3°），因此，点 S_1 的方位角 $2\theta_{s_1}$ 为：

$$2\theta_{s_1} = -49.7°$$

该角度为负值的原因在于：它在莫尔圆上是按顺时针方向量取的。最大正切应力所在平面的方位角为 $2\theta_{s_1}$ 的一半，即 $\theta_{s_1} = -24.85°$，如图 7-20c 和图 7-21c 所示。最大负切应力（该圆上的点 S_2）具有相同的数值（43MPa）。

作用在最大切应力所在平面上的正应力等于 σ_{aver}，σ_{aver} 就是莫尔圆圆心 C 的横坐标值（67MPa）。这些正应力也被显示在图 7-21c 中。注意，最大切应力所在平面与主平面的夹角为 45°。

● ● ● 例 7-6

金属加工机床表面上一点处的应力为 $\sigma_x = -50\text{MPa}$、$\sigma_y = 10\text{MPa}$、$\tau_{xy} = -40\text{MPa}$，如图 7-22a所示。请使用莫尔圆求解以下参数：（a）作用在一个方位角为 $\theta = 45°$ 的微元体上的应力；（b）主应力；（c）最大切应力（仅考虑面内应力，并将结果显示在相应的微元体图上）。

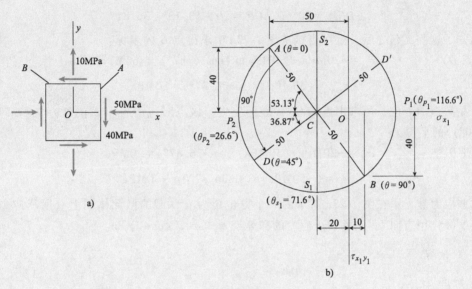

图 7-22

a）平面应力微元体　b）相应的莫尔圆（注：该圆上所有应力的单位均为 MPa）

解答：

绘制莫尔圆。正应力和切应力的坐标轴如图 7-22b 所示，其中，正 σ_{x_1} 轴在右方，正 $\tau_{x_1y_1}$ 轴在下方。莫尔圆的圆心 C 位于 σ_{x_1} 轴上应力等于平均正应力 [式（7-31a）] 的位置处：

$$\sigma_{\text{aver}} = \frac{\sigma_x + \sigma_y}{2} = \frac{-50\text{MPa} + 10\text{MPa}}{2} = -20\text{MPa}$$

点 A 代表该微元体 x 面（$\theta = 0$）上的应力，其坐标为：

$$\sigma_{x_1} = -50\text{MPa} \qquad \tau_{x_1y_1} = -40\text{MPa}$$

类似地，点 B 代表 y 面（$\theta = 90°$）上的应力，其坐标为：

$$\sigma_{x_1} = 10\text{MPa} \qquad \tau_{x_1y_1} = 40\text{MPa}$$

现在，以点 C 为圆心画一个过点 A、B 的圆，该圆的半径 [式（7-31b）] 为：

$$R = \sqrt{\left(\frac{\sigma_x - \sigma_y}{2}\right)^2 + \tau_{xy}^2}$$

$$= \sqrt{\left(\frac{-50\text{MPa} - 10\text{MPa}}{2}\right)^2 + (-40\text{MPa})^2} = 50\text{MPa}$$

（a）方位角为 $\theta=45°$ 的微元体上的应力。作用在一个方位角为 $\theta=45°$ 的平面上的应力由点 D 的坐标给出，点 D 与点 A 之间的圆心角为 $2\theta=80°$（图 7-22b）。为了计算这些坐标值，需要求出直线 CD 与负 σ_{x_1} 轴之间的夹角（即 $\angle DCP_2$），这反过来又要求已知直线 CA 与负 σ_{x_1} 轴之间的夹角（即 $\angle ACP_2$）。根据该圆的几何性质，就可求出这些夹角，即：

$$\tan\angle ACP_2 = \frac{40\text{MPa}}{30\text{MPa}} = \frac{4}{3} \qquad \angle ACP_2 = 53.13°$$

$$\angle DCP_2 = 90° - \angle ACP_2 = 90° - 53.13° = 36.87°$$

已知了这些夹角之后，就可直接从图 7-23a 中求得点 D 的坐标：

（点 D）$\qquad \sigma_{x_1} = -20\text{MPa} - (50\text{MPa}) \times (\cos 36.87°) = -60\text{MPa}$

$$\tau_{x_1 y_1} = (50\text{MPa}) \times (\sin 36.87°) = 30\text{MPa}$$

采用类似的方法，可求出点 D' 所代表的应力，该点对应于一个方位角为 $\theta=135°$（或 $2\theta=270°$）的平面：

（点 D'）$\qquad \sigma_{x_1} = -20\text{MPa} + (50\text{MPa}) \times (\cos 36.87°) = 20\text{MPa}$

$$\tau_{x_1 y_1} = (-50\text{MPa}) \times (\sin 36.87°) = -30\text{MPa}$$

这些应力被显示在图 7-23a 所示的一个方位角为 $\theta=45°$ 的微元体图上（所示应力方向均为其实际作用方向）。注意，正应力的和等于 $\sigma_x + \sigma_y$，或 -40MPa。

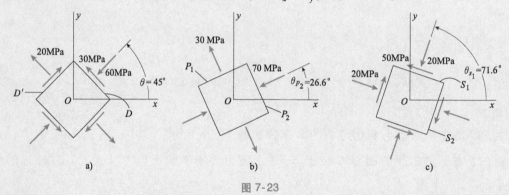

图 7-23

a）作用在 $\theta=45°$ 的微元体上的应力　b）主应力　c）最大切应力

（b）主应力。莫尔圆上的点 P_1、P_2 代表各主应力。可观察出，数值较大的那个主应力（点 P_1 所代表的）为：

$$\sigma_1 = -20\text{MPa} + 50\text{MPa} = 30\text{MPa}$$

点 P_1 与点 A 之间的圆心角 $2\theta_{p_1}$ 就是在该圆上逆时针量取的 $\angle ACP_1$，即：

$$\angle ACP_1 = 2\theta_{p_1} = 53.13° + 180° = 233.13° \qquad \theta_{p_1} = 116.6°$$

因此，数值较大主应力所在平面的方位角 $\theta_{p_1} = 116.6°$。

采用类似的方法，可从该圆上求出数值较小的那个主应力（点 P_2）为：

$$\sigma_2 = -20\text{MPa} - 50\text{MPa} = -70\text{MPa}$$

点 P_2 与点 A 之间的圆心角 $2\theta_{p_2}$ 等于 $53.13°$，因此，第二个主平面由角度 $\theta_{p_2} = 26.6°$ 定义。各主应力和主平面如图 7-23b 所示。应再次注意：正应力的总和等于 $\sigma_x - \sigma_y$，或 -40MPa。

（c）最大切应力。莫尔圆上的点 S_1、S_2 分别代表最大正、负切应力，其大小等于该圆的半径，即：

$$\tau_{max} = 50MPa$$

点 S_1 与点 A 之间的圆心角 ACS_1 等于 $90° + 53.13° = 143.13°$，因此，点 S_1 的方位角 $2\theta_{s_1}$ 为：

$$2\theta_{s_1} = 143.13°$$

最大正切应力所在平面的方位角为 $2\theta_{s_1}$ 的一半，即 $\theta_{s_1} = 71.6°$，如图 7-23c 所示。最大负切应力（该圆上的点 S_2）具有相同的数值（50MPa）。

作用在最大切应力所在平面上的正应力等于 σ_{aver}，σ_{aver} 就是莫尔圆圆心 C 的横坐标值（-20MPa）。这些正应力也被显示在图 7-23c 中。注意，最大切应力所在平面与主平面的夹角为 45°。

7.5 平面应力的胡克定律

7.2~7.4 节讨论了当材料受到平面应力（图 7-24）作用时各个斜面上作用的应力，所推导出的应力转换方程仅依据平衡条件，因此，不需要知道材料的性能。现在，本节将研究材料中的应变，这意味着必须考虑材料的性能。然而，将限定所研究的材料必须满足以下两个重要条件：第一，该材料在其整个体积上是均匀的，并在所有方向上具有相同的性能（即为均匀且各向同性的材料）；第二，材料服从胡克定律（即为线弹性材料）。在这些条件下，就可很容易地得到物体内部应力与应变之间的关系。

首先，研究平面应力状态中的正应变 ε_x、ε_y、ε_z。这些应变的效果如图 7-25 所示，该图显示了一个边长为 a、b、c 的小微元体的尺寸变化情况，图中显示的所有三个应变均为正值（伸长）。将各个应力的作用效果进行叠加，就可用应力来表达这些应变（图 7-24）。

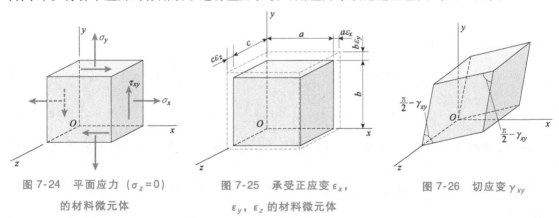

图 7-24 平面应力（$\sigma_z = 0$）的材料微元体

图 7-25 承受正应变 ε_x，ε_y，ε_z 的材料微元体

图 7-26 切应变 γ_{xy}

例如，应力 σ_x 在 x 方向产生的应变 ε_x 等于 σ_x/E，其中，E 为弹性模量。此外，应力 σ_y 所产生的应变 ε_x 等于 $-\nu\sigma_y/E$，其中，ν 为泊松比（见1.6节）。当然，切应力在 x、y、z 方向上均不产生正应变。因此，x 方向所产生的应变为：

$$\varepsilon_x = \frac{1}{E}(\sigma_x - \nu\sigma_y) \tag{7-35a}$$

采用类似的方法，可得到 y、z 方向的应变：

$$\varepsilon_y = \frac{1}{E}(\sigma_y - \nu\sigma_x) \qquad \varepsilon_z = -\frac{\nu}{E}(\sigma_x + \sigma_y) \tag{7-35b，c}$$

在已知应力的情况下，利用这些方程，就可求出正应变（处于平面应力状态）。

切应力（图 7-24）使该微元体发生扭曲，因此，各个 z 面变成一个菱形（图 7-26）。切应变 γ_{xy} 就是该微元体 x 面和 y 面之间夹角的减小量，并且，该应变与切应力的关系遵循剪切胡克定律，即：

$$\gamma_{xy} = \frac{\tau_{xy}}{G} \tag{7-36}$$

其中，G 为切变模量。注意，正应力 σ_x、σ_y 不影响切应变 γ_{xy}。因此，式（7-35）和式（7-36）给出了所有应力（σ_x、σ_y、τ_{xy}）同时作用时的应变（处于平面应力状态）。

前两个方程［式（7-35a）和式（7-35b）］以应力的形式给出了应变 ε_x、ε_y。联立这两个方程，可求解出以应变形式表达的应力：

$$\sigma_x = \frac{E}{1-\nu^2}(\varepsilon + \nu\varepsilon_y) \qquad \sigma_y = \frac{E}{1-\nu^2}(\varepsilon_y + \nu\varepsilon_x) \tag{7-37a，b}$$

此外，根据式（7-36），可得到以下切应力的方程（用切应变表达的）：

$$\tau_{xy} = G\gamma_{xy} \tag{7-38}$$

在已知各应变时，可用式（7-37）和式（7-38）来求解各个应力。z 方向的正应力 σ_z 等于零。

式（7-35）~（7-38）被统称为平面应力的胡克定律（Hooke's law for plane stress）。这些方程包含三个材料常数（E、G、ν），但是，只有两个常数是独立的，因为这三个常数之间具有以下关系：

$$G = \frac{E}{2(1+\nu)} \tag{7-39}$$

之前在 3.6 节中也推导出了该式。

胡克定律的特殊情况   在双向应力的特殊情况下（图 7-11b），由于 $\tau_{xy} = 0$，因此，平面应力的胡克定律可被化简为：

$$\varepsilon_y = \frac{1}{E}(\sigma_x - \nu\sigma_y) \qquad \varepsilon_y = \frac{1}{E}(\sigma_y - \nu\sigma_x) \qquad \varepsilon_z = -\frac{\nu}{E}(\sigma_x + \sigma_y) \tag{7-40a，b，c}$$

$$\sigma_x = \frac{E}{1-\nu^2}(\varepsilon_x + \nu\varepsilon_y) \qquad \sigma_y = \frac{E}{1-\nu^2}(\varepsilon_y + \nu\varepsilon_x) \tag{7-41a，b}$$

这些方程与式（7-35）和式（7-37）相同，因为正应力和切应力的作用效果是彼此独立的。

对于单向应力（图 7-11a），由于 $\sigma_y = 0$，因此，这些胡克定律的方程可被进一步化简为：

$$\varepsilon_x = \frac{\sigma_x}{E} \qquad \varepsilon_y = \varepsilon_z = -\frac{\nu\sigma_x}{E} \qquad \sigma_x = E\varepsilon_x \tag{7-42a，b，c}$$

最后，对于纯剪切（图 7-12a），其 $\sigma_x = \sigma_y = 0$，因此，可得：

$$\varepsilon_x = \varepsilon_y = \varepsilon_z = 0 \qquad \gamma_{xy} = \frac{\tau_{xy}}{G} \tag{7-43a，b}$$

在所有这三种特殊情况下，正应力 σ_z 均等于零。

体积改变量 当某一固体发生应变时，其尺寸和体积都将发生改变。如果已知三个相互垂直方向上的正应变，则可求出体积的改变量。以图 7-25 所示材料微元体为例来说明这一求解过程。原始微元体是一个 x、y、z 方向上的边长分别为 a、b、c 的长方体。应变 ε_x、ε_y、ε_z 所产生的尺寸改变量如图中的虚线所示。因此，各边长的增加量分别为 $a\varepsilon_x$、$b\varepsilon_y$、$c\varepsilon_z$。

该微元体的原始体积为：

$$V_0 = abc \tag{7-44a}$$

而其最终体积为：

$$V_1 = (a+a\varepsilon_x)(b+b\varepsilon_y)(c+c\varepsilon_z) \tag{7-44b}$$
$$= abc(1+\varepsilon_x)(1+\varepsilon_y)(1+\varepsilon_z)$$

根据式（7-44a），可将该最终体积［式（7-44b）］表达为：

$$V_1 = V_0(1+\varepsilon_x)(1+\varepsilon_y)(1+\varepsilon_z) \tag{7-45a}$$

将该式的右边展开，可得以下表达式：

$$V_1 = V_0(1+\varepsilon_x+\varepsilon_y+\varepsilon_z+\varepsilon_x\varepsilon_y+\varepsilon_x\varepsilon_z+\varepsilon_y\varepsilon_z+\varepsilon_x\varepsilon_y\varepsilon_z) \tag{7-45b}$$

该式对大应变和小应变均是有效的。

现在，如果所讨论的结构仅为小应变结构（多数结构通常处于这种情况），那么，就可忽略式（7-45b）中的那些包含小应变乘积的项。这样，该最终体积的表达式可被化简为：

$$V_1 = V_0(1+\varepsilon_x+\varepsilon_y+\varepsilon_z) \tag{7-46}$$

则体积改变量为：

$$\Delta V = V_1 - V_0 = V_0(\varepsilon_x+\varepsilon_y+\varepsilon_z) \tag{7-47}$$

假如应变较小且在整个体积内保持不变，则该表达式可适用于任何材料。还需注意，材料不一定非要遵循胡克定律。此外，该表达式不仅适用于平面应力，它也适用于任何应力条件（必须提醒的最后一点是，切应变不改变体积）。

单位体积的改变量（unit volume change）e 也被称为膨胀量（dilatation），它被定义为体积改变量除以原始体积；因此，

$$e = \frac{\Delta V}{V_0} = \varepsilon_x+\varepsilon_y+\varepsilon_z \tag{7-48}$$

将该式应用于某一微元体的体积并积分，就可以得到某一物体整个体积的改变量（即使正应变在整个物体内是变化的）。

上述关于体积改变量的方程适用于拉伸和压缩应变，因为应变 ε_x、ε_y、ε_z 是代数量（伸长为正、缩短为负）。根据这一符号约定，ΔV 和 e 的正值表示体积的增大，而负值表示体积的减小。

现在，若遵循胡克定律的材料仅受到平面应力的作用（图 7-24），则应变 ε_x、ε_y、ε_z 由式（7-35a，b，c）给出。将这些关系式代入式（7-48），就可得到单位体积改变量的以下表达式（该式以应力形式表达）：

$$e = \frac{\Delta V}{V_0} = \frac{1-2\nu}{E}(\sigma_x+\sigma_y) \tag{7-49}$$

注意，该方程也适用于双向应力。

在一根柱状杆受到拉伸的情况下，即处于单向应力的情况下，式（7-49）简化为：

$$e = \frac{\Delta V}{V_0} = \frac{\sigma_x}{E}(1-2\nu) \tag{7-50}$$

从该式中可以看出，常用材料的泊松比的最大值为 0.5，因为，若泊松比大于 0.5，则意味着材料在受拉时体积反而将减小，这显然违反普通的物理常识。

平面应力状态下的应变能密度 应变能密度 u 是存储在某一材料单位体积中的应变能（见 2.7 和 3.9 节的讨论）。对于一个处于平面应力状态的微元体，可依据图 7-25 和图 7-26 所示微元体来求解应变能密度。由于正应变和切应变是独立发生的，因此，可将这两个微元体的应变能相加，从而求得总应变能。

首先求解与正应变有关的应变能（图 7-25）。由于作用在该微元体 x 面上的正应力为 σ_x（图 7-24），因此，作用在该微元体 x 面上的力（图 7-25）等于 $\sigma_x bc$。当然，在载荷被施加到结构的过程中，该力逐渐从零增加到其最大值。同时，该微元体的 x 面移动了一个 $a\varepsilon_x$ 的距离。因此，假如材料服从胡克定律，则该力所做的功为：

$$\frac{1}{2}(\sigma_x bc)(a\varepsilon_x)$$

类似地，作用在 y 面上的力 $\sigma_y ac$ 所做的功为：

$$\frac{1}{2}(\sigma_y ac)(b\varepsilon_y)$$

将这两式相加，就可得到存储在该微元体内的应变能：

$$\frac{abc}{2}(\sigma_x \varepsilon_x + \sigma_y \varepsilon_y)$$

因此，由正应力和正应变所产生的应变能密度（单位体积中的应变能）为：

$$u_1 = \frac{1}{2}(\sigma_x \varepsilon_x + \sigma_y \varepsilon_y) \tag{7-51a}$$

之前 3.9 节已推导出了与切应变有关的应变能（图 7-26）为：

$$u_2 = \frac{\tau_{xy}\gamma_{xy}}{2} \tag{7-51b}$$

将正应变和切应变的应变能密度相加，就可以得到平面应力状态下应变能密度的表达式：

$$u = \frac{1}{2}(\sigma_x \varepsilon_x + \sigma_y \varepsilon_y + \tau_{xy}\gamma_{xy}) \tag{7-52}$$

将式 (7-35) 和式 (7-36) 的应变表达式代入其中，就可用应力来表达应变能密度：

$$u = \frac{1}{2E}(\sigma_x^2 + \sigma_y^2 - 2\nu\sigma_x\sigma_y) + \frac{\tau_{xy}^2}{2G} \tag{7-53}$$

采用类似的方法，将式 (7-37) 和式 (7-38) 的应变表达式代入式 (7-52)，则可用应变来表达应变能密度：

$$u = \frac{E}{2(1-\nu^2)}(\varepsilon_x^2 + \varepsilon_y^2 + 2\nu\varepsilon_x\varepsilon_y) + \frac{G\gamma_{xy}^2}{2} \tag{7-54}$$

在双向应力的特殊情况下，只需在式 (7-52)、式 (7-53) 以及式 (7-54) 中略去与剪切有关的各项，就可得到其应变能密度。

对于单向应力的特殊情况，将 $\sigma_y = 0$、$\tau_{xy} = 0$、$\varepsilon_y = -\nu\varepsilon_x$、$\gamma_{xy} = 0$ 代入式 (7-53) 和式 (7-54)，就可求得：

$$u = \frac{\sigma_x^2}{2E} \qquad u = \frac{E\varepsilon_x^2}{2} \tag{7-55a, b}$$

这两个方程与 2.7 节的式 (2-44a) 和式 (2-44b) 是一致的。

同时,对于纯剪切,将 $\sigma_x = \sigma_y = 0$、$\varepsilon_x = \varepsilon_y = 0$ 代入式 7-53 和式 7-54,就可求得:

$$u = \frac{\tau_{xy}^2}{2G} \qquad u = \frac{G\gamma_{xy}^2}{2} \qquad\qquad (7\text{-}56a,\ b)$$

这两个方程与 3.9 节的式 (3-55a) 和式 (3-55b) 是一致的。

● ● ● 例 7-7

应变片 A、B(分别位于 x、y 方向)粘贴在一块厚度 $t = 7\text{mm}$ 的矩形铝板上。该板承受着均匀的正应力 σ_x、σ_y,如图 7-27 所示,各应变片所测得的正应变读数分别 $\varepsilon_x = -0.00075$(缩短,应变片 A)、$\varepsilon_y = 0.00125$(伸长,应变片 B)。弹性模量 $E = 73\text{GPa}$,泊松比 $\nu = 0.33$。请求出应力 σ_x、σ_y 以及该板厚度的改变量 Δt。同时,请求出该板的单位体积改变量 e 以及应变能密度 u。

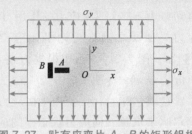

图 7-27 贴有应变片 A、B 的矩形铝板

解答:

对于一块处于双向应力状态的板,可根据所测得的正应变 ε_x、ε_y,利用式 (7-41a) 和式 (7-41b) 来分别求解 x、y 方向的正应力 σ_x、σ_y:

$$\sigma_x = \frac{E}{1-\nu^2}(\varepsilon_x + \nu\varepsilon_y) = \frac{73\text{GPa}}{1-0.33^2} \times [-0.00075 + (0.33) \times (0.00125)]$$

$$= -27.6\text{MPa}$$

$$\sigma_y = \frac{E}{1-\nu^2}(\varepsilon_y + \nu\varepsilon_x) = \frac{73\text{GPa}}{1-0.33^2} \times [0.00125 + (0.33) \times (-0.00075)]$$

$$= 82.1\text{MPa}$$

然后,根据式 (7-40c),计算出 z 方向的正应变:

$$\varepsilon_z = \frac{-\nu}{E}(\sigma_x + \sigma_y) = \frac{-(0.33)}{73\text{GPa}} \times (-27.6\text{MPa} + 82.1\text{MPa})$$

$$= -2.464 \times 10^{-4}$$

则该板厚度的改变量(本例为减小量)为:

$$\Delta t = \varepsilon_z t = [-2.464 \times (10^{-4})] \times (7\text{mm}) = -1.725 \times 10^{-3}\text{mm}$$

利用式 (7-49),可求出该板的单位体积改变量 e 为:

$$e = \frac{1-2\nu}{E}(\sigma_x + \sigma_y) = 2.538 \times 10^{-4}$$

e 为正值表明,该板的体积增加了(尽管增幅很小)。最后,根据式 (7-53)(舍去包含剪切的各项),就可计算出该板的应变能密度 u:

$$u = \frac{1}{2E}(\sigma_x^2 + \sigma_y^2 - 2\nu\sigma_x\sigma_y)$$

$$= \frac{1}{2 \times (73\text{GPa})}[(-27.6\text{MPa})^2 + (82.1\text{MPa})^2 - 2 \times (0.33) \times (-27.6\text{MPa}) \times (82.1\text{MPa})]$$

$$= 61.6\text{kPa}$$

7.6 三向应力

　　一个在三个相互垂直的方向受到正应力 σ_x、σ_y、σ_z 作用的材料微元体被认为处于三向应力（triaxial stress）状态（图 7-28a）。由于在 x、y、z 面上没有切应力的作用，因此，应力 σ_x、σ_y、σ_z 就是材料中的主应力。

　　如果沿着一个与 z 轴平行的倾斜平面切割该微元体（图 7-28b），那么，该斜面上的应力不仅有正应力 σ，而且还有切应力 τ，这两种应力的作用方向均平行于 xy 平面。这两种应力类似于之前在讨论平面应力时所遇到的应力 σ_{x_1} 和 $\tau_{x_1y_1}$（例如，图 7-2a）。由于根据力在 xy 平面内的平衡方程就可求出应力 σ 和 τ（图 7-28b），因此，应力 σ 和 τ 与正应力 σ_z 无关。这就意味着，可使用平面应力的转换方程以及平面应力的莫尔圆来求解三向应力状态中的应力 σ 和 τ。这一结论同样适用于作用在与 x、y 轴平行的斜截面（微元体分别沿着这些斜截面被切割）上的正应力和切应力。

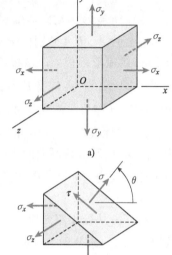

图 7-28　三向应力微元体

　　最大切应力　根据之前关于平面应力的讨论可知，最大切应力发生在与主平面呈 45°夹角的平面上。因此，对于处于三向应力状态的材料（图 7-28a），各最大切应力分别出现在与 x、y、z 轴的方位角为 45°的各微元体上。例如，通过绕 z 轴旋转 45°的方式，可得到一个微元体，作用在该微元体上的最大正、负切应力为：

$$(\tau_{\max})_z = \pm \frac{\sigma_x - \sigma_y}{2} \tag{7-57}$$

类似地，通过绕 x、y 轴旋转 45°的方式，可得到以下最大切应力：

$$(\tau_{\max})_x = \pm \frac{\sigma_y - \sigma_z}{2} \qquad (\tau_{\max})_y = \pm \frac{\sigma_x - \sigma_z}{2} \tag{7-58a, b}$$

　　根据式（7-57）和式（7-58a，b），可求出各个最大切应力，并从中找出绝对最大切应力（即绝对值为最大的切应力）。该绝对最大切应力就等于三个主应力中最大值与最小值的差值的一半。

　　利用莫尔圆，可形象化地显示作用在与 x、y、z 轴的方位角为不同角度的各个微元体上的应力。对于通过绕 z 轴旋转而得到的微元体，其相应的莫尔圆在图 7-29 被标记为 A。注意，该圆是在 $\sigma_x > \sigma_y$ 且 σ_x 和 σ_y 均为拉应力的情况下绘制的。

　　采用类似的方法，对于通过绕 x、y 轴旋转而得到的微元体，也可以分别画出圆 B 和圆 C。这些圆的半径分别代表各最大切应力，并由式（7-57）和式（7-58a，b）给出，而且，绝对值最大的切应力就等于最大圆的半径。作用在各最大切应力所在平面上的正应力，其大

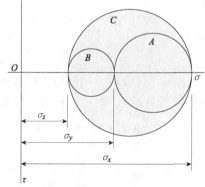

图 7-29　三向应力微元体的莫尔圆

小就等于相应圆的圆心的横坐标值。

在上述关于三向应力的讨论中，只研究了绕 x、y、z 轴旋转而得到的各微元体上的应力。因此，所研究的各个平面均平行于某一个轴。例如，图 7-28b 所示的斜平面平行于 z 轴，其法线平行于 xy 平面。当然，也可沿着各歪斜方向（skew directions）切割该微元体，并使所得到的各歪斜平面与所有三个坐标轴都是倾斜的。通过更为复杂的三维分析，可求出作用在这类平面上的正应力和切应力。作用在这类歪斜平面上的正应力，其大小介于最大主应力和最小主应力之间；作用在这类歪斜平面上的切应力，其绝对值小于绝对最大切应力。

三向应力的胡克定律   如果材料服从胡克定律，那么，采用与平面应力（见 7.5 节）相同的分析步骤，就可以得到正应力与正应变之间的关系。将正应力 σ_x、σ_y、σ_z 单独作用时产生的正应变相加，就可得到总应变。因此，可容易地得到以下三向应力时的应变方程：

$$\varepsilon_x = \frac{\sigma_x}{E} - \frac{\nu}{E}(\sigma_y + \sigma_z) \tag{7-59a}$$

$$\varepsilon_y = \frac{\sigma_y}{E} - \frac{\nu}{E}(\sigma_z + \sigma_x) \tag{7-59b}$$

$$\varepsilon_z = \frac{\sigma_z}{E} - \frac{\nu}{E}(\sigma_x + \sigma_y) \tag{7-59c}$$

在这些方程中，使用标准的符号约定，即，拉应力 σ 和拉应变 ε 为正。

联立求解上述方程，就可用应变来表达应力：

$$\sigma_x = \frac{E}{(1+\nu)(1-2\nu)}[(1-\nu)\varepsilon_x + \nu(\varepsilon_y + \varepsilon_z)] \tag{7-60a}$$

$$\sigma_y = \frac{E}{(1+\nu)(1-2\nu)}[(1-\nu)\varepsilon_y + \nu(\varepsilon_z + \varepsilon_x)] \tag{7-60b}$$

$$\sigma_z = \frac{E}{(1+\nu)(1-2\nu)}[(1-\nu)\varepsilon_z + \nu(\varepsilon_x + \varepsilon_y)] \tag{7-60c}$$

方程（7-59）和（7-60）代表三向应力的胡克定律。

在双向应力的特殊情况下（图 7-11b），将 $\sigma_z = 0$ 代入上述方程中，就可得到胡克定律的方程，所得的方程简化为 7.5 节的式（7-40）和式（7-41）。

单位体积改变量   对于一个处于三向应力状态的微元体，采用与平面应力（见 7.5 节）相同的分析方法，就可得其单位体积改变量（或膨胀量）。如果该微元体遭受的应变为 ε_x、ε_y、ε_z，那么，可使用式（7-48）来求解单位体积改变量：

$$e = \varepsilon_x + \varepsilon_y + \varepsilon_z \tag{7-61}$$

只要是小应变，则该方程对任何材料都是有效的。

如果材料服从胡克定律，那么，可用式（7-59a，b，c）分别取代应变 ε_x、ε_y、ε_z，并得到：

$$e = \frac{1-2\nu}{E}(\sigma_x + \sigma_y + \sigma_z) \tag{7-62}$$

式（7-61）和式（7-62）分别以应变和应力的形式给出了三向应力时的单位体积改变量。

应变能密度   对于一个处于三向应力状态的微元体，其应变能密度可采用与平面应力相同的分析方法得到。在只有应力 σ_x 和 σ_y 作用时（双向应力），应变能密度［根据式（7-52），并舍去包含剪切的各项］为：

$$u = \frac{1}{2}(\sigma_x \varepsilon_x + \sigma_y \varepsilon_y)$$

在该微元体处于三向应力状态且受到应力 σ_x、σ_y、σ_z 作用时，应变能密度的表达式变为：

$$u = \frac{1}{2}(\sigma_x \varepsilon_x + \sigma_y \varepsilon_y + \sigma_z \varepsilon_z) \tag{7-63a}$$

用式 7-59（a，b，c）替换其中的各个应变，则可用应力来表达应变能密度：

$$u = \frac{1}{2E}(\sigma_x^2 + \sigma_y^2 + \sigma_z^2) - \frac{\nu}{E}(\sigma_x \sigma_y + \sigma_x \sigma_z + \sigma_y \sigma_z) \tag{7-63b}$$

采用类似方法，但用式（7-60a，b，c）替换其中的各应变，则可用应变来表达应变能密度：

$$u = \frac{E}{2(1+\nu)(1-2\nu)}[(1-\nu)(\varepsilon_x^2 + \varepsilon_y^2 + \varepsilon_z^2) + 2\nu(\varepsilon_x \varepsilon_y + \varepsilon_x \varepsilon_z + \varepsilon_y \varepsilon_z)] \tag{7-63c}$$

使用这些表达式计算时，各应力和应变必须具有恰当的代数符号。

球应力　三向应力的一种特殊类型被称为球应力，球应力（spherical stress）就是三个正应力均相等的情况（图 7-30）：

$$\sigma_x = \sigma_y = \sigma_z = \sigma_0 \tag{7-64}$$

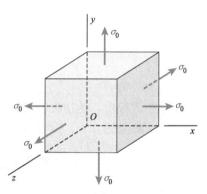

图 7-30　球应力的微元体

在这种应力条件下，任何切割该微元体的平面都承受相同的正应力 σ_0 且没有受到切应力的作用。因此，在材料的任何位置处，每个方向上的正应力都是相同的且均没有切应力。每个平面都是主平面，并且图 7-29 所示的莫尔圆将简化为一个单一的点。

如果材料是均匀且各向同性的，那么，球应力时的正应变在所有方向上也是相同的。如果适用胡克定律，则正应变［根据式（7-59a，b，c）］为：

$$\varepsilon_0 = \frac{\sigma_0}{E}(1-2\nu) \tag{7-65}$$

由于没有切应变，因此，一个形状为正方体的微元体仅是尺寸发生了改变，但其形状仍为一个正方体。一般来说，任何承受球应力的物体都将保持其相对比例，但会膨胀或收缩，这取决于 σ_0 是拉应力还是压应力。

将根据式（7-65）所得的各个应变相加，就可利用式（7-61）来求解单位体积改变量，其求解结果为：

$$e = 3\varepsilon_0 = \frac{3\sigma_0(1-2\nu)}{E} \tag{7-66}$$

通常引入一个新的模量 K，以使式（7-66）能够表达得更为简洁。其中，模量 K 被称为体积模量（volume modulus of elasticity，或 bulk modulus of elasticity），其定义如下：

$$K = \frac{E}{3(1-2\nu)} \tag{7-67}$$

使用这个符号，则单位体积改变量的表达式变为：

$$e = \frac{\sigma_0}{K} \tag{7-68}$$

则体积模量为：

$$K = \frac{\sigma_0}{e} \qquad\qquad (7\text{-}69)$$

因此，体积模量可被定义为球应力与体积应变之比，即类似于单向应力时弹性模量 E 的定义。注意，上述 E 和 K 的公式均基于"小应变、且材料服从胡克定律"这一假设。

从式（7-67）中可以看出，如果泊松比 ν 等于 $1/3$，则模量 K 和 E 的数值相等；如果 $\nu=0$，则 K 值为 $E/3$；如果 $\nu=0.5$，则 K 值趋于无穷大，这就相当于一个没有体积变化的刚性材料（即材料是不可压缩的）。

上述关于球应力的公式是根据一个在所有方向上都承受着相同拉伸作用的微元体而推导出来的，当然，这些公式也适用于均匀受压的微元体。在均匀压缩的情况下，应力和应变的符号为负。当材料在所有方向上都承受着均匀压力时，就会发生均匀压缩；例如，一个浸没在水中的物体，或地球内部深处的岩石。这种应力状态通常被称为静水应力（hydrostatic stress）。

虽然均匀受压状态相对较为常见，但均匀拉伸状态是很难实现的。对实心金属球的外表面进行突然而均匀的加热以使其外层温度高于其内层温度，这样就可实现均匀拉伸。其中，外层的膨胀趋势将对球心部分在所有方向上都产生一个均匀的拉伸作用。

7.7 平面应变

承载结构中某点处的应变将随着坐标轴方位的不同而发生变化，其变化方式类似于应力的变化方式。本节将推导表达各个倾斜方向上的应变与参考方向上的应变之间关系的转换方程。这些转换方程被广泛应用于实验室和现场的应变检测中。

习惯上使用应变计测量应变；例如，将应变计放置在飞机中以测量飞行过程中结构的行为，将应变计放置在建筑物中以测量地震的影响。由于应变计仅能测量某一特定方向上的应变，因此，需要利用转换方程来计算其他方向上的应变。

平面应变与平面应力　首先解释平面应变的含义及其与平面应力的关系。研究一个 x、y、z 方向上的边长分别为 a、b、c 的材料微元体（图 7-31a）。如果变形仅为 xy 平面内的变形，那么，可能存在着三个应变分量——x 方向的正应变 ε_x（图 7-31b）、y 方向的正应变 ε_y（图 7-31c）、切应变 γ_{xy}（图 7-31d）。经受这些应变（仅有这些应变）的微元体被认为是处于平面应变（plane strain）状态。

由此可见，就一个处于平面应变状态的微元体而言，在 z 方向上没有正应变 ε_z，在 xz 和 yz 平面内也没有切应变 γ_{xz} 和 γ_{yz}。因此，平面应变被以下条件定义：

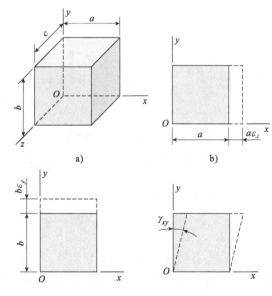

图 7-31　xy 平面内的应变分量 ε_x、ε_y、γ_{xy}（平面应变）

$$\varepsilon_z = 0 \qquad \gamma_{xz} = 0 \qquad \gamma_{yz} = 0 \qquad\qquad \text{(7-70a, b, c)}$$

其余应变（ε_x、ε_y、γ_{xy}）的数值可能不为零。

根据上述定义，可以看出，当某一材料微元体（图 7-31a）的前表面和后表面在 z 方向被完全限制时（在实际结构中，很少达到这种理想限制条件），将产生平面应变。然而，这并不意味着平面应变的转换方程是没有用的。相反，它们非常有用，因为它们也适用于分析平面应力时的应变，如下所述。

平面应变的定义［式（7-70a，b，c）］类似于平面应力的定义。在平面应力中，以下应力必须为零：

$$\sigma_z = 0 \qquad \tau_{xz} = 0 \qquad \tau_{yz} = 0 \qquad\qquad \text{(7-71a, b, c)}$$

而其余应力（σ_x、σ_y、τ_{xy}）的数值可能不为零。图 7-32 给出了平面应力与平面应变的应力、应变的对比分析。

虽然平面应力与平面应变的定义是类似的，但不能因此就推断出"两者是同时发生的"这样一个结论。一般而言，对于一个处于平面应力状态的微元体，它将经历一个 z 方向的应变（图 7-32），因此，它没有处于平面应变状态。同时，对于一个处于平面应变状态的微元体，通常将有应力 σ_z 作用在其表面上，因为必须满足 $\varepsilon_z = 0$ 这一要求；因此，它没有处于平面应力状态。也就是说，一般情况下，平面应力与平面应变不会同时发生。

	平面应力	平面应变
应力	$\sigma_z = 0 \qquad \tau_{xz} = 0 \qquad \tau_{yz} = 0$ 应力 σ_x、σ_y、τ_{xy} 可以有非零值	$\tau_{xz} = 0 \qquad \tau_{yz} = 0$ 应力 σ_x、σ_y、σ_z、τ_{xy} 可以有非零值
应变	$\gamma_{xz} = 0 \qquad \gamma_{yz} = 0$ 应变 ε_x、ε_y、ε_z、γ_{xy} 可以有非零值	$\varepsilon_z = 0 \qquad \gamma_{xz} = 0 \qquad \gamma_{yz} = 0$ 应变 ε_x、ε_y、γ_{xy} 可以有非零值

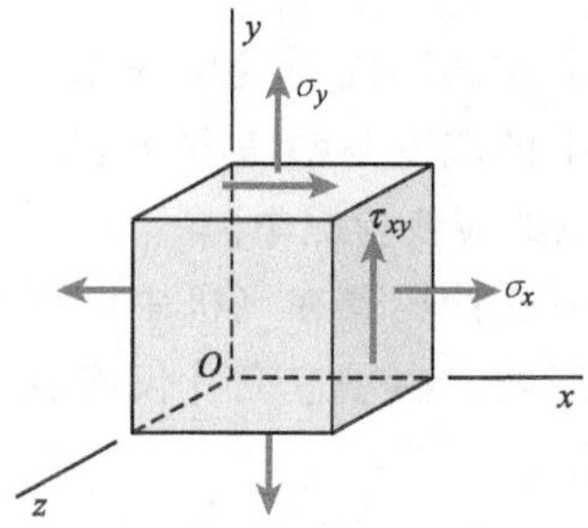

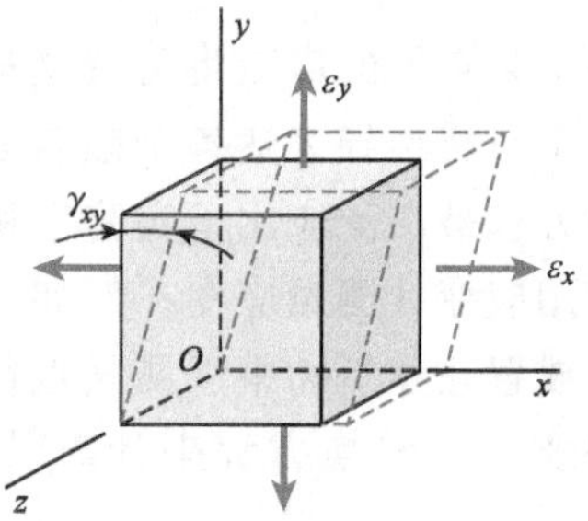

图 7-32　平面应力和平面应变的比较

但是，也有例外，这种例外发生在一个处于平面应力状态的微元体受到大小相等而方向相反的正应力作用（即 $\sigma_x = -\sigma_y$）且材料服从胡克定律时。在这种特殊情况下，z 方向上没有正应变［如式（7-35c）所示］，因此，该微元体既处于平面应变状态、又处于平面应力状态。另一种特殊情况为某一材料的泊松比等于零（$\nu = 0$）时（尽管这是一种假想的情况），这时，每个平面应力微元体也都处于平面应力状态，因为 $\varepsilon_z = 0$ ［见式（7-35c）］[○]。

转换方程的应用　即使在存在正应力 σ_z 的情况下，所推导出的用于分析 xy 平面内的平面应力的转换方程 ［式（7-4a）和式（7-4b）］也是有效的。其理由在于，推导式（7-4a）和式（7-4b）所用的平衡方程没有包括应力 σ_z。因此，平面应力的转换方程也可被用于分析平面应变时的应力。

平面应变的情况与此类似。虽然我们将推导出用于分析 xy 平面内平面应变的应变转换方程，但这些方程即使在存在应变 ε_z 的情况下仍然是有效的。其理由很简单——应变 ε_z 不影响推导过程中所使用的几何关系。因此，平面应变的转换方程也可被用于分析平面应力时的应变。

最后，应当清楚，平面应力的转换方程仅仅是根据平衡条件推导出来的，因此，它们对任何材料都是有效的，无论材料是否为线弹性材料。同样的结论也适用于平面应变的转换方程——因为它们仅仅是根据几何关系推导出来的，并且，它们与材料的性能无关。

平面应变的转换方程　在推导平面应变的转换方程时，将使用图 7-33 所示的坐标轴，并将假设与 xy 轴相关的正应变 ε_x 和 ε_y 以及切应变 γ_x 是已知的（图 7-31）。分析的目的是确定与 $x_1 y_1$ 轴相关的正应变 ε_{x_1} 与切应变 $\gamma_{x_1 y_1}$，其中，$x_1 y_1$ 轴是自 xy 轴开始逆时针旋转 θ 角后而得到的（不必为正应变 ε_{y_1} 单独推导一个方程，因为，在 ε_{x_1} 的方程中，用 θ +90° 取代 θ，就可求得 ε_{y_1}）。

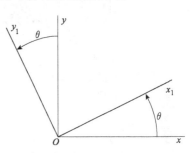

图 7-33　xy 轴旋转 θ 角后
得到的 $x_1 y_1$ 轴

正应变 ε_{x_1}。为了求出 x_1 方向上的正应变 ε_{x_1}，选择 7-34a 所示微元体为研究对象，其中，x_1 轴沿着该微元体 z 面的对角线，x、y 轴沿着该微元体的侧边。图中显示了该微元体的二维视图，z 轴指向读者。当然，如图 7-31a 所示，该微元体实际上是三维的，有一个 z 方向上的尺寸。

首先，研究 x 方向上的正应变 ε_x（图 7-34a）。该应变在 x 方向产生的伸长量等于 $\varepsilon_x dx$，其中，dx 为该微元体相应棱边的长度。其结果是，该微元体对角线的伸长量（如图 7-34a 所示）为：

$$\varepsilon_x dx \cos\theta \tag{7-72a}$$

其次，研究 y 方向上的正应变 ε_y（图 7-34b）。该应变在 y 方向产生的伸长量等于 $\varepsilon_y dy$，其中，dy 为该微元体与 y 轴平行的棱边的长度。其结果是，该微元体对角线的伸长量（如图 7-34b 所示）为：

$$\varepsilon_y dy \sin\theta \tag{7-72b}$$

最后，研究 xy 平面内的切应变 γ_{xy}（图 7-34c）。该应变使微元体发生扭曲，并使该微元体左下角的减小量等于切应变。因此，该微元体上表面向右的位移（相对于下表面）为 $\gamma_{xy} dy$。这一变形导致其对角线的伸长量（如图 7-34c 所示）等于：

$$\gamma_{xy} dy \cos\theta \tag{7-72c}$$

对角线的总伸长量 Δd 等于上述三个表达式的和，因此，

$$\Delta d = \varepsilon_x dx \cos\theta + \varepsilon_y dy \sin\theta + \gamma_{xy} dy \cos\theta \tag{7-73}$$

[○] 本章的讨论忽略了温度变化和预应变的影响，这二者均将产生额外的变形，这些变形会改变某些结论。

x_1方向上的正应变ε_{x_1}等于总伸长量除以对角线的原始长度：

$$\varepsilon_{x_1} = \frac{\Delta d}{ds} = \varepsilon_x \frac{dx}{ds}\cos\theta + \varepsilon_y \frac{dy}{ds}\sin\theta + \gamma_{xy}\frac{dy}{ds}\cos\theta \tag{7-74}$$

在图 7-34 中，$dx/ds = \cos\theta$，$dy/ds = \sin\theta$，因此，可得到以下关于正应变的方程：

$$\varepsilon_{x_1} = \varepsilon_x \cos^2\theta + \varepsilon_y \sin^2\theta + \gamma_{xy}\sin\theta\cos\theta \tag{7-75}$$

于是，现已得到了一个 x_1 方向上的正应变的表达式，该表达式是以应变 ε_x、ε_y、γ_x 来表达的，这些应变均与 xy 轴有关。

如上所述，用 $\theta+90°$ 取代式（7-75）中的 θ，就可求得 y_1 方向上的正应变 ε_{y_1}。

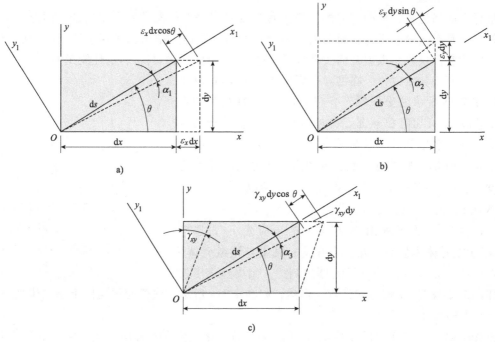

图 7-34　由以下因素引起的某一平面应力微元体的变形
a）正应变 ε_x　b）正应变 ε_y　c）切应变 γ_{xy}

切应变 $\gamma_{x_1y_1}$。该应变等于材料中沿 x_1、y_1 轴的两条直线之间的夹角的减小量。为了更清晰地说明这一点，以图 7.35 为例，该图显示了 xy 轴和 x_1y_1 轴，这两个轴之间的夹角为 θ。设 Oa 是一条初始时沿着 x_1 轴的直线（即沿着图 7-34 所示微元体的对角线）。应变 ε_x、ε_y、γ_x 所引起的变形（图 7-34）使得直线 Oa 自 x_1 轴逆时针转动了 α 角，并转动到图 7.35 所示的位置。类似地，直线 Ob 初始时是沿着 y_1 轴的，但由于变形的原因，它顺时针转动了 β 角。这两条直线初始时的夹角为直角，切应变 $\gamma_{x_1y_1}$ 就是该夹角的减小量；因此，

$$\gamma_{x_1y_1} = \alpha + \beta \tag{7-76}$$

因此，为了求出切应变 $\gamma_{x_1y_1}$，就必须先求出角度 α、β。

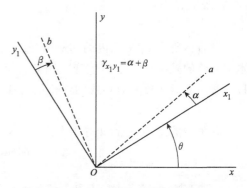

图 7-35　与 x_1y_1 轴有关的切应变 $\gamma_{x_1y_1}$

根据图 7-34 所示的变形情况，可采用以下方法求解角度 α。应变 ε_x（图 7-34a）使该微元体的对角线产生顺时针旋转，设该旋转角为 α_1，则角度 α_1 就等于距离 $\varepsilon_x \mathrm{d}x \sin\theta$ 除以该对角线的长度 $\mathrm{d}s$：

$$\alpha_1 = \varepsilon_x \frac{\mathrm{d}x}{\mathrm{d}s}\sin\theta \tag{7-77a}$$

类似地，应变 ε_y 使该对角线逆时针旋转了 α_2 角（图 7-34b），该角度等于距离 $\varepsilon_y \mathrm{d}y \cos\theta$ 除以 $\mathrm{d}s$：

$$\alpha_2 = \varepsilon_y \frac{\mathrm{d}y}{\mathrm{d}s}\cos\theta \tag{7-77b}$$

最后，应变 γ_{xy} 使该对角线顺时针旋转了 α_3 角（图 7-34c），该角度等于距离 $\gamma_{xy}\mathrm{d}y \sin\theta$ 除以 $\mathrm{d}s$：

$$\alpha_3 = \gamma_{xy} \frac{\mathrm{d}y}{\mathrm{d}s}\sin\theta \tag{7-77c}$$

最终，对角线（图 7-34）逆时针旋转了 α 角（如图 7-35 所示），α 为：

$$\begin{aligned} \alpha &= -\alpha_1 + \alpha_2 - \alpha_3 \\ &= -\varepsilon_x \frac{\mathrm{d}x}{\mathrm{d}s}\sin\theta + \varepsilon_y \frac{\mathrm{d}y}{\mathrm{d}s}\cos\theta - \gamma_{xy}\frac{\mathrm{d}y}{\mathrm{d}s}\sin\theta \end{aligned} \tag{7-78}$$

根据 $\mathrm{d}x/\mathrm{d}s = \cos\theta$、$\mathrm{d}y/\mathrm{d}s = \sin\theta$，可得：

$$\alpha = -(\varepsilon_x - \varepsilon_y)\sin\theta\cos\theta - \gamma_{xy}\sin^2\theta \tag{7-79}$$

直线 Ob 初始时与直线 Oa 的夹角为 90°，用 $\theta + 90°$ 取代式（7-79）中的 θ，就可求得直线 Ob 的旋转角（见图 7-35）。由于所求旋转角在逆时针时为正（因为 α 在逆时针时为正），因此，该旋转角等于 $-\beta$（因为 β 在顺时针时为正）。因此，

$$\begin{aligned} \beta &= (\varepsilon_x - \varepsilon_y)\sin(\theta + 90°)\cos(\theta + 90°) + \gamma_{xy}\sin^2(\theta + 90°) \\ &= (\varepsilon_x - \varepsilon_y)\sin\theta\cos\theta + \gamma_{xy}\cos^2\theta \end{aligned} \tag{7-80}$$

将 α 与 β 相加，就得到了切应变 $\gamma_{x_1y_1}$ [见式（7-67）]：

$$\gamma_{x_1y_1} = -2(\varepsilon_x - \varepsilon_y)\sin\theta\cos\theta + \gamma_{xy}(\cos^2\theta - \sin^2\theta) \tag{7-81}$$

为了将该式表达为一个更为有用的形式，将其两边同除以 2：

$$\frac{\gamma_{x_1y_1}}{2} = -(\varepsilon_x - \varepsilon_y)\sin\theta\cos\theta + \frac{\gamma_{xy}}{2}(\cos^2\theta - \sin^2\theta) \tag{7-82}$$

现已得到与 x_1y_1 轴相关的切应变 $\gamma_{x_1y_1}$ 的表达式，该表达式是用与 xy 轴有关的应变 ε_x、ε_y、γ_x 来表达的。

平面应变的转换方程。 将三角恒等式 $\cos^2\theta = (1 + \cos2\theta)/2$、$\sin^2\theta = (1 - \cos2\theta)/2$、$\sin\theta\cos\theta = \sin2\theta/2$ 代入式（7-75）和式（7-82），则平面应变的转换方程变为：

$$\varepsilon_{x_1} = \frac{\varepsilon_x + \varepsilon_y}{2} + \frac{\varepsilon_x - \varepsilon_y}{2}\cos2\theta + \frac{\gamma_{xy}}{2}\sin2\theta \tag{7-83a}$$

$$\frac{\gamma_{x_1y_1}}{2} = -\frac{\varepsilon_x - \varepsilon_y}{2}\sin2\theta + \frac{\gamma_{xy}}{2}\cos2\theta \tag{7-83b}$$

这两个方程对应于平面应力的方程（7-4a）和（7-4b）。

比较这两组方程时，应注意：ε_{x_1} 对应于 σ_{x_1}，$\gamma_{x_1y_1}/2$ 对应于 $\tau_{x_1y_1}$，ε_x 对应于 σ_x，ε_y 对应

于 σ_y，$\gamma_{xy}/2$ 对应于 τ_{xy}。这两组转换方程所对应的变量见表 7-1。

表 7-1 平面应力 [式 (7-4a, b)] 与平面应变 [式 (7-83a, b)] 转换方程中的相应变量

平面应力	平面应变	平面应力	平面应变	平面应力	平面应变
σ_x	ε_x	τ_{xy}	$\gamma_{xy}/2$	$\tau_{x_1y_1}/2$	$\gamma_{x_1y_1}/2$
σ_y	ε_y	σ_{x_1}	ε_{x_1}		

比较平面应力与平面应变，其转换方程的类似性表明：7.2~7.4 节所有关于平面应力、主应力、最大切应力以及莫尔圆的论述，在平面应变中也有着类似的论述。例如，垂直方向上正应变的和就是一个常数 [与式 (7-6) 比较]：

$$\varepsilon_{x_1} + \varepsilon_{y_1} = \varepsilon_x + \varepsilon_y \tag{7-84}$$

将 ε_{x_1} 的表达式 [式 (7-83a)] 和 ε_{y_1} 的表达式 [式 (7-83a)，用 $\theta+90°$ 替换其中的 θ] 代入该式，就可以验证其正确性。

主应变 主应变存在于具有主方位角 θ_p 的两个相互垂直的平面上，其中，θ_p 采用以下公式 [与式 (7-11) 比较] 计算：

$$\tan 2\theta_p = \frac{\gamma_{xy}}{\varepsilon_x - \varepsilon_y} \tag{7-85}$$

可根据下式计算主应变：

$$\varepsilon_{1,2} = \frac{\varepsilon_x + \varepsilon_y}{2} \pm \sqrt{\left(\frac{\varepsilon_x - \varepsilon_y}{2}\right)^2 + \left(\frac{\gamma_{xy}}{2}\right)^2} \tag{7-86}$$

该式对应于关于主应力的式 (7-17)。使用 7.3 节求解主应力时所用的方法，就可以求出两个主应变 (在 xy 平面内) 与两个主方向的关系 (其求解方法见之后的例 7-8)。最后，注意：在平面应变中，第三个主应变 $\varepsilon_z = 0$。同时，各主平面上的切应变为零。

最大切应变 xy 平面内的最大切应变与一个与主应变方向呈 45° 的坐标系有关。最大切应变值 (在 xy 平面内) 由以下方程 [与式 (7-25) 比较] 给出：

$$\frac{\gamma_{max}}{2} = \sqrt{\left(\frac{\varepsilon_x - \varepsilon_y}{2}\right)^2 + \left(\frac{\gamma_{xy}}{2}\right)^2} \tag{7-87}$$

最小切应变具有相同的大小、但为负值。在最大切应变的方向上，正应变为：

$$\varepsilon_{aver} = \frac{\varepsilon_x + \varepsilon_y}{2} \tag{7-88}$$

该式类似于关于应力的式 (7-27)。最大面外切应变，即 xz 和 yz 平面内的切应变，可根据与式 (7-87) 类似的方程求出。

对于一个处于平面应力状态的主微元体 (图 7-13b)，其表面上没有切应力的作用。因此，该微元体的切应变 $\gamma_{x_1y_1}$ 为零。于是，该微元体中的正应变就是主应变。也就是说，在受力体的某个给定点处，主应变和主应力出现在同一方向上。

平面应变的莫尔圆 如图 7-36 所示，平面应变与平面应力的莫尔圆在绘制方法上是相同的。绘制时，以正应变 ε_{x_1} 作为横坐标 (向右为正)，以切应变的一半 ($\gamma_{x_1y_1}/2$) 作为纵坐标 (向下为正)。圆心 C 的横坐标等于 ε_{aver} [式 (7-88)]。

点 A 代表与 x 方向 ($\theta=0$) 相关的应变，其坐标为 ε_x、$\gamma_{xy}/2$。点 B 位于直径线 AB 上与点 A 相对的一端，其坐标为 ε_y、$-\gamma_{xy}/2$，它代表与一对旋转了 $\theta=90°$ 的轴相关的应变。

与旋转了 θ 角的轴相关的应变由点 D 给出，该点位于莫尔圆上自半径线 CA 开始逆时针量

取角度 2θ 的位置处。点 P_1、P_2 代表主应变，点 S_1、S_2 代表最大切应变。所有这些应变均可根据该圆的几何性质或根据转换方程来求解。

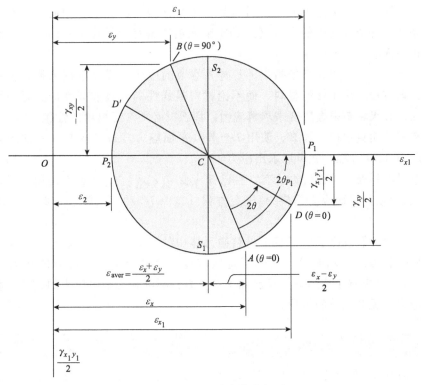

图 7-36 平面应变的莫尔圆

应变的测量 电阻应变计（strain gage）是一个用于测量受力体表面上的正应变的测量装置。这些应变计非常小，其长度通常在1/8～1/2英寸范围内⊖。这些应变计被牢固粘贴在物体的表面上，以使其伸长量与物体自身的应变成正比。

每个应变计均含有一个细金属网，当物体在该应变

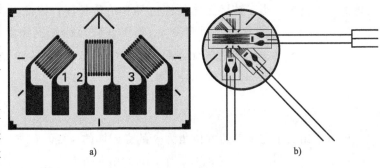

图 7-37 布置为 45°应变花的三向电阻应变计（放大图）

a）45°三角应变花 b）预制的三向应变花

计粘贴点处产生应变时，该应变计就被拉长或缩短。其细金属网相当于一条连续来回盘旋的金属丝，这样就可以有效地增加其长度（图7-37）。当应变计被拉长或缩短时，金属丝的电阻就会发生改变，然后，这一电阻改变量就被转换为应变的测量值。应变计是极其敏感的，它可以测量最小为 1×10^{-6} 的应变。

由于每个应变计仅能够测量一个方向上的正应变且主应力的方向通常都是未知的，因此，就有必要同时使用三个应变计，其中，各个应变计分别测量不同方向上的应变。根据三个这

⊖ 即约在 3.2～12.7mm 范围内。——译者注

样的测量结果，就可以计算出任意方向上的应变，如例7-9所示。

以某种特定方式组装在一起的三个应变计被称为**应变花**（strain rosette）。由于应变花被安装在物体的表面上，而物体表面处的材料是处于平面应力状态的，因此，可利用平面应变的转换方程来计算各个方向上的应变（正如本节之前所解释的那样，平面应变的转换方程也可被用于分析平面应力时的应变）。

根据应变计算应力   正如已经指出的那样，本节的应变方程是仅仅依据几何性质推导出来的。因此，该方程适用于任何材料，而不论材料是线性的还是非线性的、是弹性的还是非弹性的。然而，如果希望根据应变来求解应力，那么就必须考虑材料的性能。

如果材料服从胡克定律，那么，使用7.5节（平面应力）或7.6节（三向应力）给出的某些适当的应力-应变方程，就可以求出应力。

例如，假设材料处于平面应力状态、且已知应变 ε_x、ε_y、γ_{xy}（也许是用应变计测量出来的），那么，就可使用平面应力的应力-应变方程［式（7-37）和式（7-38）］来求解材料中的应力。

再举一个例子。假设已求出了某个材料微元体中的三个主应变 ε_1、ε_2、ε_3（如果该微元体处于平面应变状态，则 $\varepsilon_3 = 0$）。已知了这些应变，就可利用三向应力的胡克定律［见式（7-60a，b，c）］来求解主应力。一旦已知了主应力，则可利用平面应力的转换方程来求解各个斜面上的应力（见7.6节的讨论）。

【例 7-8】

处于平面应变状态的某一材料微元体经历了以下应变：$\varepsilon_x = 340 \times 10^{-6}$、$\varepsilon_y = 110 \times 10^{-6}$、$\gamma_{xy} = 340 \times 10^{-6}$。这些应变如图7-38a所示（采用高度夸张画法），该图显示了单位尺寸的微元体的变形情况。由于该微元体的棱边具有单位长度，因此，各线性尺寸的改变量与正应变 ε_x、ε_y 具有相同的大小。切应变 γ_{xy} 等于该微元体左下角的减小量。请求解以下参数：（a）一个方位角为 $\theta = 30°$ 的微元体的应变；（b）主应变；（c）最大切应变（仅考虑面内应变，并将结果显示在相应的微元体图上）。

解答：

（a）**方位角为 $\theta = 30°$ 的微元体的应变**。根据式（7-83a）和式（7-83b）给出的转换方程，就可求出一个与 x 轴的方位角为 θ 的微元体的应变。首先，计算以下值：

$$\frac{\varepsilon_x + \varepsilon_y}{2} = \frac{(340 + 110) \times 10^{-6}}{2} = 225 \times 10^{-6}$$

$$\frac{\varepsilon_x - \varepsilon_y}{2} = \frac{(340 - 110) \times 10^{-6}}{2} = 115 \times 10^{-6}$$

$$\frac{\gamma_{xy}}{2} = 90 \times 10^{-6}$$

将这些值代入式（7-83a）和式（7-83b），可得：

$$\varepsilon_{x_1} = \frac{\varepsilon_x + \varepsilon_y}{2} + \frac{\varepsilon_x - \varepsilon_y}{2}\cos 2\theta + \frac{\gamma_{xy}}{2}\sin 2\theta$$

$$= (225 \times 10^{-6}) + (115 \times 10^{-6}) \times (\cos 60°) + (90 \times 10^{-6}) \times (\sin 60°)$$

$$= 360 \times 10^{-6}$$

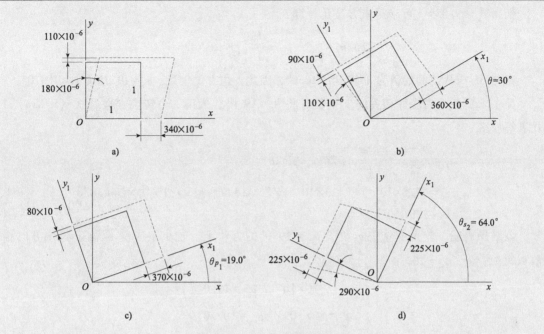

图 7-38 平面应变的材料微元体

a）面向 x、y 轴的微元体　b）方位角为 $\theta = 30°$ 的微元体

c）主应变　d）最大切应变（注：微元体的各边均为单位长度）

$$\frac{\gamma_{x_1y_1}}{2} = -\frac{\varepsilon_x - \varepsilon_y}{2}\sin2\theta + \frac{\gamma_{xy}}{2}\cos2\theta$$

$$= -(115\times10^{-6})\times(\sin60°) + (90\times10^{-6})\times(\cos60°) = -55\times10^{-6}$$

因此，切应变为：

$$\gamma_{x_1y_1} = -110\times10^{-6}$$

根据式（7-84），可求得应变 ε_{y_1} 为：

$$\varepsilon_{y_1} = \varepsilon_x + \varepsilon_y - \varepsilon_{x_1} = (340 + 110 - 360)\times10^{-6} = 90\times10^{-6}$$

应变 ε_{x_1}、ε_{y_1}、$\gamma_{x_1y_1}$ 被显示在图 7-38b 所示的方位角为 $\theta = 30°$ 的微元体上。注意：由于 $\gamma_{x_1y_1}$ 为负值，因此，该微元体左下角增大了。

（b）主应变。根据式（7-86），可轻而易举地求出各主应变：

$$\varepsilon_{1,2} = \frac{\varepsilon_x + \varepsilon_y}{2} \pm \sqrt{\left(\frac{\varepsilon_x - \varepsilon_y}{2}\right)^2 + \left(\frac{\gamma_{xy}}{2}\right)^2}$$

$$= 225\times10^{-6} \pm \sqrt{(115\times10^{-6}) + (90\times10^{-6})^2}$$

$$= 225\times10^{-6} \pm 146\times10^{-6}$$

因此，各主应变为：

$$\varepsilon_1 = 370\times10^{-6} \quad \varepsilon_2 = 80\times10^{-6}$$

其中，代数值较大的主应变用 ε_1 表示，代数值较小的主应变用 ε_2 表示（回想一下，本例仅考虑面内应变）。

根据式（7-85），可求得主方位角，即：

$$\tan 2\theta_p = \frac{\gamma_{xy}}{\varepsilon_x - \varepsilon_y} = \frac{180}{340-110} = 0.7826$$

$2\theta_p$ 在 $0 \sim 360°$ 之间的值为 $38.0°$ 和 $218.0°$，因此，主方位角为：$\theta_p = 19.0°$ 或 $\theta_p = 109.0°$。

为了求出各个主应变相关的 θ_p 的值，将 $\theta_p = 19.0°$ 代入第一个转换方程 [式（7-83a）]，并求解应变：

$$\varepsilon_{x_1} = \frac{\varepsilon_x + \varepsilon_y}{2} + \frac{\varepsilon_x + \varepsilon_y}{2}\cos 2\theta + \frac{\gamma_{xy}}{2}\sin 2\theta$$
$$= (225 \times 10^{-6}) + (115 \times 10^{-6}) \times (\cos 38.0°) + (90 \times 10^{-6}) \times (\sin 38.0°)$$
$$= 370 \times 10^{-6}$$

该结果表明，较大主应变 ε_1 位于 $\theta_{p_1} = 19.0°$ 的方位上。较小主应变 ε_2 位于与该方向相差 $90°$ 的方位（$\theta_{p_2} = 109.0°$）上。因此，

$$\varepsilon_1 = 370 \times 10^{-6} \qquad \theta_{p_1} = 19.0°$$
$$\varepsilon_2 = 80 \times 10^{-6} \qquad \theta_{p_2} = 109.0°$$

注意，$\varepsilon_1 + \varepsilon_2 = \varepsilon_x + \varepsilon_y$。

各主应变被绘制在图 7-38c 中。当然，没有切应变作用在各主平面上。

（c）最大切应变。根据式（7-87），可计算出最大切应变：

$$\frac{\gamma_{max}}{2} = \sqrt{\left(\frac{\varepsilon_x - \varepsilon_y}{2}\right)^2 + \left(\frac{\gamma_{xy}}{2}\right)^2} = 146 \times 10^{-6} \qquad \gamma_{max} = 290 \times 10^{-6}$$

具有最大切应变的微元体位于与主方向的夹角为 $45°$ 的方位上，因此，$\theta_s = 19.0° + 45° = 64.0°$，而 $2\theta_s = 128.0°$。将该 $2\theta_s$ 的值代入第二个转换方程 [式（7-83b）]，就可确定与该方向有关的切应变的符号。计算结果为：

$$\frac{\gamma_{x_1 y_1}}{2} = -\frac{\varepsilon_x - \varepsilon_y}{2}\sin 2\theta + \frac{\gamma_{xy}}{2}\cos 2\theta$$
$$= -(115 \times 10^{-6}) \times (\sin 128.0°) + (90 \times 10^{-6}) \times (\cos 128.0°)$$
$$= -146 \times 10^{-6}$$

该结果表明，方位角为 $\theta_{s_2} = 64.0°$ 的微元体具有最大负切应变。

可观察到：最大正切应变的方位角 θ_{s_1} 始终比 θ_{p_1} 小 $45°$。根据这一观察也可得到相同的结果。因此，

$$\theta_{s_1} = \theta_{p_1} - 45° = 19.0° - 45° = -26.0°$$
$$\theta_{s_2} = \theta_{s_1} + 90° = 64.0°$$

与 θ_{s_1} 和 θ_{s_2} 相应的切应变分别为 $\gamma_{max} = 290 \times 10^{-6}$ 和 $\gamma_{min} = -290 \times 10^{-6}$。

具有最大和最小切应变的微元体上的正应变为：

$$\varepsilon_{aver} = \frac{\varepsilon_x + \varepsilon_y}{2} = 225 \times 10^{-6}$$

具有最大面内切应变的微元体图如图 7-38d 所示。

本例利用转换方程来求解应变。然而，从莫尔圆上可轻而易举地得到所有的结果。

【例 7-9】

45°应变花（也被称为直角应变花）由三个电阻应变片组成，这三个应变片用于测量两个垂直方向和一个 45°方向的应变，如图 7-39a 所示。该应变花粘贴在加载前的结构表面上。应变片 A、B、C 分别用于测量直线 Oa、Ob、Oc 方向上的正应变 ε_a、ε_b、ε_c。请解释如何求得与这样一个微元体有关的应变 ε_{x_1}、ε_{y_1}、$\gamma_{x_1y_1}$，该微元体与 xy 轴的方位角为 θ（图 7-39b）。

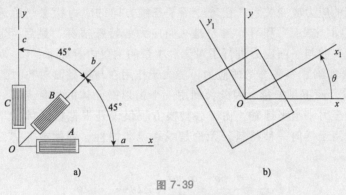

图 7-39

a）45°应变花 b）方位角为 θ 的微元体

解答：

在该受力体的表面，材料处于平面应力状态。由于应变的转换方程［式（7-83a）和式（7-83b）］不仅适用于平面应力，而且也适用于平面应变，由此，可利用这些方程来求解任意所需方向上的应变。

与 xy 轴相关的应变。由于应变片 A、C 分别对齐于 x、y 轴，由此，它们直接给出了应变 ε_x、ε_y：

$$\varepsilon_x = \varepsilon_a \qquad \varepsilon_y = \varepsilon_c \qquad\qquad (7\text{-}89a, b)$$

为了求得切应变 γ_{xy}，可利用正应变的转换方程［式（7-83a）］：

$$\varepsilon_{x_1} = \frac{\varepsilon_x + \varepsilon_y}{2} + \frac{\varepsilon_x - \varepsilon_y}{2}\cos 2\theta + \frac{\gamma_{xy}}{2}\sin 2\theta$$

对于角度 $\theta = 45°$，可知 $\varepsilon_{x_1} = \varepsilon_b$（见图 7-39a）；因此，上述方程给出了：

$$\varepsilon_b = \frac{\varepsilon_a + \varepsilon_c}{2} + \frac{\varepsilon_a - \varepsilon_c}{2}(\cos 90°) + \frac{\gamma_{xy}}{2}(\sin 90°)$$

求解 γ_{xy}，可得：

$$\gamma_{xy} = 2\varepsilon_b - \varepsilon_a - \varepsilon_c \qquad\qquad (7\text{-}90)$$

因此，根据给定的应变计读数，就可容易地求出应变 ε_x、ε_y、γ_{xy}。

与 x_1y_1 轴相关的应变。已知了应变 ε_x、ε_y、γ_{xy} 之后，就可直接根据应变的转换方程［式（7-83a）和式（7-83b）］或莫尔圆来计算方位角为 θ 的微元体的有关应变。同时，还可以分别根据式（7-86）和式（7-87）来计算主应变和最大切应变。

本章总结与回顾

第 7 章研究了受力体一点处的应力状态（state of stress），并将该应力状态显示在一个应力微元体上。然后，讨论了二维的平面应力，并推导了转换方程，这些转换方程给出了该点处正应力和切应力的不同但却等效的表达式。主应力和最大切应力及其方位被认为是设计中最重要的信息。可以发现，表示转换方程的莫尔圆为研究一点处的各种应力状态（包括分析具有主应力和最大剪切应力的应力微元体的方位）提供一种简便的分析方法。随后，介绍了应变，并推导了平面应力的胡克定律（均匀且各向同性的材料），还专门求解了双向应力、单向应力以及纯剪切的应力应变关系。接着介绍了三维方向的应力状态（称为三向应力）以及三向应力的胡克定律。球应力和静水应力是三向应力的特殊情况。最后，定义了用于实验应力分析的平面应变，并与平面应力进行了对比。本章的主要内容如下：

1. 某一物体（如梁）斜截面上的应力可能大于作用在与横截面对齐的微元体上的应力。

2. 应力是张量，而不是矢量，因此，利用一个楔形微元体的平衡条件，就可将应力分量从一组坐标轴转换至另一组坐标轴。由于各转换方程仅仅是根据微元体的平衡条件推导出来的，因此，它们适用于任何一种材料，无论是线性或非线性、弹性或非弹性材料。平面应力的转换方程为：

$$\sigma_{x_1} = \frac{\sigma_x + \sigma_y}{2} + \frac{\sigma_x - \sigma_y}{2}\cos 2\theta + \tau_{xy}\sin 2\theta$$

$$\tau_{x_1 y_1} = -\frac{\sigma_x - \sigma_y}{2}\sin 2\theta + \tau_{xy}\cos 2\theta$$

$$\sigma_{y_1} = \frac{\sigma_x + \sigma_y}{2} - \frac{\sigma_x - \sigma_y}{2}\cos 2\theta - \tau_{xy}\sin 2\theta$$

3. 如果使用两个方位不同的微元体来显示物体同一点处的平面应力状态，那么，作用在这两个微元体表面上的应力将是不同的，但它们仍然均代表该点处相同的固有应力状态。

4. 对于一个处于平面应力状态的应力微元体，根据其平衡条件，可以证明：如果求出了其任一侧面上作用的切应力，那么，也就求得了其全部四个侧面上作用的切应力。

5. 作用在平面应力微元体（在受力体的给定点处）相互垂直表面上的正应力的总和是恒定的且与角度 θ 无关：

$$\sigma_{x_1} + \sigma_{y_1} = \sigma_x + \sigma_y$$

6. 根据正应力的转换方程，可求出最大和最小正应力（被称为主应力 σ_1、σ_2）即：

$$\sigma_{1,2} = \frac{\sigma_x + \sigma_y}{2} \pm \sqrt{\left(\frac{\sigma_x - \sigma_y}{2}\right)^2 + \tau_{xy}^2}$$

还可求出这些应力所作用的主平面的方位角 θ_p。主平面上切应力为零，最大切应力发生在与主平面的夹角为 45°的平面上，最大切应力等于各主应力差值的一半。根据原始微元体上的正应力和切应力，或根据各主应力，可计算出最大切应力，即：

$$\tau_{max} = \sqrt{\left(\frac{\sigma_x - \sigma_y}{2}\right)^2 + \tau_{xy}^2}$$

$$\tau_{max} = \frac{\sigma_1 - \sigma_2}{2}$$

7. 平面应力的转换方程可用图的形式来表示，这种图形被称为莫尔圆。莫尔圆显示了受力体某一点处各个不同斜面上作用的正应力和切应力之间的关系，它也被用于计算主应力和最大切应力以及它们所作用的微元体的方位。

8. 对于服从胡克定律的均匀且各向同性的材料，平面应力的胡克定律建立了其正应变与正应力之间的关系。这三个关系包含三个材料常数（E、G、ν）。若已知了平面应力的各个正应力，则 x、y、z 方向的正应变为：

$$\varepsilon_x = \frac{1}{E}(\sigma_x - \nu\sigma_y)$$

$$\varepsilon_y = \frac{1}{E}(\sigma_y - \nu\sigma_x)$$

$$\varepsilon_z = -\frac{v}{E}(\sigma_x + \sigma_y)$$

联立求解这三个方程，可求出 x、y 方向的正应力（用应变来表达）为：

$$\sigma_x = \frac{E}{1-\nu^2}(\varepsilon_x + \nu\varepsilon_y)$$

$$\sigma_y = \frac{E}{1-\nu^2}(\varepsilon_y + \nu\varepsilon_x)$$

9. 固体的单位体积改变量 e（或膨胀量）被定义为体积改变量除以原始体积，它等于三个垂直方向的正应变的和：

$$e = \frac{\Delta V}{V_0} = \varepsilon_x + \varepsilon_y + \varepsilon_z$$

10. 若材料服从胡克定律，则平面应力的应变能密度，或单位体积材料中所存储的应变能，就等于各应力与相应应变的乘积的和的一半：

$$u = \frac{1}{2}(\sigma_x\varepsilon_x + \sigma_y\varepsilon_y + \sigma_z\varepsilon_z)$$

11. 如果一个微元体在三个相互垂直方向均受到正应力的作用，且其各表面上均没有切应力的作用，那么，该微元体就处于三向应力状态，这些应力就是材料中的主应力。如果所有的三个正应力均相等且均为拉应力，那么，就将出现三向应力的特殊类型（被称为球应力）。如果所有的三个正应力均相等且均为压应力，那么，这种三向应力状态就被称为静水应力。

12. 最后，所推导出的平面应变转换方程可用来解释应变计所测得的实验结果。平面应变的莫尔圆可代表任何方位的平面应变。平面应力和平面应变的对比分析见图 7-32，通常情况下，它们不会同时发生。平面应变转换方程仅仅是根据几何形状推导出来的，它们与材料的性质无关。在受力体的给定点处，主应变和主应力出现在同一方向上。最后，平面应力的转换方程也可用来求解平面应变时的应力，平面应变的转换方程也可用来求解平面应力时的应变。平面应变的转换方程为：

$$\varepsilon_{x_1} = \frac{\varepsilon_x + \varepsilon_y}{2} + \frac{\varepsilon_x - \varepsilon_y}{2}\cos2\theta + \frac{\gamma_{xy}}{2}\sin2\theta$$

$$\frac{\gamma_{x_1y_1}}{2} = -\frac{\varepsilon_x - \varepsilon_y}{2}\sin2\theta + \frac{\gamma_{xy}}{2}\cos2\theta$$

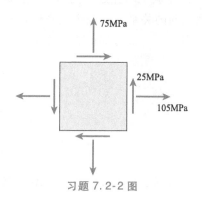

平面应力

7.2-1　已知燃料罐（见习题 7.2-1 图 a）底面上的应力 σ_x = 50MPa、σ_y = 8MPa、τ_{xy} = 6.5MPa（见习题 7.2-1 图 b）。请求出作用在一个与 x 轴的方位角 θ = 52°的微元体上的应力，其中，θ 逆时针时为正。并将这些应力显示在一个方位角为 θ 的微元体图上。

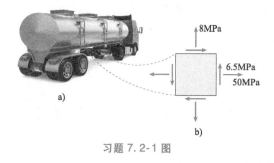

习题 7.2-1 图

7.2-2　对于习题 7.2-1 图 a 所示的燃料罐，若其底面上的应力 σ_x = 105MPa、σ_y = 75MPa、τ_{xy} = 25MPa（见图），那么，请求出作用在一个与 x 轴的方位角 θ = 40°的微元体上的应力，其中，θ 逆时针时为正。并将这些应力显示在一个方位角为 θ 的微元体图上。

习题 7.2-2 图

7.2-3　已知作用在微元体 A（该微元体位于一根铁轨的腹板上，见习题 7.2-3 图 a）上的水平拉应力为 45MPa、铅垂压应力为 120MPa（见习题 7.2-3图 b）。同时，还已知大小为 25MPa 的切应力作用在图示方向。请求出作用在一个与水平方向的方位角为 32°（逆时针）的微元体上的应力。并将这些应力显示在一个具有该方位角的微元体图上。

7.2-4　如果已知作用在微元体 A（该微元体位于一根铁轨的腹板上，见习题 7.2-3 的图 a）上的水平拉应力为 40MPa、铅垂压应力为 160MPa（见图），同时，还已知大小为 54MPa 的切应力作用在图示方向，那么，请求出作用在一个与水平方向的方位角

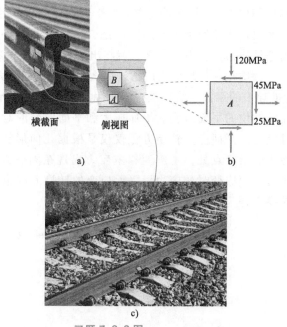

习题 7.2-3 图

为 52°（逆时针）的微元体上的应力。并将这些应力显示在一个具有该方位角的微元体图上。

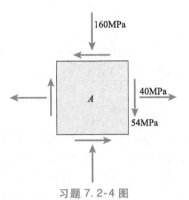

习题 7.2-4 图

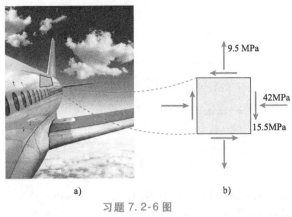

a)   b)

习题 7.2-6 图

7.2-5 已知作用在微元体 B（该微元体位于一根铁轨的腹板上，见习题 7.2-3 的图 a）上的水平压应力为 40MPa、铅垂压应力为 120MPa（见图）。同时，还已知大小为 17MPa 的切应力作用在图示方向。请求出作用在一个与水平方向的方位角为 48°（逆时针）的微元体上的应力。并将这些应力显示在一个具有该方位角的微元体图上。

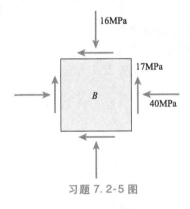

习题 7.2-5 图

7.2-6 一个位于飞机机身（见图 a）上的微元体处于平面应力状态，该微元体在水平方向承受着大小为 42MPa 的压应力，在铅垂方向承受着大小为 9.5MPa 的拉应力（见图习题 7.2-6b）。同时，该微元体上还在图示方向上受到 17MPa 切应力的作用。请确定作用在一个与水平方向的方位角为 40°（逆时针）的微元体上的应力。并将这些应力显示在一个具有该方位角的微元体图上。

7.2-7 已知作用在微元体 B（该微元体位于一根宽翼板工字梁的腹板上，见习题 7.2-7 图 a）上的水平压应力为 100MPa、铅垂压应力为 17MPa（见习题 7.2-7 图 b）。同时，还已知大小为 24MPa 的切应力作用在图示方向。请确定作用在一个与水平方向

的方位角为 36°（逆时针）的微元体上的应力。并将这些应力显示在一个具有该方位角的微元体图上。

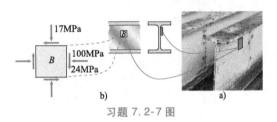

b)   a)

习题 7.2-7 图

7.2-8 如果作用在微元体 B 上的正应力和切应力为 56MPa、17MPa、27MPa（作用方向如图所示），并且方位角为 40°（逆时针），那么，请重新求解上题。

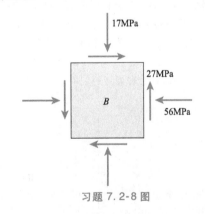

习题 7.2-8 图

7.2-9 如习题 7.2-9 图 a 的平面应力微元体所示，沉淀池的聚乙烯内衬受到应力 $\sigma_x = 2.5$MPa、$\sigma_y = 0.75$MPa、$\tau_{xy} = -0.8$MPa 的作用。请求出作用在一条接缝（该接缝与习题 7.2-9 图 a 所示微元体的方位角为 30°，如习题 7.2-9 图 b 所示）上的正应力和切应力，并将这些应力显示在一个各侧边均与该接缝平行或垂直的微元体图上。

7.2-10 如果作用在微元体上的正应力和切应

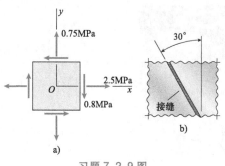

习题 7.2-9 图

力为 $\sigma_x = 2100\text{kPa}$、$\sigma_y = 300\text{kPa}$、$\tau_{xy} = -560\text{kPa}$，并且接缝与微元体的方位角为 $22.5°$，那么，请重新求解上题。

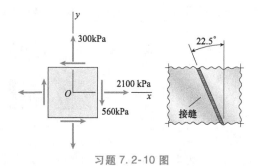

习题 7.2-10 图

7.2-11　一块尺寸为 75mm×125mm 的矩形板由两块焊接在一起的三角形板构成（见习题 7.2-11 图）。该矩形板在其长边方向承受着一个 3.5MPa 的拉应力、在其短边方向承受着一个 2.5MPa 的压应力。请求出正应力 σ_w（垂直作用在焊缝上）和切应力 τ_w（平行作用在焊缝上）（假设拉伸焊缝的正应力 σ_w 为正、逆时针旋转焊缝的切应力 τ_w 为正）。

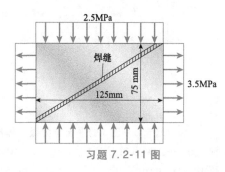

习题 7.2-11 图

7.2-12　一块尺寸为 100mm ×250mm 的矩形板由两块焊接在一起的三角形板构成（见习题 7.2-12 图）。该矩形板在其长边方向承受着一个 2.5MPa 的压应力、在其短边方向承受着一个 12.0MPa 的拉应力。请求出正应力 σ_w（垂直作用在焊缝上）和切应

力 τ_w（平行作用在焊缝上）。

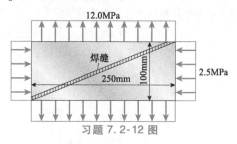

习题 7.2-12 图

7.2-13　如习题 7.2-13 图 a 所示，椭圆运动机表面上的某一点处，其材料处于双向应力状态（$\sigma_x = 9.7\text{MPa}$、$\sigma_y = -6\text{MPa}$）。习题 7.2-13 图 b 所示斜面 aa 通过材料中的同一点，但其方位角为 θ。请求出 θ 为何值时才能使斜面 aa 上无正应力。并绘制一个以斜面 aa 为侧面的应力微元体的草图，并显示所有作用在该微元体上的应力。

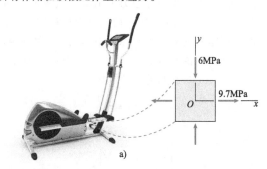

习题 7.2-13 图

7.2-14　若 $\sigma_x = 11\text{MPa}$、$\sigma_y = -20\text{MPa}$（见习题 7.2-14 图），请重新求解上题。

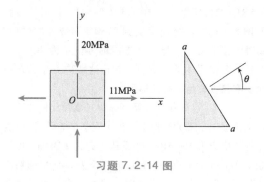

习题 7.2-14 图

7.2-15　如图所示，取自一辆赛车车架的微元体处于平面应力状态，已知该微元体的方位角为 θ。该斜微元体上的正应力和切应力的大小与方向如图所示。请求出作用在一个侧面与 xy 轴平行的微元体上的正应力和切应力，即确定 σ_x、σ_y 和 τ_{xy}。并将结果显示在一个方位角为 $\theta = 0°$ 的微元体图上。

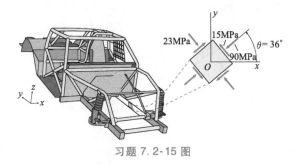

习题 7.2-15 图

7.2-16　对于图示微元体，请重新求解上题。

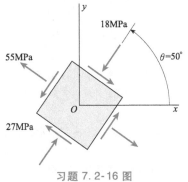

习题 7.2-16 图

7.2-17　桁架桥的一块节点板处于图示平面应力状态，其中，正应力为 σ_x、σ_y，切应力为 τ_{xy}。在与 x 轴的逆时针角度为 $\theta = 32°$ 和 $\theta = 78°$ 的方位上，正应力均为 29MPa 的拉应力。如果拉应力 σ_x 等于 18MPa，那么，应力 σ_y 和 τ_{xy} 分别是多少？

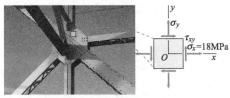

习题 7.2-17 图

7.2-18　如图所示，飞机机翼的表面处于平面应力状态（正应力为 σ_x、σ_y，切应力为 τ_{xy}）。在一个与 x 轴的逆时针角度为 $\theta = 32°$ 的方位上，正应力为 29MPa 的拉应力；在一个 $\theta = 46°$ 的方位上，正应力为 17MPa 的压应力。如果应力 σ_x 等于 105MPa 的拉应力，那么，应力 σ_y、τ_{xy} 分别是多少？

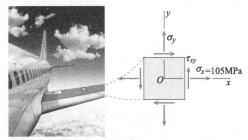

习题 7.2-18 图

7.2-19　已知桥式起重机主梁腹板某一点处的应力为 $\sigma_x = -30\text{MPa}$、$\sigma_y = 12\text{MPa}$、$\tau_{xy} = 21\text{MPa}$（这些应力的符号约定如图 7-1 所示）。位于该结构同一点处的一个应力微元体（但其与 x 轴的逆时针方位角为角度 θ_1）所承受的应力如图所示（σ_b，τ_b，14MPa）。假设角度 θ_1 位于 0~90° 之间，请计算正应力 σ_b、切应力 τ_b 以及角度 θ_1。

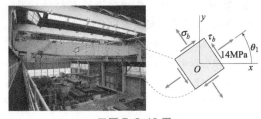

习题 7.2-19 图

主应力和最大切应力

求解 7.3 节的习题时，仅考虑面内应力（xy 平面内的应力）。

7.3-1　一个处于平面应力状态的微元体受到应力 $\sigma_x = 40\text{MPa}$、$\sigma_y = 8\text{MPa}$、$\tau_{xy} = 5\text{MPa}$ 的作用（见习题 7.2-1 图）。请求出主应力，并将其显示在相应的微元体图上。

7.3-2　一个处于平面应力状态的微元体受到应力 $\sigma_x = 105\text{MPa}$、$\sigma_y = 75\text{MPa}$、$\tau_{xy} = 25\text{MPa}$ 的作用（见习题 7.2-2 图）。请求出主应力，并将其显示在相应的微元体图上。

7.3-3　一个处于平面应力状态的微元体受到应力 $\sigma_x = -38\text{MPa}$、$\sigma_y = -14\text{MPa}$、$\tau_{xy} = 13\text{MPa}$ 的作用（见习题 7.2-3 图）。请求出主应力，并将其显示在相应的微元体图上。

7.3-4　已知作用在微元体 A（该微元体位于一根铁轨的腹板上）上的水平拉应力为 40MPa、铅垂压应力为 160MPa（见习题 7.2-4 图）。同时，还已知大小为 54MPa 的切应力作用在图示方向（见习题 7.2-4 图）。请求出主应力，并将其显示在相应的微元体图上。

7.3-5　作用在微元体 A 上的正应力和切应力为 45MPa、119MPa、20MPa（见习题 7.2-4 的图）。请求出最大切应力以及相关正应力，并将其显示在相应的微元体图上。

7.3-6　一个位于飞机机身上的微元体处于平面应力状态，该微元体在水平方向承受着大小为 35MPa 的压应力、在铅垂方向承受着大小为 6.5MPa 的拉应力，同时，大小为 17MPa 的切应力作用在图示方向上（见习题 7.2-6 的图）。请求出最大切应力以及相关正应力，并将其显示在相应的微元体图上。

7.3-7　已知作用在微元体 B（该微元体位于一根宽翼板工字梁的腹板上）上的水平压应力为 -97MPa、铅垂压应力为 -18MPa，同时，还已知大小为 -26MPa 的切应力作用在图示方向（见习题 7.2-7 的图）。请求出最大切应力以及相关正应力，并将其显示在相应的微元体图上。

7.3-8　作用在微元体 B 上的正应力和切应力为 $\sigma_x = -46$MPa、$\sigma_y = -13$MPa、$\tau_{xy} = 21$MPa（见习题 7.2-8 的图）。请求出最大切应力以及相关的正应力，并将其显示在相应的微元体图上。

7.3-9　如图所示，钢筋混凝土建筑物中的一面剪力墙受到一个强度为 q 的铅垂均布载荷和一个水平力 H（力 H 代表风和地震载荷的影响）的作用。在这些载荷的作用下，该墙表面 A 点处的应力值如图中的微元体所示（压应力为 8MPa，切应力为 3MPa）。

（a）请求出主应力，并将其显示在相应的微元体图上。

（b）请求出最大切应力以及相关正应力，并将其显示在相应的微元体图上。

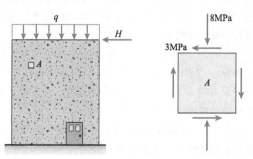

习题 7.3-9 图

7.3-10　图示螺旋桨轴受到扭矩和轴向推力的联合作用，该轴被设计为用来抵抗一个 57MPa 的切应力和一个 105MPa 的压应力。

（a）请求出主应力，并将其显示在相应的微元体图上。

（b）请求出最大切应力以及相关正应力，并将其显示在相应的微元体图上。

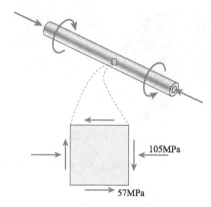

习题 7.3-10 图

7.3-11　图示梁用于悬吊标志牌，其上某点处的应力为 $\sigma_x = 15$MPa、$\sigma_y = 8$MPa、$\tau_{xy} = -6$MPa（见图）。

（a）请求出主应力，并将其显示在相应的微元体图上。

（b）请求出最大切应力以及相关正应力，并将其显示在相应的微元体图上。

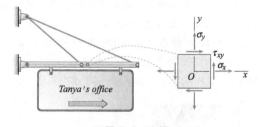

习题 7.3-11 图

7.3-12 ~ 7.3-16　一个处于平面应力状态的微元体（见图）受到应力 σ_x、σ_y、τ_{xy} 的作用。

（a）请求出主应力，并将其显示在相应的微元体图上。

（b）请求出最大切应力以及相关正应力，并将其显示在相应的微元体图上。

7.3-12　$\sigma_x = 2150$kPa，$\sigma_y = 375$kPa，$\tau_{xy} = -460$kPa

7.3-13　$\sigma_x = 100$kPa，$\sigma_y = 7.5$MPa，$\tau_{xy} = 13$MPa

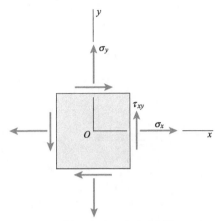

习题 7.3-12~7.3-16 图

7.3-14　$\sigma_x = 16.5\text{MPa}$，$\sigma_y = -91\text{MPa}$，$\tau_{xy} = -39\text{MPa}$

7.3-15　$\sigma_x = -23\text{MPa}$，$\sigma_y = -76\text{MPa}$，$\tau_{xy} = 31\text{MPa}$

7.3-16　$\sigma_x = -108\text{MPa}$，$\sigma_y = 58\text{MPa}$，$\tau_{xy} = -58\text{MPa}$

7.3-17　龙门式起重机主梁腹板的某一点处的一个应力微元体 x 面上作用的应力 $\sigma_x = 43\text{MPa}$、$\tau_{xy} = 10\text{MPa}$（见图）。如果最大切应力不能超过 $\tau_0 = 15\text{MPa}$，那么，应力 σ_y 的许用值范围是多少？

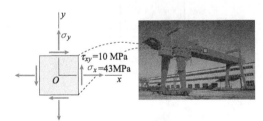

习题 7.3-17 图

7.3-18　如图所示，作用在挖掘机臂的某一应力微元体上的应力 $\sigma_x = 43\text{MPa}$、$\tau_{xy} = 10\text{MPa}$。如果最大切应力不能超过 $\tau_0 = 37\text{MPa}$，那么，应力 σ_y 的许用值范围是多少？

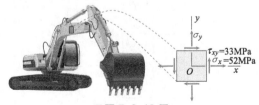

习题 7.3-18 图

7.3-19　如图所示，自行车下支管某点处的应力 $\sigma_x = 52\text{MPa}$、$\tau_{xy} = 33\text{MPa}$。已知其中一个主应力为 44MPa 的拉应力。

（a）请求出应力 σ_y。

（b）请求出其他主应力以及主平面的方位。

要求将所有的结果显示在相应的微元体图上。

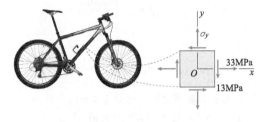

习题 7.3-19 图

7.3-20　汽车传动轴表面上的某一处于平面应力状态的微元体（见图）受到应力 $\sigma_x = -45\text{MPa}$、$\tau_{xy} = 39\text{MPa}$ 的作用（见图）。已知其中一个主应力为 41MPa 的拉应力。

（a）请求出应力 σ_y。

（b）请求出其他主应力以及主平面的方位。

要求将所有的结果显示在相应的微元体图上。

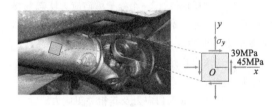

习题 7.3-20 图

莫尔圆

要求利用莫尔圆来求解 7.4 节的习题。仅考虑面内应力（xy 平面内的应力）。

7.4-1　如图所示，一个处于单向应力状态的微元体受到拉应力 $\sigma_x = 98\text{MPa}$ 的作用。请利用莫尔圆求解以下问题：

（a）请求出作用在一个与 x 轴的逆时针方位角为 $\theta = 29°$ 的微元体上的应力。

（b）请求出最大切应力及其相关正应力。

要求将所有的结果显示在相应的微元体图上。

7.4-2　如图所示，一个处于单向应力状态的微元体受到拉应力 $\sigma_x = 57\text{MPa}$ 的作用。请利用莫尔圆求解以下问题：

（a）请求出作用在一个与 x 轴的方位角 $\theta = -33°$

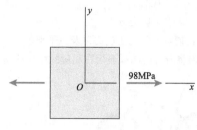

习题 7.4-1 图

（"-"号意味着顺时针）的微元体上的应力。

（b）请求出最大切应力及其相关正应力。

要求将所有的结果显示在相应的微元体图上。

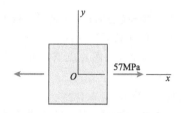

习题 7.4-2 图

7.4-3　如图所示，一个处于单向应力状态的微元体受到大小为 47MPa 的压应力作用。请利用莫尔圆求解以下问题：

（a）请求出作用在一个处于 1：2 斜率方位的微元体上的应力。

（b）请求出最大切应力及其相关正应力。

要求将所有的结果显示在相应的微元体图上。

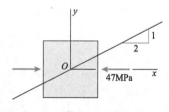

习题 7.4-3 图

7.4-4　如图所示，习题 7.2-1 所示燃料罐顶面的某一微元体处于双向应力状态，该微元体受到应力 $\sigma_x = -48\text{MPa}$、$\sigma_y = 19\text{MPa}$ 的作用。利用莫尔圆求解以下问题：

（a）请求出作用在一个与 x 轴的逆时针方位角为 $\theta = 25°$ 的微元体上的应力。

（b）请求出最大切应力及其相关正应力。

要求将所有的结果显示在相应的微元体图上。

7.4-5　如图所示，习题 7.2-1 所示燃料罐顶面

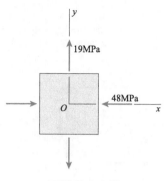

习题 7.4-4 图

的某一微元体处于双向应力状态，该微元体受到应力 $\sigma_x = 43\text{MPa}$、$\sigma_y = -12\text{MPa}$ 的作用。利用莫尔圆求解以下问题：

（a）请求出作用在一个与 x 轴的逆时针方位角为 $\theta = 55°$ 的微元体上的应力。

（b）请求出最大切应力及其相关正应力。

要求将所有的结果显示在相应的微元体图上。

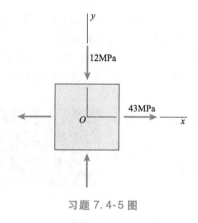

习题 7.4-5 图

7.4-6　如图所示，一个处于双向应力状态的微元体受到应力 $\sigma_x = -29\text{MPa}$、$\sigma_y = 57\text{MPa}$ 的作用。利

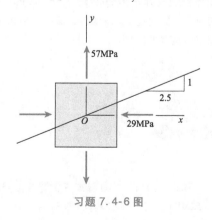

习题 7.4-6 图

用莫尔圆求解以下问题：

（a）请求出作用在一个处于 1：2.5 斜率方位（见图）的微元体上的应力。

（b）请求出最大切应力及其相关正应力。要求将所有的结果显示在相应的微元体图上。

7.4-7　如图所示，驱动轴表面上的一个微元体处于纯剪切状态，该微元体承受的应力为 $\tau_{xy} = 19\text{MPa}$。利用莫尔圆求解以下问题：

（a）请求出作用在一个与 x 轴的逆时针方位角为 $\theta = 52°$ 的微元体上的应力。

（b）请求出主应力。

要求将所有的结果显示在相应的微元体图上。

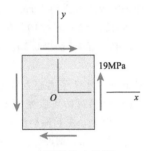

习题 7.4-7 图

7.4-8　直升机的旋翼轴（图 a）驱动螺旋桨转动以提供升力，该轴受到扭转载荷和轴向载荷的联合作用（图 b）。已知正应力 $\sigma_y = 68\text{MPa}$、切应力 $\tau_{xy} = -100\text{MPa}$。利用莫尔圆求解以下问题：

（a）请求出作用在一个与 x 轴的逆时针方位角为 $\theta = 22.5°$ 的微元体上的应力。

（b）请求出该轴的最大拉应力、最大压应力和最大切应力。

要求将所有的结果显示在相应的微元体图上。

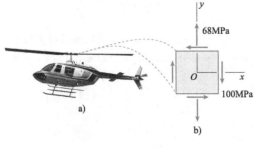

习题 7.4-8 图

7.4-9　如图所示，一个处于纯剪切状态的微元体承受着应力 $\tau_{xy} = 26\text{MPa}$。利用莫尔圆求解以下问题：

（a）请求出作用在一个处于 3：4 斜率方位（见图）的微元体上的应力。

（b）请求出主应力。

要求将所有的结果显示在相应的微元体图上。

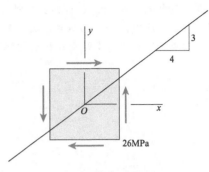

习题 7.4-9 图

7.4-10 ~ 7.4-15　一个处于平面应力状态的微元体承受着应力 σ_x、σ_y、τ_{xy}（见图）。请利用莫尔圆来求出作用在一个与 x 轴的方位角为 θ 的微元体上的应力，并将这些应力显示在一个方位角为 θ 的微元体图上（注意：θ 角逆时针时为正、顺时针时为负）。

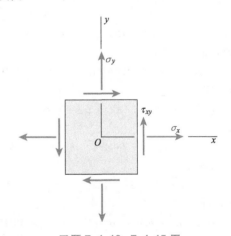

习题 7.4-10 ~ 7.4-15 图

7.4-10　$\sigma_x = 27\text{MPa}$，$\sigma_y = 14\text{MPa}$，$\tau_{xy} = 6\text{MPa}$，$\theta = 40°$

7.4-11　$\sigma_x = 24\text{MPa}$，$\sigma_y = 84\text{MPa}$，$\tau_{xy} = -23\text{MPa}$，$\theta = -51°$

7.4-12　$\sigma_x = -47\text{MPa}$，$\sigma_y = -186\text{MPa}$，$\tau_{xy} = -29\text{MPa}$，$\theta = -33°$

7.4-13　$\sigma_x = -12\text{MPa}$，$\sigma_y = -5\text{MPa}$，$\tau_{xy} = 2.5\text{MPa}$，$\theta = 14°$

7.4-14　$\sigma_x = 33\text{MPa}$，$\sigma_y = -9\text{MPa}$，$\tau_{xy} =$

29MPa, $\theta = 35°$

7.4-15 $\sigma_x = -39$MPa, $\sigma_y = 7$MPa, $\tau_{xy} = -15$MPa, $\theta = 65°$

7.4-16～7.4-23 一个处于平面应力状态的微元体承受着应力 σ_x、σ_y、τ_{xy}（见图）。请利用莫尔圆求解：（a）主应力；（b）最大切应力及其相关正应力。要求将所有的结果显示在相应的微元体图上。

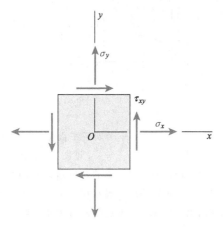

习题 7.4-16～7.4-23 图

7.4-16 $\sigma_x = 2900$kPa, $\sigma_y = 9100$kPa, $\tau_{xy} = -3750$kPa

7.4-17 $\sigma_x = 5.5$MPa, $\sigma_y = -15$MPa, $\tau_{xy} = 20$MPa

7.4-18 $\sigma_x = -3.3$MPa, $\sigma_y = 8.9$MPa, $\tau_{xy} = -14.1$MPa

7.4-19 $\sigma_x = -80$MPa, $\sigma_y = -125$MPa, $\tau_{xy} = -50$MPa

7.4-20 $\sigma_x = -29.5$MPa, $\sigma_y = -29.5$MPa, $\tau_{xy} = 27$MPa

7.4-21 $\sigma_x = 14$MPa, $\sigma_y = 42$MPa, $\tau_{xy} = 19$MPa

7.4-22 $\sigma_x = 0$MPa, $\sigma_y = -23.4$MPa, $\tau_{xy} = -9.6$MPa

7.4-23 $\sigma_x = 50$MPa, $\sigma_y = 0$MPa, $\tau_{xy} = 9$MPa

平面应力的胡克定律

求解 7.5 节习题时，假设材料为线弹性材料，其弹性模量为 E，其泊松比为 ν。

7.5-1 如图所示，一块厚度 $t = 16$mm 的矩形钢板受到均布正应力 σ_x 和 σ_y 的作用。分别位于 x、y 方向的应变片 A、B 粘贴在该钢板上。应变计给出的读数 $\varepsilon_x = 0.00065$（伸长）、$\varepsilon_y = 0.00040$（伸长）。

已知弹性模量 $E = 207$GPa、泊松比 $\nu = 0.30$，请求出应力 σ_x 和 σ_y，并求出钢板厚度的改变量 Δt。

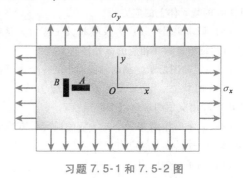

习题 7.5-1 和 7.5-2 图

7.5-2 如果钢板的厚度 $t = 12$mm、应变计读数 $\varepsilon_x = 530 \times 10^{-6}$（伸长）和 $\varepsilon_y = -210 \times 10^{-6}$（缩短）、弹性模量 $E = 200$GPa、泊松比 $\nu = 0.30$，那么，请重新求解上题。

7.5-3 对于一个处于平面应力状态的微元体（见图），假如应变计测得的正应变为 ε_x 和 ε_y，那么，（a）请推导出用 ε_x、ε_y 和泊松比 ν 表示的 z 方向正应变 ε_z 的表达式；（b）请推导出用 ε_x、ε_y 和泊松比 ν 表示的膨胀量 e 的表达式。

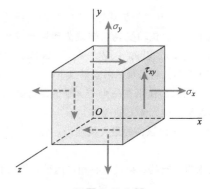

习题 7.5-3 图

7.5-4 一块处于双向应力状态的铸铁板承受着拉应力 $\sigma_x = 31$MPa、$\sigma_y = 17$MPa（见图）。板中相

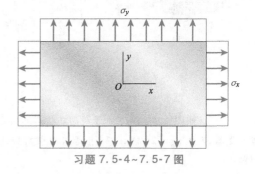

习题 7.5-4～7.5-7 图

应的应变为 $\varepsilon_x = 240 \times 10^{-6}$、$\varepsilon_y = 85 \times 10^{-6}$。请求出其材料的泊松比 ν 和弹性模量 E。

7.5-5　如果 $\sigma_x = 80\text{MPa}$（拉伸）、$\sigma_y = -39\text{MPa}$（压缩）、$\varepsilon_x = 450 \times 10^{-6}$（伸长）、$\varepsilon_y = -310 \times 10^{-6}$（缩短），那么，请重新求解上题。

7.5-6　如图所示，一块处于双向应力状态的矩形板承受着拉应力 $\sigma_x = 67\text{MPa}$（拉伸）、$\sigma_y = -23\text{MPa}$（压缩）。该板由 $E = 200\text{GPa}$、$\nu = 0.30$ 的钢制造，其尺寸为 $400 \times 550 \times 20\text{mm}$。

（a）请求出该板的最大面内切应变 $\gamma_{\max}$。

（b）请求出该板的厚度改变量 Δt。

（c）请求出该板的体积改变量 ΔV。

7.5-7　如果 $\sigma_x = 83\text{MPa}$（拉伸）、$\sigma_y = -21\text{MPa}$（压缩）、板的尺寸为 $500\text{mm} \times 750\text{mm} \times 12.5\text{mm}$、$E = 72\text{GPa}$、$\nu = 0.33$，那么，请重新求解上题。

7.5-8　一个边长为 48mm 的黄铜立方体在两个相互垂直的方向受到力 $P = 160\text{kN}$ 的压缩（见图）。

（a）请计算其体积改变量 ΔV 及其所储存的应变能 U。假设 $E = 100\text{GPa}$、$\nu = 0.34$。

（b）如果该立方体由 $E = 73\text{GPa}$、$\nu = 0.33$ 的铝合金制造，那么，请重新求解问题（a）。

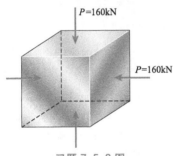

习题 7.5-8 图

7.5-9　一个边长为 100mm 的混凝土（$E = 31\text{GPa}$、$\nu = 0.2$）立方体受到一个框架的压缩，框架的加载方式如图所示，该受压立方体处于双向应力状态。假设每个载荷 F 均等于 110kN，请求出该立方体的体积改变量 ΔV 及其所储存的应变能 U。

7.5-10　如图所示，一块宽度为 b、厚度为 t 的正方形平板受到铅垂力 P_x 和 P_y、剪力 V 的作用。这些力所产生的应力均匀分布在该平板的各个侧面上。

（a）如果 $b = 600\text{mm}$、$t = 40\text{mm}$、$P_x = 420\text{kN}$、$P_y = 210\text{kN}$、$V = 96\text{kN}$，且该平板由 $E = 41\text{GPa}$、$\nu = 0.35$ 的镁制造，那么，请求出该平板的体积改变量 ΔV 及其所储存的应变能 U。

（b）若应变能必须至少为 62J，那么，请求出

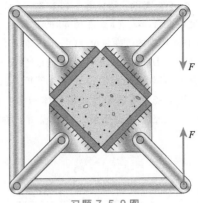

习题 7.5-9 图

该平板的最大许用厚度（假设所有其他数值与问题（a）中的相同）。

（c）当其体积改变量不能超过其原始体积的 0.018% 时，请求出该平板的最小宽度 b。

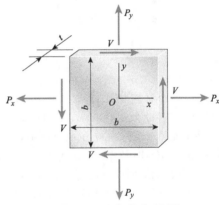

习题 7.5-10 和 7.5-11 图

7.5-11　如图所示，一块宽度 $b = 250\text{mm}$、厚度 $t = 19\text{mm}$ 的正方形铝板（$E = 73\text{GPa}$、$\nu = 0.33$）受到铅垂力 $P_x = 425\text{kN}$ 和 $P_y = 110\text{kN}$、剪力 $V = 80\text{kN}$ 的作用。这些力所产生的应力均匀分布在该平板的各个侧面上。

（a）请求出该铝板的体积改变量 ΔV 及其所储存的应变能 U。

（b）若应变能必须至少为 72J，那么，请求出该铝板的最大许用厚度（假设所有其他数值与问题（a）中的相同）。

（c）当其体积改变量不能超过其原始体积的 0.05% 时，请求出该铝板的最小宽度 b。

7.5-12　一块黄铜板上刻有一个直径 $d = 200\text{mm}$ 的圆（见图）。该板的尺寸为 $400 \times 400 \times 20\text{mm}$。施加在该板上的力在其上产生的均布正应力为 $\sigma_x =$

59MPa、$\sigma_y = -17\text{MPa}$。请计算下列参数：（a）直径 ac 的长度改变量 Δac；（b）直径 bd 的长度改变量 Δbd；（c）该板厚度的改变量 Δt；（d）该板体积的改变量 ΔV；（e）该板所储存的应变能 U；（f）当应变能必须至少为 78.4J 时，该板的最大许用厚度；（g）当该板的体积改变量不能超过其原始体积的 0.015% 时，正应力 σ_x 的最大许用值。（假设 $E = 100\text{GPa}$、$\nu = 0.34$）

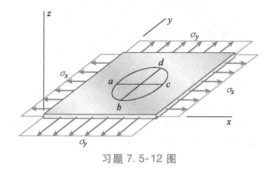

习题 7.5-12 图

三向应力

求解 7.6 节习题时，假设材料为线弹性材料，其弹性模量为 E，其泊松比为 ν。

7.6-1 一个材料为铝、形状为长方体的微元体（见图），其尺寸为 $a = 140\text{mm}$、$b = 115\text{mm}$、$c = 90\text{mm}$。该微元体受到三向应力 $\sigma_x = 86\text{MPa}$、$\sigma_y = -34\text{MPa}$、$\sigma_z = -10\text{MPa}$ 的作用，这些应力分别作用在 x、y、z 面上。请计算下列参数：（a）材料中的最大切应力 $\tau_{\max}$；（b）尺寸改变量 Δa、Δb、Δc；（c）体积改变量 ΔV；（d）微元体中储存的应变能 U；（e）当体积改变量不能超过 0.021% 时，σ_x 的最大值；（f）当应变能必须为 102J 时，所需 σ_x 的值。（假设 $E = 72\text{GPa}$、$\nu = 0.33$）

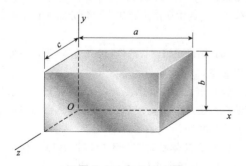

习题 7.6-1 和 7.6-2 图

7.6-2 如果微元体的材料为钢（$E = 200\text{GPa}$、$\nu = 0.30$），并且，其尺寸为 $a = 300\text{mm}$、$b = 150\text{mm}$、$c = 150\text{mm}$，同时，应力为 $\sigma_x = -62\text{MPa}$、$\sigma_y = -45\text{MPa}$、$\sigma_z = -45\text{MPa}$，那么，请重新求解上题。其中，对于问题（e），其体积改变量不能超过 0.028%；对于问题（f），其应变能必须为 60J。

7.6-3 一个边长 $a = 100\text{mm}$ 的铸铁立方体（见图）正在实验室进行三向应力试验。安装在试验机上的应变计显示，材料中的压应变为 $\varepsilon_x = -225 \times 10^{-6}$、$\varepsilon_z = -37.5 \times 10^{-6}$。请计算下列参数：（a）作用在该立方体 x、y、z 面上的正应力 σ_x、σ_y、σ_z；（b）材料中的最大切应力 $\tau_{\max}$；（c）该立方体的体积改变量 ΔV；（d）该立方体中储存的应变能 U；（e）当体积改变量不能超过 0.028% 时，σ_x 的最大值；（f）当应变能必须为 4.3J 时，所需 ε_x 的值。（假设 $E = 96\text{GPa}$、$\nu = 0.25$）

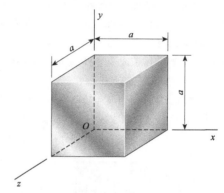

习题 7.6-3 和 7.6-4 图

7.6-4 如果立方体的边长 $a = 89\text{mm}$、材料是花岗岩（$E = 80\text{GPa}$、$\nu = 0.25$），并且压应变为 $\varepsilon_x = 690 \times 10^{-6}$、$\varepsilon_y = \varepsilon_z = 255 \times 10^{-6}$。那么，请重新求解上题。其中，对于问题（e），其体积改变量不能超过 0.11%；对于问题（f），其应变能必须为 33J。

7.6-5 一个铝微元体受到三向应力的作用（见图）。

（a）如果已知正应力为 $\sigma_x = 36\text{MPa}$（拉伸）、$\sigma_y = -33\text{MPa}$（压缩）、$\sigma_z = -21\text{MPa}$（压缩），且已知 x、y 方向的正应变分别为 $\varepsilon_x = 713.8 \times 10^{-6}$（伸长）、$\varepsilon_y = -502.3 \times 10^{-6}$（缩短），那么，请求出铝的体积模量 K。

（b）如果将材料换为镁，那么，请根据以下数据求出其弹性模量 E 和泊松比为 ν：体积模量 $K = 47\text{GPa}$；正应力为 $\sigma_x = 31\text{MPa}$（拉伸）、$\sigma_y = -12\text{MPa}$（压缩）、$\sigma_z = -7.5\text{MPa}$（压缩）；$x$ 方向的正应变 $\varepsilon_x = 900 \times 10^{-6}$（伸长）。

7.6-6 一个尼龙微元体受到三向应力的作用

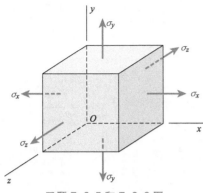

习题 7.6-5 和 7.6-6 图

（见图）。

（a）如果已知正应力为 $\sigma_x = -3.9\text{MPa}$、$\sigma_y = -3.2\text{MPa}$、$\sigma_z = -1.8\text{MPa}$，且已知 x、y 方向的正应变分别为 $\varepsilon_x = -640 \times 10^{-6}$（缩短）、$\varepsilon_y = -310 \times 10^{-6}$（缩短），那么，请求出尼龙的体积模量 K。

（b）如果将材料换为聚乙烯，那么，请根据以下数据求出其弹性模量 E 和泊松比为 ν：体积模量 $K = 2162\text{MPa}$；正应力为 $\sigma_x = -3.6\text{MPa}$（压缩）、$\sigma_y = -2.1\text{MPa}$（压缩）、$\sigma_z = -2.1\text{MPa}$（压缩）；$x$ 方向的正应变为 $\varepsilon_x = -1480 \times 10^{-6}$（缩短）。

7.6-7　如图所示，一根长度为 L、横截面面积为 A 的橡胶圆筒 R 被力 F 压入到一个圆形钢柱中，力 F 所施加的压力均匀分布在橡胶筒上。

（a）请推导出橡胶圆筒与钢之间的横向压力 p 的表达式（忽略橡胶圆筒与钢之间的摩擦，并假设与橡胶相比钢柱是刚性的）。

（b）请推导出橡胶圆筒缩短量 δ 的表达式。

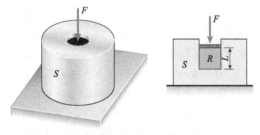

习题 7.6-7 图

7.6-8　橡胶块 R 被卡在钢块 S 的两个平行侧壁之间（见图）。一个均布压力 p_0 被力 F 施加在橡胶块的顶面。

（a）请推导出橡胶块与钢之间的横向压力 p 的表达式（忽略橡胶块与钢之间的摩擦，并假设与橡胶相比钢柱是刚性的）。

（b）请推导出橡胶的膨胀量 e 的表达式。

（c）请推导出橡胶的应变能密度 u 的表达式。

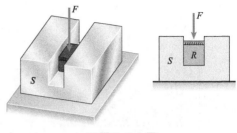

习题 7.6-8 图

7.6-9　一个镁合金（$E = 45\text{GPa}$、$\nu = 0.35$）实心球被放入 2400m 深的大海中。该实心球的直径为 225mm。

（a）请求出直径的减小量 Δd、体积改变量 ΔV 及其应变能 U。

（b）深度为何值时才能使其体积改变量等于其原始体积的 0.0324%？

7.6-10　在流体静压力 p 的作用，一个实心钢球（$E = 210\text{GPa}$、$\nu = 0.3$）的体积减小了 0.4%。

（a）请计算出压力 p。

（b）请计算出钢的体积模量 K。

（c）如果直径 $d = 150\text{mm}$，那么，请计算储存在该钢球中的应变能 U。

7.6-11　一个实心青铜圆球（体积模量 $K = 100\text{GPa}$），其外表面突然被加热。由于受热部分将发生膨胀，因此，受热部分就在所有方向上对球心产生了一个均匀的拉伸。如果球心处的应力为 83MPa，那么，应变是多少？同时，请计算球心处的单位体积改变量 e 和应变能密度 u。

平面应变

求解 7.7 节的习题时，除非另有说明，否则仅考虑面内应力（xy 平面内的应力）。除非指定使用莫尔圆（习题 7.7-23 ~ 7.7-28），否则应使用平面应变转换公式。

7.7-1　如图 a 所示，一块处于双向应力状态的矩形薄板承受着应力 σ_x、σ_y。该板的宽度和高度分别为 $b = 190\text{mm}$、$h = 63\text{mm}$。测量结果表明，x、y 方向的正应变分别为 $\varepsilon_x = 285 \times 10^{-6}$、$\varepsilon_y = -190 \times 10^{-6}$。请参考图 b（该图是该板的一个二维视图），求解以下参数：

（a）对角线 Od 的伸长量 Δd。

（b）角度 ϕ（对角线 Od 与 x 轴的夹角）的改

变量$\Delta\phi$。

　　（c）角度ψ（对角线Od与y轴的夹角）的改变量$\Delta\psi$。

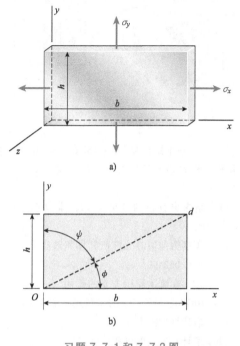

习题 7.7-1 和 7.7-2 图

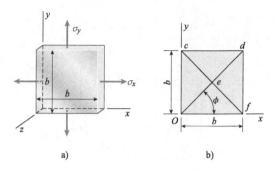

a)　　　　　　　　b)

习题 7.7-3 和 7.7-4 图

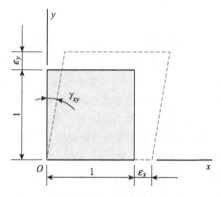

习题 7.7-5~7.7-10 图

　　7.7-2　如果$b=180$mm、$h=70$mm、所测x和y方向的正应变分别为$\varepsilon_x=390\times10^{-6}$和$\varepsilon_y=-240\times10^{-6}$，那么，请重新求解上题。

　　7.7-3　如图 a 所示，一块处于双向应力状态的正方形薄板承受着应力σ_x、σ_y。该板的宽度$b=300$mm。测量结果表明，x、y方向的正应变分别为$\varepsilon_x=427\times10^{-6}$、$\varepsilon_y=113\times10^{-6}$。请参考图 b（该图是该板的一个二维视图），求解以下参数：

　　（a）对角线Od的伸长量Δd。

　　（b）角度ϕ（对角线Od与x轴的夹角）的改变量$\Delta\phi$。

　　（c）与对角线Od和cf相关的切应变γ（即求出$\angle ced$的减小量）。

　　7.7-4　如果$b=225$mm、$\varepsilon_x=845\times10^{-6}$、$\varepsilon_y=211\times10^{-6}$，那么，请重新求解上题。

　　7.7-5　材料的某一微元体处于平面应变状态（见图），其应变为$\varepsilon_x=280\times0^{-6}$、$\varepsilon_y=420\times10^{-6}$、$\gamma_{xy}=150\times10^{-6}$。请计算一个方位角$\theta=35°$的微元体上的应变，并将其显示在相应的微元体图上。

　　7.7-6　使用下列数据重新求解上题：$\varepsilon_x=190\times10^{-6}$、$\varepsilon_y=-230\times10^{-6}$、$\gamma_{xy}=160\times10^{-6}$、$\theta=40°$。

　　7.7-7　材料的某一微元体处于平面应变状态（见图），其应变为$\varepsilon_x=480\times10^{-6}$、$\varepsilon_y=140\times10^{-6}$、$\gamma_{xy}=-350\times10^{-6}$。请求出主应变和最大切应变，并将其显示在相应的微元体图上。

　　7.7-8　使用下列数据重新求解上题：$\varepsilon_x=120\times10^{-6}$、$\varepsilon_y=-450\times10^{-6}$、$\gamma_{xy}=-360\times10^{-6}$。

　　7.7-9　材料的某一微元体处于平面应变状态（见图），其应变为$\varepsilon_x=480\times10^{-6}$、$\varepsilon_y=70\times10^{-6}$、$\gamma_{xy}=-420\times10^{-6}$。请求解以下参数：（a）一个方位角$\theta=75°$的微元体上的应变；（b）主应变；（c）最大切应变。并将各结果显示在相应的微元体图上。

　　7.7-10　使用下列数据求解上题：$\varepsilon_x=-1120\times10^{-6}$、$\varepsilon_y=-430\times10^{-6}$、$\gamma_{xy}=780\times10^{-6}$、$\theta=45°$。

　　7.7-11　一块弹性模量$E=110$GPa、泊松比$\nu=0.34$的黄铜板在正应力σ_x和σ_y的作用下处于双向应力状态（见图）。粘贴在该板上的一块应变片位于$\phi=35°$的方向上。

　　如果应力σ_x为74MPa、应变片所测应变$\varepsilon_x=390\times10^{-6}$，那么，最大面内切应力$(\tau_{max})_{xy}$和最大面内切应变$(\gamma_{max})_{xy}$分别是多少？$xz$平面内的最大

切应变 $(\gamma_{\max})_{xz}$ 是多少？yz 平面内的最大切应变 $(\gamma_{\max})_{yz}$ 是多少？

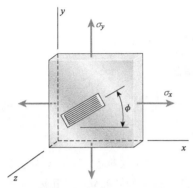

习题 7.7-11 和 7.7-12 图

7.7-12 如果该板由弹性模量 $E = 72\text{GPa}$、泊松比 $\nu = 0.33$ 的铝制造，并且，正应力 $\sigma_x = 79\text{MPa}$、角度 $\phi = 18°$、应变片所测应变 $\varepsilon = 925 \times 10^{-6}$，那么，请重新求解上题。

7.7-13 一个处于平面应力状态的微元体承受着应力 $\sigma_x = -58\text{MPa}$、$\sigma_y = 7.5\text{MPa}$、$\tau_{xy} = -12\text{MPa}$（见图）。材料为弹性模量 $E = 69\text{GPa}$、泊松比 $\nu = 0.33$ 的铝。请求解以下参数：（a）一个方位角 $\theta = 75°$ 的微元体上的应变；（b）主应变；（c）最大切应变。并将各结果显示在相应的微元体图上。

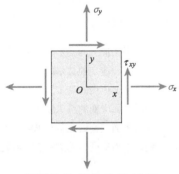

习题 7.7-13 和 7.7-14 图

7.7-14 使用下列数据求解上题：$\sigma_x = -150\text{MPa}$、$\sigma_y = -210\text{MPa}$、$\tau_{xy} = -16\text{MPa}$、$\theta = 50°$。材料为 $E = 100\text{GPa}$、$\nu = 0.34$ 的黄铜。

7.7-15 在飞机机翼的测试试验期间，一个 45° 应变花（见图）的应变读数如下：应变片 A，520×10^{-6}；应变片 B，360×10^{-6}；应变片 C，-80×10^{-6}。请求出主应变和最大切应变，并将其显示在相应的微元体图上。

7.7-16 安装在某辆汽车框架表面上的一个 45° 应变花（见图）给出如下读数：应变片 A，$310 \times$

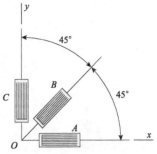

习题 7.7-15 和 7.7-16 图

10^{-6}；应变片 B，180×10^{-6}；应变片 C，-160×10^{-6}。去求出主应变和最大切应变，并将其显示在相应的微元体图上。

7.7-17 一根直径 $d = 32\text{mm}$ 的实心圆杆受到一个轴向力 P 和一个扭矩 T 的作用（见图）。安装在其表面上的应变片 A、B 给出的读数为 $\varepsilon_A = 140 \times 10^{-6}$、$\varepsilon_B = -60 \times 10^{-6}$。该杆由 $E = 210\text{GPa}$、$\nu = 0.29$ 的钢制造。

（a）请求出轴向力 P 和扭矩 T。

（b）请求出该杆中的最大切应变 $\gamma_{\max}$ 和最大切应力 $\tau_{\max}$。

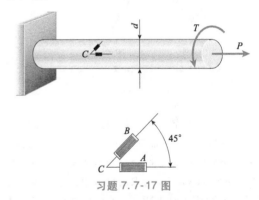

习题 7.7-17 图

7.7-18 如图所示，一根横截面为矩形（宽度 $b = 20\text{mm}$、高度 $h = 175\text{mm}$）的悬臂梁受到一个力 P 的作用，该力 P 作用在梁高度的中点处且其作用线与铅垂方向的夹角为 α。两块应变片粘贴在点 C 处（该点位于梁高度的中点处）。应变片 A 测量水平方向的应变，应变片 B 测量 $\beta = 60°$（与水平方向的夹角）方向的应变。所测应变为 $\varepsilon_A = 140 \times 10^{-6}$、$\varepsilon_B = 160 \times 10^{-6}$。请求出力 P 和角度 α。假设材料为 $E = 200\text{GPa}$、$\nu = 1/3$ 的钢。

7.7-19 如果横截面尺寸为 $b = 38\text{mm}$ 和 $h = 125\text{mm}$、应变片角度 $\beta = 75°$、所测应变为 $\varepsilon_A = 209 \times 10^{-6}$ 和 $\varepsilon_B = -110 \times 10^{-6}$、材料为 $E = 43\text{GPa}$、$\nu = 0.35$

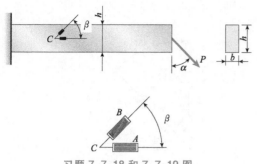

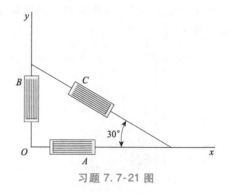

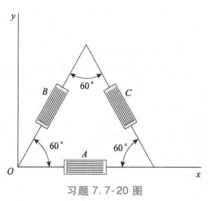

习题 7.7-18 和 7.7-19 图

的镁合金，那么，请重新求解上题。

7.7-20　一个 60° 应变花（或三角应变花）由三块图示排列的电阻应变片构成。应变片 A 测量 x 方向的应变 ε_a，应变片 B、C 测量图示方向的应变 ε_b、ε_c。请推导出与 xy 轴有关的应变 ε_x、ε_y、γ_{xy} 的方程。

习题 7.7-20 图

7.7-21　在空间飞行器构件的表面上，通过三个图示布置的应变片监测其应变。在某一特定操作期间，下列应变被记录：$\varepsilon_a = 1100 \times 10^{-6}$、$\varepsilon_b = 200 \times 10^{-6}$、$\varepsilon_c = 200 \times 10^{-6}$。请求出材料中的主应变和主应力，材料为 $E = 41\text{GPa}$、$\nu = 0.35$ 的镁合金（并将主应变和主应力显示在相应的微元体图上）。

7.7-22　航天飞机中的某一实验装置由纯铝（$E = 70\text{GPa}$、$\nu = 0.33$）制成，使用多个应变片来测量该装置表面的应变。各应变片的方位如图所示，所测应变为 $\varepsilon_a = 1100 \times 10^{-6}$、$\varepsilon_b = 1496 \times 10^{-6}$、$\varepsilon_c = 39.44 \times 10^{-6}$。x 方向的应力 σ_x 是多少？

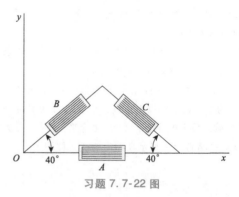

习题 7.7-22 图

7.7-23　使用平面应变的莫尔圆求解习题 7.7-5。

7.7-24　使用平面应变的莫尔圆求解习题 7.7-6。

7.7-25　使用平面应变的莫尔圆求解习题 7.7-7。

7.7-26　使用平面应变的莫尔圆求解习题 7.7-8。

7.7-27　使用平面应变的莫尔圆求解习题 7.7-9。

7.7-28　使用平面应变的莫尔圆求解习题 7.7-10。

补充复习题：第7章

R-7.1　一块矩形板（$a = 120\text{mm}$、$b = 160\text{mm}$）受到压应力 $\sigma_x = -4.5\text{MPa}$ 和拉应力 $\sigma_y = 15\text{MPa}$ 的作用。垂直于焊缝作用的正应力与沿焊缝作用的切应力的比值约为：

(A) 0.27　　　　(B) 0.54
(C) 0.85　　　　(D) 1.22

R-7.2　一块处于平面应力状态的矩形板受到正应力 σ_x 和 σ_y、切应力 τ_{xy} 的作用。已知应力 σ_x 为

15MPa，但 σ_y 和 τ_{xy} 是未知的。并且，还已知与 x 轴逆时针夹角为 35° 和 75° 方向上的正应力为 33MPa。在上述条件下，图示微元体上的正应力 σ_y 约为：

(A) 14MPa　　　(B) 21MPa
(C) 26MPa　　　(D) 43MPa

R-7.3　一块处于平面应力状态的矩形板受到正应力 $\sigma_x = 35\text{MPa}$ 和 $\sigma_y = 26\text{MPa}$、切应力 $\tau_{xy} = 14\text{MPa}$ 的作用。主应力大小的比值（σ_1/σ_2）约为：

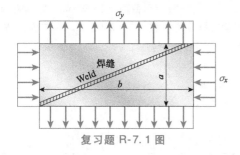

复习题 R-7.1 图

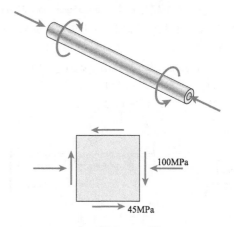

复习题 R-7.4 图

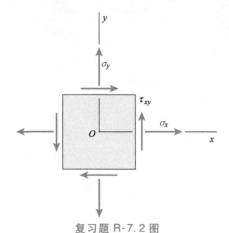

复习题 R-7.2 图

(A) 0.8   (B) 1.5

(C) 2.1   (D) 2.9

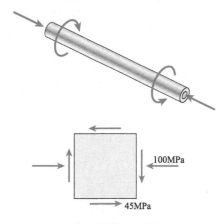

复习题 R-7.5 图

R-7.6 一根传动轴的抵抗 $\tau_{xy} = 40\text{MPa}$ 的扭转切应力和 $\sigma_x = -70\text{MPa}$ 的轴向压应力。应力 σ_y 约为：

(A) 23MPa   (B) 35MPa

(C) 62MPa   (D) 75MPa

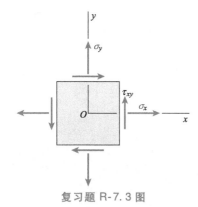

复习题 R-7.3 图

R-7.4 一根传动轴抵抗 45MPa 的扭转切应力和 100MPa 的轴向压应力。主应力大小的比值（σ_1/σ_2）约为：

(A) 0.15   (B) 0.55

(C) 1.2   (D) 1.9

R-7.5 一根传动轴抵抗 45MPa 的扭转切应力和 100MPa 的轴向压应力。最大切应力约为：

(A) 42MPa   (B) 67MPa

(C) 71MPa   (D) 93MPa

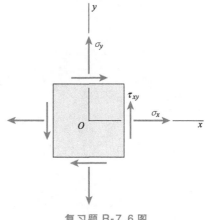

复习题 R-7.6 图

R-7.7   一根矩形截面（$b = 95mm$、$h = 300mm$）悬臂梁在其自由端处支撑着 $P = 160kN$ 的载荷。点 A 处（与自由端的距离 $c = 0.8m$、与底面的距离 $d = 200mm$）的主应力大小的比值（σ_1/σ_2）约为：

(A) 5　　　　　　(B) 12

(C) 18　　　　　 (D) 25

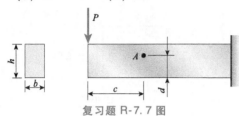

复习题 R-7.7 图

R-7.8   一根矩形截面（$b = 95mm$、$h = 280mm$）简支梁支撑着均布载荷 $q = 25kN/m$。在与左端支座的距离 $a = 1.0m$、与底面的距离 $d = 100mm$ 的一点处，主应力大小的比值（σ_1/σ_2）约为：

(A) 9　　　　　　(B) 17

(C) 31　　　　　 (D) 41

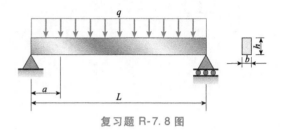

复习题 R-7.8 图

第8章　平面应力的应用——压力容器、梁以及组合载荷

本章概述

第 8 章论述 7.2 节~7.5 节所述平面应力的各种应用。平面应力是一种常见的应力条件，它存在于所有的普通结构中，这些结构包括建筑物、机器、车辆以及飞机。首先，介绍描述球形压力容器（8.2 节）和圆柱形压力容器（8.3 节）行为的薄壁壳体理论，这些压力容器受到内部压力的作用，其壁厚 t 与其横截面的半径 r 相比非常小（即 $r/t > 10$）；这一理论研究如何求解内部压缩气体或液体的压力在这些容器壳体中所引起的应力和应变；在研究中，只考虑内部压力的影响（不考虑外部载荷、反作用力、容器重量以及结构重量的影响），并假设材料表现为线弹性行为；同时，球罐中的膜应力、圆柱罐中的环向与轴向应力的计算公式仅在那些远离应力集中（由开孔、支架或支腿引起的）的区域才是有效的。其次，将以第 5 章（梁中的应力）为基础，研究梁中的主应力和最大切应力的变化情况（8.4 节），并将使用应力轨迹或应力等值线来显示这些应力在其横截面上的变化情况；其中，应力轨迹给出了主应力的方向，而应力等值线就是连接整个梁中主应力相等的各点的轮廓线。最后，将计算组合载荷（轴向载荷、剪切载荷、扭转载荷、弯曲载荷以及可能的内部压力）作用下结构中某些关键点处的应力（8.5 节）。我们的目标是，求解这些结构中各点处的最大正应力和最大切应力。我们还假设材料表现为线弹性行为，这样一来，就可以利用叠加法将各种载荷（这些载荷共同导致所求点处于平面应力状态）所引起的正应力和切应力叠加在一起。

本章目录

8.1　引言

本章将以第 7 章提出的概念为基础，研究一些处于平面应力或平面应变状态的实际结构和构件。首先，将研究薄壁压力容器壳体中的应力和应变。其次，将研究梁中关键点处的应力变化情况。最后，将研究组合载荷作用下的结构以求出那些对设计有支配作用的最大正应力和最大切应力。

8.2　球形压力容器

压力容器（pressure vessels）是封闭结构，其内部含有压力气体或液体。常见的例子包括储罐、管道、飞机和空间飞行器的加压舱。当压力容器相比其整体尺寸具有较薄的壁厚时，它们被归类为一个更为一般的类型，这一类型的结构被称为壳体结构（shell structures）。壳体结构的其他例子有圆屋顶、飞机的翅膀以及潜艇的外壳。

图 8-1　球形压力容器

本节将研究球形薄壁压力容器，如图 8-1 所示的压缩空气罐。"薄壁"这一术语并不准确，但一般来说，当压力容器的半径 r 与壁厚 t 的比值（图 8-2）大于 10 时，该容器就被认为是薄壁的。满足该条件时，就可单独利用静力学、并以合理的精度来求解其壳体中的应力。

在下列讨论中，假设内部压力 p（图 8-2）超过作用在壳体外部的压力。否则，容器可能会由于屈曲而向内塌陷。

球形是一个容器抵抗内部压力的理论理想形状。只需观察众所周知的肥皂泡，就可以认识到：球形是这类容器的"自然"形状。为了求解球形容器中的应力，可沿着一个铅垂的径向平面切割该球形容器（图 8-3a），并将半个外壳及其流体隔离出来作为一个单一的自由体（图 8-3b）。在该自由体上作用有壳体中的拉应力 σ 以及流体压力 p。压力 p 水平作用在一个半径为 r 的圆形截面上。由于压力 p 是均匀的，由此产生的总压力 P（图 8-3b）为：

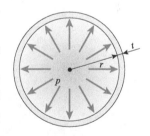

图 8-2　球形压力容器的横截面：内半径为 r、壁厚为 t、内部压力为 p

$$P = p(\pi r^2) \tag{8-1}$$

其中，r 为该球形容器的内半径。

注意，压力 p 不是该容器内部的绝对压力，而是测量出的内压，或计量压力（gage pressure）。计量压力所显示的内压应高于作用在该容器外部的压力。如果内、外压相同，则该容器壳体中将不会产生应力——只有超出外部压力的那部分内压才会影响这些应力。

由于容器及其载荷的对称性（图 8-3b），因此，拉应力 σ 匀分布在圆周上。此外，由于是薄壁，因此，这样的假设就具有较高的准确性，即假设应力均匀地分布在整个厚度 t 上。随着外壳的变薄，这一近似的准确性将不断增高；反之，随着外壳的变厚，准确性将不断降低。

壳体中的拉应力 σ 的合力是一个水平力，它等于应力 σ 乘以其作用的面积，或，

$$\sigma(2\pi r_m t)$$

其中，t 为壁厚，r_m 为平均半径：

$$r_m = r + \frac{t}{2} \tag{8-2}$$

因此，根据力在水平方向的平衡条件（图 8-3b），可得：

$$\sum F_{\text{horiz}} = 0: \quad \sigma(2\pi t_m t) - p(\pi r^2) = 0 \tag{8-3}$$

据此可得，该容器壳体中的拉应力为：

$$\sigma = \frac{pr^2}{2r_m t} \tag{8-4}$$

由于上述分析仅适用于薄壳，因此，可忽略式（8-4）中两个半径之间的差异，并可用 r_m 替换 r、或用 r 替换 r_m。就近似分析而言，这两种选择都是令人满意的，其结果是：如果使用内半径 r 取代平均半径 r_m，则应力更接近理论上的精确应力。因此，在计算球壳中的拉应力时，将采用以下公式：

$$\sigma = \frac{pr}{2t} \tag{8-5}$$

显然，根据球壳的对称性，通过球心在任何方向上切割球壳，都会得到相同的拉应力方程。因此，可得出以下的结论：球形压力容器的壳体在所有方向上承受着相同的拉应力 σ。这种应力状态被表示在图 8-3c 所示的应力微元体上，其中，应力 σ 作用在相互垂直的方向上。

如图 8-3c 所示，沿某一壳体曲面的切线方向作用的应力被称为膜应力（membrane stresses）。该名称来源于这样一个事实，即膜应力是存在于实际薄膜（如肥皂泡）中的唯一应力。

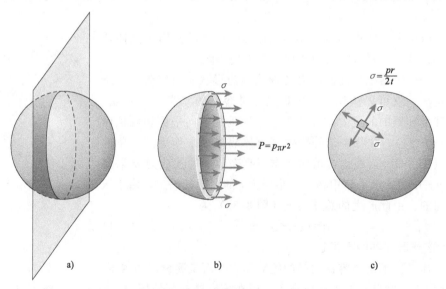

图 8-3 球形压力容器壁壳中的拉应力 σ

外表面处的应力 球形压力容器的外表面上通常没有载荷的作用。因此，图 8-3c 所示的微元体处于双向应力状态。为了便于分析作用在该微元体上的应力，将该微元体再次显示在

图 8-4a 中，并沿着该微元体的各边建立一个坐标系。x、y 轴与该球形容器的表面相切，z 轴垂直于容器表面。因此，正应力 σ_x 和 σ_y 是相同的，均等于膜应力 σ，而正应力 σ_z 为零。没有切应力作用在该微元体的各侧面上。

如果使用平面应力的转换方程 [见 7.2 节的图 7-1 以及式（7-4a）、式（7-4b）] 来分析图 8-4a 所示微元体，则可求出：

$$\sigma_{x_1} = \sigma \qquad \tau_{x_1 y_1} = 0$$

正如预期。换句话说，若所研究的微元体是通过使坐标系绕 z 轴旋转这样一种方式得到的，则正应力将保持恒定且没有切应力。每个平面都是一个主平面，而每个方向也都是一个主方向。因此，该微元体的主应力为：

$$\sigma_1 = \sigma_2 = \frac{pr}{2t} \qquad \sigma_3 = 0 \qquad (8\text{-}6a，b)$$

应力 σ_1 和 σ_2 位于 xy 平面内，应力 σ_3 作用在 z 方向。

为了求得最大切应力，必须考虑面外旋转，即绕 x 轴和 y 轴的旋转（因为所有的面内切应力均为零）。对于绕 x 轴和 y 轴旋转 45° 后所得到的微元体，其上的最大切应力等于 $\sigma/2$、正应力等于 $\sigma/2$。因此，

$$\tau_{\max} = \frac{\sigma}{2} = \frac{pr}{4t} \qquad (8\text{-}7)$$

这些应力就是该微元体中的最大切应力。

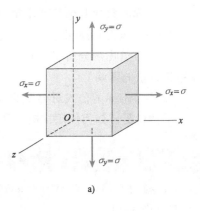

a)

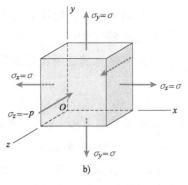

b)

图 8-4 球形压力容器中的应力

a) 位于外表面　b) 位于内表面

内表面处的应力　在球形容器的内表面处，某一应力微元体（图 8-4b）与其外表面处（图 8-4a）的某一微元体具有相同的膜应力 σ_x 和 σ_y。此外，压应力 σ_z 等于作用在 z 方向上的压力 p（图 8-4b）。该压应力从内表面处的 p 减小至外表面处的零。

图 8-4b 所示微元体处于三向应力状态，其主应力为：

$$\sigma_1 = \sigma_2 = \frac{pr}{2t} \qquad \sigma_3 = -p \qquad (8\text{-}8a，b)$$

面内切应力为零，但最大面外切应力（通过将 x 轴或 y 轴旋转 45° 后得到）为：

$$\tau_{\max} = \frac{\sigma + p}{2} = \frac{pr}{4t} + \frac{p}{2} = \frac{p}{2}\left(\frac{r}{2t} + 1\right) \qquad (8\text{-}9)$$

当容器为薄壁容器且 r/t 较大时，与 $r/2t$ 相比，可忽略式中的数值 1。换句话说，与主应力 σ_1、σ_2 相比，z 方向的主应力 σ_3 较小。因此可认为，内表面处的应力状态与外表面处的应力状态（双向应力）是相同的。这种近似与薄壳理论的近似性是一致的，因此，可使用式（8-5）和式（8-6a，b）以及式（8-7）来求解球形压力容器壳体中的应力。

综述　压力容器的外壳上通常需要开孔（用作流体的入口和出口），并且，一些配件和支座通常会对其外壳施加外力（图 8-1）。这些特点将导致应力产生不均匀的分布，或应力集中，这里给出的基本公式无法分析这类应力集中；相反，需要更先进的分析方法。影响压力容器设计的其他因素包括腐蚀、意外冲击以及温度变化。

薄壳理论应用于压力容器的一些限制条件如下：

1. 壁厚必须比其他尺寸小很多（r/t 应为 10 或更大）。

2. 内部压力必须超过外部压力（以避免向内屈曲）。

3. 本节给出的分析仅仅基于内部压力的影响（不考虑外部载荷、反作用力、容器重量以及结构重量的影响）。

4. 本节推导的公式对容器的整个壳体都是有效的，应力集中附近除外。

下例说明了如何使用主应力和最大切应力来分析球壳。

●●● 【例 8-1】

内径为 5.5m、壁厚为 45mm 的压缩空气罐由两个钢制半球焊接而成（图 8-5）。

（a）如果钢的许用拉应力为 93MPa，那么，该罐的最大许用空气压力 p_a 是多少？

（b）如果钢的许用切应力为 42MPa，那么，最大许用压力 p_b 是多少？

图 8-5　球形压力容器

（c）如果不希望该罐外表面处的正应变超过 0.0003，那么，最大许用压力 p_c 是多少？（假设胡克定律是有效的，假设钢的弹性模量为 210GPa、泊松比为 0.28）

（d）实验表明，当焊缝上的拉伸载荷超过每米 7.5MN 时，焊缝就将发生断裂。如果抵抗焊缝断裂所需的安全因数为 2.5，那么，最大许用压力 p_d 是多少？

（e）考虑前四个因素，该罐中的许用压力 p_{allow} 是多少？

解答：

（a）许用压力（基于钢的许用拉应力）。该罐壳体中的最大拉应力由公式 $\sigma = pr/2t$［见式（8-5）］给出。将许用应力代入该方程，并求解压力，可得：

$$p_a = \frac{2t\sigma_{allow}}{r} = \frac{2 \times (45\text{mm}) \times (93\text{MPa})}{2.75\text{m}} = 3.04\text{MPa}$$

因此，基于拉伸的最大许用压力为 $p_a = 3.04\text{MPa}$（注意，在这类计算中，应向下圆整数据，而不是向上圆整）。

（b）许用压力（基于钢的许用切应力）。该罐壳体中的最大切应力由式（8-7）给出。根据该式，可得以下关于压力的方程：

$$p_b = \frac{4t\tau_{allow}}{r} = \frac{4 \times (45\text{mm}) \times (42\text{MPa})}{2.75\text{m}} = 2.75\text{MPa}$$

因此，基于剪切的最大许用压力为 $p_b = 2.75\text{MPa}$。

（c）许用压力（基于钢的正应变）。根据双向应力的胡克定律［式（7-40a）］，可求得正应变为：

$$\varepsilon_x = \frac{1}{E}(\sigma_x - \nu\sigma_y) \tag{a}$$

代入 $\sigma_x = \sigma_y = \sigma = pr/2t$（图 8-4a），可得：

$$\varepsilon_x = \frac{\sigma}{E}(1-\nu) = \frac{pr}{2tE}(1-\nu) \tag{8-10}$$

求解该方程，可求得压力 p_c 为：

$$p_c = \frac{2tE\varepsilon_{\text{allow}}}{r(1-\nu)} = \frac{2\times(45\text{mm})\times(210\text{GPa})\times(0.0003)}{2.75\text{m}\times(1-0.28)} = 2.86\text{MPa}$$

因此，基于正应变的最大许用压力为 $p_c = 2.86\text{MPa}$。

（d）许用压力（基于焊缝的拉伸）。焊缝的许用拉伸载荷等于断裂载荷除以安全因数：

$$T_{\text{allow}} = \frac{T_{\text{failure}}}{n} = \frac{7.5\text{MN/m}}{2.5} = 3\text{MN/m}$$

相应的许用拉应力等于长度为 1 米的焊缝上的许用载荷除以该长度为 1 米的焊缝的横截面面积：

$$\sigma_{\text{allow}} = \frac{T_{\text{allow}}(1.0\text{m})}{(1.0\text{m})\times(t)} = \frac{3\dfrac{\text{MN}}{\text{m}}\times(1\text{m})}{(1\text{m})\times(45\text{mm})} = 66.667\text{MPa}$$

最后，根据式（8-5），可求出内部压力为：

$$p_d = \frac{2t\sigma_{\text{allow}}}{r} = \frac{2\times(45\text{mm})\times(66.67\text{MPa})}{2.75\text{m}} = 2.18\text{MPa}$$

该结果给出了基于焊缝的拉伸的许用压力。

（e）许用压力。比较上述结果，可以看出，焊缝中的拉伸居支配地位，因此，该罐的许用压力为：

$$p_{\text{allow}} = 2.18\text{MPa}$$

本例说明了如何在压力容器的设计中考虑各种应力和应变。

注意：当内部压力达到其最大许用值（2.18MPa）时，壳体中的拉应力为：

$$\sigma = \frac{pr}{2t} = \frac{2.18\text{MPa}\times(2.75\text{m})}{2\times(45\text{mm})} = 66.6\text{MPa}$$

因此，在该壳体的内表面处（图 8-4b），z 方向上的主应力（2.18MPa）与面内主应力（66.6MPa）的比值仅为 0.033。因此，之前的假设（即假设可以忽略 z 方向上的主应力、并认为整个壳体处于双向应力状态）是合理的。

8.3 圆柱形压力容器

横截面为圆形的圆柱形压力容器（图 8-6）广泛应用于工业生产（压缩空气罐和火箭发动机）、家庭（灭火器和喷雾罐）以及乡村（丙烷罐和筒仓）。压力管道，如供水管道，也被归类为圆柱形压力容器。

在分析圆柱形压力容器时，拟以研究如何求解一个承受内压的薄壁圆罐 AB（图 8-7a）中的正应力作为分析工作的第一步。图中显示了该圆罐外壳上的一个应力微元体，该微元体的各表面均与圆罐的轴线平行或垂直。作用在该微元体各个侧面上的正应力 σ_1 和 σ_2 为壳体中的膜应力。没有切应力作用在这些侧面上，因为该容器及其载荷具有对称性。因此，应力 σ_1 和 σ_2 就是主应力。

根据主应力的方向，应力 σ_1 被称为周向应力（circumferential stress）或环向应力（hoop stress），应力 σ_2 被称为纵向应力（longitudinal stress）或轴向应力（axial stress）。

使用适当的自由体图，就可根据平衡条件计算出这些应力。

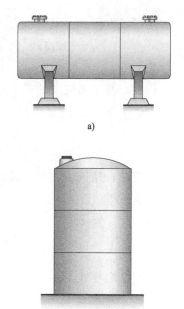

周向应力　为了求解周向应力，沿着两个垂直于纵向轴线的截面 mn 和 pq 作两次切割，其中，两个切截面的间距为 b（图 8-7a）。然后，沿着一个过纵向轴线的垂直平面作第三次切割，所切割出的自由体如图 8-7b 所示。该自由体不仅包括一半的圆罐、还包含切割出的流体。在纵向切割面（平面 $mpqn$）上作用有周向应力 σ_1 和内压 p。

应力和压力也作用在该自由体的左侧面和右侧面。然而，这些应力和压力没有被显示在图中，因为之后使用的平衡方程中没有包含它们。与分析球形容器一样，忽略该罐及其容纳物的的重量。

作用在该容器壳体中的周向应力 σ_1 的合力等于 $\sigma_1(2bt)$，其中，t 为壁厚。同时，内压的合力 P_1 等于 $2pbr$，其中，r 为容器的内半径。因此，有以下平衡方程：

$$\sigma_1(2bt) - 2pbr = 0$$

根据该方程，可得到以下关于圆柱形压力容器中周向应力的公式：

图 8-6　圆形截面的圆柱压力容器

$$\sigma_1 = \frac{pr}{t} \tag{8-11}$$

假如壁厚远小于半径，则该应力将均匀分布在壳体的厚度上。

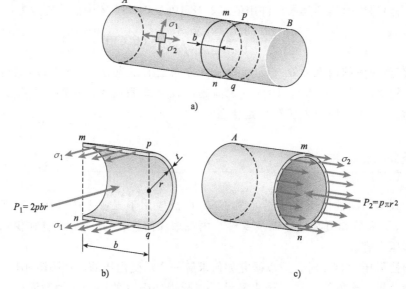

图 8-7　圆柱压力容器中的应力

纵向应力　根据该容器截面 mn 左侧部分的自由体（图 8-7c）的平衡条件，就可求出纵向应力 σ_2。再次提示，该自由体不仅包括容器部分、也包括其容纳物。应力 σ_2 作用在纵向方向上，其合力等于 $\sigma_2(2\pi rt)$。注意，正如 8.2 节所解释的那样，用该容器的内半径取代了平均半径。

内压的合力 P_2 等于 $p\pi r^2$，因此，该自由体的平衡方程为：

$$\sigma_2(2\pi rt) - p\pi r^2 = 0$$

根据该方程，可得到以下关于圆柱形压力容器中纵向方向的公式：

$$\sigma_2 = \frac{pr}{2t} \qquad (8\text{-}12)$$

该应力等于球形容器中的膜应力 [式 (8-5)]。

比较式 (8-11) 与式 (8-12)，可以看出，圆柱形容器中的周向应力等于其纵向应力的两倍：

$$\sigma_1 = 2\sigma_2 \qquad (8\text{-}13)$$

根据这一结果，可以看出，压力容器中纵向焊缝的强度必须是其周向焊缝强度的两倍。

外表面处的应力 图 8-8a 所示应力微元体显示了圆柱形容器外表面处的主应力 σ_1 和 σ_2。由于第三个主应力（作用在 z 方向）为零，因此，该微元体处于双向应力状态。

最大面内切应力出现在那些绕 z 轴旋转 $45°$ 的平面上，这些应力为：

$$(\tau_{\max})_z = \frac{\sigma_1 - \sigma_2}{2} = \frac{\sigma_1}{4} = \frac{pr}{4t} \qquad (8\text{-}14)$$

将 x 轴或 y 轴分别旋转 $45°$ 后，就可求得最大面外切应力，因此，

$$(\tau_{\max})_x = \frac{\sigma_1}{2} = \frac{pr}{2t} \qquad (\tau_{\max})_y = \frac{\sigma_2}{2} = \frac{pr}{4t} \qquad (8\text{-}15a，b)$$

比较上述结果，可以看出，绝对最大切应力为：

$$\tau_{\max} = \frac{\sigma_1}{2} = \frac{pr}{2t} \qquad (8\text{-}16)$$

该应力发生在一个绕 x 轴旋转 $45°$ 后的平面上。

内表面处的应力 该容器壁内表面处的应力条件如图 8-8b 所示。主应力为：

$$\sigma_1 = \frac{pr}{t} \qquad \sigma_2 = \frac{pr}{2t} \qquad \sigma_3 = -p \qquad (8\text{-}17a，b，c)$$

将 x、y、z 轴分别旋转 $45°$ 后，就可求得三个最大切应力为：

$$(\tau_{\max})_x = \frac{\sigma_1 - \sigma_3}{2} = \frac{pr}{2t} + \frac{p}{2} \qquad (8\text{-}18a)$$

$$(\tau_{\max})_y = \frac{\sigma_2 - \sigma_3}{2} = \frac{pr}{4t} + \frac{p}{2} \qquad (8\text{-}18b)$$

$$(\tau_{\max})_z = \frac{\sigma_1 - \sigma_2}{2} = \frac{pr}{4t} \qquad (8\text{-}18c)$$

其中，第一个是最大值。然而，正如在讨论球壳内的切应力时所指出的那样，在壳体为

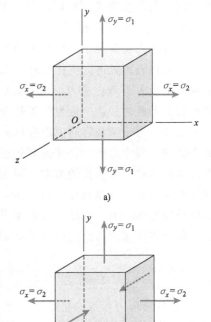

图 8-8 圆柱形压力容器中的应力
a) 位于外表面 b) 位于内表面

薄壁时，可以忽略式（8-18a，b）中的附加项 $p/2$。这时，方程（8-18a，b，c）就分别与式（8-15）、式（8-14）相同。

因此，在所有关于圆柱形压力容器的例题和习题中，将忽略 z 方向上的压应力（该压应力一直从内表面处的 p 变化至外表面处的 "零"）。根据这一近似，内表面处的应力就等于外表面处的应力（双向应力）。正如球形压力容器的讨论中所指出的那样，在用该理论研究众多其他近似问题时，这一近似过程是令人满意的。

综述　对于圆柱容器上那些远离应力集中（由各各种不连续因素引起的）的区域，上述关于圆柱容器中应力的公式是有效的，正如之前关于球壳的讨论一样。明显的不连续性存在于该圆柱体连接有封头的两端，因为结构的几何形状在这些地方发生了突变。其他应力集中发生在开口处、支撑点处以及连接了其他物体或配件的地方。单独根据平衡方程，无法求解这些位置处的应力，相反，需要使用更先进的分析方法（如壳体理论和有限元分析）。

薄壁壳体基本理论的局限性见 8.2 节。

●●● 【例 8-2】

圆柱形压力容器的制造过程为，先将一块窄的长钢板缠绕在某一滚筒上，然后，再沿着该板的棱边焊接，其焊缝为螺旋形焊缝（图 8-9）。该螺旋焊缝与纵向轴线的夹角 $\alpha = 55°$。该容器的内半径 $r = 1.8\text{m}$、壁厚 $t = 20\text{mm}$。材料为弹性模量 $E = 200\text{GPa}$、泊松比 $\nu = 0.30$ 的钢。内压 p 为 800kPa。

请计算该容器的以下参数：（a）周向应力 σ_1 和纵向应力 σ_2；（b）最大面内切应力和最大面外切应

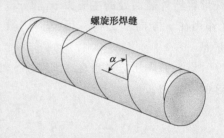

图 8-9　螺旋焊缝焊成的圆柱形压力容器

力；（c）周向应变 ε_1 和纵向应变 ε_2；（d）垂直作用在焊缝上的正应力 σ_w 和平行作用在焊缝上的切应力 τ_w。

解答：

（a）**周向应力 σ_1 和纵向应力 σ_2**。周向应力 σ_1 和纵向应力 σ_2 如图 8-10a 所示，该图显示了该容器壳体上点 A 处的一个应力微元体，σ_1 和 σ_2 就作用在该微元体上。根据式（8-11）和式（8-12），可计算出这些应力的大小：

$$\sigma_1 = \frac{pr}{t} = \frac{(800\text{kPa}) \times (1.8\text{m})}{20\text{mm}} = 72\text{MPa} \quad \sigma_2 = \frac{pr}{2t} = \frac{\sigma_1}{2} = 36\text{MPa}$$

图 8-10b 再次显示了点 A 处的应力微元体；其中，x 轴位于该容器的纵向方向，y 轴位于圆周方向。由于 z 方向上没有应力（$\sigma_3 = 0$），因此，该微元体处于双向应力状态。

注意，内压（800kPa）与较小面内主应力（36MPa）的比值为 0.022。因此，所作的假设 [即假设可以忽略 z 方向上的任何应力，并认为该圆柱壳体的所有微元体（包括内表面处的那些微元体）均处于双向应力状态] 是合理的。

（b）**最大切应力**。根据式（8-14），可求出最大面内切应力为：

$$(\tau_{\max})_z = \frac{\sigma_1 - \sigma_2}{2} = \frac{\sigma_1}{4} = \frac{pr}{4t} = 18\text{MPa}$$

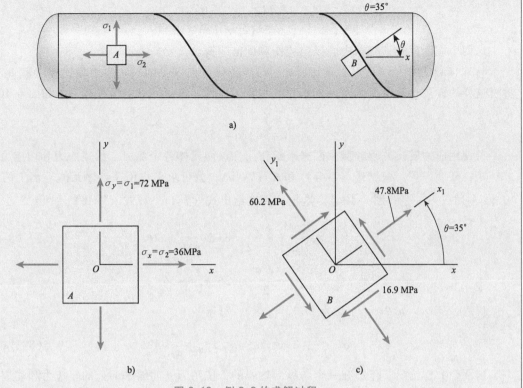

a)

b)   c)

图 8-10 例 8-2 的求解过程

由于忽略 z 方向的正应力，因此，根据式（8-15a），可求出最大面外切应力：

$$\tau_{\max} = \frac{\sigma_1}{2} = \frac{pr}{2t} = 36\text{MPa}$$

该应力就是该容器壳体中的绝对最大切应力。

（c）周向应变和纵向应变。由于最大应力低于钢的屈服应力（见附录 H 的表 H-3），因此，可假设胡克定律适用于该容器壳体。然后，根据关于双向应力的式（7-40a）和式（7-40b），可求出 x、y 方向的应变（图 8-10b）：

$$\varepsilon_x = \frac{1}{E}(\sigma_x - \nu\sigma_y) \quad \varepsilon_y = \frac{1}{E}(\sigma_y - \nu\sigma_x) \qquad (a, b)$$

可以看出，应变 ε_x 与纵向方向上的主应变 ε_2 是相同的，应变 ε_y 与圆周方向上的主应变 ε_1 是相同的。同时，应力 σ_x 与应力 σ_2 是相同的，应力 σ_y 与应力 σ_1 是相同的。因此，可将上述两个方程表达为以下形式：

$$\varepsilon_2 = \frac{\sigma_2}{E}(1-2\nu) = \frac{pr}{2tE}(1-2\nu) \qquad (8\text{-}19a)$$

$$\varepsilon_1 = \frac{\sigma_1}{2E}(2-\nu) = \frac{pr}{2tE}(2-\nu) \qquad (8\text{-}19b)$$

代入数据，可得：

$$\varepsilon_2 = \frac{\sigma_2}{E}(1-2\nu) = \frac{(36\text{MPa}) \times [1-2\times(0.30)]}{200\text{GPa}} = 72\times10^{-6}$$

$$\varepsilon_1 = \frac{\sigma_1}{2E}(2-\nu) = \frac{(72\text{MPa}) \times [2-0.30]}{2 \times (200\text{GPa})} = 306 \times 10^{-6}$$

这两个应变就是该容器中的纵向应变和周向应变。

（d）焊缝上作用的正应力和切应力。该容器壳体点 B 处的某一应力微元体（图 8-10a）具有这样的方位，其各个侧面分别平行或垂直于焊缝。该微元体的方位角 θ（如图 8-10c 所示）为：

$$\theta = 90° - \alpha = 35°$$

可使用应力转换方程或莫尔圆来求解作用在该微元体各个侧面上的正应力和切应力。

应力转换方程。根据式（7-4a）和式（7-4b），就可求出作用在该微元体 x_1 面上的正应力 σ_{x_1} 和切应力 $\tau_{x_1 y_1}$（图 8-10c）。这里，再次给出式（7-4a）和式（7-4b）：

$$\sigma_{x_1} = \frac{\sigma_x + \sigma_y}{2} + \frac{\sigma_x - \sigma_y}{2}\cos 2\theta + \tau_{xy}\sin 2\theta \qquad (8\text{-}20\text{a})$$

$$\tau_{x_1 y_1} = -\frac{\sigma_x - \sigma_y}{2}\sin 2\theta + \tau_{xy}\cos 2\theta \qquad (8\text{-}20\text{b})$$

代入 $\sigma_x = \sigma_2 = pr/2t$、$\sigma_y = \sigma_1 = pr/t$、$\tau_{xy} = 0$，可得：

$$\sigma_{x_1} = \frac{pr}{4t}(3 - \cos 2\theta) \qquad \tau_{x_1 y_1} = \frac{pr}{4t}\sin 2\theta \qquad (8\text{-}21\text{a, b})$$

这两个方程给出了作用在一个与纵向轴线的方位角为 θ 的斜平面上的正应力和切应力。将 $pr/(4t) = 18\text{MPa}$ 和 $\theta = 35°$ 代入式（8-21a, b），可得：

$$\sigma_{x_1} = 47.8\text{MPa} \qquad \tau_{x_1 y_1} = 16.9\text{MPa}$$

这些应力被显示在图 8-10c 所示的应力微元体上。

在求解作用在该微元体 y_1 面上的正应力时，可对垂直面上的正应力求和［式（7-6）］：

$$\sigma_1 + \sigma_2 = \sigma_{x_1} + \sigma_{y_1} \qquad (8\text{-}22)$$

代入数据，可得：

$$\sigma_{y_1} = \sigma_1 + \sigma_2 - \sigma_{x_1} = 72\text{MPa} + 36\text{MPa} - 47.8\text{MPa} = 60.2\text{MPa}$$

如图 8-10c 所示。从该图中可以看出，垂直作用在焊缝上的正应力和平行作用在焊缝上的切应力分别为：

$$\sigma_w = 47.8\text{MPa} \qquad \tau_w = 16.9\text{MPa}$$

莫尔圆。对于图 8-10b 所示双向应力微元体，所绘莫尔圆如图 8-11 所示。点 A 代表该微元体 x 面（$\theta = 0$）上的应力 $\sigma_2 = 36\text{MPa}$，点 B 代表该微元体 y 面（$\theta = 90°$）上的应力 $\sigma_1 = 72\text{MPa}$。圆心 C 位于 54MPa 的应力处，该圆的半径为：

$$R = \frac{72\text{MPa} - 36\text{MPa}}{2} = 18\text{MPa}$$

逆时针角度 $2\theta = 70°$（自点 A 开始测量）定位了点 D，点 D 代表该微元体 x_1 面（$\theta = 35°$）上的应力。点 D 的坐标（根据该圆的几何性质）为：

$$\sigma_{x_1} = 54\text{MPa} - R\cos 70° = 54\text{MPa} - (18\text{MPa})(\cos 70°) = 47.8\text{MPa}$$

$$\tau_{x_1 y_1} = R\sin 70° = (18\text{MPa})(\sin 70°) = 16.9\text{MPa}$$

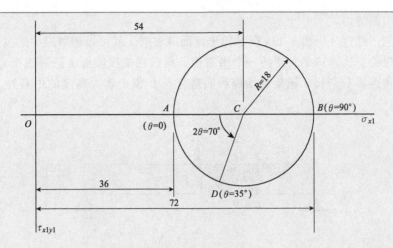

图 8-11　图 8-10b 所示双向应力微元体的莫尔圆（注：应力的单位均为 MPa）

　　这些结果与之前根据应力转换方程所求得的结果是相同的。

　　注意： 从侧面看，螺旋线的形状为正弦曲线（图 8-12）。该螺旋线的节距为：

$$p = \pi d \tan\theta \tag{8-23}$$

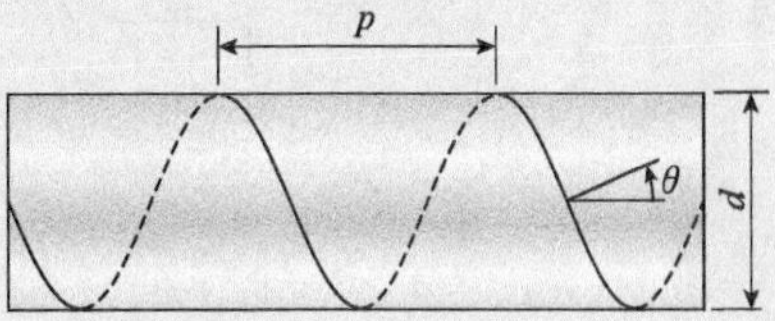

其中，d 为该圆柱体的直径，θ 为该螺旋线的法线与纵向线之间的夹角。缠绕在圆柱体上的平板的宽度为：

$$w = \pi d \sin\theta \tag{8-24}$$

图 8-12　螺旋线的侧视图

　　因此，如果给出了该圆柱体的直径和角度 θ，那么，就可求出节距和板宽。在实践中，角度 θ 通常取 $20° \sim 35°$。

8.4　梁中的最大应力

　　在对梁进行应力分析时，通常首先求解作用在其横截面上的正应力和切应力。例如，在材料服从胡克定律时，可根据弯曲公式和剪切公式［分别见第 5 章的式（5-14）和式（5-41）］来求解正应力和切应力：

$$\sigma = -\frac{M}{I} \qquad \tau = \frac{VQ}{Ib} \tag{8-25a, b}$$

　　在弯曲公式中，σ 为作用在横截面上的正应力，M 为弯矩，y 为至中性轴的距离，I 为横截面面积对中性轴的惯性矩（弯曲公式中 M 和 y 的符号约定如第 5 章的图 5-9 和图 5-10 所示）。

　　在剪切公式中，τ 为横截面上任一点处的切应力，V 为剪力，Q 为所求应力的作用点之外的那部分横截面面积的一次矩，b 为横截面的宽度（剪切公式通常不考虑符号，因为根据载荷的作用方向就可以明显判断出剪切应力的方向）。

　　根据弯曲公式得到的正应力，其最大值位于距中性轴最远处；而根据剪切公式得到的切应力，其最大值通常位于中性轴处。多数情况下，需要计算最大弯矩所作用的横截面上的正应力，并需要计算最大剪力所作用的横截面上的切应力，这两种应力通常就是设计所需的唯一应力。

　　然而，为了更完整地描述梁中的应力，需要确定梁中各点处的主应力和最大切应力。首先讨论矩形梁中的应力。

矩形截面梁 通过分析图 8-13a 所示矩形截面简支梁，就可以理解梁中的应力是如何变化的。为了便于讨论，选择该梁左侧的一个横截面，然后在该横截面上选择五个点（A、B、C、D、E）。点 A 和点 E 分别位于该梁的顶部和底部，点 C 位于该梁高度的中点处，点 B 和点 D 位于它们之间。

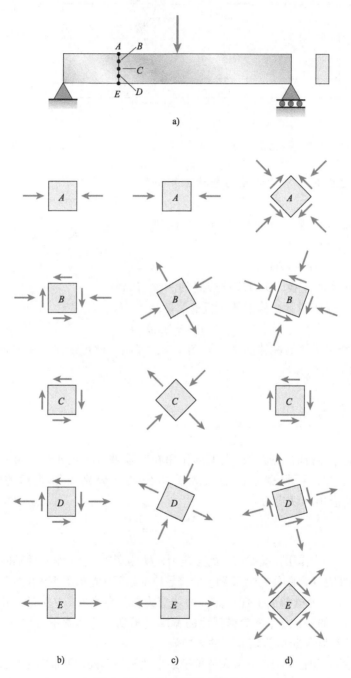

图 8-13 矩形截面梁中的应力

a）简支梁，点 A、B、C、D、E 位于该梁的侧面上　b）点 A、B、C、D、E 处的应力微元体上作用的正应力和切应力　c）主应力　d）最大切应力

如果胡克定律是适用的，那么，根据弯曲公式和剪切公式，就可以轻而易举地计算出这五个点处的正应力和切应力。由于这些应力均作用在横截面上，因此，可将它们画在各个具有铅垂和水平表面的应力微元体上，如图 8-13b 所示。注意，所有的微元体均处于平面应力状态，因为没有应力铅垂作用在与图纸平行的表面上。

在点 A 处，正应力为压应力，没有切应力。类似地，在点 E 处，正应力为拉应力，也没有切应力，因此，这些位置处的微元体处于单向应力状态。中性轴处（点 C 处）的微元体处于纯剪切状态。其他两个位置处（点 B 和点 D 处）的微元体上同时作用有正应力和切应力。

为了求出各点处的主应力和最大切应力，可使用平面应力转换方程或莫尔圆。各主应力的方向如图 8-13c 所示，各最大切应力的方向如图 8-13d 所示（注意，只考虑面内应力）。

现在，进一步研究主应力。从图 8-13c 中可以观察到，从该梁的顶部至底部主应力是如何变化的。以压缩主应力开始研究。在点 A 处，有一个作用在水平方向的压应力，而其他主应力均为零。随着不断向中性轴靠近，该压缩主应力逐渐倾斜；在中性轴（点 C）处，该主应力作用在与水平方向呈 45° 的方向上。在点 D 处，该压缩主应力进一步倾斜于水平方向；在该梁的底部，其方向变为铅垂方向（且其大小为零）。

因此，从该梁的顶部至底部，该压缩主应力的大小和方向是连续变化的。如果所选横截面位于最大弯矩所作用的区域，那么，最大压缩主应力将发生在该梁的顶部（点 A 处），而最小压缩主应力（为零）将发生在该梁的底部（点 E 处）。如果所选横截面位于梁中一个较小弯矩和较大剪力所作用的区域，那么，最大压缩主应力将出现在中性轴处。

类似的分析适用于拉伸主应力，从点 A 至点 E，拉伸主应力的大小和方向也是连续变化的。在点 A 处，拉伸主应力为零；在点 E 处，它具有最大值（之后例 8-3 的图 8-19 给出了某一特定梁和特定横截面中主应力大小的变化情况）。

该梁顶部和底部处的最大切应力（图 8-13d）发生在 45° 平面上（因为其微元体均处于单向应力状态）。在中性轴处，最大切应力发生在水平和铅垂面上（因为其微元体处于纯剪切状态）。在所有点处，最大切应力均发生在与主平面呈 45° 方位角的平面上。在梁中较高弯矩作用的区域，最大切应力发生在该梁的顶部和底部；在梁中较低弯矩和较高剪力作用的区域，最大切应力发生在中性轴处。

通过研究该梁多个横截面处的应力，就可以求出主应力在整个梁上的变化情况。然后，就可以绘制两条正交曲线，这两条正交曲线被称为应力轨迹（stress trajectories），应力轨迹给出了主应力的方向。矩形截面梁的应力轨迹的例子如图 8-14 所示。图 8-14a 显示了一根悬臂梁，其自由端处作用着一个载荷；图 8-14b 显示了一根承受均布载荷的简支梁。其中，实线表示拉伸主应力，虚线表示压缩主应力。拉伸和压缩主应力的曲线总是垂直相交的，各轨迹均以 45° 与纵向轴线相交。在该梁的顶面和底面，切应力为零，各轨迹是水平的或铅垂的[⊖]。

可绘制的另一种主应力曲线是应力等值线（stress contour），这是一条将主应力相同的各点连接起来的曲线。矩形截面悬臂梁的应力等值线如图 8-15 所示（仅显示了拉伸主应力）。最大切应力的等值线位于该图的左上方。在该图中，越向下移，则等值线所表示的拉应力就变得越小。零拉应力的等值线位于该梁的下边缘。因此，最大拉应力发生在支座处，该处的弯矩具有最大值。

⊖　应力轨迹是由德国工程师卡尔·库尔曼（1821—1881）最早提出的，见参考文献 8-1。

注意，应力轨迹（图 8-14）给出了主应力的方向，但没有给出任何有关应力大小的信息。一般情况下，沿着应力轨迹，主应力的大小是变化的。相反，沿着应力等值线（图 8-15），主应力的大小是不变的，但应力等值线没有给出任何有关应力方向的信息。特别应注意，主应力既不平行也不垂直于应力等值线。

根据弯曲公式和剪切公式〔式（8-25a，b）〕，就能够画出图 8-14 和图 8-15 所示的应力轨迹和应力等值线。绘制这些图时，应忽略支座附近和集中载荷附近的应力集中，并忽略作用在该梁顶部的均布载荷（见图 8-14b）所直接引起的压应力。

宽翼板工字梁 采用与矩形截面梁类似的分析方法，就可以分析其他截面梁（如宽翼板工字梁）中的主应力。例如，研究图 8-16a 所示的简支宽翼板工字梁。采用与矩形梁类似的方法，自该梁的顶部至底部选定点 A、B、C、D、E（图 8-16b）。点 B 和点 D 在腹板与翼板的交界处，点 C 位于中性轴处。可将这些点看作是，或者位于该梁的侧面上（图 8-16b、c），或者位于该梁内部的一个对称的垂直轴线上（图 8-16d）。在这两种情况下，根据弯曲公式和剪切公式所求解的应力是相同的。

点 A、B、C、D、E 处的应力微元体（从侧视方向看）如图 8-16e~图 8-16i 所示。这些微元体与矩形梁的那些微元体（图 8-13b）在外形上是相同的。

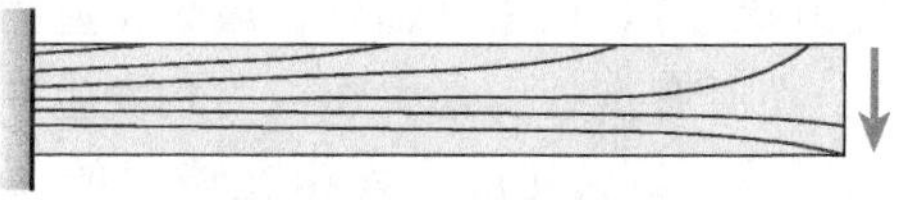

最大主应力通常发生在该梁的顶部和底部（点 A 和点 E 处），那里的应力（根据弯曲公式）具有

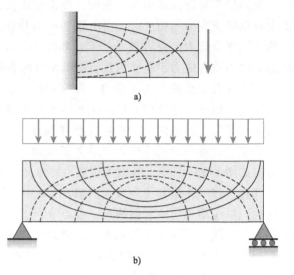

图 8-14 矩形截面梁的主应力轨迹
a）悬臂梁 b）简支梁（实线代表拉伸主应力，虚线代表压缩主应力）

图 8-15 悬臂梁的应力等值线
（仅给出了拉伸主应力）

最大值。然而，根据弯矩和剪力的相对大小，最大应力有时会发生在腹板与翼板的交界处（点 B 和点 D 处）。其理由在于：点 B、D 处的正应力仅略小于点 A、E 的正应力，而点 B、D 处的切应力（点 A、E 处的切应力为零）可能相当重要，因为腹板较薄（注意：第 5 章的图 5-38 显示了宽翼板工字梁腹板中的切应力是如何变化的）。

作用在宽翼板工字梁某一横截面上的最大切应力总是发生在中性轴处，如剪切公式〔式（8-25b）〕所示。然而，作用在斜面上的最大切应力通常或者发生在梁的顶部和底部（点 A 和点 E 处）、或者发生在腹板与翼板的交界处（点 B 和点 D 处），因为该交界处存在正应力。

在分析宽翼板工字梁的最大应力时应记住，高应力可能存在于支座处、载荷作用点处、倒角处以及孔的附近。这类应力集中仅限于那些非常接近不连续的区域，并且不能使用梁的基本公式来计算这类应力集中。

下例展示了求解矩形梁中某个选定横截面上的主应力和最大切应力的分析步骤。宽翼板工字梁的分析步骤与此类似。

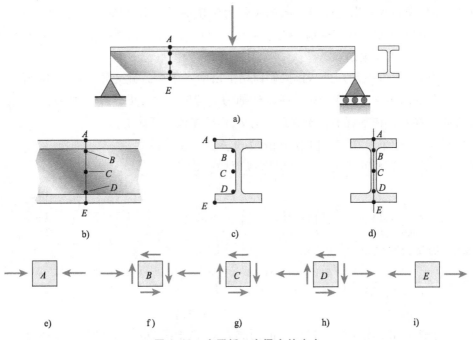

图 8-16 宽翼板工字梁中的应力

● ● ● **例 8-3**

跨度 $L = 1.8\text{m}$ 的简支梁 AB 支撑着一个集中载荷 $P = 48\text{kN}$，该载荷作用在与右端支座的距离 $c = 0.6\text{m}$ 的位置处（图 8-17）。该梁由钢制成，其横截面是一个宽度 $b = 50\text{mm}$、高度 $h = 150\text{mm}$ 的矩形。请研究横截面 mn 上的主应力和最大切应力，该横截面与该梁 A 端的距离 $x = 230\text{mm}$（仅考虑面内应力）。

解答：

首先使用弯曲公式和剪切公式来计算作用在横截面 mn 的应力。一旦已知了这些应力，则可利用平面应力方程来求解主应力和最大切应力。最后，可绘图来显示这些应力在该梁的整个高度上是如何变化的。

可以看出，支座 A 处的反作用力为 $R_A = P/3 = 16\text{kN}$，因此，横截面 mn 上的弯矩和剪力为：

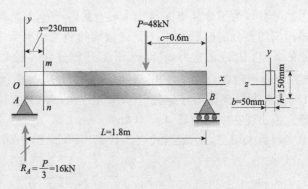

图 8-17 矩形截面梁

$$M = R_A x = (16\text{kN}) \times (230\text{mm}) = 3680\text{kN} \cdot \text{mm} \qquad V = R_A = 16\text{kN}$$

横截面 mn 上的正应力。 根据弯曲公式 [式 (8-25a)]，可求出这些应力为：

$$\sigma_x = -\frac{My}{I} = -\frac{12My}{bh^3} = -\frac{12 \times (3680\text{kN} \cdot \text{mm})y}{(50\text{mm}) \times (150\text{mm})} = -271.7 \times 10^3 y \qquad (\text{a})$$

其中，y 的单位为毫米（mm），σ_x 的单位为牛顿每平方米（Pa）。根据式（a）所计算出的应力在拉伸时为正、在压缩时为负。例如，可以看出，若 y 为正值（梁的上半部分），则该应力为负值，正如预期。

在横截面 mn（图 8-17）处从该梁侧面切割出的一个应力微元体如图 8-18 所示。为了便于参考，在该微元体上建立一组参考坐标轴 xy。图中所示的正应力 σ_x 和切应力 τ_{xy} 均作用在其正方向（注意，在本例中，没有正应力 σ_y 作用在该微元体上）。

横截面 mn 上的切应力。切应力由剪切公式［式（8-25b）］给出。在剪切公式中，矩形横截面的一次矩为 Q：

$$Q = b\left(\frac{h}{2}-y\right)\left(y+\frac{h/2-y}{2}\right) = \frac{b}{2}\left(\frac{h^2}{4}-y^2\right) \qquad (8\text{-}26)$$

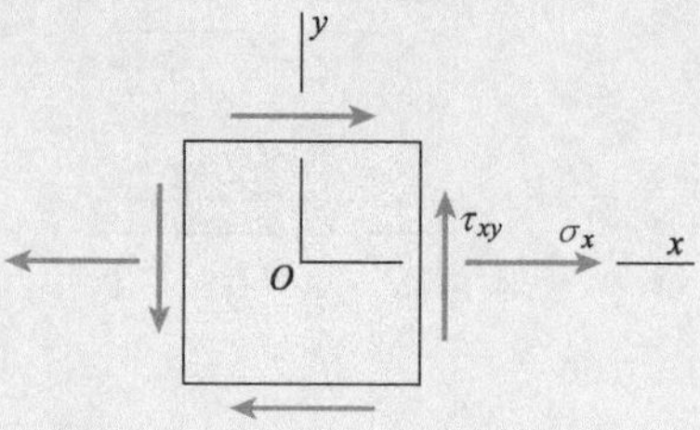

因此，剪切公式变为：

$$\tau = \frac{VQ}{Ib} = \frac{12V}{(bh^2)(b)}\left(\frac{b}{2}\right)\left(\frac{h^2}{4}-y^2\right) = \frac{6V}{bh^3}\left(\frac{h^2}{4}-y^2\right) \qquad (8\text{-}27)$$

图 8-18   图 8-17 所示梁横截面 mn 上的平面应力微元体

作用在该微元体 x 面（图 8-18）上的切应力 τ_{xy} 向上时为正，而实际的切应力［式（8-27）］却是向下作用的。因此，切应力 τ_{xy} 由下式给出：

$$\tau_{xy} = -\frac{6V}{bh^3}\left(\frac{h^2}{4}-y^2\right) \qquad (8\text{-}28)$$

将数据代入该式，可得：

$$\tau_{xy} = -\frac{6\times(16\text{kN})}{(50\text{mm})\times(150\text{mm})^3}\left(\frac{(150\text{mm})^2}{4}-y^2\right) = -569\times(5625-y^2) \qquad (b)$$

其中，y 的单位为毫米（mm），τ_{xy} 的单位为牛顿每平方米（Pa）。

应力的计算。为了计算出横截面 mn 上的各个应力，将梁的高度划分为六个相等的间隔，并将相应的点分别标记为 $A\sim G$，如该梁的侧视图所示（图 8-19a）。各点的 y 坐标值见表 8-1 的第 2 列，相应的应力 σ_x 和 τ_{xy}［其计算分别依据式（a）和式（b）］见第 3 列和第 4 列。这些应力被绘制在图 8-19b、c 中。正应力从该梁顶部处（点 A 处）的 -19.63MPa（压应力）线性变化至该梁底部处（点 G 处）的 9.63MPa（拉应力）。切应力为抛物线分布，其最大值出现在中性轴处（点 D 处）。

主应力和最大切应力。根据式（7-17），就可求出 $A\sim G$ 这七个点处的主应力：

$$\sigma_{1,2} = \frac{\sigma_x+\sigma_y}{2}\pm\sqrt{\left(\frac{\sigma_x-\sigma_y}{2}\right)^2+\tau_{xy}^2} \qquad (8\text{-}29)$$

由于没有正应力作用在 y 方向上（图 8-18），因此，该方程可化简为：

$$\sigma_{1,2} = \frac{\sigma_x}{2}\pm\sqrt{\left(\frac{\sigma_x}{2}\right)^2+\tau_{xy}^2} \qquad (8\text{-}30)$$

同时，最大切应力［根据式（7-25）］为：

$$\tau_{\max} = \sqrt{\left(\frac{\sigma_x-\sigma_y}{2}\right)^2+\tau_{xy}^2} \qquad (8\text{-}31)$$

该式可简化为：

$$\tau_{max} = \sqrt{\left(\frac{\sigma_x}{2}\right)^2 + \tau_{xy}^2} \tag{8-32}$$

因此，将 σ_x 和 τ_{xy} 的数值（根据表 8-1）代入式（8-30）和式（8-32），就可计算出主应力 σ_1、σ_2 以及最大切应力 τ_{max}。这些应力被绘制在图 8-19d、e、f 中，其具体数值见表 8-1 的最后三列。

拉伸主应力 σ_1 从该梁顶部处的"零"增大至底部处的最大值 19.63MPa（图 8-19d）。其方向也在发生变化，在顶部处作用在铅垂方向，在底部处作用在水平方向。在高度的中点处，应力 σ_1 作用在一个 45° 平面上。类似的结论也适用于压缩主应力 σ_2，但需要反过来看。例如，应力 σ_2 在该梁顶部处为最大值、在底部处为零（图 8-19e）。

横截面 mn 上的最大切应力发生该梁顶部和底部处的 45° 平面上。这些应力等于同一点处的正应力 σ_x 的一半。在中性轴处，正应力 σ_x 为零，最大切应力发生在水平和铅垂平面上。

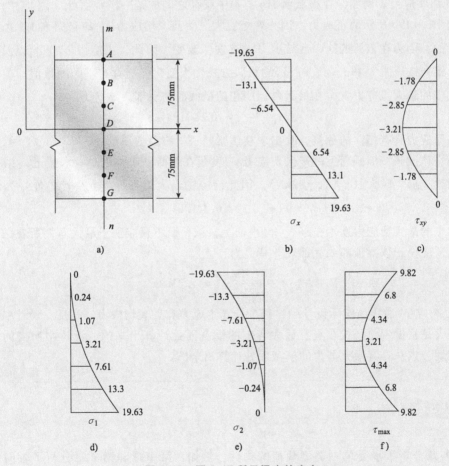

图 8-19 图 8-17 所示梁中的应力

a) 横截面 mn 处的点 A、B、C、D、E、F、G b) 作用在横截面 mn 上的正应力 σ_x

c) 作用在横截面 mn 上的切应力 τ_{xy} d) 拉伸主应力 σ_1

e) 压缩主应力 σ_2 f) 最大切应力 τ_{max}（注：应力的单位均为 MPa）

表 8-1　图 6-17 所示梁的横截面 *mn* 上的应力

(1) Point	(2) y/mm	(3) σ_x/MPa	(4) τ_{xy}/MPa	(5) σ_1/MPa	(6) σ_2/MPa	(7) τ_{max}/MPa
A	75	−19.63	0	0	−19.63	9.82
B	50	−13.1	−1.78	0.24	−13.3	6.80
C	25	−6.54	−2.85	1.07	−7.61	4.34
D	0	0	−3.21	3.21	−3.21	3.21
E	−25	6.54	−2.85	7.61	−1.07	4.34
F	−50	13.1	−1.78	13.3	−0.24	6.80
G	−75	19.63	0	19.63	0	9.82

备注 1：如果研究该梁的其他横截面，那么，最大正应力和最大切应力将不同于图 8-19 所示的那些应力。例如，在横截面 *mn* 与集中载荷之间的某一横截面处（图 8-17），正应力 σ_x 大于图 8-19b 所示的正应力，因为弯矩更大。然而，切应力 τ_{xy} 却与图 8-19c 所示的应力是相同的，因为在该梁的这一区域剪力没有发生改变。因此，主应力 σ_1、σ_2 以及最大切应力 τ_{max} 将会按照图 8-19d、e、f 所示的相同方式发生变化，但具有不同的数值。

该梁中的最大拉应力发生在最大弯矩所在的横截面的底部。该应力为：

$$(\sigma_{tens})_{max} = 102.4 \text{MPa}$$

最大压应力具有相同的数值，并出现在该梁同一横截面的顶部处。

作用在该梁某一横截面上的最大切应力 τ_{xy} 发生在载荷 P 右侧的那一段梁上（图 8-17），因为该段梁上剪力较大（$V = R_B = 32\text{kN}$）。因此，τ_{xy} 的最大值（发生在中性轴处）为：

$$(\tau_{xy})_{max} = 6.4 \text{MPa}$$

该梁中的最大切应力发生在某一 45°平面上，该平面不仅应位于最大弯矩所在的横截面处，而且还应位于该梁顶部或底部处。其值为：

$$\tau_{max} = \frac{102.4 \text{MPa}}{2} = 51.2 \text{MPa}$$

备注 2：在普通梁的实际设计中，很少计算主应力和最大切应力。相反，设计中所需的拉、压应力是根据弯曲公式在具有最大弯矩的横截面处计算出来的，设计中所需的切应力是根据剪切公式在具有最大剪力的横截面处计算出来的。

8.5　组合载荷

上述各章分析了承受单一类型载荷的构件。例如，第 1 章和第 2 章分析了轴向承载杆，第 3 章分析了受扭轴，第 4~6 章分析了受弯梁，本章的前几节还分析了压力容器。对于每种类型的载荷，我们都阐明了求解应力、应变和变形的方法。

然而，在许多结构中，其构件必须抵抗一种以上类型的载荷。例如，一根受弯梁可能还同时受到轴向力的作用（图 8-20a），一根受到支撑的压力容器可能还具有梁的功能（图 8-20b），或者一根受扭轴可能还承受着弯曲载荷（图 8-20c）。图 8-20 所示的这类情况被称为组合载荷（combined loadings），组合载荷出现在各种各样的机器、建筑物、车辆、工具、设备以及许多其他类型的结构中。

分析承受组合载荷的构件的常用方法为叠加法，即将各个载荷单独作用时所引起的应力和应变进行叠加。然而，正如之前各章所解释的那样，只有在一定条件下，才允许将应力和应变进行叠加。第一个条件是：应力和应变必须是载荷的线性函数，这反过来又要求材料必须遵循胡克定律且位移较小。第二个条件是：各类载荷之间必须没有相互作用，即某一载荷引起的应力和应变必须不能因其他载荷的存在而受到影响。大多数普通结构满足这两个条件，因此，叠加法被广泛应用于工程实践中。

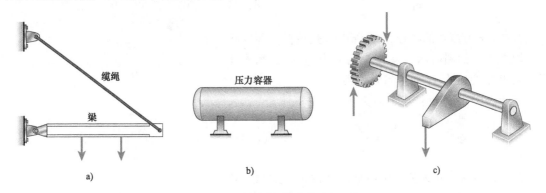

图 8-20　承受组合载荷的结构示例

a）受缆绳支撑的宽翼板工字梁（弯曲与轴向载荷的组合）　b）作为一根梁的受撑压力容器

c）承受扭转和弯曲组合载荷的轴

分析方法　对于承受多类载荷的结构，虽然有许多分析方法，但其分析过程通常包括以下步骤：

1. 在结构中选择一个点，所求应力和应变就位于该点处（所选点通常位于一个具有较大应力的横截面上，例如一个弯矩具有最大值的横截面上）。

2. 对于结构上的各类载荷，分别求解在这个包含所选点的横截面上的内力（内力可能是轴力、扭矩、弯矩以及剪力）。

3. 分别计算选定点处各内力所引起的正应力和切应力。另外，如果结构是一个压力容器，则还需要求解内压所引起的应力（应根据先前推导出的应力公式来求解各应力；例如，$\sigma = P/A$，$\tau = T\rho/I_P$，$\sigma = My/I$，$\tau = VQ/Ib$，$\sigma = pr/t$）。

4. 叠加各个应力以求得所选点处的合应力。换句话说，求出该点处的某一应力微元体上作用的应力 σ_x、σ_y、τ_{xy}（注意：本章仅涉及处于平面应力状态的微元体）。

5. 利用应力转换方程或莫尔圆，求解所选点处的主应力和最大切应力。如果需要，应求出作用在其他斜面上的应力。

6. 根据平面应力的胡克定律，求解该点处的应变。

7. 选择其他点，并重复上述分析过程。直到所求得的应力和应变信息足以满足分析目的为止。

分析方法示例　为了说明承受组合载荷的构件的分析步骤，将在一般意义上讨论图 8-21a 所示圆截面悬臂杆中的应力。该杆受到两类载荷的作用：一种是扭矩 T，一种是铅垂载荷 P，两者均作用在该杆的自由端。

首先任选两点 A 和 B 来分析（图 8-21a）。点 A 位于该杆的顶部，点 B 位于侧部。这两个点位于同一横截面上。

作用在横截面上的内力（图 8-21b）为一个扭矩 T、一个弯矩 M（等于载荷 P 乘以该横截面至自由端的距离 b）和一个剪力 V（等于载荷 P）。

作用在点 A 和点 B 处的应力如图 8-21c 所示。扭矩 T 产生的扭转切应力为：

$$\tau_1 = \frac{T_r}{I_P} = \frac{2T}{\pi r^3} \qquad (8\text{-}33)$$

其中，r 为该杆的半径，$I_P = \pi r^4/2$ 是该横截面面积的极惯性矩。如图所示，点 A 处的应力 τ_1 向左水平作用，点 B 处的应力 τ_1 向下铅垂作用。

弯矩 M 在点 A 处产生的应力为：

$$\sigma_A = \frac{Mr}{I} = \frac{4M}{\pi r^3} \qquad (8\text{-}34)$$

其中，$I = \pi r^4/4$ 为关于中性轴的惯性矩。然而，该弯矩在点 B 处没有产生应力，因为点 B 位于中性轴上。

剪力 V 在该杆的顶部（点 A 处）没有产生切应力，但在点 B 处产生的切应力 ［见第 5 章的式（5-46）］如下：

$$\tau_2 = \frac{4V}{3A} = \frac{4V}{3\pi r^2} \qquad (8\text{-}35)$$

其中，$A = \pi r^2$ 为横截面的面积。

作用在点 A 处的应力 σ_A 和 τ_1（图 8-21c）被显示在图 8-22a 所示的应力微元体上。该微元体切割自该杆顶部的点 A 处。该微元体的俯视图如图 8-22b 所示。为了求解主应力和最大切应力，在该微元体上建立 x、y 轴。x 轴平行于该圆杆的纵向轴线（图 8-21a），y 轴位于水平面内。注意，该微元体处于平面应力状态，其 $\sigma_x = \sigma_A$、$\sigma_y = 0$、$\tau_{xy} = -\tau_1$。

点 B 处的一个应力微元体如图 8-23a 所示。作用在该微元体上的唯一应力是切应力，其大小等于 $\tau_1 + \tau_2$（图 8-21c）。该微元体的二维视图如图 8-23b 所示，其中，x 轴平行于该杆的纵向轴线，y 轴位于铅垂方向。作用在该微元体上的应力为 $\sigma_x = \sigma_y = 0$、$\tau_{xy} = -(\tau_1 + \tau_2)$。

现在，已求出了作用在点 A、B 处的应力，并画出了相应的应力微元体，这样一来，就可以利用平面应力

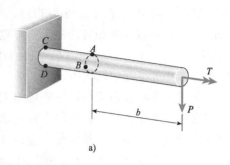

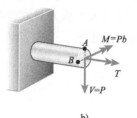

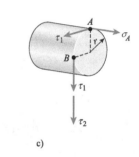

图 8-21　承受扭转和弯曲组合载荷的悬臂杆

a）作用在该杆上的载荷　b）某一横截面上的内力　c）点 A、B 处的应力

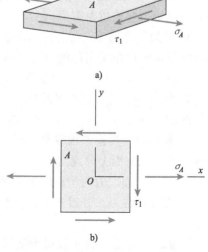

图 8-22　点 A 处的应力微元体

的转换方程（见7.2节和7.3节）或莫尔圆（见7.4节）来求解主应力、最大切应力以及作用在各倾斜方向上的应力。也就可以利用胡克定律（见7.5节）来求解点 A、B 处的应变。

上述关于点 A、B 处应力（图 8-21a）的分析步骤可用于分析该杆其他点处的应力。特别应关注那些应力具有最大值或最小值（这些值是根据弯曲公式和剪切公式计算出来的）的点，这样的点被称为关键点（critical points）。例如，对于弯曲所引起的正应力，其最大值发生在最大弯矩所作用的横截面上，该横截面位于支座处。因此，固定端处该梁顶部和底部的点 C、D（图 8-21a）就是关键点，应计算这两点处的应力。另一个关键点为点 B，因为该点处的切应力具有最大值（注意，在本例中，如果将点 B 沿着该杆的纵向方向移动，则切应力不变）。

最后一步是比较各关键点处的主应力和最大切应力，以求出绝对最大正应力和绝对最大切应力。

本例说明了求解组合载荷所引起的应力的一般程序。注意，本例没有涉及新的理论，只是应用了先前推导的公式和概念。由于实际情况是千变万化的，因此，不可能推导出最大应力的一般公式。相反，应将每个实际结构都当作一种特殊情况来处理。

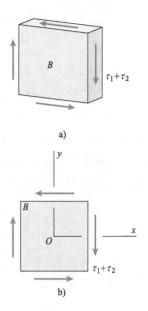

图 8-23　点 B 处的
应力微元体

关键点的选择　如果分析的目标是求解结构中的最大应力，那么，所选的关键点应位于那些内力具有最大值的横截面上。此外，在这些横截面内，应选择那些正应力或切应力具有最大值的点作为关键点。在选择关键点时，良好的判断力通常有助于合理地确认结构中的绝对最大应力。

然而，有时很难提前判断出所求最大应力究竟发生在何处。这时，可能需要研究若干点处的应力，也许在选择点时甚至使用试错法（trial-and-error）。其他策略也可能被证明是卓有成效的——例如，为所面临的问题推导出一些特定的公式、或进行一些简化假设以助于其他疑难问题的分析。

下述各例说明了承受组合载荷结构中的应力的计算方法。

● ● ● 例 8-4

用于油井的空心套管（图 8-24），其外径为 200mm、厚度为 18mm。油和气所产生的内压为 15MPa。在防喷器之上的某点处，该套管中的压力（其自重引起的）为 175kN，扭矩为 14kN·m。请求出该套管中的最大的拉、压应力和最大切应力。

解答：

该油井套管中的应力是由轴向力 P、扭矩 T 以及内压 p 的共同作用所引起的（图 8-24b）。因此，某一深度处该轴表面上任一点处的应力包括周向应力 σ_x、纵向应力 σ_y 以及切应力 τ_{xy}，如图 8-24b 所示，该图显示了该套管表面上的应力微元体。注意，y 轴平行于该套管的纵向轴线。

周向应力 σ_x 是由油和气的内压引起的，根据式（8-11），可计算出 σ_x 为：

$$\sigma_x = \frac{pr}{t} = \frac{[15\text{MPa} \times (100\text{ mm})]}{18\text{mm}} = 83.3\text{MPa}$$

纵向应力 σ_y 是由轴向力 P（自重引起的）引起的，它等于力 P 除以该套管的横截面面积 A。纵向拉应力 σ_L 是由于内压引起的（可使用式（8-12）来求解 σ_L，σ_L 在该油井被封住和不运行时为非零值）。这里假设油和气正在流动，因此，σ_L 为零，而 σ_y 为：

$$\sigma_y = \frac{-P}{A} = \frac{-(175\text{kN})}{\pi[r^2 - (r-t)^2]} = -17\text{MPa}$$

根据扭转公式［见 3.3 节的式（3-13）］，可求得切应力 τ_{xy}：

$$\tau_{xy} = \frac{Tr}{I_p} = \frac{(14\text{kN} \cdot \text{m}) \times (100\text{mm})}{8.606 \times (10^{-5})\text{m}^4} = 16.3\text{MPa}$$

根据 1.7 节的符号约定，该切应力为正值。

已知了应力 σ_x、σ_y、τ_{xy} 之后，现在，可根据 7.3 节所述方法来求解主应力和最大切应力。根据式（7-17），可求得主应力为：

$$\sigma_{1,2} = \frac{\sigma_x + \sigma_y}{2} \pm \sqrt{\left(\frac{\sigma_x - \sigma_y}{2}\right)^2 + \tau_{xy}^2}$$

将 $\sigma_x = 83.3\text{MPa}$、$\sigma_y = -17\text{MPa}$、$\tau_{xy} = 16.3\text{MPa}$ 代入该式，可得：

$$\sigma_{1,2} = 33.2\text{MPa} \pm 52.7\text{MPa} \text{ 或 } \sigma_1 = 85.9\text{MPa}$$
$$\sigma_2 = -19.5\text{MPa}$$

这两个应力就是该钻井套管中的最大拉、压应力。

根据式（7-25），可求得最大面内切应力为：

$$\tau_{\max} = \sqrt{\left(\frac{\sigma_x - \sigma_y}{2}\right)^2 + \tau_{xy}^2} = 52.7\text{MPa}$$

由于主应力 σ_1 和 σ_2 的符号相反，因此，最大面内切应力大于最大面外切应力［见式（7-28a，b，c）以及随后的讨论］。因此，该钻井套管中的最大切应力为 52.7MPa。

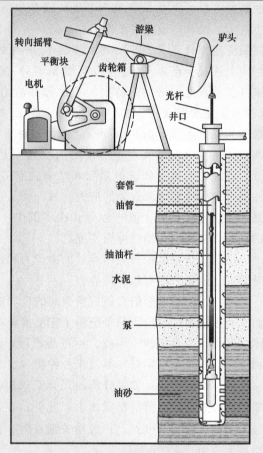

a)

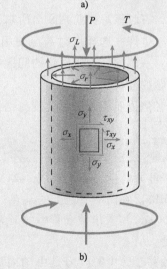

b)

图 8-24 油井套管（承受扭矩、轴向力和内压的组合作用）

● ● ● 例 8-5

例 8-2 所示圆柱形压力容器被支撑在简单支座上，且受到一个均布载荷 $q = 150\text{kN/m}$（包括容器及其容纳物的重量）的作用。该容器的长度为 6m、内半径 $r = 1.2\text{m}$、壁厚 $t = 19\text{mm}$。材料为弹性模量 $E = 200\text{GPa}$ 的钢，内压 $p = 720\text{kPa}$。

例 8-2 研究了纵向和周向的应力与应变，并研究了最大面内和面外切应力。现在，将研究分布载荷 q 对求解位置 A、B 处（图 8-25）的微元体的应力状态有什么影响，这些应力状态是在内力、横向剪力以及弯矩的共同作用下产生的（图 8-25c、d 分别给出了剪力图和弯矩图）。其中，微元体 A 位于该容器外表面上紧靠左端支座的右侧处，微元体 B 位于该容器中点处的底面。

解答：

该压力容器壳体中的应力是在内压、横向剪力以及弯矩的联合作用下产生的。

（1）在点 A 处 隔离出一个类似于图 8-26a 所示的应力微元体。x 轴平行于该压力容器的纵向轴线，y 轴位于周向。微元体 A 上作用有载荷 q 所引起的切应力（假设该微元体与支座保持足够的距离，这样就可忽略应力集中的影响），可计算出这些应力为：

$$\sigma_x = \sigma_L = \frac{pr}{2t} = \frac{720\text{kPa} \times (1.2\text{m})}{2 \times (19\text{mm})} = 22.7\text{MPa}$$

$$\sigma_y = \sigma_t = \frac{pr}{t} = \frac{720\text{kPa} \times (1.2\text{m})}{(19\text{mm})} = 45.5\text{MPa}$$

其中，σ_L 为纵向应力，σ_r 为内压 p 所引起的周向（或径向）应力。弯矩没有在该点处产生正应力，因为该容器的纵向轴线位于弯曲的中性层上。接下来，利用式（5-48）（其中，根据剪力图可知 $V = 3qL/10$），可计算出切应力 τ_{xy}：

$$\tau_{xy} = \frac{-4V}{3A}\left(\frac{r_1^2 + r_1 r_2 + r_2^2}{r_1^2 + r_2^2}\right)$$

$$\tau_{xy} = \frac{-4}{3} \times \frac{\left[\frac{3}{10} \times \left(150\frac{\text{kN}}{\text{m}}\right) \times (6\text{m})\right]}{\pi \times \left[(1.219\text{m})^2 - (1.2\text{m})^2\right]}\left[\frac{(1.2\text{m})^2 + 1.2\text{m} \times (1.219\text{m}) + (1.219\text{m})^2}{(1.2\text{m})^2 + (1.219\text{m})^2}\right]$$

$$= -3.74\text{MPa}$$

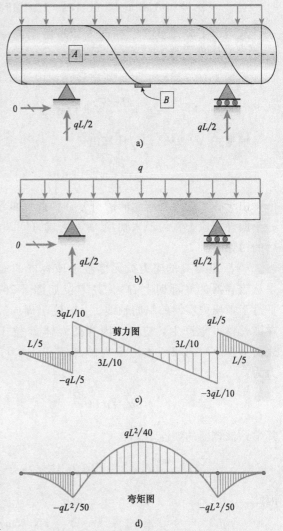

图 8-25 承受内压 p 和横向载荷 q 共同作用的圆柱压力容器

根据 1.7 节的符号约定，该切应力为负值（向下作用在该微元体的正 x 面上）。

点 A 处的主应力和最大切应力。 根据式（7-17），可求得主应力为：

$$\sigma_1 = 34.1\text{MPa} + 11.96\text{MPa} = 46.1\text{MPa}$$

$$\sigma_2 = 34.1\text{MPa} - 11.96\text{MPa} = 22.1\text{MPa}$$

这两个主应力被显示在图 8-26b 所示的一个方位角为 $\theta_p = 9.11°$ 的微元体上。

根据式（7-28c），可计算出最大面内切应力为：

$$\tau_{\max} = \frac{\sigma_1 - \sigma_2}{2} = 12\text{MPa}$$

根据式（7-28b），可计算出最大面外切应力为：

$$\tau_{\max} = \frac{\sigma_1}{2} = 23.1\text{MPa}$$

由于各主应力具有相同的符号，因此，可预先知道，某一个面外切应力将为最大切应力 [见式（7-28a，b，c）之后的讨论]。

（2）**点 B 处的应力** 微元体位于该容器的底部表面（如果从该容器的底部向上看），其方位如图 8-26c 所示。x 轴平行于该压力容器的纵向轴线，y 轴位于周向。载荷 q 没有在微元体 B 上产生切应力，因为微元体 B 位于底部的自由表面上，但弯曲却产生了最大拉伸正应力。可计算出该应力为：

$$\sigma_x = \sigma_L + \frac{Mr}{I_z}$$

其中，该容器的惯性矩 I_z：

$$I_z = \frac{\pi}{4}\left[(r+t)^4 - r^4\right] = 0.10562\text{m}^4$$

因此，

$$\sigma_x = \frac{pr}{2t} + \frac{\left(\dfrac{qL^2}{40}\right)(r+t)}{I_z} = \frac{720\text{kPa}\times(1.2\text{m})}{2\times(19\text{mm})} + \frac{\left[150\dfrac{\text{kN}}{\text{m}}\times\dfrac{(6\text{m})^2}{40}\right]\times(1.219\text{m})}{0.10562\text{m}^4}$$

$$\sigma_x = 22.74\text{MPa} + 1.558\text{MPa} = 24.3\text{MPa}$$

$$\sigma_y = \sigma_r = \frac{pr}{t} = \frac{720\text{kPa}\times(1.2\text{m})}{(19\text{mm})} = 45.5\text{MPa}$$

由于微元体 B 上没有切应力的作用，因此，正应力 σ_x 和 σ_y 就是主应力，（例如，$\sigma_x = \sigma_2$、$\sigma_y = \sigma_1$）。根据式（7-28a，b，c），就可求出最大面内和面外切应力。

根据式（7-28c），可计算出最大面内切应力为：

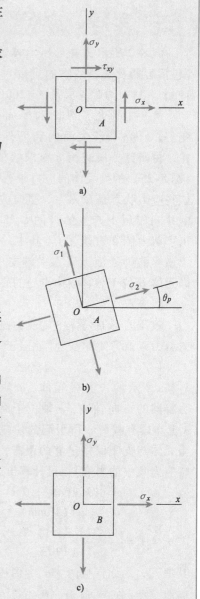

图 8-26 例 8-5 的求解：圆柱形压力容器中的应力

$$\tau_{max} = \frac{\sigma_1 - \sigma_2}{1} = 10.6\,MPa$$

根据式（7-28b），可计算出最大面外切应力为：

$$\tau_{max} = \frac{\sigma_1}{2} = 23\,MPa$$

● ● ● 例 8-6

一块尺寸为 2.0m×1.2m 的标志牌受到一根空心圆立柱的支撑，该立柱的外径为 220mm、内径为 180mm（图 8-27）。标志牌与立柱中心线的偏距为 0.5m，其下边至地面的距离为 6.0m。

（a）请求出该立柱底座的点 A、B 处的主应力和最大切应力，这些应力是由一个作用在标志牌上的 2.0kPa 的风压所引起的。

（b）请将该圆立柱与一根具有相同高度、壁厚以及横截面面积的方形管进行对比，比较其底座处的应力和顶部处的扭转情况。

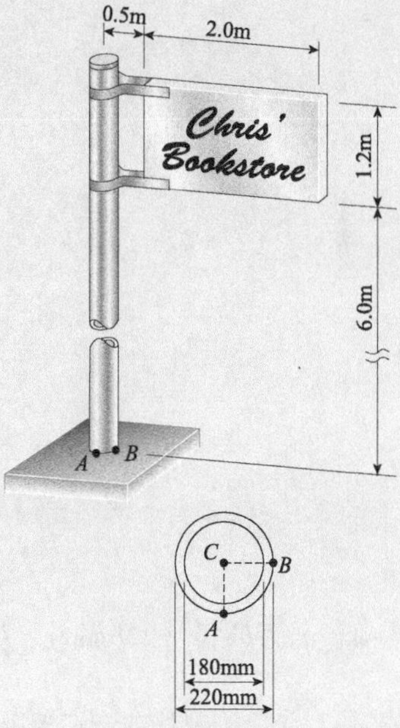

解答：

（a）圆立柱：

内力。作用在标志牌上的风力产生一个作用在其中点处的合力 W（图 8-28a），该合力等于风压 p 乘以其作用的面积 A：

$$W = pA = (2.0\,kPa) \times (2.0m \times 1.2m) = 4.8\,kN$$

该力的作用线至地面的距离 $h = 6.6m$、至该立柱中心线的距离 $b = 1.5m$。

作用在标志牌上的风力可被静态等效为一个横向力 W 和一个的扭矩 T（图 8-28b）。该扭矩等于力 W 乘以距离 b：

$$T = Wb = (4.8\,kN) \times (1.5m) = 7.2\,kN \cdot m$$

该立柱底座处的内力（图 8-28c）包括弯矩 M、扭矩 T 以及剪力 V，其大小为：

$$M = Wh = (4.8\,kN) \times (6.6m) = 31.68\,kN \cdot m$$

$$T = 7.2\,kN \cdot m \qquad V = W = 4.8\,kN$$

审视这些内力的作用情况，可以看出，最大弯曲应力发生在点 A 处，最大切应力发生在点 B 处。因此，点 A、B 就是关键点，应当求解这些点处的应力（另一个关键点为一个在直径方向上与点 A 相对的点，见本例之后"注意"中的解释）。

点 A、B 处的应力。弯矩 M 在点 A 处产生一个拉应力 σ_A（图 8-28d），但在点 B 处（该点位于中性轴处）没有产生应力。根据弯曲公式，可求得应力 σ_A 为：

$$\sigma_A = \frac{M(d_2/2)}{I}$$

图 8-27　作用在标志牌上的风压（立柱受到弯曲、扭转和剪切的联合作用）

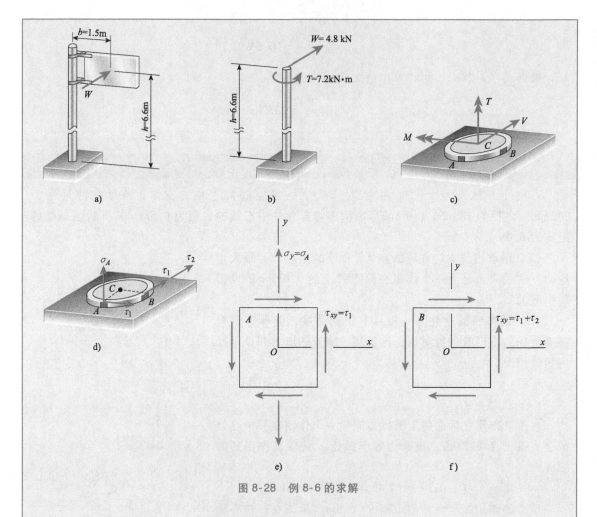

图 8-28   例 8-6 的求解

其中，d_2 为外径（220mm），I 为横截面面积的惯性矩。该惯性矩为：

$$I = \frac{\pi}{64}(d_1^4 - d_1^4) = \frac{\pi}{64} \times [(220\text{mm})^4 - (180\text{mm})^4] = 63.46 \times 10^{-6}\text{m}^4$$

其中，d_1 为内径。因此，应力 σ_A 为：

$$\sigma_A = \frac{Md_2}{2I} = \frac{(31.68\text{kN} \cdot \text{m}) \times (220\text{mm})}{2 \times (63.46 \times 10^{-6}\text{m}^4)} = 54.91\text{MPa}$$

扭矩 T 在点 A、B 处产生切应力 τ_1（图 8-28d）。根据扭转公式，可计算出应力 τ_1 为：

$$\tau_1 = \frac{T(d_2/2)}{I_P}$$

其中，I_P 为极惯性矩：

$$I_P = \frac{\pi}{32}(d_2^4 - d_1^4) = 2l = 126.92 \times 10^{-6}\text{m}^4$$

因此，

$$\tau_1 = \frac{Td_2}{2I_P} = \frac{(7.2\text{kN} \cdot \text{m}) \times (220\text{mm})}{2 \times (126.92 \times 10^{-6}\text{m}^4)} = 6.24\text{MPa}$$

最后，计算剪力 V 在点 A、B 处产生的切应力。点 A 处的切应力为零，点 B 处的切应力（在图 8-28d 中被标记为 τ_2）可根据圆管的剪切公式 [5.9 节的式（5-48）] 来求解：

$$\tau_2 = \frac{4V}{3A}\left(\frac{r_2^2 + r_2 r_1 + r_1^2}{r_2^2 + r_1^2}\right) \tag{a}$$

其中，r_1 和 r_2 分别为内、外半径，A 为横截面面积：

$$r_2 = \frac{d_2}{2} = 110\text{mm} \quad r_1 = \frac{d_1}{2} = 90\text{mm}$$

$$A = \pi(r_2^2 - r_1^2) = 12570\text{mm}^2$$

将上述数据代入（a）式，可得：

$$\tau_2 = 0.76\text{MPa}$$

现已计算出作用在点 A、B 处的横截面上的应力。

应力微元体。 下一步是将这些应力显示在应力微元体（图 8-28e、f）上。对于这两个微元体，其 y 轴平行于立柱的纵向轴线，其 x 轴为水平线。在点 A 处，作用在微元体上的应力为：

$$\sigma_x = 0 \quad \sigma_y = \sigma_A = 54.91\text{MPa} \quad \tau_{xy} = \tau_1 = 6.24\text{MPa}$$

在点 B 处，应力为：

$$\sigma_x = \sigma_y = 0 \quad \tau_{xy} = \tau_1 + \tau_2 = 6.24\text{MPa} + 0.76\text{MPa} = 7.00\text{MPa}$$

由于没有正应力作用在该微元体上，因此，点 B 处于纯剪切状态。

现在，已知了作用在各应力微元体（图 8-28e、f）上的所有应力，因此，就可以利用 7.3 节给出的方程来求解主应力和最大切应力。

点 A 处的主应力和最大切应力。 将 $\sigma_x = 0$、$\sigma_y = 54.91\text{MPa}$、$\tau_{xy} = 6.24\text{MPa}$ 代入式（7-17），就可求得主应力为：

$$\sigma_{1,2} = 27.5\text{MPa} \pm 28.2\text{MPa} \ \text{或} \ \sigma_1 = 55.7\text{MPa} \quad \sigma_2 = -0.7\text{MPa}$$

根据式（7-25），可计算出最大面内切应力为：$\tau_{\max} = 28.2\text{MPa}$

由于主应力 σ_1 和 σ_2 的符号相反，因此，最大面内切应力大于最大面外切应力 [见式（7-28a，b，c）以及随后的讨论]。因此，点 A 处的最大切应力为 28.2MPa。

点 B 处的主应力和最大切应力。 该点处的应力为 $\sigma_x = 0$、$\sigma_y = 0$、$\tau_{xy} = 7.0\text{MPa}$。由于该点处的微元体处于纯剪切状态，因此，主应力为：

$$\sigma_1 = 7.0\text{MPa} \quad \sigma_2 = -7.0\text{MPa}$$

而最大面内切应力为：

$$\tau_{\max} = 7.0\text{MPa}$$

最大面外切应力等于该值的一半。

注意： 如果需要知道该立柱中的最大应力，那么，还必须求解在直径方向上与点 A 相对的那个关键点处的应力，因为，弯曲在那一点处所引起的压应力具有最大值。该点处的主应力为：

$$\sigma_1 = 0.7\text{MPa} \quad \sigma_2 = -55.7\text{MPa}$$

而最大切应力为 28.2MPa。因此，该立柱中的最大拉应力为 55.7MPa、最大压应力为 -55.7MPa、最大切应力为 28.2MPa（记住，上述分析中仅考虑了风压的影响。其他载荷，如结构的自重，也会在该立柱的底座处产生应力）。

（b）方形管。

方形管具有与圆立柱相同的高度（与风压中心线的距离 $h=6.6\text{m}$）、壁厚（$t=20\text{mm}$）以及横截面面积（$A=12570\text{mm}^2$）。因此，可计算出该方形管的尺寸 b（沿该管中线，见图 8-29a）：

$$(b+t)^2-(b-t)^2=12570\text{mm}^2$$

因此，$b=157.125\text{mm}$

该管的扭转常数 J〔见式（3-94）〕以及该管中线所围成的面积 A_m 为：

$$J=b^3t=7.758\times10^{-5}\text{m}^4$$

$$A_m=b^2=2.469\times10^4\text{mm}^2$$

（假设这里使用 3.11 节的薄壁管公式，并忽略管角处的应力集中的影响）

为了计算正应力和横向切应力，需要将横截面对中性轴的惯性矩 I_{tube} 代入到式（5-14）的弯曲公式中，并需要将面积关于中性轴的一次矩 Q_{tube} 代入到式（5-41）的切公式中。可计算出这些参数为：

$$I_{\text{tube}}=\frac{1}{12}\left[(b+t)^4-(b-t)^4\right]=5.256\times10^{-5}\text{m}^4$$

$$Q_{\text{tube}}=(b+t)\left(\frac{b+t}{2}\right)\left(\frac{b+t}{4}\right)-(b-t)\left(\frac{b-t}{2}\right)\left(\frac{b-t}{4}\right)$$
$$=3.723\times10^{-4}\text{m}^3$$

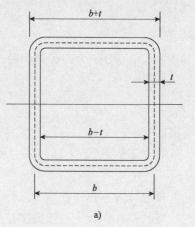

a)

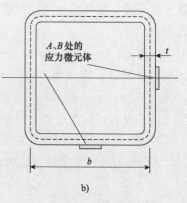

b)

图 8-29　例 8-6 的方形管

该管点 A、B 处的应力。利用弯曲公式，并根据 $M=31.67\text{kN}\cdot\text{m}$，可计算出点 A 处的拉伸正应力（图 8-29b）为：

$$\sigma_A=\frac{M(b+t)}{2I_{\text{tube}}}=53.38\text{MPa}$$

点 B 处的正应力为零，因为它位于中性轴上。点 A 处的横向切应力为零，点 B 处的切应力可根据剪切公式求得：

$$\tau_2=\frac{VQ_{\text{tube}}}{I_{\text{tube}}(2t)}=0.85\text{MPa}$$

扭矩 $T=7.2\text{kN}\cdot\text{m}$ 在点 A、B 处产生的切应力。根据式（3-81），可求得切应力 τ_1 为：

$$\tau_1=\frac{T}{2tA_m}=7.29\text{MPa}$$

图 8-29b 所示方形管 A、B 处的应力状态与图 8-28e、f 所示的应力状态是相同的，其中：

$$\sigma_x = 0 \quad \sigma_y = \sigma_A = 53.38\text{MPa}$$

$$\tau_{xy} = \tau_1 + \tau_2 = 8.14\text{MPa}$$

点 A 处的主应力和最大面内切应力。利用式（b）来计算该方形管的应力，可得：

$$\sigma_1 = \frac{\sigma_x + \sigma_y}{2} + \sqrt{\left(\frac{\sigma_x - \sigma_y}{2}\right)^2 + \tau_{xy}^2} = 54.6\text{MPa}$$

$$\sigma_2 = \frac{\sigma_x + \sigma_y}{2} - \sqrt{\left(\frac{\sigma_x - \sigma_y}{2}\right)^2 + \tau_{xy}^2} = -1.2\text{MPa}$$

$$\tau_{max} = \sqrt{\left(\frac{\sigma_x - \sigma_y}{2}\right)^2 + \tau_{xy}^2} = 27.9\text{MPa}$$

点 B 处的主应力和最大面内切应力。点 B 处的应力微元体处于纯剪切状态，因此，主应力和最大面内切应力为：

$$\sigma_1 = \tau_{xy} = 8.1\text{MPa}; \sigma_2 = -\tau_{xy} = -8.1\text{MPa}; \tau_{max} = \tau_{xy} = 8.1\text{MPa}$$

由此可见，方形管与圆立柱的点 A、B 处的这些应力是相当的。最后，比较各立柱在标志牌的水平中心线处（$h = 6.6$m）的扭转位移。根据式（3-17），可计算出圆立柱的扭转角为（假设钢的 $G = 80$GPa）：

$$\phi_c = \frac{Th}{Gl_p} = 4.68 \times 10^{-3}\text{rad}$$

而根据式（3-73），可计算出方形管的扭转角为：

$$\phi_t = \frac{Th}{GJ} = 7.656 \times 10^{-3}\text{rad}$$

圆杆比方形管的扭转角要小 39%（更多关于方形管和圆形管的应力以及扭转角的讨论，见例 3-16）。方形管与圆立柱都在风力的作用方向上产生了位移，但弯曲位移的计算必须推迟到第 9 章（梁的挠度）才能讨论。

● ● ● 例 8-7

一根正方形截面的管柱支撑着一个水平平台（图 8-30）。该管的外尺寸 $b = 150$mm、壁厚 $t = 13$mm。尺寸为 175mm×600mm 的平台的上表面支撑着一个 140kPa 的均布载荷。该分布载荷的合力为铅垂力 P_1：$P_1 = (140\text{kPa}) \times (175\text{mm} \times 600\text{mm}) = 14.7$kN。该力作用在平台的中点处，并与该管柱的纵向轴线相距 $d = 225$mm。第二个载荷 $P_2 = 3.6$kN 水平作用在该管柱的 $h = 1.3$m（底座之上）的高度处。请求出载荷 P_1 和 P_2 在该管柱底座的点 A、B 处所引起的主应力和最大切应力。

解答：

内力。作用在平台上的力 P_1（图 8-30）静态等效于一个力 P_1 和一个力矩 $M_1 = P_1 d$（该力矩作用在管柱横截面的形心处）（图 8-31a）。图 8-31a 也显示了力 P_2。

载荷 P_1、P_2 以及力矩 M_1 在该管柱底座处所引起的内力如图 8-31b 所示。这些内力包括：（1）轴向压缩力 $P_1 = 14.7$kN；（2）力 P_1 所引起的弯矩 $M_1 = P_1 d = (14.7\text{kN}) \times (225\text{mm}) = 3307.5\text{N} \cdot \text{m}$；（3）剪力 $P_2 = 3.6$kN；（4）力 P_2 所引起的弯矩 $M_2 = P_2 h = (3.6\text{kN}) \times (1.3\text{m}) = 4.68\text{kN} \cdot \text{m}$。

审视这些内力（图 8-31b）的作用情况，可以看出，弯矩 M_1 和 M_2 都将在点 A 处产生最大压应力，剪力将在点 B 处产生最大切应力。因此，点 A、B 就是关键点，应当求出这些点处的应力（另一个关键点为点 A 的对角点，见本例之后"注意"中的解释）。

点 A、B 处的应力。

（1）轴向力 P_1（图 8-31b）在整个管柱中产生均匀的压应力。这些应力为：

$$\sigma_{P_1} = \frac{P_1}{A}$$

其中，A 为管柱的横截面面积：

$$A = b^2 - (b-2t)^2 = 4t(b-t)$$
$$= 4 \times (13\text{mm}) \times (150\text{mm} - 13\text{mm}) = 7124\text{mm}^2$$

因此，该轴向压应力为：

$$\sigma_{P_1} = \frac{P_1}{A} = \frac{14.7\text{kN}}{7124\text{mm}^2} = 2.06\text{MPa}$$

作用在点 A、B 处的应力 σ_{P_1} 如图 8-31c 所示。

（2）弯矩 M_1（图 8-31b）在点 A、B 处产生压应力 σ_{M_1}（图 8-31c）。根据弯曲公式，可求得这些应力为：

$$\sigma_{M_1} = \frac{M_1(b/2)}{I} = \frac{M_1 b}{2I}$$

其中，I 为横截面面积的惯性矩：

$$I = \frac{b^4}{12} - \frac{(b-2t)^4}{12} = \frac{1}{12}\left[(150\text{mm})^4 - (124\text{mm})^4\right] = 22.49 \times 10^{-6}\text{m}^4$$

因此，应力 σ_{M_1} 为：

$$\sigma_{M_1} = \frac{M_1 b}{2I} = \frac{(3307.5\text{N} \cdot \text{m}) \times (150\text{mm})}{2 \times (22.49 \times 10^{-6}\text{m}^4)} = 11.03\text{MPa}$$

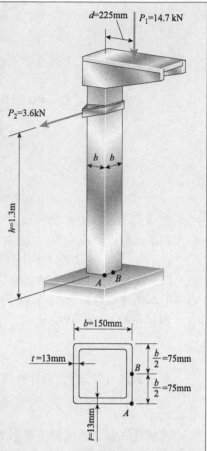

图 8-30   立柱上的载荷（受到轴向载荷、弯曲和剪切的联合作用）

（3）剪力 P_2（图 8-31b）在点 B 处产生切应力（但在点 A 处没有产生应力）。根据有关宽翼板工字梁腹板中的切应力的讨论（见 5.10 节）可知，用剪力除以腹板的面积 [见 5.10 节的式（5-55）]，就可求出该切应力的一个近似值。因此，力 P_2 在点 B 处所产生的切应力为：

$$\tau_{P_2} = \frac{P_2}{A_{\text{web}}} = \frac{P_2}{2t(b-2t)} = \frac{3.6\text{kN}}{2 \times (13\text{mm}) \times (150\text{mm} - 26\text{mm})} = 1.12\text{MPa}$$

作用在点 B 处的应力 τ_{P_2} 如图 8-31c 所示。

如果需要，也可以利用 5.10 节的精确公式 [式（5-53a）] 来计算切应力 τ_{P_2}，其计算结果为 $\tau_{P_2} = 1.13\text{MPa}$，这表明根据近似公式所求得的切应力是令人满意的。

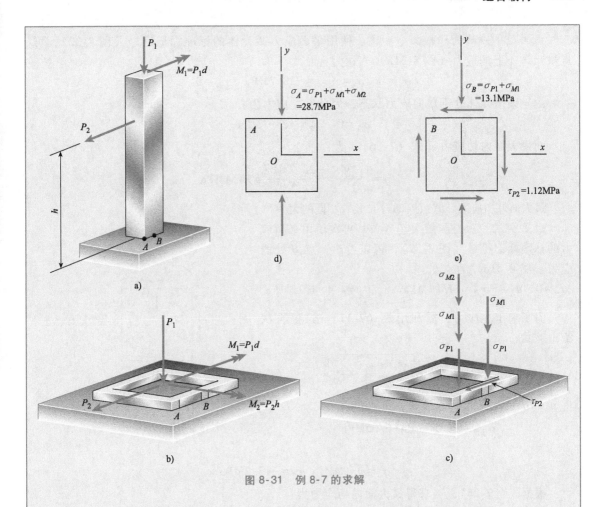

图 8-31 例 8-7 的求解

（4）弯矩 M_2（图 8-31b）在点 A 处产生压应力，但在点 B 处没有产生应力。点 A 处的应力为：

$$\sigma_{M_2} = \frac{M_2(b/2)}{I} = \frac{M_2 b}{2I} = \frac{(4.68\text{kN} \cdot \text{m}) \times (150\text{mm})}{2 \times (22.49 \times 10^{-6} \text{m}^4)} = 15.61\text{MPa}$$

该应力如图 8-31c 所示。

应力微元体。 下一步是显示这些作用在点 A、B 处的应力微元体上的应力（图 8-31d、e）。各个微元体的 y 轴都是铅垂的（即平行于管柱的纵向轴线）、x 轴都是水平的。点 A 处的唯一应力为 y 方向的压应力 σ_A（图 8-31d）：

$$\sigma_A = \sigma_{P_1} + \sigma_{M_1} + \sigma_{M_2} = 2.06\text{MPa} + 11.03\text{MPa} + 15.61\text{MPa} = 28.7\text{MPa}（压缩）$$

因此，该微元体处于单向应力状态。

在点 B 处，y 方向的压应力（图 8-31e）为：

$$\sigma_B = \sigma_{P_1} + \sigma_{M_1} = 2.06\text{MPa} + 11.03\text{MPa} = 13.1\text{MPa}（压缩）$$

而切应力为：

$$\tau_{P_2} = 1.12\text{MPa}$$

该切应力在该微元体的顶面上向左作用、在该微元体的 x 面上向下作用。

点 A 处的主应力和最大切应力。使用平面应力微元体的标准标记符号（图 8-32），可将微元体 A 上的应力（图 8-31d）表达为：

$$\sigma_x = 0 \quad \sigma_y = -\sigma_A = -28.7\mathrm{MPa} \quad \tau_{xy} = 0$$

由于该微元体处于单向应力状态，因此，主应力为：

$$\sigma_1 = 0 \quad \sigma_2 = -28.7\mathrm{MPa}$$

而最大面内切应力［式（7-26）］为：

$$\tau_{\max} = \frac{\sigma_1 - \sigma_2}{2} = \frac{-28.7\mathrm{MPa}}{2} = 14.4\mathrm{MPa}$$

最大面外切应力［式（7-28a）］具有相同的大小。

点 B 处的主应力和最大切应力。再次使用平面应力的标准标记符号（图 8-32），可以看出，点 B 处的应力（图 8-31e）为：

$$\sigma_x = 0 \quad \sigma_y = -\sigma_B = -13.1\mathrm{MPa} \quad \tau_{xy} = -\tau_{P_2} = -1.12\mathrm{MPa}$$

为了求出主应力，需利用式（7-17），这里再次给出该式：

$$\sigma_{1,2} = \frac{\sigma_x + \sigma_y}{2} \pm \sqrt{\left(\frac{\sigma_x - \sigma_y}{2}\right)^2 + \tau_{xy}^2} \qquad (\mathrm{a})$$

将 σ_x、σ_y、τ_{xy} 的值代入该式，可得：

$$\sigma_{1,2} = -6.55\mathrm{MPa} \pm 6.65\mathrm{MPa}$$

或

$$\sigma_1 = 0.1\mathrm{MPa} \quad \sigma_2 = -13.2\mathrm{MPa}$$

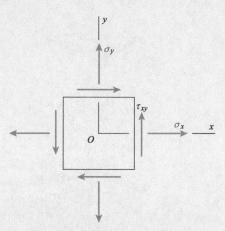

图 8-32 平面应力微元体的记号

根据式（7-25），可求得最大面内切应力为：

$$\tau_{\max} = \sqrt{\left(\frac{\sigma_x - \sigma_y}{2}\right)^2 + \tau_{xy}^2} \qquad (\mathrm{b})$$

之前已计算出该式，因此，可立即得到：$\tau_{\max} = 6.65\mathrm{MPa}$

由于主应力 σ_1 和 σ_2 的符号相反，因此，最大面内切应力大于最大面外切应力（见式（7-28a，b，c）以及随后的讨论）。因此，点 B 处的最大切应力为 6.65MPa。

注意：如果需要知道该柱中的最大应力，那么，还必须求出与点 A 对角的那个关键点（图 8-31c）处的应力，因为，在那一点处，各弯矩均产生了最大拉应力。作用在该点处的拉应力为：

$$\sigma_y = -\sigma_{P_1} + \sigma_{M_1} + \sigma_{M_2} = -2.06\mathrm{MPa} + 11.03\ \mathrm{MPa} + 15.61\mathrm{MPa} = 24.58\mathrm{MPa}$$

作用在该点处的某一应力微元体（图 8-32）上的应力为：

$$\sigma_x = 0 \quad \sigma_y = 24.58\mathrm{MPa} \quad \tau_{xy} = 0$$

因此，主应力和最大切应力为：

$$\sigma_1 = 24.58\mathrm{MPa} \quad \sigma_2 = 0 \quad \tau_{\max} = 12.3\mathrm{MPa}$$

因此，该管柱底座处的最大拉应力为 24.58MPa、最大压应力为 28.7MPa、最大切应力为 14.4MPa（记住，上述分析中仅考虑了载荷 P_1 和 P_2 的影响。其他载荷，如结构的自重，也会在该柱的底座处产生应力）。

第 8 章研究了一些处于平面应力状态的实际结构，其基础为上一章 7.2 节~7.5 节的内容。首先，我们研究了薄壁球形和圆柱形容器中的应力，如装有压缩气体或液体的储罐。然后，我们研究了梁中的主应力和最大切应力的分布情况，并绘制了应力轨迹或应力等值线以显示这些应力在梁的整个长度上的变化情况。最后，我们计算了在组合载荷作用下结构或构件中各点处的最大正应力和最大切应力。本章的主要概念和研究成果如下：

1. 平面应力是一种常见的应力条件，它存在于所有受到轴向载荷、剪切载荷、弯曲载荷以及内部压力的联合作用的普通结构中，例如，它存在于压力容器的壳体、各种形状梁的腹板和/或翼板以及各种各样的结构中。

2. 薄壁球形压力容器的壳体处于平面应力状态，尤其是还处于双向应力状态——即所有方向上承受着均匀的被称为膜应力 σ 的拉应力。球形压力容器壳体中的拉应力 σ 可被计算为：$\sigma = pr/(2t)$。只有超过外部压力的那部分内压，或计量压力，才会影响这些应力。球形容器更详细的分析或设计所要考虑的其他重要因素包括：开口周围的应力集中、外部载荷和自重（包括容纳物）的影响、腐蚀的影响、冲击以及温度变化。

3. 薄壁圆柱形压力容器的壳体也处于双向应力状态。周向应力 σ_1 被称为环向应力，与该容器轴线平行的应力被称为纵向应力或轴向应力 σ_2。周向应力等于纵向应力的两倍，两者都是主应力。σ_1 和 σ_2 的公式为：

$$\sigma_1 = \frac{pr}{t} \qquad \sigma_2 = \frac{pr}{2t}$$

这些公式是利用薄壁壳体的基本理论推导出来的，它们仅对容器的那些远离应力集中的区域是有效的。

4. 如果胡克定律是适用的，那么，可使用弯曲公式和剪切公式（见第 5 章）来求解梁上所需点处的正应力和切应力。对于一个给定的载荷，通过研究梁的多个横截面处的应力，就可以求出主应力在整个梁中的变化情况，并绘制两个正交曲线（被称为应力轨迹），这类曲线给出了主应力的方向。还可以绘制连接各等主应力点的曲线，该曲线被称为应力等值线。

5. 应力轨迹给出了主应力的方向，但没有给出任何关于应力大小的信息。相反，沿着一条应力等值线，主应力的大小是恒定的，但应力等值线没有给出任何关于应力方向的信息。

6. 在普通梁的实际设计中，很少计算主应力和最大切应力。设计中所需的拉、压应力是根据弯曲公式（$\sigma = -My/I$）在具有最大弯矩的横截面处计算出来的，并且，设计中所需的切应力是根据剪切公式 [$\tau = -VQ/(Ib)$] 在具有最大剪力的横截面处计算出来的。

7. 通常采用叠加法来分析承受组合载荷的构件，叠加法就是将各载荷单独作用时所引起的应力和应变叠加起来。然而，应力和应变必须是载荷的线性函数，这反过来又要求材料必须遵循胡克定律并保持小变形。各载荷之间必须没有相互作用，即某一载荷所引起应力和应变必须不能因其他载荷的存在而受到影响。

8. 对于受到一种类型以上载荷作用的结构或构件，8.5 节给出了关键点的详细分析方法。

第8章 习题

球形压力容器

求解 8.2 节的习题时，假设给定的半径或直径均为内尺寸，并假设所有的内压均为计量压力。

8.2-1 某大型球罐（见图）内部气体的压力为 3.5MPa。球罐的直径为 20m，它是由拉伸屈服应力为 550MPa 的高强钢建造的。

（a）如果所要求的屈服安全因数为 3.5，那么，请求出球罐的所需壁厚。

（b）如果球罐的壁厚为 100mm，那么，最大许用内压是多少？

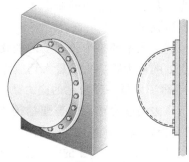
习题 8.2-3 图

$\nu = 0.48$。

（a）请求出橡皮球中的最大应力和最大应变。

（b）如果应变必须不能超过 0.425，那么，请求出橡皮球所需的最小壁厚。

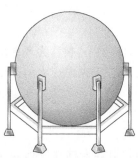
习题 8.2-1 和 8.2-2 图

8.2-2 某大型球罐（见图）内部气体的压力为 3.85MPa。球罐的直径为 20m，其材料的屈服应力为 590MPa，安全因数为 3.0。

（a）请求出所需球罐壁厚（最接近的毫米值）。

（b）如果球罐的壁厚为 85mm，那么，最大许用内压是多少？

8.2-3 如图所示，一个半球形窗口（或视窗）位于减压室内，其内部空气的压力为 575kPa。该视窗被 14 个螺栓连接到减压室的侧壁上。

（a）如果半球的半径为 190mm 且其厚度为 32mm，那么，请求出每个螺栓中的拉力 F，并求出视窗中的拉应力 σ。

（b）如果各螺栓的屈服应力均为 345MPa、且安全因数为 3.0，那么，请求出所需螺栓的直径。

（c）如果视窗中的应力不能超过 1.85MPa，那么，请求出半球所需的半径。

8.2-4 一个橡皮球（见图）被充气至 65kPa 的压力。在该压力下，橡皮球的直径为 240mm、壁厚为 1.25mm。橡胶的弹性模量 $E = 3.7$MPa、泊松比

习题 8.2-4 图

8.2-5 （a）如果压力为 100kPa、直径为 250mm、壁厚为 1.5mm、弹性模量为 3.5MPa、泊松比为 0.45，那么，请重新求解上题的问题（a）。

（b）如果应变必须不能超过 0.85，那么，请求出最大许用充气压力。

习题 8.2-5 图

8.2-6 图示钢制球形压力容器（直径为 500mm、厚度为 10mm）的表面涂有脆性漆，当应变达到 150×10^{-6} 时，该脆性漆将断裂。

（a）内压 p 为何值时将引起脆性漆的断裂？（假设 $E = 205$GPa、$\nu = 0.30$）

（b）如果所测应变为 125×10^{-6}，那么，此时的内压是多少？

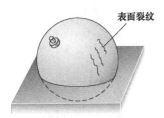

习题 8.2-6 图

8.2-7　一个直径为 1.1m、壁厚为 50mm 的球罐内含有压力为 17MPa 的压缩空气。该球罐由两个半球焊接而成（见图）。

（a）焊缝承受的拉伸载荷 f（N/mm）是多少？

（b）球罐壁中的最大切应力 τ_{max} 是多少？

（c）球罐壁中的最大正应变 ε 是多少？（假设材料为 $E=210$GPa、$\nu=0.29$ 的钢）

习题 8.2-7 和 8.2-8 图

8.2-8　使用下列数据求解上题：直径为 1.0m、壁厚为 48mm、压力为 22MPa、弹性模量为 210GPa、泊松比为 0.29。

8.2-9　一个直径为 500mm 的不锈钢球罐被用来储存压力为 30MPa 的丙烷气。钢的性能如下：拉伸屈服应力为 950MPa，剪切屈服应力为 450MPa，弹性模量为 210GPa，泊松比为 0.28。所需屈服安全因数为 2.8。同时，正应变必须不能超过 1250×10^{-6}。

（a）请求出球罐的最小许用壁厚 t_{min}。

（b）如果球罐的壁厚为 7mm、且所测应变为 1000×10^{-6}，那么，球罐中的内压是多少？

8.2-10　如果直径为 480mm、压力为 20MPa、拉伸屈服应力为 975MPa、剪切屈服应力为 460MPa、安全因数为 2.75、弹性模量为 210GPa、泊松比为 0.28，并且正应变必须不超过 1190×10^{-6}，那么，请重新求解上题。其中，在问题（b）中，假设球罐的壁厚为 8mm 且所测应变为 990×10^{-6}。

8.2-11　一个半径 $r=150$mm、壁厚 $t=13$mm 的空心压力球罐被沉入湖中（见图）。球罐中压缩空气的压力为 140kPa（不在湖水中时的计量压力）。深度 D_0 为何值时将使该球罐壁承受一个 700kPa 的

压应力？

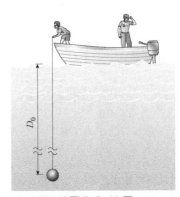

习题 8.2-11 图

圆柱形压力容器

求解 8.3 节的习题时，假设给定的半径或直径均为内尺寸，并假设所有的内压均为计量压力。

8.3-1　图示潜水罐的设计内压为 12MPa，其设计的屈服安全因数为 2.0。钢的拉伸与剪切屈服应力分别为 300MPa、140MPa。

（a）若该罐的直径为 150mm，则所需最小壁厚是多少？

（b）如果壁厚为 6mm，那么，最大许用内压是多少？

习题 8.3-1 图

8.3-2　一个顶部开口的大型管式水塔（见图），其直径 $d=2.2$m、壁厚 $t=20$mm。

（a）水的高度 h 为何值时将使水塔壁中产生一个 12MPa 的周向应力？

（b）水的压力在塔壁中所引起的轴向应力是多少？

8.3-3　一个巡游马戏团使用的充气结构如图所示，其形状是一个具有封闭端的半圆柱体。织物和塑料结构由一个小型鼓风机充气，充满气时，该结构的半径为 12m。该结构的"脊顶"上有一条纵

习题 8.3-2 图

向接缝。

如果该纵向接缝在受到一个 100N/mm 拉伸载荷的作用时将开裂，那么，在该结构完全充满气且内压为 3.5kPa 的情况下，为了防止其撕裂，安全因数 n 应为多少？

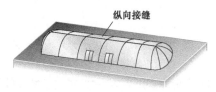

习题 8.3-3 图

8.3-4 如图所示，一个半径为 r 的薄壁圆柱形压力容器，既受到内部气体压力 p 的作用，同时其两端又受到压缩力 F 的作用。

（a）为了使其侧壁中产生纯剪切，力 F 的大小应该是多少？

（b）如果力 $F = 190$kN、内压 $p = 12$MPa、内径 = 200mm、许用正应力和许用切应力分别为 110MPa、60MPa，那么，所需最小壁厚是多少？

习题 8.3-4 图

8.3-5 一块应变片被安装在一个铝制饮料罐表面的纵向方向上（见图）。该饮料罐的半径-厚度比为 200。打开罐盖时，纵向应变 $\varepsilon_0 = 170 \times 10^{-6}$。

（a）该饮料罐中的内压 p 是多少？（假设 $E = 70$GPa、$\nu = 0.33$）

（b）打开罐盖时，径向应变是多少？

8.3-6 一个圆柱形钢罐（见图）含有易挥发的压力燃料。点 A 处的应变片记录该钢罐中的纵向应变并将应变信息传输至控制室。罐壁的极限切应力为 98MPa，所需安全因数为 2.8。

（a）纵向应变为何值时才会使操作人员采取

习题 8.3-5 图

降低罐内压力的行动？（钢的数据如下：弹性模量 $E = 210$GPa、泊松比 $\nu = 0.30$）

（b）相应的径向应变是多少？

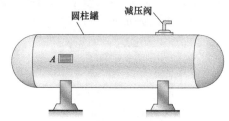

习题 8.3-6 图

8.3-7 图示油缸由一个活塞加压。活塞的直径 d 为 48mm，压力 F 为 16kN。油缸壁的最大许用切应力为 42MPa。油缸壁的最小许用壁厚 t_{min} 是多少？（见图）

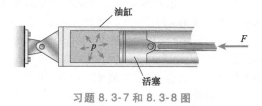

习题 8.3-7 和 8.3-8 图

8.3-8 如果 $d = 90$mm、$F = 42$kN、$\tau_{allow} = 40$MPa，那么，请重新求解上题。

8.3-9 供水系统中的水塔（见图），其直径为 3.8m、壁厚为 150mm。两根水平管（直径均为 0.6m、壁厚均为 25mm）用于输出水塔中的水。在系统关闭、水管充满水、且水不再流动时，水塔底部处的环向应力为 900kPa。

（a）该水塔中水的高度 h 是多少？

（b）如果这两根水平管的底部与水塔的底部处于同一高度，那么，这两根管中的环向应力是多少？

8.3-10 如图所示，一个具有半球形封头的圆柱罐由钢板沿周向焊接而成。该罐的直径为 1.25m、

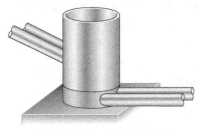

习题 8.3-9 图

壁厚为 22mm、内压为 1750kPa。

(a) 请求出该罐封头中的最大拉应力 σ_h。

(b) 请求出罐体中的最大拉应力 σ_c。

(c) 请求出垂直作用在焊缝上拉应力 σ_w。

(d) 请求出该罐封头中的最大切应力 τ_h。

(e) 请求出罐体中的最大切应力 τ_c。

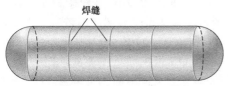

习题 8.3-10 和 8.3-11 图

8.3-11 一个直径 $d = 300$mm 的圆柱罐受到内部气体压力 $p = 2$MPa 的作用。该圆柱罐由钢板沿周向焊接而成(见图),其头部为半球形。许用拉应力和切应力分别为 60MPa、24MPa。同时,垂直于焊缝的许用拉应力为 40MPa。请分别求出罐体及其头部的所需最小壁厚 $t_{\min}$。

8.3-12 图示钢制压力罐由螺旋焊接而成,其螺旋焊缝与纵向轴线的夹角 $\alpha = 55°$。该罐的半径 $r = 0.6$m、壁厚 $t = 18$mm、内压 $p = 2.8$MPa。同时,钢的弹性模量 $E = 200$GPa、泊松比 $\nu = 0.30$。对于其罐体,请求出以下参数:

(a) 周向应力和纵向应力。

(b) 最大面内切应力和最大面外切应力。

(c) 周向应变和纵向应变。

(d) 垂直作用在焊缝上的正应力以及平行作用在焊缝上的切应力(并将这些应力显示在相应的微元体图上)。

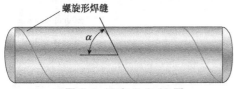

习题 8.3-12 和 8.3-13 图

8.3-13 如果 $\alpha = 75°$、$r = 450$mm、$t = 15$mm、$p = 1.4$MPa、$E = 200$GPa、$\nu = 0.30$,那么,请重新求解上题。

梁中的最大应力

求解 8.4 节习题时,仅考虑面内应力,并忽略梁的重量。

8.4-1 一根横截面为矩形($b = 90$mm, $h = 300$mm)的悬臂梁($L = 2$m)在其自由端支撑着一个 $P = 160$kN 的向上作用的载荷。

(a) 请求出位于图示位置处的一个平面应力微元体的应力状态(σ_x、σ_y、τ_x,单位为 MPa),该位置位于 $L/2$ 处且与梁底面的距离 $d = 200$mm。并求出主应力和最大切应力。将这些应力显示在相应的微元体图上。

(b) 如果在端面 B 的形心处添加一个轴向压缩载荷 $N = 180$kN,那么,请重新求解问题(a)。

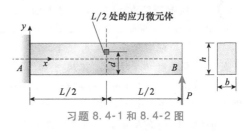

习题 8.4-1 和 8.4-2 图

8.4-2 根据下列数据重新求解上题:$P = 160$kN,$N = 200$kN,$L = 2$m,$b = 95$mm,$h = 300$mn,$d = 200$m。

8.4-3 如图所示,一根跨度为 4.2m、横截面为矩形(宽度为 90mm、高度为 300mm)的简支梁支撑着一个三角形分布载荷,其中,A 处的载荷强度为 20kN/m,B 处的载荷强度为 15kN/m。对于一个与左端支座相距 0.6m 的横截面,请求出其上以下位置处的主应力 σ_1、σ_2 以及最大切应力 $\tau_{\max}$:(a) 中性轴处;(b) 中性轴以上 50mm 处;(c) 梁的顶部(忽略该分布载荷对梁顶面所产生的直接压应力)。

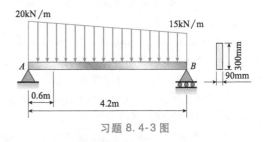

习题 8.4-3 图

8.4-4　图示外伸梁，其 A 处有一个滑动支座，其横截面为矩形，其 AB 段支撑着一个向上的均布载荷 $q = P/L$，其自由端 C 支撑着一个向下的集中载荷 P。AB 段的跨度为 L，外伸段的长度为 $L/2$。横截面的宽度为 b、高度为 h。点 D 位于 AB 段的中点且与梁顶面相距 d 的位置处。已知点 D 处的最大拉应力（主应力）$\sigma_1 = 38\text{MPa}$，请求出载荷 P 的大小。该梁的数据如下：$L = 1.75\text{m}$，$b = 50\text{mm}$，$h = 220\text{mm}$，$d = 55\text{mm}$。

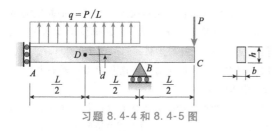

习题 8.4-4 和 8.4-5 图

8.4-5　根据下列数据重新求解上题：$\sigma_1 = 18\text{MPa}$，$L = 2\text{mm}$，$b = 60\text{mm}$，$h = 250\text{mm}$，$d = 65\text{mm}$。

8.4-6　一根横截面为宽翼板工字形（见图）的简支梁，其跨度 $L = 3.0\text{m}$，其尺寸如下：$b = 120\text{mm}$，$t = 10\text{mm}$，$h = 300\text{mm}$，$h_1 = 260\text{mm}$。一个集中载荷 $P = 120\text{kN}$ 作用在该梁的中点处。对于一个与左端支座相距 1.0m 的横截面，请求出其上以下位置处的主应力 σ_1、σ_2 以及最大切应力 $\tau_{\max}$：（a）梁的顶部；（b）腹板的顶部；（c）中性轴处。

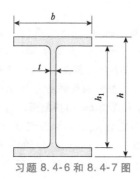

习题 8.4-6 和 8.4-7 图

8.4-7　一根横截面为宽翼板工字形（见图）的简支梁，其跨度 $L = 3.0\text{m}$，其尺寸如下：$b = 120\text{mm}$，$t = 10\text{mm}$，$h = 300\text{mm}$，$h_1 = 260\text{mm}$。该梁支撑着一个 $q = 80\text{kN/m}$ 的均布载荷。对于一个与左端支座相距 0.6m 的横截面，请计算出其上以下位置处的主应力 σ_1、σ_2 以及最大切应力 $\tau_{\max}$：（a）梁的底部；（b）腹板的底部；（c）中性轴处。

8.4-8　图示 IPN 240（见附录 E 的表 E-2）简支梁的跨度为 2.5m。该梁在距 B 支座 0.9m 处支撑着一个 100kN 的集中载荷。对于一个与左端支座相距 0.7m 的横截面，请求出其上以下位置处的主应力 σ_1、σ_2 以及最大切应力 $\tau_{\max}$：（a）梁的顶部；（b）腹板的顶部；（c）中性轴处。

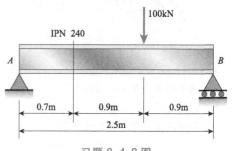

习题 8.4-8 图

8.4-9　图示 IPN 220（见附录 E 的表 E-2）简支梁的跨度为 2.5m。该梁支撑着两个大小均为 20kN 的集中载荷。对于一个与右端支座相距 0.5m 的横截面，请求出其上以下位置处的主应力 σ_1、σ_2 以及最大切应力 $\tau_{\max}$：（a）梁的顶部；（b）腹板的顶部；（c）中性轴处。

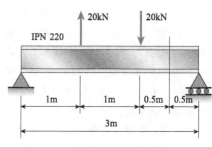

习题 8.4-9 图

8.4-10　一根横截面为 T 形的悬臂梁受到一个大小为 6.5kN 的倾斜力的作用（见图）。该力的作用线与水平方向的倾角为 60° 且在端部横截面处与该梁的顶面相交。该梁的长度为 2.5m，其横截面尺寸如图所示。请求出位于固定端附近的该梁腹板中的点 A、B 处的主应力 σ_1、σ_2 以及最大切应力 $\tau_{\max}$。

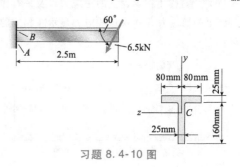

习题 8.4-10 图

8.4-11 图示梁 *ABCD*，其 *A* 处有一个滑动支座，其 *C*、*D* 处各有一个滚动支座，其 *B* 处为铰链连接。假设该梁的横截面为矩形（$b = 100$mm、$h = 400$mm）。均布载荷作用在 *ABC* 段，集中力矩施加在 *D* 处。设 $q = 25$kN/m、$L = 1.25$m。首先，请利用静力学来证明图中给出的反作用力矩（*A* 处）和反作用力（*C*、*D* 处）是否正确。其次，对于一个紧靠支座 *C* 左侧的横截面，请求出其上与底面相距 $d = 250$mm 的位置处的主应力之间的比值（σ_1/σ_2）。

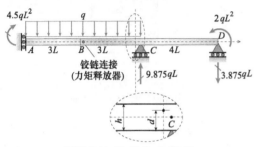

习题 8.4-11 和 8.4-12 图

8.4-12 使用下列数据重新求解上题：$b = 90$mm，$h = 280$mm，$d = 210$mm，$q = 14$kN/m，$L = 1.2$m。

组合载荷

求解 8.5 节的习题时，假设结构的行为是线弹性的，并假设可通过将两个或多个载荷所引起的应力叠加在一起的方法来求得作用在某点处的合应力。仅考虑面内和面外切应力，除非另有规定。

8.5-1 一个直径 $d = 60$mm 的圆柱罐受到内部气体压力 $p = 4$MPa 和外部拉伸载荷 $T = 4.5$kN 的作用（见图）。设许用切应力为 20MPa，请求出该圆柱罐的最小壁厚 *t*。

习题 8.5-1 图

8.5-2 一个圆柱罐在受到内部气体压力 *p* 作用的同时又受到一个轴向力 $F = 72$kN 的作用（见图）。该圆柱罐的直径 $d = 100$mm、壁厚 $t = 4$mm。设许用切应力为 20MPa，请计算最大许用内压 p_{max}。

习题 8.5-2 图

8.5-3 如图所示，一个半径 $r = 300$mm、壁厚 $t = 15$mm 的圆柱形压力容器受到内部气体压力 $p = 2.5$MPa 的作用。另外，$T = 120$kN·m 的扭矩作用在其两端。

（a）请求出该容器壳体中的最大拉应力 σ_{max} 和最大面内切应力 τ_{max}。

（b）如果许用面内切应力为 30MPa，那么，最大许用扭矩 *T* 是多少？

（c）如果 $T = 200$kN·m 且许用面内切应力和许用正应力分别为 30MPa 和 76MPa，那么，所需最小壁厚是多少？

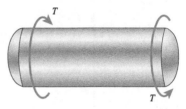

习题 8.5-3 图

8.5-4 一个具有平封头的圆柱形压力容器受到扭矩 *T* 和拉力 *P* 的作用（见图）。该容器的半径 $r = 125$mm、壁厚 $t = 6.5$mm。内压 $p = 7.25$MPa，扭矩 $T = 850$N·m。

（a）如果该容器壳体的许用拉应力为 80MPa，那么，力 *P* 的最大许用值是多少？

（b）如果力 $P = 114$kN，那么，该容器中的许用内压是多少？

习题 8.5-4 图

8.5-5 一个具有平封头的圆柱形压力容器受到扭矩 *T* 和弯矩 *M* 的作用（见图）。外半径为 300mm，壁厚为 25mm。载荷如下：$T = 90$kN·m，$M = 100$kN·m，内压 $p = 6.25$MPa。请求出其最大拉应力 σ_t、最大压应力 σ_c 和最大切应力 τ_{max}。

8.5-6 图示扭摆由一个水平圆盘和一条铅垂钢丝（$G = 80$GPa）组成，其中，圆盘的质量 $M = 60$kg，钢丝的长度 $L = 2$m、直径 $d = 4$mm，圆盘悬挂在钢丝上。在钢丝的拉应力不能超过 100MPa 或切应力不能超过 50MPa 的条件下，请求出圆盘的最大许用扭转角 ϕ_{max}（即扭转振动的最大振幅）。

8.5-7 图示空心油井钻管的外径为 150mm、

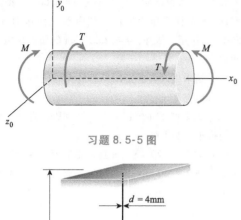

习题 8.5-5 图

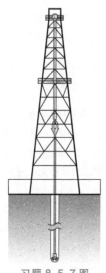

$M = 60\text{kg}$

习题 8.5-6 图

厚度为 15mm。在紧靠钻头之上的位置处钻管所承受的压力（因管道重量所引起）和扭矩（因钻管旋转所引起）分别为 265kN 和 19kN·m。请求出钻管中的最大拉应力、最大压应力和最大切应力。

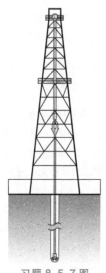

习题 8.5-7 图

8.5-8 如图所示，发动机轴的某一段受到扭矩 T 和轴向力 P 的作用。该轴为空心轴（外径 $d_2 =$

300mm、内径 $d_1 = 250\text{mm}$），该轴以 4.0 Hz 的频率提供 800 kW 的功率。如果压力 $P = 540\text{kN}$，那么，轴中的最大拉、压应力以及最大切应力分别是多少？

习题 8.5-8 和 8.5-9 图

8.5-9 如图所示，发动机轴的某一段受到扭矩 $T = 25\text{kN·m}$ 的作用。该轴为空心轴，其外径和内径分别为 200mm、160mm。如果其许用面内切应力 $\tau_{\text{allow}} = 45\text{MPa}$，那么，可在该轴上施加的最大许用压缩载荷 P 是多少？

8.5-10 如图所示，一个空心圆截面立柱支撑着一个 $P = 3.2\text{kN}$ 的载荷，该载荷作用在其伸出臂（长度 $b = 1.5\text{m}$）的端部。立柱的高度 $L = 1.2\text{m}$，其截面模量 $S = 2.65 \times 10^5 \text{mm}^3$。假设立柱的外径 $r_2 = 123\text{mm}$、内径 $r_1 = 117\text{mm}$。

（a）请计算点 A 处（该点是立柱的外表面与 x 轴的交点）的最大拉应力和最大面内切应力 τ_{max}。载荷 P 沿直线 BC 作用。

（b）如果点 A 处的最大拉应力和最大面内切应力的极限值分别为 90MPa、38MPa，那么，载荷 P 的最大许用值是多少？

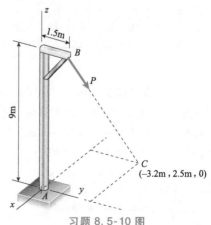

习题 8.5-10 图

8.5-11 如图所示，一个空心圆截面立柱支撑着一块标志牌。立柱的外径和内径分别为 250mm、200mm。立柱的高度为 12m、重量为 18kN。标志牌的尺寸为 2m × 1m，重量为 2.2kN。注意，标志牌的重心与立柱轴线的距离为 1.125m。作用在标志牌上的风压为 1.5kPa。

（a）请求出点 A 处的应力微元体上作用的应力，点 A 位于立柱外表面的"前"面（即最靠近观察者的立柱部分）。

（b）请求出点 A 处的最大拉应力、最大压应力和最大切应力。

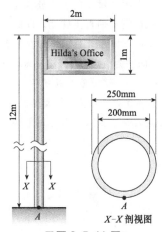

习题 8.5-11 图

8.5-12 一块标志牌被一根外径为 110mm、内径为 90mm 的管子支撑（见图）。标志牌的尺寸为 2.0m×1.0m，其底边距基座 3.0m。标志牌的重心与该管轴线的距离为 1.05m。作用在标志牌上的风压为 1.5kPa。请分别求出点 A、B、C 处的最大面内切应力，其中，点 A、B、C 位于该管在基座处的外表面上。

8.5-13 图示空心圆截面支架 $ABCD$ 由一根铅

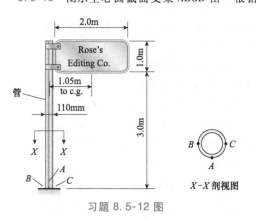

习题 8.5-12 图

垂臂 AB（$L = 1.85$m）、一根水平臂 BC（平行于 x_0 轴）和一根水平臂 CD（平行于 z_0 轴）构成。BC 臂和 CD 臂的长度分别为 $b_1 = 1.1$m、$b_2 = 0.67$。该支架的外径和内径分别为 $d_2 = 190$mm、$d_1 = 170$mm。一个倾斜载荷 $P = 10$kN 沿直线 DH 作用在点 D 处。请求出铅垂臂中的最大拉应力、最大压应力和最大切应力。

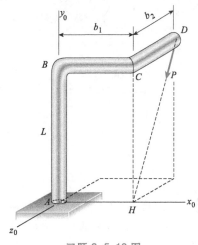

习题 8.5-13 图

8.5-14 如图所示，滑雪缆车的吊篮由两根曲臂支撑。每根曲臂与重力 W 的作用线的偏距均为 $b = 180$mm。各曲臂的许用拉应力和许用切应力分别为 100MPa、50MPa。如果吊篮装载后的总重量为 12kN，那么，各曲臂的最小直径 d 是多少？

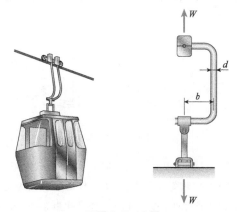

习题 8.5-14 图

8.5-15 对于图示自行车踏板曲柄，请求出其点 A、B 处的最大拉应力、最大压应力和最大切应力。踏板和曲柄位于某一水平面上，点 A、B 位于曲柄的顶部。载荷 $P = 750$N 作用在垂直方向，其作用线与点 A、B 的距离（在水平面内）为 $b_1 =$

125mm、$b_2 = 60$mm、$b_3 = 24$mm。假设曲柄的横截面
是一个直径 $d = 15$mm 的实心圆。

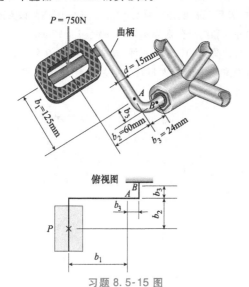

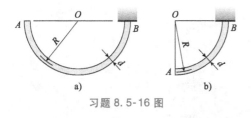

习题 8.5-15 图

8.5-16　一根位于水平面内的半圆杆在 B 处受
到支撑（见图 a）。该杆中线的半径为 R，其单位长
度重量为 q（该杆的总重量等于 πqR）。该杆的横截
面是一个直径为 d 的圆。

（a）请推导出该杆 B 截面顶点处的最大拉应力
σ_t、最大压应力 σ_c 和最大切应力 $\tau_{\max}$ 的表达式。这
些应力是杆的自重所引起的。

（b）如果该杆是一根 1/4 圆弧段（见图 b），但
总重量却与上述半圆杆相同，那么，请重新求解问
题（a）。

习题 8.5-16 图

8.5-17　位于水平面内的 L 型支架支撑着一个
$P = 600$kN 的载荷（见图）。该支架的横截面为空心
矩形，其截面的厚度 $t = 4$mm、外尺寸为 $b = 50$mm 和
$h = 90$mm。其各臂的中线长度分别为 $b_1 = 500$mm、
$b_2 = 750$mm。仅考虑载荷 P，计算点 A（点 A 位于支
座处且位于支架的顶面）处的最大拉应力 σ_t、最大
压应力 σ_c 和最大切应力 $\tau_{\max}$。

8.5-18　图示水平支架 ABC 由两根铅垂臂 AB
（长 0.75m）和 BC（长 0.5m）构成。该支架的横截

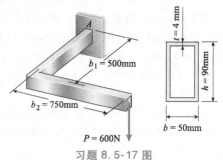

习题 8.5-17 图

面是一个直径为 65mm 的实心圆。该支架被插入一
个无摩擦的衬套中（衬套位于 A 处，其直径稍大），
因此，该支架可绕 z_0 轴自由转动。同时，该支架还
被一个铰链支座支撑在 C 处。施加在节点 C 处的力
矩如下：x 方向的力矩 $M_1 = 1.5$kN·m、-z 方向的力
矩 $M_2 = 1.0$kN·m。仅考虑力矩 M_1 和 M_2，请计算点
P（点 P 在支座 A 处、且位于该支架侧面的中点处）
处的最大拉应力 σ_t、最大压应力 σ_c 和最大面内切应
力 $\tau_{\max}$。

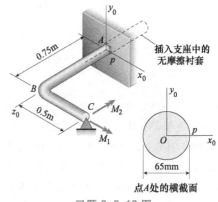

习题 8.5-18 图

8.5-19　图示悬臂 ABC 位于水平面内。该臂在
A 处受到支撑。该臂由两根相同的焊接在一起的实
心钢杆 AB 和 BC 构成，这两根钢杆相互垂直。各钢
杆的长度均为 0.6m。

（a）已知：在其自重的单独作用下，支座 A 处
的该悬臂顶部处的最大拉应力（主应力）为
7.2MPa。请求出各钢杆的直径 d。

（b）如果许用拉应力为 10MPa 且各钢杆的直径
均为 $d = 50$mm，那么，可在 C 处施加的最大向下载
荷 P 是多少（自重除外）？

8.5-20　图示曲轴由三段组成，其中，实心段
的长度 $b_1 = 75$mm、直径 $d = 22$mm，其他两段的长度

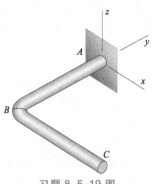

习题 8.5-19 图

的作用线通过点 Q'，点 Q' 的坐标为 （600mm，150mm，32mm，而且，一个与 y 轴平行的力 $F_y = 900$N 被施加在 $d = 0.75$m 处。请针对这种情况重新求解问题 （a）。

分别为 $b_2 = 125$mm、$b_3 = 35$mm。两个图示载荷 P，其大小均为 1.2kN，其作用方向为：一个与 $-x$ 方向平行，另一个与 $-y$ 方向平行。

（a）请求出点 A（点 A 为曲轴表面与 z 轴的交点）处的最大拉应力 σ_t、最大压应力 σ_c 和最大切应力 τ_{max}。

（b）请求出点 B（点 B 为曲轴表面与 y 轴的交点）处的最大拉应力 σ_t、最大压应力 σ_c 和最大切应力 τ_{max}。

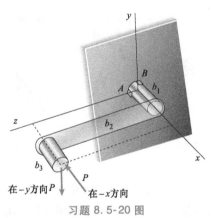

在 $-y$ 方向 P　在 $-x$ 方向

习题 8.5-20 图

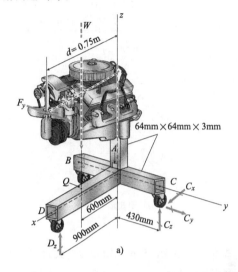

a)

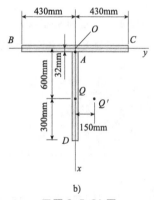

b)

习题 8.5-21 图

8.5-21 如图 a 所示，可移动钢架支撑着一个重量 $W = 3.4$kN 的汽车发动机。该钢架由 64mm×64mm×3mm 的钢管（3mm 为钢管的壁厚）制成。定位后，该钢架受到 B、C 处的铰链支座的约束。需要研究垂直立柱底部点 A 处的应力。点 A 的坐标为 （$x = 32$mm，$y = 0$，$z = 32$mm）。忽略钢架的重量。

（a）初始时，发动机的重力作用在过点 Q 的 $-z$ 方向，点 Q 的坐标为 （600mm，0，32mm）。请求出点 A 处的最大拉应力、最大压应力和最大切应力。

（b）假设现在处于维修期，由于绕着其纵向轴（该轴与 x 轴平行）旋转了发动机，因此，重力 W

8.5-22 骑山地自行车上坡时，通过提拉车把 $ABCD$ 的外伸段 DE，骑手在该车把的各端均施加了一个 $P = 65$N 的力。该车把的制造材料为铝合金 7075-T6，仅研究该车把装置的右半边（假定车把被固定在 A 处的叉架上）。如图所示，AB 段和 CD 段均为柱状杆，其长度分别为 L_1 和 L_3，其外径和厚度分别为 d_{01}、t_{01} 和 d_{03}、t_{03}。然而，长度为 L_2 的 BC 段是锥形的，其外径和厚度均是线性变化的（在 B、C 处的尺寸之间）。仅考虑 BC 段的剪切、扭转和弯曲。假设 DF 段是刚性的。

请求出靠近支座 A 处的最大拉应力、最大压应力和最大切应力，并指明这些最大应力都发生在何处。

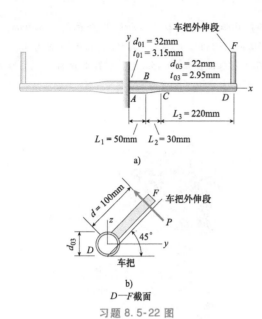

a)

b)

D—F截面

习题 8.5-22 图

8.5-23　请求出作用在图示拖钩式自行车架点 A 处的车架管横截面上的最大拉应力、最大压应力和最大切应力。

该车架由厚度为 3mm 的 50mm×50mm 的钢管制成。假设四辆自行车的重量均各自平均分布在两支

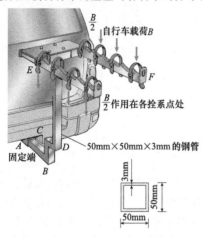

习题 8.5-23 图

架之间，这样就可用一根 xy 平面内的悬臂梁 $ABCDGH$ 来代表该托架。该托架的自重 $W = 270\text{N}$，W 的作用线通过点 C。每辆自行车的重量 $B = 135\text{N}$。

8.5-24　习题 1.2-26 中的山地自行车如图所示。考虑到冲击、碰撞以及其他不确定载荷的影响，设计座包杆时使用的设计载荷 $P = 5000\text{N}$。该座包杆的长度 $L = 254\text{mm}$。

（a）如果使用极限应力 $\sigma_U = 550\text{MPa}$、安全因数为 2.8 的铝合金来制造该杆，那么，请求出该杆的所需直径。在设计中仅考虑轴向正应力和弯曲正应力。

（b）如果替换为钛合金，那么，请重新求解问题（a）。假设极限应力 $\sigma_U = 900\text{MPa}$、安全因数为 2.5。

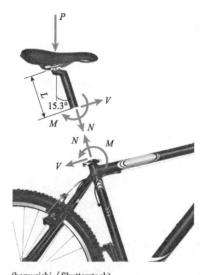

习题 8.5-24 图

8.5-25　管扳手用于更换管路设施中的阀门。该扳手的简化模型（见图 a）包含管 AB（长度为 L、外径为 d_2、内径为 d_1），该管被固定在 A 处，其 B 端两侧各钻有一个直径为 d_b 的通孔。圆柱杆 CBD（长度为 a、直径为 d_b）被插入到 B 处的孔中，且只需在 C 处施加了一个 $-z$ 方向的力 $F = 245\text{N}$，就可拧松 A 处的阀门（见图 c）。设 $G = 81\text{GPa}$、$\nu = 0.30$、$L = 100\text{mm}$、$a = 115\text{mm}$、$d_2 = 32\text{mm}$、$d_1 = 25\text{mm}$、$d_b = 6\text{mm}$。

请求出点 A 附近该管顶部处（坐标为 $x = 0$、$y = 0$、$z = d_2/2$ 的位置处）的平面应力状态，并将所有的应力显示在一个平面应力微元体图（见图 b）上。同时，请计算主应力和最大切应力，并将其显示在相应的应力微元体图上。

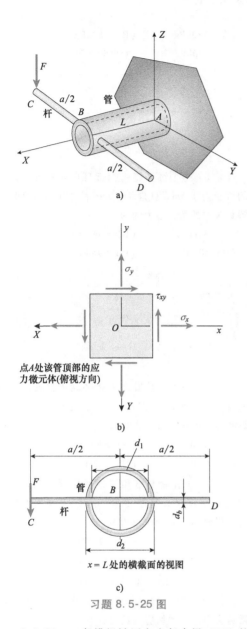

c)

习题 8.5-25 图

8.5-26 一条缆绳被固定在复合梁 *ABCD* 的 *C* 处，缆绳中的拉力为 *P*。缆绳绕过 *D* 处的滑轮，力 *P* 作用在 -*x* 方向上。紧靠点 *B* 左侧处有一个力矩释放器。忽略梁与缆绳的自重。缆绳力 *P* = 450N，尺

寸 *L* = 0.25m。该梁的横截面为矩形（*b* = 20mm、*h* = 50mm）。

（a）请计算出支座 *A* 处该梁底面上的最大正应力和最大面内切应力。

（b）对于一个位于支座 *A* 处的该梁高度中点处的平面应力微元体，请重新求解问题（a）。

（c）如果点 *A* 处的最大拉应力和最大面内切应力分别不能超过 90MPa 和 42MPa，那么，缆绳力 *P* 的最大许用值是多少？

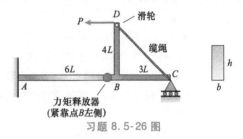

习题 8.5-26 图

8.5-27 钢吊架 *ABCD* 的横截面为实心圆，其直径 *d* = 50mm。尺寸 *b* = 150mm（见图）。沿着直线 *DH* 在点 *D* 处施加了一个 *P* = 5.5kN 的载荷；点 *H* 的坐标为（8*b*, -5*b*, 3*b*）。请求出点 *A* 处该吊架表面上的一个平面应力微元体上的正应力和切应力，并求出主应力和最大切应力。将各个应力状态显示在相应的微元体图上。

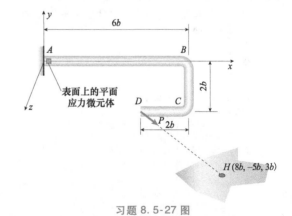

习题 8.5-27 图

补充复习题：第 8 章

R-8.1 一个直径为 1.5m、壁厚为 65mm 的薄壁球罐，其内压为 20MPa。该球罐壁壳中的最大切应力约为：

（A）58MPa   （B）67MPa

（C）115MPa   （D）127MPa

R-8.2 一个直径为 0.75m 的薄壁球罐，其内压为 20MPa。拉伸屈服应力为 920MPa，剪切屈服应力为 475MPa，安全因数为 2.5。弹性模量为

复习题 R-8.1 和 R-8.2 图

210GPa,泊松比为 0.28,最大正应变为 1220×10^{-6}。该罐的最小许用厚度约为:

(A) 8.6mm   (B) 9.9mm

(C) 10.5mm   (D) 11.1mm

R-8.3 一个直径为 200mm 的薄壁圆筒,其内压为 11MPa。拉伸屈服应力为 250MPa,剪切屈服应力为 140MPa,安全因数为 2.5。该罐的最小许用厚度约为:

(A) 8.2mm   (B) 9.1mm

(C) 9.8mm   (D) 11.0mm

复习题 R-8.3 图

R-8.4 一个直径为 2.0m、壁厚为 18mm 的薄壁圆筒,其顶部开口。该圆筒中的水(重量密度 = 9.81kN/m^3)的高度 h 约为何值时才能使罐壁中的环向应力达到 10MPa:

(A) 14m   (B) 18m

(C) 20m   (D) 24m

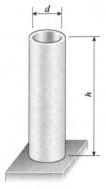

复习题 R-8.4 图

R-8.5 一个薄壁圆柱罐(该罐的半径-壁厚比为 128)上的减压阀被打开,从而使纵向应变减小了 150×10^{-6}。假设 $E = 73 \text{GPa}$、$\nu = 0.33$。该罐中的初始内压约为:

(A) 370kPa   (B) 450kPa

(C) 500kPa   (D) 590kPa

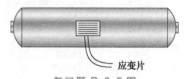

复习题 R-8.5 图

R-8.6 一个圆柱罐由钢板环向焊接而成。该罐的直径为 1.5m、壁厚为 20mm、内压为 2.0MPa。该罐封头中的最大应力约为:

(A) 38MPa   (B) 45MPa

(C) 50MPa   (D) 59MPa

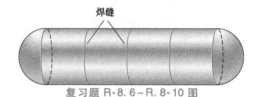

复习题 R-8.6~R.8-10 图

R-8.7 一个圆柱罐由钢板环向焊接而成。该罐的直径为 1.5m、壁厚为 20mm、内压为 2.0MPa。该罐罐体中的最大拉应力约为:

(A) 45MPa   (B) 57MPa

(C) 62MPa   (D) 75MPa

R-8.8 一个圆柱罐由钢板环向焊接而成。该罐的直径为 1.5m、壁厚为 20mm、内压为 2.0MPa。垂直于焊缝的最大拉应力约为:

(A) 22MPa   (B) 29MPa

(C) 33MPa   (D) 37MPa

R-8.9 一个圆柱罐由钢板环向焊接而成。该罐的直径为 1.5m、壁厚为 20mm、内压为 2.0MPa。该罐封头中的最大切应力约为:

(A) 19MPa   (B) 23MPa

(C) 33MPa   (D) 35MPa

R-8.10 一个圆柱罐由钢板环向焊接而成。该罐的直径为 1.5m、壁厚为 20mm、内压为 2.0MPa。该罐罐体的最大切应力约为:

(A) 17MPa   (B) 26MPa

(C) 34MPa   (D) 38MPa

R-8.11 一个圆柱罐由钢板沿着 $\alpha = 50°$ 的螺旋线焊接而成。该罐的直径为 1.6m、壁厚为 20mm、内压为 2.75MPa。弹性模量为 $E = 210 \text{GPa}$,泊松比为 $\nu = 0.28$。罐壁中的环向应变约为:

(A) 1.9×10^{-4} (B) 3.2×10^{-4}

（C）3.9 × 10⁻⁴　（D）4.5 × 10⁻⁴

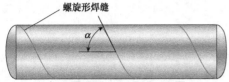

螺旋形焊缝

α

复习题 R-8. 11～R-8. 13 图

R-8. 12　一个圆柱罐由钢板沿着 $\alpha = 50°$ 的螺旋线焊接而成。该罐的直径为 1.6m、壁厚为 20mm、内压为 2.75MPa。弹性模量 $E = 210$GPa，泊松比 $\nu = 0.28$。罐壁中的纵向应变约为：

（A）1.2×10^{-4}　（B）2.4×10^{-4}

（C）3.1×10^{-4}　（D）4.3×10^{-4}

R-8. 13　一个圆柱罐由钢板沿着 $\alpha = 50°$ 的螺旋线焊接而成。该罐的直径为 1.6m、壁厚为 20mm、内压为 2.75MPa。弹性模量 $E = 210$GPa，泊松比 $\nu = 0.28$。垂直于焊缝作用的正应力约为：

（A）39MPa　（B）48MPa

（C）78MPa　（D）84MPa

R-8. 14　一根驱动轴（$d_2 = 200$mm、$d_1 = 160$mm）的某段受到扭矩 $T = 30$kN · m 的作用。该轴的许用切应力为 45MPa。最大许用压缩载荷 P 约为：

（A）200kN　（B）286kN

（C）328kN　（D）442kN

R-8. 15　一个承受内压 p 的薄壁圆柱罐受到力

P

T

T

P

复习题 R-8. 14 图

$F = 75$kN 的压缩。该罐的直径 $d = 90$mm、壁厚 $t = 5.5$mm。许用正应力为 110MPa，许用切应力为 60MPa。最大许用内压 p_{max} 约为：

（A）5MPa　（B）10MPa

（C）13MPa　（D）17MPa

F 　　　　　F

复习题 R-8. 15 图

第9章 梁的挠曲

本章概述

第 9 章给出计算梁挠度的各种方法。在分析与设计梁时，除了需要考虑应力和应变（分别见第 5 章和第 6 章）之外，梁的挠度也是一个需要考虑的重要因素。某根梁的强度可能高得足以支撑一系列静态或动态载荷（见 1.8 节和 5.6 节的讨论），但如果它在载荷作用下挠曲得太多或发生振动，则就不能满足"耐用性"的要求，而耐用性要求是其总体设计中的一个重要因素。第 9 章涵盖一系列的方法，这些方法既可以用来计算梁上某些特定点的位移（包括线位移与角位移），又可以用来计算整个梁的挠曲形状。柱状梁或变截面梁（见 9.7 节）上或者作用着集中载荷，或者作用着分布载荷（或两者都有），或者作用着由其顶部和底部之间的温度差而引起的"载荷"（见 9.11 节）。一般情况下，假设梁具有线弹性行为，并假设其位移较小（即与其自身长度相比较小）。

本章首先讨论挠曲线微分方程的积分法（见 9.2 节～9.4 节）。悬臂梁或简支梁上作用的各类载荷所产生的挠曲结果汇总在附录 G 中，这些结果可用于叠加法中（见 9.5 节）。其次，阐述一种以弯矩图面积为基础的挠度计算方法（见 9.6 节），并介绍功和应变能的概念（见 9.8 节）及其相关原理在梁挠度计算中的应用，这一相关原理被称为卡氏定理。最后，专题讨论冲击载荷所引起的梁的挠曲问题（见 9.10 节）。

本章目录

9.1   引言

当一根纵向轴线为直线的梁受到横向载荷的作用时，其轴线将变形为曲线，该曲线被称为梁的挠曲线（deflection curve）。第 5 章已使用了弯曲梁的曲率来求解梁中的正应变和正应力，然而，却并没有建立求解挠曲线自身的方法。本章将推导挠曲线的方程，并将求解梁轴线上指定点处的挠度。

挠度的计算是结构分析与设计的重要组成部分，例如求解挠度在静不定结构分析中是一个必不可少的组成部分（见第 10 章）。挠度在动态分析中也很重要，例如在研究飞机的振动或建筑物对地震的响应时。

有时，计算挠度是为了验证它们是否处于许用极限的范围内，例如建筑物的设计规范通常规定了挠度的上限值。建筑物中出现较大的挠曲不仅不美观（甚至使人紧张不安），而且还可能导致天花板和墙壁中出现裂缝。在机器和飞机设计中，为了防止不良振动，其规范也可能会对挠度进行限制。

9.2   挠曲线的微分方程

求解梁挠度的大多数方法都是以挠曲线微分方程及其关系式为基础的。因此，我们将首先推导梁的挠曲线的基本方程。

为了便于讨论，研究一根图 9-1a 所示的悬臂梁，该梁的自由端承受着一个向上作用的集中载荷。在这一载荷的作用下，梁的轴线变形为一条曲线，如图 9-1b 所示。坐标轴的原点位于该梁的固定端，x 轴指向右，y 轴指向上，z 轴指向读者。

在之前的第 5 章中，我们假设 xy 平面是该梁的一个对称平面，并假设所有的载荷均作用在这个平面（弯曲平面）内。

挠度（deflection）v 是该梁轴线上的任意一点在 y 方向的位移（图 9-1b）。由于 y 轴向上为正，因此，挠度也是向上时为正$^\ominus$。

为了得到挠曲线方程，需要将挠度 v 表达为坐标 x 的函数。挠曲线上任意点 m_1 处的挠度如图 9-2a 所示。点 m_1 与坐标原点的距离为 x（沿 x 轴测量）。第二个点 m_2 与坐标原点的距离为 $x+dx$（如图所示）。点 m_2 处的挠度为 $v+dv$，其中，dv 为沿着该挠曲线从点 m_1 移至点 m_2 时挠度的增量。

当该梁弯曲时，其轴线的各点处不仅有一个挠度，而且还有一个转角。该梁轴线的转角（angle of rotation）θ 就是挠曲线的切线与 x 轴之间的夹角，如图 9-2b 的放大图所示（点 m_1 处的切线）。对于图中所选的坐标轴（x 轴向右为正，y 轴向上为正），该转角在逆

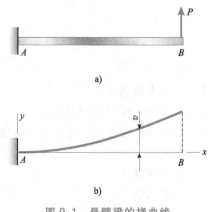

a)

b)

图 9-1   悬臂梁的挠曲线

$\ominus$ 正如 5.1 节指出的那样，通常分别使用符号 u、v、w 表示 x、y、z 方向的位移。其优点是，它强调了坐标与位移之间的区别。

时针时为正（转角的其他名称有"倾斜角"
和"坡度角"）。

点 m_2 处的转角为 $\theta+\mathrm{d}\theta$，其中，$\mathrm{d}\theta$ 为从
点 m_1 移至点 m_2 时转角的增量。因此，如果
画出各切线的垂线（图9-2a、b），则这些垂
线之间的夹角为 $\mathrm{d}\theta$。同时，正如5.3节所讨
论的那样，这些垂线的交点就是曲率中心 O'
（图9-2a），并且该挠曲线与 O' 的距离就是
曲率半径 ρ。从图9-2a中可以看出：

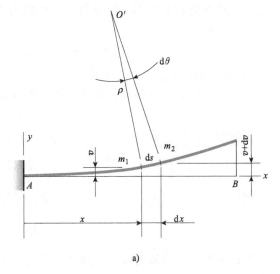

$$\rho\mathrm{d}\theta=\mathrm{d}s \qquad (9\text{-}1)$$

其中，$\mathrm{d}\theta$ 的单位为弧度，$\mathrm{d}s$ 为点 m_1 与点 m_2
在挠曲线上的距离。因此，曲率 κ（等于曲
率半径的倒数）由以下方程给出：

$$k=\frac{1}{\rho}=\frac{\mathrm{d}\theta}{\mathrm{d}s} \qquad (9\text{-}2)$$

曲率的符号约定如图9-3所示，该图重
复了5.3节的图5-6。注意：当向正 x 方向
移动时，若转角增大，则曲率为正。

挠曲线的斜率（slope of the deflection
curve）为挠度 v 的表达式的一阶导数 $\mathrm{d}v/\mathrm{d}x$。其几何条件可表达为，该斜率等于挠度
的增量 $\mathrm{d}v$（当从图9-2中点 m_1 移至点 m_2
时）除以 x 轴方向上的距离增量 $\mathrm{d}x$。由于 $\mathrm{d}v$
和 $\mathrm{d}x$ 都是无穷小的量，因此，斜率 $\mathrm{d}v/\mathrm{d}x$ 就
等于转角 θ 的正切值（图9-2b）：

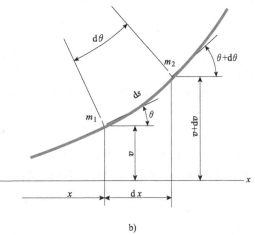

图 9-2 梁的挠曲线

$$\frac{\mathrm{d}v}{\mathrm{d}x}=\tan\theta \qquad \theta=\arctan\frac{\mathrm{d}v}{\mathrm{d}x} \qquad (9\text{-}3\mathrm{a},\ \mathrm{b})$$

采用类似的方法，可得到如下关系式：

$$\cos\theta=\frac{\mathrm{d}x}{\mathrm{d}s} \qquad \sin\theta=\frac{\mathrm{d}v}{\mathrm{d}s}$$

$$(9\text{-}4\mathrm{a},\ \mathrm{b})$$

注意，当 x、y 轴具有图9-2a所示
的方向时，若挠曲线的切线向右上方
倾斜，则斜率 $\mathrm{d}v/\mathrm{d}x$ 为正。

式（9-2）~式（9-4）仅是根据几
何条件得到的，因此，它们对任何材
料梁都是有效的。此外，也没有限制
斜率和挠度的大小。

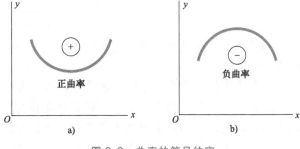

图 9-3 曲率的符号约定

小转角梁 日常生活中遇到的结构，如建筑物、汽车、飞机以及船舶，在其服役期内经
受的形状变化相对较小，以致于人们都不会注意到它们发生了形状的变化。因此，大多数梁

和柱的挠曲线具有非常小的转角和非常小的曲率。在这种情况下，可作一些数学近似以大幅简化梁的分析。

例如，对于图 9-2 所示的挠曲线，如果转角 θ 是一个非常小的量（其挠曲线也因而几乎是平直的），则可很快看出，挠曲线上的距离 ds 实际上等于 x 轴方向上的距离增量 dx。同样的结论可直接根据式（9-4a）得到。由于角度 θ 很小时，$\cos\theta \approx 1$，因此，式（9-4a）变为：

$$ds \approx dx \tag{9-5}$$

根据这一近似，曲率［见式（9-2）］变为：

$$k = \frac{1}{\rho} = \frac{d\theta}{dx} \tag{9-6}$$

同时，由于 θ 很小时，$\tan\theta \approx \theta$，因此，可对式（9-3a）作以下近似：

$$\theta \approx \tan\theta = \frac{dv}{dx} \tag{9-7}$$

因此，如果梁的转角较小，则可以假设转角 θ 等于斜率 dv/dx（注意，转角的单位必须为弧度）。

在式（9-7）中，求 θ 对 x 的导数，可得：

$$\frac{d\theta}{dx} = \frac{d^2v}{dx^2} \tag{9-8}$$

联立求解该式与式（9-6），可得到一个关于该梁挠度与曲率之间的关系式：

$$k = \frac{1}{\rho} = \frac{d^2v}{dx^2} \tag{9-9}$$

只要转角是较小的量，则该方程对任何材料的梁都是有效的。

如果某根梁的材料是线弹性的且服从胡克定律，则曲率［根据第 5 章的式（5-13）］为：

$$k = \frac{1}{\rho} = \frac{M}{EI} \tag{9-10}$$

其中，M 为弯矩，EI 为梁的抗弯刚度。式（9-10）表明，正弯矩产生正的曲率，而负弯矩产生负的曲率，如之前的图 5-10 所示。

联立求解式（9-9）和式（9-10），可得到梁的基本挠曲线微分方程（differential-equation of the deflection curve）：

$$\frac{d^2v}{dx^2} = \frac{M}{EI} \tag{9-11}$$

假如已知了弯矩 M 和抗弯刚度 EI 关于 x 的函数表达式，则通过对该式进行积分运算，就可以求出挠度 v。

上述各式所使用的符号约定，这里再提示一次：（1）x 轴向右为正，y 轴向上为正；（2）挠度 v 向上为正；（3）斜率 dv/dx 和转角 θ 在相对于 x 轴逆时针转动时为正；（4）曲率 κ 在梁向上凹弯时为正；（5）使梁的上部产生压缩的弯矩 M 为正。

根据弯矩 M、剪力 V 以及分布载荷强度 q 之间的关系，可得到一些其他方程。第 4 章已推导出以下 M、V、q 之间的关系式［见式（4-4）和式（4-6）］：

$$\frac{dV}{dx} = -q \qquad \frac{dM}{dx} = V \tag{9-12a, b}$$

这些量的符号约定如图 9-4 所示。将式（9-11）对 x 求导，然后代入到以上剪力和载荷

方程，则可得到一些其他方程。这时，必须考虑两种情况，
即变截面梁和柱状梁的情况。

变截面梁 在变截面梁的情况下，抗弯刚度 EI 是可变
的，因此，可将式（9-11）表达为以下形式：

$$EI_x \frac{\mathrm{d}^2 v}{\mathrm{d}x^2} = M \qquad (9\text{-}13\mathrm{a})$$

其中，插入下标 x 是为了提示抗弯刚度是随着 x 变化的。对
该式的两边同时求导，并利用式（9-12a）和式（9-12b），
可得：

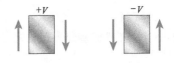

$$\frac{\mathrm{d}}{\mathrm{d}x}\left(EI_x \frac{\mathrm{d}^2 v}{\mathrm{d}x^2}\right) = \frac{\mathrm{d}M}{\mathrm{d}x} = V \qquad (9\text{-}13\mathrm{b})$$

$$\frac{\mathrm{d}^2}{\mathrm{d}x^2}\left(EI_x \frac{\mathrm{d}^2 v}{\mathrm{d}x^2}\right) = \frac{\mathrm{d}V}{\mathrm{d}x} = -q \qquad (9\text{-}13\mathrm{c})$$

求解（解析法或数值法）以上三个微分方程中的任何一
个，就可求出变截面梁的挠度。通常选择那个更利于求解的
微分方程。

图 9-4 弯矩 M、剪力 V 以及均
布载荷强度 q 的符号约定

柱状梁 在柱状梁的情况下（EI 为常数），各微分方程变为：

$$EI \frac{\mathrm{d}^2 v}{\mathrm{d}x^2} = M \qquad EI \frac{\mathrm{d}^3 v}{\mathrm{d}x^3} = V \qquad EI \frac{\mathrm{d}^4 v}{\mathrm{d}x^4} = -q \qquad (9\text{-}14\mathrm{a, \ b, \ c})$$

为了简化这些方程以及其他方程的书写，使用上撇号标记各导数，即：

$$v' \equiv \frac{\mathrm{d}v}{\mathrm{d}x} \qquad v'' \equiv \frac{\mathrm{d}^2 v}{\mathrm{d}x^2} \qquad v''' \equiv \frac{\mathrm{d}^3 v}{\mathrm{d}x^3} \qquad v'''' \equiv \frac{\mathrm{d}^4 v}{\mathrm{d}x^4} \qquad (9\text{-}15)$$

使用这些符号，可将柱状梁的微分方程表达为以下形式：

$$EIv'' = M \qquad EIv''' = V \qquad EIv'''' = -q \qquad (9\text{-}16\mathrm{a, \ b, \ c})$$

并将这些方程分别称为弯矩方程、剪力方程和载荷方程。

在接下来的两节中，将使用上述方程来求解梁的挠度。其求解程序一般包括两个步骤：
首先，对这些方程进行积分；然后，根据与梁有关的边界条件以及其他条件，计算积分常数。

在推导微分方程［式（9-13）、（9-14）和（9-16）］时，不仅假设材料遵循胡克定律，
且挠曲线的斜率非常小，还假设可忽略任何剪切变形。因此，只考虑纯弯曲引起的变形。常
用梁均满足所有这些假设。

曲率的精确表达 如果梁的挠曲线具有很大的斜率，那么，就不能使用式（9-5）和（9-7）
式给出的近似公式。相反，必须采取曲率和转角的精确表达式［见式（9-2）和式（9-3b）］。
结合这些表达式，可得：

$$k = \frac{1}{\rho} = \frac{\mathrm{d}\theta}{\mathrm{d}s} = \frac{\mathrm{d}(\arctan v')}{\mathrm{d}x} \frac{\mathrm{d}x}{\mathrm{d}s} \qquad (9\text{-}17)$$

从图 9-2 中可以看出：

$$\mathrm{d}s^2 = \mathrm{d}x^2 + \mathrm{d}v^2 \qquad \mathrm{d}s = \left[\mathrm{d}x^2 + \mathrm{d}v^2\right]^{1/2} \qquad (9\text{-}18\mathrm{a, \ b})$$

将式（9-18b）的两边同除以 $\mathrm{d}x$，可得：

$$\frac{\mathrm{d}s}{\mathrm{d}x} = \left[1 + \left(\frac{\mathrm{d}v}{\mathrm{d}x}\right)^2\right]^{1/2} = \left[1 + (v')\right]^{1/2} \qquad \frac{\mathrm{d}x}{\mathrm{d}s} = \frac{1}{\left[1 + (v')^2\right]^{1/2}} \qquad (9\text{-}18\mathrm{c, \ d})$$

同时，反正切函数（见附录 C）的微分为：

$$\frac{\mathrm{d}}{\mathrm{d}x}(\arctan v') = \frac{v''}{1+(v')^2} \tag{9-18e}$$

将式（9-18d，e）的表达式代入式（9-17），可得：

$$k = \frac{1}{\rho} = \frac{v''}{\left[1+(v')^2\right]^{3/2}} \tag{9-19}$$

比较该式与式（9-9），可以看出，小转角的假设就相当于忽略 $(v')^2$ 项。应使用式 (9-19)来求解那些斜率较大的挠曲线[⊖]。

9.3　求挠度的弯矩方程积分法

现在，准备求解挠曲线的微分方程以及梁的挠度。使用的第一个方程是弯矩方程 ［式 (9-16a)］。由于该方程是二阶方程，因此，需要进行两次积分。第一次积分得到斜率 $v' = \mathrm{d}v/\mathrm{d}x$，而第二次积分得到挠度 v。

开始分析时，先写出梁的一个（或多个）弯矩方程。由于本章仅考虑静定梁，因此，采用第 4 章所述的步骤，根据自由体图和平衡方程，就可得到弯矩方程。在某些情况下，整个梁的长度上仅有一个弯矩表达式，如例 9-1 和例 9-2 所示。在其他情况下，弯矩在梁轴线的一个点或多个点处是突变的，这时，对于位于发生突变点之间的各段梁，就必须分别写出其各自的弯矩表达式，如例 9-3 所示。

无论弯矩表达式的数量是多少，均采用以下步骤求解微分方程。对该梁的各段，将其弯矩表达式代入微分方程并积分，以便求出斜率 v'。每个这样的积分都将产生一个积分常数。接下来，对各段的斜率方程进行积分以便得到相应的挠度 v，每个积分又产生一个新的积分常数。因此，该梁的各段均有两个积分常数。根据已知的与斜率和挠度有关的条件，就可计算出这些常数。这些条件分为三类：（1）边界条件；（2）连续条件；（3）对称条件。

边界条件（boundary conditions）与梁支座处的挠度和斜率有关。例如，一个简单支座（或是铰链、或是滚柱）处的挠度为零（图 9-5），一个固定支座处的挠度和斜率均为零（图 9-6）。每个这样的边界条件就提供了一个用于计算积分常数的方程。

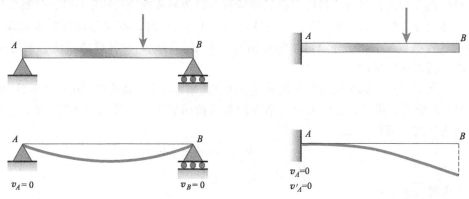

图 9-5　简单支座处的边界条件　　　　图 9-6　固定端处的边界条件

⊖　雅可比·伯努利首次得到了"梁的曲率与弯矩成正比 ［式（9-10）］"这一基本关系，尽管他得到的比例常数不是一个正确的值。之后，欧拉利用该关系求解了大挠度（利用式 9-19）和小挠度（利用式 9-11）的挠曲线微分方程。挠曲线的发展史见参考文献 9-1。

连续条件（continuity conditions）　发生在各积分区间相遇的那些点处，如图 9-7 所示梁上的点 C 处。该梁的挠曲线实际上在点 C 处是连续的，因此，根据其左段和右段分别求出的点 C 处的挠度必须相等。类似地，各段所求出的点 C 处的斜率也必须相等。每个这样的连续条件都提供了一个用于计算积分常数的方程。

对称条件（symmetry conditions）　有时也会用到。例如，如果一根简支梁在其整个长度上支撑着一个均布载荷，则可预先知道，其挠曲线在中点处的斜率必定为零。这一条件提供了一个额外的方程，如例 9-1 所示。

每一个边界条件、连续条件以及对称条件都产生一个含有一个或多个积分常数的方程。由于独立条件的数量总是等于积分常数的数量，因此，可利用这些方程来求解积分常数（使用边界条件和连续条件就足以求解积分常数。任何对称条件仅提供一些额外的方程，但这些方程是非独立的，即它们不能独立于其他方程。至于选择使用哪些条件，应从便于解题的角度来考虑）。

一旦计算出积分常数，则可将其代入斜率与挠度的表达式，这样就可得到最终的挠曲线方程。这些方程可以用来求解梁轴线上各指定点处的挠度和转角。

上述求解挠度的方法有时也被称为逐次积分法（method of successive integrations）。下述各例详细阐明了该方法。

注意：绘制挠曲线时，如下述各例以及图 9-5、9-6 的挠曲线所示，为了清晰起见，通常采用夸大画法。然而必须始终牢记，实际的挠度是非常小的量。

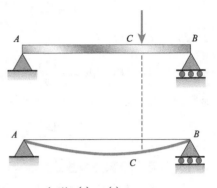

点 C 处：$(v)_{AC} = (v)_{CB}$
$\qquad\;\;(v')_{AC} = (v')_{CB}$

图 9-7　点 C 处的连续条件

●●● 例 9-1

简支梁 AB 在其整个跨度上支撑着一个强度为 q 的均布载荷（图 9-8a），请求出其挠曲线方程。同时，请求出该梁中点处的最大挠度 $\delta_{\max}$ 以及两端支座处的转角 θ_A、θ_B（图 9-8b）（注：该梁的长度为 L、抗弯刚度恒为 EI）。

解答：

梁中的弯矩。根据图 9-9 所示的自由体图，就可求得与左端支座相距 x 的横截面上的弯矩。由于支座处的反作用力为 $qL/2$，因此，弯矩方程为：

$$M = \frac{qL}{2}(x) - qx\left(\frac{x}{2}\right) = \frac{qLx}{2} - \frac{qL^2}{2} \qquad (9\text{-}20)$$

挠曲线的微分方程。将该弯矩的表达式［式（9-20）］代入微分方程［式（9-16a）］，可得：

$$EIv'' = \frac{qLx}{2} - \frac{qx^2}{2} \qquad (9\text{-}21)$$

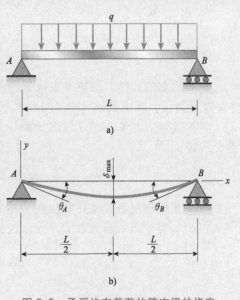

图 9-8　承受均布载荷的简支梁的挠度

积分该方程，就可求得该梁的斜率与挠度。

梁的斜率。将微分方程［式（9-21）］的两边同乘以 dx，可得以下方程：

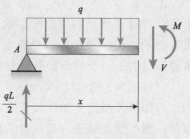

图 9-9 确定弯矩 M 所用的自由体图

$$EIv''\mathrm{d}x = \frac{qLx}{2}\mathrm{d}x - \frac{qx^2}{2}\mathrm{d}x$$

积分该方程，可得：

$$EI\int v''\mathrm{d}x = \int \frac{qLx}{2}\mathrm{d}x - \int \frac{qx^2}{2}\mathrm{d}x$$

或

$$EIv' = \frac{qLx^2}{4} - \frac{qx^3}{6} + C_1 \qquad\qquad (a)$$

其中，C_1 是一个积分常数。

为了求出积分常数 C_1，可以看出，该梁及其载荷具有对称性，因此，其挠曲线在中点处的斜率为零。于是，可得以下对称条件：

$$当 \quad x = \frac{L}{2}时 , v' = 0$$

可将该条件简洁地表达为：

$$v'\left(\frac{L}{2}\right) = 0$$

将该条件应用于式（a），可得：

$$0 = \frac{qL}{4}\left(\frac{L}{2}\right)^2 - \frac{q}{6}\left(\frac{L}{2}\right)^3 + C_1 \qquad C_1 = \frac{qL^3}{24}$$

则梁的斜率方程［式（a）］变为：

$$EIv' = \frac{qLx^2}{4} - \frac{qx^3}{6} - \frac{qL^3}{24} \qquad\qquad (b)$$

或

$$v' = -\frac{q}{24EI}(L^3 - 6Lx^2 + 4x^3) \qquad\qquad (9\text{-}22)$$

正如预期的那样，该斜率在该梁的左端处（$x=0$ 处）为负（即顺时针），在右端处（$x=L$ 处）为正，在中点处（$x=L/2$ 处）为零。

梁的挠度。对该斜率方程进行积分，就可求得挠度。将式（b）的两边同乘以 dx 并积分，可得：

$$EIv = \frac{qLx^3}{12} - \frac{qx^3}{24} - \frac{qL^3x}{24} + C_2 \qquad\qquad (c)$$

将"该梁在左端支座处的挠度为零"这一条件（即 $x=0$ 时，$v=0$，或 $v(0)=0$）应用于式（c），可求得积分常数 $C_2 = 0$。因此，挠曲线方程为：

$$EIv = \frac{qLx^3}{12} - \frac{qx^4}{24} - \frac{qL^3x}{24} \qquad\qquad (d)$$

或

$$v = -\frac{qx}{24EI}(L^3 - 2Lx^2 + x^3) \qquad\qquad (9\text{-}23)$$

该方程给出了该梁轴线上任一点处的挠度。注意，该梁两端处（$x=0$ 和 $x=L$）的挠度为零，而其他位置处的挠度均为负值（请回忆，向下的挠度为负）。

最大挠度。根据对称性可知，最大挠度出现在该梁的中点处（图 9-8b）。因此，设式 (9-23) 中是 x 等于 $L/2$，可得：

$$v\left(\frac{L}{2}\right) = -\frac{5qL^4}{384EI}$$

其中，负号意味着挠度是向下的（正如预期）。通常使用 δ_{max} 表示该挠度的大小，因此，可得：

$$\delta_{max} = \left|v\left(\frac{L}{2}\right)\right| = \frac{5qL^4}{384EI} \tag{9-24}$$

转角。最大转角发生在该梁的支座处。该梁左端支座处的转角为 θ_A，这是一个顺时针转角（图 9-8b），它等于斜率 v' 的负数。因此，将 $x=0$ 代入式 (9-22)，可得：

$$\theta_A = -v'(0) = \frac{qL^3}{24EI} \tag{9-25}$$

采用类似的方法，可求得该梁右端支座处的转角 θ_B。θ_B 是一个逆时针转角，它等于右端支座处的斜率：

$$\theta_B = v'(L) = \frac{qL^3}{24EI} \tag{9-26}$$

由于该梁及其载荷是关于中点对称的，因此，其两端的转角相等。

本例说明了建立和求解挠曲线微分方程的过程。同时，本例还说明了如何求解所选点处的斜率和挠度。

注意：现已推导出最大挠度和最大转角的公式［见式 (9-24)、式 (9-25) 和式 (9-26)］，并可计算出这些量的数值。同时，也可据此来观察挠度和转角是否如理论所要求的那样小。

考虑一根跨度 $L=2m$ 的简支钢梁，其横截面为一个宽度 $b=75mm$、高度 $h=150mm$ 的矩形。均布载荷的强度 $q=100kN/m$，这是一个相对较大的值，因为它将在该梁中产生一个 178MPa 的应力（因此，挠度和斜率将大于正常预期）。

将上述数据代入式 (9-24)，并使用 $E=210GPa$，可求出最大挠度 $\delta_{max}=4.7mm$，这仅仅是其跨度的 1/500。另外，根据式 (9-25)，可求出最大转角 $\theta_A=0.0075rad$（或 $0.43°$），这是一个非常小的角度。

因此，验证了上述关于挠度和转角都是非常小的假设。

例 9-2

悬臂梁 AB 受到一个强度为 q 的均布载荷的作用（图 9-10a），请求出其挠曲线方程。同时，请求出其自由端处的转角 θ_B 和挠度 δ_B（图 9-10b）（注：该梁的长度为 L、抗弯刚度恒为 EI）。

解答：

梁中的弯矩。根据图 9-11 所示的自由体图，就可求得与固定端相距 x 位置处的弯矩。

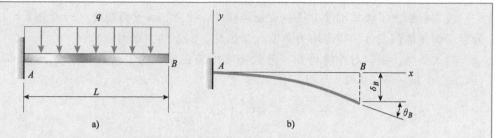

图 9-10　承受均布载荷的悬臂梁的挠度

注意，固定端处的反作用力等于 qL、反作用力矩等于 $qL^2/2$，因此，弯矩 M 的表达式为：

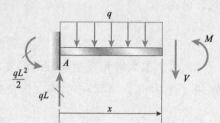

$$M = -\frac{qL^2}{2} + qLx - \frac{qx^2}{2} \qquad (9\text{-}27)$$

图 9-11　求解弯矩 M 所用的自由体图

挠曲线的微分方程。将上述弯矩的表达式代入微分方程［式（9-16a）］，可得：

$$EIv'' = -\frac{qL^2}{2} + qLx - \frac{qx^2}{2} \qquad (9\text{-}28)$$

对该方程的两边进行积分，就可求得斜率与挠度。

梁的斜率。式（9-28）的一次积分给出了以下斜率方程：

$$EIv' = -\frac{qL^2 x}{2} + \frac{qLx^2}{2} - \frac{qx^3}{6} + C_1 \qquad (\text{a})$$

根据边界条件"该梁在固定端处的斜率为零"，就可求出积分常数 C_1。因此，有以下条件：

$$v'(0) = 0$$

将该条件应用于式（a），可得 $C_1 = 0$。因此，式（a）变为：

$$EIv' = -\frac{qL^2 x}{2} + \frac{qLx^2}{2} - \frac{qx^3}{6} \qquad (\text{b})$$

则斜率为：

$$v' = -\frac{qx}{6EI}(3L^2 - 3Lx + x^2) \qquad (9\text{-}29)$$

正如预期的那样，根据该方程所求得的斜率在固定端处（$x = 0$ 处）为零，在该梁的整个长度上均为负值（即顺时针）。

梁的挠度。对斜率方程［式（b）］进行积分，可得：

$$EIv = -\frac{qL^2 x^2}{4} + \frac{qLx^3}{6} - \frac{qx^4}{24} + C_2 \qquad (\text{c})$$

根据边界条件"该梁在固定端处的挠度为零"就可求出积分常数 C_2。该边界条件为：

$$v(0) = 0$$

将该条件应用于式（c），可立即看出积分常数 $C_2 = 0$。因此，挠度 v 的方程为：

$$v = -\frac{qx^2}{24EI}(6L^2 - 4Lx + x^2) \qquad (9\text{-}30)$$

正如预期的那样，根据该方程所求得的挠度在固定端处（$x=0$ 处）为零，在其他位置处均为负值（即向下）。

自由端处的转角。该梁 B 端处（图 9-10b）的顺时针转角 θ_B 等于同一点处斜率的负值。因此，根据式（9-29）可得：

$$\theta_B = -v'(L) = \frac{qL^3}{6EI} \tag{9-31}$$

该角度是该梁的最大转角。

自由端处的挠度。由于挠度是向下的（图 9-10b），因此，它等于根据式（9-30）所求得的挠度的负值：

$$\delta_B = -v(L) = \frac{qL^4}{8EI} \tag{9-32}$$

该挠度是该梁的最大挠度。

● ● ● 例 9-3

简支梁 AB 受到一个集中载荷 P 的作用，该载荷的作用线与左端支座的距离为 a、与右端支座的距离为 b（图 9-12a）。请求出其挠曲线方程，同时，请求出其各支座处的转角 θ_A 和 θ_B、最大挠度 $\delta_{\max}$ 以及中点处的挠度 δ_C（图 9-12b）（注：该梁的长度为 L、抗弯刚度恒为 EI）。

解答：

梁中的弯矩。本例中的弯矩由两个方程表示，该梁两段都有一个弯矩方程。根据图 9-13 的自由体图，可得以下方程：

$$M = \frac{Pbx}{L} \qquad (0 \leqslant x \leqslant a) \tag{9-33a}$$

$$M = \frac{Pbx}{L} - P(x-a) \qquad (a \leqslant x \leqslant L) \tag{9-33b}$$

挠曲线的微分方程。将上述弯矩表达式［式（9-33a，b）］代入式（9-16a），可得该梁两段的微分方程。其结果为：

$$EIv'' = \frac{Pbx}{L} \qquad (0 \leqslant x \leqslant a) \tag{9-34a}$$

$$EIv'' = \frac{Pbx}{L} - P(x-a) \qquad (a \leqslant x \leqslant L) \tag{9-34b}$$

梁的斜率与转角。上述两个微分方程的第一次积分给出了以下斜率的表达式：

$$EIv' = \frac{Pbx^2}{2L} + C_1 \qquad (0 \leqslant x \leqslant a) \tag{a}$$

$$EIv' = \frac{Pbx^2}{2L} - \frac{P(x-a)^2}{2} + C_1 \qquad (a \leqslant x \leqslant L) \tag{b}$$

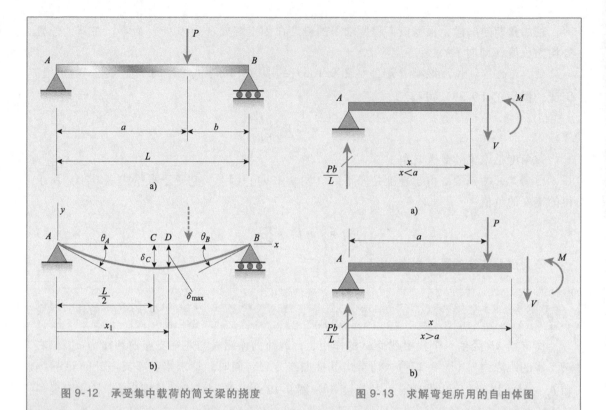

图 9-12 承受集中载荷的简支梁的挠度   图 9-13 求解弯矩所用的自由体图

其中，C_1、C_2 为积分常数。第二次积分给出了挠度：

$$EIv = \frac{Pbx^3}{6L} + C_1x + C_3 \qquad (0 \leqslant x \leqslant a) \qquad (\text{c})$$

$$EIv = \frac{Pbx^3}{6L} - \frac{P(x-a)^3}{6} + C_2x + C_4 \qquad (a \leqslant x \leqslant L) \qquad (\text{d})$$

这两个方程包含另外两个积分常数，因此，一共需要计算四个常数。

积分常数。根据以下四个条件，就可求出四个积分常数：

1. 在 $x = a$ 处，该梁两段的斜率 v' 是相同的。

2. 在 $x = a$ 处，该梁两段的挠度 v 是相同的。

3. 在 $x = 0$ 处，挠度 v 为零。

4. 在 $x = L$ 处，挠度 v 为零。

前两个条件是连续条件，它们基于这样一个事实，即该梁的轴线是一条连续曲线。条件 3 和条件 4 是必须满足的支座处的边界条件。

条件 1 意味着，根据式（a）和式（b）所求得的斜率必须相等。因此：

$$\frac{Pba^2}{2L} + C_1 = \frac{Pba^2}{2L} + C_2 \quad 或 \quad C_1 = C_2$$

条件 2 意味着，当 $x = a$ 时，根据式（c）和式（d）所求得的挠度必须相等。因此：

$$\frac{Pba^3}{6L} + C_1a + C_3 = \frac{Pba^3}{6L} + C_2a + C_4$$

由于 $C_1 = C_2$，因此，可得 $C_3 = C_4$。

接下来，将条件 3 应用于式（c），可得 $C_3 = 0$。因此：

$$C_3 = C_4 = 0 \tag{e}$$

最后，将条件 4 应用于式（d），可得：

$$\frac{PbL^2}{6} - \frac{Pb^3}{6} + C_2 L = 0$$

因此，

$$C_1 = C_2 = -\frac{Pb(L^2 - b^2)}{6L} \tag{f}$$

挠曲线方程。现在，将积分常数 [式（e）、式（f）] 代入挠度方程 [式（c）、式（d）]，并求解该梁两段的挠度方程。所求得的方程为：

$$v = -\frac{Pbx}{6LEI}(L^2 - b^2 - x^2) \qquad (0 \leqslant x \leqslant a) \tag{9-35a}$$

$$v = -\frac{Pbx}{6LEI}(L^2 - b^2 - x^2) - \frac{P(x-a)^3}{6EI} \qquad (a \leqslant x \leqslant L) \tag{9-35b}$$

第一个方程 [式（9-35a）] 给出了载荷 P 左侧那一段梁的挠曲线，第二个方程 [式（9-35b）] 给出了载荷 P 右侧那一段梁的挠曲线。

将 C_1 和 C_2 的值代入式（a）和式（b），或对挠度方程 [式（9-35a, b）] 求一次导数，均可求出该梁两段的斜率。所求得的方程为：

$$v' = -\frac{Pb}{6LEI}(L^2 - b^2 - 3x^2) \qquad (0 \leqslant x \leqslant a) \tag{9-36a}$$

$$v' = -\frac{Pb}{6LEI}(L^2 - b^2 - 3x^2) - \frac{P(x-a)^2}{2EI} \qquad (a \leqslant x \leqslant L) \tag{9-36b}$$

根据式（9-35）和式（9-36），可计算出该梁轴线上任一点处的挠度和斜率。

支座处的转角。为了求出该梁两端处的转角 θ_A 和 θ_B（图 9-12b），可将 $x = 0$ 代入式（9-36a）、将 $x = L$ 代入式（9-36b）：

$$\theta_A = -v'(0) = \frac{Pb(L^2 - b^2)}{6LEI} = \frac{Pab(L+b)}{6LEI} \tag{9-37a}$$

$$\theta_B = -v'(L) = \frac{Pb(2L^2 - 3bL + b^2)}{6LEI} = \frac{Pab(L+a)}{6LEI} \tag{9-37b}$$

注意，角度 θ_A 是顺时针的，角度 θ_B 是逆时针的，如图 9-12b 所示。

这些转角是载荷位置的函数，当载荷位于该梁的中点附近时，它们将达到其最大值。转角 θ_A 的最大值为：

$$(\theta_A)_{\max} = \frac{PL^2\sqrt{3}}{27EI} \tag{9-38}$$

该最大值发生在 $b = L/\sqrt{3} = 0.577L$（或 $a = 0.423L$）时。求 θ_A 关于 b 的导数，并设该导数等于零，就可求出这一 b 值 [使用式（9-37a）中的第一个表达式]。

梁的最大挠度。最大挠度 $\delta_{\max}$ 发生在点 D 处（图 9-12b），挠曲线在点 D 处的切线是一条水平线。如果载荷位于中点的右侧，即如果 $a > b$，那么，点 D 则位于载荷左侧的那段梁上。使式（9-36a）中的斜率 v' 等于零，并求解距离 x，就可求出该点的位置。设所求的距离为 x_1，则采用这种方法可求得以下 x_1 的表达式：

$$x_1 = \sqrt{\frac{L^2 - b^2}{3}} \qquad (a \geqslant b) \tag{9-39}$$

从这个方程中可以看出，随着载荷 P 从该梁的中点（$b = L/2$）移至右端（$b = 0$），距离 x_1 将从 $L/2$ 变为 $L/\sqrt{3} = 0.577L$。因此，最大挠度发生在紧靠该梁中点的某一点处，而这一点始终位于该梁中点与载荷之间。

将 x_1［式（9-39）］代入挠度方程［式（9-35a）］，并插入一个负号，就可求出最大挠度 $\delta_{\max}$：

$$\delta_{\max} = -(v)_{x=x_1} = \frac{Pb(L^2 - b^2)^{3/2}}{9\sqrt{3}\,LEI} \qquad (a \geqslant b) \tag{9-40}$$

负号是必要的，因为该最大挠度是向下的（图 9-12b），而向上的挠度 v 才是正值。

该梁的最大挠度取决于载荷 P 的作用位置，即距离 b。最大挠度的最大值（"最大的"最大挠度）发生在 $b = L/2$、载荷位于该梁的中点处时。该最大挠度等于 $PL^3/48EI$。

该梁中点处的挠度。将 $x = L/2$ 代入式（9-35a），就可求得当载荷作用在中点右侧时（见图 9-12b）中点 C 处的挠度 δ_c：

$$\delta_c = -v\left(\frac{L}{2}\right) = \frac{Pb(3L^2 - 4b^2)}{48EI} \qquad (a \geqslant b) \tag{9-41}$$

由于最大挠度总是出现该梁的中点附近，因此，式（9-41）给出了一个接近最大挠度的近似值。在最不利的情况下（当 b 为零时），最大挠度与中点处挠度之间的差小于最大挠度的 3%，如习题 9.3-7 所示。

特殊情况（载荷位于该梁的中点处）。当载荷作用在该梁的中点处时（$a = b = L/2$），就将发生一个重要的特殊情况。这时，根据式（9-36a）、（9-35a）、（9-37）、（9-40），可分别求得以下结果：

$$v' = -\frac{P}{16EI}(L^2 - 4x^2) \qquad \left(0 \leqslant x \leqslant \frac{L}{2}\right) \tag{9-42}$$

$$v = -\frac{Px}{48EI}(3L^2 - 4x^2) \qquad \left(0 \leqslant x \leqslant \frac{L}{2}\right) \tag{9-43}$$

$$\theta_A = \theta_B = \frac{PL^2}{16EI} \tag{9-44}$$

$$\delta_{\max} = \delta_c = \frac{PL^3}{48EI} \tag{9-45}$$

由于该挠曲线关于该梁的中点是对称的，因此，式（9-42）和式（9-43）仅给出了该梁左半段的 v' 和 v 的方程。如果需要，只需将 $a = b = L/2$ 代入式（9-36b）和式（9-35b），就可求得右半段的方程。

9.4 求挠度的剪力和载荷方程积分法

求解斜率和挠度的另一种方法是，对用剪力 V 和载荷 q 表达的挠曲线方程［分别见式（9-16b、c）］进行积分。由于载荷通常是已知量，而弯矩必须根据自由体图和平衡方程来确定，因此，许多分析人员宁愿以载荷方程开始。基于相同的理由，大多数求解挠度的计算机程序也是以载荷方程开始的，然后执行数值积分运算以求得剪力、弯矩、斜率以及挠度。

求解载荷方程或剪力方程的程序类似于求解弯矩方程的程序，但需要更多的积分运算。例如，如果以载荷方程开始，那么，需要进行四次积分运算才能得到挠度方程。因此，对每个载荷方程进行积分，就有四个积分常数。如上所述，可根据边界条件、连续条件以及对称条件求出这些积分常数。然而，此时，这些条件既包括剪力和弯矩的条件，又包括斜率和挠度的条件。

剪力方面的条件等效于三阶导数的条件（因为 $EIv''' = V$）。类似地，弯矩方面的条件等效于二阶导数的条件（因为 $EIv'' = M$）。将剪力和弯矩的条件与斜率和挠度的条件结合起来，就终将得到足够数量的独立条件来求解各个积分常数。

以下各例详述了各种分析方法。第一个例子是从载荷方程开始的，第二个例子是从剪力方程开始的。

● ● ● 例 9-4

悬臂梁 AB 支撑着一个最大强度为 q_0 的三角形分布载荷（图 9-14a），请求出其挠曲线方程，并求出其自由端处的挠度 δ_B 和转角 θ_B（图 9-14b）。请使用挠曲线的四阶微分方程（载荷方程）（注：该梁的长度为 L、抗弯刚度恒为 EI）。

解答：

挠曲线的微分方程。 该分布载荷的强度由下式给出（图 9-14a）：

$$q = \frac{q_0(L-x)}{L} \tag{9-46}$$

因此，四阶微分方程［式（9-16c）］为：

$$EIv'''' = -q = -\frac{q_0(L-x)}{L} \tag{a}$$

梁中的剪力。 式（a）的第一次积分给出：

$$EIv''' = \frac{q_0}{2L}(L-x)^2 + C_1 \tag{b}$$

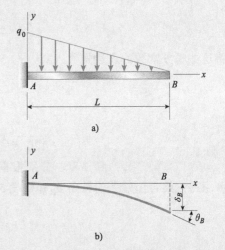

图 9-14 承受三角形载荷的悬臂梁的挠度

该式的右边代表剪力 V（见式 9-16b）。由于 $x=L$ 处的剪力为零，因此，有以下边界条件：

$$v'''(L) = 0$$

将这一条件应用于式（b），可得 $C_1 = 0$。因此，式（b）可简化为：

$$EIv''' = \frac{q_0}{2L}(L-x)^2 \tag{c}$$

即梁中的剪力为：

$$V = EIv''' = \frac{q_0}{2L}(L-x)^2 \tag{9-47}$$

梁中的弯矩。对式（c）进行积分，可得以下方程：

$$EIv'' = -\frac{q_0}{6L}(L-x)^3 + C_2 \tag{d}$$

该方程等于弯矩 M [见式（9-16a）]。由于该梁自由端处的弯矩为零，因此，有以下边界条件：

$$v''(L) = 0$$

将这一条件应用于式（d），可得 $C_2 = 0$。因此，弯矩为：

$$M = EIv'' = -\frac{q_0}{6L}(L-x)^3 \tag{9-48}$$

梁的斜率与挠度。通过三次和四次积分，可得：

$$EIv' = \frac{q_0}{24L}(L-x)^4 + C_3 \tag{e}$$

$$EIv = -\frac{q_0}{120L}(L-x)^5 + C_3 x + C_4 \tag{f}$$

固定端处的边界条件为，斜率和挠度均等于零，即：

$$v'(0) = 0 \qquad v(0) = 0$$

将这些条件分别应用于式（e）、（f），可得：

$$C_3 = -\frac{q_0 L^3}{24} \qquad C_4 = \frac{q_0 L^4}{120}$$

将这些积分常数的表达式代入式（e）、（f），可得以下梁的斜率和挠度方程：

$$v' = -\frac{q_0 x}{24LEI}(4L^3 - 6L^2 x + 4Lx^2 - x^2) \tag{9-49}$$

$$v = -\frac{q_0 x^2}{120LEI}(10L^3 - 10L^2 x + 5Lx^2 - x^3) \tag{9-50}$$

自由端处的转角和挠度。分别根据式（9-49）和式（9-50），并将 $x = L$ 代入其中，就可求得该梁自由端处的转角 θ_B 和挠度 δ_B（图 9-14b）。其结果为：

$$\theta_B = -v'(L) = \frac{q_0 L^3}{24EI} \qquad \delta_B = -v(L) = \frac{q_0 L^4}{30EI} \tag{9-51a, b}$$

至此，通过求解挠曲线的四阶微分方程，求出了所需的斜率和挠度。

● ● ● 例 9-5

外伸梁 AB 在其外伸段 BC 上支撑着一个集中载荷 P（图 9-15a）。该梁主跨的长度为 L，外伸段的长度为 $L/2$。请求出其挠曲线方程，并求出其外伸段端部处的挠度 δ_C（图 9-15b）。请使用挠曲线的三阶微分方程（剪力方程）（注：该梁的抗弯刚度恒为 EI）。

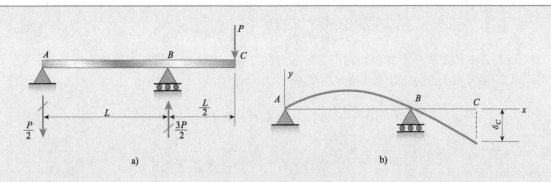

图 9-15 外伸梁的挠度

解答：

挠曲线的微分方程。由于反作用力作用在支座 A、B 处，因此，必须分别写出 AB 段和 BC 段各自的微分方程。为此，可首先求解各段中的剪力。

支座 A 处向下的反作用力等于 $P/2$，支座 B 处向上的反作用力等于 $3P/2$（图 9-15a）。因此，AB 段和 BC 段中的剪力为：

$$V = -\frac{P}{2} \qquad (0 < x < L) \tag{9-52a}$$

$$V = P \qquad \left(L < x < \frac{3L}{2}\right) \tag{9-52b}$$

其中，x 的测量起点为该梁的 A 端（图 9-16b）。

该梁的三阶微分方程现在变为 [见式（9-16b）]：

$$EIv''' = -\frac{P}{2} \qquad (0 < x < L) \tag{a}$$

$$EIv''' = P \qquad \left(L < x < \frac{3L}{2}\right) \tag{b}$$

梁中的弯矩。上述两个方程的积分给出了以下弯矩方程：

$$M = EIv'' = -\frac{Px}{2} + C_1 \qquad (0 \leqslant x \leqslant L) \tag{c}$$

$$M = EIv'' = Px + C_2 \qquad \left(L \leqslant x \leqslant \frac{3L}{2}\right) \tag{d}$$

点 A、C 处的弯矩均为零；因此，有以下边界条件：

$$v''(0) = 0 \qquad v''\left(\frac{3L}{2}\right) = 0$$

将这些条件应用于式（c）、（d），可得：

$$C_1 = 0 \qquad C_2 = -\frac{3PL}{2}$$

因此，弯矩方程为：

$$M = EIv'' = -\frac{Px}{2} \qquad (0 \leqslant x \leqslant L) \tag{9-53a}$$

$$M = EIv'' = -\frac{P(3L - 2x)}{2} \qquad \left(L \leqslant x \leqslant \frac{3L}{2}\right) \qquad (9\text{-}53\text{b})$$

根据自由体图和平衡方程, 也可求解各弯曲方程, 并可验证这两个弯矩方程是否正确。

梁的斜率与挠度。二次积分给出了斜率:

$$EIv' = -\frac{Px^2}{4} + C_3 \qquad (0 \leqslant x \leqslant L)$$

$$EIv' = -\frac{Px(3L - x)}{2} + C_4 \qquad \left(L \leqslant x \leqslant \frac{3L}{2}\right)$$

斜率方面的唯一条件是支座 B 处的连续条件。根据这一条件可知, 所求出的 AB 段在点 B 处的斜率应等于所求出的 BC 段在同一点处的斜率。因此, 将 $x = L$ 代入前两个斜率方程, 可得:

$$-\frac{PL^2}{4} + C_3 = -PL^2 + C_4$$

该方程消去了一个积分常数, 因此, 可用 C_3 来表达 C_4:

$$C_4 = C_3 + \frac{3PL^2}{4} \qquad (\text{e})$$

三次和四次积分给出了:

$$EIv = -\frac{Px^3}{12} + C_3 x + C_5 \qquad (0 \leqslant x \leqslant L) \qquad (\text{f})$$

$$EIv = -\frac{Px^2(9L - 2x)}{12} + C_4 x + C_6 \qquad \left(L \leqslant x \leqslant \frac{3L}{2}\right) \qquad (\text{g})$$

对于该梁的 AB 段 (图 9-15a), 有两个挠度方面的边界条件, 即点 A、B 处的挠度均为零:

$$v(0) = 0 \qquad 和 \qquad v(L) = 0$$

将这一条件应用于式 (f), 可得:

$$C_5 = 0 \qquad C_3 = \frac{PL^2}{12} \qquad (\text{h, i})$$

将 C_3 的表达式代入式 (e), 可得:

$$C_4 = \frac{5PL^2}{6} \qquad (\text{j})$$

对于该梁的 BC 段 (图 9-15a), 点 B 处的挠度为零。因此, 边界条件为:

$$v(L) = 0$$

将这一条件应用于式 (g), 并将 C_4 的表达式代入其中, 可得:

$$C_6 = -\frac{PL^3}{4} \qquad (\text{k})$$

现已求出所有的积分常数。

代入各积分常数 [式 (h)、式 (i)、式 (j)、式 (k)], 就可求得各挠度方程。其结果为:

$$v = \frac{Px}{12EI}(L^2 - x^2) \qquad (0 \leqslant x \leqslant L) \qquad (9\text{-}54\text{a})$$

$$v = -\frac{P}{12EI}(3L^3 - 10L^2x + 9Lx^2 - 2x^3) \qquad \left(L \leqslant x \leqslant \frac{3L}{2}\right) \qquad (9\text{-}54\mathrm{b})$$

注意，在该梁的 AB 段中，挠度始终为正（向上）[式（9-54a）]；在该梁的外伸段 BC 中，挠度始终为负（向下）[式（9-54b）]。

外伸段端部处的挠度。 将 $x = 3L/2$ 代入式（9-54b），就可求出外伸段端部处的挠度 δ_c（图 9-15b）：

$$\delta_c = -v\left(\frac{3L}{2}\right) = \frac{PL^3}{8EI} \qquad (9\text{-}55)$$

至此，通过求解挠曲线的三阶微分方程，就求出了该外伸梁的挠度[式（9-54）和式（9-55）]。

9.5 叠加法

叠加法（method of superposition）是一种实践中广泛采用的求解挠度和转角的通用方法。其基本概念非常简单，可表述为：在适当条件下，由几个不同载荷同时作用所产生的梁的挠度可以通过将各载荷单独作用时所产生的挠度叠加在一起的方法得到。

例如，如果 v_1 代表载荷 q_1 在梁轴线上的某点处所产生的挠度，而 v_2 代表在同一点处另一载荷 q_2 所产生的挠度，那么，载荷 q_1 和 q_2 同时作用时在该点处所产生的挠度为 $v_1 + v_2$（载荷 q_1 和 q_2 彼此独立，每个载荷均可作用在该梁轴线方向上的任何位置处）。

叠加挠度的依据在于挠曲线微分方程[式（9-16a，b，c）]的性质。这些方程均为线性微分方程，因为包含挠度及其导数的所有项均为一次方。因此，这些方程对若干个载荷条件的解可以进行代数相加，或叠加（有效叠加条件将在随后的"叠加原理"中阐述）。

以图 9-16a 所示的简支梁 ACB 为例来说明叠加法。该梁支撑着两个载荷：（1）一个是作用在全跨上的强度为 q 的均布载荷；（2）一个是作用在中点处的集中载荷 P。假设希望求出中点处的挠度 δ_C 以及两端的转角 θ_A、θ_B（图 9-16b）。在使用叠加法时，可先求出每个载荷单独作用时的结果，再将这些结果相叠加。

在均布载荷单独作用时，中点处的挠度以及两端的转角可根据例 9-1 的公式[见式（9-24）、式（9-25）、式（9-26）]求得：

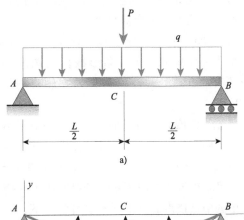

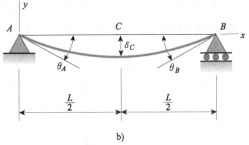

图 9-16 承受两个载荷的简支梁

$$(\delta_C)_1 = \frac{5qL^4}{384EI} \qquad (\theta_A)_1 = (\theta_B)_1 = \frac{qL^3}{24EI}$$

其中，EI 为梁的抗弯刚度，L 为梁的长度。

在载荷 P 单独作用时,相应的量可根据例 9-3 的公式 [见式 (9-44)、式 (9-45)] 求得:

$$(\delta_C)_2 = \frac{PL^3}{48EI} \qquad (\theta_A)_2 = (\theta_B)_2 = \frac{PL^2}{16EI}$$

通过求和,就可得到该组合载荷 (图 9-16a) 所产生的挠度和转角:

$$\delta_C = (\delta_C)_1 + (\delta_C)_2 = \frac{5qL^4}{384EI} + \frac{PL^3}{48EI} \tag{9-56a}$$

$$\theta_A = \theta_B = (\theta_A)_1 + (\theta_A)_2 = \frac{qL^3}{24EI} + \frac{PL^2}{16EI} \tag{9-56b}$$

采用相同的方法,可求出该梁轴线上其他点处的挠度和转角。然而,叠加法不仅能够求出某些单个点处的挠度和转角,而且,对于承受多个载荷的梁,利用该方法还可求得其斜率和挠度的一般表达式。

梁的挠度表 叠加法仅在已知挠度和斜率公式时才是有用的。为了便于使用,本书附录 G 的列表中给出了悬臂梁和简支梁的各种公式。各种工程手册也有类似的列表。利用这些列表以及叠加法,就可以求出各种不同载荷条件下的挠度和转角,如本节之后的例题所述。

分布载荷 有时,会遇到这样一个分布载荷,该载荷没有出现在梁的挠度表中。在这种情况下,仍有可能使用叠加法。这时,可将该分布载荷的一个微段看作为一个集中载荷,然后,在该载荷的作用区间内进行积分,就可求出所需挠度。

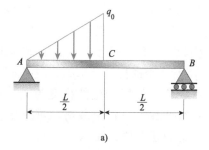

a)

为了说明这一积分过程,研究一根简支梁 ACB,其左半段上作用着一个三角形载荷 (图 9-17a)。现在希望求出中点 C 处的挠度 δ_C 以及左侧支座处的转角 θ_A (图 9-17c)

首先,将该分布载荷的一个微段 qdx 形象化地显示为一个集中载荷 (图 9-17b)。注意,该集中载荷作用在该梁中点的左侧。根据附录 G 中表 G-2 的情况 5 给出的公式,可求得该集中载荷在中点处所产生的挠度,其中,所给出的中点挠度的公式 (在这种情况下,$a \leqslant b$) 为:

$$\frac{Pa}{48EI}(3L^2 - 4a^2)$$

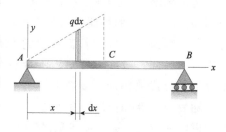

b)

在本例中 (图 9-17b),用 qdx 取代 P,用 x 取代 a,则有:

$$\frac{(qdx)(x)}{48EI}(3L^2 - 4x^2) \tag{9-57}$$

该式给出了该载荷的微段 qdx 在点 C 处所产生的挠度。

接下来,注意到该均布载荷[⊖]的强度为:

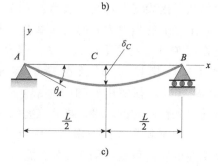

c)

图 9-17 承受三角形载荷的简支梁

⊖ 指把该微段载荷 qdx 看作为一个均布载荷。——译者注

$$q = \frac{2q_0 x}{L} \tag{9-58}$$

其中，q_0 为分布载荷的最大强度。用该式替代式（9-57）中的 q，则式（9-57）变为：

$$\frac{q_0 x^2}{24LEI}(3L^2 - 4x^2)\mathrm{d}x$$

最后，对该式在整个分布载荷的作用区间内进行积分，就可求得整个三角形载荷在该梁中点处所产生的挠度 δ_C：

$$\delta_C = \int_0^{L/2} \frac{q_0 x^2}{24LEI}(3L^2 - 4x^2)\mathrm{d}x$$

$$= \frac{q_0}{24LEI}\int_0^{L/2}(3L^2 - 4x^2)x^2\mathrm{d}x = \frac{q_0 L^4}{240EI} \tag{9-59}$$

采用类似的步骤，可计算出该梁左侧支座处的转角 θ_A（图 9-17c）。集中载荷 P 所产生的转角的表达式（见表 G-2 的情况 5）为：

$$\frac{Pab(L + b)}{6LEI}$$

用 $2q_0 x\mathrm{d}x/L$ 替换 P，用 x 替换 a，用 $L-x$ 替换 b，则得到：

$$\frac{2q_0 x^2(L - x)(L + L - x)}{6L^2 EI}\mathrm{d}x \quad \text{或} \quad \frac{q_0}{3L^2 EI}(L - x)(2L - x)x^2\mathrm{d}x$$

最后，在整个分布载荷的作用区间内进行积分：

$$\theta_A = \int_0^{L/2} \frac{q_0}{3L^2 EI}(L - x)(2L - x)x^2\mathrm{d}x = \frac{41q_0 L^3}{2880EI} \tag{9-60}$$

该角度就是三角形载荷所产生的转角。

本例说明了如何利用叠加法和积分来求解几乎所有类型的分布载荷所产生的挠度和转度。如果使用解析法进行积分运算较为困难，那么，也可使用数值方法。

叠加原理 求解梁挠度的叠加法是某个一般原理在力学中的应用实例，该原理被称为叠加原理（principle of superposition）。只要所需求解的量是所施加载荷的线性函数，则这一原理就是有效的。满足上述条件时，可先求出各个载荷单独作用时产生的所需值，然后将这些值叠加，就可求得所有载荷同时作用时产生的所需值。在普通结构中，该原理通常对应力、应变、弯矩以及许多除挠度之外的其他量都是有效的。

具体到梁的挠度，叠加原理在以下条件下是有效的：（1）材料服从胡克定律；（2）小挠度和小转角；（3）挠度的存在不会改变载荷的作用。这些条件确保了挠曲线微分方程是线性的。

下面各例补充说明了如何利用叠加原理来计算梁的挠度和转角。

例 9-6

悬臂梁 AB 在其部分长度段上支撑着一个强度为 q 的均布载荷，在其自由端处支撑着一个集中载荷 P（图 9-18a）。请求出该梁 B 端处的挠度 δ_B 和转角 θ_B（图 9-18b）。（注：该梁的长度为 L、抗弯刚度恒为 EI）。

解答：

通过将各载荷单独作用时的效果进行叠加，就可求出 B 端处的挠度和转角。如果均布载荷单独作用，则 B 端处的挠度和转角（根据表 G-1 的情况 2，见附录 G）为：

$$(\delta_B)_1 = \frac{qa^3}{24EI}(4L - a) \qquad (\theta_B)_1 = \frac{qa^3}{6EI}$$

如果载荷 P 单独作用，则相应的量（根据表 G-1 的情况 4）为：

$$(\delta_B)_2 = \frac{PL^3}{3EI} \qquad (\theta_B)_2 = \frac{PL^2}{2EI}$$

因此，这两种载荷（图 9-18a）共同作用所引起的挠度和转角为：

$$\delta_B = (\delta_B)_1 + (\delta_B)_2 = \frac{qa^3}{24EI}(4L - a) + \frac{PL^3}{3EI} \tag{9-61}$$

$$\theta_B = (\theta_B)_1 + (\theta_B)_2 = \frac{qa^3}{6EI} + \frac{PL^2}{2EI} \tag{9-62}$$

至此，已利用附表中的公式和叠加法求出了所需量。

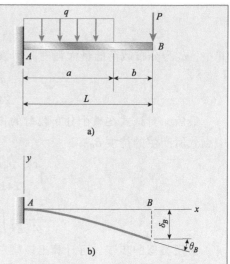

图 9-18　承受均布与集中载荷的悬臂梁

● ● ●　例 9-7

如图 9-19a 所示，悬臂梁 AB 在其右半段上支撑着一个强度为 q 的均布载荷。请推导出其自由端处的挠度 δ_B 和转角 θ_B 的表达式（图 9-19c）（注：该梁的长度为 L、抗弯刚度恒为 EI）。

解答：

在本例中，将首先把该均布载荷的一个微段作为一个集中载荷来处理（图 9-19b），然后，再通过积分的方法来求解挠度和转角。该载荷微段的大小为 $q\mathrm{d}x$，它位于与固定端相距 x 的位置处。根据附录 G 中表 G-1 的情况 5 给出的相应公式，并用 $q\mathrm{d}x$ 取代 P、用 x 取代 a，就可求出该载荷微段在由自由端处产生的微挠度 $\mathrm{d}\delta_B$ 和微转角 $\mathrm{d}\theta_B$。因此：

$$\mathrm{d}\delta_B = \frac{(q\mathrm{d}x)(x^2)(3L - x)}{6EI} \qquad \mathrm{d}\delta_B = \frac{(q\mathrm{d}x)(x^2)}{2EI}$$

在整个加载区域进行积分，可得：

$$\delta_B = \int \mathrm{d}\delta_B = \frac{q}{6EI}\int_{L/2}^{L} x^2(3L - x)\,\mathrm{d}x = \frac{41qL^4}{384EI}$$

$$\tag{9-63}$$

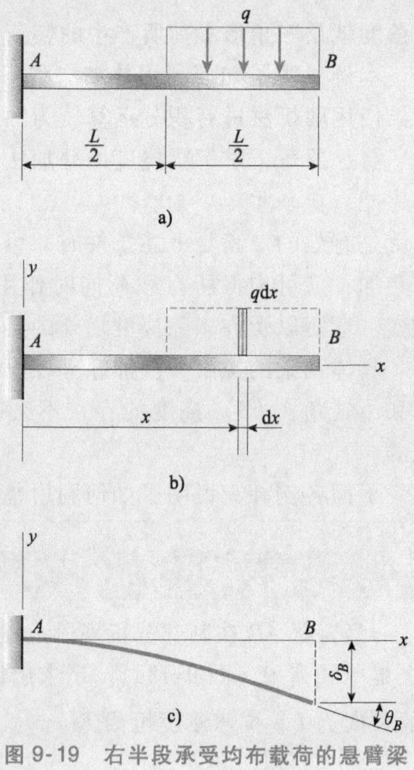

图 9-19　右半段承受均布载荷的悬臂梁

$$\theta_B = \int \mathrm{d}\theta_B = \frac{q}{2EI} \int_{L/2}^{L} x^2 \mathrm{d}x = \frac{7qL^3}{48EI} \qquad (9\text{-}64)$$

注意：利用表 G-1 中情况 3 给出的公式，并代入 $a = b = L/2$，也可求得相同的结果。

• • • 例 9-8

组合梁 ABC 在 A 处有一个滚动支座、在 B 处有一个内部铰链（即力矩释放器），其 C 处为固定端（图 9-20a）。AB 段的长度为 a，BC 段的长度为 b。一个集中载荷 P 作用在与支座 A 相距 $2a/3$ 的位置处，一个强度为 q 的均布载荷作用在点 B、C 之间。请求出铰链处的挠度 δ_B 以及支座 A 处的转角 θ_A（图 9-20d）（注：该梁的抗弯刚度恒为 EI）。

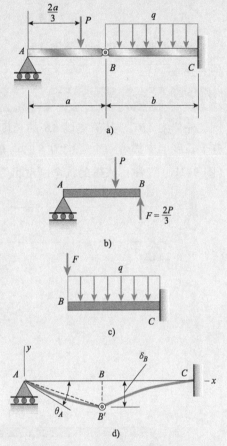

图 9-20 铰链连接的组合梁

解答：

为了便于分析，可将该组合梁看作为由以下两根单独的梁组成：（1）一根长度为 a 的简支梁 AB；（2）一根长度为 b 的悬臂梁 BC。这两根梁被 B 处的铰链连接在一起。

如果将梁 AB 从其他结构中隔离出来（图 9-20b），那么，可以看出，B 处将有一个大小等于 $2P/3$ 的铅垂力 F。相同的力向下作用在悬臂梁 BC 的 B 端（图 9-20c）。因此，悬臂梁 BC 受到了两个载荷的作用：一个是均布载荷，一个是集中载荷。根据附录 G 中表 G-1 的情况 1，可很容易地求出该悬臂梁端部的挠度（该挠度与铰链的挠度 δ_B 是相同的）：

$$\delta_B = \frac{qb^4}{8EI} + \frac{Fb^3}{3EI}$$

或者，代入 $F = 2P/3$，

$$\delta_B = \frac{qb^4}{8EI} + \frac{2Pb^3}{9EI} \qquad (9\text{-}65)$$

支座 A 处的转角（图 9-20d）由两部分组成：（1）铰链的向下位移所产生的角度 $\angle BAB'$；（2）简支梁 AB 的弯曲（或梁 AB'）所产生的附加转角。$\angle BAB'$ 为：

$$(\theta_A)_1 = \frac{\delta_B}{a} = \frac{qb^4}{8aEI} + \frac{2Pb^3}{9aEI}$$

根据表 G-2 的情况 5，可得到简支梁端部处的转角。该表给出的公式为：

$$\frac{Pab(L + b)}{6LEI}$$

其中，L 为简支梁的长度，a 为载荷至左端支座的距离，b 为载荷至右端支座的距离。因此，根据本例中的符号（图 9-20a），转角为：

$$(\theta_A)_2 = \frac{P\left(\dfrac{2a}{3}\right)\left(\dfrac{a}{3}\right)\left(a + \dfrac{a}{3}\right)}{6aEI} = \frac{4Pa^2}{81EI}$$

叠加这两个角度，可求得支座 A 处的总转角为：

$$\theta_A = (\theta_A)_1 + (\theta_A)_2 = \frac{qb^4}{8aEI} + \frac{2Pb^3}{9aEI} + \frac{4Pa^2}{81EI} \tag{9-66}$$

本例说明了如何利用叠加法以一个相对简单的方式来处理一个看似复杂的情况。

● ● ● **例 9-9**

外伸梁 ABC，其简支段 AB 的长度为 L，其外伸段 BC 的长度为 a（图 9-21a）。该梁在整个长度上支撑着一个强度为 q 的均布载荷。请推导出其外伸段端部处的挠度 δ_C 的表达式（图 9-21c）（注：该梁的抗弯刚度恒为 EI）。

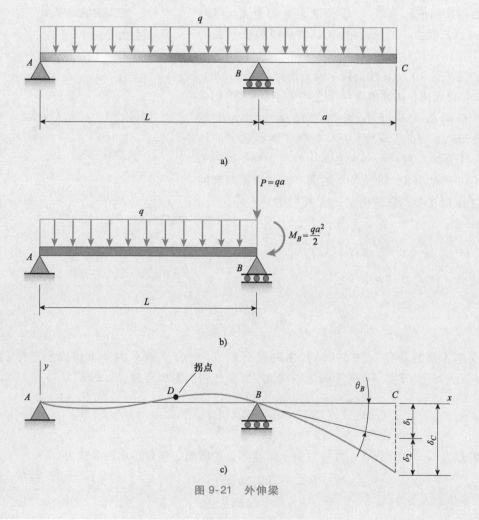

图 9-21   外伸梁

解答：

通过把外伸段 BC（图 9-21a）想象为承受两种作用的悬臂梁，就可求出点 C 处的挠度。第一种作用是该悬臂梁的支座旋转了一个角度 θ_B，该角度就等于梁 ABC 在支座 B 处的转角（图 9-21c）（假设顺时针转角 θ_B 为正）。该角度引起了外伸段 BC 的刚性旋转，从而使点 C 产生一个向下的位移 δ_1。

第二种作用是 BC 段的弯曲，这种弯曲就像一根支撑均布载荷的悬臂梁的弯曲一样。该弯曲产生了一个附加的向下位移 δ_2（图 9-21c）。叠加这两个位移，就可得到点 C 处的总位移。

挠度 δ_1。首先求解转角 θ_B 在点 B 处所引起的挠度。可以看出，该梁的 AB 段与一根受到下列载荷作用的简支梁（图 9-21b）具有相同的条件：（1）一个强度为 q 的均布载荷；（2）一个力偶矩 M_B（等于 $qa^2/2$）；（3）一个铅垂载荷 P（等于 qa）。只有载荷 q 和 M_B 在该简支梁的 B 端产生转角。根据附录 G 中表 G-2 的情况 1 和情况 7，就可求出该转角。因此，角度 θ_B 为：

$$\theta_B = -\frac{qL^3}{24EI} + \frac{M_B L}{3EI} = -\frac{qL^3}{24EI} + \frac{qa^2 L}{6EI} = \frac{qL(4a^2 - L^2)}{24EI} \tag{9-67}$$

其中，顺时针转角为正，如图 9-21c 所示。

转角 θ_B 所单独引起的点 C 的向下挠度 δ_1 等于外伸段的长度乘以该转角（见图 9-21c）：

$$\delta_1 = a\theta_B = \frac{qaL(4a^2 - L^2)}{24EI} \tag{a}$$

挠度 δ_2。外伸段 BC 的弯曲在点 C 处产生一个附加的向下挠度 δ_2。该挠度等于一根长度为 a、承受一个强度为 q 的均布载荷的悬臂梁的挠度（见表 G-1 的情况 1）：

$$\delta_2 = \frac{qa^4}{8EI} \tag{b}$$

挠度 δ_c。点 C 的向下总挠度等于 δ_1 与 δ_2 的代数和：

$$\delta_c = \delta_1 + \delta_2 = \frac{qaL(4a^2 - L^2)}{24EI} + \frac{qa^4}{8EI} = \frac{qa}{24EI}[L(4a^2 - L^2) + 3a^3]$$

或

$$\delta_c = \frac{qa}{24EI}(a + L)(3a^3 + aL - L^2) \tag{9-68}$$

从该方程中可以看出，挠度 δ_c 可能是向上或向下的，这取决于长度 L 和 a 的相对大小。如果 a 相对较大，那么，该方程中的最后一项（括号中的三项表达式）将为正值，且挠度 δ_c 是向下的。如果 a 相对较小，那么，最后一项为负值，且挠度是向上的。当最后一项等于零时，该挠度等于零：

$$3a^2 + aL - L^2 = 0$$

或

$$a = \frac{L(\sqrt{3} - 1)}{6} = 0.4343L \tag{c}$$

从这个结果中可以看出，如果 a 大于 $0.4343L$，那么，点 C 的挠度是向下的；如果 a 小于 $0.4343L$，则该挠度是向上的。

挠曲线。本例中梁的挠曲线形状如 9-21c 图所示，该图显示了 $0.4343L<a<L$ 的情况。其中，$a>0.4343L$ 可保证在点 C 处产生一个向下的挠度；$a<L$ 可保证支座 A 处的反作用力是向上的。在这些条件下，该梁在支座 A 和某一点（例如点 D）之间具有正弯矩，AD 区间内的挠曲线是向上凹的（正曲率）；从 D 至 C，弯矩为负，因此，挠曲线是向下凹的（负曲率）。

拐点（point of inflection）。该挠曲线的曲率在点 D 处为零，因为弯矩为零。曲率和弯矩的符号在诸如点 D 这类的点处发生改变，这类点被称为拐点［或回折点（point of contraflexure）］。拐点处的弯矩 M 和二阶导数 $\mathrm{d}^2v/\mathrm{d}x^2$ 始终为零。

然而，弯矩 M 和二阶导数 $\mathrm{d}^2v/\mathrm{d}x^2$ 为零的点并不一定是一个拐点，因为，在这类点处，这些量虽然为零，但它们的符号可能没有发生改变；例如，它们可能具有最大值或最小值。

9.6　力矩-面积法

本节将论述求解挠度和转角的另一种方法。由于该方法基于与弯矩图面积有关的两个定理，因此，它被称为力矩-面积法（moment-area method）。

用于推导上述两个定理的假设与用于推导挠曲线微分方程的假设是相同的。因此，力矩面积法仅对小转角的线弹性梁才是有效的。

第一力矩面积定理　为了推导出该定理，研究某根梁挠曲线的 AB 段，该段的曲率为正（图 9-22）。当然，为清晰起见，图中所示的挠度和转角都是极其夸张的。该挠曲线在点 A 处的切线 AA' 与 x 轴的夹角为 θ_A，该挠曲线在点 B 处的切线 BB' 与 x 轴的夹角为 θ_B。这两条切线相交于点 C。

设这两条切线之间的夹角为 $\theta_{B/A}$，则 $\theta_{B/A}$ 就等于 θ_B 与 θ_A 的差值，即：

$$\theta_{B/A} = \theta_B - \theta_A \qquad (9\text{-}69)$$

因此，$\theta_{B/A}$ 就是点 B 处的切线与点 A 处的切线之间的夹角。注意：角度 θ_A 与 θ_B 分别为该梁轴线在点 A、B 处的转角，它们也分别等于挠曲线在这两点处的斜率，因为实际的斜率和转角是非常小的量。

接下来，研究该梁挠曲线上的两个点 m_1 和 m_2（图 9-22）。这两点之间的距离 $\mathrm{d}s$ 较小。挠曲线在这两点处的切线分别为图中的直线 m_1p_1 和 m_2p_2。其切线的垂线相交于曲率中心（图中未画出）。

这两条垂线之间的夹角 $\mathrm{d}\theta$ 由下式给出：

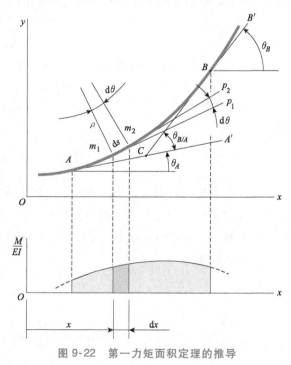

图 9-22　第一力矩面积定理的推导

$$\mathrm{d}\theta = \frac{\mathrm{d}s}{\rho} \qquad (9\text{-}70\mathrm{a})$$

其中，ρ 为曲率半径，$\mathrm{d}\theta$ 的单位为弧度 [式（9-2）]。由于各垂线与各切线（$m_1 p_1$ 和 $m_2 p_2$）之间是相互垂直的，因此，各切线之间的夹角也等于 $\mathrm{d}\theta$。

正如 9.2 节指出的那样，对于小转角梁，可用 $\mathrm{d}x$ 取代 $\mathrm{d}s$。因此，

$$\mathrm{d}\theta = \frac{\mathrm{d}x}{\rho} \qquad (9\text{-}70\mathrm{b})$$

同时，根据式（9-10）可知：

$$\frac{1}{\rho} = \frac{M}{EI} \qquad (9\text{-}71)$$

因此，

$$\mathrm{d}\theta = \frac{M\mathrm{d}x}{EI} \qquad (9\text{-}72)$$

其中，M 为弯矩，EI 为梁的抗弯刚度。

可对 $M\mathrm{d}x/(EI)$ 作一个简单的几何解释。在图 9-22 中，可在该梁的正下方绘制一个 M/EI 图。在 x 轴上的任一点处，该图的高度就等于该点处的弯矩 M 除以该点处的抗弯刚度 EI。因此，只要抗弯刚度 EI 是常数，则 M/EI 图与弯矩图的形状就是相同的。$M\mathrm{d}x/EI$ 就是 M/EI 图内宽度为 $\mathrm{d}x$ 的阴影区的面积（注意，由于图 9-22 所示挠曲线的曲率为正，因此，弯矩 M 和 M/EI 图的面积也都是正值）。

现在，根据式（9-72），对 $\mathrm{d}\theta$ 在该挠曲线的点 A、B 之间进行积分，即：

$$\int_A^B \mathrm{d}\theta = \int_A^B \frac{M\mathrm{d}x}{EI} \qquad (9\text{-}73)$$

显然，左边的积分式就等于 $\theta_B - \theta_A$，它也等于点 A、B 处的切线之间的夹角 $\theta_{B/A}$ [根据式（9-69）]。

式（9-73）右边的积分式等于 M/EI 图中点 A、B 之间的面积（注意，M/EI 图的面积是一个代数量，它可以是正值也可以是负值，这取决于弯矩的正负）。

现在，可将式（9-73）表示为：

$$\theta_{B/A} = \int_A^B \frac{M\mathrm{d}x}{EI}$$

$$= \frac{M}{EI} \text{ 图在 } A、B \text{ 两点之间的面积} \qquad (9\text{-}74)$$

该方程可被表述为第一力矩面积定理（first moment-area theorem）：挠曲线在点 A、B 处的切线之间的夹角 $\theta_{B/A}$ 等于这两点间的 M/EI 图的面积。

推导上述定理的符号约定如下：

1. 角度 θ_A 与 θ_B 在逆时针时为正。

2. 当 θ_B 的代数值大于 θ_A 的代数值时，各切线间的夹角 $\theta_{B/A}$ 为正。同时，应注意，点 B 必须在点 A 的右边，即随着沿 x 方向的移动，它必须越来越远离该梁的轴线。

3. 弯矩 M 的符号按照通常的惯例，即导致该梁上部产生压缩的弯矩 M 为正。

4. M/EI 图的面积的正负由弯矩的正负情况来确定。如果弯矩图的部分是正的，那么，M/EI 图相应部分的面积就是正的；反则反之。

在实践中，通常忽略上述关于 θ_A、θ_B、$\theta_{B/A}$ 的符号约定，因为（稍后将解释）通常只需

观察梁及其载荷情况，就可以明显看出转角的方向。这样一来，在应用第一力矩面积定理时，通过忽略符号并只使用绝对值，就可以简化计算。

　　第二力矩面积定理　现在，研究第二个定理，该定理主要与挠度有关、而与转角无关。再次研究点 A、B 之间的挠曲线（图 9-23）。画出点 A 处的切线，可以看出，该切线与过点 B 的垂直线相交于点 B_1。在图中，点 B、B_1 之间的垂直距离被标记为 $t_{B/A}$。该距离被称为点 B 相对于点 A 的**切线偏差**（tangential deviation）。准确地说，距离 $t_{B/A}$ 就是挠曲线上的点 B 与点 A 处的切线的垂直偏差。当点 B 位于点 A 处的切线之上时，切线偏差为正。

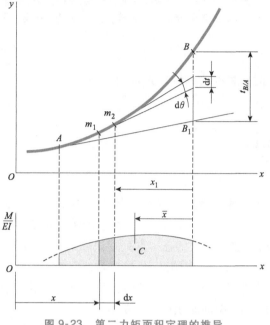

图 9-23　第二力矩面积定理的推导

　　为了确定切线偏差，再次在该挠曲线（图 9-23）上选择两个间距较小的点 m_1 和 m_2。这两点处的切线之间的夹角为 $\mathrm{d}\theta$，这两条切线在直线 BB_1 上的间距为 $\mathrm{d}t$。由于各切线与 x 轴之间的夹角实际上都非常小，因此，可以认为，垂直距离 $\mathrm{d}t$ 就等于 $x_1\mathrm{d}\theta$，其中，x_1 为点 B 至该小微段 m_1m_2 的水平距离。由于 $\mathrm{d}\theta = M\mathrm{d}x/EI$〔式（9-72）〕，因此可得：

$$\mathrm{d}t = x_1\mathrm{d}\theta = x_1\frac{M\mathrm{d}x}{EI} \qquad (9\text{-}75)$$

距离 $\mathrm{d}t$ 代表微段 m_1m_2 的弯曲对切线偏差的贡献。表达式 $x_1M\mathrm{d}x/EI$ 的几何解释为：它是 M/EI 图内宽度为 $\mathrm{d}x$ 的阴影区的面积对过点 B 的一条垂直直线的一次矩。

　　对式（9-75）在点 A、B 之间进行积分，可得：

$$\int_A^B \mathrm{d}t = \int_A^B x_1 \frac{M\mathrm{d}x}{EI} \qquad (9\text{-}76)$$

　　左边的积分式等于 $t_{B/A}$，即它等于点 A 处的切线与点 B 的切线偏差。右边的积分式代表点 A、B 之间的 M/EI 图的面积对点 B 的一次矩。因此，可将式（9-76）表达为：

$$t_{B/A} = \int_A^B x_1 \frac{M\mathrm{d}x}{EI}$$

$$= 点 A、B 之间的 \frac{M}{EI} 图的面积对 B 点的一次矩 \qquad (9\text{-}77)$$

　　该方程代表**第二力矩面积定理**（second moment-area theorem）：点 A 处的切线至点 B 的切线偏差 $t_{B/A}$ 等于点 A、B 之间的 M/EI 图的面积对点 B 的一次矩。

　　当点 B 在点 A 的右边时，如果弯矩为正，则 M/EI 图的一次矩也为正。在这种情况下，切线偏差 $t_{B/A}$ 为正，而点 B 位于点 A 处的切线之上（如图 9-23 所示）。若随着在 x 方向从点 A 移向点 B 时，M/EI 图的面积为负，那么，一次矩和切线偏差也均为负值，这意味着点 B 低于点 A 处的切线。

　　将 M/EI 图的面积乘以点 B 至该面积形心 C 的距离 $\bar{x}$（图 9-23），就可求得该面积的一次矩。该方法比积分法更加方便，因为 M/EI 图通常是人们所熟知的几何图形，如矩形、三角形以及抛物线形。这类图形的面积与形心位置的数据见附录 D。

　　作为一种分析方法，力矩面积法仅适用于较为简单的梁，就这类梁而言，它是向上还是向下挠曲，其转角是顺时针方向还是逆时针方向都是显而易见的。因此，这类梁很少有必要遵循前述有关切线偏差的符号约定（有点尴尬）。相反，通过观察就可以确定其方向，而在应用力矩面积定理时，也可仅使用绝对值。

● ● ●　例 9-10

　　悬臂梁 AB 支撑着一个集中载荷 P（图 9-24）。请求出其自由端的转角 θ_B 和挠度 δ_B（注：该梁的长度为 L、抗弯刚度恒为 EI）。

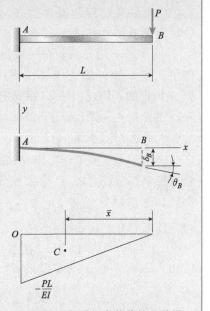

图 9-24　承受集中载荷的悬臂梁

　　解答：

　　通过观察该梁及其载荷可知，转角 θ_B 是顺时针的，挠度 δ_B 是向下的（图 9-24）。因此，在应用力矩面积定理时，可使用绝对值。

　　M/EI 图。 弯矩图的形状为三角形，且固定端处的弯矩等于 $-PL$。由于抗弯刚度 EI 是恒定的，因此，M/EI 图与弯矩图具有相同的形状，如图 9-24 的最后一个图所示。

　　转角。 根据第一力矩面积定理可知，点 B、A 处的切线之间的夹角 $\theta_{B/A}$ 等于这两点之间的 M/EI 图的面积。用 A_1 表示该面积，则可求得 A_1 为：

$$A_1 = \frac{1}{2}(L)\left(\frac{PL}{EI}\right) = \frac{PL^2}{2EI}$$

注意，我们仅使用了该面积的绝对值。

　　点 A、B 之间的相对转角（根据第一定理）为：

$$\theta_{B/A} = \theta_B - \theta_A = A_1 = \frac{PL^2}{2EI}$$

由于该挠曲线在支座 A 处的切线是水平的（$\theta_A = 0$），因此，可得：

$$\theta_B = \frac{PL^2}{2EI} \tag{9-78}$$

这一结果与附录 G 中表 G-1 的情况 4 给出的公式是一致的。

　　挠度。 根据第二力矩面积定理，就可求出自由端处的挠度 δ_B。在这种情况下，点 A 处的切线至点 B 的切线偏差 $t_{B/A}$ 等于挠度 δ_B 本身（图 9-24）。M/EI 图面积对点 B 的一次矩为：

$$Q_1 = A_1 \bar{x} = \left(\frac{PL^2}{2EI}\right)\left(\frac{2L}{3}\right) = \frac{PL^3}{3EI}$$

注意，我们再次忽略了符号，并仅使用绝对值。

　　根据第二力矩面积定理可知，挠度 δ_B 等于一次矩 Q_1。因此，

$$\delta_B = \frac{PL^3}{3EI} \tag{9-79}$$

这一结果也出现在表 G-1 的情况 4 中。

● ● ● 例 9-11

悬臂梁 AB 在其右半段上支撑着一个强度为 q 的均布载荷（图 9-25）。请求出其自由端 B 处的转角 θ_B 和挠度 δ_B（注：该梁的长度为 L、抗弯刚度恒为 EI）。

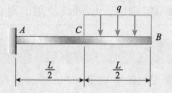

解答：

该梁 B 端处的挠度和转角具有图 9-25 所示方向。由于事先已经知道这些方向，因此，可仅使用绝对值来书写力矩-面积的表达式。

M/EI 图。弯矩图包含一段抛物线（在均布载荷作用区域）和一段直线（在该梁的左半段）。由于 EI 是恒定的，因此，M/EI 图具有相同的形状（如图 9-25 的最后一个图所示）。M/EI 在点 A 和点 C 处的值分别为 $3qL^2/8EI$ 和 $-qL^2/8EI$。

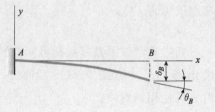

转角。为了便于计算 M/EI 图的面积，可将该图分为三个部分：（1）一个面积为 A_1 的抛物线部分；（2）一个面积为 A_2 的矩形部分；（3）一个面积为 A_3 的三角形部分。这些面积为：

$$A_1 = \frac{1}{3}\left(\frac{L}{2}\right)\left(\frac{qL^2}{8EI}\right) = \frac{qL^3}{48EI}$$

$$A_2 = \frac{L}{2}\left(\frac{qL^2}{8EI}\right) = \frac{qL^3}{16EI}$$

$$A_3 = \frac{1}{2}\left(\frac{L}{2}\right)\left(\frac{3qL^2}{8EI} - \frac{qL^2}{8EI}\right) = \frac{qL^3}{16EI}$$

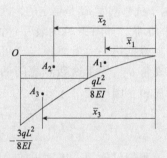

图 9-25　右半段支撑均布载荷的悬臂梁

根据第一力矩面积定理，点 B、A 处的切线之间的夹角等于这两点之间的 M/EI 图的面积。由于点 A 处的转角为零，因此，转角 θ_B 就等于该图的面积，即：

$$\theta_B = A_1 + A_2 + A_3 = \frac{7qL^3}{48EI} \tag{9-80}$$

挠度。挠度 δ_B 等于点 B 相对于点 A 处的切线的切线偏差（图 9-25）。因此，根据第二力矩面积定理，δ_B 就等于 M/EI 图面积对点 B 的一次矩：

$$\delta_B = A_1 \bar{x}_1 + A_2 \bar{x}_2 + A_3 \bar{x}_3 \tag{a}$$

其中，$\bar{x}_1$、$\bar{x}_2$、$\bar{x}_3$ 分别为点 B 至相应面积的形心的距离。这些距离为：

$$\bar{x}_1 = \frac{3}{4}\left(\frac{L}{2}\right) = \frac{3L}{8} \qquad \bar{x}_2 = \frac{L}{2} + \frac{L}{4} = \frac{3L}{4} \qquad \bar{x}_3 = \frac{L}{2} + \frac{2}{3}\left(\frac{L}{2}\right) = \frac{5L}{6}$$

代入至式（a），可得：

$$\delta_B = \frac{qL^3}{48EI}\left(\frac{3L}{8}\right) + \frac{qL^3}{16EI}\left(\frac{3L}{4}\right) + \frac{qL^3}{16EI}\left(\frac{5L}{6}\right) = \frac{41qL^4}{384EI} \tag{9-81}$$

　　本例说明了如何将面积划分为一些具有已知特性的部分来求解一个复杂 M/EI 图的面积和一次矩。使用附录 G 中表 G-1 的情况 3 给出的公式，并代入 $a=b=L/2$，就可验证上述分析结果 [式（9-80）和式（9-81）]。

● ● ● 例 9-12

　　简支梁 ADB 在图 9-26 所示位置处支撑着一个集中载荷 P（图 9-25）。请求出支座 A 处的转角 θ_A 以及载荷 P 的作用点 D 处的挠度 δ_D（注：该梁的长度为 L、抗弯刚度恒为 EI）。

　　解答：

　　显示了转角 θ_A 和挠度 δ_D 的挠曲线图如图 9-26 的第二个图所示。由于通过观察就可确定 θ_A 和 δ_D 的方向，因此，可仅使用绝对值来书写力矩-面积的表达式。

　　M/EI 图。该弯矩图是三角形的，且最大弯矩（等于 Pab/L）发生在载荷作用点处。由于 EI 是恒定的，因此，M/EI 图与弯矩图具有相同的形状（如图 9-26 的第三个图所示）。

　　支座 A 处的转角。为了求出该转角，在支座 A 处绘制切线 AB_1。可以看出，距离 BB_1 就是点 A 处的切线与点 B 的切线偏差 $t_{B/A}$。通过计算该 M/EI 图面积对点 B 的一次矩，并应用第二力矩面积定理，就可求出这一距离。

　　整个 M/EI 图的面积为：

$$A_1 = \frac{1}{2}(L)\left(\frac{Pab}{LEI}\right) = \frac{Pab}{2EI}$$

　　该面积的形心 C_1 与点 B 的距离为 $\bar{x}_1$（图 9-26）。从附录 D 的情况 3 中可得到该距离为：

$$\bar{x}_1 = \frac{L+b}{3}$$

　　因此，切线偏差为：

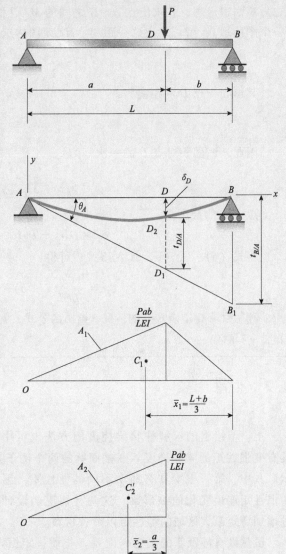

图 9-26　承受集中载荷的简支梁

$$t_{B/A} = A_1 \bar{x}_1 = \frac{Pab}{2EI}\left(\frac{L+b}{3}\right) = \frac{Pab}{6EI}(L+b)$$

　　转角 θ_A 等于该切线偏差除以该梁的长度：

$$\theta_A = \frac{t_{B/A}}{L} = \frac{Pab}{6LEI}(L+b) \tag{9-82}$$

至此，已求出支座 A 处的转角。

载荷作用点处的挠度。如图 9-26 的第二个图所示，载荷 P 的作用点处的挠度 δ_D 等于距离 DD_1 减去距离 D_2D_1。距离 DD_1 等于转角 θ_A 乘以距离 a。因此：

$$DD_1 = a\theta_A = \frac{Pa^2b}{6LEI}(L+b) \qquad (\text{a})$$

距离 DD_1 就是点 D 处的切线偏差 $t_{D/A}$；即为点 A 处的切线与点 D 的切线偏差。应用第二力矩面积定理，并求出点 A、D 之间的 M/EI 图面积对点 D 的一次矩（如图 9-26 的最后一个图所示），就可求出这一距离。M/EI 图的这部分面积为：

$$A_2 = \frac{1}{2}(a)\left(\frac{Pab}{LEI}\right) = \frac{Pa^2b}{2LEI}$$

其形心与点 D 的距离为：

$$\bar{x}_2 = \frac{a}{3}$$

因此，该面积对点 D 的一次矩为：

$$t_{D/A} = A_2\bar{x}_2 = \left(\frac{Pa^2b}{2LEI}\right)\left(\frac{a}{3}\right) = \frac{Pa^3b}{6LEI} \qquad (\text{b})$$

点 D 处的挠度为：

$$\delta_D = DD_1 - D_2D_1 = DD_1 - t_{D/A}$$

将式（a）、式（b）代入该式，可得：

$$\delta_D = \frac{Pa^2b}{6LEI}(L+b) - \frac{Pa^3b}{6LEI} = \frac{Pa^2b^2}{3LEI} \qquad (9\text{-}83)$$

利用附录 G 中表 G-2 的情况 5 给出的公式，就可验证上述关于 θ_A 和 δ_D 的公式 [式（9-82）和式（9-83）]。

9.7 变截面梁

上一节给出的求解柱状梁挠度的方法也可用来求解那些具有变惯性矩的梁的挠度。变截面梁的两个例子如图 9-27 所示。其中，第一根梁具有两个不同的惯性矩，第二根梁是一根惯性矩连续变化的锥形梁。这两种情况的设计目标都是通过增加弯矩最大区域的惯性矩以节省材料。

虽然没有涉及新的概念，但是，与惯量矩恒定的梁相比，变截面梁的分析更为复杂。随后的例题（见例 9-13 和例 9-14）将展示一些有用的分析步骤。

第一个例题（一根具有两个不同惯性矩的简支梁）通过求解挠曲线的微分方程来求解挠度。第二个例题（一根具有两个不同惯性矩的悬臂梁）采用叠加法。

这两个例题以及本节的习题所涉及的梁都是相对简单和理想化的梁。遇到更为复杂的梁（如锥形梁）时，通常需要

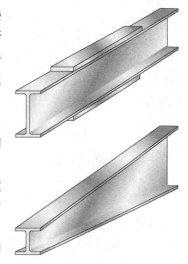

图 9-27 变惯性矩梁

采用数值分析方法（采用计算机程序可轻而易举地进行梁挠度的数值计算）。

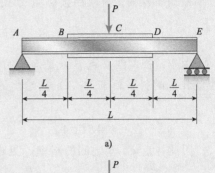

• • • 例 9-13

简支梁 *ABCDE* 由一根宽翼板工字梁和两块盖板构成，其中，盖板焊接在该梁中间半段上（图 9-28a）。盖板的作用是提供双倍的惯性矩（图 9-28b）。一个集中载荷 *P* 作用在该梁的中点 *C* 处。请求出其挠曲线方程、左端支座处的转角 θ_A 以及中点处的挠度 δ_C（图 9-28c）。

解答：

挠曲线的微分方程。本例将通过对弯矩方程进行积分的方式［即使用挠曲线的二阶微分方程，见式（9-16a）］来求解斜率和挠度。由于各支座处的反作用力均为 *P*/2，因此，该梁左半段中的弯矩为：

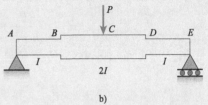

$$M = \frac{Px}{2} \qquad \left(0 \leqslant x \leqslant \frac{L}{2}\right) \qquad (a)$$

因此，该梁左半段的微分方程为：

$$EIv'' = \frac{Px}{2} \qquad \left(0 \leqslant x \leqslant \frac{L}{4}\right) \qquad (b)$$

$$E(2I)v'' = \frac{Px}{2} \qquad \left(\frac{L}{4} \leqslant x \leqslant \frac{L}{2}\right) \qquad (c)$$

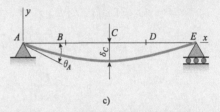

对这两个方程分别进行二重积分，就可求得其相应区间内的斜率和挠度的表达式。根据以下四个条件，可求出这些积分所产生的四个积分常数：

图 9-28 具有两个不同惯性矩的简支梁

1. 边界条件：在支座 *A* 处（*x*=0），挠度为零（*v*=0）；

2. 对称条件：在点 *C* 处（*x*=*L*/2），斜率为零（*v'*=0）；

3. 连续条件：在点 *B* 处（*x*=*L*/4），从该梁 *AB* 段所求得的斜率等于从该梁 *BC* 段所求得的斜率；

4. 连续条件：在点 *B* 处（*x*=*L*/4），从该梁 *AB* 段所求得的挠度等于从该梁 *BC* 段所求得的挠度。

梁的斜率。对式（b）、式（c）的微分方程进行积分，就可求得以下关于该梁左半段的斜率方程：

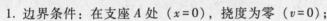

$$v' = \frac{Px^2}{4EI} + C_1 \qquad \left(0 \leqslant x \leqslant \frac{L}{4}\right) \qquad (d)$$

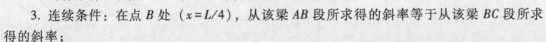

$$v' = \frac{Px^2}{8EI} + C_1 \qquad \left(\frac{L}{4} \leqslant x \leqslant \frac{L}{2}\right) \qquad (e)$$

将对称条件 2 应用于式（e），可求得常数 C_2：

$$C_2 = -\frac{PL^2}{32EI}$$

因此，该梁在点 B、C 之间的斜率 [根据式 (e)] 为：

$$v' = -\frac{P}{32EI}(L^2 - 4x^2) \quad \left(\frac{L}{4} \leqslant x \leqslant \frac{L}{2}\right) \tag{9-84}$$

根据该方程，可求出该挠曲线在点 B 处（点 B 处的惯性矩从 I 变为 $2I$）的斜率：

$$v'\left(\frac{L}{4}\right) = -\frac{3PL^2}{128EI} \tag{f}$$

由于该挠曲线在点 B 处是连续的，因此，可利用连续条件 3，并使根据式 (d) 所求得的点 B 处的斜率等于式 (f) 所给出的同一点处的斜率，来求解常数 C_1：

$$\frac{P}{4EI}\left(\frac{L}{4}\right)^2 + C_1 = -\frac{3PL^2}{128EI} \quad \text{或} \quad C_1 = -\frac{5PL^2}{128EI}$$

因此，点 A、B 之间的斜率 [见式 (d)] 为：

$$v' = -\frac{P}{128EI}(5L^2 - 32x^2) \quad \left(0 \leqslant x \leqslant \frac{L}{4}\right) \tag{9-85}$$

在支座 A 处（$x=0$），转角（图 9-28c）为：

$$\theta_A = -v'(0) = \frac{5PL^2}{128EI} \tag{9-86}$$

梁的挠度。对斜率方程 [式 (9-85) 和式 (9-84)] 进行积分，可得：

$$v = -\frac{P}{128EI}\left(5L^2 x - \frac{32x^3}{3}\right) + C_3 \quad \left(0 \leqslant x \leqslant \frac{L}{4}\right) \tag{g}$$

$$v = -\frac{P}{32EI}\left(L^2 x - \frac{4x^3}{3}\right) + C_4 \quad \left(\frac{L}{4} \leqslant x \leqslant \frac{L}{2}\right) \tag{h}$$

将支座处的边界条件（条件 1）应用于式 (g)，可得 $C_3 = 0$。因此，点 A、B 之间的挠度 [根据式 (g)] 为：

$$v = -\frac{Px}{384EI}(15L^2 - 32x^2) \quad \left(0 \leqslant x \leqslant \frac{L}{4}\right) \tag{9-87}$$

根据该方程，可求出点 B 处的挠度：

$$v\left(\frac{L}{4}\right) = -\frac{13PL^3}{1536EI} \tag{i}$$

由于该挠曲线在点 B 处是连续的，因此，可利用连续条件 4，并使根据式 (h) 所求得的点 B 处的挠度等于式 (i) 所给出的挠度：

$$-\frac{P}{32EI}\left[L^2\left(\frac{L}{4}\right) - \frac{4}{3}\left(\frac{L}{4}\right)^3\right] + C_4 = -\frac{13PL^3}{1536EI}$$

据此可得：

$$C_4 = -\frac{PL^3}{768EI}$$

因此，点 B、C 之间的挠度 [根据式 (h)] 为：

$$v = -\frac{P}{768EI}(L^3 + 24L^2 x - 32x^3) \quad \left(\frac{L}{4} \leqslant x \leqslant \frac{L}{2}\right) \tag{9-88}$$

现已求出该梁左半段的挠曲线方程（可根据对称性来求解该梁右半段的挠度）。

最后，将 $x = L/2$ 代入式（9-88），就可求出中点 C 处的挠度：

$$\delta_c = -v\left(\frac{L}{2}\right) = \frac{3PL^3}{256EI} \tag{9-89}$$

现已求出所有的所需量，并完成了该变截面梁的分析。

注意：只有在所求方程仅为一个或两个且积分较为容易的情况下，使用微分方程来求解挠度才是可行的。例如，在锥形梁的情况下（图 9-27），采用解析法求解微分方程是相当困难的，因为惯性矩是 x 的一个连续函数。在这种情况下，由于微分方程中的系数是变量，而不是常数，因此，就必须使用数值方法来求解。

当某根梁的横截面尺寸发生突然变化时，如在本例中，在发生突变的那些点处将出现应力集中。然而，由于应力集中仅影响该梁很小的一个区域，因此，它们不会对挠度产生显著的影响。

● ● ● 例 9-14

长度为 L 的悬臂梁 ACB 具有两个不同惯性矩 I 和 $2I$，该梁在其自由端 A 处支撑着一个集中载荷 P（图 9-29a、b）。请求出其自由端处的挠度 δ_A。

解答：

本例将使用叠加法来求解该梁自由端处的挠度 δ_A。首先，将该挠度看作由以下两部分组成：AC 段的弯曲所引起的挠度，BC 段的弯曲所引起的挠度。可先单独求解这些挠度，然后，再将它们叠加以求得总挠度。

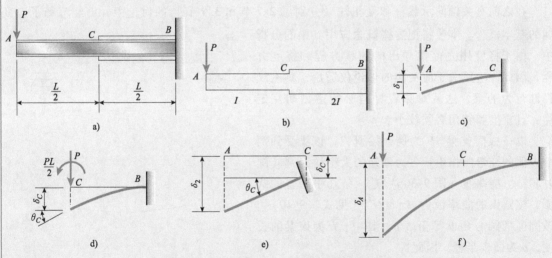

图 9-29　具有两个不同惯性矩的悬臂梁

该梁 AC 段的弯曲所引起的挠度。假设该梁在点 C 处保持刚性，以致于该梁在该点处既不发生挠曲，也不发生转动（图 9-29c）。由于 AC 段的长度为 $L/2$、惯性矩为 I，因此，可非常容易地计算出点 A 的挠度 δ_1（见附录 G 中表 G-1 的情况 4）：

$$\delta_1 = \frac{P(L/2)^3}{3EI} = \frac{PL^3}{24EI} \tag{a}$$

该梁 CB 段的弯曲所引起的挠度。该梁 CB 段的行为类似于一根悬臂梁（图 9-29d），而且，也在点 A 处产生了挠度。该悬臂梁的自由端承受着一个集中载荷 P 和一个力矩 PL/2。因此，自由端的挠度 δ_C 和转角 θ_C（图 9-29d）为（见表 G-1 的情况 4 和情况 6）：

$$\delta_C = \frac{P(L/2)^3}{3(2EI)} + \frac{(PL/2)(L/2)^2}{2(2EI)} = \frac{5PL^3}{96EI}$$

$$\theta_C = \frac{P(L/2)^2}{2(2EI)} + \frac{(PL/2)(L/2)}{2EI} = \frac{3PL^2}{16EI}$$

该挠度和转角对 A 端处的挠度提供了一个附加的挠度 δ_2（图 9-29e）。再次把 AC 段表示为一根悬臂梁，但现在，其支座（点 C 处）向下移动了一个 δ_C 的距离，且逆时针旋转了一个角度 θ_C（图 9-29e）。这些刚性位移在 A 端处产生了一个向下的位移，该位移等于：

$$\delta_2 = \delta_C + \theta_C\left(\frac{L}{2}\right) = \frac{5PL^3}{96EI} + \frac{3PL^2}{16EI}\left(\frac{L}{2}\right) = \frac{7PL^3}{48EI} \tag{b}$$

总挠度。原悬臂梁自由端 A 处的总挠度（图 9-29f）等于挠度 δ_1 与 δ_2 的总和：

$$\delta_A = \delta_1 + \delta_2 = \frac{PL^3}{24EI} + \frac{7PL^3}{48EI} = \frac{3PL^3}{16EI} \tag{9-90}$$

利用叠加原理拉求解挠度的方法有很多，本例说明了其中的一个方法。

9.8 弯曲应变能

在之前有关轴向承载杆和受扭轴（分别见 2.7 节和 3.9 节）的讨论中，已经解释了应变能的基本概念。本节将把这些概念应用到梁的分析中。由于将使用之前推导出的曲率方程和挠度方程，因此，这里关于应变能的讨论仅适用于具有线弹性行为的梁，这就意味着材料必须遵循胡克定律，且挠度和转角必须较小。

以一根简支梁 AB 为例开始研究，该梁受到两个力偶的纯弯曲作用，各力偶矩的大小均为 M（图 9-30a）。挠曲线（图 9-30b）是一条几乎平直的圆弧，该圆弧的曲率恒为 $\kappa = M/EI$［见式（9-10）］。该圆弧的圆心角 θ 等于 L/ρ，其中，L 为该梁的长度，ρ 为曲率半径。因此，

$$\theta = \frac{L}{\rho} = \kappa L = \frac{ML}{EI} \tag{9-91}$$

弯矩 M 和角度 θ 之间的这种线性关系由图 9-31 中的直线 OA 表示。随着弯曲力偶逐渐从零增大至其最大值，它们做了一个大小为 W 的功，该功由直线 OA 下的阴影区所表示。该功就等于存储在梁中的应变能 U，即：

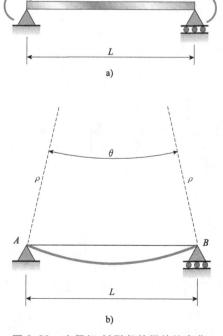

图 9-30 力偶矩 M 引起的梁的纯弯曲

$$W = U = \frac{M\theta}{2} \qquad\qquad (9\text{-}92)$$

该方程类似于轴向承载杆的应变能公式［见式（2-37）］。

联立求解式（9-91）和式（9-92），可将存储在纯弯曲梁中的应变能采用以下任一形式表达：

$$U = \frac{M^2 L}{2EI} \qquad U = \frac{EI\theta^2}{2L} \qquad\qquad (9\text{-}93\text{a，b})$$

其中，第一个方程用弯矩 M 来表达应变能，第二个方程用角度 θ 来表达应变能。这两个方程在形式上类似于轴向承载杆的应变能方程［见式（2-37a，b）］。

如果梁中的弯矩是沿着其长度变化的（非均匀弯曲），那么，可将式（9-93a，b）应用于该梁的一个微段（图9-32），再在该梁的整个长度上积分，就可求得其应变能。该微段的长度为 dx，根据式（9-6）和式（9-9），可求得其侧面之间的夹角 $d\theta$ 为：

$$d\theta = \kappa dx = \frac{d^2 v}{dx^2} dx \qquad\qquad (9\text{-}94\text{a})$$

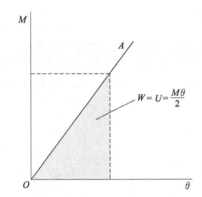

图 9-31 弯矩 M 和角度 θ 的线性关系图

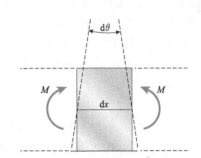

图 9-32 承受弯矩 M 的梁微段的侧视图

因此，该微段的应变能 dU 由以下任意一个方程［见式（9-93a，b）］给出：

$$dU = \frac{M^2 dx}{2EI} \qquad\qquad (9\text{-}94\text{b})$$

$$dU = \frac{EI (d\theta)^2}{2dx} = \frac{EI}{2dx}\left(\frac{d^2 v}{dx^2} dx\right)^2 = \frac{EI}{2}\left(\frac{d^2 v}{dx^2}\right)^2 dx \qquad\qquad (9\text{-}94\text{c})$$

将该方程在梁的长度上积分，可将存储在梁中的应变采用以下任一形式表达：

$$U = \int \frac{M^2 dx}{2EI} \qquad U = \int \frac{EI}{2}\left(\frac{d^2 v}{dx^2}\right)^2 dx \qquad\qquad (9\text{-}95\text{a，b})$$

注意，M 为梁中的弯矩，作为 x 的函数，它可能是变化的。在已知弯矩时，使用第一个方程；在已知挠曲线方程时，使用第二个方程（例9-15 和例9-16 说明了这些方程的应用）。

在推导式（9-95a，b）的过程中，仅考虑了弯矩的影响。如果也存在有剪力，那么，将有额外的应变能被存储在梁中。然而，对于长度远大于高度（例如，$L/d > 8$）的梁，剪切应变能非常小（与弯曲应变能相比）。因此，就大多数梁而言，忽略切应变能是相当安全的。

单一载荷引起的挠度 如果一根梁支撑着一个载荷，该载荷或者是一个集中载荷 P、或者一个力偶 M_0，那么，根据该梁的应变能，可分别求出相应的挠度 δ 和转角 θ。

在一根梁支撑着一个集中载荷的情况下，相应的挠度 δ 就是该梁轴线在载荷作用点处的挠度。该挠度必须沿着载荷的作用线测量，且在该载荷的作用方向上为正。

在一根梁支撑的载荷是一个力偶的情况下，相应的转角 θ 就是该梁轴线在该力偶作用点处的转角。

由于梁的应变能等于该载荷所做的功，且 δ 和 θ 分别对应于 P 和 M_0，因此，可得到以下方程：

$$U = W = \frac{P\delta}{2} \qquad U = W = \frac{M_0\theta}{2} \qquad\qquad (9\text{-}96a，b)$$

其中，第一个方程适用于仅承受一个力 P 的梁，第二个方程适用于仅承受一个力偶 M_0 的梁。式（9-96a，b）可表达为：

$$\delta = \frac{2U}{P} \qquad \theta = \frac{2U}{M_0} \qquad\qquad (9\text{-}97a，b)$$

正如 2.7 节所解释的那样，这种求解挠度和转角的方法，其应用是极为有限的，因为只能求出一个挠度（或转角）。此外，所求得的唯一挠度（或转角）对应于一个载荷（或力偶）。然而，该方法有时却是有用的，见之后例 9-16 的说明。

● ● ● 例 9-15

长度为 L 的简支梁 AB 支撑着一个强度为 q 的均布载荷（图 9-33）。（a）请根据弯矩来计算该梁的应变能；（b）请根据挠曲线方程来计算该梁的应变能（注：该梁的抗弯刚度恒为 EI）。

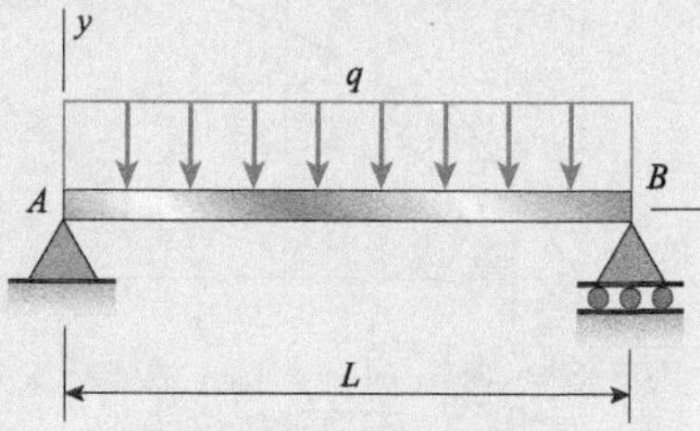

解答：

（a）根据弯矩来计算应变能。该梁在支座 A 处的反作用力为 $qL/2$，因此，该梁的弯矩表达式为：

$$M = \frac{qLx}{2} - \frac{qx^2}{2} = \frac{q}{2}(Lx - x^2) \qquad (a)$$

图 9-33　梁的应变能

该梁的应变能［根据式（9-95a）］为：

$$U = \int_0^L \frac{M^2 \mathrm{d}x}{2EI} = \frac{1}{2EI}\int_0^L \left[\frac{q}{2}(Lx - x^2)\right]^2 \mathrm{d}x = \frac{q^2}{8EI}\int_0^L (L^2x^2 - 2Lx^2 + x^4)\,\mathrm{d}x \qquad (b)$$

据此可得：

$$U = \frac{q^2 L^5}{240EI} \qquad\qquad (9\text{-}98)$$

注意，式中出现了载荷 q 的二次方，这与事实"应变能始终是正值"是一致的。此外，式（9-98）表明，应变能不是载荷的线性函数，尽管该梁本身表现为线弹性行为。

（b）根据挠曲线来计算应变能。附录 G 中表 G-2 的情况 1 给出了一根承受均匀载荷的简支梁的挠曲线方程：

$$v = -\frac{qx}{24EI}(L^3 - 2Lx^2 + x^3) \qquad (c)$$

求该方程的一阶和二阶导数，可得：

$$\frac{\mathrm{d}v}{\mathrm{d}x} = -\frac{q}{24EI}(L^3 - 6Lx^2 + 4x^3) \qquad \frac{\mathrm{d}^2v}{\mathrm{d}x^2} = \frac{q}{2EI}(Lx - x^2)$$

将二阶导数表达式代入应变能方程［式（9-95b）］，可得：

$$U = \int_0^L \frac{EI}{2}\left(\frac{\mathrm{d}^2v}{\mathrm{d}x^2}\right)^2 \mathrm{d}x = \frac{EI}{2}\int_0^L \left[\frac{q}{2EI}(Lx - x^2)\right]^2 \mathrm{d}x$$

$$= \frac{q^2}{8EI}\int_0^L (L^2x^2 - 2Lx^3 + x^4)\,\mathrm{d}x \tag{d}$$

由于该式中的最终积分项与式（b）的最终积分项是相同的，因此，可求得与式（9-98）相同的结果。

● ● ● 例 9-16

悬臂梁 AB 受到以下三种不同载荷条件的作用：（a）自由端处的一个集中载荷 P；（b）自由端处的一个力偶 M_0；（c）两个载荷同时作用。

请分别求出各种载荷条件下该梁的应变能，并求出载荷 P 单独作用时所引起的 A 端的垂直挠度 δ_A（图 9-34a）以及力矩 M_0 单独作用时所引起的 A 端的转角 θ_A（图 9-34b）（注：该梁的抗弯刚度恒为 EI）。

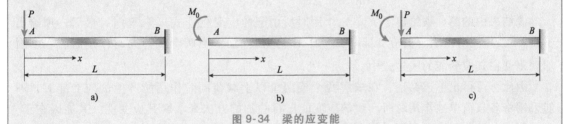

图 9-34 梁的应变能

解答：

（a）承受集中载荷 P 的梁（图 9-34a）。该梁与自由端相距 x 位置处的弯矩 $M = -Px$。将该 M 的表达式代入式（9-95a），可得以下该梁应变能的表达式：

$$U = \int_0^L \frac{M^2\,\mathrm{d}x}{2EI} = \int_0^L \frac{(-Px)^2\,\mathrm{d}x}{2EI} = \frac{P^2L^3}{6EI} \tag{9-99}$$

为了求出载荷 P 作用下的垂直挠度 δ_A，使该载荷所做的功等于应变能：

$$W = U \qquad 或 \qquad \frac{p\delta_A}{2} = \frac{P^2L^3}{6EI}$$

据此可得：

$$\delta_A = \frac{PL^3}{3EI}$$

该挠度 δ_A 是根据该方法所能够求得的唯一挠度，因为它是唯一对应于载荷 P 的挠度。

（b）承受力矩 M_0 的梁（图 9-34b）。在这种情况下，弯矩恒等于 $-M_0$。因此，应变能［根据式（9-95a）］为：

$$U = \int_0^L \frac{M^2 \mathrm{d}x}{2EI} = \int_0^L \frac{(-M_0)^2 \mathrm{d}x}{2EI} = \frac{M_0^2 L}{2EI} \tag{9-100}$$

在该梁加载期间，力偶 M_0 所做的功 W 为 $M_0\theta_A/2$，其中，θ_A 为 A 端的转角。因此，

$$W = U \qquad 或 \qquad \frac{M_0^2\theta_A}{2} = \frac{M_0^2 L}{2EI}$$

则：

$$\theta_A = \frac{M_0 L}{EI}$$

该转角与力矩具有相同的方向（在本例中为逆时针方向）。

（c）同时承受两个载荷的梁（图 9-34c）。当两个载荷同时作用在该梁上时，该梁中的弯矩为：

$$M = -Px - M_0$$

因此，应变能为：

$$U = \int_0^L \frac{M^2 \mathrm{d}x}{2EI} = \frac{1}{2EI}\int_0^L (-Px - M_0)^2 \mathrm{d}x$$

$$= \frac{P_2 L^3}{6EI} + \frac{PM_0 L^2}{2EI} + \frac{M_0^2 L}{2EI} \tag{9-101}$$

该结果中的第一项给出了 P 单独作用时所引起的应变能［式（9-99）］，最后一项给出了 M_0 单独作用时所引起的应变能［式（9-100）］。然而，当两个载荷同时作用时，一个附加项出现在其应变能的表达式中。

因此，可得出下述结论：在求解两个或两个以上载荷同时作用所产生的应变能时，不能采用将各载荷单独作用时所产生的应变能进行叠加的方法来求解其应变能。其原因在于，应变能是各载荷的二次函数，而不是一个线性函数。因此，叠加原理不适用于应变能。

还可以看出，对于承受两个或两个以上载荷的梁，采用使各载荷所做的功等于其应变能的方法不能计算出其挠度。例如，如果使功等于图 9-34c 所示梁的应变能，则可得：

$$W = U \qquad 或 \qquad \frac{P\delta_{A2}}{2} + \frac{M_0\theta_{A2}}{2} = \frac{P^2 L^3}{6EI} + \frac{PM_0 L^2}{2EI} + \frac{M_0^2 L}{2EI} \tag{a}$$

其中，δ_{A2} 和 θ_{A2} 分别代表在两个载荷同时作用下该梁 A 端的挠度和转角（图 9-34c）。虽然这两个载荷所做的功确实等于应变能且式（a）也是完全正确的，但却不能求解出 δ_{A2} 或 θ_{A2}，因为未知数有两个，而方程只有一个。

*9.9　卡氏定理

卡氏定理提供了一种根据结构的应变能来求解结构挠度的手段。为了说明这一点，研究一根悬臂梁，该梁的自由端处作用着一个集中载荷 P（图 9-35a）。该梁的应变能可根据例 9-16 的式（9-99）求得：

$$U = \frac{P^2 L^3}{6EI} \tag{9-102a}$$

将该表达式对载荷 P 求导：

$$\frac{\mathrm{d}U}{\mathrm{d}P} = \frac{\mathrm{d}}{\mathrm{d}P}\left(\frac{P^2 L^3}{6EI}\right) = \frac{PL^3}{3EI} \tag{9-102b}$$

显然，这一结果就是该梁自由端 A 处的挠度 δ_A（图 9-35b）。应特别注意，挠度 δ_A 对应于载荷 P 本身（是否记得，与一个集中载荷相对应的挠度就是该集中载荷作用点处的挠度。此外，该挠度位于该载荷的作用方向上）。因此，式（9-102b）表明，应变能对载荷的导数等于该载荷相应的挠度。卡氏定理就是这一观察结果的推广，现在，在一般条件下推导这一定理。

卡氏定理的推导　研究一根承受任意数量载荷的梁，例如 n 个载荷 P_1，P_2，…，P_i，…，P_n（图 9-36a），将各不同载荷相应的挠度分别标记为 δ_1，δ_2，…，δ_i，…，δ_n，如图 9-36b 所示。与之前关于挠度和应变能的讨论一样，假设叠加原理适用于该梁及其载荷。

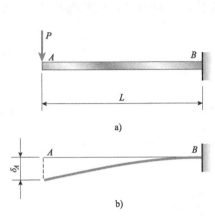

图 9-35　支撑单一载荷 P 的梁

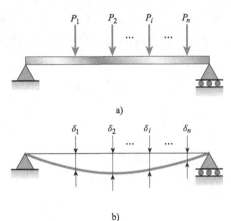

图 9-36　支撑 n 个载荷的梁

现在，准备求解该梁的应变能。当各载荷被施加到梁上时，其大小逐渐从零增加至其最大值。同时，各载荷均在其作用方向上产生了相应的位移并做了功。各载荷所做的总功 W 等于存储在该梁中的应变能 U：

$$W = U \tag{9-103}$$

注意，W（以及 U）是作用在梁上的载荷 P_1，P_2，…，P_n 的一个函数。

接下来，假设某一个载荷，例如第 i 个载荷，略微增加了一个 $\mathrm{d}P_i$ 的数量，而其他载荷保持不变。该载荷增量将导致梁的应变能有一个小的增量 $\mathrm{d}U$。这个应变能增量可被表达为 U 相对于 P_i 的变化率乘以 P_i 的增量。因此，该应变能的增量为：

$$\mathrm{d}U = \frac{\partial U}{\partial P_i}\mathrm{d}P_i \tag{9-104}$$

其中，$\partial U/\partial P_i$ 为 U 相对于 P_i 的变化率（由于 U 是所有载荷的一个函数，因此，U 对其中任何一个载荷的导数都是一个偏导数）。于是，梁的最终应变能为：

$$U + \mathrm{d}U = U + \frac{\partial U}{\partial P_i}\mathrm{d}P_i \tag{9-105}$$

其中，U 为是式（9-103）所提及的应变能。

由于该梁满足叠加原理的条件，因此，总应变能与加载顺序无关，即：无论采用何种加载顺序，该梁的最终位移（以及各个载荷在达到这些位移过程中所做的功）都是相同的。在达到式（9-105）所给出的应变能的过程中，既可先施加 n 个载荷 P_1, P_2, $\cdots$, P_n，然后再施加载荷 $\mathrm{d}P_i$；也可以采用相反的加载顺序，即先施加载荷 $\mathrm{d}P_i$，再施加载荷 P_1, P_2, $\cdots$, P_n。这两种情况下的应变能总量是相同的。

在先施加载荷 $\mathrm{d}P_i$ 时，该载荷所产生的应变能等于载荷 $\mathrm{d}P_i$ 的一半乘以其相应的位移 $\mathrm{d}\delta_i$。因此，载荷 $\mathrm{d}P_i$ 所产生的应变能为：

$$\frac{\mathrm{d}P_i\mathrm{d}\delta_i}{2} \tag{9-106a}$$

再施加载荷 P_1, P_2, $\cdots$, P_n 时，这些载荷所产生的位移与之前的位移（δ_1, δ_2, $\cdots$, δ_n）是相同的，所做的功也与之前的功〔式（9-103）〕相同。然而，在施加这些载荷的过程中，力 $\mathrm{d}P_i$ 却又自动移动了一个距离 δ_i，这样一来，该力就做了一个额外的功，这个额外的功等于该力乘以其移动的距离（注意，该功没有一个 1/2 的系数，因为通过该位移的力 $\mathrm{d}P_i$ 是全值[⊖]。因此，该额外的功（等于额外的应变能）为：

$$\mathrm{d}P_i\delta_i \tag{9-106b}$$

因此，第二个加载顺序的最终应变能为：

$$\frac{\mathrm{d}P_i\mathrm{d}\delta_i}{2} + U + \mathrm{d}P_i\delta_i \tag{9-106c}$$

使该表达式与之前的最终应变能表达式〔式（9-105）〕相等〔式（9-105）是按照第一个加载顺序得到的〕，则可得：

$$\frac{\mathrm{d}P_i\mathrm{d}\delta_i}{2} + U + \mathrm{d}P_i\delta_i = U + \frac{\partial U}{\partial P_i}\mathrm{d}P_i \tag{9-106d}$$

在该式中，可舍去第一项（即 $\mathrm{d}P_i\mathrm{d}\delta_i/2$），因为它包含两个微分的乘积，且与其他项相比是一个无穷小的量。这样，就可得到以下关系：

$$\delta_i = \frac{\partial U}{\partial P_i} \tag{9-107}$$

该方程被称为卡氏定理（Castigliano's theorem）[⊖]。

虽然卡氏定理是以梁为例推导出来的，但是，卡氏定理已被应用于任何其他类型的结构（如桁架结构）以及任何其他种类的载荷（如力偶形式的载荷）中。应用中最重要的要求是：结构应是线弹性的，且可适用叠加原理。同时，还应注意，必须将应变能表达为各载荷的一个函数（而不是位移的一个函数），其实，卡氏定理本身就暗示了这一条件，因为其偏导数是相对于某一载荷的。在这些限制条件下，可将卡氏定理概括为：结构的应变能对任何一个载荷的偏导数等于该载荷相应的位移。

一个线弹性结构的应变能是载荷的二次函数〔例如，见式（9-102a）〕，因此，偏导数和位移〔式（9-107）〕都是各载荷的线性函数（正如预期）。

⊖　即 $\mathrm{d}P_i$ 是一个恒力，它所做的功是一个恒力功。——译者注

⊖　卡氏定理是结构分析中最著名的定理之一。意大利工程师卡洛斯·阿尔伯托·皮奥·卡斯提利亚诺（Carlos Alberto Pio Castigliano，1847—1884）发现了该定理（见参考文献9-2）。这里引用的定理〔式（9-107）〕实际上是卡斯提利亚诺所提出的第二个定理，该定理应被称为卡氏第二定理。卡氏第一定理是卡氏第二定理的逆定理，其意义在于，它用应变能对位移的偏导数来表示结构上的各个载荷。

在使用与卡氏定理相关的术语"载荷"以及"相应的位移"时，必须清楚，这些术语是一种广义的术语。"载荷 P_i"和"相应的位移 δ_i"可能是一个力和一个相应的平移，也可能是一个力偶和一个相应的转动，还可能是某些其他的相应量。

卡氏定理的应用　为了说明卡氏定理的应用，研究一根悬臂梁 AB，该梁的自由端处承受着一个集中载荷 P 和一个力偶矩 M_0 的作用（图 9-37a）。现在，希望求出其自由端处的铅垂挠度 δ_A 和转角 θ_A（图 9-37b）。注意，δ_A 是相应于载荷 P 的挠度，θ_A 是相应于力偶矩 M_0 的转角。

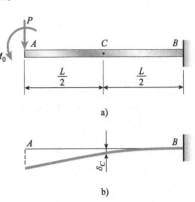

图 9-37　卡氏定理在梁中的应用

分析的第一步是求出该梁的应变能。为此，写出以下弯矩方程：

$$M = -Px - M_0 \tag{9-108}$$

其中，x 为至自由端的距离（图 9-37a）。将该 M 的表达式代入式（9-95a），可求得应变能为：

$$U = \int_0^L \frac{M^2 \mathrm{d}x}{2EI} = \frac{1}{2EI} \int_0^L (-Px - M_0)^2 \mathrm{d}x$$

$$= \frac{P^2 L^3}{6EI} + \frac{PM_0 L^2}{2EI} + \frac{M_0^2 L}{2EI} \tag{9-109}$$

其中，L 为梁的长度，EI 为梁的抗弯刚度。注意，应变能是载荷 P 和 M_0 的二次函数。

为了求得自由端处的垂直挠度 δ_A，使用卡氏定理［式（9-107）］，并求应变能对载荷 P 的偏导数：

$$\delta_A = \frac{\partial U}{\partial P} = \frac{PL^3}{3LI} + \frac{M_0 L^2}{2EI} \tag{9-110}$$

通过与附录 G 中表 G-1 的情况 4 和情况 6 给出的公式进行对比，就可验证该挠度表达式的正确性。

采用类似的方法，求该应变能对 M_0 的偏导数，即可求出自由端处的转角 θ_A：

$$\theta_A = \frac{\partial U}{\partial M_0} = \frac{PL^2}{2EI} + \frac{M_0 L}{EI} \tag{9-111}$$

与表 G-1 的情况 4 和情况 6 给出的公式进行对比，可验证该表达式的正确性。

虚拟载荷的使用　根据卡氏定理，只能够求出那些与作用在结构上的载荷相对应的位移。如果希望计算结构上某点处的位移、而该点处却没有载荷的作用，那么，就必须在该结构上施加一个与所需位移相应的虚拟载荷（fictitious load）。通过计算应变能、并对该虚拟载荷求偏导数，就可求出所需位移。该位移是一个实际载荷与虚拟载荷同时作用时所产生的位移。通过设虚拟载荷为零的方式，可得到仅由实际载荷所产生的位移。

为了说明这一方法，研究图 9-38a 所示的悬臂梁，假设希望求出其中点 C 处的垂直挠度 δ_C。由于挠度 δ_C 是向下的（图 9-38b），因此，与该挠度对应的载荷就是一个作用在同一点处的垂直向下的力。也就是说，必须在点 C 处施加一个向下作用的虚拟载荷 Q（图 9-39a）。然后，就可利用卡氏定理来求解该梁中点处的挠度 $(\delta_C)_0$（图 9-39b）。根据该挠度 $(\delta_C)_0$，并设 Q 等于零，则可求得图 9-38 所示梁的挠度 δ_C。

首先，求出图 9-39a 所示梁中的弯矩：

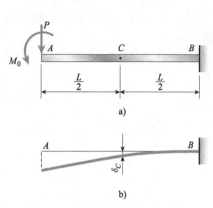

图 9-38 支撑载荷 P 和 M_0 的梁

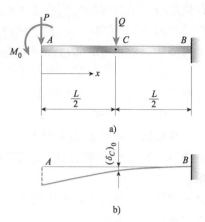

图 9-39 支撑虚拟载荷 Q 的梁

$$M = -Px - M_0 \qquad \left(0 \leqslant x \leqslant \frac{L}{2}\right) \tag{9-112a}$$

$$M = -Px - M_0 - Q\left(x - \frac{L}{2}\right) \left(\frac{L}{2} \leqslant x \leqslant L\right) \tag{9-112b}$$

其次，对该梁的两个半段分别应用式（9-95a），则可求出该梁的应变能。其中，该梁左半段（点 A 至点 C）中的应变能为：

$$U_{AC} = \int_0^{L/2} \frac{M_2 \mathrm{d}x}{2EI} = \frac{1}{2EI} \int_0^{L/2} (-Px - M_0)^2 \mathrm{d}x$$

$$= \frac{P^2 L^3}{48EI} + \frac{PM_0 L^2}{8EI} + \frac{M_0^2 L}{4EI} \tag{9-113a}$$

该梁右半段中的应变能为：

$$U_{CB} = \int_{L/2}^L \frac{M_2 \mathrm{d}x}{2EI} = \frac{1}{2EI} \int_{L/2}^L \left[-Px - M_0 - Q\left(x - \frac{L}{2}\right)\right]^2 \mathrm{d}x$$

$$= \frac{7P^2 L^3}{48EI} + \frac{3PM_0 L^2}{8EI} + \frac{5PQL^3}{48EI} + \frac{M_0^2 L}{4EI} + \frac{M_0^2 Q}{8EI} + \frac{Q^2 L^3}{48EI} \tag{9-113b}$$

该式的积分过程较长。将该梁两段的应变能相加，则得到整个梁（图 9-39a）的应变能：

$$U = U_{AC} + U_{CB}$$

$$= \frac{P^2 L^3}{6EI} + \frac{PM_0 L^2}{2EI} + \frac{5PQL^3}{48EI} + \frac{M_0^2 L}{2EI} + \frac{M_0 QL^2}{8EI} + \frac{Q^2 L^3}{48EI} \tag{9-114}$$

现在，根据卡氏定理，可求得图 9-39a 所示梁中点处的挠度：

$$(\delta_C)_0 = \frac{\partial U}{\partial Q} = \frac{5PL^3}{48EI} + \frac{M_0 L^3}{8EI} + \frac{QL^3}{24EI} \tag{9-115}$$

该方程给出了作用在该梁上的所有三个载荷在点 C 处所产生的挠度。为了求得仅由载荷 P 和 M_0 所产生的挠度，将该方程中的载荷 Q 设为零，则所得结果就是两个实际载荷作用时（图 9-38a）该梁中点 C 处的挠度：

$$\delta_C = \frac{5PL^3}{48EI} + \frac{M_0 L^2}{8EI} \tag{9-116}$$

因此，已求得原梁中的挠度。

该方法有时被称为虚拟载荷法，因为引入了一个虚构（或虚拟）的载荷。

积分符号下的微分　从上例中可以看出，在利用卡氏定理求解梁的挠度时，可能需要一个很长的积分过程，尤其当两个以上的载荷作用在梁上时。其原因是显然易见的——因为若要求出应变能，就必须对弯矩的平方进行积分［见式（9-95a）］。例如，如果弯矩的表达式有三项，则其平方可能会有六项之多，其中的每一项都必须被积分。

在完成积分并求出了应变能之后，可对应变能进行微分运算以求出挠度。然而，在求解应变能的过程中，可在积分之前先进行微分运算。这一计算过程并不排除积分运算，但却可使积分过程更为简便。

为了说明这一方法，采用式（9-95a）的应变能表达式，并利用卡氏定理［式（9-107）］，则有：

$$\delta_i = \frac{\partial U}{\partial P_i} = \frac{\partial}{\partial P_i} \int \frac{M^2 \mathrm{d}x}{2EI} \tag{9-117}$$

根据微积分的规则，可先对积分符号下的表达式求偏导数，即：

$$\delta_i = \frac{\partial}{\partial P_i} \int \frac{M^2 \mathrm{d}x}{2EI} = \int \left(\frac{M}{EI}\right)\left(\frac{\partial M}{\partial P_i}\right) \mathrm{d}x \tag{9-118}$$

可将该方程称为修正的卡氏定理（modified Castigliano's theorem）。

在使用修正的卡氏定理时，需要对弯矩及其偏导数进行积分运算。相反，在使用标准的卡氏定理［见式（9-117）］时，却需要对弯矩的平方进行积分运算。由于弯矩的偏导数的表达式比弯矩本身的表达式要短，因此，这个新的计算过程更为简单。为了证明这一点，利用修正的卡氏定理［式（9-118）］来求解上述各例。

首先研究图 9-37 所示梁，如上所述，希望求出其自由端处的挠度和转角。弯矩及其偏导数［见式（9-108）］为：

$$M = -Px - M_0$$

$$\frac{\partial M}{\partial p} = -x \qquad \frac{\partial M}{\partial M_0} = -1$$

根据式（9-118），可求出挠度 δ_A 和转角 θ_A：

$$\delta_A = \frac{1}{EI} \int_0^L (-Px - M_0)(-x)\mathrm{d}x = \frac{PL^3}{3EI} + \frac{M_0 L^2}{2EI} \tag{9-119a}$$

$$\theta_A = \frac{1}{EI} \int_0^L (-Px - M_0)(-1)\mathrm{d}x = \frac{PL^2}{2EI} + \frac{M_0 L}{EI} \tag{9-119b}$$

这些方程与之前式（9-110）和式（9-111）中的结果是一致的。然而，其计算过程要短于之前的计算过程，因为不必对弯矩的平方进行积分运算［见式（9-109）］。

当结构上作用有两个以上的载荷时，"对积分符号下的表达式进行微分运算"这一计算过程将具有更为明显的优势。例如，在图 9-38 中，希望求出该梁中点 C 处的由载荷 P 和 M_0 所引起的挠度 δ_C。为此，在中点处增加一个虚拟载荷 Q（见图 9-39）。接下来，求解所有三个载荷（P，M_0，Q）作用时梁中点处的挠度 $(\delta_C)_0$。最后，设 $Q=0$ 以求得仅由载荷 P 和 M_0 所产生的挠度 δ_C。该求解过程非常耗时，因为积分过程非常漫长。然而，如果采用修正的卡氏定理并先进行微分运算，那么，计算过程将大为缩短。

在所有三个载荷共同作用时（见图 9-39），弯矩及其偏导数［见式（9-112）和式（9-113）］如下：

$$M = -Px - M_0 \qquad \frac{\partial M}{\partial Q} = 0 \qquad \left(0 \leqslant x \leqslant \frac{L}{2}\right)$$

$$M = -Px - M_0 - Q\left(x - \frac{L}{2}\right) \qquad \frac{\partial M}{\partial Q} = -\left(x - \frac{L}{2}\right) \qquad \left(\frac{L}{2} \leqslant x \leqslant L\right)$$

因此，根据式（9-118），可得挠度 $(\delta_C)_0$ 为：

$$(\delta_C)_0 = \frac{1}{EI}\int_0^{L/2}(-Px - M_0)(0)\,\mathrm{d}x + \frac{1}{EI}\int_{L/2}^{L}\left[-Px - M_0 - Q\left(x - \frac{L}{2}\right)\right]\left[-\left(x - \frac{L}{2}\right)\right]\mathrm{d}x$$

由于 Q 是一个虚拟载荷，且已对其求了偏导，因此，在积分运算前，可设 Q 等于零，这样就可求得由两个载荷 P 和 M_0 所产生的挠度 δ_C：

$$\delta_C = \frac{1}{EI}\int_{L/2}^{L}\left[-Px - M_0\right]\left[-\left(x - \frac{L}{2}\right)\right]\mathrm{d}x = \frac{5PL^3}{48EI} + \frac{M_0 L^2}{8EI}$$

该式与之前的式（9-116）中的结果是一致的。显然，采用在积分符号下进行微分运算的方式，并利用修正的卡氏定理，该积分过程被大幅度简化。

对于式（9-118）的积分符号下出现的偏导数，其物理意义有如下简单解释。它代表弯矩 M 相对于载荷 P_i 的变化率，即它等于载荷 P_i 的单位值所产生的弯矩 M。根据这一观点，可得到一种求解挠度的方法，该方法被称为单位载荷法（unit-load method）。根据卡氏定理，也可得到一种被称为柔度法（flexibility method）的结构分析方法。单位载荷法和柔度法均被广泛应用于结构分析中（见相关学科的教材）。

以下各例说明了如何利用卡氏定理来求解梁的挠度。然而，必须记住，该定理不仅限于求解梁的挠度——它适用于任何类型的满足叠加原理条件的线弹性结构。

● ● ●　例 9-17

简支梁 AB 支撑着一个强度 $q = 20\text{kN/m}$ 的均布载荷以及一个集中载荷 $P = 25\text{kN}$（见图 9-40）。载荷 P 作用在该梁的中点 C 处。该梁的长度 $L = 2.5\text{m}$、弹性模量 $E = 210\text{GPa}$、惯性矩 $I = 31.2 \times 10^2\text{cm}^4$。请采用以下方法来求解该梁中点处的向下挠度 δ_C：（1）求出该梁的应变能，并利用卡氏定理；（2）利用卡氏定理的修正形式（积分符号下的微分运算）。

解答：

方法（1）。由于该梁及其载荷是关于中点对称的，因此，整个梁的应变能就等于该梁左半段的应变能的两倍。这样一来，只需分析该梁的左半段。

左端支座 A 处的反作用力（图 9-40 和图 9-41）为：

$$R_A = \frac{P}{2} + \frac{qL}{2}$$

因此，弯矩 M 为：

$$M = R_A x - \frac{qx^2}{2} = \frac{Px}{2} + \frac{qLx}{2} - \frac{qx^2}{2} \tag{a}$$

其中，x 自支座 A 处开始测量。

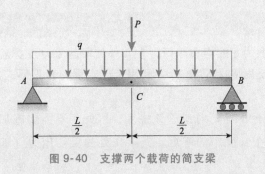

图 9-40 支撑两个载荷的简支梁

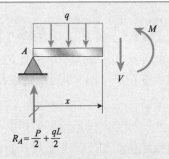

图 9-41 用于求解弯矩 M 的该
梁左半段的自由体图

整个梁的应变能［式（9-95a）］为：

$$U = \int \frac{M^2 \mathrm{d}x}{2EI} = 2\int_0^{L/2} \frac{1}{2EI}\left(\frac{Px}{2} + \frac{qLx}{2} - \frac{qx^2}{2}\right)^2 \mathrm{d}x$$

在求出括号中的平方项并进行一个冗长的积分运算后，可以求出：

$$U = \frac{P^2 L^3}{96EI} + \frac{5PqL^4}{384EI} + \frac{q^2 L^5}{240EI}$$

由于中点 C 处的挠度（图 9-40）对应于载荷 P，因此，可使用卡氏定理［式（9-107）］来求解该挠度：

$$\delta_C = \frac{\partial U}{\partial P} = \frac{\partial}{\partial P}\left(\frac{P^2 L^3}{96EI} + \frac{5PqL^4}{384EI} + \frac{q^2 L^5}{240EI}\right) = \frac{PL^3}{48EI} + \frac{5qL^4}{384EI} \qquad \text{(b)}$$

方法（2）。利用卡氏定理的修正形式［式（9-118）］，可避免求解应变能时的冗长积分。已求出了该梁左半段的弯矩［见式（a）］，该弯矩对载荷 P 的偏导数为：

$$\frac{\partial M}{\partial P} = \frac{x}{2}$$

因此，修正的卡氏定理变为：

$$\delta_C = \int \left(\frac{M}{EI}\right)\left(\frac{\partial M}{\partial P}\right) \mathrm{d}x$$

$$= 2\int_0^{L/2} \frac{1}{EI}\left(\frac{Px}{2} + \frac{qLx}{2} - \frac{qx^2}{2}\right)\left(\frac{x}{2}\right) \mathrm{d}x = \frac{PL^3}{48EI} + \frac{5qL^4}{384EI} \qquad \text{(c)}$$

该式与之前的结果［式（b）］是一致的，但积分过程却更为简单。

数值解。将数值代入所得到的点 C 处的挠度表达式，可得：

$$\delta_C = \frac{PL^3}{48EI} + \frac{5qL^4}{384EI}$$

$$= \frac{(25\text{kN}) \times (2.5\text{m})^3}{48 \times (210\text{GPa}) \times (31.2 \times 10^{-6} \text{ m}^4)} + \frac{5 \times (20\text{kN/m}) \times (2.5\text{ m})^4}{384 \times (210\text{GPa}) \times (31.2 \times 10^{-6} \text{ m}^4)}$$

$$= 1.24\text{mm} + 1.55\text{mm} = 2.79\text{mm}$$

注意：在求解出偏导数之前，不能代入数值。如果过早代入数值，那么，无论是弯矩的表达式，还是应变能的表达式，都不可能对其求偏导数。

● ● ●　例 9-18

外伸梁 ABC 在其 AB 段上支撑着一个强度为 q 的均布载荷，在其外伸段的 C 端支撑着一个集中载荷 P（图 9-42）。请求出点 C 处的挠度 δ_C 和转角 θ_C（利用卡氏定理的修正形式）。

解答：

外伸段端部处的挠度 δ_C（图 9-42b）。由于载荷 P 对应于该挠度，因此，不需要施加一个虚拟载荷。相反，可立刻开始求解该梁整个长度中的弯矩。支座 A 处的反作用力（如图 9-43 所示）为：

$$R_A = \frac{qL}{2} - \frac{P}{2}$$

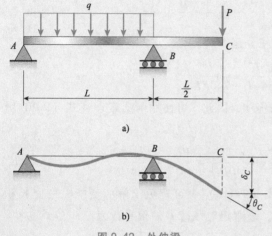

a)

b)

图 9-42　外伸梁

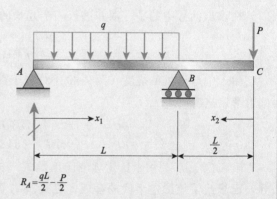

图 9-43　例 9-18 所示梁支座 A 处的反作用力以及坐标 x_1、x_2

因此，AB 段中的弯矩为：

$$M_{AB} = R_A x_1 - \frac{q x_1^2}{2} = \frac{qLx_1}{2} - \frac{Px_1}{2} - \frac{q x_1^2}{2} \quad (0 \leqslant x \leqslant L)$$

其中，x_1 自支座 A 处开始测量（图 9-43）。外伸段中的弯矩为：

$$M_{BC} = -Px_2 \quad \left(0 \leqslant x_2 \leqslant \frac{L}{2}\right)$$

其中，x_2 自点 C 处开始测量（图 9-43）。

下一步，求出对载荷 P 的偏导数：

$$\frac{\partial M_{AB}}{\partial P} = -\frac{x_1}{2} \quad (0 \leqslant x_1 \leqslant L)$$

$$\frac{\partial M_{BC}}{\partial P} = -x_2 \quad (0 \leqslant x_2 \leqslant L)$$

现在，已准备好使用卡氏定理的修正形式［式（9-118）］来求解点 C 处的挠度：

$$\delta_C = \int \left(\frac{M}{EI} \right) \left(\frac{\partial M}{\partial P} \right) \mathrm{d}x$$

$$= \frac{1}{EI} \int_0^L M_{AB} \left(\frac{\partial M_{AB}}{\partial P} \right) \mathrm{d}x + \frac{1}{EI} \int_0^{L/2} M_{BC} \left(\frac{\partial M_{BC}}{\partial P} \right) \mathrm{d}x$$

将弯矩和偏导数的各表达式代入该式，可得：

$$\delta_C = \frac{1}{EI} \int_0^L \left(\frac{qLx_1}{2} - \frac{Px_1}{2} - \frac{qx_1^2}{2} \right) \left(-\frac{x_1}{2} \right) \mathrm{d}x_1 + \frac{1}{EI} \int_0^{L/2} (-Px_2)(-x_2) \mathrm{d}x_2$$

在进行积分运算并化简之后，可求得该挠度为：

$$\delta_C = \frac{PL^3}{8EI} - \frac{qL^4}{48EI} \tag{9-119c}$$

由于载荷 P 向下作用，因此，挠度 δ_C 也是向下为正。换句话说，如果该方程产生的结果为正值，那么，该挠度将是向下的。如果结果为负值，那么，该挠度将是向上的。

比较式（9-119c）中的两个表达项，可以看出，当 $P > qL/6$ 时，外伸段端部处的挠度是向下的；当 $P < qL/6$ 时，该挠度是向上的。

外伸段端部处的转角 θ_C（图 9-42b）。由于原梁上没有与该转角相应的载荷（图 9-42a），因此，必须施加一个虚拟载荷，即必须在点 C 处施加一个力偶矩 M_C（图 9-44）。注意，力偶 M_C 应作用在需要求解转角的那个点处。此外，它应与转角具有相同的顺时针转向（图 9-42）

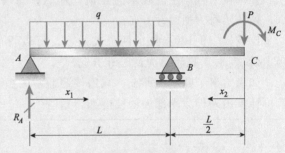

图 9-44 例 9-18 所示梁上作用的虚拟力矩 M_C

现在，采取与求解点 C 处挠度时的相同步骤。首先，可以看出，支座 A 处的反作用力（图 9-44）为：

$$R_A = \frac{qL}{2} - \frac{P}{2} - \frac{M_C}{L}$$

因此，AB 段中的弯矩变为：

$$M_{AB} = R_A x_1 - \frac{qx_1^2}{2} = \frac{qLx_1}{2} - \frac{Px_1}{2} - \frac{M_C x_1}{L} - \frac{qx_1^2}{2} \qquad (0 \leqslant x_1 \leqslant L)$$

同时，外伸段中的弯矩变为：

$$M_{BC} = -Px_2 - M_C \qquad \left(0 \leqslant x_2 \leqslant \frac{L}{2} \right)$$

求对力矩 M_C（该力矩就是转角 θ_C 相应的载荷）的偏导数：

$$\frac{\partial M_{AB}}{\partial M_C} = -\frac{x_1}{L} \qquad (0 \leqslant x_1 \leqslant L)$$

$$\frac{\partial M_{BC}}{\partial M_C} = -1 \qquad \left(0 \leqslant x_2 \leqslant \frac{L}{2} \right)$$

现在，使用卡氏定理的修正形式 [式（9-118）] 来求解点 C 处的转角：

$$\theta_C = \int\left(\frac{M}{EI}\right)\left(\frac{\partial M}{\partial M_C}\right)\mathrm{d}x$$

$$= \frac{1}{EI}\int_0^L M_{AB}\left(\frac{\partial M_{AB}}{\partial M_C}\right)\mathrm{d}x + \frac{1}{EI}\int_0^{L/2} M_{BC}\left(\frac{\partial M_{BC}}{\partial M_C}\right)\mathrm{d}x$$

将弯矩和偏导数的各表达式代入该式，可得：

$$\theta_C = \frac{1}{EI}\int_0^L\left(\frac{qLx_1}{2}-\frac{Px_1}{2}-\frac{M_Cx_1}{L}-\frac{qx_1^2}{2}\right)\left(-\frac{x_1}{L}\right)\mathrm{d}x_1 + \frac{1}{EI}\int_0^{L/2}(-Px_2-M_C)(-1)\mathrm{d}x_2$$

由于 M_C 是一个虚拟载荷，且已求出了偏导数，因此，在这一计算阶段，可设 M_C 等于零，并简化该积分式：

$$\theta_C = \frac{1}{EI}\int_0^L\left(\frac{qLx_1}{2}-\frac{Px_1}{2}-\frac{qx_1^2}{2}\right)\left(-\frac{x_1}{L}\right)\mathrm{d}x_1 + \frac{1}{EI}\int_0^{L/2}(-Px_2)(-1)\mathrm{d}x_2$$

在进行积分运算并化简之后，可得：

$$\theta_C = \frac{7PL^2}{24EI}-\frac{qL^3}{24EI} \tag{9-120}$$

如果该方程产生的结果为正值，那么，该转角将为顺时针方向。如果结果为负值，那么，该转角将为逆时针方向。

比较式（9-120）中的两个表达项，可以看出，当 $P>qL/7$ 时，该转角为顺时针方向；当 $P<qL/7$ 时，该转角为逆时针方向。

如果给出了数据，那么，只需按照通常的做法将数据代入式（9-119c）和式（9-120），就可计算出外伸段端部处的挠度和转角。

*9.10 冲击产生的挠度

本节将讨论落体对梁的冲击（图 9-45a），并将根据"落体所损失的势能等于该梁所获得的应变能"来求解该梁的动态挠度。这一近似方法已在 2.8 节（该节讨论了一个质量块撞击一根轴向承载杆的情况）中作了详细论述，因此，应首先充分理解 2.8 节的内容。

2.8 节所述的大多数假设不仅适用于轴向承载杆，也适用于梁。这些假设如下：（1）落体撞击该梁并随其一起移动；（2）没有发生能量损失；（3）该梁具有线弹性行为；（4）该梁在动态载荷下和静态载荷下的挠曲形状是相同的；（5）位置变化所引起的该梁势能的变化量相对较小，可忽略不计。一般而言，如果落体的质量远大于梁的质量，那么，这些假设是合理的；否则，这一近似分析就是无效的，需要采用更先进的分析方法。

以图 9-45 所示简支梁 AB 为例。该梁在其中点处受到一个质量为 m、重量为 W 的落体的撞击。基

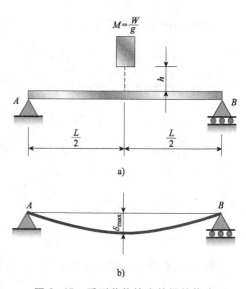

图 9-45 受到落体撞击的梁的挠度

于上述理想化假设，可假设该落体在其下落过程中损失的所有势能均被转化为储存在梁中的弹性应变能。由于落体通过的距离为 $h + \delta_{max}$，其中，h 为落体在该梁之上的初始高度（图 9-45a），δ_{max} 为该梁的最大动态挠度（图 9-45b），所损失的势能为：

$$W(h + \delta_{max}) \tag{9-121}$$

利用式（9-95b），就可根据挠曲线求出该梁所获得的应变能。这里，再次给出式（9-95b）：

$$U = \int \frac{EI}{2} \left(\frac{d^2 v}{dx^2} \right)^2 dx \tag{9-122}$$

对于一根在中点处承受一个集中载荷的简支梁，其挠曲线方程（见附录 G 中表 G-2 的情况 4）为：

$$v = -\frac{Px}{48EI}(3L^2 - 4x^2) \qquad \left(0 \leq x \leq \frac{L}{2} \right) \tag{9-123}$$

同时，该梁的最大挠度为：

$$\delta_{max} = \frac{PL^3}{48EI} \tag{9-124}$$

在式（9-123）和式（9-124）中消去载荷 $P^{\ominus}$，则得到用最大挠度来表达的挠曲线方程：

$$v = -\frac{\delta_{max} x}{L^3}(3L^2 - 4x^2) \qquad \left(0 \leq x \leq \frac{L}{2} \right) \tag{9-125}$$

求二阶导数，可得：

$$\frac{d^2 v}{dx^2} = \frac{24 \delta_{max} x}{L^3} \tag{9-126}$$

最后，将该二阶导数代入式（9-122），则得到如下用最大挠度表达的梁中应变能的表达式：

$$U = 2 \int_0^{L/2} \frac{EI}{2} \left(\frac{d^2 v}{dx^2} \right)^2 dx = EI \int_0^{L/2} \left(\frac{24 \delta_{max} x}{L^3} \right)^2 dx = \frac{24 EI \delta_{max}^2}{L^3} \tag{9-127}$$

使落体损失的势能［式（9-121）］等于该梁获得的应变能［式（9-127）］，可得：

$$W(h + \delta_{max}) = \frac{24 EI \delta_{max}^2}{L^3} \tag{9-128}$$

该方程是一个关于 δ_{max} 的一元二次方程，其正值解为：

$$\delta_{max} = \frac{WL^3}{48EI} + \left[\left(\frac{WL^3}{48E} \right)^2 + 2h \left(\frac{WL^3}{48EI} \right) \right]^{1/2} \tag{9-129}$$

可以看出，如果增大落体的重量或增加下降的高度，那么，最大动态挠度都将增大；如果增加该梁的刚度 EI/L^3，则将降低最大动态挠度。

为了简化上述方程，将该梁在重量 W 作用下所产生的静态挠度标记为 δ_{st}，即：

$$\delta_{st} = \frac{WL^3}{48EI} \tag{9-130}$$

则式（9-129）的最大动态挠度变为：

$$\delta_{max} = \delta_{st} + (\delta_{st}^2 + 2h\delta_{st})^{1/2} \tag{9-131}$$

$\ominus$ 即把式（9-124）改写为 $P = 48EI\delta_{max}/L^3$，再将 $P = 48EI\delta_{max}/L^3$ 代入式（9-123）。——译者注

该方程表明：动态挠度总是大于静态挠度。

如果高度 h 等于零，这意味着载荷在没有任何自由下落的情况下被突然施加到梁上，则动态挠度是静态挠度的两倍。如果高度 h 远大于挠度，则式（9-131）中含有 h 的那一项就占据主导地位，此时该方程可被简化为：

$$\delta_{\max} = \sqrt{2h\delta_{\mathrm{st}}} \tag{9-132}$$

上述结果类似于 2.8 节所讨论的那些结果（之前的 2.8 节讨论了受到冲击的受拉杆或受压杆）。

根据式（9-131）计算出的最大挠度通常代表一个上限值，因为假设在冲击过程中没有能量损失。还有一些其他因素也会趋向于减小该最大挠度，这些因素包括接触表面的局部变形、落体向上反弹的趋势以及该梁的质量惯性。因此，可以看出，冲击现象是相当复杂的，如果需要作更准确的分析，则需要参考相关的书籍和文献。

*9.11 温度效应

本章上述各节研究了横向载荷作用下梁的挠度。本节将研究不均匀的温度变化所引起的挠度。在开始研究之前，先回顾 2.5 节。2.5 节已证明，一个均匀的温度增加量将使一根没有受到约束的杆或梁的长度产生一个如下的伸长量：

$$\delta_T = \alpha(\Delta T)L \tag{9-133}$$

其中，α 为热膨胀系数，ΔT 为温度增加量，L 为杆的长度 [第 2 章的图 2-20 和式（2-20）]。

如果一根梁受到这样一种方式的支撑，即其纵向伸长是自由的，就像本章所研究的所有静定梁的情况一样，那么，一个温度的均匀变化将不会在梁中产生任何应力。同时，这类梁中也不会产生横向挠度，因为这类梁没有受到弯曲作用的趋势。

如果温度在梁的整个高度上是变化的，那么，梁的行为将完全不同。例如，对于一根轴线为直线、初始温度为 T_0 的简支梁，假设其温度发生了变化，其上表面的温度变为 T_1、下表面的温度变为 T_2，如图 9-46a 所示。如果假设该梁顶部和底部之间的温度是线性变化的，那么，该梁的平均温度为：

$$T_{\mathrm{aver}} = \frac{T_1 + T_2}{2} \tag{9-134}$$

该温度发生在该梁高度的中点处。该平均温度与初始温度 T_0 之间的任何差异都将使该梁的长度发生改变，这一长度改变量由式（9-133）给出，即：

$$\delta_T = \alpha(T_{\mathrm{aver}} - T_0)L = \alpha\left(\frac{T_1 + T_2}{2} - T_0\right)L \tag{9-135}$$

此外，梁顶部和底部之间的温度差 $T_2 - T_1$ 将使该梁的轴线产生一个曲率，并因此产生横向挠度（图 9-46b）。

为了考察一个温度差所引起的挠度，研究一个切割自该梁的长度为 dx 的微元体（图 9-46a、c）。该微元体底部和顶部处的长度改变量分别为 $\alpha(T_2 - T_0)dx$ 和 $\alpha(T_1 - T_0)dx$。如果 T_2 大于 T_1，那么，该微元体侧面将彼此相对旋转一个 $d\theta$ 角，如图 9-46c 所示。根据该图的几何形状，可得到以下方程（该方程建立了角度 $d\theta$ 与尺寸改变量之间的关系）：

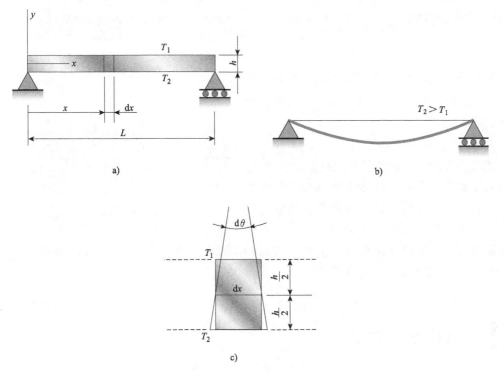

图 9-46 梁中的温度效应

$$h\,\mathrm{d}\theta = \alpha(T_2 - T_1)\,\mathrm{d}x - \alpha(T_1 - T_0)\,\mathrm{d}x$$

据此可得：

$$\frac{\mathrm{d}\theta}{\mathrm{d}x} = \frac{\alpha(T_2 - T_1)}{h} \tag{9-136}$$

其中，h 为梁的高度。

可以看出，$\mathrm{d}\theta/\mathrm{d}x$ 代表该梁挠曲线的曲率［式（9-6）］。由于曲率等于 $\mathrm{d}^2v/\mathrm{d}x^2$［式（9-9）］，因此，可得到以下该挠曲线的微分方程：

$$\frac{\mathrm{d}^2v}{\mathrm{d}x^2} = \frac{\alpha(T_2 - T_1)}{h} \tag{9-137}$$

注意，在 T_2 大于 T_1 时，曲率为正，梁的弯曲是向上凹的，如图 9-46b 所示。式（9-137）中的 $\alpha(T_2-T_1)$ 对应于基本微分方程［式（9-7）］中的 M/EI。

采用之前关于弯矩的积分方法（见 9.3 节），就可以求解方程（9-137）。首先，可对该微分方程进行积分运算以求得 $\mathrm{d}v/\mathrm{d}x$ 和 v；然后，可使用条件边界或其他条件来计算出积分常数。采用这种方法，就可求出该梁的斜率方程和挠度方程，如本章之后的习题 9.11-1~9.11-5 所示。

如果该梁的长度和挠度可自由变化，那么，梁中将不会产生任何本节所述的与温度变化有关的应力。然而，如果该梁的纵向伸长或横向挠曲受到限制，或如果该梁顶部至底部的温度变化不是线性的，那么，将产生内部的温度应力。求解这种应力需要使用更先进的分析方法。10.5 节将研究受温度影响的静不定梁。

● ● ●   例 9-19

厚度为 h 的外伸梁 ABC 在 A 处有一个铰链支座、在 B 处有一个滚动支座。该梁顶部的

温度被加热至 T_1、底部的温度被加热至 T_2（图 9-47）。请求出该梁的挠曲线方程、C 端的转角 θ_C 和挠度 δ_C。

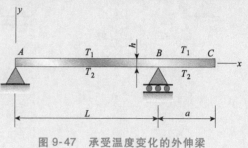

图 9-47　承受温度变化的外伸梁

解答：

之前，我们不仅研究了集中载荷（例 9-5）以及均布载荷 q（例 9-9）在该梁选定点处所引起的位移，而且还研究了均布载荷 q 与集中载荷 P（例 9-18，q 作用在 AB 段上，P 作用在点 C 处）共同作用时该梁选定点处所产生的位移。现在，将利用式（9-137）来研究温度差 $(T_2 - T_1)$ 对该梁挠度 $v(x)$ 的影响。

$$\frac{\mathrm{d}^2}{\mathrm{d}x^2} v(x) = \frac{\alpha}{h}(T_2 - T_1) \qquad\qquad (9\text{-}137，重复)$$

对该式进行积分，可得：

$$\frac{\mathrm{d}}{\mathrm{d}x} v(x) = \frac{\alpha}{h}(T_2 - T_1)x + C_1 \qquad\qquad (\mathrm{a})$$

$$v(x) = \frac{\alpha}{h}(T_2 - T_1)\frac{x^2}{2} + C_1 x + C_2 \qquad\qquad (\mathrm{b})$$

为了求解积分常数 C_1 和 C_2，需要使用两个独立的边界条件：$v(0) = 0$ 和 $v(L) = 0$。其中，根据 $v(0) = 0$，可得 $C_2 = 0$。根据

$$v(L) = 0 \qquad\qquad (\mathrm{c})$$

可得

$$C_1 = \frac{1}{L}\left[\frac{-\alpha L^2}{2h}(T_2 - T_1)\right] = -\left[\frac{L\alpha(T_2 - T_1)}{2h}\right] \qquad\qquad (\mathrm{d})$$

将 C_1 和 C_2 代入式（b），就可求得由温度差 $(T_2 - T_1)$ 所引起的该梁的挠曲线方程：

$$v(x) = \frac{\alpha x(T_2 - T_1)(x - L)}{2h} \qquad\qquad (\mathrm{e})$$

如果式（e）中的 x 等于 $L+a$，那么，就可得到一个关于该梁点 C 处的挠度的表达式：

$$\delta_C = v(L + a) = \frac{a(L + a)(T_2 - T_1)(L + a - L)}{2h} = \frac{a(T_2 - T_1)a(L + a)}{2h} \qquad\qquad (\mathrm{f})$$

本例以及之前的例题中均假设线弹性行为，因此，可使用叠加原理（如果需要）来求解所有载荷共同作用时在点 C 处所引起的挠度，这些载荷既包括例 9-5、例 9-9 以及例 9-18 所示的载荷，也包括本例所研究的温度差。

数值举例。如果梁 ABC 是一根长度 $L = 9.0\mathrm{m}$、外伸段长度 $a = L/2$ 的 HE 700B（见表E-1a）宽翼板工字钢，那么，可将其自重（例 9-9，设 $q = 2.36\mathrm{kN/m}$）与温度差 $(T_2 - T_1 = 3°)$ 在点 C 处所引起的挠度进行比较。根据表 H-4 可知，结构钢的热膨胀系数为 $\alpha = 12 \times 10^{-6}/℃$，钢的弹性模量为 210GPa。

根据式（9-68）可得，其自重在点 C 处所引起的挠度为：

$$\delta_{C_q} = \frac{qa}{24EI_z}(a+L)(3a^2 + aL - L^2)$$

$$= \frac{\left(2.36\frac{\text{kN}}{\text{m}}\right) \times (4.5\text{m})}{24 \times (210\text{GPa}) \times (256900\text{cm}^4)} \times (4.5\text{m} + 9\text{m}) \times [3 \times (4.5\text{m})^2 + 4.5\text{m} \times (9\text{m}) - (9\text{m})^2]$$

$$= 0.224\text{mm} \qquad\qquad\qquad (\text{g})$$

其中，$a = 4.5$，$L = 9.0\text{m}$。

根据式（f）可得，3℃ 的温度差在点 C 处所引起的挠度为：

$$\delta_{CT} = \frac{\alpha(T_2 - T_1)a(L + a)}{2h}$$

$$= \frac{[12 \times (10^{-6})/\text{℃}] \times (3\text{℃}) \times (4.5\text{m}) \times (9\text{m} + 4.5\text{m})}{2 \times (700\text{mm})} = 1.562\text{mm} \qquad (\text{h})$$

温度差在点 C 处所引起的挠度是自重所引起挠度的七倍。

第 9 章研究了不同类型梁的线弹性与小变形行为，所研究的梁具有不同的支座条件、并受到各种载荷（包括冲击和温度的影响）的作用。并研究了基于挠曲线的二阶、三阶以及四阶微分方程的积分法。同时，还计算了梁上某些特定点处的位移（包括线性位移与角位移），并求解了描述整个梁挠曲形状的方程。利用附录 G 给出的各种标准情况的解，就可使用强大的叠加原理，通过将各个简单的标准解叠加在一起的方式来求解更复杂的梁和载荷。接下来，还研究了一种基于弯矩图面积的梁位移的计算方法。最后，研究了一种计算位移的能量法。本章的主要内容如下：

1. 将线性曲率（$\kappa = \mathrm{d}^2 v / \mathrm{d} x^2$）与弯矩-曲率关系（$\kappa = M / EI$）的表达式结合起来，就可得到梁的挠曲线微分方程，该方程仅适用于线弹性行为。

$$EI \frac{\mathrm{d}^2 v}{\mathrm{d} x^2} = M$$

2. 求挠曲线微分方程的一阶导数，可得到一个三阶微分方程，该微分方程与剪力和弯矩的一阶导数（$\mathrm{d}M/\mathrm{d}x$）有关；或求挠曲线微分方程的二阶导数，可得到一个四阶微分方程，该微分方程与分布载荷的强度 q 和剪力的一阶导数（$\mathrm{d}V/\mathrm{d}x$）有关。

$$EI \frac{\mathrm{d}^3 v}{\mathrm{d} x^3} = V$$

$$EI \frac{\mathrm{d}^4 v}{\mathrm{d} x^4} = - q$$

在选择二阶、三阶以及四阶微分方程时，应根据梁的支座与载荷情况选择那个最有利于求解的微分方程。

3. 在运用逐次积分法求解未知的积分常数时，不仅需要给出梁各段的弯矩（M）、剪力（V）或强度（q）的表达式（例如，当 q、V、M 或 EI 不同时），而且还需要使用边界条件、连续条件或对称条件；只要给定一个具体的 x 的值，那么，就可利用梁的挠度方程 $v(x)$ 来计算出那一点处的位移；同一点处的 $\mathrm{d}v/\mathrm{d}x$ 的计算值给出了挠度方程的斜率。

4. 叠加法可用来求解更为复杂的梁的位移和转角；首先必须将这类梁分解为一些简单情况（这些简单情况的解是已知的，见附录 G）的组合；叠加法只适用于具有小位移、且表现为线弹性行为的梁。

5. 力矩-面积法是求解梁位移的另一种方法，该方法基于两个与弯矩图面积有关的定理。

6. 计算梁的挠度和转角的另一种方法是，先使弯曲应变能（U）与集中力或力矩所做的功（W）相等，然后再求关于某一具体载荷（P，M）的偏导数。这种方法被称为卡氏定理；然而，该方法的应用是有限的，因为载荷可能没有被施加在所求挠度和转角的位置处；在这种情况下，就必须在所求位移的位置处施加一个虚拟载荷。

7. 使落体的势能等于梁所获得的应变能，就可近似地求解出冲击所引起的挠度。

8. 最后，如果梁在其厚度方向上经历了非均匀的温度变化（即厚度 h 方向上有一个温度差 $T_2 - T_1$），那么，该梁的轴线将产生一个曲率：

$$\kappa = \mathrm{d}\theta/\mathrm{d}x = \mathrm{d}^2 v/\mathrm{d}x^2 = \alpha (T_2 - T_1)/h$$

可采用上述逐次积分法对该方程进行积分以求得挠曲线方程。

挠曲线的微分方程

9.2 节习题中的梁, 其抗弯刚度 EI 均为常数。

9.2-1 简支梁 AB 的挠曲线（见图）由下列方程给出:

$$v = \frac{-q_0 x}{360 LEI}(7L^4 - 10L^2 x^2 + 3x^4)$$

请画出作用在梁上的载荷。

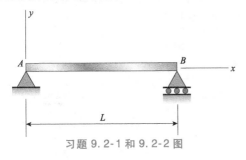

习题 9.2-1 和 9.2-2 图

9.2-2 简支梁 AB 的挠曲线（见图）由下列方程给出:

$$v = -\frac{q_0 L^4}{\pi^4 EI} \sin\frac{\pi x}{L}$$

（a）请画出作用在梁上的载荷。
（b）请求出支座处的反作用力 R_A、R_B。
（c）请求出最大弯矩 $M_{\max}$。

9.2-3 悬臂梁 AB 的挠曲线（见图）由下列方程给出:

$$v = -\frac{q_0 x^2}{120 LEI}(10L^3 - 10L^2 x + 5Lx^2 - x^3)$$

请画出作用在梁上的载荷。

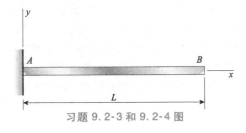

习题 9.2-3 和 9.2-4 图

9.2-4 悬臂梁 AB 的挠曲线（见图）由下列方程给出:

$$v = -\frac{q_0 x^2}{360 L^2 EI}(45L^4 - 40L^3 x + 15L^2 x^2 - x^4)$$

（a）请画出作用在梁上的载荷。
（b）请求出支座处的反作用力 R_A、M_A。

挠度公式

习题 9.3-1~9.3-7 需要使用例 9-1、9-2 和 9-3 推导出的挠度公式来计算挠度。所有梁的抗弯刚度 EI 均为常数。

9.3-1 一根跨度 $L = 4.25\text{m}$ 的宽翼板工字梁 (HE 220B) 支撑着一个均布载荷（见图）。如果 $q = 26\text{kN/m}$、$E = 210\text{GPa}$，那么，请计算中点处的最大挠度 $\delta_{\max}$，并计算两支座处的转角 θ。使用例 9-1 的公式。

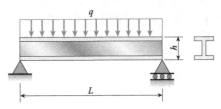

习题 9.3-1、9.3-2 和 9.3-3 图

9.3-2 一根承受均布载荷的简支宽翼板工字梁（见图），其中点处的向下挠度为 10mm，其两端的转角均为 0.01rad。如果最大弯曲应力为 90MPa，且弹性模量为 200GPa，那么，请计算该梁的高度 h （提示：使用例 9-1 的公式）。

9.3-3 对于一根承受均布载荷的简支宽翼板工字梁（见图），如果最大弯曲应力为 84MPa、最大挠度为 2.5mm、梁的高度为 300mm、弹性模量为 210GPa，那么，其跨度 L 是多少？（使用例 9-1 的公式）

9.3-4 对于一根承受均布载荷的简支梁（见图），如果跨度 $L = 2.0\text{m}$、均布载荷的强度 $q = 2.0\text{kN/m}$、最大弯曲应力 $\sigma = 60\text{MPa}$，那么，请计算最大挠度 $\delta_{\max}$。该梁的横截面为正方形，材料是弹性模量 $E = 70\text{GPa}$ 的铝（使用例 9-1 的公式）。

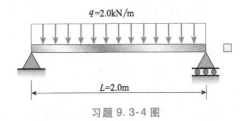

习题 9.3-4 图

9.3-5　一根承受均布载荷的悬臂梁（见图），其高度 h 等于其长度 L 的 1/10。该梁是宽翼板工字钢，钢的 $E=208\text{GPa}$、许用拉伸和压缩弯曲应力均为 130MPa。请计算自由端处的挠度 δ 与长度 L 的比率 δ/L。假设该梁承受着最大许用载荷（使用例 9-2 的公式）。

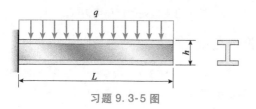

习题 9.3-5 图

9.3-6　一根连接至硅晶片的黄金合金微型梁，其行为就像一根承受均布载荷的悬臂梁（见图）。该梁的长度 $L=27.5\mu m$，其横截面是一个宽度 $b=4.0\mu m$、厚度 $t=0.88\mu m$ 的矩形。梁上的总载荷为 17.2μN。如果该梁自由端的挠度为 2.46μm，那么，该黄金合金的弹性模量 E_g 是多少？（使用例 9-2 的公式）

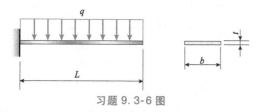

习题 9.3-6 图

9.3-7　图示简支梁支撑着一个集中载荷 P，请推导出其中点处的挠度与其最大挠度的比值 $\delta_C/\delta_{\max}$ 的表达式。同时，请根据所求得的表达式，绘制 $\delta_C/\delta_{\max}$ 与比值 a/L（a/L 定义了载荷作用的位置，$0.5<a/L<1$）的关系图。根据该关系图，可得出什么结论？（使用例 9-3 的公式）

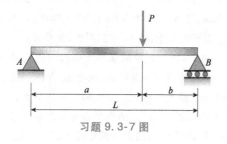

习题 9.3-7 图

求挠度的弯矩方程积分法

习题 9.3-8～9.3-17 应通过对挠曲线的二阶微分方程（弯矩方程）进行积分来求解。坐标原点位于各梁的左端，所有梁的抗弯刚度 EI 均为常数。

9.3-8　图示悬臂梁 AB 在其自由端支撑着一个载荷 P，请推导出其挠曲线方程。同时，请求出其自由端处的挠度 δ_B 和转角 θ_B（注意：使用挠曲线的二阶微分方程）。

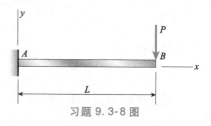

习题 9.3-8 图

9.3-9　图示简支梁 AB 在其左端支座处承受着一个力偶 M_0 的作用，请推导出其挠曲线方程。同时，请求出其最大挠度 $\delta_{\max}$（注意：使用挠曲线的二阶微分方程）。

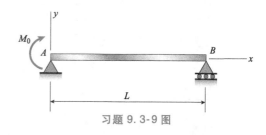

习题 9.3-9 图

9.3-10　如图所示，悬臂梁 AB 支撑着一个最大强度为 q_0 的三角形分布载荷。请推导出其挠曲线方程，然后求出其自由端处的挠度 δ_B 和转角 θ_B 的表达式（注意：使用挠曲线的二阶微分方程）。

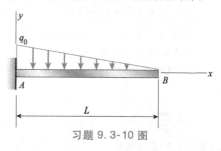

习题 9.3-10 图

9.3-11　如图所示，悬臂梁 AB 受到一个均布力矩（是弯曲力矩，而不是扭转力矩）的作用。梁上每单位轴向长度上的力矩强度为 m。请推导出其挠曲线方程，然后求出其自由端处的挠度 δ_B 和转角 θ_B 的表达式（注意：使用挠曲线的二阶微分方程）。

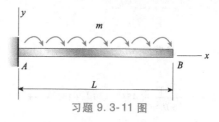

习题 9.3-11 图

9.3-12　图示梁在 A 处有一个滑动支座，在 B 处有一个弹簧支座。滑动支座允许该梁垂直移动、但不允许其转动。在强度为 q 的均布载荷作用下，请推导出其挠曲线方程，并求出其端点 B 处的挠度 δ_B（注意：使用挠曲线的二阶微分方程）。

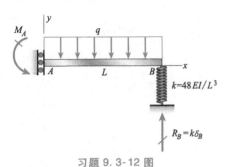

习题 9.3-12 图

9.3-13　图示简支梁 AB 在与其左端支座相距 a 的位置处承受着一个力偶 M_0 的作用，请推导出其挠曲线方程。同时，请确定其载荷作用点处的挠度 δ_0（注意：使用挠曲线的二阶微分方程）。

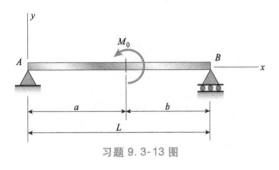

习题 9.3-13 图

9.3-14　图示悬臂梁 AB 在其部分长度段上承受着一个强度为 q 的均布载荷，请推导出其挠曲线方程。同时，请确定其自由端处的挠度 δ_B（注意：使用挠曲线的二阶微分方程）。

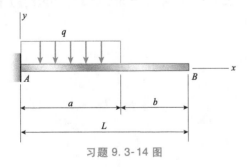

习题 9.3-14 图

9.3-15　图示悬臂梁 AB 在其一半长度上承受着一个峰值强度为 q_0 的分布载荷，请推导出其挠曲线方程。同时，请分别确定其 B、C 处的挠度 δ_B、

δ_C（注意：使用挠曲线的二阶微分方程）。

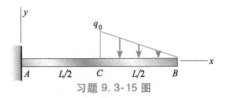

习题 9.3-15 图

9.3-16　图示简支梁 AB 在其左半段长度上承受着一个峰值强度为 q_0 的分布载荷，请推导出挠曲线方程。同时，请确定中点处的挠度 δ_C（注意：使用挠曲线的二阶微分方程）。

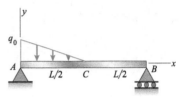

习题 9.3-16 图

9.3-17　图示梁在 A 处有一个滑动支座、在 B 处有一个滚动支座。滑动支座允许该梁垂直移动，但不允许其转动。一个强度 $q = P/L$ 的均布载荷作用在该梁的 CB 段上，载荷 P 作用在 $x = L/3$ 的位置处。请推导出该梁的挠曲线方程，并分别求出其端点 A 和中点 C 处的挠度 δ_A、δ_C（注意：使用挠曲线的二阶微分方程）。

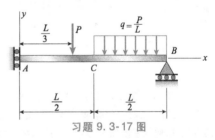

习题 9.3-17 图

求挠度的剪力和载荷方程积分法

9.4 节各习题中所有梁的抗弯刚度 EI 均为常数。同时，坐标原点位于各梁的左端。

9.4-1　当一个力偶 M_0 逆时针作用在一根悬臂梁 AB 的自由端时（见图），请推导出该梁的挠曲线方程，并求出其自由端 C 处的挠度 δ_B 和转角 θ_B。使用挠曲线的三阶微分方程（剪力方程）。

9.4-2　图示简支梁 AB 受到一个强度 $q = q_0 \sin \pi x / L$（其中，q_0 为载荷的最大强度）的分布载荷的作用。请推导出该梁的挠曲线方程，并求出其中点处的挠度 δ_{max}。使用挠曲线的四阶微分方程（载

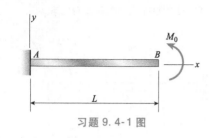

习题 9.4-1 图

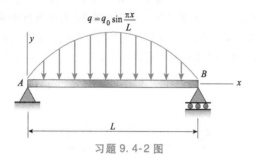

习题 9.4-2 图

荷方程）。

9.4-3　图示简支梁 AB 的两端分别作用着力矩 $2M_0$ 和 M_0。请推导出该梁的挠曲线方程，并求出其最大挠度 $\delta_{\max}$。使用挠曲线的三阶微分方程（剪力方程）。

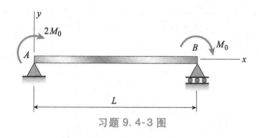

习题 9.4-3 图

9.4-4　图示承受均布载荷的梁，其一端有一个滑动支座，其另一端有一个弹簧支座。弹簧的刚度为 $k = 48EI/L^3$。请使用三阶微分方程（剪力方程）推导出其挠曲线方程，并求出其支座 B 处的转角 θ_B。

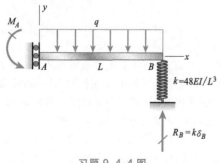

习题 9.4-4 图

9.4-5　图示悬臂梁 AB 受到一个强度 $q = q_0$

$\cos \pi x/2L$（其中，q_0 为载荷的最大强度）的分布载荷的作用。请推导出该梁的挠曲线方程，并求出自由端处的挠度 δ_B。使用挠曲线的四阶微分方程（载荷方程）。

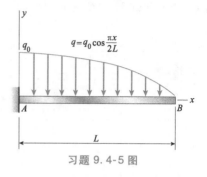

习题 9.4-5 图

9.4-6　图示悬臂梁 AB 受到一个强度 $q = q_0(L^2-x^2)/L^2$（其中，q_0 为载荷的最大强度）的抛物线分布载荷的作用。请推导出该梁的挠曲线方程，并求出自由端处的挠度 δ_B 和转角 θ_B。使用挠曲线的四阶微分方程（载荷方程）。

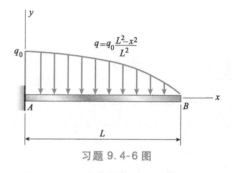

习题 9.4-6 图

9.4-7　图示悬臂梁 AB 受到一个强度 $q = 4q_0 x(L-x)/L^2$（其中，q_0 为载荷的最大强度）的抛物线分布载荷的作用。请推导出该梁的挠曲线方程，并求出其最大挠度 $\delta_{\max}$。使用挠曲线的四阶微分方程（载荷方程）。

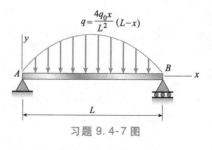

习题 9.4-7 图

9.4-8　图示梁 AB 在 A 处有一个滑动支座、在 B 处有一个滚动支座。该梁承受着一个最大强度为 q_0 的三角形分布载荷。请推导出该梁的挠曲线方程，

并求出其最大挠度 $\delta_{\max}$。使用挠曲线的四阶微分方程（载荷方程）。

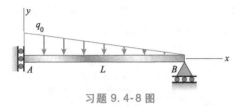

习题 9.4-8 图

9.4-9 图示梁 *ABC* 在 *A* 处有一个滑动支座、在 *B* 处一个滚动支座，其外伸段上承受着一个强度为 *q* 的均布载荷。请推导出该梁的挠曲线方程，并求出其挠度 δ_C 和转角 θ_C。使用挠曲线的四阶微分方程（载荷方程）。

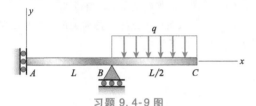

习题 9.4-9 图

9.4-10 图示梁 *AB* 在 *A* 处有一个滑动支座、在 *B* 处一个滚动支座。该梁在其右半段长度上承受着一个最大强度为 q_0 的分布载荷。请推导出该梁的挠曲线方程，并求出挠度 δ_A、转角 θ_B 和中点处的挠度 δ_C。使用挠曲线的四阶微分方程（载荷方程）。

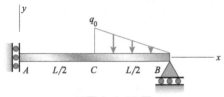

习题 9.4-10 图

叠加法

应采用叠加法求解 9.5 节的习题。所有梁的抗弯刚度 *EI* 均为常数。

9.5-1 如图所示，悬臂梁 *AB* 承受着三个间距相等的载荷 *P*。请推导出该梁自由端处的转角 θ_B 和挠度 δ_B 的表达式。

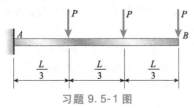

习题 9.5-1 图

9.5-2 简支梁 *AB* 支撑着五个间距相等的载荷 *P*（见图）。（a）请确定该梁中点处的挠度 δ_1；（b）如果相同的总载荷（5*P*）作为一个均布载荷作用在该梁上，那么，中点处的挠度 δ_2 是多少？（c）请计算比值 δ_1/δ_2。

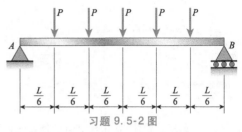

习题 9.5-2 图

9.5-3 图示悬臂梁 *AB* 的自由端连接有一个延伸段 *BCD*。一个力 *P* 作用在该延伸段的端部。

（a）请求出比值 *a/L* 为何值时才能使点 *B* 的铅垂挠度等于零。

（b）请求出比值 *a/L* 为何值时才能使点 *B* 处的转角等于零。

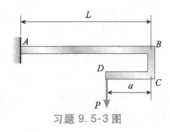

习题 9.5-3 图

9.5-4 如图所示，梁 *ACB* 悬挂在两个弹簧上。弹簧的刚度系数分别为 k_1、k_2，梁的抗弯刚度为 *EI*。

（a）当施加力矩 M_0时，该梁中点 *C* 的向下位移是多少？该结构的数据如下：$M_0 = 10.0 \mathrm{kN \cdot m}$，$L = 1.8 \mathrm{m}$，$EI = 216 \mathrm{kN \cdot m^2}$，$k_1 = 250 \mathrm{kN/m}$，$k_2 = 160 \mathrm{kN/m}$。

（b）当移除 M_0并在整个梁上施加均布载荷 $q = 3.5 \mathrm{kN/m}$ 时，请重新求解问题（a）。

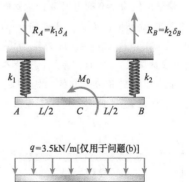

习题 9.5-4 图

9.5-5   图示微弯梁 AB，在加载前其轴线是一条微弯的曲线，该曲线可用方程 $y=f(x)$ 表示。为了使沿梁移动的载荷 P 始终处于同一水平位置，方程 $y=f(x)$ 的表达式必须是什么？

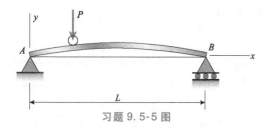

习题 9.5-5 图

9.5-6   图示悬臂梁 AB 在其中间三分之一长度段上承受着一个强度为 q 的均布载荷，请求出其自由端处的转角 θ_B 和挠度 δ_B。

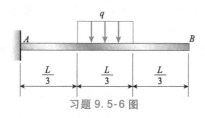

习题 9.5-6 图

9.5-7   图示悬臂梁 ACB 的抗弯刚度为 EI，其点 C 处被施加了一个 $4kN \cdot m$ 的力矩，其自由端 B 处被施加了一个 $16kN$ 的集中载荷。请分别计算点 C、B 处的挠度 δ_C、δ_B。

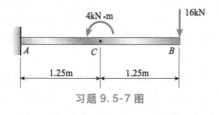

习题 9.5-7 图

9.5-8   图示悬臂梁的中点处受到载荷 P 的作用，其 B 处受到逆时针力矩 M 的作用。

（a）请求出使 $M_A=0$ 的力矩 M 的表达式（用载荷 P 表达该式）。其中，M_A 为了 A 处的反作用力矩。

（b）请求出使挠度 $\delta_B=0$ 的力矩 M 的表达式（用载荷 P 表达该式）。同时，转角 θ_B 是多少？

（c）请求出使转角 $\theta_B=0$ 的力矩 M 的表达式（用载荷 P 表达该式）。同时，挠度 δ_B 是多少？

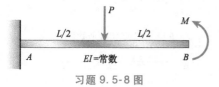

习题 9.5-8 图

9.5-9   一根悬臂梁在其整个长度段上受到一个二次曲线形分布载荷 $q(x)$ 的作用（见图）。请求出使挠度 $\delta_B=0$ 的力矩 M 的表达式（用 q_0 表达该式，q_0 为分布载荷的峰值强度）。

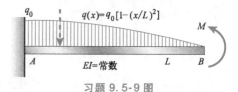

习题 9.5-9 图

9.5-10   如图所示，梁 $ABCD$ 包含一个简支段 BD 和一个外伸段 AB，其支架 CEF 的端部受到一个力 P 的作用。

（a）请求出外伸段端部处的挠度 δ_A。

（b）在什么条件下该挠度是向上的？在什么条件下该挠度是向下的？

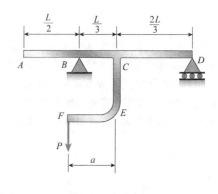

习题 9.5-10 图

9.5-11   载荷 P 水平作用在图示支架的 C 端。

（a）请求出点 C 处的挠度 δ_C。

（b）请求出杆 AB 的最大向上挠度 $\delta_{\max}$。

注意：假设整个框架的抗弯刚度 EI 均为常数。同时，忽略轴向变形的影响，并且仅考虑由载荷 P 引起的弯曲。

9.5-12   图示梁 ABC 的抗弯刚度 $EI=75kN \cdot m^2$，其端部 C 处受到一个力 $P=800N$ 的作用，其端部 A 处系着一条轴向刚度为 $EA=900kN$ 的金属丝。点 C 的挠度是多少？

9.5-13   图示悬臂梁 AB 支撑着一个强度 $q(x)=q_0 x^2/L^2$ 的抛物线分布载荷。请求出该梁自由端处的转角 θ_B 和挠度 δ_B。

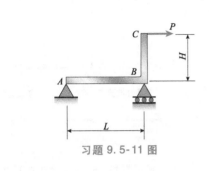

习题 9.5-11 图

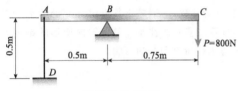

习题 9.5-12 图

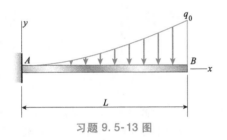

习题 9.5-13 图

9.5-14 图示简支梁 AB 在其中间三分之一长度段上支撑着一个强度为 q 的均布载荷。请求出其左端支座处的转角 θ_A 和中点处的最大挠度 $\delta_{\max}$。

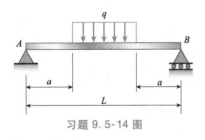

习题 9.5-14 图

9.5-15 外伸梁 $ABCD$ 支撑着两个集中载荷 P 和 Q（见图）。

（a）比值 P/Q 为何值时将使点 B 处的挠度为零？

（b）比值 P/Q 为何值时将使点 D 处的挠度为零？

（c）如果 Q 被一个强度为 q 的均布载荷（作用在外伸段上）所替换，那么，请重新求解问题（a），但所求比值变为 $P/(qa)$。

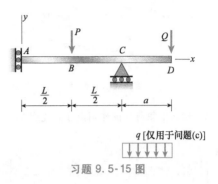

习题 9.5-15 图

9.5-16 如图所示，一个总重量为 W、长度为 L 的薄金属条被放置在一张宽度为 $L/3$ 的桌面上。该桌子中部与金属条之间的间隙 δ 是多少？（金属条的抗弯刚度为 EI）

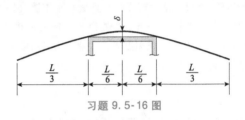

习题 9.5-16 图

9.5-17 图示外伸梁 ABC 的抗弯刚度 $EI = 45\text{N} \cdot \text{m}^2$，其 A 处受到一个滑动支座的支撑，其 B 处受到一个刚度系数为 k 的弹簧的支撑。AB 跨的长度 $L = 0.75\text{m}$，其上承受着一个均布载荷。外伸段 BC 的长度 $b = 375\text{mm}$。弹簧的刚度系数 k 为何值时才能使自由端 C 处没有挠度？

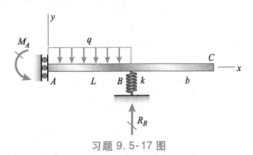

习题 9.5-17 图

9.5-18 图示梁 $ABCD$，其 B、C 处简支。该梁的原始形状呈略微弯曲的曲线，其端点 A 比支座高 18mm，其端点 D 比支座高 12mm。为了使 A、D 向下移动至支座所处的水平线上，点 A、D 处作用的力矩 M_1 和 M_2 应该分别是多少？（该梁的抗弯刚度 EI 为 $2.5 \times 10^6 \text{N} \cdot \text{m}^2$、长度 $L = 2.5\text{m}$）

9.5-19 图示组合梁 ABC 在 A 处有一个滑动支座、在 C 处有一个固定支座。该梁由两根杆组成，这两根杆在 B 处被一个铰链（即力矩释放器）连接

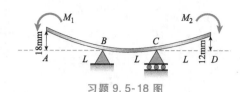

习题 9.5-18 图

在一起。请求出载荷 P 的作用点处的挠度 δ。

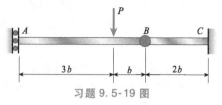

习题 9.5-19 图

9.5-20 图示组合梁 ABCDE 由两部分（ABC 和 CDE）组成，这两部分在 C 处被一个铰链（即力矩释放器）连接在一起。B 处弹性支座的刚度 $k = EI/b^3$。载荷 P 作用在端点 E 处。请求出自由端 E 处的挠度 δ_E。

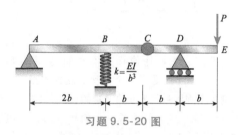

习题 9.5-20 图

9.5-21 图示钢梁 ABC，其 A 处简支，其 B 处受到一根高强度钢丝的拉持，其自由端 C 处作用有一个 P = 1kN 的载荷。钢丝的轴向刚度 EA = 1335N，梁的抗弯刚度 $EI = 86\text{kN} \cdot \text{m}^2$。点 C 的挠度 δ_C 是多少？

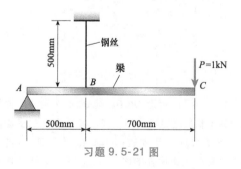

习题 9.5-21 图

9.5-22 图示组合梁由一根悬臂梁 AB（长度为 L）和一根简支梁 BD（长度为 2L）组成，这两根梁被一个铰链连接在一起。建成该梁后发现，该梁与支座 C 之间存在着一个大小为 c 的间隙。随后，一个均布载荷作用在梁的整个长度段上。均布载荷的强度 q 为何值时才能封闭 C 处的间隙并使梁与支座能够相互接触？

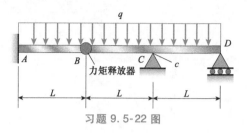

习题 9.5-22 图

9.5-23 对于图示框架 ABC（整个框架的抗弯刚度 EI 为常数），请求出其自由端 C 处的水平位移 δ_h 和垂直位移 δ_v。注意：忽略轴向变形的影响，且仅考虑由载荷 P 引起的弯曲。

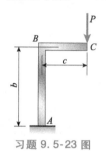

习题 9.5-23 图

9.5-24 图示框架 ABCD 受到两个共线力 P 的挤压作用，这两个力分别作用在点 A、D 处。点 A、D 之间的距离减小量 δ 是多少？（整个框架的抗弯刚度 EI 为常数）。注意：忽略轴向变形的影响，并且仅考虑由载荷 P 引起的弯曲。

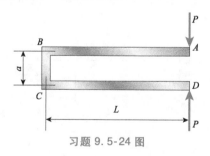

习题 9.5-24 图

9.5-25 图示框架 ABCD 在 A 处受到一个逆时针力矩 M 的作用。假设 EI 为常数。

（a）请求出支座 B、C 处反作用力的表达式。

（b）请求出 A、B、C、D 处转角的表达式。

（c）请求出水平位移 δ_A、δ_D 的表达式。

（d）如果长度 $L_{AB} = L/2$，那么，当绝对值的比值 $|\delta_A/\delta_D| = 1$ 时，请求出长度 L_{CD}（用 L 来表示）。

9.5-26 图示框架 ABCD 在距 B 点 2L/3 处受到一个力 P 的作用。假设 EI 为常数。

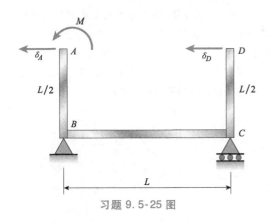

习题 9.5-25 图

（a）请求出支座 B、C 处反作用力的表达式。

（b）请求出 A、B、C、D 处转角的表达式。

（c）请求出水平位移 δ_A、δ_D 的表达式。

（d）如果长度 $L_{AB} = L/2$，那么，当绝对值的比值 $|\delta_A/\delta_D| = 1$ 时，请求出长度 L_{CD}（用 L 来表示）。

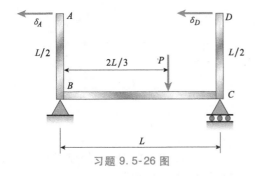

习题 9.5-26 图

9.5-27　图示钢梁 $ABCDE$ 有两个对称的外伸段，其 B、D 处简支，其中跨的长度为 L，其外伸长度均为 b。一个强度为 q 的均布载荷作用在该梁上。

（a）请求出比值 b/L 为何值时才能使该梁中点处的挠度 δ_C 等于其两端的挠度 δ_A 和 δ_E。

（b）请根据所求出的 b/L 值，求出中点处的挠度 δ_C 是多少？

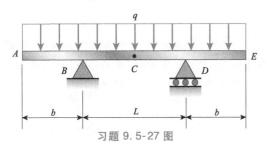

习题 9.5-27 图

9.5-28　图示框架 ABC 在点 C 处受到一个力 P 的作用，力 P 的作用线与水平方向的夹角为 α。该框架各杆的长度和抗弯刚度均相同。请求出角度 α 为何值时才能使点 C 处的挠度方向与力 P 的方向相同（忽略轴向变形的影响，并且仅考虑由载荷 P 引起的弯曲）。

注：当载荷的作用方向与其产生的挠度方向相同时，这时的载荷方向被称为"主方向"。对于平面结构上某一给定载荷，其主方向有两个且这两个主方向相互垂直。

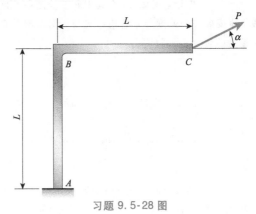

习题 9.5-28 图

力矩-面积法

应用力矩面积法求解 9.6 节的习题。所有梁的抗弯刚度 EI 均为常数。

9.6-1　图示悬臂梁 AB 在其整个长度上承受着一个强度为 q 的均布载荷。请求出其自由端处的转角 θ_B 和挠度 δ_B。

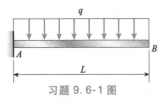

习题 9.6-1 图

9.6-2　图示悬臂梁 AB 承受着一个最大强度为 q_0 的三角形分布载荷。请求出其自由端处的转角 θ_B 和挠度 δ_B。

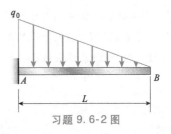

习题 9.6-2 图

9.6-3　图示悬臂梁 AB 在其自由端处受到一个集中载荷 P 和一个力偶 M_0 的作用。请推导自由端 B

处的转角 θ_B 和挠度 δ_B 的表达式。

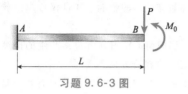

习题 9.6-3 图

9.6-4 图示悬臂梁 AB 在其中间三分之一长度段上承受着一个强度为 q 的均布载荷。请求出其自由端处的转角 θ_B 和挠度 δ_B。

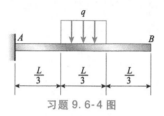

习题 9.6-4 图

9.6-5 请计算图示悬臂梁 ACB 在点 B、C 处的挠度 δ_B、δ_C。假设 $M_0 = 4\text{kN} \cdot \text{m}$、$P = 16\text{kN}$、$L = 2.4\text{m}$、$EI = 6.0\text{MN} \cdot \text{m}^2$。

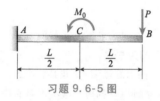

习题 9.6-5 图

9.6-6 如图所示,悬臂梁 ACB 支撑着两个集中载荷 P_1 和 P_2。请分别计算其点 B、C 处的挠度 δ_B、δ_C。假设 $P_1 = 10\text{kN}$、$P_2 = 5\text{kN}$、$L = 2.6\text{m}$、$E = 200\text{GPa}$、$I = 20.1 \times 10^6 \text{mm}^4$。

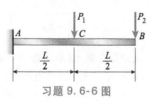

习题 9.6-6 图

9.6-7 图示简支梁 AB 在其整个长度上承受着一个强度为 q 的均布载荷。请推导出其支座 A 处的转角 θ_B 和其中点处挠度 $\delta_{\max}$ 的表达式。

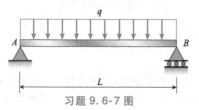

习题 9.6-7 图

9.6-8 简支梁 AB 支撑着两个图示位置的集中载荷 P。在施加载荷前,在该梁中点下方与梁相距 d 的位置处放置了一个支座 C。假设 $d = 10\text{mm}$、$L = 6\text{m}$、$E = 200\text{GPa}$、$I = 198 \times 10^6 \text{mm}^4$,请计算载荷为何值时才能使该梁刚好接触到支座 C。

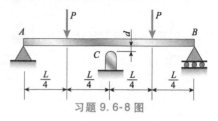

习题 9.6-8 图

9.6-9 图示简支梁 AB 在其端点 B 处受到一个力偶 M_0 的作用。请求出各支座处的转角 θ_A 和 θ_B,并求出中点处的挠度 δ。

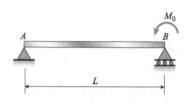

习题 9.6-9 图

9.6-10 图示简支梁 AB 支撑着两个大小相等的集中载荷 P,一个载荷向下,另一个载荷向上。请求出左端支座处的转角 θ_A、向下载荷作用点处的挠度 δ_1、梁中点处的挠度 δ_2。

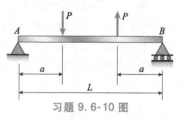

习题 9.6-10 图

9.6-11 简支梁 AB 受到图示力矩 $2M_0$ 和 M_0 的作用。请求出该梁两端的转角 θ_A、θ_B,并求出点 D 处(载荷 M_0 的施加处)的挠度 δ。

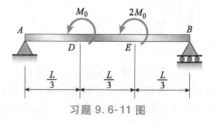

习题 9.6-11 图

变截面梁

9.7-1　图示悬臂梁 *ACB*，其 *AC* 段和 *CB* 段的惯性矩分别为 I_2 和 I_1。

（a）请使用叠加法求出在载荷 *P* 的作用下其自由端处的挠度 δ_B。

（b）若该梁是一根惯性矩为 I_1 的等截面悬臂梁，那么，请求出在相同载荷条件下其自由端处的挠度 δ_1，并请求出 δ_B 与 δ_1 的比值 *r*。

（c）请绘制一张 *r*（挠度比）与 I_2/I_1（惯性矩比）的关系图（设 I_2/I_1 的变化范围为 1~5）。

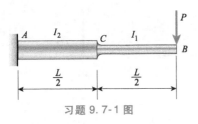

习题 9.7-1 图

9.7-2　图示悬臂梁 *ACB* 在其整个长度上支撑着一个强度为 *q* 的均布载荷，其 *AC* 段和 *CB* 段的惯性矩分别为 I_2 和 I_1。

（a）请使用叠加法求出其自由端的挠度 δ_B。

（b）若该梁是一根惯性矩为 I_1 的等截面悬臂梁，那么，请求出在相同载荷条件下其自由端处的挠度 δ_1，并请求出 δ_B 与 δ_1 的比值 *r*。

（c）请绘制一张 *r*（挠度比）与 I_2/I_1（惯性矩比）的关系图（设 I_2/I_1 的变化范围为 1~5）。

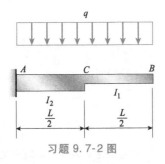

习题 9.7-2 图

9.7-3　如图所示，梁 *ACB* 悬挂在两根弹簧上。弹簧的刚度系数分别为 k_1、k_2，梁的抗弯刚度为 *EI*。

（a）当施加力矩 M_0 时，该梁中点 *C* 的向下位移是多少？该结构的数据如下：$M_0 = 3.0\text{kN} \cdot \text{m}$，$L = 2.5\text{m}$，$EI = 200\text{kN} \cdot \text{m}^2$，$k_1 = 140\text{kN/m}$，$k_2 = 110\text{kN/m}$。

（b）当移除 M_0 并在整个梁上施加均布载荷 $q = 1.5\text{kN/m}$ 时，请重新求解问题（a）。

9.7-4　图示简支梁 *ABCD*，其两支座附近的惯性矩为 *I*，其中间段的惯性矩为 2*I*。一个强度为 *q* 的均布载荷作用在该梁的整个长度上。请求出左半段梁的挠曲线方程，并求出左端支座处的转角 θ_A 和中点处的挠度 $\delta_{\max}$。

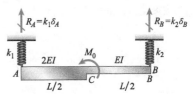

$q = 1.5\text{ kN/m [仅用于问题(c)]}$

习题 9.7-3 图

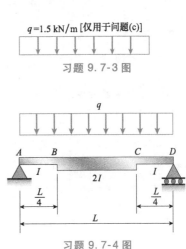

习题 9.7-4 图

9.7-5　图示梁 *ABC*，其 *AB* 段是刚性段，其 *BC* 段是惯性矩为 *I* 的柔性段。一个集中载荷 *P* 作用在点 *B* 处。请求出刚性段的转角 θ_A、点 *B* 处的挠度 δ_B 以及最大挠度 $\delta_{\max}$。

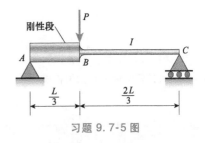

习题 9.7-5 图

9.7-6　图示梁 *ABC*，其 *AB* 段的惯性矩为 1.5*I*，其 *BC* 段的惯性矩为 *I*。一个集中载荷 *P* 作用在点 *B* 处。请分别求出该梁两段的挠曲线方程，并根据所求方程求解各支座处的转角 θ_A 和 θ_C 以及点 *B* 处的挠度 δ_B。

9.7-7　图示锥形悬臂梁 *AB* 是一根空心圆截面薄壁梁，其壁厚恒为 *t*。其两端 *A*、*B* 处的直径分别为 d_A 和 d_B（$d_B = 2d_A$）。因此，与自由端相距 *x* 处的

直径 d 和惯性矩 I 分别为：

$$d = \frac{d_A}{L}(L+x)$$

$$I = \frac{\pi t d^3}{8} = \frac{\pi t d_A^3}{8L^3}(L+x)^3 = \frac{I_A}{L^3}(L+x)^3$$

其中，I_A 为该梁端面 A 处的惯性矩。

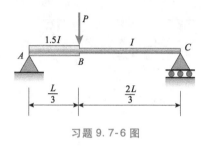

习题 9.7-6 图

请求出该梁的挠曲线方程，并求出载荷 P 在自由端处所引起的挠度 δ_A。

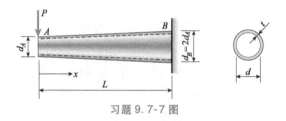

习题 9.7-7 图

9.7-8　图示锥形悬臂梁 AB，其横截面为实心圆。其两端 A、B 处的直径分别为 d_A 和 d_B（$d_B = 2d_A$）。因此，与自由端相距 x 处的直径 d 和惯性矩 I 分别为：

$$d = \frac{d_A}{L}(L+x)$$

$$I = \frac{\pi d^4}{64} = \frac{\pi d_A^4}{64L^4}(L+x)^4 = \frac{I_A}{L^4}(L+x)^4$$

其中，I_A 为该梁端面 A 处的惯性矩。

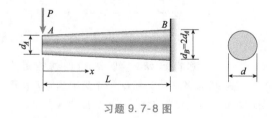

习题 9.7-8 图

请求出该梁的挠曲线方程，并求出载荷 P 在自由端处所引起的挠度 δ_A。

9.7-9　图示锥形悬臂梁 AB 在其自由端支撑着一个集中载荷 P。该梁的横截面为矩形，其横截面的宽度为 b，其横截面在 A 处的高度为 d_A、在 B 处的高度为 $d_B = 3d_A/2$。因此，与自由端相距 x 处的高度 d 和惯性矩 I 分别为：

$$d = \frac{d_A}{2L}(2L+x)$$

$$I = \frac{bd^3}{12} = \frac{bd_A^3}{96L^3}(2L+x)^3 = \frac{I_A}{8L^4}(2L+x)^3$$

其中，I_A 为该梁端面 A 处的惯性矩。

请求出该梁的挠曲线方程，并求出载荷 P 在自由端处所引起的挠度 δ_A。

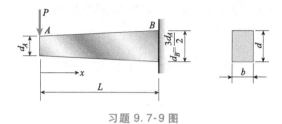

习题 9.7-9 图

9.7-10　图示锥形悬臂梁 AB 在其自由端支撑着一个集中载荷 P。该梁的横截面为矩形管状，其宽度恒为 b，其 A 处的外管高度为 d_A，其 B 处的外管高度为 $d_B = 3d_A/2$，其管厚恒为 $t = d_A/20$。I_A 为其 A 处外管的惯性矩。如果该梁的惯性矩可用函数 $I_a(x)$ 来近似描述，那么，请求出其挠曲线方程，并求出载荷 P 在自由端处所引起的挠度 δ_A。

$$I_a(x) = I_A \times \left(\frac{3}{4} + \frac{10 \times x}{27L}\right)^3 \quad I_A = \frac{b \times d^3}{12}$$

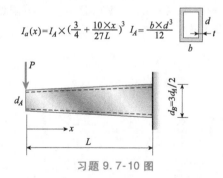

习题 9.7-10 图

9.7-11　重复习题 9.7-10，但现在该锥形悬臂梁 AB 在 A 处受到支撑，在 B 处有一个滑动支座，并且在滑动支座端作用着一个集中载荷 P。请求出其挠曲线方程，并求出载荷 P 在滑动支座端所引起的挠度 δ_B。

9.7-12　图示双锥形悬臂梁 ACB 的横截面为正方形，其 A 处的高度为 d_A，其中点处的高度 $d_c = 2d_A$。半段梁的长度为 L。因此，与左端相距 x 处的高度 d 和惯性矩 I 分别为：

$$d = \frac{d_A}{L}(L+x)$$

$$I = \frac{d^4}{12} = \frac{d_A^3}{12L^4}(L+x)^4 = \frac{I_A}{L^4}(L+x)^4$$

其中，I_A 为该梁端面 A 处的惯性矩（在这两个方程中，变量 x 的取值范围为 $0 \sim L$，即仅适用于左半段梁）。

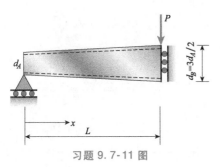

习题 9.7-11 图

（a）请推导出在均布载荷作用下该梁左半段的挠度和转角方程。

（b）请根据所求得的方程，推导出支座 A 处的转角 θ_A 和中点处的挠度 δ_C 的表达式。

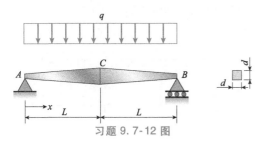

习题 9.7-12 图

应变能

9.8 节习题中所有梁的抗弯刚度 EI 均为常数。

9.8-1　图示承受均布载荷的简支梁 AB，其跨度为 L，其横截面为矩形（宽度 $= b$、高度 $= h$），其最大弯曲应力为 σ_{max}。请求出储存在该梁中的应变能 U。

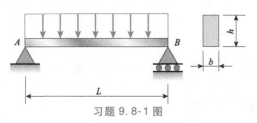

习题 9.8-1 图

9.8-2　跨度为 L 的简支梁 AB 在其中点处支撑着一个集中载荷 P。

（a）请根据梁中的弯矩计算该梁的应变能。

（b）请根据挠曲线方程计算该梁的应变能。

（c）请根据应变能来求解载荷 P 的作用点处的挠度 δ。

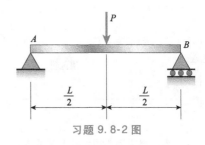

习题 9.8-2 图

9.8-3　图示受撑悬臂梁 AB 的跨度为 L，其 A 处有一个滑动支座。该梁支撑着一个均布载荷 q。

（a）请根据梁中的弯矩计算该梁的应变能。

（b）请根据挠曲线方程计算该梁的应变能。

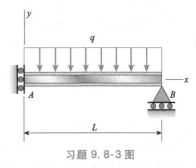

习题 9.8-3 图

9.8-4　如图所示，跨度为 L 的简支梁 AB 在多个载荷的作用下发生了对称弯曲，并在其中点处产生了最大挠度 δ。（a）如果挠曲线是一条抛物线，那么，储存在该梁中的应变能 U 是多少？（b）如果挠曲线是一条正弦半波曲线，那么，储存在该梁中的应变能 U 是多少？

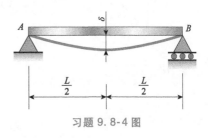

习题 9.8-4 图

9.8-5　图示梁 ABC 在其自由端支撑着一个集中载荷 P，其 AB 段简支，其 BC 段外伸。

（a）请求出储存在该梁中的应变能 U。

（b）请根据应变能来求解载荷 P 的作用点处的挠度 δ_C。

（c）如果 $L = 2.0\text{m}$、$a = 1.0\text{m}$、梁的横截面为 IPN 200 宽翼板工字钢截面（$E = 210\text{GPa}$）、载荷 P 在梁中产生的最大应力为 105MPa，那么，请计算 U 和 δ_C 的具体数值。

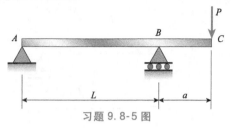

习题 9.8-5 图

9.8-6　图示简支梁 ACB，其左半段支撑着一个均布载荷 q，其端点 B 处支撑着一个力偶矩 M_0。请求出储存在该梁中的应变能 U。

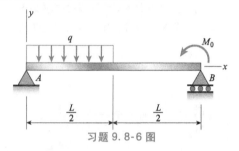

习题 9.8-6 图

9.8-7　图示框架由一根梁 ACB 和一根撑杆 CD 组成。梁的长度为 $2L$，在节点 C 处梁是连续的。一个集中载荷 P 作用在自由端 B 处。请求出点 B 处的铅垂位移 δ_B。

注意：设 EI 为梁的抗弯刚度、EA 为撑杆的轴向刚度。忽略梁中的轴力和剪力，并忽略撑杆的弯曲。

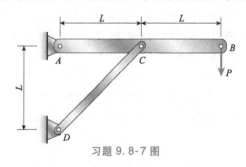

习题 9.8-7 图

卡氏定理

9.9 节习题中所有梁的抗弯刚度 EI 均为常数。

9.9-1　图示跨度为 L 的简支梁 AB 在其左端处受到一个力偶矩 M_0 的作用。请求出支座 A 处的转角 θ_A（要求先求出应变能，再利用卡氏定理求解）。

9.9-2　图示简支梁支撑着一个集中载荷 P。请

求出载荷作用点 D 处的挠度 δ_D（要求先求出应变能，再利用卡氏定理求解）。

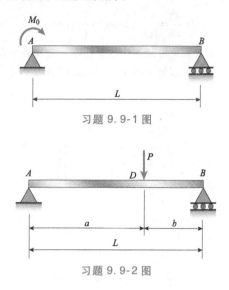

习题 9.9-1 图

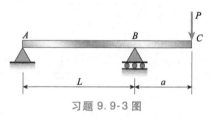

习题 9.9-2 图

9.9-3　图示外伸梁 ABC 在其外伸段端部支撑着一个集中载荷 P。AB 段的长度为 L，外伸段的长度为 a。请求出 C 端处的挠度 δ_C（要求先求出应变能，再利用卡氏定理求解）。

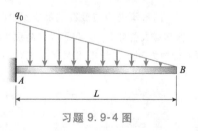

习题 9.9-3 图

9.9-4　图示悬臂梁支撑着一个最大强度为 q_0 的三角形分布载荷。请求出其自由端 B 处的挠度 δ_B（要求先求出应变能，再利用卡氏定理求解）。

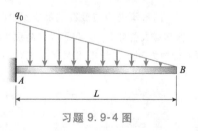

习题 9.9-4 图

9.9-5　图示简支梁 ACB 在其左半段上支撑着一个均布载荷 q。请求出支座 B 处的转角 θ_B（要求利用卡氏定理的修正式求解）。

9.9-6　图示悬臂梁 ACB 支撑着两个集中载荷 P_1 和 P_2。请分别求出点 C、B 处的挠度 δ_C、δ_B（要求利用卡氏定理的修正式求解）。

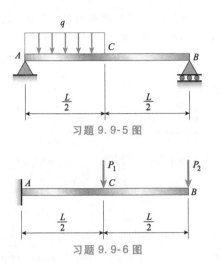

习题 9.9-5 图

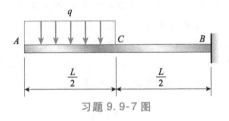

习题 9.9-6 图

9.9-7 图示悬臂梁 *ACB* 在其 *AC* 段上支撑着一个强度为 q 的均布载荷。请求出其自由端 *A* 处的转角 θ_A（要求利用卡氏定理的修正式求解）。

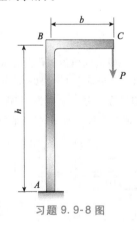

习题 9.9-7 图

9.9-8 图示框架 *ABC* 在点 *C* 处支撑着一个集中载荷 *P*。*AB*、*BC* 杆的长度分别为 *h*、*b*。请求出该框架端点 *C* 处的铅垂位移 δ_C 和转角 θ_C（要求利用卡氏定理的修正式求解）。

习题 9.9-8 图

9.9-9 图示简支梁 *ABCDE* 支撑着一个强度为 q 的均布载荷，其中间段（*BCD*）的惯性矩是其两边各段（*AB* 和 *DE*）惯性矩的两倍。请求出其中点 *C* 处的挠度 δ_C（要求利用卡氏定理的修正式求解）。

9.9-10 图示外伸梁 *ABC* 在其自由端受到一个力偶 M_A 的作用。外伸段和主跨的长度分别为 *a*、*L*。请求出端点 *A* 处的转角 θ_A 和挠度 δ_A（要求利用卡氏定理的修正式求解）。

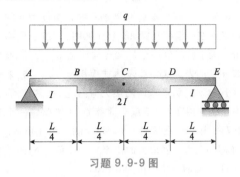

习题 9.9-9 图

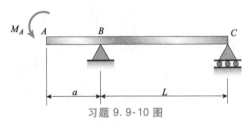

习题 9.9-10 图

9.9-11 图示外伸梁 *ABC*，其 *A* 处简支，其 *B* 处有一个弹簧支座。一个集中载荷 *P* 作用在外伸段的端部。*AB* 段的长度为 *L*，外伸段的长度为 *a*，弹簧的刚度系数为 *k*。请求出端点 *C* 处的铅垂位移 δ_C（要求利用卡氏定理的修正式求解）。

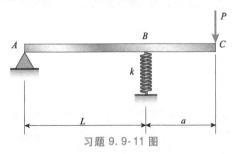

习题 9.9-11 图

9.9-12 图示两端外伸的对称梁 *ABCD* 支撑着一个强度为 q 的均布载荷。请求出端点 *D* 处的挠度 δ_D（要求利用卡氏定理的修正式求解）。

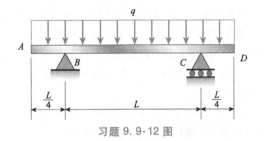

习题 9.9-12 图

冲击产生的挠度

9.10 节习题所述梁的抗弯刚度 EI 均为常数。忽略梁的自重，且仅考虑给定载荷的影响。

9.10-1 一个重量为 W 的重物自高度为 h 的位置处降落在一根简支梁 AB 上（见图）。由于重物的冲击，梁中将产生一个最大弯曲应力 σ_{max}，请推导出该 σ_{max} 的表达式，该表达式应用 h、σ_{st}、δ_{st} 来表示（其中，σ_{st} 为静载时的最大弯曲应力，δ_{st} 为静载时中点处的挠度。"静载"是指重物 W 就像一个静态载荷一样作用在该梁上），并绘制一张比值 σ_{max}/σ_{st}（即动应力与静应力的比值）与比值 h/δ_{st} 的关系图（设 h/δ_{st} 的变化范围为 0~10）。

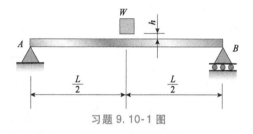

习题 9.10-1 图

9.10-2 一个重量为 W 的物体自高度为 h 的位置处降落在一根简支梁 AB 上（见图）。该梁的横截面是一个面积为 A 的矩形。假设高度 h 远大于该梁在物体 W 静态作用时所产生的挠度。请推导出该落体在梁中所产生的最大弯曲应力 σ_{max} 的表达式。

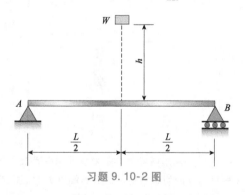

习题 9.10-2 图

9.10-3 长度 $L = 2.0\text{m}$ 的悬臂梁 AB 是一根 IPN 300 截面的宽翼板工字钢（见图）。一个重量 $W = 7\text{kN}$ 的物体从高度 $h = 6\text{mm}$ 的位置处降落在该梁的端部上。请计算出该落体在该梁的端部处所产生的最大挠度 δ_{max} 以及最大弯曲应力 σ_{max}（假设 $E = 210\text{GPa}$）。

9.10-4 一个重量 $W = 20\text{kN}$ 的物体从高度 $h = 1.0\text{mm}$ 的位置处降落在一根长度 $L = 3\text{m}$ 的简支梁的

中点上（见图）。该梁由横截面为正方形（边长为 d）、$E = 12\text{GPa}$ 的木材制成。如果木材的许用弯曲应力 $\sigma_{allow} = 10\text{MPa}$，那么，所需最小尺寸 d 是多少？

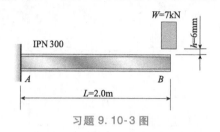

习题 9.10-3 图

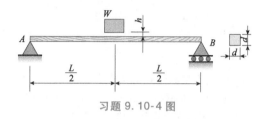

习题 9.10-4 图

9.10-5 一个重量 $W = 18\text{kN}$ 的物体从高度 $h = 15\text{mm}$ 的位置处降落在一根长度 $L = 3\text{m}$ 的简支梁的中点上（见图）。假设梁的许用弯曲应力 $\sigma_{allow} = 125\text{MPa}$、$E = 210\text{GPa}$，那么，请从附录 E 的表 E-1 中选择所需最轻的宽翼板工字钢。

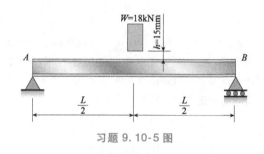

习题 9.10-5 图

9.10-6 一根横截面为矩形的外伸梁 ABC，其尺寸如图所示。一个重量 $W = 750\text{N}$ 的物体降落在该梁的 C 端。如果许用弯曲应力为 45MPa，那么，重物可以降落的最大高度 h 是多少？（假设 $E = 12\text{GPa}$）

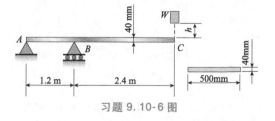

习题 9.10-6 图

9.10-7 一个重质飞轮绕着一根轴以角速度 ω（rad/s）旋转（见图）。该轴被刚性连接在一根简支梁上，该梁的抗弯刚度为 EI、长度为 L（见图）。飞轮关于其旋转轴的质量惯性矩为 I_m。如果飞轮突然凝固在轴上，那么，支座 A 处的反作用力 R 是多少？

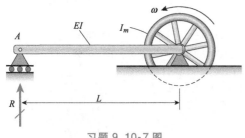

习题 9.10-7 图

温度效应

9.11 节习题中所有梁的抗弯刚度 EI 均为常数。在各习题中，梁顶部与底部之间的温度都是线性变化的。

9.11-1 一根长度为 L、高度为 h 的简支梁 AB 经历了温度的变化，其底部的温度达到 T_2、顶部的温度达到 T_1（见图）。请求出该梁的挠曲线方程，并求出左端支座处的转角 θ_A 和中点处的挠度 δ_{max}。

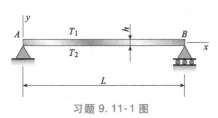

习题 9.11-1 图

9.11-2 一根长度为 L、高度为 h 的简支梁 AB 经历了温度的变化，其底部的温度达到 T_2、顶部的温度达到 T_1（见图）。请求出该梁的挠曲线方程，并求出端点 B 处的转角 θ_B 和挠度 δ_B。

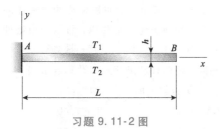

习题 9.11-2 图

9.11-3 一根高度为 h 的外伸梁 ABC，其 A 处有一个滑动支座，其 B 处有一个滚动支座。加热后，该梁顶部的温度为 T_1、底部的温度为 T_2（见图）。请求出该梁的挠曲线方程，并求出端点 C 处的转角 θ_C 和挠度 δ_C。

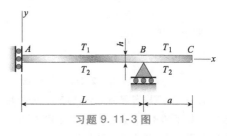

习题 9.11-3 图

9.11-4 一根长度为 L、高度为 h 的简支梁 AB（见图）的加热方式如下，使其底部和顶部的温度差 T_2-T_1 与至支座 A 的距离成正比，即温度差沿着梁的长度方向发生线性变化：

$$T_2-T_1=T_0 x$$

其中，T_0 是一个常数，其单位是每单位距离多少度（°）。

（a）请求出该梁的最大挠度 δ_{max}。

（b）如果温度差的变化规律是 $T_2-T_1=T_0 x^2$，那么，请求出此时该梁的最大挠度 δ_{max}。

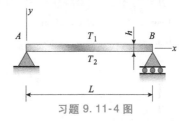

习题 9.11-4 图

9.11-5 如图所示，一根长度为 L、高度为 h 的梁 AB，其 A 处有一个弹性支座 k_R，其 B 处有一个铰链支座。该梁的加热方式为，使其底部和顶部的温度差 T_2-T_1 与至支座 A 的距离成正比，即温度差沿着梁的长度方向发生线性变化：

$$T_2-T_1=T_0 x$$

其中，T_0 是一个常数，其单位是每单位距离多少度（°）。假设 A 处的弹簧不受温度变化的影响。

（a）请求出该梁的最大挠度 δ_{max}。

（b）如果温度差的变化规律是 $T_2-T_1=T_0 x^2$，那么，请求出此时该梁的最大挠度 δ_{max}。

（c）如果 k_R 趋向于无穷大，那么，问题（a）、（b）中的 δ_{max} 是多少？

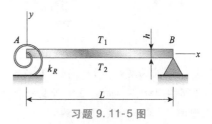

习题 9.11-5 图

补充复习题：第 9 章

R-9.1 一根跨度 $L = 2.5$m、方形截面铝梁（$E = 72$GPa）受到均布载荷 $q = 1.5$kN/m 的作用。许用弯曲应力为 60MPa。该梁的最大挠度约为：

(A) 10mm   (B) 16mm
(C) 22mm   (D) 26mm

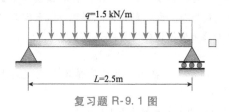

复习题 R-9.1 图

R-9.2 一根跨度 $L = 2.5$m、方形截面铝制悬臂梁（$E = 72$GPa）受到均布载荷 $q = 1.5$kN/m 的作用。许用弯曲应力为 55MPa。该梁的最大挠度约为：

(A) 10mm   (B) 20mm
(C) 30mm   (D) 40mm

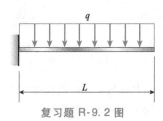

复习题 R-9.2 图

R-9.3 一根跨度 $L = 2.5$m、$I = 119 \times 10^6$mm^4 的钢梁（$E = 210$GPa）受到均布载荷 $q = 9.5$kN/m 的作用。该梁的最大挠度约为：

(A) 10mm   (B) 13mm
(C) 17mm   (D) 19mm

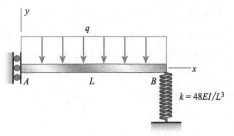

复习题 R-9.3 图

R-9.4 一根跨度 $L = 4.5$m、高度 $H = 2$m 的钢支架 ABC（$EI = 4.2 \times 0^6$N·m^2）在 C 处受到载荷 $P = 15$kN 的作用。节点 B 的最大转角约为：

(A) 0.1°   (B) 0.3°
(C) 0.6°   (D) 0.9°

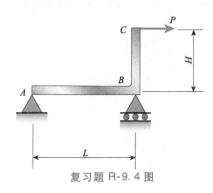

复习题 R-9.4 图

R-9.5 一根跨度 $L = 4.5$m、高度 $H = 2$m 的钢支架 ABC（$EI = 4.2 \times 0^6$N·m^2）在 C 处受到载荷 $P = 15$kN 的作用。节点 C 的最大水平位移约为：

(A) 22mm   (B) 31mm
(C) 38mm   (D) 40mm

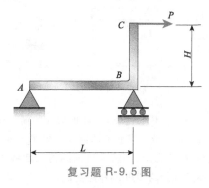

复习题 R-9.5 图

R-9.6 一根由一种材料制成的变截面悬臂梁在其自由端受到载荷 P 的作用，设其自由端处的挠度为 δ_B。惯性矩 $I_2 = 2I_1$。现有一根具有惯性矩 I_1 且承受相同载荷的柱状悬臂梁，设其自由端处的挠度为 δ_1。挠度 δ_B 与 δ_1 的比值 r 约为：

(A) 0.25   (B) 0.40
(C) 0.56   (D) 0.78

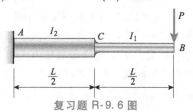

复习题 R-9.6 图

R-9.7 一根跨度 $L=4.5\text{m}$、尺寸 $a=2\text{m}$ 的钢支架 $ABCD$（$EI=4.2\times0^6\,\text{N}\cdot\text{m}^2$）在 D 处受到载荷 $P=10\text{kN}$ 的作用。B 处的最大挠度约为：

（A）10mm   （B）14mm

（C）19mm   （D）24mm

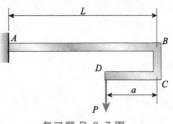

复习题 R-9.7 图

第10章　静不定梁

本章概述

第 10 章研究静不定梁，所谓静不定就是梁结构的未知反作用力的数目大于可用的静平衡方程数。未知反作用力超出的数目被定义为静不定次数。求解静不定梁时，除了需要静力学方程之外，还需要根据结构的变形建立额外的方程。本章首先定义了静不定梁的类型（见10.2 节），并定义了一些求解过程中用到的常见术语（如主结构、释放结构以及多余力）。然后，提出了一种求解方法，该方法主要包括对挠曲线方程进行积分，并应用边界条件来求解未知的积分常数（见 10.3 节）。该方法仅适用于较为简单的情况，因此，本章还论述了一种更为通用的方法——叠加法（见 10.4 节），叠加法适用于位移较小且具有线弹性行为的梁，其中，在梁的平衡方程的基础上，补充了一些变形协调方程，并建立了载荷及其所产生的挠度之间的关系（通过第 9 章推导出的力-位移方程）。这一通用的叠加法以 2.4 节（关于轴向承载杆）和 3.8 节（关于受扭圆轴）所介绍的方法为基础。最后，专题讨论了温度载荷的影响（见 10.5 节），并介绍了单独由弯曲所引起的曲率缩短的影响（见 10.6 节）。

本章目录

10.1　引言

本章将分析未知反作用力的数目超过独立平衡方程个数的梁。由于不能单独根据静力学来求解这类梁的反作用力，因此，这类梁被认为是静不定的。

静不定梁与静定梁的分析完全不同。对于静定梁，可根据自由体图和平衡方程来求得所有的反作用力、剪力以及弯矩；然后，根据已知的剪力和弯矩，就可以求得应力和挠度。

然而，对于静不定梁，仅依赖平衡方程不足以求解，需要建立额外的方程。分析静不定梁的最基本方法是求解挠曲线的微分方程（如之后的 10.3 节所述）。虽然这种方法为静不定梁的分析提供了一个良好的起点，但是，它仅适用于最简单的静不定梁。

因此，还讨论了叠加法（见 10.4 节），该方法适用于各种各样的结构。在叠加法中，将在平衡方程的基础上补充变形协调方程以及力-位移方程（这一步与 2.4 节所述静不定受拉、压杆的分析步骤相同）。

本章的最后一部分将讨论有关静不定梁的两个专题，即具有温度变化的梁（见 10.5 节）和梁端部的纵向位移（见 10.6 节）。本章假设梁是采用线弹性材料制造的。

虽然本章仅讨论静不定梁，但是，其基本理论有着更为广泛的应用。我们在日常生活中遇到的大部分结构，包括汽车、建筑物以及飞机，都是静不定的。然而，它们比梁复杂得多，在设计它们时，必须采用非常复杂的分析技术，而这些技术中的大多数均依赖于本章所述的概念，因此，可将本章看作是分析各类静不定结构的基础。

10.2　静不定梁的类型

通常根据支座的情况来区分静不定梁。例如，一根一端固定、一端简支的梁（图 10-1a）被称为受撑悬臂梁（propped cantilever beam）。图示梁的反作用力包括支座 A 处的水平力和铅垂力、支座 A 处的一个力矩以及支座 B 处的一个铅垂力。由于该梁仅有三个独立的平衡方程，因此，单独依据平衡条件，不可能计算出全部的四个反作用力。反作用力超出平衡方程的数目被称为静不定次数（degree of static indeterminacy）。因此，一根受撑悬臂梁就是一次静不定的。

多出的反作用力被称为静态多余力（static redundants），并且，针对每个具体情况，必须对这些多余力作出选择。例如，对于图 10-1a 所示的受撑悬臂梁，可能将反作用力 R_B 选为多余的反作用力。由于保持平衡并不需要该反作用力，即该反作用力是多余的，因此，可采用从结构中解除 B 处支座的方式来释放该力，这样一来，就剩下了一根悬臂梁（图 10-1b）。释放多余力后所保留的结构被称为释放结构（released structure）或主结构（primary structure）⊖。释放结构必须是稳定的（以便其能够承受载荷），还必须是静定的（以便单独依据平衡条件就能够求出所有的力）。

在分析图 10-1a 所示的受撑悬臂梁时，另一种可能的选择是，以反作用力矩 M_A 作为多余力。然后，在支座 A 处解除该力矩的约束，则所得到的释放结构就是一根简支梁（图 10-1c，该梁的一端有一个铰链支座、一端有一个滚动支座）。

⊖　在我国，释放结构或主结构通常被称为静定基——译者注

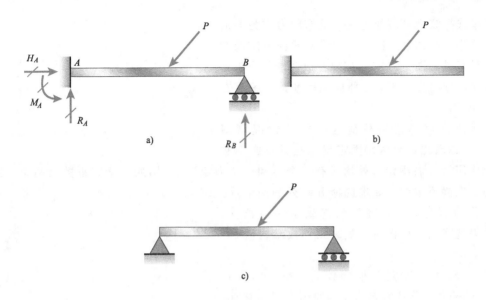

图 10-1 受撑悬臂梁

a）梁上的载荷与反作用力 b）*B* 端的反作用力被选为多余力时的释放结构 c）*A* 端的反作用力矩被选为多余力时的释放结构

如果作用在梁上的所有载荷都是铅垂的（图 10-2），那么，就会产生一种特殊情况。这时，支座 *A* 处的水平反作用力将消失，于是，仍保持三个反作用力。然而，此时可用的独立平衡方程只有两个，因此，该梁仍然是一次静不定梁。如果选择反作用力 R_B 作为多余力，则释放结构就是一根悬臂梁；如果选择了力矩 M_A，则释放结构就是一根简支梁。

另一种类型的静不定梁被称为两端固定梁（fixed-end beam），如图 10-3a 所示。该梁的两端均为固定端，一共有六个未知的反作用力（每个固定端处均有两个力和一个力矩）。由于只有三个平衡方程，因此，该梁为三次静不定梁（这类梁的其他名称有"夹紧梁"和"嵌入梁"）。

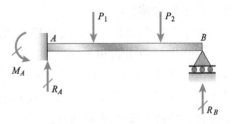

图 10-2 仅承受铅垂载荷的受撑悬臂梁

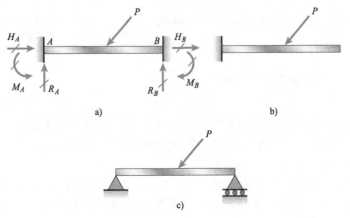

图 10-3 两端固定梁

a）梁上的载荷与反作用力 b）*B* 端的三个反作用力被选为多余力时的释放结构
c）两个反作用力矩与 *B* 处的铅垂反力被选为多余力时的释放结构

如果选择该梁 B 端处的三个反作用力作为多余力且解除相应的约束，那么，所保留的释放结构就是一根悬臂梁（图 10-3b）。如果释放两端的力矩和一个水平反作用力，那么，释放结构就是一根简支梁（图 10-3c）。

再次研究仅有铅垂载荷这一特殊情况（图 10-4），可以看出，该两端固定梁现在只有四个非

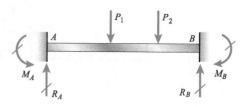

图 10-4　仅承受垂直载荷的两端固定梁

零的反作用力（各固定端处均只有一个力和一个力矩）。可用的平衡方程数为两个，因此，该梁为二次静不定梁。如果选择 B 端处的两个反作用力作为多余力，则释放结构就是一根悬臂梁；如果选择两个反作用力矩，则释放结构就是一根简支梁。

图 10-5a 所示梁是一根 连续梁（continuous beam）的例子，称其为连续梁的原因在于，它有一个以上的跨度，且在中间支座处是连续的。图示的这根梁是一次静不定梁，因为反作用力有四个，而平衡方程仅有三个。

如果选择中间支座处的反作用力 R_B 作为多余力，且从该梁中解除相应的支座，那么，释放结构就是一根静定的简支梁（图 10-5b）。如果选择反作用力 R_C 作为多余力，则释放结构就是一根具有外伸段的简支梁（图 10-5c）。

以下各节将讨论静不定梁的两种分析方法。每种方法的目标均为求解多余的反作用力。一旦求出了多余的反作用力，则可依据平衡方程求出所有剩余的反作用力（包括剪力和弯矩）。实际上，此时的结构已变为静定结构。因此，分析的最后一步是，根据前面各章所述的方法来求解应力和挠度。

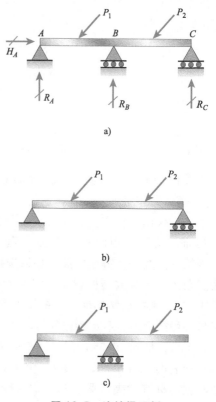

图 10-5　连续梁示例
a）梁上的荷载与反作用力
b）支座 B 处的反作用力被选为多余力时的释放结构
c）C 端的反作用力被选为多余力时的释放结构

10.3　基于挠曲线微分方程的分析方法

通过求解以下三个挠曲线微分方程的任何一个，就可以分析静不定梁：（1）弯矩形式的二阶方程 [式 (9-16a)]；（2）剪力形式的三阶方程 [式 (9-16b)]；（3）分布载荷强度形式的四阶方程 [式 (9-16c)]。

其分析步骤与静定梁的分析步骤（见 9.2、9.3 和 9.4 节）基本相同，主要包括：写出微分方程并积分以及得到一般解，然后利用边界条件和其他条件来求解各未知量。各未知量包括多余的反作用力以及积分常数。

当某根梁及其载荷相对简单而又不太复杂时，可采用符号形式来求解该梁的微分方程。其最终的答案可以通用公式的形式来表达。然而，在较为复杂的情况下，必须采用数值方法

来求解微分方程，即采用计算机程序来求解。这种情况下，其结果仅适用于具体的数值问题。

以下各例说明了在分析静不定梁时如何以符号形式来求解微分方程。

●●● 例 10-1

一根长度为 L 的受撑悬臂梁 AB 支撑着一个强度为 q 的均布载荷（图 10-6）。请通过求解挠曲线的二阶微分方程（弯矩方程）来分析该梁，并请求出该梁的反作用力、剪力、弯矩、斜率以及挠度。

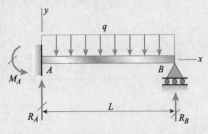

图 10-6　承受均布载荷的受撑悬臂梁

解答：

由于该梁上的载荷作用在铅垂方向上（图 10-6），因此，可得出这样的结论：固定端处没有水平反作用力。因此，该梁具有三个未知的反作用力（M_A，R_A，R_B）。用于求解这些反作用力的平衡方程只有两个，因此，该梁是一次静不定梁。

由于将通过求解弯矩方程来分析该梁，因此，必须首先给出弯矩的一般表达式。该表达式将包含载荷与多余力。

多余的反作用力。 选择支座 B 处的反作用力 R_B 作为多余力。然后，根据整个梁的平衡条件，可用 R_B 来表达其他两个反作用力：

$$R_A = qL - R_B \quad M_A = \frac{qL^2}{2} - R_B L \qquad (a, b)$$

弯矩。 与固定端相距 x 位置处的弯矩 M 为：

$$M = R_A x - M_A - \frac{qx^2}{2} \qquad (c)$$

可采用常用的方法来得到该方程，即画出该梁一部分的自由体图，并求解平衡方程。将式（a）、（b）代入式（c），则得到用载荷和多余反作用力来表达的弯矩：

$$M = qLx - R_B x - \frac{qL^2}{2} + R_B L - \frac{qx^2}{2} \qquad (d)$$

微分方程。 现在，挠曲线的二阶微分方程 [式（9-16a）] 变为：

$$EIv'' = M = qLx - R_B x - \frac{qL^2}{2} + R_B L + \frac{qx^2}{2} \qquad (e)$$

经过连续两次积分之后，就可求得以下关于该梁斜率和挠度的方程：

$$EIv' = \frac{qLx^2}{2} - \frac{R_B x^2}{2} - \frac{qL^2 x}{2} + R_B L_x - \frac{qx^3}{6} + C_1 \qquad (f)$$

$$EIv = \frac{qLx^3}{6} - \frac{R_B x^3}{6} - \frac{qL^2 x^2}{4} + \frac{R_B L x^2}{2} - \frac{qx^4}{24} + C_1 x + C_2 \qquad (g)$$

这些方程包含三个未知量（C_1、C_2、R_B）。

边界条件。 通过观察图 10-6，就可明显看出与该梁斜率和挠度有关的三个边界条件。这些条件如下：（1）固定端处的挠度为零；（2）固定端处的斜率为零；（3）支座 B 处的挠度为零。因此：

$$v(0)=0 \quad v'(0)=0 \quad v(L)=0$$

将这些条件应用于式（f）、（g）给出的斜率和挠度方程，可求出 $C_1=0$、$C_2=0$，且：

$$R_B=\frac{3qL}{8} \tag{10-1}$$

至此，已知了多余的反作用力 R_B。

反作用力。在确定了多余力的值之后，就可根据式（a）、（b）来求解其余的反作用力。其求解结果为：

$$R_A=\frac{5qL}{8} \qquad M_A=\frac{qL^2}{8} \tag{10-2a, b}$$

已知了这些反作用力，就可求解梁中的剪力和弯矩。

剪力和弯矩。采用常用的方法（即利用自由体图和平衡方程）就可求得这些量。其求解结果为：

$$V=R_B-qx=\frac{5qL}{8}-qx \tag{10-3}$$

$$M=R_Ax-M_A-\frac{qx^2}{2}=\frac{5qLx}{8}-\frac{qL^2}{8}-\frac{qx^2}{2} \tag{10-4}$$

根据这些方程，就可画出该梁的剪力图和弯矩图（图 10-7）。从这些图中可以看出，最大切应力发生在固定端处，其大小为：

$$V_{max}=\frac{5qL}{8} \tag{10-5}$$

同时，最大正、负弯矩为：

$$M_{pos}=\frac{9qL^2}{128} \qquad M_{neg}=\frac{qL^2}{8} \tag{10-6a, b}$$

最后，可以看出，在与固定端的距离 $x=L/4$ 的位置处，弯矩等于零。

梁的斜率和挠度。回到有关斜率和挠度的式（f）、（g），现在，代入积分常数的值（$C_1=0$，$C_2=0$）以及多余力 R_B 的表达式 [式（10-1）]，可得：

$$v'=\frac{qx}{48EI}(-6L^2+15Lx-8x^2) \tag{10-7}$$

$$v=-\frac{qx^2}{48EI}(3L^2-5Lx+2x^2) \tag{10-8}$$

根据式（10-8）所得到的该梁的挠曲线形状如图 10-8所示。

为了求出该梁的最大挠度，设斜率 [式（10-7）] 等于零，并求解距离 x_1（最大挠度就发生在与固定端相距 x_1 的位置处）：

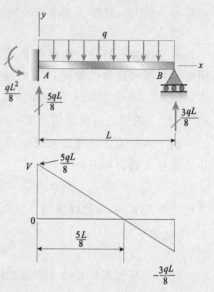
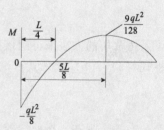

图 10-7　剪力图与弯矩图

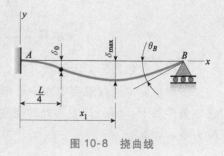

图 10-8　挠曲线

$$v' = 0 \quad 或 \quad -6L^2 + 15Lx - 8x^2 = 0$$

据此可得：

$$x_1 = \frac{15 - \sqrt{33}}{16}L = 0.5785L \tag{10-9}$$

将该 x 的值代入挠曲线方程 [式（10-8）]，并改变符号，就可求得最大挠度为：

$$\delta_{\max} = -(v)_{x=x_1} = \frac{qL^4}{65,536EI}(39 + 55\sqrt{33})$$

$$= \frac{qL^4}{184.6EI} = 0.005416\frac{qL^4}{EI} \tag{10-10}$$

拐点位于弯矩等于零的位置处，即 $x = L/4$ 的位置处。相应的挠度 δ_0 [根据式（10-8）] 为：

$$\delta_0 = -(v)_{x=L/4} = \frac{5qL^4}{2048EI} = 0.002441\frac{qL^4}{EI} \tag{10-11}$$

注意，当 $x < L/4$ 时，曲率和弯矩均为负；当 $x > L/4$ 时，曲率和弯矩均为正。

利用式（10-7），可求出支座 B 处的转角 θ_B：

$$\theta_B = (v')_{x=L} = \frac{qL^3}{48EI} \tag{10-12}$$

采用类似的方法，就可求得该梁轴线上其他点处的斜率和挠度。

注意：本例在分析该梁时，选择反作用力 R_B 作为多余力（图 10-6）。另一种方法是以反作用力矩 M_A 作为多余力，然后，用 M_A 来表达弯矩 M，并将所得到的表达式代入二阶微分方程，再按之前的方法求解。还有一种求解方法是从四阶微分方程开始，如下例所示。

● ● ●　例 10-2

图 10-9 所示两端固定梁 ACB 在其中点处支撑着一个集中载荷 P。请通过求解挠曲线的四阶微分方程（载荷方程）来分析该梁，并请求出该梁的反作用力、剪力、弯矩、斜率以及挠度。

解答：

由于该梁上的载荷作用在铅垂方向上（图10-6），因此，可得出这样的结论：各固定端处均没有水平反作用力。因此，该梁具有四个未知的反作用力，每个固定端处有两个。由于可用的平衡方程只有两个，因此，该梁是二次静不定梁。

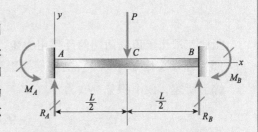

图 10-9　中点处承受集中载荷的两端固定梁

然而，根据该梁及其载荷对称性，可以看出，支座 A、B 处的力和力矩是相等的，即：

$$R_A = R_B \quad 和 \quad M_A = M_B$$

由于各支座处的铅垂反作用力是相等的，因此，根据力在铅垂方向上的平衡条件可知，每个力均等于 $P/2$：

$$R_A = R_B = \frac{P}{2} \tag{10-13}$$

因此，未知量为反作用力矩 M_A、M_B。为方便起见，选择力矩 M_A 作为多余力。

微分方程。由于在点 A、C 之间没有载荷作用在该梁上，因此，该梁左半段的四阶微分方程 [式 (9-16c)] 为：

$$EIv'''' = -q = 0 \quad (0 < x < L/2) \tag{a}$$

该方程的逐次积分给出了以下方程（这些方程对该梁左半段是有效的）：

$$EIv''' = C_1 \tag{b}$$

$$EIv'' = C_1 x = C_2 \tag{c}$$

$$EIv' = \frac{C_1 x^2}{2} = C_2 x + C_3 \tag{d}$$

$$EIv = \frac{C_1 x^3}{6} = \frac{C_2 x^2}{2} + C_3 x + C_4 \tag{e}$$

这些方程含有四个未知的积分常数。由于现在有五个未知量（C_1、C_2、C_3、C_4、M_A），因此，需要五个边界条件。

边界条件。适用于该梁左半段的边界条件如下：

(1) 该梁左半段中的剪力等于 R_A 或 $P/2$。因此，根据式 (9-16b)，可得：

$$EIv''' = V = \frac{P}{2}$$

联立该式与式 (b)，可求得 $C_1 = P/2$。

(2) 左端支座处的弯矩等于 $-M_A$。因此，根据式 (9-16a)，可得 $x = 0$ 处：

$$EIv'' = M = -M_A$$

联立该式与式 (c)，可求得 $C_2 = -M_A$。

(3) 左端支座处（$x = 0$）的斜率等于零。因此，根据式 (d)，可得 $C_3 = 0$。

(4) 中点处（$x = L/2$）的斜率也等于零（根据对称性）。因此，根据式 (d)，可得：

$$M_A = M_B = \frac{PL}{8} \tag{10-14}$$

至此，求出了该梁两端的反作用力矩。

(5) 左端支座处（$x = 0$）的挠度等于零。因此，根据式 (e)，可得 $C_4 = 0$。

综上所述，四个积分常数为：

$$C_1 = \frac{P}{2} \quad C_2 = -M_A = -\frac{PL}{8} \quad C_3 = 0 \quad C_4 = 0 \tag{f, g, h, i}$$

剪力和弯矩。将相应的积分常数代入式 (b)、式 (c)，就可求出剪力和弯矩。其求解结果为：

$$EIv''' = V = \frac{P}{2} \quad (0 < x < L/2) \tag{10-15}$$

$$EIv'' = M = \frac{Px}{2} - \frac{PL}{8} \quad (0 \leq x \leq L/2) \tag{10-16}$$

由于已知了该梁的各个反作用力，因此，也可以直接根据自由体图和平衡方程来求得这些表达式。

剪力图和弯矩图如图 10-10 所示。

斜率和挠度。 将积分常数的表达式代入式（d）、式（e），就可求出该梁左半段中的斜率和挠度。采用这种方法，可求得：

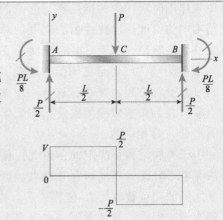

$$v' = -\frac{Px}{8EI}(L-2x) \quad (0 \leqslant x \leqslant L/2) \quad (10\text{-}17)$$

$$v = -\frac{Px^2}{48EI}(3L-4x) \quad (0 \leqslant x \leqslant L/2) \quad (10\text{-}18)$$

该梁的挠曲线如图 10-11 所示。

为了求出最大挠度 δ_{max}，可设式（10-18）中 x 的等于 $L/2$，并改变符号，则求得：

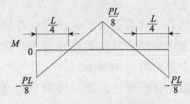

$$\delta_{max} = -(v)_{x=L/2} = \frac{PL^3}{192EI} \quad (10\text{-}19)$$

该梁左半段中的拐点位于弯矩 M 等于零的位置处，即 $x = L/4$ 的位置处［式（10-16）］。相应的挠度 δ_0［根据式（10-18）］为：

$$\delta_D = -(v)_{x=L/4} = \frac{PL^3}{384EI} \quad (10\text{-}20)$$

图 10-10 剪力图与弯矩图

该挠度值等于最大挠度值的一半。第二个拐点出现在该梁的右半段中与 B 端相距 $L/4$ 的位置处。

注意： 通过本例可以看出，边界条件以及其他条件的数量总是足以用来计算积分常数和多余的反作用力。

有时，需要建立该梁多个区间的微分方程，并使用各区间之间的连续条件，如第 9 章关于静不定梁的例 9-3 和例 9-5 所示。这样的分析可能是漫长而乏味的，因为必须满足大量的条件。然而，如果仅需要求解某一个或两个指定点处的挠度和转角，那么，可使用叠加法（见下一节）。

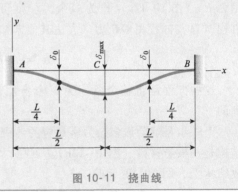

图 10-11 挠曲线

10.4 叠加法

在分析静不定的杆、桁架、梁、框架以及许多其他类型的结构时，叠加法是一种基本的重要方法。之前已使用叠加法分析了一些静不定结构，如受拉、压杆（见 2.4 节）和受扭轴（见 3.8 节）。本节将使用该方法来分析梁。

首先，需确定静不定的次数，并选择多余的反作用力。然后，在求出了多余反作用力的基础上，就可以写出平衡方程，以建立其他的未知反作用力与多余力和载荷的关系。

接下来，假设初始载荷以及多余力均作用在其释放结构上。然后，采用将各载荷和多余

力单独作用时所产生的挠度叠加起来的方法来求解该释
放结构中的挠度。这些叠加的挠度的总和必须与原梁的
挠度一致。然而，由于原梁的挠度（在约束被移除的点
处）或者为零、或者是已知值，因此，可写出**变形协调
方程**（或叠加方程）来表达这样一个事实，即释放结构
的挠度（在约束被解除的点处）与原梁的挠度（在那些
相同点处）是相同的。

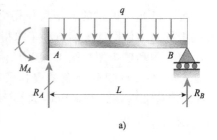

　　由于释放结构是静定的，因此，使用第 9 章所述的
方法，就可轻而易举地确定其挠度。释放结构中载荷与
挠度之间的关系被称为力-位移关系。将这些关系代入到
变形协调方程中，就可得到一些以多余力为未知量的方
程。这样一来，求解这些方程就可求出多余的反作用
力。然后，随着已知了多余的反作用力，就可根据平衡
方程来求解所有其他的反作用力。此外，还可根据平衡
方程来求解剪力和弯矩。

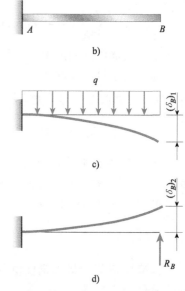

　　以上分析仅论述了一般的分析步骤。为了更清晰地
阐明上述分析方法，拟研究一根受撑悬臂梁（图
10-12a），该梁支撑着一个均布载荷。将采用两种分析方
式，第一种方式选择反作用力 R_B 作为多余力，第二种方
式选择反作用力矩 M_A 作为多余力（10.3 节的例 10-1 在
求解挠曲线微分方程时分析了同一根梁）。

　　R_B 作为多余力的分析　　首先，选择支座 B 处的反作
用力 R_B（图 10-12a）作为多余力。则可得到以下平衡
方程（这些方程用多余力来表达其他未知的反作用力）：

图 10-12　受撑悬臂梁的叠加法分析：
选择反作用力 R_B 作为多余力

$$R_A = qL - R_B \qquad M_B = \frac{qL^2}{2} - R_B L \qquad (10\text{-}21\text{a, b})$$

　　这些方程是将整个梁作为一个自由体（图 10-12a）、并依据其自由体的平衡条件而得
到的。

　　下一步是解除该多余力所对应的约束（在这种情况下，移除 B 端的支座）。所保留的释放
结构是一根悬臂梁（图 10-12b）。现在，均布载荷 q 以及多余力 R_B 就作为载荷被施加在该释
放结构上（图 10-12c、d）。

　　均布载荷 q 单独作用时在该释放结构 B 端所产生的挠度被标记为 $(\delta_B)_1$，多余力 R_B 单独
作用时在同一点处所产生的挠度被标记为 $(\delta_B)_2$。将这两个挠度叠加，就可得到原结构中点
B 处的挠度 δ_B。由于在原梁中该挠度等于零，因此，可得到以下变形协调方程：

$$\delta_B = (\delta_B)_1 - (\delta_B)_2 = 0 \qquad (10\text{-}22)$$

　　该式中出现负号的原因在于，$(\delta_B)_1$ 是向下的，故为正；而 $(\delta_B)_2$ 是向上的，故为负。

　　根据附录 G 的表 G-1（见情况 1 和情况 4）给出的力-位移关系，可用均布载荷 q 和多余
力 R_B 分别表达挠度 $(\delta_B)_1$ 和 $(\delta_B)_2$。使用表 G-1 给出的公式，可得：

$$(\delta_B)_1 = \frac{qL^4}{8EI} \qquad (\delta_B)_2 = \frac{R_B L^4}{3EI} \qquad (10\text{-}23\text{a, b})$$

将这些力位移关系代入变形协调方程，可得：

$$\delta_B = \frac{qL^4}{8EI} - \frac{R_B qL^3}{3EI} = 0 \qquad (10\text{-}23\text{c})$$

求解该式，即可求出该多余力为：

$$R_B = \frac{3qL}{8} \qquad (10\text{-}24)$$

注意，该方程给出的多余力是用作用在原梁上的载荷来表达的。

根据平衡方程［式（10-21a、b）］，可求出其余的反作用力（R_A 和 M_A）；其结果为：

$$R_A = \frac{5qL}{8} \qquad M_A = \frac{qL^2}{8} \qquad (10\text{-}25\text{a，b})$$

已知了所有的反作用力，则可求得整个梁中的剪力和弯矩，并画出相应的图（图10-7）。

依据叠加原理，还可以求出原梁的挠度和斜率。这一分析过程就是一个将该释放结构的挠度叠加的过程，但作用在该释放结构上的载荷应为图10-12c、d 所示的载荷。例如，根据附录 G 表 G-1 的情况 1 和情况 4，可分别得到这两种载荷系统下的挠曲线方程：

$$v_1 = -\frac{qx^2}{24EI}(6L^2 - 4Lx + x^2)$$

$$v_2 = \frac{R_B x^2}{6EI}(3L - x)$$

用式（10-24）替换该式中的 R_B，然后叠加挠度 v_1 和 v_2，就可得到以下原静不定梁（图10-12a）的挠曲线方程：

$$v = v_1 + v_2 = -\frac{qx^2}{48EI}(3L^2 - 5Lx + 2x^2)$$

该方程与例 10-1 的式（10-8）是一致的。采用类似的方式，就可求出其他挠度。

M_A 作为多余力的分析　现在，分析同一根受撑悬臂梁，但选择反作用力矩 M_A 作为多余力（图10-13）。在这种情况下，释放结构是一根简支梁（图10-13b）。原梁中关于反作用力 R_A 和 R_B 的平衡方程为：

$$R_A = \frac{qL}{2} + \frac{M_A}{L} \qquad R_B = \frac{qL}{2} - \frac{M_A}{L} \qquad (10\text{-}26\text{a，b})$$

变形协调方程表达了这样一个事实，即原梁固定端处的转角 θ_A 等于零。由于只需将各释放结构（图10-13c、d）的转角相叠加，就可得到转角 θ_A，因此，变形协调方程变为：

$$\theta_A = (\theta_A)_1 - (\theta_A)_2 = 0 \qquad (10\text{-}27\text{a})$$

在这个方程中，假设转角 $(\theta_A)_1$ 顺时针时为正，假设转角 $(\theta_A)_2$ 逆时针时为正。

根据附录 G 中表 G-2（见情况 1 和情况 7）给出的公式，就可得到释放结构的转角。因此，力-位移关系为：

$$(\theta_A)_1 = \frac{qL^3}{24EI} \qquad (\theta_A)_2 = \frac{M_A L}{3EI}$$

代入变形协调方程［式（10-27a）］，可得：

$$\theta_A = \frac{qL^3}{24EI} - \frac{M_A L}{3EI} = 0 \qquad (10\text{-}27\text{b})$$

求解该方程，可得 $M_A = qL^2/8$，这一结果与之前的结果［式（10-25b）］是一致的。同时，对于反作用力 R_A 和 R_B，这里的平衡方程［式（10-26a，b）］与之前的方程［分别见式（10-25a）和式（10-24）］给出的结果是相同的。

在求出所有的反作用力之后，就可依据已有的方法来求解剪力、弯矩、斜率以及挠度。

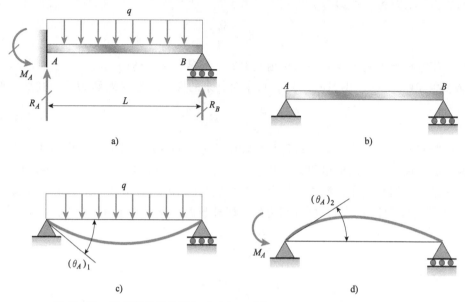

图 10-13 受撑悬臂梁的叠加法分析：选择反作用力矩 M_A 作为多余力

综述 本节所述的叠加法也被称为柔度法（flexibility method）或力法（force method）。之所以称为力法是因为把力（力和力矩）作为多余力，之所以称为柔度法是因为变形协调方程中未知量的系数［例如，式（10-23b）中的 $L^3/3EI$，式（10-27b）中的 $L/3EI$］是柔度（即单位载荷所产生的挠度或转角）。

由于叠加法涉及挠度的叠加，因此，它只适用于线弹性结构（请回忆，相同的限制也适用于本章讨论的所有内容）。

以下各例以及本章的习题，主要关注如何求出反作用力，因为这是求解问题的关键步骤。

● ● ● 例 10-3

一根双跨连续梁 ABC 支撑着一个强度为 q 的均布载荷，如图 10-14a 所示。该梁每一跨的长度均为 L。请利用叠加法来求解该梁的所有反作用力。

解答：

该梁具有三个未知的反作用力（R_A、R_B、R_C）。由于整个梁有两个平衡方程，因此，它是一次静不定梁。为方便起见，选择中间支座处的反作用力 R_B 作为多余力。

平衡方程。采用两个平衡方程，就可用多余力 R_B 来表示反作用力 R_A、R_C。第一个方程是关于点 B 的力矩平衡方程，该方程表明，R_A 等于 R_C。第二个方程是垂直方向上的平衡方程，该方程给出以下结果：

$$R_A = R_C = qL - \frac{R_B}{2} \tag{a}$$

变形协调方程。由于反作用力 R_B 被选为多余力，因此，释放结构是一根具有支座 A、C

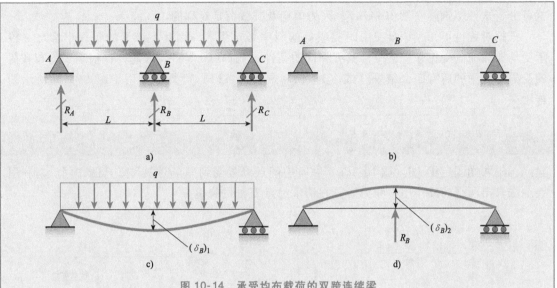

图 10-14 承受均布载荷的双跨连续梁

的简支梁（图 10-14b）。均布载荷 q 和多余力 R_B 在该释放结构中的点 B 处所产生的挠度分别如图 10-14c、d 所示。注意，这些挠度被标记为 $(\delta_B)_1$ 和 $(\delta_B)_2$。这些挠度的叠加必须产生原梁在点 B 处的挠度 δ_B。由于挠度 δ_B 等于零，因此，变形协调方程为：

$$\delta_B = (\delta_B)_1 - (\delta_B)_2 = 0 \qquad (b)$$

其中，挠度 $(\delta_B)_1$ 向下为正，挠度 $(\delta_B)_2$ 向上为正。

　　力-位移关系。根据表 G-2 的情况 1 可知，作用在该释放结构上的均布载荷所产生的挠度 $(\delta_B)_1$（图 10-14c）为：

$$(\delta_B)_1 = \frac{5q\,(2L)^4}{384EI} = \frac{5qL^4}{24EI}$$

其中，$2L$ 为该释放结构的长度。根据表 G-2 的情况 4 可知，多余力所产生的挠度 $(\delta_B)_2$（图 10-14d）为：

$$(\delta_B)_2 = \frac{R_B\,(2L)^3}{48EI} = \frac{R_B L^3}{6EI}$$

　　反作用力。与点 B 处的铅垂挠度有关的相容方程［式（b）］现在变为：

$$\delta_B = \frac{5qL^4}{24EI} - \frac{R_B L^3}{6EI} = 0 \qquad (c)$$

据此可得，中间支座处的反作用力为：

$$R_B = \frac{5qL}{4} \qquad (10\text{-}28)$$

根据式（a），可求得其他的反作用力：

$$R_A = R_C = \frac{3qL}{8} \qquad (10\text{-}29)$$

在已知了各反作用力之后，就可毫不费力地求解出剪力、弯矩、应力以及挠度。

注意：本例的目的是为了阐明叠加法，因此，论述了所有的分析步骤。然而，通过观察就可分析这种特殊梁（图 10-14a），因为该梁及其载荷是对称的。

根据对称性可知，该梁在中间支座处的斜率必定为零，因此，该梁的每一半都与一根承受均布载荷的受撑悬臂梁一样具有相同的条件（例如图 10-6）。因此，一根承受均布载荷的受撑悬臂梁的所有四个结果［式（10-1）~式（10-12）］可直接应用于图 10-14a 所示的连续梁。

● ● ● 例 10-4

一根两端固定梁 AB（图 10-15a）在其中间点 D 处受到一个集中载荷 P 的作用。请利用叠加法求出两端的反作用力和力矩，并请求出点 D 处的挠度。

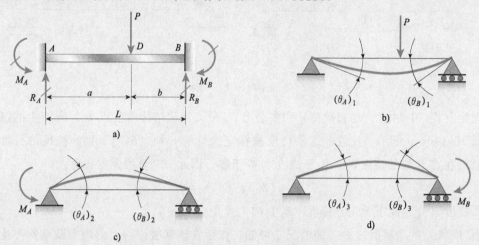

图 10-15 承受集中载荷的两端固定梁

解答：

该梁有四个未知的反作用力（每个固定端处各有一个力和一个力矩）。但是，可用的独立平衡方程只有两个，因此，该梁是二次静不定梁。本例选择反作用力矩 M_A、M_B 作为多余力。

平衡方程。在两个平衡方程的帮助下，可用多余力（M_A、M_B）来表示两个未知的反作用力（R_A、R_B）。第一个方程是关于点 B 的力矩平衡方程，第二个方程是关于点 A 的力矩平衡方程。所得到的表达式为：

$$R_A = \frac{Pb}{L} + \frac{M_A}{L} - \frac{M_B}{L} \qquad R_B = \frac{Pa}{L} - \frac{M_A}{L} + \frac{M_B}{L} \qquad (a, b)$$

变形协调方程。通过解除该梁两端的转动约束，就可释放这两个多余力，所保留的释放结构是一根简支梁（图 10-15b、c、d）。集中载荷 P 在该释放结构中的两端所产生的转角被标记为 $(\theta_A)_1$ 和 $(\theta_B)_1$，如图 10-15b 所示。采用类似的方法，多余力 M_A 在两端所产生的转角被标记为 $(\theta_A)_2$ 和 $(\theta_B)_2$，多余力 M_B 在两端所产生的转角被标记为 $(\theta_A)_3$ 和 $(\theta_B)_3$。

由于原梁在各支座处的转角均等于零，因此，两个变形协调方程为：

$$\theta_A = (\theta_A)_1 - (\theta_A)_2 - (\theta_A)_3 = 0 \qquad (c)$$

$$\theta_B = (\theta_B)_1 - (\theta_B)_2 - (\theta_B)_3 = 0 \qquad (d)$$

其中，各项的符号是通过对图的观察而确定的。

力-位移关系。 根据表 G-2 的情况 5，载荷 P 在该梁两端所产生的转角（图 10-15b）为：

$$(\theta_A)_1 = \frac{Pab(L+b)}{6LEI} \qquad (\theta_B)_1 = \frac{Pab(L+a)}{6LEI}$$

其中，a、b 为点 D 至各支座的距离。

同时，多余力 M_A 在两端所产生的转角（见表 G-2 的情况 7）为：

$$(\theta_A)_2 = \frac{M_A L}{3EI} \qquad (\theta_B)_2 = \frac{M_A L}{6EI}$$

类似地，多余力 M_B 在两端所产生的转角为：

$$(\theta_A)_3 = \frac{M_B L}{6EI} \qquad (\theta_B)_3 = \frac{M_B L}{3EI}$$

反作用力。 将上述转角的表达式代入变形协调方程 ［式 (c)、(d)］，就可得到以 M_A 和 M_B 作为未知量的两个类似的方程：

$$\frac{M_A L}{3EI} + \frac{M_B L}{6EI} = \frac{Pab(L+b)}{6LEI} \tag{e}$$

$$\frac{M_A L}{6EI} + \frac{M_B L}{3EI} = \frac{Pab(L+a)}{6LEI} \tag{f}$$

求解这些方程，可得：

$$M_A = \frac{Pab^2}{L^2} \qquad M_B = \frac{Pa^2 b}{L^2} \tag{10-30a, b}$$

将这些 M_A 和 M_B 的表达式代入平衡方程 ［式 (a)、(b)］，就可求得铅垂反作用力为：

$$R_A = \frac{Pb^2}{L^3}(L+2a) \qquad R_B = \frac{Pa^2}{L^3}(L+2b) \tag{10-31a, b}$$

至此，已求出了该两端固定梁的所有反作用力。

该两端固定梁各支座处的反作用力通常被称为固定端反力矩和固定端反力。它们被广泛应用于结构分析中，并且，各种工程手册也给出了这些量的公式。

点 D 处的挠度。 为了求出原两端固定梁中点 D 处的挠度（图 10-15a），再次使用叠加原理。点 D 处的挠度等于以下三个挠度的和：(1) 载荷 P 在释放结构中的点 D 处所产生的向下挠度 $(\delta_D)_1$（图 10-15b）；(2) 多余力 M_A 在释放结构中同一点处所产生的向上挠度 $(\delta_D)_2$（图 10-15c）；(3) 多余力 M_B 在释放结构中同一点处所产生的向上挠度 $(\delta_D)_3$（图 10-15d）。可用以下方程来表示这些挠度的叠加：

$$\delta_D = (\delta_D)_1 - (\delta_D)_2 - (\delta_D)_3 \tag{g}$$

其中，δ_D 为原梁中的向下挠度。

根据附录 G 的表 G-2 给出的公式（见情况 5 和情况 7），并通过相应的替换和简化，就可得到式 (g) 中的各个挠度。其运算结果如下：

$$(\delta_D)_1 = \frac{Pa^2 b^2}{3LEI} \qquad (\delta_D)_2 = \frac{M_A ab}{6LEI}(L+b) \qquad (\delta_D)_3 = \frac{M_B ab}{6LEI}(L+a)$$

将式（10-30a, b）给出的关于 M_A 和 M_B 的表达式代入后两个表达式，可得：

$$(\delta_D)_2 = \frac{Pa^2 b^3}{6L^3 EI}(L+b) \quad (\delta_D)_3 = \frac{Pa^3 b^2}{6L^3 EI}(L+a)$$

因此，将 $(\delta_D)_1$、$(\delta_D)_2$、$(\delta_D)_3$ 代入式（g）并化简，就可求得原梁中点 D 处的挠度为：

$$\delta_D = \frac{Pa^3 b^3}{3L^3 EI} \qquad (10\text{-}32)$$

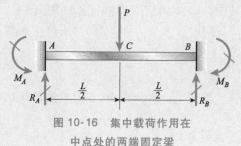

图 10-16   集中载荷作用在
中点处的两端固定梁

本例所述求解挠度 δ_D 的方法不仅可用来求解个别点处的挠度，而且还可用来求解挠曲线方程。

集中载荷作用在该梁的中点处。当载荷 P 作用在中点 C 时（图 10-16），该梁的反作用力（根据式（10-30）和式（10-31），且 $a=b=L/2$）为：

$$M_A = M_B = \frac{PL}{8} \qquad R_A = R_B = \frac{P}{2} \qquad (10\text{-}33a, \ b)$$

同时，中点处的挠度［根据式（10-32）］为：

$$\delta_C = \frac{PL^3}{192EI} \qquad (10\text{-}34)$$

该挠度仅为承受相同载荷的简支梁中点处挠度的四分之一，这表明固定端具有刚化作用。

上述结果［即两端的反作用力以及中间点处的挠度，见式（10-32）和式（10-33）］与例 10-2 通过求解挠曲线微分方程所得到的结果［式（10-13）、式（10-14）和式（10-19）］是一致的。

● ● ● 例 10-5

一根两端固定梁 AB 在其局部长度段上支撑着一个强度为 q 的均布载荷（图 10-17a）。请求出该梁的反作用力（即求出固定端反力矩和固定端反力）。

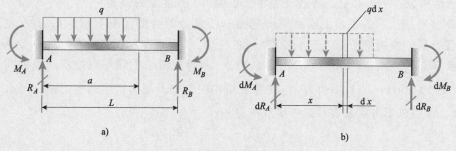

图 10-17

a）局部段承受均布载荷的两端固定梁   b）均布载荷微段 $q\mathrm{d}x$ 所引起的反作用力

解答:

分析方法。可利用叠加原理和上例（例 10-4）中得到的结果来求解该梁的反作用力。例 10-4 求出了一根承受集中载荷 P（载荷 P 作用在与左端支座相距 a 的位置处）的两端固定梁的反作用力［式（10-15a）、式（10-30）和式（10-31）］。

为了将这些结果应用于图 10-17a 所示的均布载荷，把该均布载荷的一个微段作为一个大小为 $q\mathrm{d}x$、作用在与左端支座相距 x 的位置处的集中载荷来处理（图 10-17b）。然后，就可利用例 10-4 所推导出的公式求解该载荷微段所引起的反作用力。最后，在整个均布载荷的长度 a 上进行积分，就可求得整个均布载荷所引起的反作用力。

固定端反力矩。 首先，利用例 10-4 的式（10-30a，b）来求解反作用力矩。为了求得该均布载荷微段 $q\mathrm{d}x$ 所引起的反作用力矩（比较图 10-17b 与图 10-15a），用 $q\mathrm{d}x$ 取代 P，用 x 取代 a，用 $L-x$ 取代 b。因此，该载荷微段所引起的固定端反力矩（图 10-17b）为：

$$\mathrm{d}M_A = \frac{qx(L-x)^2\mathrm{d}x}{L^2} \qquad \mathrm{d}M_B = \frac{qx^2(L-x)\mathrm{d}x}{L^2}$$

在该梁的载荷作用段上进行积分，可得整个均布载荷所引起的固定端反力矩：

$$M_A = \int \mathrm{d}M_A = \frac{q}{L^2}\int_0^a x(L-x)^2\mathrm{d}x = \frac{qa^2}{12L^2}(6L^2-8aL+3a^2) \tag{10-35a}$$

$$M_B = \int \mathrm{d}M_B = \frac{q}{L^2}\int_0^a x^2(L-x)\mathrm{d}x = \frac{qa^3}{12L^2}(4L-3a) \tag{10-35b}$$

固定端反力。 采用与求解固定端反力矩类似的方法，但使用式（10-31a，b），可得到该载荷微段 $q\mathrm{d}x$ 所引起的固定端反力的表达式：

$$\mathrm{d}R_A = \frac{q(L-x)^2(L+2x)\mathrm{d}x}{L^3} \qquad \mathrm{d}R_B = \frac{8x^2(3L-2x)\mathrm{d}x}{L^3}$$

积分后可得：

$$R_A = \int \mathrm{d}R_A = \frac{q}{L^3}\int_0^a (L-x)^2(L+2x)\mathrm{d}x = \frac{qa}{2L^3}(2L^3-2a^2+a^3) \tag{10-36a}$$

$$R_B = \int \mathrm{d}R_B = \frac{q}{L^3}\int_0^a x^2(3L-2x)\mathrm{d}x = \frac{qa^3}{2L^3}(2L-a) \tag{10-36b}$$

至此，已求出所有的反作用力（固定端反力矩和固定端反力）。

均布载荷作用在该梁的整个长度上。 当载荷作用在整个长度上时（图 10-18），通过代入前面的方程，就可求得反作用力为：

$$M_A = M_B = \frac{qL^2}{12} \qquad R_A = R_B = \frac{qL}{2} \tag{10-37a, b}$$

还需要关注承受均匀载荷梁的中点处的挠度。得到该挠度的最简单的方法是使用叠加法。第一步是解除各支座处的力矩约束，并得到一个简支梁形式的释放结构。均布载荷在简支梁的中点处所引起的向下挠度（根据表 G-2 的情况 1）为：

$$(\delta_C)_1 = \frac{5qL^4}{384EI} \tag{a}$$

而端部的反作用力矩在中点处所引起的向上挠度（根据表 G-2 的情况 10）为：

$$(\delta_C)_1 = \frac{M_A L^2}{8EI} = \frac{(qL^2/12)L^2}{8EI} = \frac{qL^4}{96EI} \tag{b}$$

因此，原两端固定梁的最终向下挠度（图 10-18）为：

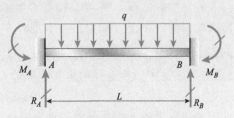

图 10-18 承受均布载荷的两端固定梁

$$\delta_C = (\delta_C)_1 - (\delta_C)_2$$

代入式（a）、（b）给出的挠度，可得：

$$\delta_C = \frac{qL^4}{384EI} \tag{10-38}$$

该挠度仅为承受均布载荷的简支梁中点处挠度［式（a）］的五分之一，这再次表明固定端具有刚化作用。

● ● ●　**例 10-6**

在点 A、B 处简支的梁 ABC（图 10-19a）在点 C 处受到一条缆绳的拉持。该梁的总长度为 $2L$，并支撑着一个强度为 q 的均布载荷。施加均布载荷之前，缆绳中既没有力也没有任何松弛。施加了均布载荷之后，该梁在点 C 处向下挠曲，并且，缆绳中产生了拉力 T。请求出该力的大小。

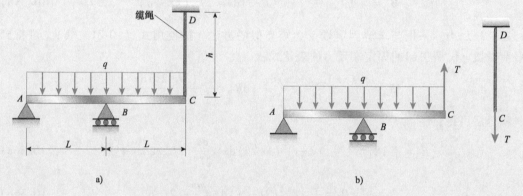

图 10-19　一端受到缆绳支撑的梁 ABC

解答：

多余力。 包含梁和缆绳的结构 $ABCD$ 有三个铅垂的反作用力（在点 A、B、D 处）。然而，根据整个结构的自由体图，可用的平衡方程只有两个。因此，该结构是一次静不定结构，必须选择一个多余力用于分析。

缆绳中的拉力 T 适合被选为多余力。通过解除点 C 处的连接，就可释放该力，从而将该结构切割为两个部分（图 10-19b）。释放结构包含梁 ABC，而缆绳 CD 作为一个独立的部分，多余力 T 向上作用在梁上、向下作用在缆绳上。

变形协调方程。 梁 ABC 在点 C 处的挠度（图 10-19b）由两部分组成：一个是均布载荷所引起的向下挠度 $(\delta_C)_1$，一个是力 T 所引起的向上挠度 $(\delta_C)_2$。同时，缆绳 CD 的 C 端的向下位移量为 $(\delta_C)_3$，该位移量等于力 T 所引起的缆绳的伸长量。因此，变形协调方程（该方程表达了一个这样的事实，即梁 C 端的向下挠度等于缆绳的伸长量）为：

$$(\delta_C)_1 - (\delta_C)_2 = (\delta_C)_3 \tag{a}$$

在建立了这个方程之后，现在，转向计算这三个位移。

力-位移关系。 根据 9.5 节例 9-9（图 9-21）给出的结果，就可求出该均布载荷在外伸端处（梁 ABC 的点 C 处）所引起的挠度。利用例 9-9 的式（9-68），可得：

$$(\delta_C)_1 = \frac{qL^4}{4E_bI_b} \tag{b}$$

其中，E_bI_b 为该梁的抗弯刚度。

根据习题 9.8-5 或 9.9-3 的解答，就可求出拉力 T 在该梁点 C 处所引起的挠度。这些解答给出了当外伸段的长度为 a 时外伸端处的挠度 $(\delta_C)_2$：

$$(\delta_C)_2 = \frac{Ta^2(L+a)}{3E_bI_b}$$

现在，代入 $a = L$，就可求得所需的挠度为：

$$(\delta_C)_2 = \frac{2TL^3}{3E_bI_b} \tag{c}$$

最后，缆绳的伸长量为：

$$(\delta_C)_3 = \frac{Th}{E_cA_c} \tag{d}$$

其中，h 为缆绳的长度，E_cI_c 为其轴向刚度。

缆绳中的力。 将上述三个位移 [式（b）、（c）、（d）] 代入变形协调方程 [式（a）]，可得：

$$\frac{qL^4}{4E_bI_b} - \frac{2TL^3}{3E_bI_b} = \frac{Th}{E_cA_c}$$

求解力 T，可得：

$$T = \frac{3qL^4E_cA_c}{8L^3E_cA_c + 12hE_bI_b} \tag{10-39}$$

在已知了力 T 后，根据自由体图和平衡方程，就可求出所有的反作用力、剪力以及弯矩。本例说明了如何使用一个内力（而不是外部的反作用力）来作为多余力。

*10.5 温度效应

如之前的 2.5 节和 9.13 节所述，温度的变化可能会导致杆的长度和梁的横向挠度发生变化。如果这些长度改变和横向挠曲受到约束，那么，材料中将产生热应力。2.5 节已论述了如何求出静不定杆中的热应力。现在，将研究温度变化对静不定梁的影响。

之前已论述了载荷的影响，采用类似的方法，也可分析温度变化在静不定梁中所产生的应力和挠度。首先研究图 10-20 所示的受撑悬臂梁 AB。假设该梁最初的温度为 T_0，但后来其上表面的温度被升高到 T_1，其下表面的温度被升高到 T_2。假设该梁高度 h 方向上的温度是线性变化的。

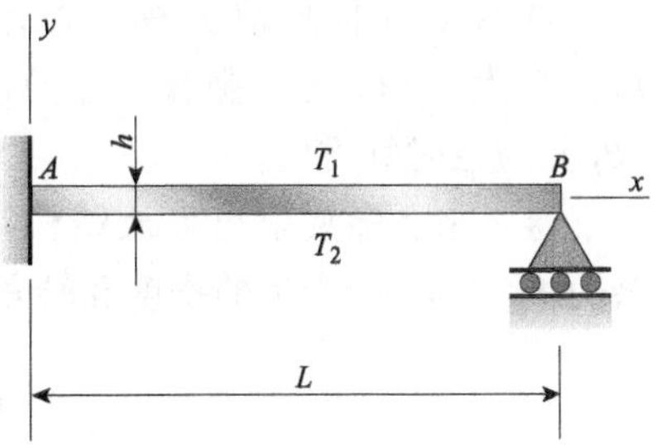

由于温度是线性变化的，因此，该梁的平均温度为：

图 10-20 承受温度差的受撑悬臂梁

$$T_{\mathrm{aver}} = \frac{T_1 + T_2}{2} \tag{10-40}$$

该温度发生在该梁高度的中点处。该平均温度与和初始温度 T_0 之间的任何差异都将使该梁的长度发生改变，如果该梁可纵向自由伸长，则其伸长量 δ_T 由式（9-135）给出，这里再次给出该式：

$$\delta_T = \alpha (T_{\mathrm{aver}} - T_0) L = \alpha \left(\frac{T_1 + T_2}{2} - T_0 \right) L \qquad (10\text{-}41)$$

其中，α 为材料的热膨胀系数，L 为梁的长度。如果纵向伸长是自由的，那么，温度的变化将不会产生轴向应力。然而，如果纵向伸长受到限制，那么，将产生轴向应力，如 2.5 节所述。

现在研究温度差 $T_1 - T_2$ 的影响，该温度差趋向于使梁产生一个曲率，但不改变其长度。该温度变化所产生的曲率如 9.11 节所述，该节推导出了以下挠曲线微分方程〔见式（9-137）〕：

$$\frac{\mathrm{d}^2 v}{\mathrm{d} x^2} = \frac{\alpha (T_2 - T_1)}{h} \qquad (10\text{-}42)$$

该方程适用于不受支座约束的、并因而可自由挠曲和转动的梁。注意，T_2 大于 T_1 时，曲率为正，梁的弯曲具有上凹倾向。如 9.11 节所述，根据式（10-42），可求出某一温度差在简支梁和悬臂梁中产生的挠度和转角。在使用叠加法分析静不定梁时，可利用这些结果。

叠加法　为了说明叠加法的使用，研究如何求解图 10-21a 所示两端固定梁的反作用力，这些反作用力是因为温度差的存在而产生的。像往常一样，首先选择多余的反作用力。虽然其他的选择可能使计算更为有效，但是，为了说明该方法的一般步骤，这里将选择反作用力 R_B 和反作用力矩 M_B 作为多余力。

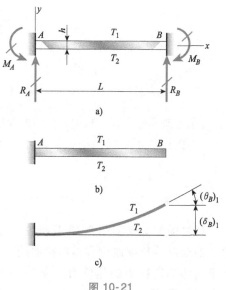

在解除了多余力对应的支座之后，可得到图 10-21b 所示的释放结构（一根悬臂梁）。该悬臂梁 B 端的挠度和转角（由于温度差而产生的）如下（图 10-21c）：

$$(\delta_B)_1 = \frac{\alpha (T_2 - T_1) L^2}{2h} \qquad (\theta_B)_1 = \frac{\alpha (T_2 - T_1) L}{h}$$

这两个方程见前一章的习题 9.11-2 的解。注意，T_2 大于 T_1 时，挠度 $(\delta_B)_1$ 是向上的，转角 $(\theta_B)_1$ 为逆时针方向。

接下来，需要求出释放结构（图 10-21b）中多

图 10-21

a）承受温度差的两端固定梁
b）释放结构　c）释放结构的挠度

余力 R_B 和 M_B 所产生的挠度和转角。分别根据表 G-1 的情况 4 和情况 6，可得这两个量为：

$$(\delta_B)_2 = \frac{R_B L^3}{3EI} \qquad (\theta_B)_2 = \frac{R_B L^2}{2EI}$$

$$(\delta_B)_3 = -\frac{M_B L^2}{2EI} \qquad (\theta_B)_3 = -\frac{M_B L}{EI}$$

在这些表达式中，向上的挠度和逆时针的转角为正（如图 10-21c 所示）。

现在，可写出以下 B 端挠度和转角的变形协调方程：

$$\delta_B = (\delta_B)_1 + (\delta_B)_2 + (\delta_B)_3 = 0 \qquad (10\text{-}43\text{a})$$

$$\theta_B = (\theta_B)_1 + (\theta_B)_2 + (\theta_B)_3 = 0 \qquad (10\text{-}43\text{b})$$

或代入上述相应的表达式，可得：

$$\frac{\alpha(T_2 - T_1)L^2}{2h} + \frac{R_B L^3}{3EI} - \frac{M_B L^2}{2EI} = 0 \qquad (10\text{-}43\text{c})$$

$$\frac{\alpha(T_2 - T_1)L}{h} + \frac{R_B L^2}{2EI} - \frac{M_B L}{EI} = 0 \qquad (10\text{-}43\text{d})$$

联立求解这些方程，可得到以下两个多余力：

$$R_B = 0 \qquad M_B = \frac{\alpha EI(T_2 - T_1)}{h}$$

根据该两端固定梁的对称性，从一开始就可就以预见到 R_B 为零这一事实。如果从一开始就利用这一事实，那么就可简化上述求解过程，因为只需要一个变形协调方程。

根据对称性（或根据平衡方程）还可以得知，反作用力 R_B 等于反作用力 R_A，反作用力矩 M_A 等于反作用力矩 M_B。因此，图 10-21a 所示两端固定梁的反作用力如下：

$$R_A = R_B = 0 \qquad M_A = M_B = \frac{\alpha EI(T_2 - T_1)}{h} \qquad (10\text{-}44\text{a}, \text{ b})$$

根据这些结果，可以看出，由于温度的变化，该梁受到一个恒定弯矩的作用。

挠曲线的微分方程 通过求解挠曲线微分方程，也可以分析图 10-21a 所示的两端固定梁。当某根梁同时承受着弯矩 M 和温度差 $T_2 - T_1$ 时，其微分方程〔式（9-11）和式（10-42）〕变为：

$$\frac{\mathrm{d}^2 v}{\mathrm{d}x^2} = \frac{M}{EI} + \frac{\alpha(T_2 - T_1)}{h} \qquad (10\text{-}45\text{a})$$

$$或 \quad EIv'' = M + \frac{\alpha EI(T_2 - T_1)}{h} \qquad (10\text{-}45\text{b})$$

对于图 10-21a 所示的两端固定梁，其弯矩表达式为：

$$M = R_A x - M_A \qquad (10\text{-}46)$$

其中，x 从支座 A 处开始测量，将该式代入微分方程并求解积分，可得到以下该梁的斜率方程：

$$EIv' = \frac{R_A x^2}{2} - M_A x + \frac{\alpha EI(T_2 - T_1)x}{h} + C_1 \qquad (10\text{-}47)$$

根据斜率的两个边界条件（$x = 0$ 和 $x = L$ 时，$v' = 0$），可得 $C_1 = 0$，且

$$\frac{R_A L}{2} - M_A = \frac{\alpha EI(T_2 - T_1)}{h} \qquad (10\text{-}48)$$

对式（10-47）进行积分，可得该梁的挠度方程：

$$EIv = \frac{R_A x^3}{6} - \frac{M_A x^2}{2} + \frac{\alpha EI(T_2 - T_1)x^2}{2h} + C_2 \qquad (10\text{-}49)$$

根据挠度的边界条件（$x = 0$ 和 $x = L$ 时，$v = 0$），可得 $C_2 = 0$，且，

$$\frac{R_A L}{3} - M_A = -\frac{\alpha EI(T_2 - T_1)}{h} \qquad (10\text{-}50)$$

联立求解式（10-48）和式（10-50），可得：

$$R_A = 0 \quad M_A = \frac{\alpha EI(T_2 - T_1)}{h}$$

依据该梁的平衡条件，可求得 $R_B = 0$、$M_B = M_A$。因此，这些结果与采用叠加法所得到的结果 [式（10-44a，b）] 是一致的。

注意，上述求解过程并没有利用对称性，因为希望说明积分法的一般步骤。

已知了该梁的反作用力之后，就可求出剪力、弯矩、斜率以及挠度。其答案之简单可能会令人大吃一惊。

● ● ● 例 10-7

图 10-22 所示双跨梁 ABC 在 A 处有一个铰链支座、在 B 处有一个滚动支座，其 C 处的支座或者是一个滚动支座、或者是一个弹簧支座（弹簧刚度系数为 k）。该梁的高度为 h，并经受着一个温度差，其上表面的温度为 T_1，其下表面的温度为 T_2（图 10-22a、b）。假设弹簧不受温度变化的影响。

（a）如果支座 C 是一个滚动支座，那么，请使用叠加法求解所有的反作用力。

（b）如果支座 C 是一个弹簧支座，那么，请求出所有的反作用力，并求出 C 处的位移。

解答：

（a）C 处为滚动支座。该梁（图 10-22a）是一次静不定梁（见例 10-3 的讨论）。选择反作用力 R_C 作为多余力，这就使得我们可以利用例 9-5（解除 C 处的支座）和例 9-19（集中载荷作用在 C 处）给出的释放结构的分析结果。使用叠加法（也被称为力法或柔度法）来求解。

叠加。叠加过程如图 10-22b 和图 10-22c 所示，其中，解除了多余力 R_C 以产生一个释放结构（或静定结构）。先施加"实际载荷"（这里是指温度差 $T_2 - T_1$）在释放结构上，然后，再把多余力当作载荷施加在该释放结构上。

平衡。对图 10-22a 中的各力在 y 方向上求和（使用静力学的符号约定，正 y 方向的力为正），可得：

$$R_A + R_B = -R_C \qquad (a)$$

求关于点 B 的力矩和（再次使用静力学的符号约定，逆时针力矩为正），可得：

$$-R_A L + R_C a = 0$$

因此，

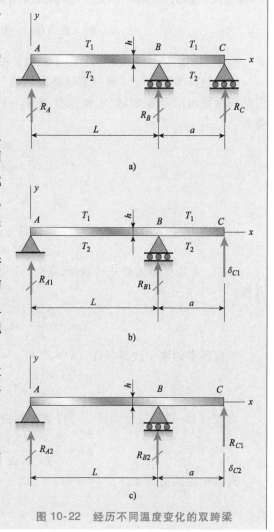

图 10-22　经历不同温度变化的双跨梁

$$R_A = \left(\frac{a}{L}\right) R_C \tag{b}$$

将该式代入式（a），可得：

$$R_B = -R_C - \left(\frac{a}{L}\right) R_C = -R_C \left(1 + \frac{a}{L}\right) \tag{c}$$

（注意，通过将图 10-22b、c 所示的反作用力进行叠加，也可以求出反作用力 R_A 和 R_B。其结果如下：$R_A = R_{A1} + R_{A2}$、$R_B = R_{B1} + R_{B2}$，其中，已知 R_{A1} 和 R_{B1} 均为零）

变形协调方程。实际结构中的位移 $\delta_C = 0$（图 10-22a），因此，位移的相容性要求：

$$\delta_{C1} + \delta_{C2} = \delta_C = 0 \tag{d}$$

其中，δ_{C1} 和 δ_{C2} 如图 10-22b 和图 10-22c 的释放结构所示，这些释放结构分别受到温度差和多余力 R_C 的作用。在使用静力学的符号约定时，假设 δ_{C1} 和 δ_{C2} 最初均为正（向上），若结果为负值，则表明实际方向与假设相反。

力-位移关系和温度-位移关系。现在，可使用例 9-5 和例 9-19 的结果来求解位移 δ_{C1} 和 δ_{C2}。首先，从例 9-19 的式（f）中可以看出：

$$\delta_{C1} = \frac{\alpha(T_2 - T_1) a(L+a)}{2h} \tag{e}$$

根据式（9-55）（修改该式，以变量 a 作为杆 BC 的长度，用多余力 R_C 代替载荷 P），可得：

$$\delta_{C2} = \frac{R_C a^2 (L+a)}{3EI} \tag{f}$$

反作用力。现在，可将式（e）、（f）代入式（d），并求解多余力 R_C：

$$\frac{\alpha(T_2 - T_1)}{2h} (a)(L+a) + \frac{R_C a^2 (L+a)}{3EI} = 0$$

因此，

$$R_C = \frac{-3EI\alpha(T_2 - T_1)}{2ah} \tag{g}$$

注意，结果为负值意味着反作用力 R_C 是向下的（对于正的温度差 $T_2 - T_1$）。将 R_C 的结果代入式（b）、（c），就可求出反作用力 R_A、R_B 为：

$$R_A = \left(\frac{a}{L}\right) R_C = \left(\frac{a}{L}\right) \left[\frac{-3EI\alpha(T_2 - T_1)}{2ah}\right] = \frac{-3EI\alpha(T_2 - T_1)}{2Lh} \tag{h}$$

$$R_B = -R_C \left(1 + \frac{a}{L}\right) = \frac{3EI\alpha(T_2 - T_1)}{2ah} \left(1 + \frac{a}{L}\right)$$

$$= \frac{3EI\alpha(T_2 - T_1)(L+a)}{2Lah} \tag{i}$$

其中，R_A 向下作用，R_B 向上作用。

数值举例。假设例 9-19 的梁 *ABC* 是一根长度 $L=9\mathrm{m}$、外伸段长度 $a=L/2$ 的 HE 截面（见表 E-1）宽翼板工字钢，还假设该梁经受着一个 $(T_2-T_1)=3°$ 的温度差，并已计算出节点 C 处的向上位移［见例 9-19 的式（h）］。根据表 H-4 可知，结构钢的热膨胀系数为 $\alpha=12\times10^{-6}/℃$，钢的弹性模量为 210GPa。现在，可利用式（g）、式（h）、式（i）来求解反作用力 R_A 和 R_B 的数值：

$$R_A=\frac{-3EI\alpha(T_2-T_1)}{2Lh}=\frac{-3\times(210\mathrm{GPa})\times(256900\mathrm{cm}^4)\times(12\times10^{-6}/℃)\times(3℃)}{2\times(9\mathrm{m})\times(700\mathrm{mm})}$$

$$=-4.62\mathrm{kN}（方向向下）$$

$$R_B=\frac{3EI\alpha(T_2-T_1)(L+a)}{2Lah}$$

$$=\frac{3\times(210\mathrm{GPa})\times(256900\mathrm{cm}^4)\times(12\times10^{-6}/℃)\times(3℃)\times(9\mathrm{m}+4.5\mathrm{m})}{2\times(9\mathrm{m})\times(4.5\mathrm{m})\times(700\mathrm{mm})}$$

$$=13.87\mathrm{kN}（方向向上）$$

$$R_C=\frac{-3EI\alpha(T_2-T_1)}{2ah}=\frac{-3\times(210\mathrm{GPa})\times(256900\mathrm{cm}^4)\times(12\times10^{-6}/℃)\times(3℃)}{2\times(4.5\mathrm{m})\times(700\mathrm{mm})}$$

$$=-9.25\mathrm{kN}（方向向下）$$

可以看出，反作用力的和为零，满足其平衡条件。

（b） C 处为弹簧支座。再次选择反作用力 R_C 作为多余力。然而，R_C 现在作用在弹簧支座的基座处。当多余力 R_C 被施加在释放结构上时，它将首先压缩弹簧，然后，才被施加到该梁的点 C 处，并产生向上的挠度。

叠加。叠加求解方法（即力法或柔度法）与之前所用的方法相同，如图 10-23 所示。

平衡。在 C 处增加弹簧支座不会改变式（a）、（b）、（c）给出的静力学平衡方程。

变形协调方程。现在，应写出弹簧基座处（而不是在其顶部处）的变形协调方程。其中，弹簧顶部连在梁上（在点 C 处）。从图 10-23 中可以看出，位移的相容性要求为：

$$\delta_1+\delta_2=\delta=0 \qquad (\mathrm{j})$$

力-位移关系和温度-位移关系。弹簧被假设为不受温度变化的影响，因此，可得出这样的结论：在图 10-23b 中，弹簧顶部与基座处的位移是相同的。这意味着式（e）仍然是有效的，且 $\delta_1=\delta_{C1}$。然而，在 δ_2 的表达式中必须包含弹簧的压缩量，因此，可得：

$$\delta_2=\frac{R_C}{k}+\delta_{C2}=\frac{R_C}{k}+\frac{R_Ca^2(L+a)}{3EI} \qquad (\mathrm{k})$$

其中，δ_{C2} 的表达式来自式（f）。

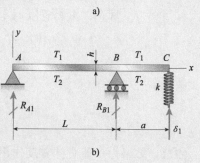
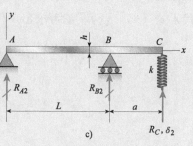

图 10-23　具有弹性支座、且经历温度变化的双跨梁

反作用力。现在，可将式（e）、式（k）代入式（j），并求解多余力 R_C：

$$\frac{\alpha(T_2-T_1)}{2h}(a)(L+a)+\frac{R_Ca^2(L+a)}{3EI}+\frac{R_C}{k}=0$$

因此，

$$R_C=\frac{-a\alpha(T_2-T_1)(L+a)}{2h\left[\dfrac{1}{k}+\dfrac{a^2(L+a)}{3EI}\right]} \qquad (1)$$

根据静力学方程［式（b）、式（c）］，可得：

$$R_A=\left(\frac{a}{L}\right)R_C=\frac{-a\alpha(T_2-T_1)a(L+a)}{2Lh\left[\dfrac{1}{k}+\dfrac{a^2(L+a)}{3EI}\right]} \qquad (m)$$

$$R_B=-R_C\left(1+\frac{a}{L}\right)=\frac{a\alpha(T_2-T_1)(L+a)^2}{2Lh\left[\dfrac{1}{k}+\dfrac{a^2(L+a)}{3EI}\right]} \qquad (n)$$

R_A 和 R_C 的负号再次表明，它们是向下的（对于正的温度差 T_2-T_1），而 R_B 是向上的。最后，如果弹簧刚度系数 k 趋于无穷大，那么，C 处的支座将再次变为一个滚动支座，如图 10-22 所示，而式（l）、（m）、（n）将简化为式（g）、（h）、（i）。

*10.6　梁端部的纵向位移

当梁受到横向载荷的弯曲作用时，其两端彼此之间将更加接近。一般的做法是忽略这些纵向位移，因为它们通常不会显著影响该梁的行为。本节将展示如何计算这些位移以及如何判断它们是否重要。

研究一根简支梁 AB，该梁的一端有一个铰链支座，而另一端可在纵向方向自由移动（图 10-24a）。当该梁被横向载荷弯曲时，其挠曲线具有图 10-24b 所示的形状。除了发生横向挠曲之外，该梁的端部 B 处还有一个纵向位移。端部 B 从点 B 水平移动至点 B'，移动了一个小距离 λ，该距离被称为该梁的弯曲缩短量（curvature shortening）。

顾名思义，弯曲缩短是由梁轴线的弯曲引起的，并不是由拉伸或压缩力所产生的轴向应变引起的。从图 10-24b 中可以看出，弯曲缩短量等于该直梁的初始长度 L 与该弯曲梁的弦长 AB' 的差值。当然，图中高度夸张了横向挠度和这一弯曲缩短量。

弯曲缩短量　为了求出弯曲缩短量，研究一个这样的微元体，该微元体在该梁的弯曲轴线上的长度为 ds（图 10-24b），该微元体在水平轴上的投影长度为 dx。根据毕达哥拉斯定理[⊖]，该微元体长度与其水平投影长度之间的关系为：$(ds)^2=(dx)^2+(dv)^2$。其中，dv 为移动 dx 距离时该梁挠度 v 的增量。因此，

$$ds=\sqrt{(dx)^2+(dv)^2}=dx\sqrt{1+\left(\frac{dv}{dx}\right)^2} \qquad (10\text{-}51a)$$

该微元体长度与其水平投影长度之间的差值为：

⊖　毕达哥拉斯定理（Pythagorean theorem）即勾股定理。——译者注

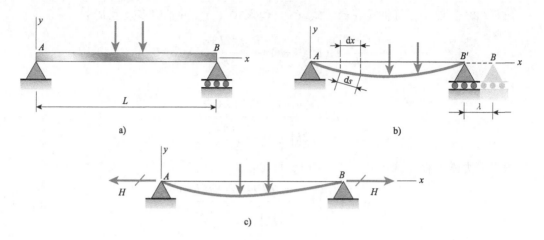

图 10-24

a）承受横向载荷的简支梁 b）梁端部的水平位移 λ c）具有固定铰链支座的梁的水平反作用力 H

$$ds - dx = dx\sqrt{1 + \left(\frac{dv}{dx}\right)^2} - dx = dx\left[\sqrt{1 + \left(\frac{dv}{dx}\right)^2} - 1\right] \quad (10\text{-}51b)$$

现在，引入以下二项式级数（见附录 C）：

$$\sqrt{1+t} = 1 + \frac{t}{2} - \frac{t^2}{8} + \frac{t^2}{16} - \cdots \quad (10\text{-}52)$$

当 t 的数值小于 1 时，该式将收敛。如果 t 远小于 1，那么，与前两项相比，就可忽略包含 t^2、t^3 以及诸如此类的各项。这样一来，就可得到：

$$\sqrt{1+t} \approx 1 + \frac{t}{2} \quad (10\text{-}53)$$

式（10-51b）中（dv/dx）^{2} 项通常远小于 1。因此，利用式（10-53），并设 $t = (dv/dx)^2$，则可将式（10-51b）重新表达为：

$$ds - dx = dx\left[1 + \frac{1}{2}\left(\frac{dv}{dx}\right)^2 - 1\right] = \frac{1}{2}\left(\frac{dv}{dx}\right)^2 dx \quad (10\text{-}54)$$

如果将该表达式的左右两边同时在该梁的整个长度上进行积分，则可得到关于该梁长度与弦长 AB'（图 10-24b）的差值的一个表达式：

$$L - \overline{AB'} = \int_0^L \frac{1}{2}\left(\frac{dv}{dx}\right)^2 dx$$

因此，弯曲缩短量为：

$$\lambda = \frac{1}{2}\int_0^L \left(\frac{dv}{dx}\right)^2 dx \quad (10\text{-}55)$$

只要挠度和斜率很小，则该方程就是有效的。

注意，在已知挠曲线方程时，可将其代入式（10-55），并求出缩短量 λ。

水平反作用力 现在，假如该梁两端的纵向平移受到固定铰链支座的阻止（见图 10-24c）。由于两端不能彼此相对移动，因此，在每一端处都将产生一个水平反作用力 H。发生弯曲时，这个力将使该梁的轴线伸长。

此外，力 H 本身还将影响梁中的弯矩，因为在各个横截面上将存在一个附加弯矩（等于

H 乘以挠度）。因此，该梁的挠曲线不仅取决于横向载荷，还取决于该反作用力 H，而力 H 反过来又取决于该挠曲线的形状，如式（10-55）所示。

对于这一复杂问题，不要试图进行一个精确的分析；相反，应得出一个关于力 H 的近似表达式以明确其重要性。为此，可对其挠曲线使用一些合理的近似。对于一根两端铰支、载荷向下作用的梁（图 10-24c），一个很好的近似是使用这样一条抛物线，该抛物线的方程为：

$$v = -\frac{4\delta x (L-x)}{L^2} \tag{10-56}$$

其中，δ 为该梁中点处的向下挠度。将该挠度 v 的表达式代入式（10-55）并积分，就可求出与这个假设的挠曲线形状相对应的弯曲缩短量 λ，其结果为：

$$\lambda = \frac{8\delta^2}{3L} \tag{10-57}$$

则使该梁伸长 λ 所需的水平力 H 为：

$$H = \frac{EA\lambda}{L} = \frac{8EA\delta^2}{3L^2} \tag{10-58}$$

其中，EA 为该梁的轴向刚度。该梁中相应的轴向拉应力为：

$$\sigma_t = \frac{H}{A} = \frac{8E\delta^2}{3L^2} \tag{10-59}$$

对于两端具有固定铰链支座的梁中所产生的拉应力，该方程给出一个较为接近的估算。

综述　现在，为了评估弯曲缩短量的重要意义，替换部分数值。与其长度相比，梁中点处的挠度 δ 通常是很小的；例如，δ/L 的比值可能是 1/500 或更小。使用 1/500 这个值，并假设材料是 $E = 200GPa$ 的钢，则根据式（10-59），可以求出拉应力仅为 2.1MPa。由于钢的许用拉应力通常为 100MPa 或更大，因此，与梁通常的工作应力相比，显然可以忽略横向力 H 所产生的轴向应力。

此外，在式（10-55）的推导过程中，假设该梁两端均被刚性固定以阻止水平位移，这实际上是不可能的。在现实中，总会出现小的纵向位移，从而使根据式（10-55）所计算出的轴向应力得以降低[○]。

根据上述讨论，可以得出以下结论："忽略任何纵向约束的影响，并假设梁的一端位于一个滚动支座上（无论实际构造如何）"这样一个习惯作法是合理的。只有当梁非常细长且支撑非常大的载荷时，纵向约束的刚托效应才是明显的；这种行为有时被称为"细绳作用（string action）"，因为它类似于一条承载缆绳或细绳的行为。

○　关于两端固定梁的更为完整的分析，见参考文献 10-1。

第 10 章研究了承受各种不同载荷的静不定梁的行为，这些载荷包括集中载荷以及分布载荷（如自重），并在本章的最后专题研究了热效应以及弯曲缩短所引起的纵向位移。本章给出了两种分析方法：（1）利用边界条件对挠曲线方程进行积分来求解未知的积分常数和多余力；（2）更为一般的方法是叠加法（分别用于求解之前第 2 章和第 3 章的轴向结构和扭转结构）。在叠加的过程中，在静力学平衡方程的基础上补充了变形协调方程，从而得到足够数量的方程以求解全部的未知力。力-位移关系与变形协调方程一起被用来产生求解问题所需的补充方程。可以看出，所需补充方程的数量取决于梁结构的静不定次数。叠加法仅适用于线弹性材料制造的梁结构。本章的主要内容如下：

1. 讨论了静不定梁结构的几种类型，如受撑悬臂梁、两端固定梁以及连续梁。注意，通过解除不同的多余反作用力，就可确定各类梁的静不定次数，并为每种情况定义一个释放结构。

2. 释放结构必须是静定结构，且在各载荷作用下必须是稳定的。注意，也可插入内部释放器（如轴向、剪力和力矩释放器，见第 4 章的讨论）以产生释放结构，如后续的结构分析方面的课程所讨论的那样。

3. 对于简单的静不定梁结构，可将挠曲线微分方程分别以弯矩、剪力以及分布载荷的形式写为一个二阶、三阶以及四阶方程。通过应用边界条件以及其他条件，可求解出各积分常数以及多余的反作用力。

4. 对于复杂的梁以及其他类型的结构，更为一般的求解方法是叠加法（也被称为力法或柔度法）。其中，以平衡方程为基础、以位移的变形协调方程与相应的力-位移关系为补充。所需变形协调方程的数目就等于梁结构的静不定次数。

5. 在大多数情况下，得到相同答案的求解思路有多条，这取决于多余力的选择。

6. 温度变化以及纵向位移仅在静不定梁中引起反作用力。如果梁是静定的，那么，仍将产生节点位移，但不会产生内力。

挠曲线的微分方程

10.3 节的习题应通过对挠曲线微分方程的积分来求解。所有梁的抗弯刚度 EI 均为常数。绘制剪力图和弯矩图时，必须标注所有关键坐标值，包括最大值和最小值。

10.3-1 一根长度为 L 的受撑悬臂梁 AB 在其支座 B 处承受着一个逆时针力矩 M_0（见图）。请根据挠曲线的二阶微分方程（弯矩方程），求出该梁的反作用力、剪力、弯矩，斜率以及挠度，并绘制剪力图和弯矩图（应标注所有的关键坐标值）。

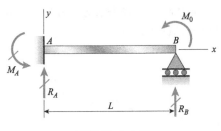

习题 10.3-1 图

10.3-2 一根长度为 L 的两端固定梁 AB 支撑着一个强度为 q 的均布载荷（见图）。请根据挠曲线的二阶微分方程（弯矩方程），求出该梁的反作用力、剪力、弯矩，斜率以及挠度，并绘制剪力图和弯矩图（应标注所有的关键坐标值）。

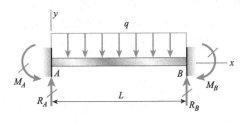

习题 10.3-2 图

10.3-3 图示悬臂梁 AB 在 A 处有一个固定支座、在 B 处有一个滚动支座。B 处的支座向下移动了一个 δ_B 的距离。请使用挠曲线的四阶微分方程（载荷方程）来求解该梁的反作用力和挠曲线方程（注：用位移 δ_B 表示所有结果）。

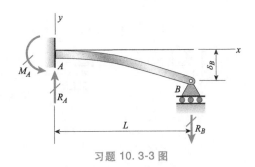

习题 10.3-3 图

10.3-4 图示长度为 L 的悬臂梁 AB 承受着一个强度为 q 的均布载荷，其 A 端固定，其 B 端有一个扭转刚度为 k_R 的弹簧支座。弹簧支座的反作用力矩 M_B 与 θ_B（B 端的转角）的关系为 $M_B = k_R \times \theta_B$。请求出 B 端的转角 θ_B 和位移 δ_B。使用挠曲线的二阶微分方程求解 B 端的位移。

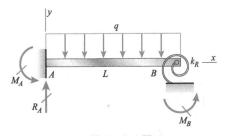

习题 10.3-4 图

10.3-5 一根长度为 L 的悬臂梁承受着一个三角形分布载荷，其 B 处的最大载荷强度为 q_0。请使用挠曲线的四阶微分方程来求解 A、B 处的反作用力以及挠曲线方程。

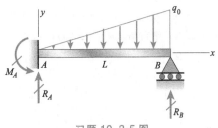

习题 10.3-5 图

10.3-6 一根长度为 L 的受撑悬臂梁承受着一个抛物线形分布载荷，该载荷在 B 处的最大强度为 q_0。

（a）请使用挠曲线的四阶微分方程来求解 A、B 处的反作用力以及挠曲线方程。

（b）如果用一个正弦载荷 $q_0\sin(\pi x/2L)$ 替换该抛物线载荷，那么，请重新求解问题（a）。

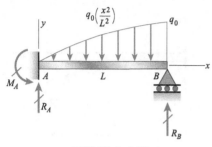

习题 10.3-6 图

10.3-7 一根长度为 L 的受撑悬臂梁承受着一个抛物线形分布载荷，该载荷在 A 处的最大强度为 q_0。

（a）请使用挠曲线的四阶微分方程来求解 A、B 处的反作用力以及挠曲线方程。

（b）如果用一个余弦载荷 $q_0\cos(\pi x/2L)$ 替换该抛物线载荷，那么，请重新求解问题（a）。

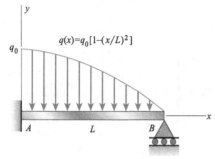

习题 10.3-7 图

10.3-8 一根长度为 L 的两端固定梁承受着一个余弦形分布载荷，该载荷在 A 处的最大强度为 q_0。

（a）请使用挠曲线的四阶微分方程来求解 A、B 处的反作用力以及挠曲线方程。

（b）如果用正弦载荷 $q_0\sin(\pi x/L)$ 替换该余弦载荷，那么，请重新求解问题（a）。

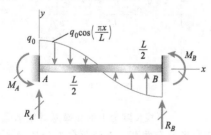

习题 10.3-8 图

10.3-9 一根长度为 L 的两端固定梁承受着一个余弦形分布载荷，该载荷在 A 处的最大强度为 q_0。

（a）请使用挠曲线的四阶微分方程来求解 A、B 处的反作用力以及挠曲线方程。

（b）如果该分布载荷变为 $q_0(1-x^2/L^2)$，那么，请重新求解问题（a）。

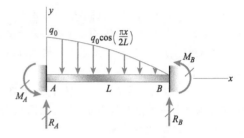

习题 10.3-9 图

10.3-10 一根长度为 L 的两端固定梁承受着一个三角形分布载荷，该载荷在 B 处的最大强度为 q_0。请使用挠曲线的四阶微分方程来求解 A、B 处的反作用力以及挠曲线方程。

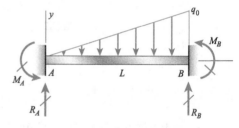

习题 10.3-10 图

10.3-11 图示长度为 L 的两端固定梁 ACB，其中点处作用着一个逆时针力矩 M_0。请根据挠曲线的二阶微分方程（弯矩方程），求出该梁所有的反作用力以及该梁左半段的挠曲线方程，并绘制整个梁的剪力图和弯矩图（应标注所有的关键坐标值），同时，绘制整个梁的挠曲线。

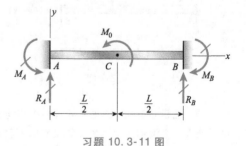

习题 10.3-11 图

10.3-12 一根长度为 L 的受撑悬臂梁在其中点处承受着一个集中力矩 M_0。请使用挠曲线的二阶

微分方程来求解 A、B 处的反作用力，并绘制整个梁的剪力图和弯矩图。同时，分别求出该梁两个半段的挠曲线方程，并绘制整个梁的挠曲线。

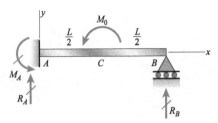

习题 10.3-12 图

叠加法

10.4 节习题应采用叠加法求解。除非另有说明，否则所有梁的抗弯刚度 EI 均为常数。绘制剪力图和弯矩图时，必须标注所有关键坐标值，包括最大值和最小值。

10.4-1 一根长度为 L 的受撑悬臂梁 AB 在图示位置承受着一个集中载荷 P。请求出该梁的反作用力 R_A、R_B 和 M_A，并画出剪力图和弯矩图（应标注所有的关键坐标值）。

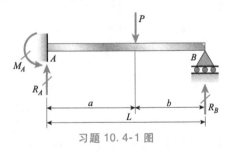

习题 10.4-1 图

10.4-2 在 B 处具有一个滑动支座的梁承受着一个强度为 q 的均布载荷。请使用叠加法求解所有的反作用力，并画出剪力图和弯矩图（应标注所有的关键坐标值）。

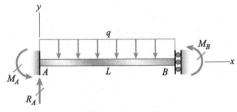

习题 10.4-2 图

10.4-3 一根长度为 $2L$ 的受撑悬臂梁在 B 处有一个支座，该梁承受着一个强度为 q 的均布载荷。请使用叠加法求解所有的反作用力，并画出剪力图和弯矩图（应标注所有的关键坐标值）。

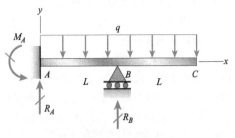

习题 10.4-3 图

10.4-4 图示连续框架 ABC，其 A 处有一个铰链支座，其 B、C 处各有一个滚动支座，其 B 处为刚性角接。AB、BC 杆的抗弯刚度均为 EI。力矩 M_0 逆时针作用在 B 处（注意：忽略 AB 杆的轴向变形，且仅考虑弯曲的影响）。

（a）请求出该框架的所有反作用力。

（b）请求出 A、B、C 处的转角 θ。

（c）请求出 BC 杆的长度为何值（用 L 表示）时才能使转角 θ_B 增大一倍。

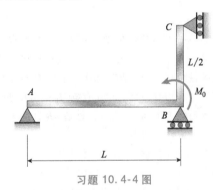

习题 10.4-4 图

10.4-5 图示连续框架 ABC，其 A 处有一个铰链支座，其 B、C 处有一个滚动支座，其 B 处为刚性角接。AB、BC 杆的抗弯刚度均为 EI。力矩 M_0 逆时针作用在 A 处（注意：忽略 AB 杆的轴向变形，且仅考虑弯曲的影响）。

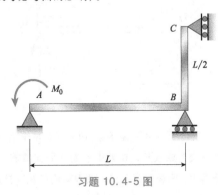

习题 10.4-5 图

（a）请求出该框架的所有反作用力。

（b）请求出 A、B、C 处的转角 θ。

（c）请求出 AB 杆的长度为何值（用 L 表示）时才能使转角 θ_A 增大一倍。

10.4-6 梁 AB 在 A 处有一个铰链支座、在 B 处有一个滚动支座。同时，其节点 B 还受到一个刚度系数为 k_R 的线弹性扭转弹簧的约束，该弹簧提供了一个阻止节点 B 转动的阻力矩 M_B。AB 杆的抗弯刚度为 EI。力矩 M_0 逆时针作用在 A 处。

（a）请使用叠加法求解所有的反作用力。

（b）请推导出转角 θ_A 的表达式（以 k_R 表示）。当 $k_R \to 0$ 时，θ_A 是多少？当 $k_R \to \infty$ 时，θ_A 是多少？当 $k_R = 6EI/L$ 时，θ_A 是多少？

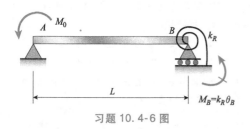

习题 10.4-6 图

10.4-7 图示连续框架 ABCD，其 B 处有一个铰链支座，其 A、C、D 处各有一个滚动支座，其 B、C 处为刚性角接。AB、BC、CD 杆的抗弯刚度均为 EI。其 B 处作用有一个逆时针力矩 M_0，其 C 处作用有一个顺时针力矩 M_0（注意：忽略 AB 杆的轴向变形，且仅考虑弯曲的影响）。

（a）请求出该框架的所有反作用力。

（b）请求出 A、B、C、D 处的转角 θ。

（c）如果两个力矩 M_0 均为逆时针，那么，请重新求解问题（a）。

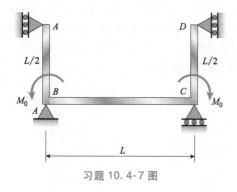

习题 10.4-7 图

10.4-8 图示两根扁平梁 AB 和 CD 位于水平面内且相互交叉成直角，在其中点处共同支撑着一个铅垂载荷 P。施加载荷 P 前，两根梁刚好相互接触。

两根梁的材料和宽度均相同。同时，两根梁均为简支梁。梁 AB 和 CD 的长度分别为 L_{AB} 和 L_{CD}。如果四个反作用力相等，那么，梁的厚度比 t_{BC}/t_{CD} 应该是多少？

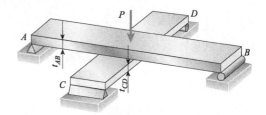

习题 10.4-8 图

10.4-9 一根长度为 2L 的受撑悬臂梁承受着一个强度为 q 的均布载荷，其 B 处受到一个刚度系数为 k 的线弹性弹簧的支撑。请使用叠加法求解所有的反作用力，并画出剪力图和弯矩图（应标注所有的关键坐标值）。设 $k = 6EI/L^3$。

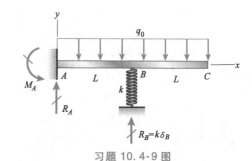

习题 10.4-9 图

10.4-10 一根长度为 2L 的受撑悬臂梁承受着一个强度为 q 的均布载荷，其 B 处受到一个刚度系数为 k_R 的线弹性扭转弹簧的支撑，该弹簧提供了一个阻止节点 B 转动的阻力矩 M_B。请使用叠加法求解所有的反作用力，并画出剪力图和弯矩图（应标注所有的关键坐标值）。设 $k_R = EI/L$。

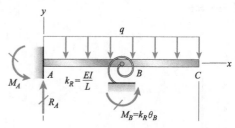

习题 10.4-10 图

10.4-11 一根长度为 L 的两端固定梁承受着一个最大强度为 q_0 的三角形分布载荷（见图）。请求出该梁各固定端处的反作用力矩（M_A 和 M_B）和反作用力（R_A 和 R_B），并画出剪力图和弯矩图（应标注所有的关键坐标值）。

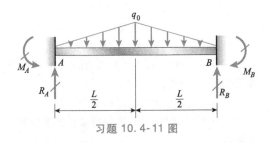

习题 10.4-11 图

10.4-12　图示连续梁 ABC 支撑着一个强度为 q 的均布载荷，其两跨的跨度不同，一跨的跨长为 L，另一跨的跨长为 $2L$。请求出该梁的反作用力 R_A、R_B、R_C，并画出剪力图和弯矩图（应标注所有的关键坐标值）。

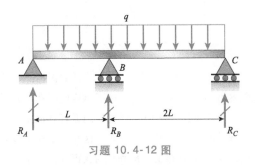

习题 10.4-12 图

10.4-13　梁 ABC 的 A 端为固定端，该梁坐落（在点 B 处）在梁 DE 的中点处（见图中的第一部

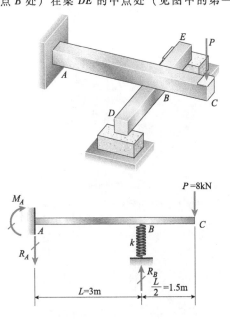

习题 10.4-13 图

分）。因此，可用一根受撑悬臂梁（该梁的 BC 段外伸，且其 B 处有一个刚度系数为 k 的线弹性支座）来代表梁 ABC（见图中的第二部分）。点 A 至点 B 的距离 $L = 3$m，点 B 至点 C 的距离 $L/2 = 1.5$m，梁 DE 的长度 $L = 3$m。两根梁的抗弯刚度均为 EI。一个集中载荷 P 作用在梁 ABC 的自由端。请求出梁 ABC 的反作用力 R_A、R_B、M_A，并画出梁 ABC 的剪力图和弯矩图（应标注所有的关键坐标值）。

10.4-14　一根受撑悬臂梁的抗弯刚度 $EI = 4.5$MN·m^2。当在该梁上施加了图示载荷时，该梁的节点 B 处下沉了 5mm。请求出节点 B 处的反作用力。

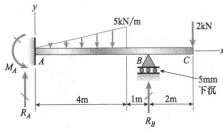

习题 10.4-14 图

10.4-15　如图所示，一根悬臂梁在 B 处受到一根拉杆的拉持。拉杆和梁均由 $E = 120$GPa 的钢制造。在施加均布载荷 $q = 3$kN/m 前，拉杆刚好拉紧。

（a）请求出拉杆中的拉力。

（b）请画出梁的剪力图和弯矩图（应标注所有的关键坐标值）。

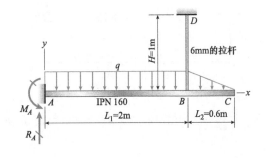

习题 10.4-15 图

10.4-16　图示变截面受撑悬臂梁 AB，其 AC 段的抗弯刚度为 $2EI$，其 CB 段的抗弯刚度为 EI。请求出在强度为 q 的均布载荷的作用下该梁的所有反作用力（提示：使用习题 9.7-1 和 9.7-2 的结果）。

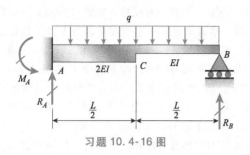

习题 10.4-16 图

10.4-17　图示梁 *ABC*，其 *A* 端固定，其点 *B* 处受到梁 *DE* 的支撑。两根梁的材料和横截面均相同。

（a）请求出载荷 *P* 所引起的所有反作用力。

（b）整个梁的最大弯矩值是多少？

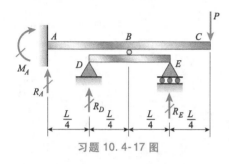

习题 10.4-17 图

10.4-18　如图所示，一根三跨连续梁 *ABCD* 支撑着一个强度为 *q* 的均布载荷，其三个跨度均相同。请求出该梁的所有反作用力，并画出梁的剪力图和弯矩图（应标注所有的关键坐标值）。

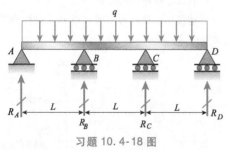

习题 10.4-18 图

10.4-19　如图所示，一根梁坐落在支座 *A*、*B*

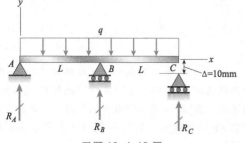

习题 10.4-19 图

上，并受到一个强度为 *q* 的均布载荷的作用。加载前，该梁与支座 *C* 之间有一个小间隙 Δ。假设跨长 *L* = 1m 、梁的抗弯刚度 $EI = 12×10^6 \text{ N} \cdot \text{m}^2$。请绘制一个反映点 *B* 处的弯矩与载荷强度 *q* 的函数关系图（提示：在计算 *C* 处的挠度时，参见例 9-9）。

10.4-20　一根长度为 *L* 的两端固定梁 *AB* 在图示位置受到一个力矩 M_0 的作用。

（a）请求出该梁的所有反作用力。

（b）请绘制 *a* = *b* = *L*/2 这一特殊情况下的剪力图和弯矩图。

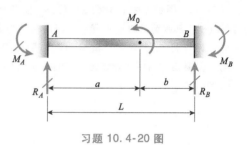

习题 10.4-20 图

10.4-21　临时用作水渠的木槽如图所示。构成该木槽侧面的铅垂板埋在地下，这些铅垂板提供了一个固定支座。木槽的顶部受到系杆的固定，以使顶部处不会产生变形。因此，这些铅垂板可被理想化为梁 *AB*，该梁的支座和载荷情况如图的最后一部分所示。假设各铅垂板的厚度 *t* 均为 40mm、水的深度 *d* 为 1m、高度 *h* 为 1.3m，那么，各铅垂板中

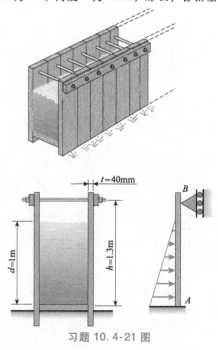

习题 10.4-21 图

的最大弯曲应力 σ 是多少？（提示：最大的弯矩值发生在固定支座处）

10.4-22 两根相同的简支梁 AB 和 CD 在其中点处互相交叉（见图）。在施加均布载荷之前，这两根梁刚好在交叉点处彼此接触。如果均布载荷的强度 $q = 6.4$ kN/m、各梁的长度均为 $L = 4$ m，那么，请分别求出该均布载荷所引起的梁 AB 和梁 CD 中的最大弯矩 $(M_{AB})_{max}$ 和 $(M_{CD})_{max}$。

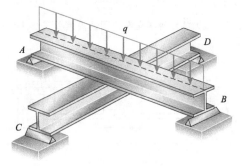

习题 10.4-22 图

10.4-23 图示悬臂梁 AB 是一根 $E = 200$ GPa 的 IPN180 工字钢梁。简支梁 DE 是一根横截面为 100mm×300mm（公称尺寸）、$E = 10$GPa 的木梁。直径为 6mm、长度为 3m、$E = 200$GPa 的钢杆 AC 作为连接两根梁的吊架。在均布载荷被施加在梁 DE 上之前，该吊架刚好装配在两根梁之间。请求出该均布载荷（强度 $q = 6$kN/m）在吊杆中所引起的拉力 F 以及在两根梁中所引起的最大弯矩 M_{AB} 和 M_{DE}（提示：为了有助于求解梁 DE 中的最大弯矩，可绘制剪力图和弯矩图）

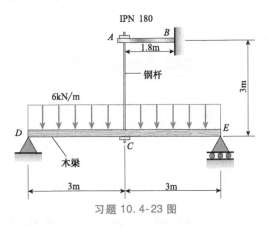

习题 10.4-23 图

10.4-24 图示梁 AB，其 A、B 处简支，其中点 C 处支撑在一个刚度系数为 k 的弹簧上。该梁的抗弯刚度为 EI、长度为 $2L$。弹簧的刚度系数 k 为何值时才能使梁中的最大弯矩（由均布载荷引起的）

具有一个可能的最小值？

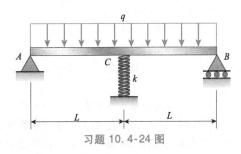

习题 10.4-24 图

10.4-25 图示连续框架 ABC，其 A 处为固定端，其 C 处有一个滚动支座，其 B 处为刚性角接。AB、BC 杆的长度均为 L、抗弯刚度均为 EI。一个水平力作用在 AB 杆的中点处。

（a）请求出该框架的所有反作用力。

（b）该框架中的最大弯矩 M_{max} 是多少？（注意：忽略 AB 杆的轴向变形，且仅考虑弯曲的影响）

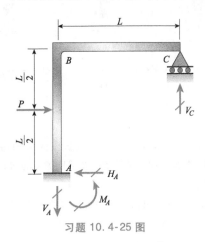

习题 10.4-25 图

10.4-26 图示连续框架 ABC，其 A 处有一个铰链支座，其 C 处有一个滑动支座，其 B 处为刚性

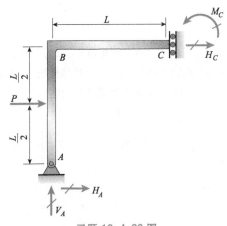

习题 10.4-26 图

角接。AB、BC 杆的长度均为 L、抗弯刚度均为 EI。一个水平力作用在 AB 杆的中点处。

（a）请求出该框架的所有反作用力。

（b）该框架中的最大弯矩 M_{max} 是多少？（注意：忽略 AB、BC 杆中的轴向变形，且仅考虑弯曲的影响）

10.4-27　如图所示，一根宽翼板工字梁 ABC 坐落（在点 A、B、C 处）在三根相同的弹簧支座上。梁的抗弯刚度 $EI = 10 \times 10^6\,N \cdot m^2$，各弹簧的刚度系数 $k = 10\,MN/m$。梁的长度 $L = 5m$。如果载荷 P 为 25kN，那么，反作用力 R_A、R_B、R_C 分别是多少？画出梁的剪力图和弯矩图（应标注所有的关键坐标值）。

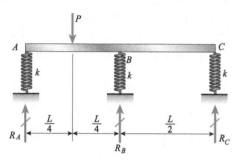

习题 10.4-27 图

10.4-28　如图所示，一根长度为 L 的两端固定梁 AB 在其中部区域受到一个强度为 q 的均布载荷的作用。

（a）请推导出固定端处的反作用力矩 M_A 和 M_B 的表达式，用载荷 q、长度 L 和长度 b（b 为加载区的长度）来表示该式。

（b）请绘制一个 M_A 与 b 的关系图。为方便起见，可按下列无量纲形式绘图：

$$\frac{M_A}{qL^2/12} \quad vs. \quad \frac{b}{L}$$

其中，比值 b/L 在其极限值 0~1 之间变化。

（c）请绘制 $a = b = L/3$ 这一特殊情况下的剪力图和弯矩图（应标注所有的关键坐标值）。

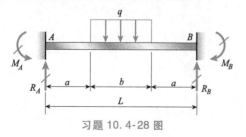

习题 10.4-28 图

10.4-29　如图所示，一根梁在其整个长度上支撑着一个强度为 q 的均布载荷，该梁坐落在点 A、B、C 处的三个活塞上。各充满油的油缸之间连接有管道，因此各活塞所承受的油压是相同的。A、B 处的活塞的直径均为 d_1，C 处活塞的直径为 d_2。

（a）请求出 d_2 与 d_1 的比值为何值时才能使梁中最大弯矩为一个尽可能小的值。

（b）在上述最佳条件下，梁中的最大弯矩 M_{max} 是多少？

（c）点 C 与两端支座之间的高度差是多少？

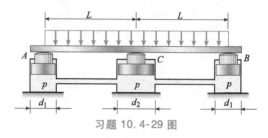

习题 10.4-29 图

10.4-30　高能物理实验中用于连接电磁铁的薄钢梁 AB 被螺栓牢固连接在刚性支座上（见图）。线圈 C 所产生的电磁场导致一个力作用在该钢梁上。该力是一个最大强度 $q_0 = 18\,kN/m$ 的梯形分布载荷。该梁在各支座之间的长度 $L = 200mm$，梯形载荷的尺寸 c 为 50mm。该梁的横截面是一个宽度 $b = 60mm$、高度 $h = 20mm$ 的矩形。请求出该梁的最大弯曲应力 σ_{max} 以及最大挠度 δ_{max}（忽略轴向变形的影响，且仅考虑弯曲的影响）。使用 $E = 200\,GPa$）。

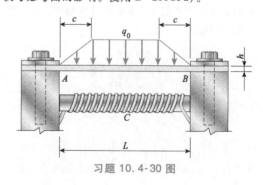

习题 10.4-30 图

温度效应

10.5 节习题中所有梁的抗弯刚度 EI 均为常数。

10.5-1　如图所示，一根长度为 L 的简支梁 AB 在 L/3 位置处连接了一条缆绳 CD。该梁的惯性矩为 I，缆绳的有效横截面面积为 A。缆绳最初时是绷紧的，且没有受到任何初始拉伸。

（a）当温度均匀下降了 ΔT 摄氏度时，请推导

出缆绳中的拉力 S 的表达式。假设缆绳与梁使用相同的材料（弹性模量为 E、热膨胀系数为 α）。要求使用叠加法求解。

（b）假设梁为木梁、缆绳为钢缆，请重新求解问题（a）。

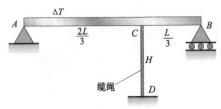

习题 10.5-1 图

10.5-2 图示受撑悬臂梁，其左端 A 为固定端，其右端 B 简支，其上表面的温度为 T_1，其下表面的温度为 T_2。

（a）请求出该梁的所有反作用力。要求使用叠加法求解。假设弹簧支座不受温度变化的影响。

（b）当 $k \to \infty$ 时，各反作用力分别是多少？

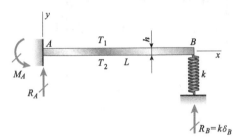

习题 10.5-2 和 10.5-3 图

10.5-3 采用对挠曲线微分方程进行积分的方法求解上题。

10.5-4 图示双跨梁，其一跨的长度为 L，另一跨的长度为 $L/3$。该梁上表面的温度为 T_1、下表面的温度为 T_2。

（a）请求出该梁的所有反作用力。要求使用叠加法求解。假设弹簧支座不受温度变化的影响。

（b）当 $k \to \infty$ 时，各反作用力分别是多少？

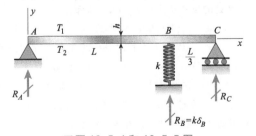

习题 10.5-4 和 10.5-5 图

10.5-5 采用对挠曲线微分方程进行积分的方法求解上题。

梁端部的纵向位移

10.6-1 如图所示，梁 AB 的两端为固定铰链支座，假设该梁变形后的形状由方程 $y = -\delta \sin \pi x / L$ 给出（其中，δ 为梁中点处的挠度，L 为梁的长度）。同时，假设该梁具有恒定的轴向刚度 EA。

（a）请推导出纵向力 H（作用在梁的两端）及其相应轴向拉应力 σ_t 的表达式。

（b）对于一根 $E = 70\text{GPa}$ 的铝合金梁，当挠度 δ 与长度的比值 L 分别等于 $1/200$、$1/400$ 和 $1/600$ 时，请计算其相应的拉应力 σ_t。

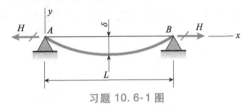

习题 10.6-1 图

10.6-2 （a）一根长度为 L、高度为 h 的简支梁 AB 支撑着一个强度为 q 的均布载荷（见图中的第一部分）。请推导出该梁的弯曲缩短量 λ 的表达式，并推导出梁中最大弯曲应力 σ_b 的表达式。

（b）现在，假设该梁的两端均为固定铰链支座以防止其发生弯曲缩短，且该梁的两端还各施加了一个水平力 H（见图中的第二部分）。请推导出相应轴向拉应力 σ_t 的表达式。

（c）请利用所求表达式，对下述钢梁计算弯曲缩短量 λ、最大弯曲应力 σ_b 和拉应力 σ_t：长度 $L = 3\text{m}$，高度 $h = 300\text{mm}$，弹性模量 $E = 200\text{GPa}$，惯性矩 $I = 36 \times 10^6 \text{mm}^4$。同时，梁上载荷的强度 $q = 25\text{kN/m}$。

请比较拉应力 σ_t（由轴力引起的）和最大弯曲应力 σ_b（由均布载荷引起的）。

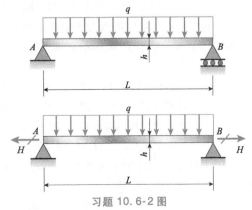

习题 10.6-2 图

补充复习题：第 10 章

R-10.1　受撑悬臂梁 AB 在节点 B 处受到力矩 M_1 的作用。框架 ABC 在点 C 处受到力矩 M_2 的作用。两个结构的的抗弯刚度恒为 EI。如果力矩比 $M_1/M_2 = 3/2$，那么，固定端处的反作用力矩比 M_{A1}/M_{A2} 约为：

　(A) 1　　(B) 3/2　　(C) 2　　(D) 5/2

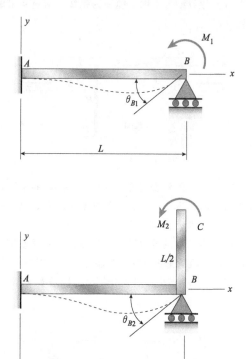

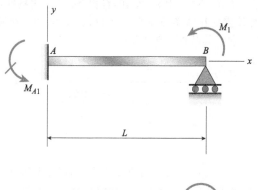

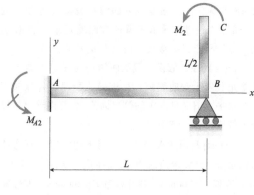

复习题 R-10.1 图

R-10.2　受撑悬臂梁 AB 在节点 B 处受到力矩 M_1 的作用。框架 ABC 在点 C 处受到力矩 M_2 的作用。两个结构的的抗弯刚度恒为 EI。如果力矩比 $M_1/M_2 = 3/2$，那么，节点 B 处的转角比 θ_{B1}/θ_{B2} 约为：

　(A) 1　　(B) 3/2　　(C) 2　　(D) 5/2

R-10.3　结构 1 上杆件 BC 的长度为 L/2，力 P_1 作用在其节点 C 处。结构 2 上杆件 BC 的长度为 L，力 P_2 作用在其节点 C 处。两个结构的的抗弯刚度恒为 EI。如果作用力的比值为 $P_1/P_2 = 5/2$，那么，节点 B 处的转角比 θ_{B1}/θ_{B2} 约为：

　(A) 1　　(B) 5/4　　(C) 3/2　　(D) 2

复习题 R-10.2 图

R-10.4　结构 1 上杆件 BC 的长度为 L/2，力 P_1 作用在其节点 C 处。结构 2 上杆件 BC 的长度为 L，力 P_2 作用在其节点 C 处。两个结构的的抗弯刚度恒为 EI。所需作用力比 P_1/P_2 约为何值时才能使节点 B 处的转角比 θ_{B1}/θ_{B2} 相等：

　(A) 1　　(B) 5/4　　(C) 3/2　　(D) 2

R-10.5　结构 1 上杆件 BC 的长度为 L/2，力 P_1 作用在其节点 C 处。结构 2 上杆件 BC 的长度为 L，力 P_2 作用在其节点 C 处。两个结构的的抗弯刚度恒为 EI。如果作用力的比值为 $P_1/P_2 = 5/2$，那么，节点 B 处的反作用力比 R_{B1}/R_{B2} 约为：

　(A) 1　　(B) 5/4　　(C) 3/2　　(D) 2

R-10.6　结构 1 上杆件 BC 的长度为 L/2，力 P_1 作用在其节点 C 处。结构 2 上杆件 BC 的长度为 L，力 P_2 作用在其节点 C 处。两个结构的的抗弯刚度恒为 EI。所需作用力比 P_1/P_2 约为何值时才能使节点 B 处的反作用力 R_{B1} 和 R_{B2} 相等：

　(A) 1　　(B) 5/4　　(C) 3/2　　(D) 2

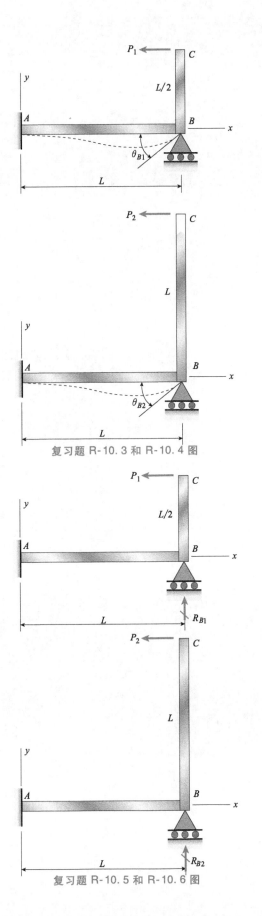

复习题 R-10.3 和 R-10.4 图

复习题 R-10.5 和 R-10.6 图

R-10.7 结构 1 上杆件 BC 的长度为 $L/2$，力 P_1 作用在其节点 C 处。结构 2 上杆件 BC 的长度为 L，力 P_2 作用在其节点 C 处。两个结构的的抗弯刚度恒为 EI。如果作用力的比值为 $P_1/P_2 = 5/2$，那么，节点 C 处的横向挠度比 δ_{C1}/δ_{C2} 约为：

(A) $1/2$　(B) $4/5$　　(C) $3/2$　　(D) 2

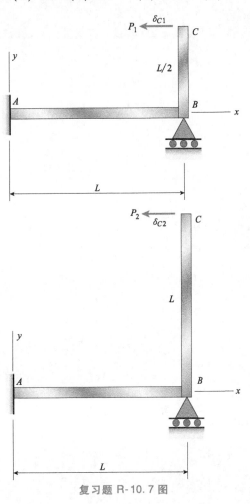

复习题 R-10.7 图

第11章 柱

本章概述

第 11 章主要论述在结构中支撑压缩载荷的细长柱的屈曲。首先，针对若干个由刚性杆与弹簧组成的简单模型，定义并求出了临界轴向载荷该临界载荷就是屈曲开始发生时的载荷（见 11.2 节），还论述了理想刚性结构的稳定平衡条件、随遇平衡条件以及不稳定平衡条件。其次，将研究了两端铰支细长柱的线弹性屈曲（见 11.3 节）。为了得到欧拉屈曲载荷（P_{cr}）的表达式以及相关屈曲形状，推导并求解了挠曲线的微分方程；同时，还定义了临界应力（σ_{cr}）和细长比（L/r），并解释了大挠度的影响、柱的缺陷、非弹性行为以及柱的最佳形状。再次，计算了三种支座条件的柱（固定-自由，固定-固定，固定-铰支）的临界载荷和屈曲形状（见 11.4 节），并介绍了有效长度（L_e）的概念。如果轴向压缩载荷没有作用在柱的横截面的形心处，那么，就必须在挠曲线微分方程中考虑该载荷的偏心率（见 11.5 节），并且，柱的行为也将发生改变，如其载荷-挠度图所示。使用正割公式可计算偏心载荷作用下柱中的最大应力（见 11.6 节）。最后，如果材料中的应力超过比例极限，那么，就必须利用三个现有理论来研究非弹性屈曲（见 11.7 节和 11.8 节）。

本章目录

11.1　引言

承载结构可能会以各种各样的方式发生失效，这取决于结构的类型、支座条件、载荷的类型以及所使用的材料。例如，车辆的一根轴可能会因为反复循加载而发生突然的断裂，或者一根梁可能会发生过大的挠曲，这都将导致结构无法履行其预期的功能。在设计结构时，只要使最大应力和最大位移保持在其许用极限的范围内，就可防止这类失效。因此，正如前面各章所述，强度和刚度是设计中的重要因素。

失效的另一种类型是本章研究的屈曲（buckling）。本章将具体研究柱的屈曲，所谓柱（columns）就是承受压缩载荷的细长构件（图 11-1a）。如果一根受压杆相对较为细长，那么，它可能会发生横向挠曲，并因弯曲而失效（图 11-1b），但不会因压缩而失效。压缩一把塑料尺或其他细长的物体，就可以证实这种行为。当某根柱发生横向弯曲时，就说该柱发生了屈曲。在增加轴向载荷的情况下，横向挠曲也会增加，并且，该柱最终将完全坍塌。

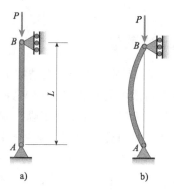

图 11-1　轴向压缩载荷 P 所引起的细长柱的屈曲

屈曲现象并不局限于柱。屈曲可在多种结构中发生并呈现多种形式。当某人踩在一个空铝罐上时，在其体重作用下，铝罐的薄圆柱壁将发生屈曲，而铝罐将因此而坍塌。几年前，有一座大桥倒塌了，调查人员发现，失效的原因是一块薄钢板的屈曲，该薄钢板在压应力的作用下产生了皱折。屈曲是结构失效的主要原因之一，因此，在设计过程中应始终考虑屈曲的可能性。

11.2　屈曲和稳定性

为了说明屈曲和稳定性的基本概念，将分析图 11-2a 所示的理想结构（idealized structure）或屈曲模型（buckling model）。这个假想的结构由两根刚性杆 AB 和 BC 组成，每根杆的长度均为 $L/2$。这两根杆在 B 处被一个铰链连接在一起，并被一根刚度为 β_R 的扭转弹簧⊖保持在某一铅垂位置。

该理想结构类似于图 11-1a 所示的柱，因为这两个结构的两端均为简支，且均受到一个轴向载荷 P 的压缩。然而，该理想结构的弹性被"集中"在扭转弹簧中，而一根实际的柱却可沿其整个长度弯曲（图 11-1b）。

在该理想结构中，两根刚性杆是完全对齐的，轴向载荷 P 的作用线沿着其纵向轴线（图 11-2a）。因此，初始时，弹簧中没有应力，而这两根刚性杆受到直接压缩。

现在，假设该结构受到某个外力的干扰，该力使点 B 横向移动了一个很小的距离（图 11-2b）。这时，两根刚性杆转动了一个小的角度 θ，而弹簧中产生了一个力矩。该力矩的方向

⊖　扭转弹簧的一般关系为 $M = \beta_R \theta$，其中，M 为作用在弹簧上的力矩，β_R 是弹簧的扭转刚度，θ 为弹簧旋转的角度。因此，扭转刚度的单位是力矩除以角度，如 N·m/rad。平移弹簧的类似关系为 $F = \beta\delta$，其中，F 为作用在弹簧上的力，β 为弹簧的平移刚度（或弹簧常数），δ 为弹簧长度的改变量。因此，平移刚度的单位是力除以长度，如 N/m。

是这样的，它趋向于使该结构返回到其原始位置，因此该力矩被称为复位力矩（restoring moment）。然而，与此同时，轴向压缩力趋向于增加该横向位移。因此，这两种作用具有相反的效果——复位力矩趋向于减小该位移，而轴向力趋向于增加该位移。

接下来，研究解除干扰力后的情况。如果轴向力 P 相对较小，那么，复位力矩的作用将大于轴向力的作用，而该结构将返回到其初始的直线位置。在这种情况下，该结构被认为是稳定的（stable）。然而，如果轴向力 P 很大，那么，点 B 的横向位移将增大，而两根杆转动的角度也将越来越大，直到结构坍塌为止。在这种情况下，该结构是不稳定的（unstable）、并将因横向屈曲而失效。

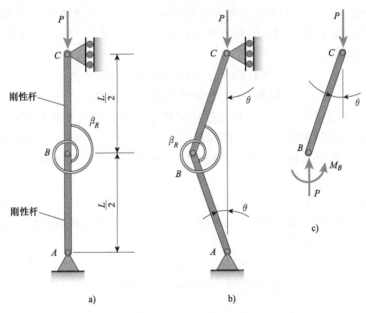

图 11-2 一个由两根刚性杆和一根扭转弹簧构成的理想结构的屈曲

临界载荷 稳定状态向不稳定状态转变时的轴向力的值被称为临界载荷（critical load，用符号 P_{cr} 表示）。可通过研究处于扰动位置的结构（图 11-2b）及其平衡情况来确定上述屈曲模型的临界载荷。

第一步，将整个结构作为一个自由体，求出关于点 A 的力矩和。这一步将得出"支座 C 处没有水平反作用力"这一结论。第二步，以杆 BC 作为一个自由体（图 11-2c），该杆受到轴向力 P 和弹簧中的力矩 M_B 的作用。力矩 M_B 等于扭转刚度 β_R 乘以弹簧的转角 2θ；因此：

$$M_B = 2\beta_R\theta \tag{11-1a}$$

由于角度 θ 是一个较小的量，因此，点 B 的横向位移为 $\theta L/2$。于是，对于杆 BC（图 11-2c），求关于点 B 的力矩和，则可得到以下平衡方程：

$$M_B - P\left(\frac{\theta L}{2}\right) = 0 \tag{11-1b}$$

或将式（11-1a）代入该式，可得：

$$\left(2\beta_R - \frac{PL}{2}\right)\theta = 0 \tag{11-2}$$

该方程的一个解是 $\theta = 0$，这个解没有任何意义，因为它仅仅意味着，无论力 P 的大小是多少，只要该结构完全保持为直线，则该结构就处于平衡状态。

设圆括号内的项等于零，并求解载荷 P，就可得到第二个解，该解就是临界载荷：

$$P_{cr} = \frac{4\beta_R}{L} \tag{11-3}$$

在载荷达到该临界值时，无论角度 θ 的大小是多少［假设该角度一直较小，因为在推导式（11-1b）时就作了这样的假设］，该结构仍处于平衡状态。

从上述分析中可以看出，临界载荷是使该结构在扰动位置保持平衡状态的唯一载荷。当载荷达到该值时，弹簧中力矩的复位效果恰好等同于轴向载荷的屈曲效果。因此，临界载荷代表稳定状态与不稳定状态之间的一个界限。

如果轴向载荷小于 P_{cr}，那么，弹簧中力矩的效果将占据主导地位，且该结构将在发生微小扰动之后重新返回其铅垂位置；如果轴向载荷大于 P_{cr}，那么，轴向力的效果将占据主导地位，且结构将发生屈曲：

如果 $P < P_{cr}$，该结构是稳定的。

如果 $P > P_{cr}$，该结构是不稳定的。

从式（11-3）中可以看出，通过增加刚度或减小长度，就可提高该结构的稳定性。在随后的几节中，将研究如何求解各类柱的临界载荷，那时，我们将看到，该观察结果同样适用。

总结 在轴向载荷 P 从零增加至一个较大值的过程中，该理想结构（图 11-2a）的行为总结如下。

当轴向载荷小于临界载荷时（$0 < P < P_{cr}$），只要该结构完全保持为直线，则该结构处于平衡状态。由于该平衡是稳定的，因此，该结构在受到干扰后将返回到其初始位置。由此可见，该结构只有在完全保持为直线时（$\theta = 0$ 时）才处于平衡状态。

当轴向载荷大于临界载荷时（$P > P_{cr}$），该结构在 $\theta = 0$ 时仍处于平衡状态（因为它受到直接压缩，而弹簧中没有力矩），但该平衡是不稳定的且不能被维持。最轻微的扰动都将导致该结构发生屈曲。

当轴向载荷达到临界载荷时（$P = P_{cr}$），即使点 B 有一个较小的横向位移，该结构仍处于平衡状态。换句话说，对于任何一个小转角 θ（包括 $\theta = 0$），该结构都将处于平衡状态。然而，该结构既是稳定的、又是不稳定的——它处于稳定和不稳定的交界处。这种状态被称为**随遇平衡**（neutral equilibrium）。

该理想结构的上述三种平衡状态被显示在 P-θ 图（表示轴向载荷 P 与转角 θ 之间关系的一个图，图 11-3）中。两条粗实线（一条为铅垂线，一条为水平线）代表平衡状态。该平衡图在点 B 处有一个分叉，点 B 被称为**分叉点**（bifurcation point）。

表示随遇平衡的水平线之所以向铅垂轴的左、右两边延伸，是因为转角 θ 既可能为顺时针方向、也可能为逆时针方向。然而，该水平线只延伸了一个很短的距离，这是因为上述分析基于这样一个假设，即假设 θ 是一个较小的角度（这个假设非常有效，因为，当该结构第一次离开其铅垂位置时，θ 的确很小。如果继续发生屈曲且 θ 不断变大，则标记为"随遇平衡"的这条水平线将向上弯曲，如之后的图 11-12 所示）。

图 11-3 所示的三种平衡状态类似于一个放置在光滑表面的球的平衡情况（图 11-4）。如果该表面是向上凹的，就像一个碟

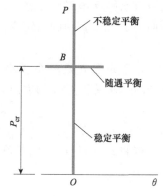

图 11-3 某一理想结构的屈曲平衡图

子的内表面，则平衡是稳定的，并且，受到干扰时该球总会返回至低点位置。如果该表面是向上凸的，就像一个圆顶，理论上该球可在该表面的顶部保持平衡，但这种平衡是不稳定的，并且实际上该球将滚下来。如果该表面是完全平坦的，则该球就处于随遇平衡状态，并保持在其原先被放置的位置处。

在下一节中将看到，一根理想弹性柱的行为类似于图 11-2 所示的屈曲模型。此外，许多其他类型的结构和机械系统也适用于该模型。

图 11-4　处于稳定状态、不稳定状态以及随遇平衡状态的球

● ● ●　例 11-1

两根理想柱如图 11-5 所示。这两根柱最初是笔直的并位于铅垂方向。第一根柱（结构 1，图 11-5a）仅由一根单一刚性杆 ABCD 组成，该刚性杆在 D 处是铰链连接，在 B 处受到一根平移刚度为 β 的弹簧的横向支撑。第二根柱（结构 2，图 11-5b）是由刚性杆 ABC 和刚性杆 CD 构成，这两根杆在 C 处被一根扭转刚度为 $\beta_R = (2/5)\beta L^2$ 的弹簧连接在一起。结构 2 在 D 处是铰链连接，在 B 处有一个滚动支座。请求出每个柱的临界载荷 P_{cr} 的表达式。

解答：

结构 1。首先研究处于扰动位置的结构 1 的平衡情况，该扰动位置是由某些外部载荷所引起的，且由小转角 θ_D 所定义（图 11-5a）。求关于点 D 的力矩和，可得以下平衡方程：

$$\sum M_D = 0 \quad P\Delta_A = H_B\left(\frac{3L}{2}\right) \tag{a}$$

其中，

$$\Delta_A = \theta_D\left(L + 2\frac{L}{2}\right) = \theta_D(2L) \tag{b}$$

且

$$H_B = \beta\Delta_B = \beta\left[\theta_D\left(\frac{3L}{2}\right)\right] \tag{c}$$

由于角度 θ_D 非常小，因此，可利用式（b）来求解横向位移 Δ_A。点 B 处的平移弹簧中的力 H_B 等于弹簧常数 β 与小水平位移 Δ_B 的乘积。将式（b）给出的 Δ_A 的表达式以及式（c）给出的 H_B 的表达式代入式（a），并求解 P，就可求出结构 1 的临界载荷 P_{cr} 为：

$$P_{\text{cr}} = \frac{H_B}{\Delta_A}\left(\frac{3L}{2}\right) = \frac{\beta\theta_D\left(\frac{3L}{2}\right)}{\theta_D(2L)}\left(\frac{3L}{2}\right) = \frac{9}{8}\beta L \tag{d}$$

结构 1 的屈曲模态形状就是图 11-5a 所示的扰动位置。

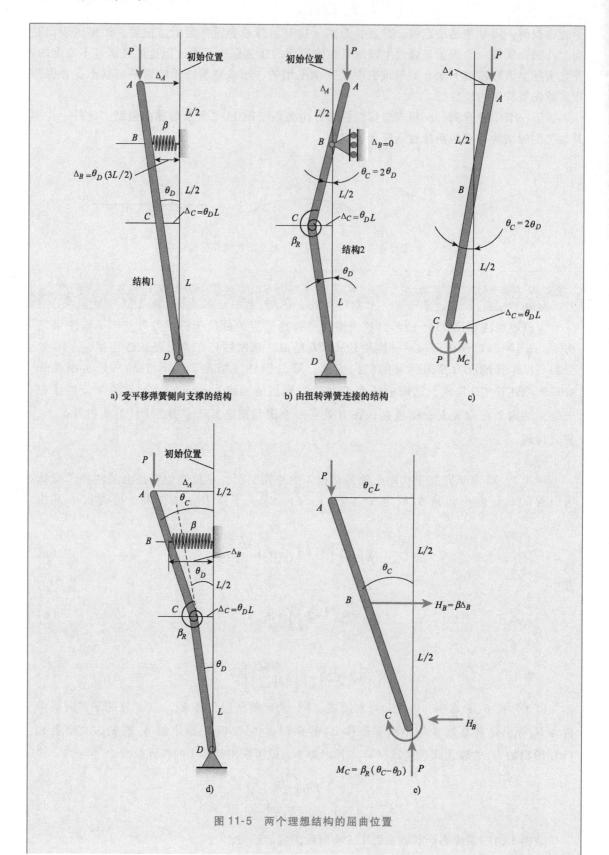

a) 受平移弹簧侧向支撑的结构

b) 由扭转弹簧连接的结构

c)

d)

e)

图 11-5 两个理想结构的屈曲位置

结构2。点 B 处的平移弹簧现在被一个滚动支座所取代，而且该结构是用两根刚性杆（ABC 和 CD）组装而成的，这两杆被一根刚度为 β_R 的弹簧连接在一起。对于该非扰动结构，如果求关于点 D 的力矩和，则可得：水平反作用力 H_B 为零。接下来，研究处于扰动位置的结构2的平衡情况，该位置再次由小转角 θ_D 所定义（图11-5b）。使用杆 ABC 的自由体图（图11-5c），并注意到，力矩 M_c 等于扭转刚度 β_R 乘以弹簧的总相对转角，则有：

$$M_C = \beta_R(\theta_C + \theta_D) = \beta_R(2\theta_D + \theta_D) = \beta_R(3\theta_D) \tag{e}$$

可以看出，杆 ABC 的平衡条件为：

$$\sum M_C = 0 \quad M_C - P(\Delta_A + \Delta_C) = 0 \tag{f}$$

将 M_c、Δ_A、Δ_c 的表达式代入式（f），可得：

$$P_{cr} = \frac{M_C}{\Delta_A + \Delta_C} = \frac{\beta_R(3\theta_D)}{\theta_C\left(\dfrac{L}{2}\right) + \theta_D(L)} = \frac{\beta_R(3\theta_D)}{\theta_D(2L)}$$

因此，结构2的临界载荷 P_{cr} 为：

$$P_{cr} = \frac{3\beta_R}{2L} \text{ 或 } P_{cr} = \frac{3}{2L}\left(\frac{2}{5}\beta L^2\right) = \frac{3}{5}\beta L \tag{g}$$

结构2的屈曲模态形状就是图11-5b所示的扰动位置。

组合模型及其分析。将结构1和结构2组合为一个单一结构，就可得到一个更高级的或更复杂的结构模型，如图11-5d所示。这一理想结构处于其扰动位置，它在 B 处有一个平移弹簧、在节点 C 处有一个扭转弹簧 β_R。注意，现在只需两个转角 θ_C 和 θ_D 就可唯一描述该扰动结构的任意位置（或者，也可用位移 Δ_B 和 Δ_C 来代替 θ_C 和 θ_D）。因此，该组合结构有两个自由度，并且，有两种可能的屈曲模态形状和两个不同的临界载荷，其中，每个临界载荷产生相关的屈曲模态。相反，我们现在看到的结构1和结构2都是一个单自由度的结构，因为只需要根据 θ_D（或 Δ_C）就可定义图11-5a、b所示各结构的屈曲形状。

现在，可观察到，如果该组合结构中的扭转弹簧的刚度 β_R 变得无穷大（图11-5d）（但 β 仍然是一个有限的值），那么，该两自由度的组合模型将简化为图11-5a所示的单自由度模型。同样，如果图11-5d中的平移弹簧的刚度 β 变得无穷大（而 β_R 仍然是一个有限的值），那么，B 处的弹性支座就将变为一个滚动支座。因此，可得到以下结论：式（d）、（g）给出的结构1和结构2的 P_{cr} 的解只不过是图11-5d所示一般组合模型的两种特殊情况的解。

现在的目标是求出图11-5d所示两自由度模型的一般解，并证明可从该一般解中得到结构1和结构2的 P_{cr} 的解。

首先，根据图11-5d所示两自由度模型的整体平衡条件，求关于点 D 的力矩和，可得：

$$\sum M_D = 0 \quad P\Delta_A - H_B\left(\frac{3L}{2}\right) = 0$$

其中，

$$\Delta_A = (\theta_C + \theta_D)L$$

且

$$H_B = \beta \Delta_B = \beta \left(\theta_C \frac{L}{2} + \theta_D L \right)$$

联立求解这些表达式，可得到用位置角（θ_C 和 θ_D）所表示的以下方程：

$$\theta_C \left(P - \frac{3}{4} \beta L \right) + \theta_D \left(P - \frac{3}{2} \beta L \right) = 0 \tag{h}$$

单独依据杆 ABC 的自由体图（图 11-5e），可求得描述该扰动结构的第二个方程。点 C 处的力矩等于扭转弹簧的刚度 β_R 乘以 C 处的相对转角，弹簧力 H_B 等于弹簧常数 β 乘以 C 处的总位移：

$$M_C = \beta_R (\theta_C - \theta_D) \tag{i}$$

且

$$H_B = \beta \Delta_B = \beta \left(\theta_C \frac{L}{2} + \theta_D L \right) \tag{j}$$

在图 11-5e 中，求关于点 C 的力矩和，可求得该扰动结构的第二个平衡方程：

$$\sum M_C = 0 \quad P(\theta_C L) - M_C - H_B \frac{L}{2} = 0 \tag{k}$$

将式（i）关于 M_C 的表达式以及式（j）关于 H_B 的表达式代入式（k），并化简，可得：

$$\theta_C \left(P - \frac{1}{4} \beta L - \frac{\beta_R}{L} \right) + \theta_D \left(\frac{\beta_R}{L} - \frac{1}{2} \beta L \right) = 0 \tag{l}$$

现在，有两个代数方程（h）、（l），并有两个未知量（θ_C，θ_D）。求解这两个方程，并代入 β_R 的表达式（$2/5\,\beta L^2$），则这两个方程具有非零解（即非平凡解）时必须满足以下特征方程：

$$P^2 - \left(\frac{41}{20} \beta L \right) P + \frac{9}{10} (\beta L)^2 = 0 \tag{m}$$

求解式（m），可得到临界载荷的两个可能值：

$$P_{cr1} = \beta L \left(\frac{41 - \sqrt{241}}{40} \right) = 0.637 \beta L$$

$$P_{cr2} = \beta L \left(\frac{41 + \sqrt{241}}{40} \right) = 1.413 \beta L$$

这两个值都是该组合系统的特征值。通常，更关心临界载荷的较低值，因为该结构在达到这一较低值时将首次发生屈曲。如果将 P_{cr1} 和 P_{cr2} 代入式（h）、式（l），则可求出与各临界载荷相关的屈曲模态形状（即特征向量）。

组合模型应用于结构 1 和结构 2。如果扭转弹簧的刚度 β_R 趋于无穷大，而平移弹簧的刚度系数 β 是一个有限的值，那么，该组合模型（图 11-5d）将简化为结构 1，因为转角 θ_C 和 θ_D 是相等的，如 11-5a 图所示。使式（h）中的 θ_C 和 θ_D 相等，并求解 P，可得 $P_{cr} = (9/8)\beta L$，该值就是结构 1 的临界载荷 [式（d）]。

如果扭转弹簧的刚度系数 β_R 是一个有限的值，而平移弹簧的刚度系数 β 趋于无穷大，那么，该组合模型（图 11-5d）将简化为结构 2。该平移弹簧变为一个滚动支座，因此，$\Delta_B = 0$（即 $H_B = 0$），而转角 $\theta_C = -2\theta_D$（即 θ_C 为顺时针转角，为负值，如图 11-5b 所示）。将 $\beta = 0$ 和 $\theta_C = -2\theta_D$ 代入式（l），可求得结构 2 的临界载荷 [式（g）]。

11.3 两端铰支的柱

在研究各类柱的稳定性时，我们将从分析一根两端铰支的细长柱（图 11-6a）入手。该柱受到一个铅垂力 P 的作用，该力的作用线通过该柱横截面的形心。该柱本身是一根直柱，其材料是一种服从胡克定律的线弹性材料。由于假设该柱没有任何缺陷，因此，该柱被称为理想柱（ideal column）。

为了便于分析，以支座 A 为坐标原点建立一个坐标系，其中，x 轴沿着该柱的纵向轴线，y 轴指向左边，z 轴（未显示）指向读者。假设 xy 平面是该柱的对称平面，并假设任何弯曲均发生在该平面内（图 11-6b）。只要将该柱顺时针旋转 90°，就可以看出所建坐标系与之前讨论梁时的坐标系是相同的。

当轴向载荷 P 的数值较小时，该柱仍保持为直线且受到直接的轴向压缩，唯一的应力是根据方程 $\sigma = P/A$ 得到的均布压应力。此时，该柱处于稳定平衡状态，这意味着受到扰动后它将返回至其直线位置。例如，如果施加一个小的横向载荷，并使该柱发生弯曲，那么，移除横向载荷之后，其挠曲将消失，而该柱也将返回到其初始位置。

随着轴向载荷 P 的逐渐增大，该柱将达到随遇平衡状态，此时该柱可能有一个弯曲的形状。相应的载荷值就是临界载荷 P_{cr}。在这个载荷的作用下，即使轴向力没有变化，该柱也可能发生小的横向挠曲。例如，一个小的横向载荷将产生一个弯曲形状，而且，该形状在移除横向载荷后也不会消失。因此，临界载荷可使该柱或者在直线位置保持平衡，或者在微弯位置保持平衡。

在轴向载荷 P 达到更高的数值时，该柱是不稳定的，并可能因屈曲而坍塌，即发生过度弯曲。理想情况下，即使轴向力大于临界载荷，该柱也将在直线位置保持平衡。然而，由于该平衡是不稳定的，任何一个最小的可能干扰都将使该柱发生横向挠曲。一旦发生这种情况，则挠曲将迅速增大，而该柱也将因屈曲而坍塌。这一行为类似于前一节所述理想屈曲模型（图 11-2）的行为。

可将一根受到轴向载荷 P 压缩的理想柱的行为（图 11-6a、b）概括如下：

1. 如果 $P < P_{cr}$，则该柱在其直线位置处于稳定平衡状态。

2. 如果 $P = P_{cr}$，则该柱处于随遇平衡状态，这时，它或者位于直线位置，或者位于微弯位置。

3. 如果 $P > P_{cr}$，则该柱在其直线位置处于不稳定平衡状态，且会在最轻微的干扰下发生屈曲。

当然，实际柱的行为不会遵循这一理想方式，因为实际柱始终存在缺陷。例如，实际柱不是笔直的，而载荷也没有精确地作用在形心处。然而，通过对理想柱的研究，就可以洞察实际柱的行为。

柱屈曲时的微分方程 对于一根理想的两端铰支柱（图 11-6a），使用梁的某一个挠曲线微分方程［见 9.2 节的式（9-16a，b，c）］，就可确定其临界载荷及相应的挠曲形状。这些方程适用于屈曲柱的原因在于，该柱发生了像梁一样的弯曲（图 11-6b）。

虽然四阶微分方程（载荷方程）和三阶微分方程（剪力方程）均适用于柱的分析，但我们将选择使用二阶方程（弯矩方程），因为其通解通常是最简单的。该弯矩方程［式（9-16a）］为：

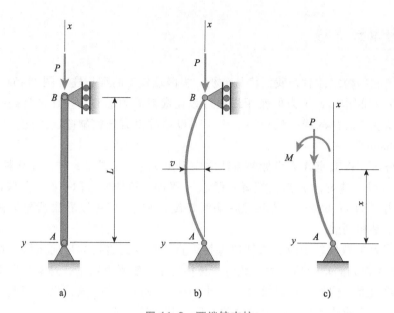

图 11-6 两端铰支柱

a）理想柱　b）屈曲形状　c）作用在某一横截面上的轴力 P 和弯矩 M

$$EIv'' = M \tag{11-4}$$

其中，M 为任意横截面上的弯矩，v 为 y 方向上的横向挠度，EI 是 xy 平面内弯曲时的抗弯刚度。

与该屈曲柱的 A 端相距 x 处的弯矩 M 作用在图 11-6c 所示的正方向上。注意，弯矩的符号约定与前面各章所使用的符号约定是相同的，即正弯矩产生正曲率（图 9-3 和图 9-4）。

作用在横截面上的轴向力 P 也被显示在图 11-6c 中。由于没有水平力作用在各支座处，因此，没有剪力作用在该柱中。于是，根据关于点 A 的力矩平衡条件，可得：

$$M + Pv = 0 \quad 或 \quad M = -Pv \tag{11-5}$$

其中，v 为该横截面处的挠度。

如果假设该柱向右屈曲，而不是向左屈曲（图 11-7a），那么，可得到相同的弯矩表达式。当该柱向右挠曲时，其挠度本身为$-v$，但轴向力对点 A 的力矩改变了符号。因此，关于点 A 的力矩平衡方程（图11-7b）为：

$$M - P(-v) = 0$$

该式与之前的弯矩 M 的表达式是相同的。

该挠曲线的微分方程［式（11-4）］现在变为：

$$EIv'' + Pv = 0 \tag{11-6}$$

该方程是一个线性二阶常系数齐次微分方程，通过求解该方程，就可确定临界载荷的大小以及该屈曲柱的挠曲形状。

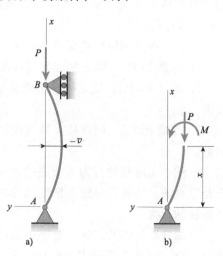

a）　　　　b）

图 11-7 两端铰支柱（另一个屈曲方向）

注意，现在，正在求解这样一个基本微分方程来分析柱的屈曲，该基本微分方程与第 9 章和第 10 章求解梁的挠度时所使用的那个微分方程是一样的。然而，这两种分析类型的本质区别在于：求解梁的挠度时，出现在式（11-4）中的弯矩 M 仅是载荷的函数——它不取决于梁的挠度；在屈曲的情况下，该弯矩就是挠度自身的一个函数［式（11-5）］。

因此，现在面临一个全新的弯曲分析。之前的分析工作不考虑结构的挠曲形状，并且，平衡方程是以结构变形前的几何特征为基础建立的。然而，现在，在建立平衡方程时必须考虑结构变形后的几何特征。

微分方程的求解　为了便于表达微分方程［式（11-6）］的解，引入以下符号：

$$k^2 = \frac{P}{EI} \quad 或 \quad k = \sqrt{\frac{P}{EI}} \qquad (11\text{-}7a，b)$$

其中，k 为正值。注意，k 的单位为长度的倒数，因此，诸如 kx、kL 等量是无量纲的。

使用符号 k，就可将式（11-6）重新表达为：

$$v'' + k^2 v = 0 \qquad (11\text{-}8)$$

根据高等数学可知，该方程的**通解**为：

$$v = C_1 \sin kx + C_2 \cos kx \qquad (11\text{-}9)$$

其中，C_1 和 C_2 为**积分常数**（依据该柱的边界条件或端部条件，就可确定这些积分常数）。注意，通解中积分常数的个数（在这种情况下是两个）与微分方程的阶数是一致的；同时，可将 v 的表达式［式（11-9）］代入该微分方程［式（11-8）］，并将其简化为一个恒等式来验证该解是否正确。

为了计算出式（11-9）中的积分常数，使用该柱端部处的边界条件，即 $x=0$ 和 $x=L$ 时，挠度均为零（见图 11-5b）：

$$v(0) = 0 \quad 和 \quad v(L) = 0 \qquad (11\text{-}10a，b)$$

根据第一个条件，可得 $C_2 = 0$，因此，

$$v = C_1 \sin kx \qquad (11\text{-}10c)$$

根据第二个条件，可得：

$$C_1 \sin kL = 0 \qquad (11\text{-}10d)$$

根据该方程，可得：$C_1 = 0$ 或 $kL = 0$。下面研究这两种可能性。

情况 1：如果常数 C_1 等于零，则挠度 v 也为零［式（11-10c）］，因此，该柱仍保持为直线。另外，当 C_1 等于零时，无论 kL 为何值，均可满足方程（11-10d）。于是，轴向载荷 P 也可能是任何一个值［式（11-7b）］。载荷挠度图（图 11-8）的铅垂轴就代表该微分方程的这个解（在数学上，该解被称为"零解"）。该解给出的理想柱的行为是，在压缩载荷 P 的作用下，该理想柱在其直线位置（没有挠曲）处于平衡状态（或者是稳定平衡、或者是不稳定平衡）。

情况 2：满足式（11-10d）的第二个可能性由以下方程给出，该方程被称为屈曲方程：

$$\sin kL = 0 \qquad (11\text{-}11)$$

满足该方程的条件为 $kL = 0$、π、2π、$\cdots$。然而，由于 $kL = 0$ 就意味着 $P = 0$，这个解是没有任何意义的。因此，所考虑的解为：

$$KL = n\pi \quad n = 1,2,3,\cdots \qquad (11\text{-}12)$$

或［式（11-6a）］：

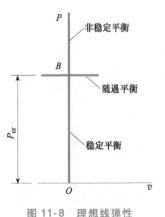

图 11-8　理想线弹性
柱的载荷挠度图

$$P = \frac{n^2\pi^2 EI}{L^2} \quad n = 1,2,3,\cdots \tag{11-13}$$

该式给出了满足屈曲方程的 P 的值，并给出了上述微分方程的解（而不是无意义的解）。根据式（11-10c）和式（11-12），可得该挠曲线的方程为：

$$v = C_1 \sin kx = C_1 \sin\frac{n\pi x}{L} \quad n = 1,2,3,\cdots \tag{11-14}$$

只有当 P 是式（11-13）给出的某一个值时，该柱在理论上才有可能具有一个弯曲的形状〔由式（11-14）给出〕。对于 P 的所有其他值，该柱只有在保持为直线时才会处于平衡状态。因此，式（11-13）给出的 P 的值就是该柱的临界载荷（critical loads）。

临界载荷　对于一根两端铰支柱（图 11-9a），当 $n = 1$ 时，可得到其最低临界载荷为：

$$P_{cr} = \frac{\pi^2 EI}{L^2} \tag{11-15}$$

相应的屈曲形状（buckled shape，如图 11-9b 所示）〔有时被称为模态形状（mode shape）〕为：

$$v = C_1 \sin\frac{\pi x}{L} \tag{11-16}$$

其中，常数 C_1 代表该柱中点处的挠度，它可以是任何一个较小的值，也可以是正值或负值。因此，在载荷-挠度图中，与 P_{cr} 相应的部分就是一条水平直线（图 11-8）。由此可见，为了保证上述方程的有效性，临界载荷时的挠度必须一直保持为一个较小值，但是，我们仍未确定其大小。位于分岔点 B 之上的平衡是不稳定的，位于点 B 之下的平衡是稳定的。

两端铰支柱在第一模态内的屈曲被称为基本屈曲。本节所述的屈曲类型被称为欧拉屈曲（Euler buckling），理想弹性柱的临界载荷通常被称为欧拉载荷（Euler load）。著名数学家莱昂哈德·欧拉（1707~1783）通常被公认为是有史以来最伟大的数学家，他是人类历史上探讨细长柱的屈曲、并确定其临界载荷的第一人（欧拉在 1744 年发表了他的研究结果）；见参考文献 11-1。

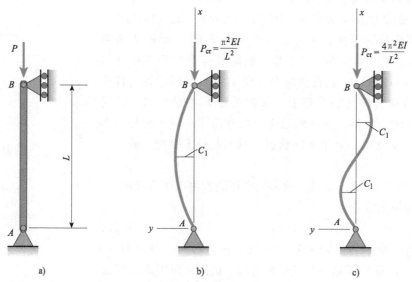

图 11-9　理想的两端铰支柱的屈曲形状

a）最初的直柱　b）$n=1$ 的屈曲形状　c）$n=2$ 的屈曲形状

在式（11-13）和式（11-14）中，若取 n 为较高的值，则可得到无穷多个临界载荷值和相应的屈曲形状。$n=2$ 的屈曲形状有两个半波（如图 11-9c 所示），其相应的临界载荷比基本屈曲的临界载荷大四倍。临界载荷的大小与 n 的平方成正比，屈曲形状中半波的数目等于 n。

实践中，通常并不关心较高模态的屈曲形状，因为，当轴向载荷 P 达到其最低临界值时，该柱就将开始屈曲。得到较高屈曲模态的唯一方法是，在该柱的多个中间点处分别安装横向支座，如安装在图 11-9 所示柱的中点处（见之后的例 11-2）。

综述 从式（11-15）中可以看出，柱的临界载荷与抗弯刚度 EI 成正比、与长度的平方成反比。特别有趣的是，材料本身的强度是由诸如比例极限或屈服应力这些量来表示的，而这些量却不会出现在临界载荷的方程中。因此，增大强度不会提高细长柱的临界载荷。只能通过增加抗弯刚度、减小长度、或提供额外的横向支撑的方式来提高临界载荷。

使用"较硬"的材料（即具有更大弹性模量 E 的材料），或使材料以增大横截面的惯性矩 I 这样一种方式来分布（就像增大惯性矩就可使梁更硬一样），就可增加抗弯刚度。使材料分布在远离横截面形心的位置处，就可以增大惯性矩。因此，一根中空管状构件通常比一根具有相同横截面面积的实心构件更适合作为柱，因为它更为经济。

减少管状构件的壁厚并增加其横向尺寸（同时保持截面积不变）也能增加临界载荷，因为增大了惯性矩。然而，这一过程实际上是有限制的，因为最终其管壁本身将变得不稳定。这时，局部屈曲就会以小波纹或皱折的形式发生在该柱的管壁中。因此，必须把柱的整体屈曲（这是本章所讨论的内容）与其局部屈曲区别开来。局部屈曲需要更详细的研究，这一研究已超出了本书的范围。

之前的分析（图 11-9）均假设 xy 平面为柱的对称平面，并假设屈曲发生在该平面内。如果该柱具有多个垂直于图纸平面的横向支座，以致于该柱的屈曲被限制在 xy 平面内，那么，后一个假设就会被满足。如果该柱仅在其两端受到支撑，而任何方向均可自由屈曲，那么，其弯曲将是相对于具有较小惯性矩的主形心轴的弯曲。

例如，对于图 11-10 所示的矩形横截面以及宽翼板工字形横截面，惯性矩 I_1 均大于惯性矩 I_2；因此，该柱将在 1-1 平面内发生屈曲，而在临界载荷的公式中应使用较小的惯性矩 I_2。如果横截面是正方形或圆形的，那么，所有的形心轴将具有相同的惯性矩，而屈曲可能会发生在任何纵向平面内。

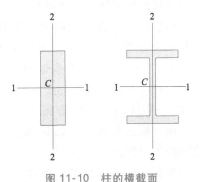

图 11-10 柱的横截面及其主形心轴 $(I_1 > I_2)$

临界应力 求出了柱的临界载荷之后，用该载荷除以横截面面积，就可计算出相应的临界应力（critical stress）。对于基本屈曲（图 11-9b），临界应力为：

$$\sigma_{\text{cr}} = \frac{P_{\text{cr}}}{A} = \frac{\pi^2 EI}{AL^2} \qquad (11\text{-}17)$$

其中，I 为关于某一主轴的惯性矩，屈曲绕该主轴发生。引入以下符号，就可将该方程以一个更有用的形式来表达：

$$r = \sqrt{\frac{I}{A}} \qquad (11\text{-}18)$$

其中，r 为弯曲平面内横截面的回转半径$^{\ominus}$（radius of gyration）。则临界应力方程变为：

$\ominus$　关于回转半径的论述，见 12.4 节。

$$\sigma_{cr} = \frac{\pi^2 E}{(L/r)^2} \qquad (11\text{-}19)$$

其中，L/r 是一个无量纲的比率，它被称为**细长比**（slenderness ratio）：

$$细长比 = \frac{L}{r} \qquad (11\text{-}20)$$

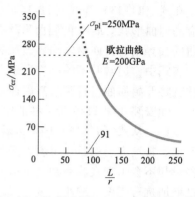

图 11-11　$E = 200\text{GPa}$、$\sigma_{p1} = 250\text{MPa}$ 的结构钢的欧拉曲线图［根据式（11-19）］

请注意，细长比只取决于柱的尺寸。又细又长的柱具有较高的细长比，并因此具有一个较低的临界应力。又短又粗的柱具有较低的细长比，并将在较高的应力下发生屈曲。实际柱的细长比通常在 30~150 之间。

临界应力是载荷达到其临界值那一时刻横截面上的平均压应力。可绘制该应力与细长比的函数关系图，所得到的曲线被称为**欧拉曲线**（Euler's curve，图 11-11）。图示曲线是一种 $E = 200\text{GPa}$ 的结构钢的欧拉曲线。只有当临界应力小于该钢的比例极限时，该曲线才是有效的，因为方程是利用胡克定律推导出来的。因此，可在图中该钢的比例极限（假设为 250MPa）处画一条水平线，并在该应力水平处终止欧拉曲线[⊖]。

大挠度、缺陷以及非弹性行为的影响　临界载荷方程是根据**理想柱**（即那些载荷被精确施加、构造完美、且材料服从胡克定律的柱）推导出来的。然而，目前仍然没有定义发生屈曲时挠度的大小。因此，当 $P = P_{cr}$ 时，该柱可能具有任何一个小挠度，图 11-12 所示载荷挠度图中的标记为"A"的水平线就描述了这一情况（在该图中，仅显示了的右半个图，但垂直轴左、右两边的图形应该是对称的）。

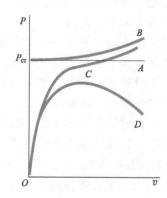

图 11-12　柱的载荷挠度图：直线 A-小挠度的理想弹性柱；曲线 B-大挠度的理想弹性柱；曲线 C-有缺陷的弹性柱；曲线 D-有缺陷的非弹性柱。

理想柱的理论仅局限于小的挠曲，因为使用了曲率的二阶导数 v''。以精确的曲率表达式［9.2 节的式（9-19）］为基础的更为精确的分析表明，屈曲时挠度的大小没有不确定性。相反，对于一根理想线弹性柱，其载荷-挠度图一直沿着图 11-12 的曲线 B 向上。因此，在一根线弹性柱开始屈曲后，需要增加载荷才会使其挠度增加。

现在，假设该柱的建造并不完美；例如，该柱可能有一个小的初始曲率这样一种缺陷，使得该柱在没有承载时就不是笔直的。从加载开始，这一缺陷就将使该柱产生挠度，如图 11-12 的曲线 C 所示。对于较小的挠度，曲线 C 以直线 A 作为渐近线。然而，随着挠度逐渐变大，曲线 C 将接近曲线 B。缺陷越大，则曲线 C 就越向右移动，并越来越远离铅垂线。相反，如果该柱的建造相当精确，那么，曲线 C 就将接近铅垂轴和水平线 A。比较图线 A、B、C，可以看出，就实际用途而言，临界载荷就代表一根弹性柱的最大承载能力，因为在大多数应用中，大挠度是不可接受的。

　　⊖　欧拉曲线是一种不常见的几何形状，它有时被错误地称为双曲线，但双曲线是根据二元二次方程绘制的，而欧拉曲线是根据二元三次方程绘制的。

最后，研究应力超过比例极限且材料不再遵循胡克定律时的情况。当然，直到载荷达到比例极限为止，载荷-挠度图是不变的。之后，非弹性行为的曲线（曲线 D）将离开弹性曲线，并继续上升，在达到最大值后再掉头向下。

图 11-12 中曲线的精确形状取决于材料的性能和柱的尺寸，但图示曲线显示了其典型行为的一般性质。

只有非常细长的柱才在达到临界载荷之前一直保持弹性。短粗柱的行为是非弹性的，其行为沿着像曲线 D 这样的一条曲线。因此，一根非弹性柱所能支撑的最大载荷可能远低于同一柱的欧拉载荷。此外，曲线 D 的下降部分代表突然和灾难性的坍塌，因为，只需要越来越小的载荷就可维持越来越大的挠度。相比之下，弹性柱的曲线是十分稳定的，因为，随着挠度的增加，它们继续向上，因此，需要施加越来越大的载荷才能使挠度增加（11.7 节和 11.8 节将详述非弹性屈曲）。

柱的最佳形状　受压构件通常在其整个长度上具有相同的横截面，因此，本章仅分析棱柱。然而，如果希望重量最小，那么，棱柱不是最佳形状。在给定材料用量的前提下，通过改变形状以使那些弯矩较大的区域具有较大的横截面，就可以增大柱的临界载荷。

例如，研究一根两端铰支的实心圆截面柱。该柱的形状如图 11-13a 所示，其临界载荷将大于由相同体积材料制成的棱柱的临界载荷。为了逼近这个最佳形状，有时会在棱柱的部分长度上进行加固（图 11-13b）。

现在，研究一根两端铰支的棱柱，该棱柱可在任意横向方向自由屈曲（图 11-14a）。同时，假设该柱具有实心横截面，如圆形、正方形、三角形、长方形或六角形（图 11-14b）。一个有趣的问题是：对于一个给定的横截面面积，哪一个形状会使该柱最有效率？或者，更准确地来说，哪个横截面给出了最大临界载荷？当然，应使用横截面的惯性矩，并根据欧拉公式 $P_{cr} = \pi^2 EI/L^2$ 来计算临界载荷。

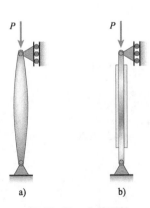

图 11-13　变截面柱

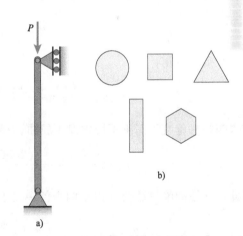

图 11-14　哪一种横截面形状是棱柱的最佳形状？

该问题的常见答案是"圆形"，但是，可轻而易举地证明，一个形状为等边三角形的横截面比一个相同面积的圆形横截面给出的临界载荷要高 21%（见习题 11.3-11）。等边三角形的临界载荷也高于其他形状所得到的临界载荷，因此，等边三角形就是横截面的最佳形状（仅基于理论上的考虑）。柱的最佳形状（包括变截面柱）的数学分析，见参考文献 11-4。

● ● ● 例 11-2

一根两端铰支的细长柱受到轴向载荷 P 的压缩（图 11-15）。点 B 处的横向支座提供在图纸平面内的支撑。然而，垂直于图纸平面的支座仅提供了两端的支撑。该柱由弹性模量 $E = 200\text{GPa}$、比例极限 $\sigma_{pl} = 300\text{MPa}$ 的标准型钢（IPN 220）构成，其总长度 $L = 8\text{m}$。请使用欧拉屈曲相应的安全系数 $n = 2.5$ 来求解该柱的许用载荷 P_{allow}。

解答：

根据该柱的支撑方式可知，该柱可在两个主弯曲平面内发生屈曲。第一种可能的情况是，屈曲发生图纸平面内；这时，横向支座之间的距离为 $L/2 = 4\text{m}$，且发生绕 2-2 轴的弯曲（其屈曲形状如图 11-9c 所示）。

第二种可能的情况是，该柱在垂直于图纸平面内发生绕 1-1 轴的屈曲。由于该方向的横向支座位于该柱的两端，因此，横向支座之间的距离 $L = 8\text{m}$（其屈曲形状如图 11-9b 所示）。

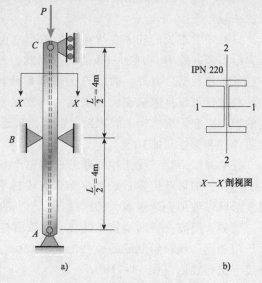

图 11-15 细长柱的欧拉屈曲

柱的性能。 根据附录 E 的表 E-2 可知，IPN 220 柱的惯性矩和横截面面积为：

$$I_1 = 3060\text{cm}^4 \quad I_2 = 162\text{cm}^4 \quad A = 39.5\text{cm}^2$$

临界载荷。 如果该柱在图纸平面内发生屈曲，那么，临界载荷为：

$$P_{cr} = \frac{\pi^2 EI_2}{(L/2)^2} = \frac{4\pi^2 EI_2}{L^2}$$

代入数值，可得：

$$P_{cr} = \frac{4\pi^2 EI_2}{L^2} = \frac{4\pi^2 \times (200\text{GPa}) \times (162\text{cm}^4)}{(8\text{m})^2} = 200\text{kN}$$

如果该柱在垂直于图纸平面内发生屈曲，那么，临界载荷为：

$$P_{cr} = \frac{\pi^2 EI_1}{L^2} = \frac{\pi^2 \times (200\text{GPa}) \times (3060\text{cm}^4)}{(8\text{m})^2} = 943.8\text{kN}$$

因此，该柱的临界载荷（以上两个值中较小的那个值）为：

$$P_{cr} = 200\text{kN}$$

并且，屈曲发生在图纸平面内。

临界应力。 由于临界载荷仅在材料服从胡克定律的情况下才是有效的，因此，需要证明，临界应力没有超过材料的比例极限。对于那个较大的临界载荷，其相应的临界应力为：

$$\sigma_{cr} = \frac{P_{cr}}{A} = \frac{943.8\text{kN}}{39.5\text{cm}^2} = 238.9\text{MPa}$$

由于该应力值小于比例极限（$\sigma_{pl} = 300\text{MPa}$），因此，所得的两个临界载荷值均满足条件。

许用载荷。基于欧拉屈曲所得到的该柱的许用载荷为：

$$P_{\text{allow}} = \frac{P_{\text{cr}}}{n} = \frac{200\text{kN}}{2.5} = 79.9\text{kN}$$

其中，$n(n=2.5)$ 为所需安全因数。

11.4 其他支座条件的柱

两端铰支柱的屈曲（见上节所述）通常被认为是最基本的屈曲。然而，实践中会遇到很多其他端部条件，如固定端、自由端以及弹性支座。对于具有各类其他支撑条件的柱，只需遵循与两端铰支柱相同的分析步骤，就可根据挠曲线微分方程来求解其临界载荷。

该步骤如下。第一步，假设该柱处于屈曲状态，并求出该柱中弯矩的表达式。第二步，使用弯矩方程（$EIv''=M$），建立挠曲线的微分方程。第三步，求解微分方程并得到其通解，该通解包含两个积分常数和一些其他的未知量。第四步，应用与挠度 v 和斜率 v' 有关的边界条件，并得到一个联立方程组。最后，求解方程组以得到临界载荷和该屈曲柱的挠曲形状。

这一简单明了的数学求解步骤将在以下三类柱的讨论中加以说明。

底端固定、顶端自由的柱　所要研究的第一种情况是一根底端固定、顶端自由的理想柱，该柱承受着一个轴向载荷 P（图 11-16a）[⊖]。该屈曲柱的挠曲形状如图 11-16b 所示。从该图中可以看出，距固定端 x 位置处的弯矩为：

$$M = P(\delta - v) \tag{11-21}$$

其中，δ 为该柱自由端处的挠度。其挠曲线的微分方程为：

$$EIv'' = M = P(\delta - v) \tag{11-22}$$

其中，I 为 xy 平面发生屈曲时的惯性矩。

使用式（11-7a）中的符号 $k^2 = P/EI$，可将式（11-22）重新表达为：

$$v'' + k^2 v = k^2 \delta \tag{11-23}$$

该方程是一个二阶常系数线性微分方程。然而，它比两端铰支柱的微分方程［式（11-8）］更为复杂，因为该方程的右边为非零项。

方程（11-23）的通解由以下两部分组成：（1）齐次解，它是齐次方程 $v''+k^2v=0$ 的解；（2）特解，它是满足方程（11-23）的一个解。

齐次解（也被称为互补解）与方程（11-8）的解相同；因此，

$$v_{\text{H}} = C_1 \sin kx + C_2 \cos kx \tag{11-24a}$$

其中，C_1 和 C_2 为积分常数。注意，若把 v_{H} 代入微分方程（11-23）的左边，则其结果为零。

该微分方程的特解为：

$$v_{\text{P}} = \delta \tag{11-24b}$$

若把 v_{P} 代入该微分方程的左边，则得到该方程右边的表达项，即得到 $k^2 \delta$。因此，该方程的通解就等于 v_{H} 与 v_{P} 的和，即：

$$v = C_1 \sin kx + C_2 \cos kx + \delta \tag{11-25}$$

⊖　之所以特别感兴趣这类柱是因为欧拉在 1744 年首次对它进行了分析。

该方程包含三个未知量（C_1，C_2，δ），因此，需要三个边界条件才能完成求解。

在该柱的固定端处，挠度和斜率均为零。因此，可得到以下边界条件：

$$v(0) = 0 \quad v'(0) = 0$$

将第一个条件代入式（11-25），可以求出：

$$C_2 = -\delta \tag{11-26}$$

为了应用第二个条件，先对式（11-25）求导以得到斜率：

$$v' = C_1 k\cos kx - C_2 k\sin kx \tag{11-27}$$

将第二个条件代入该方程，可以求出 $C_1 = 0$。

现在，将 C_1 和 C_2 的表达式代入式（11-25）的通解中，就可求得该屈曲柱的挠曲线方程：

$$v = \delta(1 - \cos kx) \tag{11-28}$$

注意，该方程仅给出了挠曲线的形状——振幅 δ 仍然未知。因此，当该柱屈曲时，式（11-28）给出的挠度可以具有任意大小，但它必须一直保持为一个较小值（因为该微分方程基于小挠度）。

第三个边界条件适用于该柱的顶端，该处的挠度 v 等于 δ：

$$v(L) = \delta$$

利用这个条件和方程（11-28），可得：

$$\delta\cos kL = 0 \tag{11-29}$$

根据该方程，可得：$\delta = 0$，或 $kL = 0$。如果 $\delta = 0$，则该柱没有挠度［式（11-28）］、且有一个无意义的解——该柱一直保持为直线且不会发生屈曲。在这种情况下，KL 的任何值（即载荷 P 的任何值）都将满足方程（11-29）。这一结论由图 11-8 所示载荷挠度图中的铅垂线所表示。

式（11-29）的其他可能解为：

$$\cos kL = 0 \tag{11-30}$$

该式就是屈曲方程。在这种情况下，无论挠度 δ 为何值，都将满足方程（11-29）。由此可见，δ 是未知的且可以有一个任意小的值。

满足方程 $\cos kL = 0$ 的条件为：

$$kL = \frac{n\pi}{2} \quad n = 1, 3, 5, \cdots \tag{11-31}$$

使用表达式 $k^2 = P/EI$，可得到以下临界载荷的公式：

$$P_{\text{cr}} = \frac{n^2\pi^2 EI}{4L^2} \quad n = 1, 3, 5, \cdots \tag{11-32}$$

同时，根据式（11-28），可得到其屈曲形状：

$$v = \delta\left(1 - \cos\frac{n\pi x}{2L}\right) \quad n = 1, 3, 5, \cdots \tag{11-33}$$

将 $n = 1$ 代入式（11-32），可得到最小临界载荷：

$$P_{\text{cr}} = \frac{\pi^2 EI}{4L^2} \tag{11-34}$$

相应的屈曲形状［根据式（11-33）］为（如图 11-16b 所示）：

$$v = \delta\left(1 - \cos\frac{\pi x}{2L}\right) \tag{11-35}$$

取 n 为较高的值，则可根据式 （11-32） 得到无穷多个临界载荷的值。相应的屈曲模态形状具有若干个波。例如，$n=3$ 时，该屈曲柱的形状如图 11-16c 所示，其 P_{cr} 是 $n=1$ 时的九倍。类似地，$n=5$ 时的屈曲形状有更多个波 （图 11-16d），其临界载荷要大二十五倍。

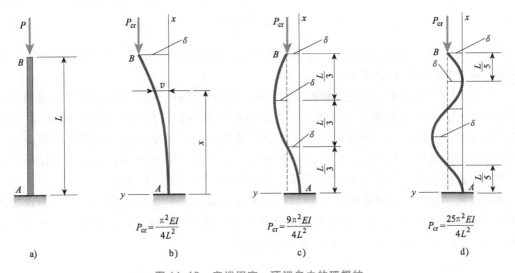

$$P_{cr}=\frac{\pi^2 EI}{4L^2} \qquad P_{cr}=\frac{9\pi^2 EI}{4L^2} \qquad P_{cr}=\frac{25\pi^2 EI}{4L^2}$$

$$\text{a)} \qquad\qquad \text{b)} \qquad\qquad \text{c)} \qquad\qquad \text{d)}$$

图 11-16 底端固定、顶端自由的理想柱

a) 最初的直柱　b) $n=1$ 的屈曲形状　c) $n=3$ 的屈曲形状　d) $n=5$ 的屈曲形状

柱的有效长度　对于具有各种支座条件的柱和两端铰支柱，通过有效长度 （effective length） 这一概念，就可建立其临界载荷之间的关系。为了说明这一点，研究一根底端固定、顶端自由 （图 11-17a） 柱的屈曲形状。该柱的屈曲形状是一条完整正弦波的四分之一。如果延长该挠曲线 （图 11-17b），则它就变为一条完整正弦波的一半，而这样的半波曲线正是一根两端铰支柱的挠曲线。

任一柱的有效长度 L_e 就是一根等效的两端铰支柱的长度，也就是说它等于这样一根两端铰支柱的长度，该两端铰支柱的挠曲线与原柱的整个或部分挠曲线完全吻合。

另一种说法是，如果将某根柱的挠曲线延伸 （如果需要） 至拐点处，则该柱的有效长度就是其挠曲线上拐点（即零力矩点） 之间的距离。因此，对于底端固定、顶端自由的柱 （图 11-17），有效长度为：

$$L_e = 2L \qquad (11\text{-}36)$$

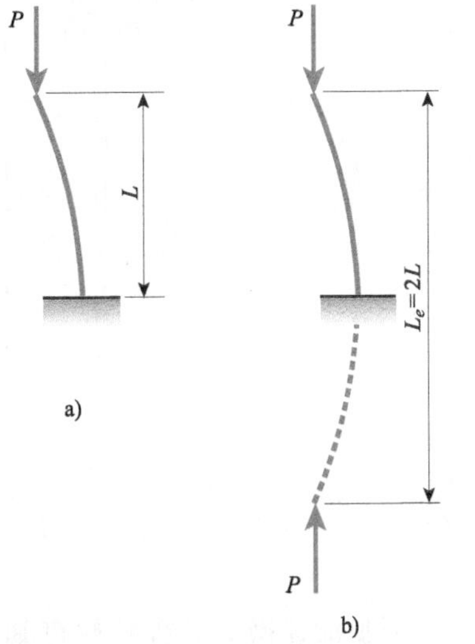

由于有效长度是一根等效的两端铰支柱的长度，因此，可将临界载荷表达为以下一般公式：

$$P_{cr}=\frac{\pi^2 EI}{L_e^2} \qquad (11\text{-}37)$$

如果已知一根柱的有效长度 （无论其端部条件多么复杂），则可将其有效长度代入该方程，并确定临界载荷。例如，对于该底端固定、顶端自由的柱，可将 $L_e = 2L$ 代入该方程，并得到式 （11-34）。

图 11-17 底端固定、顶端自由的柱的挠曲线：显示了其有效长度 L_e

有效长度通常用**有效长度因数** K 来表达：

$$L_e = KL \tag{11-38}$$

其中，L 为该柱的实际长度。因此，临界载荷为：

$$P_{cr} = \frac{\pi^2 EI}{(KL)^2} \tag{11-39}$$

对于底端固定、顶端自由的柱，因数 K 等于 2；对于两端铰支柱，K 等于 1。有效长度因数通常被包含在柱的设计公式中。

两端固定柱 接下来，研究一根两端固定柱（图 11-18a）。注意，在该图中，使用标准固定端符号来表示底座处的固定端；然而，由于该柱在轴向载荷的作用下可自由缩短，因此，必须在该柱的顶部处引入一个新的符号。该新符号显示了一个受约束的刚性块，该刚性块的转动位移和水平位移受到约束，但可在铅垂方向运动（为了方便作图，通常使用标准固定端符号来代替该精确符号，如图 11-18b 所示，但应清楚，该柱可自由缩短）。

该柱在第一模态中的屈曲形状如图 11-18c 所示。注意，其挠曲线是对称的（中点处的斜率为零），其两端的斜率为零。由于两端的转动受到了约束，因此，各支座处将产生反作用力矩 M_0。图中显示了这些力矩以及底座处的反作用力。

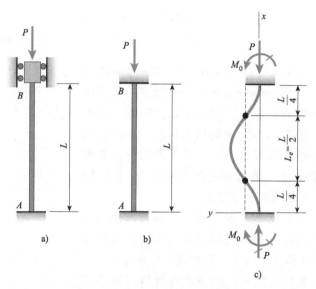

图 11-18 两端固定柱的屈曲

根据前述微分方程的解可知，该挠曲线的方程涉及到正弦和余弦函数。同时，还知道，该挠曲线是关于其中点对称的。因此，可以看出，该曲线必须在距两端 $L/4$ 处各有一个拐点。于是，该挠曲线中间部分的形状就与一根两端铰支柱的挠曲线形状相同。这样一来，一根两端固定柱的有效长度就等于两个拐点的距离，即：

$$L_e = \frac{L}{2} \tag{11-40}$$

将其代入式（11-37），则得到临界载荷为：

$$P_{cr} = \frac{4\pi^2 EI}{L^2} \tag{11-41}$$

该公式表明，与两端铰支柱相比，两端固定柱的临界载荷是其临界载荷的四倍。通过求解其挠曲线微分方程（见习题11.4-9），可验证这一结果的正确性。

底端固定、顶端铰支的柱　对于一根底端固定、顶端铰支的柱（图11-19b），通过求解其挠曲线的微分方程，就可以确定其临界载荷和屈曲形状。当该柱屈曲时，底座处将产生反作用力矩 M_0，因为底座处不能转动。然后，根据整个柱的平衡可知，两端必须各有一个水平反作用力 R，且：

$$M_0 = RL \tag{11-42}$$

该屈曲柱与底座相距 x 处的弯矩为：

$$M = M_0 - Pv - Rx = -Pv + R(L-x) \tag{11-43}$$

因此，其微分方程为：

$$EIv'' = M = -Pv + R(L-x) \tag{11-44}$$

再次设 $k^2 = P/EI$，并代入上式，可得：

$$v'' + k^2v = \frac{R}{EI}(L-x) \tag{11-45}$$

该方程的通解为：

$$v = C_1 \sin kx + C_2 \cos kx + \frac{R}{P}(L-x) \tag{11-46}$$

其中，等号右侧的前两项构成齐次解，最后一项为特解。将该通解代入式（11-44）的微分方程，就可验证其正确与否。

由于该通解含有三个未知量（C_1，C_2，R），因此需要以下三个边界条件：

$$v(0) = 0 \quad v'(0) = 0 \quad v(L) = 0$$

将这三个边界条件分别代入式（11-46），可得：

$$C_2 + \frac{RL}{P} = 0 \quad C_1 k - \frac{R}{P} = 0 \quad C_1 \tan kL + C_2 = 0 \tag{11-47a, b, c}$$

满足以上三个方程的一个解为 $C_1 = C_2 = R = 0$，显然，这样的解没有任何意义，因为相应的挠度为零。

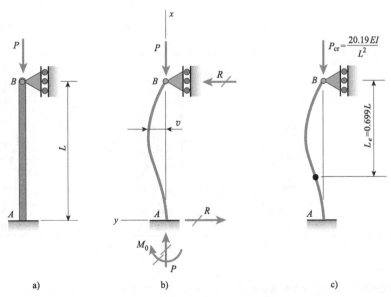

图 11-19　底端固定、顶端铰支的柱

为了得到面向屈曲的解，必须以更一般的方式来求解方程（11-47a，b，c）。一个求解方法是，联立前两个方程，并消去 R，从而得到：

$$C_1kL+C_2=0 \quad 或 \quad C_2=-C_1kL \tag{11-47d}$$

接着，将这个关于 C_2 的表达式代入式（11-47c），则得到屈曲方程：

$$kL=\tan kL \tag{11-48}$$

该方程的解给出了临界载荷。

由于该屈曲方程是一个超越方程，因此，它没有确定的解㊀。然而，采用计算机程序来求解该方程的根，就可求出满足该方程的 kL 的数值。满足式（11-48）的最小非零 kL 值为：

$$kL=4.4934 \tag{11-49}$$

相应的临界载荷为：

$$P_{cr}=\frac{20.19EI}{L^2}=\frac{2.046\pi^2EI}{L^2} \tag{11-50}$$

该值（正如预期）高于两端铰支柱的临界载荷，低于两端固定柱的临界载荷［式（11-15）和式（11-41）］。

比较式（11-50）和式（11-37），则该柱的有效长度为：

$$L_e=0.699L\approx 0.7L \tag{11-51}$$

该长度就是其铰支端至其屈曲形状拐点的距离（图 11-19c）。

将 $C_2=-C_1kL$［式（11-47d）］和 $R/P=C_1k$［式（11-47b）］代入上述通解［式（11-46）］，就可得到其屈曲形状的方程：

$$v=C_1[\sin kx-kL\cos kx+k(L-x)] \tag{11-52}$$

其中，$k=4.4934/L$，方括号内的表达式给出了该屈曲柱的挠曲形状。然而，该挠曲线的振幅是未知的，因为 C_1 可以是一个任意值（但通常应限制为小挠度）。

局限性 除了要求小变形之外，本节所使用的欧拉屈曲理论只有在“加载前柱的轴线为理想直线、柱及其支座没有缺陷、柱是采用遵循胡克定律的线弹性材料制造的”这样的情况下才是有效的。之前的 11.3 节已解释了这一局限性。

结果总结 上述四类柱的最小临界载荷及其相应的有效长度如图 11-20 所示。

（a）两端铰支柱	（b）底端固定、顶端自由的柱	（c）两端固定柱	（d）底端固定、顶端铰支的柱
$P_{cr}=\frac{\pi^2EI}{L^2}$	$P_{cr}=\frac{\pi^2EI}{4L^2}$	$P_{cr}=\frac{4\pi^2EI}{L^2}$	$P_{cr}=\frac{2.046\pi^2EI}{L^2}$

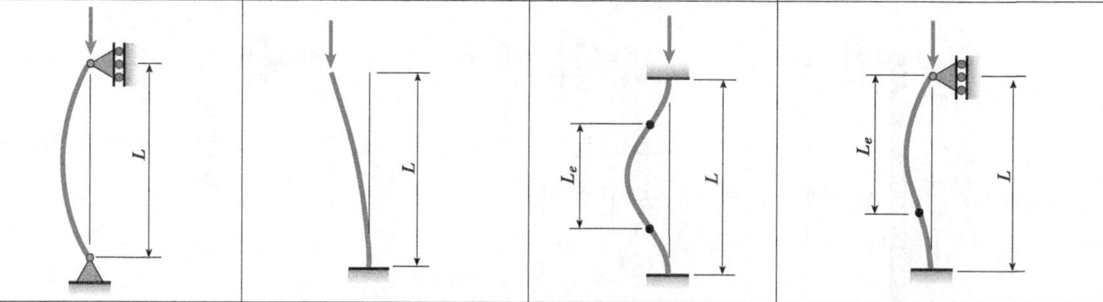

$L_e=L$	$L_e=2L$	$L_e=0.5L$	$L_e=0.699L$
$K=1$	$K=2$	$K=0.5$	$K=0.699$

图 11-20 理想柱的临界载荷、有效长度以及有效长度系数

㊀ 在一个超越方程中，变量包含在超越函数内。一个超越函数不能用有限次的代数运算来表示，因此，三角函数、对数、指数以及其他这类函数都是超越函数。

● ● ● 例 11-3

野生动物园的观景台（图 11-21a）支撑在一排长度 $L = 3.25\text{m}$、外径 $d = 100\text{m}$ 的铝管柱的。这些柱坐落在混凝土柱脚上，其顶部受到观景台的侧向支撑。这些柱被设计为可支撑 $P = 100\text{kN}$ 的压缩载荷。如果欧拉屈曲相应的安全因数 $n = 3$，那么，请求出这些柱所需最小厚度 t（图 11-21b）。设这些柱的弹性模量为 72GPa、比例极限为 480MPa。

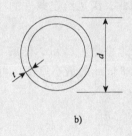

b)

a)

图 11-21 铝管柱

解答：

临界载荷。根据这些柱的构建方式，可将各柱均理想化为一根底端固定、顶端铰支的柱（图 11-20d）。因此，临界载荷为：

$$P_{cr} = \frac{2.046\pi^2 EI}{L^2} \tag{a}$$

其中，I 为铝管横截面的惯性矩。

$$I = \frac{\pi}{64}\left[d^4 - (d-2t)^4\right] \tag{b}$$

代入 $d = 100\text{mm}$（或 0.1m），可得：

$$I = \frac{\pi}{64}\left[(0.1\text{m})^4 - (0.1\text{m}-2t)^4\right] \tag{c}$$

其中，t 的单位为米（m）。

柱的所需厚度。由于各柱所承受的载荷均为 100kN 且安全因数为 3，因此，各柱的临界载荷必须被设计为：

$$P_{cr} = nP = 3(100\text{kN}) = 300\text{kN}$$

将该 P_{cr} 的值代入式（a），并用式（c）的表达式取代 I，可得：

$$300,000\text{N}=\frac{2.046\times\pi^2\times(72\times10^9\text{Pa})}{(3.25\text{m})^2}\times\left(\frac{\pi}{64}\right)\times\left[(0.1\text{m})^4-(0.1\text{m}-2t)^4\right]$$

注意，该方程中的所有项都是以牛顿和米的单位来表示的。经过简单的代数运算之后，该方程可简化为：

$$44.40\times10^{-6}\text{m}^4=(0.1\text{m})^4-(0.1\text{m}-2t)^4$$

或

$$(0.1\text{m}-2t)^4=(0.1\text{m})^4-44.40\times10^{-6}\text{m}^4=55.60\times10^{-6}\text{m}^4$$

据此可得：

$$0.1\text{m}-2t=0.08635\text{m}\quad t=0.006825\text{m}$$

因此，满足给定条件的柱的所需最小厚度为：

$$t_{min}=6.83\text{mm}$$

补充计算。已知了柱的直径和厚度，就可计算其惯性矩、横截面面积以及回转半径。使用 6.83mm 的最小厚度，可得：

$$I=\frac{\pi}{64}\left[d^4-(d-2t)^4\right]=2.18\times10^6\text{mm}^4$$

$$A=\frac{\pi}{4}\left[d^2-(d-2t)^2\right]=1999\text{mm}^2\quad r=\sqrt{\frac{I}{A}}=33.0\text{mm}$$

各柱的细长比 L/r 约为 98，该值处于细长柱通常的细长比范围内；其直径-厚度比 d/t 约为 15，这应该足以防止各柱管壁的局部屈曲。

如果式（a）给出的临界载荷公式是有效的，那么，各柱中的临界应力必须小于铝的比例极限。该临界应力为：

$$\sigma_{cr}=\frac{P_{cr}}{A}=\frac{300\text{kN}}{1999\text{mm}^2}=150\text{MPa}$$

该值小于比例极限（480MPa）。因此，上述使用欧拉屈曲理论所计算出的临界载荷是令人满意的。

11.5 承受偏心载荷的柱

11.3 节和 11.4 节分析了轴向载荷的作用线通过横截面形心的理想柱。在这种情况下，该柱在载荷达到临界载荷之前一直保持为直线，之后可能会发生弯曲。

现在，假设一根柱受到载荷 P 的压缩，而载荷 P 的作用线与该柱轴线之间的距离为偏心距 e（图 11-22a）。各偏心轴向载荷（eccentric axial load）均等效于一个中心载荷（centric load）P 和一个力偶矩 $M_0=Pe$（图 11-22b），该力偶矩在刚开始施加偏心轴向载荷的那一刻就存在，因此，该柱在一开始加载时就发生了挠曲。随着载荷的增大，挠度也逐渐变大。

为了分析图 11-22 所示的两端铰支柱，作与上一节相同的假设，即假设该柱的轴线初始时是理想直线、材料是线弹性的、xy 平面为对称平面。则该柱与底端相距 x 位置处（图 11-22b）的弯矩为：

$$M = M_0 + P(-v) = Pe - Pv \qquad (11-53)$$

其中，v 为该柱的挠度（位于 y 轴正方向时为正）。注意，该载荷的偏心率为正时，该柱的挠度为负。

挠曲线的微分方程为：

$$EIv'' = M = Pe - Pv \qquad (11-54)$$

或

$$v'' + k^2 v = k^2 e \qquad (11-55)$$

其中，$k^2 = P/EI$（与之前一样）。该方程的通解为：

$$v = C_1 \sin kx + C_2 \cos kx + e \qquad (11-56)$$

其中，C_1 和 C_2 是齐次解中的积分常数，e 为特解。与往常一样，可将该式代入微分方程来验证该解。

根据该柱两端的挠度（图 11-22b），可得到以下边界条件：

$$v(0) = 0 \qquad v(L) = 0$$

根据这两个条件，可求得积分常数 C_1 和 C_2 为：

$$C_2 = -e \qquad C_1 = -\frac{e(1 - \cos kL)}{\sin kL} = -e \tan \frac{kL}{2}$$

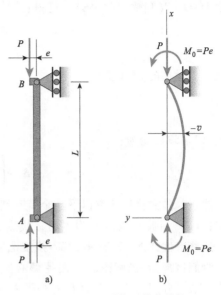

图 11-22　承受偏心载荷的柱

因此，挠曲线方程为：

$$v = -e\left(\tan \frac{kL}{2} \sin kx + \cos kx - 1 \right) \qquad (11-57)$$

若已知载荷 P 及其偏心距 e，则可利用该公式来计算沿 x 轴方向的任一点处的挠度。

将式（11-57）与式（11-16）、（11-33）、（11-52）进行对比，可以看出，承受偏心载荷的柱，其行为完全不同于承受轴向载荷的柱。方程（11-57）表明，偏心载荷 P 的每一个值都将产生一个确定的挠度值，就像梁上载荷的每个值均产生一个确定的挠度值一样。相反，对于承受轴向载荷的柱，其挠度方程给出了屈曲的形状（当 $P = P_{cr}$ 时），但没有定义该形状的幅度。

由于图 11-22 所示柱的两端均为铰链支座，因此，其临界载荷（中心加载时）为：

$$P_{cr} = \frac{\pi^2 EI}{L^2} \qquad (11-58)$$

以下个别方程将以该式作为参考。

最大挠度　偏心载荷所产生的最大挠度 δ 发生在该柱（图 11-23）的中点处，在式（11-57）中设 x 等于 $L/2$，就可求得 δ：

$$\delta = -v\left(\frac{L}{2} \right) = e\left(\tan \frac{kL}{2} \sin \frac{kL}{2} + \cos \frac{kL}{2} - 1 \right)$$

或化简为：

$$\delta = e\left(\sec \frac{kL}{2} - 1 \right) \qquad (11-59)$$

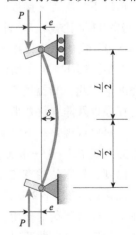

图 11-23　承受偏心载荷柱的最大挠度 δ

根据 $k^2 = P/EI$ 和式（11-58），可得：

$$k = \sqrt{\frac{P}{Ei}} = \sqrt{\frac{P\pi^2}{P_{cr}L^2}} = \frac{\pi}{L}\sqrt{\frac{P}{P_{cr}}} \tag{11-60}$$

因此，无量纲的 kL 变为：

$$kL = \pi\sqrt{\frac{P}{P_{cr}}} \tag{11-61}$$

且式（11-59）变为：

$$\delta = e\left[\sec\left(\frac{\pi}{2}\sqrt{\frac{P}{P_{cr}}}\right) - 1\right] \tag{11-62}$$

注意，最大挠度 δ 有以下几个特殊情况：（1）当偏心距 e 为零且 P 不等于 P_{cr} 时，挠度 δ 为零；（2）当偏心载荷 P 为零时，挠度 δ 为零；（3）随着 P 逐渐接近 P_{cr}，挠度将趋于无穷大。这些特性如图 11-24 的载荷-挠度图所示。

绘制该载荷-挠度图时，选择偏心距 e_1 的一个具体值，然后分别计算出荷载 P 为若干个不同数值时的 δ。所得到的曲线在图 11-24 中被标记为 $e = e_1$。显然，随着 P 的增大，挠度 δ 也将增加，但这种关系是非线性的。因此，不能使用叠加原理来计算多个载荷所产生的挠度，即使该柱的材料是线弹性的。例如，轴向载荷 $2P$ 引起的挠度并不等于轴向载荷 P 引起的挠度的两倍。

其他曲线（如标记为 $e = e_2$ 的曲线）采用了类似的绘制方法。由于在式（11-62）中挠度 δ 与 e 是线性关系，因此，$e = e_2$ 的曲线与 $e = e_1$ 的曲线具有相同的形状，但其横坐标却因比值 e_2/e_1 而更大一些。

随着载荷 P 的增大，挠度 δ 将无限增大，与 $P = P_{cr}$ 相应的水平线将变为该曲线的一条渐近线。在极限情况下，随着 e 接近于零，图上的曲线将接近两条直线（一条为铅垂线，一条为水平线）（与图 11-8 比较）。因此，正如预期的那样，承受中心载荷（$e = 0$）的理想柱是承受偏心载荷（$e > 0$）柱的一个极限情况。

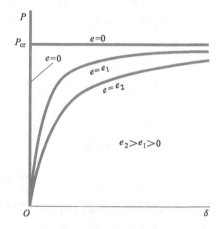

图 11-24 承受偏心轴向载荷柱的载荷-挠度曲线图 ［图 11-23 和式（11-62）］

虽然图 11-24 中所绘制的曲线在数学上是正确的，但必须牢记，该微分方程只适用于小挠度。因此，当挠度变大时，这些曲线实际上将不再有效，并且必须进行修改以考虑大变形的存在以及非弹性弯曲（若已经超过了材料的比例极限）的影响（图 11-12）。

只要再观察一下"偏心轴向载荷 P 等效于中心载荷 P 加上作用在该柱（图 11-22b）两端的力偶矩 Pe"这一事实，就能够理解载荷和挠度之间存在非线性关系的原因，而且，即使在小挠度、且服从胡克定律的情况下，这一非线性关系依然存在。如果力偶 Pe 单独作用，则它将使柱（图 11-22b）产生弯曲变形，其变形方式与梁的变形方式相同。在梁中，挠度的存在不会改变载荷的作用，并且，无论挠度是否存在，弯矩都是相同的。然而，当在构件上施加一个偏心轴向载荷时，挠度的存在将使弯矩增加（增加量等于该载荷与挠度的乘积）。当弯矩增加时，挠度又将进一步增大——因此，该力偶矩增加得更多，依此类推。于是，柱中的弯矩取决于挠度，而挠度反过来又取决于弯矩。这种行为类型导致偏心轴向载荷和位移之间存在着一种非线性关系。

一根同时承受弯曲载荷和轴向压缩载荷的直杆通常被称为梁-柱（beam-column）。对于一根承受偏心载荷的柱（图 11-22），弯曲载荷为力矩 $M_0 = Pe$，轴向载荷为力 P。

最大弯矩 在一根承受偏心载荷的柱中，最大弯矩发生在挠度最大的中点处（图 11-23）：

$$M_{max} = P(e+\delta) \tag{11-63}$$

将式（11-59）与（11-62）代入该式，可得：

$$M_{max} = Pe\sec\frac{kL}{2} = Pe\sec\left(\frac{\pi}{2}\sqrt{\frac{P}{P_{cr}}}\right) \tag{11-64}$$

M_{max} 是偏心轴向载荷 P 的函数，其变化方式如图 11-25 所示。

当 P 较小时，最大弯矩等于 Pe，这意味着可以忽略挠度的影响。随着 P 的增大，弯矩将非线性地增加，而随着 P 接近临界荷载，理论上弯矩将变为无穷大。然而，如前所述，这些方程仅在小变形时才是有效的，而且，当轴向载荷接近临界载荷时，它们是不适用的。尽管如此，但上述方程及其相应的图形仍然表明了梁-柱的一般行为。

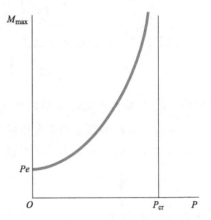

图 11-25 承受偏心轴向载荷柱的最大弯矩 [图 11-23 和式（11-64）]

其他端部条件 本节给出的方程是根据两端铰支柱推导出来的，如图 11-22 和图 11-23 所示。对于一根底端固定、顶端自由的柱（图 11-20b），只需将其实际长度 L 用等效长度 $2L$ 来代替，就可以使用式（11-59）和式（11-64）（见习题 11.5-9）。然而，对于底端固定、顶端铰支的柱（见图 11-20d），则不能使用这些方程，使用 $0.699L$ 的等效长度将得出错误的结果；相反，必须根据其微分方程来推导出一组新的方程组。

对于两端固定柱（图 11-20c），作用在该柱端部的偏心轴向载荷是没有意义的。因为，施加在该柱端部的任何力矩都将直接受到固定端的抵制，且不会使该柱自身发生弯曲。

● ● ● 例 11-4

自某大型机器一侧伸出的黄铜杆 AB 在端部 B 处受到一个偏心距 $e = 11mm$ 的力 $P = 7kN$ 的作用（图 11-26）。该杆的横截面是一个高度 $h = 30mm$、宽度 $b = 15mm$ 的矩形。如果该杆端部处的挠度不能超过 3mm，那么，该杆的最大许用长度 L_{max} 是多少？（设黄铜的弹性模量 $E = 110GPa$）

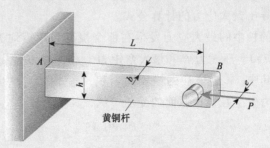

图 11-26 承受偏心轴向载荷的黄铜杆

解答：

临界载荷。将该杆理想化为一根 A 端固定、B 端自由的细长柱。因此，临界载荷（见图 11-20b）为：

$$P_{cr} = \frac{\pi^2 EI}{4L^2} \tag{a}$$

关于弯曲轴（即弯曲绕该轴发生）的惯性矩为：

$$I = \frac{hb^3}{12} = \frac{(30mm) \times (15mm)^3}{12} = 0.844cm^4$$

因此，临界载荷的表达式变为：

$$P_{cr} = \frac{\pi^2 \times (110GPa) \times (0.844cm^4)}{4L^2} = \frac{2.29kN \cdot m^2}{L^2} \tag{b}$$

其中，P_{cr} 的单位为 kN，L 的单位为 m。

挠度。该杆端部处的挠度由式（11-62）给出 [式（11-62）不仅适用于一端固定、一端自由的柱，而且也适用于两端铰支柱]：

$$\delta = e \left[\sec \left(\frac{\pi}{2} \sqrt{\frac{P}{P_{cr}}} \right) - 1 \right] \tag{c}$$

其中，P_{cr} 由式（a）给出。

长度。为了求出该杆的最大许用长度，用 δ 的极限值 3mm 替代 δ；同时，将 $e = 11mm$、$P = 7kN$ 以及式（b）代入式（c），则有：

$$3mm = (11mm) \times \left[\sec \left(\frac{\pi}{2} \sqrt{\frac{7kN}{2.29/L^2}} \right) - 1 \right]$$

其中，唯一的未知量为长度 L（m）。化简该式后，可得：

$$0.2727 = \sec(2.746L) - 1$$

求解该式，可得 $L = 0.243m$。因此，该杆的最大许用长度为：

$$L_{max} = 0.243m$$

如果杆的长度超过该值，那么，挠度将超过 3mm 的允许值。

11.6   柱的正割公式

上一节求解了承受偏心轴向载荷的两端铰支柱的最大挠度和最大弯矩。本节将研究该柱中的最大应力，并将推导出最大应力的计算公式。

承受偏心轴向载荷的柱中的最大应力发生在那个挠度和弯矩均为最大值的横截面上，即发生在中点处（图 11-27a）。压缩力 P 和最大弯矩 M_{max} 作用在该横截面上（图 11-27b）。力 P 产生的应力等于 P/A，其中，A 为该柱的横截面面积；弯矩 M_{max} 产生的应力可根据弯曲公式求得。因此，最大压应力发生在该横截面的受压一侧，其值为：

$$\sigma_{max} = \frac{P}{A} + \frac{M_{max}c}{I} \tag{11-65}$$

其中，I 为弯曲平面内的惯性矩；c 为该横截面上某一点至形心轴的距离，该点在该横截面的受压一侧，且至形心轴的距离为最远。注意，在这个方程中，压应力被设为正值，因为压应力是该柱中最重要的应力。

根据式（11-64），可求得弯矩 M_{max}，这里再次给出式（11-64）：

$$M_{max} = Pe\sec\left(\frac{\pi}{2}\sqrt{\frac{P}{P_{cr}}}\right)$$

由于两端铰支柱的 $P_{cr} = \pi^2 EI/L^2$，且 $I = Ar^2$（其中，r 为弯曲平面内的回转半径），因此，可将以上方程表达为：

$$M_{max} = Pe\sec\left(\frac{L}{2r}\sqrt{\frac{P}{EA}}\right) \qquad (11\text{-}66)$$

将该式代入式（11-65），则得到以下最大压应力的公式：

$$\sigma_{max} = \frac{P}{A} + \frac{Pec}{I}\sec\left(\frac{L}{2r}\sqrt{\frac{P}{EA}}\right) \text{ 或}$$

$$\sigma_{max} = \frac{P}{A}\left[1 + \frac{ec}{r^2}\sec\left(\frac{L}{2r}\sqrt{\frac{P}{EA}}\right)\right] \qquad (11\text{-}67)$$

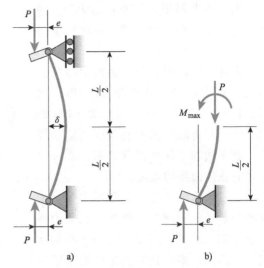

图 11-27 承受偏心轴向载荷的柱

该方程通常被称为偏心受压的两端铰支柱的正割公式（secant formula）。

正割公式表明，柱中的最大压应力是平均压应力 P/A、弹性模量 E、细长比 L/r 和偏心率的函数（细长比和偏心率是没有量纲的），其中，偏心率（eccentricity ratio）为：

$$\text{偏心率} = \frac{ec}{r^2} \qquad (11\text{-}68)$$

顾名思义，偏心率就是载荷相对于横截面尺寸的偏心程度的度量，其数值取决于载荷的位置。典型的偏心率值位于 0~3 的范围内，最常见的偏心率值小于 1。

分析柱时，只要已知了轴向载荷 P 及其偏心距 e，就可以使用正割公式来计算最大压应力。然后，还可以将该最大应力与许用应力进行比较，以确定该柱是否足以支撑其载荷。

也可以采用相反的方式使用正割公式，即如果已知许用应力，则可计算出相应的载荷 P 的值。然而，由于正割公式是一个超越方程，因此，推导出载荷 P 的表达式是不现实的。相反，对于各种具体情况，可采用数值方法求解方程（11-67）。

如图 11-28 所示，可用图的形式来表达正割公式。在该图中，横坐标为细长比 L/r，纵坐标为平均压应力 P/A。该图是一种 $E = 200\text{GPa}$、最大应力 $\sigma_{max} = 250\text{GPa}$ 的钢的正割曲线。图中的各条曲线分别对应于不同数值的偏心率 ec/r^2，这些曲线仅在最大应力小于材料的比例极限时才是有效的，因为推导正割公式时使用了胡克定律。

当载荷的偏心距消失时（$e = 0$），就会出现一种特殊情况，即此时该柱就是一根承受中心载荷的理想柱。在这种情况下，最大载荷就是临界载荷 $P_{cr} = \pi^2 EI/L^2$，相应的最大应力就是临界应力［式（11-17）和式（11-19）］：

$$\sigma_{cr} = \frac{P_{cr}}{A} = \frac{\pi^2 EI}{AL^2} = \frac{\pi^2 E}{(L/r)^2} \qquad (11\text{-}69)$$

由于该方程用 L/r 来表达 P/A，因此，可在正割公式图（图 11-28）中将该方程作为欧拉曲线绘出。

现在，假设材料的比例极限与所选的最大应力相同，即均为 250MPa。然后，在图中画一条应力值为 250MPa 的水平线，并将欧拉曲线在该应力值处终止。水平线和欧拉曲线代表偏心距 e 接近零时正割曲线的极限位置。

正割公式的讨论　正割图表明，随着细长比 L/r 的增加，柱的承载能力将显著下降，尤其是当 L/r 值处于中间区域时。因此，细长柱的稳定性远小于短粗柱。该图还表明，承载能力将随着偏心距 e 的增大而降低。此外，与细长柱相比，这种情况对短粗柱的影响更大。

虽然正割公式是根据两端铰支柱推

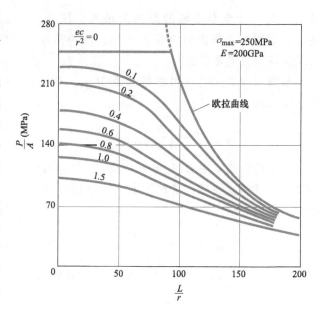

图 11-28　$\sigma_{max}=250$MPa、$E=200$GPa 的正割公式图 [式（11-67）]

导出来的，但它也适用于底端固定、顶端自由的柱，只需用等效长度 $2L$ 替换正割公式中的长度 L 即可。然而，由于正割公式基于方程（11-64），因此，它并不适用于所讨论的其他端部条件。

对于实际柱，由于存在着诸如初始曲率、不良支撑条件以及材料的不均匀性等缺陷，实际柱必然不同于理想柱。此外，即使载荷可被看为是中心施加的，但其作用方向和作用点仍会不可避免地出现偏离。不同的柱具有不同的缺陷，因此，各实际柱的实验结果是相当分散的。

所有这些缺陷都使实际柱在受到直接压缩作用之外，还会受到弯曲作用。因此，可作这样一个合理的假设，即假设一根有缺陷的承受中心载荷的柱，其行为类似于一根承受偏心载荷的理想柱的行为。在这种情况下，通过选择偏心率 ec/r^2 的一个近似值，就可使用正割公式来解释各种缺陷的共同影响。例如，在用结构钢设计两端铰支柱时，一个常用的偏心率值是 $ec/r^2=0.25$。对于承受中心载荷的柱，以这种方式使用正割公式，就为解释这些缺陷的影响提供了一个合理的手段，而不是简单地通过增加安全因数来解释它们（关于正割公式和缺陷影响的进一步讨论，见参考文献 11-5 以及屈曲和稳定性的相关教材）。

对于承受中心载荷的柱，使用正割公式的分析步骤取决于具体的条件。例如，如果目标是确定许用载荷，则其分析步骤如下。先根据实验结果、规范值或实践经验，将偏心率 ec/r^2 假设为一个值；将该值以及实际柱的 L/r、A、E 的值代入到正割公式；并为 σ_{max} 赋予一个定值，如材料的屈服应力 σ_Y 或比例极限 σ_{pl}。然后，求解该正割公式，并求出产生最大应力的载荷 P_{max}（该载荷将始终小于该柱的临界载荷 P_{cr}），该柱的许用载荷等于载荷 P_{max} 除以安全因数 n。

下例说明了在已知载荷时如何使用正割公式来求解柱中的最大应力，以及在给出最大应力时如何求出载荷。

● ● ● 例 11-5

一根 HE 320 A 截面（图 11-29a）的宽翼板工字钢柱，其两端铰支，其长度为 7.5m。该柱支撑着一个中心载荷 $P_1 = 1800$kN 和一个偏心载荷 $P_2 = 200$kN（图 11-29b）。该柱发生了绕横截面的 1-1 轴的弯曲。偏心载荷作用在 2-2 轴上与形心 C 相距 400mm 的位置处。（a）假设 $E = 210$GPa，请使用正割公式来计算该柱中的最大压应力。（b）如果钢的屈服应力 $\sigma_Y = 300$MPa，那么，相应的屈服安全因数是多少？

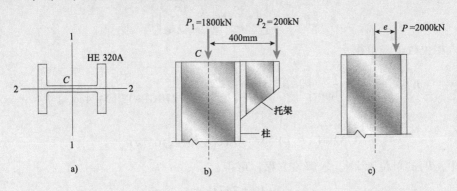

图 11-29 承受偏心轴向载荷的柱

解答：

（a）最大压应力。图 11-29b 所示的两个载荷 P_1 和 P_2 静态等效于一个偏心距 $e = 40$mm 的单一载荷 $P = 2000$kN（图 11-29c）。由于该柱现在受到一个偏心距为 e 的单一载荷的作用，因此，可使用正割公式来求解最大应力。

根据附录 E 的表 E-1，可得到 HE 320A 宽翼板工字形截面的以下所需性能：

$$A = 124.4\text{cm}^2 \quad r = 13.58\text{cm} \quad c = \frac{310\text{mm}}{2} = 155\text{mm}$$

式（11-67）的正割公式所需的各项计算如下：

$$\frac{P}{A} = \frac{2000\text{kN}}{124.4\text{cm}^2} = 160.77\text{MPa}$$

$$\frac{ec}{r^2} = \frac{(40\text{mm}) \times (155\text{mm})}{(13.58\text{cm})^2} = 0.336$$

$$\frac{L}{r} = \frac{7.5\text{m}}{13.58\text{cm}} = 55.23$$

$$\frac{P}{EA} = \frac{2000\text{kN}}{(210\text{GPa}) \times (124.4\text{cm}^2)} = 765.6 \times 10^{-6}$$

将这些值代入正割公式，可得：

$$\sigma_{\max} = \frac{P}{A}\left[1 + \frac{ec}{r^2}\sec\left(\frac{L}{2r}\sqrt{\frac{P}{EA}}\right)\right]$$

$$= (160.77\text{MPa}) \times (1 + 0.466) = 235.6\text{MPa}$$

该压应力发生在该柱中点处的受压一侧（图 11-29b 中的右侧）。

(b) 相应的屈服安全因数。为了求出安全因数，需要求出偏心距为 e 的载荷 P 的值，该值所引起的最大应力等于屈服应力 $\sigma_Y = 300\text{MPa}$。由于该载荷值刚好足以使材料开始发生屈服，因此，将该值标记为 P_Y。

注意，不能用载荷 P（等于 2000kN）乘以比值 $\sigma_Y/\sigma_{\max}$ 来求解 P_Y。其原因在于，载荷和应力之间存在着非线性关系。相反，必须将 $\sigma_{\max} = \sigma_Y = 300\text{MPa}$ 代入正割公式，并求解相应的载荷 P，该载荷就是 P_Y。换句话说，必须求解出满足以下方程的 P_Y 值：

$$\sigma_Y = \frac{P_Y}{A}\left[1 + \frac{ec}{r^2}\sec\left(\frac{L}{2r}\sqrt{\frac{P_Y}{EA}}\right)\right] \tag{11-70}$$

代入相关数值，可得：

$$300\text{MPa} = \frac{P_Y}{124.4\text{cm}^2}\left[1 + 0.336\sec\left(\frac{55.23}{2}\sqrt{\frac{P_Y}{(210\text{GPa})(124.4\text{cm}^2)}}\right)\right]$$

或

$$3732\text{kN} = P_Y\left[1 + 0.336\sec\left(5.403\times10^{-4}\sqrt{P_Y}\right)\right]$$

其中，P_Y 的单位为 kN。求解该方程，可得：

$$P_Y = 2473\text{kN}$$

该载荷将使材料在最大弯矩所在的横截面处发生屈服（受压）。

由于实际的载荷为 $P = 2000\text{kN}$，因此，屈服安全因数为：

$$n = \frac{P_Y}{P} = \frac{2473\text{kN}}{2000\text{kN}} = 1.236$$

本例说明了应用正割公式的许多方法中的两种方法。其他类型的分析，见本章之后的习题。

11.7 弹性柱和非弹性柱的行为

上述各节论述了材料中的应力低于其比例极限时各类柱的行为。首先研究了承受中心载荷的理想柱（欧拉屈曲），并得到了临界载荷 P_{cr} 这一概念。然后，研究了承受偏心轴向载荷的柱，并推导出正割公式。并将这些分析结果表示在一个平均压应力 P/A 与细长比 L/r 的关系图上（图 11-28）。在图 11-28 中，欧拉曲线代表一根理想柱的行为，偏心率 ec/r^2 为不同值的一系列曲线代表承受偏心载荷柱的行为。

现在，把上述讨论扩展至非弹性屈曲，即讨论超过比例极限时柱的屈曲。我们使用相同类型的图来描述其行为，即使用一个平均压应力 P/A 与细长比 L/r 的关系图（图 11-30）。注意，该图中的欧拉曲线为曲线 ECD，该曲线只有在应力低于材料的比例极限 σ_{pl} 的区域内才是有效的。因此，比例极限之上的欧拉曲线部分用一条虚线来表示。

通过设式（11-69）中的临界应力等于比例极限 σ_{pl} 并求解式（11-69），就可得到一个细长比的值，当柱的细长比大于该值时，欧拉曲线才是有效的。因此，设 $(L/r)_c$ 代表该临界细长比（图 11-30），则可得：

$$\left(\frac{L}{r}\right)_c = \sqrt{\frac{\pi^2 E}{\sigma_{pl}}} \tag{11-71}$$

例如，对于 σ_{pl} = 250MPa、E = 210GPa 的结构钢，该临界细长比 （L/r）$_c$ 等于 91.1。高于此值，理想柱将发生弹性屈曲，并且，欧拉曲线是有效的。低于此值，该柱中的应力将超过比例极限，而该柱将发生非弹性屈曲。

如果考虑载荷的偏心距或施工缺陷的影响，但仍然假设材料遵循胡克定律，那么，可得到如图 11-30 所示的标有"正割公式"这样的一条曲线。绘制该曲线时的最大应力 σ_{max} 等于比例极限 σ_{pl}。

比较正割曲线与欧拉曲线时，必须记住它们之间具有以下重要区别。在欧拉曲线的情况下，屈曲发生时，应力 P/A 不仅与所施加的载荷 P 成正比，而且还与该柱中的实际最大应力成正比。因此，沿着欧拉曲线上的点 C 至点 D，最大应力 P/A （等于临界

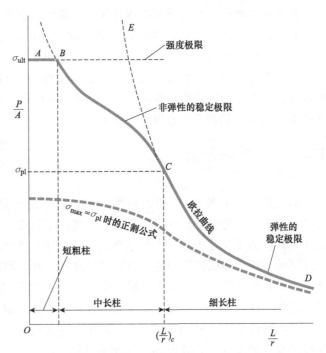

图 11-30　平均压应力 P/A 与细长比 L/r 的关系图

应力）和轴向载荷 P 都是不断减小的。然而，在正割曲线的情况下，平均应力 P/A 从左到右不断减小 （因此轴向载荷 P 也不断减小），但最大应力 （等于比例极限）却保持不变。

从欧拉曲线中可以看出，较长的柱具有较大的细长比和较低的平均压应力 P/A。使用更高强度的材料是不能改善这一状况的，因为这类柱的坍塌是其整体失稳所造成的，而不是由于材料本身的失效所造成的。只有降低细长比 L/r 或采用具有更高弹性模量 E 的材料，才能提高其应力。

当一根受压构件很短时，其失效是由于屈服以及材料被压碎而造成的，与屈曲或稳定性无关。在这种情况下，可将极限压应力 σ_{ult} 定义为该材料的破坏应力。该应力就是该柱的一个强度极限 （strength limit），如图 11-30 的水平线 AB 所示。强度极限远大于比例极限，因为它代表压缩时的极限应力。

长、短柱之间的区域，有一系列的中细长比 （intermediate slenderness ratios），从控制弹性稳定性的角度来看，它们太小；而单独从控制强度的角度来看，它们又太大。这类中长柱将因非弹性屈曲而失效，这意味着屈曲发生时最大应力超过了比例极限。由于超过了比例极限，则其材料的应力-应变曲线的斜率小于弹性模量，因此，非弹性屈曲的临界载荷总是小于欧拉载荷 （见 11.8 节）。

短、中、长柱之间的分割线是不精确的。然而，作出这些分割线是非常有用的，因为不同细长比的柱，其最大承载能力是以完全不同的行为类型为依据的。某一具体柱的最大承载能力 （作为其长度的函数）如图 11-30 的曲线的 $ABCD$ 所示。如果长度非常小 （位于 AB 区间），则该柱将因直接压缩而失效；如果该柱较长 （位于 BC 区间），则它将因非弹性屈曲而失效；如果该柱更长 （位于 CD 区间），则它将因弹性屈曲 （即欧拉屈曲）而失效。只要用有效长度 L_e 替换细长比中的长度 L，则曲线 $ABCD$ 适用于各类支撑条件的柱。

各类柱的载荷试验结果与曲线 *ABCD* 有着相当合理的一致性。当把实验结果画在图上时，它们通常形成一条带状区，该带状区紧靠曲线 *ABCD* 之下。实验结果也可能相当分散，因为柱的行为对诸如施工精度、载荷的对中程度以及具体的支撑条件等因素是非常敏感的。考虑到这些因素的影响，通常将最大应力（根据曲线 *ABCD*）除以合适的安全因数作为一根柱的许用应力，该安全因数的值通常约为 2。由于长度越长、缺陷也会增多，因此，有时使用一个可变的安全因数（随着 *L/r* 的增加而增大）。

11.8 非弹性屈曲

如上所述（见图 11-30 中的曲线 *CD*），只有在柱的长度相对较长时，弹性屈曲的临界载荷才是有效的。对于中长柱，屈曲开始前该柱中的应力就已经达到比例极限（见图 11-30 中的曲线 *BC*）。为了确定中长柱中的临界载荷，需要一个关于非弹性屈曲的理论。本节将论述三个这样的理论：切线模量理论、折算模量理论以及尚利理论。

切线模量理论 再次研究一根承受轴向力 *P* 的两端铰支的理想柱（图 11-31a）。该柱的细长比 *L/r* 被假设为小于临界细长比［式（11-71）］，因此，在达到临界载荷之前，轴向应力 *P/A* 就达到其比例极限。

该柱材料的压缩应力-应变曲线如图 11-32 所示。其中，材料的比例极限为 σ_{pl}，点 *A*（该点高于比例极限）表示该柱中的实际应力 σ_A（等于 *P/A*）。如果增加载荷，则应力就有一个小的增量，该应力增量与相应的应变增量之间的关系由应力应变图在点 *A* 处的斜率给出。该斜率等于点 *A* 处切线的斜率，它被称为切线模量（tangent-modulus），并用 E_t 表示；因此，

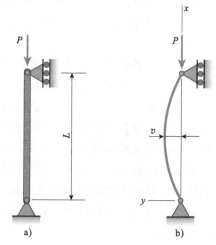

$$E_t = \frac{\mathrm{d}\sigma}{\mathrm{d}\varepsilon} \tag{11-72}$$

图 11-31 非弹性屈曲的中长度理想柱

注意，当应力增大到超过比例极限时，该切线模量将降低。当应力低于比例极限时，该切线模量与普通的弹性模量 *E* 是相同的。

根据非弹性屈曲的切线模量理论，图 11-31a 所示柱将一直保持为直线，直到达到非弹性临界载荷为止。达到该载荷值时，该柱可能经历了一个小的横向挠曲（图 11-31b）。由此产生的弯曲应力被叠加在轴向压应力 σ_A 之上。由于该柱从直线位置开始弯曲，因此，初始弯曲应力仅是一个较小的应力增量。这样一来，该弯曲应力及其所产生的应变之间的关系就由切线模量给出。由于应变在该柱的横截面上是线性变化的，而初始弯曲应力也是线性变化的，因此，除了用 E_t 代替 *E* 之外，其曲率的表达式与线弹性弯曲的表达式是相同的：

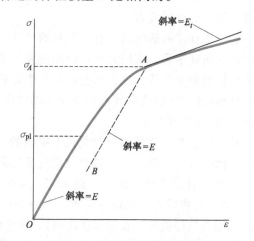

图 11-32 图 11-31 所示柱的材料的压缩应力-应变图

$$\kappa = \frac{1}{\rho} = \frac{\mathrm{d}^2 v}{\mathrm{d}x^2} = \frac{M}{E_t I} \tag{11-73}$$

由于弯矩 $M = -Pv$（图 11-31b），因此，其挠曲线的微分方程为：

$$E_t I v'' + Pv = 0 \tag{11-74}$$

该方程与弹性屈曲方程 [式（11-6）] 具有的相同形式，除了用 E_t 代替 E 之外。因此，可采用与之前相同的方法来求解该方程，则可得到以下关于**切线模量载荷**（tangent-modulus-load）的方程：

$$P_t = \frac{\pi^2 E_t I}{L^2} \tag{11-75}$$

该载荷是根据切线模量理论所得到的柱的临界载荷。相应的临界应力为：

$$\sigma_t = \frac{P_t}{A} = \frac{\pi^2 E_t}{(L/r)^2} \tag{11-76}$$

该式在形式上类似于欧拉临界应力的表达式 [式（11-69）]。

由于切线模量 E_t 是随着压应力 $\sigma = P/A$ 的变化而变化的（图 11-32），因此，通常使用下述迭代法求解切线模量载荷。首先，将 P_t 估为某一个具体的值 P_1，P_1 应略大于 $\sigma_{pl}A$（$\sigma_{pl}A$ 为应力刚好达到比例极限时的轴向载荷）。其次，计算相应的轴向应力 $\sigma_1 = P_1/A$，并根据应力应变图来确定切线模量 E_t。接着，使用式（11-75）估算出第二个 P_t 值，将该值设为 P_2。如果 P_2 非常接近 P_1，则 P_2 可作为切线模量载荷。然而，可能的情况是，需要经过多次迭代才能求得一个与 P_1 非常接近的载荷值，这个值就是切线模量载荷。

图 11-33 显示了一根典型的两端铰支金属柱的临界应力 σ_t 是如何随着细长比 L/r 的变化而变化的。注意，该曲线位于比例极限之上、欧拉曲线之下。

只要用有效长度 L_e 代替实际长度 L，切线模量公式就适用于各类不同支撑条件的柱。

折算模量理论 切线模量理论因其简单性和易用性而著称。然而，其概念上是有缺陷的，因为它没有解释该柱的全部行为。为了解释其缺陷，再次研究图 11-31a 所示的柱。当该柱首次偏离其直线位置时（图 11-31b），弯曲应力将被添加到现有的压应力 P/A 上。这些额外的应力将压缩该柱的凹侧、并拉伸凸侧。因此，该柱凹侧上的压应力就变得更大、而凸侧上的压应力就变得更小。

现在，假如应力-应变曲线（图 11-32）上的点 A 代表轴向应力 P/A，那么，在该柱凹侧上（其压应力被增大了），材料将沿着切线模量 E_t 变化。然而，在该柱的凸侧上（其压应力被减小了），材料将沿着应力应变图上的卸载线 AB 变化。这条卸载线平行于应力应变曲线的初始线性部分，因此，其斜率等于弹性模量 E。于是，开始发生弯曲时，该柱的行为就好像它是由两种不同材料制成的，即仿佛其凹侧采用一种弹性模量为 E_t 的材料，而其凸侧采用一种弹性模量为 E 的材料。

分析这样一根柱的弯曲时，可采用与两种材料制成的梁有关的弯曲理论（见 6.2 节和 6.3 节）。其分析结果表明，该柱仿佛以介于 E 和 E_t 之间的某一弹性模量发生弯曲，这个"有效

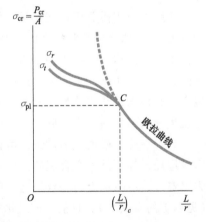

图 11-33 临界应力与细长比的关系图

模量"被称为折算模量 E_r（reduced modulus），其值不仅取决于应力的大小（因为 E_t 取决于应力的大小）、还取决于该柱横截面的形状。因此，确定折算模量 E_r 比确定切线模量 E_t 更为困难。对于一根矩形截面柱，其折算模量的方程为：

$$E_r = \frac{4EE_t}{\left(\sqrt{E} + \sqrt{E_t}\right)^2} \tag{11-77}$$

对于一根宽翼板工字梁（忽略其腹板的面积），其强轴弯曲的折算模量为：

$$E_r = \frac{2EE_t}{E + E_t} \tag{11-78}$$

折算模量 E_r 又被称为双模量（double modulus）。

由于折算模量代表这样一个有效模量，该模量控制该柱首次偏离其直线位置时的弯曲，因此，可构建一个非弹性屈曲的折算模量理论。与切线模量理论的研究方法相同，首先建立一个曲率方程，然后写出其挠曲线的微分方程。除了用 E_r 代替 E_t 之外，这些方程与式（11-73）和式（11-74）是相同的。因此，可得到以下关于折算模量载荷（reduced-modulus load）的方程：

$$P_r = \frac{\pi^2 E_r I}{L^2} \tag{11-79}$$

相应的临界应力方程为：

$$\sigma_r = \frac{\pi^2 E_r}{(L/r)^2} \tag{11-80}$$

为了求出折算模量载荷 P_r，必须再次使用迭代法，因为 E_r 取决于 E_t。根据折算模量理论得到的临界应力如图11-33所示。注意，σ_r 的曲线在 σ_t 的曲线之上，因为 E_r 始终大于 E_t。

实践中应用折算模量理论是一件困难的事情，因为 E_r 不仅取决于横截面的形状、还取决于应力-应变曲线的形状，因此，必须针对每个具体的柱估算其 E_r 值。此外，这个理论也有一个概念上的缺陷。为了应用折算模量 E_r，作用在该柱凸侧上的应力必须经历一个降低过程。然而，在弯曲实际发生之前，这样一个应力降低过程是不可能出现的。因此，施加在一根理想直柱的轴向载荷 P 实际上永远不可能达到该折算模量载荷 P_r。要达到该载荷，就要求必须已发生弯曲，这是一个矛盾。

尚利理论　根据上述讨论，可以看出，在解释非弹性屈曲现象方面，切线模量理论和折算模量理论都不是完全合理的。然而，理解这两种理论是理解尚利理论的基础。尚利理论更为完整，其逻辑也更为一致，这一理论是由 F. R. 尚利（F. R. Shanley）于1946年提出的（见以下的发展史），目前，该理论被称为非弹性屈曲的尚利理论。

尚利理论克服了切线模量理论和折算模量理论的不足，并认识到，一根柱的非弹性屈曲方式不可能与欧拉屈曲类似。在欧拉屈曲中，达到临界载荷时，该柱处于随遇平衡状态，如载荷-挠度图上的一条水平线所示（图11-34）。如上所述，无论是切线模量载荷还是折算模量载荷均不能代表这一行为的类型。在这两种情况下，如果试图建立载荷与某一随遇平衡状态之间的关系，就会产生一个矛盾。

相反，若不考虑随遇平衡（处于随遇平衡状态时，在没有改变载荷的情况下，可能突然就会发生挠曲），则必须考虑这样的一根柱，该柱的轴向载荷是不断增加的。当载荷达到其切线模量载荷（其值小于折算模量载荷）时，只有在该载荷连续增加的情况下，才开始发生弯曲。在这种情况下，载荷增加的同时将发生弯曲，这将减小该柱凸侧上的应变。于是，整个横截面上材料的有效弹性模量变得要大于 E_t，从而使载荷的增加成为可能。然而，该有效模量不会与 E_r 一样大，因为 E_r 反过来又取决于该柱凸侧上的整个应变。换句话说，如果该柱在不改变轴向力的情况下发生弯曲，则 E_r 反而取决于现有的应变量，而一个增大的轴向力意味着应变没有减少那么多。

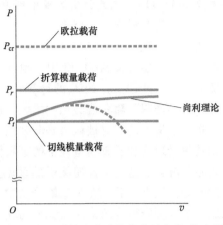

图 11-34 弹性和非弹性屈曲的荷载-挠度图

因此，只要不考虑随遇平衡（其载荷与挠度之间的关系是不确定的），就可确定每个载荷值与相应挠度之间的关系。这一行为由图 11-34 中标记为"尚利理论"的曲线所表示。注意，达到切线模量载荷时屈曲才开始发生；之后，载荷增大，但没有达到折算模量载荷，直到挠度变为无穷大（理论上）为止。然而，随着挠度的增大，其他影响就变得重要起来，并且，实际上该曲线最终将下降，如图中的虚线所示。

非弹性屈曲的尚利理论已被众多研究者和许多实验验证。然而，实际柱的最大载荷（如图 11-34 所示的下降虚线）仅略高于切线模量载荷。此外，切线模量载荷的计算非常简单。因此，在许多工程实践中，采用切线模量载荷作为柱的非弹性屈曲的临界载荷是合理的。

上述关于弹性和非弹性屈曲的讨论基于理想化条件。虽然理论概念对理解柱的行为是重要的，但是，在实际设计柱时，必须考虑理论中没有考虑的其他因素。例如，钢柱中总是保留有轧制过程中产生的残余应力，这些应力在横截面的不同部位差异很大，因此，产生屈服所需的应力水平在横截面上是变化的。基于以上原因，各种各样的经验设计公式被用于柱的设计中。

发展史 从欧拉（于 1744 年）首次计算屈曲载荷最终发展到尚利（于 1946 年）的理论，经历了 200 多年。几个著名的研究者在该力学领域所作出的重大贡献如下所述。

在欧拉的开创性研究（见参考文献 11-1）之后，该领域一直没有取得较大的进展，直到 1845 年，法国工程师 A. H. E. 拉马尔（A. H. E. Lamarle）指出，欧拉公式应仅适用于超过某一极限值的细长比，并且，具有较小细长比的柱应依据实验数据（见参考文献 11-6）。之后，在 1889 年，另一位法国工程师 A. G. 库西涅瑞（A. G. Considère）发表了柱的第一个全面实验结果（见参考文献 11-7），他指出，柱凹侧上的应力随着 E_t 增大、而凸侧上的应力随着 E 减小，他说明了为什么欧拉公式不适用于非弹性屈曲，并认为有效弹性模量介于 E 和 E_t 之间。虽然没有试图估算该有效模量，但库西涅瑞开启了折算模量理论之门。

在同一年，德国工程师 F. 恩格赛（F. Engesser）完全独立地提出了切线模量理论（见参考文献 11-8）。他使用符号 T（等于 $d\sigma/d\varepsilon$）表示切线模量，并提议用 T 取代欧拉临界应力公式中的 E。后来，在 1895 年三月，恩格赛又提出了切线模量理论（见参考文献 11-9），显然他并不知道库西涅瑞的工作。今天，切线模量理论通常被称为恩格赛理论（Engesser theory）。

三个月后，波兰出生的 F. S. 雅辛斯基（F. S. Jasinsky，后来在圣彼得堡担任教授），指出恩格赛的切线模量理论是不正确的，建议关注库西涅瑞的工作，并提出了折算模量理论（见参考文献 11-10）。他还表示无法在理论上计算折算模量。恩格赛仅在一个月后就对此作出了答复，他承认切线模量方法中存在着误差，并演示了如何计算任意横截面的折算模量（见参考文献 11-11）。因此，折算模量理论也被称为库西涅瑞-恩格赛理论。

另外，著名科学家西奥多．冯．卡门（Theodore von Kármán）也于 1908 年和 1910 年提出了折算模量理论（见参考文献 11-12、11-13、11-14），其研究工作明显独立于上述人物的早期研究。在参考文献 11-13 中，他推导出矩形截面和理想宽翼板工字形截面（即没有腹板的宽翼板工字形截面）的 E_r 的计算公式。他将该理论推广至包括屈曲载荷的偏心距的影响，并且，他还证明：随着偏心距的增大，最大载荷将迅速减小。

折算模量理论一直被认为是非弹性屈曲的理论，直到 1946 年美国航空工程学教授尚利指出切线模量理论和折算模量理论的逻辑悖论为止。在一篇非凡的论文中（见参考文献 11-15），尚利不仅解释了这些被普遍接受的理论为什么是错误的，而且还提出了自己的理论，以解决上述悖论。五个月后，在第二篇论文中，他给出了进一步的分析以支持其早期理论并给出了依据柱的实验所得到的结果（见参考文献 11-16）。自那时以来，许多其他研究人员已经证实并推广了尚利的理论。

关于柱屈曲问题的出色讨论，见霍夫（Hoff）的综述论文（见参考文献 11-17 和 11-18）。关于其历史发展进程，见约翰斯顿（Johnston）的论文（见参考文献 11-19）。

第 11 章研究了被称为柱的轴向承载杆的弹性和非弹性行为。首先，对于由刚性杆与弹簧构成的简单柱模型，根据其平衡条件，讨论了这些细长受压构件的屈曲和稳定性的概念。然后，研究了承受中心压缩的两端铰支柱（假设表现为线弹性行为），并求解了挠曲线微分方程以得到屈曲载荷 (P_{cr}) 和屈曲模态形状；还研究了三种其他支座条件，并用有效长度表达了每种条件下的屈曲载荷，所谓有效长度就是一根等效的两端铰支柱的长度；也讨论了承受偏心轴向载荷的两端铰支柱的行为，并推导出定义柱中最大应力的正割公式。最后，给出了柱的非弹性屈曲的三种理论。本章中提出的主要概念如下：

1. 细长柱的屈曲不稳定性是设计中必须考虑的一个重要失效模式（除了强度和刚度之外）。

2. 一根长度为 L、在其横截面的形心处承受压缩载荷的两端铰支的细长柱，将在达到欧拉屈曲载荷时发生屈曲（仅限于线弹性行为）。基本模态的欧拉屈曲载荷为：

$$P_{cr} = \pi^2 EI/L^2$$

因此，屈曲载荷取决于抗弯刚度 (EI) 和长度 (L)，但不取决于材料的强度。

3. 改变支座条件或提供额外的侧向支撑都将改变屈曲临界载荷。然而，在上述 P_{cr} 的公式中，只要用有效长度 (L_e) 取代实际柱的长度 (L)，就可求得这些其他支座条件下的 P_{cr}。三种其他支座条件如图 11-20 所示。可用有效长度因数 K 来表达有效长度 L_e：

$$L_e = KL$$

其中，对于两端铰支柱，$K = 1$；对于底端固定、顶端自由的柱，$K = 2$。这时，临界载荷可被表达为：

$$P_{cr} = \frac{\pi^2 EI}{(KL)^2}$$

有效长度因数 K 通常被用在柱的设计公式中。

4. 承受偏心载荷的柱，其行为完全不同于承受轴向载荷的柱。承受偏心载荷 P（偏心距为 e）的两端铰支柱中的最大压应力由正割公式来定义；该正割公式的图形（图 11-28）表明，柱的承载能力随着偏心距的增大而降低。正割公式给出了两端铰支柱在承受偏心载荷的情况下的最大压应力或 σ_{max}，该应力是平均压应力 P/A、弹性模量 E、细长比 L/r 和偏心率 ec/r^2 的函数：

$$\sigma_{max} = \frac{P}{A} \left[1 + \frac{ec}{r^2} \sec\left(\frac{L}{2r} \sqrt{\frac{P}{EA}} \right) \right]$$

5. 细长柱（即较大的 L/r）在较低的压应力值时发生屈曲；短粗柱（即较小的 L/r）只会因材料的屈服或压碎而失效；中长柱（其 L/r 的值处于细长柱和短粗柱之间）将因非弹性屈曲而失效。非弹性屈曲的临界屈曲载荷总是小于欧拉屈曲载荷；没有精确定义短粗柱、中长柱以及细长柱之间的界限。

6. 关于中长柱的三种非弹性屈曲理论是：切线模量理论、折算模量理论以及尚利理论。然而，在设计柱时实际上使用经验公式，因为上述理论公式并没有考虑诸如钢柱中的残余应力以及其他因素的影响。

理想屈曲模型

11.2-1 图示理想结构包含一根或多根带有铰链连接与线弹性弹簧的刚性杆。设弹簧的扭转刚度为 β_R。请求出该结构的临界载荷 P_{cr}。

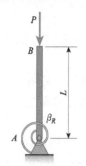

习题 11.2-1 图

11.2-2 图示理想结构包含一根或多根带有铰链连接与线弹性弹簧的刚性杆。设扭转刚度为 β_R、平移刚度为 β。

（a）请求出图 a 所示结构的临界载荷 P_{cr}。

（b）如果另外增加一个扭转弹簧（见图 b），那么，请求出 P_{cr}。

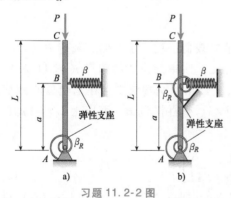

习题 11.2-2 图

11.2-3 图示理想结构包含一根或多根带有铰链连接与线弹性弹簧的刚性杆。设扭转刚度为 β_R。请求出该结构的临界载荷 P_{cr}。

11.2-4 图示理想结构包含杆 AB 和 BC，这两根杆被一个铰链连接在 B 处。该结构在 A、B 处各有一个线弹性弹簧。设扭转刚度为 β_R、平移刚度为 β。

（a）请求出图 a 所示结构的临界载荷 P_{cr}。

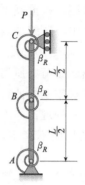

习题 11.2-3 图

（b）如果现在用一个弹簧连接该杆的 AB 与 BC 段（见图 b），那么，请求出 P_{cr}。

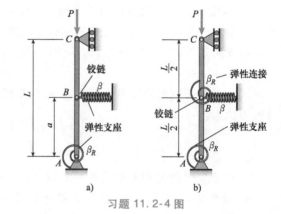

习题 11.2-4 图

11.2-5 图示理想结构包含两根刚性杆，这两根刚性杆被一个扭转弹簧（扭转刚度为 β_R）连接在一起。请求出该结构的临界载荷 P_{cr}。

习题 11.2-5 图

11.2-6 图示理想结构包含两根刚性杆，这两根刚性杆被一个线弹性弹簧 β 连接在一起。同时，该结构在 B 处受到平移弹性支座 β 的支撑，且其 E 处有一个扭转弹性支座 β_R。请求出该结构的临界载荷 P_{cr}。

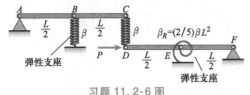

习题 11.2-6 图

11.2-7　图示理想结构包含一根 L 形刚性杆，该刚性杆在 A、C 处受到线弹性弹簧的支撑。设扭转刚度为 β_R、平移刚度为 β。请求出该结构的临界载荷 P_{cr}。

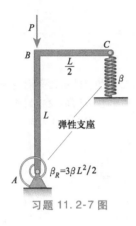

习题 11.2-7 图

两端铰支柱的临界载荷

求解 11.3 节的习题时，假设受压柱均为柱状的理想线弹性细长柱（欧拉屈曲）。除非另有说明，否则屈曲仅发生在图纸所在的平面内。

11.3-1　对于一根长度 $L=8\text{m}$、$E=200\text{GPa}$ 的 HE140B 钢柱，请分别计算下列情况下该柱的临界载荷 P_{cr}：（a）该柱的屈曲由强轴（1-1 轴）弯曲引起；（b）该柱的屈曲由弱轴（2-2 轴）弯曲引起。这两种情况均假设该柱两端铰支。

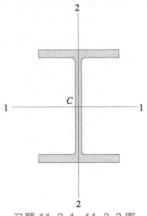

习题 11.3-1~11.3-3 图

11.3-2　对于一根长度 $L=8\text{m}$ 的 IPN140 钢柱，请求解上题中的问题。设 $E=200\text{GPa}$。

11.3-3　对于一根长度 $L=8\text{m}$ 的 HE140A 钢柱，求解习题 11.3-1 中的问题。

11.3-4　如图所示，水平梁 AB 在端点 A 处受到铰链支座的支撑、在节点 B 处承受着一个顺时针力矩 M。该梁还在 C 处受到一根长度为 L 的两端铰支柱的支撑。同时，该柱在与底座 D 距离 0.6L 处受到横向约束。假设该柱仅能在该框架平面内屈曲。该柱为实心钢杆（$E=200\text{GPa}$），其长度 $L=2.4\text{m}$，其横截面是一个边长 $b=70\text{mm}$ 的正方形。设尺寸 $d=L/2$。如果屈曲安全因数 $n=2.0$，那么，请根据该柱的临界载荷，求解许可力矩 M。

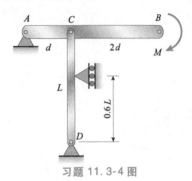

习题 11.3-4 图

11.3-5　如图所示，水平梁 AB 在端点 A 处受到铰链支座的支撑、在节点 B 处承受着一个载荷 Q。该梁还在 C 处受到一根长度为 L 的两端铰支柱的支撑。同时，该柱在与底座 D 相距 0.6L 处受到横向约束。假设该柱仅能在该框架平面内屈曲。该柱为实心铝杆（$E=70\text{GPa}$），其长度 $L=0.75\text{m}$，其横截面是一个边长 $b=38\text{mm}$ 的正方形。设尺寸 $d=L/2$。如果屈曲安全因数为 $n=1.8$，那么，请根据该柱的临界载荷，求解许可力 Q。

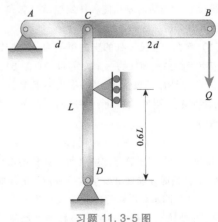

习题 11.3-5 图

11.3-6 如图 a 所示，水平梁 AB 在端点 A 处受到铰链支座的支撑、在节点 B 处承受着一个载荷 Q。该梁还在 C 处受到一根长度为 L 的两端铰支柱的支撑。柱的抗弯刚度为 EI。

（a）在 A 处装有一个滑动支座的情况（见图 a）下，临界载荷 Q_{cr} 是多少？（换句话说，载荷 Q_c 为何值时才能使柱 DC 发生欧拉屈曲、并进而引起整个系统的坍塌？）

（b）如果该滑动支座被一根长度为 3L/2、抗弯刚度为 EI 的立柱 AF 所替换（见图 b），那么，请重新求解问题（a）。

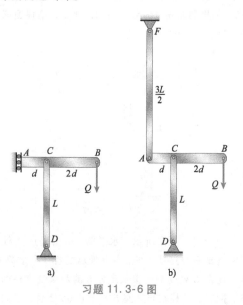

习题 11.3-6 图

11.3-7 如图 a 所示，水平梁 AB 在端点 A 处有一个滑动支座、在节点 B 处承受着一个载荷 Q。该梁还在 C、D 处受到两根相同的长度均为 L 的两端铰支柱的支撑，每根柱的抗弯刚度均为 EI。

（a）请推导出临界载荷 Q_{cr} 的表达式。（换句话说，载荷 Q_c 为何值时才能使各柱发生欧拉屈曲、并进而引起整个系统的坍塌？）

（b）现在，假设 A 处的支座更换为一个铰链支座、节点 B 处的载荷变为一个力矩 M（见图 b），请求出临界力矩 M_{cr} 的表达式。（即求出力矩 M 为何值时才能使各柱发生欧拉屈曲、并进而引起整个系统的坍塌？）

11.3-8 如图所示，一根长度为 L 的细长杆 AB 被悬挂在两个固定铰链支座之间。该杆的温度增加量 ΔT 为何值时才能使其发生欧拉载荷下的屈曲？

11.3-9 图示矩形柱的横截面尺寸为 b、h，其两端 A、C 处铰支。在中点处，该柱在图纸平面内

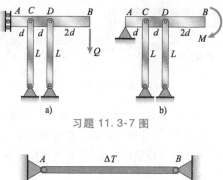

习题 11.3-7 图

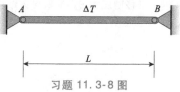

习题 11.3-8 图

受到约束，但在垂直于图纸的平面内该柱可自由移动。若要使这两个主平面内发生屈曲时的临界载荷完全相同，那么，比值 h/b 应为何值？

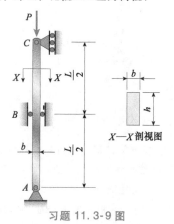

习题 11.3-9 图

11.3-10 三根相同的实心圆杆堆放在一起形成一根受压杆（其横截面如图所示），各杆的半径均为 r、长度均为 L。假设其支撑条件为两端铰支，请求出下述情况下的临界载荷 P_{cr}：（a）各杆单独作为一根独立柱时；（b）各杆被环氧树脂沿其整个长度粘合在一起形成一根杆时。当各杆形成一根杆时，对临界载荷有什么影响？

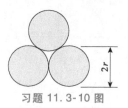

习题 11.3-10 图

11.3-11 三根两端铰支柱，其材料、长度和横截面面积均相同（见图）。各柱在任何方向均可

自由屈曲，其横截面分别为：（1）圆形；（2）正方形；（3）等边三角形。请求出这些柱的临界载荷比 $P_1 : P_2 : P_3$。

习题 11.3-11 图

11.3-12 图示细长柱 *ABC* 受到一个轴向力 *P* 的压缩，其端部 *A*、*C* 处铰支。在中点 *B* 处装有一个横向支座以防止该柱在图纸平面内产生挠曲。该柱为 $E = 200\text{GPa}$ 的宽翼工字钢（HE260A）。各支座的间距 $L = 5.5\text{m}$。在考虑该柱可能会发生关于任一主形心轴（即 1—1 轴或 2—2 轴）的屈曲的情况下，请使用安全因数 $n = 2.4$ 来计算许用载荷 *P*。

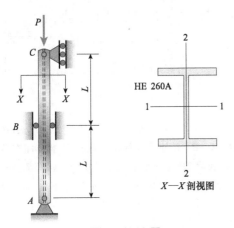

习题 11.3-12 图

11.3-13 某机场大厅的屋顶使用多根预应力缆绳支撑。在该屋顶结构的一个典型节点处，撑杆 *AB* 受到缆绳中的拉力 *F* 的压缩作用，力 *F* 与撑杆的夹角 $\alpha = 75°$（见图）。撑杆是一根外径 $d_2 = 60\text{mm}$、内径 $d_1 = 50\text{mm}$ 的圆管钢（$E = 200\text{GPa}$），其长度为 1.75m。假设撑杆的两端铰支。假设与临界载荷相应的安全因数 $n = 2.5$，请求出缆绳中的许用力 *F*。

11.3-14 起吊大型管道的布置如图所示。吊架是一根外径为 70mm、内径为 57mm 的管钢，其长度为 2.6m，其弹性模量为 200GPa。对于该吊架，假设欧拉屈曲相应的安全因数 $n = 2.25$，所能起吊的最大管道重量是多少？（假设吊架的两端铰支）

11.3-15 一根长度 $L = 1.8\text{m}$、两端铰支的铝撑

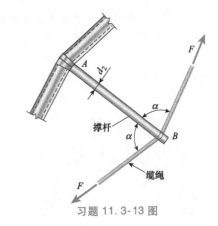

习题 11.3-13 图

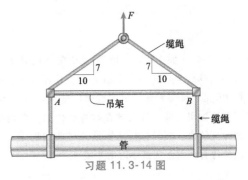

习题 11.3-14 图

杆（$E = 70\text{GPa}$），其横截面为外径 $d = 50\text{mm}$ 的圆管形（见图）。该撑杆必须抵抗一个 $P = 18\text{kN}$ 的轴向载荷，其临界载荷相应的安全因数 $n = 2.0$。请求出该圆管形撑杆的所需厚度 *t*。

习题 11.3-15 图

11.3-16 由两根工字钢梁（IPN180 截面）构建的柱，其横截面如图所示。为了保证将这两根梁制成一根单一柱，用隔条或连板将这两根梁连接在一起（连板在图中用虚线表示）。假设该柱的两端铰支且可在任何方向屈曲，并假设 $E = 200\text{GPa}$、$L = 8.5\text{m}$，请计算该柱的临界载荷 P_{cr}。

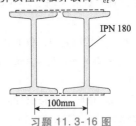

习题 11.3-16 图

11.3-17 图示桁架 *ABC* 在节点 *B* 处支撑着一个铅垂载荷 *W*。各杆都是一根外径为 100mm、壁厚为 6mm 的圆钢管（*E* = 200GPa）。支座的间距为 7m。节点 *B* 在垂直于桁架平面内的位移受到约束。请求出载荷的临界值 W_{cr}。

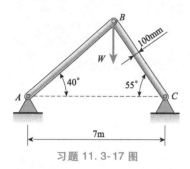

习题 11.3-17 图

11.3-18 如图所示，桁架 *ABC* 在节点 *B* 处支撑着一个载荷 *W*。*AB* 杆的长度 L_1 是固定不变的，但撑杆 *BC* 的长度随着角度 θ 的改变而变化。撑杆 *BC* 的横截面为实心圆。节点 *B* 在垂直于桁架平面内的位移受到约束。假设撑杆将因欧拉屈曲而坍塌，请求出使撑杆的重量为最小时的角度 θ。

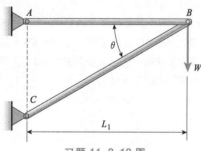

习题 11.3-18 图

11.3-19 如图所示，一根 IPN 160 钢制悬臂梁 *AB* 在 *B* 处受到一根钢拉杆的支撑。当在 *C* 处（点 *C* 与点 *B* 的距离为 *s*）增加一个滚动支座时，该拉杆刚好绷紧。然后，在梁的 *AC* 段施加一个均布载荷 *q*。假设 *E* = 200GPa、并忽略梁与拉杆的自重。IPN 梁的性能见附录 E 的表 E-2。

（a）均布载荷 *q* 为何值时将使得一旦超过该值拉杆就会发生屈曲？设 L_1 = 2m、*s* = 0.6m、*H* = 1m、*d* = 6mm。

（b）梁的最大惯性矩 I_b 为何值时才能防止拉杆发生屈曲？设 *q* = 2kN/m、L_1 = 2m、*H* = 1m、*d* = 6mm、*s* = 0.6m。

（c）距离 *s* 为何值时将使得拉杆处于临界屈曲状态？设 *q* = 2kN/m、L_1 = 2m、*H* = 1m、*d* = 6mm。

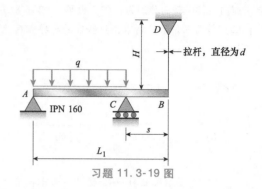

习题 11.3-19 图

11.3-20 图示平面桁架在节点 *D*、*C*、*B* 处分别支撑着铅垂载荷 *F*、2*F*、3*F*。各杆都是一根外径为 60mm、壁厚为 5mm 的圆管（*E* = 70GPa）。节点 *B* 在垂直于桁架平面内的位移受到约束。请求出使杆 *BF* 发生欧拉屈曲失效时载荷 *F* 的临界值（kN）。

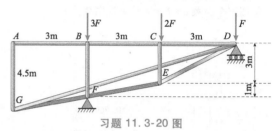

习题 11.3-20 图

11.3-21 如图所示，一个空间桁架分别在节点 *O*、*A*、*B*、*C* 处受到约束。载荷 *P* 被施加在节点 *A* 处，载荷 2*P* 向下作用在节点 *C* 处。各杆都是一根外径为 90mm、壁厚为 6.5mm 的细长圆管（*E* = 73GPa）。长度 *L* = 3.5m。请求出使 *OB* 杆发生欧拉屈曲失效时载荷 *P* 的临界值（kN）。

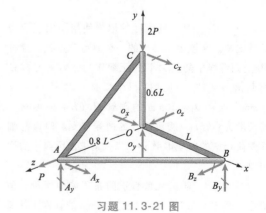

习题 11.3-21 图

其他支座条件的柱

求解 11.4 节的习题时，假设受压柱均为柱状的理想线弹性细长柱（欧拉屈曲）。除非另有说明，否则屈曲仅发生在图纸所在的平面内。

11.4-1 图示铝管柱（$E = 70$GPa），其长度 $L = 3$m，其外径和内径分别为 $d_1 = 130$mm、$d_2 = 150$mm。该柱仅在两端受到支撑、且可在任何方向发生屈曲。请根据下列端部支撑条件求解其临界载荷 P_{cr}：（1）两端铰支；（2）一端固定、一端自由；（3）一端固定、一端铰支；（4）两端固定。

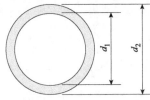

习题 11.4-1 和 11.4-2 图

11.4-2 对于一根长度 $L = 1.2$m、内径 $d_1 = 36$mm、外径 $d_2 = 40$mm 的钢管柱（$E = 210$GPa），请求解上题中的问题。

11.4-3 一根长度 $L = 9$m、$E = 200$GPa 的宽翼板工字钢柱的横截面为 HE 450A 截面（见图）。该柱仅在两端受到支撑、且可在任何方向发生屈曲。当安全因数 $n = 2.5$ 时，请根据下列端部支撑条件求解其许用载荷 P_{allow}：（1）两端铰支；（2）一端固定、一端自由；（3）一端固定、一端铰支；（4）两端固定。

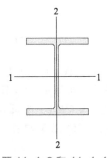

习题 11.4-3 和 11.4-4 图

11.4-4 对于一根长度 $L = 7.5$m、$E = 200$GPa 的 HE100A 钢柱，请求解上题中的问题。

11.4-5 一根 IPN 200 标准钢柱（$E = 200$GPa）的顶端被横向支撑在两管之间（见图）。各管与钢柱没有连接在一起，管与柱之间的摩擦是不确定的。钢柱的长度为 4m，其底端固定。请求出该钢柱的临界载荷（既要考虑腹板平面内的欧拉屈曲，又要考虑垂直于腹板平面内的欧拉屈曲）。

11.4-6 如图所示，铅垂立柱 AB 嵌入在混凝

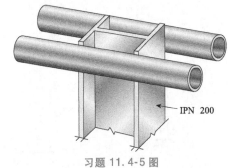

习题 11.4-5 图

土基础中，其顶部被两条缆绳拉住（见图）。该立柱是一根弹性模量为 200GPa、外径为 40mm、壁厚为 5mm 的空心钢管。螺扣对各缆绳的拧紧程度相同。对于图纸平面内发生的欧拉屈曲，如果期望的安全因数为 3.0，那么，各缆绳中的最大许用拉力 T_{allow} 是多少？

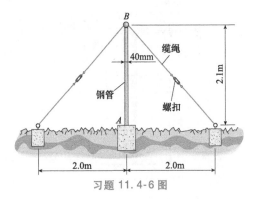

习题 11.4-6 图

11.4-7 图示水平梁 ABC 受到立柱 BD 和 CE 的支撑。为了防止该梁在水平方向运动，该梁的 A 端装有一个铰链支座。各立柱的顶端均被铰接至梁上，其底端分别由一个滑动支座 D 和一个铰链支座 E 支撑。各立柱均为实心钢杆，其横截面均为一个边长等于 16mm 的正方形。载荷 Q 作用在与立柱 BD 相距 a 的位置处。

（a）如果距离 $a = 0.5$m，那么，载荷 Q 的临界值 Q_{cr} 是多少？

（b）如果距离 a 可在 $0 \sim 1.0$m 之间变化，那么，Q_{cr} 的最大许可值是多少？相应的距离 a 的值是多少。

11.4-8 某仓库的屋顶梁受到多根管柱的支撑（见图）。各管柱的外径 $d_2 = 100$mm、内径 $d_1 = 90$mm、长度 $L = 4.0$mm、弹性模量 $E = 210$GPa。各管柱的底部均被固定在基座上。请根据下列假设计算其中一根管柱的临界载荷 P_{cr}：（1）管柱的顶端

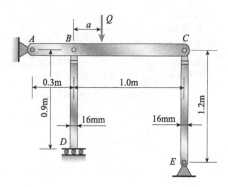

习题 11.4-7 图

铰接、梁的水平位移受阻；（2）管柱的顶端固定以阻止其转动、梁的水平位移受阻；（3）管柱的顶端铰接、梁可在水平方向自由移动；（4）管柱的顶端固定以阻止其转动、梁可在水平方向自由移动。

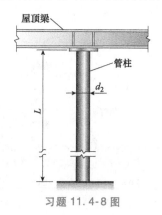

习题 11.4-8 图

11.4-9　对于图示两端铰支的理想柱，请采用求解挠曲线微分方程（参见图 11-18）的方法来求解其临界载荷 P_{cr} 及其屈曲曲线方程。

11.4-10　如图所示，圆截面铝管 AB 的底端有一个滑动支座、顶端被铰接至一根水平梁上，该水平梁支撑着一个 $Q = 200\text{kN}$ 的载荷。如果铝管的外径为 200mm，且所期望的欧拉屈曲相应的安全因数 $n = 3.0$，那么，请求出该铝管的所需壁厚（假设 $E = 72\text{GPa}$）。

习题 11.4-9 图

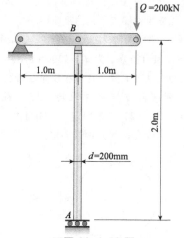

习题 11.4-10 图

11.4-11　如图 a 所示，框架 ABC 包含 AB 和 BC 两根杆，这两根杆在节点 B 处被刚性连接在一起。该框架在 A、C 处各有一个铰链支座。一个集中载荷 P 作用在节点 B 处，从而使 AB 杆直接受压。为了确定 AB 杆的屈曲载荷，将 AB 杆表示为一根两端铰支柱（如图 b 所示）。在该柱的顶部，一根刚度为 β_R 的扭转弹簧代表水平梁 BC 对该柱的约束作用（注意，当该柱屈曲时，水平梁将阻止节点 B 的转动）。同时，在分析中仅考虑弯曲的影响（即忽略轴向变形的影响）。

（a）请通过求解该柱的挠曲线微分方程，推导出下述屈曲方程：

$$\frac{\beta_R L}{EI}(kL\cot kL - 1) - k^2 L^2 = 0$$

其中，L 为柱的长度，EI 为柱的抗弯刚度。

（b）上述结构的特例是，BC 杆与 AB 杆相同，且扭转刚度 β_R 等于 $3EI/L$（见附录 G 表 G-2 的情况 7）。对于这一特例，请求出临界载荷 P_{cr}。

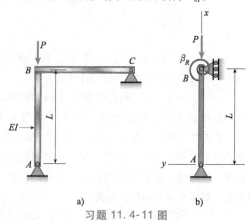

a)　　　　　　　b)

习题 11.4-11 图

承受偏心轴向载荷的柱

　　求解 11.5 节的习题时，假设弯曲发生在轴向偏心载荷所在的主平面内。

　　11.5-1　如图所示，一根长度 $L = 1.0$m、横截面为矩形（50mm ×25mm）的铝杆受到多个轴向载荷的作用，这些轴向载荷的合力为 $P = 12.5$kN，该合力的作用点位于横截面长边的中点处。假设弹性模量 E 等于 70GPa、且杆的两端铰支，那么，请计算最大挠度 δ 和最大弯矩 $M_{\max}$。

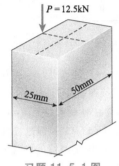

习题 11.5-1 图

　　11.5-2　如图所示，一根长度 $L = 2.0$m、横截面为正方形（50mm ×50mm）的钢杆受到多个轴向载荷的作用，这些轴向载荷的合力 $P = 60$kN，该合力的作用点位于横截面一边的中点处。假设弹性模量 E 等于 210GPa 且杆的两端铰支，那么，请计算最大挠度 δ 和最大弯矩 $M_{\max}$。

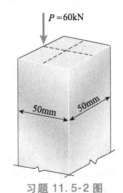

习题 11.5-2 图

　　11.5-3　请求解图示承受偏心轴向载荷的两端铰支柱中的弯矩 M，并绘制轴向载荷 $P = 0.3P_{cr}$ 时的弯矩图（注意：弯矩应是距离 x 的函数，并且，应以 M/Pe 为纵坐标、以 x/L 为横坐标采用无量纲的形式绘图）。

　　11.5-4　对于图示承受偏心轴向载荷的两端铰支柱，如果载荷的偏心距 e 为 5mm、柱的长度 $L = $

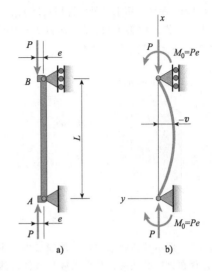

a)　　　　　b)

习题 11.5-3~11.5-5 图

3.6m、惯性矩 $I = 9.0 \times 10^6$ mm^4、弹性模量 $E = $ 210GPa，那么，请绘制载荷-挠度图（注意：绘图时，应以轴向载荷为纵坐标、以中点处的挠度为横坐标）。

　　11.5-5　对于一根 $e = 5$mm、$L = 4$m、$I = 935$cm^4、$E = 70$GPa 的柱，请重新求解上题中的问题。

　　11.5-6　一根钢柱（IPN 200）受到多个轴向载荷的压缩，这些轴向载荷的合力 P 的作用点如图所示。钢柱的两端铰支，其弹性模量 $E = 200$GPa。同时，该钢柱还受到一些横向支座的支撑以防止其发生任何弱轴弯曲。如果钢柱的长度为 6.2m，且挠度的极限值为 6.5mm，那么，最大许用载荷 P_{allow} 是多少？

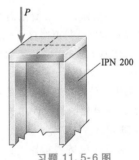

习题 11.5-6 图

　　11.5-7　一根钢柱（IPN 340）受到多个轴向载荷的压缩，这些轴向载荷的合力 $P = 90$kN，合力的作用点如图所示。其材料为弹性模量 $E = 200$GPa 的钢。假设钢柱的两端铰支，如果挠度不能超过其长度的 1/400，那么，请求出最大许用长度 L_{max}。

11.5-8 若钢柱为 HE160B、合力 $P = 110$kN、$E = 200$GPa，那么，请重新求解上题。

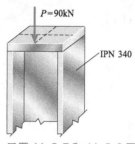

习题 11.5-7 和 11.5-8 图

11.5-9 图示柱的底端固定、顶端自由。压缩载荷 P 作用在该柱的顶端，其作用线与该柱轴线的偏心距为 e。请利用挠曲线微分方程，推导出该柱的最大挠度 δ 和最大弯矩 M_{max} 的表达式。

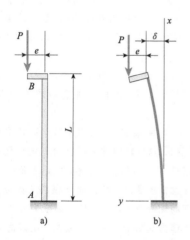

习题 11.5-9 图

11.5-10 如图所示，一根横截面为正方形的铝制箱柱，其底端固定，其顶端自由。各边的外尺寸 b 为 100mm，壁厚 t 为 8mm。各压缩载荷的合力作用在箱柱的顶端，其大小 $P = 50$kN，其作用点为箱柱某一外边的中点处。如果顶端处的挠度不能超过 30mm，那么，该箱柱的最大许用长度 L_{max} 是多少？（假设 $E = 73$GPa）

11.5-11 对于一根铸铁箱柱，若 $b = 150$mm、$t = 12$mm、$P = 110$kN、$E = 90$GPa，那么，请重新求解上题中的问题。其中，顶端处的挠度不能超过 50mm。

11.5-12 如图所示，空心圆截面钢立柱 AB 的底端固定、顶端自由，其内径和外径分别为 $d_1 = $

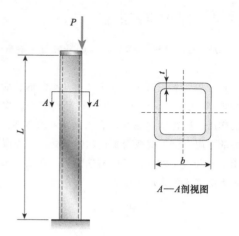

习题 11.5-10 和 11.5-11 图

96mm、$d_2 = 110$mm，其长度 $L = 4.0$m。一条缆绳 CBD 穿过一个焊接在该柱侧面上的配件。缆绳平面（平面 CBD）与立柱轴线的距离 $e = 100$mm，缆绳与地面之间的夹角 $\alpha = 53.13°$。通过拧紧螺扣使缆绳中产生拉力。如果立柱顶端挠度的极限值 $\delta = 20$mm，那么，缆绳中的最大许用拉力 T 是多少？（假设 $E = 205$GPa）

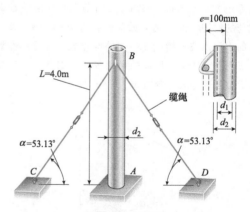

习题 11.5-12 图

11.5-13 图示框架 $ABCD$ 由多根宽翼板工字钢（HE140A，$E = 200$GPa）构成，其各铅垂杆上作用着一个最大载荷强度为 q_0 的三角形分布载荷。各支座的间距 $L = 6$m，框架的高度 $h = 1.2$m。各杆被刚性连接在 B、C 处。

（a）请计算所需载荷强度 q_0 为何值时才能使水平杆 BC 中产生一个 9kN·m 的最大弯矩。

（b）如果载荷 q_0 比问题（a）中所求得的值小一半，那么，BC 杆中的最大弯矩是多少？该最大弯矩与 9kN·m 的比值是多少？

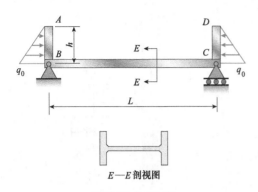

习题 11.5-13 图

正割公式

求解 11.6 节的习题时，假设弯曲发生在轴向偏心载荷所在的主平面内。

11.6-1 一根钢杆的横截面是一个边长 $b=$ 50mm 的正方形（见图）。该杆两端铰支，其长度为 1m。作用在该杆端部的多个轴向载荷的合力 $P=$ 80kN，该合力的作用线与横截面中心的距离 $e=$ 20mm。同时，钢的弹性模量为 200GPa。

（a）请求出钢杆中的最大压应力 σ_{max}。

（b）如果钢的许用应力为 125MPa，那么，钢杆的最大许用长度 L_{max} 是多少？

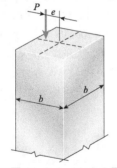

习题 11.6-1~11.6-3 图

11.6-2 一根横截面为正方形的黄铜杆（$E=$ 100GPa）受到多个轴向力的作用，这些轴向力的合力 P 作用在与中心相距 e 的位置处（见图）。该杆两端铰支，其长度为 0.6m。该杆的边长尺寸 b 为 30mm，载荷的偏心距 e 为 10mm。如果黄铜的许用应力为 150MPa，那么，最大许用轴向力 P_{allow} 是多少？

11.6-3 一根两端铰支的方形铝杆在距中心 $e=$ 50mm 处承受着一个 $P=120$kN 的载荷（见图）。该杆的长度 $L=1.5$m，其弹性模量 $E=70$GPa。如果杆

中的应力不能超过 42MPa，那么，该杆的最小许用宽度 b_{min} 是多少？

11.6-4 一根长度 $L=2.1$m 的两端铰支柱由内径 $d_1=60$mm、外径 $d_2=68$mm 的钢管（$E=210$GPa）构成（见图）。一个偏心距 $e=30$mm 的压缩载荷 $P=$ 10kN 作用在该柱上。

（a）该柱中的最大压应力 σ_{max} 是多少？

（b）如果钢的许用应力为 50MPa，那么，该柱的最大许用长度 L_{max} 是多少？

11.6-5 一根长度 $L=1.6$m 的两端铰支柱由内径 $d_1=50$mm、外径 $d_2=56$mm 的钢管（$E=200$GPa）构成（见图）。一个偏心距 $e=25$mm 的压缩载荷 $P=$ 10kN 被施加在该柱上。

（a）该柱中的最大压应力 σ_{max} 是多少？

（b）如果所需屈服安全因数 $n=2$，那么，最大许可载荷 P_{allow} 是多少？（假设钢的屈服应力 σ_Y 为 300MPa）

11.6-6 如图所示，一根两端铰支的圆形铝管支撑着一个 $P=18$kN 的载荷，该载荷作用在与中心相距 $e=50$mm 的位置处。该管的长度为 3.5m，其弹性模量为 73GPa。如果该管中的最大许用应力为 20MPa，那么，使直径比 $d_1/d_2=0.9$ 的所需外径 d_2 是多少？

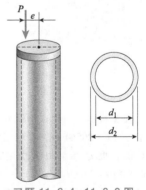

习题 11.6-4~11.6-6 图

11.6-7 一根两端铰支的钢柱（$E=200$GPa）由 HE 260B 宽翼板工字钢构成（见图）。该钢柱的长度为 7m。作用在钢柱上的轴向载荷的合力为力 P，力 P 的偏心距 $e=50$mm。

（a）如果 $P=500$kN，那么，请求出钢柱中的最大压应力 σ_{max}。

（b）如果屈服应力 $\sigma_Y=300$MP，且材料的屈服安全因数 $n=2.5$，那么，请求出许用载荷 P_{allow}。

11.6-8 如图所示，一根 IPN 450 钢柱受到一

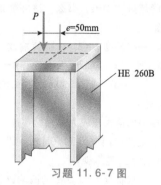

习题 11.6-7 图

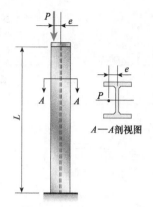

A—A剖视图

习题 11.6-9 和 11.6-10 图

个力 $P = 340\text{kN}$ 的压缩作用,力 P 的偏心距 $e = 38\text{mm}$。钢柱的两端铰支,其长度为 L。同时,钢的弹性模量为 200GPa、屈服应力 $\sigma_Y = 250\text{MP}$。

(a) 如果长度 $L = 3\text{m}$,那么,钢柱中的最大压应力 $\sigma_{\max}$ 是多少?

(b) 如果所需屈服安全因数 $n = 2.0$,那么,该钢柱的最大许用长度 $L_{\max}$ 是多少?

(b) 钢柱的屈服安全因数 n 是多少?

11.6-11 一根长度 $L = 1.6\text{m}$ 的两端铰支钢柱由 HE320B 宽翼板工字钢构成(见图)。该钢柱受到一个中心载荷 $P_1 = 800\text{kN}$ 和一个偏心载荷 $P_2 = 350\text{kN}$ 的作用。载荷 P_2 作用在与横截面形心相距 $s = 125\text{mm}$ 的位置处。钢的性能为 $E = 200\text{GPa}$、$\sigma_Y = 290\text{MPa}$。

(a) 请计算钢柱中的最大压应力。

(b) 请求出屈服安全因数。

11.6-12 图示宽翼板工字形的两端铰支柱承受着两个载荷,一个载荷为 $P_1 = 450\text{kN}$(作用在形心处),一个载荷为 $P_2 = 270\text{kN}$(作用在与形心相距 $s = 100\text{mm}$ 的位置处)。该柱为 HE240B 形截面,其长度 $L = 4.2\text{m}$、$E = 200\text{GPa}$、$\sigma_Y = 290\text{MPa}$。

(a) 该柱中的最大压应力是多少?

(b) 如果载荷 P_1 一直保持为 450kN,那么,为了使屈服安全因数一直保持为 2.0,载荷 P_2 的最大许用值是多少?

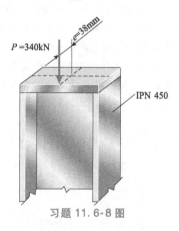

习题 11.6-8 图

11.6-9 如图所示,一根由 HE180B 宽翼板工字钢构成的钢柱($E = 200\text{GPa}$),其底端固定,其顶端自由。钢柱的长度为 3m。力 P 作用在钢柱的顶端,该力的偏心距 $e = 32\text{mm}$。

(a) 如果长度 $P = 180\text{kN}$,那么,钢柱中的最大压应力是多少?

(b) 如果屈服应力为 240MP 且所需屈服安全因数为 2.1,那么,许用载荷 P_{allow} 是多少?

11.6-10 如图所示,一根长度 $L = 3.8\text{m}$ 的 HE240A 宽翼板工字钢柱,其底端固定,其顶端自由。初始设计意图是,载荷 P 应施加在该钢柱的中心处,但考虑装配时会不可避免地出现误差,因此规定了一个 0.25 的偏心率。另外,其他相关数据如下:$E = 200\text{GPa}$,$\sigma_Y = 200\text{MPa}$,$P = 310\text{kN}$。

(a) 钢柱中的最大压应力 $\sigma_{\max}$ 是多少?

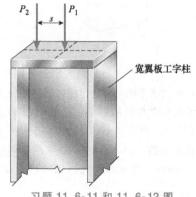

习题 11.6-11 和 11.6-12 图

11.6-13 如图所示,一根长度 $L = 4.5\text{m}$ 的 HE320A 宽翼板工字形立柱,其底端固定,其顶端自由。该柱支撑着一个中心载荷 $P_1 = 530\text{kN}$ 和一个作用在支架上的载荷 $P_2 = 180\text{kN}$。载荷 P_2 与该柱形心的距离为 $s = 300\text{mm}$。同时，弹性模量 $E = 200\text{GPa}$，屈服应力 $\sigma_Y = 250\text{MPa}$。

（a）请计算该柱中的最大压应力。

（b）请求出屈服安全因数。

11.6-14 如图所示，一根具有支架的宽翼板工字形立柱，其底端固定，其顶端自由。该立柱支撑着一个载荷 $P_1 = 340\text{kN}$ 和一个载荷 $P_2 = 110\text{kN}$，其中，载荷 P_1 作用在形心处，载荷 P_2 作用在支架上且与载荷 P_1 相距 $s = 250\text{mm}$。该柱为 HE240A 形截面，其长度 $L = 5\text{m}$、$E = 200\text{GPa}$、$\sigma_Y = 290\text{MPa}$。

（a）该立柱中的最大压应力是多少？

（b）如果载荷 P_1 一直保持为 340kN，那么，为了使屈服安全因数一直保持为 1.8，载荷 P_2 的最大许用值是多少？

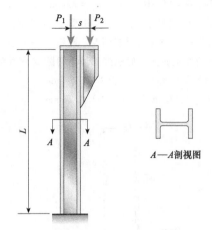

习题 11.6-13 和 11.6-14 图

补充复习题：第 11 章

R-11.1 梁 ACB 在 A 处有一个滑动支座、在 C 处受到一根两端铰支钢柱的支撑，钢柱的横截面为正方形（$E = 200\text{GPa}$、$b = 40\text{mm}$），其高度 $L = 3.75\text{m}$。钢柱必须抵抗 B 处的一个载荷 Q；临界载荷相应的安全因数为 2.0。Q 的最大许用值约为：

（A）10.5kN   （B）11.8kN

（C）13.2kN   （D）15.0kN

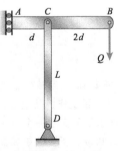

复习题 R-11.1 图

R-11.2 梁 ACB 在 A 处有一个滑动支座、在 C 处受到一根横截面为正方形（$E = 190\text{GPa}$、$b = 42\text{mm}$）、高度 $L = 5.25\text{m}$ 的钢柱的支撑。该柱在 C 处铰支、在 D 处固定。该柱必须抵抗 B 处的一个载荷 Q，临界载荷相应的安全因数为 2.0。Q 的最大许用值约为：

（A）3.0kN   （B）6.0kN

（C）9.4kN   （D）10.1kN

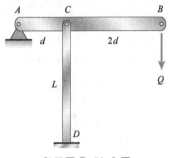

复习题 R-11.2 图

R-11.3 一根长度 $L = 4.25\text{m}$ 的钢管柱（$E = 190\text{GPa}$、$\alpha = 14 \times 10^{-6}/\text{℃}$、$d_2 = 82\text{mm}$）受到温度增量 ΔT 的作用。该柱的顶端铰支、底端固定。使该柱发生屈曲的温度增量约为：

（A）36℃   （B）42℃

（C）54℃   （D）58℃

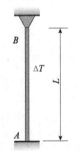

复习题 R-11.3 图

R-11.4　一根长度 $L = 4.25\text{m}$ 的钢管柱（$E = 190\text{GPa}$、$\alpha = 14 \times 10^{-6}/°C$、$d_2 = 82\text{mm}$、$d_1 = 70\text{mm}$）悬挂在一个刚性表面下，该柱受到温度增量 $\Delta T = 50°C$ 的作用。该柱的顶端固定、底端有一个小间隙。为了避免发生屈曲，底端处的最小间隙应当约为：

（A）2.55mm　　　　（B）3.24mm

（C）4.17mm　　　　（D）5.23mm

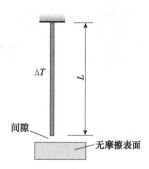

复习题 R-11.4 图

R-11.5　一根长度 $L = 1.6\text{m}$ 的两端铰支的铜撑杆（$E = 110\text{GPa}$）由外径 $d = 38\text{mm}$ 的圆管构成。该撑杆必须抵抗一个 $P = 14\text{kN}$ 的轴向载荷，临界载荷相应的安全因数为 2.0。该管的所需厚度 t 约为：

（A）2.75mm　　　　（B）3.15mm

（C）3.89mm　　　　（D）4.33mm

复习题 R-11.5 图

R-11.6　一个由两根钢管（$E = 210\text{GPa}$、$d = 100\text{mm}$、壁厚 = 6.5mm）构成的桁架在节点 B 处受到铅垂载荷 W 的作用。节点 A、C 间的距离 $L = 7\text{m}$。对于该桁架平面内的屈曲，载荷 W 的临界值约为：

（A）138kN　　　　（B）146kN

（C）153kN　　　　（D）164kN

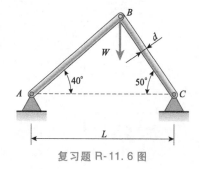

复习题 R-11.6 图

R-11.7　一根梁被铰链连接到两根相同管柱的顶部，从而形成一个框架。每根管柱的高度均为 h。该框架在柱 1 的顶部处受到侧向约束。这里仅关心柱 1 和柱 2 在该框架平面内的屈曲。设 Q_{cr} 为使两根柱同时发生屈曲时的载荷，则定义 Q_{cr} 载荷位置的比值 a/L 约为：

（A）0.25　　　　（B）0.33

（C）0.67　　　　（D）0.75

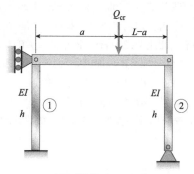

复习题 R-11.7 图

R-11.8　一根长度 $L = 4.25\text{m}$ 的钢管柱（$E = 210\text{GPa}$）由外径 $d_2 = 90\text{mm}$、内径 $d_1 = 64\text{mm}$ 的圆管构成。该管柱底端固定、顶端铰支，并可在任何方向发生屈曲。该柱的欧拉屈曲载荷约为：

（A）303kN　　　　（B）560kN

（C）690kN　　　　（D）720kN

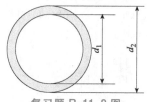

复习题 R-11.8 图

R-11.9　横截面为圆形的铝管（$E = 72\text{GPa}$）AB 在底端有一个铰链支座，其顶端被铰链连接到一根水平梁上，该水平梁支承一个 $Q = 600\text{kN}$ 的载荷。铝管的外径为 200mm，所需欧拉屈曲相应的安全因数为 3.0。铝管的所需壁厚 t 约为：

（A）8mm　　　　（B）10mm

（C）12mm　　　　（D）14mm

R-11.10　要求两根管柱必须有相同的欧拉屈曲载荷 P_{cr}。柱 1 的抗弯刚度为 EI、高度为 L_1；柱 2 的抗弯刚度为（4/3）EI、高度为 L_2。比值 L_2/L_1 约为何值时才能使这两根柱在这一相同载荷作用下发生屈曲：

（A）0.55　　　　（B）0.72

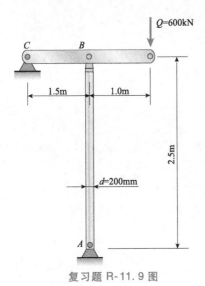

Q=600kN

C　　B

1.5m　　1.0m

2.5m

d=200mm

A

复习题 R-11.9 图

（C）0.81　　　　（D）1.10

R-11.11　要求两根管柱必须有相同的欧拉屈曲载荷 P_{cr}。柱 1 的抗弯刚度为 EI_1、高度为 L；柱 2 的抗弯刚度为 $(2/3)EI_2$、高度为 L。比值 I_2/I_1 约为何值时才能使这两根柱在这一相同载荷作用下发生屈曲：

（A）0.8　　　　（B）1.0
（C）2.2　　　　（D）3.1

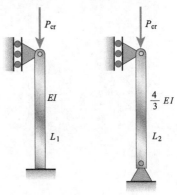

P_{cr}　　　　P_{cr}

EI　　　　$\dfrac{4}{3}EI$

L_1　　　　L_2

复习题 R-11.10 图

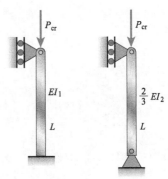

P_{cr}　　　　P_{cr}

EI_1　　　　$\dfrac{2}{3}EI_2$

L　　　　L

复习题 R-11.11 图

第12章　形心和惯性矩的回顾

本章概述

第 12 章的主要内容包括：形心以及如何求出形心的位置（12.2 节和 12.3 节）、惯性矩（12.4 节）、平行轴定理（12.5 节）、极惯性矩（12.6 节）、惯性积（12.7 节）、轴的旋转（12.8 节）以及主轴（12.9 节）。仅考虑平面面积。本章给出了大量的例题和习题以供复习。

为便于参考，附录 D 给出了各种常见几何形状的形心与惯性矩。

本章目录

12.1   引言

本章将回顾有关平面面积的形心与惯性矩的定义以及计算公式。"回顾"一词是恰当的。因为早期课程（如数学和工程静力学）已介绍了这部分内容，因此，大多数读者已经接触过这部分内容。然而，由于前面各章在反复使用形心与惯性矩，因此，必须使读者清晰地理解它们，并给出必要的定义和公式。

本章和之前各章所使用的术语可能会使一些读者难以理解。例如，在描述面积的性质时，"惯性矩"一词显然是一个误称，因为面积的性质不涉及质量。甚至使用"面积"一词也是不恰当的。当我们说"平面面积"时，我们实际上是指"平的表面"。严格来说，面积是一个表面的大小的度量，它与表面本身是不一样的。尽管存在其不足之处，本书中所使用的这一术语在工程文献中是如此的根深蒂固以致于很少导致混乱。

12.2   平面面积的形心

平面面积的形心位置是一种重要的几何性质。为了得到形心位置的公式，我们将参考图12-1，该图显示了一个形心为点 C 的不规则形平面的面积。xy 坐标系位于任意方位，其坐标原点为任意点 O。该平面图形的面积由以下积分定义：

$$A = \int dA \tag{12-1}$$

其中，dA 是一个坐标为 x、y 的微面积（图 12-1），A 为该图形的总面积。

该微面积对 x、y 轴的一次矩分别被定义为：

$$Q_x = \int y dA \qquad Q_Y = \int x dA \tag{12-2a, b}$$

因此，一次矩代表各微面积与其坐标的乘积的总和。一次矩可以是正值、也可以是负值，这取决于 xy 轴的位置。同时，一次矩的单位为长度的三次方；例如，mm^3。

形心 C 的坐标 $\bar{x}$ 和 $\bar{y}$（图 12-1）等于一次矩除以面积：

$$\bar{x} = \frac{Q_y}{A} = \frac{\int x dA}{\int dA} \qquad \bar{y} = \frac{Q_x}{A} = \frac{\int y dA}{\int dA} \tag{12-3a, b}$$

如果该面积的边界线是由简单的解析式来定义的，那么，就可以封闭形式计算式（12-3a）和式（12-3b）中的

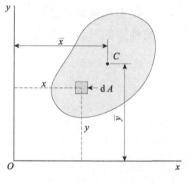

图 12-1   具有形心 C 的任意
形状的平面面积

积分，从而得到 $\bar{x}$ 和 $\bar{y}$ 的公式。附录 D 列出了以这种方式得到的公式。一般情况下，$\bar{x}$ 和 $\bar{y}$ 的坐标可以是正值、也可以是负值，这取决于形心相对于参考轴的位置。

如果一个面积关于某一轴是对称的，那么，形心必须位于该轴上，因为关于任一对称轴的一次矩等于零。例如，对于图 12-2 所示具有单对称轴的面积，其形心必须位于对称轴 x 轴上。因此，在确定形心 C 的位置时，只需计算一个坐标。

如果一个面积具有两个对称轴（如图 12-3 所示），那么，通过观察，就可确定其形心的

位置，因为，其形心位于这两个对称轴的相交处。

图 12-4 所示面积是关于某一点对称的，它没有对称轴，但有这样一个点（该点被称为对称中心），过该点的每条直线都以一种对称方式与该面积发生联系。这类面积的形心与其对称中心重合，因此，通过观察，就可确定其形心的位置。

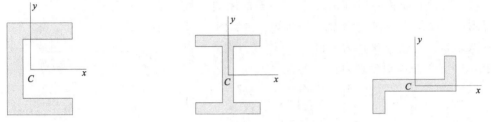

图 12-2　具有一个对称轴的面积　　图 12-3　具有两个对称轴的面积　　图 12-4　关于一点对称轴的面积

如果一个具有不规则边界的面积不能用简单的数学表达式来定义，那么，可采用数值方法来计算式（12-3a）和式（12-3b）中的积分，并确定其形心的位置。最简单的方法是将该几何图形划分为若干个小的微元，并求和来代替积分。如果将第 i 个微元的面积标记为 ΔA_i，那么，其总和的表达式为：

$$A = \sum_{i=1}^{n} \Delta A_i \qquad Q_x = \sum_{i=1}^{n} \bar{y}_i \Delta A_i \qquad Q_y = \sum_{i=1}^{n} \bar{x}_i \Delta A_i \qquad (12\text{-}4a,\ b,\ c)$$

其中，n 为微元的总数，$\bar{y}_i$ 为第 i 个微元的形心的 y 坐标，$\bar{x}_i$ 为第 i 个微元的形心的 x 坐标。用相应的总和替换式（12-3a）和式（12-3b）中的积分，可得到其形心坐标的以下公式：

$$\bar{x} = \frac{Q_y}{A} = \frac{\displaystyle\sum_{i=1}^{n} \bar{x}_i \Delta A_i}{\displaystyle\sum_{i=1}^{n} \Delta A_i} \qquad \bar{y} = \frac{Q_x}{A} = \frac{\displaystyle\sum_{i=1}^{n} \bar{y}_i \Delta A_i}{\displaystyle\sum_{i=1}^{n} \Delta A_i} \qquad (12\text{-}5a,\ b)$$

$\bar{x}$ 和 $\bar{y}$ 的计算准确性取决于所选微元与实际面积的吻合程度。如果完全吻合，那么，所得结果将是精确的。许多用于定位形心的计算机程序使用一种与式（12-5a）和式（12-5b）类似的数值求解方法。

● ● ● 例 12-1

x、y 轴为半抛物面 OAB 的边界，该抛物面的顶点位于点 A 处（图 12-5）。请求出半抛物面 OAB 的形心 C。抛物线 AB 的方程为：

$$y = f(x) = h\left(1 - \frac{x^2}{b^2}\right) \qquad (a)$$

其中，b 为底边的长度，h 为该抛物面的高度。

解答：

可利用式（12-3a）和式（12-3b）来求解形心 C 的坐标 $\bar{x}$ 和 $\bar{y}$（图 12-5）。首先，选择一个宽度为 dx、高度为 y、面积为 dA 的铅垂薄矩形条作为微元。该微元的面积为：

$$dA = y dx = h\left(1 - \frac{x^2}{b^2}\right) dx \qquad (b)$$

因此，OAB 的面积为：

$$A = \int \mathrm{d}A = \int_0^b h\left(1 - \frac{x^2}{b^2}\right)\mathrm{d}x = \frac{2bh}{3} \qquad (\text{c})$$

注意，该面积是其外接矩形面积的 2/3。

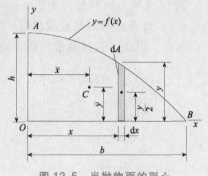

图 12-5 半抛物面的形心

将该微元的面积乘以其形心至某一轴的距离，就可得到该微面积 $\mathrm{d}A$ 相对于该轴的一次矩。由于图 12-5 所示微元形心的 x、y 坐标为 x 和 $y/2$，因此，该微元相对于 x、y 轴的一次矩分别为：

$$Q_x = \int \frac{y}{2}\mathrm{d}A = \int_0^b \frac{h^2}{2}\left(1 - \frac{x^2}{b^2}\right)\mathrm{d}x = \frac{4bh^2}{15} \qquad (\text{d})$$

$$Q_y = \int x\mathrm{d}A = \int_0^b hx\left(1 - \frac{x^2}{b^2}\right)\mathrm{d}x = \frac{b^2 h}{4} \qquad (\text{e})$$

其中，式（b）取代了 $\mathrm{d}A$。

现在，可求出形心 C 的坐标为：

$$\bar{x} = \frac{Q_y}{A} = \frac{3b}{8} \qquad \bar{y} = \frac{Q_x}{A} = \frac{2h}{5} \qquad (\text{f, g})$$

这些结果与附录 D 中情况 17 给出的结果是一致的。

注意：也可选择一个高度为 $\mathrm{d}y$、宽度为 x 的水平薄矩形条来求解该半抛物面的形心 C 的位置，其中，宽度 x 为：

$$x = b\sqrt{1 - \frac{y}{h}} \qquad (\text{h})$$

该表达式的得到方式为，通过求解式（a），并用 y 来表达 x，就可得到该式。

12.3 组合面积的形心

在工程实践中，很少需要用积分来确定形心的位置，因为常用几何图形的形心都是已知的，且已列表给出。然而，经常需要确定由几个部分组成的面积的形心位置，其中的各个部分都是一个常见的几何图形，如矩形或圆形。这类组合面积（composite areas）的例子有梁和柱的横截面，其横截面通常由矩形单元构成（例如图 12-2、图 12-3 和图 12-4）。

将各组成部分的相应性能相加，就可计算出组合面积的面积和一次矩。假设某一组合面积共被划分为 n 个部分，并设第 i 部分的面积为 A_i。那么，通过以下求和，就可得到面积和一次矩：

$$A = \sum_{i=1}^{n} A_i \qquad Q_x = \sum_{i=1}^{n} \bar{y}_i A_i \qquad Q_y = \sum_{i=1}^{n} \bar{x}_i A_i \qquad (12\text{-}6\text{a, b, c})$$

其中，$\bar{x}_i$ 和 $\bar{y}_i$ 为第 i 部分的形心的坐标。

该组合面积形心的坐标为：

$$\bar{x} = \frac{Q_y}{A} = \frac{\displaystyle\sum_{i=1}^{n} \bar{x}_i A_i}{\displaystyle\sum_{i=1}^{n} A_i} \qquad \bar{y} = \frac{Q_x}{A} = \frac{\displaystyle\sum_{i=1}^{n} \bar{y}_i A_i}{\displaystyle\sum_{i=1}^{n} A_i} \qquad (12\text{-}7\text{a, b})$$

由于这 n 个部分可精确代表该组合面积，因此，以上方程给出了形心坐标的精确结果。

为了说明如何利用式（12-7a）和式（12-7b），研究图 12-6a 所示的 L 形（或角形截面）面积。该面积的边长尺寸为 b 和 c、厚度为 t。可将该面积划分为两个矩形，各矩形的面积分别为 A_1 和 A_2、形心分别为 C_1 和 C_2（图 12-6b）。这两个矩形的面积与形心坐标为：

$$A_1 = +bt \quad \bar{x}_1 = \frac{t}{2} \quad \bar{y}_1 = \frac{b}{2}$$

$$A_2 = (c-t)t \quad \bar{x}_2 = \frac{c+t}{2} \quad \bar{y}_2 = \frac{t}{2}$$

因此，该组合面积的面积和一次矩 [根据式（12-6a，b，c）] 为：

$$A = A_1 + A_2 = t(b+c-t)$$

$$Q_x = \bar{y}_1 A_1 + \bar{y}_2 A_2 = \frac{t}{2}(b^2+ct-t^2)$$

$$Q_y = \bar{x}_1 A_1 + \bar{x}_2 A_2 = \frac{t}{2}(bt+c^2-t^2)$$

最后，根据式（12-7a）和式（12-7b），就可求得该组合面积（图 12-6b）形心 C 的坐标 $\bar{x}$ 和 $\bar{y}$：

$$\bar{x} = \frac{Q_y}{A} = \frac{bt+c^2-t^2}{2(b+c-t)} \qquad \bar{y} = \frac{Q_x}{A} = \frac{b^2+ct-t^2}{2(b+c-t)} \tag{12-8a，b}$$

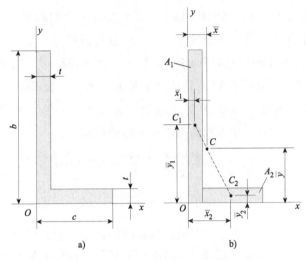

图 12-6　由两部分组成的组合面积的形心

更复杂的面积也可采用类似的方法，如例 12-2 所示。

备注 1：若某一组合面积可被划分为两个部分，则整个面积的形心 C 位于这两部分的形心 C_1 和 C_2 的连线上（如图 12-6b 的 L 形面积所示）。

备注 2：在使用组合面积的公式 [式（12-6）和式（12-7）] 时，可采用减法来处理某一面积的缺口。当图形中具有缺口或孔时，该方法是非常有用的。

例如，对于图 12-7a 所示面积，用外部矩形 abcd 的性能减去内部矩形 efgh 的相应性能，就可把该图形当做一个组合面积来分析（从另一个角度来看，可将该外部矩形视为一个"正面积"，并将该内部矩形视为一个"负面积"）。

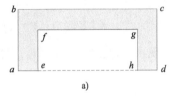

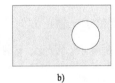

图 12-7　具有切口或孔的组合面积

类似地，如果某一面积中有一个孔（图 12-7b），可将该孔的面积性能从外部矩形的相应性能中减去（如果将该外部矩形看作为一个"正面积"，并将该孔看作一个"负面积"，那么，可达到相同的效果）。

例 12-2

一根钢梁的横截面为 HE450A 宽翼板工字形截面，一块 $25\text{cm} \times 1.5\text{cm}$ 的盖板焊接在其顶部的翼板上，一根 UPN320 槽钢焊接在其底部的翼板上（图 12-8）。请求出该横截面面积的

形心 C 的位置。

解答：

设盖板、宽翼板工字形截面以及槽钢截面的面积分别为 A_1、A_2、A_3。在图 12-8 中，将这三个面积的形心分别标记为 C_1、C_2、C_3。注意，该组合面积具有一个对称轴，因此，所有的形心均位于该轴上。这三部分的面积为：

$A_1 = (25\text{cm}) \times (1.5\text{cm}) = 37.5\text{cm}^2 \quad A_2 = 178\text{cm}^2 \quad A_3 = 75.8\text{cm}^2$

其中，面积 A_2 和 A_3 是从附录 E 的表 E-1 和表 E-3 中得到的。

将 x、y 轴的坐标原点建在宽翼板工字形截面的形心 C_2 处，则这三个面积的形心至 x 轴的距离为：

$$\bar{y}_1 = \frac{440\text{mm}}{2} + \frac{15\text{mm}}{2} = 227.5\text{mm}$$

$$\bar{y}_2 = 0 \qquad \bar{y}_3 = \frac{440\text{mm}}{2} + 26\text{mm} = 246\text{mm}$$

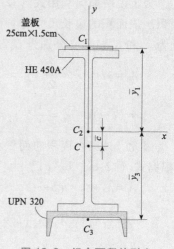

盖板
25cm×1.5cm

HE 450A

UPN 320

图 12-8　组合面积的形心

其中，宽翼板工字形截面以及槽钢截面的相关尺寸是从表 E-1 和表 E-3 中得到的。

根据式（12-6a）和式（12-6b），可求得整个横截面的面积 A 和一次矩 Q_x：

$$A = \sum_{i=1}^{n} A_i = A_1 + A_2 + A_3$$

$$= 37.5\text{cm}^2 + 178\text{cm}^2 + 75.8\text{cm}^2 + 291.3\text{cm}^2$$

$$Q_x = \sum_{i=1}^{n} \bar{y}_i A_i = \bar{y}_1 A_1 + \bar{y}_2 A_2 + \bar{y}_3 A_3$$

$$= (22.75\text{cm}) \times (37.5\text{cm}^2) + 0 - (24.6\text{cm}) \times (75.8\text{cm}^2) = -1012\text{cm}^3$$

现在，根据式（12-7b），可求得该组合面积的形心 C 的纵坐标 $\bar{y}$ 为：

$$\bar{y} = \frac{Q_x}{A} = \frac{(-1012\text{cm}^3)}{291.3\text{cm}^2} = -34.726\text{mm}$$

由于位于 y 轴正方向的 $\bar{y}$ 为正，因此，负号意味着该组合面积的形心 C 位于 x 轴之下，如图 12-8 所示。因此，x 轴与形心 C 之间的距离 $\bar{c}$ 为：

$$\bar{c} = 34.73\text{mm}$$

注意，参考轴（x 轴）的位置是任意的，然而，为了简化计算，本例将其建在宽翼板工字形截面的形心处。

12.4　平面面积的惯性矩

一个平面面积（图 12-9）相对于 x、y 轴的**惯性矩**（moments of inertia）分别由以下积分定义：

$$I_x = \int y^2 \mathrm{d}A \qquad I_y = \int x^2 \mathrm{d}A \qquad\qquad (12\text{-}9a，b)$$

其中，x、y 为微面积 dA 的坐标。由于该微面积 dA 是与至参考轴距离的平方相乘的，因此，惯性矩也被称为**面积的二次矩**（second moments of area）。同时，可以看出，面积的惯性矩（不像一次矩）总是正值。

为了说明如何通过积分来求解惯性矩，研究一个宽度为 b、高度为 h 的矩形（见图 12-10）。将 x、y 轴的坐标原点建在其形心 C 上。为方便起见，用一个宽度为 b、高度为 dy 的水平薄矩形条作为微元，该微元的面积设为 dA（因此，$dA=bdy$）。由于所有这样的微元条与 x 轴之间的距离都是相同的，因此，可将相对于 x 轴的惯性矩 I_x 表达为：

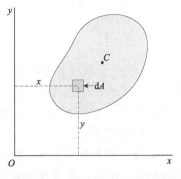

图 12-9 任意形状的平面面积

$$I_x = \int y^2 dA = \int_{-h/2}^{h/2} y^2 b dy = \frac{bh^3}{12} \qquad (12-10)$$

类似地，可用一个面积为 $dA=hdx$ 的垂直薄矩形条作为微元，并求出相对于 y 轴的惯性矩：

$$I_y = \int x^2 dA = \int_{-b/2}^{b/2} x^2 h dx = \frac{hb^3}{12} \qquad (12-11)$$

如果选择不同的坐标轴，那么，惯性矩将具有不同的值。例如，如果选择该矩形底边上的 BB 轴（图 12-10）作为参考轴，那么，就必须将 y 坐标定义为微面积 dA 与该参考轴之间的距离。然后，惯性矩的计算式变为：

$$I_{BB} = \int y^2 dA = \int_0^h y^2 b dy = \frac{bh^3}{3} \qquad (12-12)$$

注意，关于 BB 轴的惯性矩大于关于 x 轴的惯性矩。一般情况下，平行移动的参考轴越远离形心，则惯性矩越大。

组合面积相对于任一具体轴的惯性矩等于其各部分相对于同一轴的惯性矩的总和。例如，对于图 12-11a 所示空心箱形截面，x、y 轴是过形心 C 的对称轴，其对 x 轴的惯性矩 I_x 等于其外部和内部矩形的惯性矩的代数和（如前所述，可将该内部矩形看作为一个"负面积"、将该外矩形看作为一个"正面积"）。因此，

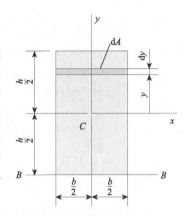

图 12-10 一个矩形的惯性矩

$$I_x = \frac{bh^3}{12} - \frac{b_1 h_1^3}{12} \qquad (12-13)$$

该式同样适用于图 12-11b 所示的槽形截面，该槽形截面的缺口可被看作为一个"负面积"。

对于空心箱形截面，可采用类似的方法来求解其相对于垂直轴的惯性矩 I_y。然而，对于槽形截面，需要使用平行轴定理来确定其惯性矩 I_y，下一节（12.5 节）将介绍平行轴定理。

附录 D 列出了惯性矩的计算公式。对于没有显示的形状，将该附录给出的公式与平行轴定理相结合，通常就可求得其惯性矩。如果某一面积的形状相当不规则，其惯性矩不能按上述方法求得，那么，可采用数值方法。数值方法的计算步骤为，先将该面积划分为若干个小的微面积 ΔA_i，再将每个微面积乘以其至参考轴距离的平方，最后，对这些乘积求和。

回转半径 在力学中，有时会遇到这样一种距离，该距离被称为**回转半径**（radius of gyration）。平面面积的回转半径被定义为某一量的平方根，该量等于该面积的惯量矩除以该面积；因此，

$$r_x = \sqrt{\frac{I_x}{A}} \qquad r_y = \sqrt{\frac{I_y}{A}}$$

$$\text{(12-14a, b)}$$

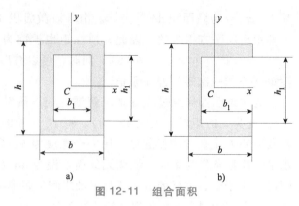

图 12-11   组合面积

其中，r_x 和 r_y 分别代表相对于 x、y 轴的回转半径。由于惯性矩的单位为长度的四次方、而面积的单位为长度的平方，因此，回转半径具有长度的单位。

虽然一个面积的回转半径不具有明显的物理意义，但是，可将其视为这样一个距离（至参考轴），该距离处集中了全部的面积，且该面积仍具有与原面积相同的惯性矩。

● ● ●   例 12-3

请求出图 12-12 所示半抛物面 OAB（该面积与例 12-1 中的面积相同）的惯性矩 I_x 和 I_y。抛物线 AB 的方程为：

$$y = f(x) = h\left(1 - \frac{x^2}{b^2}\right) \qquad \text{(a)}$$

解答：

可使用式（12-9a）和式（12-9b）通过积分来求解惯性矩。选择一个宽度为 dx、高度为 y 的垂直薄矩形条作为微元，设该微元的面积为 dA，如图 12-12 所示。因此，该微元的面积为：

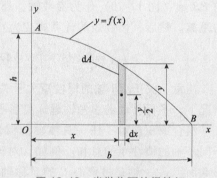

$$dA = y\,dx = h\left(1 - \frac{x^2}{b^2}\right)dx \qquad \text{(b)}$$

图 12-12   半抛物面的惯性矩

由于该微元上的每一点与 y 轴的距离都是相同的，因此，该微元对 y 轴的惯性矩为 $x^2 dA$。因此，可求得整个面积对 y 轴的惯性矩为：

$$I_y = \int x^2\,dA = \int_0^b x^2 h\left(1 - \frac{x^2}{b^2}\right)dx = \frac{2hb^3}{15} \qquad \text{(c)}$$

为了得到对 x 轴的惯性矩，我们观察到，该微面积 dA 具有一个对 x 轴的惯性矩 dI_x。根据式（12-12），可求得该惯性矩为：

$$dI_x = \frac{1}{3}(dx)\,y^3 = \frac{y^3}{3}dx$$

因此，整个面积对 x 轴的惯性矩为：

$$I_x = \int_0^b \frac{y^3}{3}dx = \int_0^b \frac{h^3}{3}\left(1 - \frac{x^2}{b^2}\right)dx = \frac{16bh^3}{105} \qquad \text{(d)}$$

用一个面积为 $dA = x\,dy$ 的水平薄矩形条作为微元，或使用一个面积为 $dA = dx\,dy$ 的矩形微元并执行双重积分运算，也可得到相同的 I_x 与 I_y 的结果。同时，应注意，上述 I_x 与 I_y 的公式与附录 D 中情况 17 给出的公式是一致的。

12.5　惯性矩的平行轴定理

　　本节将推导一个非常有用的与平面面积惯性矩有关的定理，该定理被称为平行轴定理（parallel- axis theorem），该定理给出了关于形心轴的惯性矩与关于任何平行轴的惯性矩之间的关系。

　　为了推导该定理，研究一个具有形心 C 的任意形状的面积（见图 12-13）。同时，建立以下两组坐标轴：（1）以形心 C 为坐标原点的 $x_C y_C$ 轴；（2）以任意点 O 为坐标原点的平行坐标轴 xy 轴。设这两组平行轴之间的距离为 d_1 和 d_2，并设微面积 $\mathrm{d}A$ 相对于形心轴的坐标为 x、y。

　　根据惯性矩的定义，可写出惯性矩 I_x 的以下方程：

$$I_x = \int (y + d_1)^2 \mathrm{d}A = \int y^2 \mathrm{d}A + 2d_1 \int y \mathrm{d}A + d_1^2 \int \mathrm{d}A \qquad (12\text{-}15)$$

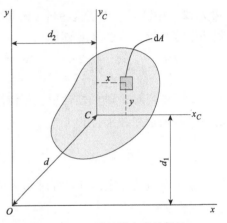

　　该式右侧的第一个积分是对 x_C 坐标轴的惯性矩 I_{x_C}，第二个积分是对 x_C 坐标轴的一次矩（该积分等于零，因为 x_C 坐标轴通过形心），第三个积分是面积 A 自身。因此，该式可简化为：

$$I_x = I_{x_C} + A d_1^2 \qquad (12\text{-}16a)$$

　　采用相同的方法，可求得对 y 轴的惯性矩为：

$$I_y = I_{y_C} + A d_2^2 \qquad (12\text{-}16b)$$

　　方程（12-16a）和方程（12-16b）代表惯性矩的平行轴定理：

　　某一面积对其平面内的任一轴的惯性矩等于对其某一平行形心轴的惯性矩加上该面积与这两个轴距离平方的乘积。

图 12-13　平行轴定理的推导

　　为了说明该定理的应用，再次研究图 12-10 所示的矩形。由于已知其对 x 轴（该轴过形心 C）的惯性矩为 $bh^3/12$ [见 12.4 节的式（12-10）]，因此，可利用平行轴定理来求解其对该矩形底边的惯性矩 I_{BB}：

$$I_{BB} = I_x + A d^2 = \frac{bh^3}{12} + bh \left(\frac{h}{2}\right)^2 = \frac{bh^3}{3}$$

这一结果与之前采用积分方法求得的惯性矩 [见 12.4 节的式（12-12）] 是一致的。

　　从平行轴定理，可以看出，当轴线向远离形心的方向平行移动时，惯性矩将不断增大。因此，对某一形心轴的惯性矩就是一个面积的最小惯性矩（对于一个给定方向的轴）。

　　注意，应用平行轴定理的基本条件是，在这两个平行轴中必须有一个轴是形心轴。若需要求出关于某一非形心轴 2-2 的惯性矩 I_2（见图 12-14），在已知关于另一非形心轴 1-1（为平行轴）的惯性矩 I_1 的情况下，则必须使用平行轴定理两次。首先，可根据已知的惯性矩 I_1 来求解 I_{x_C}：

$$I_{x_C} = I_1 - A d_1^2 \qquad (12\text{-}17)$$

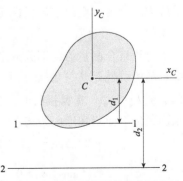

图 12-14　具有两个平行的非形心轴
（1-1 轴和 2-2 轴）的平面面积

然后，可根据该形心惯性矩来求解惯性矩 I_2：

$$I_2 = I_{x_C} + Ad_2^2 = I_1 + A(d_2^2 - d_1^2) \qquad (12\text{-}18)$$

该方程再次表明，惯性矩随着至该面积形心的距离的增大而增大。

● ● ● 例 12-4

图 12-15 所示半抛物面 OAB 的底边长度为 b、高度为 h。请利用平行轴定理，求出其对形心轴 x_C 和 y_C 的惯性矩 I_{x_C} 和 I_{y_C}。

解答：

可利用平行轴定理（而不是积分）来求解该形心惯性矩，因为已知了面积 A、形心坐标 $\bar{x}$ 和 $\bar{y}$，并已知了其对 x、y 轴的惯性矩 I_x 和 I_y。之前的例 12-1 和例 12-3 中已经求出了这些量，附录 D 的情况 17 也给出了这些量，这里重复如下：

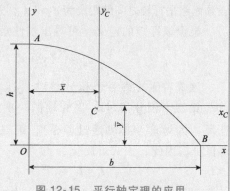

图 12-15 平行轴定理的应用

$$A = \frac{2bh}{3} \quad \bar{x} = \frac{3b}{8} \quad \bar{y} = \frac{2h}{5} \quad I_x = \frac{16bh^3}{105} \quad I_y = \frac{2hb^3}{15}$$

为了得到对 x_C 轴的惯性矩，可使用式（12-17），并将平行轴定理表达如下：

$$I_{x_C} = I_x - A\bar{y}^2 = \frac{16bh^3}{105} - \frac{2bh}{3}\left(\frac{2h}{5}\right)^2 = \frac{8bh^3}{175} \qquad (12\text{-}19a)$$

采用类似的方法，可求得对 y_C 轴的惯性矩：

$$I_{y_C} = I_C - A\bar{x}^2 = \frac{2hb^3}{15} - \frac{2bh}{3}\left(\frac{3b}{8}\right)^2 = \frac{19hb^3}{480} \qquad (12\text{-}19b)$$

至此，已求出该半抛物面 OAB 的形心惯性矩。

● ● ● 例 12-5

请求出图 12-16 所示梁截面对水平轴 $C\text{-}C$（该轴过形心 C）的惯性矩 I_C（12.3 节的例 12-2 中已求出了该形心 C 的位置）。注意：根据梁理论（第 5 章）可知，$C\text{-}C$ 轴为该梁弯曲时的中性轴，因此，为了计算该梁的应力和挠度，必须求出惯性矩 I_C。

解答：

对该组合面积的各部分分别应用平行轴定理，就可求出其对 $C\text{-}C$ 轴的惯性矩 I_C。该面积可被自然地划分为以下三个部分：（1）盖板；（2）宽翼板截面；（3）槽形截面。之前的例 12-2 已求出了以下面积和形心距离：

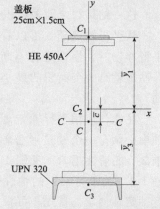

$$A_1 = 37.5\,\text{cm}^2 \quad A_2 = 178\,\text{cm}^2 \quad A_3 = 75.8\,\text{cm}^2$$

$$\bar{y}_1 = 227.5\,\text{mm} \quad \bar{y}_2 = 0 \quad \bar{y}_3 = 246\,\text{mm} \quad \bar{c} = 34.73\,\text{mm}$$

这三部分对于过各自形心 C_1、C_2、C_3 的水平轴的惯性矩

图 12-16 组合面积的惯性矩

分别为：

$$I_1 = \frac{bh^3}{12} = \frac{1}{12} \times (25\text{cm}) \times (1.5\text{cm})^3 = 7.031\text{cm}^4$$

$$I_2 = 63720\text{cm}^4 \quad I_3 = 597\text{cm}^4$$

其中，惯性矩 I_2 和 I_3 分别从附录 E 的表 E-1 和表 E-3 中得到。

现在，可使用平行轴定理来计算这三部分对 $C\text{-}C$ 轴的惯性矩：

$$(I_C)_1 = I_1 + A_1(\bar{y}_1 + \bar{c})^2 = 7.031\text{cm}^4 + (37.5\text{cm}^2) \times (26.22\text{cm})^2 = 25790\text{cm}^4$$

$$(I_C)_2 = I_2 + A_2\bar{c}^2 = 63720\text{cm}^4 + (178\text{cm}^2) \times (34.73\text{cm})^2 = 65870\text{cm}^4$$

$$(I_C)_3 = I_3 + A_3(\bar{y}_3 + \bar{c})^2 = 597\text{cm}^4 + (75.8\text{cm}^2) \times (21.13\text{cm})^2 = 34430\text{cm}^4$$

将这三个惯性矩相加，就可得到整个横截面面积对形心轴 $C\text{-}C$ 的惯性矩：

$$I_C = (I_C)_1 + (I_C)_2 + (I_C)_3 = 1.261 \times 10^5 \text{cm}^4$$

本例展示了如何利用平行轴定理来求解组合面积的惯性矩。

12.6 极惯性矩

上述各节所讨论的惯性矩都是相对于面积本身所在的平面内的某些轴线，如图 12-17 中的 x、y 轴。现在，将研究一个这样的轴，该轴垂直于该面积平面且与其相交于原点 O。对这一垂直轴的惯性矩被称为极惯性矩（polar moment of inertia），用符号 I_p 表示。

相对于某一过原点 O 且垂直于图纸平面的轴的极惯性矩被以下积分所定义：

$$I_p = \int \rho^2 \, \mathrm{d}A \qquad (12\text{-}20)$$

其中，ρ 为微面积 $\mathrm{d}A$ 至原点 O 的距离（图 12-17）。该积分在形式上类似于惯性矩 I_x 和 I_y 的表达式［见式（12-9a）和式（12-9b）］。

由于 $\rho^2 = x^2 + y^2$（其中，x、y 为微面积 $\mathrm{d}A$ 的直角坐标）因此，可得以下 I_p 的表达式：

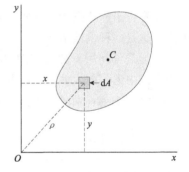

图 12-17　任意形状的平面面积

$$I_p = \int \rho^2 \, \mathrm{d}A = \int (x^2 + y^2) \, \mathrm{d}A = \int x^2 \, \mathrm{d}A + \int y^2 \, \mathrm{d}A$$

因此，可得到以下重要关系：

$$I_p = I_x + I_y \qquad (12\text{-}21)$$

该方程表明，对于位于任一点 O 处的垂直于图纸平面的某一轴，对该轴的极惯性矩等于对过同一点的任意两个垂直轴 x 轴与 y 轴的惯性矩的总和。

为方便起见，通常将 I_p 简单地称为对点 O 的极惯性矩，而不提及该轴是与图纸平面垂直的。同时，为了区别极惯性矩与惯性矩，有时将 I_x 和 I_y 称为直角惯性矩。

就某一面积平面内的不同点而言，对这些点的各极惯性矩之间的关系可通过极惯性矩的平行轴定理来确定。为了推导出该定理，再次使用图 12-13。设对原点 O 与形心 C 的极惯性矩

分别为 $(I_p)_O$ 和 $(I_p)_C$，则利用式（12-21），可得到以下方程：

$$(I_p)_O = I_x + I_y \qquad (I_p)_C = I_{x_C} + I_{y_C} \qquad (12\text{-}22)$$

现在，将 12.5 节推导出的直角惯性矩的平行轴定理［见式（12-16a）和式（12-16b）］代入该式，可得：

$$I_x + I_y = I_{x_C} + I_{y_C} + A(d_1^2 + d_2^2)$$

代入式（12-22），并注意到 $d^2 = d_1^2 + d_2^2$（见图 12-13），可得：

$$(I_p)_O = (I_p)_C + Ad^2 \qquad (12\text{-}23)$$

该式代表极惯性矩的平行轴定理：

某一面积对其平面内任一点 O 的极惯性矩等于其对形心 C 的极惯性矩加上该面积与点 O、C 之间距离的平方的乘积。

为了说明如何求解极惯性矩以及如何使用该平行轴定理，研究一个半径为 r 的圆（图 12-18）。用一个半径为 ρ、厚度为 $d\rho$ 的薄圆环作为微元，设该微元的面积为 dA（因此，$dA = 2\pi\rho d\rho$）。由于该微元中的每一点与圆心的距离均为 ρ，因此，整个圆对其圆心的极惯性矩为：

$$(I_p)_C = \int \rho^2 dA = \int_0^r 2\pi\rho^3 d\rho = \frac{\pi r^4}{2} \qquad (12\text{-}24)$$

这一结果见附录 D 的情况 9。

根据平行轴定理，可求得该圆对其圆周上任一点 B（见图 12-18）的极惯性矩为：

$$(I_p)_B = (I_p)_C + Ad^2 = \frac{\pi r^4}{2} + \pi r^2(r^2) = \frac{3\pi r^4}{2} \qquad (12\text{-}25)$$

注意，当参考点为该面积的形心时，该极惯性矩具有其最小值，这是一种偶然情况。

圆形是可利用积分来求解其极惯性矩的一种特例。然而，工程实践中遇到的大多数形状并不适用于这种方法。相反，通常采用对两个垂直轴的惯性矩求和的方法来求解极惯性矩［见式（12-21）］。

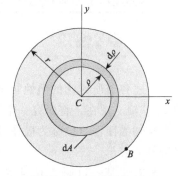

图 12-18　圆的极惯性矩

12.7　惯性积

某一平面面积的惯性积是相对其平面内的一组垂直轴而定义的。因此，对于图 12-19 所示的面积，其相对于 x、y 轴的惯性积（product of inertia）被定义为：

$$I_{xy} = \int xy dA \qquad (12\text{-}26)$$

从这个定义中可以看出，每个微面积 dA 均乘以其坐标的乘积。因此，惯性积可能是正值、负值或零，这取决于 xy 轴相对于该面积的位置。

如果该面积全部位于该坐标轴的第一象限内（图 12-19），那么，惯性积为正值，因为各微面积 dA 的 x、y 坐标均为正值。若该面积全部位于第二象限，则惯性积为负值，因为各微面积的 y 坐标为正值、而 x 坐标为负值。类似地，全部位于第三和第四象限的面积分别具有正的和负的惯性积。当该面积位于一个以上的象限内时，惯性积的符号取决于该面积在象限内的分布情况。

当某一轴是该面积的对称轴时，将产生一种特殊情况。例如，图 12-20 所示面积是关于 y

轴对称的，对于每一坐标为 x、y 的微面积 $\mathrm{d}A$，均存在着一个相等的位于其对称位置的微面积 $\mathrm{d}A$（该微面积具有相同的 y 坐标，但 x 坐标的符号相反）。因此，乘积 $xy\mathrm{d}A$ 将相互抵消，且式（12-26）中的积分将消失。也就是说，若要使某一面积对某一组坐标轴的惯性积为零，则该组坐标轴中应至少有一个轴是该面积的对称轴。

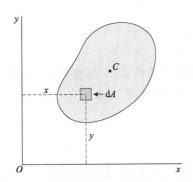

图 12-19 任意形状的平面面积

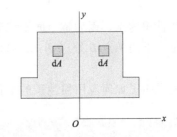

图 12-20 惯性积等于零的情况
（当某一轴为对称轴时）

例如，图 12-10、图 12-11、图 12-16 和图 12-18 所示面积的惯性积 I_{xy} 等于零；相反，图 12-15 所示面积的惯性积 I_{xy} 具有一个非零值（只有当惯性积为相对于图中所示的特定的 xy 轴的惯性积时，这些结论才是有效的。如果这些轴偏移至另一个位置，则惯性积可能会改变）。

某一面积相对于两组平行坐标轴的惯性积可通过平行轴定理建立联系，该定理类似于惯性矩和极惯性矩的相应定理。为了得到该定理，研究图 12-21 所示面积，该面积的形心为点 C，其形心轴为 $x_c y_c$ 轴。该面积相对于与 $x_c y_c$ 轴平行的任意一组其他轴的惯性积为：

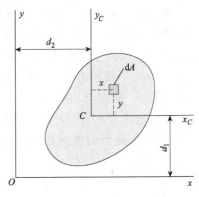

图 12-21 任意形状的平面面积

$$I_{xy} = \int (x + d_2)(y + d_1)\,\mathrm{d}A$$

$$= \int xy\mathrm{d}A + d_1\int x\mathrm{d}A + d_2\int y\mathrm{d}A + d_1 d_2\int \mathrm{d}A$$

其中，d_1 和 d_2 为形心 C 在 xy 坐标系的坐标（因此，d_1 和 d_2 可能为正值或负值）。

最后一个表达式中的第一个积分是相对于形心轴的惯性积 $I_{x_c y_c}$；第二和第三个积分等于零，因为它们是相对于形心轴的一次矩；最后一个积分是面积 A。因此，上述方程简化为：

$$I_{xy} = I_{x_c y_c} + A d_1 d_2 \qquad (12\text{-}27)$$

该式代表惯性积的平行轴定理：

某一面积对其平面内任意一组坐标轴的惯性积等于其对平行形心轴的惯性积加上该面积与其形心在该组坐标轴中的坐标的乘积。

为了说明该平行轴定理的应用，求解图 12-22 所示矩形对 xy 坐标轴的惯性积；其中，该矩形左下角处的点 O 为 xy 坐标

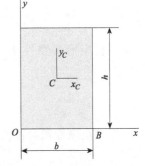

图 12-22 惯性积的平行轴定理

轴的坐标原点。根据对称性可知，该面积相对于形心轴 $x_c y_c$ 轴的惯性积为零。同时，其形心在 xy 坐标轴中的坐标为：

$$d_1 = \frac{h}{2} \qquad d_2 = \frac{b}{2}$$

将其代入式（12-20），可得：

$$I_{xy} = I_{x_c y_c} + A d_1 d_2 = 0 + bh \left(\frac{h}{2} \right) \left(\frac{b}{2} \right) = \frac{b^2 h^2}{4} \tag{12-28}$$

该惯性积为正，因为整个面积位于第一象限内。如果水平移动 xy 坐标轴以使坐标原点移至该矩形右下角的点 B 处（图 12-22），那么，整个面积将位于第二象限内且惯性积变为 $-b^2 h^2 / 4$。

下例说明了如何应用惯性积的平行轴定理。

● ● ● 例 12-6

请求出图 12-23 所示 Z 形截面的惯性积 I_{xy}。该截面的宽度为 b、高度为 h、厚度恒为 t。

解答：

为了得到该截面相对于过形心的 xy 轴的惯性积，将该面积划分为三个部分，并应用平行轴定理。这三个部分如下：（1）上翼板中一个宽度为 $b-t$、厚度为 t 的矩形；（2）下翼板中一个类似的矩形；（3）腹板中一个高度为 h、厚度为 t 的矩形。

腹板矩形相对于 xy 轴的惯性积为零（根据对称性）。上翼板矩形的惯性积 $(I_{xy})_1$（相对于 xy 轴）可利用平行轴定理来求解：

$$(I_{xy})_1 = I_{x_c y_c} + A d_1 d_2 \tag{a}$$

其中，$I_{x_c y_c}$ 为该矩形相对于其自身形心的惯性积，A 为该矩形的面积，d_1 为该矩形形心的 y 坐标，d_2 为该矩形形心的 x 坐标。因此，

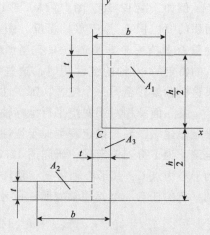

图 12-23 Z 形截面的惯性积

$$I_{x_c y_c} = 0 \quad A = (b-t)(t) \quad d_1 = \frac{h}{2} - \frac{t}{2} \quad d_2 = \frac{b}{2}$$

将其代入式（a），可求得上翼板矩形的惯性积为：

$$(I_{xy})_1 = I_{x_c y_c} + A d_1 d_2 = 0 + (b-t)(t) \left(\frac{h}{2} - \frac{t}{2} \right) \left(\frac{b}{2} \right) = \frac{bt}{4}(h-t)(b-t)$$

下翼板矩形的惯性积与该值相同。因此，整个 Z 形截面的惯性积为 $(I_{xy})_1$ 的两倍，或为：

$$I_{xy} = \frac{bt}{2}(h-t)(b-t) \tag{12-29}$$

注意，该惯性积为正值，因为各翼板位于第一象限和第三象限内。

12.8 轴的旋转

某一平面面积的惯性矩取决于坐标原点的位置和参考轴的方位。对于一个给定的坐标原点，惯性矩和惯性积随着坐标轴绕该点的旋转而变化。本节以及下一节将讨论它们的变化方式、最大值和最小值的大小。

对于图 12-24 所示的平面面积，假设 xy 轴为一组任意位置的参考坐标轴。相对于这些轴的惯性矩和惯性积为：

$$I_x = \int y^2 \mathrm{d}A \qquad I_y = \int x^2 \mathrm{d}A \qquad I_{xy} = \int xy\,\mathrm{d}A \qquad (12\text{-}30a，b，c)$$

其中，x、y 为微面积 $\mathrm{d}A$ 的坐标。

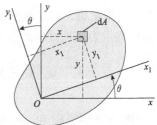

图 12-24 轴的旋转

$x_1 y_1$ 轴与 xy 轴具有相同的坐标原点、但相对于 xy 轴逆时针旋转了一个角度 θ。相对于 $x_1 y_1$ 轴的惯性矩和惯性积分别被标记为 I_{x1}、I_{y1} 和 $I_{x_1 y_1}$。为了求得这些量，需要微面积 $\mathrm{d}A$ 在 $x_1 y_1$ 坐标系的坐标。根据几何学，可将这些坐标用 xy 坐标和角度 θ 来表达，其表达式如下：

$$x_1 = x\cos\theta + y\sin\theta \qquad y_1 = y\cos\theta - x\sin\theta \qquad (12\text{-}31a，b)$$

则相对于 x_1 轴的惯性矩为：

$$I_{x_1} = \int y_1^2 \mathrm{d}A = \int (y\cos\theta - x\sin\theta)^2 \mathrm{d}A$$

$$= \cos^2\theta \int y^2 \mathrm{d}A + \sin^2\theta \int x^2 \mathrm{d}A - 2\sin\theta\cos\theta \int xy\,\mathrm{d}A$$

根据式（12-30a，b，c），可将该式表达为：

$$I_{x_1} = I_x \cos^2\theta + I_y \sin^2\theta - 2I_{xy}\sin\theta\cos\theta \qquad (12\text{-}32)$$

现在，引入以下三角恒等式：

$$\cos^2\theta = \frac{1}{2}(1 + \cos 2\theta) \qquad \sin^2\theta = \frac{1}{2}(1 - \cos 2\theta)$$

$$2\sin\theta\cos\theta = \sin 2\theta$$

则式（12-32）变为：

$$I_{x_1} = \frac{I_x + I_y}{2} + \frac{I_x - I_y}{2}\cos 2\theta - I_{xy}\sin 2\theta \qquad (12\text{-}33)$$

采用相同的方法，可求得相对于 $x_1 y_1$ 轴的惯性积：

$$I_{x_1 y_1} = \int x_1 y_1 \mathrm{d}A = \int (x\cos\theta + y\sin\theta)(y\cos\theta - x\sin\theta)\mathrm{d}A$$

$$= (I_x - I_y)\sin\theta\cos\theta + I_{xy}(\cos^2\theta - \sin^2\theta) \qquad (12\text{-}34)$$

再次使用三角恒等式，可得：

$$I_{x_1 y_1} = \frac{I_x - I_y}{2}\sin 2\theta + I_{xy}\cos 2\theta \qquad (12\text{-}35)$$

式（12-33）和式（12-35）给出了相对于该旋转轴的惯性矩和惯性积，它们是用相对于原轴的惯性矩和惯性积来表达的。这些方程被称为惯性矩和惯性积的转换方程。

注意，这些转换方程与平面应力的转换方程 [7.2 节的式（7-4a）和式（7-4b）] 具有相同的形式。比较这两组方程,可以看出,I_{x_1} 对应于 σ_{x_1},$I_{x_1y_1}$ 对应于 $-\tau_{x_1y_1}$,I_x 对应于 σ_x,I_y 对应于 σ_y,I_{xy} 对应于 $-\tau_{xy}$。因此,也可利用莫尔圆(见 7.4 节)来分析惯性矩和惯性积。

采用与求解 I_{x_1} 和 $I_{x_1y_1}$ 相同的方法,就可求得惯性矩 I_{y_1}。然而,更为简单的方法是,在式(12-33)中用 $\theta + 90°$ 替换 θ。其结果为:

$$I_{y_1} = \frac{I_x + I_y}{2} - \frac{I_x - I_y}{2}\cos 2\theta + I_{xy}\sin 2\theta \qquad (12\text{-}36)$$

该方程表明了惯性矩 I_{y_1} 是如何随着坐标轴绕坐标原点的旋转而变化的。

将 I_{x_1} 和 I_{y_1} [式(12-33)和式(12-36)]相加,就可得到一个与惯性矩有关的相当有用的方程:

$$I_{x_1} + I_{y_1} = I_x + I_y \qquad (12\text{-}37)$$

该方程表明,随着坐标轴绕其坐标原点的旋转,相对于某一组坐标轴的惯性矩的和仍保持为一个恒定值。该和就是该面积相对于坐标原点的极惯性矩。注意,式(12-37)类似于式(7-6)的应力表达式和式(7-72)的应变表达式。

12.9 主轴与主惯性矩

惯性矩和惯性积的转换方程[式(12-33)、式(12-35)和式(12-36)]表明了惯性矩和惯性积是如何随着旋转角 θ 的改变而变化的。特别感兴趣的是惯性矩的最大值和最小值,这些值被称为**主惯性矩**(principal moments of inertia),相应的轴被称为**主轴**(principal axes)。

主轴 为了求出使惯性矩 I_{x_1} 为最大或最小的 θ 值,对式(12-33)右侧的表达式关于 θ 求导,并设所求得的导数等于零:

$$(I_x - I_y)\sin 2\theta + 2I_{xy}\cos 2\theta = 0 \qquad (12\text{-}38)$$

求解该方程,可得:

$$\tan 2\theta_p = -\frac{2I_{xy}}{I_x - I_y} \qquad (12\text{-}39)$$

其中,θ_p 代表某一主轴的方位角。若对 I_{y_1} [式(12-36)]求导,则可得到相同的结果。

式(12-39)在 0~360° 范围内的解有两个(即可求得角度 $2\theta_p$ 的两个值),这两个值相差 180°。θ_p 的相应值相差 90°,且定义了两个互相垂直的主轴。其中,一个主轴对应于最大惯性矩,而另一个主轴对应于最小惯性矩。

现在,观察惯性积随角度 θ 的变化情况[式(12-35)]。若 $\theta = 0$,则有 $I_{x_1y_1} = I_{xy}$,正如预期。若 $\theta = 90°$,则有 $I_{x_1y_1} = -I_{xy}$。因此,在坐标轴旋转 90° 的过程中,惯性积的符号发生了改变,这意味着,当坐标轴旋转至某一中间方位时惯性积必须等于零。为了求出这一方位,设 $I_{x_1y_1}$ [式(12-35)]等于零:

$$(I_x - I_y)\sin 2\theta + 2I_{xy}\cos 2\theta = 0$$

该方程与式(12-38)是相同的,而式(12-38)定义了主轴的方位角 θ_p。因此,可得出这样的结论:相对于主轴的惯性积为零。

12.7 节已证明,如果至少有一个轴是对称轴,那么,某一面积对一组坐标轴的惯性积将等于零。因此,如果某一面积具有一个对称轴,那么,该轴及其任一垂直轴将构成一组主轴。

上述结论可以概括为:(1)过坐标原点 O 的各主轴是一对正交轴,关于这些轴的惯性矩,要么是最大惯性矩、要么是最小惯性矩;(2)各主轴的方位由角度 θ_p 给出,可根据式

(12-39)求得 θ_p；（3）关于各主轴的惯性积为零；（4）某一对称轴始终是一个主轴。

主点 现在，研究一组以给定点 O 为坐标原点的主轴。如果过同一点存在有两组不同的主轴系统，那么，过该点的每一组坐标轴都是一组主轴。此外，随着角度 θ 的变化，惯性矩将保持不变。

上述结论是以 I_{x_1} 的转换方程［式（12-33）］的性质为依据的。由于该方程中包含角度 2θ 的三角函数，因此，当角度 2θ 在 360°范围内变化时（或当 θ 在 180°范围内变化时），I_{x_1} 必定有一个最大值和一个最小值。如果存在有第二个最大值，那么，唯一的可能就是 I_{x_1} 保持不变，这意味着每一组坐标轴都是一组主轴，且惯性矩相同。

若过某一点的每一个轴都是主轴，从而使对所有过该点的轴的惯性矩都是相同的，那么，这样的一个点就被称为**主点** (principal point)。

这种情况的例子见图 12-25 所示矩形，该矩形的宽度为 $2b$、高度为 b。以点 O 为坐标原点的 xy 轴就是该矩形的一组主轴，因为 y 轴是一个对称轴。以同一点为坐标原点的 $x'y'$ 轴也是一组主轴，因为惯性积 $I_{x'y'}$ 等于零（因为相对于 x'、y' 轴的各三角形是对称的）。因此，过点 O 的每一组轴都是一组主轴，且每一个惯性矩都是相同的（均等于 $2b^4/3$）。因此，点 O 为该矩形的主点（第二主点位于 y 轴与该矩形上边的交点处）。

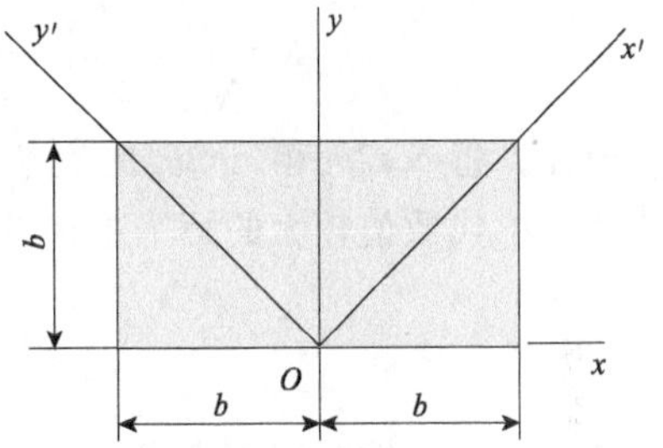

图 12-25 过点 O 的每一个轴（位于平面面积内）都是一个主轴

根据上述四段内容，对于过某一面积形心的轴，可得到一个有用的推论。假设某一面积具有两组不同的形心轴，且每组轴中至少有一个轴是对称轴，换句话说，存在有两组不同的相互并不垂直的对称轴，则其形心就是一个主点。

图 12-26 给出了两个例子，一个是正方形，一个是等边三角形。每种情况下的 xy 轴都是主形心轴，因为其坐标原点均位于形心 C 处，且两个轴中至少有一个轴是对称轴。此外，第二组形心轴（$x'y'$ 轴）至少有一个对称轴。因此，xy 轴和 $x'y'$ 轴均为主轴。也就是说，过形心 C 的每一个轴均为主轴，且每个这样的轴具有相同的惯性矩。

如果某一面积具有**三组不同的对称轴**（甚至有两组是相互垂直的），那么，上述条件将自动得到满足。因此，如果某一面积具有三组或更多的对称轴，那么，形心将是一个主点，并且过形心的每一个轴均为主轴，且具有相同的惯性矩。满足这些条件的有圆形、所有的正多边形（等边三角形、正方形、正五边形、正六边形等）以及许多其他的对称形状。

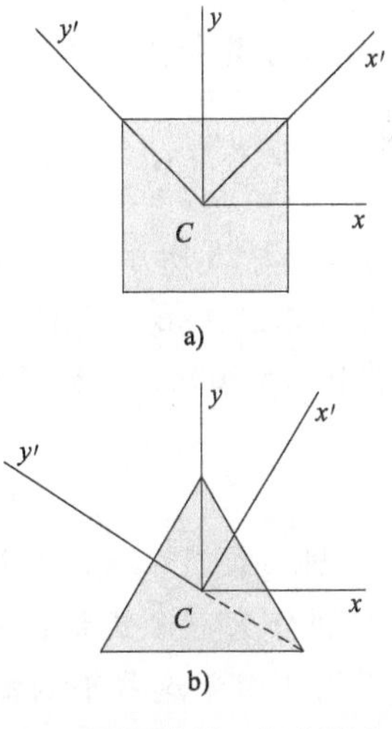

一般而言，每一平面都有两个主点。这些点位于主惯性较大的主形心轴上且与形心等距。其特例是两个主形心惯性矩相等时，这时，两个主点与形心重合，即形心变为唯一的主点。

图 12-26 面积举例：每个形心轴都是一个主轴、且形心 C 是一个主点

主惯性矩 现在拟求解主惯性矩，假设已知 I_x、I_y、I_{xy}。一种方法是，先根据式

（12-39）求出 θ_p 的两个值（相差 90°），然后，再将这些值代入关于 I_{x_1} 的式（12-33）。所得到的两个值就是主惯性矩，分别用 I_1 和 I_2 来表示。这种方法的优点是，可知道各主方位角 θ_p 与各主惯性矩之间的对应关系。

另一种方法是，求出主惯性矩的一般公式。根据式（12-39）和图 12-27〔该图是式(12-39)的几何表达〕，可以看出：

$$\cos2\theta_p = \frac{I_x - I_y}{2R} \qquad \sin2\theta_p = \frac{-I_{xy}}{R} \qquad （12\text{-}40a，b）$$

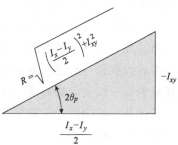

其中，R 为三角形的斜边，其值（始终以正的平方根来计算 R）为：

$$R = \sqrt{\left(\frac{I_x - I_y}{2}\right)^2 + I_{xy}^2} \qquad （12\text{-}41）$$

图 12-27　式（12-39）的几何表达

现在，将 $\cos2\theta_p$ 和 $\sin2\theta_p$ 的表达式〔式（12-40a，b）〕代入式（12-33），就可得到两个主惯性矩中代数值较大的那个主惯性矩，用符号 I_1 来表示：

$$I_1 = \frac{I_x + I_y}{2} + \sqrt{\left(\frac{I_x - I_y}{2}\right)^2 + I_{xy}^2} \qquad （12\text{-}42a）$$

较小的主惯性矩用 I_2 来表示，可根据以下方程〔式（12-37）〕求得该值：

$$I_1 + I_2 = I_x + I_y$$

将 I_1 的表达式代入该方程，并求解 I_2，可得：

$$I_2 = \frac{I_x + I_y}{2} - \sqrt{\left(\frac{I_x - I_y}{2}\right)^2 + I_{xy}^2} \qquad （12\text{-}42b）$$

式（12-42a，b）为计算主惯性矩提供了一种简便的方法。

下例说明了定位主轴和求解主惯性矩的方法。

●●● 例 12-7

对于图 12-28 所示 Z 形截面，请求出各主形心轴的方位以及主形心惯性矩的大小。使用下列数据：高度 $h = 200\text{mm}$，宽度 $b = 90\text{mm}$，厚度恒为 $t = 15\text{mm}$。

解答：

设 xy 轴（图 12-28）为过形心 C 的参考轴。将该面积划分为三个矩形，并利用平行轴定理，就可求得其相对于这些轴的惯性矩和惯性积。计算结果如下：

$$I_x = 29.29 \times 10^6 \text{mm}^4 \qquad I_y = 5.667 \times 10^6 \text{mm}^4$$

$$I_{xy} = -9.366 \times 10^6 \text{mm}^4$$

将这些值代入有关 θ_p 的方程〔式（12-39）〕，可得：

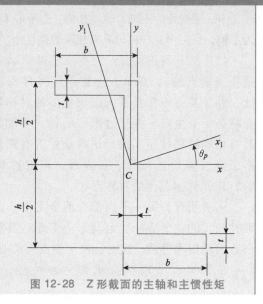

图 12-28　Z 形截面的主轴和主惯性矩

$$\tan 2\theta_p = \frac{2I_{xy}}{I_x - I_y} = 0.7930 \quad 2\theta_p = 38.4°和218.4°$$

因此，θ_p 的两个值为：

$$\theta_p = 19.2°和109.2°$$

将这两个 θ_p 的值代入有关 I_{x_1} 的转换方程［式（12-33）］，可求出 I_{x_1} 分别为 $32.6×10^6 \text{mm}^4$ 和 $2.4×10^6 \text{mm}^4$。若将 I_x、I_y、I_{xy} 的值代入式（12-42a，b），也可得到相同的值。因此，各主轴相应的主惯性矩和主方位角为：

$$I_1 = 32.6×10^6 \text{mm}^4 \qquad \theta_{p1} = 19.2°$$

$$I_2 = 2.4×10^6 \text{mm}^4 \qquad \theta_{p2} = 109.2°$$

该主轴如图 12-28 的 $x_1 y_1$ 轴所示。

面积的形心

采用积分法求解 12.2 节的习题。

12.2-1　对于一个底边边长为 b、高度为 h 的直角三角形（见附录 D 的情况 6），请确定其形心 C 的距离 $\bar{x}$ 和 $\bar{y}$。

12.2-2　对于一个底边为 a 和 b、高度为 h 的梯形（见附录 D 的情况 8），请确定其形心 C 的距离 $\bar{y}$。

12.2-3　对于一个半径为 r 的半圆形（见附录 D 的情况 10），请确定其形心 C 的距离 $\bar{y}$。

12.2-4　对于一个底边为 b、高度为 h 的拱型抛物面（见附录 D 的情况 18），请确定其形心 C 的距离 $\bar{x}$ 和 $\bar{y}$。

12.2-5　对于一个底边为 b、高度为 h 的半 n 次曲线面（见附录 D 的情况 19），请确定其形心 C 的距离 $\bar{x}$ 和 $\bar{y}$。

组合面积的形心

请采用组合面积公式求解 12.3 节的习题。

12.3-1　对于一个底边为 a 和 b、高度为 h 的梯形（见附录 D 的情况 8），请将其划分为两个三角形和一个矩形，再确定其形心 C 的距离 $\bar{y}$。

12.3-2　图示边长为 a 的正方形，其四分之一面积被切除。对于所保留的面积，其形心 C 的坐标 $\bar{x}$ 和 $\bar{y}$ 是多少？

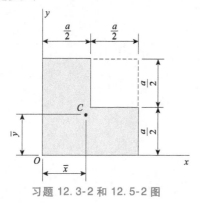

习题 12.3-2 和 12.5-2 图

12.3-3　如果图示槽形截面的尺寸 $a = 150\text{mm}$、$b = 25\text{mm}$、$c = 50\text{mm}$，那么，请计算其形心 C 的距离 $\bar{y}$。

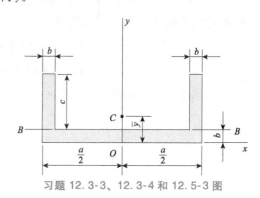

习题 12.3-3、12.3-4 和 12.5-3 图

12.3-4　为了使图示槽形截面的形心 C 位于直线 BB 上，其尺寸 a、b、c 之间必须保持何种关系？

12.3-5　某梁由一根 HE600B 宽翼板工字钢和一块盖板构成。其中，盖板焊接在工字钢的上翼板上，其尺寸为 200mm×20mm。该梁的横截面如图所示。请确定其横截面面积的形心 C 的距离 $\bar{y}$。

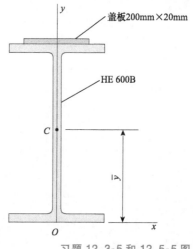

习题 12.3-5 和 12.5-5 图

12.3-6　对于图示组合面积，请确定其形心 C 的距离 $\bar{y}$。

12.3-7　对于图示 L 形面积，请确定其形心 C 的坐标 $\bar{x}$ 和 $\bar{y}$。

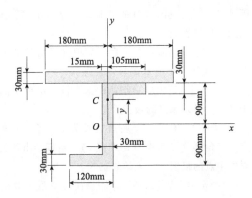

习题 12.3-6、12.5-6 和 12.7-6 图

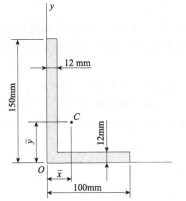

习题 12.3-7、12.4-7、12.5-7 和 12.7-7 图

12.3-8 对于图示面积，请确定其形心 C 的坐标 $\bar{x}$ 和 $\bar{y}$。

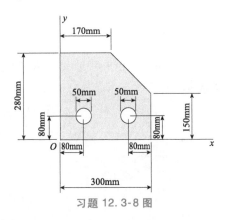

习题 12.3-8 图

惯性矩

采用积分法求解习题 12.4-1~12.4-4。

12.4-1 请求出底边为 b、高度为 h 的三角形（见附录 D 的情况 4）的惯性矩 I_x。

12.4-2 请求出底边为 a 和 b、高度为 h 的梯形（见附录 D 的情况 8）的惯性矩 I_{BB}。

12.4-3 请求出底边为 b、高度为 h 的拱型抛物面（见附录 D 的情况 18）的惯性矩 I_x。

12.4-4 请求出半径为 r 的圆（见附录 D 的情况 9）关于某一直径的惯性矩 I_x。

采用组合面积法求解习题 12.4-5~12.4-9。

12.4-5 对于一个边长为 b 和 h 的矩形（见附录 D 的情况 2），请求出其关于某条对角线的惯性矩 I_{BB}。

12.4-6 请计算图示组合圆面积的惯性矩 I_x。其中，坐标原点位于各同心圆的圆心，三个直径分别为 20、40、60mm。

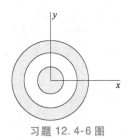

习题 12.4-6 图

12.4-7 对于习题 12.3-7 图所示 L 形面积，请分别计算其关于 x、y 轴的惯性矩 I_x 和 I_y。

12.4-8 一个半径为 150mm 的半圆形面积上有一个 50mm×100mm 的矩形缺口（见图）。请分别计算其关于 x、y 轴的惯性矩 I_x 和 I_y。同时，请计算相应的回转半径 r_x 和 r_y。

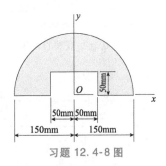

习题 12.4-8 图

12.4-9 请使用附录 E 的表 E-1 给定的横截面面积尺寸，分别计算一个 HE450A 宽翼板工字形截面的惯性矩 I_1 和 I_2（忽略圆角的面积）。同时，请计算相应的回转半径 r_x 和 r_y。

平行轴定理

12.5-1 对于一个 HE320B 宽翼板工字形截面，请计算其关于其底边的惯性矩 I_b（使用附录 E 中表 E-1 的数据）。

12.5-2　对于习题 12.3-2 所述的几何图形，请求出其关于一根过形心 C、且与 x 轴平行的轴线的惯性矩 I_C。

12.5-3　对于习题 12.3-3 所述的槽形截面，请求出其关于一根过形心 C、且与 x 轴平行的轴线的惯性矩 I_{x_C}。

12.5-4　图示不等边三角形，其关于 1-1 轴的惯性矩为 $90 \times 10^3\,\mathrm{mm}^4$。请计算其关于 2-2 轴的惯性矩 I_2。

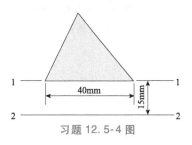

习题 12.5-4 图

12.5-5　对于习题 12.3-5 所述的梁截面，请计算其惯性矩 I_{x_C} 和 I_{y_C}。其中，x_C 轴过形心 C、且与 x 轴平行，y_C 轴与 y 轴重合。

12.5-6　对于习题 12.3-6 所示组合面积，请计算其关于 x_C 轴的惯性矩 I_{x_C}。其中，x_C 轴过形心 C、且与 x 轴平行。

12.5-7　对于习题 12.3-7 所示 L 形面积，请分别计算其关于 x_C 轴和 y_C 轴的惯性矩 I_{x_C} 和 I_{y_C}。其中，x_C 轴和 y_C 轴均过形心 C、且分别与 x 和 y 轴平行。

12.5-8　图示宽翼板工字形截面的总高度为 250mm、厚度均为 15mm。如果要求惯性矩 I_x 与 I_y 的比值为 3：1，那么，请求出其翼板的宽度 b。

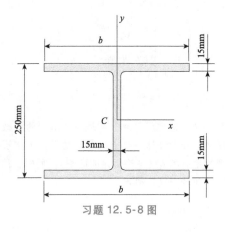

习题 12.5-8 图

极惯性矩

12.6-1　对于一个底边边长为 b、高度为 h 的等腰三角形（见附录 D 的情况 5），请求出关于其上顶点的极惯性矩 I_p。

12.6-2　请求出某一扇形面积（见附录 D 的情况 13）关于其形心 C 的极惯性矩 $(I_p)_C$。

12.6-3　请求出 HE220B 宽翼板工字形截面关于其某一最外顶点的极惯性矩 I_p。

12.6-4　对于一个底边边长为 b、高度为 h 的直角三角形（见附录 D 的情况 6），请推导出其关于斜边中点的极惯性矩 I_p 的表达式。

12.6-5　请求出某一半圆拱面（见附录 D 的情况 12）关于其形心 C 的极惯性矩 $(I_p)_C$。

惯性积

12.7-1　对于图 12-5 所示半抛物形面积（参见附录 D 的情况 17），请使用积分法求出其惯性积 I_{xy}。

12.7-2　对于一个半圆拱面（参见附录 D 的情况 12），请使用积分法求出其惯性积 I_{xy}。

12.7-3　对于图示组合面积，请求出半径 r 和距离 b 之间为何种关系时才能使其惯性积 I_{xy} 等于零。

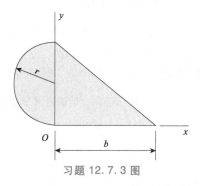

习题 12.7-3 图

12.7-4　请推导出图示等边 L 形面积的惯性积 I_{xy} 的表达式。

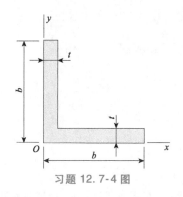

习题 12.7-4 图

12.7-5　对于 L150×150×15mm 的角形截面（见附录 E 的表 E-4），请计算其关于形心轴 1-1 和

2-2 的惯性积 I_{12}（忽略倒圆和圆角的面积）。

12.7-6 对于习题 12.3-6 所示组合面积，请计算其惯性积 I_{xy}。

12.7-7 对于习题 12.3-7 所示 L 形面积，请求出其关于形心轴 x_C 和 y_C 的惯性积 $I_{x_Cy_C}$。其中，x_C、y_C 轴分别与 x 和 y 轴平行。

轴的旋转

12.8 节的习题采用惯性矩与惯性积的转换方程求解。

12.8-1 对于图示边长为 b 的正方形，请求出其惯性矩 I_{x_1} 和 I_{y_1} 以及惯性积 $I_{x_1y_1}$（注意，x_1y_1 轴为形心轴，x_1y_1 轴相对于 xy 轴旋转了角度 θ）。

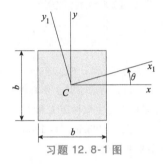

习题 12.8-1 图

12.8-2 请求出图示矩形关于 x_1y_1 轴的惯性矩和惯性积（注意，x_1 轴是该矩形的一条对角线）。

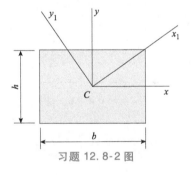

习题 12.8-2 图

12.8-3 请计算 HE320A 宽翼板工字形截面关于这样一条对角线的惯性矩 I_d，该对角线通过形心且通过翼板的两个外角（使用表 E-1 给出的尺寸和性能）。

12.8-4 对于图示 L 形面积，如果 $a=150\text{mm}$、$b=100\text{mm}$、$t=15\text{mm}$、$\theta=30°$，那么，请计算其惯性矩 I_{x_1} 和 I_{y_1}，并计算其关于 x_1y_1 轴的惯性积 $I_{x_1y_1}$。

12.8-5 对于图示 Z 形截面，如果 $b=75\text{mm}$、$h=100\text{mm}$、$t=12\text{mm}$、$\theta=60°$，那么，请计算其惯性矩 I_{x_1} 和 I_{y_1}，并计算其关于 x_1y_1 轴的惯性积 $I_{x_1y_1}$。

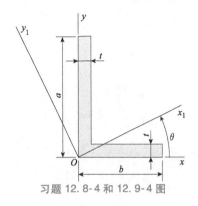

习题 12.8-4 和 12.9-4 图

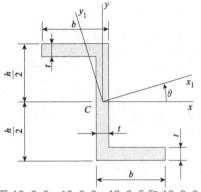

习题 12.8-5、12.8-6、12.9-5 和 12.9-6 图

12.8-6 如果 $b=80\text{mm}$、$h=120\text{mm}$、$t=12\text{mm}$、$\theta=30°$，那么，请重新求解上题中的问题。

主轴、主点以及主惯性矩

12.9-1 长轴长度为 $2a$、短轴长度为 $2b$ 的椭圆如图所示。

（a）请求出短轴（y 轴）上的主点 P 与椭圆形心 C 的距离 c。

（b）比值 a/b 为何值时才能使主点位于该椭圆的圆周线上？

（c）比值 a/b 为何值时才能使这些主点位于该椭圆内部？

12.9-2 请证明 P_1 和 P_2 这两个点（其位置如图所示）是图示等腰直角三角形的主点。

12.9-3 对于图示直角三角形，如果 $b=150\text{mm}$、$h=200\text{mm}$，那么，请求出过坐标原点 O 的各主轴的方位角 θ_{p_1} 和 θ_{p_2}，并计算相应的主惯性矩 I_1 和 I_2。

12.9-4 对于习题 12.8-4 所示 L 形面积（$a=150\text{mm}$、$b=100\text{mm}$、$t=15\text{mm}$），请求出过坐标原点 O 的各主轴的方位角 θ_{p_1} 和 θ_{p_2}，并计算相应的主惯

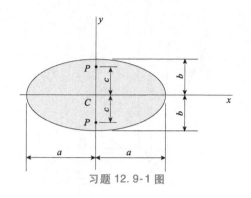

习题 12.9-1 图

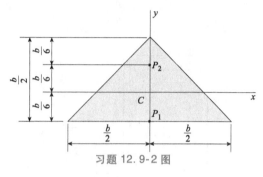

习题 12.9-2 图

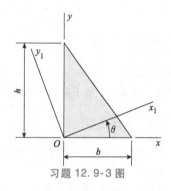

习题 12.9-3 图

性矩 I_1 和 I_2。

12.9-5　对于习题 12.8-5 所示 Z 形截面（$b=$ 75mm、$h=100$mm、$t=12$mm），请求出过形心 C 的各主轴的方位角 θ_{p_1} 和 θ_{p_2}，并计算相应的主惯性矩 I_1 和 I_2。

12.9-6　对于习题 12.8-6 所示 Z 形截面（$b=$ 80mm、$h=120$mm、$t=12$mm），请重新求解上题中的问题。

12.9-7　对于图示直角三角形，如果 $h=2b$，那么，请求出过形心 C 的各主轴的方位角 θ_{p_1} 和 θ_{p_2}，并计算相应的主惯性矩 I_1 和 I_2。

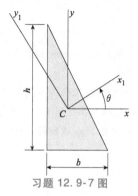

习题 12.9-7 图

12.9-8　对于图示 L 形面积（$a=80$mm、$b=$ 150mm、$t=16$mm），请求出其主形心轴的方位角 θ_{p_1} 和 θ_{p_2}，并计算相应的主惯性矩 I_1 和 I_2。

12.9-9　如果 $a=75$mm、$b=150$mm、$t=12$mm，那么，请重新求解上题中的问题。

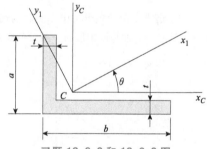

习题 12.9-8 和 12.9-9 图

参考文献和历史备注

1-1 史蒂芬 P. 铁木辛科,《材料强度的历史》(*History of Strength of Materials*),多佛尔出版有限公司(Dover Publications, Inc.),纽约,1983 年【最初由麦格劳-希尔图书有限公司(McGraw-Hill Book Co., Inc.)出版,纽约,1953 年】。

铁木辛柯(Timoshenko)
(1878-1972)

备注:史蒂芬 P. 铁木辛科(Stephen P. Timoshenko, 1878—1972)是一位著名的科学家、工程师和教师。他生于俄罗斯,1922 年来到美国。他曾是西屋研究室(Westinghouse Research Laboratory)的研究人员,并曾担任密歇根大学(University of Michigan)的教授,后来担任斯坦福大学(Stanford University)的教授,并于 1944 年从斯坦福大学退休。

无论是在理论上还是在实验上,铁木辛科都对应用力学领域做出了很多原始贡献,他撰写了十二本开创性教材,这些教材引领了美国力学教学的革命。这些教材出版了多达五个版本并被翻译成 35 种语言,这些教材覆盖的内容包括静力学、动力学、材料力学、振动、结构理论、稳定性、弹性、板以及壳。

1-2 托德亨特和皮尔森,《弹性理论和材料强度的历史》(*A History of the Theory of Elasticity and of the Strength of Materials*),卷 I 和卷 II,多佛尔出版有限公司,纽约,1960(最初由剑桥大学出版社于 1886 年和 1893 年出版)。

备注:艾萨克·托德亨特(Isaac Todhunter, 1820—1884)和卡尔·皮尔森(Karl Pearson, 1857—1936)是英国数学家和教育家。皮尔森对统计学作出了尤其显著的原始贡献。

1-3 洛夫,《论弹性的数学理论》(*A Treatise on the Mathematical Theory of Elasticity*),第四版,多佛尔出版有限公司,纽约,1944 年(最初由剑桥大学出版社于 1927 年出版);见"历史介绍"的 1~31 页。

备注:奥古斯都·爱德华·霍夫·洛夫(Augustus Edward Hough Love, 1863—1940)是一位杰出的英国弹性学家,他曾在牛津大学任教。他有许多重要研究,如表面地震波的分析,现在这种波被地球物理学家们称为洛夫波(*Love waves*)。

1-4 雅可比·伯努利(Jacob Bernoulli, 1654—1705)是瑞士巴塞尔的一位著名的数学家和科学家(见参考文献 9-1)。他在梁的弹性曲线方面做了一些重要的工作。伯努利还开发了极坐标,并以在概率论、解析几何以及其他领域的工作而闻名于世。

吉恩·维克托·蓬斯莱(Jean Victor Poncelet, 1788—1867)是一位法国人,他曾参加拿破仑进攻俄国的战役,并被遗弃在战场上。被俘后,他活了下来,后来又回到法国继续他在数学方面的工作。他对数学的主要贡献是在几何学方面;他在力学方面最著名的是其在材料性能和动力学方面的工作(伯努利和蓬斯莱在应力-应变曲线方面的工作,见参考文献 1-1 的第 88 页、以及参考文献 1-2 第 1 卷的 533~873 页)。

1-5 詹姆斯(James)和詹姆斯(James),《数学词典》(*Mathematics Dictionary*),Van Nostrand Reinhold 出版社,纽约(最新版本)。

1-6 罗伯特·胡克(Robert Hooke, 1635—1703)是一位英国科学家,他曾做了有关弹性体的实验,并改进了计时器。他还独立于同时代的牛顿构建了引力定理的公式。在 1662 年伦敦皇家学会成立时,胡克被任命为第一任会长(胡克定理的起源,见参考文献 1-11 的 17~20 页、以及参考文献 1-2第一卷的第 5 页)。

1-7 托马斯·杨(Thomas Young, 1773—1829)是一位杰出的英国科学家,他在光学、声学以及其他学科方面做了许多开创性的工作（关于他的工作，见参考文献1-11的90~98页以及参考文献1-2第一卷的80~86页）。

1-8   西蒙·丹尼斯.泊松（Siméon Denis Poisson, 1781—1840）是一位伟大的法国数学家。他对数学和力学都做出了许多贡献，除了泊松比之外，他的名字还以许多方式被保存下来。例如，偏微分方程中的泊松方程以及概率理论中的泊松分布（关于泊松在材料行为方面的理论，见参考文献1-1的111~114页；参考文献1-2第一卷的208~318页；参考文献1-3的第13页）。

托马斯·杨
（1773—1829）

泊松
（1781—1840）

2-1   铁木辛科和古迪尔，《弹性理论》（*Theory of Elasticity*），第三版，麦格劳-希尔图书有限公司，纽约，1970年。

备注：詹姆斯·诺尔曼·古迪尔（James Norman Goodier, 1905—1969）以其在弹性理论、稳定性、波在固体中的传播以及其他应用力学分支方面的贡献而闻名。他出生在英格兰，先后就读于剑桥大学和密歇根大学。他是康奈尔大学（Cornell University）的教授，随后在斯坦福大学担任教授并开展应用力学方面的研究。

2-2   莱昂哈德·欧拉（Leonhard Euler, 1707—1783）是一位著名的瑞士数学家，也许是有史以来最伟大的数学家。参考文献11-1给出了有关其生活和工作方面的信息（他在静不定结构方面的工作，见参考文献1-1的第36页以及参考文献2-3的第650页）。

2-3   G. A. 奥拉瓦斯（G. A. Oravas）和L. 麦克林（L. McLean），"弹性力学中能量原理的历史发展（Historical development of energetical principles in elastomechanics）"，《应用力学评论（*Applied Mechanics Reviews*）》（第Ⅰ部分，卷19，第8期，647~658页，1966年8月以及第Ⅱ部分，卷19，第11期，919~933页，1966年11月）。

2-4   路易斯·玛丽·亨利·纳维（Louis Marie Henri Navier, 1785—1836），一位著名的数学家和工程师，他是弹性理论的创始人之一，他在梁、板与壳理论方面做出了贡献，并在振动理论和粘性流体理论方面也有着贡献（关于他对静不定结构的分析，见参考文献1-1的第75页；参考文献1-2第一卷的146页；参考文献2-33的第652页）。

2-5   G·皮奥伯特（G. Piobert）、A. J. 莫林（A. J. Morin）和I. 戴迪安（I. Didion），"射击原理的运用（Commission des Principes du Tir）"，《炮兵的纪念》（*Mémorial de l'Artillerie*），卷5，1842年，501~552页。备注：这篇论文描述了向镀铁发射炮弹的实验。在第505页中出现了有关滑移带痕迹的描述。这一段描述非常短，且并没有迹象说明作者将这些痕迹看作为材料的固有性能。纪尧姆·皮奥伯特（Guillaume Piobert, 1793—1871）是一位法国将军和数学家，他做了许多弹道学的研究，完成这篇论文时，他是一名炮兵上尉。

2-6   W. 鲁德尔斯（W. Lüders），"关于铁棒与钢杆这类钢的弹性表现及其弯曲时分子运动的观察（Ueber die Äusserung der elasticität an stahlartigen Eisenstäben und Stahlstäben, und über eine beim Biegen solcher Stäbe beobachtete Molecularbewegung）"《丁格勒理工学院学报》（*Dingler's Polytechnisches Journal*），卷155，1860年，18~22页。

备注：这篇论文详细描述并展示了在屈服区间一个抛光钢试样表面出现的滑移带。当然，这些滑移带只是三维变形区域在表面的表现；因此，该区域可能应被描述为"滑移楔"而不是滑移带。

2-7   伯努瓦·保罗·米尔·克拉珀龙（Benoit Paul Emile Clapeyron, 1799—1864）是一位法国著名结构工程师和桥梁设计师；他曾在巴黎道路桥梁学院从事工程教学；克拉珀龙定理首次发表于1833年，它表明外部载荷对一个线弹性体所做的功等于应变能（见参考文献1-1的第118页和第288页；参考文献1-2第一卷的第578页；参考文献1-2第二卷的第418页）。

2-8   蓬斯莱研究了冲击载荷作用下杆的纵向振动（见参考文献1-1的第88页）。关于其生活与工作的其他信息，见参考文献1-4。

2-9   R. 巴蒂纳斯（R. Budynas）和W. C. 杨（W. C. Young），《应力与应变的洛克公式》（*Roark's Formulas for Stress and Strain*），麦格劳希尔图书有限公司，纽约，2002年。

2-10   巴利·圣维南（Barré de Saint-Venant,

1797—1886) 被公认为有史以来最优秀的弹性力学家。他出生于巴黎附近，在巴黎综合理工学院简短地学习之后，他从巴黎道路桥梁学院毕业。他后来的职业生涯饱受良心和政治方面的指责，因为在 1814 年 3 月，刚好在拿破仑退位之前，他拒绝与他的同学一起加入对巴黎的防御。因此，他的成就在其他国家比在法国得到更大的认可。

圣维南最著名的贡献是弹性力学基本方程的构建、弯曲和扭转精确理论的创建。他还发展了塑性变形理论和振动理论（见参考文献 1-1 的 229 ~ 242 页；参考文献 1-2 第一卷的 833 ~ 872 页、第二卷第 Ⅰ 部分的 1 ~ 286 页，第二卷第 Ⅱ 二部分的 1 ~ 51 页；和参考文献 2-1 的 39 ~ 40 页）。

2-11　A. 扎斯拉沃斯基（A. Zaslavsky），"关于圣维南原理的解释（A note on Saint-Venant's principle）"，《以色列技术杂志》（Israel Journal of Technology），卷 20，1982 年，143 ~ 144 页。

2-12　W. A. 拉姆贝格（W. A. Ramberg）和 W. R. 奥斯古德（W. R. Osgood），"采用三个参数的应力-应变曲线的描述（Description of stress-strain curves by three parameters）"，国家航空咨询委员会 902 号技术说明，1943 年 7 月。

3-1　查尔斯·奥古斯丁·库仑（Charles Augustin de Coulomb, 1736—1806）是一位著名的法国科学家，他于 1784 年正确建立了圆杆中扭矩和扭转角之间的关系（见参考文献 1-1 的 51 ~ 53 页、第 82 页和第 92 页，以及参考文献 1-2 第一卷的第 69 页）。库仑对电与磁、流体的粘度、摩擦、梁的弯曲、挡土墙和拱门、扭转与扭转振动以及其他学科都作出了贡献（见参考文献 1-1 的 47 ~ 54 页）。

库仑
(1726—1806)

托马斯·杨（见参考文献 1-7）观察到，所施加的扭矩受到横截面上的切应力的平衡作用，且这些切应力与至轴线的距离成正比。法国工程师阿尔方. J. C. B. 杜留（Alphonse J. C. B. Duleau, 1789—1832）进行了受扭杆的测试，并开发了圆杆理论（见参考文献 1-1 的第 82 页）。

3-2　R. 布雷特，"论扭转弹性的关键（Kritische Bemerkungen zur Drehungselastizität）"，《德国工程师协会杂志》（Zeitschrift des Vereines Deutscher Ingenieure），卷 40，1896 年，785 ~ 790 页和 813 ~ 817 页。

备注：鲁道夫·布雷特（Rudolph Bredt, 1842—1900）是一位德国工程师，他曾在卡尔斯鲁厄和苏黎世学习，然后在英国克鲁的一家火车工厂里工作了一段时间，在那里他学会了起重机的设计与施工。这方面的经验形成了其之后作为德国起重机制造商的基础。他所提出的扭转理论与箱梁式起重机的设计有关。

5-1　关于梁的横截面在纯弯曲时仍保持为平面这一定理的证明，见 G. A. 法泽卡斯（G. A. Fazekas）的论文"关于欧拉梁弯曲的说明（A note on the bending of Euler beams）"，该论文发表在《工程教育杂志》第 57 卷的第 5 期（1967 年 1 月）。这一定理长期被公认为是正确的，并受到伯努利（见参考文献 1-4）和纳维（见参考文献 2-4）等早期研究者的使用。关于伯努利和纳维在梁的弯曲方面所做的工作，见参考文献 1-11 的 25 ~ 27 页和 70 ~ 75 页。

5-2　伽利略（Galileo），《关于两门新科学的对话》（Dialogues Concerning Two New Sciences），英文版，由亨利·克鲁（Henry Crew）和阿方索·萨尔维奥（Alfonso De Salvio）从意大利语和拉丁语翻译过来，麦克米兰公司，纽约，1933 年（英文第一版出版于 1914 年）。

备注：本书由位于荷兰莱顿市的路易斯·埃尔塞维尔公司于 1638 年出版。"两门新科学"代表伽利略在动力学和材料力学方面的成就。正如我们今天所熟知的那样，可以说这两门学科的确起始于伽利略和这本著名图书的出版。

伽利略于 1564 年出生在比萨。他做了许多著名的实验与探索，如开创了动力学有关的自由落体和钟摆的实验。伽利略是一位极具口才的讲师，他吸引了来自许多国家的学生。他是天文学的先驱，他开发了一台天文望远镜并用其完成了许多天文发现，这些发现包括月球的山地特征、木星的四个卫星、金星的盈亏现象以及太阳黑子。因为他关于太阳系的科学观点有悖于神学，因此，他受到罗马教会的谴责，并隐居在佛罗伦萨度过其生命的最后几年，这期间他写出了《关于两门新科学的对话》这本书。伽利略与 1642 年去世，被安葬在佛罗伦萨。

5-3   关于梁理论的发展史，见参考文献 1-1 的 11~47 页和 135~141 页以及参考文献 1-2。伊丹·马略特（Edme Mariotte, 1620—1684）是一位法国物理学家，他促进了动力学、流体力学、光学以及力学的发展。他做了各类梁的试验，并提出了一个计算承载能力的理论；他的理论对伽利略的工作有所改进，但仍是不正确的。雅可比·伯努利（1654—1705）在参考文献 1-4 中首先证明曲率与弯矩成正比，然而其比例常数却是不正确的。

伽利略
(1564—1642)

莱昂哈德·欧拉（Leonhard Euler, 1707—1783）求出了梁的挠曲线微分方程，并用该方程解决了大、小挠曲的许多问题（有关欧拉的生活与工作，见参考文献 11-1 所述）。安东尼·帕伦特（Antoine Parent, 1666—1716）可能是得到梁中的应力分布以及正确建立应力与弯矩关系的第一人，他是一位法国物理学家和数学家。后来，圣维南（1797—1886）给出了一个关于梁中的应力和应变的细致研究（见参考文献 2-10）。库仑（见参考文献 3-1）和纳维（见参考文献 2-4）也对此作出了重要贡献。

5-4   (1)《EN 1993 欧洲规范 3：钢结构设计》（EN 1993 Eurocode 3: Design of steel structures）；(2)《国家钢结构规范》（National Structural Steelwork Specification），第五辑，英国建筑钢结构协会有限公司，英国伦敦；(3)《钢结构手册》（Steel Construction Manual），第十三辑，美国钢结构协会，美国芝加哥。

5-5   (1)《EN 1999 欧洲规范 9：铝结构设计》；(2) 美国铝业协会（铝制槽钢、工字梁、角钢、T 形钢、Z 形钢、方形钢、矩形管和圆管等，见铝设计手册的第 6 部分）。

5-6   (1)《EN 1995 欧洲规范 5：木结构设计》；(2) 木材研究与发展协会（TRADA）；(3)《木结构国家设计规范（ASD/ LRFD）》，美国木材委员会出版；(4) 关于可在欧洲使用的型材的选择，见附录 F。

5-7   D. J. 儒拉夫斯基（D. J. jourawski, 1821—1891）是一位俄罗斯桥梁和铁路工程师，他提出了目前被广泛使用的有关梁中切应力的近似理论（见参考文献 1-1 的 141~144 页以及参考文献 1-2 第二卷第 I 部分的 641~642 页）。从圣彼得堡的通信工程学院毕业的两年后，1844 年，他被分配的设计任务是设计从莫斯科到圣彼得堡的第一条铁路线上的一座主要大桥。他注意到，一些大型木梁在横截面的中心处发生纵向开裂，而他知道该处的弯曲应力为零。他绘制了自由体图，并很快发现这些梁中存在有水平方向的切应力。他推导出了剪切公式并将其理论应用于各种形状的梁。儒拉夫斯基在梁中切应力方面所发表的论文，见参考文献 5-8。

5-8   D. J. 儒拉夫斯基，"棱柱体的强度…（Sur la résistance d' un corps prismatique …）"，《桥梁与桥座年鉴》，第三系列，卷 12，第 2 部分，1856 年，328~351 页。

5-9   A. 扎斯拉沃斯基（A. Zaslavsky），"论切应力公式的局限性（On the limitations of the shearing stress formula）"，《国际机械工程教育学报》，卷 8，第 1 期，1980 年，13~19 页（也可参见参考文献 2-1 的 358~359 页）。

5-10   A. C. 马吉（A. C. Maki）和 E. W. 昆济（E W Kuenzi），"锥形木梁的挠度和应力（Deflection and stresses of tapered wood beams）"，研究论文 FPL 34，美国林务局，林产品研究所（FPL），威斯康星州麦迪逊市，1965 年 9 月，第 54 页。

6-1   铁木辛科，"应力函数在研究柱状杆弯曲与扭转方面的应用（Use of stress functions to study flexure and torsion of prismatic bars）"，俄罗斯圣彼得堡，1913 年（重印于《通讯学院回忆录》的第 82 卷的 1~21 页）。

备注：在这篇论文中，作者求出了梁横截面上的这样一个点，即只有当某一集中力的作用线通过该点时才能消除该梁的转动。因此，这一工作包含着剪切中心的首次确定。所研究的梁是一根实心半圆形截面梁（见参考文献 2-1 的 371~373 页）。

7-1   奥古斯丁·路易斯·柯西（Augustin Louis Cauchy, 1789—1857）是一位伟大的数学家。他出生在巴黎，16 岁时进入巴黎综合理工学院，师从拉格朗日、拉普拉斯、傅里叶和泊松。他的数学才能很快就得到公认，27 岁时就成为巴黎综合理工学院的教授和法国科学院的院士。他在纯数学方面的主要工作包括群论、数论、级数、积分、微分方程以及解析函数。

在应用数学方面，柯西不仅引入了"应力"这一目前众所周知的概念，而且，还提出了弹性理论的方程并引入了主应力和主应变的概念（见参考文献 1-1 的 107~111 页）。参考文 1-2 中有整整一章都是在描述他在弹性理论方面所作的贡献（见该文献第一卷的 319~376 页）。

7-2　见参考文献 1-1 的 229~242 页。

备注：圣维南在弹性理论的许多方面都是一位先驱，他与托德亨特和皮尔森共同撰写了《弹性理论的历史》这本书（见参考文献 1-2），有关圣维南的更多信息，见参考文献 2-10。

7-3　威廉·约翰·麦卡恩·朗肯（William John Macquorn Rankine, 1820—1872）出生在苏格兰的爱丁堡，并在格拉斯哥大学从事工程教学。他于 1852 年推导出了应力转换方程，并对弹性理论和应用力学作出了许多其他贡献（见参考文献 1-1 的 197~202 页以及参考文献 1-2 第二卷第 I 部分的 287~322 页）。他的工程研究范围包括拱、挡土墙和结构理论。

朗肯还以其在流体、光、声以及晶体行为方面的科学工作而著称，尤其是在分子物理和热力学方面所做的贡献。热力学中的"朗肯循环（Rankine cycle）"以及"朗肯绝对温标（Rankine absolute temperature scale）"就是以他的名字来命名的。

7-4　德国著名土木工程师奥托·克里斯蒂安·莫尔（Otto Christian Mohr, 1835—1918）是一位理论家和实践设计师。他曾先后在斯图加特理工学院和德累斯顿理工学院担任教授。他于 1882 年开发了应力圆（见参考文献 7-5 和参考文献 1-1 的 283~288 页）。莫尔对结构理论作出了大量贡献，包括桁架位移的维利奥-莫尔图（Williot-Mohr diagram）、求梁挠度的力矩面积法以及分析静不定结构的麦克斯韦-莫尔法（Maxwell-Mohr method）。

备注：约瑟夫·维克托·维利奥（oseph Victor Williot, 1843—1907）是一位法国工程师，詹姆斯·克拉克·麦克斯韦（James Clerk Maxwell, 1831—1879）是一位著名的英国科学家。

7-5　莫尔，"关于微元体应力与应变状态的表示（Über die Darstellung des Spannungs-zustandes und des Deformationszustandes eines Körperelementes）"《土木工程》，1882 年，113 页。

8-1　卡尔·库尔曼（Karl Culmann, 1821—1881）是一位著名的德国桥梁与铁路工程师。他曾在 1849~1850 年花了两年时间在英格兰和美国学习桥梁。他曾在欧洲设计了大量的桥梁结构，并于 1855 年成为新组建的苏黎世理工学院的教授。库尔曼在图形化方法方面取得了许多进展，并于 1866 年在苏黎世出版了有关图解静力学方面的第一本书。应力轨迹是该书中的众多原创之一（见参考文献 1-1 的 190~197 页）。

9-1　关于雅可比·伯努利、欧拉以及许多其他人在弹性曲线方面所做的工作，见参考文献 1-1 的 27 页和 30~36 页以及参考文献 1-2 所述。伯努利家族的另一位成员，丹尼尔·伯努利（Daniel Bernoulli, 1700—1782）曾向欧拉指出，他通过使应变能取最小值的方法得到了挠曲线的微分方程，而欧拉也作了同样的事情。丹尼尔·伯努利是雅可比·伯努利的侄子，他以其在流体力学、气体动力学理论、梁的振动以及其他学科方面的工作而著名。他的父亲，约翰·伯努利（John Bernoulli, 1667—1748），雅可比的弟弟，同样是一位著名的数学家和科学家，他首次创建了虚位移原理，并解决了最速下降的问题。

雅可比·伯努利
(1654—1705)

约翰·伯努利建立了在一个分数的分子和分母同时趋于零时得到该分数的极限值的规则。他最后将这一规则用一位法国贵族 G. F. A. 洛必达（G. F. A. de l'Hôpital, 1661—1704）的名字来命名，洛必达撰写了第一本关于微积分方面的书（1696 年）并在该书中使用了这一规则，因此，该规则被称为洛必达法则（L'Hôpital's rule）。

雅可比·伯努利（1759—1789）是平板弯曲与平板振动理论的先驱。关于伯努利家族众多杰出成员的许多有趣信息以及数学和力学方面的其他先驱者，见本书关于数学史的描述。

9-2　卡斯提利亚诺（Castigliano），《弹性系统的平衡理论及其应用》（Théorie de l'équilibre des systèmes élastiques et ses applications）"，A. F. Negro

出版社，都灵，1879 年，480 页。

备注：在这本书中，卡斯提利亚诺以非常完整的形式提出了结构分析的许多基本概念和原则。虽然卡斯提利亚诺是意大利人，但他为了赢得更广泛的读者而用法文撰写该书。该书被翻译成德语和英语（见参考文献 9-3、9-4）。英语翻译版由多佛尔出版有限公司于 1966 年再版，该版本是最有价值的一个版本，因为 G. A. 奥拉瓦斯为其作了序言（见参考文献 9-5、9-6）。

卡氏第一和第二定理出现在该书 1966 年版的 15~16 页。他将这两个定理称为"内功的微分系数定理"的第 1 部分和第 2 部分。在该书中，这两个定理的数学形式为：

$$F_p = \frac{\mathrm{d}W_i}{\mathrm{d}r_p} \qquad r_p = \frac{\mathrm{d}W_i}{\mathrm{d}F_p}$$

其中，W_i 为内功（或应变能），F_p 代表任何一个外力，r_p 为力 F_p 的作用点的位移。

尽管卡斯提利亚诺在该书的序言中已说明，他的描述和证明比之前发表的任何一个定理都更为普遍适用，但他并没有声称第一定理是完全独创的。第二定理是他的原创，该定理是他于 1873 年在都灵理工学院所作的土木工程学位论文的一部分。

卡斯提利亚诺于 1847 年出生在阿斯蒂（Asti）的一个贫穷家庭，于 1884 年正值他著作最多的时候死于肺炎。奥拉瓦斯在 1966 年版的序言中介绍了他的生平事迹，并介绍了卡斯提利亚诺的著作目录以及他所获得的各种荣誉和奖励。他的贡献也被记录在参考文献 2-3 和 1-1 中。

9-3 E. 豪夫（E. Hauff），《弹性系统的平衡理论及其应用》（*Theorie des Gleichgewichtes elastischer Systeme und deren Anwendung*），Carl Gerold's Sohn 出版社，维也纳，1886 年（卡氏书的翻译版，见参考文献 9-2）。

9-4 E. S. 安德鲁斯（E. S. Andrews），《结构中的弹性应力》（*Elastic Stresses in Structures*），史葛-格林伍德-索恩出版社，伦敦，1919 年（卡氏书的翻译版，见参考文献 9-2）。

9-5 卡斯提利亚诺，弹性系统的平衡理论及其应用，安德鲁斯翻译，奥拉瓦斯作序并介绍其生平事迹，多佛尔出版有限公司，纽约，1966 年（参考文献 9-4 的再版，但增加了奥拉瓦斯所提供的历史材料）。

9-6 G. A. 奥拉瓦斯，"弹性力学中极值原理的历史回顾（Historical Review of Extremum Principles in Elastomechanics）"，《弹性系统的平衡理论及其应用》（1966 年版）一书的序言部分（xx - xlvi 页）（见参考文献 9-5）。

9-7 W. H. 麦考利，"关于梁挠度的说明（Note on the deflection of beams）"，《数学信使》（*The Messenger of Mathematics*），卷 XLVIII，1918 年 5 月~1919 年 4 月，剑桥，1919 年，129~130 页。

备注：威廉·赫里克·麦考利（William Herrick Macaulay，1853—1936）是一位英国数学家和剑桥大学国王学院的研究员。在这篇论文中，他通过 ${f(x)}_a$ 定义了这样一个 x 的函数，当 x 小于 a 时，该函数为零；当 x 大于或等于 a 时，该函数等于 $f(x)$。然后，他说明了如何使用该函数来求解梁的挠度。但遗憾的是，他丝毫没有参考克莱布什和福贝耳的早期工作；见参考文献 9-8~9-11。

9-8 克莱布什，《固体的弹性理论》（*Theorie der Elasticität fester Körper*），B. G. Teubner 出版社，莱比锡，1862 年，424 页（该书于 1883 年被译成法文，圣维南对其法文版作了注释，圣维南的注释使克莱布什的书的销量增加了三倍）。

备注：这本书首次提出采用过不连续点进行积分的方法来求解梁的挠度；见参考文献 1-1 的 258~259 页以及参考文献 9-10。鲁道夫·弗里德里希·艾尔弗雷德·克莱布什（Rudolf Friedrich Alfred Clebsch，1833—1872）是一位德国数学家和科学家。他曾是卡尔斯鲁厄理工大学（the Karlsruhe Polytechnicum）的一名工程教授，后来在哥廷根大学（Göttingen University）担任数学教授。

9-9 福贝耳，《工程力学讲义（卷 3）：强度》，B. G. Teubner 出版社，莱比锡，1897 年。

备注：在这本书中，福贝耳拓展了克莱布什的求解梁挠度的方法。奥古斯特·福贝耳（August Föppl，1854—1924）是一位德国数学家和工程师，他先后在莱比锡大学和慕尼黑理工学院担任教授。

9-10 W. D. 皮尔奇（W. D. Pilkey），"求解梁挠度的克莱布什法（Clebsch's method for beam deflections）"，《工程教育学报》54 卷，第 5 期，1964 年 1 月，170~174 页。这篇论文介绍了克莱布什的方法并在参考大量文献的基础上给出了一个完整的历史回顾。

11-1 欧拉，"寻找具有极大值或极小值性质的曲线…（Methodus inveniendi lineas curvas maximi minimive proprietate gaudentes…）"，附录 I：弹性曲线，1744 年。

备注：莱昂哈德·欧拉（Leonhard Euler, 1707—1783）在数学和力学方面做出了许多卓越贡献，他被大多数数学家认为是有史以来最多产的数学家。他的名字反复出现在现今的教科书中；例如，力学方面有刚体运动的欧拉方程、欧拉角、流体运动的欧拉方程、屈曲柱中的欧拉载荷等等；数学方面有著名的欧拉常数、欧拉数、欧拉恒等式（$e^{i\theta}=\cos\theta+i\sin\theta$）、欧拉公式（$e^{i\pi}+1=0$）、欧拉微分方程、变分问题的欧拉方程、欧拉求积公式、欧拉求和公式、齐次函数的欧拉定理、欧拉积分、甚至欧拉方阵（由一些具有特殊性质的数字所组成的方阵）。

欧拉
(1707–1783)

在应用力学方面，欧拉是推导出理想细长柱的临界屈曲载荷公式的第一人，并首次求解了弹性问题。他的这一工作发表于 1744 年。他还论述了一根底端固定、顶端自由的柱。后来，他拓展了其对柱的研究工作（见参考文献 11-2）。欧拉的众多书籍包括各类在天体力学、动力学和流体力学方面的专著，他的论文涵盖了诸如梁与板的振动以及静不定结构方面的内容。

在数学领域，欧拉对三角、代数、数论、微积分、无穷级数、解析几何、微分方程、变分计算以及许多其他内容均作出了突出贡献。他是将三角函数值设想为数的比值的第一人，并首次提出了著名的方程 $e^{i\theta}=\cos\theta+i\sin\theta$。他在数学方面的所有著作是几代人的经典文献，从这些著作中，我们发现了变分计算的首次进展，并发现了诸如费马的"最终定理"对 $n=3$ 和 $n=4$ 的证明这类引人入胜的项目。欧拉还解决了著名的"柯尼斯堡七桥"这一拓扑问题，这是他开创的另一个领域。

欧拉出生在瑞士的巴塞尔附近，并在巴塞尔大学师从约翰·伯努利（1667—1748）学习。1727 年至 1741 年，他在圣彼得堡生活和工作，在那里他作为一名数学家取得了巨大的声誉。1741 年，应普鲁士国王腓特烈大帝的邀请，他搬到柏林，并继续从事数学研究，直到 1766 年，在俄国女皇凯瑟琳二世的请求下，他才返回圣彼得堡。

直至 76 岁在圣彼得堡去世之前，欧拉一直是一位多产的学者；在他人生的最后一段时间内，他撰写了 400 多篇论文。在整个一生中，欧拉所撰写的书籍和论文共计 886 件；在他去世 47 年之后，圣彼得堡的俄罗斯科学院相继出版了他遗留的许多手稿。他的一只眼睛于 1735 年失明、另一只眼睛于 1766 年失明，而所有的这些事情都是在这种情况下完成的。欧拉的生平事迹见参考文献 1-1 的 28~30 页，他对力学的某些贡献见参考文献 1-1 的 30~36 页（也可参见参考文献 1-2、1-3、2-2、5-3）。

11-2　欧拉，"柱的强度（Sur la force des colonnes）"，《皇家学会的科学与文学发展史》，1757 年，发表在该学会的纪念刊中，第 13 卷，柏林，1759 年，252~282 页（有关该论文的翻译和讨论，见参考文献 11-3）。

11-3　J. A. 范登布鲁克（J. A. Van den Broek），"欧拉的经典论文'柱的强度'"，《美国物理学杂志》，卷 15，第 4 期，1947 年 7 月~8 月，309~318 页。

11-4　J. B. 凯勒（J. B. Keller），"最强柱的形状（The shape of the strongest column）"，《理性力学与分析文献》，卷 5，第 4 期，1960 年，275~285 页。

11-5　D. H. 杨，"钢柱的合理设计（Rational design of steel columns）"《美国土木工程学会会报》，卷 101，1936 年，422~451 页。

备注：多诺万·哈罗德·杨（Donovan Harold Young, 1904—1980）是一位著名的工程教育家。他先后在密歇根大学和斯坦福大学担任教授。他与铁木辛科合著的应用力学领域的五部教材被译成多种语言，并在世界各地使用。

11-6　A. H. E. 拉马尔，"受弯木材的记忆（Mémoire sur la flexion du bois）"，《比利时公共工程纪事》第 1 部第 3 卷，1845 年，1~64 页，以及第 2 部第 4 卷，1846 年，1~36 页。

备注：阿纳托尔·亨利·厄内斯特·拉马尔（Anatole Henri Ernest Lamarle, 1806—1875）是一位工程师和教授。他出生在法国的加来，并在巴黎学习，之后成为比利时根特大学的一名教授。他在柱方面的研究工作，见参考文献 1-1 的第 208 页。

11-7　A. 库西涅瑞（A. Considère），"受压杆的强度（Résistance des pièces comprimées）"，《国际施工大会》（巴黎，1889 年 9 月 9 日~14 日），理工

学院出版社出版的会议论文集（第 3 卷，1891 年，371 页）。

备注：阿尔芒·加布里埃尔·库西涅瑞（Armand Gabriel Considère，1841—1914）是一位法国工程师。

11-8　F. 恩格赛，"关于直杆的屈曲强度（Ueber die Knickfestigkeit gerader Stäbe）"，《建筑与工程学报》，卷 35，第 4 期，1889 年，455~462 页。
备注：弗里德里希·恩格赛（Friedrich Engesser，1848—1931）是一位德国铁路与桥梁工程师。后来，他成为卡尔斯鲁厄工业学院的教授，在那里，他在结构理论方面取得了重大进展，特别是在屈曲和能量法方面。他对柱的研究工作，见参考文献 1-1 的第 292 页和 297~299 页。

11-9　F. 恩格赛，"屈曲问题（Knickfragen）"，《瑞士建筑》（Schweizerische Bauzeitung），卷 25，第 13 期，1895 年 3 月 30 日，88~90 页。

11-10　F. 亚辛斯基，"关于'屈曲'一词（Noch ein Wort zu den 'Knickfragen'）"，《瑞士建筑》，卷 25，第 25 期，1895 年 6 月 22 日，172~175 页。
备注：费利克斯. S. 亚辛斯基（Félix S. Jasinski，1856—1899）出生在波兰的华沙，并在俄罗斯学习。他在圣彼得堡的通讯工程学院担任教授。

11-11　F. 恩格赛，"关于屈曲问题"，《瑞士建筑》，卷 26，4 月 27 号，第 4 期，1895 年 7 月 27 日，24~26 页。

11-12　冯·卡门，"直杆的屈曲强度（Die Knickfestigkeit gerader Stäbe）"，《物理学报》，卷 9，第 4 期，1908 年，136~140 页（该论文也出现在参考文献 11-14 的第 1 卷）。

备注：西奥多·冯·卡门（Theodore von Kármán，1881—1963）出生在匈牙利，后来在德国的哥廷根大学从事空气动力学方面的工作。1929 年来到美国后，他创建了喷气推进实验室，并成为航空和火箭方面研究的先驱者。他还研究了柱的弹性屈曲以及壳的稳定性。

11-13　冯·卡门，"屈曲强度的研究（Untersuchungen über Knickfestigkeit）"，《德国工程师协会：工程研究通讯》，柏林，第 81 期，1910 年（该论文也出现在参考文献 11-14 中）。

11-14　《冯·卡门文集》，Ⅰ~Ⅳ卷，巴特沃思科学出版社，伦敦，1956 年。

11-15　F. R. 尚利，"柱的悖论（The column paradox）"，《航空科学学报》，卷 13，第 12 期，1946 年 12 月，第 678 页。备注：弗兰西斯·雷诺兹·尚利（Francis Reynolds Shanley，1904—1968）是加利福尼亚大学航空工程系的教授。

11-16　F. R. 尚利，"非弹性柱理论（Inelastic column theory）"，《航空科学学报》，14 卷，第 5 期，1947 年 5 月，261~267 页。

11-17　N. J. 霍夫（N. J. Hoff），"屈曲与稳定性（Buckling and Stability）"，第 41 届威尔伯·莱特纪念会的演讲，《皇家航空学会》，58 卷，1954 年 1 月，3~52 页[⊖]。

11-18　N. J. 霍夫，"理想柱（The idealized column）"，《工程师参考》，28 卷，1959 年（纪念理查德·格拉梅尔），89~98 页。

11-19　B. G. 约翰斯顿（B. G. Johnston），"柱的屈曲理论：历史集锦（Column buckling theory：Historical highlights）"，《结构工程杂志（结构分册）》，美国土木工程师学会，109 卷，第 9 期，1983 年 9 月，2086~2096 页。

⊖ 威尔伯·莱特是发明飞机的莱特兄弟之一。——译者注

附录 A 单位制与换算系数

A.1 单位制

人类自首次开始从事建筑业与易货贸易以来，就迫切需要一套测量系统，并且，每一个古老文化都发展出某种形式的测量系统以服务其需求。在过去的几个世纪里逐渐诞生了单位的标准化制度，它们通常是通过皇家法令的形式实现的。早期测量标准的英制系统（British Imperial System）起始于十三世纪，并于十八世纪得以确立。英制系统通过贸易和殖民地传播到世界各地，包括美国。该系统在美国逐渐演变为当今普遍使用的美国惯用系统（U. S. Customary System，USCS）。

米制系统（metric system）大约在 300 年前起源于法国，并于法国革命期间的 18 世纪 90年代正式形成。法国于 1840 年规定使用米制系统，此后，许多其他国家也作了相同的规定。1866 年，美国国会使米制系统合法化，但没有强制执行。

20 世纪 50 年代，米制系统经历了一个重大的修改，并创建了一个新的单位制，该单位制于 1960 年被正式采用并被命名为国际单位制（International System of Units），这一新的单位制通常被称为 SI。虽然 SI 的某些单位与旧的米制系统是相同的，但 SI 具有许多新的特性和简化。因此，SI 是一种改进的米制系统。

长度、时间、质量以及力是计量单位所需的基本力学概念。然而，在这些量中，只有三个量是独立的，因为所有的这四个量均与牛顿第二定律有关：

$$F = ma \tag{A-1}$$

其中，F 为作用在某一质点上的力，m 为该质点的质量，a 为该质点的加速度。由于加速度的单位为长度除以时间的平方，因此，所有的四个量均与该第二定律有关。

与米制系统一样，国际单位制也以长度、时间和质量作为基本量。在这些系统中，力是根据牛顿第二定律而推导出来的。因此，力的单位是用长度、时间和质量的基本单位来表达的，如下一节所示。

SI 被归类为绝对单位制（absolute system of units），因为这三个基本量的测量与测量地点无关，即测量结果不依赖于重力的影响。因此，长度、时间和质量的 SI 单位可被用于地球上、空间中、月球上、甚至另一个星球上的任何地方。这就是为什么科学工作中总是优先使用米制系统的原因之一。

英制系统和美国惯用系统均以长度、时间和力作为基本量，而质量是根据第二定律推导出来的。因此，在这些系统中，用长度、时间和力的单位来表达质量的单位。力的单位被定义为使一定标准质量的加速度等于重力加速度所需的力，这意味着力的单位将随着位置和海拔高度而变化。因此。这种单位制被称为重力单位制（gravitational systems of units）。发明这种单位制的原因可能在于，重量是一个易于辨别的性能，且地球引力变化是不明显的。然而，必须清楚，在现代技术世界中应优先考虑使用绝对单位制。

A.2   SI 单位制

国际单位制有七个基本单位，所有的其他单位均导自这些基本单位。力学中重要的基本单位：长度为米（m）、时间为秒（s）、质量为千克（kg）。其他的 SI 基本单位包括温度、电流、物质的量和发光强度。

米最初被定义为北极点至赤道的距离的一千万分之一。后来，这一距离被转换为一个物理标准，多年来，米的标准就是存放在国际计量局总部的铂-铱杆上的两个标记之间的距离，该总部位于法国巴黎西部郊区的塞夫尔。

由于作为标准的物理杆自身存在着固有的不准确性，因此，在 1983 年，米的定义被改变为 1/299792458 秒的时间间隔内光在真空中行程的长度[⊖]。这种"自然"标准的优点在于，它不会受到物理伤害，且可在世界任何地方的实验室内重复。

秒最初被定义为平均太阳日的 1/86400（24 小时等于 86400 秒）。然而，自 1967 年以来，高度精确的原子钟已设定了秒的标准，现在，一秒被定义为铯-133 原子基态的两个超精细能级间跃迁辐射 9192631770 周所持续的时间（大多数工程师可能会更喜欢原来的定义，而并不喜欢这一新的定义，虽然新定义没有明显改变秒的时长，但却是必要的，因为地球的旋转速度正在逐渐减慢）。

在 SI 的七个基本单位中，千克是唯一仍然使用物理对象来定义的单位。由于某一物体的质量只能通过与其他物体的质量进行实验对比的方法来确定，因此，物理标准是必要的。为了这个目的，一千克的铂铱圆柱筒被保存在塞夫尔的国际计量局，该圆柱筒被称为国际千克原器（International Prototype Kilogram，IPK）（目前，正试图用一个基本常数来定义千克，如用阿伏伽德罗常数，从而消除对物理对象的需求）。

力学中所用的其他单位被称为导出单位（derived units），这些单位是用米、秒和千克的基本单位来表示的。例如，力的单位是牛顿，它被定义为使一千克质量的物体产生 1 米每秒平方的加速度所需的力[⊖]。根据牛顿第二定律（$F=ma$），可推导出用基本单位表达的力的单位：

$$1牛顿=（1千克）×（1米每二次方秒）$$

因此，可用基本单位将牛顿（N）表达如下：

$$1N=1kg \cdot m/s^2 \tag{A-2}$$

为了便于参考，请注意，一个小苹果的重量约为一牛顿。

功和能的单位为焦耳（joule），定义为 1 牛顿力的作用点在力的方向上移动 1 米距离所作的功[⊖]。因此，

$$1焦耳=（1牛顿）×（1米）=1牛顿米$$

或

$$1J=1N \cdot m \tag{A-3}$$

当你将本书从桌面举至眼睛所处的水平位置时，你做了大约 1 焦耳的功；当你走上一层

⊖ 该数的倒数给出了光在真空中的速度（299792458 米/秒）。

⊖ "艾萨克·牛顿爵士（1642—1727）是一位英国数学家、物理学家和天文学家，他发明了微积分，并发现了运动定律和万有引力定律。

⊖ 杰姆斯·普雷斯特·焦尔（1818—1889）是一位英国物理学家，他开发了一种用于确定机械热当量的方法。

楼梯时，你做了大约 200 焦耳的功。

表 A-1 列出了力学中重要的 SI 单位的名称、符号以及公式。某些导出单位具有特殊的名称，如牛顿、焦耳、赫兹、瓦特和帕斯卡，这些单位是以科学和工程发展过程中著名人物的姓名来命名的，虽然其单位名称本身是采用小写字母来书写的，但其符号（N、J、Hz、W、Pa）都是大写。其他导出单位没有特殊的名称（例如，加速度、面积和密度的单位），它们必须用基本单位和其他导出单位来表示。

表 A-2 给出了各 SI 单位之间的关系以及一些常用的米制单位。在工程或科学应用中，不再推荐使用诸如达因、尔格、伽以及微米等米制单位。

某一物体的重量就是作用在该物体上的重力，因此，重量的计量单位为牛顿。由于重力取决于海拔高度和在地球上的位置，因此，物体的重量并不是一个恒定的值。此外，在用弹簧秤测量人体的重量时，测量结果不仅受到地球引力的影响，而且，还受到地球自转的离心作用。

因此，必须认识重量的两种类型，绝对重量（absolute weight）和表观重量（apparent weight）。前者仅取决于重力，而后者包括自转的影响。因此，表观重量总是小于绝对重量（两极除外）。表观重量是用弹簧秤所测得的物体的重量，它就是人们在商业和日常生活中常用的重量；绝对重量应用于航天工程和某些科学工作中。在本书中，"重量"这一术语始终指的是"表观重量"。

重力加速度用字母 g 来表示，它与重力成正比，因此，它也取决于测量位置。相反，质量是物体内材料数量的一种度量，它并不随测量位置的改变而变化。

根据牛顿第二定律（$F=ma$），可得到重量、质量以及重力加速度之间的基本关系，这种情况下的牛顿第二定律变为：

$$W=mg \tag{A-4}$$

在这个方程中，W 为重量（单位为牛顿，N），m 为质量（单位为千克，kg），g 为重力加速度（单位为米每秒平方，m/s^2）。式（A-4）表明，对于一个质量为 1 千克的物体，其重量的牛顿值等于 g。重量 W 与加速度 g 的值取决于许多因素，包括纬度和海拔高度。然而，已为科学计算确立了 g 的一个国际标准值：

$$g=9.806650m/s^2 \tag{A-5}$$

该值是海拔与纬度的标准条件下（在纬度约为 45°的海平面上）测得的。用于地球表面或接近地球表面上的普通工程的推荐 g 值为：

$$g=9.81m/s^2 \tag{A-6}$$

因此，某一质量为 1 千克的物体具有 9.81 牛顿的重量。

表 A-1 力学中使用的单位

量	国际单位制（SI）		
	单位	符号	公式
角加速度	弧度每二次方秒		rad/s^2
线角加速度	米每二次方秒		m/s^2
面积	平方米		m^2
密度(质量)	千克每立方米		kg/m^3
密度(重量)	牛顿每立方米		N/m^3

（续）

量	国际单位制（SI）		
	单位	符号	公式
能；功	焦耳	J	N · m
力	牛顿	N	kg · m/s^2
单位长度上的力（力的强度）	牛顿每米		N/m
频率	赫兹	Hz	s^{-1}
长度	米	m	（基本单位）
质量	千克	kg	（基本单位）
力矩；扭矩	牛顿米		N · m
惯性矩（面积）	四次方米		m^4
惯性矩（质量）	千克二次方米		kg · m^2
功率	瓦特	W	J/s（N · m/s）
压力	帕斯卡	Pa	N/m^2
截面模量	三次方米		m^3
应力	帕斯卡	Pa	N/m^2
时间	秒	s	（基本单位）
角速度	弧度每秒		rad/s
线速度	米每秒		m/s
体积（液体）	升	L	10^{-3} m^3
体积（固体）	立方米		m^3

注：1 焦耳（J）= 1 牛顿米（N · m）= 1 瓦秒（W · s）

表 A-2　常用附加单位

SI 单位与米制单位	
1 加仑（gal.）= 1 厘米每二次方秒（cm/s^2）	1 厘米（cm）= 10^{-2} 米（m）
（例如，g ≈981 加仑）	1 立方厘米（cm^3）= 1 毫升（mL）
1 公亩（a）= 100 平方米（m^2）	1 微米（μm）= 10^{-6} 米（m）
1 公顷（ha）= 10000 平方米（m^2）	1 克（g）= 10^{-3} 千克（kg）
1 尔格（erg）= 10^{-7} 焦耳（J）	1 吨（t）= 1 兆克（MG）= 1000 千克（kg）
1 千瓦时（kWh）= 3.6 兆焦耳（MJ）	1 瓦特（W）= 10^7 尔格每秒（erg/s）
1 达因（dyne）= 10^{-5} 牛顿（N）	1 达因每平方厘米（dyne/cm^2）= 10^{-1} 帕斯卡（Pa）
1 千克力（kgf）= 1 千磅（kp）= 9.80665 牛顿（N）	1 巴（bar）= 10^5 帕斯卡（Pa）
	1 stere = 1 立方米（m^3）

USCS 与英制单位	
1 千瓦时（kWh）= 2655220 英尺磅（ft-lb）	1 马力（hp）= 550 英尺磅每秒（ft-lb/s）
1 英热单位（Btu）= 778.171 英尺磅（ft-lb）	1 千瓦（kW）= 737.562550 英尺磅每秒（ft-lb/s）
1 千磅（k）= 1000 磅（lb）	= 1.34102 马力（hp）
1 盎司（oz）= 1/16 磅（lb）	1 磅每平方英寸（psi）= 144 磅每平方英寸（psf）
1 吨（t）= 2000 磅（lb）	1 转每分钟（rpm）= 2 π/60 弧度每秒（rad/s）
1 英吨=2240 磅（lb）	1 英里每小时（mph）= 22/15 英尺每秒（fps）
1 磅达（pdl）= 0.0310810 磅（lb）= 0.138255 牛顿（N）	1 美加仑（USgal）= 231 立方英寸（in^3）
1 英寸（in）= 1/12 英尺（ft）	1 美夸脱（qt）= 2 美液品脱（USlipt）= 1/4 美加仑（gal.）
1 密耳（mil）= 0.001 英寸（in.）	1 立方英尺（ft^3）= 576/77 美加仑（USgal）= 7.48052 美加仑（US-gal）
1 码（yd）= 3 英尺（ft）	1 英加仑= 277.420 立方英寸（in^3）
1 英里（mi）= 5280 英尺（ft）	

大气压力将随着天气条件、测量位置、海拔高度以及其他因素的变化而发生相当大的变化，因此，该压力在地球表面处的一个国际标准值已被定义为：

$$1\text{标准大气压} = 101.325\text{千帕}(\text{kPa}) \tag{A-7}$$

在普通工程中推荐使用以下化简值：

$$1\text{标准大气压} = 101\text{千帕}(\text{kPa}) \tag{A-8}$$

当然，式（A-7）和式（A-8）给出的数值可用于计算中，但并不能代表任一给定位置处的实际环境压力。

力学中的一个基本概念是力矩或扭矩，尤其是力矩和力偶矩。力矩的单位为力乘以长度、或牛顿米（N·m）。力学中的其他重要概念有功和能，两者的单位均为焦耳，焦耳是一个导出单位，它恰好与力矩具有相同的单位（牛顿米）。然而，力矩是一个与功或能明显不同的量，因此，绝对不能用焦耳来作为力矩或扭矩的单位。

频率的计量单位是赫兹（Hz），该导出单位等于秒的倒数（1/s 或 s^{-1}）。赫兹被定义为一秒内重复的次数，因此，它相当于每秒内的周期数（周/秒）或每秒内的转数（转/秒）。它通常被用于机械振动、声波以及电磁波，偶尔也被用于旋转频率以代替传统的每分钟转数（rpm）和每秒转数（rev/s）⊖。

其他两个导出单位在 SI 单位制中具有特殊的名称，分别为瓦特（W）和帕斯卡（Pa）。瓦特是功率的单位，即单位时间的功，1 瓦特等于 1 焦耳每秒（J/s）或 1 牛顿米/秒（N·m/s）。帕斯卡是压力、应力或单位面积上的力的单位，它等于 1 牛顿每平方米（N/m²）。

升（liter）是不被 SI 单位制所接受的单位，但它是如此常用以致于不能被轻易丢弃。因此，SI 允许在测量容量、干物以及液体等有限条件下使用升作为单位。在 SI 单位制中，允许以大写的 L 和小写的 l 作为升的符号，但在美国，只允许使用 L（以避免与数字 1 混淆）。升的前缀仅允许使用毫和微。

结构上的各类载荷，无论是重力引起的、还是其他作用引起的，通常以力的单位来表达，如牛顿、牛顿/米、或帕斯卡（牛顿/平方米）。这类载荷的实例为，一个作用在轴上的 25kN 的集中载荷，一个作用在梁上的强度为 800N/m 的均布载荷，以及作用在飞机机翼上的 2.1kPa 的空气压力。

然而，SI 允许在某种情况下将一个载荷以质量的单位来表达，即如果作用在结构上的载荷是由作用在一个质量上的重力所引起的，那么，该载荷可以用质量的单位（千克，千克/米，或千克/平方米）来表达。在这种情况下，通常的做法是通过乘上重力加速度（$g = 9.81 \text{ m/s}^2$）而将该载荷转换为力的单位。

SI 的前缀　SI 单位的倍数和分数（均以基本单位和导出单位为基础）是由与单位相连的前缀所创建的（前缀列表见表 A-3）。使用前缀可避免异常大或异常小的数。其一般规则是，应使用前缀使数值处于 0.1～1000 的范围内。

所有推荐的前缀通过 3 的倍数或约数来改变该量的大小。类似地，当以 10 的幂次方作为乘数时，10 的指数应是 3 的倍数（例如，可使用 $40 \times 10^3 \text{N}$，但不能使用 400×10^2）。同时，在某一具有前缀的单位上的指数指的是整个单位；例如，符号 mm² 指的是 (mm)²、而不是 m (m)²。

SI 单位的书写方式　SI 单位的书写规则已由国际协议确立，一些相关的规则如下所述（规则的示例在括号内给出）：

⊖　海因里希·鲁道夫·赫兹（1857—1894）是一位德国物理学家，他发现了电磁波，并证明了光波和电磁波是一致的。

1. 方程和数值计算中的单位应始终书写为符号（kg）。在文本中，应将单位书写为文字（千克），但在需要给出数字的情况下，允许采用文字或符号的形式书写（12 千克或 12kg）。

2. 在复合单位中用凸点来表示"相乘"（kN·m）。在文本中书写这类单位时，不必使用凸点（千牛米）。

3. 在复合单位中用斜线或乘以负指数来表示"相除"（m/s 或 m·s^{-1}）。在文本中书写这类单位时，始终用"每"来取代斜线（米每秒）。

4. 数字及其单位之间应始终有一个空格（200 Pa 或 200 帕），但度数符号（角度或温度）除外，度数数字及其符号之间不使用空格（45°，20 ℃）。

5. 应采用罗马字体（即直体）印刷单元及其前缀，绝对不能使用斜体，即使周围的文字都是斜体。

6. 当书写为符号时，若单位来自于人名，则可采用大写形式（N）。但升的符号例外，该符号可以是 L 或 l，但应首选大写字母 L 以避免与数字 1 混淆。同时，当书写为符号时，一些前缀可采用大写字母的形式书写（MPa），但不能用于文本中。

7. 当书写为符号时，单位应始终采用单数形式（1km，20km，6s）。赫兹（hertz）的复数仍为赫兹（hertz）；其他单位的复数形式采用其习惯用法（newtons，watts）。

8. 不能将前缀用于复合单位的分母。但千克（kg）例外，它是一个基本单位，因此，不能把字母"k"视为一个前缀。例如，可写 kN/m，但不能写 N/mm；可写 J/kg，但不能写 mJ/g。

表 A-3　SI 的前缀

前　　缀	符　　号			乘 法 因 子
太（tera）	T	10^{12}	=	1000000000000
吉（giga）	G	10^{9}	=	1000000000
兆（mega）	M	10^{6}	=	1000000
千（kilo）	k	10^{3}	=	1000
百（hecto）	h	10^{2}	=	100
十（deka）	da	10^{1}	=	10
分（deci）	d	10^{-1}	=	0.1
厘（centi）	c	10^{-2}	=	0.01
毫（milli）	m	10^{-3}	=	0.001
微（micro）	μ	10^{-6}	=	0.000001
纳（nano）	n	10^{-9}	=	0.000000001
皮（pico）	p	10^{-12}	=	0.000000000001

注：各前缀的第一个音节重读。

A.3　温度的单位

在 SI 单位制中，温度的计量单位被称为开尔文（K），相应的温标是开尔文温标。开尔文温标是一种绝对温标，其读数原点（零开尔文度，或 0K）位于绝对零度，绝对零度就是以完全没有热量为特征所定义的一个理论温度。在开尔文温标上，水大约在 273K 时结冰、大约在

373K 时沸腾。

摄氏温标通常用于非科学用途。其相应的温度单位为是摄氏度（℃），它等于 1 开尔文（即 1℃ = 1K）。在摄氏温标上，水在一定的标准条件下大约在零度（0℃）时结冰、大约在 100 度（100℃）时沸腾。摄氏温标也被称为百分度温标。

开尔文温度与摄氏温度之间的关系由以下方程给出：

$$摄氏温度 = 开尔文温度 - 273.15$$

或

$$T(℃) = T(K) - 273.15 \tag{A-9}$$

其中，T 为温度。在工作温度发生变化或出现温度差的情况下，如机器中通常会发生这种情况，两种单位均可使用，因为其温度间隔是相同的⊖。

⊖ 开尔文勋爵（1824—1907），原名威廉·汤姆森（William Thomson）是一位英国物理学家，他完成了许多科学发现，他发展了热力学理论并提出了绝对温标。安德斯·摄尔修斯（Anders Celsius, 1701—1744）是一位瑞典科学家、天文学家。他于 1742 年研发出摄氏温标其温标上的刻度 0 与 100 分别对应于水的冰点和沸点。

附录 B 习题求解

B.1 习题的类型

材料力学的学习被自然而然地划分为两部分：第一，理解一般概念和原理；第二，将这些概念和原理应用于实际情况。通过研究本书对一般概念的讨论和推导过程，就可理解一般概念。但应用这些概念的技巧却与求解习题的过程相伴。当然，这两个方面是密切相关的，许多专家的告诫是，如果不会应用这些概念，那么，也就不能真正理解它们。记住力学原理是较为容易的，但将它们应用于实际情况却需要更深地理解它们。这就是力学教师为什么如此重视习题的原因。求解习题不仅有助于学生理解概念的含义，而且，还为取得经验和发展判断力提供了一个机会。

本书中的一部分课外作业需要符号解，而其他作业需要数值解。对于符号类习题（也被称为解析题、代数题等），所需变量的资料是以符号形式给出的，例如，载荷为 P、长度为 L，弹性模量为 E。这类习题是用变量来求解的，其结果被表示为公式或数学表达式。符号类习题通常不涉及数值计算，只有在需要得到一个数值解时，才会将数据代入最终的符号解。然而，这一最终的代入数据过程却并不能掩盖这样一个事实，即该习题是以符号形式求解的。

相反，对于数值类习题，所需资料是以数字（具有适当的单位）形式给出的；例如，一个载荷可能给定为 12kN，一个长度可能给定为 3m，一个尺寸可能给定为 150mm。在求解数值类习题时，从一开始就需要进行计算，并且，其中间结果和最终结果都是以数字形式来表达的。

数值类习题的优点在于，所有量的大小在每一求解阶段都是显而易见的，从而为观察计算过程是否产生合理的结果提供了一个机会。同时，数值解还可以使各量保持在规定的范围内。例如，假设梁中某一特定点处的应力不能超过一个给定的允许值，如果在中间的数值求解过程中计算出该应力，那么，就可立即验证该应力是否超过其允许值。

符号类习题也具有几大优点。由于结果是代数公式或表达式，因此，可以直接看到各变量是如何影响结果的。例如，若某一载荷是以一次方的形式出现在最终结果的分子上，则可知，该载荷增加一倍将导致最终结果增加一倍。同样重要的是，符号解表明了哪些变量不影响结果。例如，某一给定量可能会从其答案中消失，而数值求解过程可能甚至不会注意到这样的事实。此外，符号解便于检查答案中各项的量纲是否一致。最重要的是，符号解提供了一个通用公式，该公式可用于求解许多不同的问题（每个问题就有一组不同的数据）。相反，数值解仅适用于一种情况，若数据发生了改变，则需重新求解。当然，当公式变得太复杂以致于无法处理时，就不能采用符号解。这时，必须采用数值解。

在更高级的力学工作中，需要使用数值方法来求解问题。"数值方法"这一术语指的是各种各样的计算方法，包括标准数学方法（如数值积分以及微分方程的数值解）和先进分析方法（如有限元法）。这些方法的计算机程序都是现成的。用于执行常规任务（如求解梁的挠度和求解主应力）的更专业的计算机程序也是现成的。然而，在学习材料力学时，应专注于概念，而不应专注于具体计算机程序的使用。

B. 2 习题的求解步骤

习题的求解步骤因人而异，并且习题类型不同，求解步骤也会有所不同。然而，以下建议将有助于减少错误。

1. 将所求问题表述清楚；对于所要研究的机械或结构系统，绘制其结构图。这一步的一个重要组成部分是，应明确什么是已知的、什么是需要求解的。

2. 通过对物理性质进行假设来简化机械或结构系统。这一步被称为建模（modeling），因为它涉及创建（在纸上）真实系统的一个理想模型。其目的是创建一个具有足够精度的模型来代表该真实系统，所谓足够精度是指从该模型中得到的结果应可应用于该真实系统。

这里举几个用于机械系统建模的理想化例子：（a）尺寸有限的物体有时被建模为质点，例如在求解作用于桁架某一节点上的力时。（b）可变形体有时用刚体来代表，例如在求解静定梁的反作用力或求解静定桁架各构件中的力时。（c）物体的几何尺寸和形状可以被简化，例如当把地球视为一个球体或把一根梁视为一根笔直梁时。（d）作用在机械和结构上的分布力可用等效集中力来代表。（e）与其他力相比非常小的力，或已知对结果影响很小的力，可以忽略不计（摩擦力有时就是这类力）。（f）通常可将结构的支座视为不可移动的。

3. 在求解习题时，绘制大而清晰的草图。草图总是有助于理解实际结构，并且，草图通常会显示出某些被忽视的内容。

4. 将力学原理应用于理想化模型以得到所需的方程。在静力学中，所需方程通常是根据牛顿第一定律得到的平衡方程；在动力学中，所需方程通常是根据牛顿第二定律得到的运动方程。在材料力学中，所需方程与应力、应变、变形以及位移有关。

5. 利用各种数学技巧和计算技巧来求解方程，并得到答案，所得答案既可以是一个公式，也可以是一个数值。

6. 用机械或结构系统的物理行为来解释答案，即说明答案的含义或意义，并得出有关该系统行为的结论。

7. 尽可能以多种方式检查答案。因为任何错误都可能导致灾难性的后果，工程师们绝对不能仅依靠一个单一解。

8. 最后，清晰、简洁地给出你的答案，以便他人审阅和检查。

B. 3 量纲一致性

力学中的基本概念是长度、时间、质量和力。这些物理量均有一个量纲（dimension），即一个广义的计量单位。例如，对于长度的概念，有许多的长度单位，如米、千米、码、英尺和英寸，但所有这些单位都有一个共同点——每个单位均代表一个不同的长度，而不是代表诸如体积或力这样的其他量。因此，可在没有明确具体计量单位的情况下规定长度的量纲。类似的说法适用于时间、质量和力的量纲。这四种量纲通常分别用符号 L、T、M 和 F 来表示。

每一个方程，无论采用数值形式、还是采用符号形式，都必须是量纲一致的，即方程中各项的量纲必须相同。为了检查方程中的量纲是否正确，可忽略数值大小，仅写出方程中每一个量的量纲。由此产生的方程，其所有项都必须具有相同的量纲。

例如，对于某一承受均布载荷的简支梁，其中点处的挠度 δ 的方程为：

$$\delta = \frac{5qL^4}{384EI}$$

将其中的各个量用其量纲来代替，就可得到相应的量纲方程；即，用量纲 L 取代挠度 δ，用量纲 F/L（单位长度上的力）取代均布载荷 q 的强度，用量纲 L 取代梁的长度 L，用量纲 F/L^2（单位面积上的力）取代弹性模量 E，用量纲 L^4 取代惯性矩 I。因此，该量纲方程为：

$$L = \frac{(F/L)L^4}{(F/L^2)L^4}$$

简化后，该方程化简为量纲方程 L＝L，正如预期。

既可以采用符号 LTMF 以广义形式来书写量纲方程，也可以使用习题中的实际单位来书写量纲方程。例如，在采用 SI 单位计算上述梁的挠度时，可见将其量纲方程书写为：

$$mm = \frac{(N/mm)\,mm^4}{(N/mm^2)\,mm^4}$$

该式可化简为 mm＝mm，其量纲是正确的。经常检查量纲的一致性（或单位的一致性）有助于消除推导和计算过程中的错误。

B.4　有效数字

工程计算是用极高精度的计算器和计算机来执行的。例如，一些电脑定期执行每个数值均超过 25 位的计算，最便宜的计算器也可输出 10 位或更多位的数字。在这些条件下，重要的是，必须认识到，从工程分析所获得的结果的准确性不仅取决于计算，而且还取决于各种其他因素，如给定数据的准确性、分析模型中的近似特性、理论中假设的有效性。在许多工程情况下，这些因素意味着，只有在结果为两位或三位有效数字时，该结果才是有效的。

例如，对于某一静不定梁的反作用力，假设计算结果为 $R = 6287.46$N。以这种方式给出的结果具有误导性，因为它给出了这样一个暗示，即暗示已知该反作用力最接近 1N 的 1/100，即使在其大小超过 6000N 的情况下。因此，它暗示了一个约 1/600,000 的精度和一个 0.01N 的精度（两者都是合理的）。相反，所计算的反作用力的精度取决于以下条件：（1）分析中所有的载荷、尺寸以及其他数据是如何被精确地已知的；（2）梁行为理论所固有的近似特性。在本例中，最有可能的是，仅已知反作用力 R 最接近 10N、或可能最接近 100N。因此，其计算结果应当表述为 $R = 6290$N 或 $R = 6300$N。

为了清晰地显示某一给定数值的精度，一个常见的做法是使用有效数字（significant digits）。有效数字是 1~9 中的某一个数，或是任何一个不是用来显示小数点位置的 0。例如，数字 417、8.29、7.30 和 0.00254 均有三位有效数字。然而，对于像 29000 这样的数字，其有效数字的位数是不明显的。若三个 0 仅用于确定小数点的位置，则它可能有两位有效数字；若一个或更多的 0 是有效，则它可能有三位、四位或五位有效数字。通过使用 10 的幂次方，就可更为清晰地显示如 29000 这类数字的精度。当该数被写为 29×10^3 或 0.029×10^6 时，该数被理解为具有两位有效数字；当其被写为 29.0×10^3 或 0.0290×10^6 时，它具有三位有效数字。

若一个数字是通过计算得到的，则其精度取决于计算过程中所用数字的精度。有效数字乘法与除法的经验法则为：计算结果的有效数字位数应与计算过程中所用各数字的最小位数相同。例如，2339.3 与 35.4 的乘积，在采用八位有效数字记录时，其计算结果为 82811.220。

然而，以这种方式给出的结果具有误导性，因为它意味着必须采用比各原始数据更大的精度。由于 35.4 这样的数字只有三位有效数字，因此，该结果的正确书写方法为 82.8×10^3。

在对一列数字进行加法或减法运算时，其结果的最后一个有效数字可在所有数字均参与加、减运算的最后一列中求出。为了更清晰地说明这一点，举以下三个例子：

$$
\begin{array}{cccc}
& 459.637 & 838.49 & 859,400 \\
\text{计算结果：} & +7.2 & -7 & 847,900 \\
\hline
& 466.837 & 831.49 & 8500
\end{array}
$$

结果写为：446.8　　831　　8500

在第一个例子中，数字 459.637 有六位有效数字，而数字 7.2 有两位有效数字。其相加的结果有四位有效数字，因为，对于包含 2 的那一列的右边，其结果中的所有数字都是毫无意义的。在第二个例子中，数字 7 被精确到一位有效数字（也就是说，它不是一个精确的数字），因此，其最终结果只能被尽量精确至包含 7 的那一列，这意味着它具有三位有效数字、并被记录为 831。在第三个例子中，数字 856400 和 847900 被假设为精确到四位有效数字，但该减法运算的结果被精确到仅有两位有效数字，因为显然后两个 0 并不是有效数字[⊖]。一般而言，减法将导致精度的降低。

这三个例子表明，通过计算得到的数字可能含有没有物理意义的多余数字。因此，当把这样的数字作为最终结果提交时，应只给出那些有效数字。

在材料力学的习题中，数据通常被精确到约 1%，或在某些情况下可能被精确到 0.1%，因此，最终结果应该具有一个可比较的精度。在需要较大的精度时，习题中会给出清楚的说明。

虽然有效数字的使用为处理数值精度问题提供了一个简便的方法，但应该认识到，有效数字并不是精度的有效指标。以数字 999 和 101 为例来说明这一事实，数字 999 中的三位有效数字对应于 1/999 或 0.1% 的精度，而数字 101 号中相同位数的有效数字却仅对应于 1/101 或 1% 的精度。通常可增加一位有效数字，并以数字 1 开始，就可降低这一精度方面的差距。因此，数字 101.1 中的四位有效数字具有与数字 999 中的三位有效数字一样的精度。

本书一般遵循下述规则：以数字 2~9 开始的最终数值结果应被记录为三位有效数字，以数字 1 开始的那些结果应被记录为四位有效数字。然而，在计算过程中，为了保持数值精度并避免舍入误差，中间计算结果通常应以增加位数的形式来记录。

我们在计算中遇到的许多数字都是精确的，例如，数字 π，1/2 这样的分数，梁挠度公式 $PL^3/48EI$ 中数字 48 这样的整数。精确的数字，其有效数字的位数是无限的，因此，它们对确定计算结果的精度不起作用。

B.5　数字的圆整

舍去无效数字、只保留有效数字的过程被称为圆整（rounding）。为了说明这一过程，假设需要将一个数圆整至三位有效数字，则应运用以下规则：

（a）如果第四位数字小于 5，那么，前三位数字应保持不变，且所有随后的数字应被舍去或用 0 来代替。例如，37.44 应圆整至 37.4，673289 应圆整至 673000。

（b）如果第四位数字大于 5，或者第四位数字是 5，且其随后的各位数字中至少有一位数

⊖ 即后两个零仅用于确定小数点的位置——译者注

字不为 0，那么，应将第三位数字加 1，且所有随后的数字应被舍去或用 0 来代替。例如，26.37 应圆整至 26.4，3.245002 应圆整至 3.25。

（c）最后，如果第四位数字是 5，且所有随后的数字（如果有的话）均为 0，那么，若第三位数字是一个偶数，则其保持不变；若第三位数字是一个奇数，则将该数字加 1，并用 0 取代 5（只有在需要使用 0 来确定小数点位置的情况下，才会保留小数点之前的 0）。这一过程通常被描述为"圆整至偶数位"。由于奇数和偶数的出现是一个或多或少的随机过程，因此，这一规则的应用意味着向上与向下圆整的几率是相同的，从而降低出现累积舍入误差的概率。

上述有关圆整至三位有效数字的规则可作为一般方法，在圆整至任何其他位数的有效数字时，这一规则同样适用。

附录 C 数 学 公 式

数学常数

$\pi = 3.14159\cdots \quad e = 2.71828\cdots \quad 2\pi(\text{rad}) = 360(°)$

$1(\text{rad}) = \dfrac{180}{\pi}(°)$

$1(°) = \dfrac{\pi}{180}(\text{rad}) = 0.0174533(\text{rad})$

换算：度 （°） $\times \dfrac{\pi}{180} =$ 弧度 （rad）

弧度 （rad） $\times \dfrac{180}{\pi} =$ 度 （°）

指数

$A^n A^m + A^{n+m} \qquad \dfrac{A^m}{A^n} = A^{m-n} \qquad (A^m)^n = A^{mn} \qquad A^{-m} = \dfrac{1}{A^m}$

$(AB)^n = A^n B^n \qquad \left(\dfrac{A}{B}\right)^n = \dfrac{A^n}{B^n} \qquad A^{m/n} = \sqrt[n]{A^m} \qquad A^0 = 1 \;(A \neq 0)$

对数

$\log \equiv$ 常用对数 $\qquad \lg \equiv$ 以 10 为底的对数

$10^x = y \qquad \log y = x$

$\ln \equiv$ 自然对数 （以 e 为底的对数） $\qquad e^x = y \quad \ln y = x$

$e^{\ln A} = A \quad 10^{\lg A} = A \quad \ln e^A = A \quad \lg 10^A = A$

$\log AB = \log A + \log B \quad \log \dfrac{A}{B} = \log A - \log B \quad \log \dfrac{1}{A} = -\log A$

$\log A^n = n \log A \quad \log 1 = \ln 1 = 0 \quad \lg 10 = 1 \quad \ln e = 1$

$\ln A = (\ln 10)(\lg A) = 2.30259 \lg A$

$\lg A = (\lg e)(\ln A) = 0.434294 \ln A$

三角函数

$\tan x = \dfrac{\sin x}{\cos x} \quad \cot x = \dfrac{\cos x}{\sin x} \quad \sec x = \dfrac{1}{\cos x} \quad \csc x = \dfrac{1}{\sin x}$

$$\sin^2 x + \cos^2 x = 1 \quad \tan^2 x + 1 = \sec^2 x \quad \cot^2 x + 1 = \csc^2 x$$

$$\sin(-x) = -\sin x \quad \cos(-x) = \cos x \quad \tan(-x) = -\tan x$$

$$\sin(x \pm y) = \sin x \cos y \pm \cos x \sin y$$

$$\cos(x \pm y) = \cos x \cos y \mp \sin x \sin y$$

$$\sin 2x = 2 \sin x \cos x \quad \cos 2x = \cos^2 x - \sin^2 x$$

$$\tan 2x = \frac{2 \tan x}{1 - \tan^2 x}$$

$$\tan x = \frac{1 - \cos 2x}{\sin 2x} = \frac{\sin 2x}{1 + \cos 2x}$$

$$\sin^2 x = \frac{1}{2}(1 - \cos 2x) \qquad \cos^2 x = \frac{1}{2}(1 + \cos 2x)$$

对于任一边长为 a、b、c 且对角为 A、B、C 的三角形：

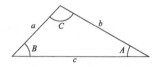

正弦定理：$\dfrac{a}{\sin A} = \dfrac{b}{\sin B} = \dfrac{c}{\sin C}$

余弦定理：$c^2 = a^2 + b^2 - 2ab\cos C$

一元二次方程及其求根公式

$$ax^2 + bx + c = 0 \qquad x = \frac{-b \pm \sqrt{b^2 - 4ac}}{2a}$$

无穷级数

$$\frac{1}{1+x} = 1 - x + x^2 - x^3 + \cdots \qquad (-1 < x < 1)$$

$$\sqrt{1+x} = 1 + \frac{x}{2} - \frac{x^2}{8} + \frac{x^3}{16} - \cdots \qquad (-1 < x < 1)$$

$$\frac{1}{\sqrt{1+x}} = 1 - \frac{x}{2} + \frac{3x^2}{8} - \frac{5x^3}{16} + \cdots \qquad (-1 < x < 1)$$

$$e^x = 1 + x + \frac{x^2}{2!} + \frac{x^3}{3!} + \cdots \qquad (-\infty < x < \infty)$$

$$\sin x = x - \frac{x^3}{3!} + \frac{x^5}{5!} - \frac{x^7}{7!} + \cdots \qquad (-\infty < x < \infty)$$

$$\cos x = 1 - \frac{x^2}{2!} + \frac{x^4}{4!} - \frac{x^6}{6!} + \cdots \qquad (-\infty < x < \infty)$$

注意：如果 x 与 1 相比非常小，那么，将只需要该级数中的前几项。

导数

$$\frac{\mathrm{d}}{\mathrm{d}x}(ax) = a \quad \frac{\mathrm{d}}{\mathrm{d}x}(x^n) = nx^{n-1} \quad \frac{\mathrm{d}}{\mathrm{d}x}(au) = a\frac{\mathrm{d}u}{\mathrm{d}x}$$

$$\frac{d}{dx}(uv) = u\frac{dv}{dx} + v\frac{du}{dx} \qquad \frac{d}{dx}\left(\frac{u}{v}\right) = \frac{v(du/dx) - u(dv/dx)}{v^2}$$

$$\frac{d}{dx}(u^n) = nu^{n-1}\frac{du}{dx} \qquad \frac{dy}{dx} = \frac{dy}{du}\frac{du}{dx} \qquad \frac{du}{dx} = \frac{1}{dx/du}$$

$$\frac{d}{dx}(\sin u) = \cos u\frac{du}{dx} \qquad \frac{d}{dx}(\cos u) = -\sin u\frac{du}{dx}$$

$$\frac{d}{dx}(\tan u) = \sec^2 u\frac{du}{dx} \qquad \frac{d}{dx}(\cot u) = -\csc^2 u\frac{du}{dx}$$

$$\frac{d}{dx}(\sec u) = \sec u\tan u\frac{du}{dx} \qquad \frac{d}{dx}(\csc u) = -\csc u\cot u\frac{du}{dx}$$

$$\frac{d}{dx}(\arctan u) = \frac{1}{1+u^2}\frac{du}{dx} \qquad \frac{d}{dx}(\lg u) = \frac{\lg e}{u}\frac{du}{dx} \qquad \frac{d}{dx}(\ln u) = \frac{1}{u}\frac{du}{dx}$$

$$\frac{d}{de}(a^u) = a^u\ln a\frac{du}{dx} \qquad \frac{d}{dx}(e^u) = e^u\frac{du}{dx}$$

不定积分

注意：各积分结果必须添加一个积分常数。

$$\int a\,dx = ax \qquad \int u\,dv = uv - \int v\,du\,(\text{分部积分法})$$

$$\int x^n\,dx = \frac{x^{n+1}}{n+1}(n \neq -1) \qquad \int \frac{dx}{x} = \ln|x| \quad (x \neq 0)$$

$$\int \frac{dx}{x^n} = \frac{x^{1-n}}{1-n} \quad (n \neq 1) \qquad \int (a+bx)^n\,dx = \frac{(a+bx)^{n+1}}{b(n+1)} \quad (n \neq -1)$$

$$\int \frac{dx}{a+bx} = \frac{1}{b}\ln(a+bx) \qquad \int \frac{dx}{(a+bx)^2} = \frac{1}{b(a+bx)}$$

$$\int \frac{dx}{(a+bx)^n} = \frac{1}{(n-1)(b)(a+bx)^{n-1}} \quad (n \neq 1)$$

$$\int \frac{dx}{a^2+b^2x^2} = \frac{1}{ab}\arctan\frac{bx}{a}(x\text{ 的单位为 rad}) \quad (a>0,b>0)$$

$$\int \frac{dx}{a^2-b^2x^2} = \frac{1}{2ab}\ln\left(\frac{a+bx}{a-bx}\right) \quad (x\text{ 的单位为 rad}) \quad (a>0,b>0)$$

$$\int \frac{x\,dx}{a+bx} = \frac{1}{b^2}[bx - a\ln(a+bx)]$$

$$\int \frac{x\,dx}{(a+bx)^2} = \frac{1}{b^2}\left[\frac{a}{a+bx} + \ln(a+bx)\right]$$

$$\int \frac{x\,dx}{(a+bx)^3} = -\frac{a+2bx}{2b^2(a+bx)^2} \qquad \int \frac{x\,dx}{(a+bx)^4} = -\frac{a+3bx}{6b^2(a+bx)^3}$$

$$\int \frac{x^2\,dx}{a+bx} = \frac{1}{2b^3}[(a+bx)(-3a+bx) + 2a^2\ln(a+bx)]$$

$$\int \frac{x^2\,\mathrm{d}x}{(a+bx)^2} = \frac{1}{b^3}\left[\frac{bx(2a+bx)}{a+bx} - 2a\ln(a+bx)\right]$$

$$\int \frac{x^2\,dx}{(a+bx)^3} = \frac{1}{b^3}\left[\frac{a(3a+4bx)}{2(a+bx)^2} + \ln(a+bx)\right]$$

$$\int \frac{x^2\,\mathrm{d}x}{(a+bx)^4} = -\frac{a^2+3abx+3b^2x^2}{3b^2(a+bx)^3}$$

$$\int \sin ax\,\mathrm{d}x = -\frac{\cos ax}{a} \qquad \int \cos ax\,\mathrm{d}x = \frac{\sin ax}{a}$$

$$\int \tan ax\,\mathrm{d}x = \frac{1}{a}\ln(\sec ax) \qquad \int \cot ax\,\mathrm{d}x = \frac{1}{a}\ln(\sin ax)$$

$$\int \sec ax\,\mathrm{d}x = \frac{1}{a}\ln(\sec ax + \tan ax)$$

$$\int \csc ax\,\mathrm{d}x = \frac{1}{a}\ln(\csc ax - \cot ax)$$

$$\int \sin^2 ax\,\mathrm{d}x = \frac{x}{2} - \frac{\sin 2ax}{4a}$$

$$\int \cos^2 ax\,\mathrm{d}x = \frac{x}{2} + \frac{\sin 2ax}{4a} \quad (x\ \text{的单位为}\ \mathrm{rad})$$

$$\int x\sin ax\,\mathrm{d}x = \frac{\sin ax}{a^2} - \frac{x\cos ax}{a} \quad (x\ \text{的单位为}\ \mathrm{rad})$$

$$\int x\cos ax\,\mathrm{d}x = \frac{\cos ax}{a^2} + \frac{x\sin ax}{a} \quad (x\ \text{的单位为}\ \mathrm{rad})$$

$$\int \mathrm{e}^{ax}\,\mathrm{d}x = \frac{\mathrm{e}^{ax}}{a} \qquad \int x\mathrm{e}^{ax}\,\mathrm{d}x = \frac{\mathrm{e}^{ax}}{a^2}(ax-1)$$

$$\int \ln ax\,\mathrm{d}x = x(\ln ax - 1)$$

$$\int \frac{\mathrm{d}x}{1+\sin ax} = -\frac{1}{a}\tan\left(\frac{\pi}{4} - \frac{ax}{2}\right)$$

$$\int \sqrt{a+bx}\,\mathrm{d}x = \frac{2}{3b}(a+bx)^{3/2}$$

$$\int \sqrt{a^2+b^2x^2}\,\mathrm{d}x = \frac{x}{2}\sqrt{a^2+b^2x^2} + \frac{a^2}{2b}\ln\left(\frac{bx}{a} + \sqrt{1+\frac{b^2x^2}{a^2}}\right)$$

$$\int \frac{\mathrm{d}x}{\sqrt{a^2+b^2x^2}} = \frac{1}{b}\ln\left(\frac{bx}{a} + \sqrt{1+\frac{b^2x^2}{a^2}}\right)$$

$$\int \sqrt{a^2-b^2x^2}\,\mathrm{d}x = \frac{x}{2}\sqrt{a^2-b^2x^2} + \frac{a^2}{2b}\arcsin\frac{bx}{a}$$

定积分

$$\int_a^b f(x)\,\mathrm{d}x = -\int_b^a f(x)\,\mathrm{d}x \qquad \int_a^b f(x)\,\mathrm{d}x = \int_a^c f(x)\,\mathrm{d}x + \int_c^b f(x)\,\mathrm{d}x$$

附录 D 平面图形的几何性质

注释：A = 面积

$\bar{x}$，$\bar{y}$ = 至形心 C 的距离

I_x，I_y = 相对于 x、y 轴的惯性矩

I_{xy} = 相对于 xy 轴的惯性积

$I_P = I_x + I_y$ = 相对于 xy 轴坐标原点的极惯性矩

I_{BB} = 相对于 B-B 轴的惯性矩

1

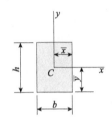

矩形（坐标原点位于形心处）

$$A = bh \qquad \bar{x} = \frac{b}{2} \qquad \bar{y} = \frac{h}{2}$$

$$I_x = \frac{bh^3}{12} \qquad I_y = \frac{hb^3}{12} \qquad I_{xy} = 0 \qquad I_P = \frac{bh}{12}(h^2 + b^2)$$

2

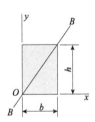

矩形（坐标原点位于顶角处）

$$I_x = \frac{bh^3}{3} \qquad I_y = \frac{hb^3}{3} \qquad I_{xy} = \frac{b^2 h^2}{4} \qquad I_P = \frac{bh}{3}(h^2 + b^2)$$

$$I_{BB} = \frac{b^3 h^3}{6(b^2 + h^2)}$$

3

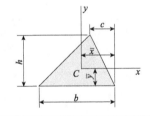

三角形（坐标原点位于形心处）

$$A = \frac{bh}{2} \qquad \bar{x} = \frac{b+c}{3} \qquad \bar{y} = \frac{h}{3}$$

$$I_x = \frac{bh^3}{36} \qquad I_y = \frac{bh}{36}(b^2 - bc + c^2)$$

$$I_{xy} = \frac{bh^2}{72}(b - 2c) \qquad I_P = \frac{bh}{36}(h^2 + b^2 - bc + c^2)$$

4

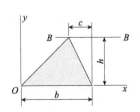

矩形（坐标原点位于顶点处）

$$I_x = \frac{bh^3}{12} \qquad I_y = \frac{bh}{12}(3b^2 - 3bc + c^2)$$

$$I_{xy} = \frac{bh^2}{24}(3b - 2c) \qquad I_{BB} = \frac{bh^3}{4}$$

（续）

5	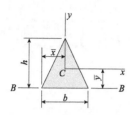	等腰三角形（坐标原点位于形心处） $A = \dfrac{bh}{2}$ $\bar{x} = \dfrac{b}{2}$ $\bar{y} = \dfrac{h}{3}$ $I_x = \dfrac{bh^3}{36}$ $I_y = \dfrac{hb^3}{48}$ $I_{xy} = 0$ $I_P = \dfrac{bh}{144}(4h^2 + 3b^2)$ $I_{BB} = \dfrac{bh^3}{12}$ （注：等边三角形的 $h = \sqrt{3}\,b/2$）
6	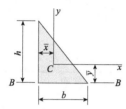	直角三角形（坐标原点位于形心处） $A = \dfrac{bh}{2}$ $\bar{x} = \dfrac{b}{3}$ $\bar{y} = \dfrac{h}{3}$ $I_x = \dfrac{bh^3}{36}$ $I_y = \dfrac{hb^3}{36}$ $I_{xy} = -\dfrac{b^2 h^2}{72}$ $I_P = \dfrac{bh}{36}(h^2 + b^2)$ $I_{BB} = \dfrac{bh^3}{12}$
7	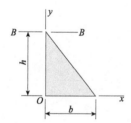	直角三角形（坐标原点位于顶点处） $I_x = \dfrac{bh^3}{12}$ $I_y = \dfrac{hb^3}{12}$ $I_{xy} = \dfrac{b^2 h^2}{24}$ $I_P = \dfrac{bh}{12}(h^2 + b^2)$ $I_{BB} = \dfrac{bh^3}{4}$
8	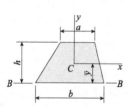	梯形（坐标原点位于形心处） $A = \dfrac{h(a+b)}{2}$ $\bar{y} = \dfrac{h(2a+b)}{3(a+b)}$ $I_x = \dfrac{h^3(a^2 + 4ab + b^2)}{36(a+b)}$ $I_{BB} = \dfrac{h^3(3a+b)}{12}$
9	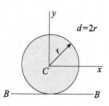	圆形（坐标原点位于圆心处） $A = \pi r^2 = \dfrac{\pi d^2}{4}$ $I_x = I_y = \dfrac{\pi r^4}{4} = \dfrac{\pi d^4}{64}$ $I_{xy} = 0$ $I_P = \dfrac{\pi r^4}{2} = \dfrac{\pi d^4}{32}$ $I_{BB} = \dfrac{5\pi r^4}{4} = \dfrac{5\pi d^4}{64}$
10	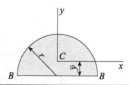	半圆形（坐标原点位于形心处） $A = \dfrac{\pi r^2}{2}$ $\bar{y} = \dfrac{4r}{3\pi}$ $I_x = \dfrac{(9\pi^2 - 64)r^4}{72\pi} \approx 0.1098 r^4$ $I_y = \dfrac{\pi r^4}{8}$ $I_{xy} = 0$ $I_{BB} = \dfrac{\pi r^4}{8}$

（续）

| 11 | 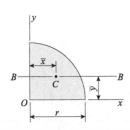 | 四分之一圆形（坐标原点位于圆心处）

$A=\dfrac{\pi r^2}{4}$　　$\bar{x}=\bar{y}=\dfrac{4r}{3\pi}$

$I_x=I_y=\dfrac{\pi r^4}{16}$　　$I_{xy}=\dfrac{r^4}{8}$　　$I_{BB}=\dfrac{(9\pi^2-64)r^4}{144\pi}\approx0.05488r^4$ |

| 12 | 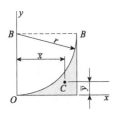 | 四分之一圆拱形（坐标原点位于切点处）

$A=\left(1-\dfrac{\pi}{4}\right)r^2$　$\bar{x}=\dfrac{2r}{3(4-\pi)}\approx0.7766r$　$\bar{y}=\dfrac{(10-3\pi)r}{3(4-\pi)}\approx0.2234r$

$I_x=\left(1-\dfrac{5\pi}{16}\right)r^4\approx0.01825r^4$　$I_y=I_{BB}=\left(\dfrac{1}{3}-\dfrac{\pi}{16}\right)r^4=0.1370r^4$ |

| 13 | 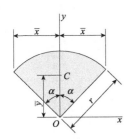 | 扇形（坐标原点位于圆心处）
$\alpha=$以 rad 为单位的角　（$\alpha\leqslant\pi/2$）

$A=\alpha r^2$　　$\bar{x}=r\sin\alpha$　　$\bar{y}=\dfrac{2r\sin\alpha}{3\alpha}$

$I_x=\dfrac{r^4}{4}(\alpha+\sin\alpha\cos\alpha)$　　$I_y=\dfrac{r^4}{4}(\alpha-\sin\alpha\cos\alpha)$

$I_{xy}=0$　　$I_P=\dfrac{\alpha r^4}{2}$ |

| 14 | 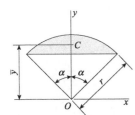 | 圆弓形（坐标原点位于圆心处）
$\alpha=$以 rad 为单位的角　（$\alpha\leqslant\pi/2$）

$A=r^2(\alpha-\sin\alpha\cos\alpha)$　　$\bar{y}=\dfrac{2r}{3}\left(\dfrac{\sin^3\alpha}{\alpha-\sin\alpha\cos\alpha}\right)$

$I_x=\dfrac{r^4}{4}(\alpha-\sin\alpha\cos\alpha+2\sin^3\alpha\cos\alpha)$　　$I_{xy}=0$

$I_y=\dfrac{r^4}{12}(3\alpha-3\sin\alpha\cos\alpha-2\sin^3\alpha\cos\alpha)$ |

| 15 | 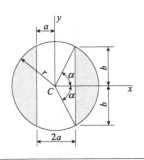 | 切除芯部的圆形（坐标原点位于圆心处）
$\alpha=$以 rad 为单位的角　（$\alpha\leqslant\pi/2$）

$\alpha=\arccos\dfrac{a}{r}$　$b=\sqrt{r^2-a^2}$　$A=2r^2\left(\alpha-\dfrac{ab}{r^2}\right)$

$I_x=\dfrac{r^4}{6}\left(3\alpha-\dfrac{3ab}{r^2}-\dfrac{2ab^3}{r^4}\right)$　　$I_y=\dfrac{r^4}{2}\left(\alpha-\dfrac{ab}{r^2}+\dfrac{2ab^3}{r^4}\right)$　$I_{xy}=0$ |

（续）

16	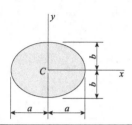	椭圆形（坐标原点位于形心处） $A = \pi ab \qquad I_x = \dfrac{\pi ab^3}{4} \qquad I_y = \dfrac{\pi ba^3}{4}$ $I_{xy} = 0 \qquad I_P = \dfrac{\pi ab}{4}(b^2 + a^2)$ 周长 $\approx \pi[\,1.5(a+b) - \sqrt{ab}\,] \quad (a/3 \leqslant b \leqslant a)$ $\qquad \approx 4.17b^2/a + 4a \quad (0 \leqslant b \leqslant a/3)$
17	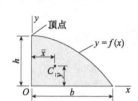	半抛物线形（坐标原点位于顶角处） $y = f(x) = h\left(1 - \dfrac{x^2}{b^2}\right)$ $A = \dfrac{2bh}{3} \qquad \bar{x} = \dfrac{3b}{8} \qquad \bar{y} = \dfrac{2h}{5}$ $I_x = \dfrac{16bh^3}{105} \qquad I_y = \dfrac{2hb^3}{15} \qquad I_{xy} = \dfrac{b^2 h^2}{12}$
18	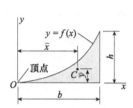	抛物线拱形（坐标原点位于顶点处） $y = f(x) = \dfrac{hx^2}{b^2}$ $A = \dfrac{bh}{3} \qquad \bar{x} = \dfrac{3b}{4} \qquad \bar{y} = \dfrac{3h}{10}$ $I_x = \dfrac{bh}{21} \qquad I_y = \dfrac{hb^3}{5} \qquad I_{xy} = \dfrac{b^2 h^2}{12}$
19	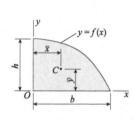	半 n 次曲线形（坐标原点位于顶角处） $y = f(x) = h\left(1 - \dfrac{x^n}{b^n}\right) \quad (n > 0)$ $A = bh\left(\dfrac{n}{n+1}\right) \qquad \bar{x} = \dfrac{b(n+1)}{2(n+2)} \qquad \bar{y} = \dfrac{hn}{2n+1}$ $I_x = \dfrac{2bh^3 n^3}{(n+1)(2n+1)(3n+1)} \qquad I_y = \dfrac{hb^3 n}{3(n+3)}$ $I_{xy} = \dfrac{b^2 h^2 n^2}{4(n+1)(n+2)}$
20	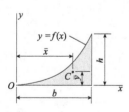	n 次曲线拱形（坐标原点位于切点处） $y = f(x) = \dfrac{hx^n}{b^n} \quad (n > 0)$ $A = \dfrac{bh}{n+1} \qquad \bar{x} = \dfrac{b(n+1)}{n+2} \qquad \bar{y} = \dfrac{h(n+1)}{2(2n+1)}$ $I_x = \dfrac{bh^3}{3(3n+1)} \qquad I_y = \dfrac{hb^3}{n+3} \qquad I_{xy} = \dfrac{b^2 h^2}{4(n+1)}$
21	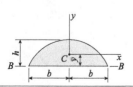	正弦波形（坐标原点位于形心处） $A = \dfrac{4bh}{\pi} \qquad \bar{y} = \dfrac{\pi h}{8}$ $I_x = \left(\dfrac{8}{9\pi} - \dfrac{\pi}{16}\right)bh^3 \approx 0.08659bh^3 \qquad I_y = \left(\dfrac{4}{\pi} - \dfrac{32}{\pi^3}\right)hb^3 \approx 0.2412hb^3$ $I_{xy} = 0 \qquad I_{BB} = \dfrac{8bh^3}{9\pi}$

（续）

22 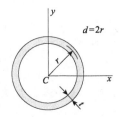	薄圆环形（坐标原点位于圆心处）：t 很小时的近似公式 $A = 2\pi rt = \pi dt \quad I_x = I_y = \pi r^3 t = \dfrac{\pi d^3 t}{8}$ $I_{xy} = 0 \quad I_P = 2\pi r^3 t = \dfrac{\pi d^3 t}{4}$
23 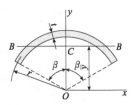	薄圆弧形（坐标原点位于圆心处）：t 很小时的近似公式 $\beta =$ 以 rad 为单位的角（注意：对一个半圆弧，$\beta = \pi/2$.） $A = 2\beta rt \quad \bar{y} = \dfrac{r\sin\beta}{\beta}$ $I_x = r^3 t(\beta + \sin\beta\cos\beta) \quad I_y = r^3 t(\beta - \sin\beta\cos\beta)$ $I_{xy} = 0 \quad I_{BB} = r^3 t\left(\dfrac{2\beta + \sin 2\beta}{2} - \dfrac{1 - \cos 2\beta}{\beta}\right)$
24 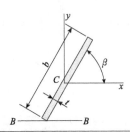	薄矩形（坐标原点位于形心处）：t 很小时的近似公式 $A = bt$ $I_x = \dfrac{tb^3}{12}\sin^2\beta \quad I_y = \dfrac{tb^3}{12}\cos^2\beta \quad I_{BB} = \dfrac{tb^3}{3}\sin^2\beta$
25 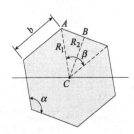	正 n 边形（坐标原点位于形心处） $C =$ 形心（正 n 边形的中心） $n =$ 边数（$n \geqslant 3$）　　　　$b =$ 边长 $\beta =$ 一条边的圆心角　　　　$\alpha =$ 内角（或顶角） $\beta = \dfrac{360°}{n} \quad \alpha = \left(\dfrac{n-2}{n}\right)180° \quad \alpha + \beta = 180°$ $R_1 =$ 外接圆的半径（直线 CA） $R_2 =$ 内接圆的半径（直线 CB） $R_1 = \dfrac{b}{2}\csc\dfrac{\beta}{2} \quad R_2 = \dfrac{b}{2}\cot\dfrac{\beta}{2} \quad A = \dfrac{nb^2}{4}\cot\dfrac{\beta}{2}$ $I_c =$ 关于过形心 C 的任一轴的惯性矩（形心 C 是一个主点，过 C 的每一个轴都是主轴） $I_c = \dfrac{nb^4}{192}\left(\cot\dfrac{\beta}{2}\right)\left(3\cot^2\dfrac{\beta}{2} + 1\right) \quad I_P = 2I_c$

附录 E　结构型钢的性能

下列各表给出了少数结构型钢的性能以帮助读者求解本书中的习题。这些表是从大量的欧洲常用型钢表（见参考文献5-4）中摘录出来的。

注释：

$$I = 惯性矩$$

$$S = 截面模量$$

$$r = \sqrt{I/A} = 回转半径$$

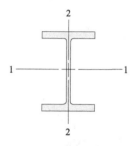

表 E-1　欧洲宽翼板工字梁的性能

名　称	每米质量 G	截面 A	截面 h	截面 b	厚度 t_w	厚度 t_f	强轴 1-1 I_1	S_1	r_1	弱轴 2-2 I_2	S_2	r_2
	kg/m	cm²	mm	mm	mm	mm	cm⁴	cm³	cm	cm⁴	cm³	cm
HE 1000 B	314	400	1000	300	19	36	644700	12890	40.15	16280	1085	6.38
HE 900 B	291	371.3	900	300	18.5	35	494100	10980	36.48	15820	1054	6.53
HE 700 B	241	306.4	700	300	17	32	256900	7340	28.96	14440	962.7	6.87
HE 650 B	225	286.3	650	300	16	31	210600	6480	27.12	13980	932.3	6.99
HE 600 B	212	270	600	300	15.5	30	171000	5701	25.17	13530	902	7.08
HE 550 B	199	254.1	550	300	15	29	136700	4971	23.2	13080	871.8	7.17
HE 600 A	178	226.5	590	300	13	25	141200	4787	24.97	11270	751.4	7.05
HE 450 B	171	218	450	300	14	26	79890	3551	19.14	11720	781.4	7.33
HE 550 A	166	211.8	540	300	12.5	24	111900	4146	22.99	10820	721.3	7.15
HE 360 B	142	180.6	360	300	12.5	22.5	43190	2400	15.46	10140	676.1	7.49
HE 450 A	140	178	440	300	11.5	21	63720	2896	18.92	9465	631	7.29
HE 340 B	134	170.9	340	300	12	21.5	36660	2156	14.65	9690	646	7.53
HE 320 B	127	161.3	320	300	11.5	20.5	30820	1926	13.82	9239	615.9	7.57
HE 360 A	112	142.8	350	300	10	17.5	33090	1891	15.22	7887	525.8	7.43
HE 340 A	105	133.5	330	300	9.5	16.5	27690	1678	14.4	7436	495.7	7.46
HE 320 A	97.6	124.4	310	300	9	15.5	22930	1479	13.58	6985	465.7	7.49
HE 260 B	93	118.4	260	260	10	17.5	14920	1148	11.22	5135	395	6.58
HE 240 B	83.2	106	240	240	10	17	11260	938.3	10.31	3923	326.9	6.08
HE 280 A	76.4	97.26	270	280	8	13	13670	1013	11.86	4763	340.2	7
HE 220 B	71.5	91.04	220	220	9.5	16	8091	735.5	9.43	2843	258.5	5.59
HE 260 A	68.2	86.82	250	260	7.5	12.5	10450	836.4	10.97	3668	282.1	6.5
HE 240 A	60.3	76.84	230	240	7.5	12	7763	675.1	10.05	2769	230.7	6
HE 180 B	51.2	65.25	180	180	8.5	14	3831	425.7	7.66	1363	151.4	4.57
HE 160 B	42.6	54.25	160	160	8	13	2492	311.5	6.78	889.2	111.2	4.05
HE 140 B	33.7	42.96	140	140	7	12	1509	215.6	5.93	549.7	78.52	3.58
HE 120 B	26.7	34.01	120	120	6.5	11	864.4	144.1	5.04	317.5	52.92	3.06
HE 140 A	24.7	31.42	133	140	5.5	8.5	1033	155.4	5.73	389.3	55.62	3.52
HE 100 B	20.4	26.04	100	100	6	10	449.5	89.91	4.16	167.3	33.45	2.53
HE 100 A	16.7	21.24	96	100	5	8	349.2	72.76	4.06	133.8	26.76	2.51

注：1-1轴和2-2轴是主形心轴。

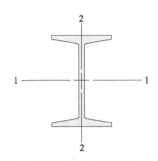

表 E-2 欧洲标准梁的性能

名　称	每米质量	截面面积	截面深度	截面宽度	厚度		强轴 1-1			弱轴 2-2		
	G	A	h	b	t_w	t_f	I_1	S_1	r_1	I_2	S_2	r_2
	kg/m	cm²	mm	mm	mm	mm	cm⁴	cm³	cm	cm⁴	cm³	cm
IPN 550	166	212	550	200	19	30	99180	3610	21.6	3490	349	4.02
IPN 500	141	179	500	185	18	27	68740	2750	19.6	2480	268	3.72
IPN 450	115	147	450	170	16.2	24.3	45850	2040	17.7	1730	203	3.43
IPN 400	92.4	118	400	155	14.4	21.6	29210	1460	15.7	1160	149	3.13
IPN 380	84	107	380	149	13.7	20.5	24010	1260	15	975	131	3.02
IPN 360	76.1	97	360	143	13	19.5	19610	1090	14.2	818	114	2.9
IPN 340	68	86.7	340	137	12.2	18.3	15700	923	13.5	674	98.4	2.8
IPN 320	61	77.7	320	131	11.5	17.3	12510	782	12.7	555	84.7	2.67
IPN 300	54.2	69	300	125	10.8	16.2	9800	653	11.9	451	72.2	2.56
IPN 280	47.9	61	280	119	10.1	15.2	7590	542	11.1	364	61.2	2.45
IPN 260	41.9	53.3	260	113	9.4	14.1	5740	442	10.4	288	51	2.32
IPN 240	36.2	46.1	240	106	8.7	13.1	4250	354	9.59	221	41.7	2.2
IPN 220	31.1	39.5	220	98	8.1	12.2	3060	278	8.8	162	33.1	2.02
IPN 200	26.2	33.4	200	90	7.5	11.3	2140	214	8	117	26	1.87
IPN 180	21.9	27.9	180	82	6.9	10.4	1450	161	7.2	81.3	19.8	1.71
IPN 160	17.9	22.8	160	74	6.3	9.5	935	117	6.4	54.7	14.8	1.55
IPN 140	14.3	18.3	140	66	5.7	8.6	573	81.9	5.61	35.2	10.7	1.4
IPN 120	11.1	14.2	120	58	5.1	7.7	328	54.7	4.81	21.5	7.41	1.23
IPN 100	8.34	10.6	100	50	4.5	6.8	171	34.2	4.01	12.2	4.88	1.07
IPN 80	5.94	7.58	80	42	3.9	5.9	77.8	19.5	3.2	6.29	3	0.91

注:1-1 轴和 2-2 轴是主形心轴。

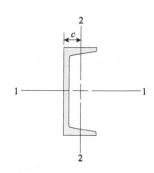

表 E-3　欧洲标准槽钢的性能

名　　称	每米质量	截面面积	截面深度	截面宽度	厚度		强轴 1-1			弱轴 2-2			
	G	A	h	b	t_w	t_f	I_1	S_1	r_1	I_2	S_2	r_2	c
	kg/m	cm^2	mm	mm	mm	mm	cm^4	cm^3	cm	cm^4	cm^3	cm	cm
UPN 400	71.8	91.5	400	110	14	18	20350	1020	14.9	846	102	3.04	2.65
UPN 380	63.1	80.4	380	102	13.5	16	15760	829	14	615	78.7	2.77	2.38
UPN 350	60.6	77.3	350	100	14	16	12840	734	12.9	570	75	2.72	2.4
UPN 320	59.5	75.8	320	100	14	17.5	10870	679	12.1	597	80.6	2.81	2.6
UPN 300	46.2	58.8	300	100	10	16	8030	535	11.7	495	67.8	2.9	2.7
UPN 280	41.8	53.3	280	95	10	15	6280	448	10.9	399	57.2	2.74	2.53
UPN 260	37.9	48.3	260	90	10n	14	4820	371	9.99	317	47.7	2.56	2.36
UPN 240	33.2	42.3	240	85	9.5	13	3600	300	9.22	248	39.6	2.42	2.23
UPN 220	29.4	37.4	220	80	9	12.5	2690	245	8.48	197	33.6	2.3	2.14
UPN 200	25.3	32.2	200	75	8.5	11.5	1910	191	7.7	148	27	2.14	2.01
UPN 180	22	28	180	70	8	11	1350	150	6.95	114	22.4	2.02	1.92
UPN 160	18.8	24	160	65	7.5	10.5	925	116	6.21	85.3	18.3	1.89	1.84
UPN 140	16	20.4	140	60	7	10	605	86.4	5.45	62.7	14.8	1.75	1.75
UPN 120	13.4	17	120	55	7	9	364	60.7	4.62	43.2	11.1	1.59	1.6
UPN 100	10.6	13.5	100	50	6	8.5	206	41.2	3.91	29.3	8.49	1.47	1.55
UPN 80	8.64	11	80	45	6	8	106	26.5	3.1	19.4	6.36	1.33	1.45

注：1. 1-1 轴和 2-2 轴是主形心轴。

2. 距离 c 为形心至腹板背面的距离。

3. 对于 2-2 轴，所列出的 S 值是该轴的两个截面模量中较小的那个。

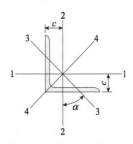

表 E-4 欧洲等边角钢的性能

名　称	厚度	每米质量	截面面积	1-1轴和 2-2轴				3-3轴	
		G	A	I	S	r	c	I_{min}	r_{min}
	mm	kg/m	cm^2	cm^4	cm^3	cm	cm	cm^4	cm
L 200×200 ×26	26	76.6	97.59	3560	252.7	6.04	5.91	1476	3.89
L 200×200 ×22	22	65.6	83.51	3094	217.3	6.09	5.76	1273	3.9
L 200×200 ×19	19	57.1	72.74	2726	189.9	6.12	5.64	1117	3.92
L 180×180 ×20	20	53.7	68.35	2043	159.4	5.47	5.18	841.3	3.51
L 180×180 ×19	19	51.1	65.14	1955	152.1	5.48	5.14	803.8	3.51
L 200×200 ×16	16	48.5	61.79	2341	161.7	6.16	5.52	957.1	3.94
L 180×180 ×17	17	46	58.66	1775	137.2	5.5	5.06	727.8	3.52
L 180×180 ×15	15	40.9	52.1	1589	122	5.52	4.98	650.5	3.53
L 160×160 ×17	17	40.7	51.82	1225	107.2	4.86	4.57	504.1	3.12
L 160×160 ×15	15	36.2	46.06	1099	95.47	4.88	4.49	450.8	3.13
L 180×180 ×13	13	35.7	45.46	1396	106.5	5.54	4.9	571.6	3.55
L 150×150 ×15	15	33.8	43.02	898.1	83.52	4.57	4.25	368.9	2.93
L 150×150 ×14	14	31.6	40.31	845.4	78.33	4.58	4.21	346.8	2.93
L 150×150 ×12	12	27.3	34.83	736.9	67.75	4.6	4.12	302	2.94
L 120×120 ×15	15	26.6	33.93	444.9	52.43	3.62	3.51	184.1	2.33
L 120×120 ×13	13	23.3	29.69	394	46.01	3.64	3.44	162.2	2.34
L 150×150 ×10	10	23	29.27	624	56.91	4.62	4.03	256	2.96
L 140×140 ×10	10	21.4	27.24	504.4	49.43	4.3	3.79	206.8	2.76
L 120×120 ×11	11	19.9	25.37	340.6	39.41	3.66	3.36	139.7	2.35
L 100×100 ×12	12	17.8	22.71	206.7	29.12	3.02	2.9	85.42	1.94
L 110×110 ×10	10	16.6	21.18	238	29.99	3.35	3.06	97.72	2.15
L 100×100 ×10	10	15	19.15	176.7	24.62	3.04	2.82	72.64	1.95
L 90×90 ×9	9	12.2	15.52	115.8	17.93	2.73	2.54	47.63	1.75
L 90×90 ×8	8	10.9	13.89	104.4	16.05	2.74	2.5	42.87	1.76
L 90×90 ×7	7	9.6	12.24	92.5	14.13	2.75	2.45	38.02	1.76

注：1. 1-1轴和 2-2轴是平行于各腿的形心轴。

2. 距离 c 为形心至各腿背面的距离。

3. 对于 1-1轴和 2-2轴，所列出的 S 值是这些轴的两个截面模量中较小的那个。

4. 3-3轴和 4-4轴为主形心轴。

5. 3-3轴的惯性矩是两个主惯性矩中较小的那个，可根据方程 $I_{33} = Ar_{min}^2$ 来求解该惯性矩。

6. 4-4轴的惯性矩是两个主惯性矩中较大的那个，可根据方程 $I_{44} + I_{33} = I_{11} + I_{22}$ 来求解该惯性矩。

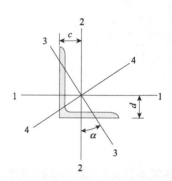

表 E-5　欧洲不等边角钢的性能

名　称	厚度	每米质量	截面面积	1-1轴				2-2轴				3-3轴		角度 α
		G	A	I	S	r	d	I	S	r	d	I_{min}	r_{min}	$\tan\alpha$
	mm	kg/m	cm^2	cm^4	cm^3	cm	cm	cm^4	cm^3	cm	cm	cm^4	cm	
L 200 ×100 ×14	14	31.6	40.28	1654	128.4	6.41	7.12	282.2	36.08	2.65	2.18	181.7	2.12	0.261
L 150×100×14	14	26.1	33.22	743.5	74.12	4.73	4.97	264.2	35.21	2.82	2.5	153	2.15	0.434
L 200 ×100 ×12	12	25.1	34.8	1440	111	6.43	7.03	247.2	31.28	2.67	2.1	158.5	2.13	0.263
L 200 ×100 ×10	10	23	29.24	1219	93.24	6.46	6.93	210.3	26.33	2.68	2.01	134.5	2.14	0.265
L 150×100×12	12	22.6	28.74	649.6	64.23	4.75	4.89	231.9	30.58	2.84	2.42	133.5	2.16	0.436
L 160 ×80 ×12	12	21.6	27.54	719.5	69.98	5.11	5.72	122	19.59	2.1	1.77	78.77	1.69	0.260
L 150 ×90 ×11	11	19.9	25.34	580.7	58.3	4.79	5.04	158.7	22.91	2.5	2.08	95.71	1.94	0.360
L 150 ×100 ×10	10	19	24.18	551.7	54.08	4.78	4.8	197.8	25.8	2.86	2.34	113.5	2.17	0.439
L 150 ×90 ×10	10	18.2	23.15	533.1	53.29	4.8	5	146.1	20.98	2.51	2.04	87.93	1.95	0.361
L 160×80×10	10	18.2	23.18	611.3	58.94	5.14	5.63	104.4	16.55	2.12	1.69	67.01	1.7	0.262
L 120 ×80 ×12	12	17.8	22.69	322.8	40.37	3.77	4	114.3	19.14	2.24	2.03	66.46	1.71	0.432
L 120×80×10	10	15	19.13	275.5	34.1	3.8	3.92	98.11	16.21	2.26	1.95	56.6	1.72	0.435
L 130×65×10	10	14.6	18.63	320.5	38.39	4.15	4.65	54.2	10.73	1.71	1.45	35.02	1.37	0.259
L 120×80×8	8	12.2	15.49	225.7	27.63	3.82	3.83	80.76	13.17	2.28	1.87	46.39	1.73	0.438
L 130×65×8	8	11.8	15.09	262.5	31.1	4.17	4.56	44.77	8.72	1.72	1.37	28.72	1.38	0.262

注：1. 1-1轴和 2-2轴是平行于各腿的形心轴。

2. 距离 c 为形心至各腿背面的距离。

3. 对于 1-1轴和 2-2轴，所列出的 S 值是这些轴的两个截面模量中较小的那个。

4. 3-3轴和 4-4轴为主形心轴。

5. 3-3轴的惯性矩是两个主惯性矩中较小的那个，可根据方程 $I_{33}=Ar_{min}^2$ 来求解该惯性矩。

6. 4-4轴的惯性矩是两个主惯性矩中较大的那个，可根据方程 $I_{44}+I_{33}=I_{11}+I_{22}$ 来求解该惯性矩。

附录 F 木材的性能

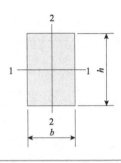

实心原木的性能（欧洲最常用应力等级的原木，干燥）

公称尺寸 $b×h$	净尺寸 $b×h$	面积 $A=b×h$	1-1轴		2-2轴		每米重量（基于 560kg/m^3）
			惯性矩 $I_1=\dfrac{bh^3}{12}$	截面模量 $S_1=\dfrac{bh^2}{6}$	惯性矩 $I_2=\dfrac{bh^3}{12}$	截面面积 $S_2=\dfrac{bh^2}{6}$	
mm	mm	10^3mm^4	10^6mm^4	10^6mm^3	10^6mm^4	10^6mm^3	N
38× 75	35×72	2.52	1.09	0.0302	0.257	0.0147	13.83
38×100	35×97	3.4	2.66	0.0549	0.347	0.0198	18.64
38×125	35×122	4.27	5.3	0.0868	0.436	0.0249	23.45
50×75	47×72	3.38	1.46	0.0406	0.623	0.0265	18.64
50×100	47×97	4.56	3.57	0.0737	0.839	0.0357	25.02
50×125	47×122	5.73	7.11	0.117	1.06	0.0449	31.49
50×150	47×147	6.91	12.4	0.169	1.27	0.0541	37.96
50×200	47×195	9.17	29	0.298	1.69	0.0718	50.33
50×250	47×245	11.5	57.6	0.47	2.12	0.0902	63.27
75×100	72×97	6.98	5.48	0.113	3.02	0.0838	38.36
75×150	72×147	10.6	19.1	0.259	4.57	0.127	58.17
75×200	72×147	14	44.5	0.456	6.07	0.168	77.11
75×250	75×245	17.6	88.2	0.72	7.62	0.212	96.92
100×100	97×97	9.41	7.38	0.152	7.38	0.152	51.7
100×150	97×147	14.3	25.7	0.349	11.2	0.231	78.38
100×200	97×195	18.9	59.9	0.615	14.8	0.306	103.89
100×250	97×295	23.8	119	0.97	18.6	0.384	130.57
100×300	97×295	28.6	208	1.41	22.4	0.463	157.16
150×150	147×195	21.6	38.9	0.529	38.9	0.529	118.7
150×200	147×195	28.7	90.8	0.932	51.6	0.702	157.45
150×300	147×295	43.4	314	2.13	78.1	1.06	238.19
200×200	195×195	38	120	1.24	120	1.24	208.85
200×300	195×295	57.5	417	2.83	182	1.87	315.98
300×300	295×295	87	631	4.28	631	4.28	478.04

附录 G 梁的挠度与斜率

表 G-1 悬臂梁的挠度与斜率

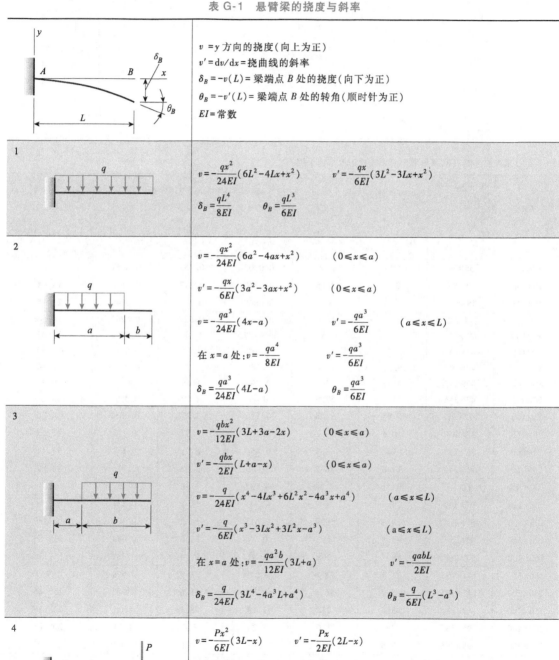

	 	$v = y$ 方向的挠度(向上为正) $v' = dv/dx =$ 挠曲线的斜率 $\delta_B = -v(L) =$ 梁端点 B 处的挠度(向下为正) $\theta_B = -v'(L) =$ 梁端点 B 处的转角(顺时针为正) $EI =$ 常数

1

$$v = -\frac{qx^2}{24EI}(6L^2 - 4Lx + x^2) \qquad v' = -\frac{qx}{6EI}(3L^2 - 3Lx + x^2)$$

$$\delta_B = \frac{qL^4}{8EI} \qquad \theta_B = \frac{qL^3}{6EI}$$

2

$$v = -\frac{qx^2}{24EI}(6a^2 - 4ax + x^2) \qquad (0 \leqslant x \leqslant a)$$

$$v' = -\frac{qx}{6EI}(3a^2 - 3ax + x^2) \qquad (0 \leqslant x \leqslant a)$$

$$v = -\frac{qa^3}{24EI}(4x - a) \qquad v' = -\frac{qa^3}{6EI} \qquad (a \leqslant x \leqslant L)$$

在 $x = a$ 处：$v = -\frac{qa^4}{8EI}$ $\qquad v' = -\frac{qa^3}{6EI}$

$$\delta_B = \frac{qa^3}{24EI}(4L - a) \qquad \theta_B = \frac{qa^3}{6EI}$$

3

$$v = -\frac{qbx^2}{12EI}(3L + 3a - 2x) \qquad (0 \leqslant x \leqslant a)$$

$$v' = -\frac{qbx}{2EI}(L + a - x) \qquad (0 \leqslant x \leqslant a)$$

$$v = -\frac{q}{24EI}(x^4 - 4Lx^3 + 6L^2x^2 - 4a^3x + a^4) \qquad (a \leqslant x \leqslant L)$$

$$v' = -\frac{q}{6EI}(x^3 - 3Lx^2 + 3L^2x - a^3) \qquad (a \leqslant x \leqslant L)$$

在 $x = a$ 处：$v = -\frac{qa^2b}{12EI}(3L + a)$ $\qquad v' = -\frac{qabL}{2EI}$

$$\delta_B = \frac{q}{24EI}(3L^4 - 4a^3L + a^4) \qquad \theta_B = \frac{q}{6EI}(L^3 - a^3)$$

4

$$v = -\frac{Px^2}{6EI}(3L - x) \qquad v' = -\frac{Px}{2EI}(2L - x)$$

$$\delta_B = \frac{PL^3}{3EI} \qquad \theta_B = \frac{PL^2}{2EI}$$

（续）

5	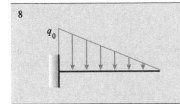	$v=-\dfrac{Px^2}{6EI}(3a-x)$　$v'=-\dfrac{Px}{2EI}(2a-x)$　$(0\leqslant x\leqslant a)$ $v=-\dfrac{Pa^2}{6EI}(3x-a)$　$v'=-\dfrac{Pa^2}{2EI}$　$(a\leqslant x\leqslant L)$ 在 $x=a$ 处：$v=-\dfrac{Pa^3}{3EI}$　$v'=-\dfrac{Pa^2}{2EI}$ $\delta_B=\dfrac{Pa^2}{6EI}(3L-a)$　$\theta_B=\dfrac{Pa^2}{2EI}$
6	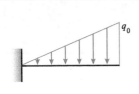	$v=-\dfrac{M_0x^2}{2EI}$　$v'=-\dfrac{M_0x}{EI}$ $\delta_B=\dfrac{M_0L^2}{2EI}$　$\theta_B=\dfrac{M_0L}{EI}$
7	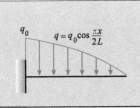	$v=-\dfrac{M_0x^2}{2EI}$　$v'=-\dfrac{M_0x}{EI}$　$(0\leqslant x\leqslant a)$ $v=-\dfrac{M_0a}{2EI}(2x-a)$　$v'=-\dfrac{M_0a}{EI}$　$(a\leqslant x\leqslant L)$ 在 $x=a$ 处：$v=-\dfrac{M_0a^2}{2EI}$　$v'=-\dfrac{M_0a}{EI}$ $\delta_B=\dfrac{M_0a}{2EI}(2L-a)$　$\theta_B=\dfrac{M_0a}{EI}$
8		$v=-\dfrac{q_0x^2}{120LEI}(10L^3-10L^2x+5Lx^2-x^3)$ $v'=-\dfrac{q_0x}{24LEI}(4L^3-6L^2x+4Lx^2-x^3)$ $\delta_B=\dfrac{q_0L^4}{30EI}$　$\theta_B=\dfrac{q_0L^3}{24EI}$
9		$v=-\dfrac{q_0x^2}{120LEI}(20L^3-10L^2x+x^3)$ $v'=-\dfrac{q_0x}{24LEI}(8L^3-6L^2x+x^3)$ $\delta_B=\dfrac{11q_0L^4}{120EI}$　$\theta_B=\dfrac{q_0L^3}{8EI}$
10		$v=-\dfrac{q_0L}{3\pi^4EI}\left(48L^3\cos\dfrac{\pi x}{2L}-48L^3+3\pi^3Lx^2-\pi^3x^3\right)$ $v'=-\dfrac{q_0L}{\pi^3EI}\left(2\pi^2Lx-\pi^2x^2-8L^2\sin\dfrac{\pi x}{2L}\right)$ $\delta_B=\dfrac{2q_0L^4}{3\pi^4EI}(\pi^3-24)$　$\theta_B=\dfrac{q_0L^3}{\pi^3EI}(\pi^2-8)$

表 G-2　简支梁的挠度与斜率

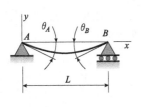	$v=y$ 方向的挠度（向上为正） $v'=\mathrm{d}v/\mathrm{d}x=$ 该挠曲线的斜率 $\delta_C=-v(L/2)=$ 该梁中点 C 处的挠度（向下为正） $x_1=$ 最大挠度点至支座 A 的距离 $\delta_{\max}=-v_{\max}=$ 最大挠度（向下为正） $\theta_A=-v'(0)=$ 该梁左端处的转角（顺时针为正） $\theta_B=v'(L)=$ 该梁右端处的转角（逆时针为正） $EI=$ 常数

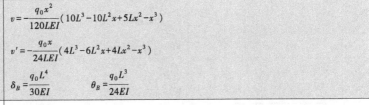
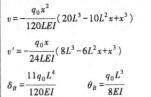

（续）

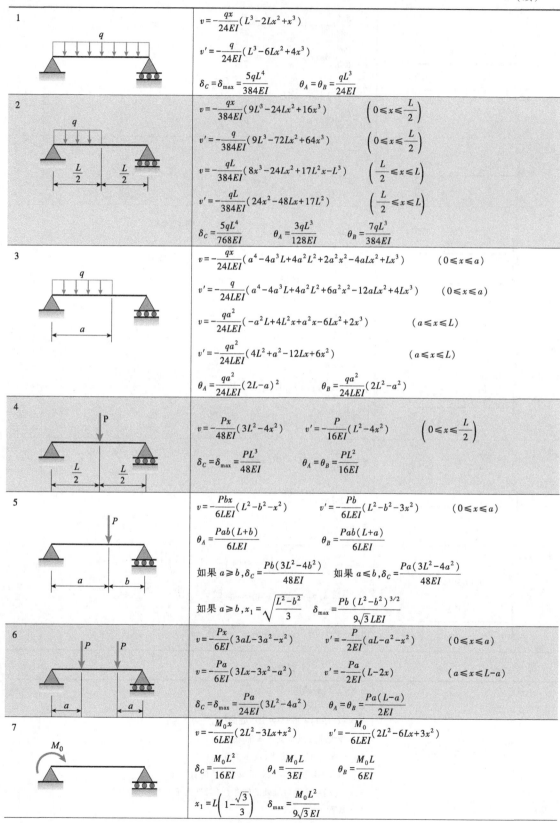

1

$$v=-\frac{qx}{24EI}(L^3-2Lx^2+x^3)$$

$$v'=-\frac{q}{24EI}(L^3-6Lx^2+4x^3)$$

$$\delta_C=\delta_{\max}=\frac{5qL^4}{384EI}\qquad\theta_A=\theta_B=\frac{qL^3}{24EI}$$

2

$$v=-\frac{qx}{384EI}(9L^3-24Lx^2+16x^3)\qquad\left(0\leqslant x\leqslant\frac{L}{2}\right)$$

$$v'=-\frac{q}{384EI}(9L^3-72Lx^2+64x^3)\qquad\left(0\leqslant x\leqslant\frac{L}{2}\right)$$

$$v=-\frac{qL}{384EI}(8x^3-24Lx^2+17L^2x-L^3)\qquad\left(\frac{L}{2}\leqslant x\leqslant L\right)$$

$$v'=-\frac{qL}{384EI}(24x^2-48Lx+17L^2)\qquad\left(\frac{L}{2}\leqslant x\leqslant L\right)$$

$$\delta_C=\frac{5qL^4}{768EI}\qquad\theta_A=\frac{3qL^3}{128EI}\qquad\theta_B=\frac{7qL^3}{384EI}$$

3

$$v=-\frac{qx}{24LEI}(a^4-4a^3L+4a^2L^2+2a^2x^2-4aLx^2+Lx^3)\qquad(0\leqslant x\leqslant a)$$

$$v'=-\frac{q}{24LEI}(a^4-4a^3L+4a^2L^2+6a^2x^2-12aLx^2+4Lx^3)\qquad(0\leqslant x\leqslant a)$$

$$v=-\frac{qa^2}{24LEI}(-a^2L+4L^2x+a^2x-6Lx^2+2x^3)\qquad(a\leqslant x\leqslant L)$$

$$v'=-\frac{qa^2}{24LEI}(4L^2+a^2-12Lx+6x^2)\qquad(a\leqslant x\leqslant L)$$

$$\theta_A=\frac{qa^2}{24LEI}(2L-a)^2\qquad\theta_B=\frac{qa^2}{24LEI}(2L^2-a^2)$$

4

$$v=-\frac{Px}{48EI}(3L^2-4x^2)\qquad v'=-\frac{P}{16EI}(L^2-4x^2)\qquad\left(0\leqslant x\leqslant\frac{L}{2}\right)$$

$$\delta_C=\delta_{\max}=\frac{PL^3}{48EI}\qquad\theta_A=\theta_B=\frac{PL^2}{16EI}$$

5

$$v=-\frac{Pbx}{6LEI}(L^2-b^2-x^2)\qquad v'=-\frac{Pb}{6LEI}(L^2-b^2-3x^2)\qquad(0\leqslant x\leqslant a)$$

$$\theta_A=\frac{Pab(L+b)}{6LEI}\qquad\theta_B=\frac{Pab(L+a)}{6LEI}$$

如果 $a\geqslant b,\delta_C=\frac{Pb(3L^2-4b^2)}{48EI}$ 如果 $a\leqslant b,\delta_C=\frac{Pa(3L^2-4a^2)}{48EI}$

如果 $a\geqslant b,x_1=\sqrt{\frac{L^2-b^2}{3}}\qquad\delta_{\max}=\frac{Pb(L^2-b^2)^{3/2}}{9\sqrt{3}LEI}$

6

$$v=-\frac{Px}{6EI}(3aL-3a^2-x^2)\qquad v'=-\frac{P}{2EI}(aL-a^2-x^2)\qquad(0\leqslant x\leqslant a)$$

$$v=-\frac{Pa}{6EI}(3Lx-3x^2-a^2)\qquad v'=-\frac{Pa}{2EI}(L-2x)\qquad(a\leqslant x\leqslant L-a)$$

$$\delta_C=\delta_{\max}=\frac{Pa}{24EI}(3L^2-4a^2)\qquad\theta_A=\theta_B=\frac{Pa(L-a)}{2EI}$$

7

$$v=\frac{M_0x}{6LEI}(2L^2-3Lx+x^2)\qquad v'=\frac{M_0}{6LEI}(2L^2-6Lx+3x^2)$$

$$\delta_C=\frac{M_0L^2}{16EI}\qquad\theta_A=\frac{M_0L}{3EI}\qquad\theta_B=\frac{M_0L}{6EI}$$

$$x_1=L\left(1-\frac{\sqrt{3}}{3}\right)\qquad\delta_{\max}=\frac{M_0L^2}{9\sqrt{3}EI}$$

（续）

8	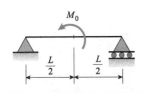	$v = -\dfrac{M_0 x}{24LEI}(L^2 - 4x^2)$ $\qquad v' = -\dfrac{M_0}{24LEI}(L^2 - 12x^2)$ $\qquad \left(0 \leqslant x \leqslant \dfrac{L}{2}\right)$ $\delta_C = 0$ $\qquad \theta_A = \dfrac{M_0 L}{24EI}$ $\qquad \theta_B = -\dfrac{M_0 L}{24EI}$
9	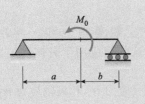	$v = -\dfrac{M_0 x}{6LEI}(6aL - 3a^2 - 2L^2 - x^2)$ $\qquad (0 \leqslant x \leqslant a)$ $v' = -\dfrac{M_0}{6LEI}(6aL - 3a^2 - 2L^2 - 3x^2)$ $\qquad (0 \leqslant x \leqslant a)$ 在 $x = a$ 处：$v = \dfrac{M_0 ab}{3LEI}(2a - L)$ $\qquad v' = -\dfrac{M_0}{3LEI}(3aL - 3a^2 - L^2)$ $\theta_A = \dfrac{M_0}{6LEI}(6aL - 3a^2 - 2L^2)$ $\qquad \theta_B = \dfrac{M_0}{6LEI}(3a^2 - L^2)$
10		$v = -\dfrac{M_0 x}{2EI}(L - x)$ $\qquad v' = -\dfrac{M_0}{2EI}(L - 2x)$ $\delta_C = \delta_{\max} = \dfrac{M_0 L^2}{8EI}$ $\qquad \theta_A = \theta_B = \dfrac{M_0 L}{2EI}$
11		$v = -\dfrac{q_0 x}{360LEI}(7L^4 - 10L^2 x^2 + 3x^4)$ $v' = -\dfrac{q_0}{360LEI}(7L^4 - 30L^2 x^2 + 15x^4)$ $\delta_C = \dfrac{5q_0 L^4}{768EI}$ $\qquad \theta_A = \dfrac{7q_0 L^3}{360EI}$ $\qquad \theta_B = \dfrac{q_0 L^3}{45EI}$ $x_1 = 0.5193L$ $\qquad \delta_{\max} = 0.00652\dfrac{q_0 L^4}{EI}$
12	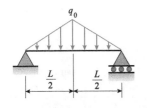	$v = -\dfrac{q_0 x}{960LEI}(5L^2 - 4x^2)^2$ $\qquad \left(0 \leqslant x \leqslant \dfrac{L}{2}\right)$ $v' = -\dfrac{q_0}{192LEI}(5L^2 - 4x^2)(L^2 - 4x^2)$ $\qquad \left(0 \leqslant x \leqslant \dfrac{L}{2}\right)$ $\delta_C = \delta_{\max} = \dfrac{q_0 L^4}{120EI}$ $\qquad \theta_A = \theta_B = \dfrac{5q_0 L^3}{192EI}$
13	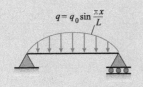	$v = -\dfrac{q_0 L^4}{\pi^4 EI}\sin\dfrac{\pi x}{L}$ $\qquad v' = -\dfrac{q_0 L^3}{\pi^3 EI}\cos\dfrac{\pi x}{L}$ $\delta_C = \delta_{\max} = \dfrac{q_0 L^4}{\pi^4 EI}$ $\qquad \theta_A = \theta_B = \dfrac{q_0 L^3}{\pi^3 EI}$

附录 H　材料的性能

注释:

1. 材料的性能变化极大,这取决于制造过程、化学成分、内部缺陷、温度、加载历史、年龄、试样尺寸以及其他因素。表中所列的值是材料的典型值,绝对不能将这些值应用于具体的工程或设计中。关于某一特定产品的信息,应咨询制造商和材料供应商。

2. 除非指明用于压缩或弯曲,否则,表中所列的弹性模量 E、屈服应力 σ_y 和极限应力 σ_U 均用于受拉伸的材料。

表 H-1　重量密度和质量密度

材料	重量密度 γ	质量密度 ρ
	kN/m³	kg/m³
铝合金	26~28	2,600~2,800
014-T6,7075-T6	28	2,800
6061-T6	26	2,700
黄铜	82~85	8,400~8,600
青铜	80~86	8,200~8,800
铸铁	68~72	7,000~7,400
混凝土		
普通混凝土	23	2,300
钢筋混凝土	24	2,400
轻质混凝土	11~18	1,100~1,800
铜	87	8,900
玻璃	24~28	2,400~2,800
镁合金	17~18	1,760~1,830
蒙乃尔合金(67%的镍,30%的铜)	87	8,800
镍	87	8,800
塑料		
尼龙	8.6~11	880~1,100
聚乙烯	9.4~14	960~1,400
岩石		
花岗岩,大理石,石英	26~28	2,600~2,900
石灰石,砂岩	20~28	2,000~2,900
橡胶	9~13	960~1,300
砂子,土壤,碎石	12~21	1,200~2,200
钢	77.0	7,850
钛	44	4,500
钨	190	1,900
纯净水	9.81	1,000
海水	10.0	1,020
木材(空气干燥)		
道格拉斯冷杉	4.7~5.5	480~560
橡木	6.3~7.1	640~720
南方松	5.5~6.3	560~640

表 H-2 弹性模量和泊松比

材 料	弹性模量 E GPa	切变模具 G GPa	泊松比 ν
铝合金	70~79	26~30	0.33
2014-T6	73	28	0.33
6061-T6	70	26	0.33
7075-T6	72	27	0.33
黄铜	96~110	36~41	0.34
青铜	96~120	36~44	0.34
铸铁	83~170	32~69	0.2~0.3
混凝土(压缩)	17~31		0.1~0.2
铜与铜合金	110~120	40~47	0.33~0.36
玻璃	48~83	19~35	0.17~0.27
镁合金	41~45	15~17	0.35
蒙乃尔合金(67%镍,30%铜)	170	66	0.32
镍	210	80	0.31
塑料			
尼龙	2.1~3.4		0.4
聚乙烯	0.7~1.4		0.4
岩石(压缩)			
花岗岩,大理石,石英	40~100		0.2~0.3
石灰石,砂岩	20~70		0.2~0.3
橡胶	0.0007~0.004	0.0002~0.001	0.45~0.50
钢	190~210	75~80	0.27~0.30
钛合金	100~120	39~44	0.33
钨	340~380	140~160	0.2
木材(弯曲)			
道格拉斯冷杉	11~13		
橡木	11~12		
南方松	11~14		

表 H-3 力学性能

材 料	屈服应力 σ_Y MPa	极限应力 σ_U MPa	伸长率(标距为25mm)
铝合金	35~500	100~550	1~45
2014-T6	410	480	13
6061-T6	270	310	17
7075-T6	480	550	11
黄铜	70~550	200~620	4~60
青铜	82~690	200~830	5~60
铸铁(拉伸)	120~290	69~480	0~1
铸铁(压缩)		340~1,400	
混凝土(压缩)		10~70	
铜与铜合金	55~760	230~830	4~50
玻璃		30~1,000	0
平板玻璃		70	
玻璃纤维		7,000~20,000	
镁合金	80~280	140~340	2~20
蒙乃尔合金(67%镍,30%铜)	170~1,100	450~1,200	2~50
镍	100~620	310~760	2~50

(续)

材　料	屈服应力 σ_Y MPa	极限应力 σ_U MPa	伸长率(标距为25mm)
塑料			
尼龙		40~80	20~100
聚乙烯		7~28	15~300
岩石(压缩)			
花岗岩,大理石,石英		50~280	
石灰石,砂岩		20~200	
橡胶	1~7	7~20	100~800
钢			
高强度钢	340~1,000	550~1,200	5~25
机件钢	340~700	550~860	5~25
弹簧钢	400~1,600	700~1,900	3~15
不锈钢	280~700	400~1,000	5~40
工具钢	520	900	8
结构钢	200~700	340~830	10~40
ASTM-A36	250	400	30
ASTM-A572	340	500	20
ASTM-A514	700	830	15
钢丝	280~1,000	550~1,400	5~40
钛合金	760~1,000	900~1,200	10
钨		1,400~4,000	0~4
木材(弯曲)			
道格拉斯冷杉	30~50	50~80	
橡木	40~60	50~100	
南方松	40~60	50~100	
木材(顺纹压缩)			
道格拉斯冷杉	30~50	40~70	
橡木	30~40	30~50	
南方松	30~50	40~70	

表 H-4　热膨胀系数

材　料	热膨胀系数 α $10^{-6}/℃$	材　料	热膨胀系数 α $10^{-6}/℃$
铝合金	23	塑料	
黄铜	19.1~21.2	尼龙	70~140
青铜	18~21	聚乙烯	140~290
铸铁	9.9~12	岩石	5~9
混凝土	7~14	橡胶	130~200
铜与铜合金	16.6~17.6	钢	10~18
玻璃	5~11	高强度钢	14
镁合金	26.1~28.8	不锈钢	17
蒙乃尔合金(67%镍,30%铜)	14	结构钢	12
镍	13	钛合金	8.1~11
		钨	4.3

习题答案

第1章

1.2-1　（a）$A_y = 22.7$N，$B_y = -22.7$N，$C_x = 220$N，$C_y = 0$；（b）$N_x = 220$N，$V_x = 22.7$N，$M_x = 102$N・m

1.2-2　（a）$M_A = 0$，$Cy = 236$N，$Dy = -75.6$N；（b）$N = 0$，$V = -70$N，$M = -36.7$N・m；（c）$M_A = 0$，$C_y = 236$N，$D_y = -75.6$N；$N = -70$N，$V = -70$N，$M = -36.7$N・m

1.2-3　（a）$A_x = 57.7$N，$A_y = -66.7$N，$C_y = 464.3$N，$D_x = 50.3$N，$D_y = -87.2$N；（b）合力$_B = 88.2$N；（c）$A_x = 191.7$N，$A_y = 165.5$N，$M_{Az} = 696.5$N・m，$D_x = -83.7$N，$D_y = 145$N，合力$_B = 253N$

1.2-4　（a）$R_{3x} = 40$N，$R_{3y} = -25$N，$R_{5x} = 20$N；（b）$F_{11} = 0$，$F_{13} = 28.3$N

1.2-5　（a）$A_x = 0$，$A_y = 4.5$kN，$E_y = 22.5$kN；（b）$F_{FE} = 8.13$kN

1.2-6　（a）$F_x = 0$，$F_y = 12.0$kN，$D_y = 6.0$kN；（b）$F_{FE} = 0$

1.2-7　（a）$B_x = -0.8\,P$，$B_z = 2.0\,P$，$O_z = -1.25\,P$；（b）$F_{AC} = 0.960\,P$

1.2-8　（a）$A_x = -1.25\,P$，$B_y = 0$，$B_z = -P$；（b）$F_{AB} = 1.601\,P$

1.2-9　（a）$A_y = 4.67\,P$，$A_Z = -4.0\,P$；（b）$F_{AB} = -8.33\,P$

1.2-10　（a）$A_z = 0$，$B_x = -3.75$kN；（b）$F_{AB} = 6.73$kN

1.2-11　（a）$T_A = 1270$N・m；（b）$T(L_1/2) = -1270$N・m，$T(L_1 + L_2/2) = 1130$N・m

1.2-12　（a）$T_A = -1225$N・m；（b）$T(L_1/2) = 62.5$N・m，$T(L_1 + L_2/2) = -T_2 = -1100$N・m

1.2-13　（a）$A_x = -2405$N，$A_y = -247$N，$M_A = 5932$N・m，$C_y = 247$N；（b）$N_x = 247$N，$V_x = 2229$N，$M_x = -3586$N・m

1.2-14　（a）$A_x = 280$N，$A_y = 8.89$N，$M_A = -1120$N・m，$D_y = 151.1$N；（b）合力$_B = 280$N

1.2-15　（a）$A_x = 285$N，$A_y = 1330$N，$C_x = -285$N，$C_y = 570$N；（b）$N_x = -222$N，$V_x = -190$N，$M_x = 95$N・m

1.2-16　（a）$A_x = 10.98$kN，$A_y = 29.0$kN，$E_x = -8.05$kN，$E_y = -22$kN；（b）合力$_C = 23.4$kN

1.2-17　（a）$A_y = -5625$N，$E_x = 0$，$E_y = 7875$N；（b）$N_x = 7875$N，$V_x = 2250$N，$M_x = 776$N・m

1.2-18　（a）$A_x = 320$N，$A_y = -240$N，$C_y = 192$N，$E_y = -192$N；（b）$N = -312$N，$V = -57.9$N，$M = 289$N・m；（c）合力$_C = 400$N

1.2-19　（a）$A_x = -125$N，$A_y = 217$N，$B_x = -281$N；（b）$T = 310$N

1.2-20　（a）$A_x = -10$kN，$A_y = -2.17$kN，$C_y = 9.83$kN，$E_y = 1.333$kN；（b）合力$_D = 12.68$kN

1.2-21　（a）$O_x = -213$N，$O_y = 180$N，$O_z = 56.9$N，$M_{Ox} = 37.1$N・m，$M_{Oy} = 75.9$N・m，$M_{Oz} = -37.8$N・m；（b）$N_x = -180$N，$V_{res} = 220$N，$T_x = -75.9$N・m，$M_{res} = 53$N・m

1.2-22　（a）$A_y = -120$N，$A_z = -60$N，$M_{Ax} = -70$N・m，$M_{Ay} = -142.5$N・m，$M_{Az} = -180$N・m，$D_x = -60$N，$D_y = 120$N，$D_z = 30$N；（b）$N = 120$N，$V = 41.3$N，$T = 142.5$N・m，$M = 180.7$N・m

1.2-23　（a）$A_x = 26$N，$A_y = 208$N，$A_z = -10.39$N，$M_{Az} = 21.9$N・m；（b）$T_{DC} = 17.13$N，$T_{EC} = 30.6$N

1.2-24　$C_x = 120$N，$C_y = -160$N，$C_z = 506$N，$D_z = 466$N，$H_y = 320$N，$H_z = 499$N

1.2-25　$A_y = 253$N，$B_x = 195.8$N（指向左），$B_y = 504$N，$C_x = 129.2$N，$C_y = 26.2$N

1.2-26　（a）$H_B = -104.6$N，$V_B = 516$N，$V_F = 336$N；

(b)$N = -646$ N，$V = 176.8$N，$M = 44.9$kN·m

1.3-1 (a)$\sigma_{AB} = 9.95$MPa；(b)$P_2 = 6$kN；

(c)$t_{BC} = 12.62$mm

1.3-2 (a)$\sigma = 130.2$MPa；(b)$\varepsilon = 4.652 \times 10^{-4}$

1.3-3 (a)$R_B = 400$N（悬臂式），848N（V形刹车），$\sigma_C = 1.0$MPa（悬臂式），2.12MPa（V形刹车）；(b)$\sigma_{刹车线} = 185.7$MPa（两条）

1.3-4 (a)$\varepsilon_s = 3.101 \times 10^{-4}$；(b)$\delta = 0.1526$mm；

(c)$P_{max} = 89.5$kN

1.3-5 (a)$\sigma_C = 12.74$MPa；(b)$x_C = 383$mm，

$y_C = 383$mm

1.3-6 (a)$\sigma_t = 132.7$MPa；(b)$\alpha_{max} = 34.4°$

1.3-7 (a)$\sigma_1 = 245$MPa，$\sigma_2 = 206$MPa；(b)$d_{1new} = 0.818$mm；(c)$\sigma_1 = 120.5$MPa，$\sigma_2 = 119.2$MPa，

$\sigma_3 = 141.6$MPa

1.3-8 $\sigma_C = 5.21$MPa

1.3-9 (a)$T = 1.298$kN，$\sigma = 118$MPa；(b)$\varepsilon_{cable} = 8.4 \times 10^{-4}$

1.3-10 (a)$T = 819$N，$\sigma = 74.5$MPa；(b)$\varepsilon_{cable} = 4.923 \times 10^{-4}$

1.3-11 (a)$T = \begin{pmatrix} 25951 \\ 20662 \\ 31616 \end{pmatrix}$N；(b)$\sigma = \begin{pmatrix} 337 \\ 268 \\ 411 \end{pmatrix}$MPa；(c)$T = \begin{pmatrix} 18890 \\ 28532 \\ 14755 \\ 18890 \end{pmatrix}$N，$\sigma = \begin{pmatrix} 245 \\ 371 \\ 192 \\ 245 \end{pmatrix}$MPa

1.3-12 (a)$\sigma_x = \gamma \omega^2 (L^2 - x^2)/2g$；(b)$\sigma_{max} = \gamma \omega^2 L^2/2g$

1.3-13 (a)$\sigma_x = \gamma \omega^2 (L^2 - x^2)/2g$；(b)$\sigma_{max} = \gamma \omega^2 L^2/2g$

1.3-14 (a)$T_{AQ} = T_{BQ} = 50.5$kN；(b)$\sigma = 166$MPa

1.4-1 (a)$L_{max} = 3377$m；(b)$L_{max} = 3881$m

1.4-2 (a)$L_{max} = 7143$m；(b)$L_{max} = 8209$m

1.4-3 伸长率 = 9.0%，26.4%，38.3%；断面收缩率 = 8.8%，37.6%，74.5%；脆性，韧性，韧性

1.4-4 11.9×10^3m；12.7×10^3m；6.1×10^3m；6.5×10^3m；23.9×10^3m

1.4-5 $\sigma = 345$MPa

1.4-6 $\sigma_{Pl} \approx 47$MPa，斜率 ≈ 2.4GPa，$\sigma_y \approx 53$MPa；脆性

1.4-7 $\sigma_{Pl} \approx 486$MPa，斜率 ≈ 224GPa，$\sigma_y \approx 520$MPa；

$\sigma_U \approx 852$MPa；伸长率 = 6%，断面收缩率 = 32%

1.5-1 增加了 5.5mm

1.5-2 增加了 4.0mm

1.5-3 (a)$\delta_{pset} = 48.6$mm；(b)$\sigma_B = 220$MPa

1.5-4 (a)$\delta_{pset} = 4.28$mm；(b)$\sigma_B = 65.6$MPa

1.5-5 (a)32mm；(c)30mm；(d)328MPa

1.6-1 $P = 654$kN

1.6-2 $P = 27.4$kN（拉伸）

1.6-3 $P = -38.5$kN

1.6-4 (a)$P = 74.1$kN；(b)$\delta = \varepsilon L = 0.469$mm 缩短；

$\dfrac{A_f - A}{A} = +0.050\%$，$\Delta V_1 = \Delta V_{1f} - \text{Vol}_1 = -207$mm³；

(c)$d_3 = 65.4$mm

1.6-5 $\Delta d = -4.17 \times 10^{-3}$mm，$P = 10.45$kN

1.6-6 (a)$E = 104$GPa；(b)$v = 0.34$

1.6-7 (a)$\Delta d_{BCinner} = 0.022$mm；(b)$v_{brass} = 0.34$；

(c)$\Delta t_{AB} = 6.90 \times 10^3$mm，$\Delta d_{ABinner} = 4.02 \times 10^3$mm

1.6-8 (a)$\Delta L_1 = 12.66$mm，$\Delta L_2 = 5.06$mm，$\Delta L_3 = 3.8$mm；(b)$\Delta \text{Vol}_1 = 21,548$mm³，$\Delta \text{Vol}_2 = 21,601$mm³，$\Delta \text{Vol}_3 = 21,610$mm³

1.7-1 $\sigma_B = 46.9$MPa，$\tau_{ave} = 70.9$MPa

1.7-2 $\sigma_B = 139.86$MPa，$P_{ult} = 144.45$kN

1.7-3 (a)$\tau = 89.1$MPa；(b)$\sigma_{bf} = 140$MPa，$\sigma_{bg} = 184.2$MPa

1.7-4 (a)$B_x = -252.8$N，$A_x = -B_x$，$A_y = 1150.1$N；(b)$A_{合力} = 1178$N；(c)$\tau = 5.86$MPa，$\sigma_{bshoe} = 7.36$MPa

1.7-5 (a)$\tau_{max} = 22.9$MPa；(b)$\sigma_{max} = 6.75$MPa

1.7-6 $\tau_{1ave} = 25.9$MPa，$\tau_{2ave} = 21.2$MPa，$\sigma_{b1} = 9.15$MPa，$\sigma_{b2} = 7.48$MPa

1.7-7 (a)合力 = 4882N；(b)$\sigma_b = 33.3$MPa；

(c)$\tau_{nut} = 21.6$MPa，$\tau_{pl} = 4.28$MPa

1.7-8 $G = 2.5$MPa

1.7-9 (a)$\gamma_{aver} = 0.004$；(b)$V = 384$kN

1.7-10　(a)$\gamma_{aver}=0.50$；(b)$\delta=4.92$mm

1.7-11　(a)$\sigma_b=482$MPa，$\sigma_{brg}=265$MPa，$\tau_f=143.5$MPa；
(b)$\sigma_b=419$MPa，$\sigma_{brg}=231$MPa，$\tau_f=124.8$MPa

1.7-12　$\tau_{aver}=42.9$MPa

1.7-13　(a)$A_x=0$；$A_y=765$N，$M_A=520$N·m；
(b)$B_x=1.349$kN，$B_y=0.72$kN，$B_{res}=$
1.53kN，$C_x=-B_x$；(c)$\tau_B=27.1$MPa，
$\tau_C=13.4$MPa；(d)$\sigma_{bB}=42.5$MPa，
$\sigma_{bC}=28.1$MPa

1.7-14　对于一辆$L/R=1.8$的自行车：(a)T=
1440N；(b)$\tau_{aver}=147$MPa

1.7-15　(a)$\tau=\dfrac{P}{2\pi rh}$；(b)$\delta=\dfrac{P}{2\pi rhG}\ln\dfrac{b}{d}$

1.7-16　(a)$\tau_1=2.95$MPa，$\tau_4=0$；(b)$\sigma_{b1}=1.985$MPa，
$\sigma_{b4}=0$；(c)$\sigma_{b4}=41$MPa；(d)$\tau=10.62$MPa；
(e)$\sigma_3=75.1$MPa

1.7-17　(a)$O_x=55.7$N，$O_y=5.69$N，$O_{res}=56.0$N；
(b)$\tau_0=3.96$MPa，$\tau_{b0}=6.22$MPa；
(c)$\tau=2.83$MPa

1.7-18　(a)$F_x=153.9$N，$\sigma=3.06$MPa；(b)$\tau_{ave}=$
1.96MPa；(c)$\sigma_b=1.924$MPa

1.7-19　(a)$P=1736$N；(b)$C_x=1647$N，$C_y=-1041$N，
$C_{res}=1948$N；(c)$\tau=137.8$MPa，$\sigma_{bc}=36.1$MPa

1.8-1　$P_{allow}=2.53$kN

1.8-2　$T_{max}=33.4$kN·m

1.8-3　$P_{allow}=2.67$kN

1.8-4　(a)$P_{allow}=8.74$kN；(b)$P_{allow}=8.69$kN；
(c)$P_{allow}=21.2$kN，$P_{allow}=8.69$kN（受剪力
控制）

1.8-5　总载荷$=1.126$MN

1.8-6　(a)$F=1.171$kN；(b)剪力：$F_a=2.86$kN

1.8-7　最大载荷$=21.6$kN

1.8-8　(a)$F_A=\sqrt{2T}$，$F_B=2T$，$F_C=T$；(b)A处的
剪力：$W_{max}=66.5$kN

1.8-9　$P_{allow}=49.1$kN

1.8-10　$C_{ult}=5739$N：$P_{max}=445$N

1.8-11　$W_{max}=1.382$kN

1.8-12　$P_{allow}=45.8$kN

1.8-13　(a)$P_a=\sigma_a(0.587\ d^2)$；(b)$P_a=98.7$kN

1.8-14　$P_{allow}=96.5$kN

1.8-15　$P_{max}=557$ Pa

1.8-16　(a)$P_{allow}=\sigma_c\ (\pi d^2/4)\ \sqrt{l-(R/L)^2}$；
(b)$P_{allow}=9.77$kN

1.9-1　(a)$d_{min}=99.5$mm；(b)$d_{min}=106.2$mm

1.9-2　(a)$d_{min}=164.6$mm；(b)$d_{min}=170.9$mm

1.9-3　(a)$d_{min}=17.84$mm；(b)$d_{min}=18.22$mm

1.9-4　$d_{min}=63.3$mm

1.9-5　$d_{min}=26$mm

1.9-6　(b)$A_{min}=435$mm^2

1.9-7　$d_{min}=9.50$mm

1.9-8　$d_{min}=5.96$mm

1.9-9　$n=11.8$ 或 12

1.9-10　$(d_2)_{min}=131$mm

1.9-11　$A_C=764$mm^2

1.9-12　(a)$t_{min}=18.8$mm，选取 $t=20$mm；
(b)$D_{min}=297$mm

1.9-13　(a)$\sigma_{DF}=65.2$MPa$<\sigma_{allow}$，$\sigma_{bF}=2.72$MPa$<$
σ_{ba}；(b)重新设计后，$\sigma_{BC}=158.9$MPa，
故杆 BC 的直径增大至 6mm，垫圈 B 处的
直径增大至 34mm

1.9-14　(a)$d_m=24.7$mm；(b)$P_{max}=49.4$kN

1.9-15　$\theta=\arccos1/\sqrt{3}=54.7°$

R1.1　C

R1.2　C

R1.3　D

R1.4　A

R1.5　B

R1.6　A

R1.7　A

R1.8　D

R1.9　A

R1.10　C

R1.11　D

R1.12　D

R1. 13　D

R1. 15　B

R1. 14　A

R1. 16　C

第 2 章

2. 2-1　(a)$\delta=\dfrac{6W}{5k}$；(b)$\delta=\dfrac{4W}{5k}$

2. 2-2　(a)$\delta=12.5$mm；(b)$n=5.8$

2. 2-3　(a)$\dfrac{\delta_a}{\delta_s}=\dfrac{E_s}{E_a}=2.711$；(b)$\dfrac{d_a}{d_s}=\sqrt{\dfrac{E_s}{E_a}}=1.646$；

　　　　(c)$\dfrac{L_a}{L_s}=1.5\ \dfrac{E_a}{E_s}=0.553$；(d)$E_1=\dfrac{E_s}{1.7}=$

　　　　121GPa〔铸铁或铜合金（见附录 H）〕

2. 2-4　$h=13.4$mm

2. 2-5　$h=L-\pi\rho_{max}d^2/4k$

2. 2-6　(a)$x=102.6$mm；(b)$x=205$mm；(c)$P_{max}=$
　　　　12.51N；(d)$\theta_{init}=1.325°$；(e)$P=20.4$N

2. 2-7　(a)$\delta_4=\dfrac{26P}{3k}$；(b)$\delta_4=\dfrac{104P}{45k}$，比率$=15/4=3.75$

2. 2-8　(a)$\delta_B=1.827$mm；(b)$P_{max}=390$kN；
　　　　(c)$\delta_{Bx}=6.71$mm，$P_{max}=106.1$kN

2. 2-9　$P_{max}=186$N

2. 2-10　(a)$x=134.7$mm；(b)$k_1=0.204$kN/m；
　　　　(c)$b=74.1$mm；(d)$k_3=0.638$kN/m

2. 2-11　(a)$t_{c,min}=0.580$mm；(b)$\delta_r=0.912$mm；
　　　　(c)$h_{min}=1.412$mm

2. 2-12　$\delta_A=0.200$mm，$\delta_D=0.880$mm

2. 2-13　(a)$\delta_D=\dfrac{P}{16}\ (28f_2-9f_1)$；(b)$\dfrac{L_1}{L_2}=\dfrac{27}{16}$；

　　　　(c)$\dfrac{d_1}{d_2}=1.225$；(d)$x=\dfrac{365L}{236}$

2. 2-14　(a)$\theta=35.1°$，$\delta=44.6$mm，$R_A=25$N，$R_C=$
　　　　25N；(b)$\theta=43.3°$，$\delta=8.19$mm，$R_A=$
　　　　31.5N，$R_C=18.5$N，$M_A=1.882$N·m

2. 2-15　(a)$\theta=52.7°$；$\delta=19.54$mm，$R_A=R_C=50$N；
　　　　(b)$\theta=54.4°$，$\delta=4.89$mm，$R_A=60$N，$R_C=$
　　　　40N，$M_A=3.5$N·m

2. 3-1　(a)$\delta=0.838$mm；(b)$d_B=29.4$mm

2. 3-2　(a)$\delta=0.675$mm；(b)$P_{max}=267$kN

2. 3-3　(a)$\delta=0.296$mm 伸长；(b)P_3 的新值为 7530N
　　　　（增加 1750N）；(c)$A_{AB}=491$mm^2

2. 3-4　(a)$\delta=\dfrac{7PL}{6Ebt}$；(b)$\delta=0.5$mm；(c)$L_{slot}=244$mm

2. 3-5　(a)$\delta=\dfrac{7LP}{6Ebt}$；(b)$\delta=0.53$mm；(c)$L_{slot}=299$mm

2. 3-6　(a)$\delta_{AC}=3.72$mm；(b)$P_0=44.2$kN

2. 3-7　(a)$\delta_a=3.1$mm；(b)$\delta_b=2.41$mm；

　　　　(c)$\dfrac{\delta_c}{\delta_a}=0.654$　$\dfrac{\delta_c}{\delta_b}=0.84$

2. 3-8　(a)$d_{max}=23.9$mm；(b)$b=4.16$mm；
　　　　(c)$x=183.3$mm

2. 3-9　(a)$\delta=\dfrac{PL}{2EA}$；(b)$\sigma(y)=\dfrac{P}{A}\left(\dfrac{y}{L}\right)$；

　　　　(c)$\delta=\dfrac{PL}{EA}\left(\dfrac{2}{3}\right)$，$\sigma(y)=\dfrac{P}{A}\left[\dfrac{y}{L}\left(2-\dfrac{y}{L}\right)\right]$

2. 3-10　(a)$\delta_{2-4}=0.024$mm；(b)$P_{max}=8.15$kN；
　　　　(c)$L_2=9.16$mm

2. 3-11　(a)$R_1=-3P/2$；(b)$N_1=3P/2$（拉伸），
　　　　$N_2=P/2$（拉伸）；(c)$x=L/3$；(d)$\delta_2=$
　　　　$2PL/3EA$；(e)$\beta=1/11$

2. 3-12　(a)$\delta_C=W\ (L^2-h^2)/2EAL$；(b)$\delta_B=WL/$

　　　　$2EA$；(c)$\beta=3$；(d)$\delta=\dfrac{WL}{2EA}=359$mm（在海

　　　　水中）；$\delta=\dfrac{WL}{2EA}=412$mm（在空气中）

2. 3-13　(b)$\delta=0.304$mm

2. 3-14　$\delta=2PH/3Eb^2$

2. 3-15　$\delta=2WL/\pi d^2E$

2. 3-16　(a)$\delta=2.18$mm；(b)$\delta=6.74$mm

2. 3-17　(b)$\delta=3.55$m

2. 3-18　$\delta=L^2\omega^2/3gEA+(W_1+3W_2)$

2. 4-1　(a)$P=9.24$kN；(b)$P_{allow}=7.07$kN

2. 4-2　(a)$P=104$kN；(b)$P_{max}=116$kN

2. 4-3　(a)$P_B/P=3/11$；(b)$\sigma_B/\sigma_A=1/2$；

(c) 比值 = 1

2.4-4　(a) 如果 $x \leqslant L/2$，则 $R_A = (-3PL)/[2(x+3L)]$，$R_B = -P(2x+3L)/[2(x+3L)]$。如果 $x \geqslant L/2$，则 $R_A = [-P(x+L)]/(x+3L)$，$R_B = (-2PL)/(x+3L)$；(b) 如果 $x \leqslant L/2$，则 $\delta = PL(2x+3L)/[(x+3L)E\pi d^2]$。如果 $x \geqslant L/2$，则 $\delta = 8PL(x+L)/[3(x+3L)E\pi d^2]$；(c) $x = 3L/10$ 或 $x = 2L/3$；(d) $R_B = \rho g \pi d^2 L/8$，$R_A = 3\rho g \pi d^2 L/32$

2.4-5　(a) 41.2%；(b) $\sigma_M = 238\text{MPa}$，$\sigma_O = 383\text{MPa}$

2.4-6　(a) $\delta = 1.91\text{mm}$；(b) $\delta = 1.36\text{mm}$；(c) $\delta = 2.74\text{mm}$

2.4-7　(a) $R_A = 2P/3$，$R_E = -5P/3$；(b) $\delta_B = -\dfrac{LP}{6EA}$，$\delta_C = \dfrac{LP}{6EA}$，$\delta_D = \dfrac{5LP}{6EA}$；(c) $\delta_{\max} = -\dfrac{5LP}{6EA}$（指向右），$\delta_A = \delta_E = 0$；(d) $P_{\max} = 53\text{kN}$

2.4-8　(a) $R_A = 10.5\text{kN}$（指向左），$R_D = 2.0\text{kN}$（指向右）；(b) $F_{BC} = 15.0\text{kN}$（压缩）

2.4-9　(b) $\sigma_a = 10.6\text{MPa}$（压缩），$\sigma_s = 60.6\text{MPa}$（拉伸）

2.4-10　(a) $P = 13.73\text{kN}$，$R_1 = 9.07\text{kN}$，$R_2 = 4.66\text{kN}$，$\sigma_2 = 7\text{MPa}$；(b) $\delta_{\text{cap}} = 190.9\text{mm}$，轴力图：$N(x) = -R_2$（若 $x \leqslant L_2$），$N(x) = R_1$（若 $x > L_2$）；轴向位移图：$\delta(x) = \left[\dfrac{-R_2}{EA_2}(x)\right]$（若 $x \leqslant L_2$），$\delta(x) = \left[\dfrac{-R_2 L_2}{EA_2} + \dfrac{R_1}{EA_1}(x-L_2)\right]$（若 $x > L_2$）；(c) $q = 1.522\text{kN/m}$

2.4-11　(a) $P_1 = PE_1/(E_1+E_2)$；(b) $e = b(E_2-E_1)/[2(E_2+E_1)]$；(c) $\sigma_1/\sigma_2 = E_1/E_2$

2.4-12　(a) $P_{\text{allow}} = 1504\text{N}$；(b) $P_{\text{allow}} = 820\text{N}$；(c) $P_{\text{allow}} = 703\text{N}$

2.4-13　$d_2 = 9.28\text{mm}$，$L_2 = 1.10\text{m}$

2.4-14　(a) $A_x = -41.2\text{kN}$，$A_y = -71.4\text{kN}$，$B_x = -329\text{kN}$，$B_y = 256\text{kN}$；(b) $P_{\max} = 233\text{kN}$

2.4-15　(a) $\sigma_C = 50.0\text{MPa}$，(b) $\sigma_D = 60.0\text{MPa}$；(b) $\delta_B = 0.320\text{mm}$

2.4-16　$P_{\max} = 1800\text{N}$

2.4-17　$\sigma_S = 58.9\text{MPa}$，$\sigma_B = 28.0\text{MPa}$，$\sigma_C = 33.6\text{MPa}$

2.5-1　$\sigma = 100.8\text{MPa}$

2.5-2　$T = 40.3℃$

2.5-3　$\Delta T = 90℃$

2.5-4　(a) $\Delta T = 24℃$，$\sigma_{\text{rod}} = 57.6\text{MPa}$；(b) U 形夹：$\sigma_{bc} = 42.4\text{MPa}$，垫圈：$\sigma_{bw} = 74.1\text{MPa}$；(c) $d_b = 10.68\text{mm}$

2.5-5　(a) $\sigma_c = E\alpha(\Delta T_B)/4$；(b) $\sigma_c = E\alpha(\Delta T_B)/[4(EA/kL+1)]$

2.5-6　(a) $N = 51.8\text{kN}$，最大。$\sigma_c = 26.4\text{MPa}$，$\delta_C = -0.314\text{mm}$；(b) $N = 31.2\text{kN}$，最大。$\sigma_c = 15.91\text{MPa}$，$\delta_C = -0.546\text{mm}$

2.5-7　$\delta = 5\text{mm}$

2.5-8　$\Delta T = 34℃$

2.5-9　$\tau = 67.7\text{MPa}$

2.5-10　$P_{\text{allow}} = 39.5\text{kN}$

2.5-11　(a) $T_A = 1760\text{N}$，$T_B = 880\text{N}$；(b) $T_A = 2008\text{N}$，$T_B = 383\text{N}$；(c) 177℃

2.5-12　(a) $\sigma = 98\text{MPa}$；(b) $T = 35℃$

2.5-13　(a) $\sigma = -6.62\text{MPa}$；(b) $F_k = 12.99\text{kN(C)}$；(c) $\sigma = -17.33\text{MPa}$

2.5-14　$s = PL/6EA$

2.5-15　(a) $P_1 = 1027\text{kN}$，$R_A = -249\text{kN}$，$R_B = 249\text{kN}$；(b) $P_2 = 656\text{kN}$，$R_A = -249\text{kN}$，$R_B = 249\text{kN}$；(c) 对于 P_1，$\tau_{\max} = 93.8\text{MPa}$；对于 P_2，$\tau_{\max} = 133.33\text{MPa}$；(d) $\Delta T = 35℃$，$R_A = 0$，$R_B = 0$；(e) $R_A = -249\text{kN}$，$R_B = 249\text{kN}$

2.5-16　(a) $R_A = \dfrac{-s+\alpha\Delta T(L_1+L_2)}{L_1/EA_1+L_2/EA_2+L/k_3}$，$R_D = -R_A$；(b) $\delta_B = \alpha\Delta T(L_1) - R_A(L_1/EA_1)$，$\delta_C = \alpha\Delta T(L_1+L_2) - R_A[(L_1/EA_1)+L_2/EA_2]$

2.5-17　$T_B = 2541\text{N}$，$T_C = 4623\text{N}$

2.5-18　$P_{\text{allow}} = 1.8\text{MN}$

2.5-19　(a) $\sigma_p = -1.231\text{MPa}$，$\sigma_r = 17.53\text{MPa}$；(b) $\sigma_b = 11.63\text{MPa}$，$\tau_c = 1.328\text{MPa}$

2.5-20　$\sigma_p = 25.0\text{MPa}$

2.5-21　$\sigma_p = 15.0\text{MPa}$

2.5-22　(a) $P_B = 25.4\text{kN}$，$P_s = -P_B$；(b) $S_{\text{reqd}} = 25.7\text{mm}$；(c) $\delta_{\text{final}} = 0.35\text{mm}$

2.5-23 （a）$F_k = 727\text{N}$；（b）$F_t = -727\text{N}$；（c）$L_f = 305.2\text{mm}$；（d）$\Delta T = 76.9℃$

2.5-24 $\sigma_a = 500\text{MPa}$（拉伸），$\sigma_c = 10\text{MPa}$（压缩）

2.5-25 （a）$F_k = 727\text{N}$；（b）$F_t = -727\text{N}$；（c）$L_f = 304.8\text{mm}$；（d）$\Delta T = -76.8℃$

2.6-1 $P_{max} = 312\text{kN}$

2.6-2 $d_{min} = 6.81\text{mm}$

2.6-3 $P_{max} = 52\text{kN}$

2.6-4 （a）$\Delta T_{max} = -46℃$；（b）$\Delta T = +9.93℃$

2.6-5 （a）$\tau_{max} = 84.7\text{MPa}$；（b）$\Delta T_{max} = -17.38℃$；（c）$\Delta T = +42.7℃$

2.6-6 （a）$\sigma_x = 84\text{MPa}$；（b）$\tau_{max} = 42\text{MPa}$；（c）在旋转的 x 面上：$\sigma_{x1} = 42\text{MPa}$，$\tau_{x1y1} = 42\text{MPa}$；在旋转的 y 面上：$\sigma_{y1} = 42\text{MPa}$，（d）在旋转的 x 面上：$\sigma_{x1} = 71.7\text{MPa}$，$\tau_{x1y1} = -29.7\text{MPa}$；在旋转的 y 面上：$\sigma_{y1} = 12.3\text{MPa}$

2.6-7 （a）$\sigma_{max} = 16.8\text{MPa}$；（b）$\tau_{max} = 8.4\text{MPa}$

2.6-8 （a）微元体 A：$\sigma_x = 105\text{MPa}$（压缩），微元体 B：$\tau_{max} = 52.5\text{MPa}$；（b）$\theta = 33.1°$

2.6-9 （a）$\tau_{maxAC} = \dfrac{\sigma_{AC}}{2} = 13.1\text{MPa}$

$\tau_{maxAB} = \dfrac{\sigma_{AB}}{2} = 52.3\text{MPa}$

$\tau_{maxBC} = \dfrac{\sigma_{BC}}{2} = -66.3\text{MPa}$；

（b）$P_{max} = 159.3\text{kN}$

2.6-10 （a）（1）$\sigma_x = -945\text{kPa}$；（2）$\sigma_\theta = -807\text{kPa}$，$\tau_\theta = 334\text{kPa}$；（3）$\sigma_\theta = -472\text{kPa}$，$\tau_\theta = 472\text{kPa}$，$\sigma_{max} = -945\text{kPa}$，$\tau_{max} = -472\text{kPa}$；（b）$\sigma_{max} = -378\text{kPa}$，$\tau_{max} = -189\text{kPa}$

2.6-11 （a）$\tau_{pq} = 4.85\text{MPa}$；（b）$\sigma_{pq} = -8.7\text{MPa}$，$\sigma(pq = \pi/2) = -2.7\text{MPa}$；（c）$P_{max} = 127.7\text{kN}$

2.6-12 （a）$\Delta T_{max} = 31.3℃$；（b）$\sigma_{pq} = -21.0\text{MPa}$（压缩），$\tau_{pq} = 30\text{MPa}(\text{CCW})$；（c）$\beta = 0.62$

2.6-13 $N_{AC} = 34.6\text{kN}$；$d_{min} = 32.4\text{mm}$

2.6-14 （a）$\sigma_\theta = 0.57\text{MPa}$，$\tau_\theta = -1.58\text{MPa}$；（b）$\alpha = 33.3°$；（c）$\alpha = 26.6°$

2.6-15 （a）$\theta = 30°$，$\tau_\theta = -34.6\text{MPa}$；（b）$\sigma_{max} = 80\text{MPa}$，$\tau_{max} = 40\text{MPa}$

2.6-16 $\sigma_{\theta 1} = 54.9\text{MPa}$，$\sigma_{\theta 2} = 18.3\text{MPa}$，$\tau_\theta = 31.7\text{MPa}$

2.6-17 $\sigma_{max} = 64.4\text{MPa}$，$\tau_{max} = 34.7\text{MPa}$

2.6-18 （a）$\theta = 30.96°$；（b）$P_{max} = 1.53\text{kN}$

2.6-19 （a）$\tau_\theta = 2.15\text{MPa}$，$\theta = 22°$；
（b）$\sigma_{x1} = -5.3\text{MPa}$，$\sigma_{y1} = -0.869\text{MPa}$；
（c）$k_{max} = 3962\dfrac{\text{kN}}{\text{m}}$；（d）$L_{max} = 0.755\text{m}$；
（e）$\Delta T_{max} = 53.7℃$

2.7-1 （a）$U = 23P^2 L/12EA$；（b）$U = 14.02\text{N} \cdot \text{m}$

2.7-2 （a）$U = 5P^2 L/4\pi Ed^2$；（b）$U = 1.036\text{J}$

2.7-3 $U = 788\text{J}$

2.7-4 （c）$U = P^2 L/2EA + PQL/2EA + Q^2 L/4EA$

2.7-5 铝：826kPa，31m

2.7-6 （a）$U = P^2 L/EA$；（b）$\delta_B = 2PL/EA$

2.7-7 （a）$U_1 = 0.00422\text{J}$；（b）$U_2 = 0.305\text{J}$；（c）$U_3 = 0.264\text{J}$

2.7-8 （a）$U = 5k\delta^2$；（b）$\delta = W/10k$；（c）$F_1 = 3W/10$，$F_2 = 3W/20$，$F_3 = W/10$

2.7-9 （a）$\delta = \dfrac{P^2 L}{Et(b_2 - b_1)}\ln\dfrac{b_2}{b_1}$；（b）$U = \dfrac{P^2 L}{2Et(b_2 - b_1)}\ln\dfrac{b_2}{b_1}$

2.7-10 （a）$P_1 = 270\text{kN}$；（b）$\delta = 1.321\text{mm}$；（c）$U = 243\text{J}$

2.7-11 （a）$x = 2s$，$P = 2(k_1 + k_2)s$；（b）$U_1 = (2k_1 + k_2)s^2$

2.7-12 （a）$U = 6.55\text{J}$；（b）$\delta_C = 168.8\text{mm}$

2.8-1 （a）$\delta_{max} = 0.869\text{mm}$；（b）$\sigma_{max} = 152.1\text{MPa}$；（c）冲击因子 $= 117$

2.8-2 （a）$\delta_{max} = 6.33\text{mm}$；（b）$\sigma_{max} = 359\text{MPa}$；（c）冲击因子 $= 160$

2.8-3 （a）$\delta_{max} = 0.760\text{mm}$；（b）$\sigma_{max} = 177.7\text{MPa}$；（c）冲击因子 $= 133$

2.8-4 （a）$\delta_{max} = 270\text{mm}$；（b）冲击因子 $= 3.9$

2.8-5 （a）$\delta_{max} = 270\text{mm}$；（b）冲击因子 $= 4.2$

2.8-6 $v = 13.1\text{m/s}$

2.8-7 $h_{max} = 0.27\text{m}$

2.8-8 $L_{min} = 9.25\text{m}$

2.8-9 $L_{min} = 4.59\text{m}$

2.8-10 $V_{max} = 5.40\text{m/s}$

2. 8-11　$\delta_{max} = 200mm$

2. 8-12　$L = 25.5m$

2. 8-13　（a）冲击因子 $= 1 + 1(1 + 2EA/W)^{1/2}$；（b）10

2. 8-14　$\sigma_{max} = 33.3MPa$

2. 10-1　（a）$\sigma_{max} \approx 45MPa$ 和 $50MPa$；（b）$\sigma_{max} \approx 76MPa$
　　　　和 $61MPa$

2. 10-2　（a）$\sigma_{max} \approx 26MPa$ 和 $29MPa$；
　　　　（b）$\sigma_{max} \approx 25MPa$ 和 $22MPa$

2. 10-3　$P_{max} = \sigma_1 bt/3$

2. 10-4　$\sigma_{max} \approx 46MPa$

2. 10-5　$\sigma_{max} \approx 41.9MPa$

2. 10-6　（a）不能，只能使其更弱：$P_1 = 25.1kN$，
　　　　$P_2 \approx 14.4kN$；（b）$d_0 \approx 15.1mm$

2. 10-7　$d_{max} = 13mm$

2. 11-1　$\delta = \dfrac{\gamma L^2}{2E} + \dfrac{\sigma_0 \alpha L}{(m+1)E}\left(\dfrac{\gamma L}{\sigma_0}\right)^m$

2. 11-2　（a）$\delta_C = 1.67mm$；（b）$\delta_C = 5.13mm$；
　　　　（c）$\delta_C = 11.88mm$

2. 11-3　（b）$P = 79.9kN$

2. 11-4　对于 $P = 30kN$：$\delta = 6.2mm$；对于 $P = 40kN$：
　　　　$\delta = 12.0mm$

2. 11-5　对于 $P = 106kN$，$\delta = 4.5mm$；对于 $P = 180kN$，
　　　　$\delta = 17.5mm$

2. 11-6　对于 $P = 3.2kN$：$\delta_B = 4.85mm$；对于 $P = 4.8kN$：
　　　　$\delta_B = 17.3mm$

2. 12-1　$P_Y = P_P = 2\sigma_Y A\sin\theta$

2. 12-2　$P_P = 201kN$

2. 12-3　（a）$P_P = 5\sigma_Y A$

2. 12-4　$P_P = 2\sigma_Y A(1 + \sin\alpha)$

2. 12-5　$P_P = 220kN$

2. 12-6　$P_P = 82.5kN$

2. 12-7　（a）$P_P = 102kN$；（b）没有变化

2. 12-8　（a）$P_Y = \sigma_Y A$，$\delta_Y = 3\sigma_Y L/2E$；（b）$P_P = 4\sigma_Y A/3$，$\delta_P = 3\sigma_Y L/E$；

2. 12-9　（a）$P_Y = \sigma_Y A$，$\delta_Y = \sigma_Y L/E$；（b）$P_P = 5\sigma_Y A/4$，
　　　　$\delta_P = 2\sigma_Y L/E$

2. 12-10　（a）$W_Y = 28.8kN$，$\delta_Y = 125mm$；
　　　　　（b）$W_P = 48kN$，$\delta_P = 225mm$

2. 12-11　（a）$P_Y = 300kN$，$\delta_Y = 0.475mm$；
　　　　　（b）$P_P = 456kN$，$\delta_P = 0.75mm$

R2. 1　D

R2. 2　B

R2. 3　A

R2. 4　A

R2. 5　D

R2. 6　A

R2. 7　B

R2. 8　C

R2. 9　A

R2. 10　D

R2. 11　D

R2. 12　C

R2. 13　A

R2. 14　C

R2. 15　D

R2. 16　C

第 3 章

3. 2-1　（a）$d_{max} = 10.54mm$　（b）$L_{min} = 545mm$

3. 2-2　（a）$L_{min} = 162.9mm$；（b）$d_{max} = 68.8mm$

3. 2-3　（a）$\gamma_1 = 2.67\times10^{-4}$　（b）$r_{2min} = 183.3mm$

3. 2-4　（a）$\gamma_1 = 393\times10^{-6}rad$；（b）$r_{2,max} = 50.9mm$

3. 2-5　（a）$\gamma_1 = 1.967\times10^{-4}rad$　（b）$r_{2max} = 65.1mm$

3. 3-1　（a）$\tau_{max} = 60.4MPa$　（b）$d_{min} = 15.87mm$

3. 3-2　（a）$\tau_{max} = 23.8MPa$；（b）$T_{max} = 0.402N \cdot m$；
　　　　（c）$\theta = 9.12°/m$

3. 3-3　（a）$\tau_{max} = 133MPa$；（b）$\phi = 3.65°$

3. 3-4　（a）$k_T = 2059N \cdot m$；（b）$\tau_{max} = 27.9MPa$，

$\gamma_{\max} = 997 \times 10^{-6}$ rad; （c）$\dfrac{k_{T\text{hollow}}}{k_{T\text{solid}}} = 0.938$,

$\dfrac{\tau_{\max H}}{\tau_{\max S}} = 1.067$; （d）$d_2 = 32.5$mm

3.3-5　（a）$L_{\min} = 838$mm　（b）$L_{\min} = 982$mm

3.3-6　$T_{\max} = 6.03$N · m, $\phi = 2.20°$

3.3-7　（a）$\tau_{\max} = 46$MPa $G = 22$GPa $\gamma_{\max} = 2.094 \times 10^{-3}$;
（b）$T_{\max} = 548$N · m

3.3-8　（a）$T_{\max} = 9164$N · m; （b）$T_{\max} = 7765$N · m

3.3-9　$\tau_{\max} = 54.0$MPa

3.3-10　（a）$d_{\min} = 63.3$mm; （b）$d_{\min} = 66$mm （直径
增加了 4.2%）

3.3-11　（a）$\tau_2 = 25.7$MPa; （b）$\tau_1 = 18.4$MPa;
（c）$\theta = 3.67 \times 10^{-3}$rad/m $= 0.21°$/m

3.3-12　（a）$\tau_2 = 30.1$MPa; （b）$\tau_1 = 20.1$MPa;
（c）$\theta = 0.306°$/m

3.3-13　（a）$d_{\min} = 100$mm; （b）$k_T = 648\dfrac{\text{kN · m}}{\text{rad}}$;
（c）$d_{\min} = 88.9$mm

3.3-14　（a）$d_{\min} = 64.4$mm; （b）$k_1 = 134.9$kN · m/rad;
（c）$d_{\min} = 50$mm

3.3-15　（a）$T_{1,\max} = 424$N · m; （b）$T_{1,\max} = 398$N · m;
（c）扭矩: 6.25%, 重量: 25%

3.3-16　（a）$\phi = 5.19$; （b）$d = 88.4$mm;
（c）重量比 $= 0.524$

3.3-17　（a）$r_2 = 35.2$mm; （b）$P_{\max} = 6486$N

3.4-1　（a）$\tau_{\max} = 50.3$MPa; （b）$\phi_C = 0.14°$

3.4-2　（a）$\tau_{\text{bar}} = 79.6$MPa, $\tau_{\text{tube}} = 32.3$MPa;
（b）$\phi_A = 9.43°$

3.4-3　（a）$\tau_{\max} = \tau_{BC} = 66$MPa, $\phi_D = 2.44°$;
（b）$d_{AB} = 76.5$mm, $d_{BC} = 60$mm,
$d_{CD} = 39.5$mm, $\phi_D = 2.6°$

3.4-4　$T_{\text{allow}} = 439$N · m

3.4-5　$d_1 = 20.7$mm

3.4-6　（a）$d = 77.5$mm; （b）$d = 71.5$mm

3.4-7　（a）$d = 44.4$mm; （b）$d = 51.5$mm

3.4-8　（b）$d_B/d_A = 1.45$

3.4-9　$d_A = 63.7$mm

3.4-10　最小 $d_B = 48.6$mm

3.4-11　（a）$R_1 = -3T/2$; （b）$T_1 = 1.5T$, $T_2 = 0.5\,T$;
（c）$x = 7L/17$; （d）$\phi_2 = (12/17)(TL/GI_p)$

3.4-12　$\phi = 3TL/2\pi Gtd_A^3$

3.4-13　（a）$\phi = 2.48°$; （b）$\phi = 1.962°$

3.4-14　（a）$R_1 = \dfrac{-T}{2}$; （b）$\phi_3 = \dfrac{19}{8} \cdot \dfrac{TL}{\pi Gtd^3}$

3.4-15

$$\phi_D = \dfrac{4Fd}{\pi G}\left[\dfrac{L_1}{t_{01}d_{01}^3} + \int_0^{L_2} \dfrac{L_2^4}{(d_{01}L_2 - d_{01}x + d_{03}x)^3(t_{01}L_2 - t_{01}x + t_{03}x)}dx + \dfrac{L_3}{t_{03}d_{03}^3}\right]$$

$\phi_D = 0.133°$

3.4-16　（a）$\tau_{\max} = 16tL/\pi d^3$; （b）$\phi = 16tL^2/\pi Gd^4$

3.4-17　$\tau_{\max} = 8t_A L/\pi\,d^3$; （b）$\phi = 16t_A L^2/3\pi Gd^4$

3.4-18　（a）$R_A = \dfrac{T_0}{6}$; （b）$T_{AB}(x) = \left(\dfrac{T_0}{6} = \dfrac{x^2}{L^2}T_0\right)$

$$0 \leqslant x \leqslant \dfrac{L}{2}, \quad T_{BC}(x) = -\left[\left(\dfrac{x-L}{L}\right)^2 \cdot \dfrac{T_0}{3}\right]$$

$\dfrac{L}{2} \leqslant x \leqslant L$; （c）$\phi_c = \dfrac{T_0 L}{144 GI_P}$;

（d）$\tau_{\max} = \dfrac{8}{3\pi} \cdot \dfrac{T_0}{d_{AB}^3}$

3.4-19　（a）$L_{\max} = 4.42$m; （b）$\phi = 170°$

3.4-20　（a）$T_{\max} = 875$N · m; （b）$\tau_{\max} = 25.3$MPa

3.5-1　（a）$\sigma_{\max} = 48$MPa; （b）$T = 8836$N · m

3.5-2　（a）$\varepsilon_{\max} = 320 \times 10^{-6}$; （b）$\sigma_{\max} = 51.2$MPa;
（c）$T = 20.0$kN · m

3.5-3　（a）$d_1 = 60.0$mm; （b）$\phi = 2.30°$, $\gamma_{\max} = 1670 \times 10^{-6}$rad

3.5-4　$G = 30.0$GPa

3.5-5　$T = 234$N · m

3.5-6　（a）$d_{\min} = 37.7$mm; （b）$T_{\max} = 431$N · m

3.5-7　（a）$d_1 = 14.39$mm; （b）$d_{1\max} = 16.25$mm

3.5-8　（a）$d_2 = 79.3$mm; （b）$d_2 = 80.5$mm

3.5-9　（a）$\tau_{\max} = 36.7$MPa; （b）$\gamma_{\max} = 453 \times 10^{-6}$rad

3.5-10　（a）$\tau_{\max} = 23.9$MPa; （b）$\gamma_{\max} = 884 \times 10^{-6}$rad,
$\sigma_{\max} \approx 45$ 和 50MPa;

3.5-11　（a）$T_{1\text{allow}} = 1.928$kN · m, $T_{2\text{allow}} = 1.536$kN · m;
（b）$L_{\text{mid}} = 597$mm; （c）$d_{3\text{new}} = 65.9$mm;

(d) $T_{\max 1} = 1.881 \mathrm{kN \cdot m}$, $T_{\max 2} = 1.498 \mathrm{kN \cdot m}$, $\phi_{\max 1} = 1.492°$, $\phi_{\max 2} = 1.29°$

3.7-1　(a) $\tau_{\max} = 36.5 \mathrm{MPa}$；(b) $d = 81.9 \mathrm{mm}$

3.7-2　(a) $\tau_{\max} = 50.0 \mathrm{MPa}$；(b) $d_{\min} = 32.3 \mathrm{mm}$

3.7-3　(a) 20.2MW；(b) 切应力等于一半。

3.7-4　(a) $\tau_{\max} = 16.8 \mathrm{MPa}$；(b) $P_{\max} = 267 \mathrm{kW}$

3.7-5　$d = 90.3 \mathrm{mm}$

3.7-6　$d_{\min} = 110 \mathrm{mm}$

3.7-7　最小 $d_1 = 1.221 d$

3.7-8　$P_{\max} = 91.0 \mathrm{kW}$

3.7-9　$d = 69.1 \mathrm{mm}$

3.7-10　$d = 53.4 \mathrm{mm}$

3.8-1　(a) $\phi_{\max} = 3T_0 L / 5 G I_P$　(b) $\phi_{\max} = \dfrac{9 L T_0}{25 G I_P}$

3.8-2　(a) $x = L/4$　(b) $\phi_{\max} = T_0 L / 8 G I_P$

3.8-3　$\phi_{\max} = 2 b \tau_{\mathrm{allow}} / G d$

3.8-4　$P_{\mathrm{allow}} = 2710 \mathrm{N}$

3.8-5　(a) $T_{0\max} = 419 \mathrm{N \cdot m}$；(b) $T_{0\max} = 436 \mathrm{N \cdot m}$

3.8-6　(a) $T_{0,\max} = 150 \mathrm{N \cdot m}$；(b) $T_{0,\max} = 140 \mathrm{N \cdot m}$

3.8-7　(a) $a/L = d_A / (d_A + d_B)$；(b) $a/L = d_A^4 / (d_A^4 + d_B^4)$

3.8-8　(a) $T_A = \dfrac{L t_0}{6}$, $T_B = \dfrac{L t_0}{3}$,　(b) $\phi_{\max} = \phi\left(\dfrac{L}{\sqrt{3}}\right) = -\dfrac{\sqrt{3} L^2 t_0}{27 G I_P}$

3.8-9　(a) $x = 767 \mathrm{mm}$；(b) $\phi_{\max} = -1.031°$（在 $x = 767 \mathrm{mm}$ 处）

3.8-10　(a) $\tau_1 = 32.7 \mathrm{MPa}$, $\tau_2 = 49.0 \mathrm{MPa}$；(b) $\phi = 1.030°$；(c) $k_T = 22.3 \mathrm{kN \cdot m}$

3.8-11　(a) $\tau_1 = 38.1 \mathrm{MPa}$, $\tau_2 = 25.4 \mathrm{MPa}$；(b) $\phi = 0.48°$；(c) $k_T = 238 \mathrm{kN \cdot m}$

3.8-12　(a) $T_{\max} = 1.521 \mathrm{kN \cdot m}$；(b) $d_2 = 56.9 \mathrm{mm}$

3.8-13　(a) $T_{\max} = 1041 \mathrm{N \cdot m}$；(b) $d_2 = 53.3 \mathrm{mm}$

3.8-14　(a) $T_{1,\mathrm{allow}} = 7.14 \mathrm{kN \cdot m}$；(b) $T_{2,\mathrm{allow}} = 6.35 \mathrm{kN \cdot m}$；(c) $T_{3,\mathrm{allow}} = 7.14 \mathrm{kN \cdot m}$；(d) $T_{\max} = 6.35 \mathrm{kN \cdot m}$；

3.8-15　(a) $T_A = 1720 \mathrm{N \cdot m}$, $T_B = 2780 \mathrm{N \cdot m}$　(b) $T_A = 983 \mathrm{N \cdot m}$, $T_B = 3517 \mathrm{N \cdot m}$

3.8-16　(a) $R_1 = -0.77 T$, $R_2 = -0.23 T$；(b) $T_{\max} = 2.79 \mathrm{kN \cdot m}$；(c) $\phi_{\max} = 7.51°$；(d) $T_{\max} = 2.48 \mathrm{kN \cdot m}$（受控于法兰盘螺栓中的剪力）；(e) $R_2 = \dfrac{\beta}{f_{T1} + f_{T2}}$, $R_1 = -R_2$ 且 $f_{T1} = \dfrac{L_1}{G_1 I_{p1}}$, $f_{T2} = \dfrac{L_2}{G_2 I_{p2}}$；(f) $\beta_{\max} = 29.1°$

3.9-1　(a) $U = 41.9 \mathrm{J}$；(b) $\phi = 1.29°$

3.9-2　(a) $U = 5.36 \mathrm{J}$；(b) $\phi = 1.53°$

3.9-3　$U = 15.2 \mathrm{J}$

3.9-4　$U = 1.84 \mathrm{J}$

3.9-5　(c) $U_3 = T^2 L / 2 G I_P + T t L^2 / 2 G I_P + t^2 L^3 / 6 G I_P$

3.9-6　$U = 19 T_0^2 L / 32 G I_P$

3.9-7　$\phi = T_0 L_A L_B / [G (L_B I_{PA} + L_A I_{PB})]$

3.9-8　$U = t_0^2 L^3 / 40 G I_P$

3.9-9　(a) $U = \dfrac{T^2 L (d_A + d_B)}{\pi G t d_A^2 d_B^2}$；(b) $w = \dfrac{2 T L (d_A + d_B)}{\pi G t d_A^2 d_B^2}$

3.9-10　$U = \dfrac{\beta^2 G I_{PA} I_{PB}}{2 L (I_{PA} + I_{PB})}$

3.9-11　$\phi = \dfrac{2n}{15 d^2} \sqrt{\dfrac{2 \pi I_m L}{G}}$；$\tau_{\max} = \dfrac{n}{15 d} \sqrt{\dfrac{2 \pi G J_m}{L}}$

3.11-1　(a) $\tau_{\mathrm{approx}} = 42.7 \mathrm{MPa}$；(b) $\tau_{\mathrm{exact}} = 47 \mathrm{MPa}$

3.11-2　$t_{\min} = \pi d / 64$

3.11-3　(a) $\tau = 15.0 \mathrm{MPa}$；(b) $\phi = 0.578°$

3.11-4　(a) $\tau = 9.17 \mathrm{MPa}$；(b) $\phi = 0.140°$

3.11-5　$U_1 / U_2 = 2$

3.11-6　$\tau = 35.0 \mathrm{MPa}$, $\phi = 0.570°$

3.11-7　$\tau = 46.7 \mathrm{MPa}$, $\theta = 0.543°/\mathrm{m}$

3.11-8　$\tau = T \sqrt{3} / 9 b^2 t$, $\theta = 2 T / 9 G b^3 t$

3.11-9　(a) $\phi_1 / \phi_2 = 1 + 1/4 \beta^2$

3.11-10　$\tau = 2 T (1+\beta)^2 / t L_m^2 \beta$

3.11-11　$t_{\min} = 4.57 \mathrm{mm}$

3.11-12　(a) $t = 6.66 \mathrm{mm}$；(b) $t = 7.02 \mathrm{mm}$

3.12-1　$T_{\max} \approx 1770 \mathrm{N \cdot m}$

3.12-2　$R_{\min} \approx 4.0 \mathrm{mm}$

3.12-3　对于 $D_1 = 18 \mathrm{mm}$, $\tau_{\max} \approx 121.5 \mathrm{MPa}$

3.12-4　$D_2 \approx 115 \mathrm{mm}$；下限值

3.12-5　$D_1 \approx 33.5\text{mm}$

R3.1　D

R3.2　A

R3.3　C

R3.4　A

R3.5　D

R3.6　D

R3.7　B

R3.8　B

R3.9　C

R3.10　B

R3.11　D

R3.12　B

R3.13　B

R3.14　D

R3.15　B

第 4 章

4.3-1　$V = 1.4\text{kN}$，$M = 5.6\text{kN} \cdot \text{m}$

4.3-2　$V = -0.938\text{kN}$，$M = 4.12\text{kN} \cdot \text{m}$

4.3-3　$V = 0$，$M = 0$

4.3-4　$V = 7.0\text{kN}$，$M = -9.5\text{kN} \cdot \text{m}$

4.3-5　(a) $V = -786\text{N}$，$M = 21.8\text{kN} \cdot \text{m}$；

(b) $q = 5.37\text{kN/m}$（向上）

4.3-6　(a) $V = -1.0\text{kN}$，$M = -7\text{kN} \cdot \text{m}$；

(b) $P_2 = 4\text{kN}$；(c) $P_1 = -8\text{kN}$（向右作用）

4.3-7　$b/L = 1/2$

4.3-8　$M = 108\text{N} \cdot \text{m}$

4.3-9　$N = P\sin\theta$，$V = P\cos\theta$，$M = P\gamma\sin\theta$

4.3-10　$V = -6.04\text{kN}$，$M = 15.45\text{kN} \cdot \text{m}$

4.3-11　(a) $P = 37.5\text{kN}$；(b) $P = 4.17\text{kN}$

4.3-12　$V = -4.17\text{kN}$，$M = 75\text{kN} \cdot \text{m}$

4.3-13　(a) $V_B = 24\text{kN}$，$M_B = 12\text{kN} \cdot \text{m}$；(b) $V_m = 0$，$M_m = 30\text{kN} \cdot \text{m}$

4.3-14　(a) $N = 21.6\text{kN}$（压缩），$V = 7.2\text{kN}$，$M = 50.4\text{kN} \cdot \text{m}$；(b) $N = 21.6\text{kN}$（压缩），$V = -5.4\text{kN}$，$M = 0$（在力矩释放器处）

4.3-15　$V_{\max} = 91wL^2\alpha/30g$，$M_{\max} = 229wL^3\alpha/75g$

4.5-1　$V_{\max} = P$，$M_{\max} = Pa$

4.5-2　$V_{\max} = M_0/L$，$M_{\max} = M_0 a/L$

4.5-3　$V_{\max} = qL/2$，$M_{\max} = -3qL^2/8$

4.5-4　$V_{\max} = P$，$M_{\max} = PL/4$

4.5-5　$V_{\max} = -2P/3$，$M_{\max} = PL/9$

4.5-6　$V_{\max} = 2M_1/L$，$M_{\max} = 7M_1/3$

4.5-7　(a) $V_{\max} = \dfrac{P}{2}$（AB 上），$M_{\max} = R_C\left(\dfrac{3L}{4}\right) = \dfrac{3LP}{8}$（紧靠点 B 右侧处）；(b) $N_{\max} = P$（拉伸，AB 上），$V_{\max} = \dfrac{P}{5}$，$M_{\max} = \dfrac{-P}{5}\left(\dfrac{3L}{4}\right) = -\dfrac{3LP}{20}$（紧靠点 B 右侧处）；

4.5-8　(a) $V_{\max} = P$，$M_{\max} = -Pa$；(b) $M = 3Pa$（逆时针）；$V_{\max} = 2P$，$M_{\max} = 2Pa$

4.5-9　$V_{\max} = qL/2$，$M_{\max} = 5qL^2/72$

4.5-10　(a) $V_{\max} = -q_0 L/2$，$M_{\max} = -q_0 L^2/6$；(b) $V_{\max} = -\dfrac{2Lq_0}{3}$，$M_{\max} = -\dfrac{4L^2 q_0}{15}$（点 B 处）

4.5-11　$V_{\max} = -904\text{N}$，$M_{\max} = 321\text{N} \cdot \text{m}$

4.5-12　$V_{\max} = 1200\text{N}$，$M_{\max} = 960\text{N} \cdot \text{m}$

4.5-13　$V_{\max} = 4\text{kN}$，$M_{\max} = -13\text{kN} \cdot \text{m}$

4.5-14　$V_{\max} = 4.5\text{kN}$，$M_{\max} = -11.33\text{kN} \cdot \text{m}$

4.5-15　$V_{\max} = -7.81\text{N}$，$M_{\max} = -5.62\text{kN} \cdot \text{m}$

4.5-16　$V_{\max} = 15.34\text{kN}$，$M_{\max} = 9.80\text{kN} \cdot \text{m}$

4.5-17　第一种情况下较大的最大弯矩：$\left(\dfrac{6}{5}PL\right)$

4.5-18　第三种情况下较大的最大弯矩：$\left(\dfrac{6}{5}PL\right)$

4.5-19　$V_{\max} = 4000\text{N}$，$M_{\max} = -4000\text{N} \cdot \text{m}$

4.5-20　$V_{\max} = -10.0\text{kN}$，$M_{\max} = 16.0\text{N} \cdot \text{m}$

4.5-21　两种情况具有相同的最大弯矩：(PL).

4.5-22　$V_{\max} = 33.0\text{kN}$，$M_{\max} = -61.2\text{N} \cdot \text{m}$

4.5-23　(a) $V_{\max} = -3.70\text{kN}$，$M_{\max} = 6.67\text{kN} \cdot \text{m}$；

(b) $V_{max} = -6.49kN$，$M_{max} = -11.68kN \cdot m$

4.5-24　$M_{Az} = -PL$（顺时针），$A_x = 0$，$A_y = 0$，$C_y = \dfrac{1}{12}P$

（向上），$D_y = \dfrac{1}{6}P$（向上），$V_{max} = P/12$，

$M_{max} = PL$

4.5-25　(a) $V_{max} = -62.0kN$，$M_{max} = 64.1kN \cdot m$；

(b) $P = 54kN$（向上）

4.5-26　$V_{max} = 4.6kN$，$M_{max} = -6.24kN \cdot m$

4.5-27　(a) $V_{max} = -1880N$；$M_{max} = 1014N \cdot m$；

(b) $a = 1.403m$，$M_{max} = 1115N \cdot m$；

(c) $a = 0.940m$，最大的 $M_{max} = 1166N \cdot m$

4.5-28　$V_{max} = -2.8kN$，$M_{max} = 1.450kN \cdot m$

4.5-29　$a = 0.5858 L$，$V_{max} = 0.2929 qL$，

$M_{max} = 0.02145 qL^2$

4.5-30　$V_{max} = 2.5kN$，$M_{max} = 5.0kN \cdot m$

4.5-31　(a) $V_{max} = -R_B = -\dfrac{Lq_0}{2}$，$M_{max} = -M_A = \dfrac{L^2 q_0}{6}$；

(b) $V_{max} = -R_B = -\dfrac{2Lq_0}{3}$，$M_{max} = -M_A = \dfrac{4L^2 q_0}{15}$

4.5-32　$M_{max} = 10kN \cdot m$

4.5-33　$M_{max} = M_{pos} = 1200N \cdot m$（在 $x = 3.0m$ 处）

$M_{neg} = -800N \cdot m$（在 $x = 6.0m$ 处）

4.5-34　$V_{max} = -w_0 L/3$，$M_{max} = -w_0 L^2/12$

4.5-35　$M_A = \dfrac{w_0}{30}L^2$（顺时针），$A_x = -3 w_0 L/10$（向

左），$A_y = -3 w_0 L/20$（向下），$C_y = w_0 L/12$

（向上），$D_y = w_0 L/6$（向上），$V_{max} = w_0 L/4$，

$M_{max} = -w_0 L^2/24$（在 B 处）

4.5-36　(a) $x = 9.6m$，$V_{max} = 28kN$；(b) $x = 4.0m$，

$M_{max} = 78.4kN \cdot m$

4.5-37　(a) $A_x = 233N$（向右），$A_y = 936N$（向上），

$B_x = -233N$（向左），$N_{max} = -959N$，$V_{max} =$

$-219N$，$M_{max} = 373N \cdot m$；(b) $A_x = 0$，$A_y =$

$298N$，$B_x = 0$，$B_y = 638N$，$N_{max} = 600N$，

$V_{max} = -219N$，$M_{max} = 373N \cdot m$

4.5-38　(a) $A_x = -q_0 L/2$（向左），$A_y = 17 q_0 L/18$（向

上），$D_x = -q_0 L/2$（向左），$D_y = -4 q_0 L/9$（向

下），$M_D = 0$，$N_{max} = q_0 L^2$，$V_{max} = 17 q_0 L/18$，

$M_{max} = q_0 L^2$；(b) $B_x = q_0 L/2$（向右），$B_y = -q_0 L/$

$2 + 5q_0 L/3 = 7q_0 L/6$（向上）；$D_x = q_0 L/2$（向右），

$D_y = -5 q_0 L/3$（向下），$M_D = 0$，$N_{max} = 5 q_0 L/3$，

$V_{max} = 5q_0 L/3$，$M_{max} q_0 L^2$

4.5-39　(a) $M_A = 0$，$R_{Ax} = 0$，$R_{Ay} = q_0 L/6$（向上），

$R_{Cy} = q_0 L/3$；$N_{max} = -q_0 L/6$，$V_{max} = -q_0 L/3$，

$M_{max} = 0.06415 q_0 L^2$；(b) $M_A = (16/15)$

$q_0 L^2$，$R_{Ax} = -4 q_0 L/3$，$R_{Ay} = q_0 L/6$（向上），

$R_{Cy} = q_0 L/3$；(c) $N_{max} = -q_0 L/6$，$V_{max} =$

$4 q_0 L/3$（立柱中），$V_{max} = -q_0 L/3$（梁中），

$M_{max} = -(16/15) q_0 L^2$（立柱中），$M_{max} =$

$0.06415 q_0 L^2$（梁中）

4.5-40　$M_A = 0$，$A_x = 0$，$A_y = -18.41kN$（向下），$M_d =$

0，$D_x = -63.0kN$（向左），$D_y = 62.1kN$（向

上），$N_{max} = -62.1kN$，$V_{max} = 63.0kN$，$M_{max} =$

$756kN \cdot m$

R4.1　D

R4.2　C

R4.3　D

R4.4　A

R4.5　A

R4.6　C

R4.7　B

第 5 章

5.4-1　(a) $\varepsilon_{max} = 8.88 \times 10^{-4}$；(b) $R_{min} = 243mm$；

(c) $d_{max} = 5.93mm$

5.4-2　(a) $L_{min} = 5.24m$；(b) $d_{max} = 4.38mm$

5.4-3　(a) $\varepsilon_{max} = 5.89 \times 10^{-3}$；(b) $d_{max} = 124.3mm$；

(c) $L_{max} = 15.45m$

5.4-4　(a) $\rho = 85m$，$\kappa = 0.0118m^{-1}$，$\delta = 23.5mm$；

(b) $h_{max} = 136mm$；(c) $\delta = 75.3mm$

5.4-5　(a) $\varepsilon = 8.4 \times 10^{-4}$；(b) $t_{max} = 6.7mm$；(c) $\delta =$

$18.27mm$；(d) $L_{max} = 936mm$

5.4-6　(a) $\varepsilon = 4.57 \times 10^{-4}$；(b) $L_{max} = 2m$

5.5-1　(a) $\sigma_{max} = 361MPa$；(b) 33.3%；

(c)$L_{new} = 3.07m$

5.5-2　(a)$\sigma_{max} = 250MPa$；(b)-19.98%；
(c)$+25\%$

5.5-3　(a)$\sigma_{max} = 186.2MPa$；(b)$+10\%$；
(c)$+55.8\%$

5.5-4　(a)$\sigma_{max} = 8.63MPa$；(b)$\sigma_{max} = 6.49MPa$

5.5-5　$\sigma_{max} = 122.3MPa$

5.5-6　$\sigma_{max} = 203MPa$

5.5-7　$\sigma_{max} = 34MPa$

5.5-8　$\sigma_{max} = 101MPa$

5.5-9　$\sigma_{max} = 70.6MPa$

5.5-10　$\sigma_{max} = 7.0MPa$

5.5-11　(a)$\sigma_{max} = 5264kPa$；(b)$s = 0.58579\ L$，$\sigma_{min} = 1884kPa$；(c)$s = 0$ 或 L，$\sigma_{max} = 10.98MPa$

5.5-12　$\sigma_{max} = 2.10MPa$

5.5-13　(a)$\sigma_t = 30.93\ M/d^3$；(b)$\sigma_t = 360\ M/(73bh^2)$
(c)$\sigma_t = 85.24\ M/d^3$

5.5-14　$\sigma_{max} = 10.965\ M/d^3$

5.5-15　(a)$\sigma_{max} = 147.4MPa$；(b)$L_{reqd} = 6.1m$；
(c)$d = 2.54m$

5.5-16　(a)$\sigma_t = 35.4MPa$，$\sigma_c = 61MPa$；(b)$d_{max} = \dfrac{L}{2}$，$\sigma_t = 37.1MPa$，$\sigma_c = 64.1MPa$

5.5-17　(a)$\sigma_c = 105.8MPa$，$\sigma_t = 28.8MPa$；
(b)$P_{max} = 893N$；(c)$1.34m$

5.5-18　(a)$\sigma_c = 1.456MPa$，$\sigma_c = 1.514MPa$；
(b)$\sigma_c = 1.666MPa(+14\%)$，$\sigma_t = 1.381MPa$
(-9%)；(c)$\sigma_c = 0.728MPa(-50\%)$，$\sigma_t = 0.757MPa(-50\%)$

5.5-19　(a)$\sigma_t = 101.3MPa$，$\sigma_c = 182MPa$；
(b)$a = 4.24m$

5.5-20　$\sigma_{max} = 3\ pL^2a_0/t$

5.5-21　(a)$\sigma_t = 132.8MPa$，$\sigma_c = 99.6MPa$；
(b)$h = 82.8mm$；(c)$q = 1.867kN/m$，
$P = 3.9kN$

5.5-22　$\sigma = 25.1MPa$，$17.8MPa$，$-23.5MPa$

5.5-23　$d = 1.0m$，$\sigma_{max} = 1.55MPa$；$d = 2m$，
$\sigma_{max} = 7.52MPa$

5.5-24　(a)$c_1 = 91.7mm$，$c_2 = 108.3mm$，$I_z = 7.969 \times 10^7 mm^4$；(b)$\sigma_t = 4659kPa$（点 C 处梁的顶部），$\sigma_c = 5506kPa$（点 C 处梁的底部）

5.5-25　(a)$F_{res} = 441N$；(b)$\sigma_{max} = 257MPa$（地基处受压）；(c)$\sigma_{max} = 231MPa$（地基处受拉）

5.6-1　$d_{min} = 100mm$

5.6-2　(a)$d_{min} = 12.62mm$；(b)$P_{max} = 39.8N$

5.6-3　(a)UPN 260；(b)IPN 180；(c)HE 240A

5.6-4　(a)HE 180B；(b)HE 260B

5.6-5　(a)IPN 280；(b)$P_{max} = 17.24N$

5.6-6　(a)$b_{min} = 161.6mm$；(b)$b_{min} = 141.2mm$，面积$_{(b)}$/面积$_{(a)} = 1.145$

5.6-7　(a)50×250；(b)$w_{max} = 8.36\ \dfrac{kN}{m^2}$

5.6-8　(a)$s_{max} = 429mm$；(b)$h_{min} = 214mm$

5.6-9　(a)$q_{0.allow} = 13.17kN/m$；(b)$q_{0.allow} = 6.9kN/m$

5.6-10　$h_{min} = 30.6mm$

5.6-11　(a)$S_{reqd} = 249cm^3$；(b)IPN220

5.6-12　(a)$d_{min} = 37.6mm$；(b)$d_{min} = 45.2mm$，面积$_{(b)}$/面积$_{(a)} = 0.635$

5.6-13　(a)100×250；(b)$q_{max} = 332N/m$

5.6-14　$b = 152mm$，$h = 202mm$

5.6-15　$b = 259mm$

5.6-16　$t = 13.61mm$

5.6-17　$W_1 : W_2 : W_3 : W_4 = 1 : 1.260 : 1.408 : 0.888$

5.6-18　(a)$q_{max} = 6.61kN/m$；(b)$q_{max} = 9.37kN/m$

5.6-19　6.03%

5.6-20　(a)$b_{min} = 11.91mm$；(b)$b_{min} = 11.92mm$

5.6-21　(a)$s_{max} = 1.732m$；(b)$d = 292mm$

5.6-22　(a)$\beta = 1/9$；(b)5.35%

5.6-23　当 $d/h > 0.6861$ 时增大；当 $d/h < 0.6861$ 时降低。

5.7-1　(a)$x = L/4$，$\sigma_{max} = 4PL/9h_A^3$，$\sigma_{max}/\sigma_B = 2$；
(b)$x = 0.209\ L$，$\sigma_{max} = 0.394PL/h_A^3$，$\sigma_{max}/\sigma_B = 3.54$

5.7-2　(a)$x = 4m$，$\sigma_{max} = 37.7MPa$，$\sigma_{max}/\sigma_B = 9/8$；
(b)$x = 2m$，$\sigma_{max} = 25.2MPa$，$\sigma_{max}/\sigma_m = 4/3$

5.7-3　（a）$x = 182$mm，$\sigma_{max} = 8.94$MPa，$\sigma_{max}/\sigma_B = 1.047$；（b）$x = 109$mm，$\sigma_{max} = 8.85$MPa，$\sigma_{max}/\sigma_m = 1.220$

5.7-4　（a）$\sigma_A = 210$MPa；（b）$\sigma_B = 221$MPa；（c）$x = 0.625$m；（d）$\sigma_{max} = 231$MPa；（e）$\sigma_{max} = 214$MPa

5.7-5　（a）$1 \leqslant d_B/d_A \leqslant 1.5$；（b）$\sigma_{max} = \sigma_B = 32PL/\pi d_B^3$

5.7-6　$h_x = h_B x/L$

5.7-7　$b_y = 2b_B x/L$

5.7-8　$h_x = h_B \sqrt{x/L}$

5.8-2　（a）$\tau_{max} = 731$ kPa，$\sigma_{max} = 4.75$MPa；（b）$\tau_{max} = 1462$ kPa，$\sigma_{max} = 19.01$MPa；

5.8-3　（a）$M_{max} = 41.7$kN·m；（b）$M_{max} = 10.27$kN·m

5.8-4　$\tau_{max} = 500$kPa

5.8-5　$\tau_{max} = 22.5$MPa

5.8-6　（a）$L_0 = h(\sigma_{allow}/\tau_{allow})$；（b）$L_0 = (h/2)(\sigma_{allow}/\tau_{allow})$

5.8-7　（a）$P_{max} = 8.2$kN；（b）$P_{max} = 8.77$kN

5.8-8　（a）$M_{max} = 72.2$N·m；（b）$M_{max} = 9.01$N·m

5.8-9　（a）150mm×300mm 的梁；（b）200mm×300mm 的梁

5.8-10　（a）$P = 38.0$kN；（b）$P = 35.6$kN

5.8-11　（a）$w_1 = 9.46$kN/m²；（b）$w_2 = 19.88$kN/m²（c）$w_{allow} = 9.46$kN/m²

5.8-12　（a）$b = 89.3$mm；（b）$b = 87.8$mm

5.9-1　$d_{min} = 158$mm

5.9-2　（a）$W = 28.6$kN；（b）$W = 38.7$kN

5.9-3　（a）$d = 328$mm；（b）$d = 76.4$mm

5.9-4　（a）$q_{o,max} = 55.7$kN/m；（b）$L_{max} = 2.51$m

5.10-1　（a）$\tau_{max} = 41.9$MPa；（b）$\tau_{min} = 31.2$MPa；（c）$\tau_{aver} = 40.1$MPa，比值 $= 1.045$；（d）$V_{web} = 124.3$kN，比值 $= 0.956$

5.10-2　（a）$\tau_{max} = 28.43$MPa；（b）$\tau_{min} = 21.86$MPa；（c）$\tau_{aver} = 27.41$MPa，（d）$V_{web} = 119.7$kN

5.10-3　（a）$\tau_{max} = 38.56$MPa；（b）$\tau_{min} = 34.51$MPa；（c）$\tau_{aver} = 41.98$MPa，比值 $= 0.919$；（d）$V_{web} = 39.9$kN，比值 $= 0.886$

5.10-4　（a）$\tau_{max} = 32.28$MPa；（b）$\tau_{min} = 21.45$MPa；

（c）$\tau_{aver} = 29.24$MPa；（d）$V_{web} = 196.1$kN

5.10-5　（a）$\tau_{max} = 19.01$MPa；（b）$\tau_{min} = 16.21$MPa；（c）$\tau_{aver} = 19.66$MPa，比值 $= 0.967$；（d）$V_{web} = 82.73$kN，比值 $= 0.919$

5.10-6　（a）$\tau_{max} = 28.40$MPa；（b）$\tau_{min} = 19.35$MPa；（c）$\tau_{aver} = 25.97$MPa；（d）$V_{web} = 58.63$kN

5.10-7　$q_{max} = 131.5 \dfrac{\text{kN}}{\text{m}}$

5.10-8　（a）$q_{max} = 184.7$kN/m；（b）$q_{max} = 247$kN/m

5.10-9　IPN 220

5.10-10　$V = 273$kN

5.10-11　$\tau_{max} = 10.17$MPa，$\tau_{min} = 7.38$MPa

5.10-12　$\tau_{max} = 19.7$MPa

5.10-13　$\tau_{max} = 13.87$MPa

5.11-1　$V_{max} = 3067$MPa

5.11-2　$V_{max} = 1.924$MN

5.11-3　$F = 323$kN/m

5.11-4　$V_{max} = 10.7$kN

5.11-5　（a）$s_{max} = 67.0$mm；（b）$s_{max} = 53.8$mm

5.11-6　（a）$s_A = 78.3$mm；（b）$s_B = 97.9$mm

5.11-7　（a）$s_{max} = 67.4$mm；（b）$s_{max} = 44.9$mm

5.11-8　$s_{max} = 92.3$mm

5.11-9　$V_{max} = 103.0$kN

5.11-10　$s_{max} = 61.5$mm

5.11-11　（a）梁 2；（b）梁 3；（c）梁 1；（d）梁 1

5.11-12　$s_{max} = 165.2$mm

5.12-1　$\sigma_t = 94.6$MPa，$\sigma_c = -97.7$MPa

5.12-2　$\sigma_t = 5770$kPa，$\sigma_c = -6668$kPa

5.12-3　$t_{min} = 12.38$mm

5.12-4　$\sigma_t = -11.83$MPa，$\sigma_c = -12.33$MPa，$t_{min} = 12.38$mm

5.12-5　$\sigma_t = 2.42$MPa，$\sigma_c = -2.50$MPa

5.12-6　$T_{max} = 108.6$kN

5.12-7　$\alpha = \arctan[(d_2^2 + d_1^2)/(4hd_2)]$

5.12-8　（a）$d_{min} = 8.46$cm；（b）$d_{min} = 8.91$cm；

5.12-9　$H_{max} = 9.77$m

5.12-10　$W = 33.3\text{kN}$

5.12-11　(a)$\sigma_t = 826\ \text{kPa}$，$\sigma_c = -918\ \text{kPa}$；

(b)$d_{max} = 0.750\text{m}$

5.12-12　(a)$b = \pi - d/6$；(b)$b = \pi - d/3$；(c)矩形立柱

5.12-13　(a)$\sigma_t = 36.7\text{MPa}$，$\sigma_c = -30.9\text{MPa}$；

(b)两种应力增加相同的大小。

5.12-14　(a)$\sigma_t = 8\ P/b^2$，$\sigma_c = -4P/b^2$；

(b)$\sigma_t = 9.11\ P/b^2$，$\sigma_c = 6.36\ P/b^2$

5.12-15　(a)$\sigma_t = 723\text{MPa}$，$\sigma_c = -36.2\text{MPa}$

(b)$y_0 = -100.1\text{mm}$；(c)$\sigma_t = 3.77\text{MPa}$，$\sigma_c = -19.04\text{MPa}$，$y_0 = -139.2\text{mm}$

5.12-16　(a)$\sigma_t = 3.27\text{MPa}$，$\sigma_c = -24.2\text{MPa}$；

(b)$y_0 = -76.2\text{mm}$；(c)$\sigma_t = 1.587\text{MPa}$，$\sigma_c = -20.3\text{MPa}$，$y_0 = -100.8\text{mm}$

5.12-17　(a)$\sigma_t = 112.1\text{MPa}$；(b)$\sigma_t = 21.4\text{MPa}$

5.12-18　(a)$y_0 = -31.2\text{mm}$；(b)$P = 115.3\text{kN}$；

(c)$y_0 = 891\text{mm}$，$P = 296\text{kN}$

5.13-1　(a)$d = 6, 12, 18, 24\text{mm}$；$\sigma_{max} = 94.1, 96.4, 103.1, 143.5\text{MPa}$；(b)$R = 1.25, 2.5, 3.75,$

5.0mm：$\sigma_{max} \approx 500, 433, 367, 333\text{MPa}$

5.13-2　(a)$d = 16\text{mm}$，$\sigma_{max} = 81\text{MPa}$；(b)$R = 4\text{mm}$，$\sigma_{max} \approx 200\text{MPa}$

5.13-3　$b = 6.39\text{mm}$

5.13-4　$b_{min} \approx 0.33\text{mm}$

5.13-5　(a)$R_{min} \approx 0.33\text{mm}$；(b)$d_{max} = 104.1\text{mm}$

R5.1　A

R5.2　C

R5.3　D

R5.4　D

R5.5　A

R5.6　B

R5.7　B

R5.8　C

R5.9　C

R5.10　A

R5.11　B

R5.12　B

第6章

6.2-1　$\sigma_{表层} = \pm21.17\text{MPa}$，$\sigma_{芯层} = \pm5.29\text{MPa}$

6.2-2　(a)$M_{max} = 58.7\text{kN}\cdot\text{m}$；(b)$M_{max} = 90.9\text{kN}\cdot\text{m}$；

(c)$t = 7.08\text{mm}$

6.2-3　(a)$M_{max} = 20.8\text{kN}\cdot\text{m}$；(b)$M_{max} = 11.7\text{kN}\cdot\text{m}$

6.2-4　(a)$M_{\text{allow,steel}} = \dfrac{\pi\ \sigma_s(E_B d_1^4 - E_s d_1^4 + E_s d_2^4)}{32\ E_s d_2}$，

$M_{\text{allow,brass}} = \dfrac{\pi\ \sigma_B(E_B d_1^4 - E_s d_1^4 + E_s d_2^4)}{32\ E_s d_1}$；

(b)$M_{\text{max,brass}} = 1235\text{N}\cdot\text{m}$；(c)$d_1 = 33.3\text{mm}$

6.2-5　(a)$\sigma_w = 4.99\text{MPa}$，$\sigma_s = 109.7\text{MPa}$；

(b)$q_{max} = 3.57\text{kN/m}$；(c)$M_{0,max} = 2.44\text{kN}\cdot\text{m}$

6.2-6　(a)$M_{\text{allow}} = 768\text{N}\cdot\text{m}$；(b)$\sigma_{sa} = 47.9\text{MPa}$；

$M_{max} = 1051\text{N}\cdot\text{m}$

6.2-7　(a)$\sigma_{表层} = 26.2\text{MPa}$，$\sigma_{芯层} = 0$；(b)$\sigma_{表层} = 26.7MPa$，$\sigma_{芯层} = 0$

6.2-8　(a)$\sigma_{表层} = 14.1\text{MPa}$，$\sigma_{芯层} = 0.214\text{MPa}$；(b)

$\sigma_{表层} = 14.9\text{MPa}$，$\sigma_{芯层} = 0$

6.2-9　$\sigma_a = 3753\ \text{kPa}$，$\sigma_C = 4296\ \text{kPa}$

6.2-10　(a)$\sigma_w = 5.1\text{MPa}$（压缩），$\sigma_s = 37.6\text{MPa}$（拉伸）；(b)$t_s = 3.09\text{mm}$

6.2-11　(a)$\sigma_{胶合板} = 7.29\text{MPa}$，$\sigma_{松木} = 6.45\text{MPa}$；

(b)$q_{max} = 1.43\text{kN/m}$

6.2-12　$Q_{o,max} = 15.53\text{kN/m}$

6.3-1　(a)$M_{max} = 103\text{kN}\cdot\text{m}$；(b)$M_{max} = 27.2\text{kN}\cdot\text{m}$

6.3-2　$t_{min} = 15.0\text{mm}$

6.3-3　(a)$q_{\text{allow}} = 11.98\text{kN/m}$；(b)$\sigma_{木材} = 1.10\text{MPa}$，$\sigma_{钢} = 55.8\text{MPa}$

6.3-4　(a)$\sigma_B = 60.3\text{MPa}$，$\sigma_w = 7.09\text{MPa}$；

(b)$t_B = 25.1\text{mm}$，$M_{max} = 80\text{kN}\cdot\text{m}$

6.3-5　$\sigma_a = 23.0\text{MPa}$，$\sigma_P = 0.891\text{MPa}$

6.3-6　$\sigma_a = 12.14\text{MPa}$，$\sigma_P = 0.47\text{MPa}$

6.3-7　(a)$q_{allow}=4.16$kN/m　(b)$q_{allow}=4.39$kN/m

6.3-8　(a)$\sigma_s=93.5$MPa;　(b)$h_s=5.08$mm,
　　　　$h_a=114.92$mm

6.3-9　$M_{max}=10.4$kN·m

6.3-10　$S_A=50.6$mm^3;　金属 A

6.3-11　$\sigma_{钢}=77.8$MPa,　$\sigma_{混凝土}=6.86$MPa

6.3-12　(a)$\sigma_c=8.51$MPa, $\sigma_s=118.3$MPa;　(b)$M_{max}=$
　　　　$M_c=172.9$kN·m;　(c)$A_s=2254$mm^2, $M_{allow}=$
　　　　167.8kN·m

6.3-13　(a)$\sigma_c=4.24$MPa, $\sigma_s=85.9$MPa;　(b)$M_{allow}=$
　　　　$M_s=349$kN·m<steel<controls

6.3-14　(a)$M_{max}=M_s=10.59$kN·m;　(b)$A_s=1262$mm^2,
　　　　$M_{allow}=15.79$kN·m

6.3-15　$M_{allow}=M_W=16.17$kN·m<wood controls

6.4-1　$\tan\beta=h/b$，故中性轴沿着另一条对角线。

6.4-2　$\beta=51.8°$, $\sigma_{max}=17.5$MPa

6.4-3　$\beta=53.1°$, $\sigma_{max}=440$MPa

6.4-4　$\beta=84.5°$, $\sigma_A=-\sigma_E=141$MPa, $\sigma_B=-\sigma_D=$
　　　　-89MPa

6.4-5　$\beta=47.7°$, $\sigma_A=-\sigma_E=160$MPa, $\sigma_B=-\sigma_D=$
　　　　-12MPa

6.4-6　$\beta=-79.3°$, $\sigma_{max}=8.87$MPa

6.4-7　$\beta=-75.9°$, $\sigma_{max}=12.7$MPa

6.4-8　$\beta=-83.2°$, $\sigma_{max}=62.3$MPa

6.4-9　$\beta=84.6°$, $\sigma_{max}=31.0$MPa

6.4-10　$\beta=62.6°$, $\sigma_{max}=21.6$MPa

6.4-11　(a)$\sigma_A=103.94\sin\alpha+11.48\cos\alpha$ (MPa);
　　　　(b)$\tan\beta=21.729\tan\alpha$

6.4-12　$\beta=70.3°$, $\sigma_{max}=11.9$MPa

6.4-13　(a)$\beta=-76.6°$, $\sigma_{max}=48.5$MPa;　(b)$\beta=$
　　　　$-80.9°$, $\sigma_{max}=48.8$MPa

6.5-1　$\beta=74.5°$, $\sigma_t=37.6$MPa, $\sigma_c=-63.7$MPa

6.5-2　$\beta=78.0°$, $\sigma_t=7.2$MPa, $\sigma_c=-13.2$MPa

6.5-3　$\beta=75.6°$, $\sigma_t=30.4$MPa, $\sigma_c=-37.7$MPa

6.5-4　$\beta=75.5°$, $\sigma_t=22.7$MPa, $\sigma_c=-27.9$MPa

6.5-5　(a)$\beta=-30.6°$, $\sigma_t=36.9$MPa, $\sigma_c=-43.6$MPa;
　　　　(b)$\beta=-41.9°$, $\sigma_t=52.5$MPa, $\sigma_c=-42.6$MPa

6.5-6　$\beta=78.1°$, $\sigma_t=40.7$MPa, $\sigma_c=-40.7$MPa

6.5-7　$\beta=73.0°$, $\sigma_t=10.3$MPa, $\sigma_c=-9.5$MPa

6.5-8　$\beta=2.93°$, $\sigma_t=6.56$MPa, $\sigma_c=-6.54$MPa

6.5-9　对于 $\theta=0$: $\sigma_t=-\sigma_c=2.546\ M/r^3$; 对于 $\theta=45°$:
　　　　$\sigma_t=4.535\ M/r^3$, $\sigma_c=-3.955\ M/r^3$; 对于 $\theta=$
　　　　$90°$: $\sigma_t=3.867\ M/r^3$, $\sigma_c=-5.244\ M/r^3$;

6.5-10　$\beta=-78.9°$, $\sigma_t=87.4$MPa, $\sigma_c=-99.0$MPa

6.5-11　$\beta=-11.7°$, $\sigma_t=118.8$MPa, $\sigma_c=-103.2$MPa

6.5-12　$\beta=-48.6°$, $\sigma_t=16.85$MPa, $\sigma_c=-15.79$MPa

6.8-1　(a)$\tau_{max}=29.9$MPa;　(b)$\tau_B=2.7$MPa

6.8-2　(a)$\tau_{max}=21.0$MPa;　(b)$\tau_B=3.4$MPa

6.8-3　(a)$\tau_{max}=21.7$MPa;　(b)$\tau_{max}=21.1$MPa

6.8-4　(a)$\tau_{max}=16.6$MPa;　(b)$\tau_{max}=16.3$MPa

6.9-1　$e=31.0$mm

6.9-2　$e=19.12$mm

6.9-6　(b)$e=\dfrac{63\,\pi\,r}{24\,\pi+38}=1.745r$

6.9-8　(a)$e=\dfrac{b}{2}\left(\dfrac{2h+3b}{h+3b}\right)$;　(b)$e=\dfrac{b}{2}\left(\dfrac{43h+48b}{23h+48b}\right)$

6.10-1　$f=2(2b_1+b_2)/(3b_1+b_2)$

6.10-2　(a)$f=16\tau_2(r_2^3+r_1^3)/3\pi(r_2^4+r_1^4)$;　(b)$f=4/\pi$

6.10-3　$q=125$kN/m

6.10-4　(a)56.7%;　(b)$M=12.3$kN·m

6.10-5　$f=1.10$

6.10-6　$f=1.15$

6.10-7　$Z=188.4$cm^3, $f=1.17$

6.10-8　$Z=1230$cm^3, $f=1.07$

6.10-9　$M_Y=688$kN·m, $M_P=814$kN·m, $f=1.18$

6.10-10　$M_Y=365$kN·m, $M_P=431$kN·m, $f=1.18$

6.10-11　$M_Y=154.3$kN·m, $M_P=205$kN·m, $f=1.33$

6.10-12　$M_Y=672$kN·m, $M_P=878$kN·m, $f=1.31$

6.10-13　$M_Y=345$kN·m, $M_P=453$kN·m, $f=1.31$

6.10-14　$M_Y=122$kN·m, $M_P=147$kN·m, $f=1.20$

6.10-15　(a)$M=378$kN·m;　(b)23.3%

6.10-16　(a)$M=524$kN·m;　(b)36%

6.10-17　(a)$M=209$kN·m;　(b)7.6%

6. 10-18　$Z = 136×10^3 mm^3$, $f = 1.79$

6. 10-19　$M_P = 117.3kN \cdot m$

6. 10-20　$M_P = 295kN \cdot m$

R6. 1　B

R6. 2　C

R6. 3　B

R6. 4　B

R6. 5　D

第 7 章

7. 2-1　对于 $\theta = 52°$: $\sigma_{x1} = 30.2MPa$, $\sigma_{y1} = 27.8MPa$, $\tau_{x1y1} = -21.9MPa$

7. 2-2　对于 $\theta = 40°$: $\sigma_{x1} = 117.2MPa$, $\sigma_{y1} = 62.8MPa$, $\tau_{x1y1} = -10.43MPa$

7. 2-3　对于 $\theta = 32°$: $\sigma_{x1} = -23.8MPa$, $\sigma_{y1} = -51.2MPa$, $\tau_{x1y1} = -85.1MPa$

7. 2-4　对于 $\theta = 52°$: $\sigma_{x1} = -136.6MPa$, $\sigma_{y1} = 16.6MPa$, $\tau_{x1y1} = -84MPa$

7. 2-5　对于 $\theta = 48°$: $\sigma_{x1} = -9.84MPa$, $\sigma_{y1} = -46.2MPa$, $\tau_{x1y1} = 10.16MPa$

7. 2-6　对于 $\theta = -40°$: $\sigma_{x1} = -5.5MPa$, $\sigma_{y1} = -27MPa$, $\tau_{x1y1} = -28.1MPa$

7. 2-7　对于 $\theta = 36°$: $\sigma_{x1} = -94.1MPa$, $\sigma_{y1} = -22.9MPa$, $\tau_{x1y1} = 32.1MPa$

7. 2-8　对于 $\theta = -40°$: $\sigma_{x1} = -66.5MPa$ $\sigma_{y1} = -6.52MPa$, $\tau_{x1y1} = -14.52MPa$

7. 2-9　接缝上的正应力: 1370kPa（拉伸）；切应力: 1158kPa（顺时针）

7. 2-10　接缝上的正应力: 1440kPa（拉伸）；切应力: 1030kPa（顺时针）

7. 2-11　$\sigma_w = \sigma_{y1} = -912kPa$, $\tau_w = -\tau_{x1y1} = 2647kPa$

7. 2-12　$\sigma_w = 10.0MPa$, $\tau_w = -5.0MPa$

7. 2-13　$\theta = 51.8°$, $\sigma_{y1} = 3.7MPa$, $\tau_{x1y1} = -7.63MPa$

7. 2-14　$\theta = 36.6°$, $\sigma_{y1} = -9MPa$, $\tau_{x1y1} = -14.83MPa$

7. 2-15　对于 $\theta = -36°$: $\sigma_{x1} = -81.1MPa$, $\sigma_{y1} = -31.9MPa$, $\tau_{x1y1} = -27.2MPa$

7. 2-16　对于 $\theta = -50°$: $\sigma_{x1} = -51.4MPa$, $\sigma_{y1} = -14.4MPa$, $\tau_{x1y1} = -31.3MPa$

7. 2-17　$\sigma_y = 25.3MPa$, $\tau_{xy} = 10MPa$

7. 2-18　$\sigma_y = -77.7MPa$, $\tau_{xy} = -27.5MPa$

7. 2-19　$\sigma_b = -32.0MPa$, $\tau_b = 18.79MPa$, $\theta_1 = 479°$

7. 3-1　$\sigma_1 = 40.8MPa$, $\sigma_2 = 7.24MPa$, $\theta_{p1} = 8.68°$

7. 3-2　$\sigma_1 = 119.2MPa$, $\sigma_2 = 60.8MPa$, $\theta_{p1} = 29.52°$

7. 3-3　$\sigma_1 = -43.7MPa$, $\sigma_2 = -8.31MPa$, $\theta_{p1} = -23.6°$

7. 3-4　$\sigma_1 = 53.6MPa$, $\theta_{p1} = -14.2°$

7. 3-5　$\sigma_1 = 39.9MPa$, $\sigma_2 = 124.1MPa$, $\theta_{p1} = -14.2°$, $\tau_{max} = -42.1MPa$

7. 3-6　$\tau_{max} = 24.2MPa$, $\sigma_{x1} = -14.25MPa$, $\sigma_{y1} = -14.25MPa$, $\theta_{s1} = 60.53°$

7. 3-7　$\tau_{max} = 47.3MPa$, $\theta_{s1} = 61.7°$, $\sigma_{aver} = -57.5MPa$

7. 3-8　$\tau_{max} = 26.7MPa$, $\theta_{s1} = 19.08°$

7. 3-9　(a) $\sigma_1 = 1MPa$, $\sigma_2 = -9MPa$, $\theta_{p1} = -18.43°$; (b) $\tau_{max} = 5MPa$, $\theta_{s1} = -63.4°$, $\sigma_{aver} = -4MPa$

7. 3-10　(a) $\sigma_1 = 25MPa$, $\sigma_2 = -130MPa$; (b) $\tau_{max} = 77.5MPa$, $\sigma_{ave} = -52.5MPa$

7. 3-11　(a) $\sigma_1 = 18.45MPa$, $\sigma_2 = 4.55MPa$, $\theta_{p1} = -29.9°$; (b) $\tau_{max} = 6.95MPa$, $\theta_{s1} = -74.9°$ $\sigma_{aver} = 11.5MPa$

7. 3-12　(a) $\sigma_1 = 2262kPa$, $\theta_{p1} = -13.70°$; (b) $\tau_{max} = 1000kPa$, $\theta_{s1} = -58.7°$;

7. 3-13　(a) $\sigma_1 = 101.8MPa$, $\sigma_2 = 5.71MPa$, $\theta_{p1} = 7.85°$; (b) $\tau_{max} = 48MPa$, $\theta_{s1} = -37.2°$, $\sigma_{aver} = 53.8MPa$

7. 3-14　(a) $\sigma_1 = 29.2MPa$, $\theta_{p1} = -17.98°$; (b) $\tau_{max} = 66.4MPa$, $\theta_{s1} = -63.0°$

7. 3-15　(a) $\sigma_1 = -8.72MPa$, $\sigma_2 = -90.3MPa$, $\theta_{p1} = 24.7°$; (b) $\tau_{max} = 40.8MPa$, $\theta_{s1} = -20.3°$, $\sigma_{aver} = -49.5MPa$

7. 3-16　(a) $\sigma_1 = 76.3MPa$, $\theta_{p1} = 107.5°$; (b) $\tau_{max} = 101.3MPa$, $\theta_{s1} = -62.5°$

7. 3-17　$20.6MPa \leqslant \sigma_y \leqslant 65.4MPa$

7. 3-18　$18.5MPa \leqslant \sigma_y \leqslant 85.5MPa$

7.3-19　（a）$\sigma_y = 28.6\text{MPa}$；（b）$\sigma_1 = 44\text{MPa}$，$\sigma_2 = 17.64\text{MPa}$，$\theta_{p1} = -40.2°$

7.3-20　（a）$\sigma_y = 23.3\text{MPa}$；（b）$\theta_{p1} = 65.6°$，$\sigma_1 = 41\text{MPa}$，$\theta_{p2} = -24.4°$，$\sigma_2 = -62.7\text{MPa}$

7.4-1　（a）对于 $\theta = 29°$：$\sigma_{x1} = 75\text{MPa}$，$\sigma_{y1} = 23\text{MPa}$，$\tau_{x1y1} = -41.6\text{MPa}$；（b）$\tau_{max} = 49\text{MPa}$，$\sigma_{ave} = 49\text{MPa}$

7.4-2　（a）$\sigma_{x1} = 40.1\text{MPa}$，$\sigma_{y1} = 16.91\text{MPa}$，$\tau_{x1y1} = 26\text{MPa}$；（b）$\tau_{max} = 28.5\text{MPa}$，$\sigma_{ave} = 28.5\text{MPa}$

7.4-3　（a）$\sigma_{x1} = -37.6\text{MPa}$，$\sigma_{y1} = -9.4\text{MPa}$，$\tau_{x1y1} = 18.8\text{MPa}$；（b）$\tau_{max} = -23.5\text{MPa}$，$\sigma_{ave} = -23.5\text{MPa}$

7.4-4　对于 $\theta = 25°$：（a）$\sigma_{x1} = -36.0\text{MPa}$；$\tau_{x1y1} = 25.7\text{MPa}$；（b）$\tau_{max} = 33.5\text{MPa}$，$\theta_{s1} = 45.0°$

7.4-5　（a）对于 $\theta = 55°$：$\sigma_{x1} = 6.09\text{MPa}$，$\sigma_{y1} = 24.9\text{MPa}$，$\tau_{x1y1} = -25.8\text{MPa}$；（b）$\tau_{max} = 27.5\text{MPa}$，$\sigma_{aver} = 15.50\text{MPa}$

7.4-6　对于 $\theta = 21.80°$：（a）$\sigma_{x1} = -17.1\text{MPa}$，$\tau_{x1y1} = 29.7\text{MPa}$；（b）$\tau_{max} = 43.0\text{MPa}$，$\theta_{x1} = 45.0°$

7.4-7　（a）对于 $\theta = 52°$：$\sigma_{x1} = 18.44\text{MPa}$，$\sigma_{y1} = -18.44\text{MPa}$，$\tau_{x1y1} = -4.60\text{MPa}$；（b）$\sigma_1 = 19.00\text{MPa}$，$\sigma_2 = -19.00\text{MPa}$，$\theta_{p1} = 45°$

7.4-8　（a）$\sigma_{x1} = -60.8\text{MPa}$，$\sigma_{y1} = 128.8\text{MPa}$，$\tau_{x1y1} = -46.7\text{MPa}$；（b）$\sigma_1 = 139.6\text{MPa}$，$\sigma_2 = -71.6\text{MPa}$，$\tau_{max} = 105.6\text{MPa}$

7.4-9　（a）对于 $\theta = 36.87°$：$\sigma_{x1} = 25.0\text{MPa}$，$\sigma_{y1} = -25.0\text{MPa}$，$\tau_{x1y1} = 7.28\text{MPa}$；（b）$\sigma_1 = 26.00\text{MPa}$，$\sigma_2 = -26.00\text{MPa}$，$\theta_{p1} = 45°$

7.4-10　对于 $\theta = 40°$：$\sigma_{x1} = 27.5\text{MPa}$，$\tau_{x1y1} = -5.36\text{MPa}$

7.4-11　对于 $\theta = -51°$：$\sigma_{x1} = 82.7\text{MPa}$，$\sigma_{y1} = 25.3\text{MPa}$，$\tau_{x1y1} = -24.6\text{MPa}$

7.4-12　对于 $\theta = -33°$：$\sigma_{x1} = 61.7\text{MPa}$，$\tau_{x1y1} = -51.7\text{MPa}$，$\sigma_{y1} = -171.3\text{MPa}$

7.4-13　对于 $\theta = 14°$：$\sigma_{x1} = -10.42\text{MPa}$，$\sigma_{y1} = -6.58\text{MPa}$，$\tau_{x1y1} = 3.58\text{MPa}$

7.4-14　对于 $\theta = 35°$：$\sigma_{x1} = 46.4\text{MPa}$，$\tau_{x1y1} = -9.81\text{MPa}$，$\sigma_{y1} = 46.4\text{MPa}$

7.4-15　对于 $\theta = 65°$：$\sigma_{x1} = -12.17\text{MPa}$，$\sigma_{y1} = -19.29\text{MPa}$，$\tau_{x1y1} = 27.3\text{MPa}$

7.4-16　（a）$\sigma_1 = 10,865\text{kPa}$，$\theta_{p1} = 115.2°$；（b）$\tau_{max} = 4865\text{kPa}$，$\theta_{s1} = 70.2°$

7.4-17　（a）$\sigma_1 = 17.72\text{MPa}$，$\sigma_2 = -27.2\text{MPa}$，；$\theta_{p1} = 31.4°$；（b）$\tau_{max} = 22.47\text{MPa}$，$\theta_{s1} = -13.57°$，$\sigma_{aver} = -4.75\text{MPa}$

7.4-18　（a）$\sigma_1 = 18.2\text{MPa}$，$\theta_{P1} = 123.3°$（b）$\tau_{max} = 15.4\text{MPa}$，$\theta_{S1} = 78.3°$

7.4-19　（a）$\sigma_1 = -47.67\text{MPa}$，$\sigma_1 = -157.3\text{MPa}$，$\theta_{p1} = -32.9°$；（b）$\tau_{max} = 54.8\text{MPa}$，$\theta_{s1} = -77.9°$，$\sigma_{aver} = -102.5\text{MPa}$

7.4-20　（a）$\sigma_1 = 40.0\text{MPa}$，$\theta_{P1} = 68.8°$；（b）$\tau_{max} = 40.0\text{MPa}$，$\theta_{S1} = 23.8°$

7.4-21　（a）$\sigma_1 = 4.4\text{MPa}$，$\sigma_2 = 51.6\text{MPa}$，$\theta_{P1} = -26.8°$；（b）$\tau_{max} = 23.6\text{MPa}$，$\theta_{S1} = -71.8$，$\sigma_{aver} = 28\text{MPa}$

7.4-22　（a）$\sigma_1 = 3.43\text{MPa}$，$\theta_{P1} = -19.68°$；（b）$\tau_{max} = 15.13\text{MPa}$，$\theta_{S1} = -64.7°$

7.4-23　（a）$\sigma_1 = 51.6\text{MPa}$，$\sigma_2 = -1.571\text{MPa}$，；$\theta_{p1} = 9.9°$；（b）$\tau_{max} = 26.6\text{MPa}$，$\theta_{s1} = -35.1°$，$\sigma_{aver} = 25\text{MPa}$，

7.5-1　$\sigma_x = 175.2\text{MPa}$，$\sigma_y = 135.3\text{MPa}$，$\Delta t = -7.2 \times 10^{-3}\text{mm}$

7.5-2　$\sigma_x = 102.6\text{MPa}$，$\sigma_y = -11.21\text{MPa}$，$\Delta t = -1.646 \times 10^{-3}\text{mm}$

7.5-3　（a）$\varepsilon_z = -v(\varepsilon_x + \varepsilon_y)/(1-v)$；（b）$e = (1-2v)(\varepsilon_x + \varepsilon_y)/(1-v)$

7.5-4　$v = 0.24$，$E = 112.1\text{GPa}$

7.5-5　$v = 0.3$，$E = 204.1\text{GPa}$

7.5-6　（a）$\gamma_{max} = 5.85 \times 10^{-4}$；（b）$\Delta t = -1.32 \times 10^{-3}\text{mm}$；（c）$\Delta V = 387 \times \text{mm}^3$

7.5-7　（a）$\gamma_{max} = 1.921 \times 10^{-3}$；（b）$\Delta t = -3.55 \times 10^{-3}\text{mm}$（减小）；（c）$\Delta V = 1372\text{mm}^3$（增大）

7.5-8　（a）$\Delta V_b = -49.2\text{mm}^3$；$U_b = 3.52\text{J}$；（b）$\Delta V_a = -71.5\text{mm}^3$；$U_a = 4.82\text{J}$；

7.5-9　$\Delta V = -602\text{mm}^3$；$U = 6.2452\text{J}$；

7.5-10　（a）$\Delta V = 2766\text{mm}^3$，$U = 56\text{J}$；（b）$t_{max} = 36.1\text{mm}$；（c）$b_{min} = 640\text{mm}$

7.5-11　(a)$\Delta V = 623 \text{mm}^3$，$U = 64.5\text{J}$；

(b)$t_{max} = 17.02\text{mm}$；(c)$b_{min} = 262\text{mm}$

7.5-12　(a)$\Delta ac = \varepsilon_x d = 0.1296\text{mm}$（增大）；

(b)$\Delta bc = \varepsilon_y d = -0.074\text{mm}$（减小）；

(c)$\Delta t = \varepsilon_z t = -2.86 \times 10^{-3}\text{mm}$（减小）；

(d)$\Delta V = eV_0 = 430\text{mm}^3$；

(e)$U = uV_0 = 71.2\text{N} \cdot \text{m}$；

(f)$t_{max} = 22.0\text{mm}$；(g)$\sigma_{x\,max} = 63.9\text{MPa}$

7.6-1　(a)$\tau_{max} = 60\text{MPa}$；(b)$\Delta a = 0.1955\text{mm}$，

$\Delta b = -0.0944\text{mm}$，$\Delta c = -0.034\text{mm}$；

(c)$\Delta V = 287\text{mm}^3$；(d)$U = 109.9\text{J}$；

(e)$\sigma_{x\,max} = 88.5\text{MPa}$；(f)$\sigma_{x\,max} = 82\text{MPa}$

7.6-2　(a)$\tau_{max} = \dfrac{\sigma_1 - \sigma_3}{2} = 8.5\text{MPa}$；(b)$\Delta a = a\varepsilon_x =$

-0.0525mm，$\Delta b = \varepsilon_y b = -9.67 \times 10^{-3}\text{mm}$，

$\Delta c = \varepsilon_z c = -9.67 \times 10^{-3}\text{mm}$；(c)$\Delta V = eV_0 =$

$-2.052 \times 10^3 \text{mm}^3$；(d)$U = uV_0 = 56.2\text{N} \cdot \text{m}$；

(e)$\sigma_{x\,max} = -50\text{MPa}$；(f)$\sigma_{x\,max} = -65.1\text{MPa}$

7.6-3　(a)$\sigma_x = -28.8\text{MPa}$，$\sigma_y = -14.4\text{MPa}$，$\sigma_z =$

-14.4MPa；(b)$\tau_{max} = 7.2\text{MPa}$；(c)$\Delta V =$

-300mm^3；(d)$U = 3.78\text{J}$；(e)$\sigma_{x\,max} =$

-26.5MPa；(f)$\varepsilon_{x\,max} = -242$（$10^{-6}$）

7.6-4　(a)$\sigma_x = -82.6\text{MPa}$，$\sigma_y = -54.7\text{MPa}$，$\sigma_z =$

-54.7MPa；(b)$\tau_{max} = \dfrac{\sigma_1 - \sigma_3}{2} = 13.92\text{MPa}$；

(c)$\Delta V = eV_0 = -846\text{mm}^3$；(d)$U = uV_0 =$

$29.9\text{N} \cdot \text{m}$；(e)$\sigma_{x\,max} = -73\text{MPa}$；(f)$\varepsilon_{x\,max} =$

$-741(10^{-6})$

7.6-5　(a)$K_{A1} = 74.1\text{GPa}$；(b)$E = 42\text{GPa}$，$v = 0.35$

7.6-6　(a)$K = 4.95\text{GPa}$ (b)　$E = 1.297\text{GPa}$，$v = 0.40$

7.6-7　(a)$p = vF/[a(1-v)]$；(b)$\delta = FL(1-v)(1-$

$2v)/EA(1-v)]$

7.6-8　(a)$p = vp_0$；(b)$e = -p_0(1+v)(1-2v)/E$；

(c)$u = p_0^2(1+v^2)/2E$

7.6-9　(a)$\Delta d = 0.036\text{mm}$，$\Delta V = 2863\text{mm}^3$，$U = 34.4\text{J}$；

(b)$h = 1620\text{m}$

7.6-10　(a)$p = 700\text{MPa}$；(b)$k = 175\text{GPa}$；

(c)$U = 2470\text{J}$

7.6-11　$\varepsilon_0 = 2.77 \times 10^{-4}$，$e = 8.3 \times 10^{-4}$，$u = 0.0344\text{MPa}$

7.7-1　(a)$\Delta d = 0.0476\text{mm}$；(b)$\Delta\phi = -\alpha = 1.419 \times$

10^{-4}（减小，单位为 rad）；(c)$\Delta\psi = -\alpha =$

1.419×10^{-4}（增大，单位为 rad）

7.7-2　(a)$\Delta d = \varepsilon_{x1} L_d = 0.062\text{mm}$；(b)$\Delta\phi = -\alpha =$

1.89×10^{-4}（减小，单位为 rad）；(c)$\Delta\psi =$

$-\alpha = 1.89 \times 10^{-4}$（增大，单位为 rad）

7.7-3　(a)$\Delta d = 0.1146\text{mm}$（增大）；(b)$\Delta\phi = 150$

(10^{-6}) rad（减小）；(c)$\gamma = -314$ (10^{-6})

rad（角 ced 增大）

7.7-4　(a)$\Delta d = 0.168\text{mm}$（增大）；(b)$\Delta\phi = 317 \times$

10^{-6} rad（减小）；(c)$\gamma = -634 \times 10^{-6}$ rad（角

ced 增大）

7.7-5　$\varepsilon_{x1} = 3.97 \times 10^{-4}$，$\varepsilon_{y1} = 3.03 \times 10^{-4}$，$\gamma_{x1y1} =$

1.829×10^{-4}

7.7-6　$\varepsilon_{x1} = 9.53 \times 10^{-5}$，$\varepsilon_{y1} = -1.353 \times 10^{-4}$，$\gamma_{x1y1} =$

-3.86×10^{-4}

7.7-7　$\varepsilon_{x1} = 554 \times 10^{-6}$，$\theta_{p1} = -22.9°$，$\gamma_{max} = 488 \times 10^{-6}$

7.7-8　$\varepsilon_1 = 172 \times 10^{-6}$，$\theta_{p1} = 163.9°$，$\gamma_{max} = 674 \times 10^{-6}$

7.7-9　对于 $\theta = 75°$：(a)$\varepsilon_{x1} = 202 \times 10^{-6}$，$\gamma_{x1y1} =$

-569×10^{-6}；(b)$\varepsilon_1 = 568 \times 10^{-6}$，$\theta_{P1} = 22.8°$；

(c)$\gamma_{max} = 587 \times 10^{-6}$

7.7-10　对于 $\theta = 45°$：(a)$\varepsilon_{x1} = -385 \times 10^{-6}$，$\gamma_{x1y1} =$

690×10^{-6}；(b)$\varepsilon_1 = -254 \times 10^{-6}$，$\theta_{P1} =$

$65.7°$；(c)$\gamma_{max} = 1041 \times 10^{-6}$

7.7-11　$\tau_{max\,xy} = 29.5\text{MPa}$，$\gamma_{xy\,max} = 7.19 \times 10^{-4}$，

$\gamma_{xz\,max} = 9.01 \times 10^{-4}$，$\gamma_{yz\,max} = 1.827 \times 10^{-4}$

7.7-12　$\tau_{max\,xy} = \dfrac{\sigma_x - \sigma_y}{2} = 33.7\text{MPa}$，

$\gamma_{xy\,max} = 2\sqrt{\left(\dfrac{\varepsilon_x - \varepsilon_y}{2}\right)^2 + \left(\dfrac{\gamma_{xy}}{2}\right)^2} = 1.244 \times 10^{-3}$，

$\gamma_{xz\,max} = 2\sqrt{\left(\dfrac{\varepsilon_x - \varepsilon_z}{2}\right)^2 + \gamma_{xz}^2} = 1.459 \times 10^{-3}$，

$\gamma_{yz\,max} = 2\sqrt{\left(\dfrac{\varepsilon_y - \varepsilon_z}{2}\right)^2 + \gamma_{yz}^2} = 2.15 \times 10^{-4}$

7.7-13　(a)对于 $\theta = 30°$：$\varepsilon_{x1} = -7.61 \times 10^{-4}$，$\varepsilon_{y1} =$

2.71×10^{-4}，$\gamma_{x1y1} = 8.62 \times 10^{-4}$；(b)$\varepsilon_1 =$

4.27×10^{-4}，$\varepsilon_2 = -9.17 \times 10^{-4}$，$\theta_{p1} =$

$100.1°$；(c)$\gamma_{max} = 1.345 \times 10^{-3}$

7.7-14　对于 $\theta = 50°$：(a)$\varepsilon_{x1} = -1469 \times 10^{-6}$，$\gamma_{x1y1} =$

-717×10^{-6}；(b)$\varepsilon_1 = -732 \times 10^{-6}$，$\theta_{P1} =$

$166.0°$；(c)$\gamma_{max} = 911 \times 10^{-6}$

7.7-15　$\varepsilon_1 = 551 \times 10^{-6}$, $\theta_{P1} = 12.5°$, $\gamma_{max} = 662 \times 10^{-6}$

7.7-16　$\varepsilon_1 = 332 \times 10^{-6}$, $\theta_{P1} = 12.0°$, $\gamma_{max} = 515 \times 10^{-6}$

7.7-17　(a) $P = 23.6 \text{kN}$, $T = -114.9 \text{N} \cdot \text{m}$;
　　　　(b) $\gamma_{max} = 2.84 \times 10^{-4}$, $\tau_{max} = 23.1 \text{MPa}$

7.7-18　$P = 121.4 \text{kN}$, $\alpha = 56.7°$

7.7-19　$P = 44.1 \text{kN}$, $\alpha = 75.2°$

7.7-20　$\varepsilon_x = \varepsilon_a$, $\varepsilon_y = (2\varepsilon_b + 2\varepsilon_c + \varepsilon_a)/3$, $\gamma_{xy} = 2(\varepsilon_b - \varepsilon_c)/\sqrt{3}$

7.7-21　$\theta_{P1} = 30°$, $\varepsilon_1 = 1550(10^{-6})$, $\varepsilon_2 = -250(10^{-6})$,
　　　　$\sigma_1 = 68.3 \text{MPa}$, $\sigma_2 = 13.67 \text{MPa}$

7.7-22　$\sigma_x = 91.6 \text{MPa}$

7.7-23　$\varepsilon_{x1} = 3.97 \times 10^{-4}$, $\varepsilon_{y1} = 3.03 \times 10^{-4}$, $\gamma_{x1y1} = 1.829 \times 10^{-4}$

7.7-24　$\varepsilon_{x1} = 9.53 \times 10^{-5}$, $\varepsilon_{y1} = -1.353 \times 10^{-4}$, $\gamma_{x1y1} = -3.86 \times 10^{-4}$

7.7-25　$\varepsilon_1 = 554 \times 10^{-6}$, $\theta_{p1} = 157.1°$, $\gamma_{max} = 488 \times 10^{-6}$

7.7-26　$\varepsilon_1 = 172 \times 10^{-6}$, $\theta_{p1} = 163.9°$, $\gamma_{max} = 674 \times 10^{-6}$

7.7-27　对于 $\theta = 75°$: (a) $\varepsilon_{x1} = 202 \times 10^{-6}$, $\gamma_{x1y1} = -569 \times 10^{-6}$; (b) $\varepsilon_1 = 568 \times 10^{-6}$, $\theta_{P1} = 22.8°$; (c) $\gamma_{max} = 587 \times 10^{-6}$

7.7-28　对于 $\theta = 45°$: (a) $\varepsilon_{x1} = -385 \times 10^{-6}$, $\gamma_{x1y1} = 690 \times 10^{-6}$; (b) $\varepsilon_1 = -254 \times 10^{-6}$, $\theta_{P1} = 65.7°$; (c) $\gamma_{max} = 1041 \times 10^{-6}$

R7.1　C

R7.2　C

R7.3　D

R7.4　A

R7.5　B

R7.6　A

R7.7　C

R7.8　D

第8章

8.2-1　(a) $t = 112 \text{mm}$; (b) $p_{max} = 3.14 \text{MPa}$

8.2-2　(a) 选取 $t = 98 \text{mm}$; (b) $p_{max} = 3.34 \text{MPa}$

8.2-3　(a) $F = 4.66 \text{kN}$ $\sigma = 1.707 \text{MPa}$;
　　　　(b) $d_b = 7.18 \text{mm}$; (c) $r = 206 \text{mm}$

8.2-4　(a) $\sigma_{max} = 3.12 \text{MPa}$, $\varepsilon_{max} = 0.438$;
　　　　(b) $t_{reqd} = 1.29 \text{mm}$

8.2-5　(a) $\sigma_{max} = 4.17 \text{MPa}$, $\varepsilon_{max} = 0.655$;
　　　　(b) $p_{max} = 129.8 \text{kPa}$

8.2-6　(a) $p_{max} = 3.51 \text{MPa}$; (b) $p_{max} = 2.93 \text{MPa}$

8.2-7　(a) $f = 5100 \text{kN/m}$; (b) $\tau_{max} = 51 \text{MPa}$;
　　　　(c) $\varepsilon_{max} = 344 \times 10^{-6}$

8.2-8　(a) $f = 5.5 \text{MN/m}$; (b) $\tau_{max} = 57.3 \text{MPa}$;
　　　　(c) $\varepsilon_{max} = 3.87 \times 10^{-4}$

8.2-9　(a) $t_{min} = 11.67 \text{mm}$; (b) $p = 16.33 \text{MPa}$

8.2-10　(a) $t_{min} = 7.17 \text{mm}$; (b) $p = 19.25 \text{MPa}$

8.2-11　$D_0 = 26.6 \text{m}$

8.3-1　(a) $t_{min} = 6.43 \text{mm}$; (b) $p_{max} = 11.2 \text{MPa}$

8.3-2　(a) $h = 22.2 \text{m}$; (b) 0

8.3-3　$n = 2.38$

8.3-4　(a) $F = 3 \pi pr^2$; (b) $t_{reqd} = 10.91 \text{mm}$

8.3-5　(a) $p = 350 \text{kPa}$; (b) $\varepsilon_r = 8.35 \times 10^{-4}$

8.3-6　(a) $\varepsilon_{max} = 6.67 \times 10^{-5}$; (b) $\varepsilon_r = 2.83 \times 10^{-4}$

8.3-7　$t_{min} = 2.53 \text{mm}$

8.3-8　$t_{min} = 3.71 \text{mm}$

8.3-9　(a) $h = 7.24 \text{m}$; (b) $\sigma_1 = 817 \text{kPa}$

8.3-10　(a) $\sigma_h = 24.9 \text{MPa}$; (b) $\sigma_c = 49.7 \text{MPa}$; (c) $\sigma_w = 24.9 \text{MPa}$; (d) $\tau_h = 12.43 \text{MPa}$; (e) $\tau_c = 24.9 \text{MPa}$

8.3-11　(a) $t_{min} = 6.25 \text{mm}$; (b) $t_{min} = 3.12 \text{mm}$

8.3-12　(a) $\sigma_1 = 93.3 \text{MPa}$, $\sigma_2 = 46.7 \text{MPa}$; (b) $\tau_1 = 23.2 \text{MPa}$, $\tau_2 = 46.7 \text{MPa}$; (c) $\varepsilon_1 = 3.97 \times 10^{-4}$, $\varepsilon_2 = 9.33 \times 10^{-5}$; (d) $\theta = 35°$, $\sigma_{x1} = 62.0 \text{MPa}$, $\sigma_{y1} = 78.0 \text{MPa}$, $\tau_{x1y1} = 21.9 \text{MPa}$

8.3-13　(a) $\sigma_1 = 42 \text{MPa}$, $\sigma_2 = 21 \text{MPa}$; (b) $\tau_1 = 10.5 \text{MPa}$, $\tau_2 = 21 \text{MPa}$; (c) $\varepsilon_1 = 178.5 \times 10^{-6}$, $\varepsilon_2 = 42 \times 10^{-6}$; (d) $\theta = 15°$, $\sigma_{x1} = 22.4 \text{MPa}$, $\tau_{x1y1} = 5.25 \text{MPa}$

8.4-1　(a) $\sigma_x = -39.5 \text{MPa}$, $\sigma_y = 0$, $\tau_{xy} = 7.9 \text{MPa}$, $\sigma_1 = 1.522 \text{MPa}$, $\sigma_2 = -41 \text{MPa}$, $\tau_{max} = 21.3 \text{MPa}$; (b) $\sigma_x = -46.2 \text{MPa}$, $\sigma_y = 0$, $\tau_{xy} = 7.9 \text{MPa}$, $\sigma_1 = 1.315 \text{MPa}$, $\sigma_2 = -47.5 \text{MPa}$, $\tau_{max} = 24.4 \text{MPa}$

8. 4-2　(a) $\sigma_x = -37.4\text{MPa}$, $\sigma_y = 0$, $\tau_{xy} = 7.49\text{MPa}$, $\sigma_1 = 1.442\text{MPa}$, $\sigma_2 = -38.9\text{MPa}$, $\tau_{\max} = 20.2\text{MPa}$; (b) $\sigma_x = -44.4\text{MPa}$, $\sigma_y = 0$, $\tau_{xy} = 7.49\text{MPa}$, $\sigma_1 = 1.227\text{MPa}$, $\sigma_2 = -45.7\text{MPa}$, $\tau_{\max} = 23.4\text{MPa}$

8. 4-3　(a) $\sigma_1 = 1484\text{kPa}$, $\sigma_2 = -1484\text{kPa}$, $\tau_{\max} = 1484\text{kPa}$; (b) $\sigma_1 = 337\text{kPa}$, $\sigma_2 = -5163\text{kPa}$, $\tau_{\max} = 2750\text{kPa}$; (c) $\sigma_1 = 0$, $\sigma_2 = -14.48\text{MPa}$, $\tau_{\max} = 7238\text{kPa}$

8. 4-4　$P = 20\text{kN}$

8. 4-5　$P = 13.38\text{kN}$

8. 4-6　(b) $\sigma_1 = 4.5\text{MPa}$, $\sigma_2 = -76.1\text{MPa}$, $\tau_{\max} = 40.3\text{MPa}$

8. 4-7　(b) $\sigma_1 = 75.3\text{MPa}$, $\sigma_2 = -6.5\text{MPa}$, $\tau_{\max} = 40.9\text{MPa}$

8. 4-8　(b) $\sigma_1 = 3.52\text{MPa}$, $\sigma_2 = -66.9\text{MPa}$, $\tau_{\max} = 35.2\text{MPa}$

8. 4-9　(b) $\sigma_1 = 0.961\text{MPa}$, $\sigma_2 = -11.62\text{MPa}$, $\tau_{\max} = 6.29\text{MPa}$

8. 4-10　$\sigma_1 = 17.86\text{MPa}$, $\sigma_2 = -0.145\text{MPa}$, $\tau_{\max} = 9.00\text{MPa}$

8. 4-11　$\dfrac{\sigma_1}{\sigma_2} = -58$

8. 4-12　$\dfrac{\sigma_1}{\sigma_2} = -663$

8. 5-1　$t = 3\text{mm}$

8. 5-2　$p_{\max} = 9.60\text{MPa}$

8. 5-3　(a) $\sigma_{\max} = \sigma_1 = 57.2\text{MPa}$, $\tau_{\max} = 19.72\text{MPa}$; (b) $T_{\max} = 215\text{kN} \cdot \text{m}$; (c) $t_{\min} = 12.95\text{mm}$

8. 5-4　(a) $P_{\max} = 52.7\text{kN}$; (b) $p_{\max} = 6\text{MPa}$

8. 5-5　$\sigma_t = 74.2\text{MPa}$; 没有压缩应力; $\tau_{\max} = 37.1\text{MPa}$

8. 5-6　$\phi_{\max} = 0.552$, $\text{rad} = 31.6°$

8. 5-7　$\sigma_t = 32.0\text{MPa}$, $\sigma_c = -73.7\text{MPa}$, $\tau_{\max} = 52.8\text{MPa}$

8. 5-8　$\sigma_t = 16.93\text{MPa}$, $\sigma_c = -41.4\text{MPa}$, $\tau_{\max} = 28.9\text{MPa}$

8. 5-9　$P = 815\text{kN}$

8. 5-10　(a) $\sigma_{\max} = \sigma_1 = 35.8\text{MPa}$, $\tau_{\max} = 18.05\text{MPa}$; (b) $P_{\max} = 6.73\text{kN}$

8. 5-11　(a) $\sigma_x = 0$, $\sigma_y = 37\text{MPa}$, $\tau_{xy} = 1.863\text{MPa}$; (b) $\sigma_1 = 37\text{MPa}$, $\sigma_2 = -0.094\text{MPa}$, $\tau_{\max} = 18.57\text{MPa}$

8. 5-12　$\tau_A = 76.0\text{MPa}$, $\tau_B = 19.94\text{MPa}$, $\tau_C = 23.7\text{MPa}$

8. 5-13　$\sigma_{t\max} = 6.96\text{MPa}$, $\sigma_{c\max} = -46.2\text{MPa}$, $\tau_{\max} = 24\text{MPa}$

8. 5-14　$d_{\min} = 48.4\text{mm}$

8. 5-15　在 A 处: $\sigma_t = 298\text{MPa}$, $\sigma_c = -15.45\text{MPa}$, $\tau_{\max} = 156.9\text{MPa}$, 在 B 处: $\sigma_t = 289\text{MPa}$, $\sigma_c = -98.5\text{MPa}$, $\tau_{\max} = 193.6\text{MPa}$

8. 5-16　(a) $\sigma_t = 29.15\dfrac{qR^2}{d^3}$, $\sigma_c = -8.78\dfrac{qR^2}{d^3}$, $\tau_{\max} = 18.97\dfrac{qR^2}{d^3}$; (b) $\sigma_t = 14.04\dfrac{qR^2}{d^3}$, $\sigma_c = -2.41\dfrac{qR^2}{d^3}$, $\tau_{\max} = 8.22\dfrac{qR^2}{d^3}$

8. 5-17　$\sigma_t = 21.6\text{MPa}$, $\sigma_c = -9.4\text{MPa}$, $\tau_{\max} = 15.5\text{MPa}$

8. 5-18　纯剪切: $\tau_{\max} = 0.804\text{MPa}$

8. 5-19　(a) $d_{\min} = 47.4\text{mm}$; (b) $P_{\max} = 55.9\text{N}$

8. 5-20　(a) $\sigma_1 = 29.3\text{MPa}$, $\sigma_2 = -175.9\text{MPa}$ $\tau_{\max} = 102.6\text{MPa}$; (b) $\sigma_1 = 156.1\text{MPa}$ $\sigma_2 = -33\text{MPa}$, $\tau_{\max} = 94.5\text{MPa}$

8. 5-21　(a) $\sigma_1 = 0$, $\sigma_2 = -148.1\text{MPa}$, $\tau_{\max} = 74.0\text{MPa}$; (b) $\sigma_1 = 7.02\text{MPa}$, $\sigma_2 = -155.1\text{MPa}$, $\tau_{\max} = 81.8\text{MPa}$

8. 5-22　最大值: $\sigma_t = 18.35\text{MPa}$, $\sigma_c = -18.35\text{MPa}$, $\tau_{\max} = 9.42\text{MPa}$

8. 5-23　梁的顶部 $\sigma_1 = 64.4\text{MPa}$, $\sigma_2 = 0$, $\tau_{\max} = 32.2\text{MPa}$

8. 5-24　(a) $d_{Al} = 26.3\text{mm}$; (b) $d_{Tl} = 21.4\text{mm}$

8. 5-25　$\sigma_x = 12.14\text{MPa}$, $\sigma_y = 0$, $\tau_{xy} = -3.49\text{MPa}$, $\sigma_1 = 13.07\text{MPa}$, $\sigma_2 = -0.932\text{MPa}$, $\tau_{\max} = 7\text{MPa}$

8. 5-26　(a) $\sigma_1 = 0$, $\sigma_2 = \sigma_x = -108.4\text{MPa}$, $\tau_{\max} = \dfrac{\sigma_x}{2} = -54.2\text{MPa}$; (b) $\sigma_1 = 0.703\text{MPa}$, $\sigma_2 = -1.153\text{MPa}$, $\tau_{\max} = 0.928\text{MPa}$; (c) $P_{\max} = 348\text{N}$

8. 5-27　$\sigma_x = -136.4\text{MPa}$, $\sigma_y = 0$, $\tau_{xy} = 32.7\text{MPa}$, $\sigma_1 = 7.42\text{MPa}$, $\sigma_2 = -143.8\text{MPa}$, $\tau_{\max} = 75.6\text{MPa}$

R8. 1　A

R8. 2　C

R8. 3　D

R8. 4　B

R8. 5　C

R8. 6　A

R8. 7　D

R8. 8　D

R8. 9　A

R8. 10   D

R8. 11   D

R8. 12   A

R8. 13   C

R8. 14   B

R8. 15   C

第 9 章

9.2-1　$q=q_0x/L$；三角形载荷，向下作用

9.2-2　(a) $q=q_0\sin\pi x/L$，正弦形载荷；

　　　　(b) $R_A=R_B=q_0L/\pi$；(c) $M_{max}=q_0L^2/\pi^2$

9.2-3　$q=q_0(1-x/L)$；三角形载荷，向下作用

9.2-4　(a) $q=q_0(L^2-x^2)/L^2$；抛物线形载荷，向下

　　　　作用；(b) $R_A=2q_0L/3$，$M_A=-q_0L^2/A$

9.3-1　$\delta_{max}=6.5$mm，$\theta=4894\times10^{-6}$ rad $=0.28°$

9.3-2　$h=96$mm

9.3-3　$L=3.0$m

9.3-4　$\delta_{max}=15.4$mm

9.3-5　$\delta/L=1/320$

9.3-6　$E_g=80.0$GPa

9.3-7　设 $\beta=a/L$：$\dfrac{\delta_C}{\delta_{max}}=3\sqrt{3}\,(-1+8\beta-4\beta^2)$，中点处

　　　　的挠度接近其最大挠度，其最大差值仅

　　　　为 2.6%。

9.3-8　见表 G-1 的情况 4

9.3-9　见表 G-2 的情况 7

9.3-10　见表 G-1 的情况 8

9.3-11　$v=-mx^2(3L-x)/6EI$，$\delta_B=mL^2/3EI$，$\theta_B=$
　　　　$mL^2/2EI$

9.3-12　$v(x)=-\dfrac{q}{48EI}(2x^4-12x^2L^2+11L^4)$，$\delta_B=\dfrac{qL^4}{48EI}$

9.3-13　见表 G-2 的情况 9

9.3-14　见表 G-1 的情况 2

9.3-15　当 $0\le x\le\dfrac{L}{2}$时，$v(x)=\dfrac{q_0L}{24EI}(x^3-2Lx^2)$；当

　　　　$\dfrac{L}{2}\le x\le L$ 时，$v(x)=\dfrac{-q_0}{960LEI}(-160L^2x^3+$
　　　　$160L^3x^2+80Lx^4-16x^5-25L^4x+3L^5)$，$\delta_B=$
　　　　$\dfrac{7}{160}\dfrac{q_0L^4}{EI}$，$\delta_C=\dfrac{1}{64}\dfrac{q_0L^4}{EI}$

9.3-16　当 $0\le x\le\dfrac{L}{2}$时，

　　　　$v(x)=\dfrac{q_0x}{5760LEI}(200x^2L^2-240x^3L+96x^4-53L^4)$；

　　　　当 $\dfrac{L}{2}\le x\le L$ 时，

　　　　$v(x)=\dfrac{-q_0L}{5760EI}(40x^3-120Lx^2+83L^2x-3L^3)$；

　　　　$\delta_C=\dfrac{3q_0L^4}{1280EI}$

9.3-17　当 $0\le x\le\dfrac{l}{3}$时，

　　　　$v(x)=-\dfrac{PL}{10,368EI}(-4104x^2+3565L^2)$；

　　　　当 $0\le x\le\dfrac{l}{3}$时，

　　　　$v(x)=-\dfrac{P}{1152EI}(-648Lx^2+192x^3+64L^2x+389L^3)$；

　　　　当 $\dfrac{L}{2}\le x\le L$ 时，

　　　　$v(x)=-\dfrac{P}{144EIL}(-72L^2x^2+12Lx^3+6x^4+5L^3x+49L^4)$；

　　　　$\delta_A=\dfrac{3565PL^3}{10,368EI}$，$\delta_C=\dfrac{3109PL^3}{10,368EI}$

9.4-1　见表 G-1 的情况 6

9.4-2　见表 G-2 的情况 13

9.4-3　$v=-M_0x\,(L-x)^2/(2LEI)$，$\delta_{max}=2M_0L^2/(27EI)$
　　　　（向下）

9.4-4　$v(x)=-\dfrac{q}{48EI}(2x^4-12^2L^2+11L^4)$，$\theta_B=-\dfrac{qL^3}{3EI}$

9.4-5　见表 G-1 的情况 10

9.4-6　$v=-q_0x^2(45L^4-40L^3x+15L^2x^2-x^4)/360L^2EI$，
　　　　$\delta_B=19q_0L^4/(360EI)$，$\theta_B=q_0L^3/(15EI)$

9.4-7　$v=-q_0x\,(3L^5-5L^3x^2+3L^4-x^5)/(90L^2EI)$，
　　　　$\delta_{max}=61q_0L^4/(5760EI)$

9.4-8　$v(x) = \dfrac{q_0}{120EIL}(x^2 - 5Lx^4 + 20L^3x^2 - 16L^5)$,

$\delta_{\max} = \dfrac{2q_0L^4}{15EI}$

9.4-9　当 $0 \leqslant x \leqslant L$ 时，$v(x) = -\dfrac{qL^2}{16EI}(x^2 - L^2)$；

当 $L \leqslant x \leqslant \dfrac{3L}{2}$ 时，$v(x) = -\dfrac{q}{48EI}(-2L^3x + 27L^2x^2 -$

$12Lx^3 + 2x^4 + 3L^4)$，$\delta_C = \dfrac{9qL^4}{128EI}$，$\theta_C = \dfrac{7qL^3}{48EI}$

9.4-10　当 $0 \leqslant x \leqslant \dfrac{L}{2}$ 时，$v(x) = -\dfrac{q_0L^2}{480EI}(-20x^2 + 19L^2)$；

当 $\dfrac{L}{2} \leqslant x \leqslant L$ 时，$v(x) = -\dfrac{q_0}{960EIL}(80Lx^4 - 16x^5 -$

$120L^2x^3 + 40L^3x^2 - 25L^4x + 41L^5)$，$\delta_A = \dfrac{19q_0L^4}{480EI}$，

$\theta_B = \dfrac{13q_0L^3}{192EI}$，$\delta_C = \dfrac{7q_0L^4}{240EI}$

9.5-1　$\theta_B = 7PL^2/(9EI)$，$\delta_B = 5PL^3/(9EI)$

9.5-2　(a) $\delta_1 = 11PL^3/(144EI)$；(b) $\delta_2 = 25PL^3/$
$(38EI)$；(c) $\delta_1/\delta_2 = 88/75 = 1.173$

9.5-3　(a) $a/L = 2/3$；(b) $a/L = 1/2$

9.5-4　(a) $\delta_C = 6.25$mm（向上）；(b) $\delta_C = 18.36$mm
（向下）

9.5-5　$y = Px^2(L-x)^2/3LEI$

9.5-6　$\theta_B = 7qL^3/(162EI)$，$\delta_B = 23qL^4/(648EI)$

9.5-7　$\delta_C = 3.76$mm，$\delta_B = 12.12$mm

9.5-8　(a) $M = PL/2$；(b) $M = 5PL/24$，$\theta_B = PL^2/12EI$；
(c) $M = PL/8$，$\delta_B = -PL^3/24EI$

9.5-9　$M = (19/180)q_0L^2$

9.5-10　(a) $\delta_A = PL^2(10L - 9a)/324EI$（向上为正）；
(b) 当 $a/L < 10/9$ 时向上，当 $a/L > 10/9$ 时
向下

9.5-11　(a) $\delta_C = PH^2(L+H)/3EI$；
(b) $\delta_{\max} = PHL^2/9\sqrt{3}EI$

9.5-12　$\delta_C = 3.5$mm

9.5-13　$\theta_B = q_0L^3/10EI$，$\delta_B = 13q_0L^4/180EI$

9.5-14　$\theta_A = q(L^3 - 6La^2 + 4a^3)/24EI$，$\delta_{\max} = q(5L^4 - 24L^2a^2 + 16a^4)/384EI$

9.5-15　(a) $P/Q = 9a/4L$　(b) $P/Q = 8a(3L + a)/9L^2$；
(c) $P/qa = 9a/8L$ for $\delta_B = 0$，$P/qa = a(4L + a)/3L^2$ for $\delta_D = 0$

9.5-16　$\delta = 19WL^3/31,104EI$

9.5-17　$k = 640$N \ m

9.5-18　$M_1 = 7800$N · m，$M_2 = 4200$N · m

9.5-19　$\delta = \dfrac{6Pb^3}{EI}$

9.5-20　$\delta_E = \dfrac{47Pb^3}{12EI}$

9.5-21　$\delta_C = 5.07$mm

9.5-22　$q = 16cEI/7L^4$

9.5-23　$\delta_h = Pcb^2/2EI$，$\delta_v = Pc^2(c + 3b)/3EI$

9.5-24　$\delta = PL^2(2L + 3a)/3EI$

9.5-25　(a) $H_B = 0$，$V_B = \dfrac{M}{L}$，$V_C = -V_B$；(b) $\theta_A = \dfrac{5}{6EI}$，

$\theta_B = \dfrac{ML}{3EI}$，$\theta_C = \dfrac{-ML}{6EI}$，$\theta_D = \theta_C$；(c) $\delta_A = (7/24)$

ML^2/EI（指向左），$\delta_D = (1/12)ML^2/EI$（指
向右）；(d) $L_{CD} = \dfrac{\sqrt{14}}{2}L = 1.871L$

9.5-26　(a) $H_B = 0$，$V_B = \dfrac{P}{3}$，$V_C = \dfrac{2P}{3}$；(b) $\theta_A =$

$\left(-\dfrac{4}{81}\right)\dfrac{ML}{EI}$，$\theta_B = \theta_A$，$\theta_C = \left(\dfrac{5}{81}\right)\dfrac{ML}{EI}$，$\theta_D =$

θ_C；(c) $\delta_A = -\theta_B\left(\dfrac{L}{2}\right) = \dfrac{2L^2M}{81EI}$（指向右），

$\delta_D = \theta_C\left(\dfrac{L}{2}\right) = \dfrac{5L^2M}{162EI}$（指向左）；(d) $L_{CD} =$

$\dfrac{2\sqrt{5L}}{5} = 0.894L$

9.5-27　(a) $b/L = 0.403$；(b) $\delta_C = 0.00287qL^5/EI$

9.5-28　$\alpha = 22.5°$，$112.5°$，$-67.5°$. 或 $-157.5°$

9.6-1　见表 G-1 的情况 1

9.6-2　见表 G-1 的情况 8

9.6-3　见表 G-1 的情况 6

9.6-4　$\theta_B = 7PL^3/162EI$，$\delta_B = 23qL^4/648EI$

9.6-5　$\delta_B = 10.85$mm，$\delta_C = 3.36$mm

9.6-6　$\delta_B = 11.8$mm，$\delta_C = 4.10$mm

9.6-7　见表 G-2 的情况 1

9.6-8　$P = 64\text{kN}$

9.6-9　$\theta_A = M_0 L/6EI$, $\theta_B = M_0 L/3EI$, $\delta = M_0 L^2/16EI$

9.6-10　$\theta_A = Pa(L-a)(L-2a)/6LEI$, $\delta_1 = Pa^2(L-2a)/6LEI$, $\delta_2 = 0$

9.6-11　$\theta_A = M_0 L/6EI$, $\theta_B = 0$, $\delta = M_0 L^2/27EI$（向下）

9.7-1　(a) $\delta_B = PL^3(1+7I_1/I_2)/24EI_1$; (b) $r = (1+7I_1/I_2)/8$

9.7-2　(a) $\delta_c = qL^4(1+15I_1/I_2)/128EI_1$; (b) $r = (1+15I_1/I_2)/16$

9.7-3　(a) $\delta_C = -2.14\text{mm}$（向上）; (b) $\delta_C = 18.08\text{mm}$（向下）

9.7-4　当 $0 \leqslant x \leqslant L/4$ 时，$v = -qx(21L^3-64x^2+32x^3)/(768EI)$; 当 $L/4 \leqslant x \leqslant L/2$，$v = -q(13L^4+256Lx^3-512Lx^3+256x^4)/(12,288EI)$。$\theta_A = 7qL^3/(256EI)$, $\delta_{\max} = 31qL^4/(409EI)$

9.7-5　$\theta_A = 8PL^2/(243EI)$, $\delta_B = 8PL^4/(729EI)$, $\delta_{\max} = 0.01363PL^3/(EI)$

9.7-6　当 $0 \leqslant x \leqslant L/3$，$v = -2Px(19L^2-27x^2)/(729EI)$; 当 $L/3 \leqslant x \leqslant L$，$v = P(13L^3-175L^2x+243Lx^2-81x^3)/(1458EI)$。$\theta_A = 38PL^2/(729EI)$, $\theta_C = 34PL^4/(729EI)$, $\delta_B = 32PL^3/(2187EI)$

9.7-7　$v = \dfrac{PL^3}{EI_A}\left[\dfrac{L}{2(L+x)}-\dfrac{3x}{8L}+\dfrac{1}{8}+\ln\left(\dfrac{L+x}{2L}\right)\right]$, $\delta_A = \dfrac{PL^3}{8EI_A}(8\ln2-5)$

9.7-8　$v = \dfrac{PL^3}{24EI_A}\left[7-\dfrac{4L(2L+3x)}{(L+x)^2}-\dfrac{2x}{L}\right]$, $\delta_A = \dfrac{PL^3}{24EI_A}$

9.7-9　$v = \dfrac{8PL^3}{EI_A}\left[\dfrac{L}{2L+x}-\dfrac{2x}{9L}-\dfrac{1}{9}+\ln\left(\dfrac{2L+x}{3L}\right)\right]$, $\delta_A = \dfrac{8PL^3}{EI_4}\left(\ln\dfrac{3}{2}-\dfrac{7}{18}\right)$

9.7-10　$v(x) = \dfrac{19,683PL^3}{2000EI_A}\left(\dfrac{81L}{81L+40x}+2\ln\right)\left(\dfrac{81}{121}+\dfrac{40x}{121L}\right)-\left(\dfrac{6440x}{14,641L}-\dfrac{3361}{14,641}\right)$, $\delta_A = \dfrac{19,683PL^3}{7,320,500EI_A}\left[-2820+14,641\ln\left(\dfrac{11}{9}\right)\right]$

9.7-11　$v(x) = -\dfrac{19,683PL^3}{2000EI_A}$ $\left[\dfrac{81L}{81L+40x}+2\ln\left(1+\dfrac{40x}{81L}\right)-\dfrac{6400x}{14,641L0}-1\right]$, $\delta_B = \dfrac{19,683PL^3}{7,320,500EI_A}\left[-2820+14,641\ln\left(\dfrac{11}{9}\right)\right]$

9.7-12　(a) 当 $0 \leqslant x \leqslant L$ 时，$v' = -\dfrac{qL^3}{19EI_A}\left[1-\dfrac{8Lx^2}{(L+x^3)}\right]$, $v = -\dfrac{qL^4}{2EI_A}\left[\dfrac{(9L^2+14Lx+x^2)x}{8L(L+x)^2}-\ln\left(1+\dfrac{x}{L}\right)\right]$; (b) $\theta_A = \dfrac{qL^3}{16EI_A}$, $\delta_C = \dfrac{qL^4(3-4\ln2)}{8EI_A}$

9.8-1　$U = 4bhL\sigma_{\max}^2/(45E)$

9.8-2　(a) 和 (b) $U = P^2L^3/(69EI)$; (c) $\delta = PL^3/(48EI)$

9.8-3　(a) 和 (b) $U = \dfrac{q^2L^3}{15EI}$

9.8-4　(a) $U = 32EI\delta^2/L^3$; (b) $U = \pi^4EI\delta^2/(4L^3)$

9.8-5　(a) $U = P^2a^2(L+a)/(6EI)$; (b) $\delta_c = Pa^2(L+a)/(3E)$; (c) $U = 56.2\text{ J}$, $\delta_C = 5.0\text{mm}$.

9.8-6　$U = \dfrac{L}{15,360EI}(17L^4q^2+280qL^2M_0+2560M_0^2)$

9.8-7　$\delta_B = 2PL^3/(3EI)+8\sqrt{2}PL/(EA)$

9.9-1　见表 G-2 的情况 7

9.9-2　$\delta_D = Pa^2b^2/(3LEI)$

9.9-3　$\delta_C = Pa^2(L+a)/(3EI)$

9.9-4　见表 G-1 的情况 8

9.9-5　见表 G-2 的情况 2

9.9-6　$\delta_C = L^3(2P_1+5P_2)/(48EI)$, $\delta_B = L^3(5P_1+16P_2)/(48EI)$

9.9-7　$\theta_A = 7qL^3/(48EI)$

9.9-8　$\delta_C = Pb^2(b+3h)/(3EI)$, $\delta_C = Pb(b+2h)/(2EI)$

9.9-9　$\delta_C = 31qL^4/(4096EI)$,

9.9-10　$\theta_A = M_A(L+3a)/(3EI)$, $\delta_A = M_A(2L+3a)/(6EI)$

9.9-11　$\delta_C = Pa^2(L+a)/(3EI)+P(L+a)^2/(kL^2)$

9.9-12　$\delta_D = 37qL^4/(6144EI)$（向上）

9.10-1　$\sigma_{\max} = \sigma_{st}\left[1+(1+2h/\delta_{st})^{1/2}\right]$

9.10-2　$\sigma_{\max} = \sqrt{18WEh/(AL)}$

9.10-3 $\sigma_{\max}=4.33\text{mm}$, $\sigma_{\max}=102.3\text{MPa}$

9.10-4 $d=281\text{mm}$

9.10-5 HE320A

9.10-6 $h=360\text{mm}$

9.10-7 $R\sqrt{3EII_m\omega^2/L^3}$

9.11-1 $v=-\alpha(T_2-T_1)(x)(L-x)/2h$ （向上为正），
$\theta_A=\alpha L(T_2-T_1)/2h$ （顺时针），$\delta_{\max}=\alpha L^2$
$(T_2-T_1)/(8h)$ （向下）

9.11-2 $v=-\alpha(T_2-T_1)(x^2)/(2h)$ （向上），$\theta_B=\alpha L$
$(T_2-T_1)/h$ （逆时针），$\delta_B=\alpha L^2(T_2-T_1)/$
$(2h)$ （向上）

9.11-3 $v(x)=\dfrac{\alpha(T_2-T_1)(x^2-L^2)}{2h}$,

$\theta_C=\dfrac{\alpha(T_2-T_1)(L+a)}{h}$ （逆时针），

$\delta_C=\dfrac{\alpha(T_2-T_1)(2La+a^2)}{2h}$ （向上）

9.11-4 （a）$\delta_{\max}=\dfrac{\alpha T_0 L^3}{9\sqrt{3}\,h}$ （向下）；

（b）$\delta_{\max}=\dfrac{\alpha T_0 L^4(2\sqrt{2}-1)}{48h}$ （向下）

9.11-5 （a）$\delta_{\max}=\dfrac{\alpha T_0 L^3}{6h}$ （向下）；

（b）$\delta_{\max}=\dfrac{\alpha T_0 L^4}{12h}$ （向下）

R9.1　C

R9.2　C

R9.3　B

R9.4　C

R9.5　B

R9.6　C

R9.7　D

第 10 章

10.3-1 $R_A=-R_B=3M_0/(2L)$, $M_A=M_0/2$, $v=-M_0x^2$
$(L-x)/(4LEI)$

10.3-2 $R_A=R_B=qL/2$, $M_A=M_B=qL^2/12$, $v=-qx^2$
$(L-x)^2/(24EI)$

10.3-3 $R_A=R_B=3EI\delta_B/L^3$, $M_A=3EI\delta_B/L^3$, $v=-\delta_Bx^2$
$(3L-x)/(2L^3)$

10.3-4 $\theta_B=\dfrac{qL^3}{6(k_RL-EI)}$, $\delta_B=-\dfrac{1}{8}qL^4+\dfrac{k_RqL^5}{12(k_RL-EI)}$

10.3-5 $R_A=V(0)=\dfrac{9}{40}q_0L$, $R_B=-V(L)=\dfrac{11}{40}q_0L$,

$M_A=\dfrac{7}{120}q_0L^2$

10.3-6 （a）$R_A=V(0)=\dfrac{7}{60}q_0L$, $R_B=-V(L)=\dfrac{13}{60}q_0L$,

$M_A=\dfrac{1}{30}q_0L^2$, $v=\dfrac{q_0}{360L^2EI}(-x^6+7L^3x^3-6q_0L^4x^2)$;

（b）$R_A=V(0)=0.31q_0L$
$=\left(\dfrac{2}{\pi}-6\left(\dfrac{\pi^2-4\pi+8}{\pi4}\right)\right)q_0L$, $R_B=-V(L)=0.327$

$q_0L=\left(6\left(\dfrac{\pi^2-4\pi+8}{\pi^4}\right)\right)q_0L,$

$M_A=-2q_0L^2\left(\dfrac{\pi^2-12\pi+24}{\pi^4}\right),$

$v=\dfrac{1}{EI}$
$\left[\begin{array}{l}-q_0\left(\dfrac{2L}{\pi}\right)^4\sin\left(\dfrac{\pi x}{2L}\right)-6q_0L\left(\dfrac{\pi^2-4\pi+8}{\pi^4}\right)\dfrac{x^3}{6}\\+2q_0L^2\dfrac{\pi^2-12\pi+24}{\pi^4}\dfrac{x^2}{2}+q_0\left(\dfrac{2L}{\pi}\right)^3x\end{array}\right]$

10.3-7 （a）$R_A=\dfrac{61Lq_0}{120}$, $M_A=\dfrac{11L^2q_0}{120}$, $R_B=\dfrac{19Lq_0}{120}$,

$v(x)=-\dfrac{q_0x^2(33L^4-61L^3x+30L^2x^2-2x^4)}{720EIL^2}$;

（b）$R_A=\dfrac{48Lq_0}{\pi^4}$, $R_B\displaystyle\int_0^L q(x)\,\mathrm{d}x-R_A=\dfrac{2Lq_0}{\pi}-$

$\dfrac{48Lq_0}{\pi^4}$, $M_A=\displaystyle\int_0^L q(x)x\mathrm{d}x-R_BL=\dfrac{2L^2q_0(\pi-2)}{\pi^2}$

$-L\left(\dfrac{2Lq_0}{\pi}-\dfrac{48Lq_0}{\pi^4}\right)$, $v(x)=$

$\dfrac{16Lq_0-24L^2q_0x^2+8Lq_0x^3-16L^4q_0\cos\left(\dfrac{\pi x}{2L}\right)}{\pi^4EI}$

10.3-8　(a) $R_A = V(0) = \dfrac{24}{\pi^4}q_0 L$, $R_B = V(L) = -\dfrac{24}{\pi^4}q_0 L$,

$M_A = \left(\dfrac{12}{\pi^4} - \dfrac{1}{\pi^2}\right)q_0 L^2$ （逆时针）, $M_B = \left(\dfrac{12}{\pi^4} - \dfrac{1}{\pi^2}\right)q_0 L^2$ （逆时针）, $v = \dfrac{1}{\pi^4 EI}\left[-q_0 L^4 \cos\left(\dfrac{\pi x}{L}\right) + 4q_0 L x^3 - 6q_0 L^2 x^2 + q_0 L^4\right]$;

(b) $R_A = R_B = q_0/(L\pi)$, $M_A = M_B = 2q_0 L^2/\pi^3$, $v = -q_0 L^2(L^2 \sin\pi x/L + \pi x^2 - \pi L x)/(\pi^4 EI)$

10.3-9　(a) $R_A = V(0) = \dfrac{48(4-\pi)}{\pi^4}q_0 L$, $R_B = -V(L) = \left(\dfrac{2}{\pi} - \dfrac{48(4-\pi)}{\pi^4}\right)q_0 L$, $M_A = -q_0\left(\dfrac{2L}{\pi}\right)^2 + \dfrac{16(6-\pi)}{\pi^4}q_0 L^2$, $M_B = -\dfrac{-32(\pi-3)}{\pi^4}q_0 L^2$, $v = \dfrac{2}{\pi^4 EI}\left[-16q_0 L^4 \cos\left(\dfrac{\pi x}{2L}\right) + 8(4-\pi)q_0 L x^3 - 8(6-\pi)q_0 L^2 x^2 + 16q_0 L^4\right]$; (b) $R_A = V(0) = \dfrac{13}{30}q_0 L$, $R_B = -V(L) = \dfrac{7}{30}q_0 L$, $M_A = \dfrac{1}{15}q_0 L^2$ （逆时针）, $M_B = -\dfrac{1}{20}q_0 L^2$ （逆时针）, $v = \dfrac{90}{360 L^2 EI}\left[x^6 - 15L^2 x^4 + 26L^3 x^3 - 12L^4 x^2\right]$

10.3-10　$R_A = V(0) = \dfrac{3}{20}q_0 L$, $R_B = -V(L) = \dfrac{7}{20}q_0 L$, $M_A = \dfrac{1}{30}q_0 L^2$, $v = \dfrac{1}{120 LEI}(-q_0 x^5 + 3q_0 L x^3 - 2q_0 L^2 x^2)$

10.3-11　$R_A = -R_B = 3M_0/(2L)$, $M_A = -M_B = M_0/4$, $v = -M_0 x^2(L-2x)/(8LEI)$ （当 $0 \le x \le L/2$ 时）

10.3-12　$R_B = -\dfrac{9}{8}\dfrac{M_0}{L}$, $R_A = \dfrac{9}{8}\dfrac{M_0}{L}$, $M_A = \dfrac{1}{8}\dfrac{M_0}{L}$, $v = \dfrac{1}{EI}\left(\dfrac{9M_0}{48L}x^3 - \dfrac{M_0}{16}x^2\right)$ $\left(0 \le x \le \dfrac{L}{2}\right)$, $v = \dfrac{1}{EI}\left(\dfrac{9M_0}{48L}x^3 - \dfrac{9M_0}{16}x^2 + \dfrac{M_0 L}{2}x - \dfrac{M_0 L^2}{8}\right)$ $\left(\dfrac{L}{2} \le x \le L\right)$

10.4-1　$R_A = Pb(3L^3 - b^2)/(2L^3)$, $R_B = Pa^2(3L-a)/(2L^3)$, $M_A = Pab(L+b)/(2L^2)$

10.4-2　$R_A = qL$, $M_A = \dfrac{qL^2}{3}$, $M_B = \dfrac{qL^2}{6}$

10.4-3　$R_A = -\dfrac{1}{8}qL$, $R_B = \dfrac{17}{8}qL$, $M_A = -\dfrac{1}{8}qL^2$

10.4-4　(a) $R_A = M_0/(3L)$, $H_A = -4M_0/(3L)$, $R_B = -R_A$, $R_C = -H_A$; (b) $\theta_A = -M_0 L/(18EI)$, $\theta_B = M_0 L/(9EI)$, $\theta_C = \theta_A$; (c) $L_{BC} = 2L$

10.4-5　(a) $R_A = \dfrac{4M_0}{3L}$, $H_A = \dfrac{2M_0}{3L}$, $R_B = -\dfrac{4M_0}{3L}$, $R_C = -\dfrac{2M_0}{3L}$; (b) $\theta_A = \dfrac{5}{18}\dfrac{M_0 L}{EI}$, $\theta_B = \dfrac{-M_0 L}{18EI}$, $\theta_C = \dfrac{M_0 L}{36EI}$; (c) $L_{AB} = 2.088L$

10.4-6　(a) $R_A = \dfrac{M_0}{L} + \dfrac{M_0 k_R}{2(3EI + Lk_R)}$, $R_B = -R_A$, $M_B = \dfrac{LM_0 k_R}{6EI + 2Lk_R}$ (CCW); (b) $\theta_A = \dfrac{LM_0}{4EI} + \dfrac{LM_0}{4(3EI + Lk_R)}$ k_R 趋近于零: $\theta_A = \dfrac{LM_0}{4EI} + \dfrac{LM_0}{4(3EI)} = \dfrac{LM_0}{3EI}$ k_R 趋近于无穷大: $\theta_A = \dfrac{M_0 L}{4EI}$ k_R 趋近于 $6EI/L$: $\theta_A = \dfrac{LM_0}{4EI} + \dfrac{LM_0}{4\left[3EI + L\left(\dfrac{6EI}{L}\right)\right]} = \dfrac{5LM_0}{18EI}$

10.4-7　(a) $H_A = \dfrac{3}{2}\dfrac{M_0}{L}$, $H_B = 0$, $V_B = 0$, $V_C = 0$, $H_D = -H_A$; (b) $\theta_A = \dfrac{-M_0 L}{16EI}$, $\theta_D = -\theta_A$, $\theta_B = \dfrac{M_0 L}{8EI}$, $\theta_C = -\theta_B$; (c) $H_A = \dfrac{M_0}{L}$, $H_B = -2\dfrac{M_0}{L}$, $V_B = \dfrac{M_0}{L}$, $V_C = \dfrac{-M_0}{L}$, $H_D = H_A$, $\theta_A = \dfrac{-M_0 L}{24EI}$, $\theta_D = \theta_A$, $\theta_B = \dfrac{M_0 L}{12EI}$, $\theta_C = \theta_B$

10.4-8　$t_{AB}/t_{CD} = L_{AB}/L_{CD}$

10.4-9　$R_A = \dfrac{7}{12}qL$, $R_B = \dfrac{17}{12}qL$, $M_A = \dfrac{7}{12}qL^2$,

10.4-10　$R_A = 2qL$, $M_B = \dfrac{7}{12}qL^2$,

10.4-11　$R_A = R_B = q_0 L/4$, $M_A = M_B = 5q_0 L^2/96$

10.4-12　$R_A = qL/8$, $R_B = 33qL/16$, $R_C = 13qL/16$

10.4-13　$R_A = \dfrac{11}{17}P = 5.18\text{kN}$ 向下, $R_B = R_A + P =$

13. 18kN 向上, $M_A = \dfrac{5}{34}PL = 3.35\text{kN} \cdot \text{m}$ 顺时针

10.4-14 $R_B = 6.44\text{kN}$

10.4-15   (a) $R_D = 2.12\text{kN}$; (b) $R_A = 4.78\text{kN}$, $M_A = 3.74\text{kN} \cdot \text{m}$

10.4-16 $R_A = 31qL/48$, $R_B = 17qL/48$, $M_A = 7qL^2/48$

10.4-17   (a) $R_A = -23P/17$, $R_D = 20P/17$, $MA = 3PL/17$; (b) $M_{\max} = P_L/2$

10.4-18 $R_A = R_D = 2q_L/5$, $R_B = R_C = 11qL/10$

10.4-19   为了封闭小间隙要求 $q = 48\text{kN/m}$, 则得 $M_B = -24\text{kN} \cdot \text{m}$, 当 $q \leqslant 48\text{kN/m}$ 时, $M_B(q) = -q/2$; 当 $q \geqslant 48\text{kN/m}$ 时, $M_B(q) = (-q/8) - 18$

10.4-20 $R_A = -R_B = 6M_0 ab/L^3$, $M_A = M_0 b(3a-L)/L^2$, $M_B = -M_0 a(3a-L)/L^2$,

10.4-21 $\sigma = 3.14\text{MPa}$

10.4-22 $(M_{AB})_{\max} = 121qL^2/2048 = 6.05\text{kN} \cdot \text{m}$; $(M_{CD})_{\max} = 5qL^2/64 = 8.0\text{kN} \cdot \text{m}$;

10.4-23 $F = 14.47\text{kN}$, $M_{AB} = 26.0\text{kN} \cdot \text{m}$, $M_{DE} = 9.66\text{kN} \cdot \text{m}$

10.4-24 $k = 48EI(6+5\sqrt{2})/(7L^3) = 89.63EI/L^3$

10.4-25   (a) $V_A = V_C = 3P/32$, $H_A = P$, $M_A = 13PL/32$; (b) $M_{\max} = 13PL/32$

10.4-26 $H_A = -\dfrac{35}{64}P$, $H_C = -\dfrac{29}{64}P$, $M_{\max} = \dfrac{35}{128}PL$

10.4-27 $R_A = 12.53\text{kN}$, $R_B = 12.45\text{kN}$, $R_C = 0.026\text{kN}$

10.4-28   (a) $M_A = M_B = qb(3L^2 - b^2)/(24L)$; (b) $b/L = 1.0$, $M_A = qL^2/12$; (c) For $a = b = L/3$, $(M_{\max})_{\text{pos}} = 19qL^2/648$

10.4-29   (a) $d_2/d_1 = \sqrt[4]{48} = 1.682$; (b) $M_{\max} = qL^2(3 - 2\sqrt{2})/2 = 0.08579qL^2$; (c) 点 C 比点 A、B 要低 $0.01307\,qL^4/(EI)$。

10.4-30 $M_{\max} = 19q_0 L^2/256$, $\sigma_{\max} = 13.4\text{MPa}$, $\sigma_{\max} = 19q_0 L^4/(7680EI) = 0.00891\text{mm}$

10.5-1 $S = \dfrac{243 E_S E_W IAH\alpha \ (\Delta T)}{4AL^3 E_S + 243 IHE_W}$

10.5-2   (a) $R_A = -\dfrac{\alpha(T_2 - T_1)L^2}{2h}\left(\dfrac{3EIk}{3EI + L^3 k}\right)$,

$R_B = \dfrac{\alpha(T_2 - T_1)L^2}{2h}\left(\dfrac{3EIk}{3EI + L^3 k}\right)$,

$M_A = R_B L = \dfrac{\alpha(T_2 - T_1)L^3}{2h}\left(\dfrac{3EIk}{3EI + L^3 K}\right)$;

(b) $R_A = -R_B = -\dfrac{3EI\alpha(T_2 - T_1)}{2hL}$ (向上),

$R_B = \dfrac{3EI\alpha(T_2 - T_1)}{2hL}$ (向下), $M_A = R_B L = \dfrac{3EI\alpha(T_2 - T_1)}{2h}$ (逆时针)

10.5-3 $R_A = -R_B = -\dfrac{\alpha(T_2 - T_1)L^2}{2h}\left(\dfrac{3EIk}{3EI + L^3 k}\right)$ (向上),

$R_B = \dfrac{\alpha(T_2 - T_1)L^2}{2h}\left(\dfrac{3EIk}{3EI + L^3 k}\right)$ (向下),

$M_A = R_B L = \dfrac{\alpha(T_2 - T_1)L^3}{2h}\left(\dfrac{3EIk}{3EI + L^3 k}\right)$ (逆时针)

10.5-4   (a) $R_B = -\dfrac{\alpha(T_1 - T_2)L^2}{h}\left(\dfrac{6EIk}{36EI + L^3 k}\right)$ (向下),

$R_A = -\dfrac{1}{4}R_B = \dfrac{\alpha(T_1 - T_2)L^3}{2h}\left(\dfrac{3EIk}{36EI + L^3 k}\right)$ (向上),

$R_C = -\dfrac{3}{4}R_B = \dfrac{\alpha(T_1 - T_2)L^2}{2h}\left(\dfrac{9EIk}{36EI + L^3 k}\right)$ (向上);

(b) $R_B = -\dfrac{6EI\alpha(T_1 - T_2)}{Lh}$ (向下), $R_A = \dfrac{3EI\alpha(T_1 - T_2)}{2Lh}$ (向上), $R_C = \dfrac{9EI\alpha(T_1 - T_2)}{2Lh}$ (向上)

10.5-5 $R_B = -\dfrac{\alpha(T_1 - T_2)L^2}{h}\left(\dfrac{6EIk}{36EI + L^3 k}\right)$ (向下),

$R_A = -\dfrac{1}{4}R_B = \dfrac{\alpha(T_1 - T_2)L^2}{2h}\left(\dfrac{3EIk}{36EI + L^3 k}\right)$ (向上),

$R_C = -\dfrac{3}{4}R_B = \dfrac{\alpha(T_1 - T_2)L^2}{2k}\left(\dfrac{9EIk}{36EI + L^3 k}\right)$ (向上)

10.6-1   (a) $H = \pi^2 EA\delta^2/(4L^2)$, $\sigma_t = \pi^2 E\delta^2/(4L^2)$; (b) 4.32, 1.08, 和 0.48MPa

10.6-2   (a) $\lambda = 17q^2 L^7/40$, $320E^2 I^2$, $\sigma_b = qhL^2/(16I)$; (b) $\sigma_t = 17q^2 L^6/40$, $320EI^2$; (c) $\lambda = 0.01112\text{mm}$, $\sigma_b = 117.2\text{MPa}$, $\sigma_t = 0.741\text{MPa}$

R10.1   B

R10.2   B

R10.3   B

R10.4　D

R10.6　D

R10.5　B

R10.7　A

第 11 章

11.2-1　$P_{cr} = \beta_R / L$

11.2-2　(a) $P_{cr} = \dfrac{\beta a^2 + \beta_R}{L}$；(b) $P_{cr} = \dfrac{\beta a^2 + 2\beta_R}{L}$

11.2-3　$P_{cr} = 6\beta_R / L$

11.2-4　(a) $P_{cr} = \dfrac{(L-a)(\beta a^2 + \beta_R)}{aL}$；

(b) $P_{cr} = \dfrac{\beta L^2 + 20\beta_R}{4L}$

11.2-5　$P_{cr} = \dfrac{3\beta_R}{L}$

11.2-6　$P_{cr} = \dfrac{3}{5}\beta L$

11.2-7　$P_{cr} = \dfrac{7}{4}\beta L$

11.3-1　(a) $P_{cr} = 465\text{kN}$；(b) $P_{cr} = 169.5\text{kN}$

11.3-2　(a) $P_{cr} = 176.7\text{kN}$；(b) $P_{cr} = 10.86\text{kN}$

11.3-3　(a) $P_{cr} = 319\text{kN}$；(b) $P_{cr} = 120.1\text{kN}$

11.3-4　$M_{allow} = 1143\text{kN} \cdot \text{m}$

11.3-5　$Q_{allow} = 109.8\text{kN}$

11.3-6　(a) $Q_{cr} = \dfrac{\pi^2 EI}{L^2}$；(b) $Q_{cr} = \dfrac{2\pi^2 EI}{9L^2}$

11.3-7　(a) $Q_{cr} = \dfrac{2\pi^2 EI}{L^2}$　(b) $M_{cr} = \dfrac{3d\pi^2 EI}{L^2}$

11.3-8　$\Delta T = \pi^2 I / \alpha A L^2$

11.3-9　$h/b = 2$

11.3-10　(a) $P_{cr} = 3\pi^3 E r^4 / (4L^2)$；

(b) $P_{cr} = 11\pi^3 E r^4 / (4L^2)$

11.3-11　$P_1 : P_2 : P_3 = 1.000 : 1.047 : 1.209$

11.3-12　$P_{allow} = 710\text{kN}$

11.3-13　$F_{allow} = 164\text{kN}$

11.3-14　$W_{max} = 124\text{kN}$

11.3-15　$t_{min} = 4.53\text{mm}$

11.3-16　$P_{cr} = 426\text{kN}$

11.3-17　$W_{cr} = 203\text{kN}$

11.3-18　$\theta = \arctan 0.5 = 26.57°$

11.3-19　(a) $q_{max} = 1.045\text{kN/m}$；(b) $I_{b,min} = 2411\text{cm}^4$；

(c) $s = 70\text{mm}$，869mm

11.3-20　(a) $q_{max} = 1.045\text{kN/m}$；(b) $I_{b,min} = 2411\text{cm}^4$；

11.3-21　$P_{cr} = 70.3\text{kN}$

11.4-1　$P_{cr} = 831\text{kN}$，208kN，1700kN，3330kN

11.4-2　$P_{cr} = 62.2\text{kN}$，15.6kN，127kN，249kN

11.4-3　$P_{allow} = 323\text{kN}$，80.7kN，661kN，1292kN

11.4-4　$P_{allow} = 6.57\text{kN}$，1.64kN，13.45kN，26.3kN

11.4-5　$P_{cr} = 295\text{kN}$

11.4-6　$T_{allow} = 18.1\text{kN}$

11.4-7　(a) $Q_{cr} = 13.41\text{kN}$；(b) $Q_{cr} = 35.8\text{kN}$，$a = 0\text{mm}$

11.4-8　$P_{cr} = 447\text{kN}$，875kN，54.7kN，219kN

11.4-9　$P_{cr} = 4\pi^2 EI/L^2$，$v = \delta(1 - \cos 2\pi x/L)/2$

11.4-10　$t_{min} = 10.0\text{mm}$

11.4-11　(b) $P_{cr} = 13.89\ EI/L^2$

11.5-1　$\delta = 5.98\text{mm}$，$M_{max} = 231\text{N} \cdot \text{m}$

11.5-2　$\delta = 8.87\text{mm}$，$M_{max} = 2.03\text{N} \cdot \text{m}$

11.5-3　对于 $P = 0.3\ P_{cr}$：$M/Pe = 1.162(\sin 1.721\ x/L) + \cos 1.721 x/L$

11.5-4　$P = 583.33\{\arccos[5/(5+\delta)]\}^2$，其中，$P = $ kN、$\delta = $mm；当 $\delta = 10\text{mm}$ 时，$P = 884\text{kN}$

11.5-5　$P = 163.61\{\arccos[5/(5+\delta)]\}^2$，其中，$P = $ kN、$\delta = $mm；当 $\delta = 0\text{mm}$ 时，$P = 248\text{kN}$

11.5-6　$P_{allow} = 57.9\text{kN}$

11.5-7　$L_{max} = 3.91\text{m}$

11.5-8　$L_{max} = 3.96\text{m}$

11.5-9　$\delta = e(\sec(kL) - 1)$，$M_{max} = Pe\sec(kL)$

11.5-10　$L_{max} = 2.21\text{m}$

11.5-11　$L_{max} = 3.86\text{m}$

11. 5-12　$T_{max} = 8.29kN$

11. 5-13　(a)$q_0 = 3.33kN/m$；(b)$M_{max} = 4.23kN \cdot m$，
比值 = 0.47

11. 6-1　(a)$\sigma_{max} = 116.8MPa$；(b)$L_{max} = 1.367m$

11. 6-2　$P_{allow} = 37.2kN$

11. 6-3　$b_{min} = 106.3mm$

11. 6-4　(a)$\sigma_{max} = 38.8MPa$；(b)$L_{max} = 5.03m$

11. 6-5　(a)$\sigma_{max} = 63.7MPa$；(b)$P_{allow} = 18.98kN$

11. 6-6　$d_2 = 131mm$

11. 6-7　(a)$\sigma_{max} = 66.5MPa$；(b)$P_{allow} = 779kN$

11. 6-8　(a)$\sigma_{max} = 94.3MPa$；(b)$L_{max} = 4.05m$

11. 6-9　(a)$\sigma_{max} = 68.6MPa$；(b)$P_{allow} = 268kN$

11. 6-10　(a)$\sigma_{max} = 56.6MPa$；(b)$n = 2.54$

11. 6-11　(a)$\sigma_{max} = 96.1MPa$；(b)$n = 3.06$

11. 6-12　(a)$\sigma_{max} = 98.9MPa$；(b)$P_2 = 459kN$

11. 6-13　(a)$\sigma_{max} = 100.2MPa$；(b)$n = 2.24$

11. 6-14　(a)$\sigma_{max} = 120.4MPa$；(b)$P_2 = 113.5kN$

R11.1　D

R11.2　B

R11.3　D

R11.4　A

R11.5　D

R11.6　A

R11.7　B

R11.8　B

R11.9　B

R11.10　C

R11.11　D

第 12 章

12. 3-2　$\bar{x} = \bar{y} = 5a/12$

12. 3-3　$\bar{y} = 27.5mm$

12. 3-4　$2c^2 = ab$

12. 3-5　$\bar{y} = 340mm$

12. 3-6　$\bar{y} = 52.5mm$

12. 3-7　$\bar{x} = 24.5mm$，$\bar{y} = 49.5mm$

12. 3-8　$\bar{x} = 137mm$，$\bar{y} = 132mm$

12. 4-6　$I_x = 518 \times 10^3 m^4$

12. 4-7　$I_x = 13.55 \times 10^6 mm^4$，$I_y = 4.08 \times 10^6 mm^4$

12. 4-8　$I_x = I_y = 194.6 \times 10^6 mm^4$，$r_x = r_y = 80.1mm$

12. 4-9　$I_1 = 61,390cm^4$，$I_2 = 9455cm^4$，$r_1 = 81.90cm$，
$r_2 = 7.42cm$

12. 5-1　$I_B = 72$，$113cm^4$

12. 5-2　$I_C = 11a^4/192$

12. 5-3　$I_{xC} = 2.82 \times 10^6 mm^4$

12. 5-4　$I_2 = 405 \times 10^3 mm^4$

12. 5-5　$I_{xC} = 204,493 cm^4$，$I_{yC} = 14,863 cm^4$

12. 5-6　$I_{xC} = 106 \times 10^6 mm^4$

12. 5-7　$I_{xC} = 656 cm^4$，$I_{yC} = 237 cm^4$

12. 5-8　$b = 250mm$

12. 6-1　$I_p = bh(b^2 + 12h^2)/48$

12. 6-2　$(I_p)_C = r^4(9\alpha^2 - 8\sin^2\alpha)/18\alpha$

12. 6-3　$I_p = 32,966cm^4$

12. 6-4　$I_p = bh(b^2 + h^2)/24$

12. 6-5　$(I_p)_C = r^4(176 - 84\pi + 9\pi^2)/[72(4-\pi)]$

12. 7-2　$I_{xy} = r^4/24$

12. 7-3　$b = 2r$

12. 7-4　$I_{xy} = t^2(2b^2 + t^2)/4$

12. 7-5　$I_{12} = -540cm^4$

12. 7-6　$I_{xy} = 24.3 \times 10^6 mm^4$

12. 7-7　$I_{x_C y_C} = -230 cm^4$

12. 8-1　$I_{x_1} = I_{y_1} = b^4/12$，$I_{x_1 y_1} = 0$

12. 8-2　$I_{x_1} = \dfrac{b^3 h^3}{6(b^2 + h^2)}$，$I_{y_1} = \dfrac{bh(b^4 + h^4)}{12(b^2 + h^2)}$，
$I_{x_1 y_1} = \dfrac{b^2 h^2 (h^2 - b^2)}{12(b^2 + h^2)}$

12. 8-3　$I_d = 14$，$696cm^4$

12. 8-4　$I_{x_1} = 12.44 \times 10^6 mm^4$，$I_{y_1} = 9.68 \times 10^6 mm^4$，
$I_{x_1 y_1} = 6.03 \times 10^6 mm^4$

12. 8-5　$I_{x_1} = 480.2cm^4$，$I_{y1} = 145.8cm^4$

$I_{x_1y_1} = 181.2 \text{cm}^4$

12.8-6　$I_{x_1} = 8.75 \times 10^6 \text{mm}^4$，$I_{y_1} = 1.02 \times 10^6 \text{mm}^4$，

$I_{x_1y_1} = -0.356 \times 10^6 \text{mm}^4$

12.9-1　(a)$c = \sqrt{a^2 - b^2/2}$；(b)$a/b = \sqrt{5}$；

(c)$1 \leqslant a/b \leqslant \sqrt{5}$

12.9-2　证明在各点处均存在两组不同的主轴。

12.9-3　$\theta_{p_1} = -29.9°$，$\theta_{p2} = 60.1°$，$I_1 = 121.5 \times 10^6 \text{mm}^4$，

$I_2 = 34.7 \times 10^6 \text{mm}^4$，

12.9-4　$\theta_{p1} = -8.54$，$\theta_{p2} = 81.46$，$I_1 = 17.24 \times 10^6 \text{mm}^4$，

$I_2 = 4.88 \times 10^6 \text{mm}^4$

12.9-5　$\theta_{p1} = 37.7°$，$\theta_{p2} = 127.7°$，$I_1 = 5.87 \times 10^6 \text{mm}^4$，

$I_2 = 0.714 \times 10^6 \text{mm}^4$

12.9-6　$\theta_{p1} = 32.63°$，$\theta_{p2} = 122.63°$，$I_1 = 8.76 \times 10^6 \text{mm}^4$，

$I_2 = 1.00 \times 10^6 \text{mm}^4$

12.9-7　$\theta_{p1} = 16.85°$，$\theta_{p2} = 106.85°$，$I_1 = 0.2390b^4$，

$I_2 = 0.0387b^4$

12.9-8　$\theta_{p1} = 74.08°$，$\theta_{p2} = -15.92°$，$I_1 = 8.29 \times 10^6 \text{mm}^4$，

$I_2 = 1.00 \times 10^6 \text{mm}^4$

12.9-9　$\theta_{p1} = 75.3°$，$\theta_{p2} = -14.7°$，$I_1 = 6.28 \times 10^6 \text{mm}^4$，

$I_2 = 0.66 \times 10^6 \text{mm}^4$